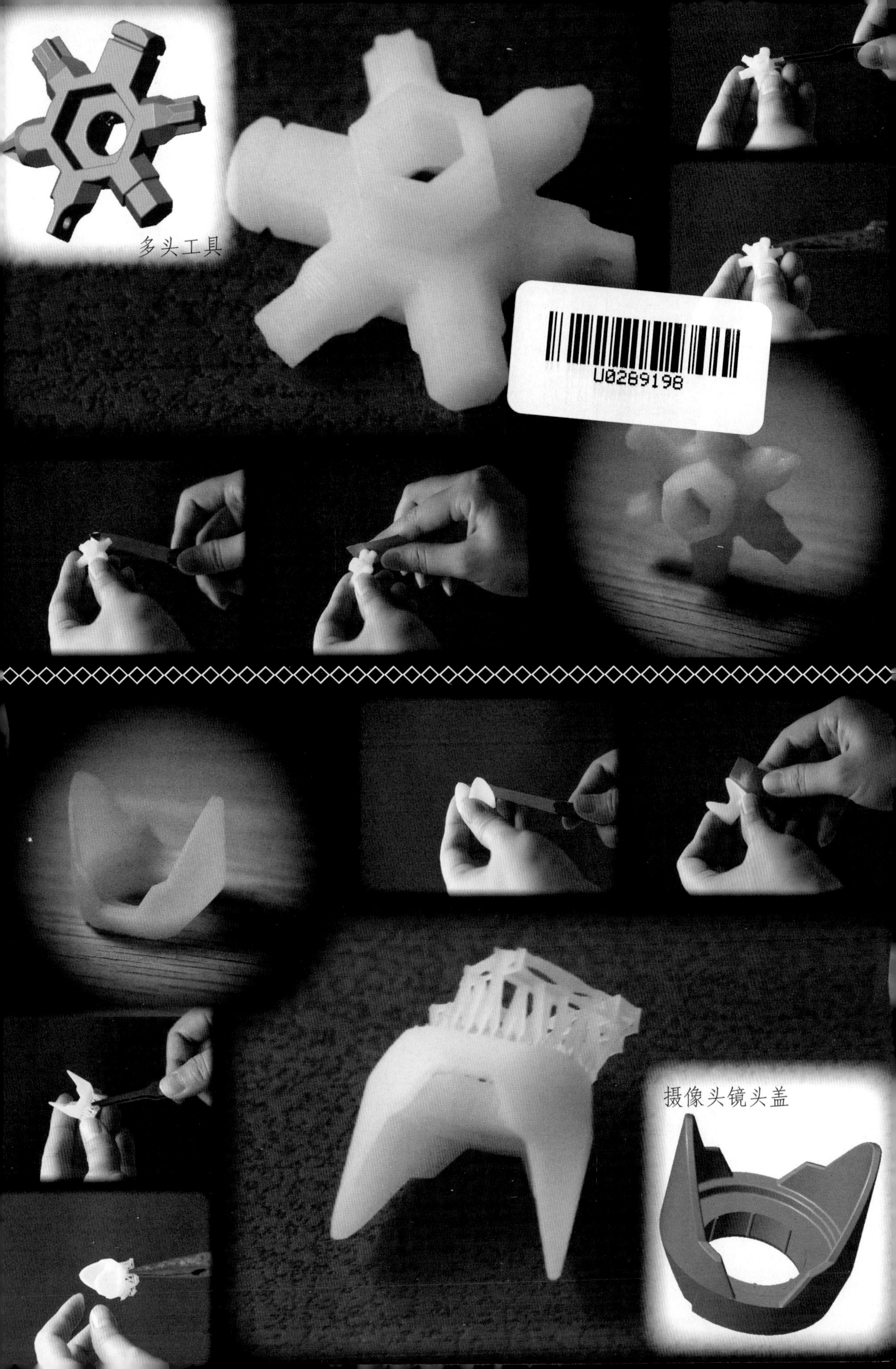
多头工具
U0289198
摄像头镜头盖

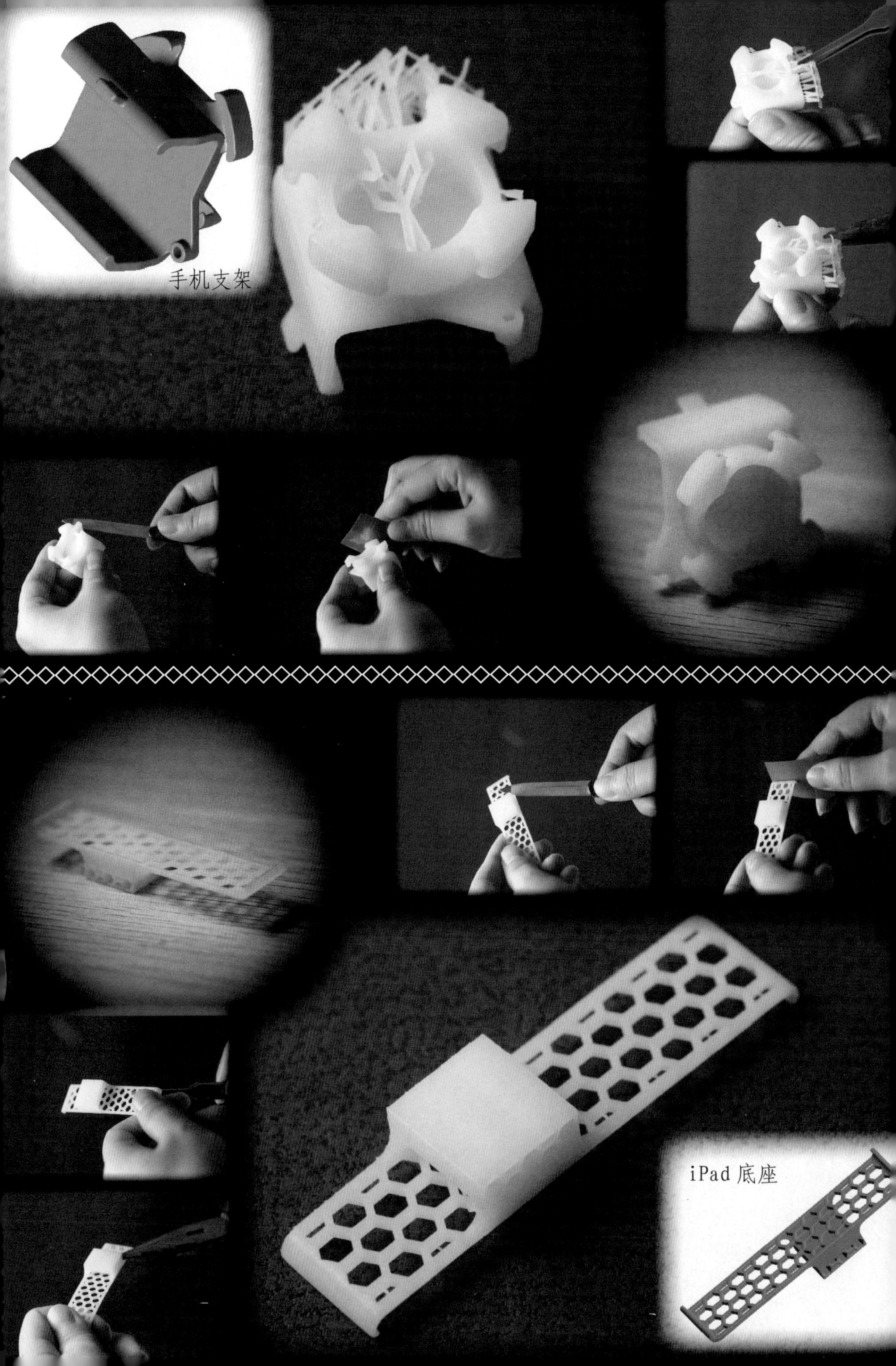
手机支架
iPad 底座

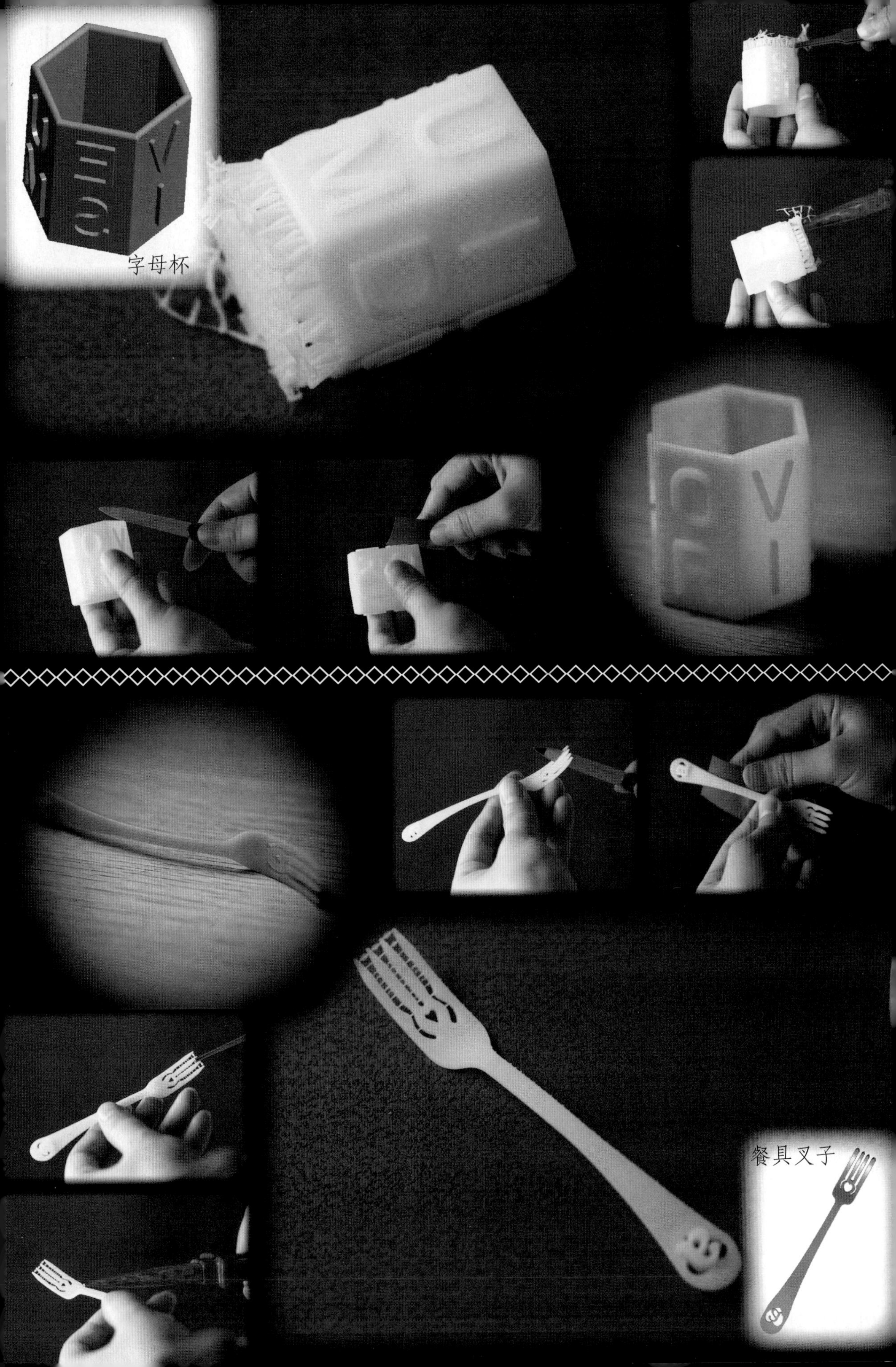
字母杯
餐具叉子

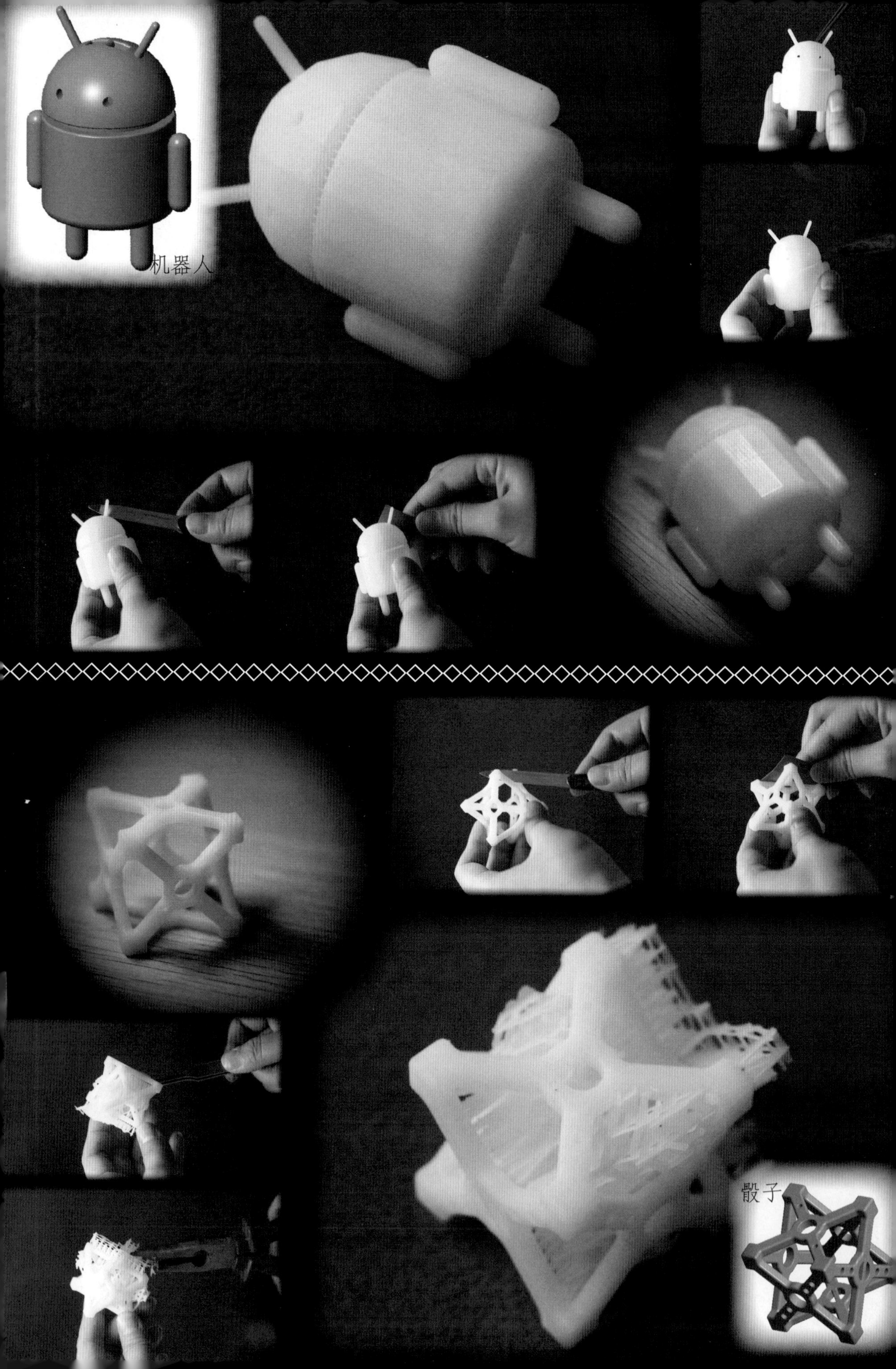
机器人
骰子

新工业革命

# Creo综合建模与3D打印

陈景文　编著

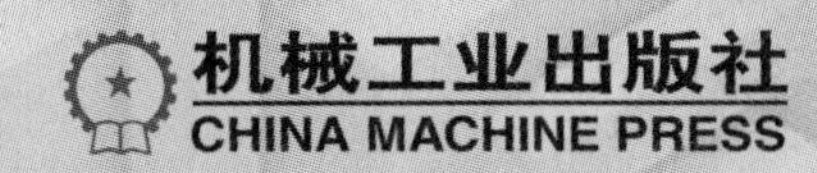

本书基于 Creo 软件，向读者展示出制作适合 3D 打印的模型，之后优化修补模型，最终利用 3D 打印完成模型制作这一完整过程。书中介绍了几十种模型的建模、优化及修补方法，以及主流 3D 打印机的使用流程，并对 3D 打印材料和 3D 打印机原理进行了详细阐述。

本书可作为从事各类工业设计的工程技术人员学习 3D 打印的参考资料，适合对 Creo 软件制作 3D 打印模型感兴趣的读者阅读，也可作为各类培训机构以及大中专院校的培训教材。

**图书在版编目（CIP）数据**

新工业革命：Creo 综合建模与 3D 打印 / 陈景文编著. —北京：机械工业出版社，2015.7

ISBN 978-7-111-50707-9

Ⅰ. ①新…　Ⅱ. ①陈…　Ⅲ. ①立体印刷-计算机辅助设计-应用软件　Ⅳ. ①TS853-39

中国版本图书馆 CIP 数据核字（2015）第 145434 号

机械工业出版社（北京市百万庄大街 22 号　邮政编码 100037）

策划编辑：丁　伦　　责任编辑：丁　伦

责任印制：乔　宇　　责任校对：张艳霞

保定市中画美凯印刷有限公司印刷

2015 年 10 月第 1 版 • 第 1 次印刷

185mm×260mm • 26 印张 2 插页 • 682 千字

0001－3000 册

标准书号：ISBN 978-7-111-50707-9

ISBN 978-7-89405-832-4（光盘）

定价：75.00 元（附赠 1DVD，含教学视频）

凡购本书，如有缺页、倒页、脱页，由本社发行部调换

电话服务

服务咨询热线：（010）88361066

读者购书热线：（010）68326294

（010）88379203

网络服务

机 工 官 网：www.cmpbook.com

机 工 官 博：weibo.com/cmp1952

教育服务网：www.cmpedu.com

金 书 网：www.golden-book.com

# 前言

3D打印技术又称积层制造（Additive Manufacturing，AM），也称三维打印技术，是指通过3D打印机采用分层加工、迭加成形的方式逐层增加材料来生成3D实体。3D打印技术最突出的优点是无须机械加工或模具就能直接从计算机图形数据中生成各种任意形状的物体，从而极大地缩短产品的研制周期，提高生产效率并降低生产成本。该技术在珠宝、鞋类、工业设计、建筑、工程和施工（AEC）、汽车、航空航天、牙科和医疗产业、教育、地理信息系统、土木工程、军事以及其他领域都有所应用。

长久以来，科学家和技术工作者一直有一个复制技术的设想，但直到20世纪80年代，3D打印的概念才开始出现。过去，设计师能在计算机软件中制作虚拟的三维物体，但要将这些物体用黏土、木头或是金属做成模型，可以用费时、费力、费钱来形容。3D打印的出现使模型由平面变成立体的过程一下简单了很多，设计师的任何改动都可在几个小时后重新打印出来，而不用花上几周时间等着工厂把新模型制造出来，这样一来可以大大降低制作成本和缩短制作周期。随着科技的不断进步，更多的东西可以用各种材料打印出来。打印机通过读取文件中的横截面信息用液体状、粉状或片状的材料将这些截面逐层地打印出来，再将各层截面以各种方式粘合起来从而制造出一个实体。这种技术的特点在于几乎可以造出任何形状的物品。

近些年，3D打印技术在国内掀起了一股技术创新热潮，作为产品3D效果展示的技术保障，3D可视化呈现在国内也获得了广泛的应用。许多传统制造行业、企业也都嵌入了3D可视化技术，使用基于各类引擎的3D可视化呈现技术来设计和展示产品已经成为国内行业发展的趋势。我国3D打印设计服务市场快速增长，已有几家企业利用3D打印制造技术生产设备和提供服务。用发展的眼光来看，3D打印首先会影响的是模具行业。即便在国内制造行业转型压力巨大的今天，模具行业仍然风景独好，一方面是它对技术要求高，另一方面是有市场需求，因为在产品大规模生产之前必须要进行多次打样和修改。传统的制造技术（如注射法）可以以较低的成本大量地制造聚合物产品，而3D打印技术可以以更快、更有弹性以及更低成本的办法生产数量相对较少的产品。一个桌面尺寸的3D打印机就可以满足设计者或概念开发小组制造模型的需要，极大地缩短了产品的研制周期，大幅度减少了成本投入。3D打印拥有速度快、尺寸灵活、成本经济等优点，是制作模型的理想之选。

综上所述，3D打印技术正在引领一场新的工业革命，相关题材图书已出版不少，但大多为理论探讨而非实战操作，读者往往看得“云里雾里”，却不知如何应用，因此本书在普及3D打印知识的同时，将更多篇幅放在将该技术“落地”的实操上。在调研了各类有建模需求的技术人员的基础上，本书选出了贴近一线工作的多种建模方法下的 3D 打印建模案例，并且完整展示了在 3D 打印机硬件上实现成品打印，以及模型修复和后期加工过程。同时，除展示完整的打印过程外，还提供了详尽的 3D 打印机设置及注意事项。此外，本书还收集了大量与 3D 打印相关的参考资料，以及当下最引人关注的热门话题：如 3D 照相馆解决方案、3D 打印材料、最新 3D 打印机的性价比资料等信息。

本书适合关注 3D 打印的有关人员阅读，更适合相关大专院校的师生作为教材使用。由于编写时间仓促，作者水平有限本书不足之处在所难免，敬请广大读者谅解并批评指正。

# 目录

## 第1章

## 工业设计中的3D打印概念



## 第2章

## 3D打印流程



## 第3章

## 工业设计软件的建模流程和3D打印文件的输出

## 第 4 章 3D 模型的常用建模工具



## 第 5 章 零件建模&打印实战

## 第 6 章 生活用品建模&打印实战



## 第 7 章 玩具建模&打印实战

# 第 1 章

# 工业设计中的 3D 打印概念

3D 打印（3D Printing）即快速成型技术的一种，它是一种以数字模型文件为基础运用粉末状金属或塑料等可粘合材料通过逐层打印的方式来构造物体的技术。过去其常在模具制造、工业设计等领域被用于制造模型，现正逐渐用于一些产品的直接制造，特别是一些高价值应用（比如髋关节或牙齿，或一些飞机零部件）已经有使用这种技术打印而成的零部件。“3D 打印”意味着这项技术的普及。3D 打印通常采用数字技术材料打印机来实现。这种打印机的产量以及销量在 21 世纪得到了极大的增长，其价格正逐年下降。

# 1.1 什么是 3D 打印

3D 打印并非是新鲜的技术，这个思想起源于 19 世纪末的美国，并在 20 世纪 80 年代得以发展和推广。中国物联网校企联盟把它称作“上上个世纪的思想，上个世纪的技术，这个世纪的市场”。3D 打印通常采用数字技术材料打印机来实现。

使用打印机就像打印一封信：单击计算机屏幕上的【打印】按钮，一份数字文件便被传送到一台喷墨打印机上，它将一层墨水喷到纸的表面以形成一幅二维图像。而在 3D 打印时，软件通过计算机辅助设计技术（CAD）完成一系列数字切片，并将这些切片的信息传送到 3D 打印机上，后者会将连续的薄型层面堆叠起来，直到一个固态物体成型。3D 打印机与传统打印机最大的区别在于它使用的“墨水”是实实在在的原材料。

3D 打印是制造业领域正在迅速发展的一项新兴技术，被称为“具有工业革命意义的制造技术”。运用该技术进行生产的主要流程是：应用计算机软件设计出立体的加工样式，然后通过特定的成型设备（俗称“3D 打印机”）用液化、粉末化、丝化的固体材料逐层“打印”出产品。

# 1.2 3D 打印的应用领域

3D 打印需要依托多个学科领域的尖端技术，至少包括信息技术、精密机械和材料科学三大技术。金模工控网的首席信息官罗百辉指出，近年来 3D 打印技术发展迅速，在各个环节都取得了长足进步。通过与数控加工、铸造、金属冷喷涂、硅胶模等制造手段相结合，该技术已成为现代模型、模具和零件制造的有效手段，在航空航天、汽车摩托车、家电、生物医学等领域得到了一定的应用，在工程和教学研究等应用领域也占有独特地位，下面介绍其具体应用领域。

## 1.2.1 工业制造

3D 打印应用于工业制造方面，例如产品概念设计、原型制作、产品评审、功能验证；制作模具原型或直接打印模具和产品。3D 打印的小型无人飞机、小型汽车等概念产品已问世，3D 打印的家用器具模型也被用于企业的宣传、营销活动中。

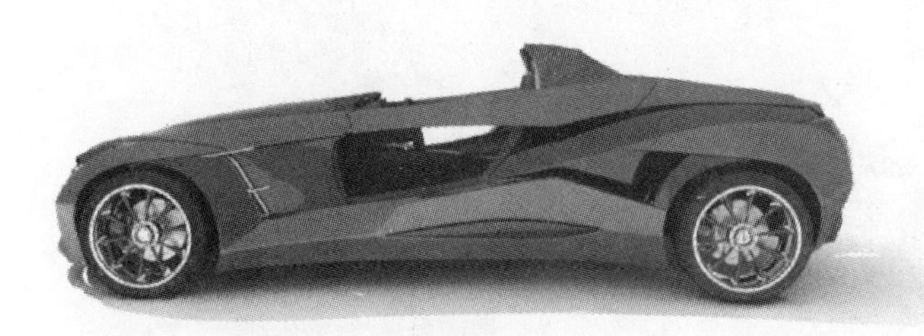

## 1.2.2 文化创意和数码娱乐

形状和结构复杂、材料特殊的艺术表达载体。在科幻类电影《阿凡达》中就运用 3D 打印塑造了部分角色和道具，而某些 3D 打印的小提琴接近手工工艺的水平。

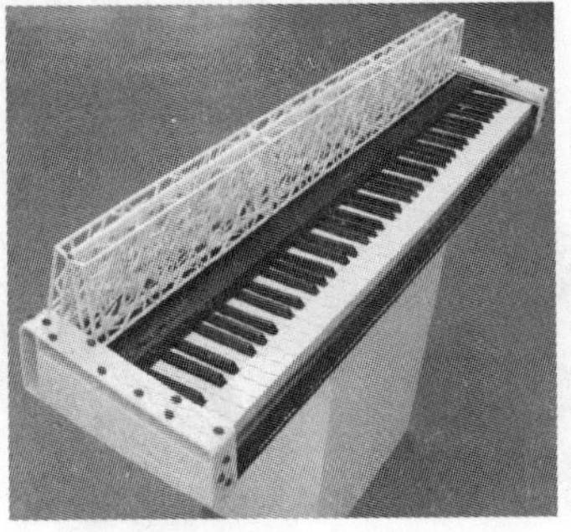

### 1.2.3 航空航天、国防军工

形状复杂、尺寸较小、性能特殊的零部件、机构的直接制造。

打印机成功地“打印”出了航空发动机的重要零部件。与传统制造相比，这一技术将使该零件的成本缩减 30%、使制造周期缩短 40%。来不及庆祝这一喜人的成果，设计师们又匆匆踏上了新的征程。鲜为人知的是，他们已经“秘密”研发 3D 打印技术十年之久了。

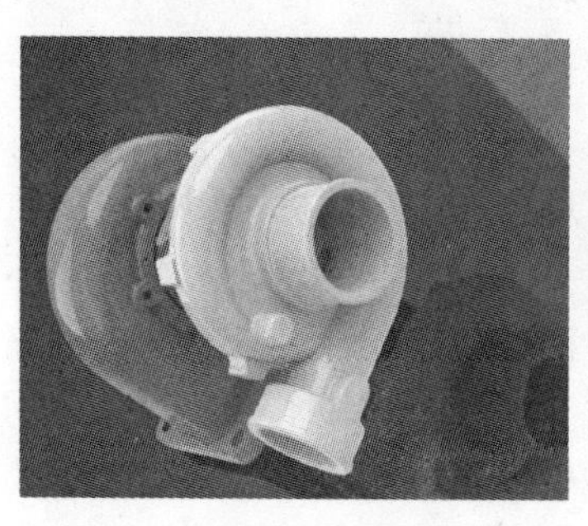

### 1.2.4 生物医疗

人造骨骼、牙齿、助听器、假肢等。

据说，一位 80 多岁的老人患有慢性的骨头感染，因此换上了由 3D 打印机“打印”出来的下颚骨，这是世界上第一个使用 3D 打印产品做人体骨骼的案例。

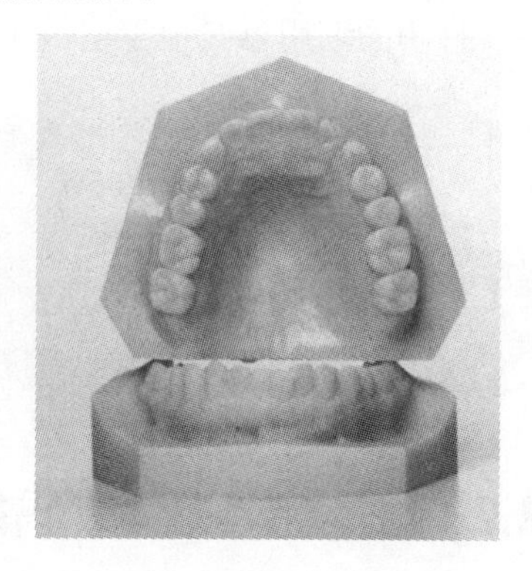

### 1.2.5 消费品

珠宝、服饰、鞋类、玩具、创意 DIY 作品的设计和制造。

## 1.2.6 建筑工程

建筑模型风动试验和效果展示，建筑工程和施工（AEC）模拟。

在建筑业里，工程师和设计师们已经接受了用 3D 打印机打印的建筑模型，这种方法快速、成本低、环保，同时制作精美，完全符合设计者的要求，同时又能节省大量材料。

## 1.2.7 教育

近年来，很多的高教专业在摸索创新教学模式，把 3D 打印系统与教学体系相整合。一方面 3D 打印机可以提高学生在掌握技术方面的优势，提高学生的科技素养，另一方面利用 3D 打印机打印出来的立体模型显著地提高了学生的设计创造能力。

## 1.2.8 个性化定制

基于网络的数据下载、电子商务的个性化打印定制服务。

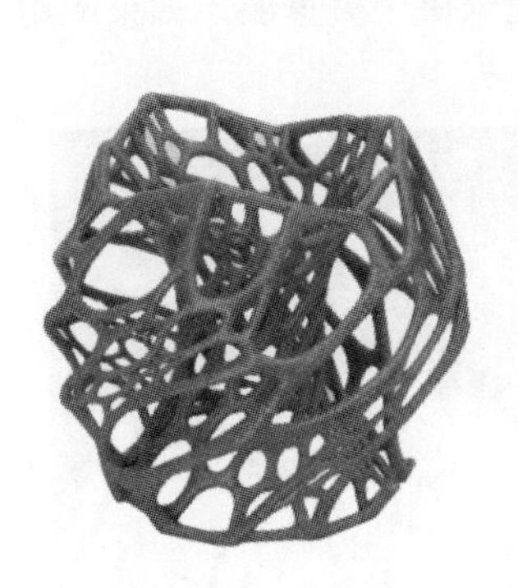

### 1.2.9 文物保护

博物馆里常常会用很多复杂的替代品来保护原始作品不受环境或意外事件的伤害，同时复制品也能将艺术或文物的影响传递给更多、更远的人。史密森尼博物馆就因为原始的托马斯·杰弗逊要放在弗吉尼亚州展览，所以用了一个巨大的 3D 打印替代品放在原来雕塑的位置。

## 1.3 全球 3D 打印的发展情况

### 1.3.1 国内 3D 打印的发展现状

国内 3D 打印的发展现状不够理想，发展观念上落后，长期沿袭传统制造业的老路，生产设备、卖设备，没有将设备的生产与加工服务和应用市场相结合，国内 3D 打印产业危机四伏。

国内市场如果再得不到发展，未来市场将全部被国外企业所占据。目前，人们对于 3D 打印技术既充满热情又一片茫然，对这项技术充满神秘感，市场推广的难度很大，技术和市场存在脱节的问题，应用市场并没有真正打开。3D 打印产业发展的关键在于应用，一项新兴技术的发展必须与应用市场相结合。再好的技术，如果不能在实践中得到广泛的应用，那么这项技术一定没有发展前景。未来三到五年，对于 3D 打印行业来讲至关重要，如果应用市场还不能有效打开，其未来的道路将更加艰难。

### 1.3.2 国外 3D 打印的发展现状

目前全球 3D 打印行业整体现状处于“小而散”的格局当中，还没有绝对的龙头企业和龙头人物产生，既缺乏成熟的商业模式引领，也没有有效地打开应用市场。原因在于 3D 打印技术本身不是一项替代性很强的技术，大家还没有找准市场定位，对于 3D 打印技术的认识也有误区，这项技术并不是万能的。另外，“小而散”的行业格局不利于新兴技术的发展。

## 1.4 3D 打印的优缺点

### 1.4.1 3D 打印技术有传统制造技术不可比拟的优势

（1）与常见的数控机床相比，3D 打印可以加工任何复杂结构的产品，加工范围包括金属、塑料、生物、建筑等各种材料。

（2）作为一种增材制造工艺，无损耗，在材料的利用率上有着明显的优势。

（3）3D 打印可实现个性化、艺术化专属定制。3D 打印以数字化、网络化为基础，实现直接制造、桌边制造和批量定制的新的制造方式。

（4）能与生物工程结合，与艺术创造结合，满足消费者的个性意愿等。

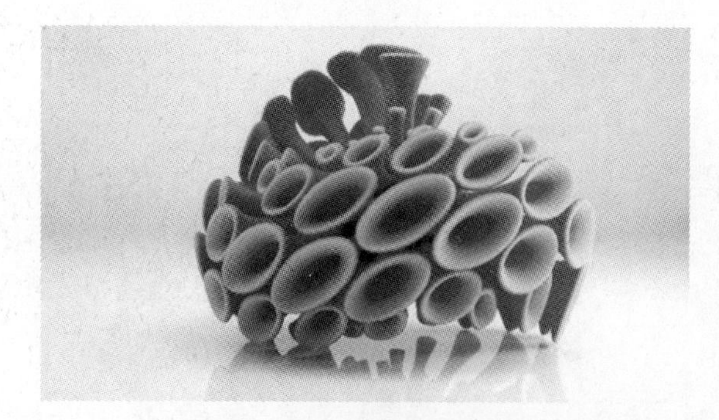

由于该技术本身的特点，3D 打印技术将会大大缩减劳动力成本，这对于亟待转型的中国经济来说具有非常重要的意义。此外，利用 3D 打印技术工厂可以轻松地设计模具，并尽快投入批量生产，而传统工厂在定制样品时要来回修改，从而反复消耗人力制造成本，并且 3D 打印还具有设计个性化、短流程等优势。

### 1.4.2　3D 打印身上的“三座大山”

首先是材料性能差，强度、刚度、机械加工性等远不如传统加工方式。房子、车子固然能“打印”出来，但房子是否能抵挡住风雨，车子是否能在路上顺利地跑起来，那就不一定了。手枪真的能发射出子弹吗？在国外原文中只是提到了枪身是 3D 打印的而已，至于膛线和枪管，并没有明确说明。

由于采用层层叠加的增材制造工艺，层和层之间的黏结再紧密也无法和传统模具整体浇注而成的零件相媲美，这意味着在一定的外力条件下打印的部件很可能会散架。虽然现在出现了一些新的金属快速成型技术，但是要胜任大部分机械用途，比如要承力、传递扭矩等，或者进一步机加工，还不太可能，充其量只能做原型使用，不能作为功能性部件。

其次是材料局限，成本高。目前供 3D 打印机使用的材料非常有限，主要是石膏、无机粉料、光敏树脂、塑料等。如果真要打印房屋或汽车，光靠这些材料是远远不够的，金属构件恰恰是 3D 打印的“软肋”（仅设备投入就要在几百万元以上）。

在此以一个金属的电机外壳为例，打印这种样品的金属粉末耗材一斤就要卖几万元，计算价格时成型材料和支撑材料都要算入，所以 3D 打印样品至少要卖几万元，但如果采用传统的工艺去工厂开模打样，几千元就能搞定。

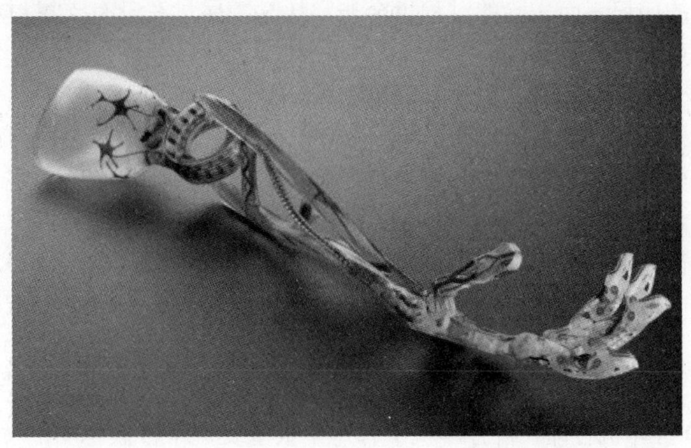

第三是精度问题。由于分层制造存在台阶效应，每个层次虽然很薄，但在一定的微观尺度下仍会形成具有一定厚度的一级级“台阶”，如果需要制造的对象表面是圆弧形，那么就会造成精度上的偏差。还有些工艺需进行二次强化处理，当表面压力和温度同时提高时，3D 打印的杰作必然会引起材料的收缩与变形，造成精度降低。

## 1.5 打印 3D 模型时需要注意的 10 条准则

**1．45° 法则**

大家要记住 45° 法则，任何超过 45° 的突出物都需要额外的支撑材料或是高明的建模技巧来完成模型打印，设计自己的支撑或连接物件（锥形物或是其他的支撑材料），并将它们设计进模型之中。

**2．尽量避免在设计时使用支撑材料**

虽然支撑用的演算法随着时间一直在进步，但是支撑材料在去除后仍会在模型上留下很深的印记，而去除的过程也会非常耗时。尽量在没有支撑材料的帮助下设计自己的模型，让它可以直接进行 3D 打印。

**3．尽量自己设计打印底座**

善用“老鼠耳朵（mouse ear）”。“老鼠耳朵”是一种圆盘状或圆锥状的底座，把它们设计到自己的模型之中，不要使用软体内建的底座模型。东尼・布塞尔（Tony Buser）的“火箭尾翼（Mouse Eared Rocket Fincan）”和凯西的“温莎椅（Windsor Chairs）”都是善用这个设计巧思的杰出例子。大家不要使用内建的打印底座（raft），它会影响打印速度，此外根据不同软体或打印机的设定，内建的打印底座可能会难以去除并且损坏模型的底部。

**4．了解自己的打印机的极限**

了解自己模型的细节，看有没有一些微小的凸出物或是零件因为太小而无法使用桌面型 3D 打印机打印。在打印机中有一个很重要但常常被忽略的变数，那就是线宽（thread width）。

线宽是由打印机喷头的直径来决定的，大部分打印机拥有直径为0.4mm或是0.5mm的喷头。事实上，3D打印机画出来的圆大小都会是线宽的两倍。举例来说：一个0.4mm的喷头画出来的圆的最小直径是0.8mm，而0.5mm的喷头画出来的圆的最小直径是1mm。就像凯西在影片里说的基本原则："你能创造的最小物件不会小于线宽的两倍。"

**5．为需要连接的零件选择合适的容许公差**

为拥有多个连接处的模型设计自己觉得合适的容许公差。要找到正确的公差可能会有些困难，凯西计算正确公差的技巧是在需要紧密接合的地方（压合或连结物件）预留0.2mm的宽度；给较宽松的地方（枢纽或是箱子的盖子）预留0.4mm的宽度。用户必须亲自为自己的模型做测试，这样才能为自己要创造的东西决定适合的容许公差。

**6．适度的使用外壳（Shell）**

在要求精度的模型上不要使用过多的外壳，例如对于一些印有微小文字的模型来说，多余的外壳会让这些精细处模糊掉。

**7．善用线宽**

善于利用线宽作为自己的优势。如果想要制作一些可以弯曲或是较薄的模型，将模型的厚度设计成一个线宽。大家可以看看凯西的《可弯曲的灵感（Flexible Inspiration）》作品集，这个在Thingiverse上的作品集提供了很多这个技术的使用例子。

**8．调整打印方向以求最佳精度**

永远以可行的最佳分辨率方向作为自己的模型打印方向。如果有需要，可以将模型切成几个区块来打印，然后再重新组装。据3D打印资讯门户——天工社了解，对于使用熔融沉积（Fused Filament Fabrication，FFF）技术的打印机来说，用户只能控制Z轴方向的精度，因为XY轴的精度已经被线宽决定了，如果用户的模型有一些精细的设计，确认一下模型的打印方向是否有能力打印出那些精细的特征。

**9．根据压力来源调整打印的方向**

当受力施加在模型上时，我们要保持模型不会毁坏。确保自己的打印方向以减少应力集中在部分区域，我们可以调整打印的方向让打印线垂直于应力施加处。

同样的原理，也可以运用在常用来打印大型模型的ABS树脂上，在打印的过程中，这些大型模型可能会因为在打印台上冷却的关系而沿着Z轴的方向裂开。

**10．最终目标：打印且正确摆放自己的模型设计**

利用位置设计来打印包含了多种综合型物件是熔融沉积打印机的"终极目标"。在这里凯西有很多技巧教大家如何"在合适的位置打印你的设计"：把设计物件放在打印平台上，连接这些邻近的物件，并在间隔处小心地打印。

## 1.6　3D打印的材料选择与对比

目前，3D打印材料主要分为工程塑料和光敏树脂。

（1）工程塑料：指被用作工业零件或外壳材料的工业用塑料，它是强度、耐冲击性、耐热性、硬度及抗老化性均优的塑料。

- PC 材料：真正的热塑性材料，具备工程塑料的所有特性。其高强度、耐高温、抗冲击、抗弯曲，可以作为最终零部件使用，应用于交通工具及家电行业。
- PC-ISO 材料：一种通过医学卫生认证的热塑性材料，被广泛应用于药品及医疗器械行业，可以用于手术模拟、颅骨修复、牙科等专业领域。
- PC-ABS 材料：一种应用最广泛的热塑性工程塑料，应用于汽车、家电及通信行业。

（2）光敏树脂：即 UV 树脂，由聚合物单体和预聚体组成，其中加有光（紫外光）引发剂（或称为光敏剂）。在一定波长的紫外光（250～300nm）照射下会立刻引起聚合反应完成固化。它一般为液态，通常用于制作高强度、耐高温、防水等的材料。

- Somos 19120 材料：粉红色材质，铸造专用材料，成型后直接代替精密铸造的蜡模原型，避免开模具的风险，能大大缩短周期，并且拥有灰烬少和高精度等特点。
- Somos 11122 材料：半透明材质，类 ABS 材料，抛光后能达到近似透明的艺术效果。此种材料被广泛用于医学研究、工艺品制作和工业设计等行业。
- Somos Next 材料：白色材质，类 PC 新材料，该材料韧性较好，精度和表面质量更佳，制作的部件拥有最先进的刚性和韧性结合。

另外，3D 打印常用的材料有尼龙玻纤、耐用性尼龙材料、石膏材料、铝材料、钛合金、不锈钢、镀银、镀金、橡胶类材料。

（3）塑料：对于细节要求高和耐久性强的产品，塑料是一个很好的选择，最重要的是用户可以选择任何色彩。

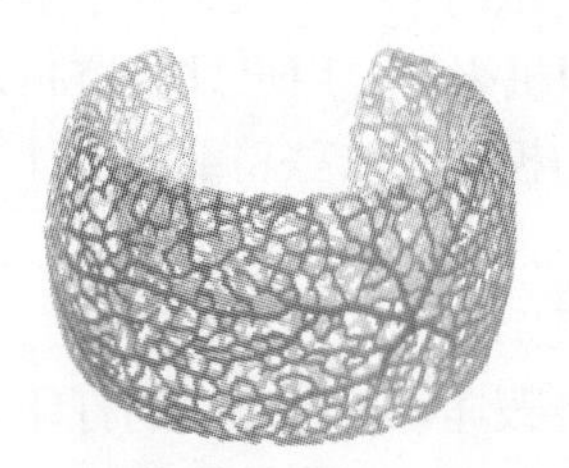

白色尼龙塑料

不锈钢手镯

（4）金属：如果用户有预算，试试金属合金。若要得到更高质量的产品，考虑铁、10 克拉黄金、不锈钢、纯银或其他贵金属。

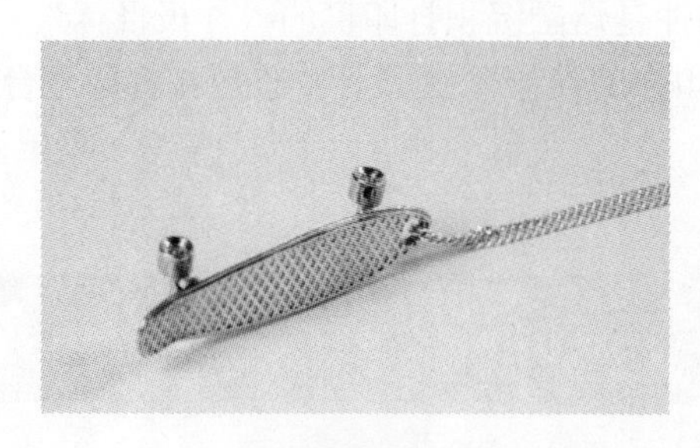

抛光黄铜

釉面陶瓷

（5）丙烯酸：丙烯酸形式灵活、坚固，可用于多种产品。它可以是有色的或透明的，满足用户想要的外观。

（6）陶瓷：对于艺术品、家居装饰和其他需要手工样式的产品，陶瓷材料是一个很好的选择。

（7）尼龙：非常适用于有良好灵活性需求的产品，尼龙也适用于高品质、高细节的产品。

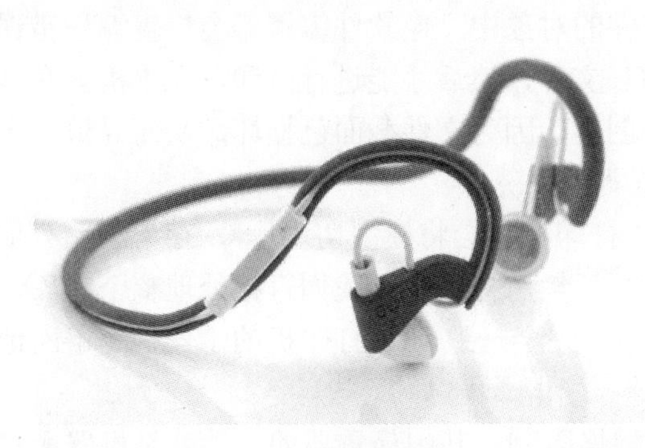

尼龙塑料

蜡

（8）蜡：蜡主要用于珠宝制作和艺术品的复制，可以用于创建一个详细的、快速原型规格的模具。

（9）砂岩：可以 3D 打印成坚硬的表面纹理或多色外观的产品。

砂岩

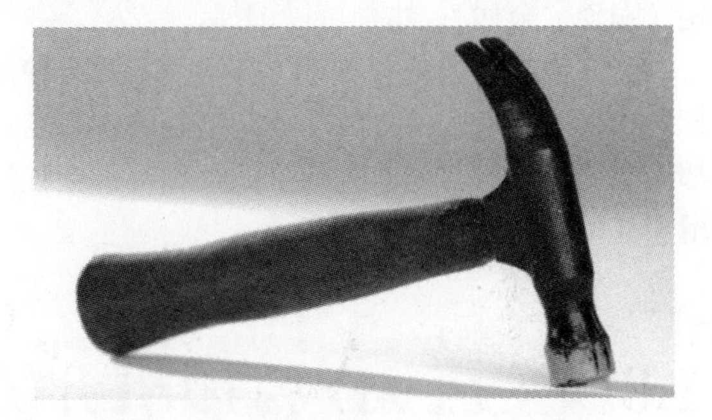

纸

（10）纸：纸是生物可降解材料，通常是最环保的 3D 印刷材料。

## 1.7 3D 打印的常用术语

（1）STL 格式：STL 是很多快速原型系统应用的标准文件类型，是标准的三角语言。所有的成型机都可以接收 STL 文件格式进行打印。当保存了 STL 文件之后，设计的所有表面和曲线都会被取代并转换成网状。网格由一系列的三角形组成，代表设计原型中的精确几何含义。这很重要，因为使用 STL 文件将对构建高质量模型发挥很大的作用。很多三角形的面可以表现流畅的曲线，这需要导出高分辨率的 STL 文件，如此一来，三角形会变得相当小，以至于机器无法察觉。

（2）水密：STL 文件需要水密后才可以进行 3D 打印，水密最好的解释就是无孔的有体积固体。用户可能会感到惊讶，即使设计的固体已经创建完成，也很有可能在模型中仍存在没有被留意的小孔。

（3）STL 错误：一旦要导出 STL 文件格式的设计文件，往往会报告“错误”。这些错误并非发生在阶段中，而是真实存在于该文件的对象中。像软件编译器会检查编程错误一样，3D 打印机或 STL 浏览器同样可以检查 STL 文件，然后才能进行打印。如果机器在创建模型的过程中遇到问题文件，就会崩溃并停止创建，因为文件截面已损坏，从而导致一个失败的打印。所以，使用一个好的 STL 文件浏览器很关键。

（4）横截面：STL 文件一旦创建，3D 打印机就会将模型切“片”，存为一系列横截面的文件。先用类似激光切割机的方法创造截面，然后再组装。我们直接处理整个对象，把它们切为片状的横截面，截面将与机器打印的厚度完全一致。3D 打印机的工作就是不断地将横截面层层打印、累积，直到模型完成。

（5）层厚度：3D 打印工艺有各自的规格限制，其中最重要的一项就是机器所打印的层的厚度。如果在设计中存在精细到 0.001in 的细节，而打印机的精度只有 0.01in，那么用户只能跟精心设计的细节说“再见”了，因为打印机会自动忽略它。所以对于参数化机器，将 3D 设计调整到适当的规格是很重要的。

（6）模型材料：不同的 3D 打印技术使用不同的材料制作截面，塑料、液态树脂、粉状物（陶瓷、金属）、蜡都可以选择。

（7）支撑材料：每种 3D 打印技术都会使用支撑材料来支撑模型的表皮。简单地说就是打印出来的任何几何形体都不是实心的，表皮之下同样需要支撑材料。所有的 3D 打印技术都需要支撑材料，因此大部分的打印机都会使用模型材料作为支撑材料，支撑材料的相关费用和模型本身的费用差不多。

## 1.8 主流 3D 打印机介绍

目前全球制造 3D 打印机的企业、科研机构超过数百家，再加上数量众多的 3D 打印爱好者，制造出来的 3D 打印机型号无法计算，我们只能选择平时关注度比较高的主流机型进行介绍。

目前工业级 3D 打印领域有“三巨头”的说法，即 3D Systems、Stratasys 和 EOS，三家技术各有特色，下面介绍最有特色的 3 个系列。

（1）3D Systems（ZCorp）Zprinter 系列：Zprinter 是 3DS 旗下 ZCorp 的代表机型，采用三维粉末粘接技术（3DP），该机型最大的特色是支持彩色打印，Zprinter 650 最高支持 39 万种色彩的输出，构建物品尺寸为 254mm×381mm×203mm，层厚 0.09～0.1mm，Zprinter 650 也是 3D 照相馆中常见的设备。

使用 3DP 技术虽然获得了丰富的色彩输出，但是也付出了一定的代价。首先，依靠粉末粘接的成品强度较差，需要进行后续处理才可以获得耐用的成品。其次，3DP 使用粉末粘接，表面不够细腻，精细度与 SLA 相比有一定的差距，所以主要应用在对色彩外观要求较好、对

强度要求不是太高的领域。

（2）Objet 系列：Objet 是一家以色列公司，在 2012 年被 Stratasys 收购，Objet 的产品主要采用光固化（SLA）技术，通过感光材料被光照射后固化成型，Objet 工业级的 Connex500 支持超过 123 种材质的材料，是目前支持材料种类最多的 3D 打印机。

Objet 基于 SLA 的 3D 打印机，打印速度快，而且成型精密、还原度好、表面光滑。Connex500 每层材料的厚度最低 16μm，精细程度远远超过目前其他 3D 成型技术。不过目前 Objet 使用的主要还是树脂类材料，成品强度不高，无法直接制作金属类产品，而且材料成本相当高，普通企业较难接受。

（3）EOS 系列：EOS 是德国企业，主要技术以选择性激光烧结（SLS）为主，SLS 技术虽然复杂、成本高，但是能够制作金属、陶瓷等特殊材质作品，所以在工业制造领域的应用非常广。

SLS 烧结的成品强度最好，不过因为是粉末烧结的原因，表面并不是十分光滑，一般有较多的后续处理工序，技术含量要求较高，而且激光烧结除了激光系统之外，还有一系列辅助安全设备和设施，导致设备成本、维护成本都很高。

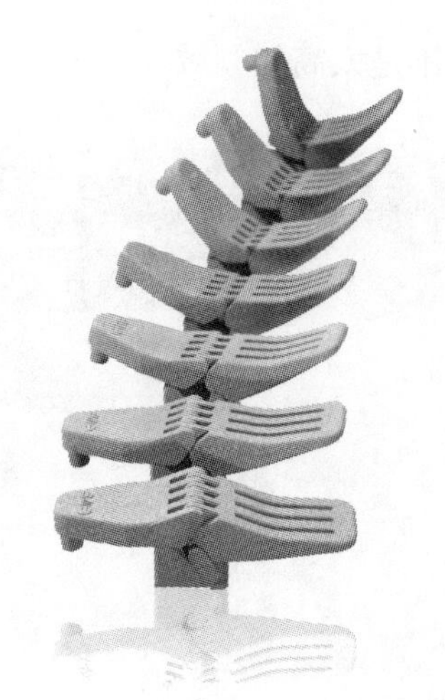

下面介绍几种使用 FDM 技术的桌面级 3D 打印机。

（1）桌面级 3D 打印机 Reprap：提到桌面级 3D 打印机，不得不提 Reprap 项目，它几乎可以说是绝大部分桌面级 3D 打印机的“始祖”，也因为 Reprap 一开始就从源代码、硬件设计全部开源，吸引了无数爱好者对 Reprap 进行改造，活跃了桌面 3D 打印机社区，衍生出了无数的后续机种。现在著名的 Makerbot、Ultimaker 等都属于 Reprap 后续发展出来的机型。

Reprap 采用 FDM 技术，Reprap 的设计理念是制造一台能够自我复制的机器，目前 Reprap 已经进化到新一代的 RepRapPro Mendel。

Mendel 是为了支持多色彩打印设计的，目前仅提供单色版本，但是在未来会提供扩展组件，增加彩色打印头。

其主要技术指标如下。

- 打印空间：200mm×200mm×110mm
- 精度：0.1mm
- 打印速度：1 800mm/min
- 使用材料：1.75mm ABS/PLA
- 支持脱机打印

（2）Makerbot：大名鼎鼎的Makerbot作为桌面级3D打印机的领军企业可谓是无人不知、无人不晓，早年Makerbot彻底开源了Thing-O-Matic，从此也就产生了大量的仿制品。2012年新发布的Replicator2无疑是桌面3D打印机的新标杆，实际层厚达到了100μm，从目前展示的打印效果来看，作品非常细腻，FDM机型常有的台阶效应已经不太明显，也许桌面级FDM机型在未来真的可能会慢慢得到一些专业领域的认可。

Replicator2的主要技术指标如下。

- 打印空间：28.5cm×15.3cm×15.5cm
- 层厚：高分辨率为100μm，中分辨率为270μm，低分辨率为340μm
- 材料：1.75mm PLA
- 支持脱机打印

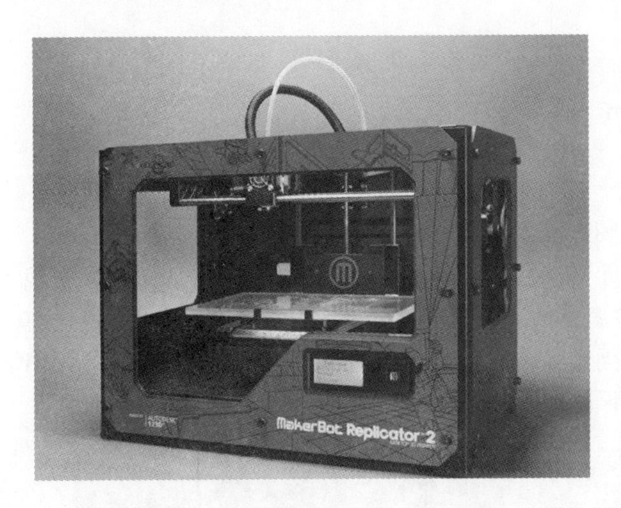

（3）Ultimaker：原始的Reprap为了追求可自我复制，在效率和精度上作出了一些牺牲，而后续衍生机为了弥补这一点在结构上做了改进，除了Makerbot之外，Ultimaker也是一个较为成功的分支。Ultimaker来自荷兰，从名字上就能看出他们的远大理想，Ultimaker最大的特色是将挤出机构与喷嘴分离，减轻头部重量，从而在理论上获得更快的打印速度和更高的打印精度。

Ultimaker的主要技术指标如下。

- 打印空间：21cm×21cm×20.5cm
- 层厚：官方数据为100μm，有部分报告说可以实现50μm层厚
- 材料：1.75mm PLA
- 支持脱机打印（采购装配零件包需另购脱机打印模块）

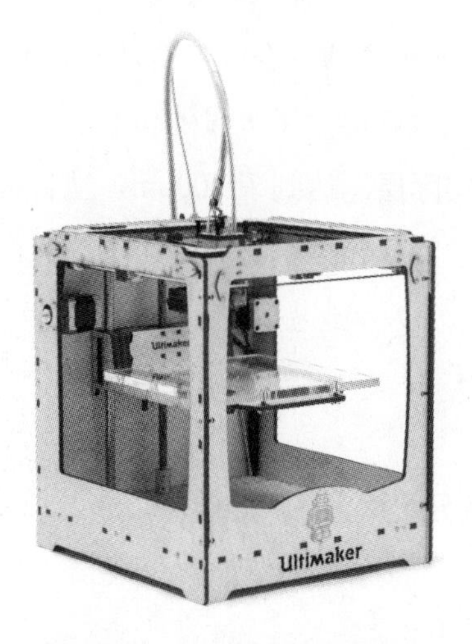

（4）UP：UP 系列其实由北京太尔时代出品，该公司以前主要做 OEM 出口，目前开始以 UP 品牌在国内进行销售。

其主要技术指标如下。

- 打印空间：140mm×140mm×135mm
- 层厚：最低 0.15mm，最高 0.4mm
- 材料：1.75mm　ABS/PLA

虽然其打印尺寸较小，但是相对其他国外品牌来说，其性价比优势明显。

前面介绍的均为使用 FDM 技术的桌面 3D 打印机，FDM 技术结构简单、成本低、实现方便，而且有 Reprap 庞大的开源社区的资源支持，非常容易制作，但是 FDM 技术本身也有很多不足，例如控制逻辑复杂、成型影响因素多、成品精度不足等。目前，国外已经开始出现基于光固化技术的桌面级 3D 打印机，下面简单介绍两种机型。

（1）Form1：Form1 是最早在 Kickstarter 上发起的基于 SLA 技术的桌面级 3D 打印机，主要将激光束通过偏振光镜对感光材料平面进行扫描，促使材料固化，然后层层叠加获得打印成品。由于使用 SLA 技术，Form1 制作的成品细节精致、表面光滑，接近所见即所得的效果。

其主要技术指标如下。

- 打印空间：125mm×125mm×165mm
- 层厚：25μm
- 材料：光敏树脂

（2）B9Creator：Form1 采用偏振光镜方式，使用光斑逐点扫描成型区域，效率相对较低，于是 Kickstarter 上出现了第二个基于 SLA 技术的 3D 桌面打印机——B9Creator。B9Creator 同样使用光固化原理，但并不是使用偏振光镜扫描，而是直接使用 DLP 技术一次性对整个面照射固化，成型效率远远高于偏振光镜。

其主要技术参数如下。

- 打印空间：每像素 100μm 时，102.4mm×76.8mm×203.2mm；每像素 50μm 时，51.2mm×38.4mm×203.2mm
- 层厚：10～100μm
- 材料：光敏树脂

本次主要介绍了当前比较常见的 3D 打印机，抛开工业级打印机，在桌面级市场目前仍然以简单易用、成本低廉的 FDM 技术 3D 打印机为主。虽然是新兴的 SLA 桌面级打印机开始慢慢出现，SLA 技术的 3D 打印机成型精度好、表面光滑，但是目前还存在打印尺寸偏小的劣势。此外以光敏树脂作为材料，还有成本高、不易保存、具有毒性需要防护等问题。随着新技术不断发展，相信未来会有更多、更优秀的桌面级 3D 打印机出现，让 3D 打印的世界更加丰富多彩。

## 实战问答：3D 打印机可以打印大尺寸模型吗

现在，增大了立体模具最大尺寸的 3D 打印机新产品纷纷推出，原来需要缩小实物尺寸或分割造型再组装起来的较大立体模型也能用与实物相同的尺寸制成。增大最大造型尺寸，即使对于不太大的立体模型而言，也有能够同时制作多个模型的好处，从而有助于提高单位时间的产量，进而降低运用成本。

最近，美国 Stratasys 公司和以色列欧贝杰公司（Objet）合并成立的 Stratasys 公司推出了 3D 打印机新产品“Objet1000”（如下图所示）。其最大造型尺寸（托盘尺寸）扩大到了宽 1 000mm×进深 800mm×高 500mm。

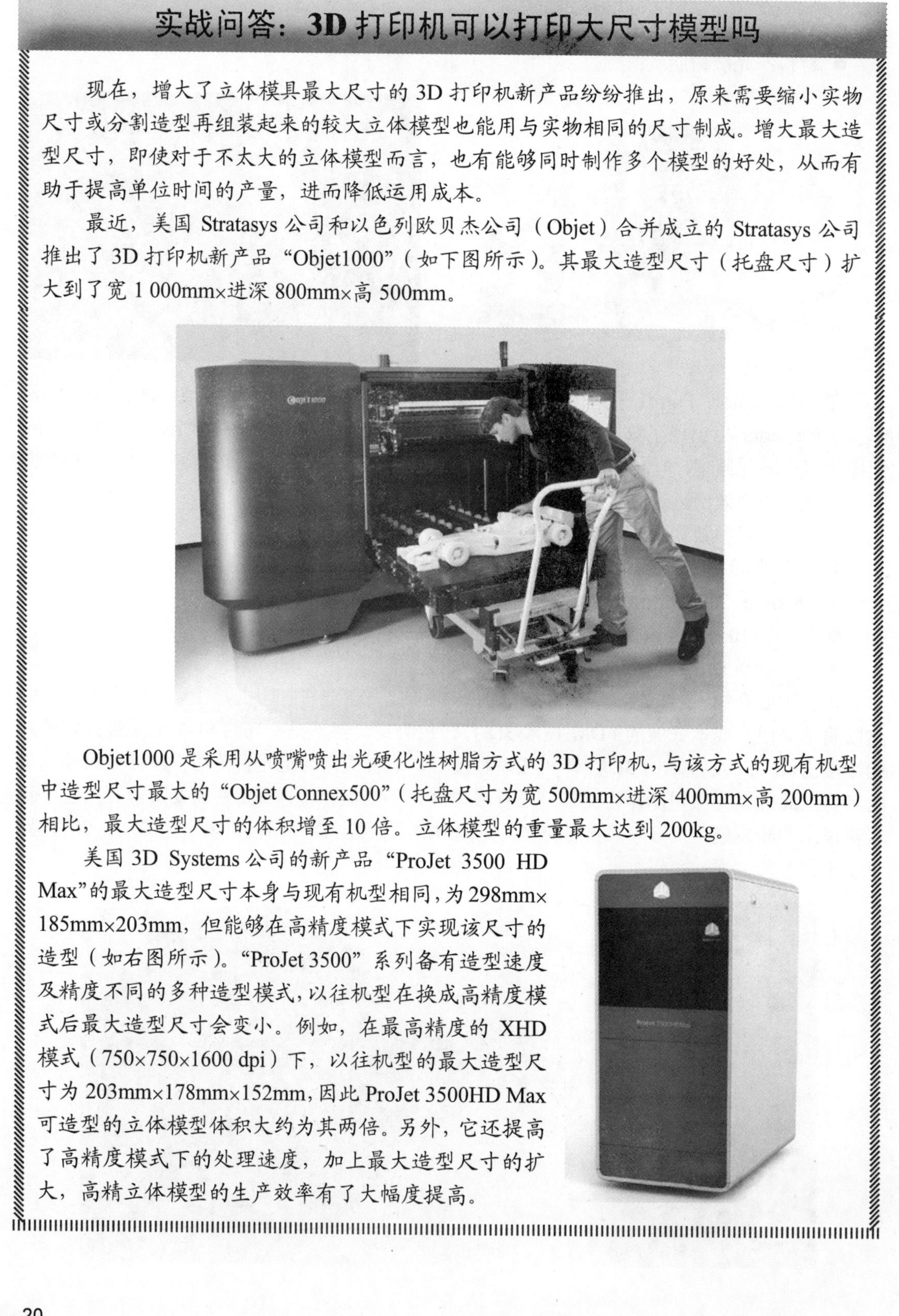

Objet1000 是采用从喷嘴喷出光硬化性树脂方式的 3D 打印机，与该方式的现有机型中造型尺寸最大的“Objet Connex500”（托盘尺寸为宽 500mm×进深 400mm×高 200mm）相比，最大造型尺寸的体积增至 10 倍。立体模型的重量最大达到 200kg。

美国 3D Systems 公司的新产品“ProJet 3500 HD Max”的最大造型尺寸本身与现有机型相同，为 298mm×185mm×203mm，但能够在高精度模式下实现该尺寸的造型（如右图所示）。“ProJet 3500”系列备有造型速度及精度不同的多种造型模式，以往机型在换成高精度模式后最大造型尺寸会变小。例如，在最高精度的 XHD 模式（750×750×1600 dpi）下，以往机型的最大造型尺寸为 203mm×178mm×152mm，因此 ProJet 3500HD Max 可造型的立体模型体积大约为其两倍。另外，它还提高了高精度模式下的处理速度，加上最大造型尺寸的扩大，高精立体模型的生产效率有了大幅度提高。

## 技术链接：全球 3D 打印行业的竞争格局

从目前发展最为成熟的 3D 打印机市场来看，正在逐渐形成寡头垄断的格局。从市场份额来看，欧美市场是目前最大的市场，Stratasys、3D Systems 等欧美公司是当之无愧的龙头。3D 打印产业包括上游的打印材料、中游的打印设备、相关外设及其设计软件，以及下游的打印终端产品和工业设计服务三大环节。

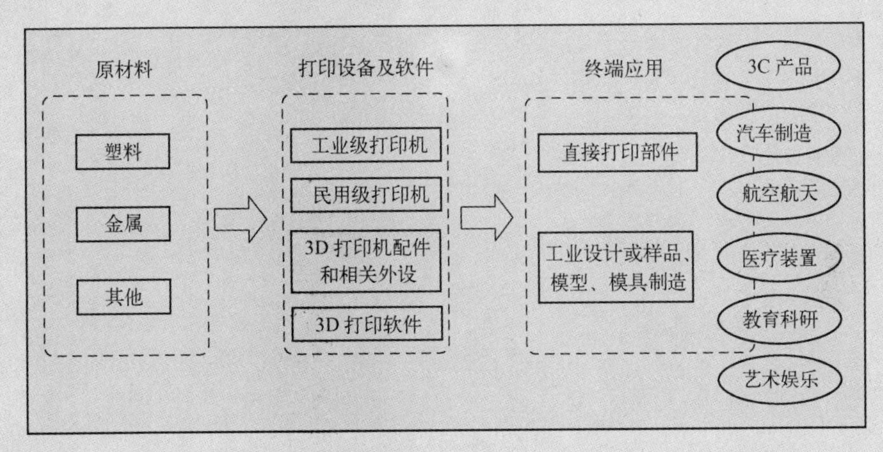


下面是工业级 3D 打印机市场份额（按地区分类）。

| 区　域 | 占　比 | 区　域 | 占　比 |
|---|---|---|---|
| 美国 | 60% | 欧洲 | 19% |
| 以色列 | 16% | 亚洲 | 5% |

从分布地区来看，目前 80%的工业级打印机的需求集中在美国和欧洲，以色列占 16%的市场份额主要得益于当地公司 Objet 的良好发展，亚洲仅占 5%。从制造商角度来看，Stratasys（加上最近合并的 Solidscape 和 Objet）、3D Systems 等的出货量占比高达 75%，是目前当之无愧的行业龙头。不过，中国的销量规模占比 2%，也预示了国内企业开始逐渐进入主流供应商行列。

下面是工业级 3D 打印机市场份额（按制造商分类）列表。

| 区　域 | 占　比 | 区　域 | 占　比 |
|---|---|---|---|
| Stratasys | 39% | Solidscape | 4% |
| 3D Systems | 18% | EOS | 2% |
| Objet | 14% | 中国 | 2% |
| EnvisiontEC | 11% | 其他 | 10% |

# 第 2 章

# 3D 打印流程

3D 打印的设计流程是先通过计算机建模软件建模，再将建成的三维模型“分区”成逐层的截面，即切片，从而指导打印机逐层打印。

## 2.1 3D 模型打印的要求

3D 打印机对模型有一定的要求，不是所有的 3D 模型都可以未经处理就能打印。首先 STL 模型要符合打印尺寸，与现实中的尺寸一致，其次就是模型的密封要好，不能有开口。至于面片的法向和厚度，可以在软件里设置，也可以在打印机设置界面中设置。打印机一般各自有专属自己的打印程序设置软件，其原理都是相通的，就像我们在计算机中的普通打印机设置一样。

### 2.1.1 物体模型必须为封闭的

物体模型必须为封闭造型，也可以通俗地说是“不漏水的”，模型不能有开口边。有时要检查模型是否存在这样的问题有些困难。如果不能够发现此问题，需要使用 netfabb 这类专业的 STL 检查工具，它们将会为用户标记出存在此问题的区域。

下图所示为未封闭的模型和封闭的模型的对比图，可以试想一下，如果给这两个轮胎分别打气，右边的轮胎肯定是可以灌满空气的，左边的则是漏气的轮胎。

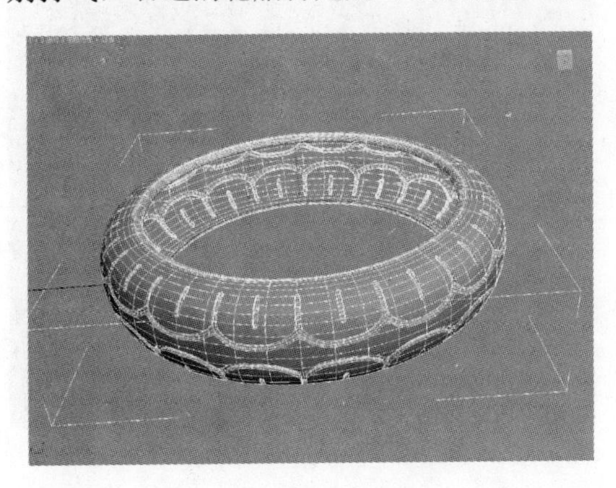

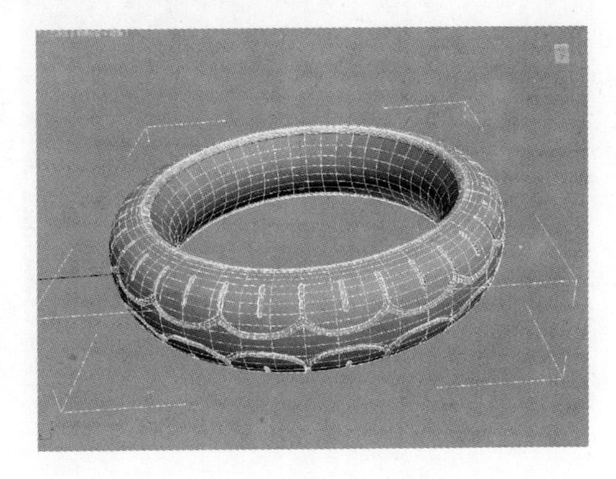

### 2.1.2 物体模型的最大尺寸和壁厚

物体模型的最大尺寸和壁厚需要根据用户希望使用的材料和制作技术而定。一般情况下，厚度可以在打印软件中设置，也可以直接在工业设计软件中制作（例如 AutoCAD、UG、Creo 和 SolidWorks 等）。

下左图所示为一个带厚度的轮胎模型，这个厚度是在软件中制作而成的（下右图所示为不带厚度的模型，可以在打印软件中设置打印厚度）。

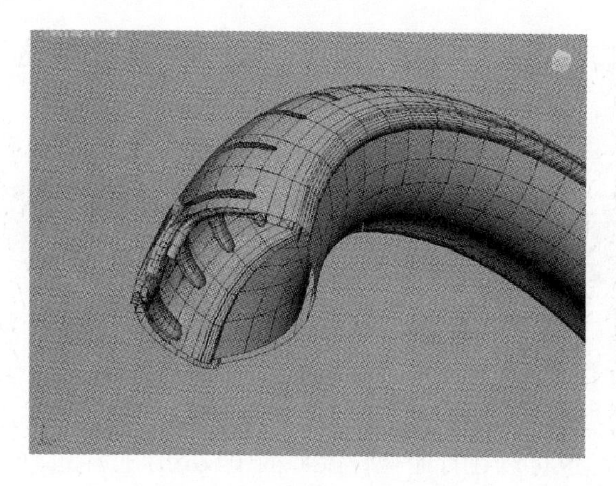

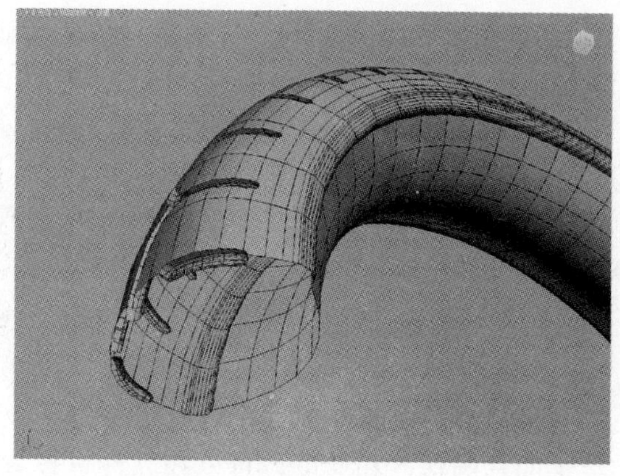

### 2.1.3 正确的法向

模型中所有面上的法向需要指向一个正确的方向。如果用户的模型中包含了颠倒的法向，打印机就不能够判断出是模型的内部还是外部。

为 3D 打印设计模型与“传统的建模方法”有许多不同，如果在设计的时候记住这些限制约束，其实做起来并不难。

在下左图中，我们选择了深色部分的面进行法向翻转，得到的是下右图所示翻转的面，这样的模型是无法进行 3D 打印的。

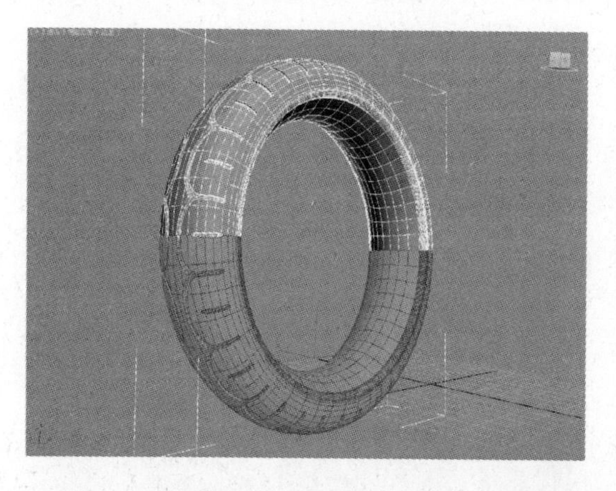

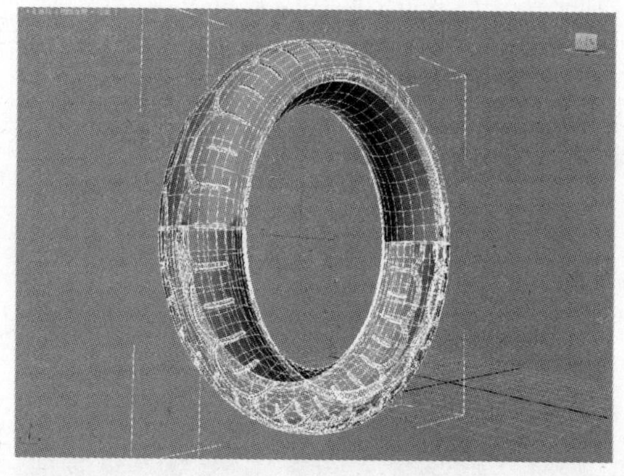

## 2.2 转换 STL 格式

设计软件和打印机之间协作的标准文件格式是 STL 格式。一个 STL 文件使用三角面来近似地模拟物体的表面。三角面越小，其生成的表面的分辨率越高。大多数工业设计软件可以输出 STL 模型，下图所示为 Creo 软件的导出文件对话框。

# 2.3 启动打印机

3D 打印机虽然型号众多，但操作方法和打印原理大致相同。下面给出一些正确的打印规范，希望能够帮助大家顺利地实现打印。

启动打印机要遵循以下操作规范。

（1）开温控后，严禁触摸喷头和成型室加热风道。

（2）温控关闭 15min 后，喷头和成型室的温度降低到室温后才可触摸喷头和风道。

# 2.4 安装材料盒

安装材料盒（丝材）时要注意以下规范。

（1）在更换丝材或更换喷嘴时首先要对设备进行升温，要把温度升到程序所设定的温度才可进行操作。

（2）更换喷头需先升温，将材料撤出，然后等待喷头温度降至室温后断电操作。

# 2.5 开始打印

开始打印后（打印过程中）要严格地遵循以下操作规范。

（1）在模型打印过程中严禁打开设备门。

（2）在模型打印过程中严禁向设备内伸手。

（3）在模型打印过程中严禁使用控制计算机进行其他工作。

（4）按动键盘时用力要适度，不得用力拍打键盘、按键和显示屏，不能拍打丝杠、导轨、电动机、喷头等零部件。

打印机通过读取文件中的横截面信息，用液体状、粉状或片状的材料将这些截面逐层地打印出来，再将各层截面以各种方式黏合起来制造出一个实体。这种技术的特点在于几乎可以制造出任何形状的物品。

打印机打出的截面的厚度（即 Z 方向）以及平面方向（即 X-Y 方向）的分辨率是以 dpi（像素每英寸）或者微米来计算的。一般的厚度为 100μm，即 0.1mm，也有部分打印机（如 Objet Connex 系列还有三维 Systems ProJet 系列）可以打印出 16μm 薄的一层，而平面方向可以打印出和激光打印机相近的分辨率。打印出来的“墨水滴”的直径通常为 50～100μm。用传统方法制造出一个模型通常需要数小时到数天，根据模型的尺寸以及复杂程度而定，而用 3D 打印技术则可以将时间缩短为数个小时，当然这会是由打印机的性能以及模型的尺寸和复杂程度而定的。

注意

传统的制造技术（如注射法）能够以较低的成本大量制造聚合物产品，而 3D 打印技术可以以更快、更有弹性以及更低成本的办法生产数量相对较少的产品。一个桌面尺寸的 3D 打印机就可以满足设计者或概念开发小组制造模型的需要。

# 2.6 冷却

打印完毕后，我们需要从成型室上将模型取出，取出前应该带上隔热手套，以防止烫伤，因为模型冷却需要一段时间（根据材料不同，一般情况下经过 5～10min 打印的模型即可完全冷却）。

# 2.7 去掉底座和支撑

在打印机打印 3D 模型时，材料通过喷头融化的丝材进行堆积，在堆积的一刹那模型是软的，需要快速冷却才能够成型。此时需要有底座和支撑材料作为保护，底座和支撑造型是打印机根据作者摆放的模型角度自动加载的，材料也是打印机设置好的（基本上，3D 打印机都使用不同的材料作为模型材料和支撑材料，以便轻松去除支撑材料）。

喷射模型材料的 3D 打印方式在造型时要选择与模型材料不同的材料作为支撑材料。Objet 公司的产品采用凝胶状材料作为支撑材料，造型后可以用水冲掉。Stratasys 打印机的部分产品使用的是可溶于碱性溶液的支撑材料，而 3D Systems 的 ProJet 打印机则是使用可溶于酒精的支撑材料。

注意

粉末硬化式 3D 打印不需要另行制作支撑部分，而是用没有作为立体模型硬化的粉末来发挥支撑作用。只要拿起做好的立体模型，未硬化的粉末就会掉落。结构复杂的部分和附着在表面的残留粉末只需使用压缩空气吹掉即可。

## 2.8 精修模型

3D 打印机的分辨率对大多数应用来说已经足够（在弯曲的表面可能会比较粗糙，像图像上的锯齿一样），要获得更高分辨率的物品可以通过以下方法，即先用当前的 3D 打印机打出稍大一点的物体，再稍微经过表面打磨得到表面光滑的“高分辨率”物品。

有些技术可以同时使用多种材料进行打印，有些技术在打印的过程中还会用到支撑物，例如在打印一些有倒挂状的物体时就需要用到一些易于除去的东西（如可溶的东西）作为支撑物。

## 实用问答：3D 打印机打印的产品有哪些优势，哪些用途

3D 打印机能打印现实生活中现有的加工工艺及技术无法实现的结构。

平时凡是做三维设计的人，在图样要进入开模具制作时都会遇到设计的结构有很多部分无法进行模具制作的情况，这对设计人员有很高的经验要求。而打印机根本不需要设计人员有多少经验，只要设计者能画出三维零件，打印机就能打印实现。

现有工艺，比如有些产品的实心部分，因为工艺及技术所限，明明不需要实心的部位无法掏空内部，而打印机可以通过设计打印参数实现对这部分结构的空心化处理。

另外，有些奇怪的结构，用常规工艺需要多零件拼接成型的，打印机可以一体打印成型。比如一个哨子，打印机可以直接一次性打印出哨子的外壳和内部的球体，而且球体是可以活动的。

## 技术链接：3D 打印的十大优势

来自各个行业、具有不同背景和专业技术水平的人用类似的方式描述，3D 打印帮助他们减少主要成本、时间和复杂性障碍。

**优势 1：制造复杂物品不增加成本**。就传统制造而言，物体形状越复杂，制造成本越高。对 3D 打印机而言，制造形状复杂的物品成本不增加，制造一个华丽的形状复杂的物品并不比打印一个简单的方块消耗更多的时间、技能或成本。制造复杂物品而不增加成本将打破传统的定价模式，并改变我们计算制造成本的方式。

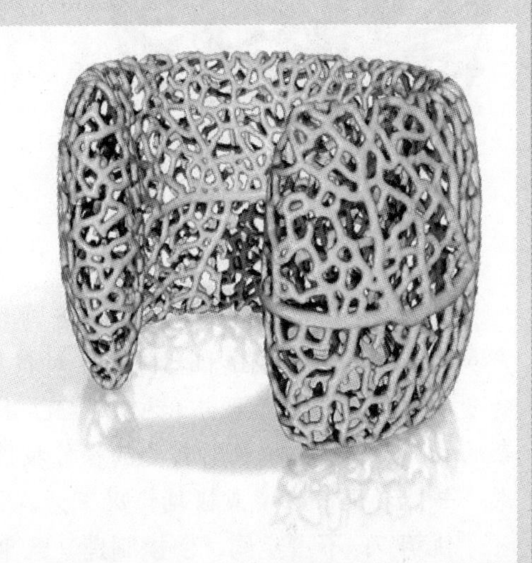

**优势 2：产品多样化不增加成本**。一台 3D 打印机可以打印许多形状，它可以像工匠一样每次都做出不同形状的物品。传统的制造设备功能较少，做出的形状种类有限。3D 打印省去了培训机械师或购置新设备的成本，一台 3D 打印机只需要不同的数字设计蓝图和一批新的原材料。

**优势 3：无须组装**。3D 打印能使部件一体化成型。传统的大规模生产建立在组装线基础上，在现代工厂，机器生产出相同的零部件，然后由机器人或工人（甚至跨洲）组装。产品组成部件越多，组装耗费的时间和成本就越多。3D 打印机通过分层制造可以同时打印一扇门及上面的配套铰链，而不需要组装。省略组装就缩短了供应链，节省了在劳动力和运输方面的花费。供应链越短，污染也越少。

**优势 4：零时间交付**。3D 打印机可以按需打印。即时生产减少了企业的实物库存，企业可以根据客户订单使用 3D 打印机制造出特别的或定制的产品满足客户需求，所以新的商业模式将成为可能。如果人们所需的物品按需就近生产，零时间交付式生产能最大限度地减少长途运输的成本。

**优势 5：设计空间无限。**传统制造技术和工匠制造的产品形状有限，制造形状的能力受制于所使用的工具。例如，传统的木制车床只能制造圆形物品，轧机只能加工用铣刀组装的部件，制模机仅能制造模铸形状。3D 打印机可以突破这些局限，开辟巨大的设计空间，甚至可以制作目前可能只存在于自然界的形状。

**优势 6：零技能制造。**传统工匠需要当几年学徒才能掌握所需要的技能，批量生产和计算机控制的制造机器降低了对技能的要求，然而传统的制造机器仍然需要熟练的专业人员进行机器调整和校准。3D 打印机从设计文件里获得各种指示，做同样复杂的物品，3D 打印机所需要的操作技能比注射机少。非技能制造开辟了新的商业模式，并能在远程环境或极端情况下为人们提供新的生产方式。

**优势 7：不占空间、便携制造。**就单位生产空间而言，与传统制造机器相比，3D 打印机的制造能力更强。例如，注塑机只能制造比自身小很多的物品，与此相反，3D 打印机可以制造和其打印台一样大的物品。3D 打印机调试好后，打印设备可以自由移动，打印机可以制造比自身还要大的物品。较高的单位空间生产能力使得 3D 打印机适合家用或办公使用，因为它们所需的物理空间小。

**优势 8：减少废弃副产品。**与传统的金属制造技术相比，3D 打印机制造金属时产生较少的副产品。传统金属加工的浪费量惊人，90％的金属原材料被丢弃在工厂车间里。3D 打印制造金属时浪费量减少。随着打印材料的进步，“净成形”制造可能会成为更环保的加工方式。

**优势 9：材料无限组合。**对当今的制造机器而言，将不同原材料结合成单一产品是件难事，因为传统的制造机器在切割或模具成型过程中不能轻易地将多种原材料融合在一起。随着多材料 3D 打印技术的发展，人们有能力将不同原材料融合在一起。以前无法混合的原材料混合后将形成新的材料，这些材料色调、种类繁多，具有独特的属性或功能。

**优势 10：精确的实体复制**。数字音乐文件可以被无休止地复制，且音频质量并不会下降。未来，3D 打印将数字精度扩展到实体世界。扫描技术和 3D 打印技术将共同提高实体世界和数字世界之间形态转换的分辨率，用户可以扫描、编辑和复制实体对象，创建精确的副本或优化原件。

以上部分优势目前已经得到证实，其他的会在未来的一二十年（或 30 年）成为现实。3D 打印突破了人们原来熟悉的历史悠久的传统制造限制，为以后的创新提供了舞台。

# 第 3 章

# 工业设计软件的建模流程和 3D 打印文件的输出

本章介绍 Creo 软件的模型制作流程和输出符合 3D 打印的 STL 文件的方法。

## 3.1 工业设计软件的建模流程

Creo 和 AutoCAD、UG、SolidWorks 几款软件虽然是不同公司的产品，但制作规律是基本相通的，下面总结出了一套制作流程供大家参考。

（1）打开软件后新建一个部件。

（2）进入建模模组。

（3）定义工作面，自动选择 3 个坐标面；定义坐标轴，自动选择三轴坐标。

（4）进入草图工作面，进行草图设计，然后进行标注、约束和修改。

（5）返回建模，进行实体拉伸、倒角及编辑。

（6）进行图层设置，一般分为两层，实体在一层，其他的在另外一层。

（7）进入图纸模块，出图，选择自己需要的视图。

（8）设置图纸的图层，标注在一个层，其他的在另外一层。

注意

（1）在新建部件的时候单位是 mm（毫米）。

（2）层的用法大多类似，在设置和编辑的时候给每个图层起名字很重要，庞大的物体层级在后期立起来要靠合理的管理方法。

（3）应该先定义工作面再作图，而且尽量选用参数化作图，以便于修改，另外尽量少采用实体直接建模。

## 3.2 打印前的准备

### 3.2.1 打印机的防护事项

请勿使打印机接触到水源，否则可能会造成机器损坏。

在加载模型时，请勿关闭电源或者拔出 USB 线，否则会导致模型数据丢失。

在进行打印机调试时，喷头会挤出打印材料，因此请保证此期间喷嘴与打印平台之间至少保持 50mm 以上的距离，否则可能会导致喷嘴阻塞。

一般 3D 打印机的正常工作室温应介于 15～30℃之间，相对湿度在 20%～50%之间，如超过此范围，可能会影响成型质量。

### 3.2.2 打印时的安全保护措施

一般的 3D 打印机只能使用该公司提供的电源适配器，否则会损坏及发生火灾的危险。为避免燃烧或模型变形，当打印机正在打印或打印刚完成时禁止用手触摸模型、喷嘴、打印平台或机身的其他部分。在移除辅助支撑材料时需要佩戴护目镜。在接触打印材料时应该带上防护手套，请不要带着手套触摸处于高温的打印喷头。在打印过程中，打印材料经常会产生气味（ABS 打印材料在燃烧时会释放少量有毒烟雾），因此建议在通风良好的环境下使用。此外，在打印时尽量使打印机远离气流，因为气流可能会对打印质量造成一定的影响。

### 3.2.3 开源 3D 打印机的外观

开源 3D 打印机的设计理念是简易、便携，只需要几个按键，即使用户从来没有使用过 3D 打印机，也可以很容易地制造出自己喜欢的模型。开源打印机的原理是首先将 ABS 材料高温熔化挤出，并在成型后迅速凝固，因而打印出的模型结实、耐用。这里我们以国内著名的太尔时代的 UP 打印机为例介绍一下一般打印机的外观和配件。

**1．打印机的正面**

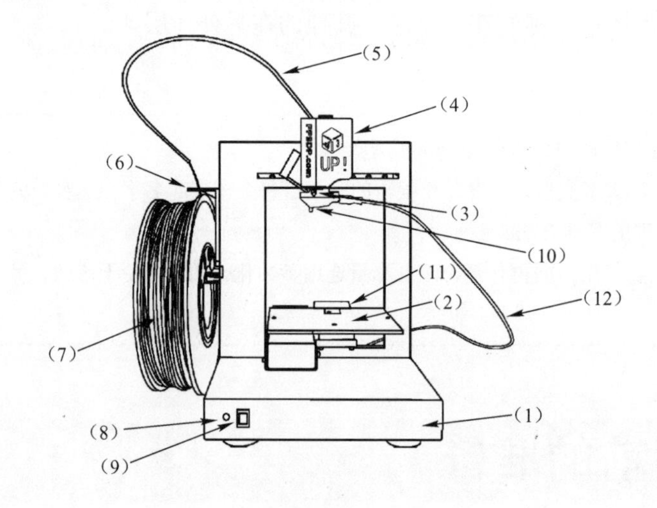


（1）基座（2）打印平台（3）喷嘴（4）喷头（5）丝管（6）材料挂轴

（7）丝材（8）信号灯（9）初始化按钮（10）水平校准器（11）自动对高块

（12）3.5mm 双头线

**2．配件**

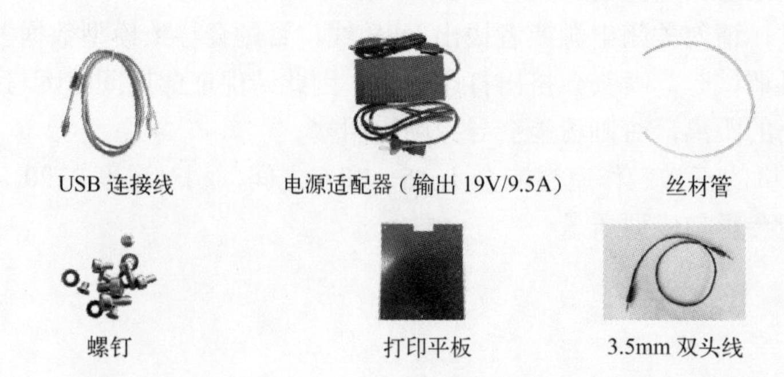

**3．工具**

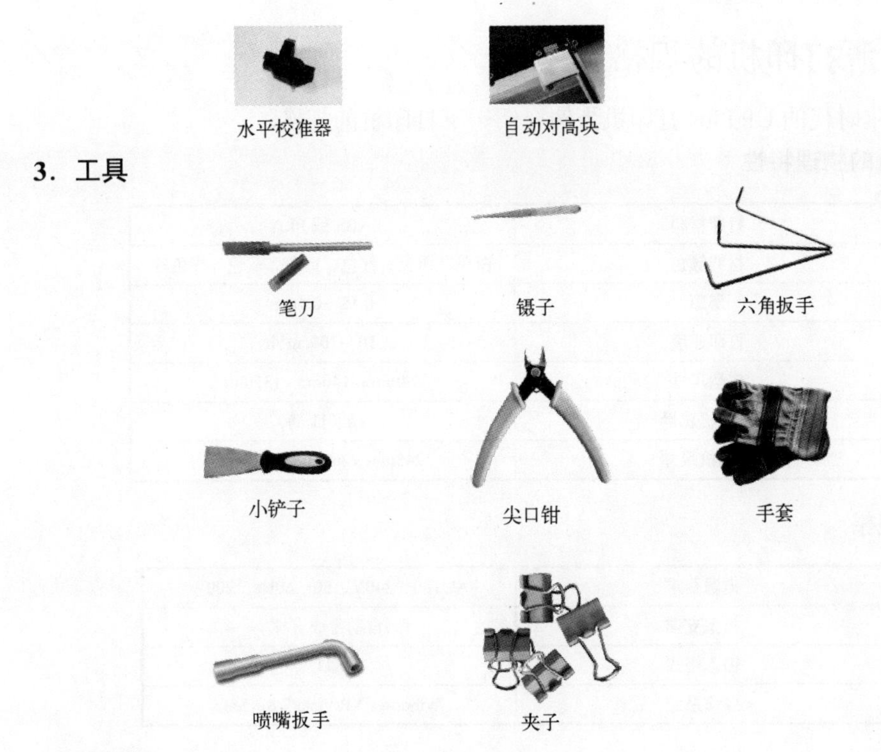


**4．坐标轴**

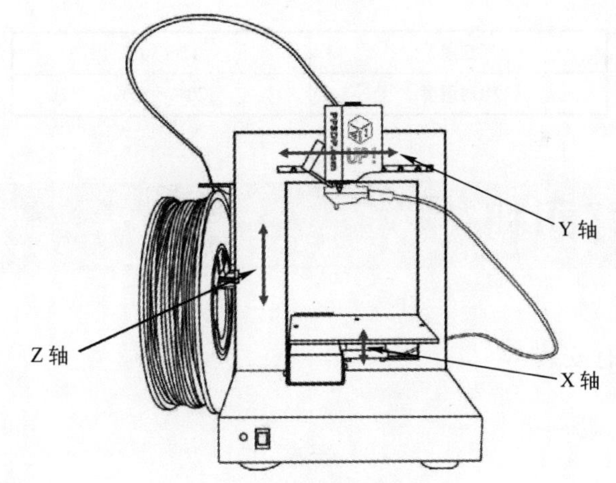


**5．打印机后视图**

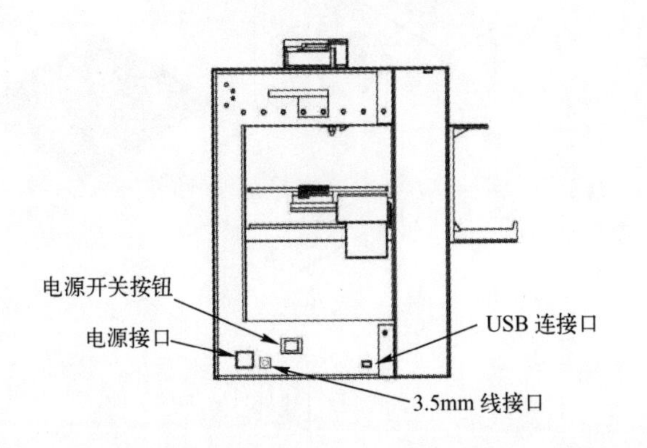

### 3.2.4 开源打印机的规格

下面以太尔时代的 UP Plus 打印机为例介绍一下打印机的规格。

**1．打印机的物理特性**

| 打印材料 | ABS 或 PLA |
|---|---|
| 材料颜色 | 白色、黑色、红色、黄色、蓝色、绿色等 |
| 层厚 | 0.15～0.4mm |
| 打印速度 | 10～100cm³/h |
| 成型尺寸 | 140mm×140mm×135mm |
| 打印机重量 | 5kg（11 磅） |
| 打印机尺寸 | 245mm ×260mm ×350mm |

**2．机器规格**

| 电源要求 | AC100～240V，50～60Hz，200W |
|---|---|
| 模型支撑 | 自动生成支撑 |
| 输入格式 | STL |
| 操作系统 | Windows XP/Vista/7/8；Mac |

**3．环境要求**

| 室温 | 15～30℃ |
|---|---|
| 相对湿度 | 20%～50% |

## 3.3 安装打印机

下面对打印机进行安装。

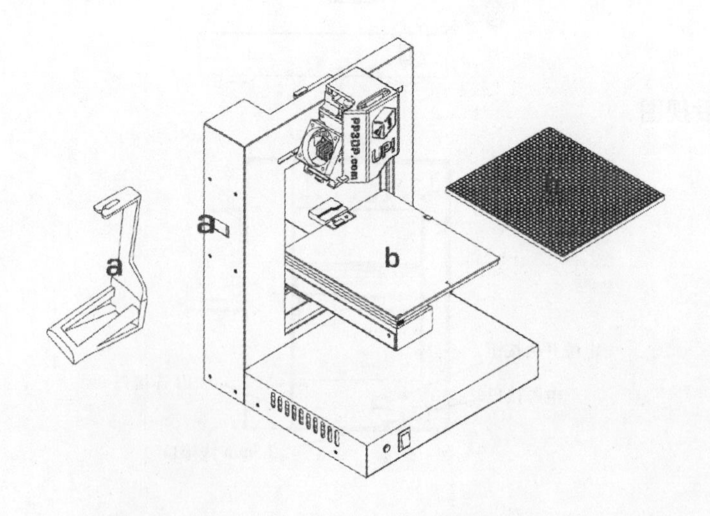

**第 1 步：安装打印平台**

将打印平板置于打印平台上（b），然后拨动平台边缘的 8 个弹簧以固定平板。

**第 2 步：安装材料挂轴**

将材料挂轴背面的开口插入机身左侧的插槽中（a），然后向下推动以便固定。

**第 3 步：材料的挤出**

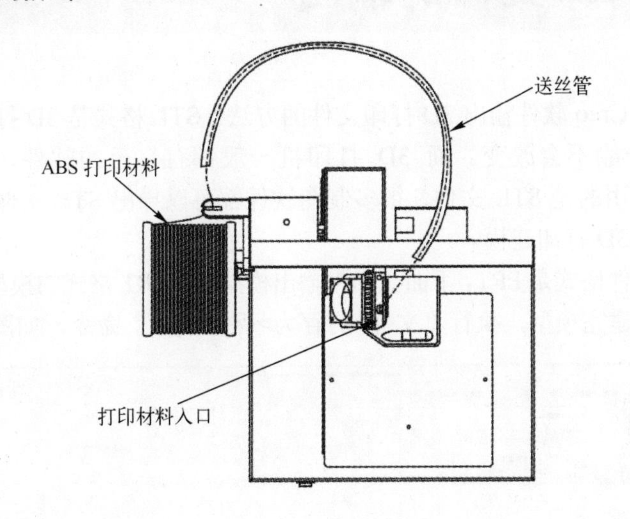


（1）接通电源。

（2）将打印材料插入送丝管。

（3）启动 UP!软件（如尚未安装，则请安装最新版本的软件），在“维护”对话框中单击【挤出】按钮。

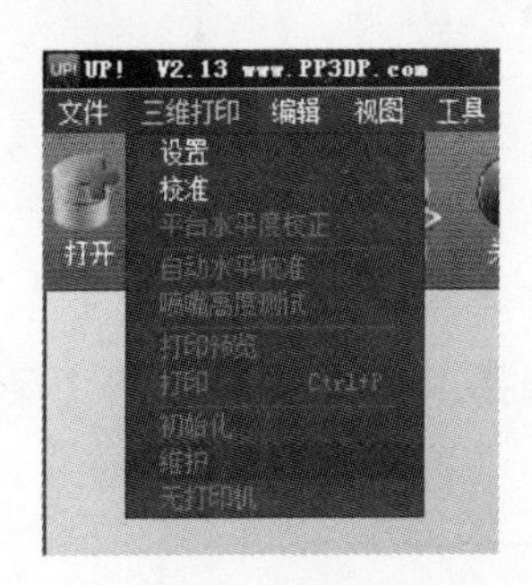


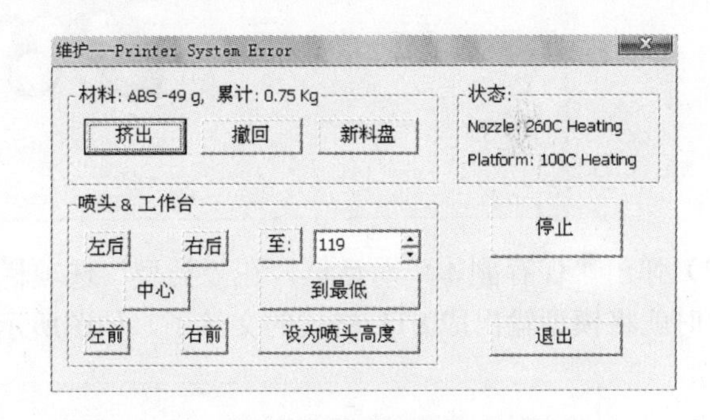


Mac（苹果操作系统）界面如下。

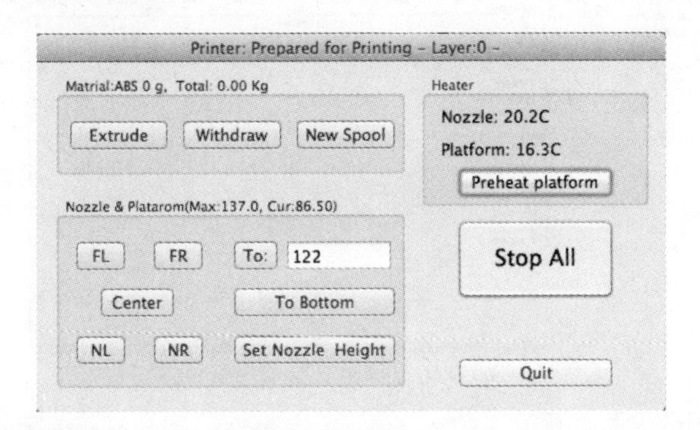

（4）喷嘴加热至 260℃后，打印机会发出蜂鸣声。将丝材插入喷头，并轻微按住，直到喷头挤出细丝。

## 3.4 3D 打印文件的输出

下面学习使用 Creo 软件输出 3D 打印文件的方法。STL 格式是 3D 打印机通用的格式，将尺寸设置好后一般不会改变。而 3D 打印机一般都有自己的软件，例如 makerbot 的 ReplicatorG 软件使用的是 STL 文件，很多制图软件都可以导出 STL 文件，也就是说很多制图软件都可以用于 3D 打印建模。

Creo 软件的文件格式是 PRT，下面我们来输出模型，将 PRT 格式的模型输出为 STL 格式。

（1）假设已经建完模型，执行“文件>另存为>保存副本”命令，如图所示。

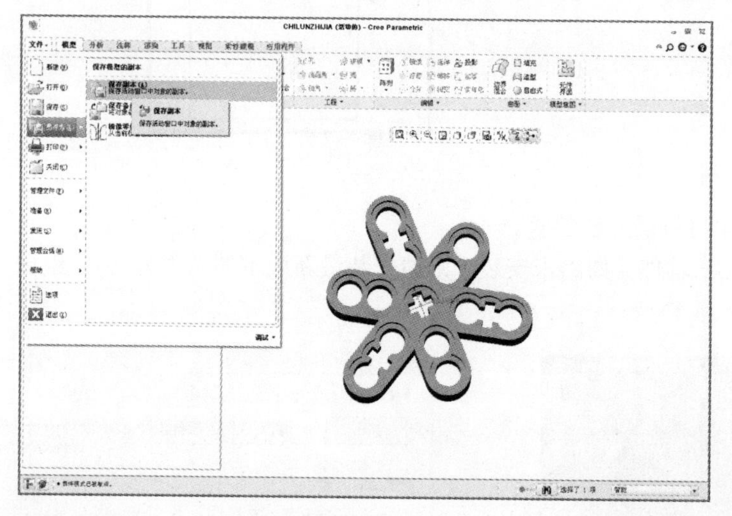

（2）弹出“保存副本”对话框，在“类型”选项栏中选择“.stl”，然后单击【保存】按钮，此时就将模型输出成 STL 格式的文件了，如图所示。

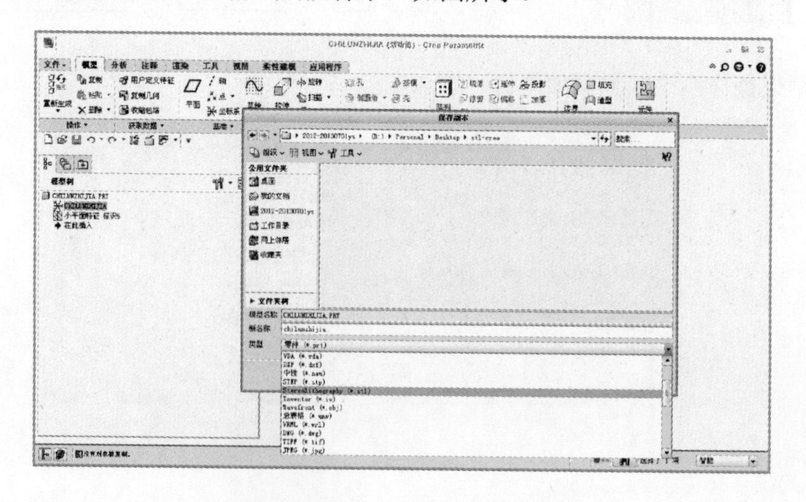

## 实用问答：3D 打印机打印出来的产品强度如何

毫不避讳地说，打印出来的产品跟真正的模具成型出来的零件相比在强度上肯定稍差，毕竟这是层叠成型的。不过，所谓零件的强度是大还是小，要看你用在什么地方。如果是高震动，强冲击的地方，确实不合适，但是静态的、受力不是很大的地方，打印出来的零件完全可以替代正式零件。

另外，打印出来的产品也可以通过后期途径进行加固处理。至于表面粗糙度的问题，其实并不是问题，正如先前回答的问题上说到的，其实手板厂加工的手板产品也是经过打磨处理后才交用户你的。

## 技术链接：桌面 3D 打印的包埋技巧

想让 3D 打印机打印出更有用的东西吗？这里向大家介绍一个新的试验性的打印方法——包埋，这个方法几乎在所有的 3D 打印机上都能使用。只要技巧掌握得当，也不算太难，关键是需要中途将打印暂停，将所要包埋的材料放进打印物中，然后再重新开始打印直至完成。

这个方法被用的比较多的地方是将螺母包埋，比如在一个 3D 打印零件中埋入一个或多个螺母，以下是操作过程。

（1）将零件设计成包含适合螺母大小的镂空结构，记得把镂空结构稍微弄大一点，否则一会儿往里塞的时候会有困难。

（2）开始正常打印，但要注意确保“螺母腔”的刨面和初始打印面平行。

（3）这里是关键部分。注意观察打印过程，在打印完螺母腔的顶端层之后将打印机暂停（有时候眼睛很难判断打印的是否是最后一层，因此用户可以在设计的时候增加一个零时参照结构来帮助判断何时打完最后一层）。

（4）将准备的螺母塞到打印好的空腔中，必须确保螺母装入后其最高点在打印剖面以下。因为如果螺母比剖面高，接下来的打印会出问题，甚至可能会损坏打印机。

（5）继续打印，这个时候打印机应该覆盖螺母腔，完成一个完整的柱形孔洞。

（6）打印完成之后将打印产品从打印机中拿出来。

**注意**

用户必须保证没有散失的塑料材料掉进孔洞中，否则可能会影响零件的使用。

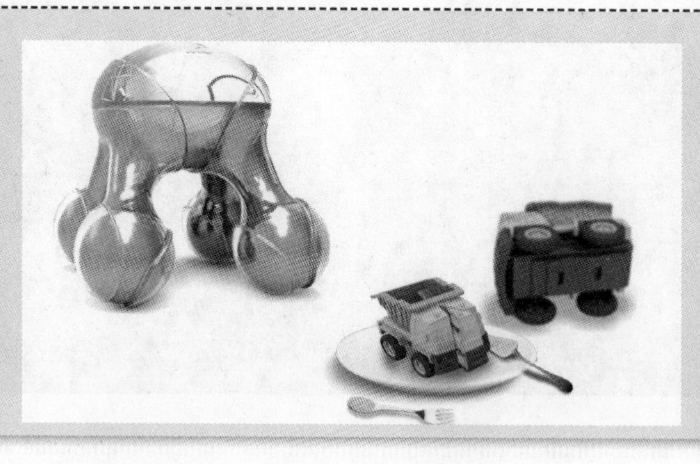

# 第 4 章

# 3D 模型的常用建模工具

使用工业设计软件制作模型，对于 3D 打印机是比较适合的，这些软件本身就会考虑到模型的生产环节，所以无论是密闭性还是所谓的开放边、双面、重复的边这些常见问题，都是很难产生的。下面介绍一些工业设计软件常用的建模工具，根据各种情况，大家可以灵活掌握这些工具。本章最后还要介绍一款专业的 3D 打印修复软件——netfabb，使用这款软件可以解决绝大多数的 3D 模型修复问题。

## 4.1 Creo 常用建模工具

Creo 是美国 PTC 公司于 2010 年 10 月推出的 CAD 设计软件包。它是整合了 PTC 公司的 Pro/Engineer 的参数化技术、CoCreate 的直接建模技术和 ProductView 的三维可视化技术的新型 CAD 设计软件包，是 PTC 公司的闪电计划所推出的第一个产品。下面介绍几个 Creo 中常用的实用工具。

**1．孔特征**

Creo 中的孔特征用于在实体模型中快速地、简洁地得到人们想要的简单孔和标准孔，也可以得到沉头孔、螺纹孔。在需要开孔的实体模型单击【孔】按钮，选取要放置孔的平面，通过“放置”对话框中的“类型”确定孔在平面上的位置，并通过选取孔的类型及形状得到所要孔的形状、大小及深度，如图所示。

**操作方式：**单击“模型”选项卡的“工程”组中的【孔】按钮。

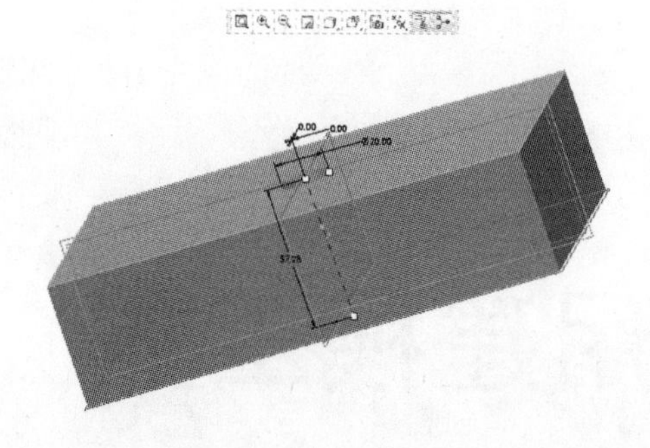

**2．壳特征**

Creo 中的壳特征是为了便于人们得到壁厚相等的壳体零件，尤其是涉及曲面壳体零件的制作时壳特征有相当大的优势。当需要做壳特征时，单击【壳】按钮，通过【参考】按钮选择需要移除的曲面，然后根据实际情况设定壳体的厚度，最后单击【完成】按钮即可得到所要的壳体结构，此外还可以通过【选项】调节壳体，如图所示。

**操作方式：**单击“模型”选项卡的“工程”组中的【壳】按钮。

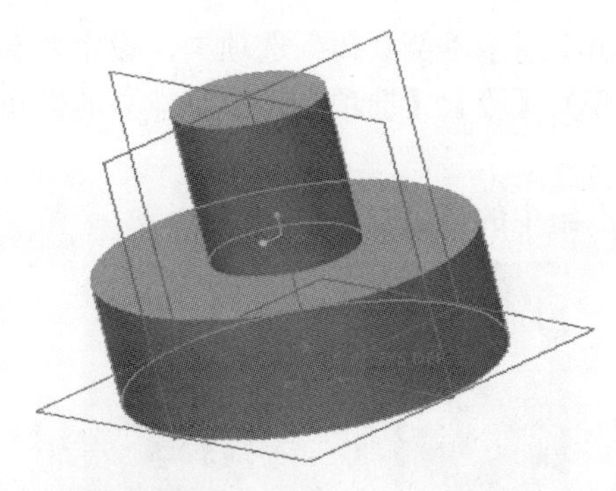
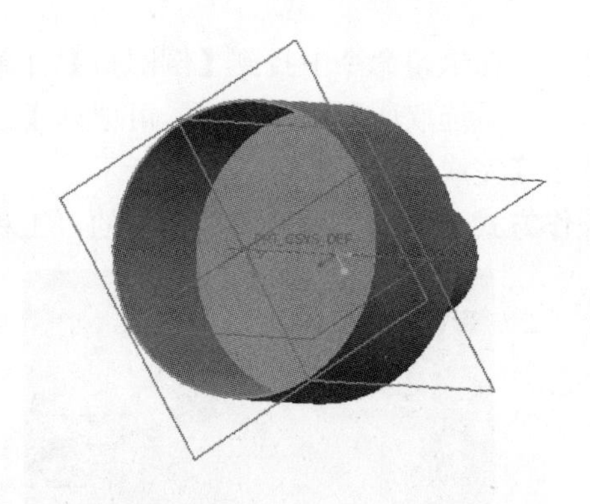

**3．拐角倒角特征**

Creo 中的拐角倒角特征是为了方便快捷地将 3 个原始曲面的交点倒角或快速切除尖点的特征，弥补边倒角带来的尖端。拐角倒角是在 3 个原始曲面之间创建斜曲面，制作过程比较简单，单击【拐角倒角】按钮显示“拐角倒角”选项卡，单击【放置】按钮，在“拐角收集器”中添加要进行拐角倒角的三曲面交点，然后设置所创建斜曲面的三边长度即可，如图所示。

**操作方式：**单击“模型”选项卡的“工程”组中的【拐角倒角】按钮。

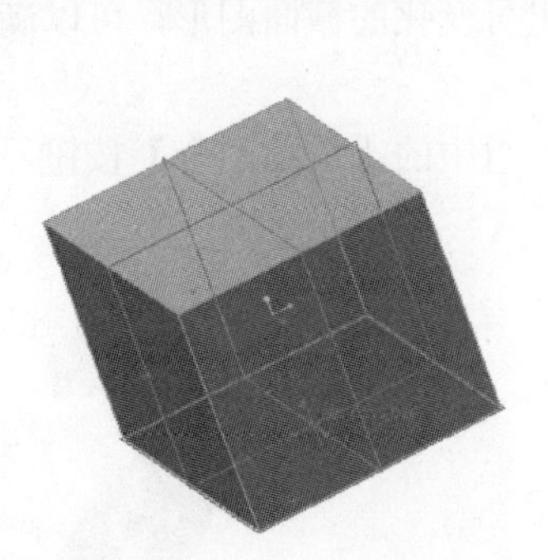
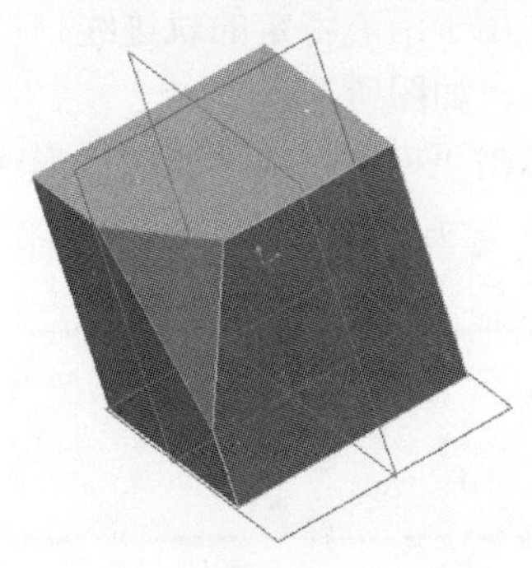

**4．边倒角**

Creo 中的边倒角命令是用来快速建立 D1×D2、D×D、角度×D 和 45°×D 倒角的。在倒角命令中找到【边倒角】并单击，显示“边倒角”选项卡，选取要建立的倒角样式，设定要倒角的值，然后选取要倒角的边，可根据【过渡】、【段】、【选项】调节所建立的倒角样式，最后单击【完成】按钮即可，如图所示。

**操作方式：**单击“模型”选项卡的“工程”组中的【边倒角】按钮。

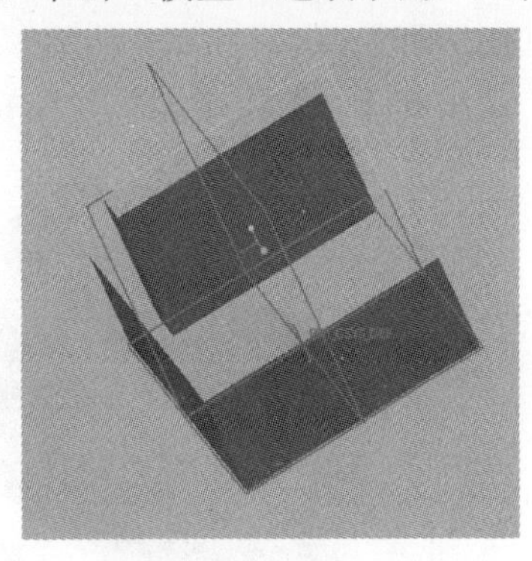
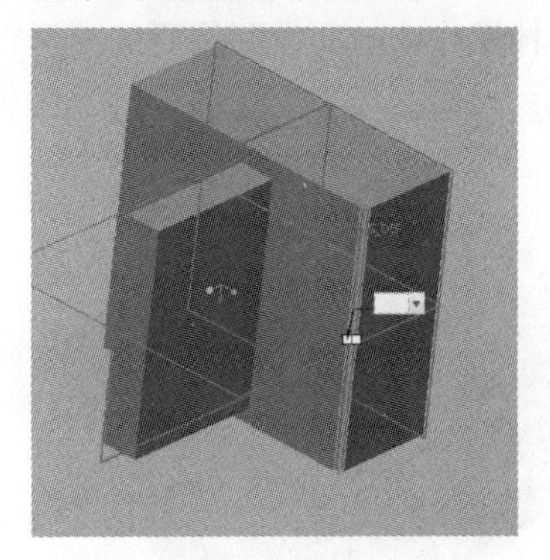

**5．倒圆角**

Creo 中的倒圆角命令是在两个相邻曲面间创建圆角的平滑过渡，使相邻曲面之间的锐边变得光滑。在倒角命令中找到【倒圆角】并单击，显示“倒圆角”选项卡，设定要倒圆角的半径值，然后选取所要倒角的边，可根据【过渡】、【段】、【选项】调节所建立的倒角样式，最后单击【完成】按钮即可，如图所示。

**操作方式：**单击“模型”选项卡的“工程”组中的【倒圆角】按钮。

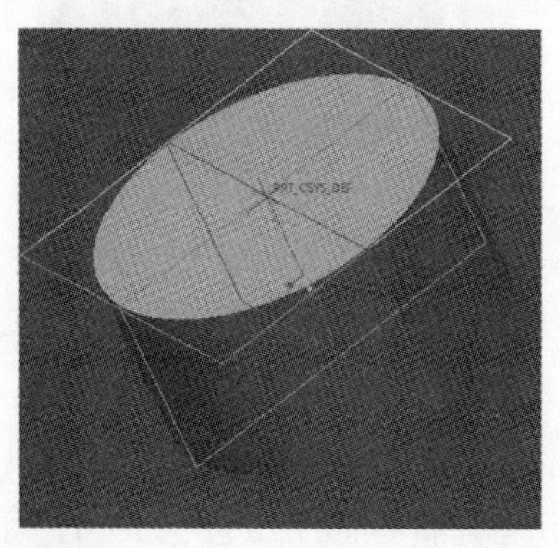

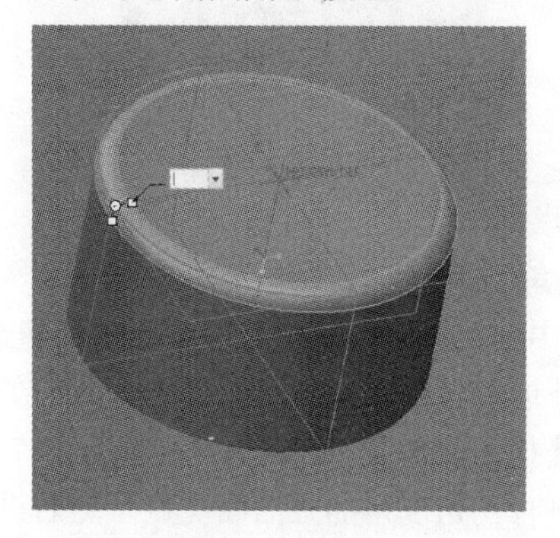

**6．扫描混合**

扫描混合特征用于沿着特定的轨迹线扫描出可变化的截面图形，可以满足用户对各种可变扫描图形的需要，如图所示。

**操作方式：**单击“模型”选项卡的“形状”组中的【扫描混合】按钮。

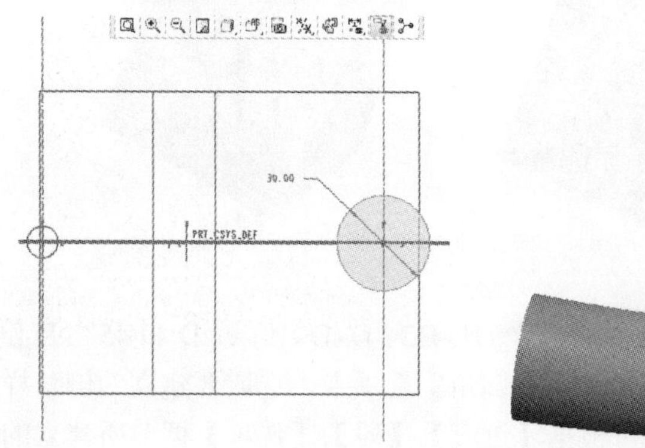


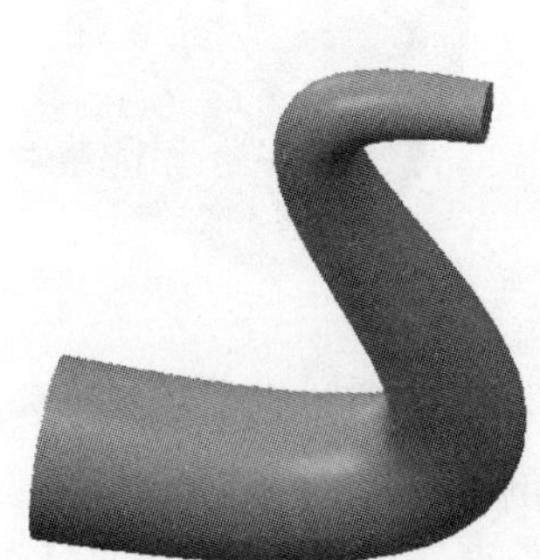

**7．唇特征**

通常，在创建一个壳体盖子时可以创建一个唇特征使之间更加紧密，用户可以利用此特征进行唇的具体操作，从而得到想要的图形，如图所示。

**操作方式：**单击“模型”选项卡的“工程”组中的【唇】按钮。

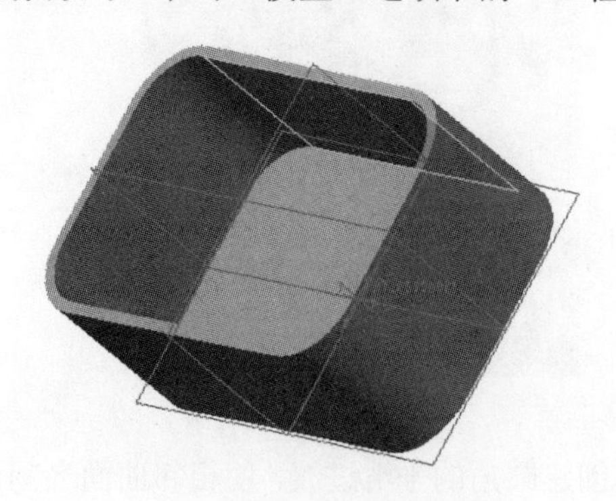

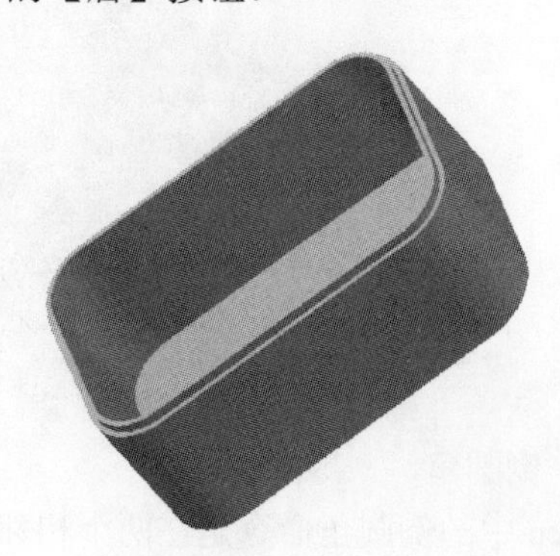

**8．骨架折弯**

通过此按钮可以将某一实体特征沿着特定的曲线进行折弯操作，如图所示。

**操作方式：**单击“模型”选项卡的“工程”组中的【骨架折弯】按钮。

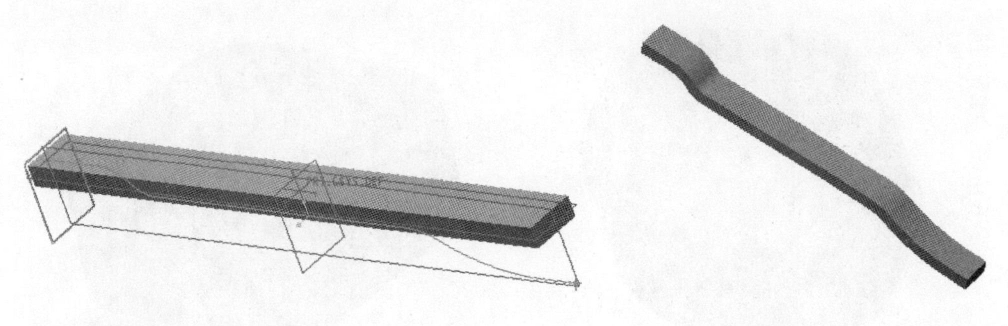

**9．半径圆顶**

通过此按钮可以对实体表面进行圆顶操作，如图所示。

**操作方式：**单击“模型”选项卡的“工程”组中的【半径圆顶】按钮。

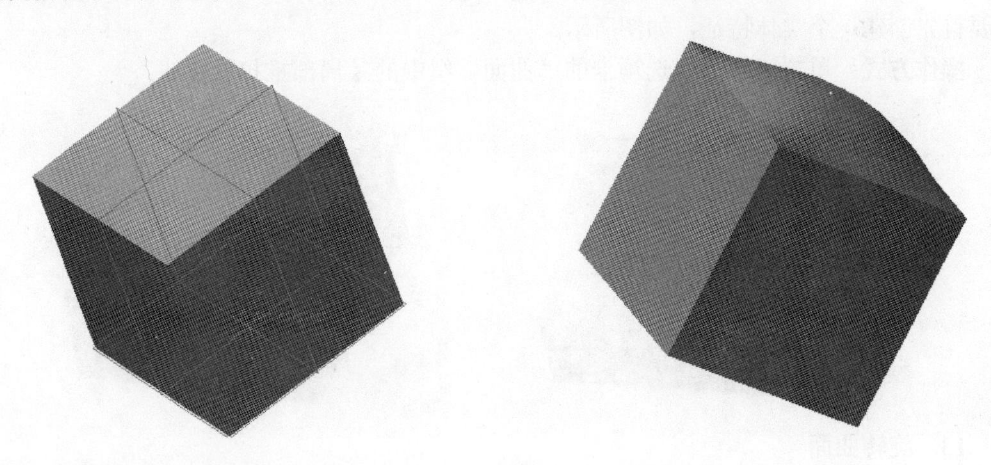

**10．剖面圆顶**

通过此按钮可以对特征实体进行类似混合特征的操作，如图所示。

**操作方式：**单击“模型”选项卡的“工程”组中的【剖面圆顶】按钮。

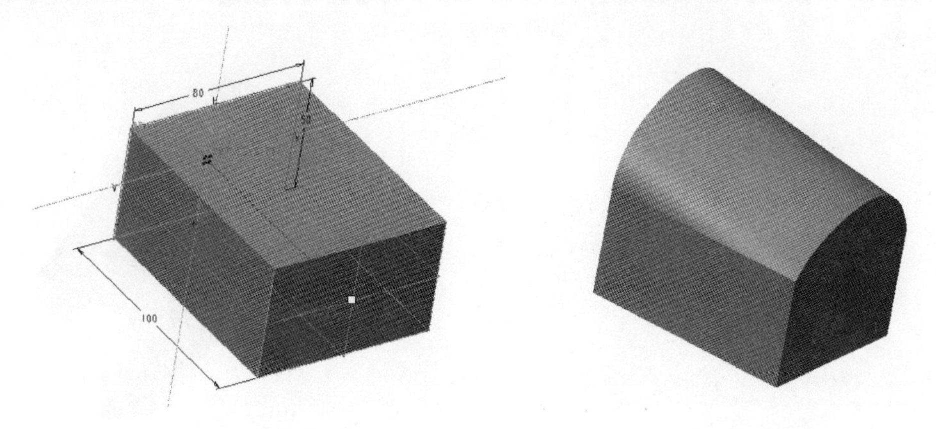

**11．耳特征**

耳特征需要在实体上进行操作，所以在创建耳特征前需要创建一个特征实体，如图所示。

**操作方式：**单击“模型”选项卡的“工程”组中的【耳特征】按钮。

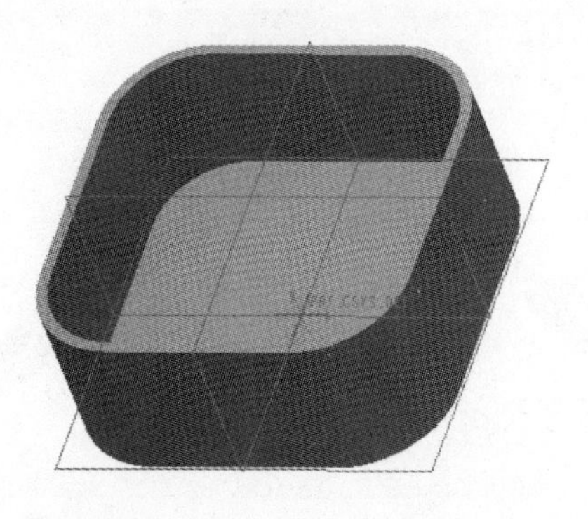

**12．局部推拉**

通过此按钮可以对已有的实体特征表面创建具有突变的特征。注意，在单击该按钮之前需要首先创建一个实体特征，如图所示。

**操作方式：**单击“模型”选项卡的“曲面”组中的【局部推拉】按钮。

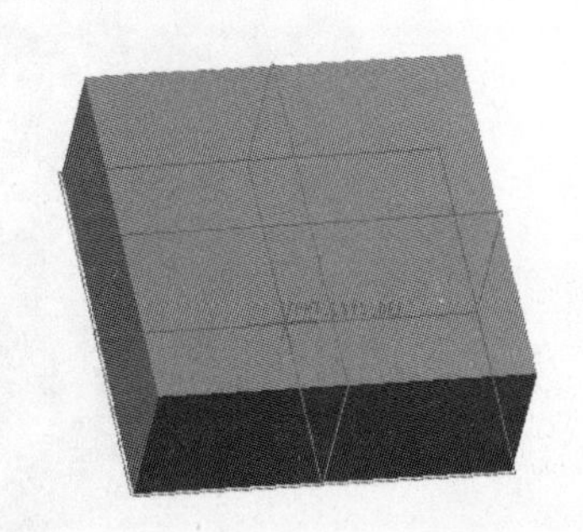

**13．旋转曲面**

所谓旋转曲面是绕中心线旋转草绘的截面，从而创建具有旋转特征的曲面，在创建时需要绘制中心线和界面曲线，如图所示。

**操作方式：**单击“模型”选项卡的“形状”组中的【旋转】按钮。

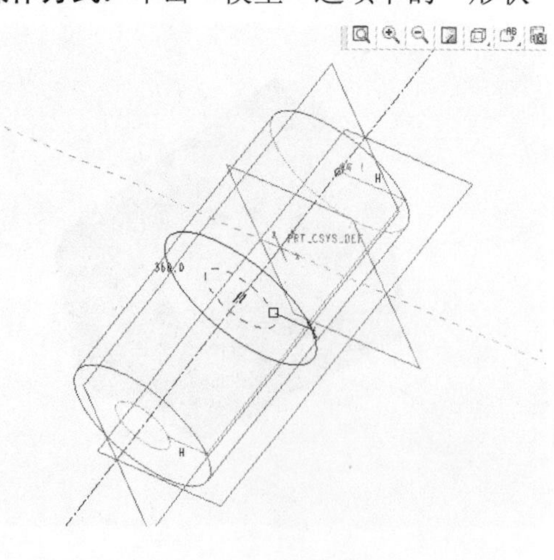

**14．用曲面切除实体化操作**

用曲面通过实体化命令切除已有的实体特征，可以完成想要的图形，注意需要创建一个实体和一个与之相交的曲面进行切割操作，如图所示。

**操作方式：**单击“模型”选项卡的“编辑”组中的【实体化】按钮。

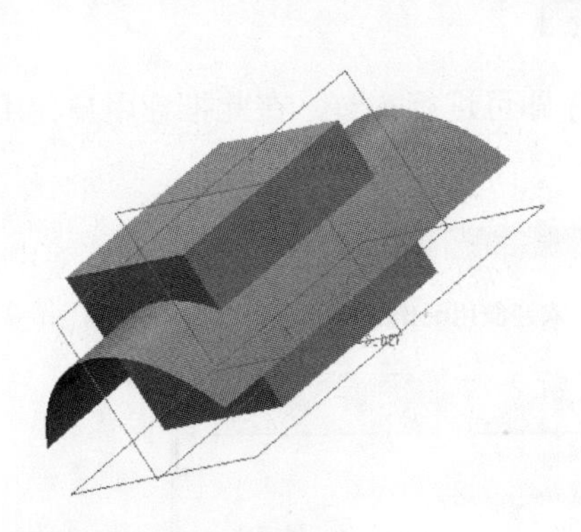

**15．曲面之间的切除操作**

在做曲面的时候往往需要多次破面，然后再次建立曲面以达到更高的曲面质量，可以通过拉伸曲面、旋转曲面等命令进行切除操作，如图所示。

**操作方式：**单击“模型”选项卡的“形状”组中的【拉伸】按钮。

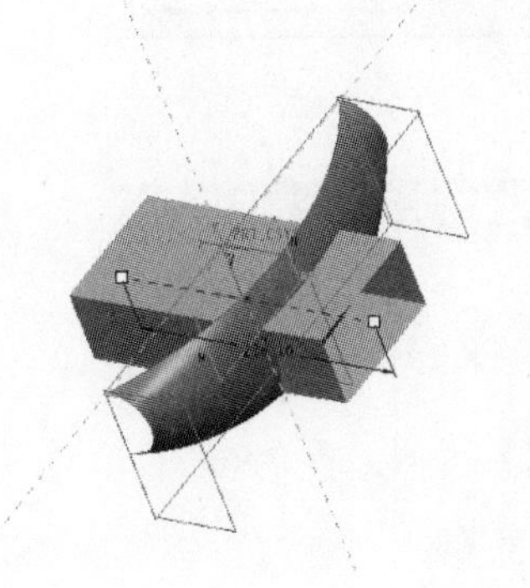
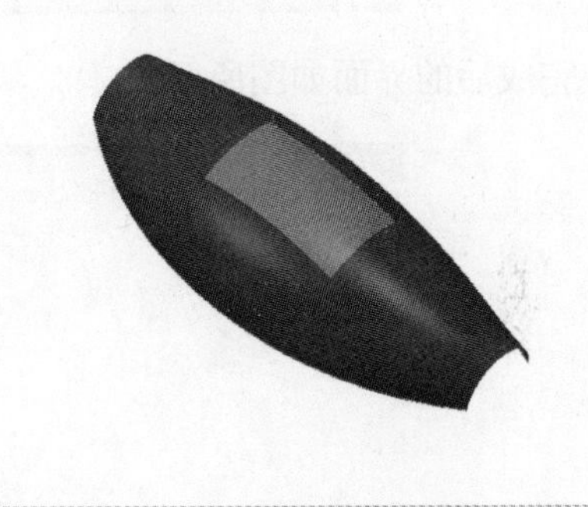

## 4.2 netfabb 修补工具的用法

netfabb 是一款为增材制造、快速成型和 3D 打印量身制作的软件，使用此软件可以对设计的 3D 数据进行检查、编辑以及修复错误等。

### 4.2.1 下载并安装软件

这个软件是免费的，读者可以到其官方网站去下载，网址为“www.netfabb.com/downloadcenter.php”，如图所示。该软件可以编辑 STL 文件，可以用来打开 STL 并显示模型中存在的一些错误信息。其中包含针对 STL 的基本功能，例如分析、缩放、测量、修复等。

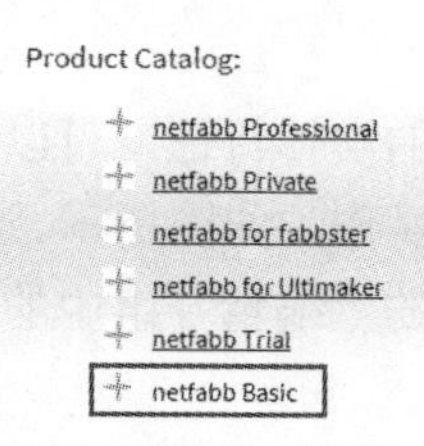


下载“netfabb Basic”软件后，运行下载程序即可进行安装，在此推荐用户使用中文版，如图所示。

安装完成后的界面如图所示。

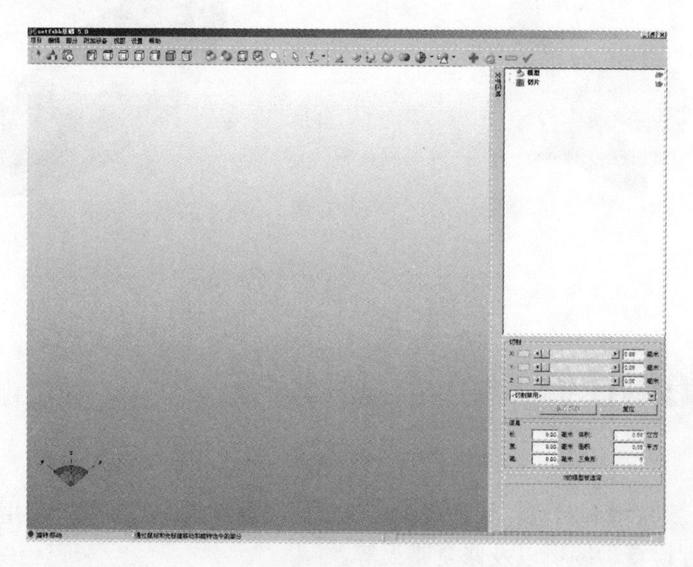

## 4.2.2 导入模型

下面介绍如何在 netfabb 中导入 STL 模型。

首先打开 netfabb 软件（如下左图所示），可以执行菜单栏中的“项目>打开”命令打开 STL 文件，也可以直接将 STL 文件拖入软件视图中（如下右图所示）。

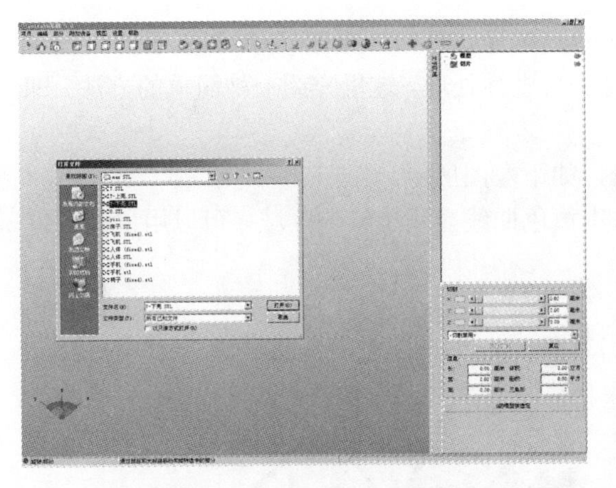

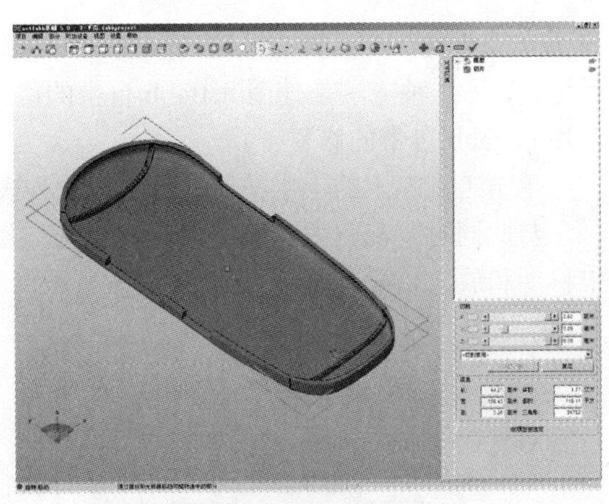

打开后软件右边的文字区域中会出现一个列表，显示导入的模型层级，如图所示。单击【删除】按钮（或按 Delete 键）可以清除视图中的模型，在该软件中可以同时导入多个模型。

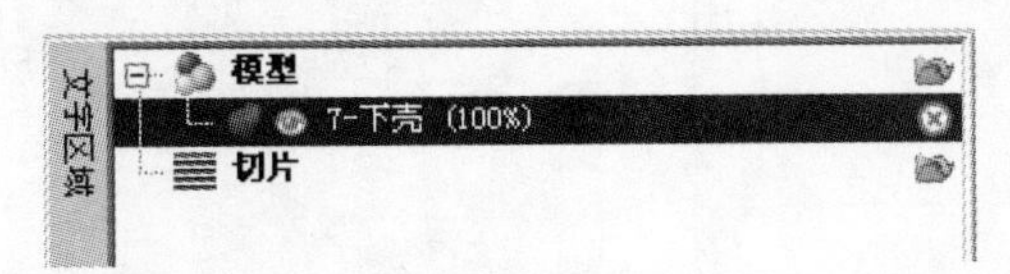


## 4.2.3 自动修复模型

下面介绍如何在 netfabb 中自动修复导入的 STL 模型。该软件可以对 STL 模型自动进行修复，自动修复方式有两种，一种是默认修复，另一种是简单修复。这两种方式都是由软件自动对模型进行边、面片的删除或补充漏洞。

导入模型后，确保模型被选择（用鼠标单击模型或在软件右边的文字区域列表中选择模型的名字），此时模型变成绿色。如果导入的模型上有红色区域（红色区域代表出错的地方），同时界面中出现一个“感叹”符号，说明模型需要修复，如下左图所示。

单击工具栏中的任意一个【视图显示】按钮，切换不同的视图显示并观察模型，直到发现错误的位置，如下右图所示。

一般情况下有两种方法进行修复，一种是回到建模软件中，根据 netfabb 显示的位置进行更正，另一种方法是使用 netfabb 自带的修复工具进行处理。这里介绍一种简单的方法，即使用 netfabb 自带的修复工具。

单击工具栏上的十字按钮，打开修复列表，如下左图所示。

与此同时，视图中的模型会变成蓝色，并用黄色曲线显示出错的区域（可以用鼠标中键来移动和放大、缩小显示），如下右图所示。

状态 | 行动 | 修复脚本 | 视图
统计
边: 37128　边界边缘:: 0
三角形: 24752　无效的取向: 0
壳: 0　洞: 0
更新　自动升级
可视化
突出洞　三角网格
显示边缘 45°
显示退化面
表面选择
选择公差: 90°
自动修复　应用修复

提示

其中有一些可调参数，读者朋友可以通过软件的帮助文件自行阅读，这里就不再赘述。

单击【自动修复】按钮，netfabb 软件会弹出一个对话框，询问修复方式，我们先使用第一种默认修复的方式来进行，单击【执行】按钮，如下左图所示。

单击【执行】按钮后系统进行计算，模型自动修复完毕，黄色曲线消失，说明模型没有问题了，如下右图所示。

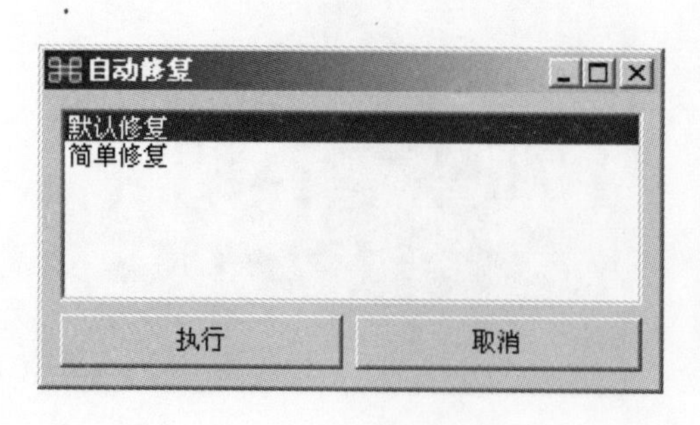

**提示**

如果模型依然存在错误区域（有黄色曲线显示），可以换一种修复方式进行操作。该软件有无法自动修复的情况，比如缺口非常大的区域软件是无法自动修复的，用户可以返回建模软件对这一区域单独处理，然后再返回 netfabb 软件进行修复。

修复完毕之后单击【应用修复】按钮确认修复结果，返回主界面，此时我们看到“感叹”符号消失了，这说明修复后的模型是一个可以进行打印的模型，如下左图所示。

下面将修复好的模型进行输出，重新保存为一个 STL 文件。执行菜单栏中的“部分>输出零件>为 STL”命令输出文件即可，如下右图所示。

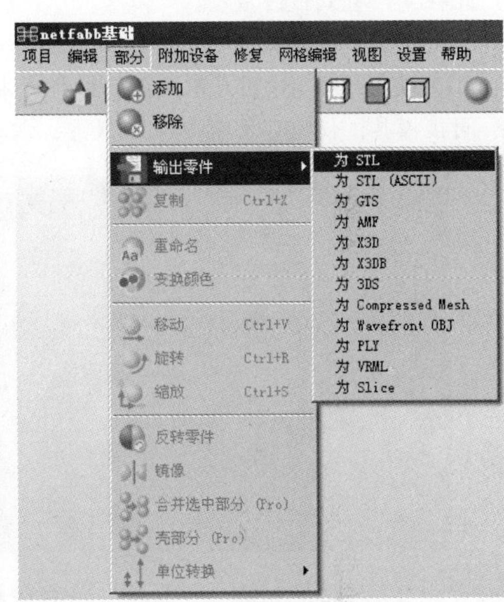


至此，大致的修复方式介绍完毕，这里顺便提一下，netfabb 软件的基本功能是免费的，而一些特殊的修补工具是需要付费的，用户在使用的时候系统会弹出付费信息，如图所示，读者朋友们可酌情考虑。

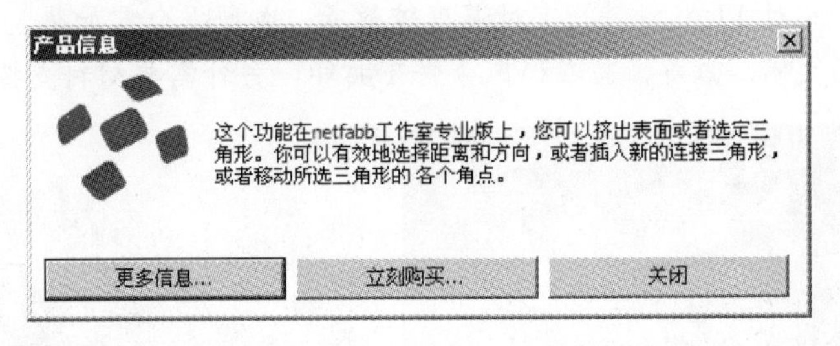

## 实用问答：3D 打印的常用技术有哪些

目前常用的 3D 打印技术有 3 种，即光固法（SLA）、熔融沉积法（FDM）和激光选区烧结法（SLS）。

（1）光固法——原理：光固法技术是基于液态光敏树脂的光聚合原理工作的。这种液态材料在一定波长和强度的紫外光的照射下迅速发生光聚合反应，材料从液态转变成固态。在打印的时候，成型平台周围有一个液体槽，槽里面充满了紫外线照射可以固化的液体，紫外线激光会从底层做起，先固化最底层的，然后平台下移，固化下一层，如此往复，直到最终成型。

**优点**：分层精度高，可达到 0.016mm；表面粗糙度小；原材料利用率高。

**缺点**：只能使用光敏树脂，材料成本高；不易进行物理性能测试，适用于外形评估、间接模具；使用环境有气味、微毒、需要很好的通风条件。

（2）熔融沉积法——原理：将打印材料（PLA/ABS）在 230℃～260℃的高温下熔化成液态，这些液体材料通过喷嘴挤出后立即固化，固化的材料逐层叠加最终形成实物。

**优点**：适用的材料较多，可在办公室环境下操作。

**缺点**：成型的实物表面较粗糙，需做后期处理；Z 轴因分层原因可能会产生一定的误差；ABS 材料相对 PLA 材料而言对温度较敏感，成型平台需加热，否则容易产生形变；ABS 材料有气味，微毒，需在通风条件下打印；另外需要材料支撑。

(3)激光选区烧结法——原理：利用粉末材料成型，将粉末材料平铺在成型平台上，用高强度的激光器在刚铺平的粉末材料层上扫描出 3D 模型的截面，材料粉末在激光照射下被烧结在一起，形成实物的截面，然后再平铺一层粉末材料，如此逐层用激光烧结，最终形成实物。

**优点**：适用于多种材料，如塑料、蜡、金属粉末等；可直接制造特殊、功能复杂的模型；一次可成型多个模型。

**缺点**：成型中未烧结的材料性能会有一部分下降，需掺入部分新材料后才能适用；使用环境有轻微粉尘、无毒、需通风。

## 技术链接：2015 年 3D 打印技术的发展趋势

未来一年 3D 打印的以下五大发展趋势值得用户关注。

**（1）更好、更快、更廉价**——目前，企业家正从各方涌向 3D 打印领域。未来，3D 打印不仅是一种打印、扫描和共享内容的新方式，还将增加打印的精密度、规模以及更好的材料，而且打印成本也将下降。总体而言，功能性材料将进入市场，而且将出现更加先进的打印程序，在未来几年中大家将会看到更加先进的 3D 打印机走向市场。一些初创型企业也会研发出更快、更便宜的 3D 打印设备。

**（2）传统公司需要创新和改进**——为了维持自己在快速增长的 3D 打印行业内的统治地位，传统的 3D Systems 公司和 Stratasys 公司都将执行简单的战略，即要么收购对方，要么阻击对方。然而这种并购并不一定会产生效果，毕竟整合业务或业务并购都非常困难，因此这样的措施或许还会适得其反。在未来一年，随着惠普之类的公司进入 3D 打印市场，再加上一些初创企业的冲击，传统的 3D 打印巨头急需加速内部创新，并努力推出更好、更便宜的解决方案，从而增加他们的市场份额。对于这些公司而言，需要改进的两大重要领域就是 3D 打印速度和材料价格。

**（3）3D 照相馆的崛起**——现在，一些公司已经开设了一些小规模的店内 3D 大头照拍摄馆。在未来一年，简单的 3D 扫描设备和软件将会越来越普及，而且消费成本会越来越便宜，甚至还会出现一些便携式的 3D 拍摄设备。在未来几年中，将有更多的新企业开设 3D 拍摄馆。更为重要的是，这些扫描和拍照工具将为大规模的定制化拍摄奠定基础，并能够让更多的公司为每一个客户拍摄定制化的 3D 照片。

（4）**战争武器**——尽管使用类似于机器人的热熔胶枪制作一支真枪并不是获得武器的最有效的方式，但这种做法肯定会产生轰动效应。在未来一年，更多的枪支、手榴弹以及一些更夸张的武器将会出现。管理者也会担心 3D 打印机可能会成为混乱状态的最终工具。

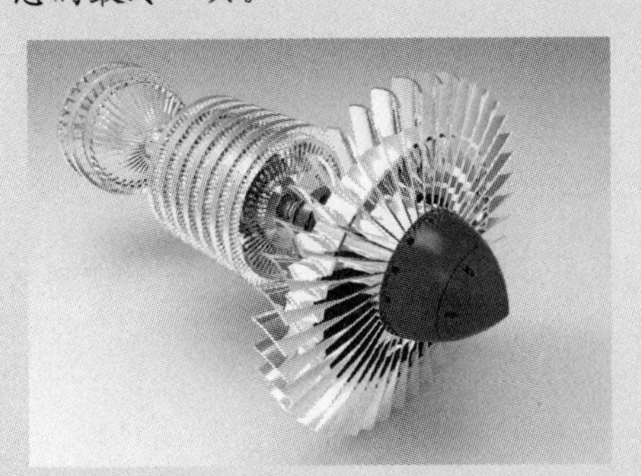

（5）**医疗神器**——3D 打印技术最具潜力的作用将体现在医疗健康领域。人们已经看到从颅骨和面部植入假体材料到低成本的假体，再到可更换的气管等在内的诸多 3D 打印产品。未来几年，在此领域还将充满更多的新创意。尽管打印完全功能的器官还需要一段时间，但是，为个别患者定制打印某种器官的功能将会出现。医生们也因有了强大的 3D 打印工具而更方便操作，并能够获得更好的体验，与此同时，人们的生活也会因此更加美好。

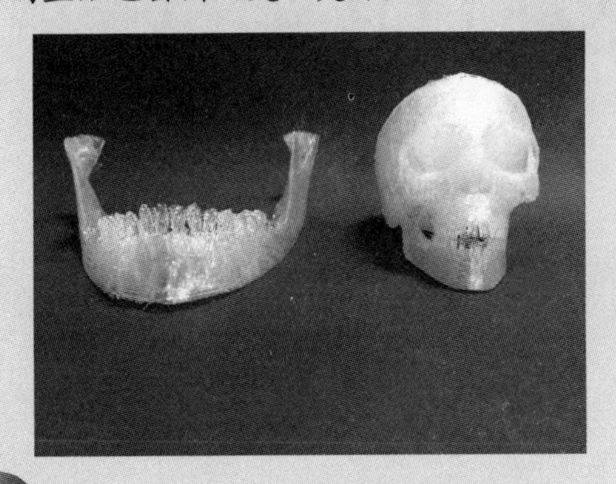
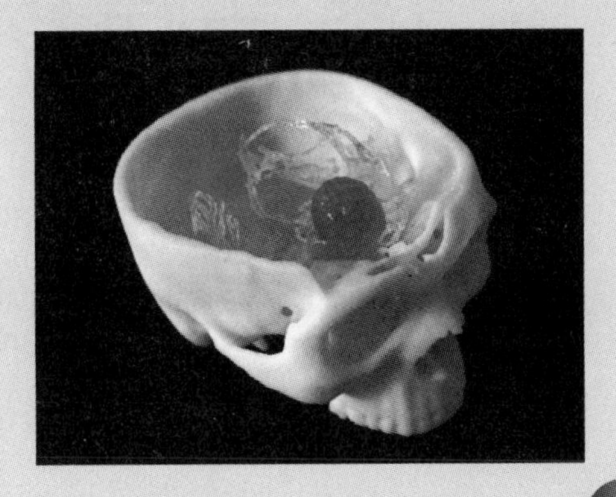

# 第 5 章

# 零件建模&打印实战

# 5.1 多头工具

## 多头工具的设计草图

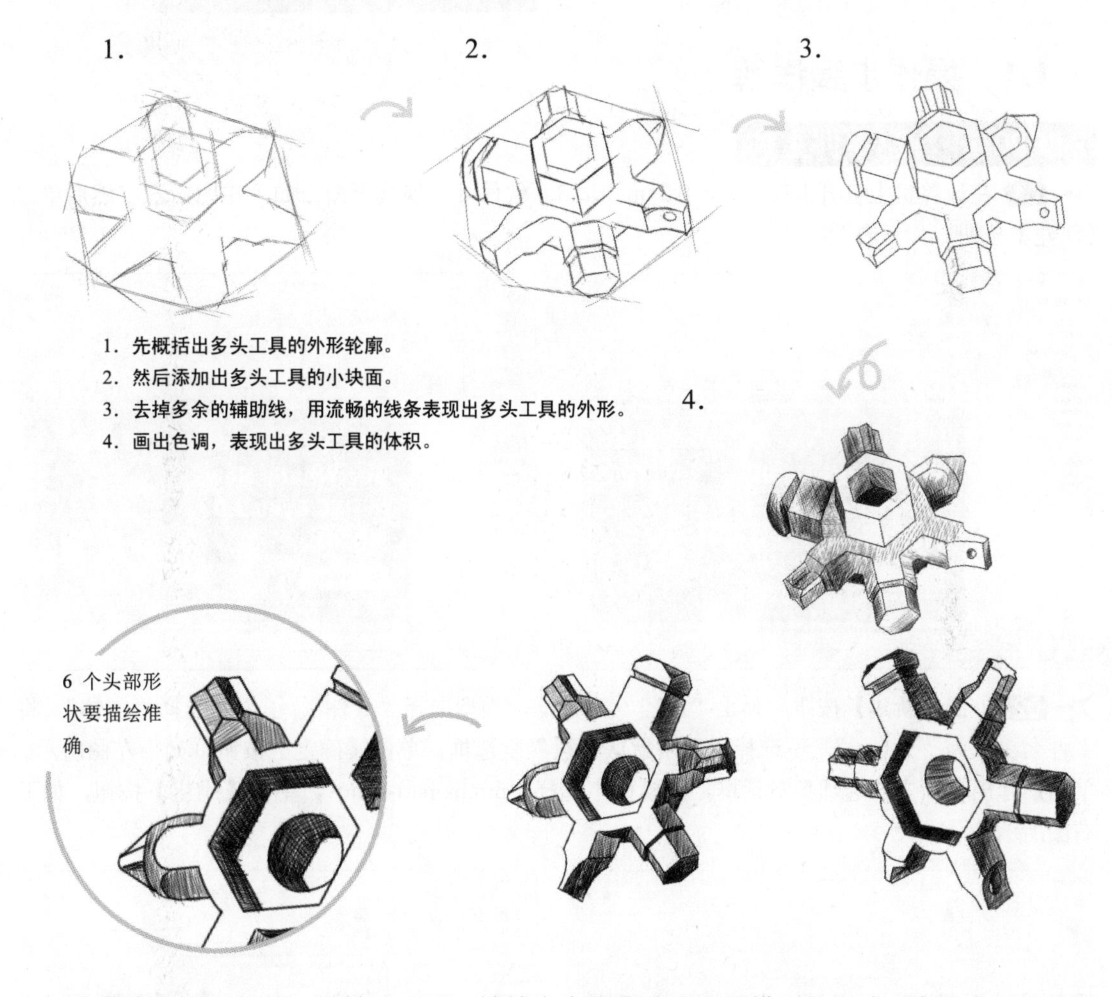


本节介绍利用拉伸、旋转、平面、轴等命令制作多头工具模型的方法。本节介绍的工具是一个不规则的实体模型，包含较复杂的特征结构。在建模过程中我们采用由主到次的建模方式，首先创建工具的主体部分，然后创建特征修饰部分，最后完成工具的建模。本节案例是本章中的第一个案例，相比之下，本节的草图绘制比较规则，内容比较丰富，请耐心按照教程绘制。本例参考图如下图所示。

## 5.1.1 操作步骤详解

### STEP01 新建零件主体

01 在计算机上打开 PTC Creo Parametric 3.0 软件，出现其界面，如下左图所示。然后单击【新建】按钮，如下右图所示。

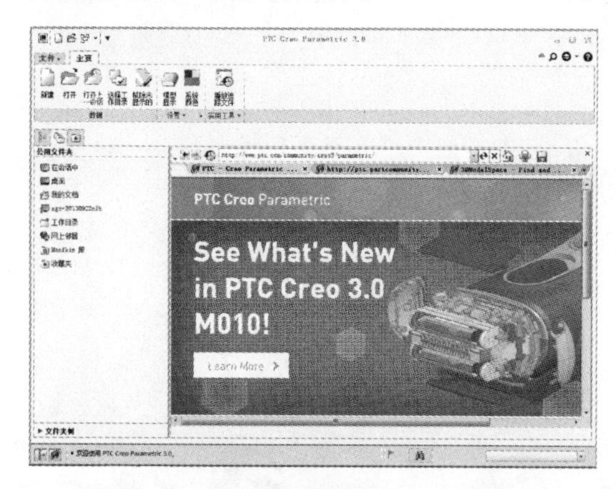

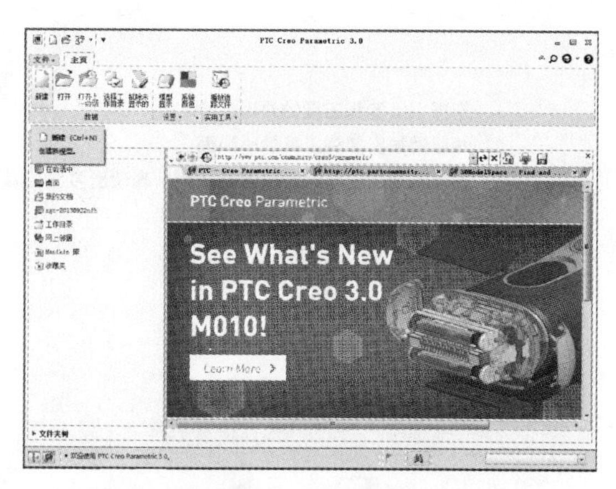


02 单击【新建】按钮后弹出“新建”对话框，类型选择“零件”、子类型选择“实体”，将文件名更改为“5-1-gj”，不选择“使用默认模板”复选框，单击【确定】按钮，如下左图所示。单击后弹出“新文件选项”对话框，在模板中选择“mmns-part-solid”，单击【确定】按钮，如下右图所示。

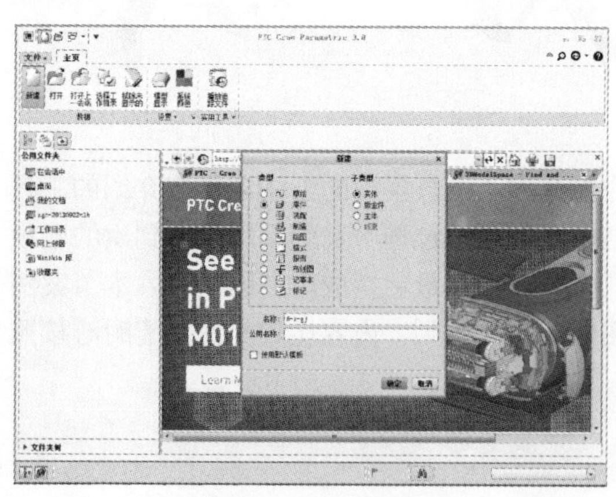
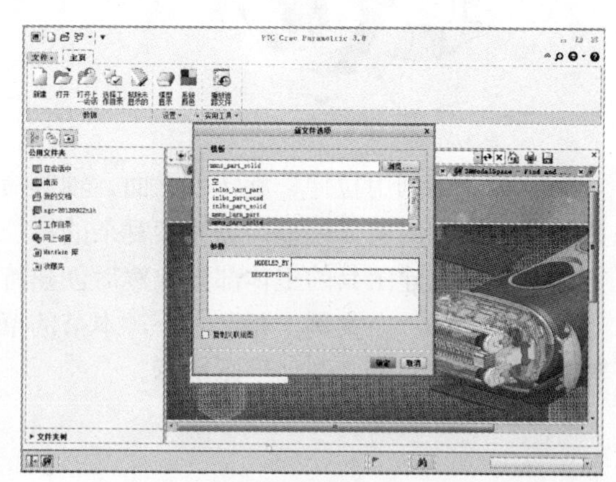

## STEP02　创建工具主体

01 在“模型”选项卡中单击【拉伸】按钮，如下左图所示。单击【拉伸】按钮后系统显示“拉伸”选项卡，定义拉伸基准面为 FRONT 平面，然后单击【草绘视图】按钮，如下右图所示。

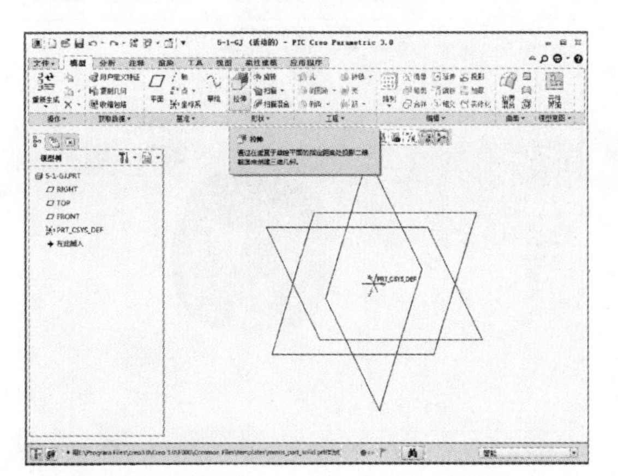

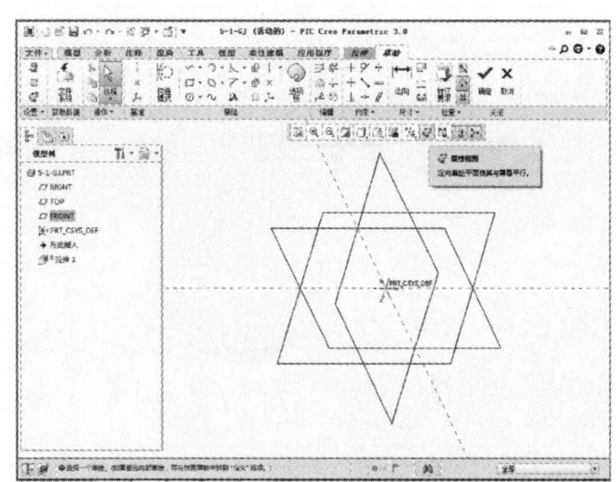

02 在“草绘”选项卡中单击【圆心和点】按钮，如下左图所示。然后以坐标原点为圆心，绘制一个直径为 20 的圆，如下右图所示。

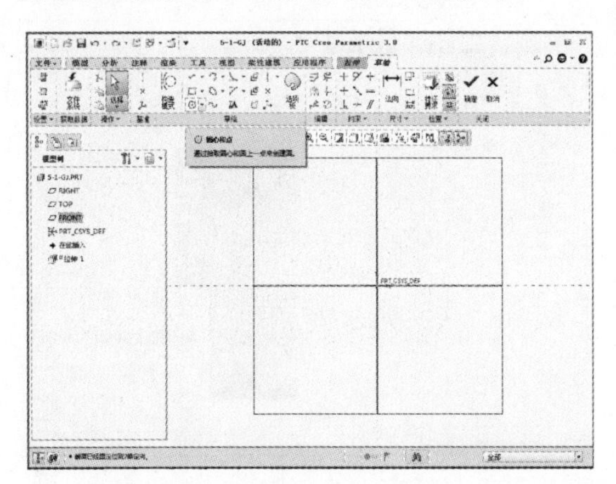

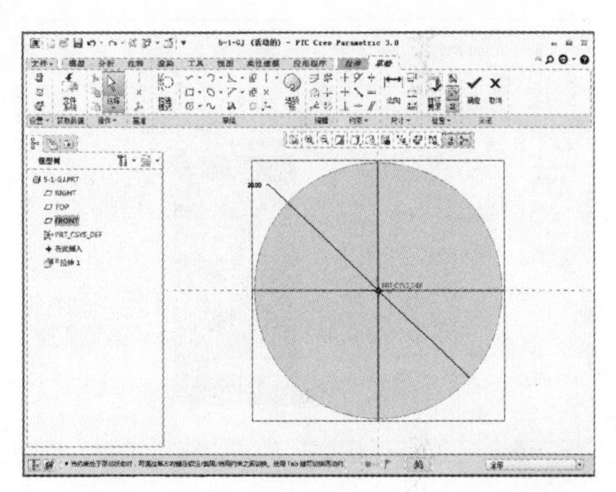

03 草图绘制完成后单击【确定】按钮，进入“拉伸”选项卡，设置对称拉伸，拉伸值为 10，如下左图所示。设置完成后单击【确定】按钮，如下右图所示。

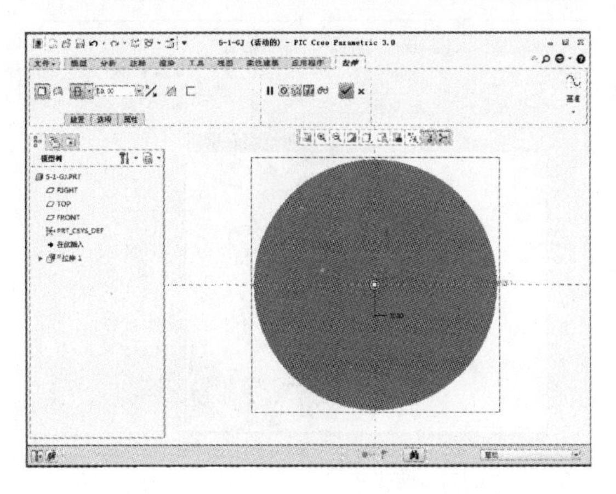

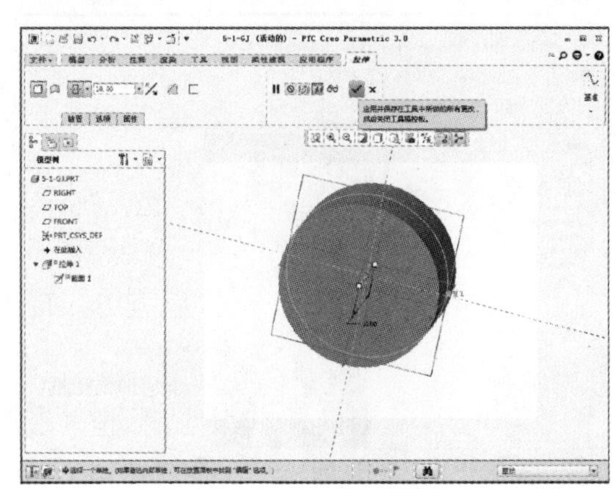

04 完成上述特征操作后，在“模型”选项卡中单击【拉伸】按钮，如下左图所示。单击【拉伸】按钮后系统显示“拉伸”选项卡，定义拉伸基准面为 RIGHT 平面，然后单击【草绘视图】按钮，如下右图所示。

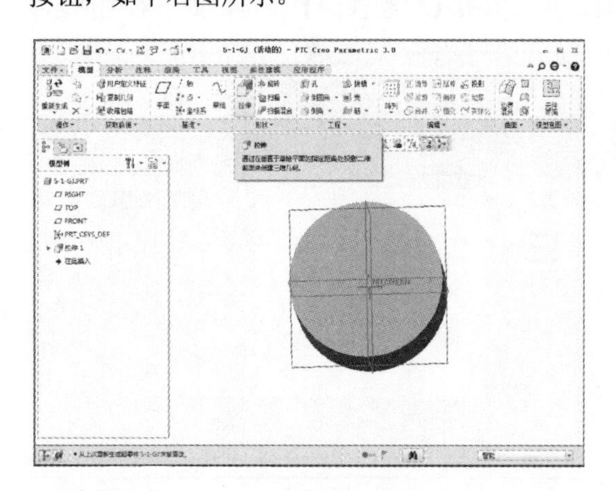

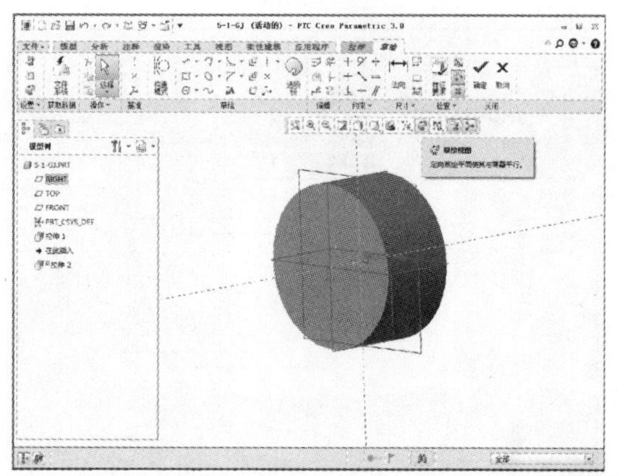

05 在“草绘”选项卡中单击【选项板】按钮，如下左图所示。单击该按钮后弹出“草绘器调色板”对话框，如下右图所示。

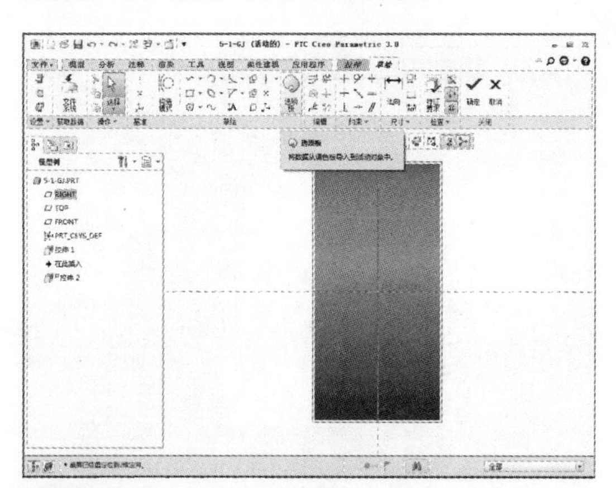

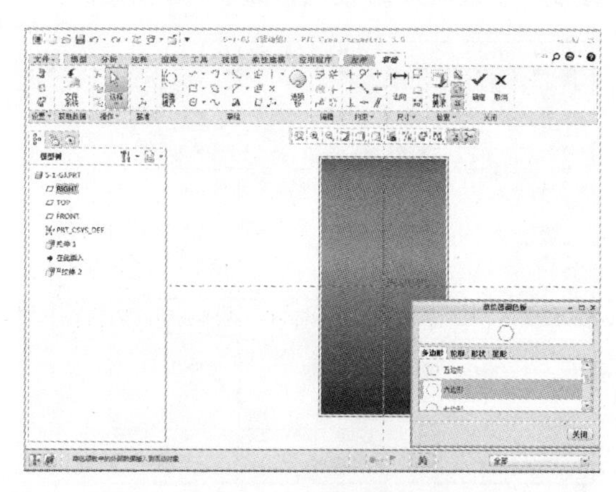

06 在“草绘器调色板”对话框中选择正六边形，选取正六边形的中心为坐标原点，然后单击【确定】按钮，如下左图所示。对正六边形的大小进行设定，设定对边距离为 10，如下右图所示。

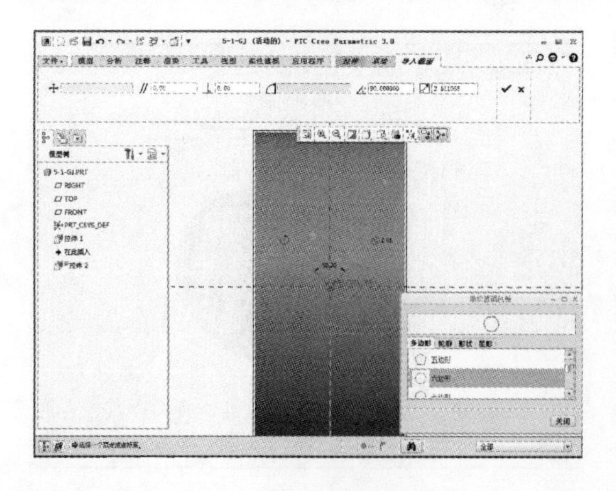

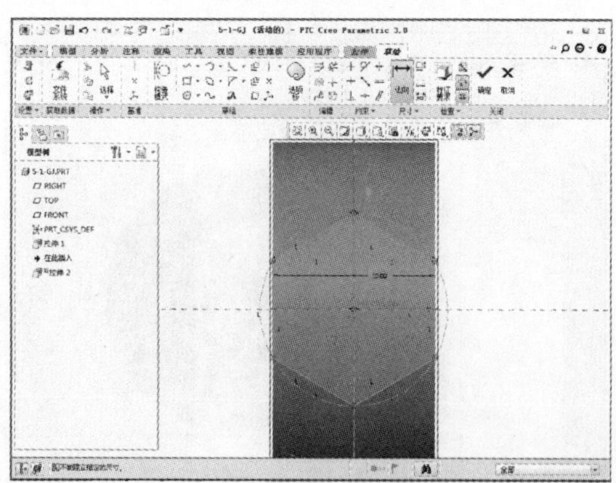

07 草图绘制完成后单击【确定】按钮，进入“拉伸”选项卡，设置指定值拉伸，拉伸值为20，如下左图所示。设置完成后单击【确定】按钮，如下右图所示。

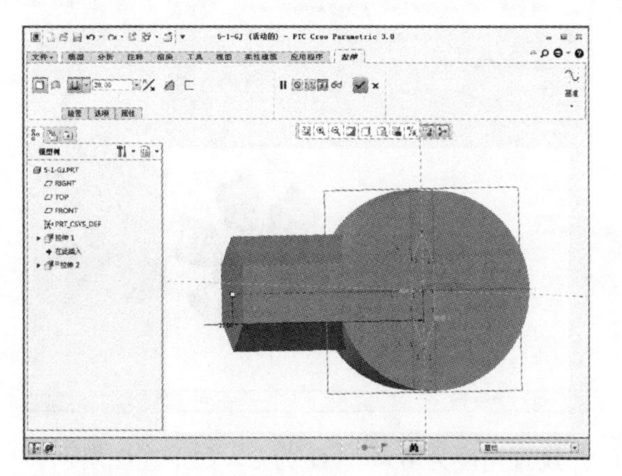

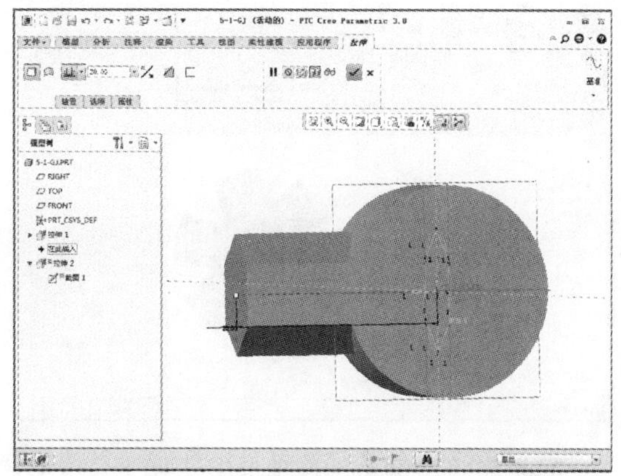

08 完成上述特征操作后在模型树中选中“拉伸 2”，然后单击【阵列】按钮，如下左图所示。单击【阵列】按钮后系统显示“阵列”选项卡，如下右图所示。

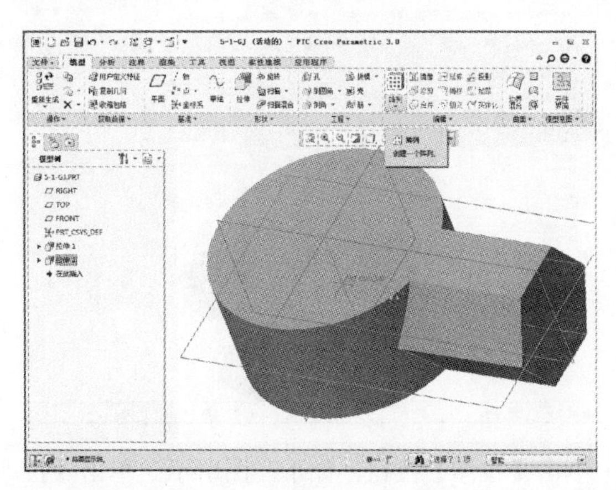

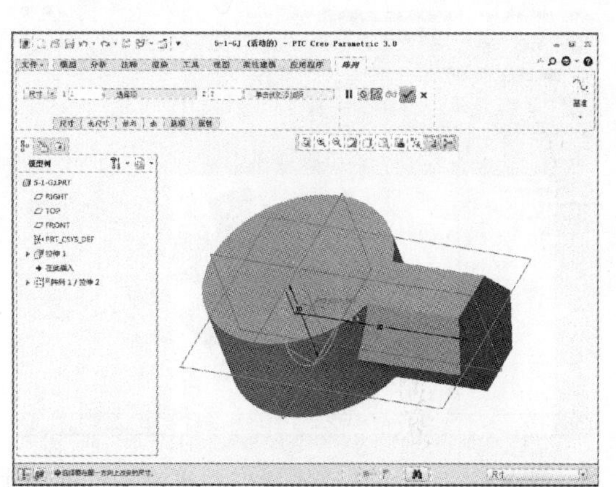

09 设置“轴”阵列，选取拉伸 1 的轴为阵列的轴线，如下左图所示。设置阵列数量为 5，阵列的分布角度为 60° ，设定完成后单击【确定】按钮，如下右图所示。

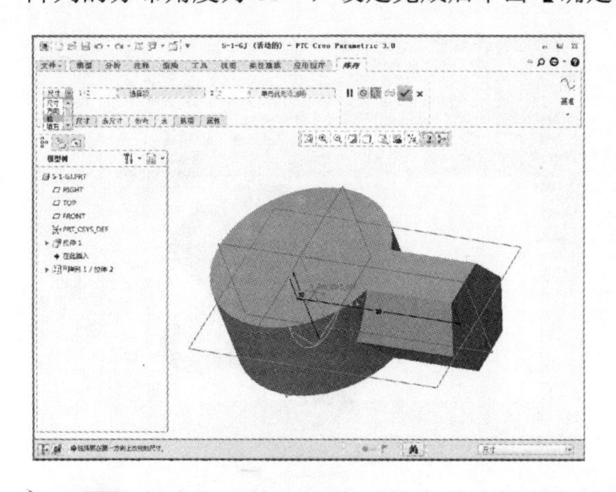

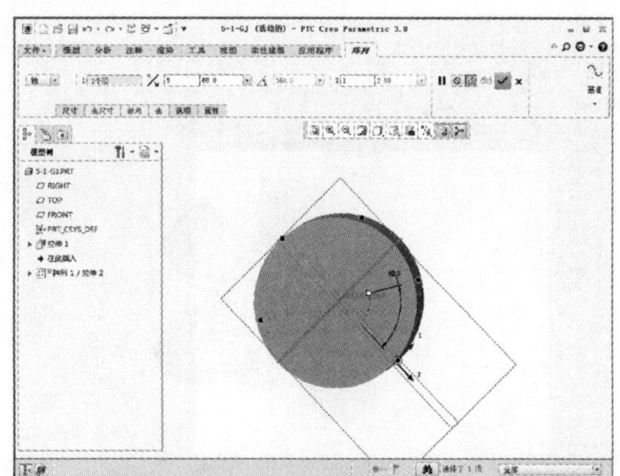

10 完成上述特征操作后单击【边倒角】按钮，如下左图所示。单击【边倒角】按钮后系统

显示“边倒角”选项卡，如下右图所示。

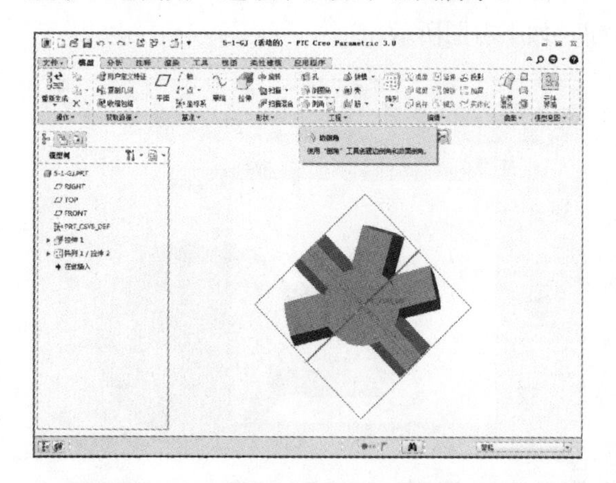

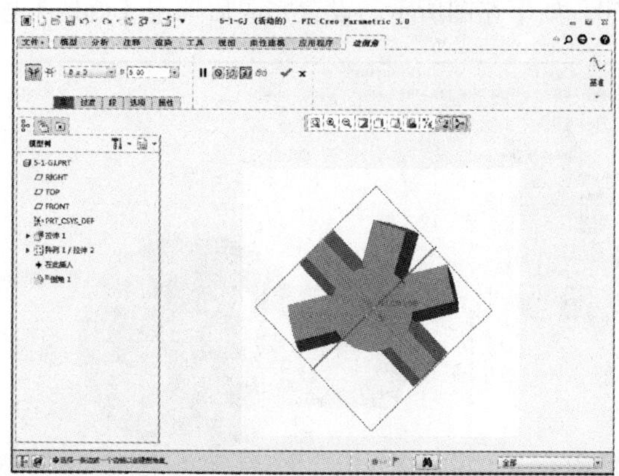

**11** 在“边倒角”选项卡中选择“角度×D”，并设置角度为 65°、D 为 2，如下左图所示。参数设定完成后选择图中的 12 条边作为边倒角的边，并单击【确定】按钮，如下右图所示。

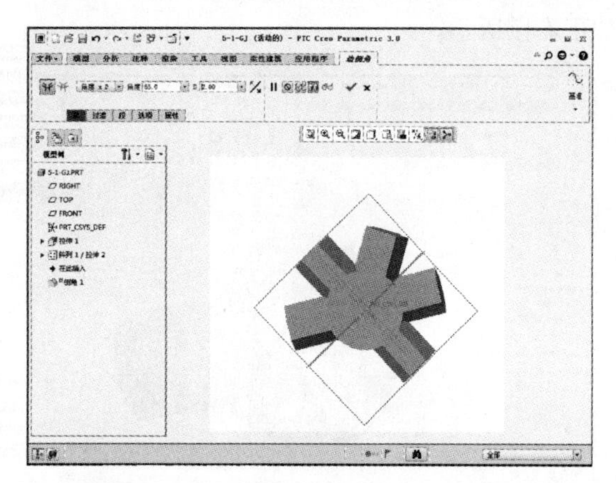

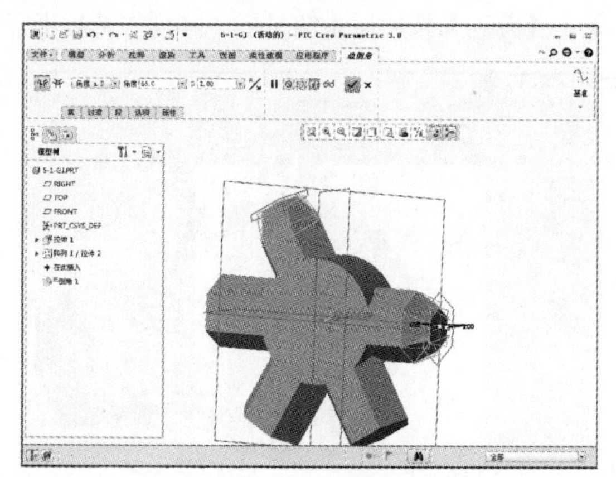

**12** 完成上述特征操作后在“模型”选项卡中单击【拉伸】按钮，如下左图所示。单击【拉伸】按钮后系统显示“拉伸”选项卡，定义拉伸基准面为 RIGHT 平面，然后单击【草绘视图】按钮，如下右图所示。

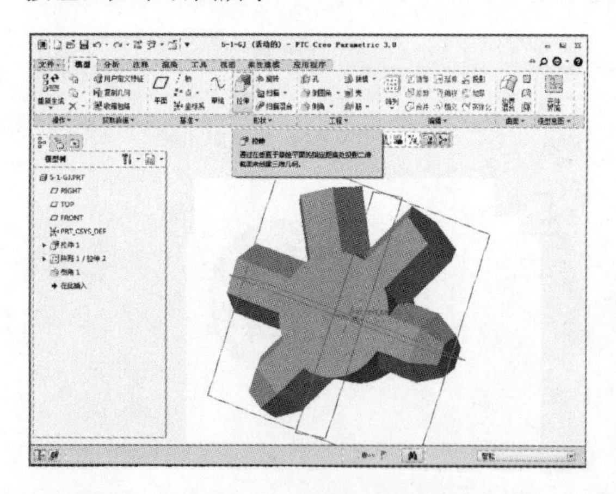

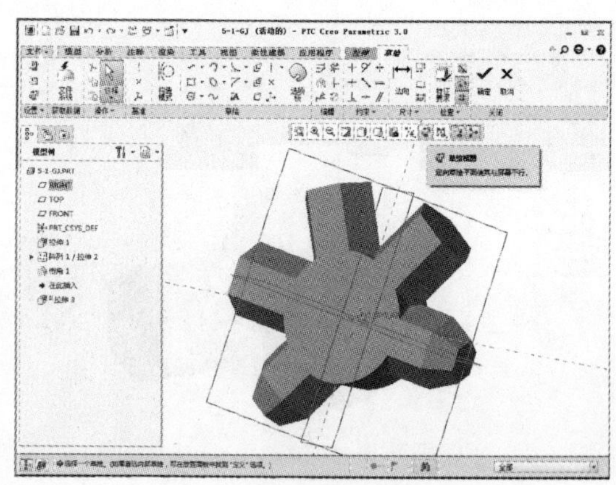

**13** 在“草绘”选项卡中单击【选项板】按钮，如下左图所示。单击该按钮后弹出“草绘器

调色板”对话框，如下右图所示。

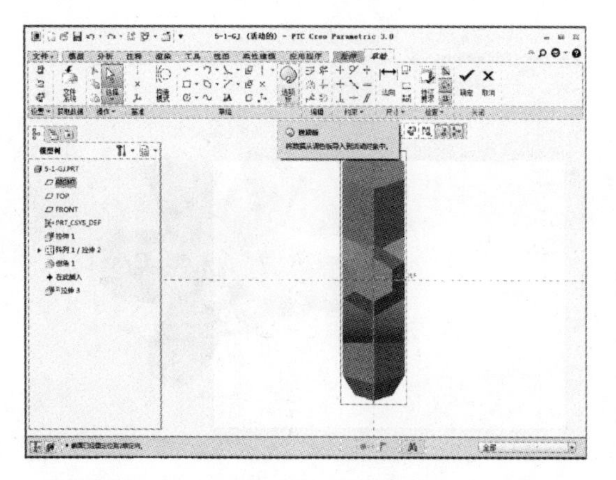

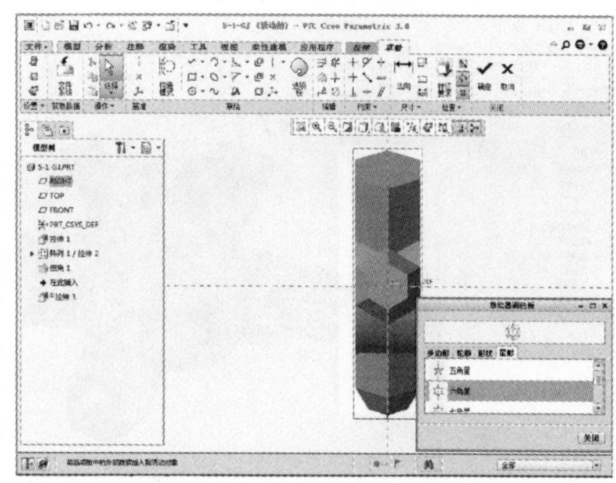

14 在“草绘器调色板”对话框中选择六角星，选取六角星的中心为坐标原点，然后单击【确定】按钮，如下左图所示。对六角星的大小进行设定，设定内切圆半径为 3、外接圆半径为 4.51，如下右图所示。

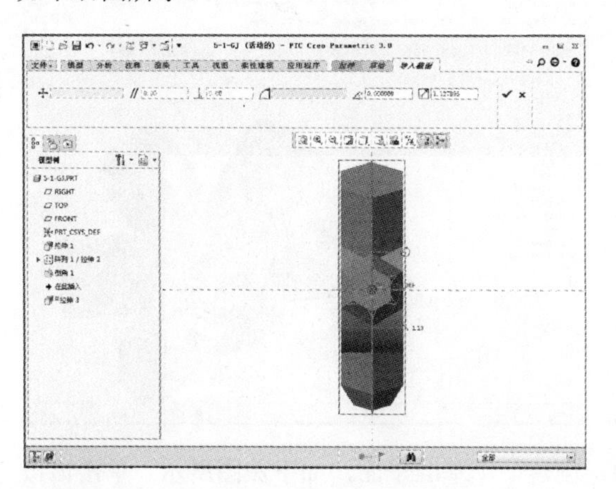

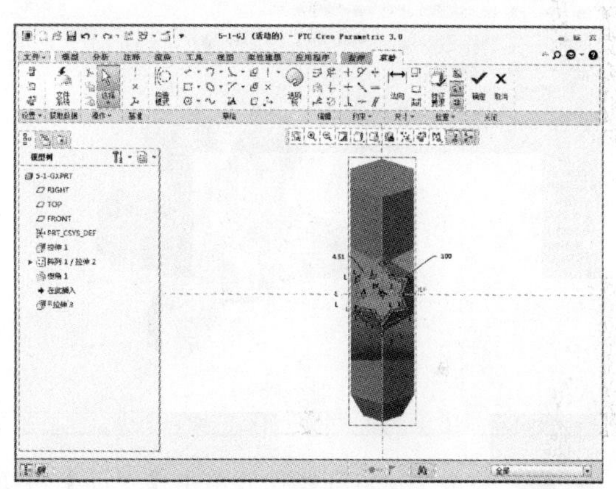

15 草图绘制完成后单击【确定】按钮，进入“拉伸”选项卡，设置指定值拉伸，拉伸值为 25，如下左图所示。设置完成后单击【确定】按钮，如下右图所示。

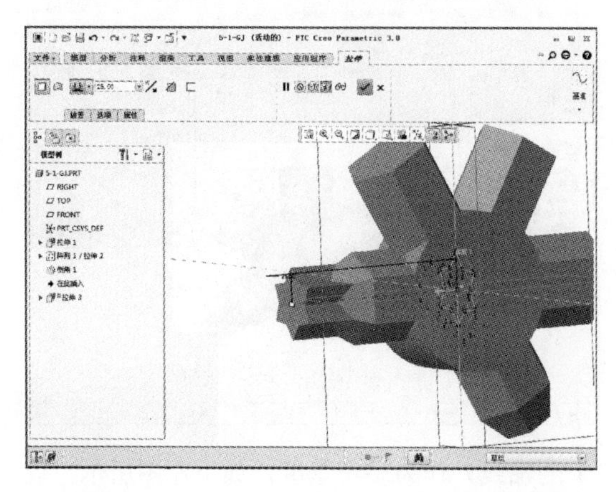

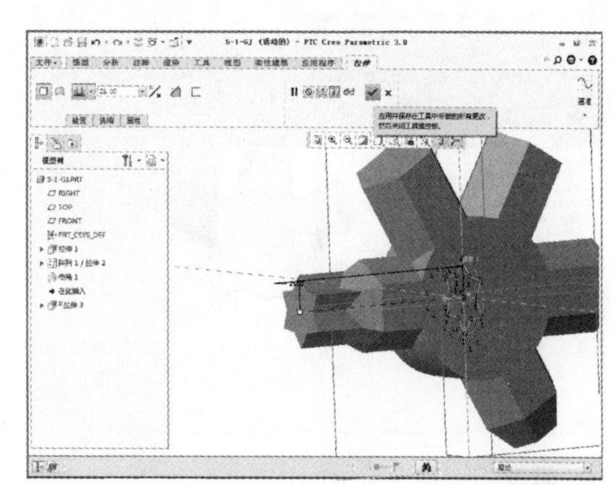

16 完成上述特征操作后在模型树中选中“拉伸 3”，然后单击【阵列】按钮，如下左图所示。

单击【阵列】按钮后系统显示“阵列”选项卡，如下右图所示。

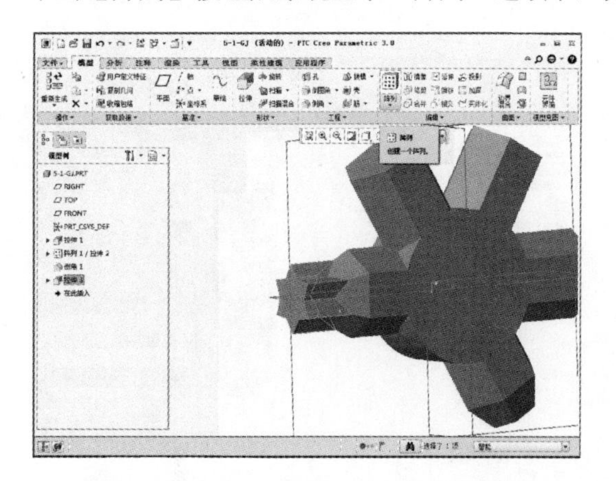
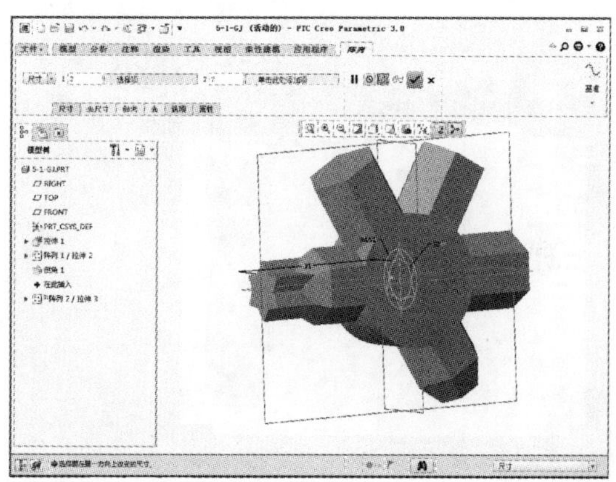

17 设置“轴”阵列，选取拉伸 1 的轴为阵列的轴线，如下左图所示。设置阵列数量为 2、阵列的分布角度为 120°，设定完成后单击【确定】按钮，如下右图所示。

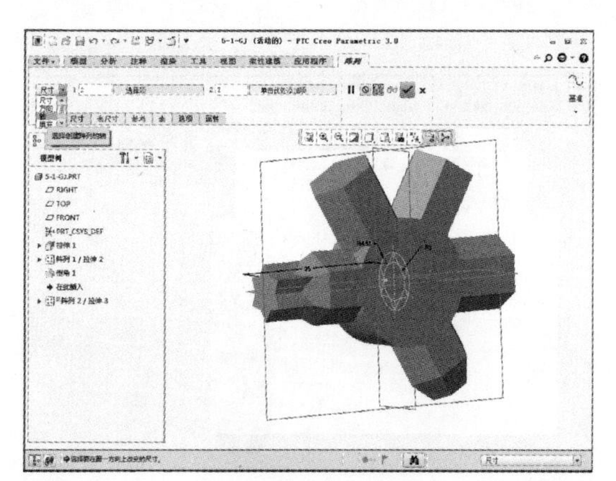
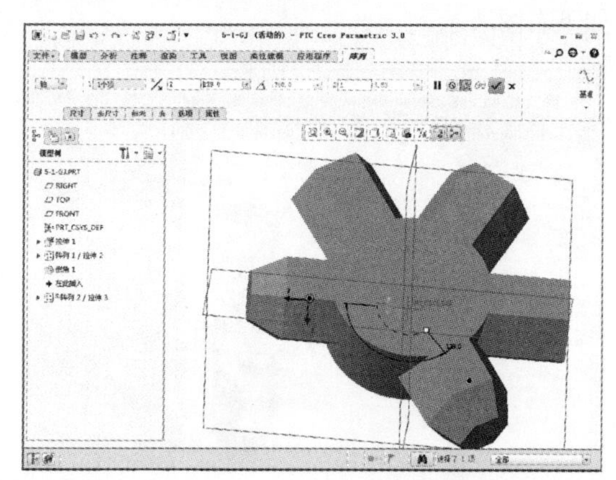

18 完成上述特征操作后单击【平面】按钮，创建一个基准平面，如下左图所示。单击该按钮后系统弹出“基准平面”对话框，系统界面如下右图所示。

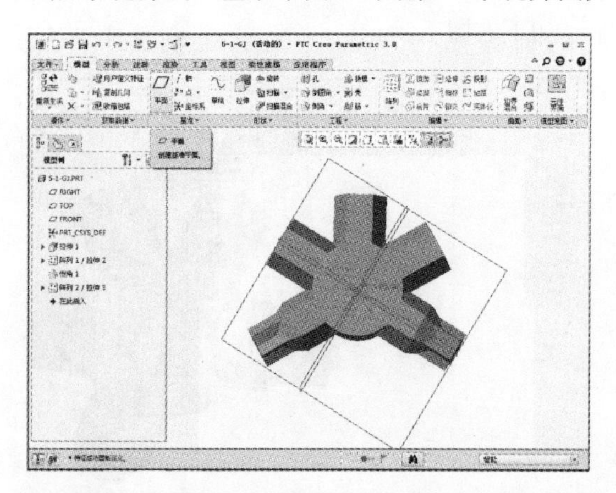
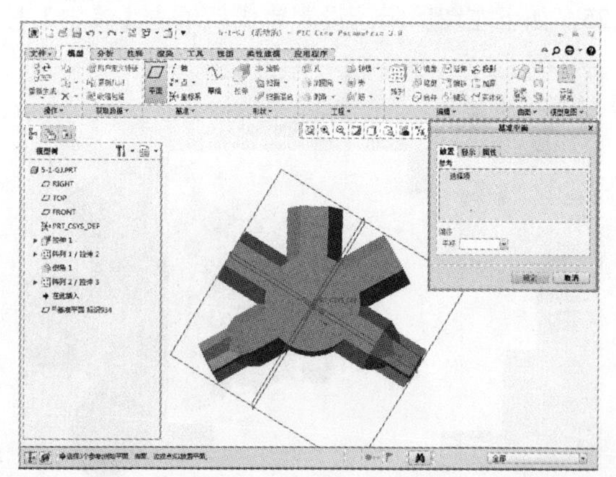

19 在图中选取 RIGHT 平面和 A_1 轴（拉伸 1 的轴线）作为参考基准，如下左图所示。设定旋转角度为 30°，设定完成后单击【确定】按钮，如下右图所示。

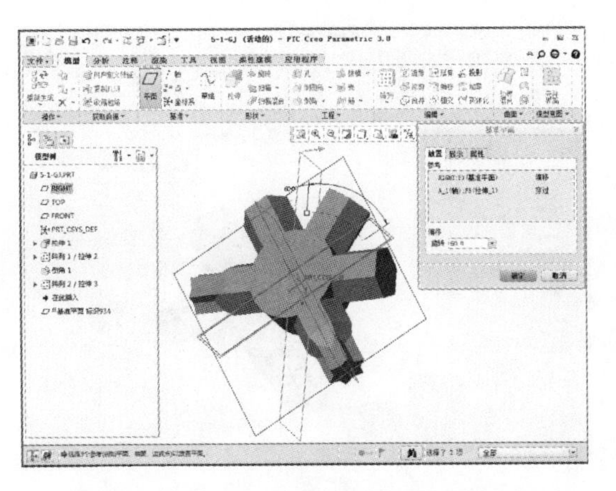
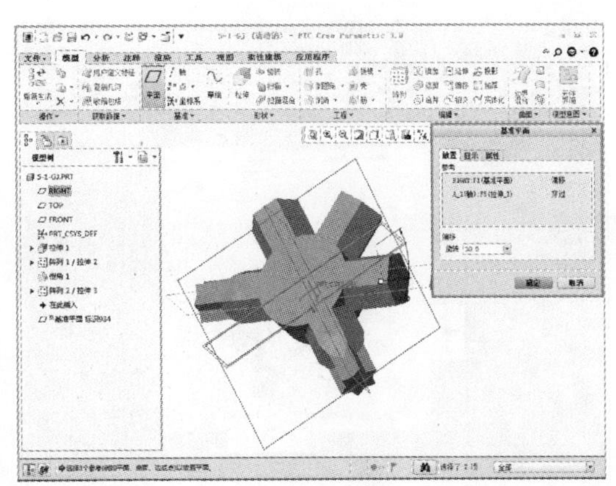

**20** 完成上述特征操作后单击【轴】按钮，创建一个基准轴，如下左图所示。单击该按钮后系统弹出“基准轴”对话框，系统界面如下右图所示。

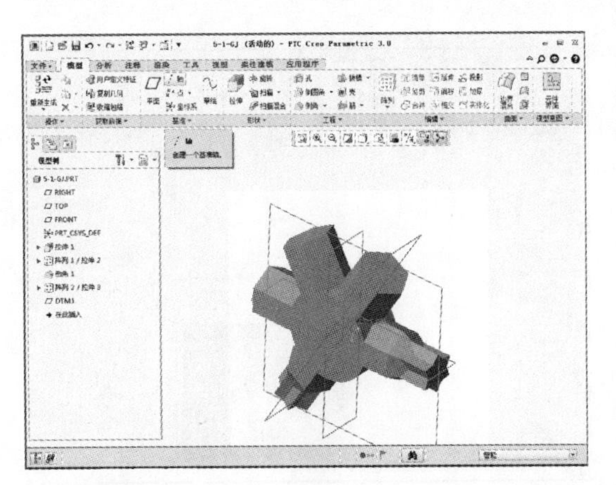
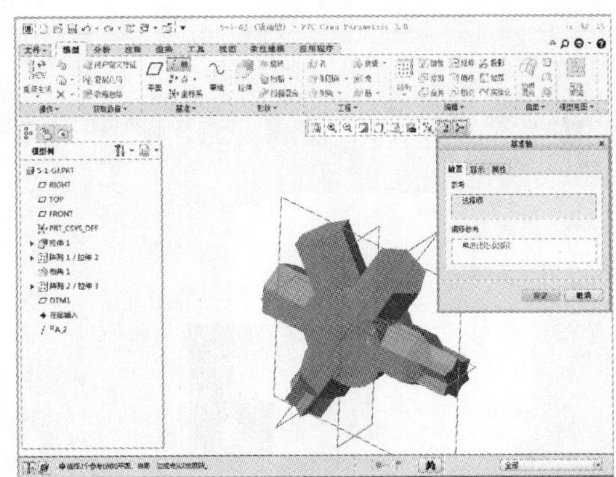

**21** 在图中选取 DTM1 平面和 FRONT 平面作为参考基准，如下左图所示。设定类型均为穿过，设定完成后单击【确定】按钮，如下右图所示。

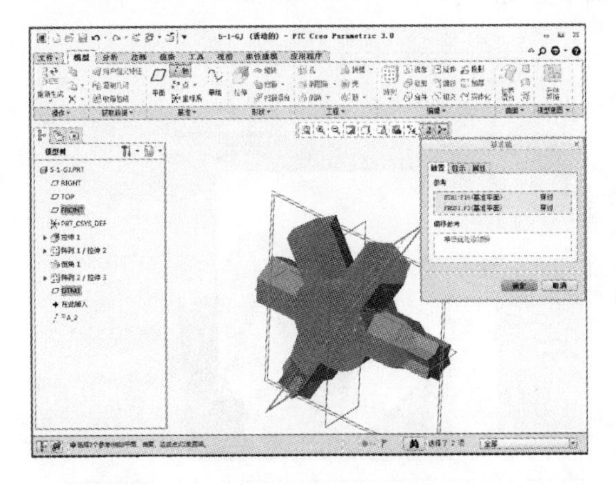
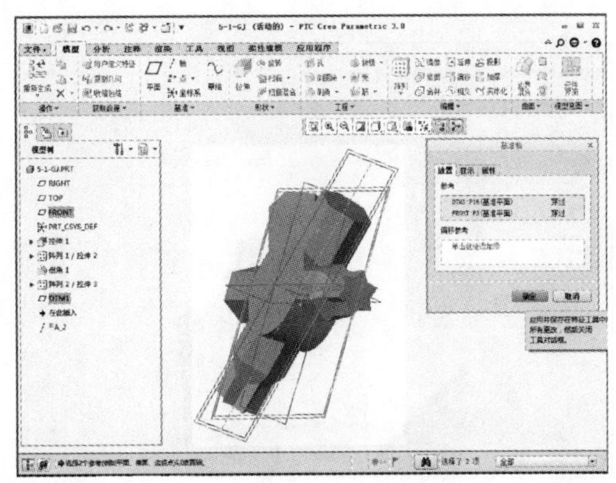

**22** 完成上述特征操作后在“模型”选项卡中单击【拉伸】按钮，如下左图所示。单击【拉伸】按钮后系统显示“拉伸”选项卡，定义拉伸基准面为 DTM1 平面，然后单击【草绘视图】按钮，如下右图所示。

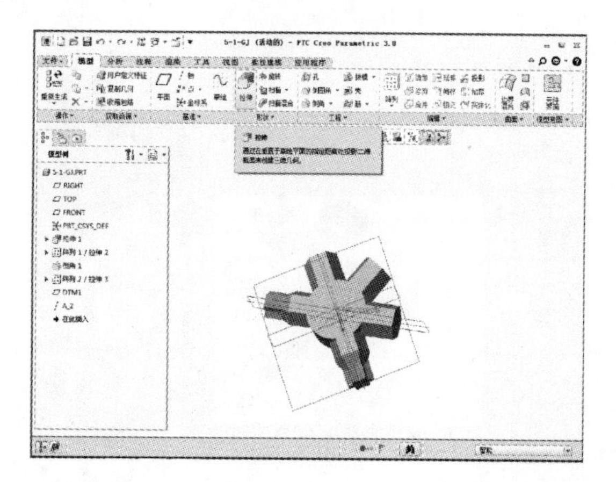

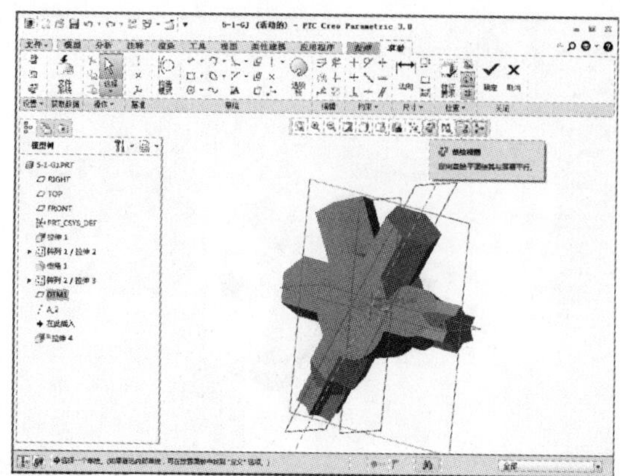

23 在“草绘”选项卡中单击【线链】按钮，如下左图所示。绘制图示的等腰梯形，底边为 9mm、顶边为 2mm、高为 5mm，如下右图所示。

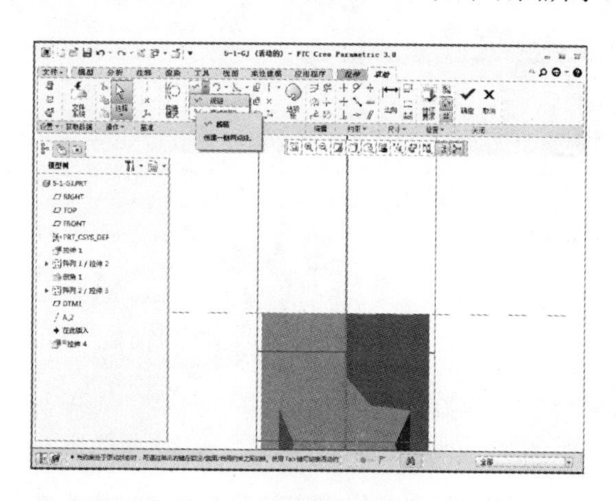

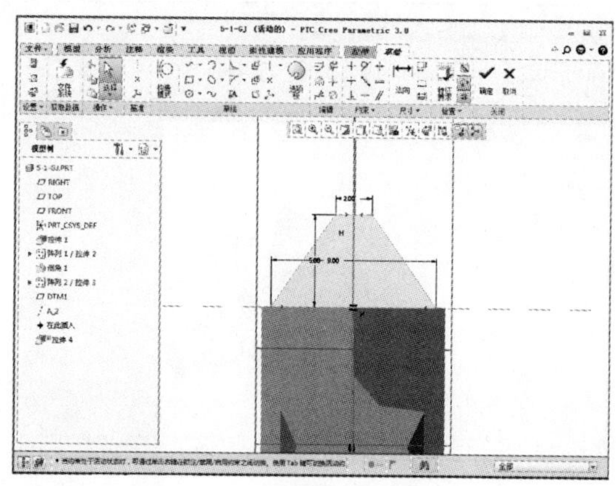

24 草图绘制完成后单击【确定】按钮，进入“拉伸”选项卡，设置对称拉伸，拉伸值为 2，如下左图所示。设置完成后单击【确定】按钮，如下右图所示。

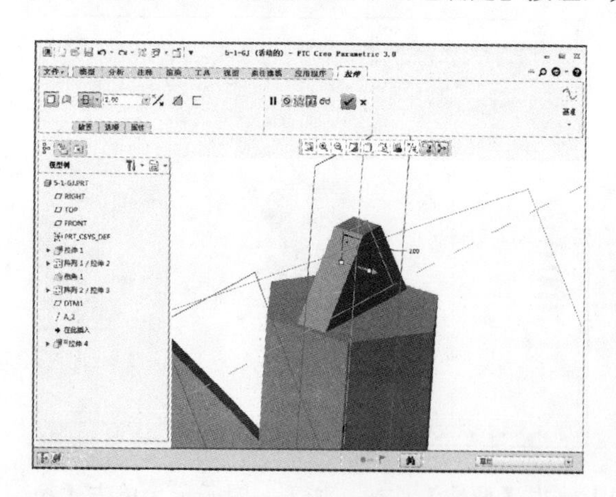

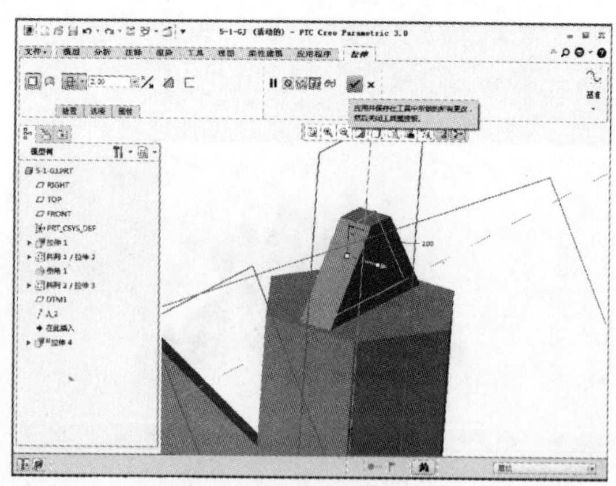

25 完成上述特征操作后在模型树中选中“拉伸 4”，然后单击【阵列】按钮，如下左图所示。单击【阵列】按钮后系统显示“阵列”选项卡，如下右图所示。

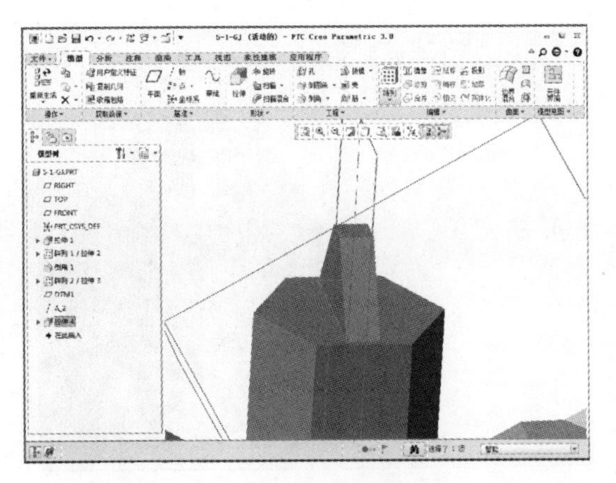
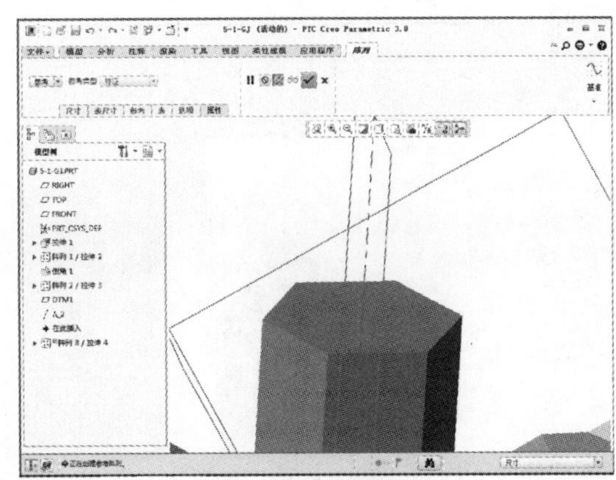

**26** 设置“轴”阵列，选取创建的基准轴 A_2 作为阵列的轴线，如下左图所示。设置阵列数量为 2、阵列的分布角度为 90°，设定完成后单击【确定】按钮，如下右图所示。

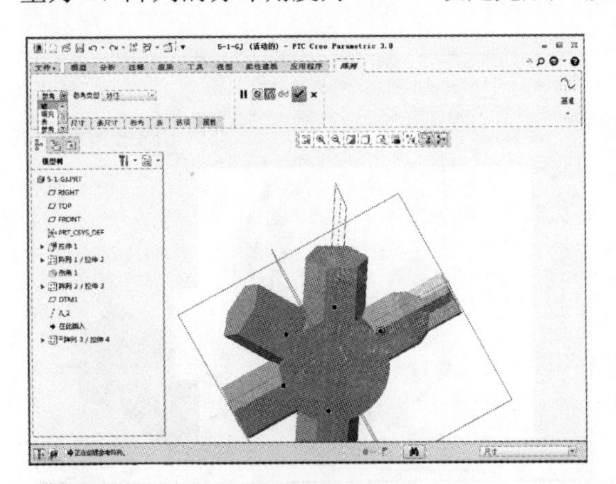
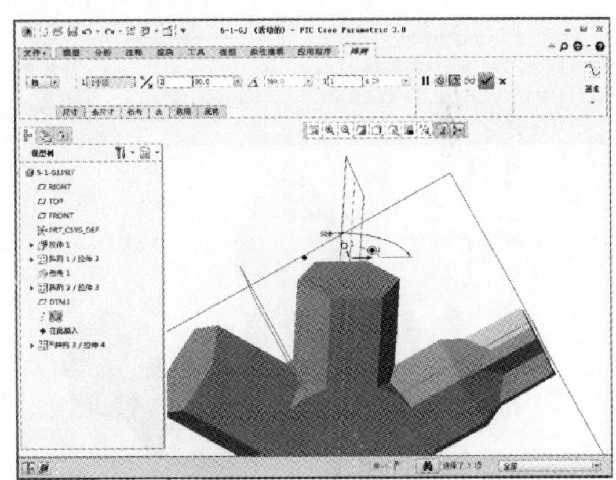

**27** 完成上述特征操作后在“模型”选项卡中单击【旋转】按钮，如下左图所示。单击【旋转】按钮后系统显示“旋转”选项卡，定义拉伸基准面为 FRONT 平面，然后单击【草绘视图】按钮，如下右图所示。

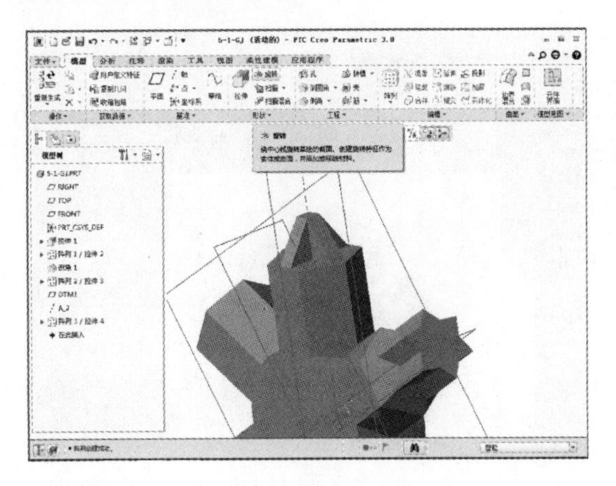
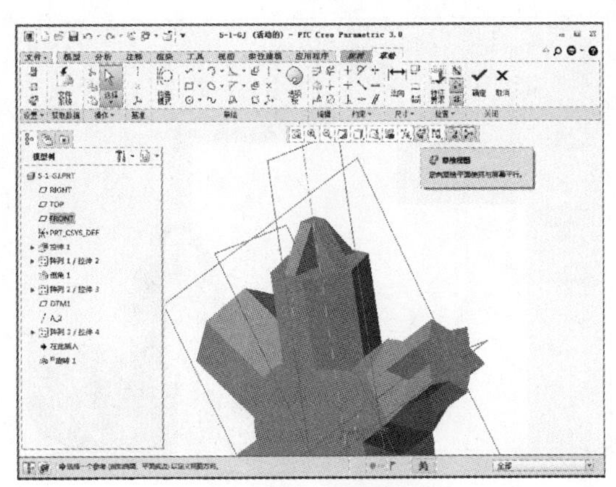

**28** 在“草绘”选项卡中单击【线链】按钮，如下左图所示。然后绘制图示图形，如下右图所示。

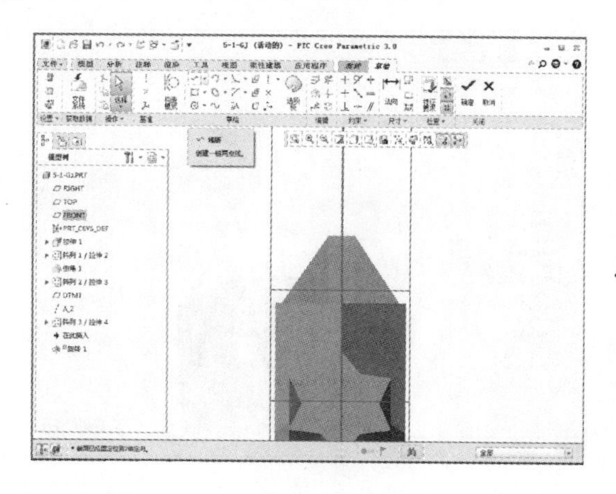

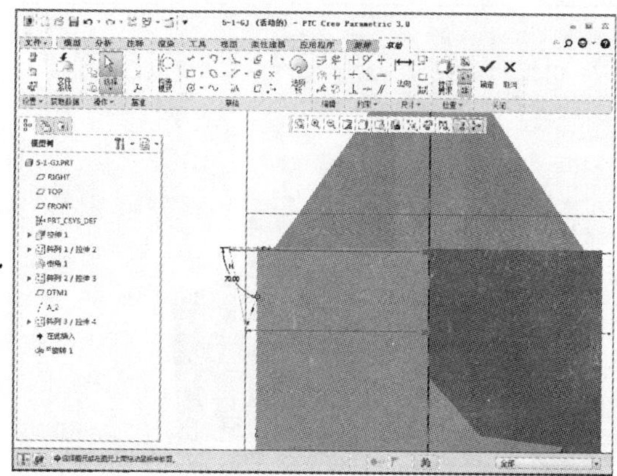

29 草图绘制完成后单击【确定】按钮，进入“旋转”选项卡，设置旋转切除，如下左图所示。设置完成后单击【确定】按钮，如下右图所示。

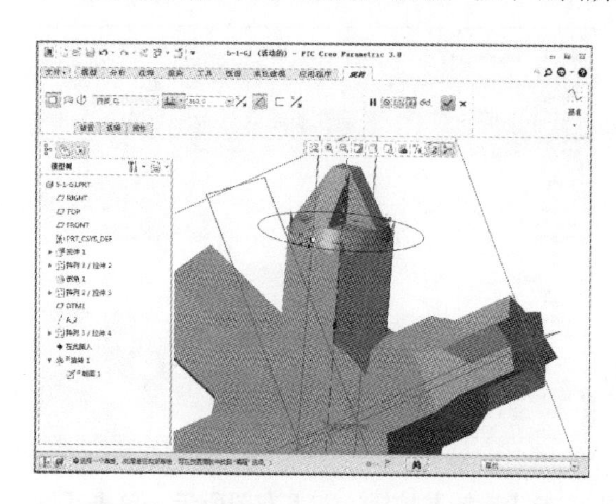

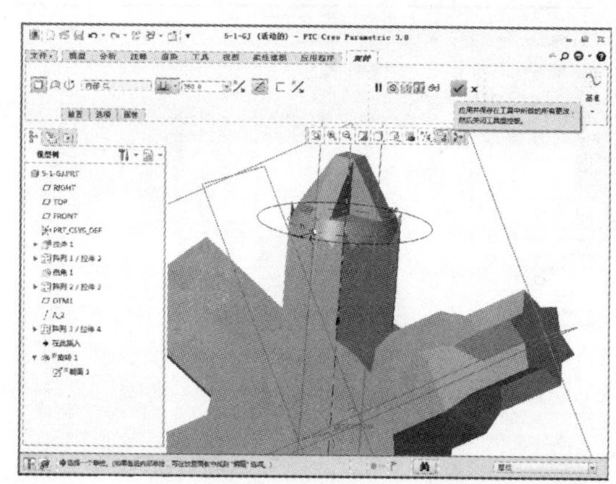

30 完成上述特征操作后单击【平面】按钮，创建一个基准平面，如下左图所示。单击该按钮后系统弹出“基准平面”对话框，系统界面如下右图所示。

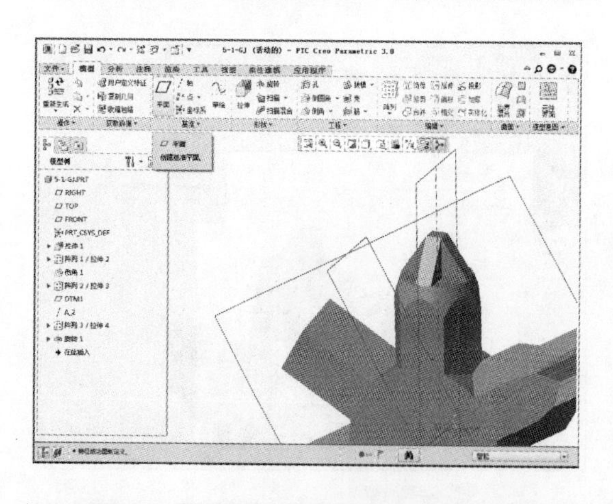

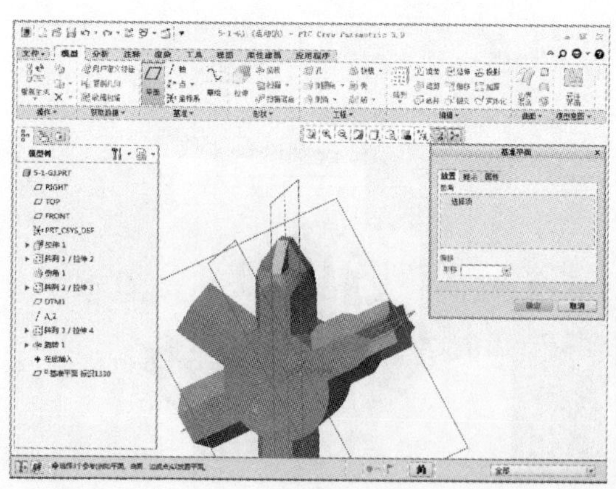

31 在图中选取 DTM1 平面和 A_2 轴作为参考基准，如下左图所示。设定旋转角度为 45°，设定完成后单击【确定】按钮，如下右图所示。

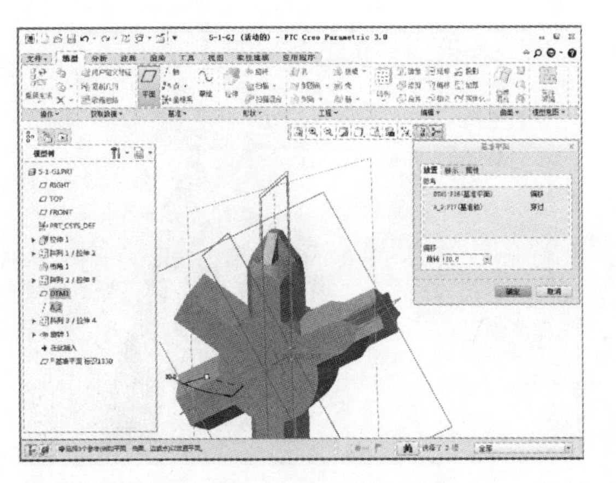

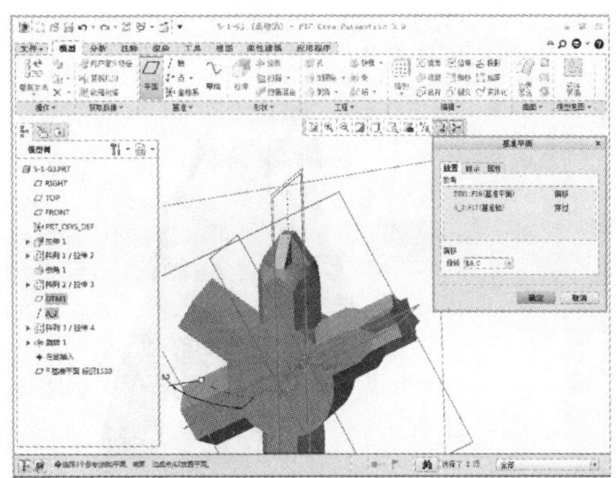

32 完成上述特征操作后在“模型”选项卡中单击【拉伸】按钮，如下左图所示。单击【拉伸】按钮后系统显示“拉伸”选项卡，定义拉伸基准面为 DTM2 平面，然后单击【草绘视图】按钮，如下右图所示。

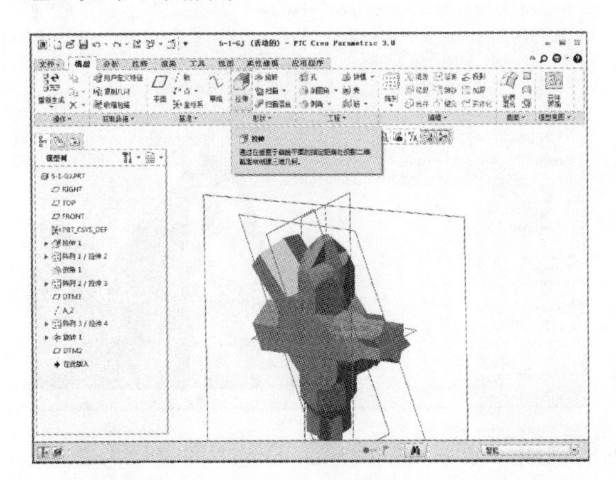

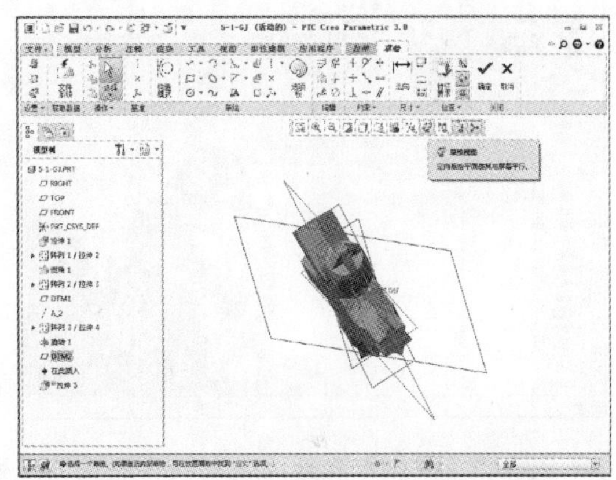

33 在“草绘”选项卡中单击【线链】按钮，如下左图所示。然后绘制图示的等腰梯形，如下右图所示。

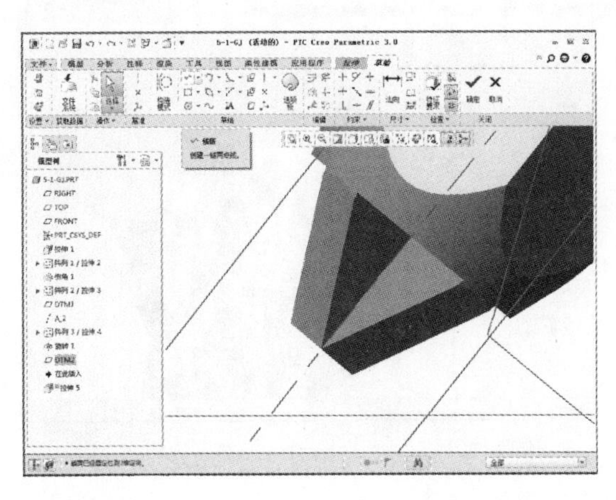

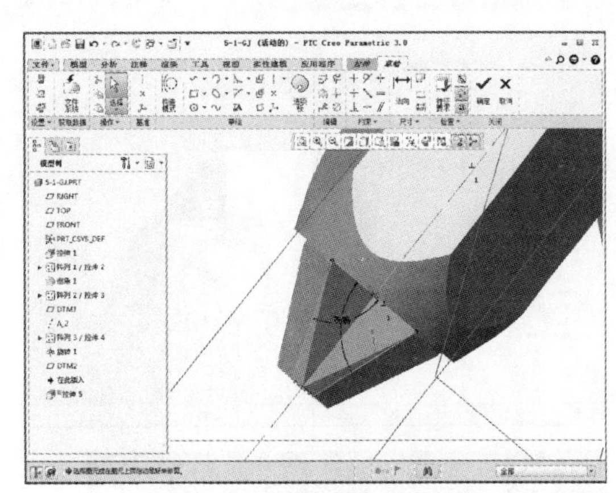

34 草图绘制完成后单击【确定】按钮，进入“拉伸”选项卡，设置对称拉伸，拉伸值为 1，如下左图所示。设置完成后单击【确定】按钮，如下右图所示。

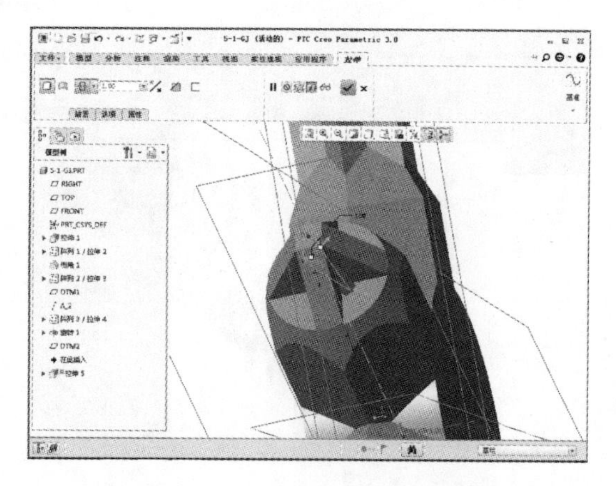

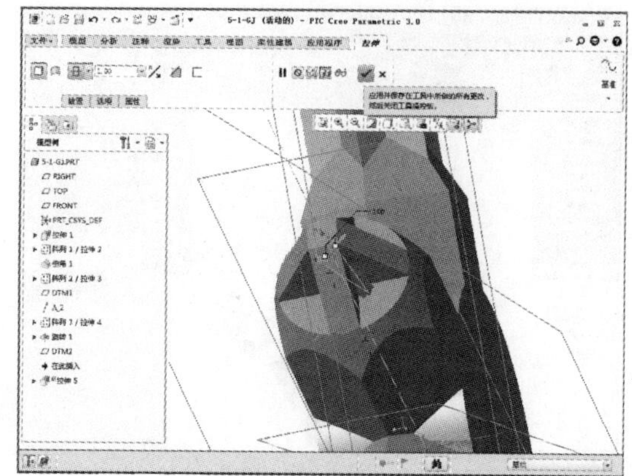

35 完成上述特征操作后在模型树中选中“拉伸 5”，然后单击【阵列】按钮，如下左图所示。单击【阵列】按钮后系统显示“阵列”选项卡，如下右图所示。

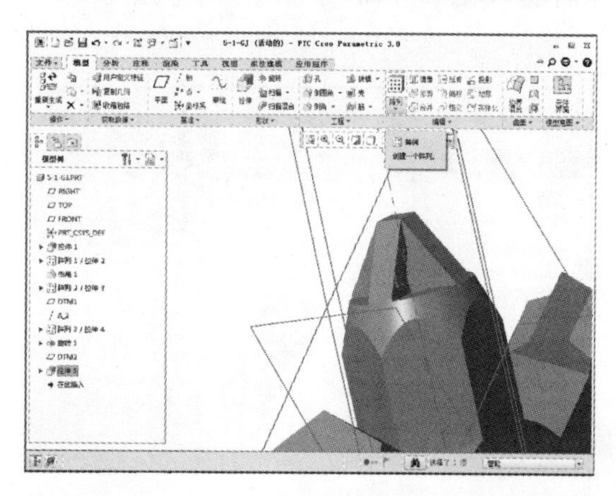

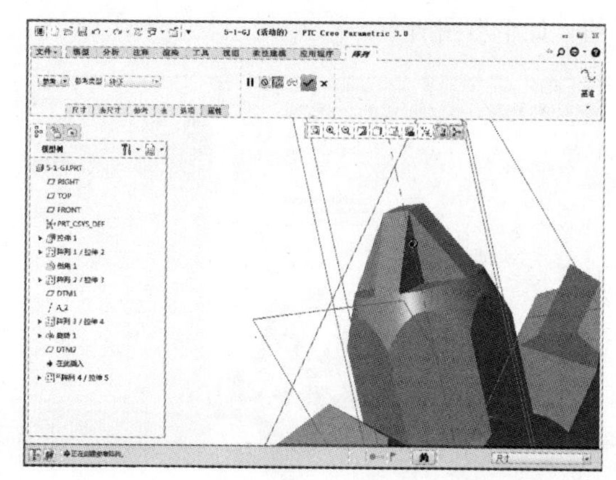

36 设置“轴”阵列，选取 A_2 轴作为阵列的轴线，如下左图所示。设置阵列数量为 2、阵列的分布角度为 90°，设定完成后单击【确定】按钮，如下右图所示。

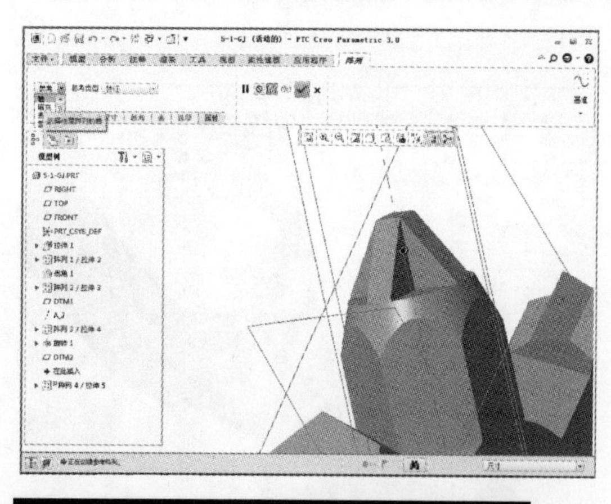

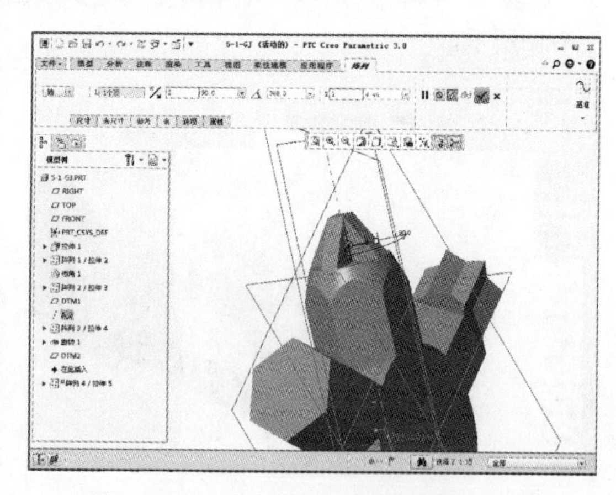

## STEP03　创建工具的其余特征

01 完成上述特征操作后选取图示平面，单击【偏移】按钮，如下左图所示。单击【偏移】按钮后系统显示“偏移”选项卡，如下右图所示。

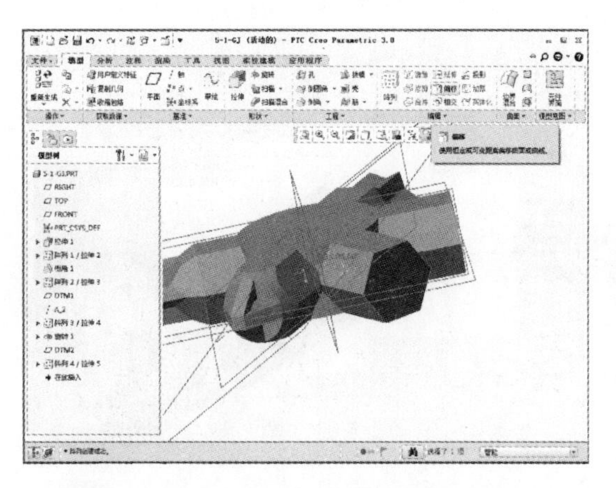

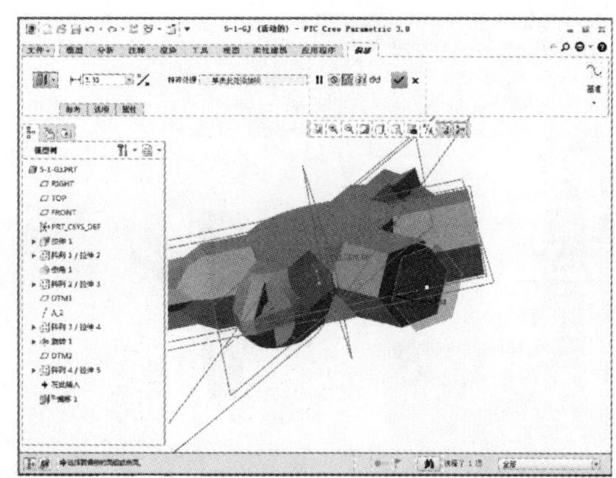

02 单击“偏移”选项卡中的下拉按钮，选取展开特征，并设定距离为 6，如下左图所示。设定完成后单击【确定】按钮，如下右图所示。

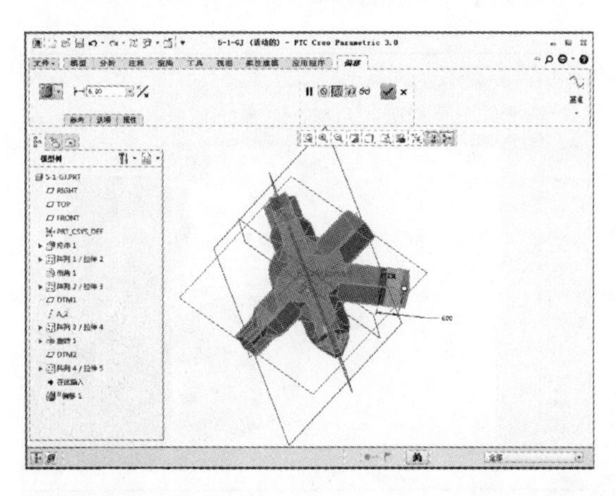

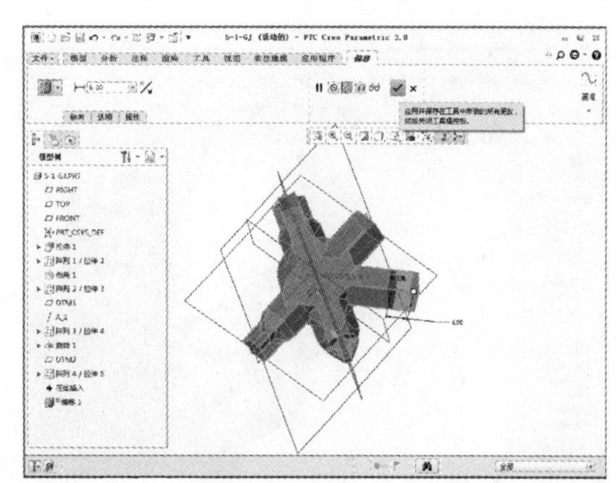

03 完成上述特征操作后在“模型”选项卡中单击【拉伸】按钮，如下左图所示。单击【拉伸】按钮后系统显示“拉伸”选项卡，定义拉伸基准面为 RIGHT 平面，然后单击【草绘视图】按钮，如下右图所示。

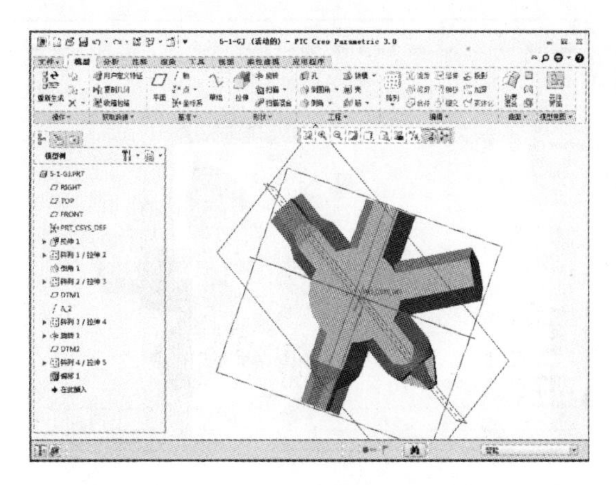

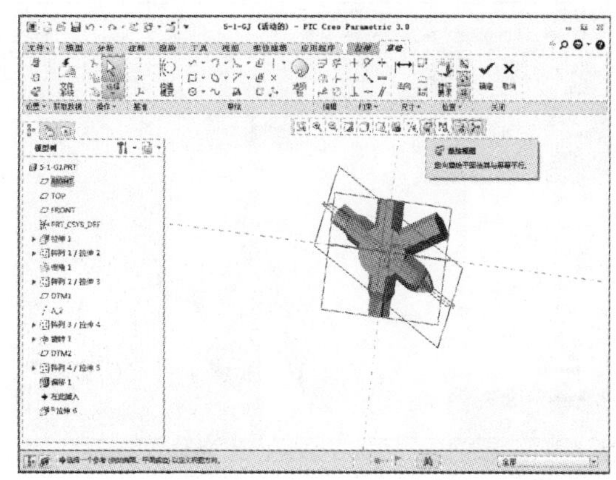

04 在“草绘”选项卡中单击【线链】按钮，如下左图所示。然后绘制图示的两个矩形，长为 8，两个矩形的间距为 2，如下右图所示。

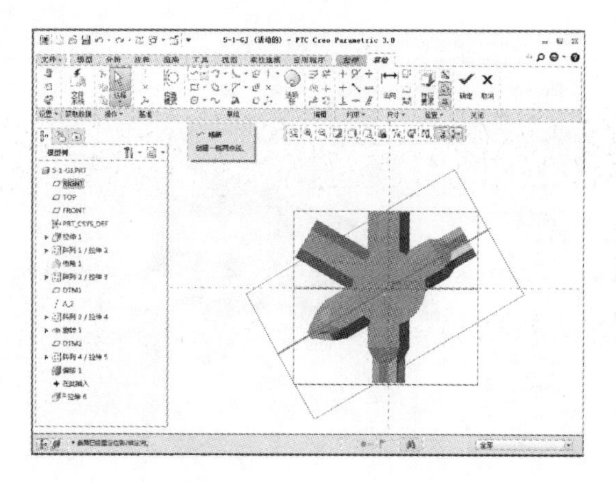

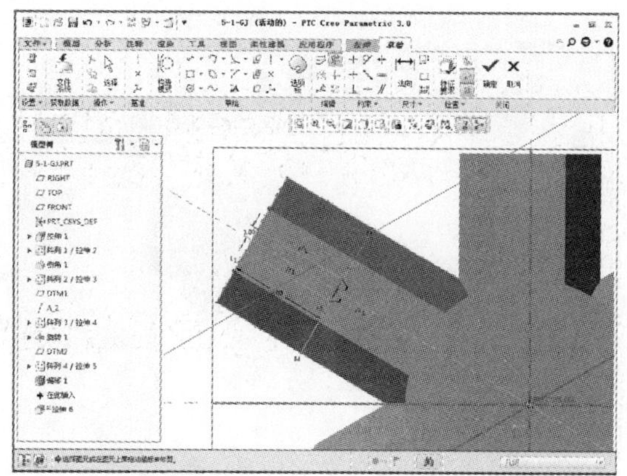

05 草图绘制完成后单击【确定】按钮，进入“拉伸”选项卡，设置对称拉伸切除，拉伸值为 10，如下左图所示。设置完成后单击【确定】按钮，如下右图所示。

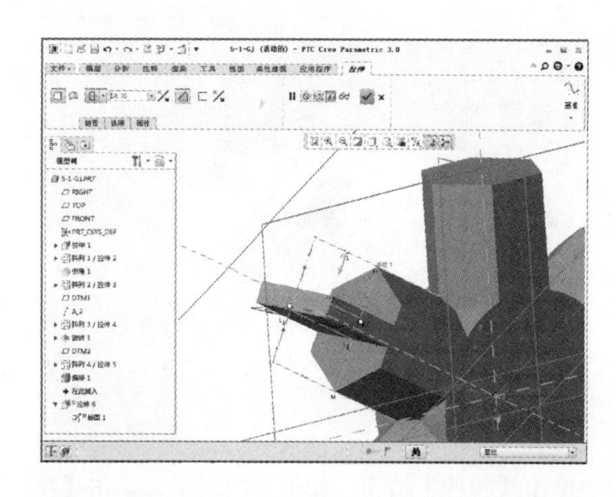

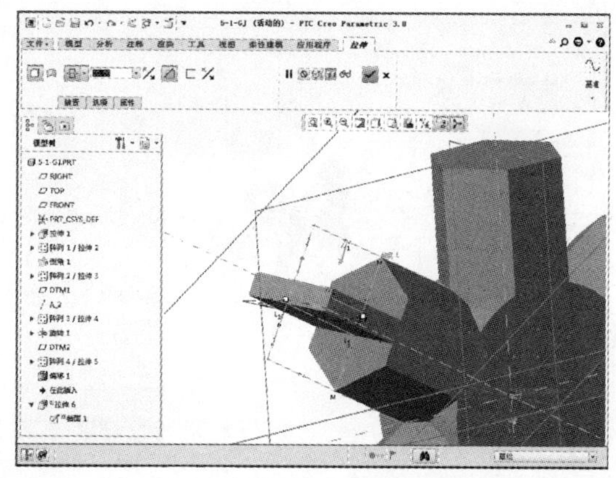

06 完成上述特征操作后单击【倒圆角】按钮，如下左图所示。单击【倒圆角】按钮后系统显示“倒圆角”选项卡，如下右图所示。

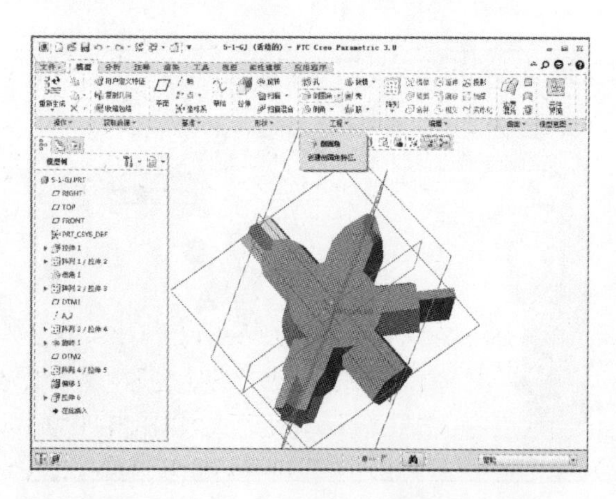

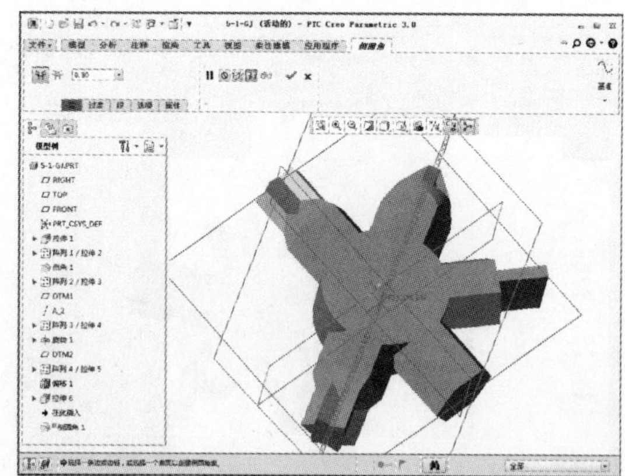

07 在“倒圆角”选项卡中设置半径为 5，如下左图所示。参数设定完成后选择图中的两条边作为倒圆角的边，并单击【确定】按钮，如下右图所示。

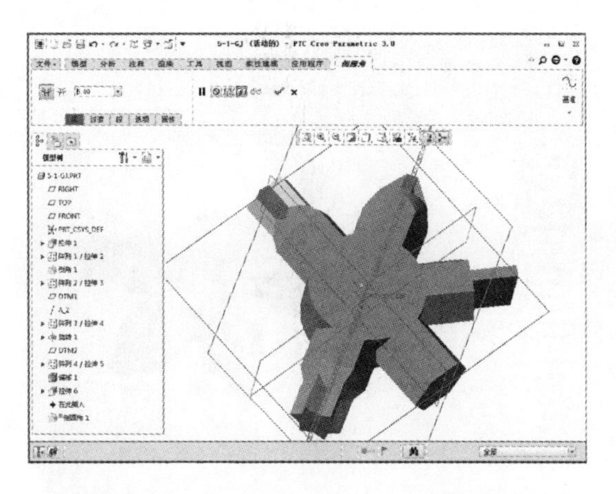

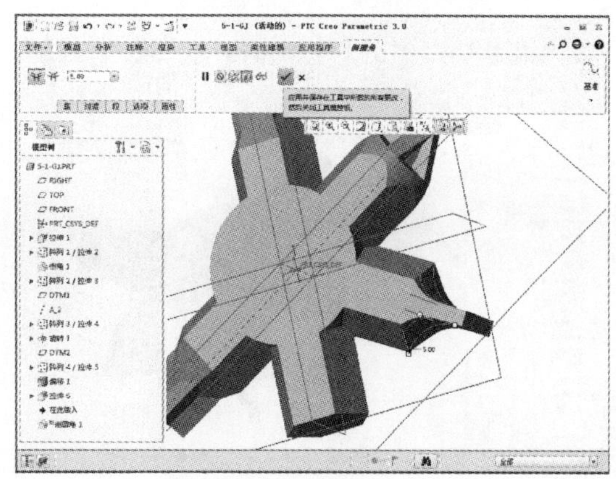

08 完成上述特征操作后单击【孔】按钮，如下左图所示。单击【孔】按钮后系统显示“孔”选项卡，如下右图所示。

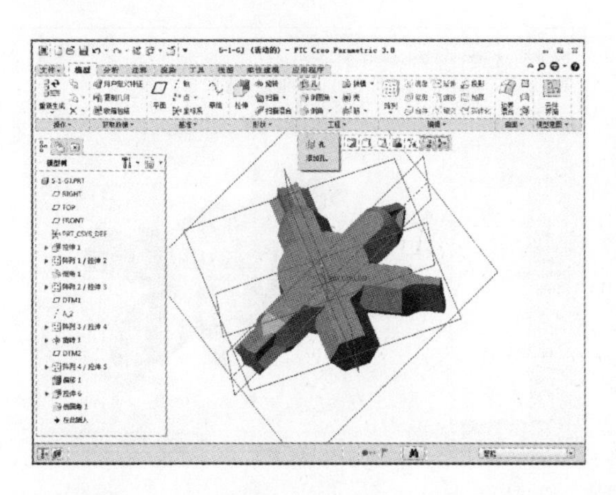

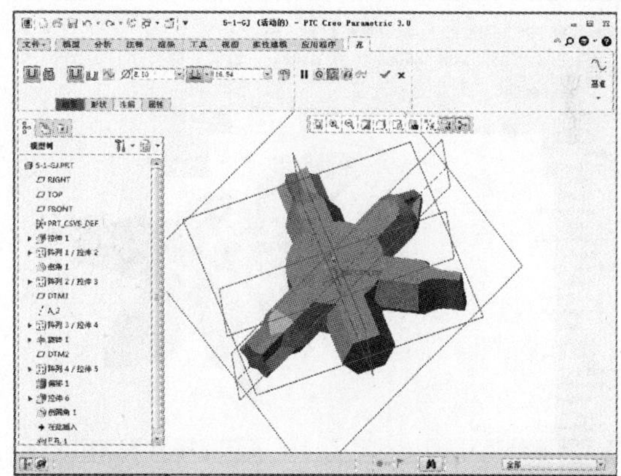

09 将孔放置在图示平面上，如下左图所示。设置孔的直径为 3，距离图示平面的距离分别为 5 和 4，设定对称值为 16.84，设定完成后单击【确定】按钮，如下右图所示。

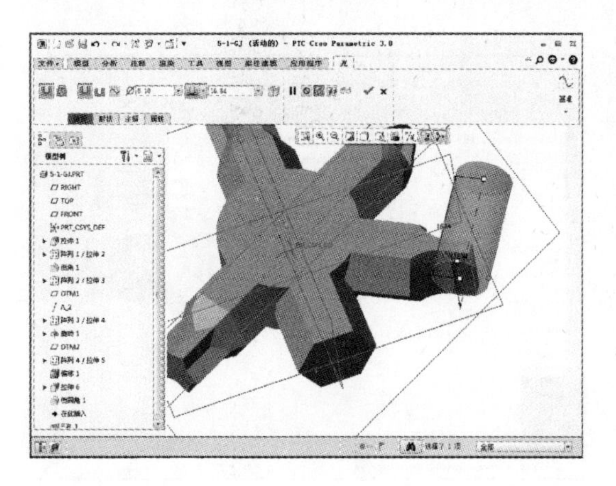

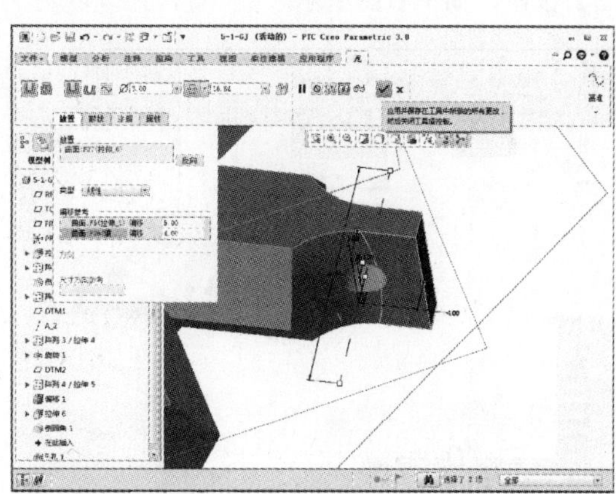

10 完成上述特征操作后选取图示平面，单击【偏移】按钮，如下左图所示。单击【偏移】按钮后系统显示“偏移”选项卡，如下右图所示。

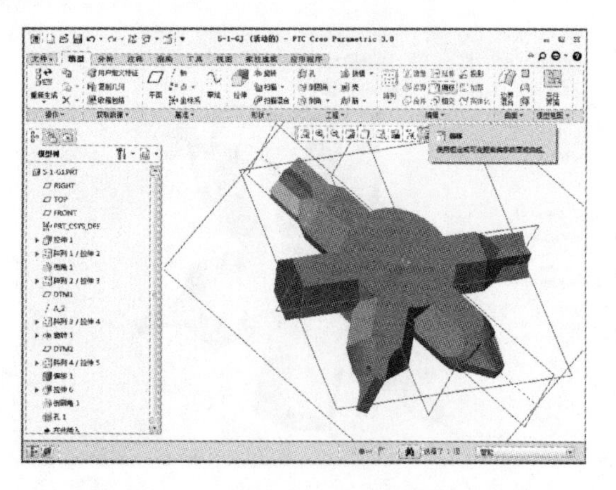

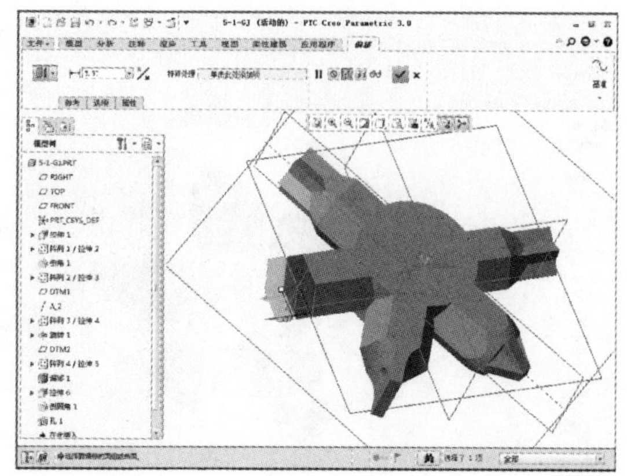

11 单击“偏移”选项卡中的下拉按钮，选取展开特征，并设定距离为 2，如下左图所示。设定完成后并单击【确定】按钮，如下右图所示。

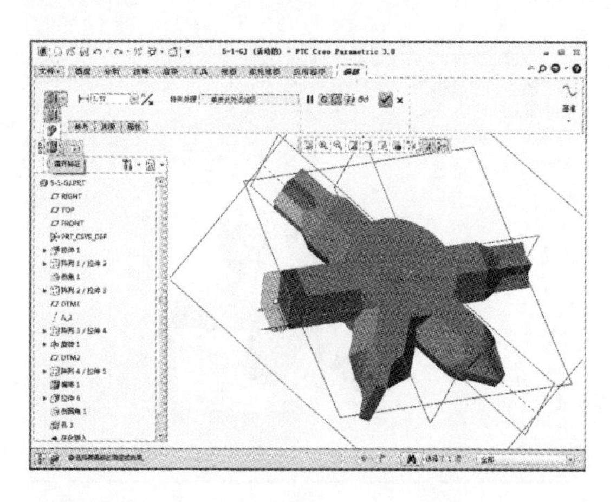

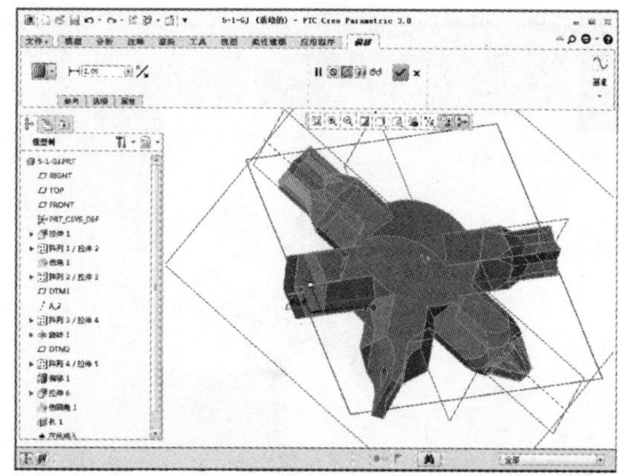

12 完成上述特征操作后在“模型”选项卡中单击【拉伸】按钮，如下左图所示。单击【拉伸】按钮后系统显示“拉伸”选项卡，定义拉伸基准面为偏移后得到的平面，然后单击【草绘视图】按钮，如下右图所示。

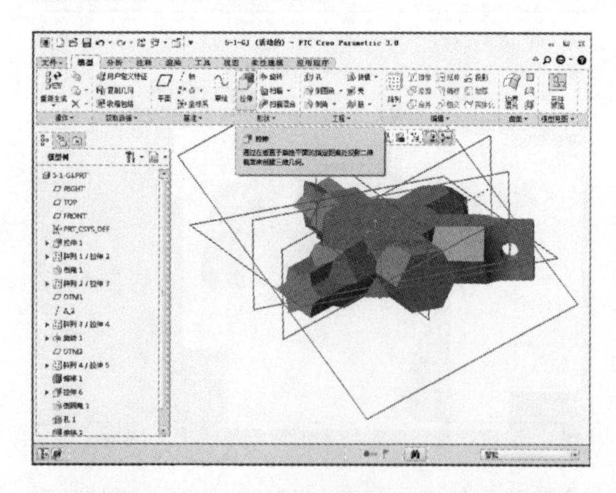

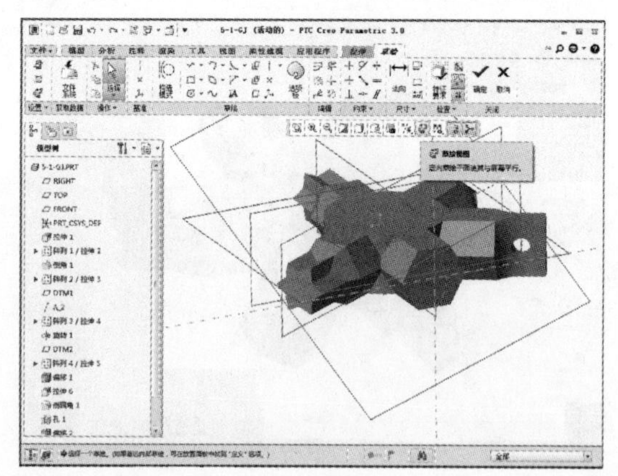

13 在“草绘”选项卡中单击【线链】按钮，如下左图所示。然后绘制图示的正六边形，以坐标原点为圆心，正六边形的边长为 5，如下右图所示。

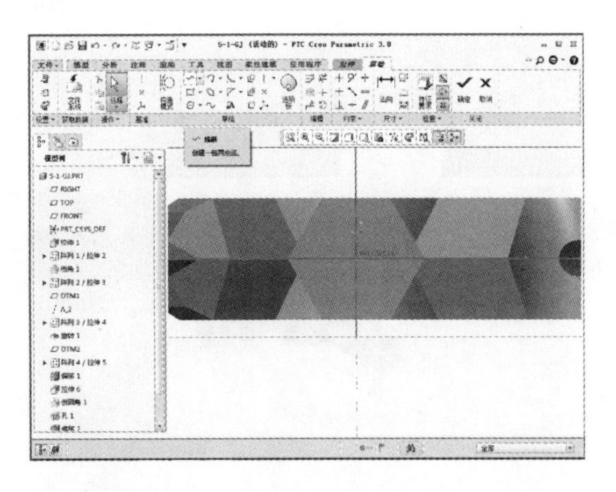

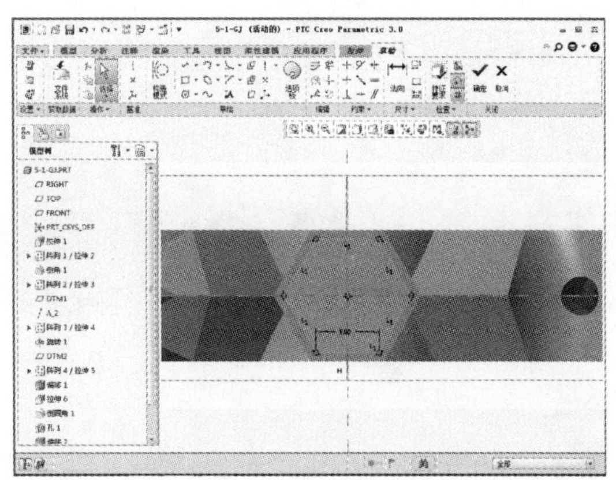

➤14 草图绘制完成后单击【确定】按钮，进入“拉伸”选项卡，设置指定值拉伸，拉伸值为7，如下左图所示。设置完成后单击【确定】按钮，如下右图所示。

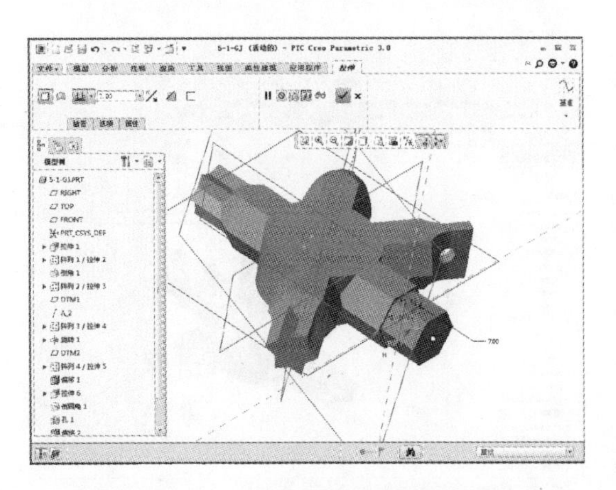

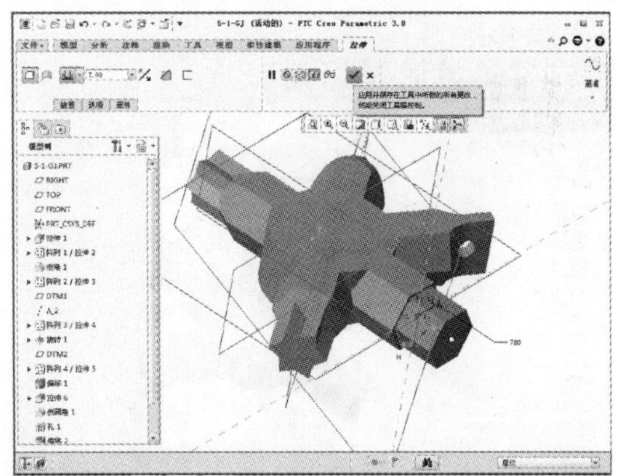

➤15 完成上述特征操作后单击【平面】按钮，创建一个基准平面，如下左图所示。单击该按钮后系统弹出“基准平面”对话框，系统界面如下右图所示。

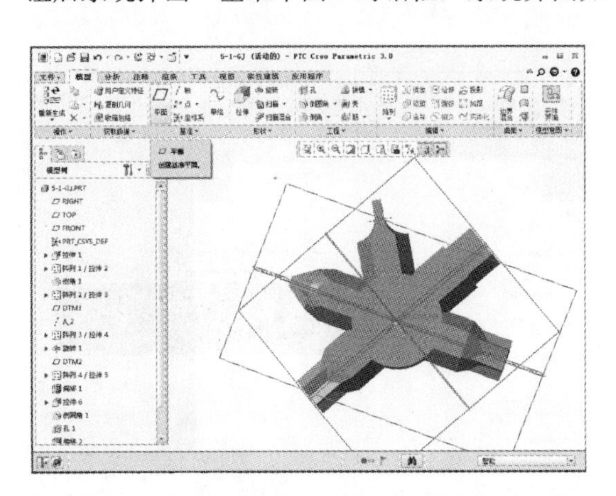

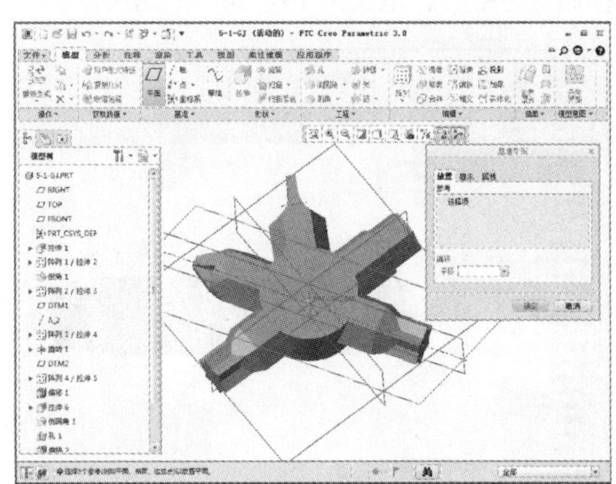

➤16 在图中选取 TOP 平面和 A_1 轴（拉伸 1 的轴线）作为参考基准，如下左图所示。设定旋转角度为 30°，设定完成后单击【确定】按钮，如下右图所示。

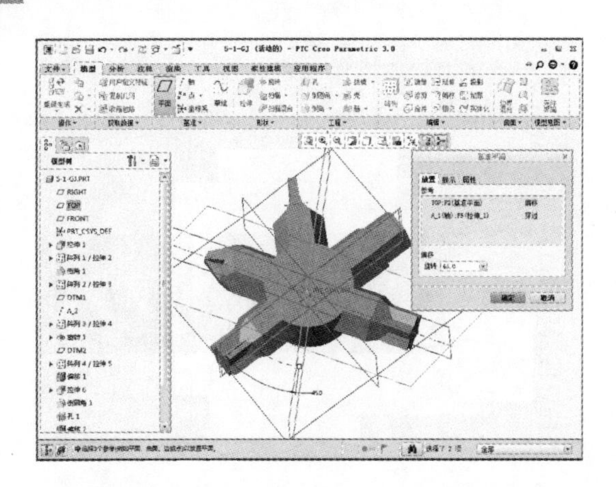

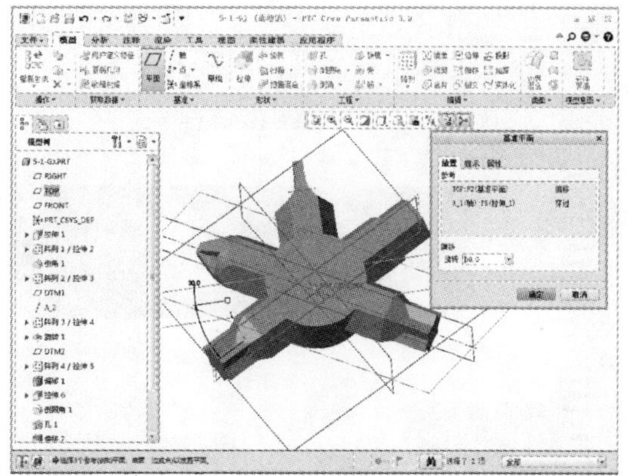

**17** 完成上述特征操作后在“模型”选项卡中单击【拉伸】按钮，如下左图所示。单击【拉伸】按钮后系统显示“拉伸”选项卡，定义拉伸基准面为 FRONT 平面，然后单击【草绘视图】按钮，如下右图所示。

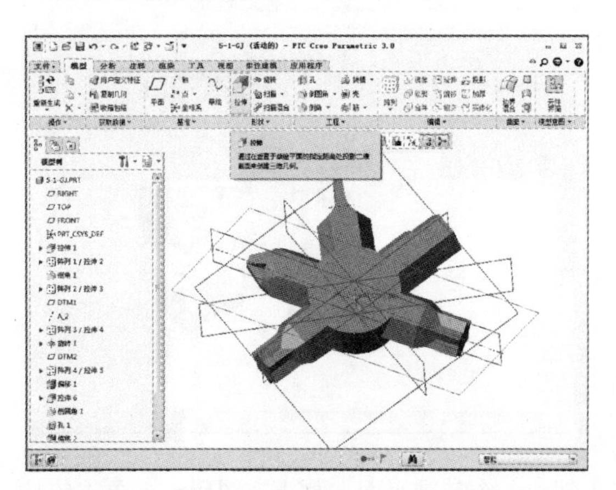

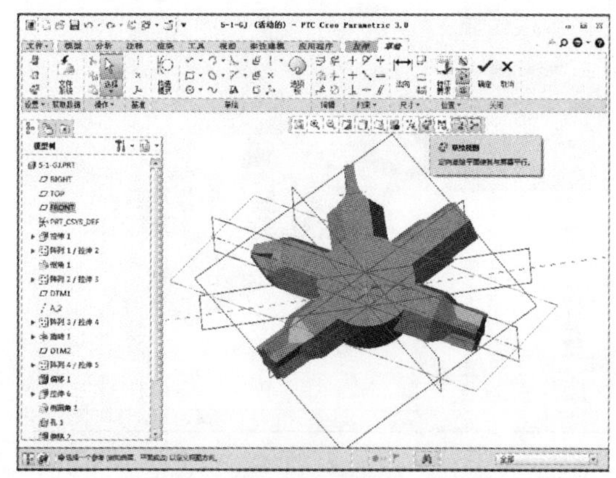

**18** 在“草绘”选项卡中单击【拐角矩形】按钮，如下左图所示。绘制图示的正方形，以坐标原点为中心、边长为 10，如下右图所示。

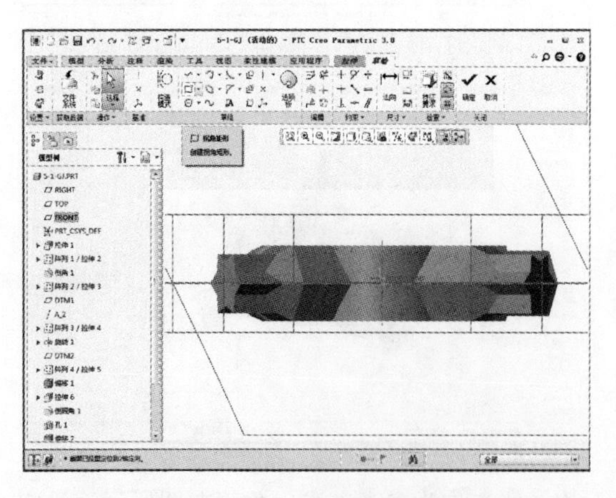

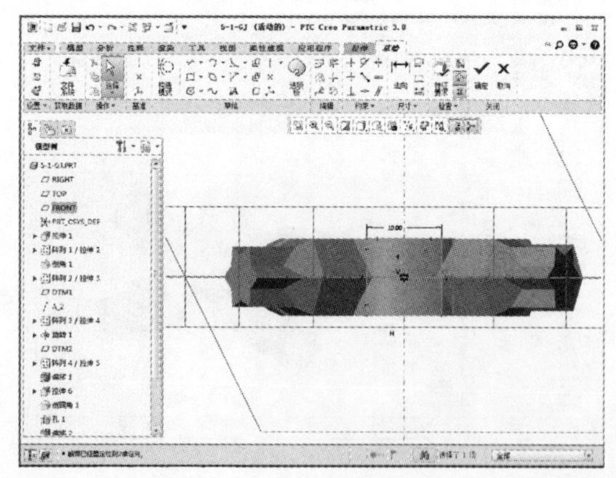

**19** 草图绘制完成后单击【确定】按钮，进入“拉伸”选项卡，设置指定值拉伸，拉伸值为 20，如下左图所示。设置完成后单击【确定】按钮，如下右图所示。

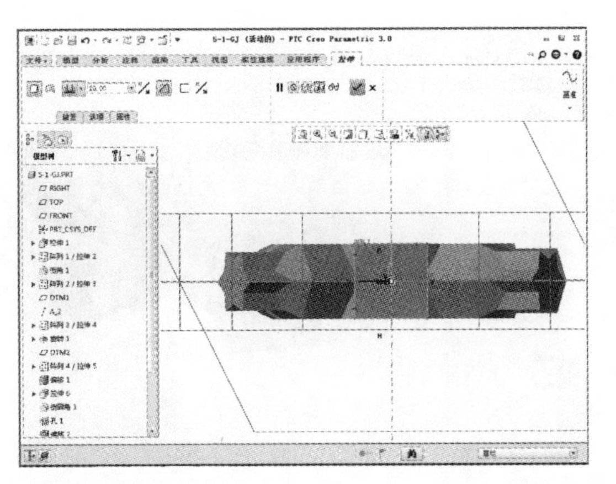

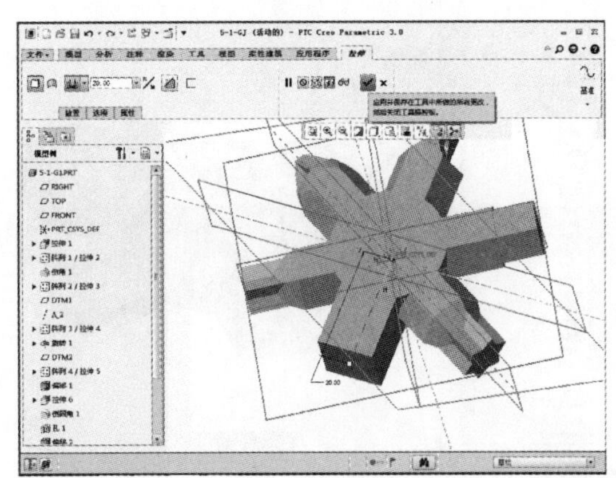

20 完成上述特征操作后在“模型”选项卡中单击【拉伸】按钮，如下左图所示。单击【拉伸】按钮后系统显示“拉伸”选项卡，定义拉伸基准面为拉伸得到的平面，然后单击【草绘视图】按钮，如下右图所示。

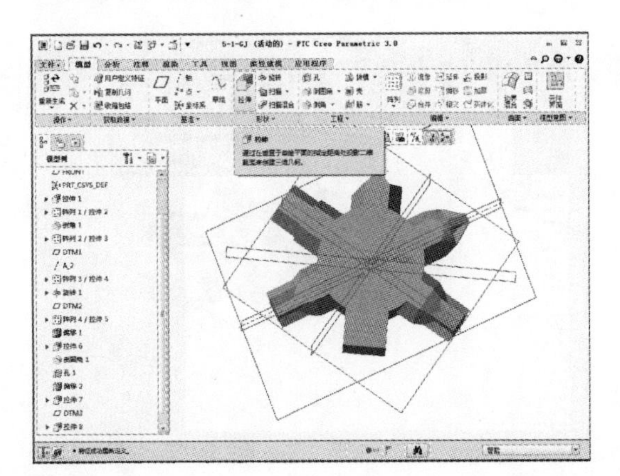

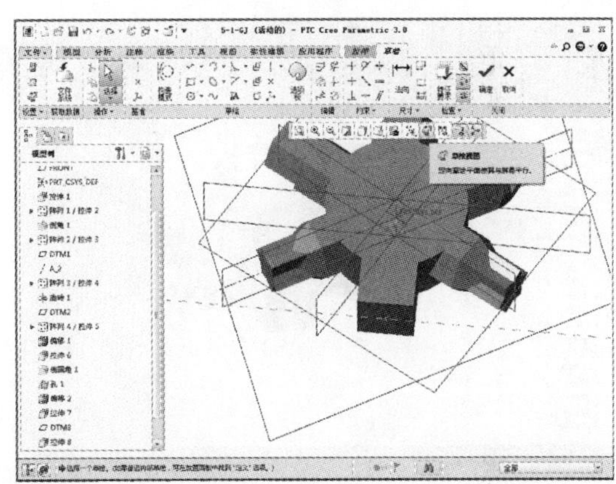

21 在“草绘”选项卡中单击【拐角矩形】按钮，如下左图所示。然后以坐标原点为中心绘制一个边长为 8.4 的正方形，如下右图所示。

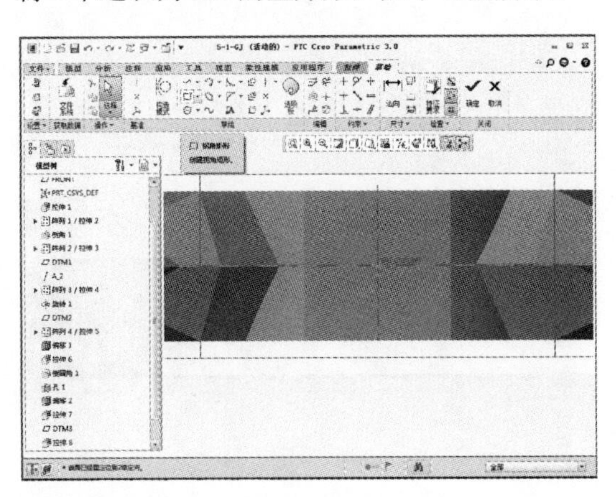

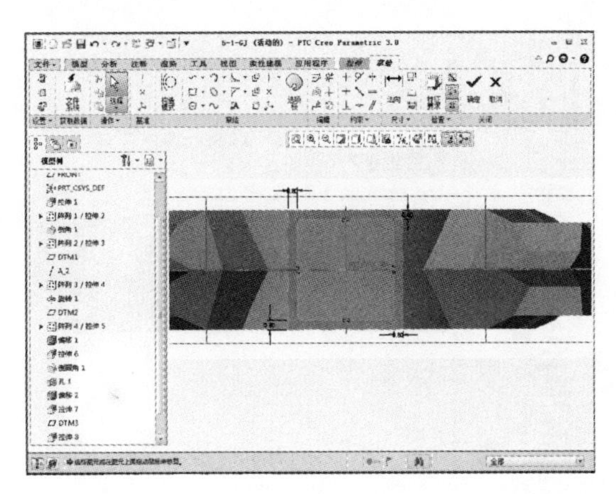

22 草图绘制完成后单击【确定】按钮，进入“拉伸”选项卡，设置指定值拉伸，拉伸值为 1，如下左图所示。设置完成后单击【确定】按钮，如下右图所示。

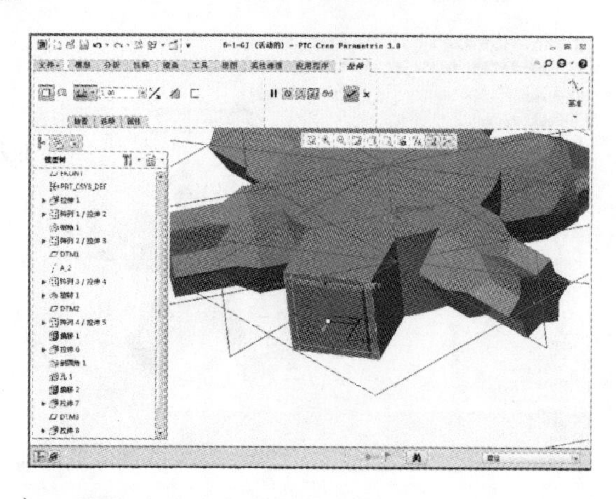

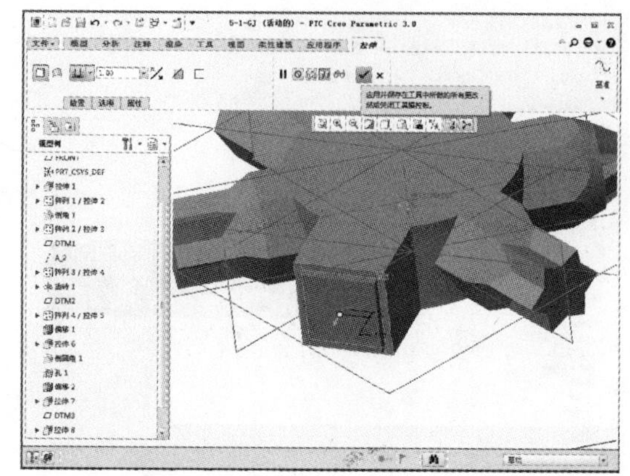

23 完成上述特征操作后在“模型”选项卡中单击【拉伸】按钮，如下左图所示。单击【拉伸】按钮后系统显示“拉伸”选项卡，定义拉伸基准面为拉伸得到的平面，然后单击【草绘视图】按钮，如下右图所示。

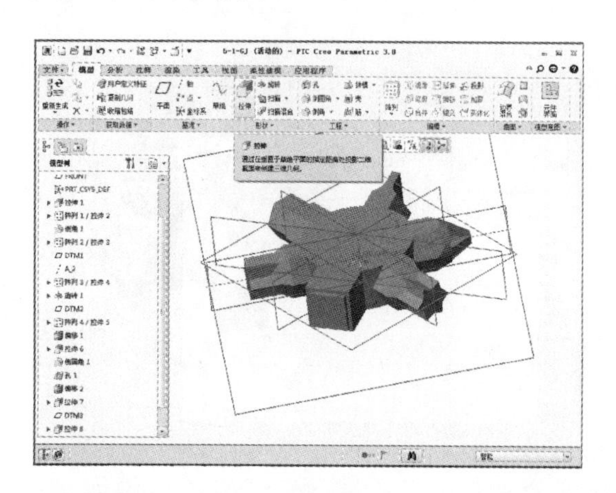

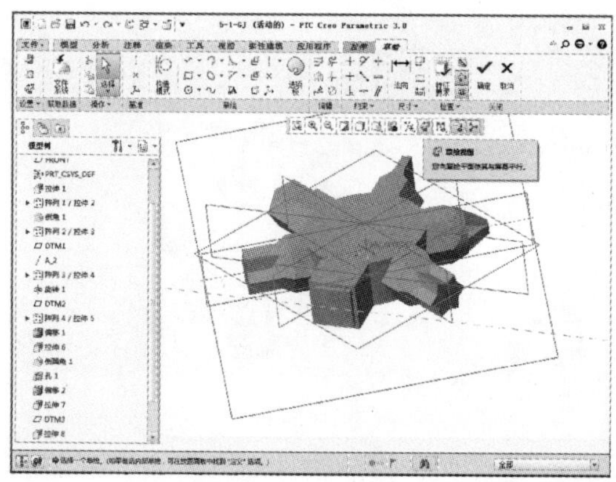

24 在“草绘”选项卡中单击【拐角矩形】按钮，如下左图所示。然后以坐标原点为中心绘制一个边长为 10 的正方形，如下右图所示。

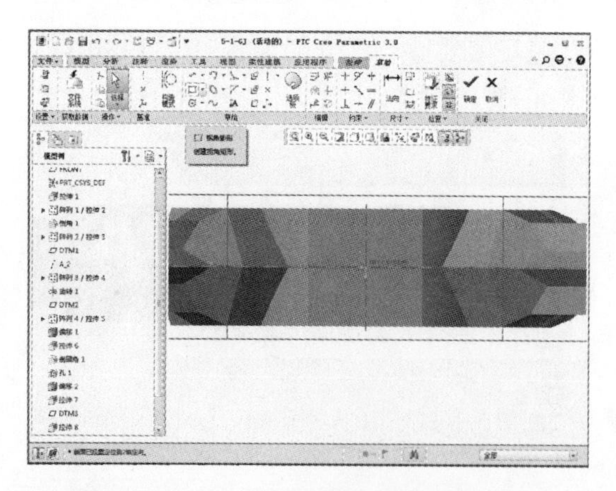

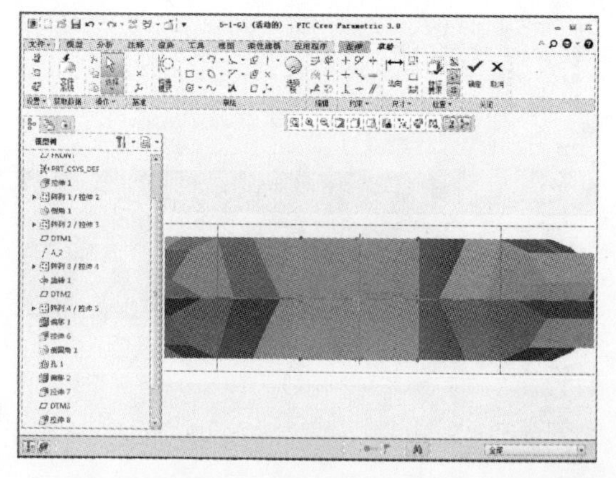

25 草图绘制完成后单击【确定】按钮，进入“拉伸”选项卡，设置指定值拉伸，拉伸值为 4，如下左图所示。设置完成后单击【确定】按钮，如下右图所示。

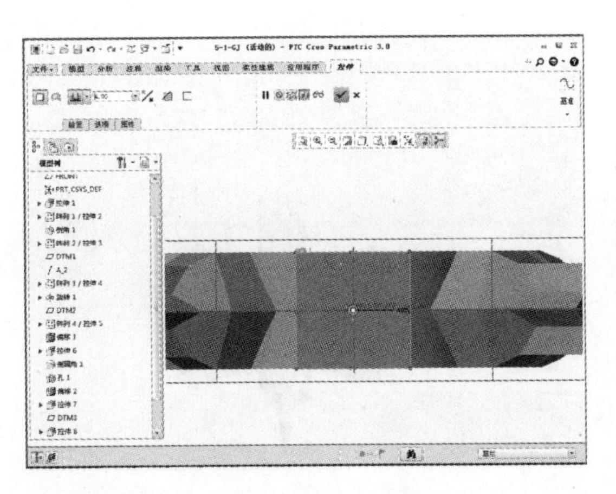

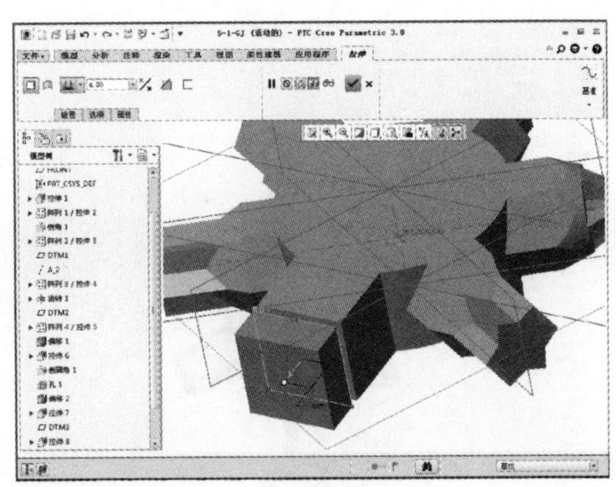

26 完成上述特征操作后单击【平面】按钮，创建一个基准平面，如下左图所示。单击该按钮后系统弹出“基准平面”对话框，系统界面如下右图所示。

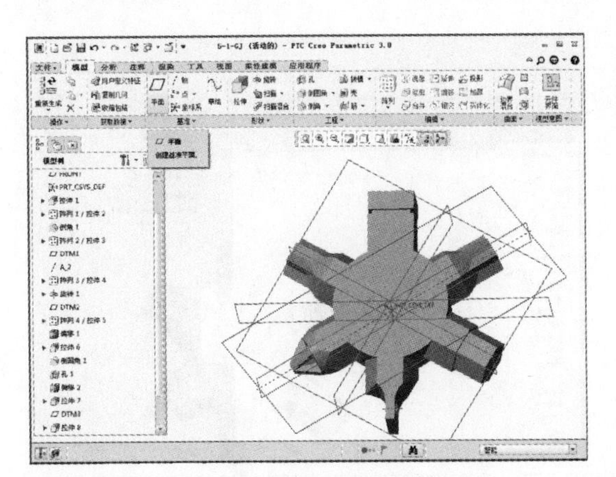

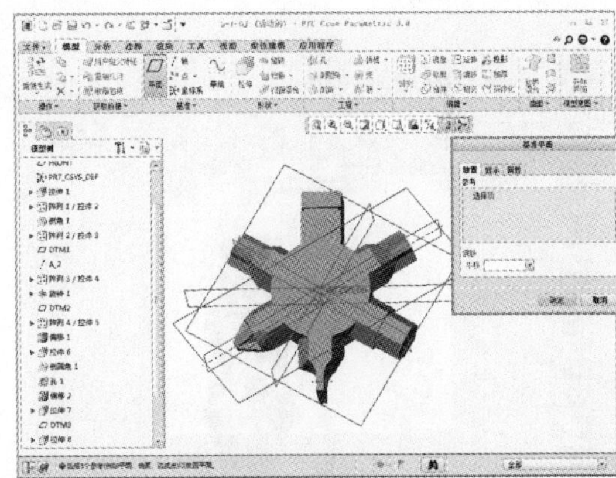

27 在图中选取 RIGHT 平面和 A_1 轴（拉伸 1 的轴线）作为参考基准，如下左图所示。设定旋转角度为 30°，设定完成后单击【确定】按钮，如下右图所示。

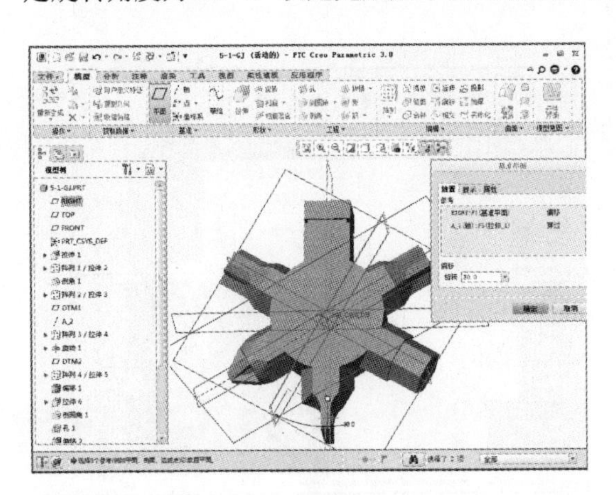

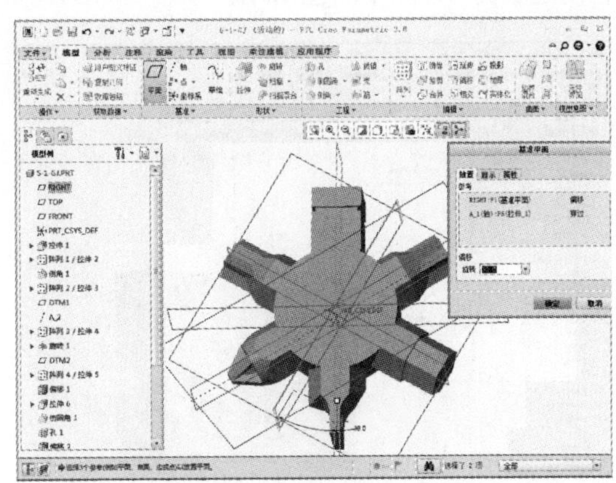

28 完成上述特征操作后单击【轴】按钮，创建一个基准轴，如下左图所示。单击该按钮后系统弹出“基准轴”对话框，系统界面如下右图所示。

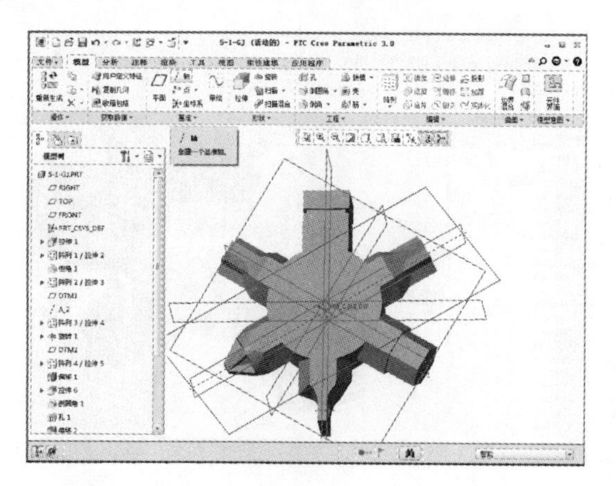

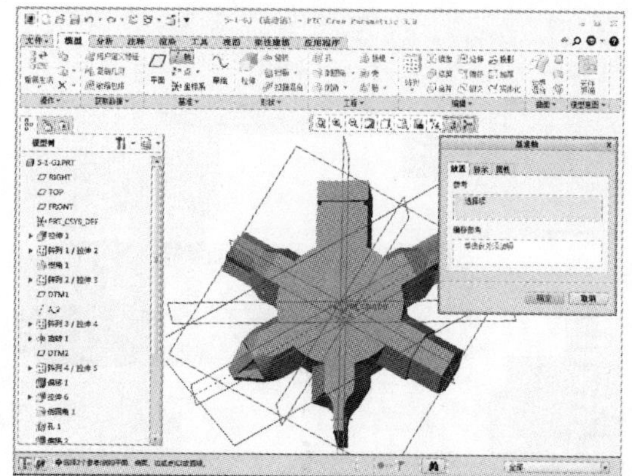

29 完成上述特征操作后在“模型”选项卡中单击【旋转】按钮，如下左图所示。单击【旋转】按钮后系统显示“旋转”选项卡，定义拉伸基准面为 DTM4 平面，然后单击【草绘视图】按钮，如下右图所示。

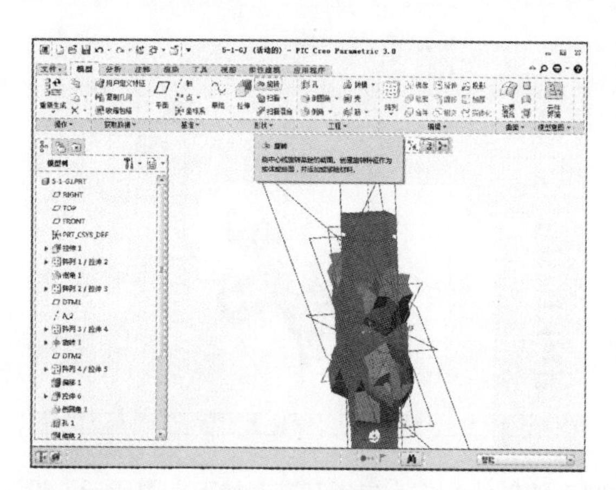

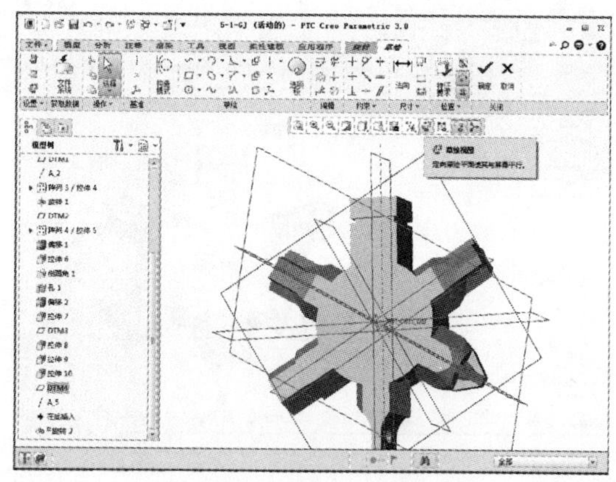

30 在“草绘”选项卡中单击【线链】按钮，如下左图所示。绘制图示的等边直角三角形，直角边长为 4，如下右图所示。

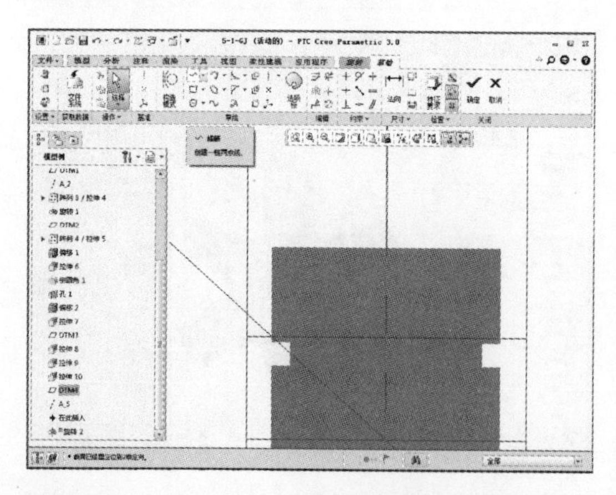

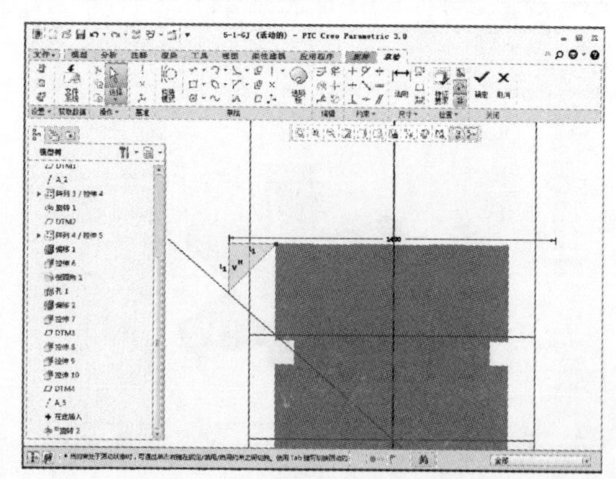

31 草图绘制完成后单击【确定】按钮，进入“旋转”选项卡，设置旋转切除。设置完成后单击【确定】按钮，如下右图所示。

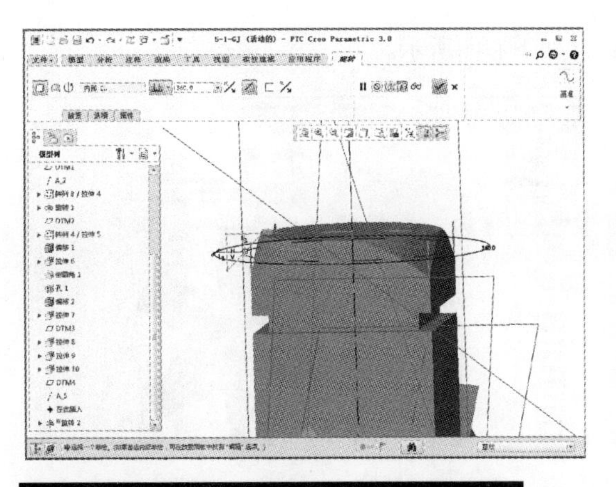

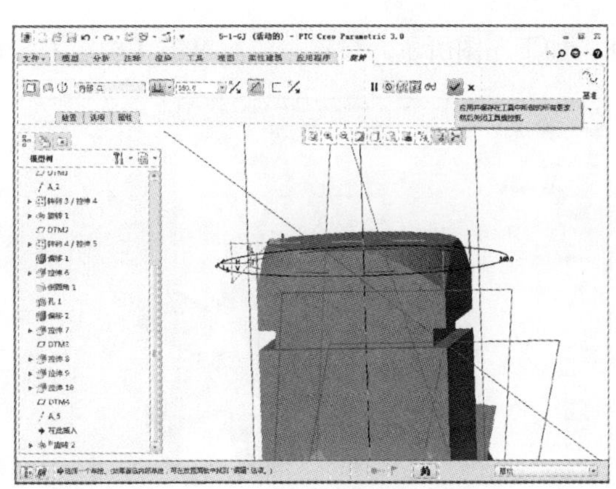

## STEP04　创建工具的修饰部分

01 完成上述特征操作后在“模型”选项卡中单击【拉伸】按钮，如下左图所示。单击【拉伸】按钮后系统显示“拉伸”选项卡，定义拉伸基准面为图示表面，然后单击【草绘视图】按钮，如下右图所示

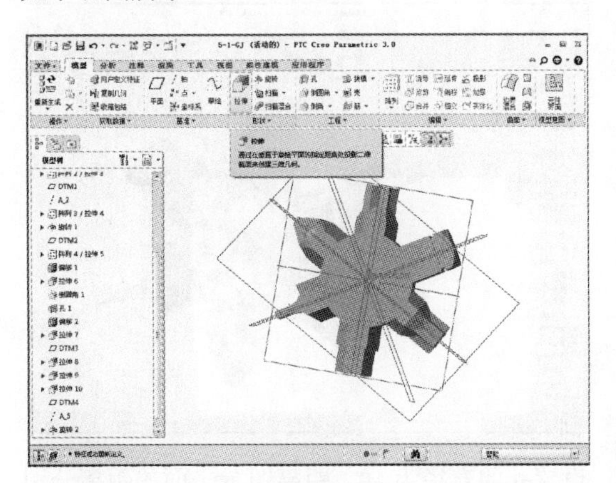

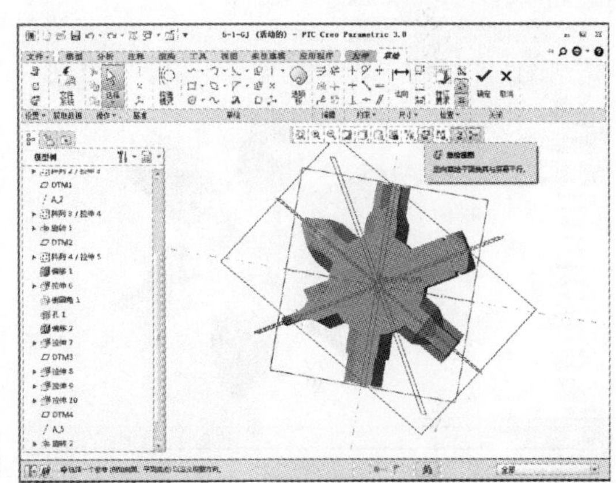

02 在“草绘”选项卡中单击【线链】按钮，如下左图所示。绘制图示的正六边形，然后以坐标原点为中心，绘制一个边为 10.5 的圆，如下右图所示。

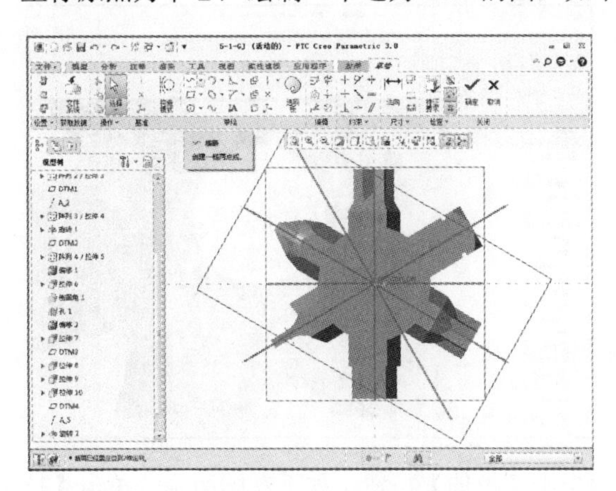

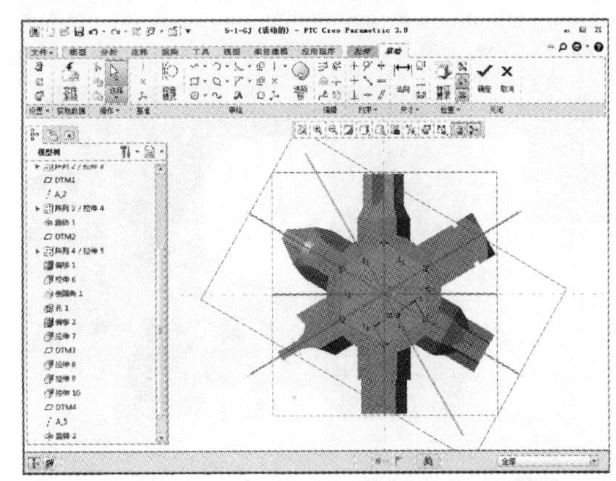

03 草图绘制完成后单击【确定】按钮，进入“拉伸”选项卡，设置指定值拉伸，拉伸值为

8，如下左图所示。设置完成后单击【确定】按钮，如下右图所示。

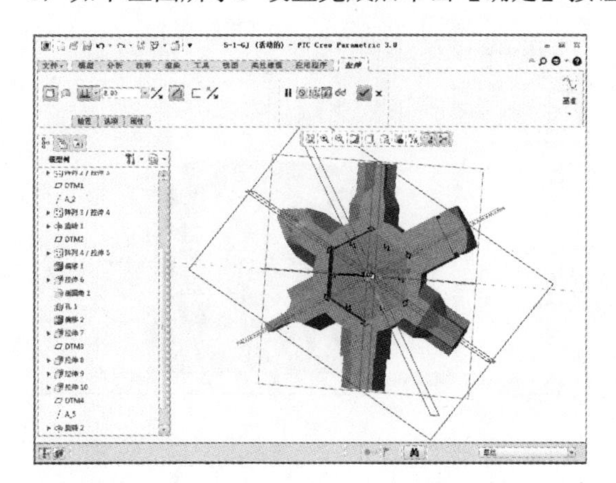

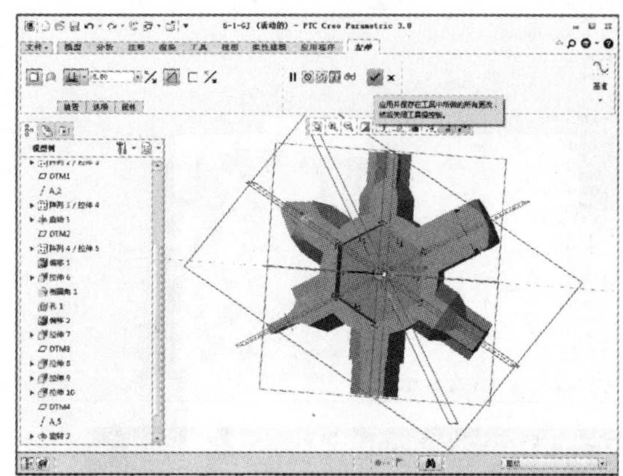

04 完成上述特征操作后单击【孔】按钮，如下左图所示。单击【孔】按钮后系统显示“孔”选项卡，如下右图所示。

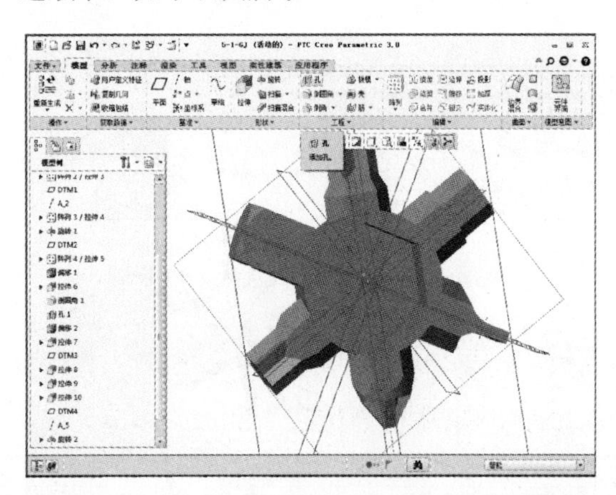

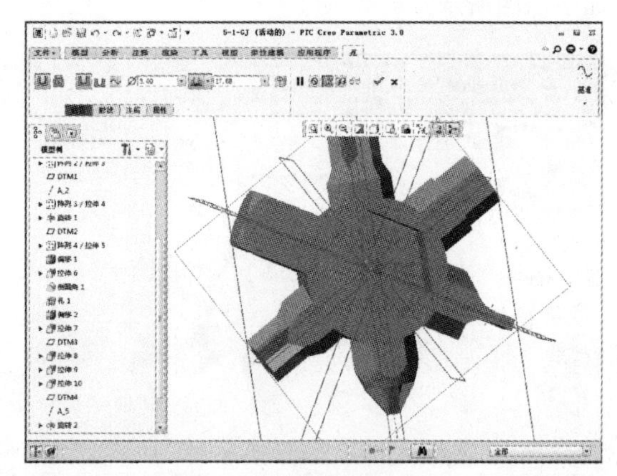

05 将孔放置在图示平面上，如下左图所示。设置孔的直径为 10，距离图示平面的距离分别为 0 和 0，设定贯穿，设定完成后单击【确定】按钮，如下右图所示。

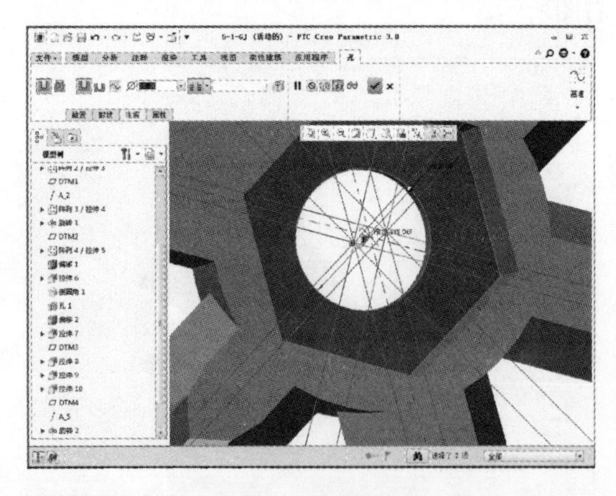

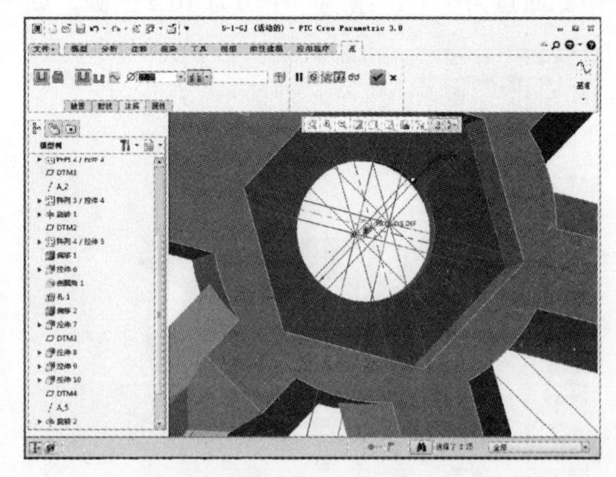

06 完成上述特征操作后在“模型”选项卡中单击【拉伸】按钮，如下左图所示。单击【拉伸】按钮后系统显示“拉伸”选项卡，定义拉伸基准面为图示表面，然后单击【草绘视图】按钮，

如下右图所示。

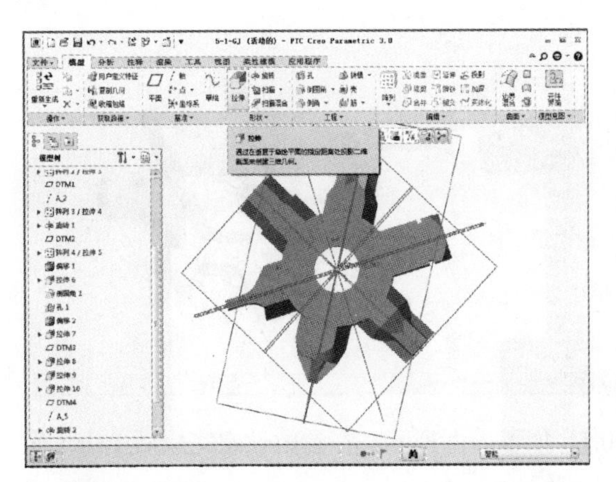

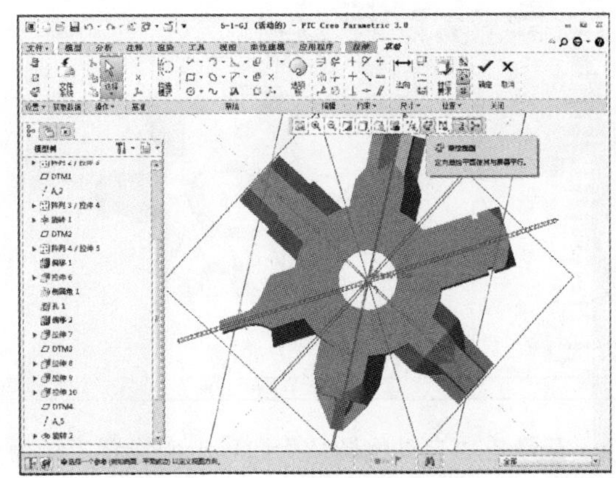

07 在“草绘”选项卡中单击【线链】按钮，如下左图所示。然后以坐标原点为中心，绘制内切圆为 10 和 16 的正六边形，如下右图所示。

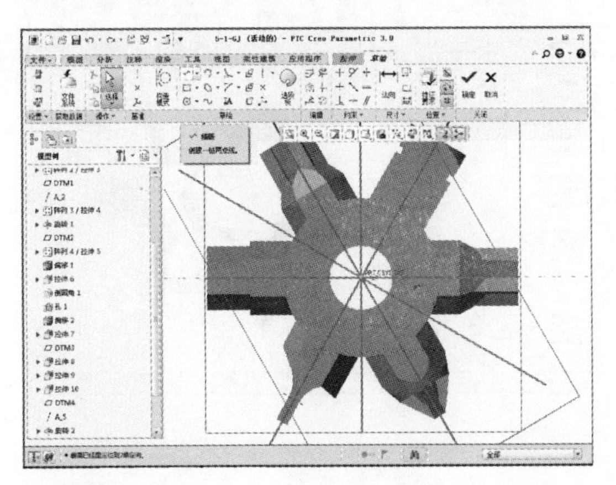

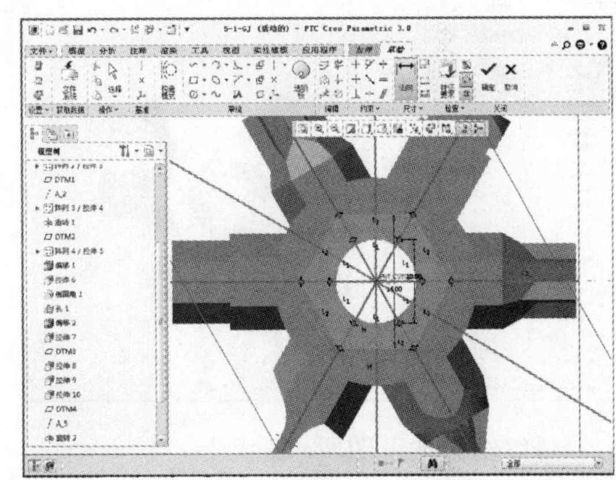

08 草图绘制完成后单击【确定】按钮，进入“拉伸”选项卡，设置指定值拉伸，拉伸值为 10，如下左图所示。设置完成后单击【确定】按钮，如下右图所示。

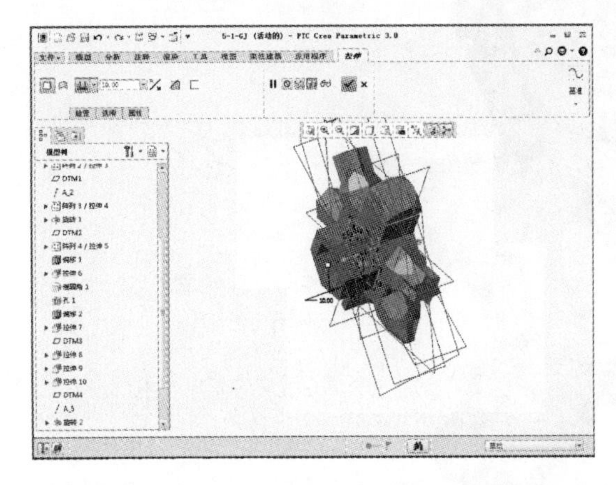

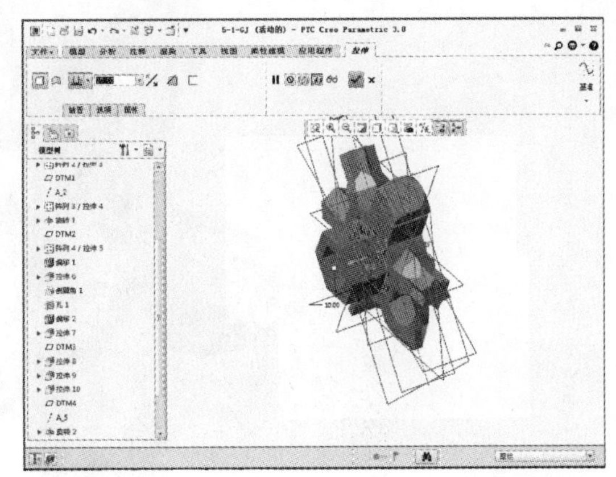

09 完成上述特征操作后单击【自动倒圆角】按钮，如下左图所示。单击【自动倒圆角】按钮后系统显示“自动倒圆角”选项卡，如下右图所示。

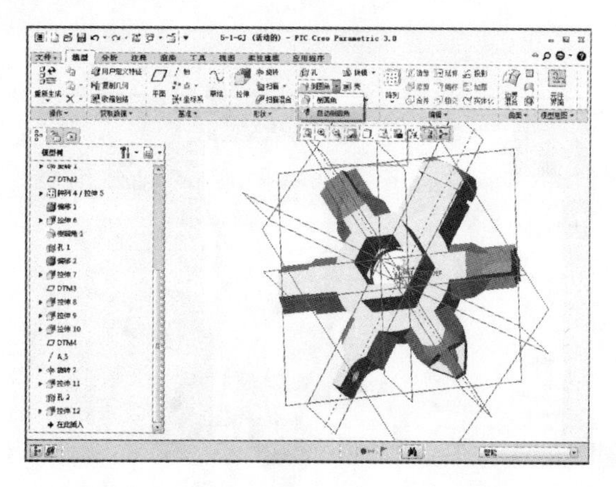

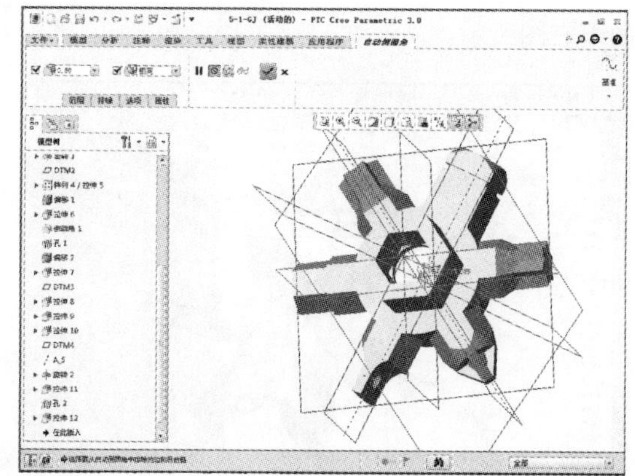

10 在“自动倒圆角”选项卡中设置半径为 0.5，如下左图所示。在参数设定完成后单击【确定】按钮，如下右图所示。

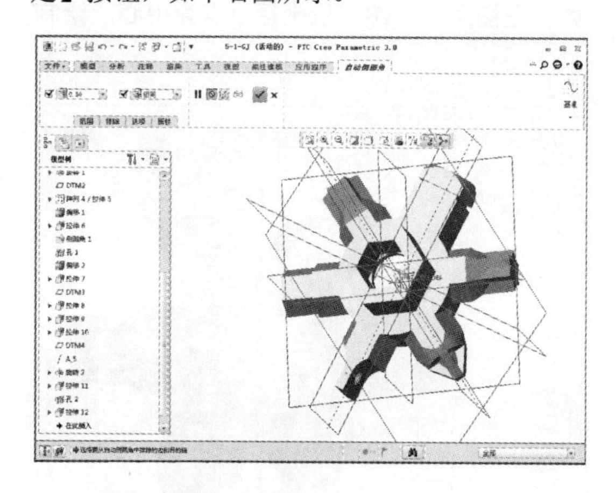

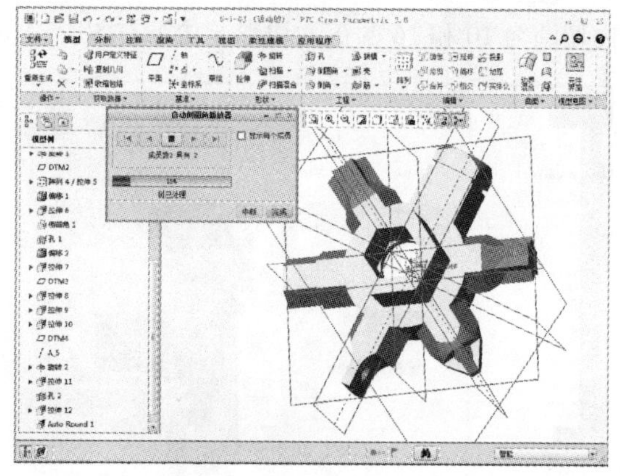

最终结果如下图所示。

## 5.1.2　输出多头工具模型

下面输出模型，将 PRT 格式的模型输出为 STL 格式。

（1）选择模型，执行“文件”>“另存为”>“保存副本”命令，弹出“保存副本”对话框，命名文件为“5-1-gj”，将类型设定为“*.stl”，如下图所示。

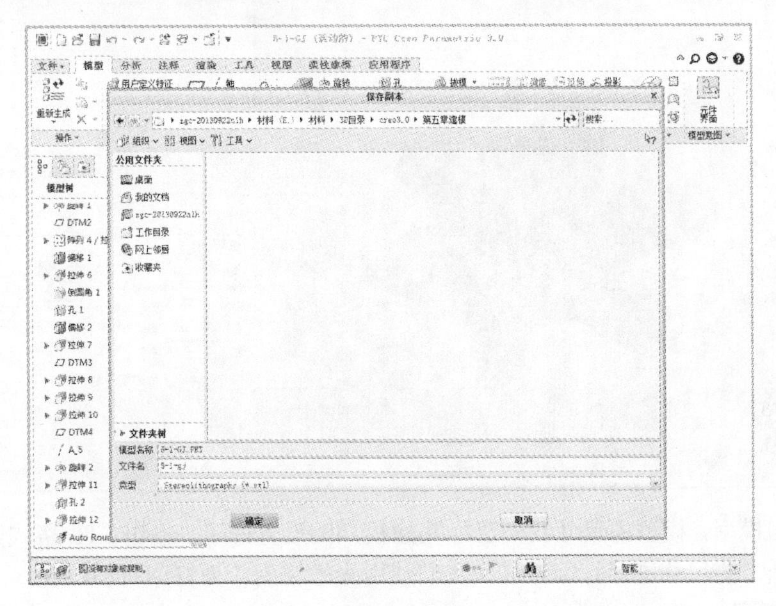


（2）系统弹出“导出 STL”对话框，此时采用系统默认提供的参数，单击【确定】按钮，如下图所示。

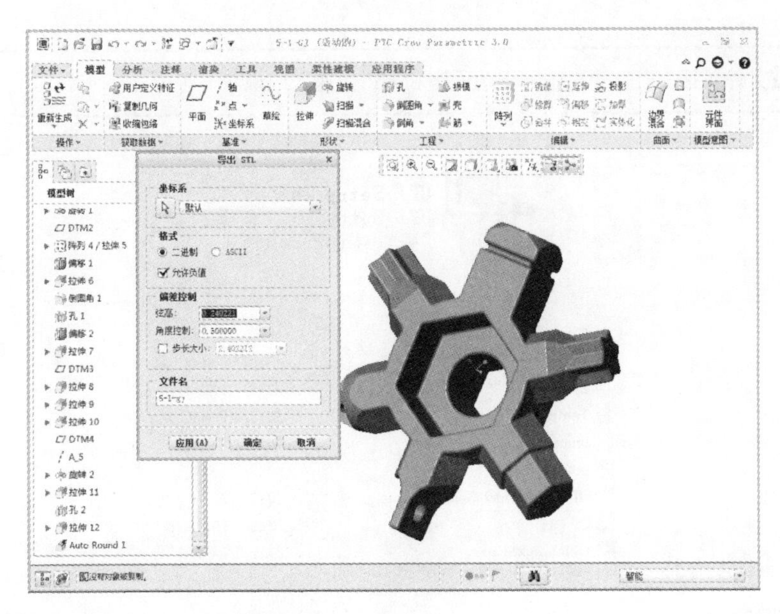


## 5.1.3　检查多头工具的 STL 模型

下面将 STL 模型导入到 netfabb 软件中进行检查和修复。一般情况下，使用工业设计软件制作的模型很少会产生破面、共有边、共有面等错误，为了保险我们还是要在专业软件中检查一下，只要不出现符号就是完好的 3D 打印模型，如图所示。

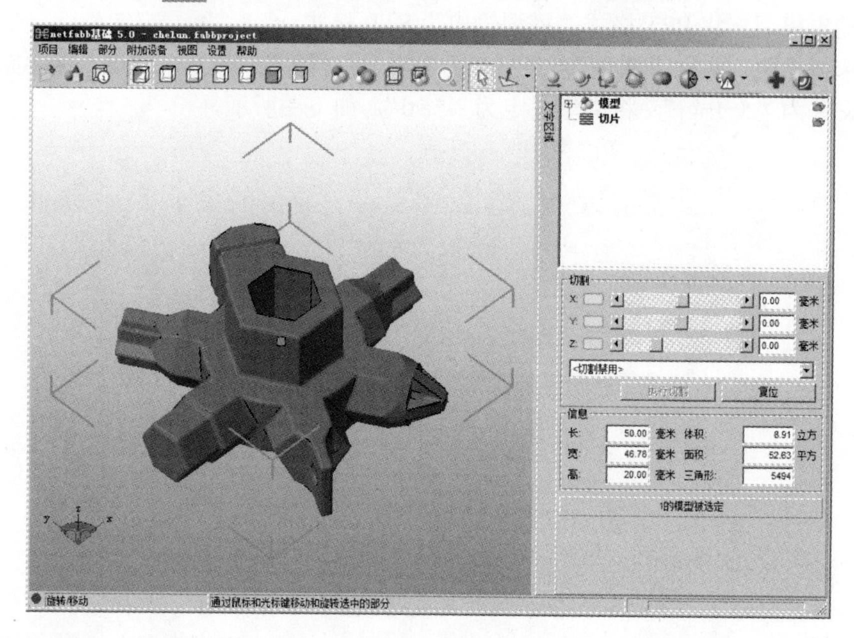


下面打印模型，模型的尺寸我们已经在建模期间设置好了，输出 STL 格式文件后，打印机就会按照既定的尺寸进行打印。这次我们使用光敏树脂作为打印材料。

**1．安装软件**

运行 UP! Setup.exe 安装文件，并安装到指定目录（默认安装在“C:\Program Files\UP”下）。

注意

安装文件包括 UP!启动程序、驱动程序和 UP!快速入门说明书等。

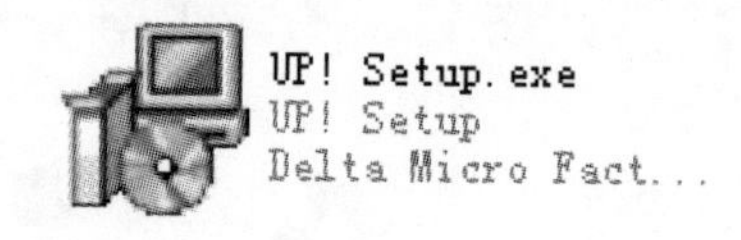


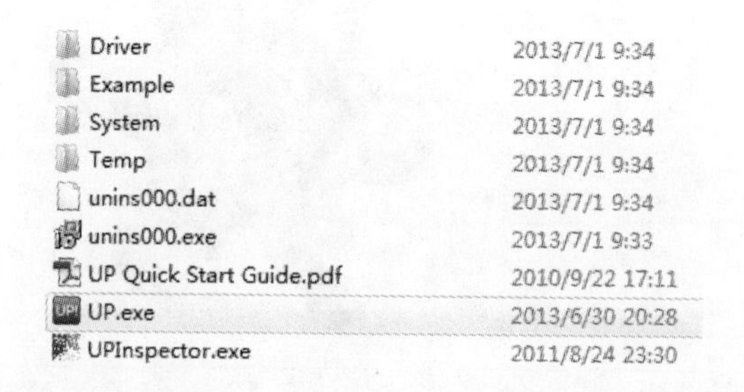


**2．安装驱动**

用 USB 连接线连接打印机和计算机，计算机会弹出发现新硬件的提示框，用户可以取消或者单击【下一步】按钮进行安装。

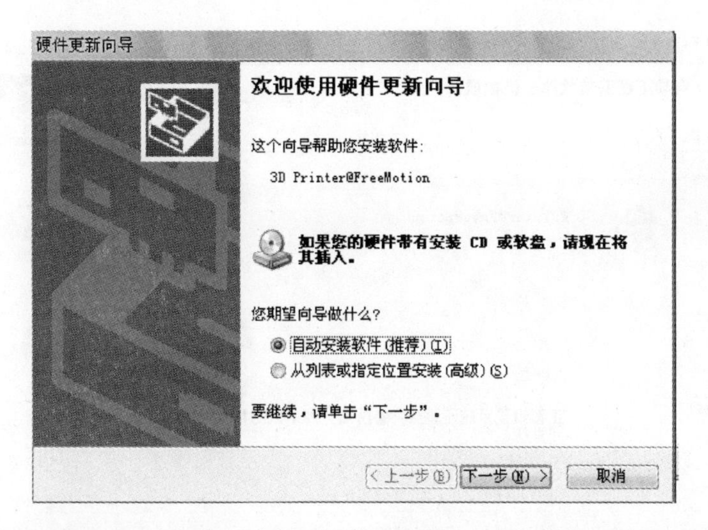


选择“从列表或指定位置安装（高级）”单选按钮，然后单击【下一步】按钮。

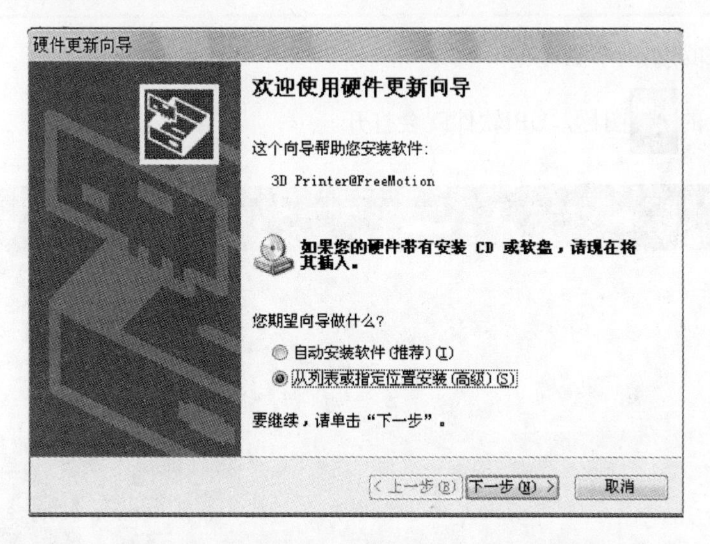


单击【浏览】按钮，选择“C:\Program Files\UP\Driver”，然后单击【下一步】按钮。

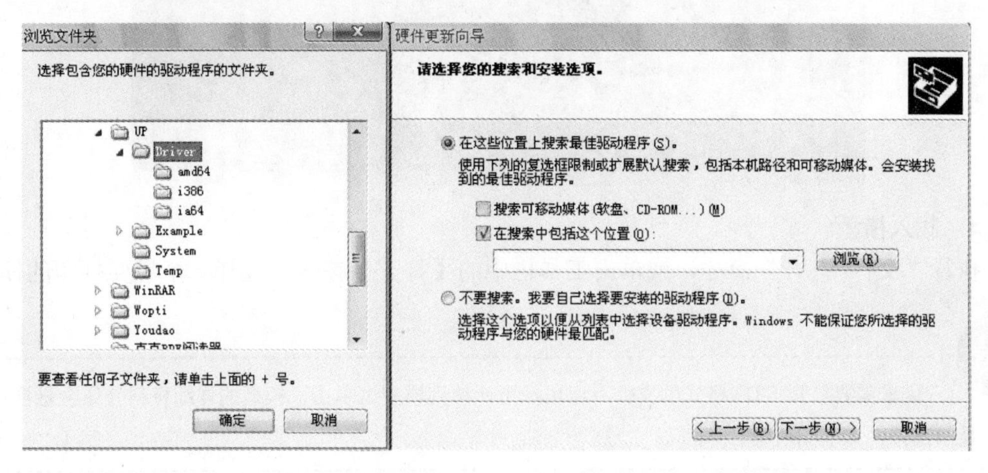


计算机会弹出如下对话框，仍然继续操作，计算机会自动安装驱动。

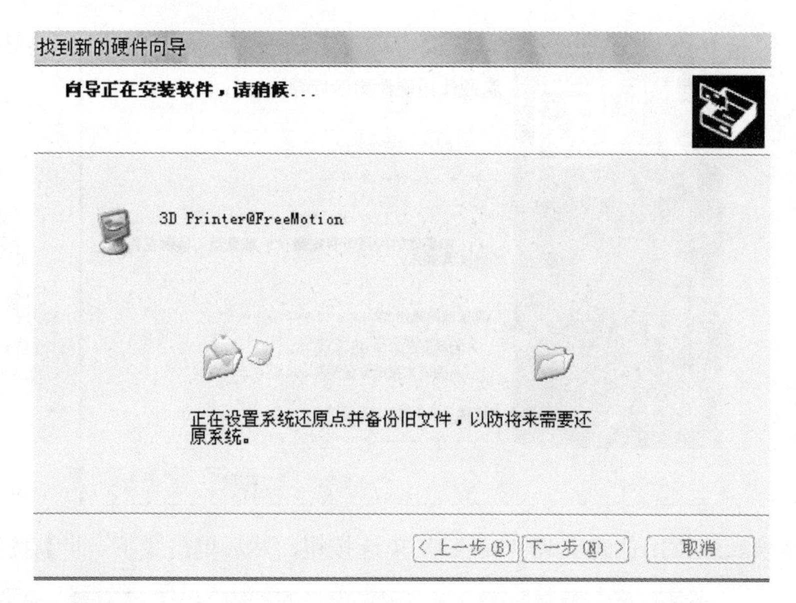


**3．启动打印软件**

双击桌面上的UP!图标，UP!软件就会打开。

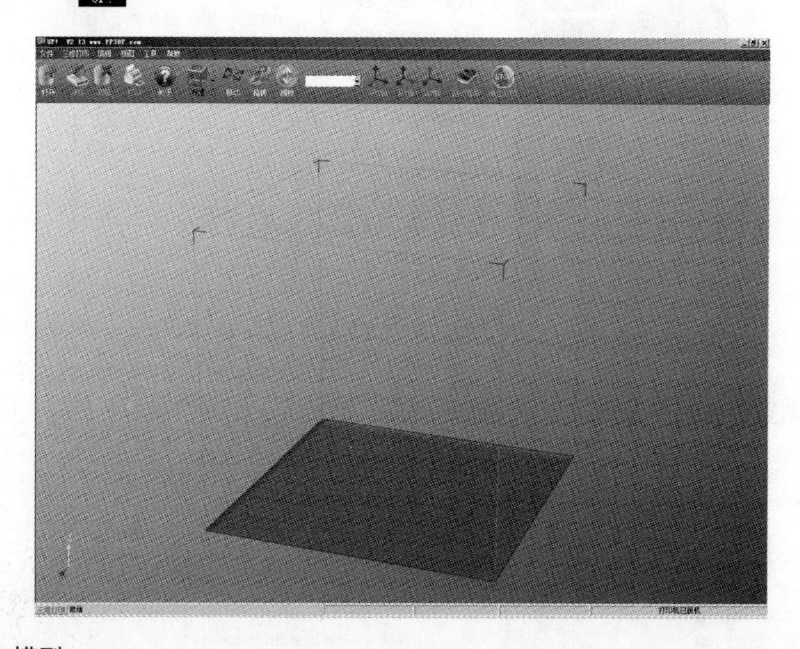

**4．载入模型**

执行“文件>打开”命令，或单击工具栏中的【打开】按钮，选择一个想要打印的模型。

注意

这里需要打开 STL 格式的文件，将鼠标指针移到模型上单击，模型的详细资料介绍会悬浮地显示出来，如下图所示。

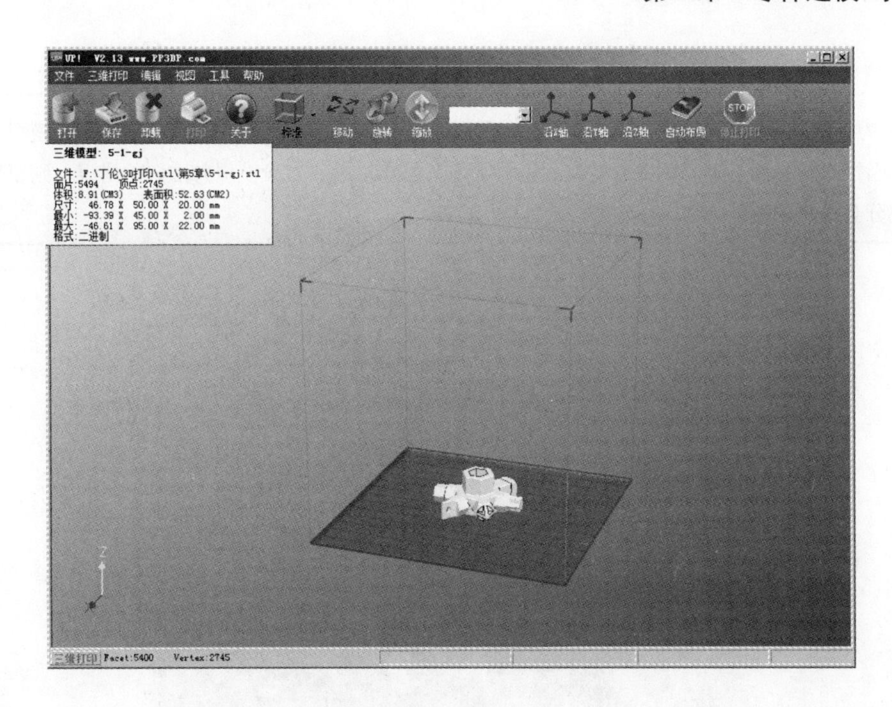


提示

用户可以打开多个模型并同时打印它们，只要依次添加需要的模型，并把所有的模型排列在打印平台上，就会看到关于模型的更多信息。

**5．卸载模型**

将鼠标指针移至模型上单击选择模型，然后在工具栏中单击【卸载】按钮，或者在模型上右击，会出现一个下拉菜单，选择卸载模型或者卸载所有模型（如载入了多个模型并想全部卸载）。

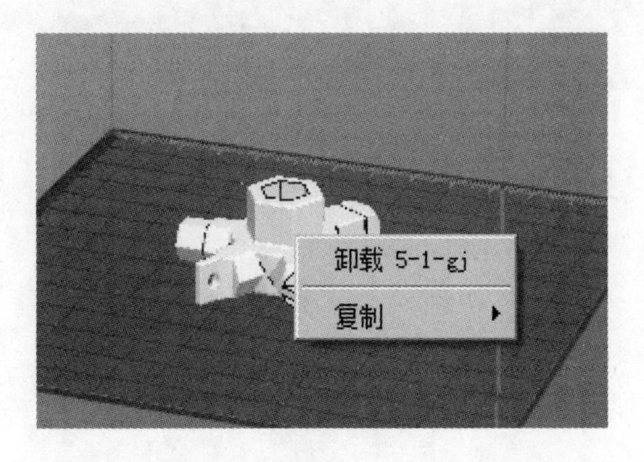


**6．保存模型**

选择模型，然后单击【保存】按钮，文件就会以 UP3 格式保存，并且大小是原 STL 文件大小的 12%～18%，非常便于用户存档或者转换文件。此外，用户还可选中模型，然后执行“文件>另存为工程”命令，将文件保存为 UPP（UP Project）格式。该格式可将当前的所有模型及参数进行保存，当用户载入 UPP 文件时，将自动读取该文件保存的参数，并替代当前参数。

**注意**

为了准确地打印模型，模型的所有面都要超外。UP!软件会用不同的颜色标明一个模型是否正确。当打开一个模型时，模型的默认颜色通常是灰色或粉色。如果模型有法向的错误，则模型错误的部分会显示成红色。

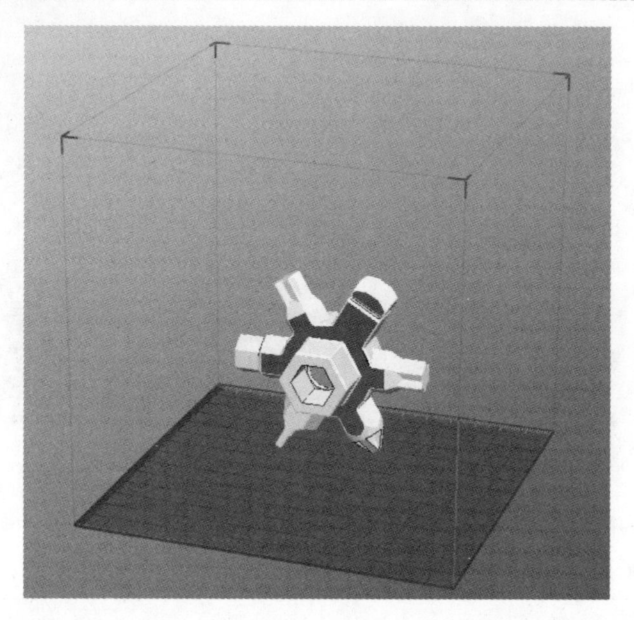

### 7．修复 STL 模型

UP!软件具有修复模型坏表面的功能。在“编辑”菜单下有一个“修复”命令，选择模型的错误表面，然后执行“修复”命令即可。

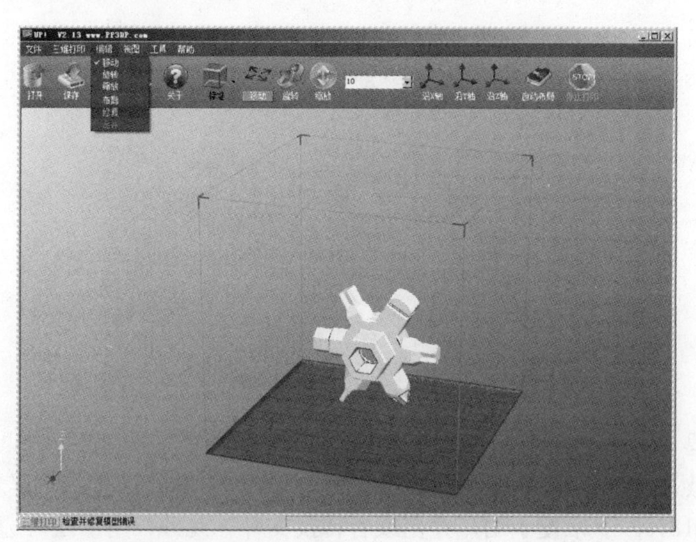


### 8．合并模型

通过“修改”菜单中的“合并”命令可以将几个独立的模型合并成一个模型，只需要打开所有想要合并的模型，按照希望的方式排列在平台上，然后执行“合并”命令即可。在保存文件后，所有的部件会被保存成一个单独的 UP3 文件。

**9．编辑模型视图**

通过“编辑”菜单可以用不同的方式观察目标模型（也可单击菜单栏下方的相应视图按钮实现）。

- 旋转：按住鼠标中键移动鼠标，视图会旋转，用户可以从不同的角度观察模型。
- 移动：同时按住 Ctrl 键和鼠标中键移动鼠标可以将视图平移，也可以用箭头键平移视图。
- 缩放：旋转鼠标滚轮，视图会随之放大或缩小。

该系统有 8 个预设的标准视图存储于工具栏的视图选项中，单击工具栏上的视图按钮可以找到相应功能。

下面来练习一下如何旋转模型。

单击工具栏上的【旋转】按钮，在文本框中选择或者输入想要旋转的角度，然后选择按照某个轴旋转。例如要将模型沿着 X 轴旋转 90°，单击【旋转】按钮，在文本框中输入 90，然后单击 X 坐标轴即可。

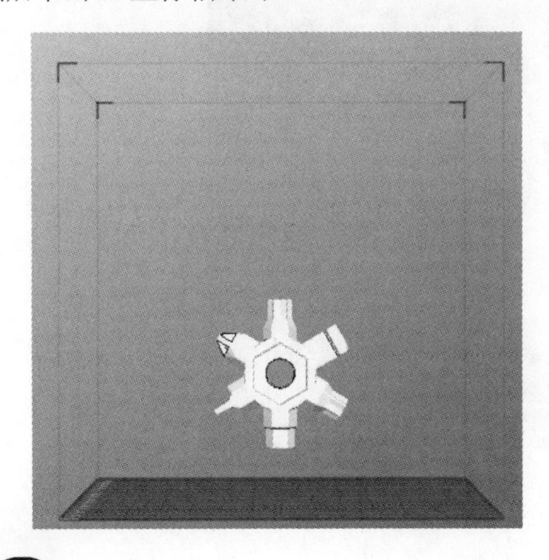

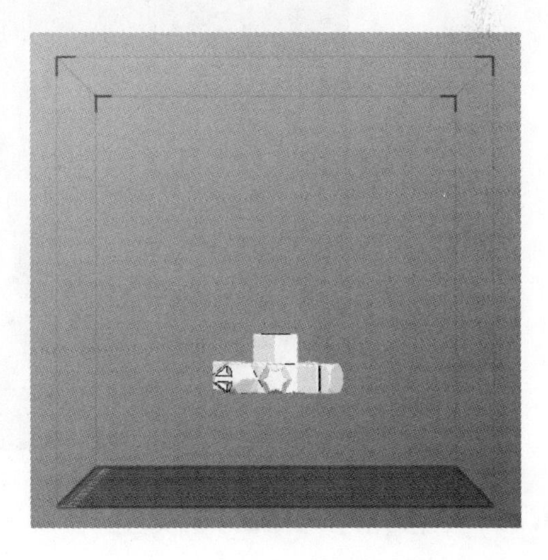

**注意**

正数是逆时针旋转，负数是顺时针旋转。

**10．将模型放到成型平台上**

将模型放置于平台的适当位置有助于提高打印的质量。

请尽量将模型放置在平台的中央。

（1）自动布局：单击工具栏最右边的【自动布局】按钮，软件会自动调整模型在平台上的位置。当平台上不止一个模型时，建议用户使用自动布局功能。

（2）手动布局：按住 Ctrl 键，同时用鼠标左键选择目标模型，然后移动鼠标，拖动模型到指定位置。

（3）使用【移动】按钮：单击工具栏上的【移动】按钮，在文本框中输入距离数值，然后选择想要移动的方向轴。

当多个模型处于开放状态时，每个模型之间的距离至少要保持在 12mm 以上。

**11．进行打印**

接下来按如下步骤进行打印：

（1）摆放模型并分层设置。

（2）校准喷头高度并进行预热。

（3）开始打印模型。

如图所示为打印出来的模型。

## 5.1.4 移除多头工具模型

建议在撤出模型之前先撤下打印平台，如果不这样做，很可能使整个平台弯曲，导致喷头和打印平台的角度改变。

（1）当模型完成打印时，打印机会发出蜂鸣声，喷嘴和打印平台会停止加热。

（2）把铲刀慢慢地滑动到模型下面，来回撬松模型，切记在撬模型时防止烫伤。

### 5.1.5 移除多头工具模型的支撑材料

模型由两部分组成，一部分是模型本身，另一部分是支撑材料。支撑材料和模型主材料的物理性能是一样的，只是支撑材料的密度小于主材料，所以很容易从主材料上移除支撑材料。

支撑材料可以使用多种工具拆除。一部分可以很容易地用手拆除，越接近模型的支撑，使用钢丝钳或者尖嘴钳更容易移除，如图所示。

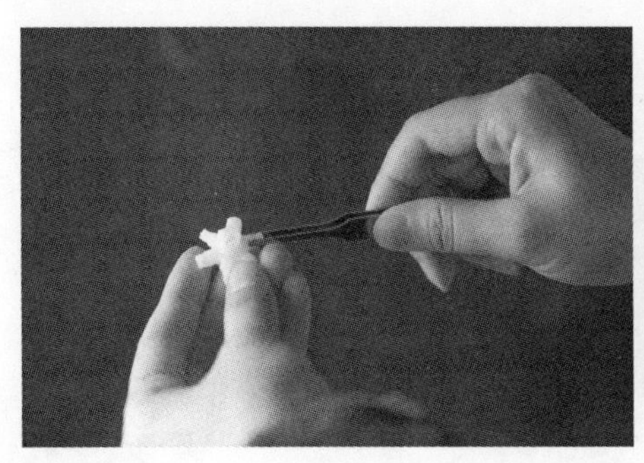

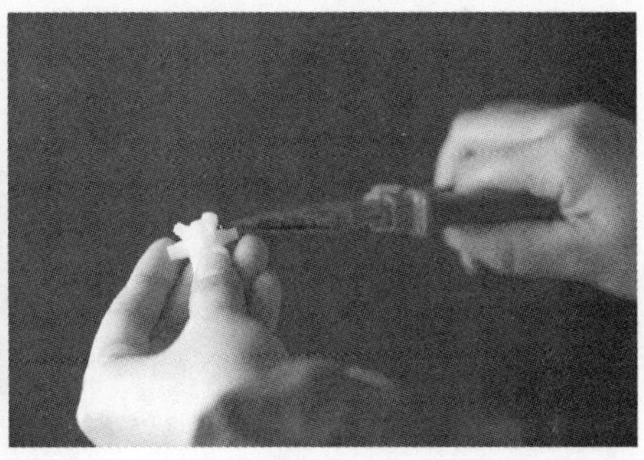

注意

（1）在移除支撑时，一定要佩戴防护眼罩，尤其是在移除 PLA 材料时。

（2）支撑材料和工具都很锋利，在从打印机上移除模型时请注意防护。

# 5.2 手机壳

## 手机壳的设计草图

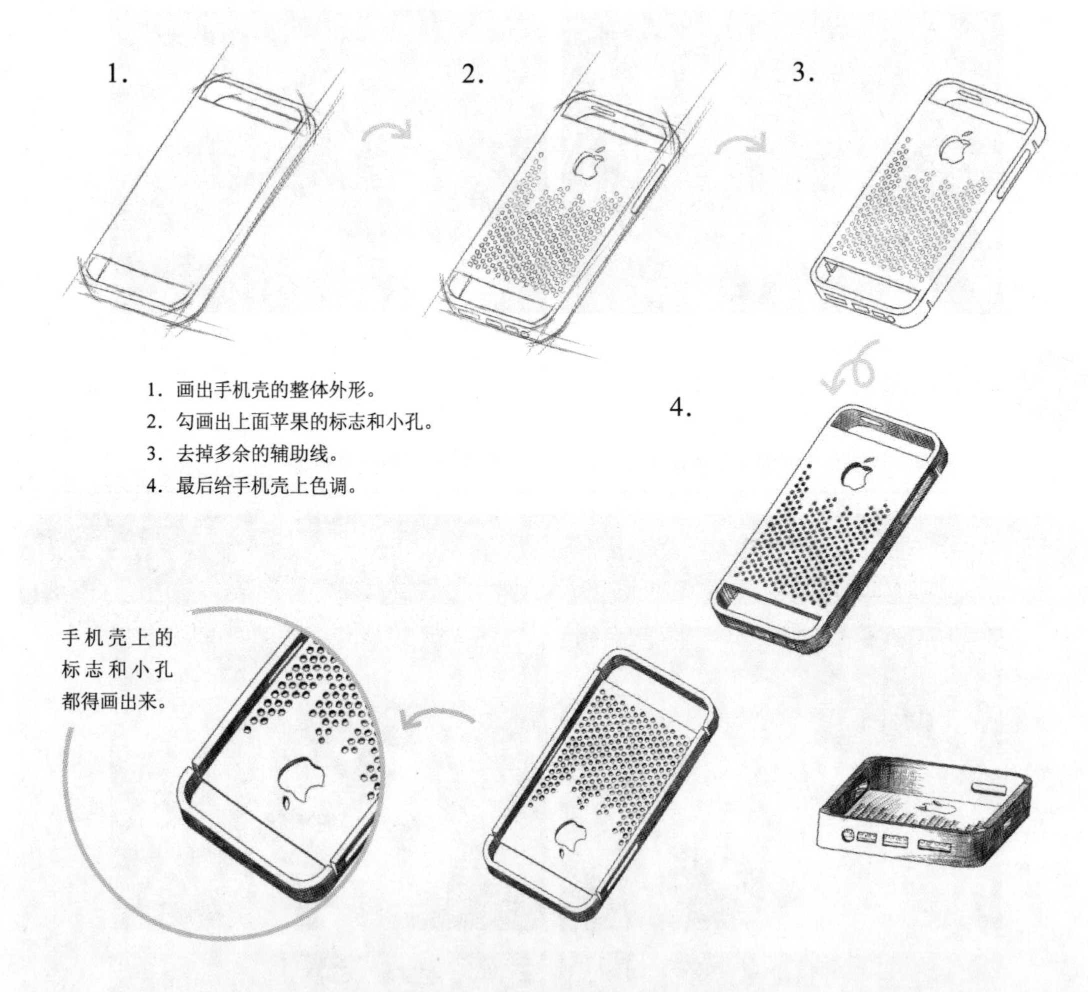


本节介绍利用拉伸、导入、阵列等命令制作手机壳模型的方法。本节介绍的手机壳是与 iPhone6 系列手机配套的类似实体模型。在建模过程中我们采用由底到顶的建模方式，首先创建手机壳的底部，然后创建手机壳的中间部分，最后完成手机壳的顶部并完成修饰。本节案例的草图绘制相对比较复杂，其中的 Logo 是由相切圆组成的，本节中没有详细制作，而采用导入数据的方式导入模型中，请大家耐心按照教程绘制。本例参考图如下图所示。

## 5.2.1 操作步骤详解

### STEP01　新建零件主体

01 在计算机上打开 PTC Creo Parametric 3.0 软件，出现其界面，如下左图所示。然后单击【新建】按钮，如下右图所示。

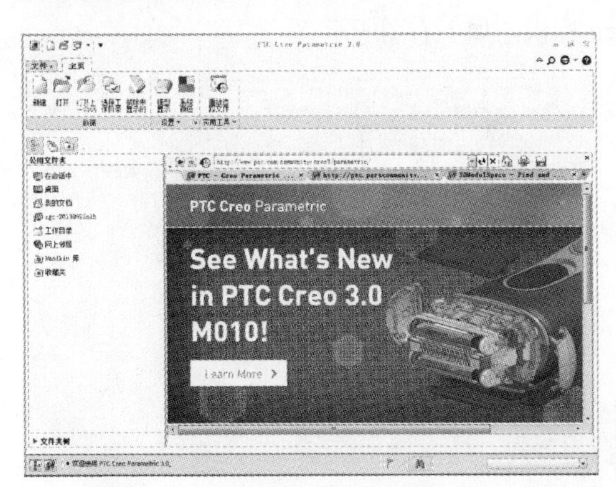


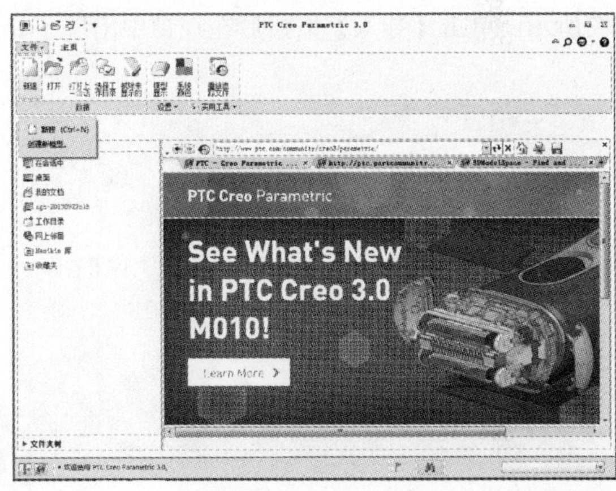


02 单击【新建】按钮后弹出“新建”对话框，类型选择“零件”、子类型选择“实体”，将文件名更改为“5-2-xg”，不选择“使用默认模板”复选框，单击【确定】按钮，如下左图所示。单击后弹出“新文件选项”对话框，在模板中选择“mmns-part-solid”，单击【确定】按钮，如下右图所示。

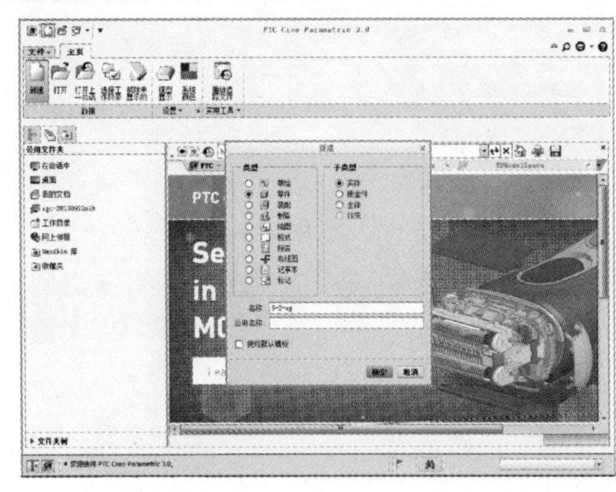

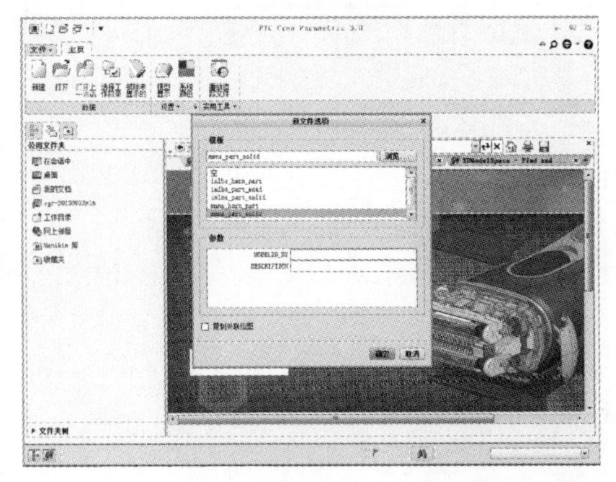

## STEP02 手机壳底部建模

01 在“模型”选项卡中单击“获取数据”组中的【导入】按钮，如下左图所示。单击【导入】按钮后系统弹出“打开”对话框，如下右图所示。

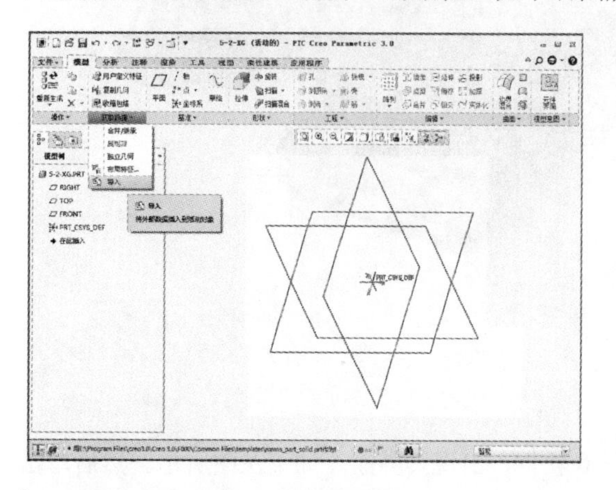

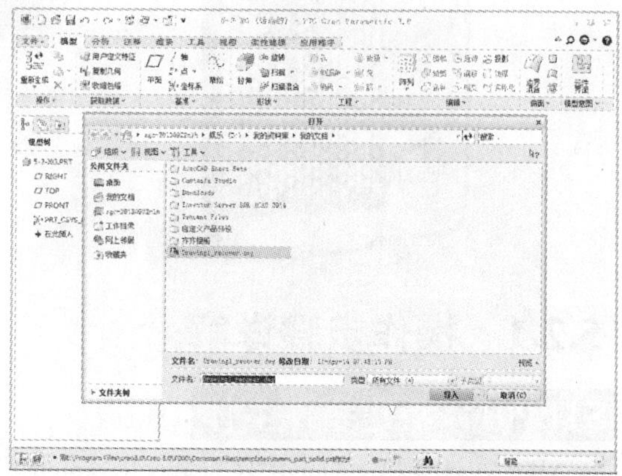

02 找到素材文件夹中的“logo.dxf”，然后单击“打开”对话框中的【导入】按钮，如下左图所示。单击【导入】按钮后在视窗中出现了 logo 标识，如下右图所示。

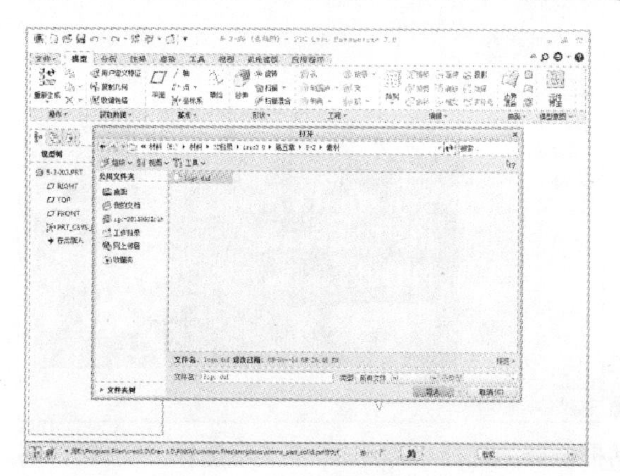

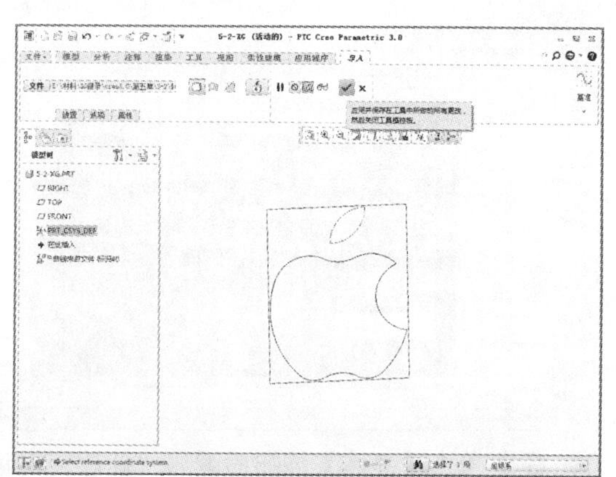

03 完成上述特征操作后在“模型”选项卡中单击【拉伸】按钮，如下左图所示。单击【拉伸】按钮后系统显示“拉伸”选项卡，如下右图所示。

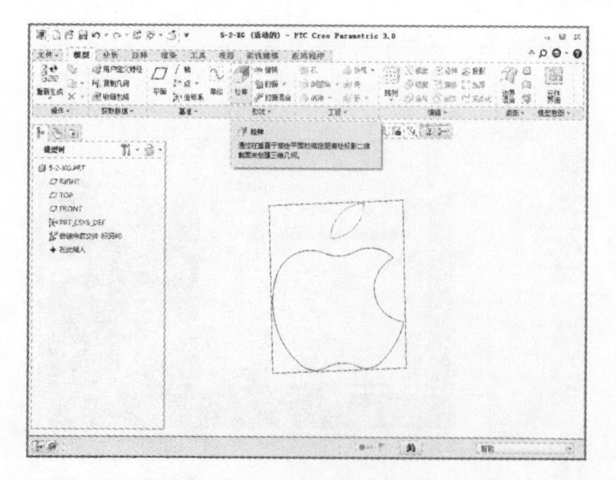

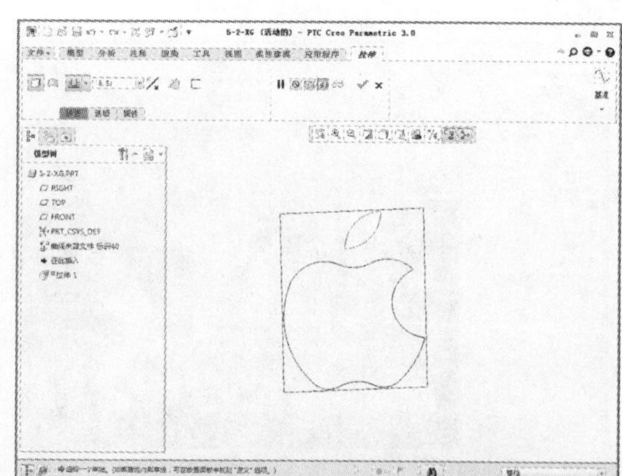

04 单击【放置】按钮，选择定义草绘平面，弹出“草绘”对话框，定义拉伸基准面为 FRONT 平面，然后单击【草绘】按钮，如下左图所示。单击该按钮后显示“草绘”选项卡，然后单击【草绘视图】按钮，如下右图所示。

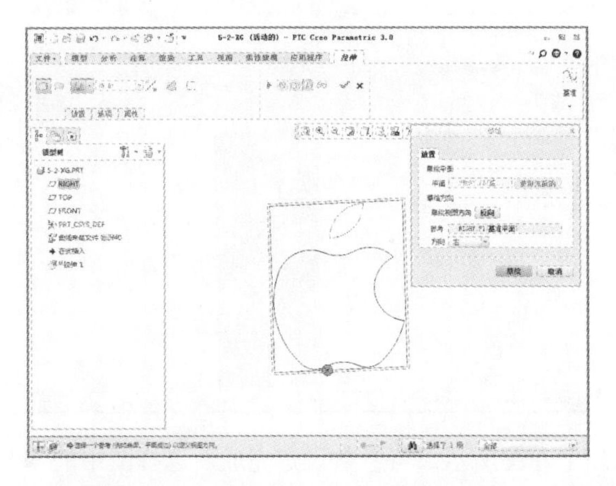

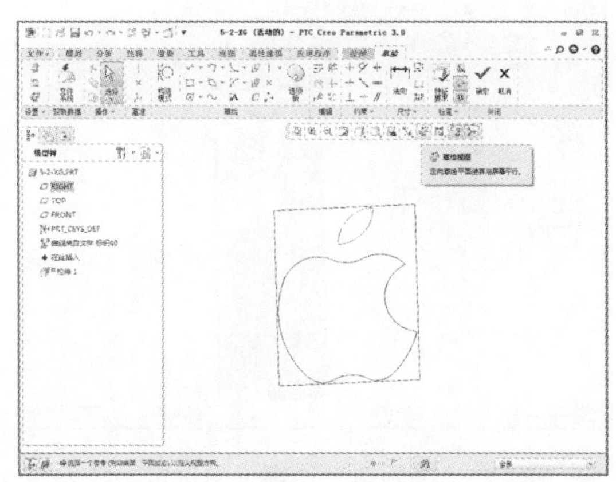

05 在“草绘”选项卡中单击【线链】、【投影】等按钮，如下左图所示。绘制图示的 124×60 的矩形，使 logo 的中心位于矩形的竖直中心线的 1/4 处，并投影 logo 标志，如下右图所示。

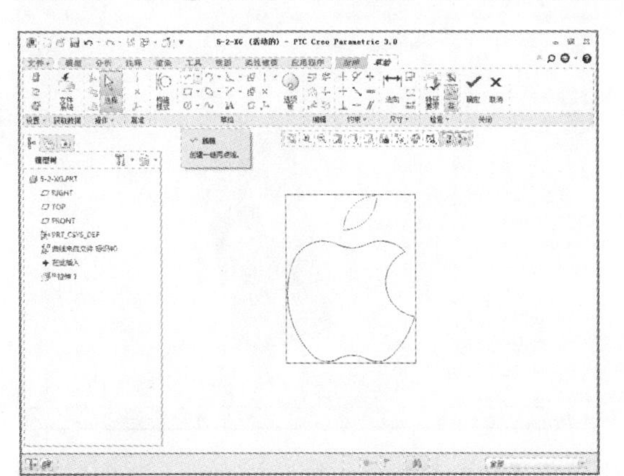

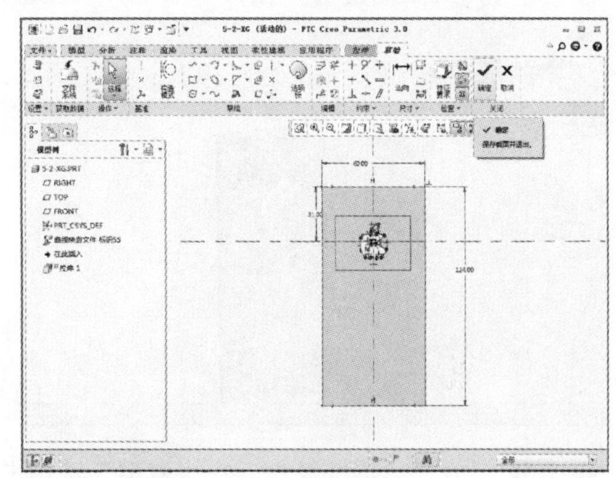

06 草图绘制完成后单击【确定】按钮，进入“拉伸”选项卡，设置指定值拉伸，拉伸值为 3，如下左图所示。设置完成后单击【确定】按钮，如下右图所示。

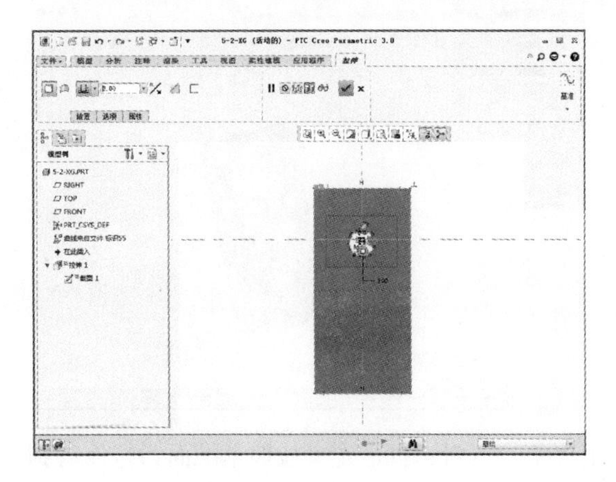

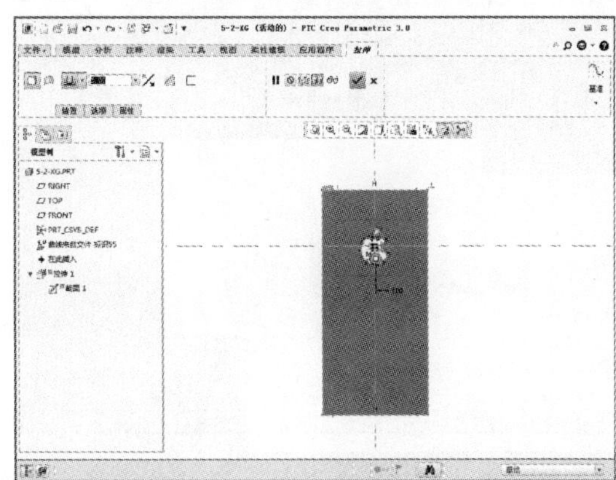

07 完成上述特征操作后单击【倒圆角】按钮，如下左图所示。单击【倒圆角】按钮后系统显示"倒圆角"选项卡，如下右图所示。

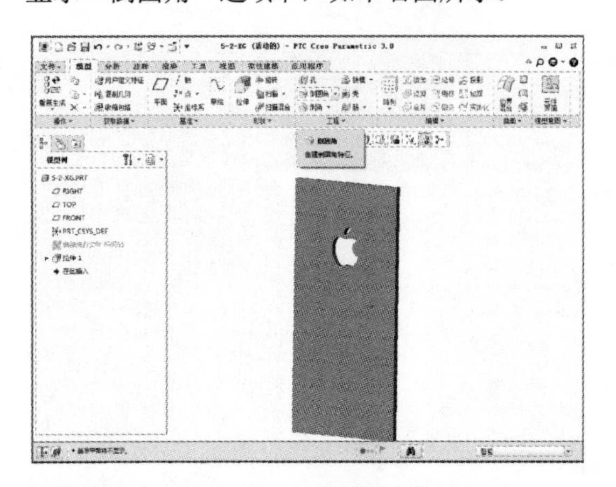
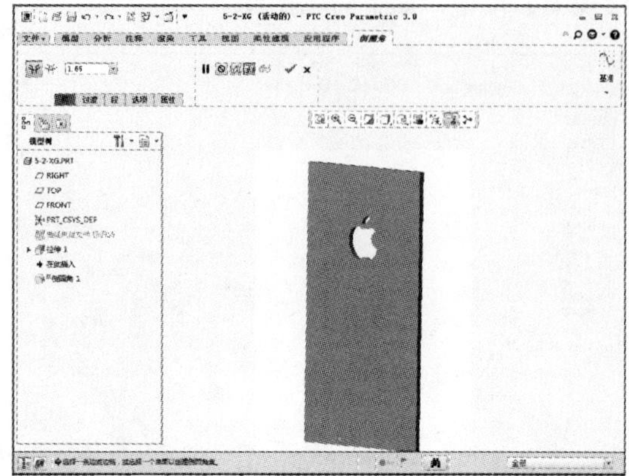

08 在"倒圆角"选项卡中设定半径为 8，如下左图所示。将参数设定完成后选择图中的 4 条边作为倒圆角的边，并单击【确定】按钮，如下右图所示。

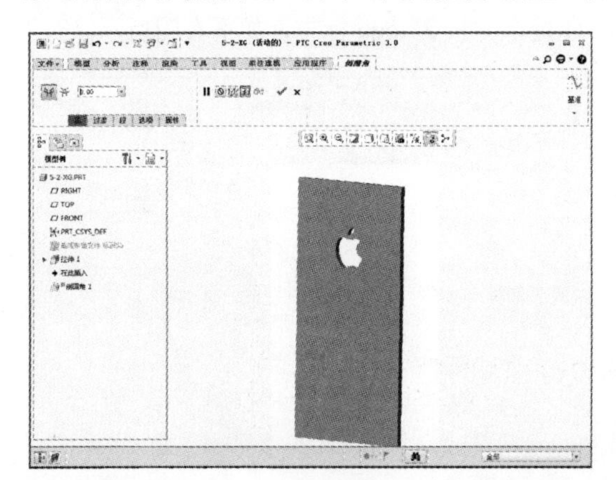
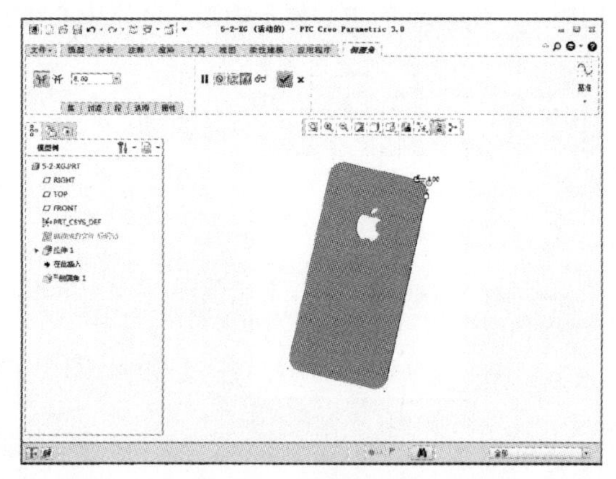

09 完成上述特征操作后在"模型"选项卡中单击【拉伸】按钮，如下左图所示。单击【拉伸】按钮后系统显示"拉伸"选项卡，如下右图所示。

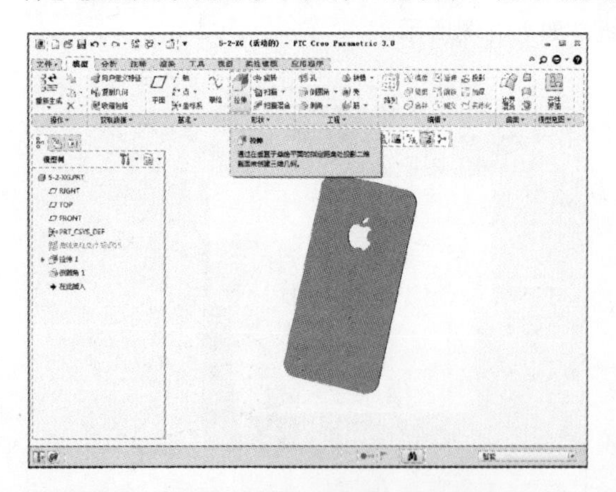
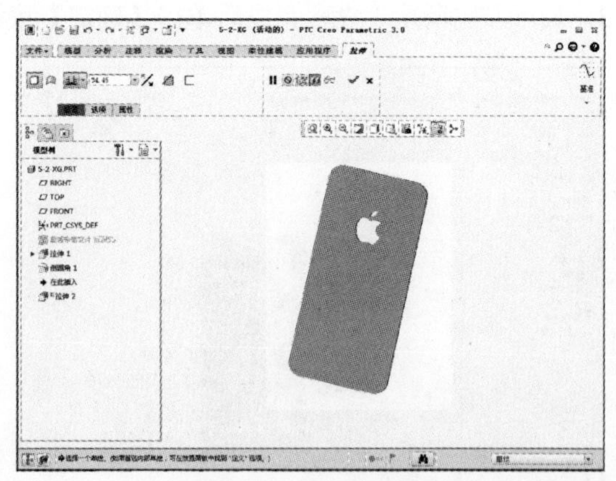

10 单击【放置】按钮，选择草绘平面，弹出"草绘"对话框，定义拉伸基准面为拉伸得到

的平面，然后单击【草绘】按钮，如下左图所示。单击该按钮后显示“草绘”选项卡，然后单击【草绘视图】按钮，如下右图所示。

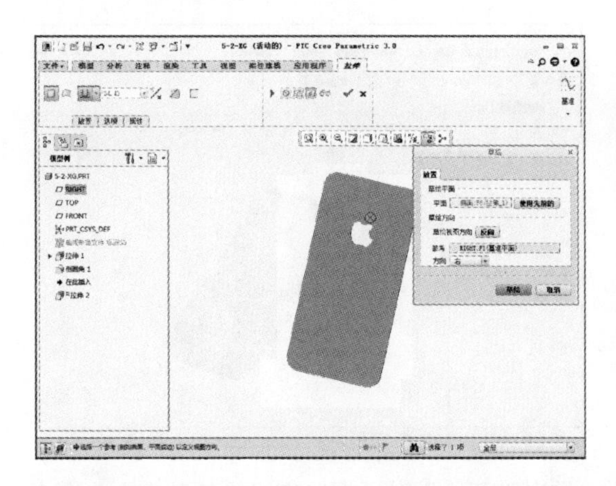
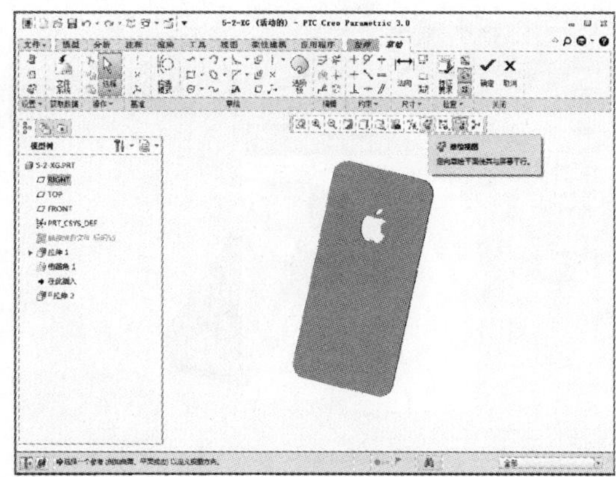

11 在“草绘”选项卡中单击【线链】、【投影】等按钮，如下左图所示。绘制图示的图形，内框可通过投影得到，外框通过内框偏移 3mm 得到，如下右图所示。

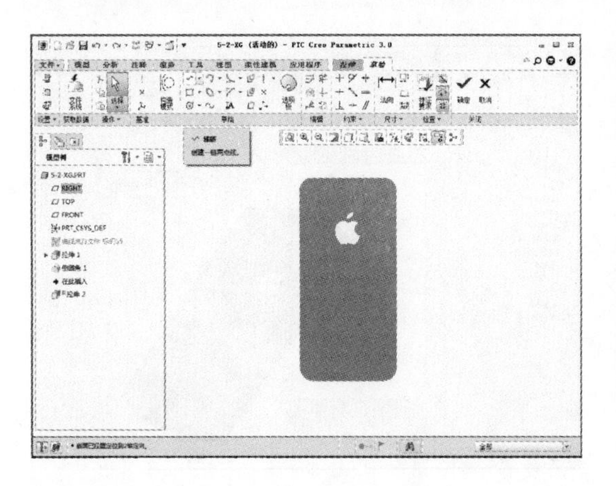
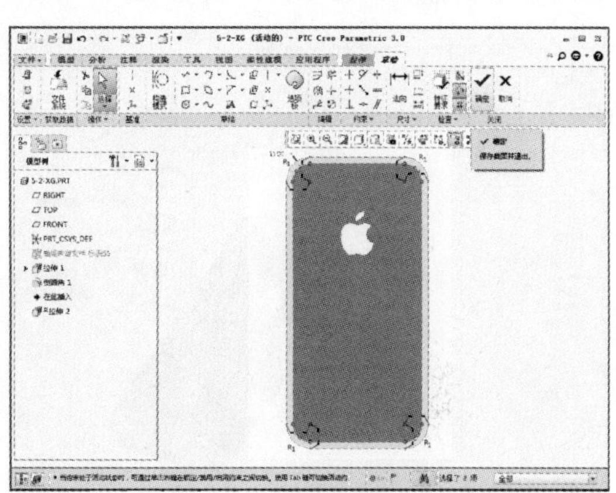

12 草图绘制完成后单击【确定】按钮，进入“拉伸”选项卡，设置指定值拉伸，拉伸值为 13，如下左图所示。设置完成后单击【确定】按钮，如下右图所示。

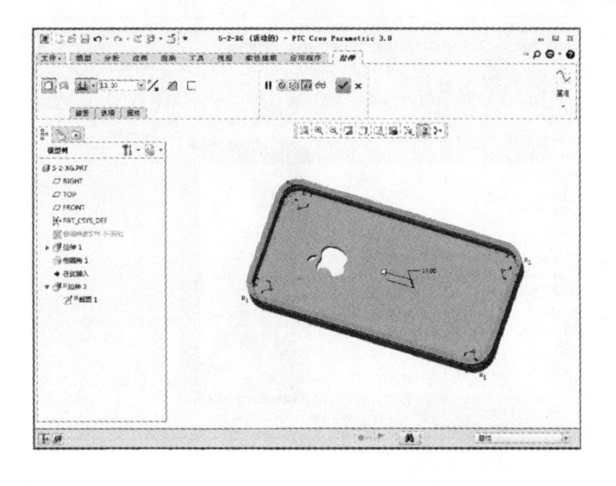
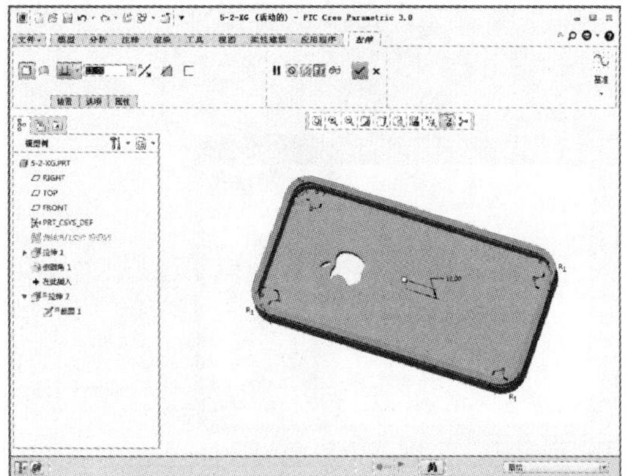

13 完成上述特征操作后在“模型”选项卡中单击【拉伸】按钮，如下左图所示。单击【拉伸】按钮后系统显示“拉伸”选项卡，如下右图所示。

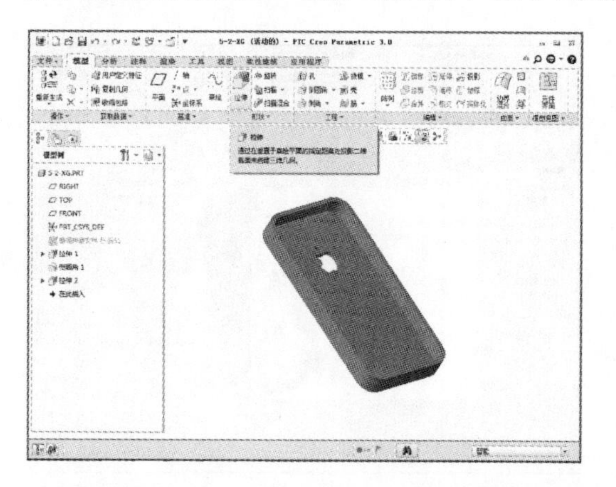
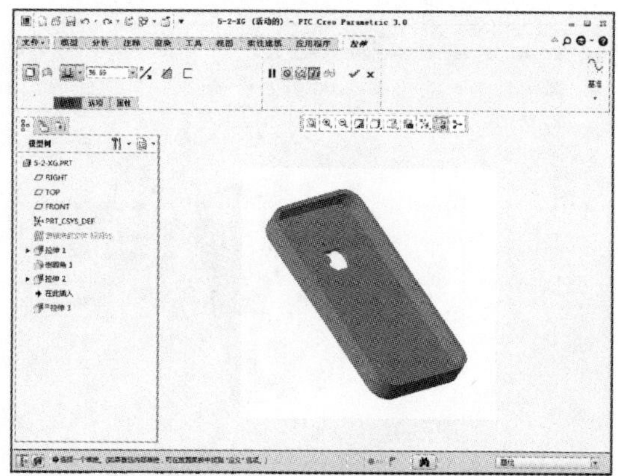

14 单击【放置】按钮，选择定义草绘平面，弹出“草绘”对话框，定义拉伸基准面为图中拉伸得到的平面，然后单击【草绘】按钮，如下左图所示。单击该按钮后显示“草绘”选项卡，然后单击【草绘视图】按钮，如下右图所示。

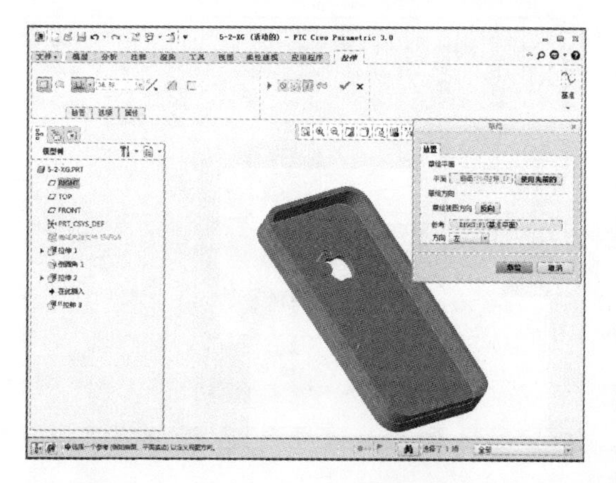
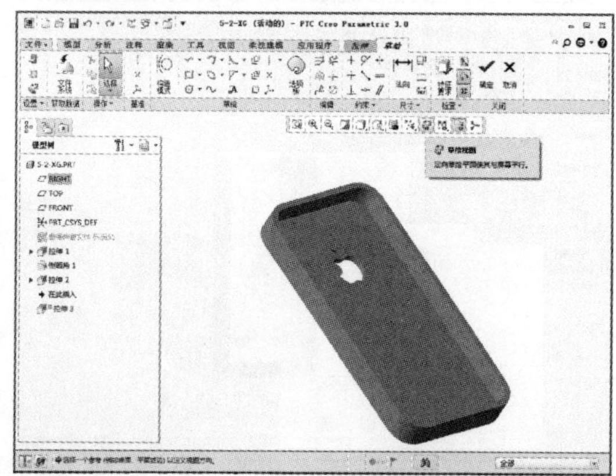

15 在“草绘”选项卡中单击【线链】【投影】等按钮，如下左图所示。绘制图示的图形，外形可通过投影得到，内部的直线距底边 13mm，如下右图所示。

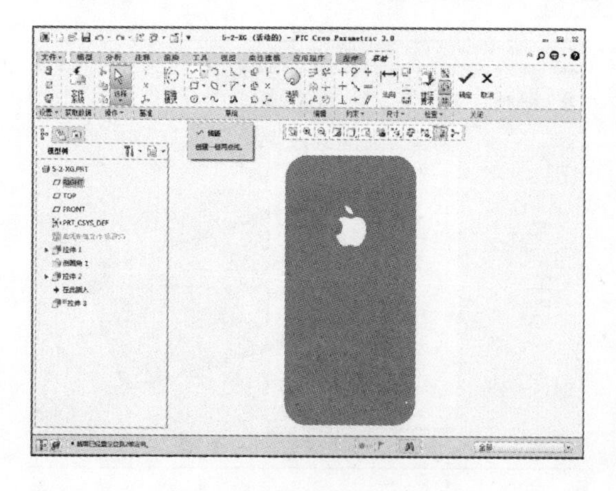
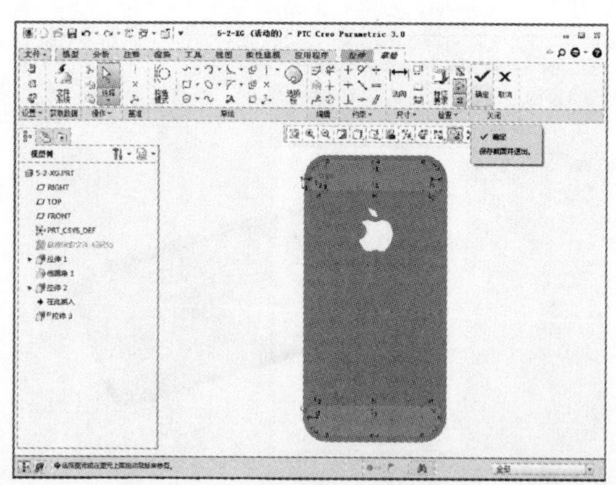

16 草图绘制完成后单击【确定】按钮，进入“拉伸”选项卡，设置穿透拉伸切除，如下左图所示。设置完成后单击【确定】按钮，如下右图所示。

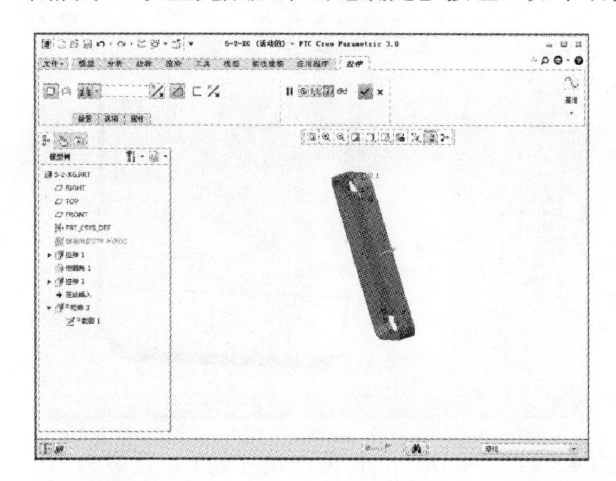
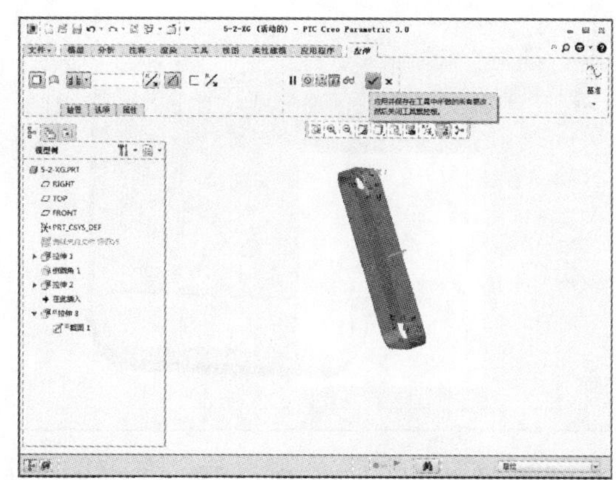

17 完成上述特征操作后单击【孔】按钮，如下左图所示。单击【孔】按钮后系统显示“孔”选项卡，如下右图所示。

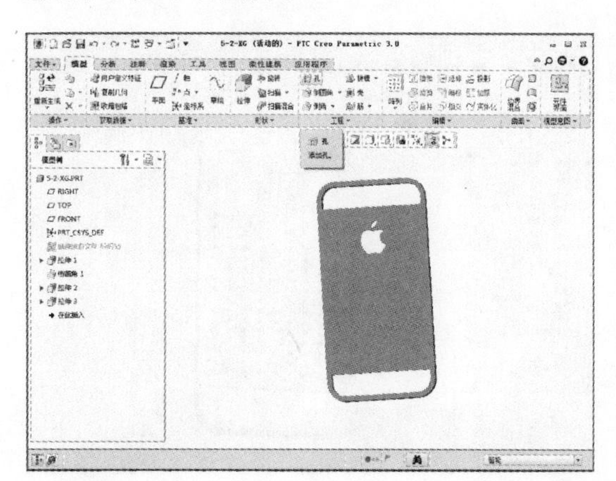
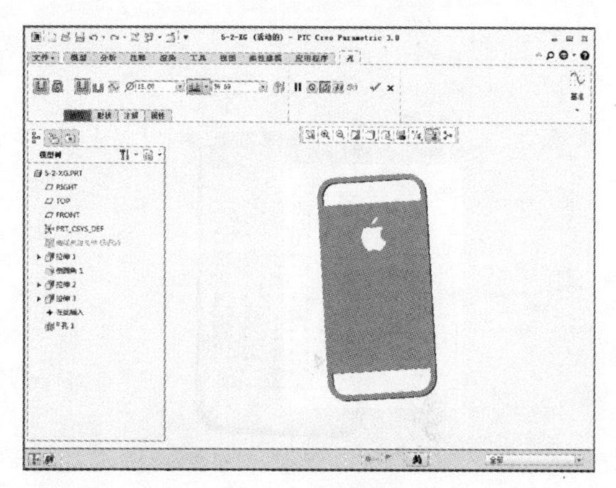

18 将孔放置在图示平面上，如下左图所示。设置孔的直径为 2.5，距离图示平面的距离分别为 6 和 6，设定贯穿，设定完成后单击【确定】按钮，如下右图所示。

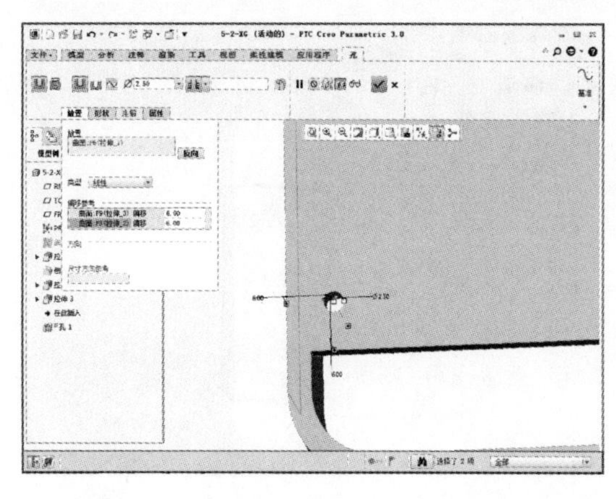
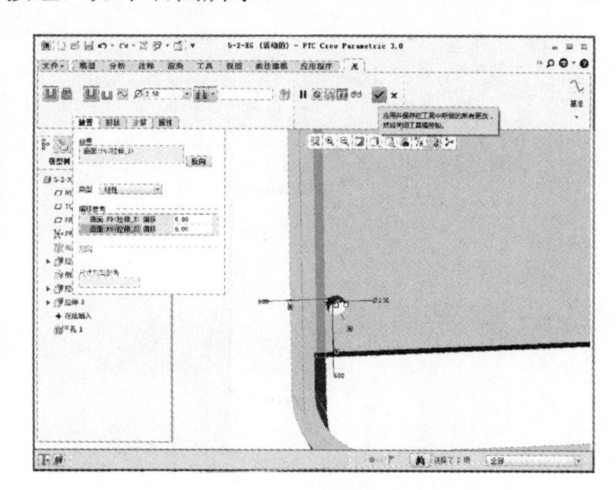

19 完成上述特征操作后单击【阵列】按钮，在模型树中选中“孔 1”，然后单击【阵列】按

钮，如下左图所示。单击【阵列】按钮后系统显示“阵列”选项卡，如下右图所示。

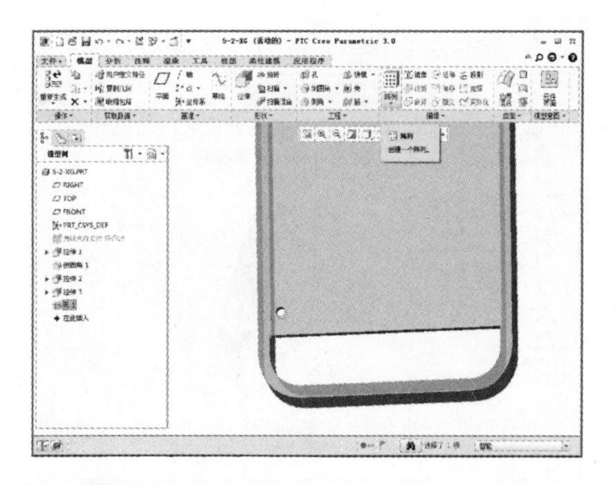

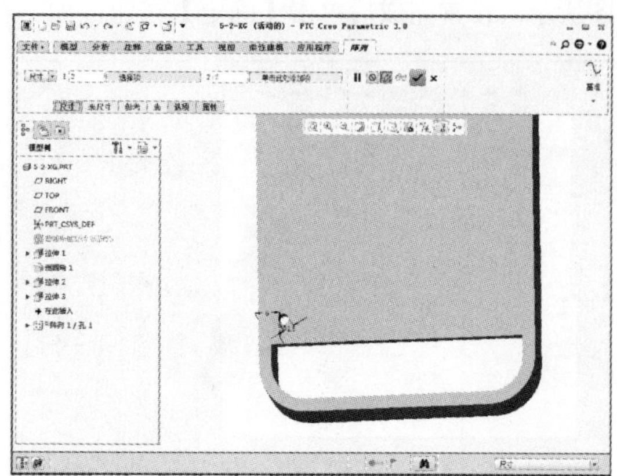

20 设置“尺寸”阵列，设置阵列第一尺寸为 4、数量为 18，阵列第二尺寸为 6、数量为 10，如下左图所示。然后将不需要显示的阵列孔的示意点点亮，设定完成后单击【确定】按钮，如下右图所示。

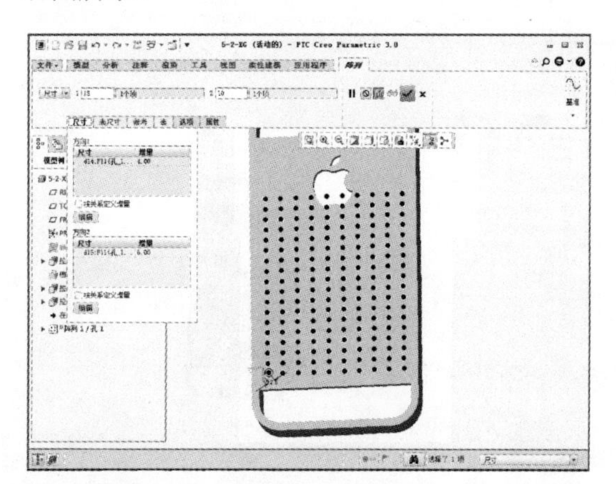

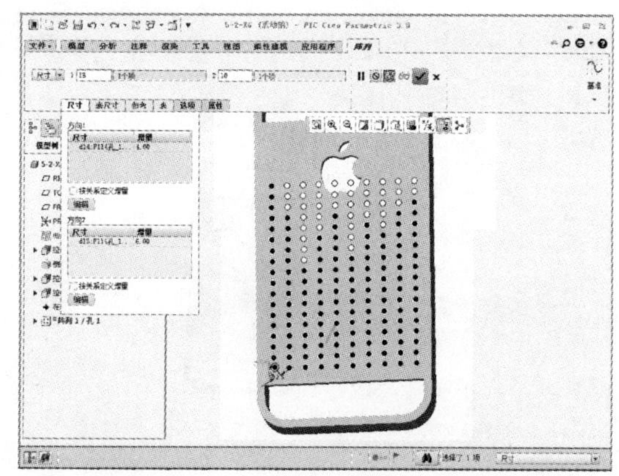

21 完成上述特征操作后单击【孔】按钮，如下左图所示。单击【孔】按钮后系统显示“孔”选项卡，如下右图所示。

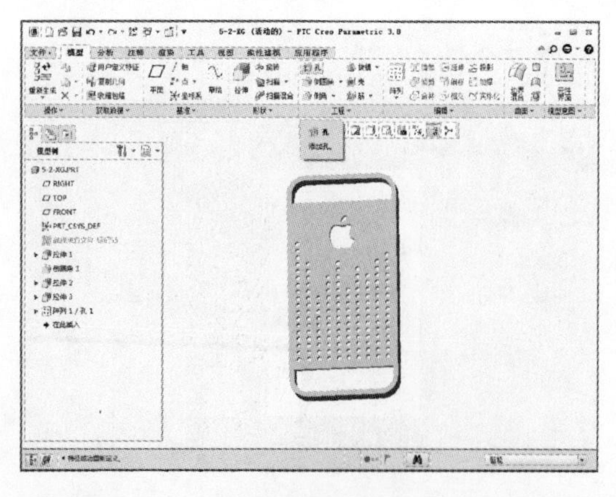

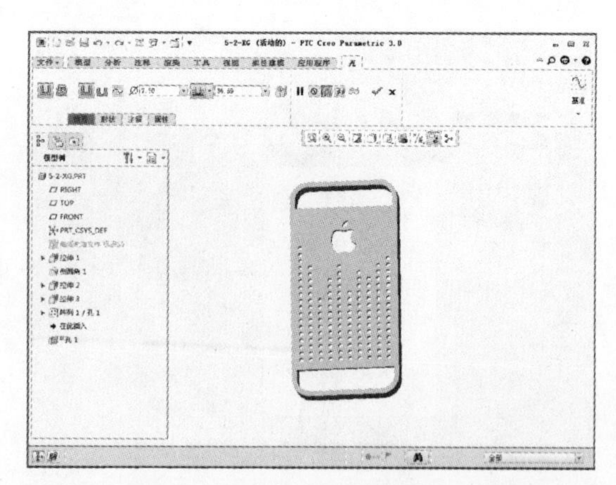

22 将孔放置在图示平面上，如下左图所示。设置孔的直径为 2.5，与图示平面的距离分别为

8 和 9，设定贯穿，设定完成后单击【确定】按钮，如下右图所示。

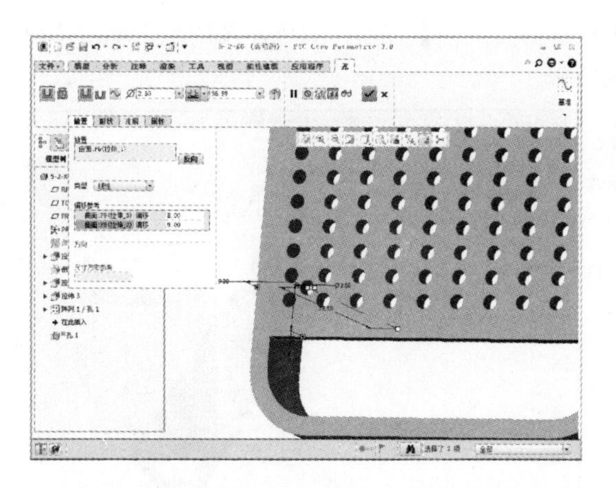

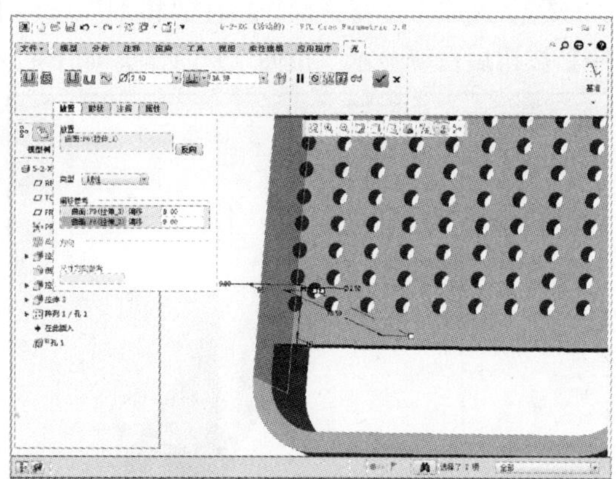

23 完成上述特征操作后单击【阵列】按钮，在模型树中选中“孔 1”，然后单击【阵列】按钮，如下左图所示。单击【阵列】按钮后系统显示“阵列”选项卡，如下右图所示。

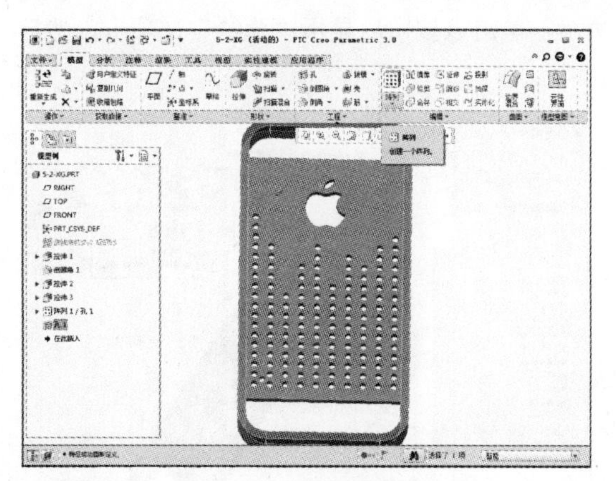

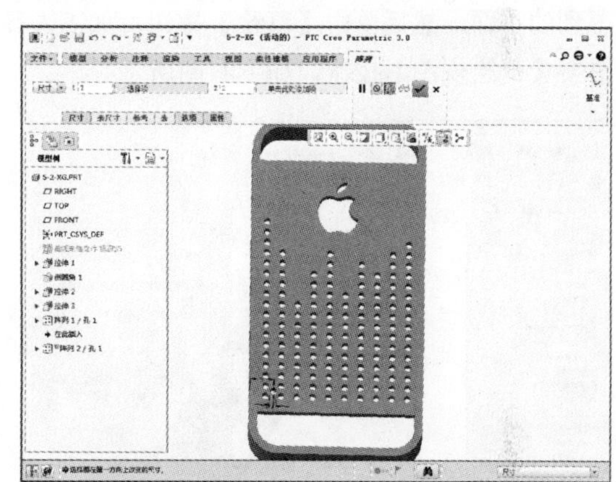

24 设置“尺寸”阵列，设置阵列第一尺寸为 6、数量为 9，阵列第二尺寸为 4、数量为 16，如下左图所示。然后将不需要显示的阵列孔的示意点点亮，设定完成后单击【确定】按钮，如下右图所示。

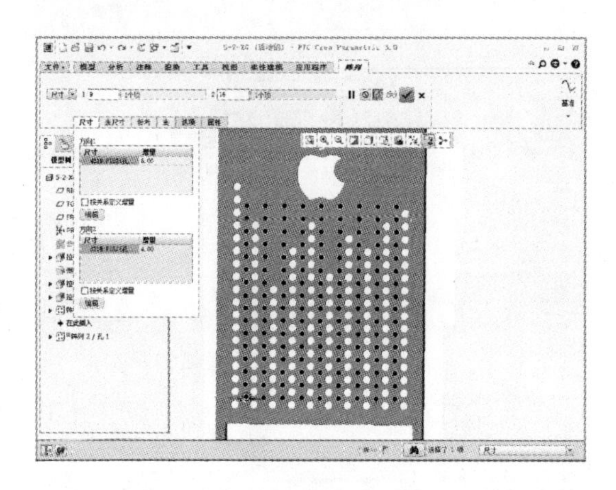

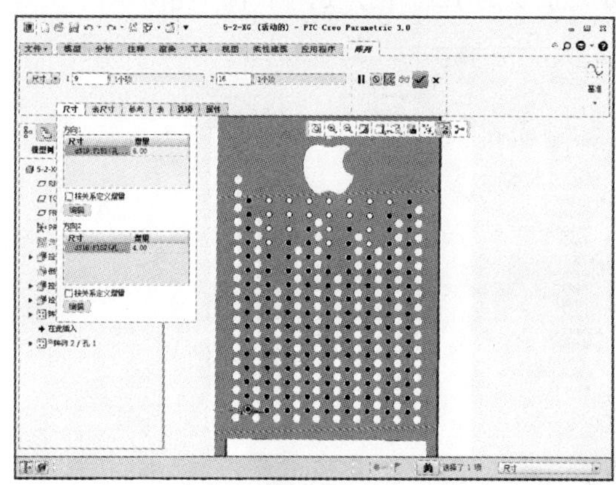

## STEP03 创建手机壳中部特征

01 完成上述特征操作后在“模型”选项卡中单击【拉伸】按钮，如下左图所示。单击【拉伸】按钮后系统显示“拉伸”选项卡，如下右图所示。

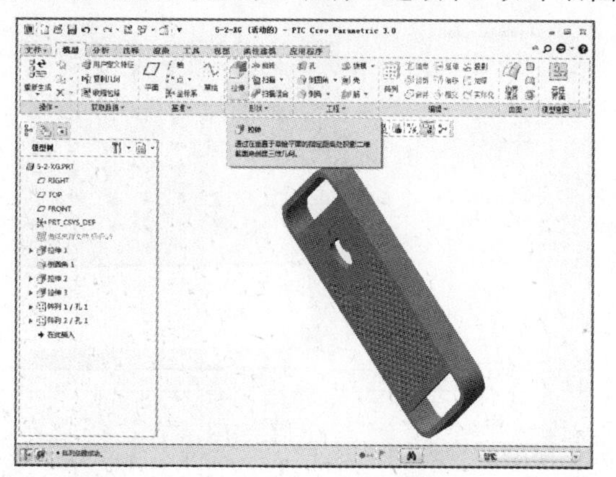

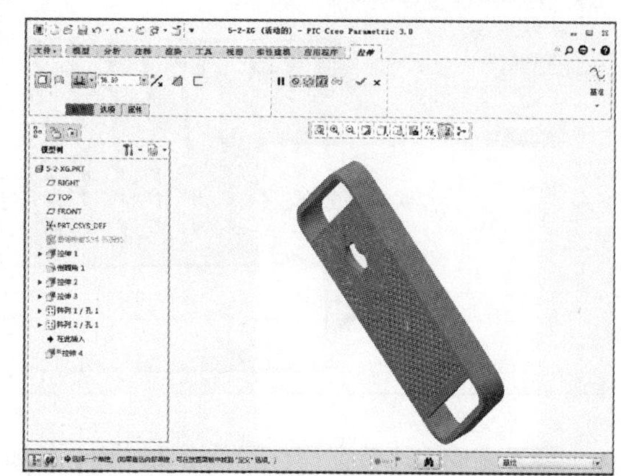

02 单击【放置】按钮，选择定义草绘平面，弹出“草绘”对话框，定义拉伸基准面为拉伸得到的平面，然后单击【草绘】按钮，如下左图所示。单击该按钮后显示“草绘”选项卡，然后单击【草绘视图】按钮，如下右图所示。

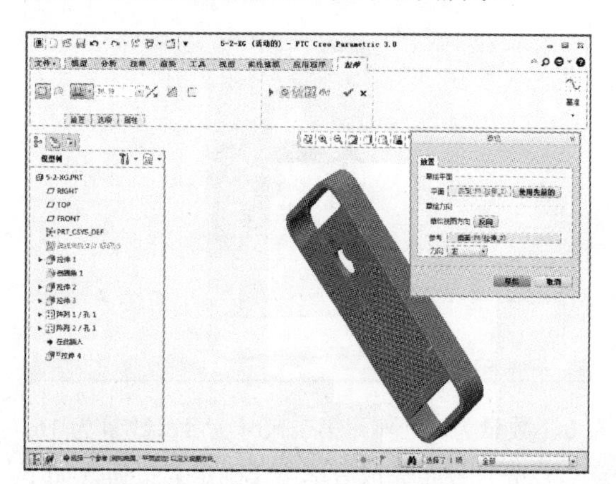

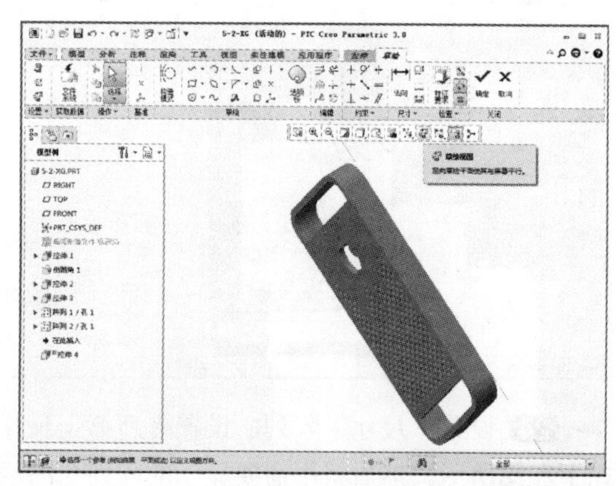

03 在“草绘”选项卡中单击【线链】【投影】等按钮，如下左图所示。绘制图示的两个矩形，矩形的宽为 1.5、长为 8，如下右图所示。

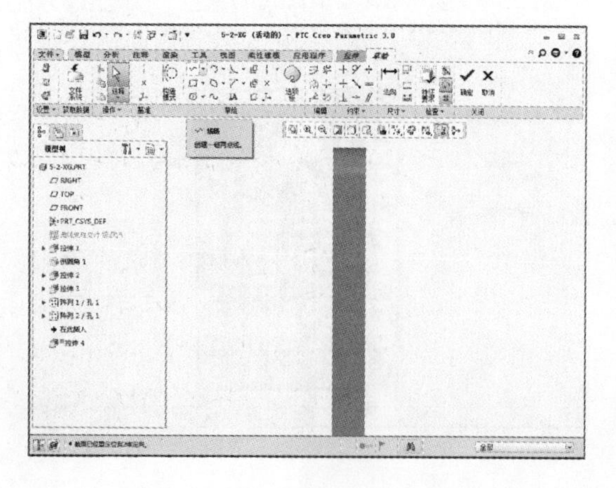

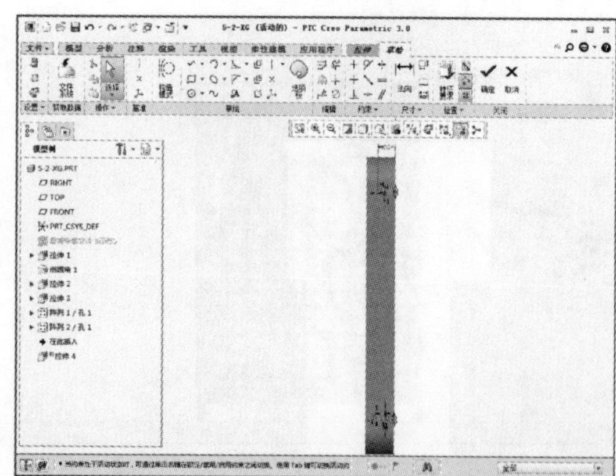



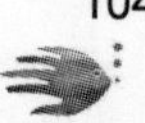

04 草图绘制完成后单击【确定】按钮，进入“拉伸”选项卡，设置穿透拉伸切除，如下左图所示。设置完成后单击【确定】按钮，如下右图所示。

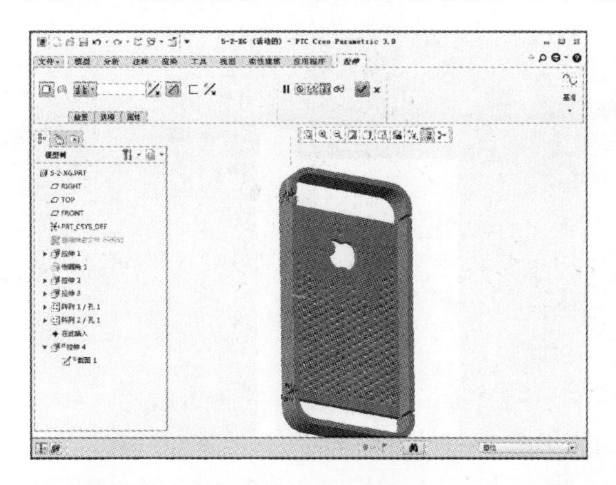

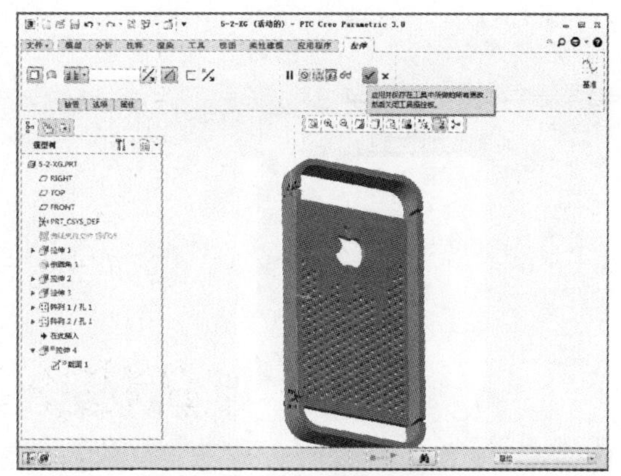

05 完成上述特征操作后在“模型”选项卡中单击【拉伸】按钮，如下左图所示。单击【拉伸】按钮后系统显示“拉伸”选项卡，如下右图所示。

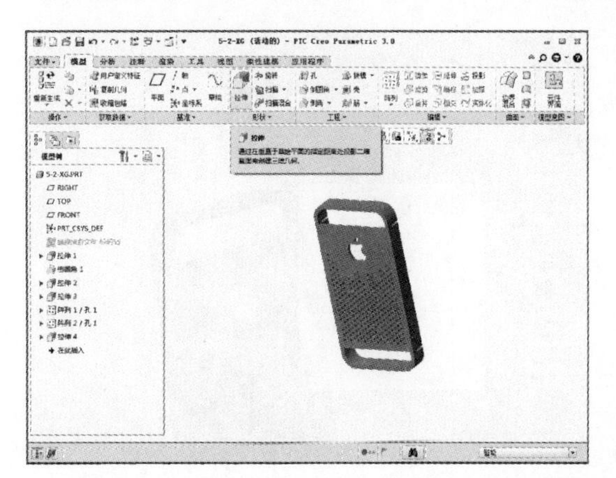

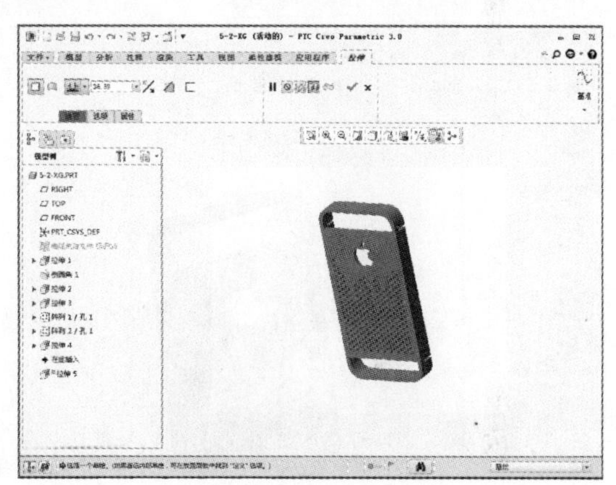

06 单击【放置】按钮，选择定义草绘平面，弹出“草绘”对话框，定义拉伸基准面为拉伸得到的平面，然后单击【草绘】按钮，如下左图所示。单击该按钮后显示“草绘”选项卡，然后单击【草绘视图】按钮，如下右图所示。

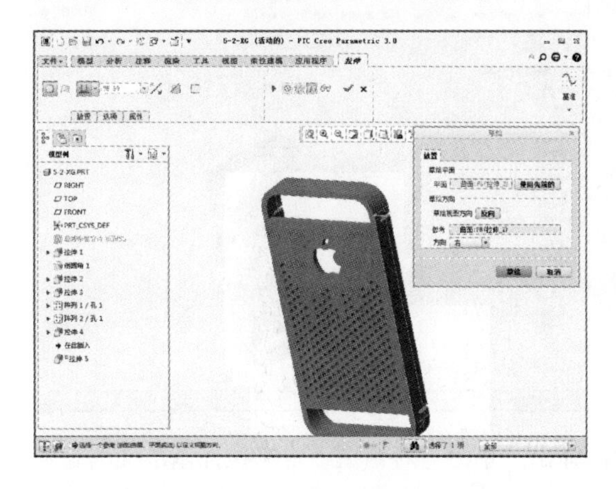

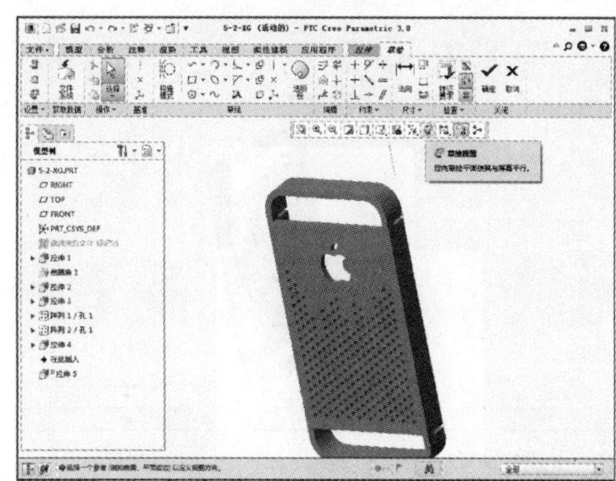

07 在“草绘”选项卡中单击【线链】【投影】等按钮，如下左图所示。绘制图示的拉长孔，直径为 6、长为 25、距离上边 22，如下右图所示。

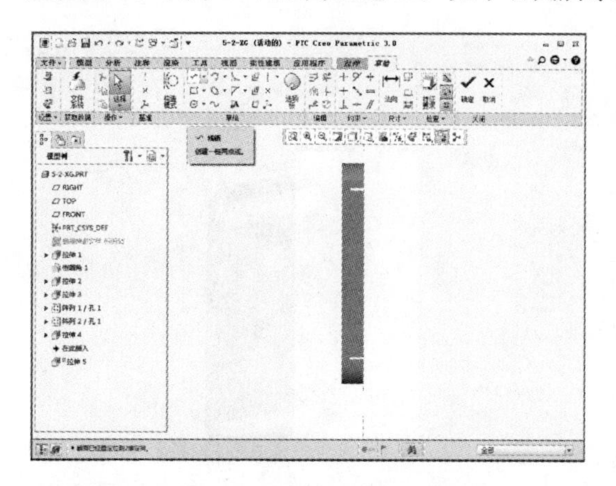

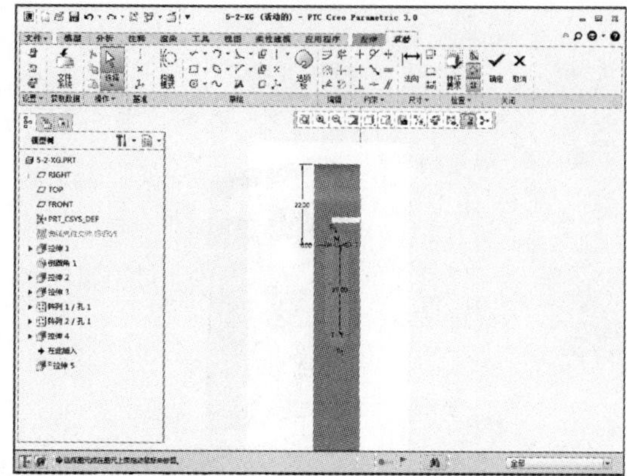

08 草图绘制完成后单击【确定】按钮，进入“拉伸”选项卡，设置指定值拉伸切除，拉伸值为 3，如下左图所示。设置完成后单击【确定】按钮，如下右图所示。

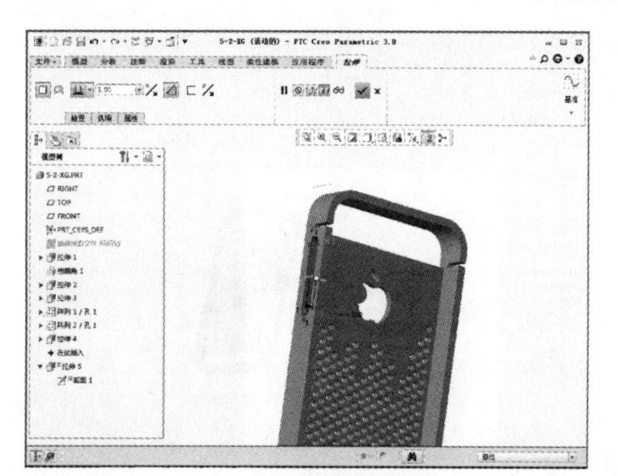

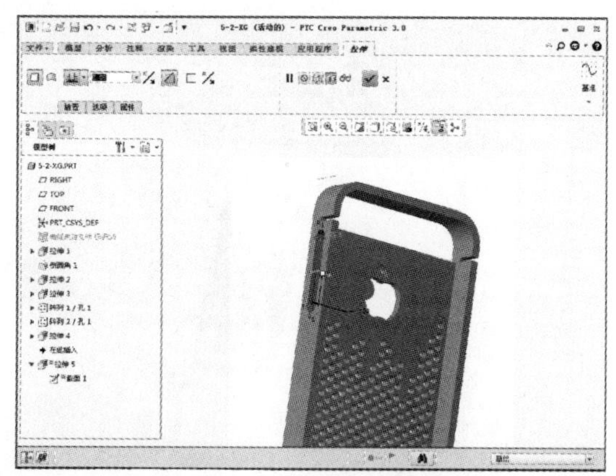

09 完成上述特征操作后在“模型”选项卡中单击【拉伸】按钮，如下左图所示。单击【拉伸】按钮后系统显示“拉伸”选项卡，如下右图所示。

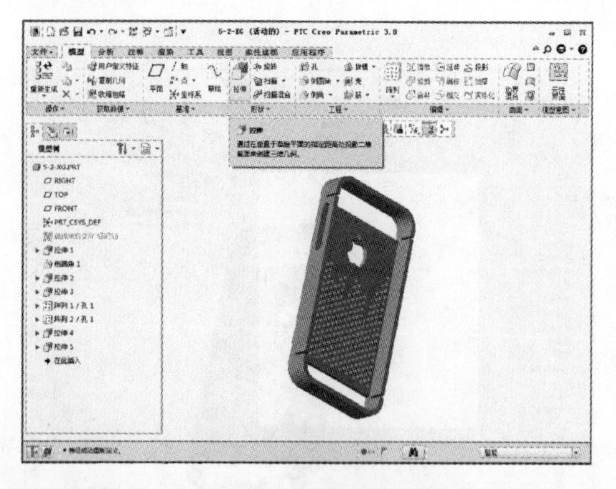

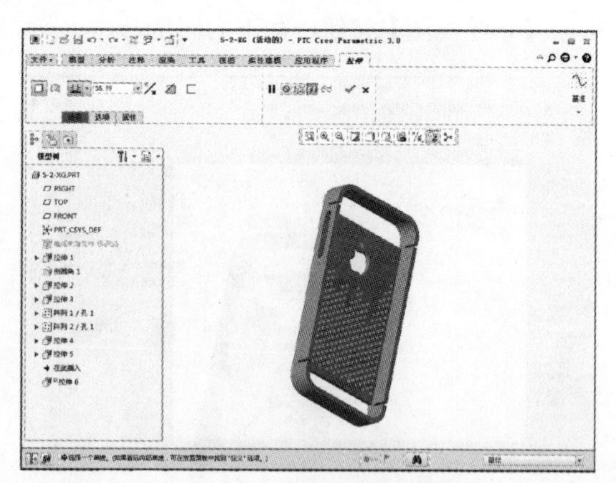

10 单击【放置】按钮，选择定义草绘平面，弹出“草绘”对话框，定义拉伸基准面为拉伸

得到的平面，然后单击【草绘】按钮，如下左图所示。单击该按钮后显示“草绘”选项卡，然后单击【草绘视图】按钮，如下右图所示。

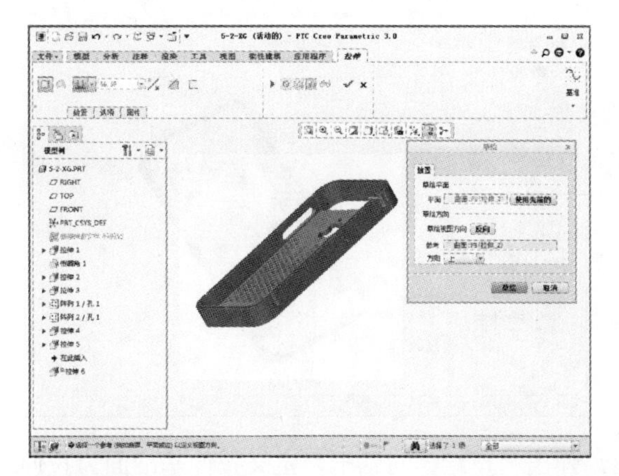
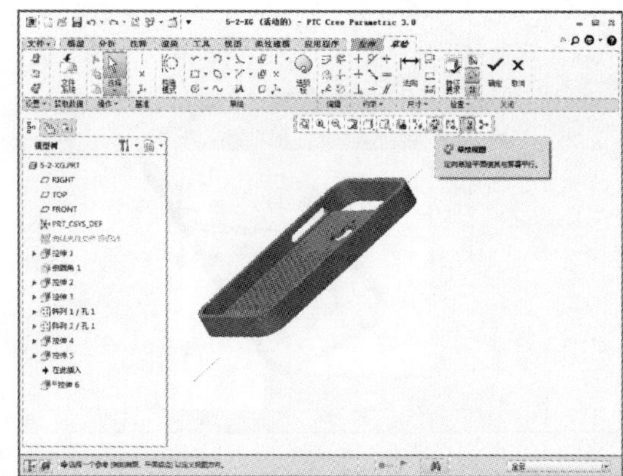

11 在“草绘”选项卡中单击【线链】【投影】等按钮，如下左图所示。绘制图示的拉长孔，直径为 3.5、长为 17、距离左边 55，如下右图所示。

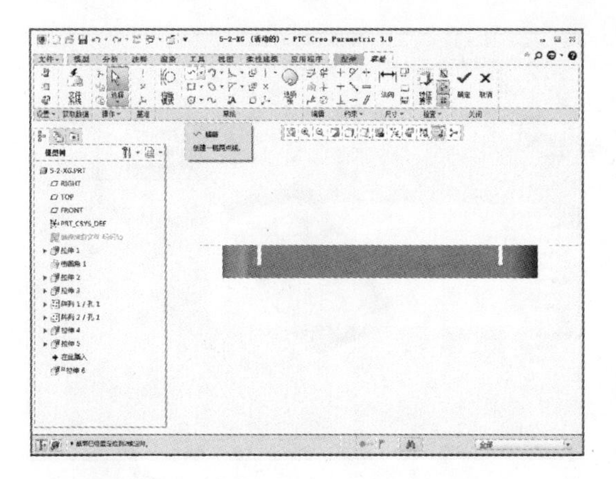
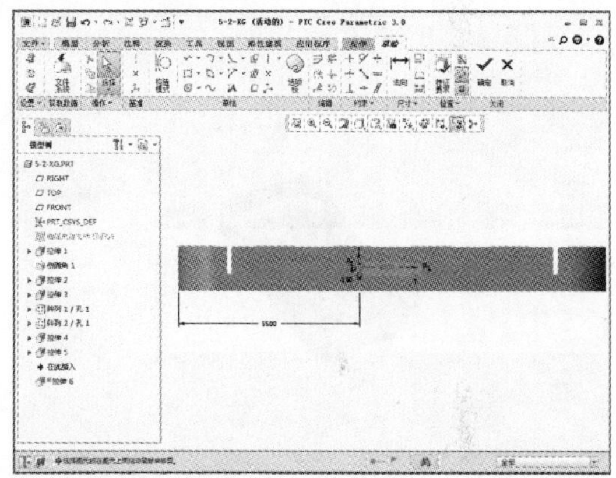

12 草图绘制完成后单击【确定】按钮，进入“拉伸”选项卡，设置指定值拉伸切除，拉伸值为 3，如下左图所示。设置完成后单击【确定】按钮，如下右图所示。

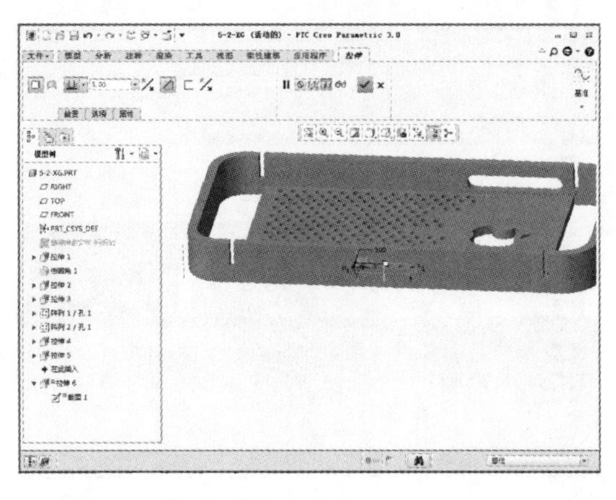
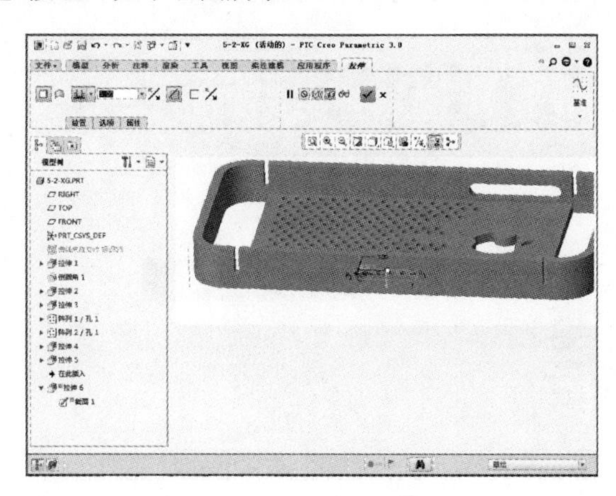

13 完成上述特征操作后在“模型”选项卡中单击【拉伸】按钮，如下左图所示。单击【拉

伸】按钮后系统显示“拉伸”选项卡，如下右图所示。

➤14 单击【放置】按钮，选择定义草绘平面，弹出“草绘”对话框，定义拉伸基准面为拉伸得到的平面，然后单击【草绘】按钮，如下左图所示。单击该按钮后显示“草绘”选项卡，然后单击【草绘视图】按钮，如下右图所示。

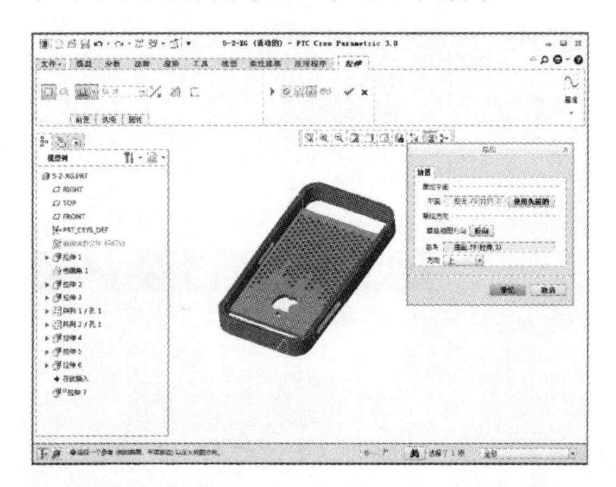

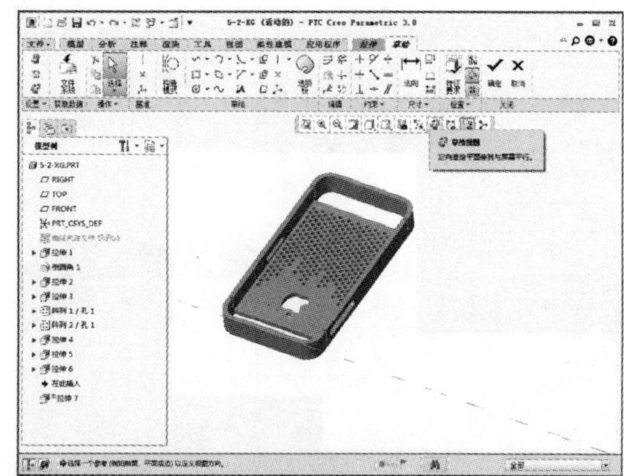

➤15 在“草绘”选项卡中单击【线链】【投影】等按钮，如下左图所示。绘制图示的拉长孔，直径为 3.5、长为 12、距离左边 12，如下右图所示。

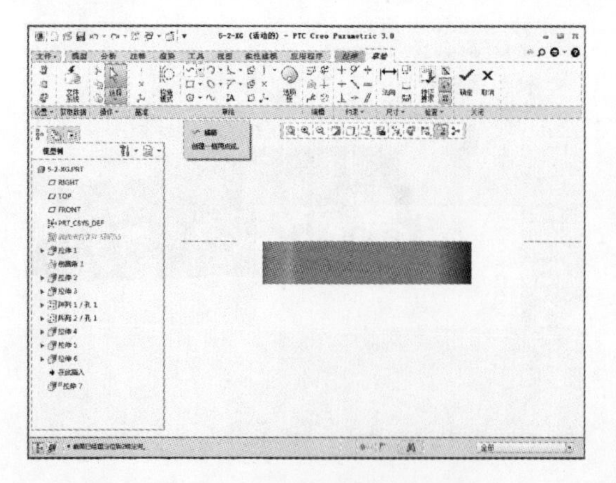

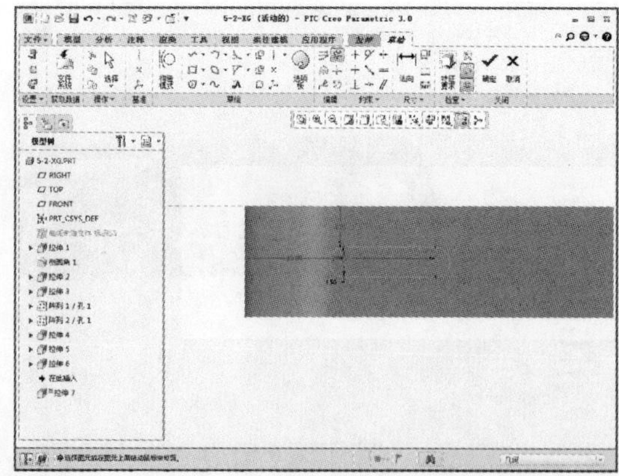

➤16 草图绘制完成后单击【确定】按钮，进入“拉伸”选项卡，设置指定值拉伸切除，拉伸

值为 3，如下左图所示。设置完成后单击【确定】按钮，如下右图所示。

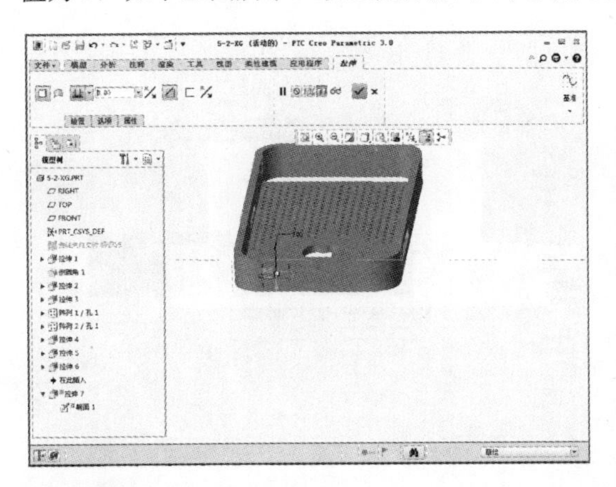
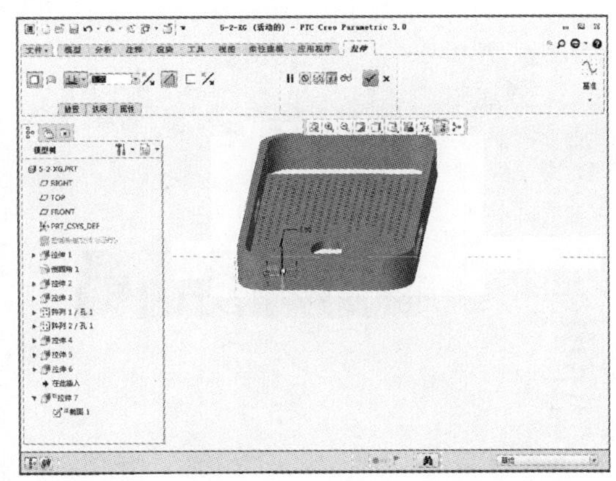

17 完成上述特征操作后在“模型”选项卡中单击【拉伸】按钮，如下左图所示。单击【拉伸】按钮后系统显示“拉伸”选项卡，如下右图所示。

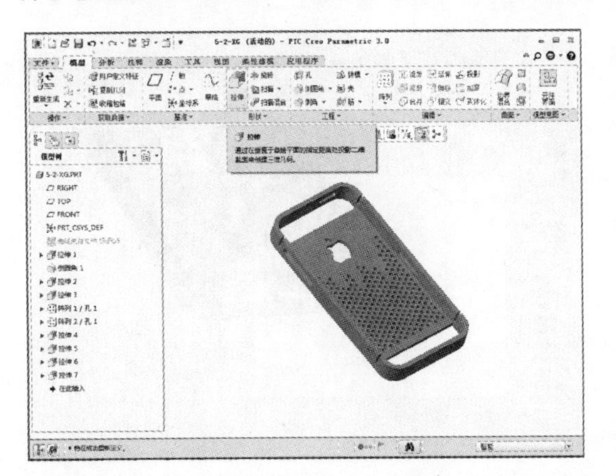
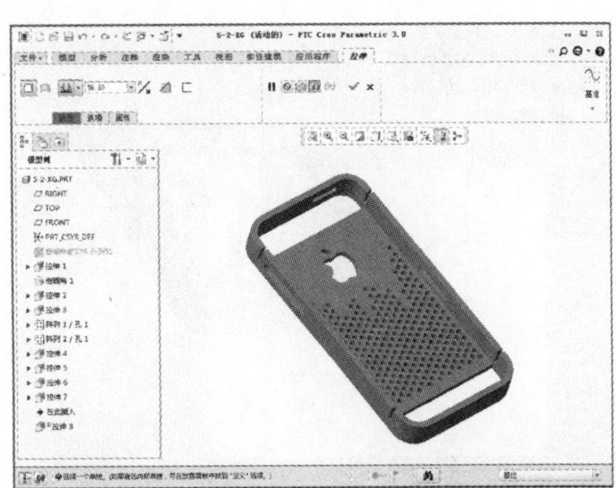

18 单击【放置】按钮，选择定义草绘平面，弹出“草绘”对话框，定义拉伸基准面为拉伸得到的平面，然后单击【草绘】按钮，如下左图所示。单击该按钮后显示“草绘”选项卡，然后单击【草绘视图】按钮，如下右图所示。

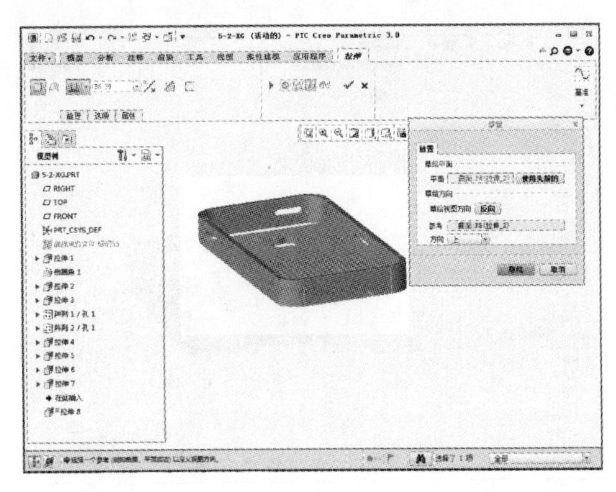
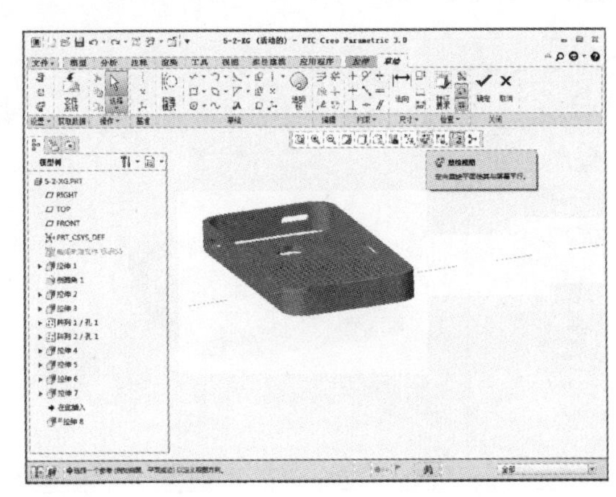

19 在“草绘”选项卡中单击【线链】【投影】等按钮，如下左图所示。绘制图示的图形，即

直径为 5 的圆，以及 7.5×3.5、10×4.5、13×3.5 三个矩形，如下右图所示。

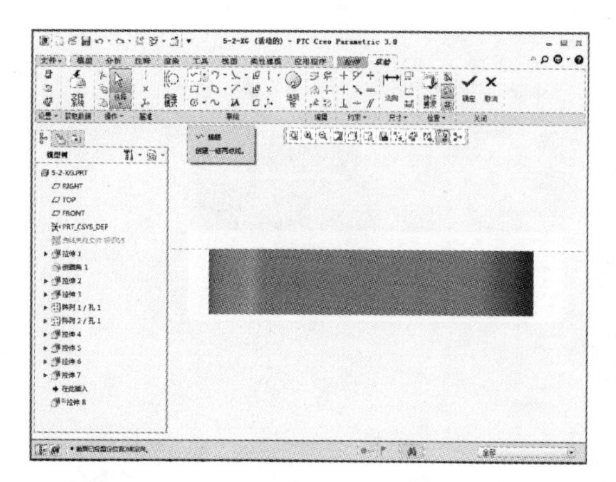

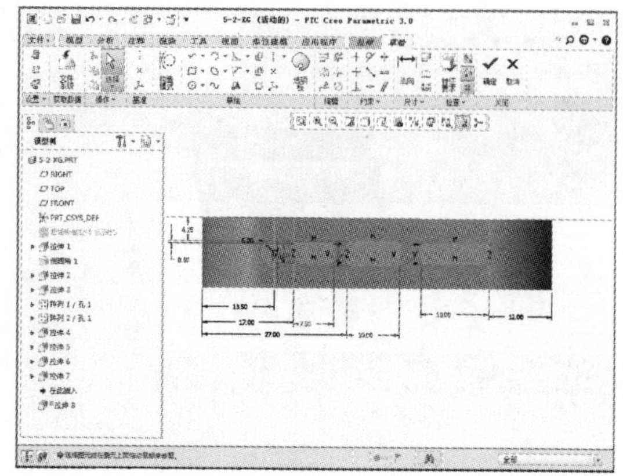

20 草图绘制完成后单击【确定】按钮，进入“拉伸”选项卡，设置指定值拉伸切除，拉伸值为 5，如下左图所示。设置完成后单击【确定】按钮，如下右图所示。

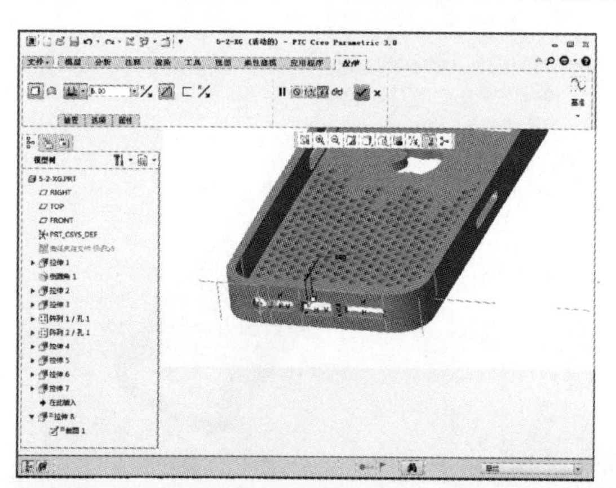

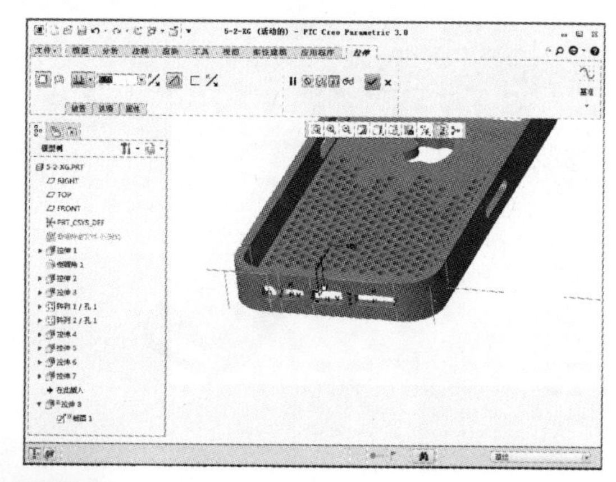

## STEP04　完成手机壳顶部建模和修饰部分

01 完成上述特征操作后单击【倒圆角】按钮，如下左图所示。单击【倒圆角】按钮后系统显示“倒圆角”选项卡，如下右图所示。

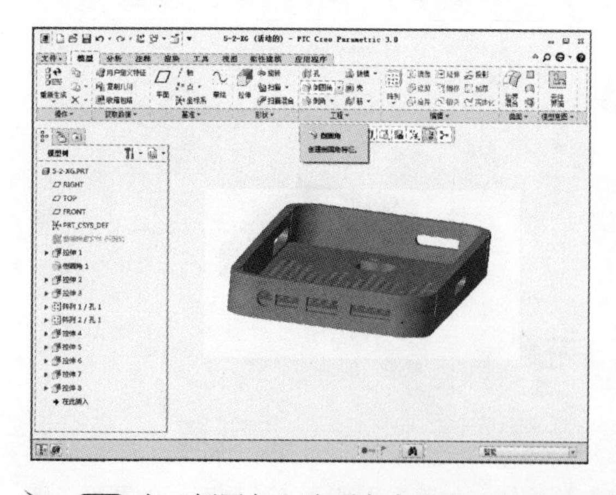

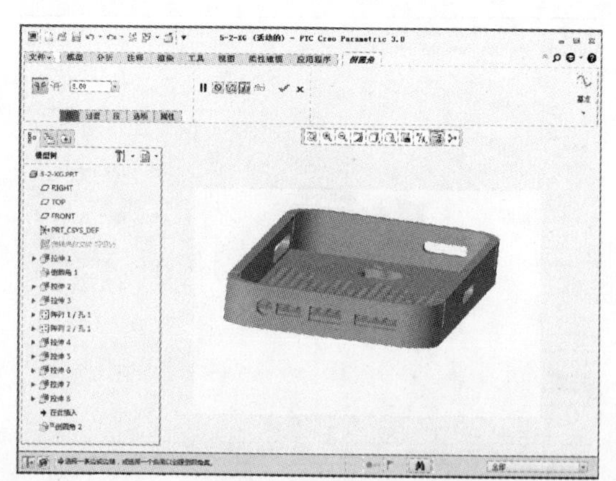

02 在“倒圆角”选项卡中设定半径为 1，如下左图所示。参数设定完成后选择图中的 7 条

边作为倒圆角的边，并单击【确定】按钮，如下右图所示。

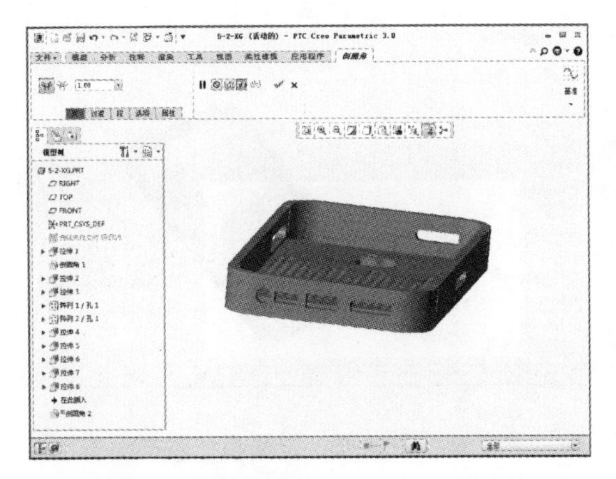


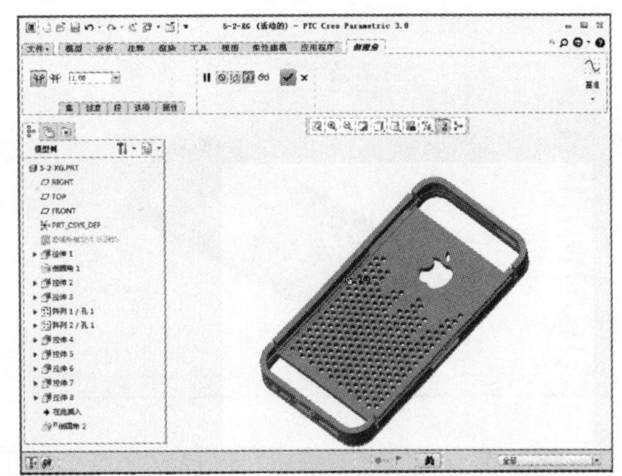


➤ **03** 完成上述特征操作后单击【边倒角】按钮，如下左图所示。单击【边倒角】按钮后系统显示“边倒角”选项卡，如下右图所示。

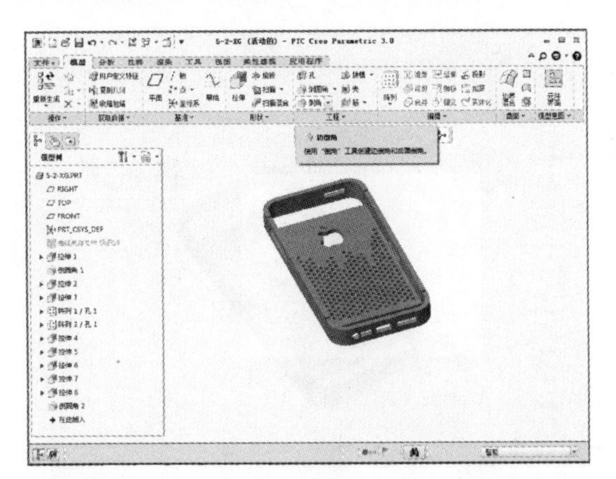


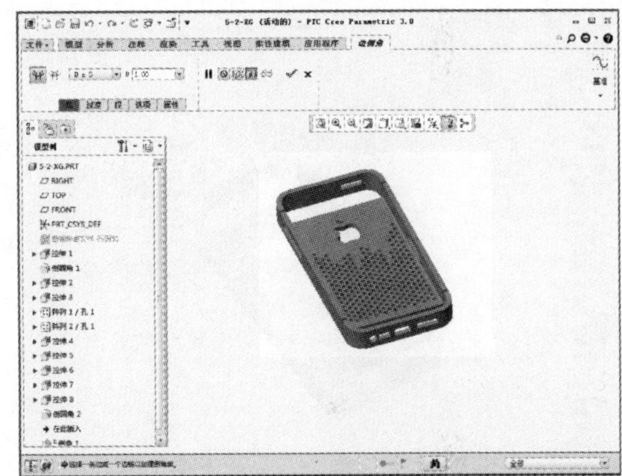


➤ **04** 在“边倒角”选项卡中选择“D×D”，D 为 1.5，如下左图所示。参数设定完成后选择图中的 4 条边作为边倒角的边，并单击【确定】按钮，如下右图所示。

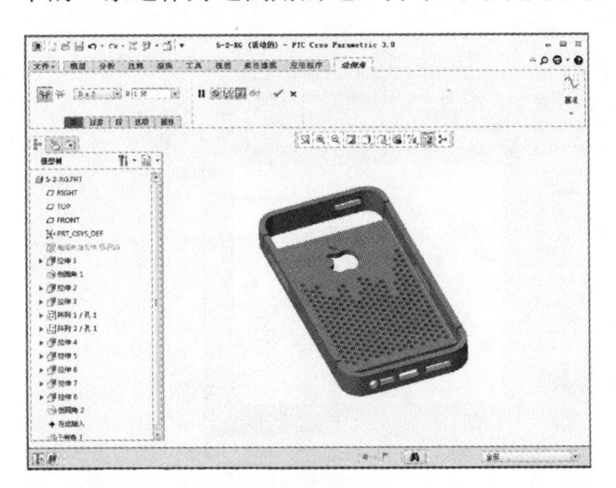


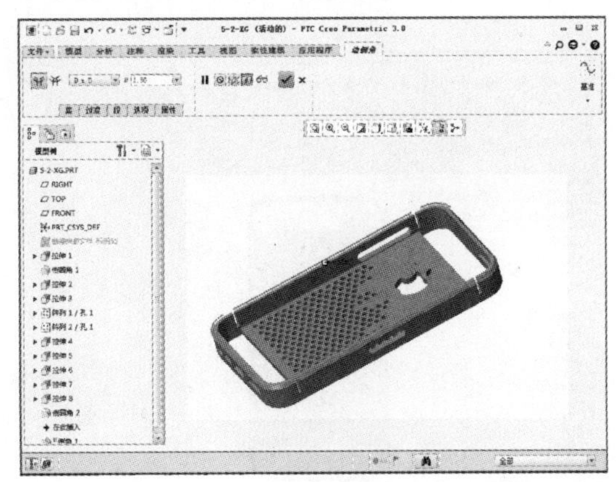


➤ **05** 完成上述特征操作后在“模型”选项卡中单击【拉伸】按钮，如下左图所示。单击【拉伸】按钮后系统显示“拉伸”选项卡，如下右图所示。

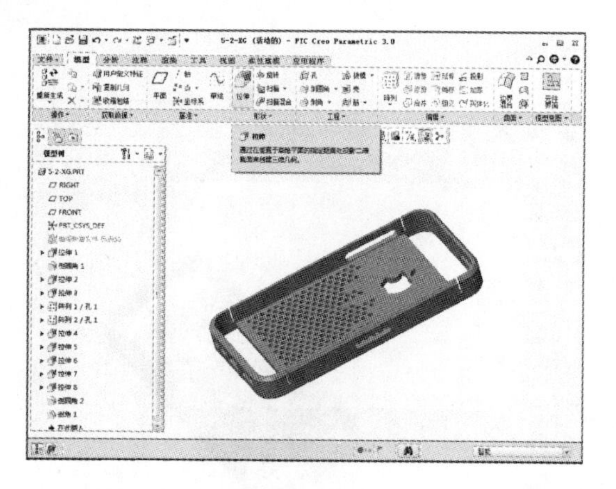

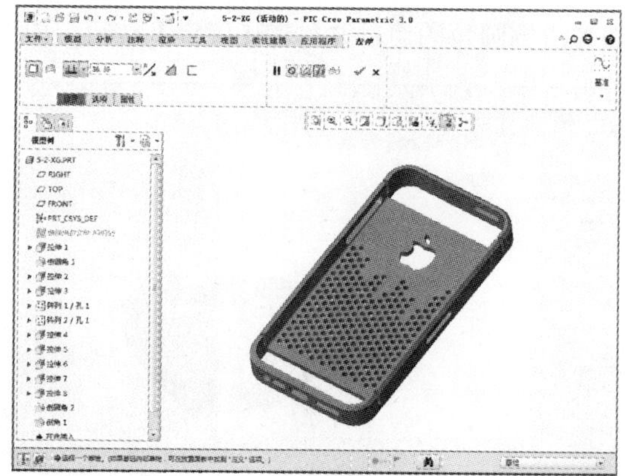

06 单击【放置】按钮，选择定义草绘平面，弹出“草绘”对话框，定义拉伸基准面为拉伸得到的平面，然后单击【草绘】按钮，如下左图所示。单击该按钮后显示“草绘”选项卡，然后单击【草绘视图】按钮，如下右图所示。

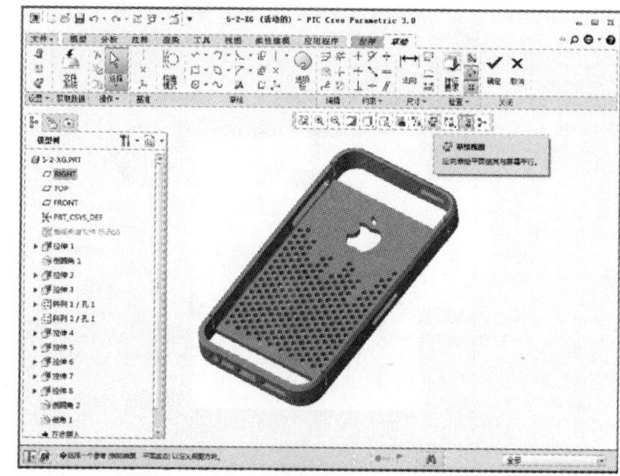

07 在“草绘”选项卡中使用【线链】【投影】等按钮，如下左图所示。绘制图示的两个矩形，矩形的长为投影边、宽为 1，如下右图所示。

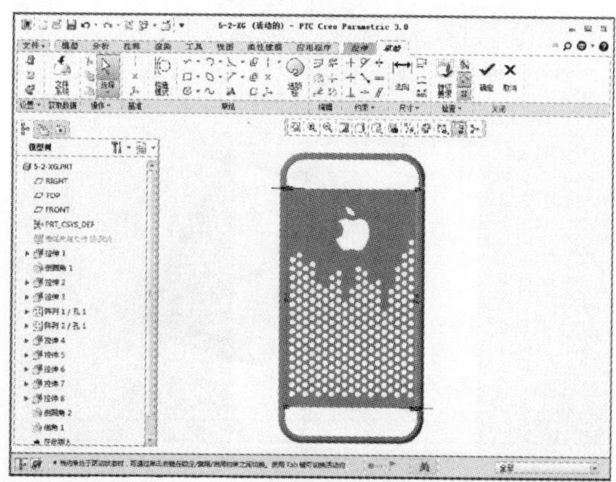

08 草图绘制完成后单击【确定】按钮，进入“拉伸”选项卡，设置指定值拉伸，拉伸值为

1，如下左图所示。设置完成后单击【确定】按钮，如下右图所示。

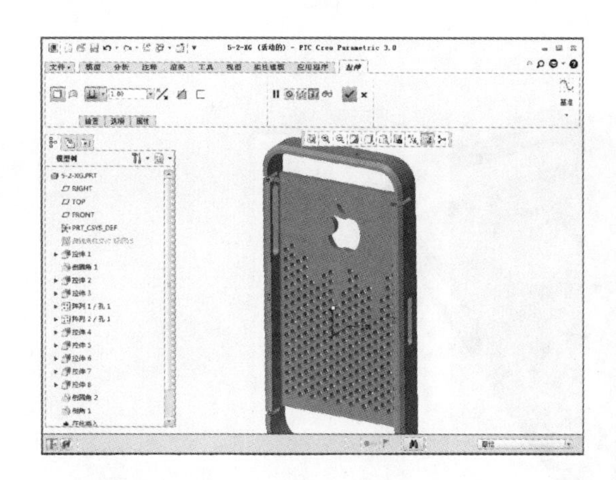

09 完成上述特征操作后单击【倒圆角】按钮，如下左图所示。单击【倒圆角】按钮后系统显示“倒圆角”选项卡，如下右图所示。

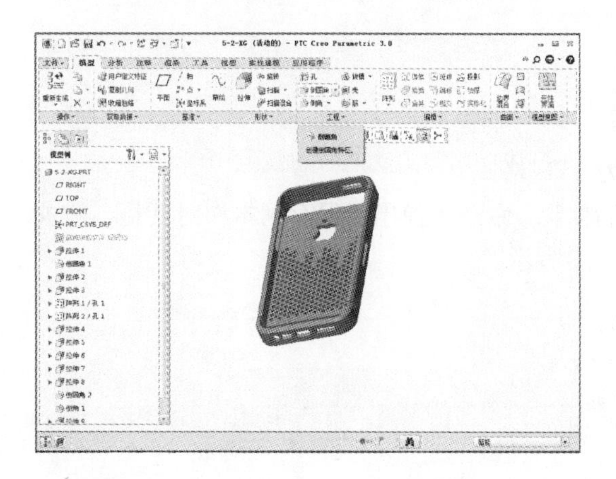

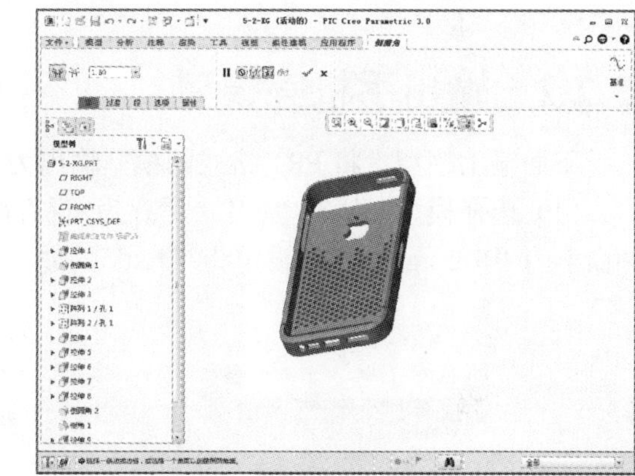

10 在“倒圆角”选项卡中设定半径为 0.5，如下左图所示。参数设定完成后选择图中的 4 条边作为倒圆角的边，并单击【确定】按钮，如下右图所示。

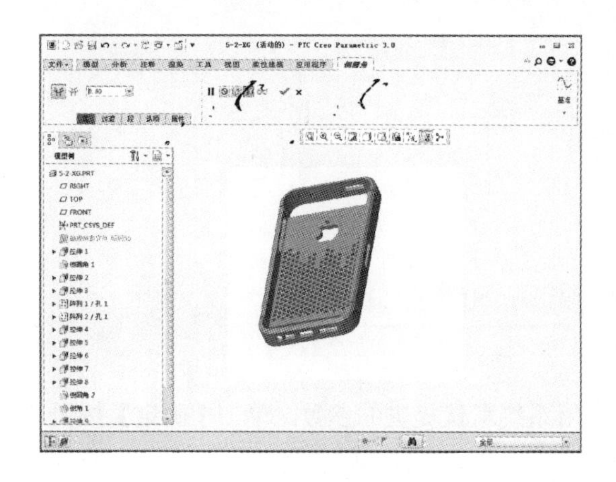

最终结果如下图所示。

## 5.2.2 输出手机壳模型

下面输出模型，将 PRT 格式的模型输出为 STL 格式。

（1）选择模型，执行“文件>另存为>保存副本”命令，弹出“保存副本”对话框，将文件命名为“5-2-xg”，类型设定为“*.stl”，如下图所示。

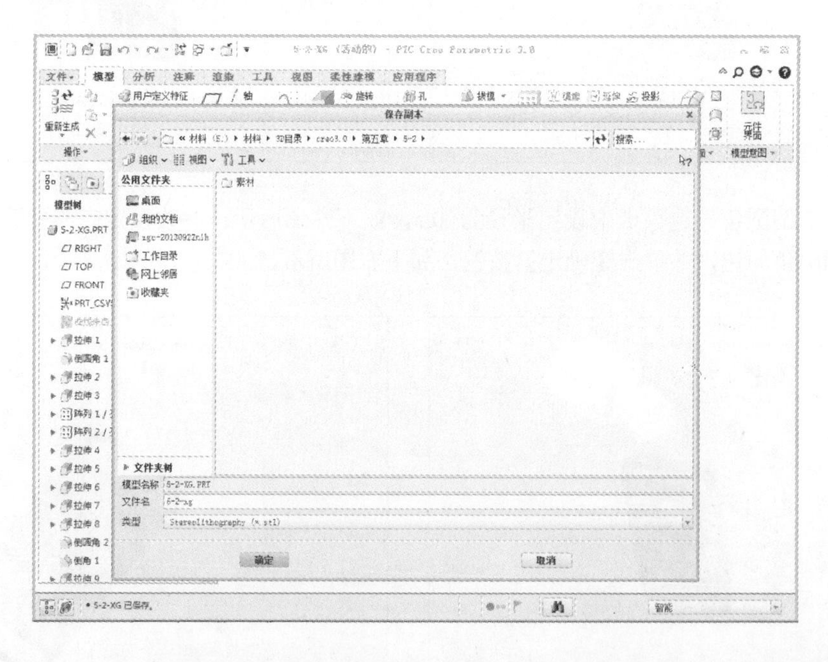


（2）系统弹出“导出 STL”对话框，此时采用系统默认提供的参数，单击【确定】按钮，如下图所示。

## 5.2.3 检查手机壳的 STL 模型

下面将 STL 模型导入到 netfabb 软件中进行检查和修复。一般情况下，使用工业设计软件制作的模型很少会产生破面、共有边、共有面等错误，为了保险我们还是要在专业软件中检查一下，只要不出现⚠符号就是完好的 3D 打印模型，如图所示。

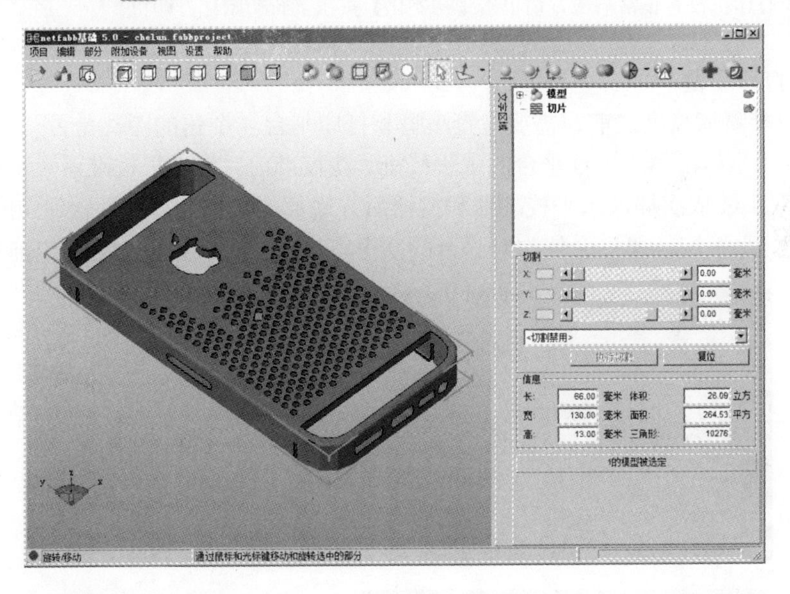

## 5.2.4 打印手机壳模型

下面打印模型，模型的尺寸我们已经在建模期间设置好了，输出 STL 格式后打印机就会按照既定的尺寸进行打印。这次我们使用光敏树脂作为打印材料。

在打印之前要做好以下几点（由于本书前面已经介绍了，这里就不再赘述）。

**1．初始化打印机**

在打印之前，用户需要初始化打印机。执行“3D 打印”菜单下面的“初始化”命令，当打印机发出蜂鸣声时初始化即开始。打印喷头和打印平台将再次返回到打印机的初始位置，当准备好后将再次发出蜂鸣声。

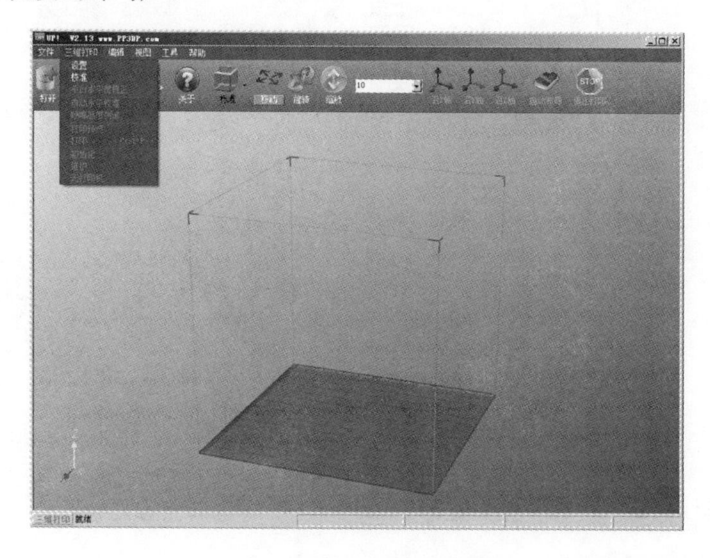

注意

如果打印机没有正常响应，请单击【初始化】按钮重新初始化打印机。

**2．调平打印平台**

在正确校准喷嘴高度之前，需要检查喷嘴和打印平台 4 个角的距离是否一致，可以借助配件附带的“水平校准器”进行平台的水平校准。在校准前，将水平校准器吸附至喷头下侧，并将 3.5mm 双头线依次插入水平校准器和机器后方底部的插口，当执行软件中的“自动水平校准”命令时，水平校准器将会依次对平台的 9 个点进行校准，并自动列出当前各点的数值。

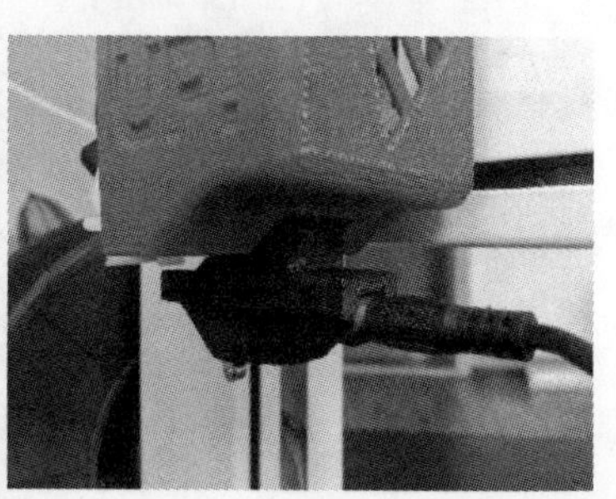

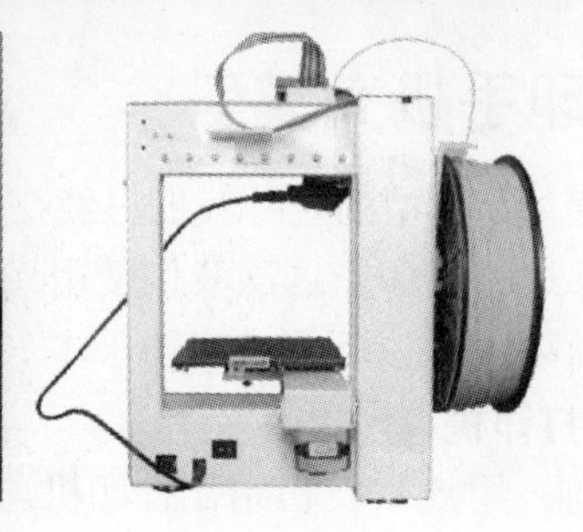

注意

3.5mm 线接头在插入机身底部的接口时容易插不到根部，需要用力插入。另外，在无基底模式下，自动水平校准将无法进行。

如经过水平校准后发现打印平台不平或喷嘴与各点之间的距离不相等，可通过调节平台底部的弹簧实现校正。

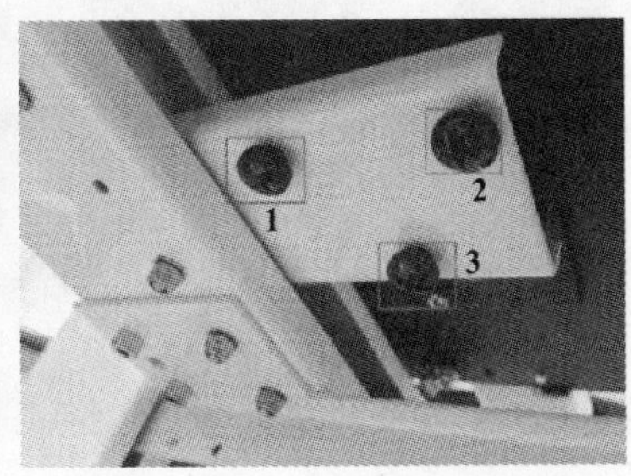


拧松一个螺丝，平台相应的一角将会升高。拧紧或拧松螺丝，直到喷嘴和打印平台 4 个角的距离一致。

开始打印模型，如图所示为打印出来的模型。

移除模型和移除支撑材料如图所示。

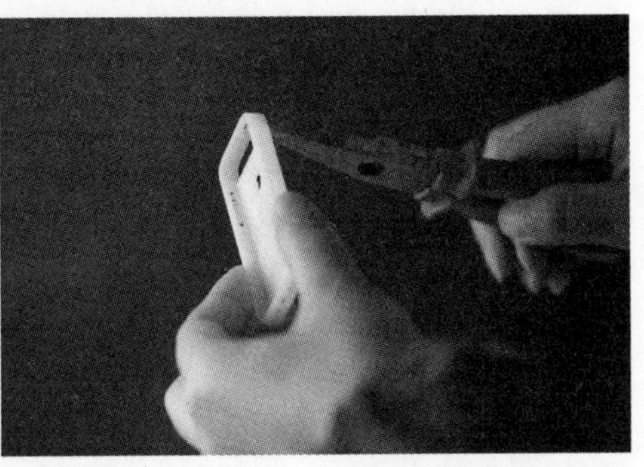

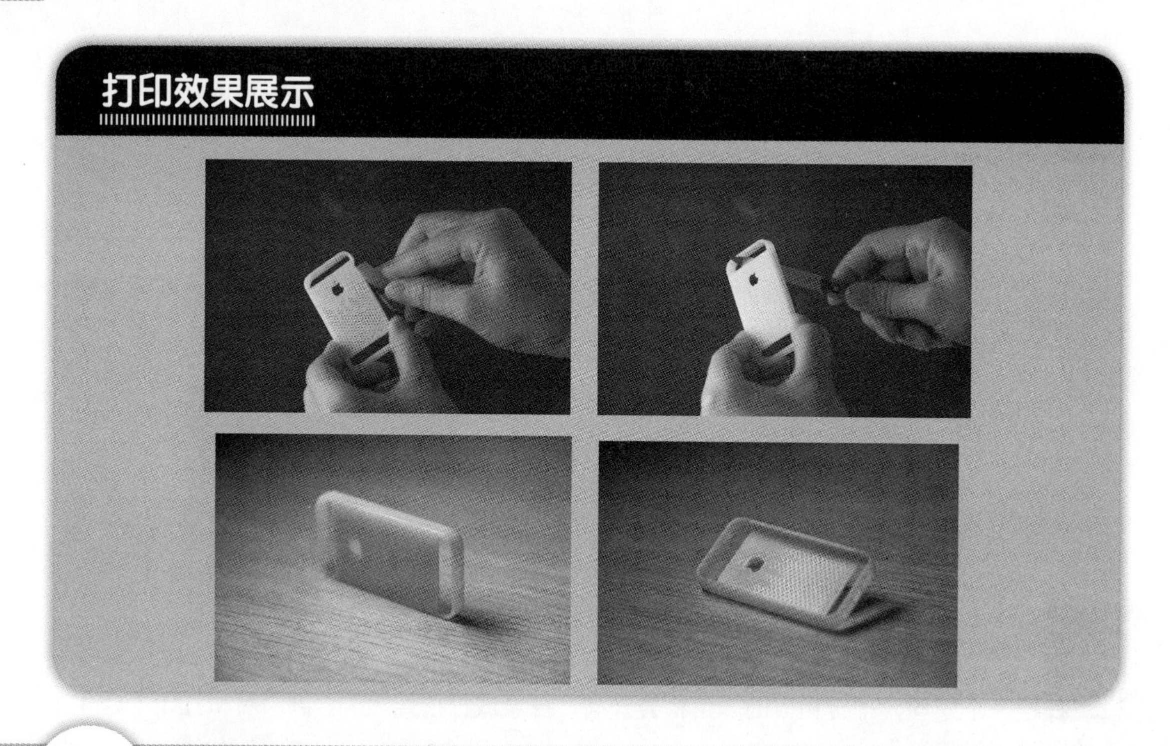


# 5.3 摄像头镜头盖

## 摄像头镜头盖的设计草图

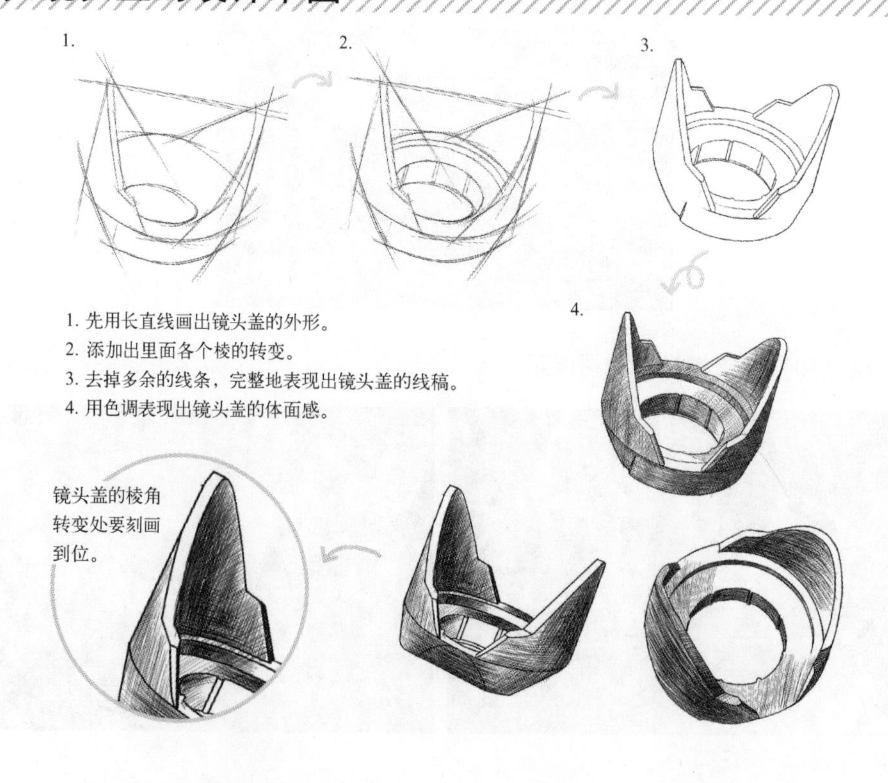


1. 先用长直线画出镜头盖的外形。
2. 添加出里面各个棱的转变。
3. 去掉多余的线条，完整地表现出镜头盖的线稿。
4. 用色调表现出镜头盖的体面感。

本节介绍利用拉伸、旋转、阵列等命令制作镜头盖模型的方法。在建模过程中采用先主后次的方式进行，首先创建镜头盖模型的主体，然后创建镜头盖的次要特征，最后完成镜头盖的修饰。本节的草图绘制比较简单，请大家耐心地按照教程绘制。本例参考图如下图所示。

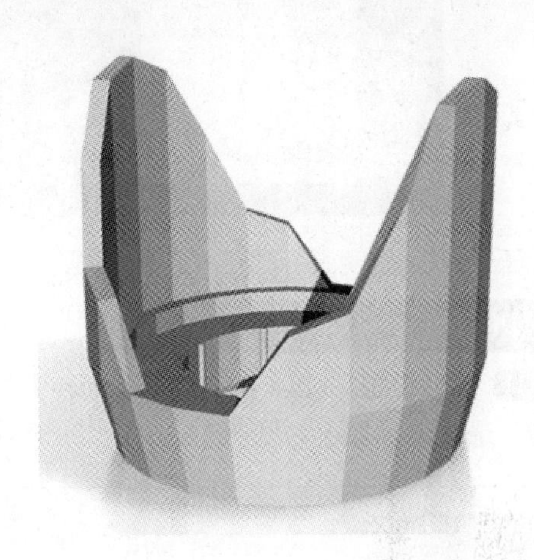

## 5.3.1 操作步骤详解

### STEP01 新建零件主体

01 在计算机上打开 PTC Creo Parametric 3.0 软件，出现其界面，如下左图所示。然后单击【新建】按钮，如下右图所示。

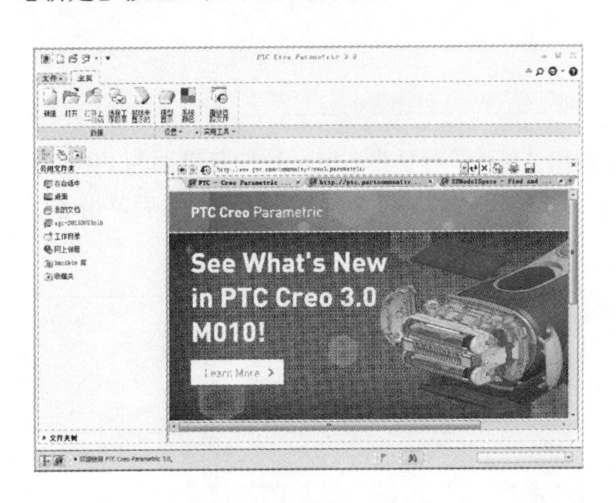


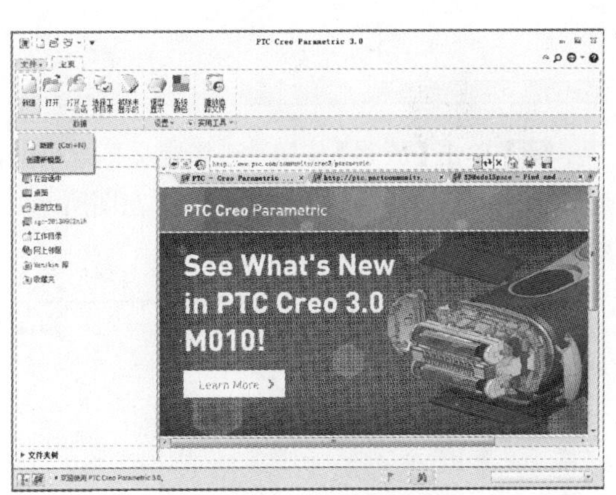


02 单击【新建】按钮后弹出“新建”对话框，类型选择“零件”、子类型选择“实体”，将文件名更改为“5-3-jtg”，不选择“使用默认模板”复选框，单击【确定】按钮，如下左图所示。单击后弹出“新文件选项”对话框，在模板中选择“mmns-part-solid”，单击【确定】按钮，如下右图所示。

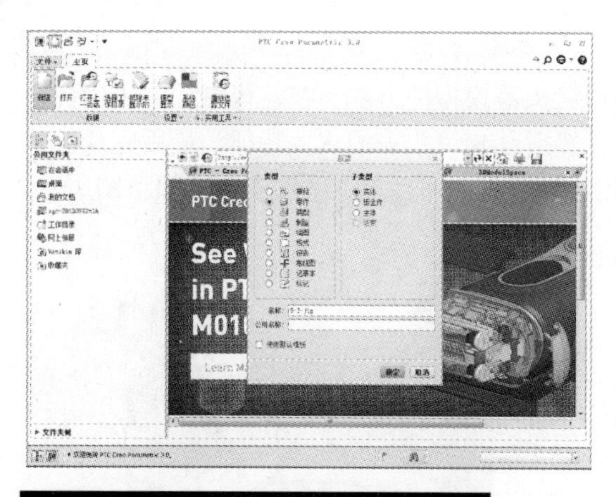

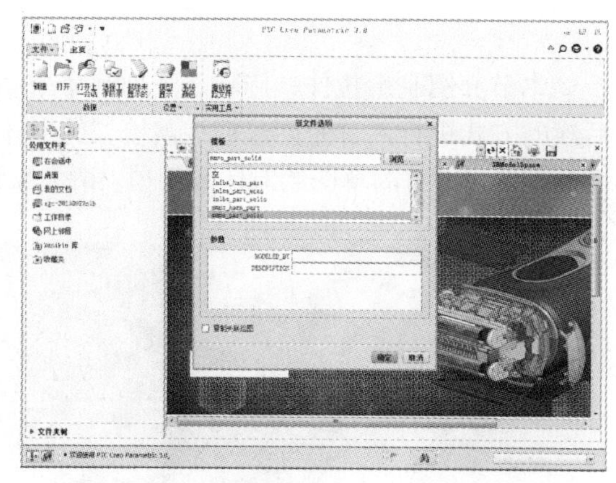

## STEP02 镜头盖主体的建模

01 在“模型”选项卡中单击【旋转】按钮，如下左图所示。单击【旋转】按钮后系统显示“旋转”选项卡，如下右图所示。

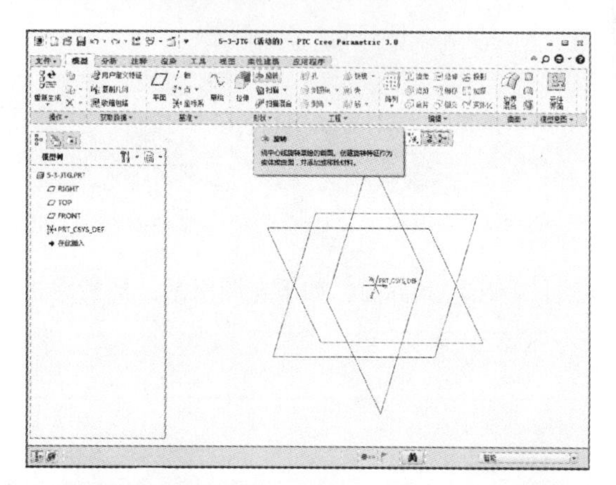

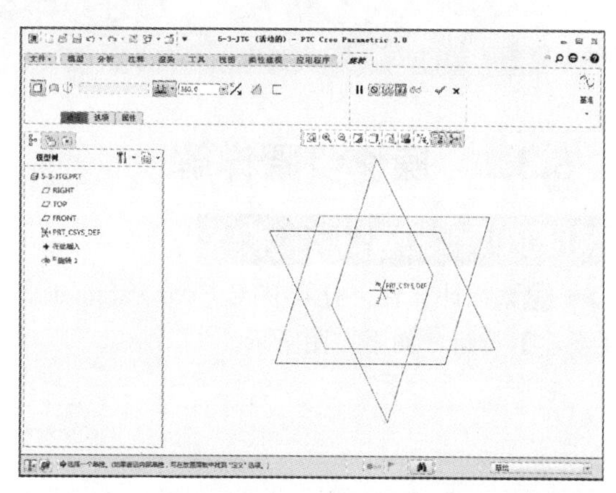

02 单击【放置】按钮，选择定义草绘平面，弹出“草绘”对话框，定义拉伸基准面为 FRONT 平面，然后单击【草绘】按钮，如下左图所示。单击该按钮后显示“草绘”选项卡，然后单击【草绘视图】按钮，如下右图所示。

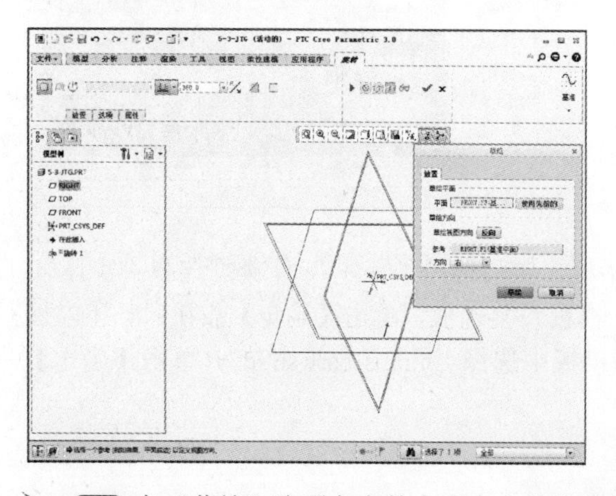

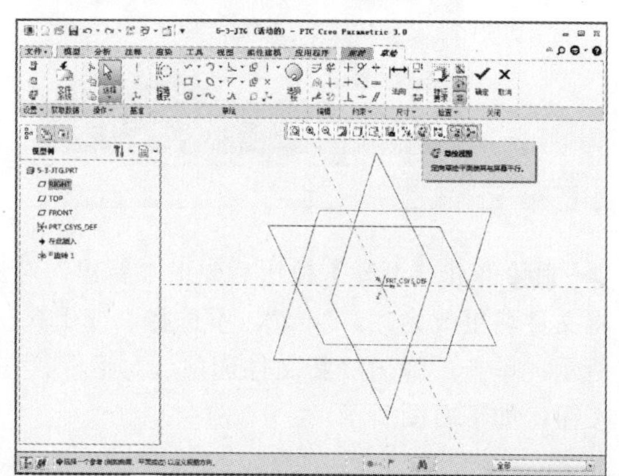

03 在“草绘”选项卡中单击【中心线】按钮，如下左图所示。绘制图示的中心线，中心在

图中 Y 轴上，如下右图所示。

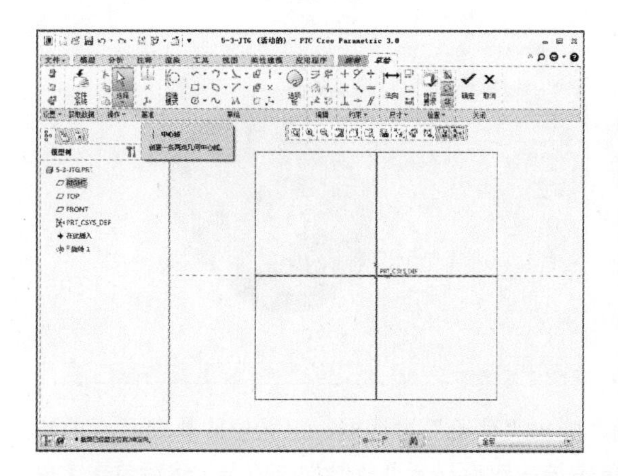

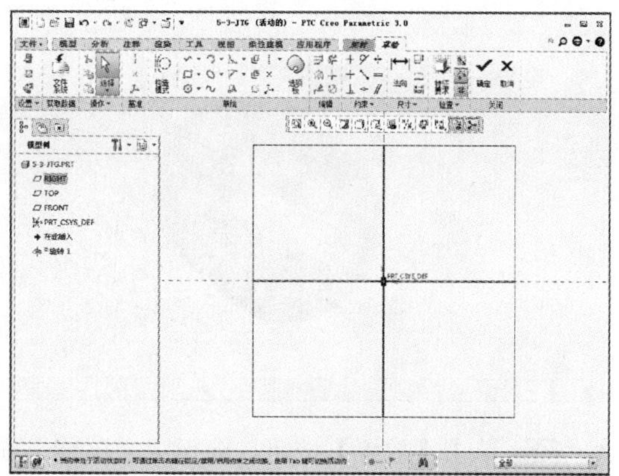

04 在“草绘”选项卡中单击【线链】按钮，如下左图所示。绘制图示的图形，如下右图所示。

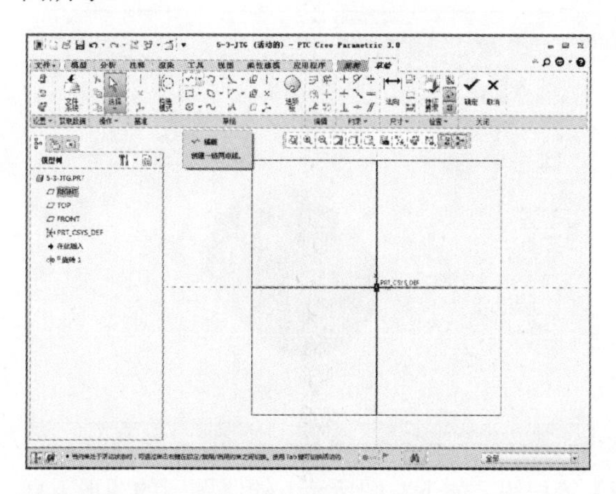

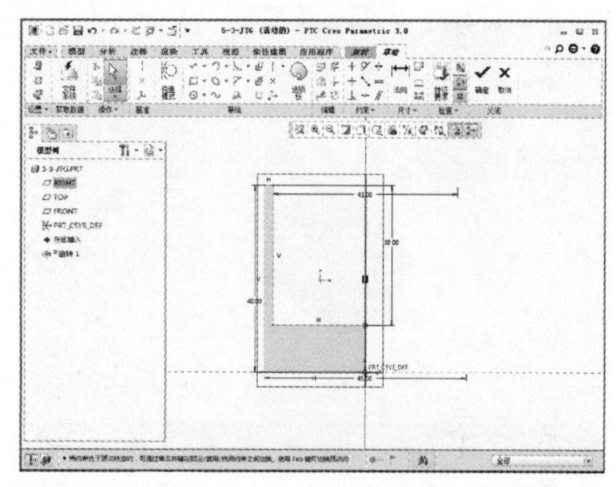

05 草图绘制完成后单击【确定】按钮，进入“旋转”选项卡，设置旋转 360°，如下左图所示。设置完成后单击【确定】按钮，如下右图所示。

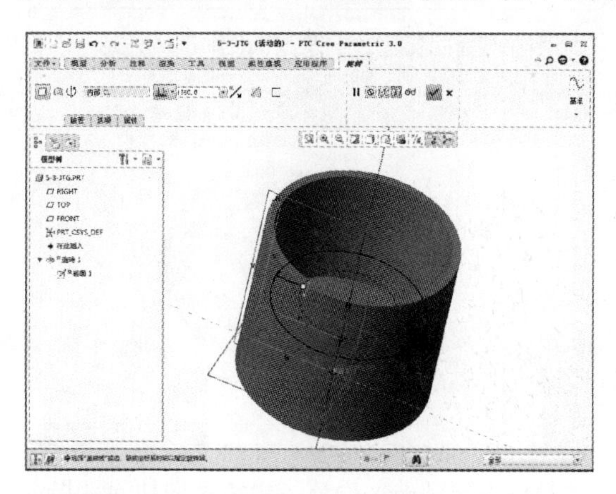

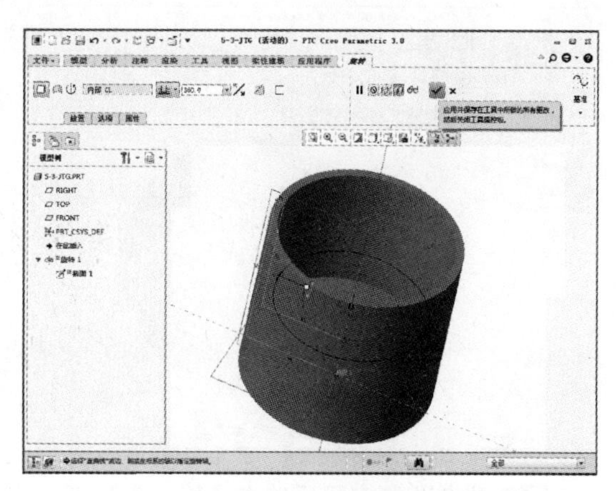

06 完成上述特征操作后在“模型”选项卡中单击【拉伸】按钮，如下左图所示。单击【拉伸】按钮后系统显示“拉伸”选项卡，如下右图所示。

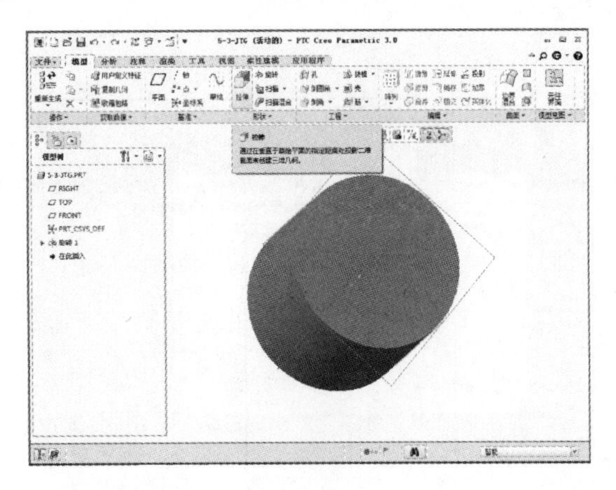

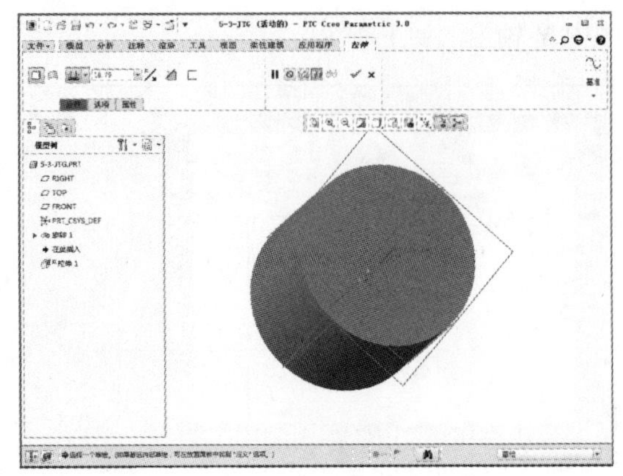

07 单击【放置】按钮，选择定义草绘平面，弹出“草绘”对话框，定义拉伸基准面为 TOP 平面，然后单击【草绘】按钮，如下左图所示。单击该按钮后显示“草绘”选项卡，然后单击【草绘视图】按钮，如下右图所示。

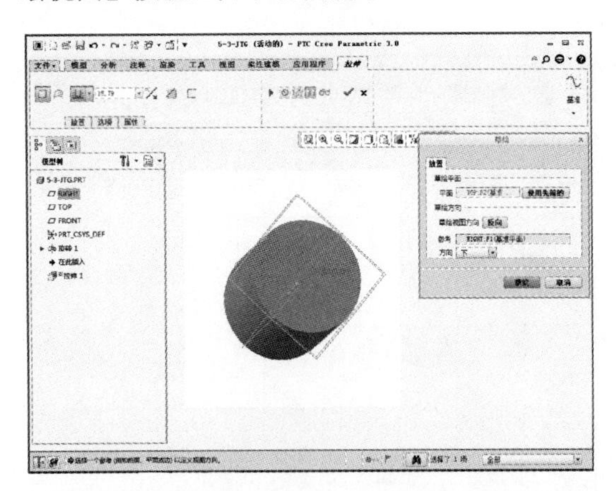

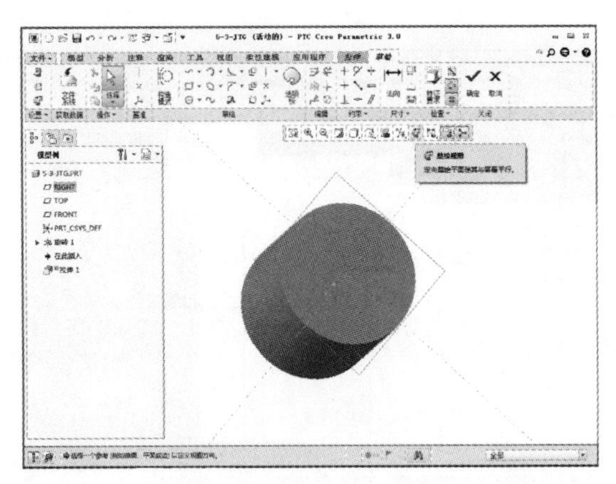

08 在“草绘”选项卡中单击【线链】【投影】等按钮，如下左图所示。绘制图示的图形，直线距离对应的轴线均为 13，如下右图所示。

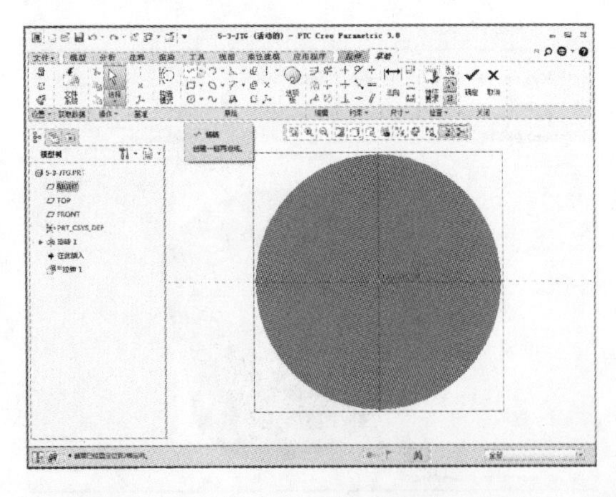

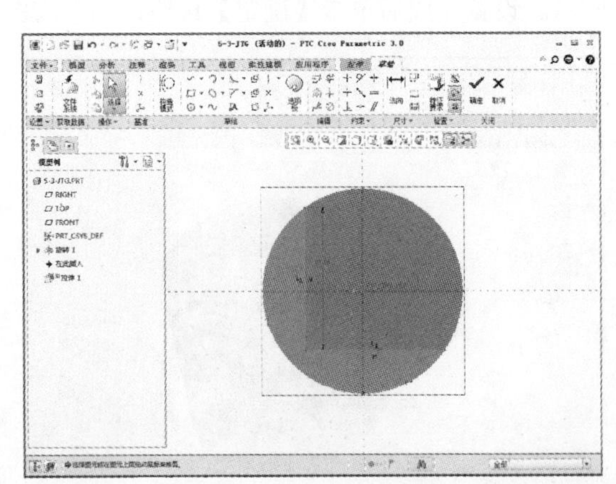

09 草图绘制完成后单击【确定】按钮，进入“拉伸”选项卡，设置指定值拉伸切除，指定值为 1.5，如下左图所示。设置完成后单击【确定】按钮，如下右图所示。

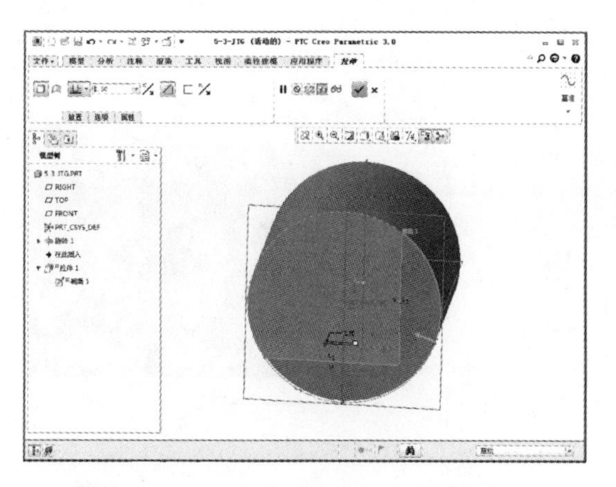

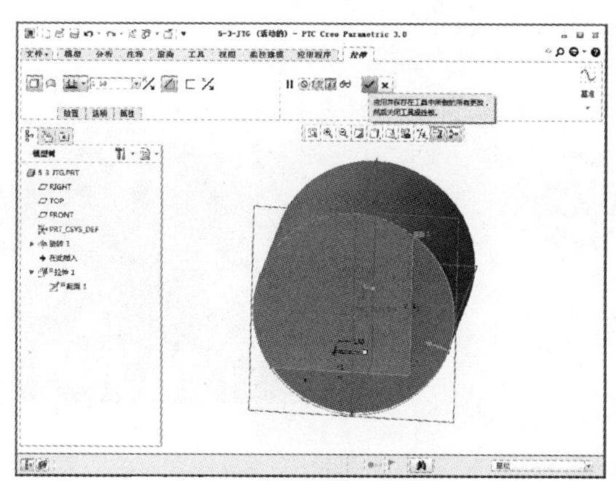

10 完成上述特征操作后在“模型”选项卡中单击【拉伸】按钮，如下左图所示。单击【拉伸】按钮后系统显示“拉伸”选项卡，如下右图所示。

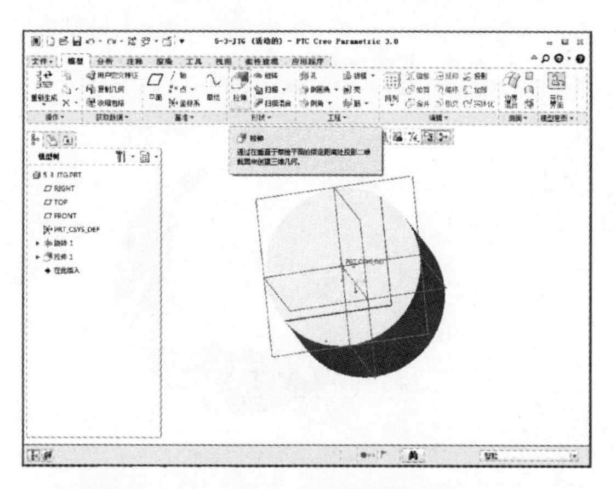

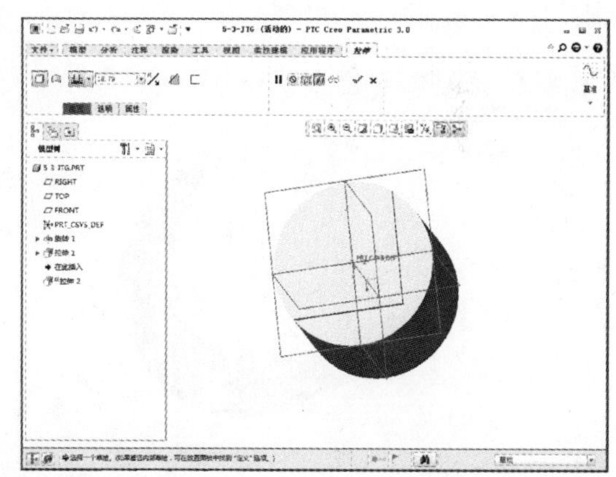

11 单击【放置】按钮，选择定义草绘平面，弹出“草绘”对话框，定义拉伸基准面为 FRONT 平面，然后单击【草绘】按钮，如下左图所示。单击该按钮后显示“草绘”选项卡，然后单击【草绘视图】按钮，如下右图所示。

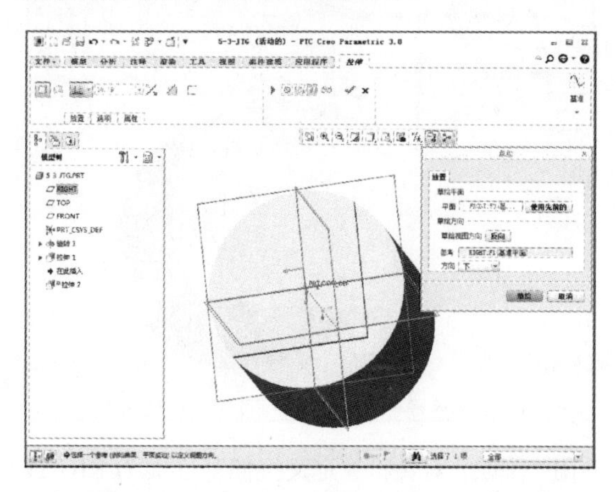

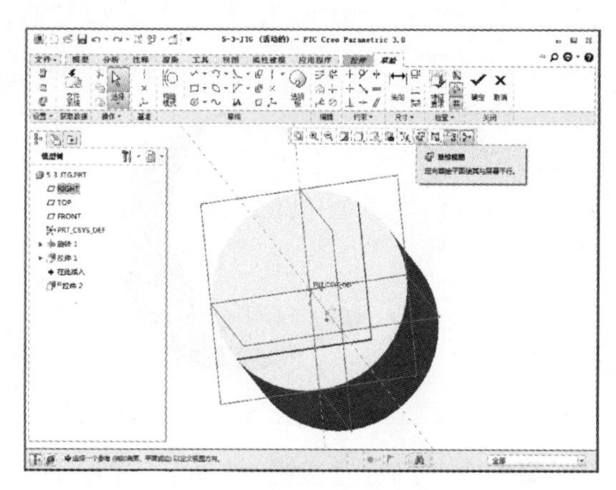

12 在“草绘”选项卡中单击【线链】【投影】等按钮，如下左图所示。绘制图示的直角三角形，两直角边分别为 7.5 和 8.5，如下右图所示。

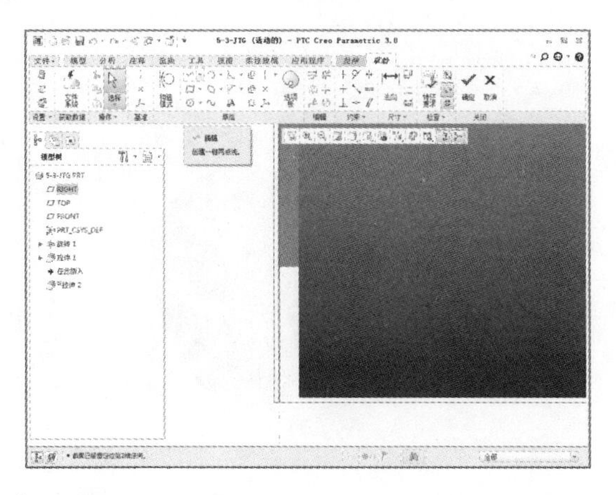

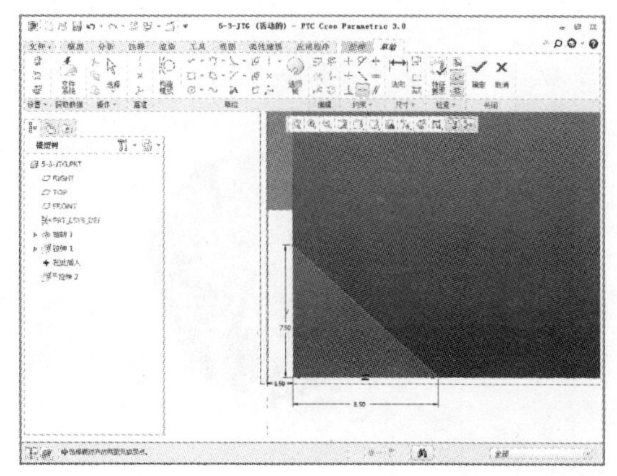

**13** 草图绘制完成后单击【确定】按钮，进入“拉伸”选项卡，设置对称拉伸切除，值为 45，如下左图所示。设置完成后单击【确定】按钮，如下右图所示。

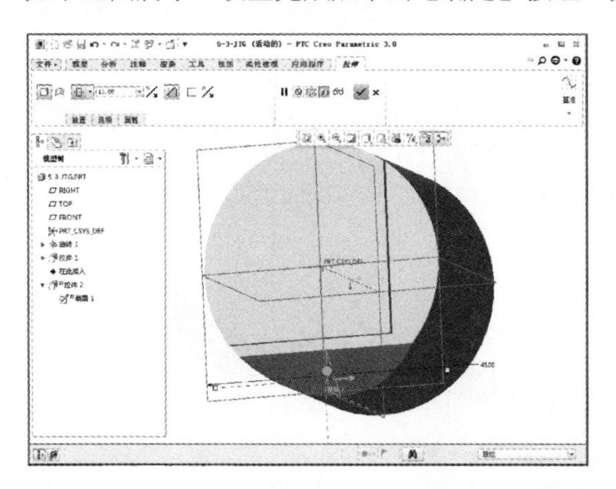

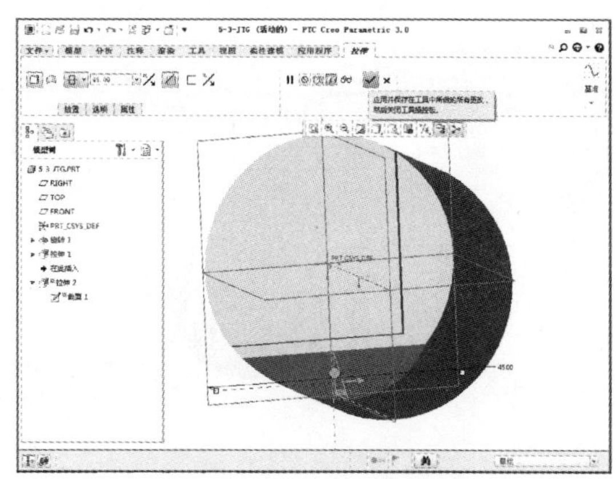

**14** 完成上述特征操作后在“模型”选项卡中单击【拉伸】按钮，如下左图所示。单击【拉伸】按钮后系统显示“拉伸”选项卡，如下右图所示。

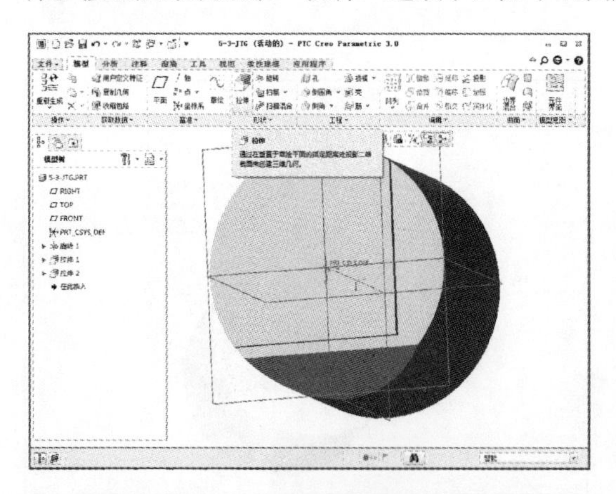

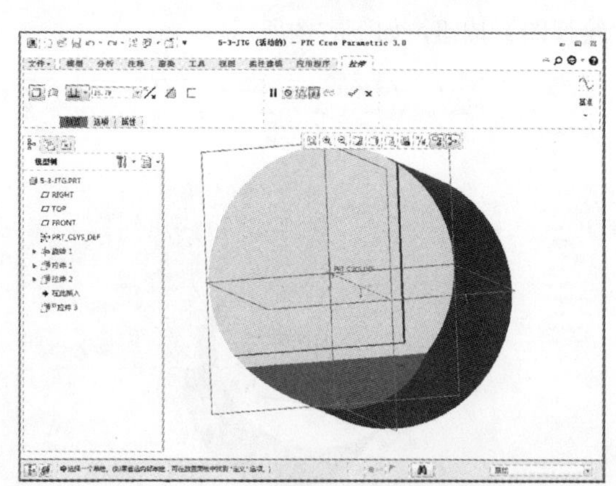

**15** 单击【放置】按钮，选择定义草绘平面，弹出“草绘”对话框，定义拉伸基准面为 RIGHT 平面，然后单击【草绘】按钮，如下左图所示。单击该按钮后显示“草绘”选项卡，然后单击【草绘视图】按钮，如下右图所示。

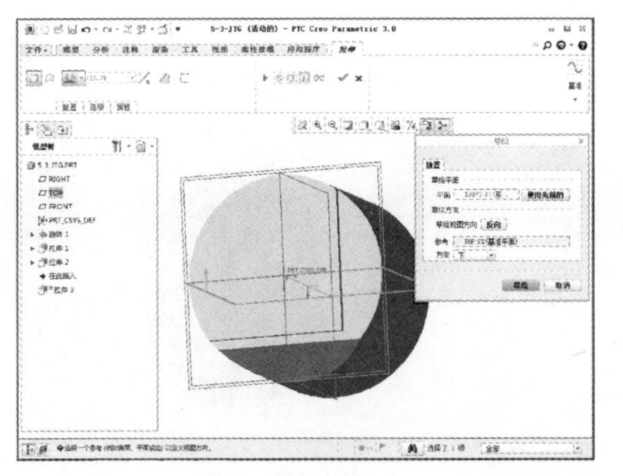

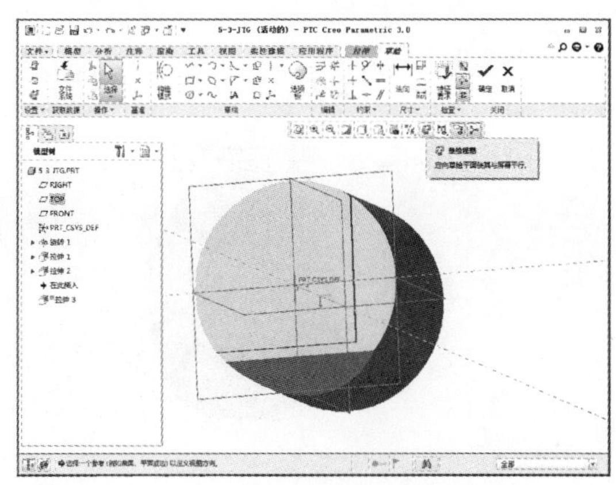

16 在“草绘”选项卡中单击【线链】【投影】等按钮，如下左图所示。绘制图示的直角三角形，两直角边分别为 5 和 8.5，如下右图所示。

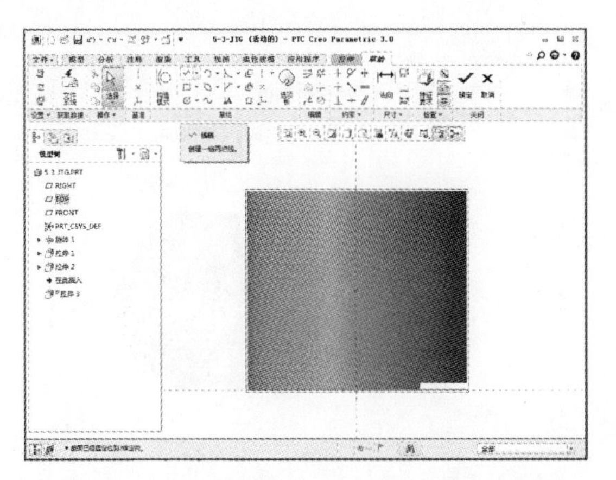

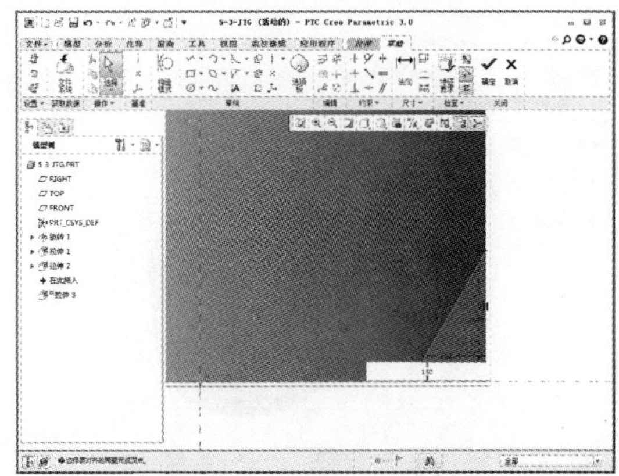

17 草图绘制完成后单击【确定】按钮，进入“拉伸”选项卡，设置对称拉伸切除，值为 45，如下左图所示。设置完成后单击【确定】按钮，如下右图所示。

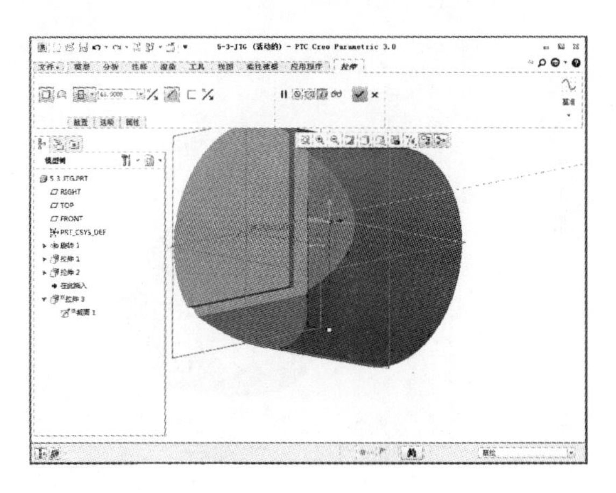

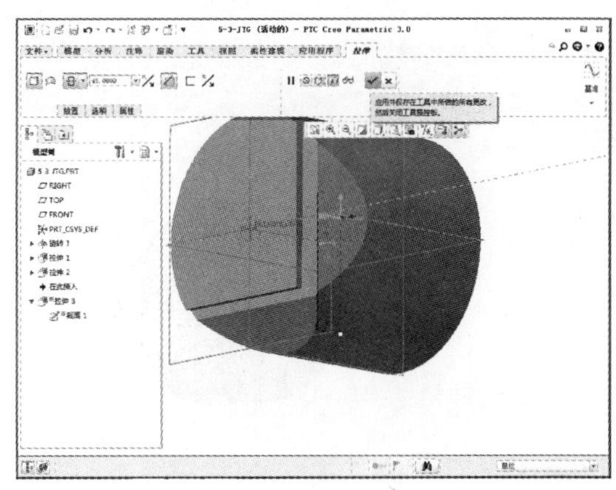

18 完成上述特征操作后单击【边倒角】按钮，如下左图所示。单击【边倒角】按钮后系统显示“边倒角”选项卡，如下右图所示。

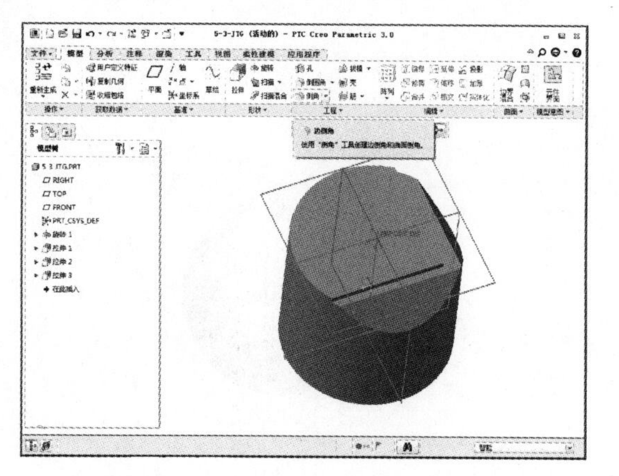

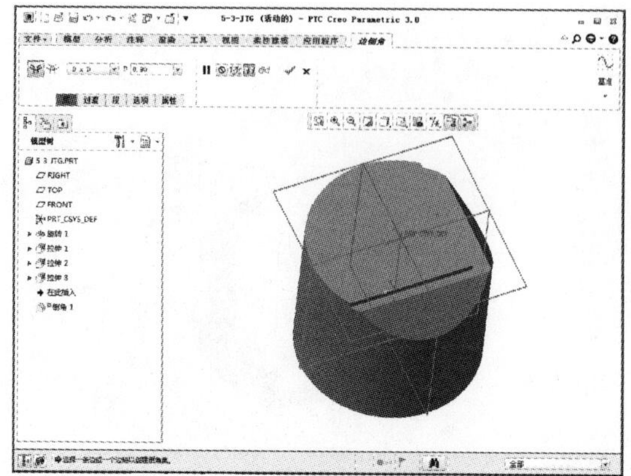

19 在“边倒角”选项卡中选择“D1×D2”，D1 为 2.4、D2 为 10，如下左图所示。参数设定完成后选择图中的一条边作为边倒角的边，并单击【确定】按钮，如下右图所示。

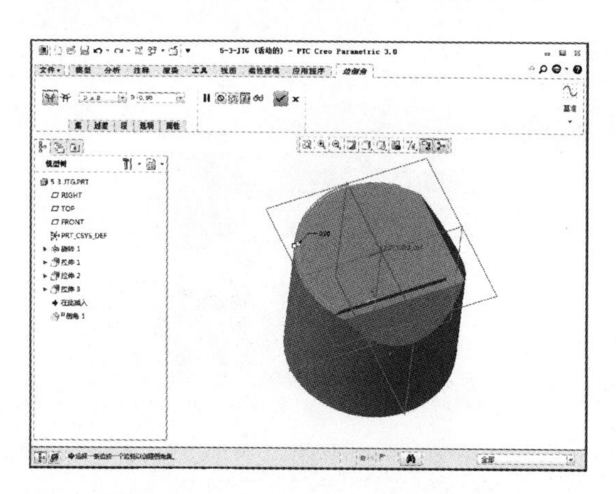

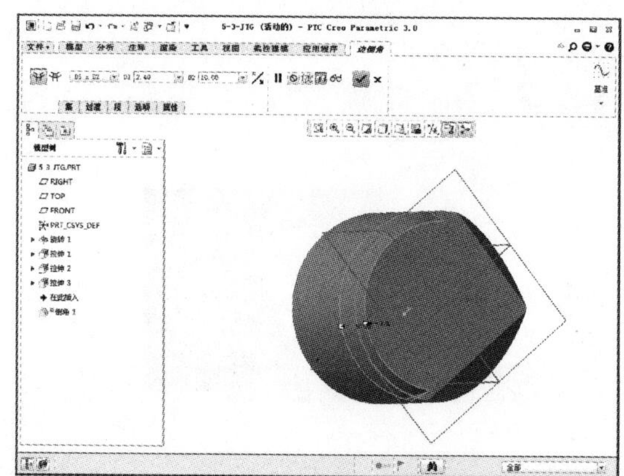

20 完成上述特征操作后单击【边倒角】按钮，如下左图所示。单击【边倒角】按钮后系统显示“边倒角”选项卡，如下右图所示。

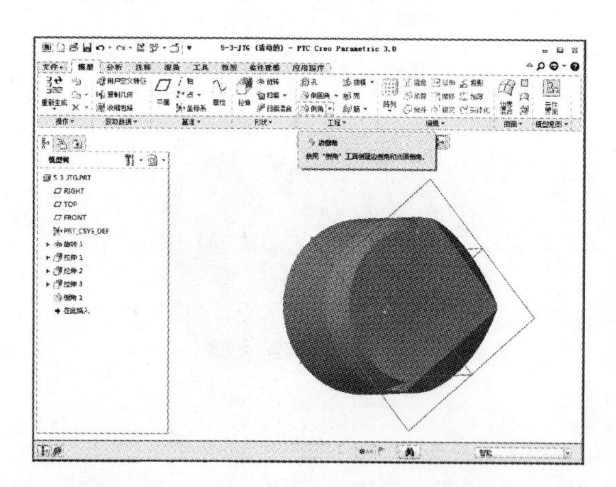

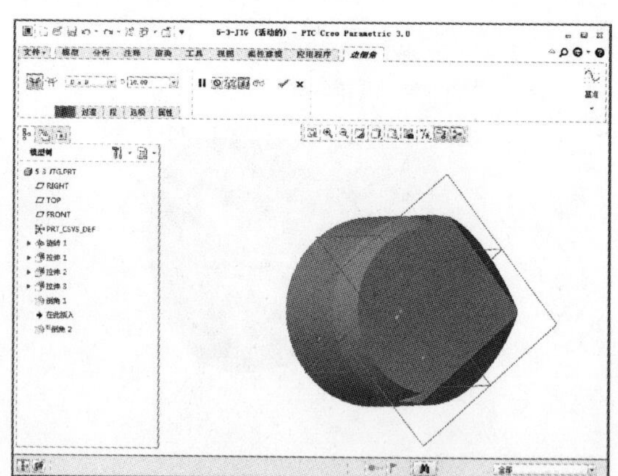

21 在“边倒角”选项卡中选择“D1×D2”，D1 为 2.4、D2 为 8.5，如下左图所示。参数设定完成后选择图中的 3 条边作为边倒角的边，并单击【确定】按钮，如下右图所示。

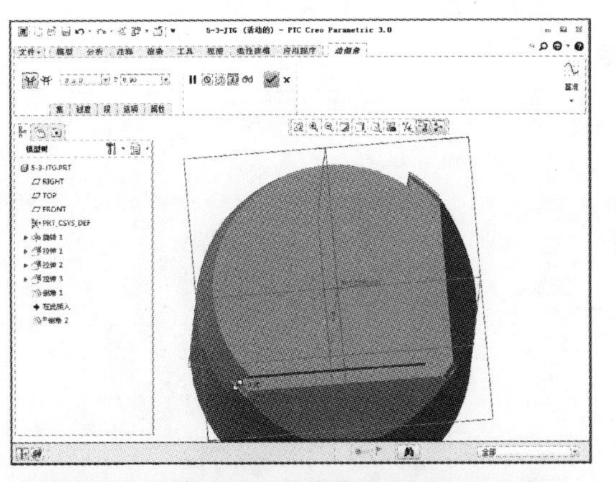

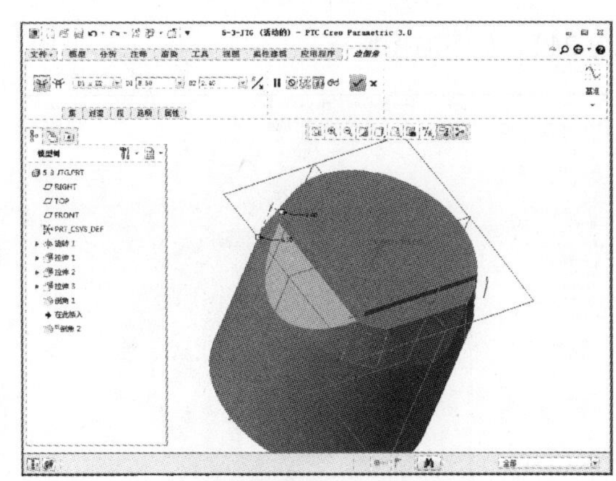

## STEP03　创建镜头盖的次要特征

01 完成上述特征操作后在“模型”选项卡中单击【拉伸】按钮，如下左图所示。单击【拉伸】按钮后系统显示“拉伸”选项卡，如下右图所示。

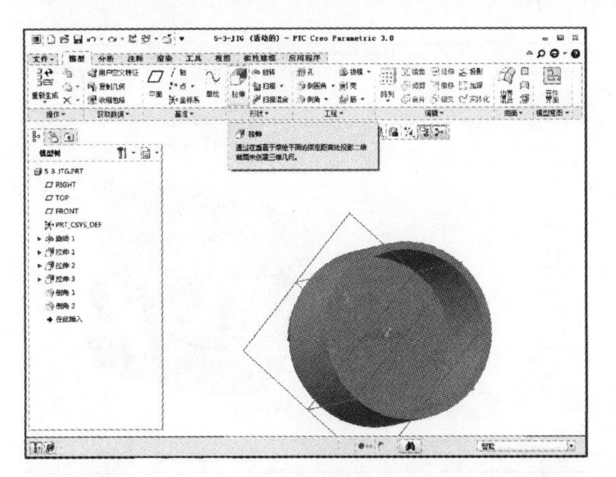

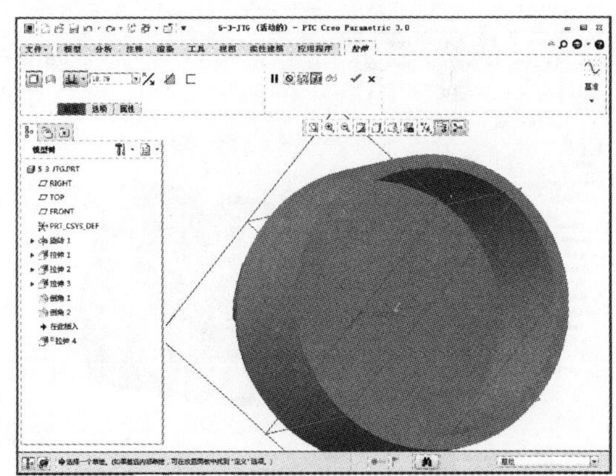

02 单击【放置】按钮，选择定义草绘平面，弹出“草绘”对话框，定义拉伸基准面为 TOP 平面，然后单击【草绘】按钮，如下左图所示。单击该按钮后显示“草绘”选项卡，然后单击【草绘视图】按钮，如下右图所示。

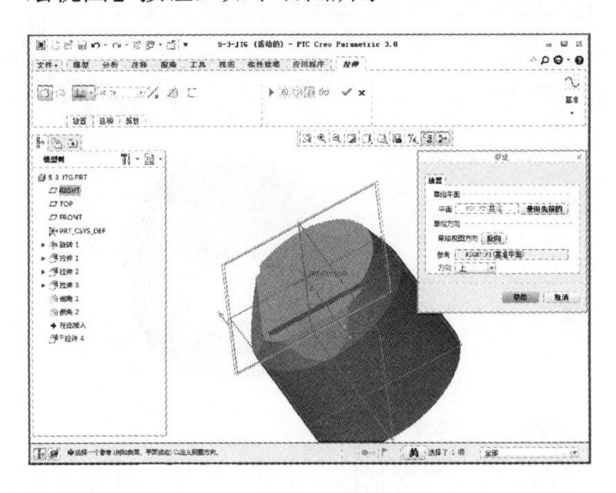

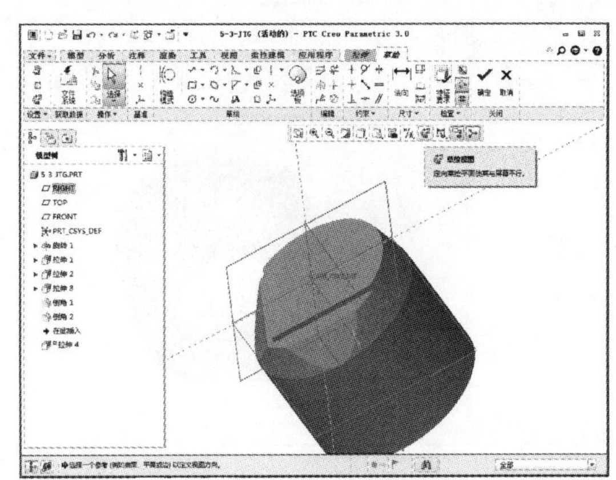

03 在“草绘”选项卡中单击【圆心和点】按钮，如下左图所示。绘制的图示圆，圆的直径

为 24.5，如下右图所示。

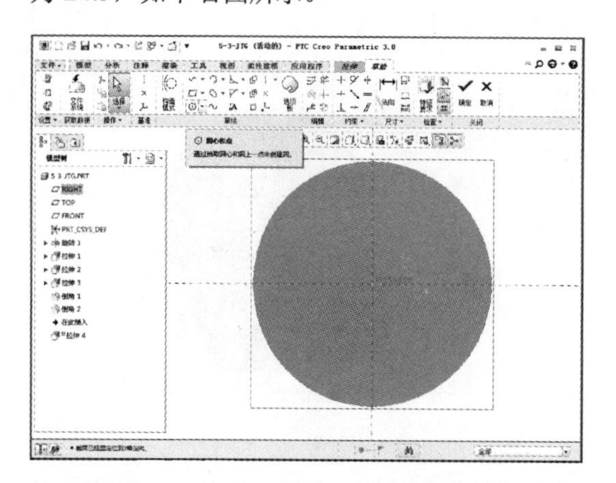

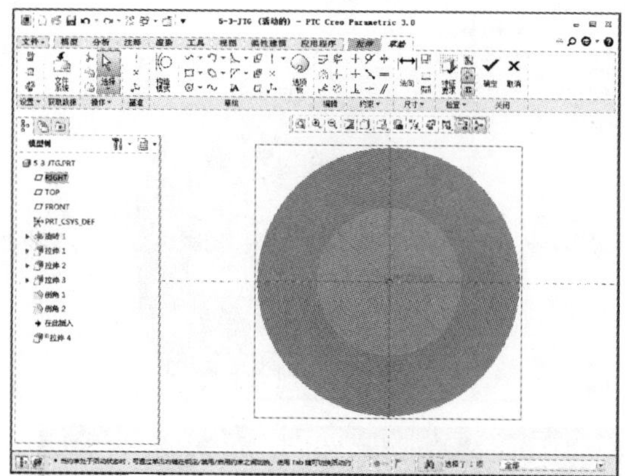

04 草图绘制完成后单击【确定】按钮，进入“拉伸”选项卡，设置穿透拉伸切除，如下左图所示。设置完成后单击【确定】按钮，如下右图所示。

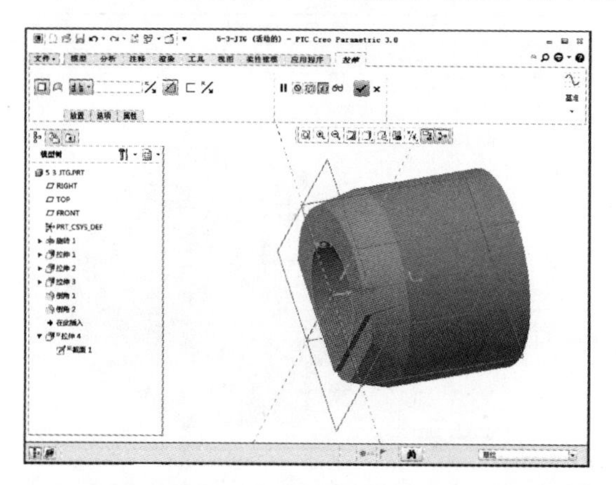

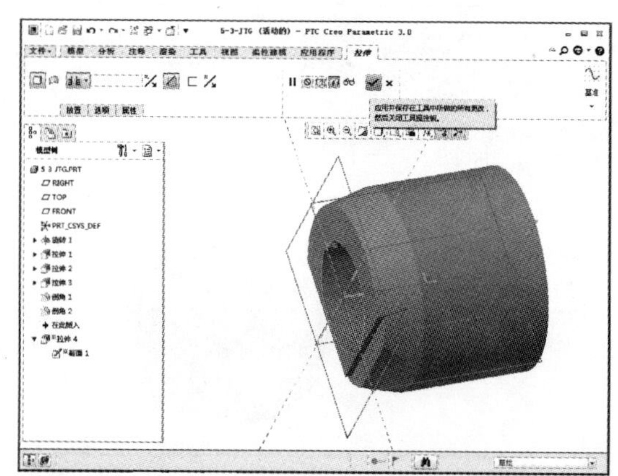

05 完成上述特征操作后在“模型”选项卡中单击【拉伸】按钮，如下左图所示。单击【拉伸】按钮后系统显示“拉伸”选项卡，如下右图所示。

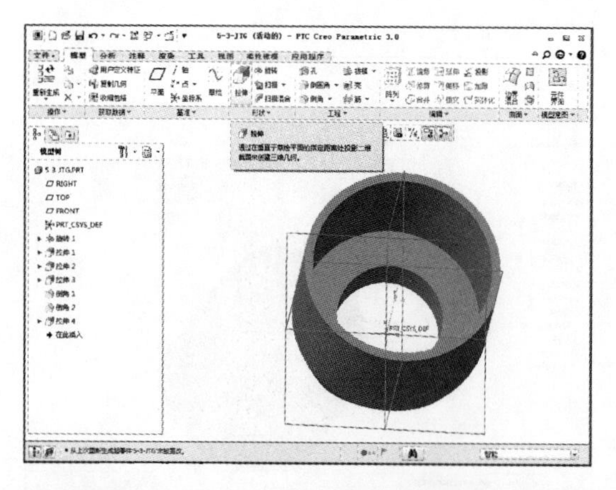

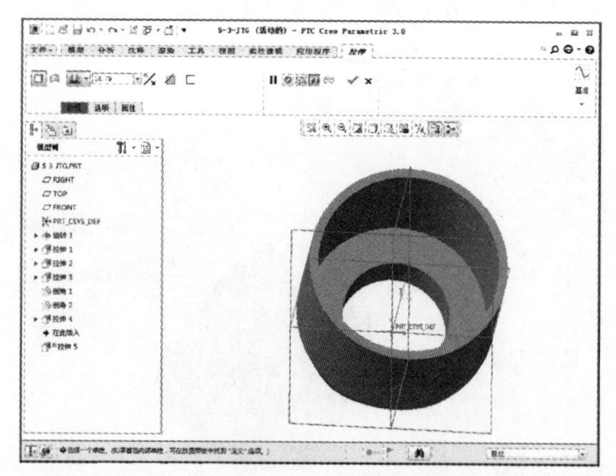

06 单击【放置】按钮，选择定义草绘平面，弹出“草绘”对话框，定义拉伸基准面为指定平面，然后单击【草绘】按钮，如下左图所示。单击该按钮后显示“草绘”选项卡，然后单击【草

绘视图】按钮，如下右图所示。

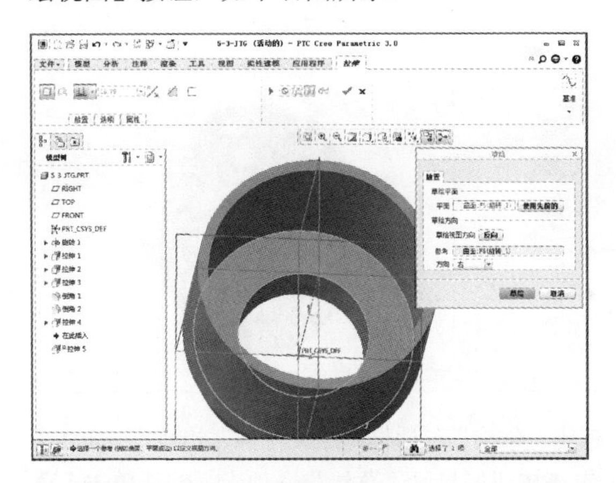

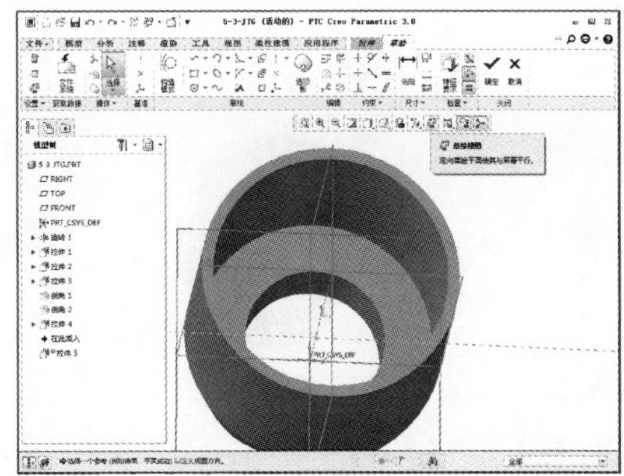

07 在“草绘”选项卡中单击【圆心和点】按钮，如下左图所示。绘制图示圆，圆的直径为 36.8，如下右图所示。

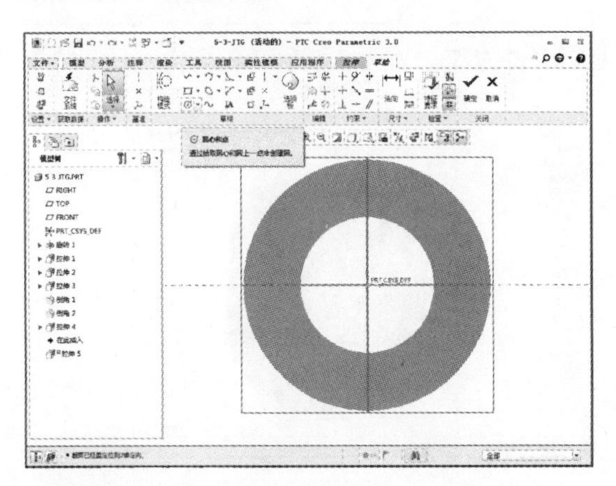

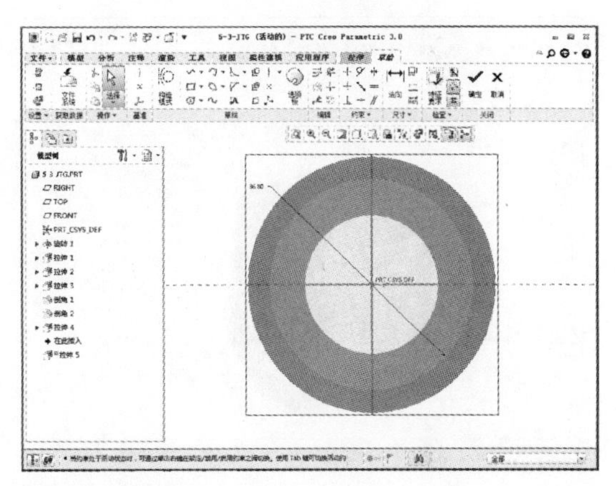

08 草图绘制完成后单击【确定】按钮，进入“拉伸”选项卡，设置指定值拉伸切除，拉伸值为 2.5，如下左图所示。设置完成后单击【确定】按钮，如下右图所示。

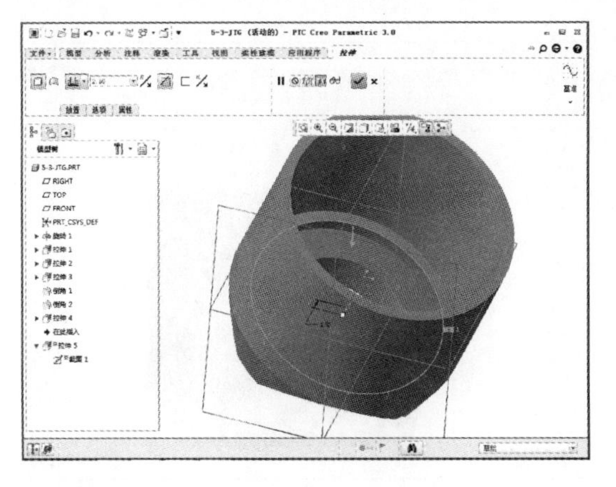

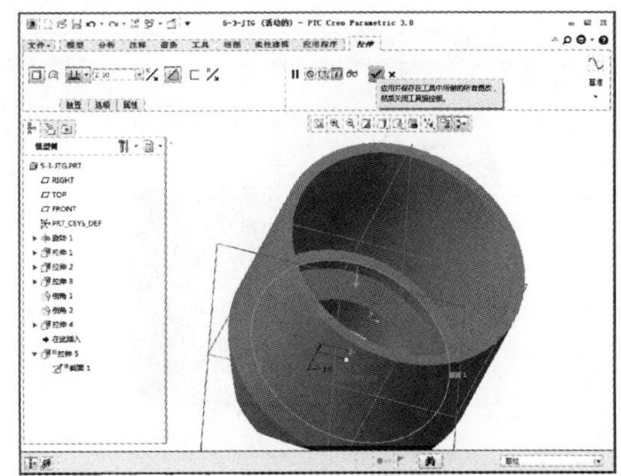

09 完成上述特征操作后在“模型”选项卡中单击【拉伸】按钮，如下左图所示。单击【拉伸】按钮后系统显示“拉伸”选项卡，如下右图所示。

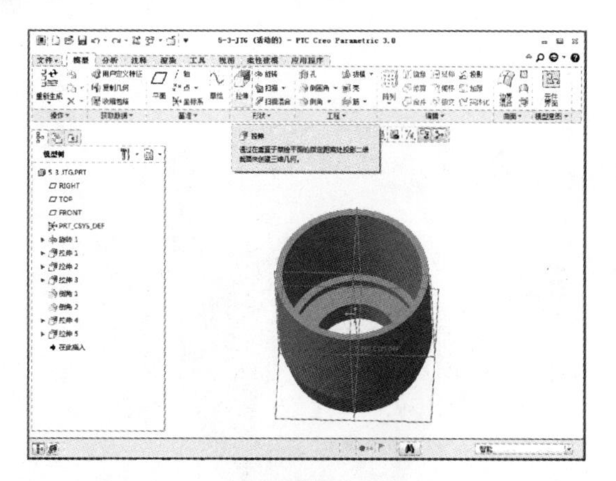

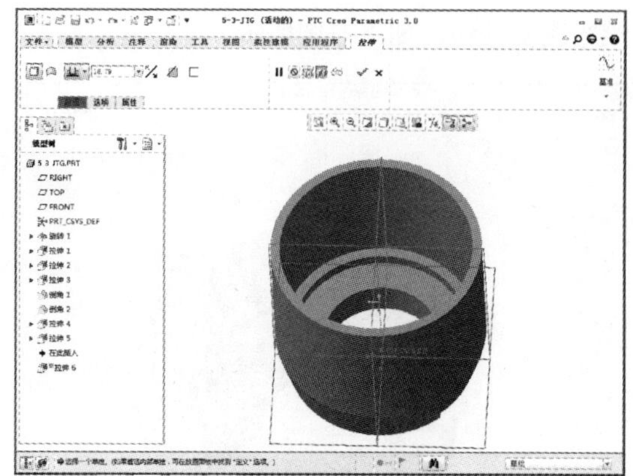

**10** 单击【放置】按钮，选择定义草绘平面，弹出“草绘”对话框，定义拉伸基准面为 RIGHT 平面，然后单击【草绘】按钮，如下左图所示。单击该按钮后显示“草绘”选项卡，然后单击【草绘视图】按钮，如下右图所示。

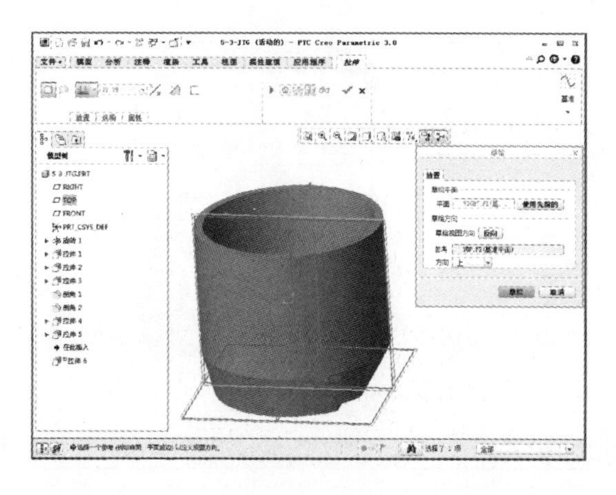

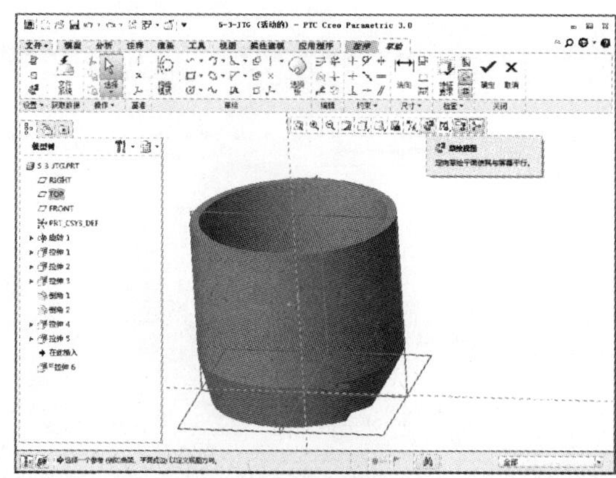

**11** 在“草绘”选项卡中单击【线链】按钮，如下左图所示。绘制图示的两条折线，如下右图所示。

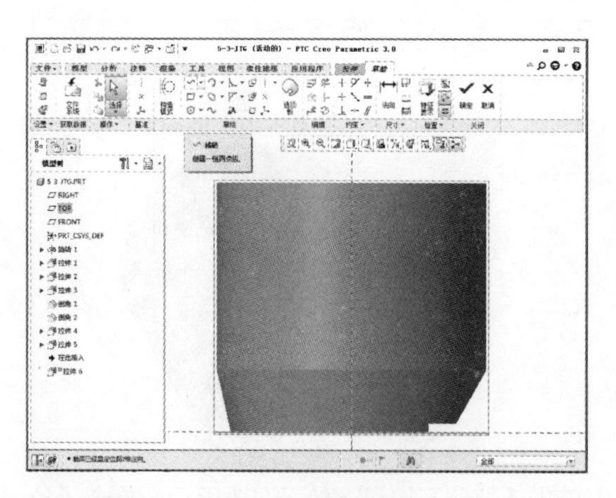

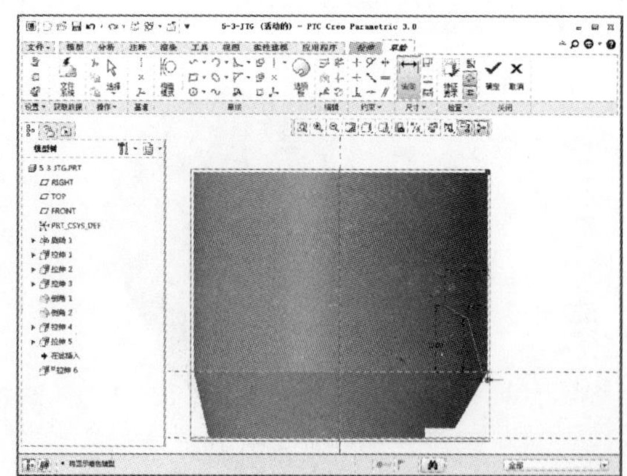

**12** 在“草绘”选项卡中单击【样条】按钮，如下左图所示。绘制图示的样条曲线，并使图

形闭合，如下右图所示。

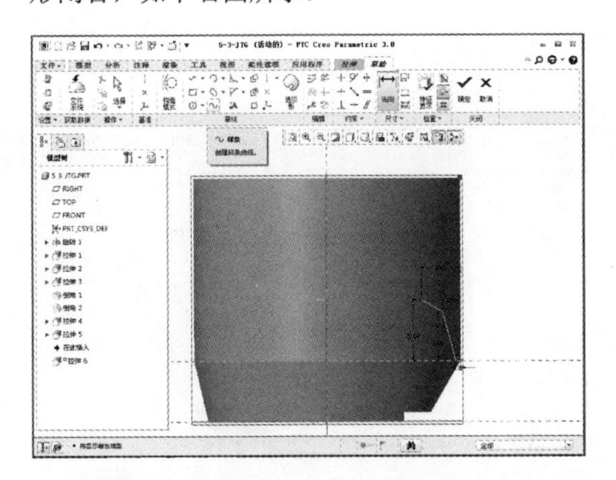

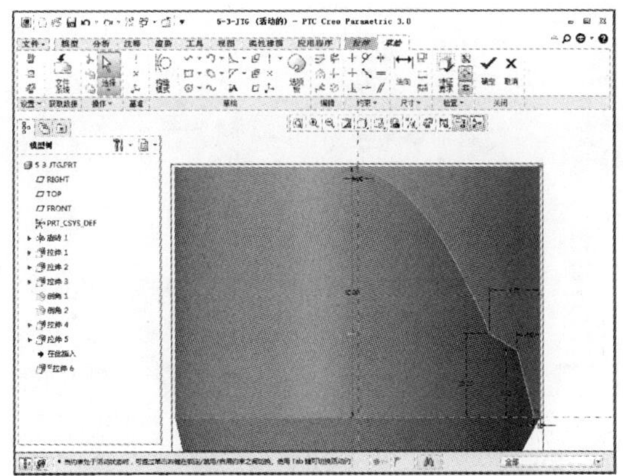

13 在“草绘”选项卡中单击【镜像】按钮，如下左图所示。选取上面绘制的图形，以 Y 轴为中心线进行镜像，镜像后得到图示图形，如下右图所示。

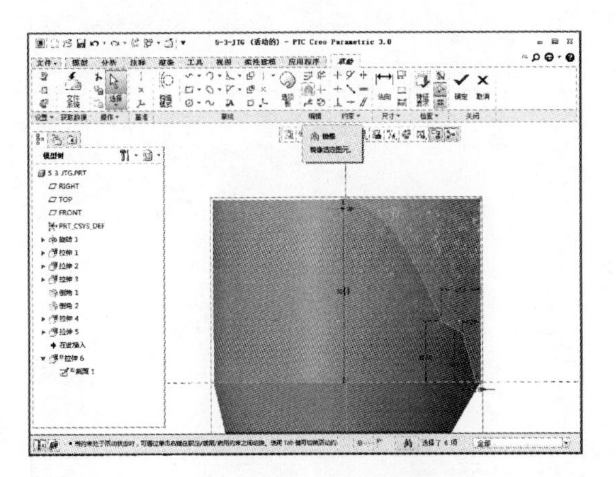

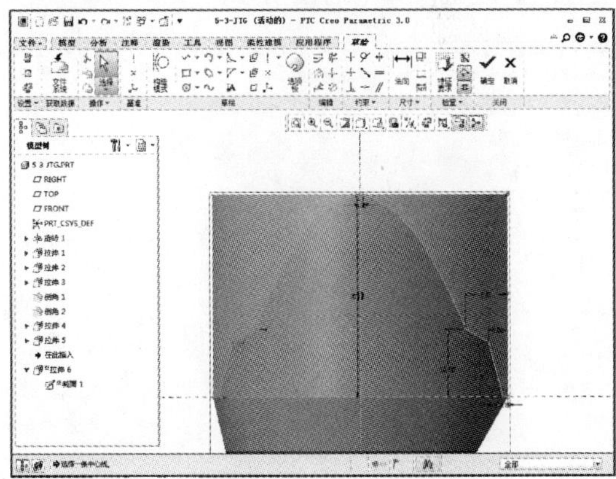

14 草图绘制完成后单击【确定】按钮，进入“拉伸”选项卡，设置对称拉伸切除，拉伸值为 45，如下左图所示。设置完成后单击【确定】按钮，如下右图所示。

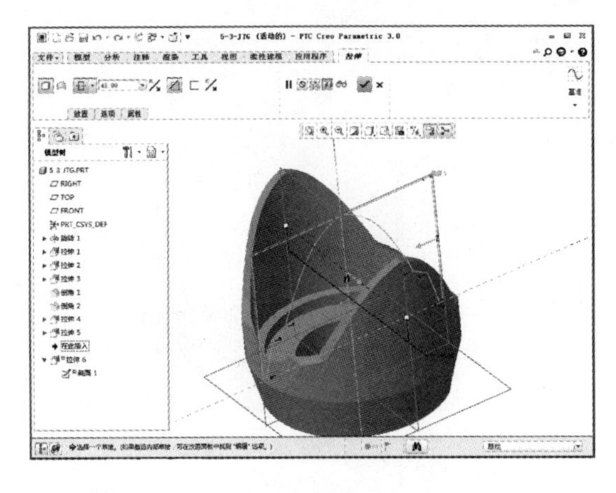

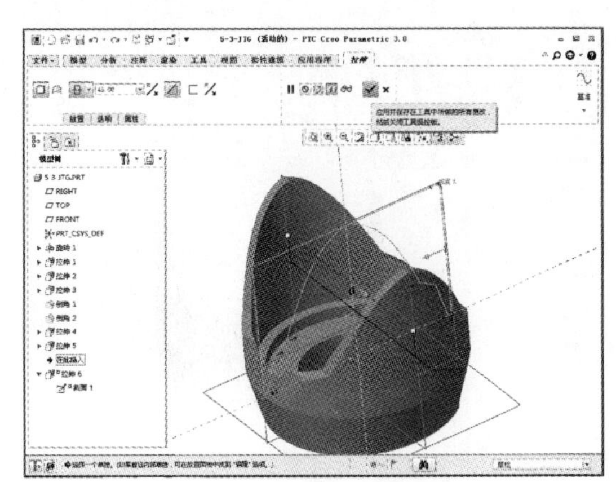

15 完成上述特征操作后在“模型”选项卡中单击【拉伸】按钮，如下左图所示。单击【拉

伸】按钮后系统显示“拉伸”选项卡，如下右图所示。

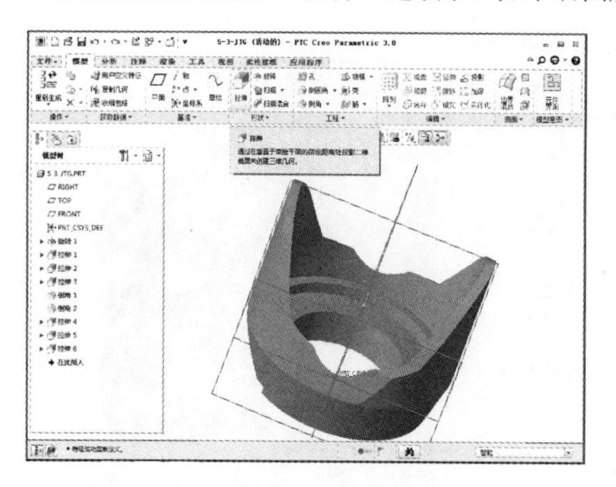

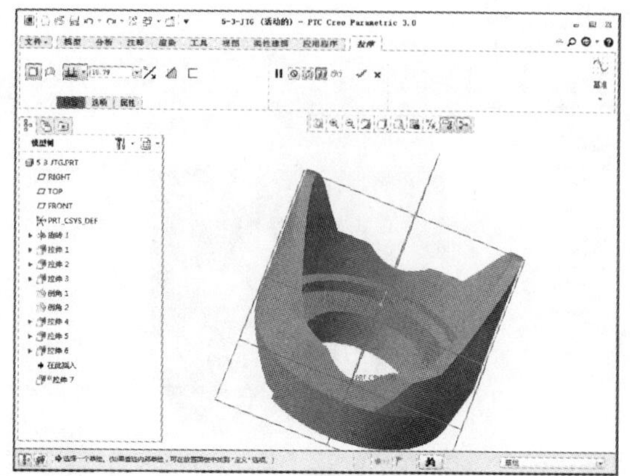

16 单击【放置】按钮，选择定义草绘平面，弹出“草绘”对话框，定义拉伸基准面为 FRONT 平面，然后单击【草绘】按钮，如下左图所示。单击该按钮后显示“草绘”选项卡，然后单击【草绘视图】按钮，如下右图所示。

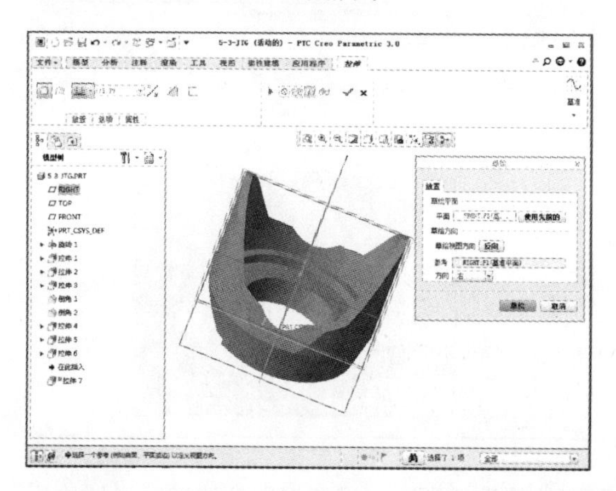

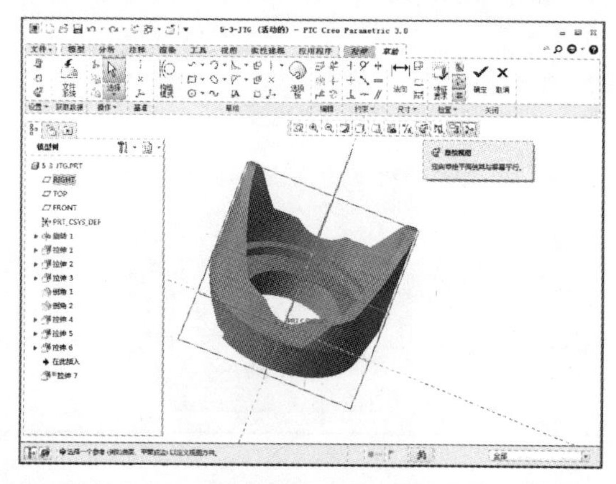

17 在“草绘”选项卡中单击【线链】【投影】等按钮，如下左图所示。绘制图示的等腰梯形，如下右图所示。

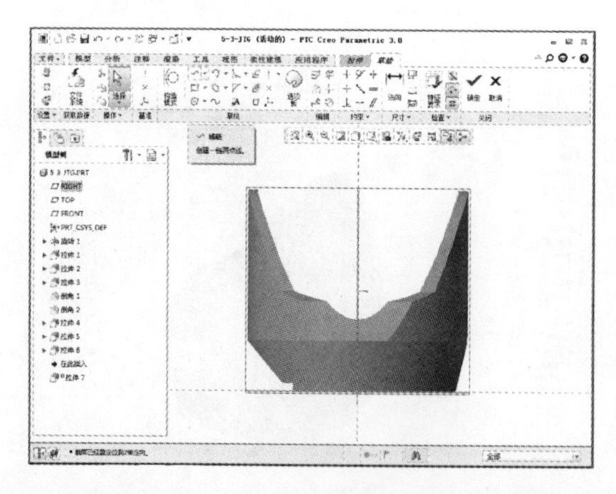

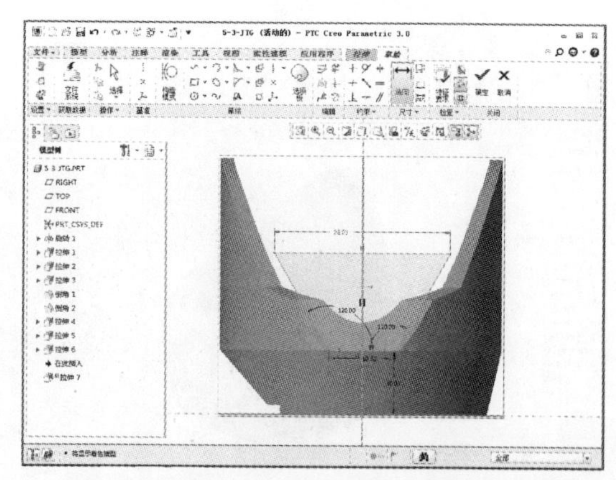

18 草图绘制完成后单击【确定】按钮，进入“拉伸”选项卡，设置对称拉伸切除，拉伸值

为 45，如下左图所示。设置完成后单击【确定】按钮，如下右图所示。

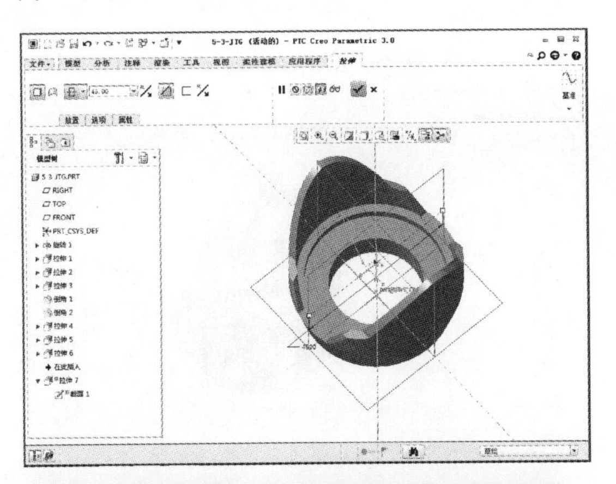

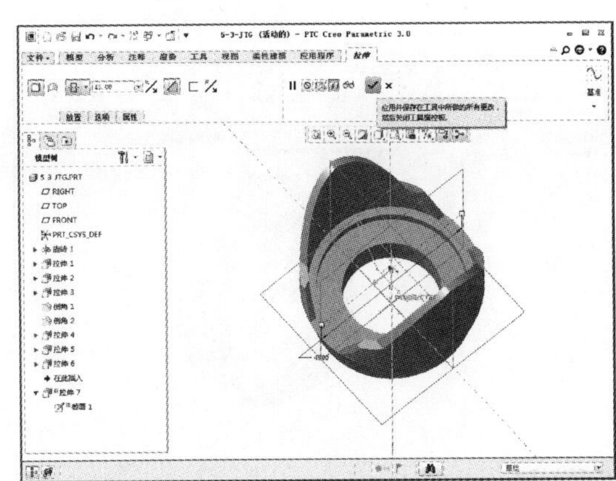

## STEP04　完成镜头盖的修饰部分

01 完成上述特征操作后单击【边倒角】按钮，如下左图所示。单击【边倒角】按钮后系统显示“边倒角”选项卡，如下右图所示。

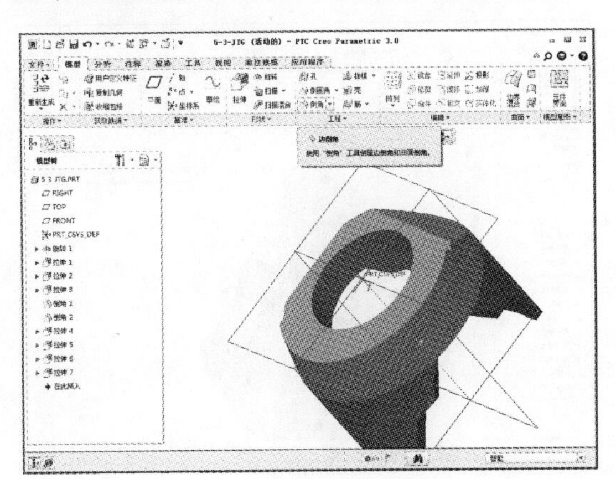

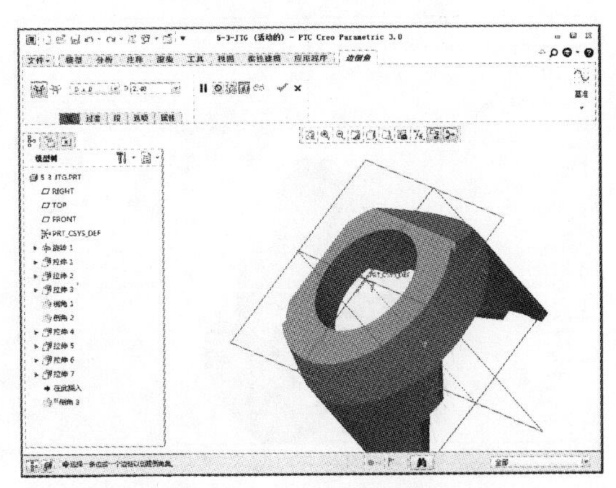

02 在“边倒角”选项卡中选择“D1×D2”，并设置 D1 为 0.4、D2 为 1，如下左图所示。参数设定完成后选择图中的一条边作为边倒角的边，并单击【确定】按钮，如下右图所示。

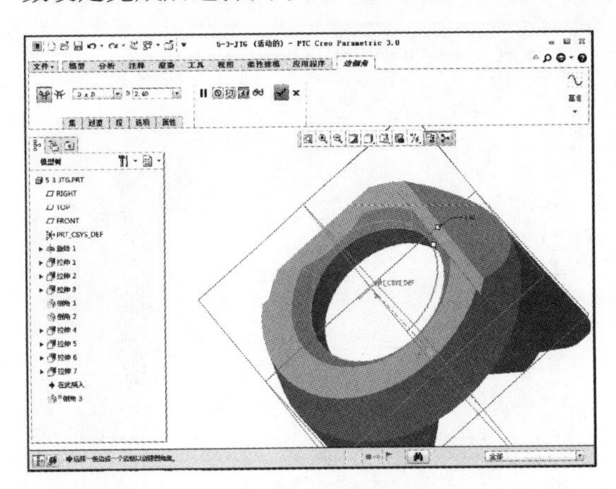

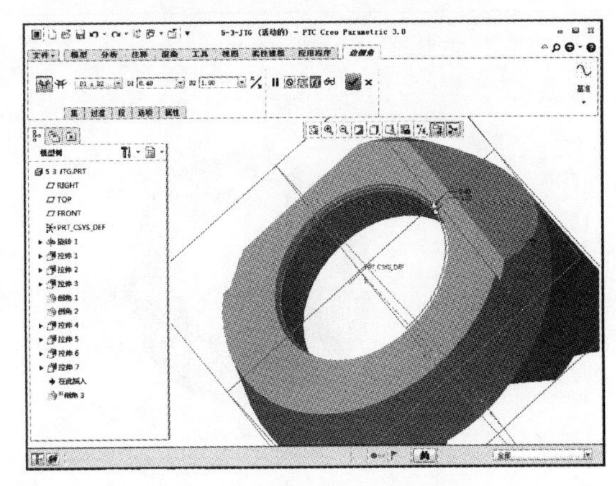

03 完成上述特征操作后在“模型”选项卡中单击【拉伸】按钮，如下左图所示。单击【拉

伸】按钮后系统显示“拉伸”选项卡，如下右图所示。

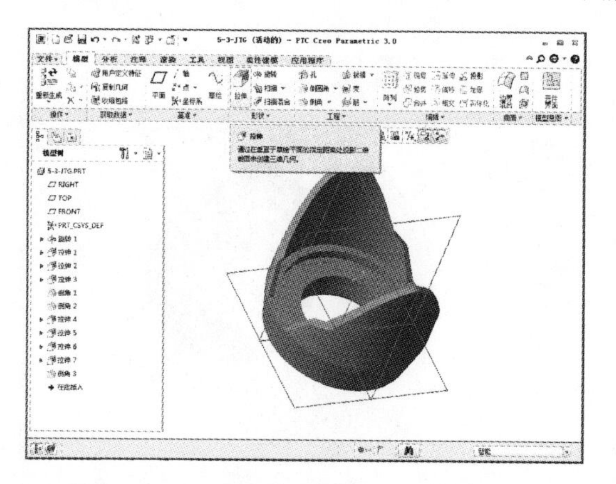

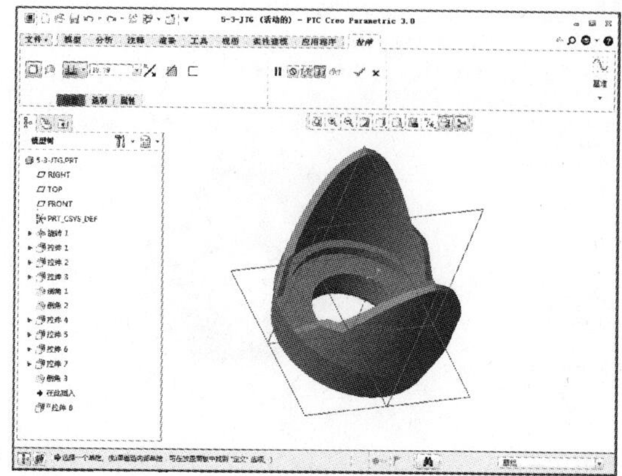

04 单击【放置】按钮，选择定义草绘平面，弹出“草绘”对话框，定义拉伸基准面为拉伸得到的平面，然后单击【草绘】按钮，如下左图所示。单击该按钮后显示“草绘”选项卡，然后单击【草绘视图】按钮，如下右图所示。

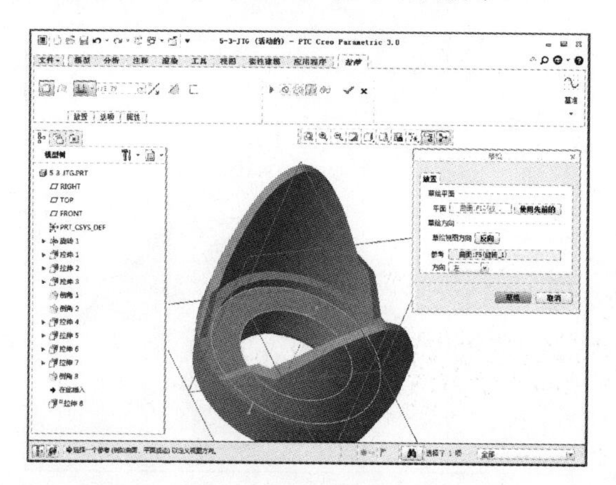

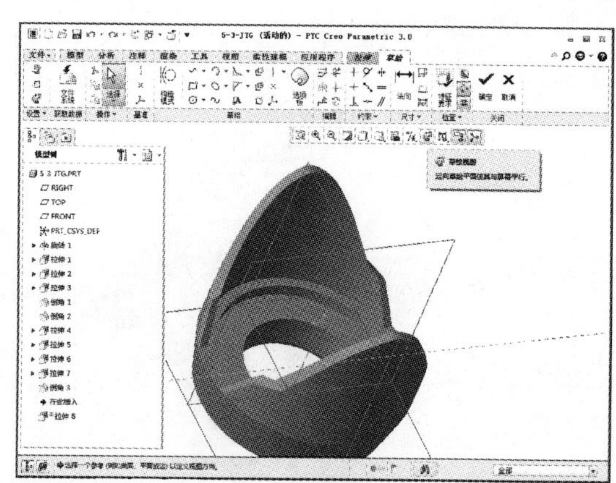

05 在“草绘”选项卡中单击【圆心和点】【修剪】等按钮，如下左图所示。绘制图示圆弧构成图形，如下右图所示。

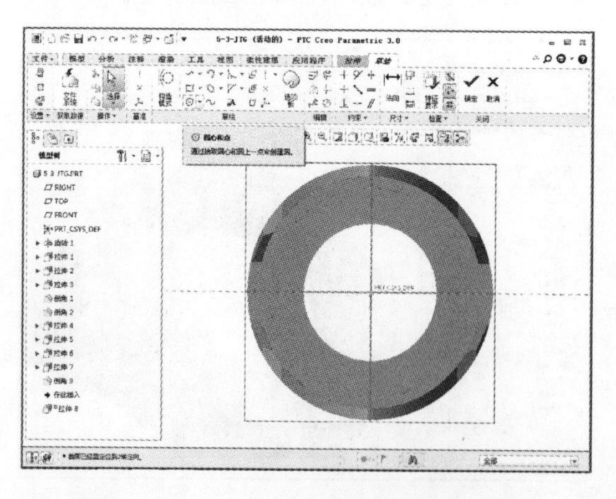

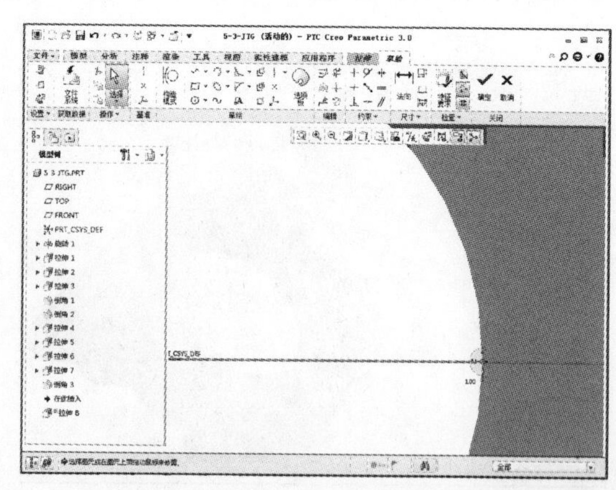

06 草图绘制完成后单击【确定】按钮，进入“拉伸”选项卡，设置指定值拉伸，拉伸值为

6.5，如下左图所示。设置完成后单击【确定】按钮，如下右图所示。

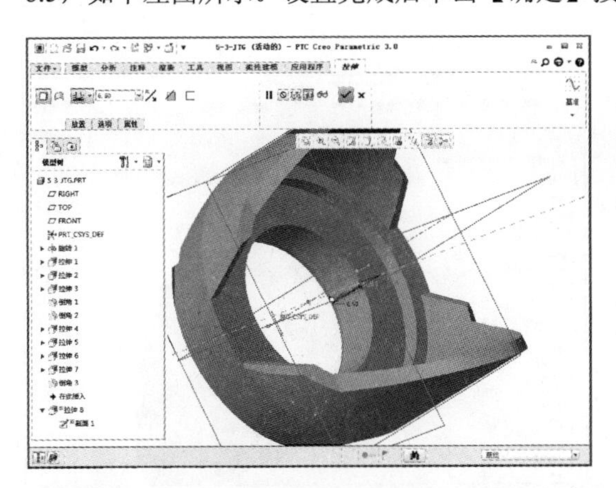

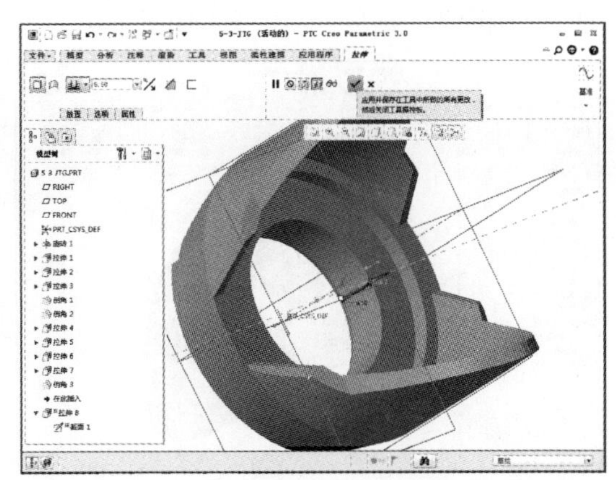

07 完成上述特征操作后单击【阵列】按钮，在模型树中选中“拉伸 8”，然后单击【阵列】按钮，如下左图所示。单击【阵列】按钮后系统显示“阵列”选项卡，如下右图所示。

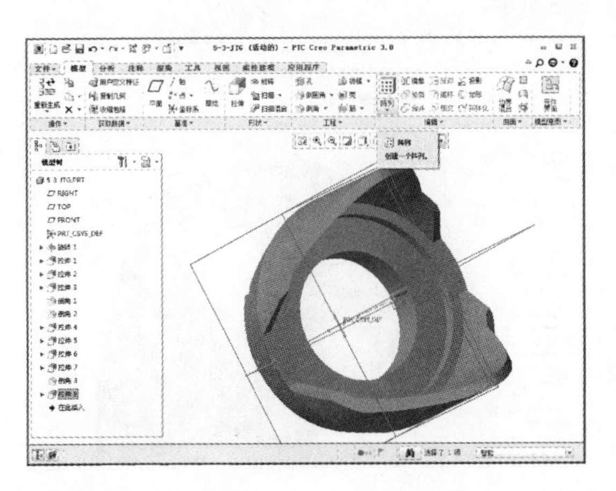

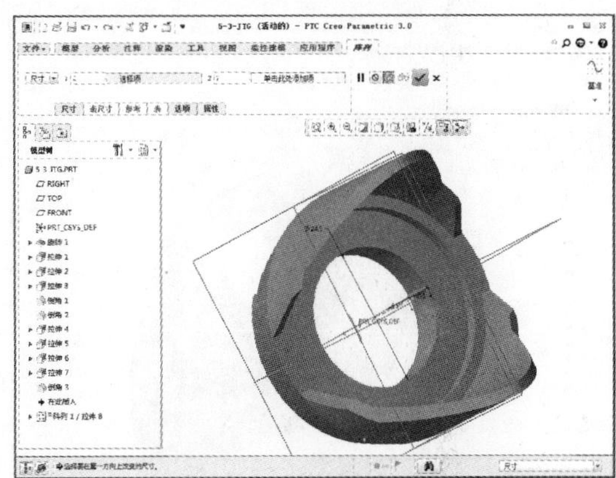

08 设置“轴”阵列，选取旋转中心轴为阵列的轴线，如下左图所示。设置阵列数量为 8、阵列的分布角度为 45°，设定完成后单击【确定】按钮，如下右图所示。

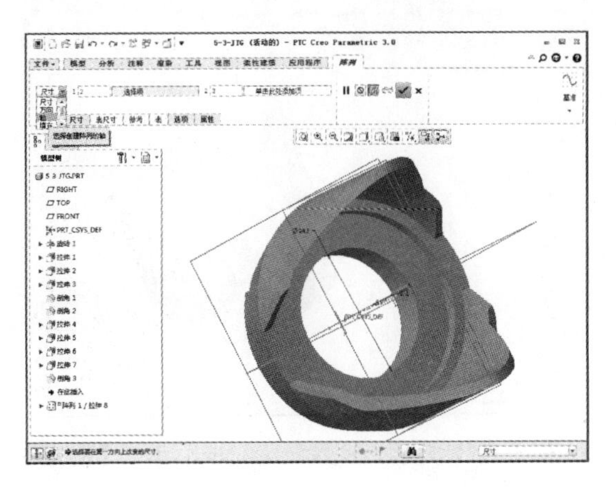

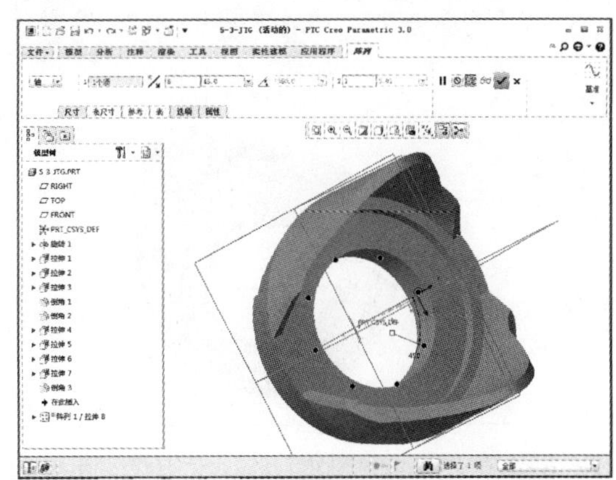

09 完成上述特征操作后单击【倒圆角】按钮，如下左图所示。单击【倒圆角】按钮后系统显示“倒圆角”选项卡，如下右图所示。

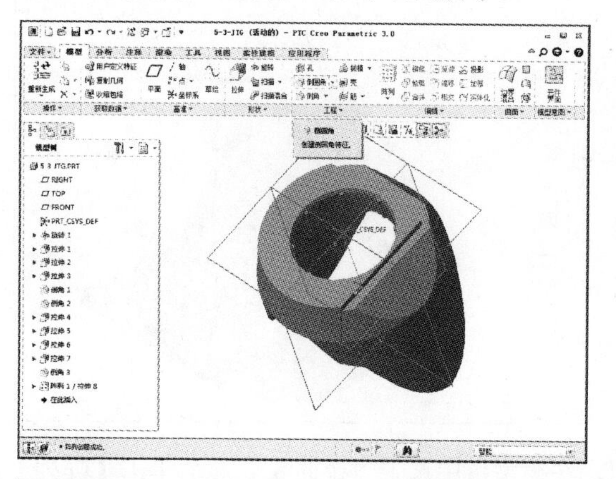

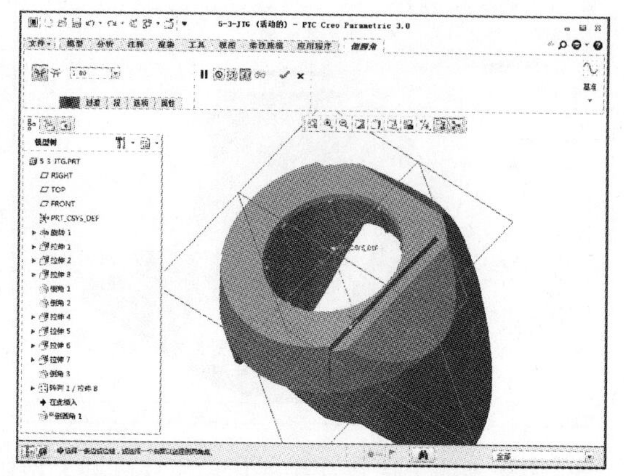

10 在“倒圆角”选项卡中设定半径为 5，如下左图所示。参数设定完成后选择图中的一条边作为倒圆角的边，并单击【确定】按钮，如下右图所示。

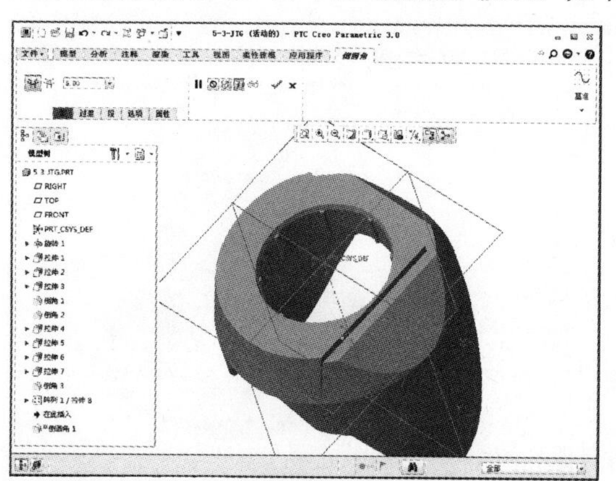

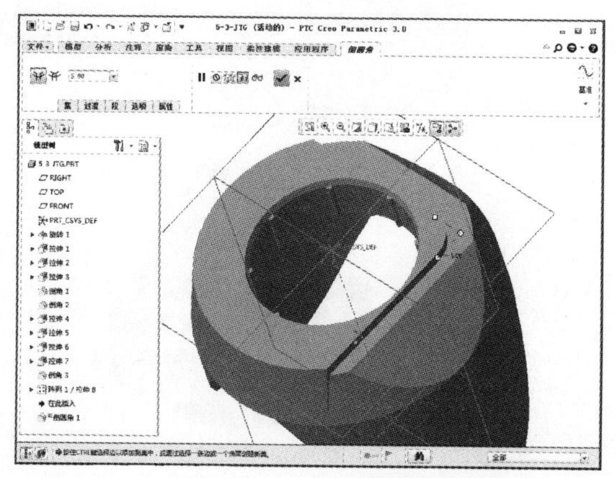

11 完成上述特征操作后单击【自动倒圆角】按钮，如下左图所示。单击【自动倒圆角】按钮后系统显示“自动倒圆角”选项卡，如下右图所示。

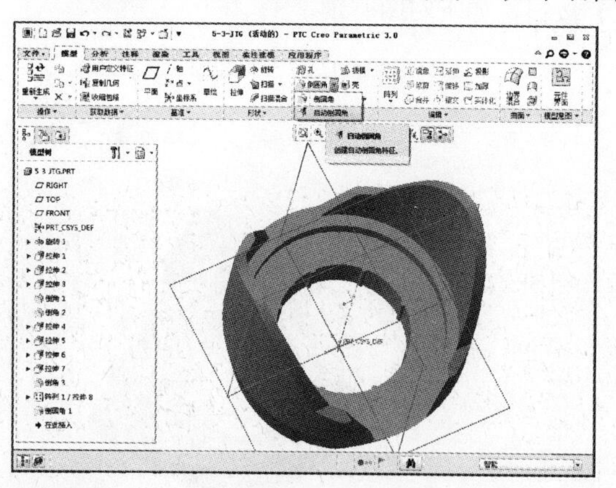

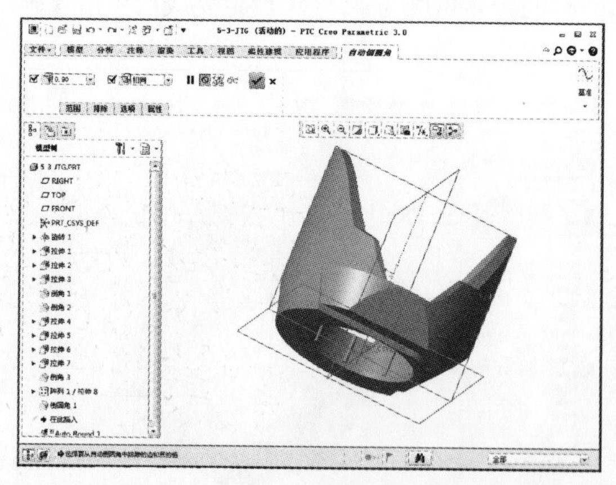

12 在“自动倒圆角”选项卡中设置半径为 0.5，如下左图所示。参数设定完成后单击【确定】按钮，如下右图所示。

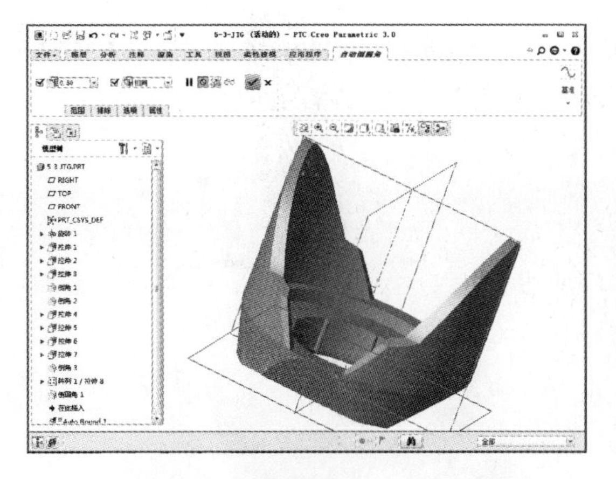

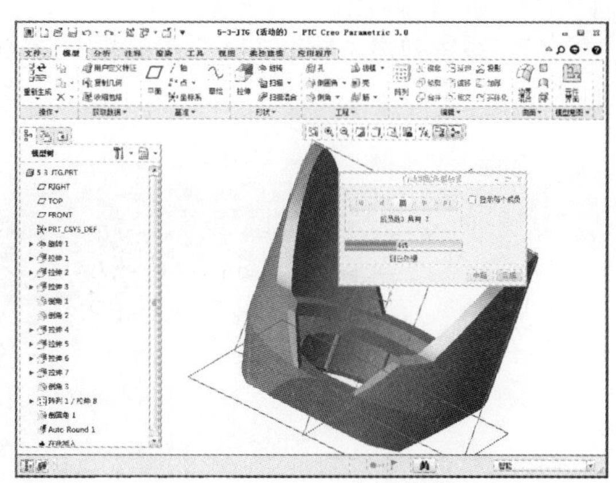

最终结果如下图所示。

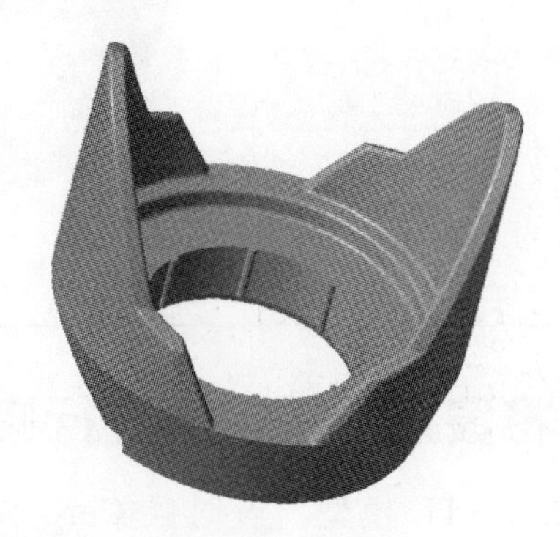

## 5.3.2 输出摄像头镜头盖模型

下面输出模型，将 PRT 格式的模型输出为 STL 格式。

（1）选择模型，执行“文件>另存为>保存副本”命令，弹出“保存副本”对话框，将文件命名为“5-3-jtg”，类型设定为“*.stl”如下图所示。

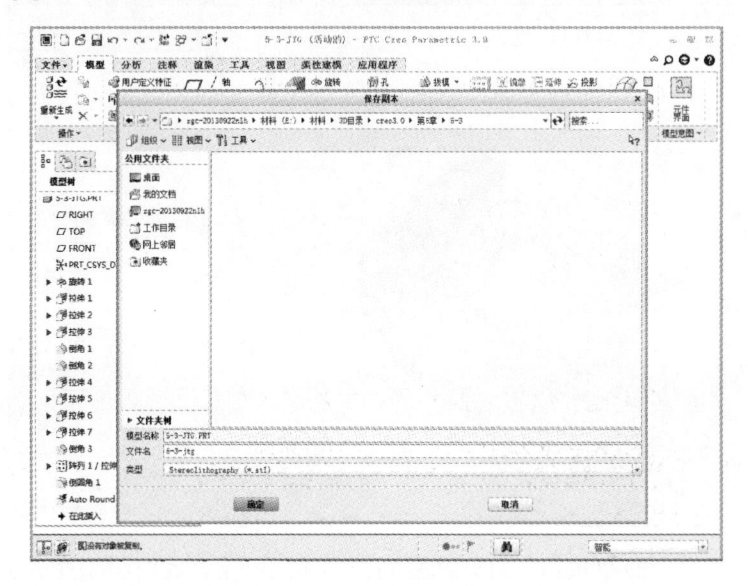

（2）系统弹出“导出 STL”对话框，此时采用系统默认提供的参数，单击【确定】按钮，如下图所示。

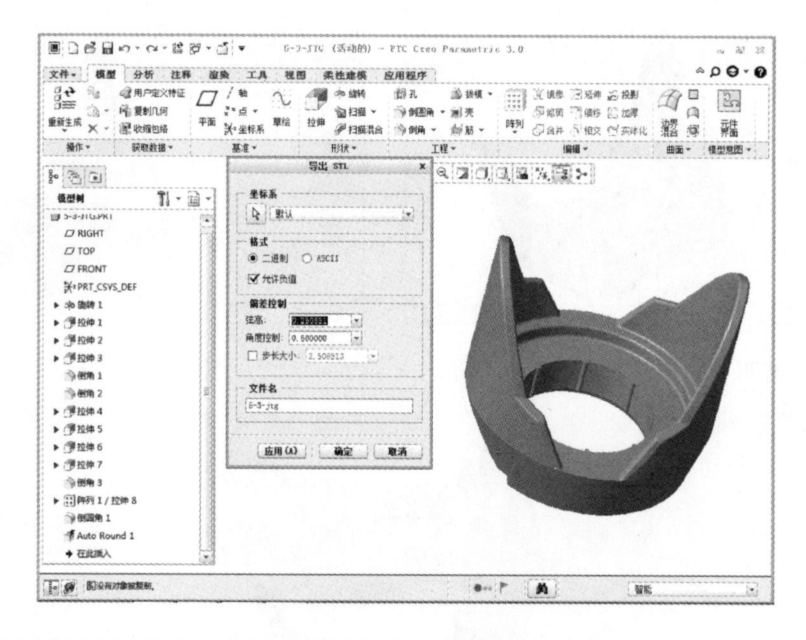


## 5.3.3 在 netfabb 中将黄色的破损面进行修复

下面在 netfabb 中再次检查 STL 模型，有时候 Cero 软件的 STL 检查工具会忽略掉一些细节，而 netfabb 这款专业的 STL 检查和修补工具可以帮助用户自动消除一些错误。

（1）打开 netfabb 软件，然后打开 STL 文件，在视图中可以看到模型出现了标志，如图所示。这说明该模型无法打印，需要修复。

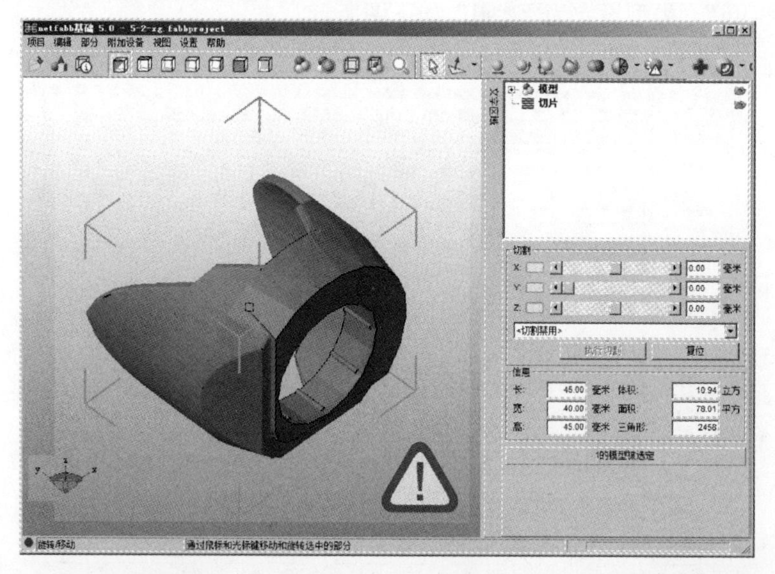


（2）单击工具栏上的按钮，打开修复列表，如图所示。此时模型变成了蓝色，我们看

到，黄色区域显示了出错的位置。

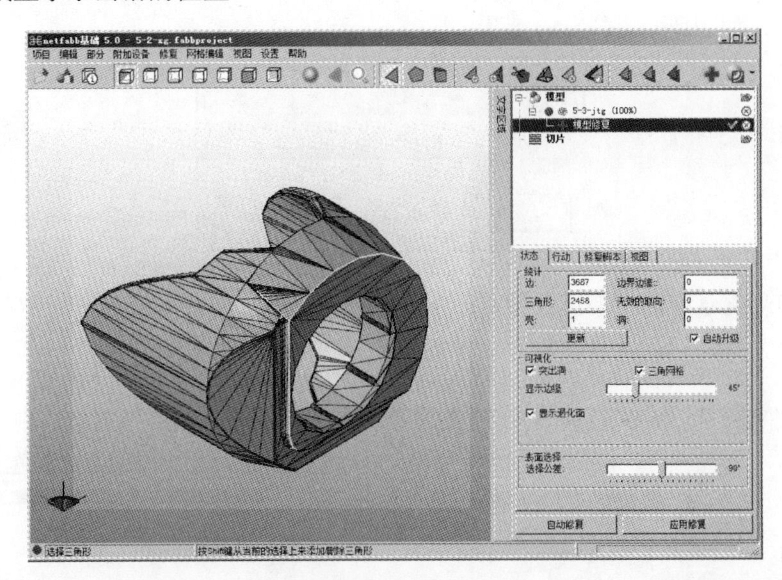

（3）单击【自动修复】按钮，netfabb 软件会弹出一个对话框，询问修复方式，我们先使用第一种默认修复的方式进行，单击【执行】按钮，如图所示。

（4）单击【执行】按钮后系统进行计算，模型自动修复完毕，黄色曲线消失，说明模型没有问题了，如图所示。

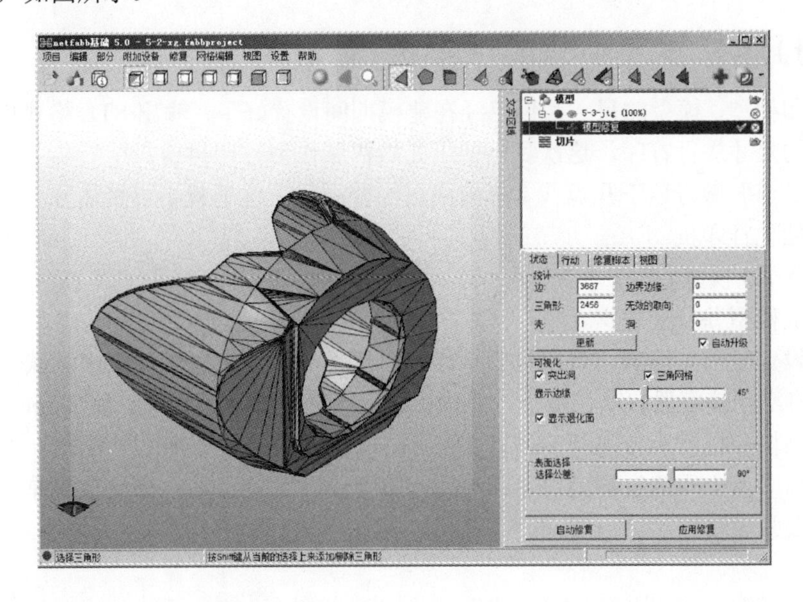

（5）修复完毕之后单击【应用修复】按钮，在弹出的“信息”对话框中单击【是】按钮确认修复结果，如图所示。

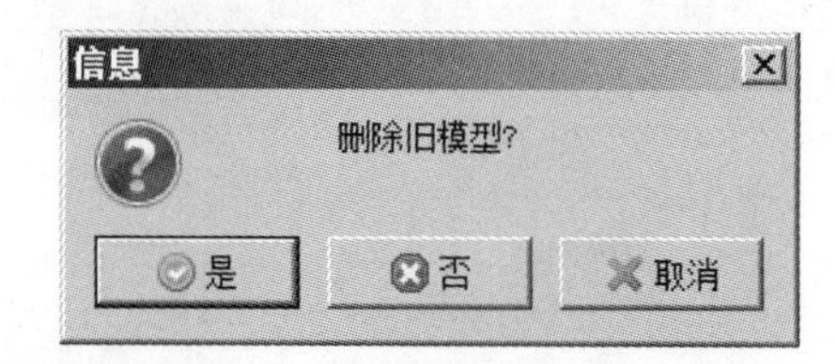


（6）下面将修复好的模型进行输出，重新保存为一个 STL 文件。执行“部分>输出零件>为 STL”命令，然后输入文件名保存，如图所示。

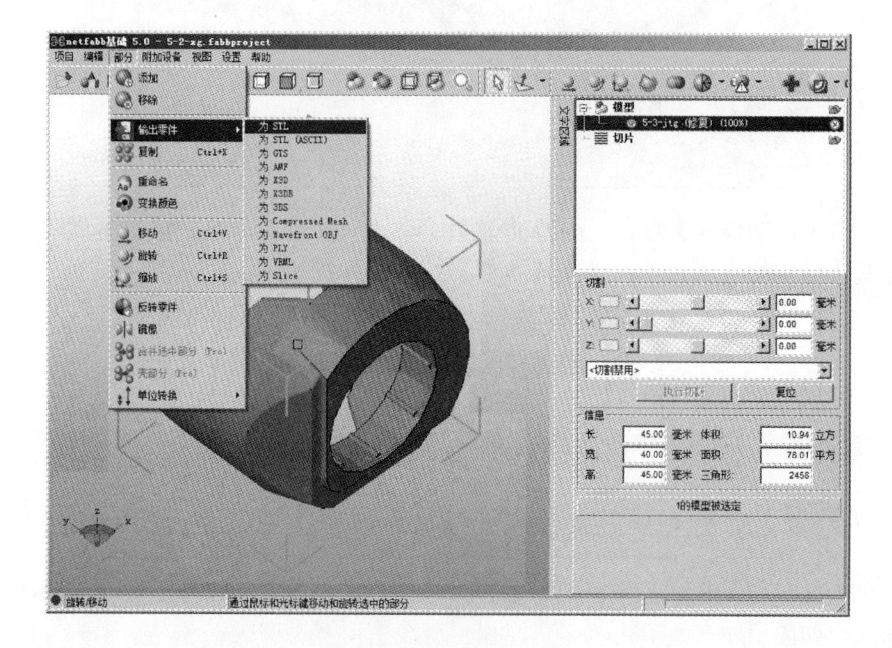

## 5.3.4 打印并校准喷头高度且进行预热

下面打印模型，模型的尺寸我们已经在建模期间设置好了，输出 STL 格式后，打印机就会按照既定的尺寸进行打印。这次我们使用光敏树脂作为打印材料。

在打印之前要做好以下几点（本书前面已经介绍了，这里就不再赘述）。

（1）初始化打印机。

（2）载入 3D 模型。

（3）摆放模型并分层设置。

（4）在设定喷嘴高度前，可以借助打印平台后部的“自动对高块”来测试喷嘴高度。在测试前，请将水平校准器自喷头取下，并确保喷嘴干净以便测量准确。将 3.5mm 双头线分别插入自动对高块和机器后方底部的插口，然后单击软件中的“喷嘴高度测试”，平台会逐渐上升，接近喷嘴时，上升速度会变得非常缓慢，直至喷嘴触及自动对高块上的弹片，测试即完成，软件将会弹出喷嘴当前高度的提示框。

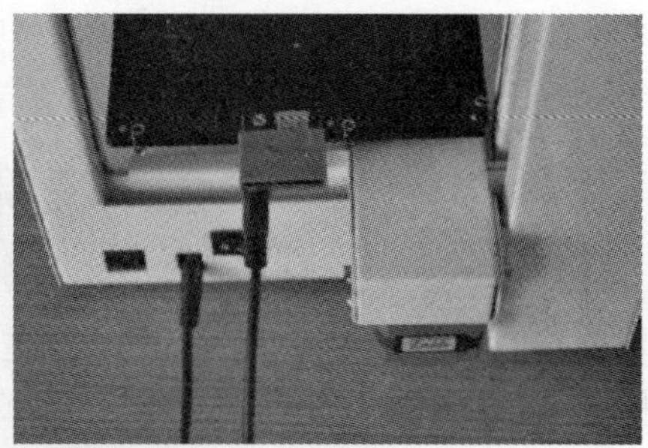

用户还可以对打印平台的高度进行手动校准，喷头高度以喷嘴距离打印平台 0.1mm 时喷头的高度为佳。

注意

打印平台上升的最大高度会比设置值高 1mm。例如，当设置框中的喷头高度显示为 122mm 时，打印平台最高只能升至 123mm。

最后开始打印模型，如图所示为打印出来的模型。

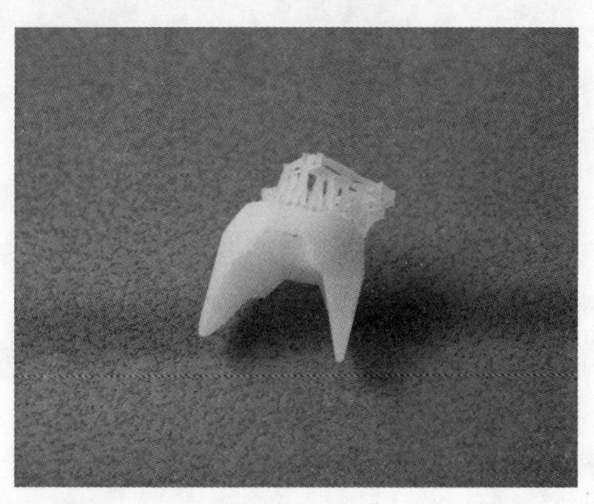

## 5.3.5 移除摄像头镜头盖模型

建议在撤出模型之前先撤下打印平台，如果不这样做，很可能使整个平台弯曲，导致喷头和打印平台的角度改变。

（1）当模型完成打印时，打印机会发出蜂鸣声，喷嘴和打印平台会停止加热。

（2）把铲刀慢慢地滑动到模型下面，来回撬松模型，切记在撬模型时要防止烫伤。

### 5.3.6 移除摄像头镜头盖的支撑材料

模型由两部分组成，一部分是模型本身，另一部分是支撑材料。支撑材料和模型主材料的物理性能是一样的，只是支撑材料的密度小于主材料，所以很容易从主材料上移除支撑材料。

支撑材料可以使用多种工具来拆除。一部分可以很容易地用手拆除，越接近模型的支撑，使用钢丝钳或者尖嘴钳越容易移除，如图所示。

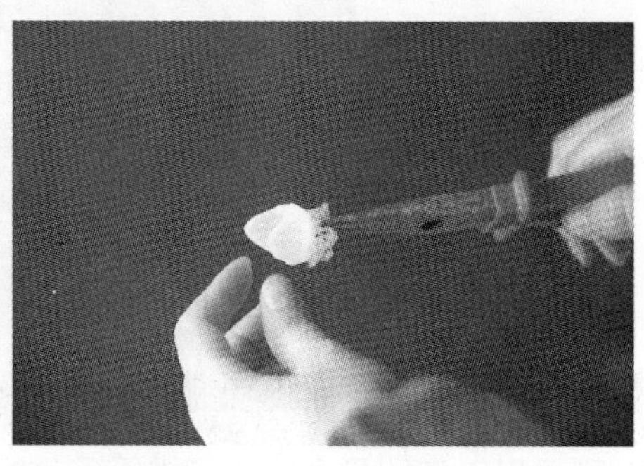

注意

（1）在移除支撑时一定要佩戴防护眼罩，尤其是在移除 PLA 材料时。

（2）支撑材料和工具都很锋利，在从打印机上移除模型时请注意防护。

**打印效果展示**

# 5.4 手机支架

## 手机支架的设计草图

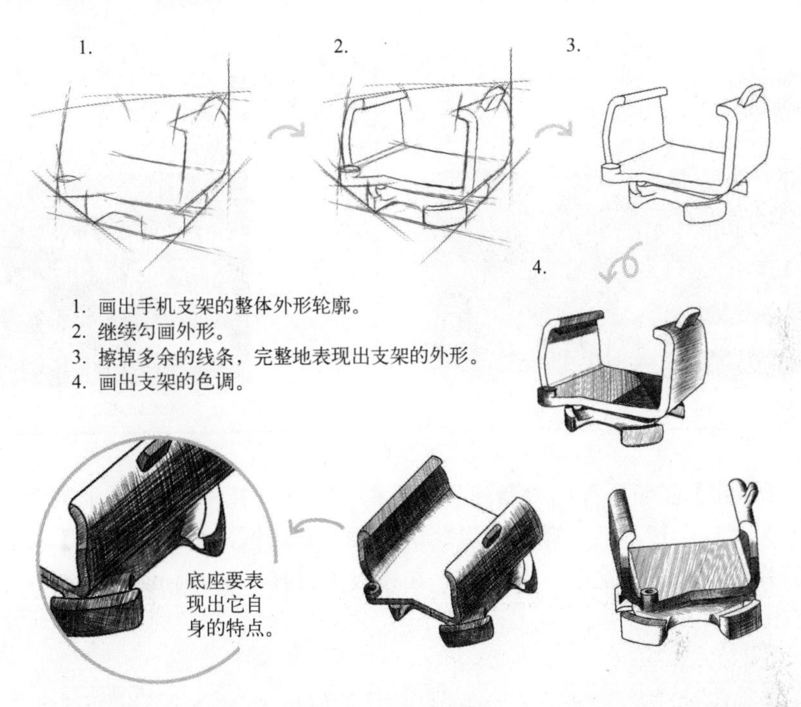


本节介绍利用拉伸、旋转等命令制作支架模型的方法。在建模过程中我们采用先下后上的方式进行，首先创建支架模型的底部特征，然后创建支架的上部分特征，最后完成支架的修饰。本节的草图绘制简单，过程比较繁琐、单调，请耐心按照教程绘制。本例参考图如下图所示。

## 5.4.1 操作步骤详解

### STEP01 新建零件主体

01 在计算机上打开 PTC Creo Parametric 3.0 软件，出现其界面，如下左图所示。然后单击【新建】按钮，如下右图所示。

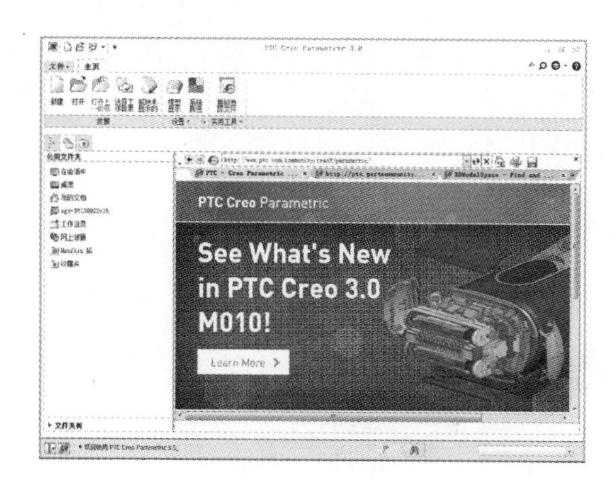


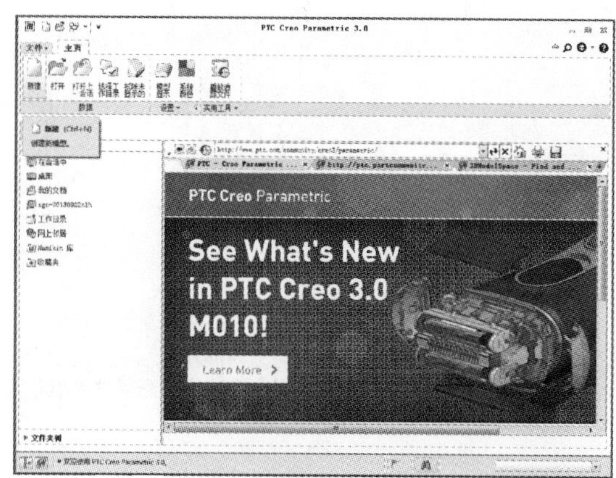


02 单击【新建】按钮后弹出“新建”对话框，类型选择“零件”、子类型选择“实体”，将文件名更改为“5-4-zj”，不选择“使用默认模板”复选框，单击【确定】按钮，如下左图所示。单击后弹出“新文件选项”对话框，在模板中选择“mmns-part-solid”，单击【确定】按钮，如下右图所示。

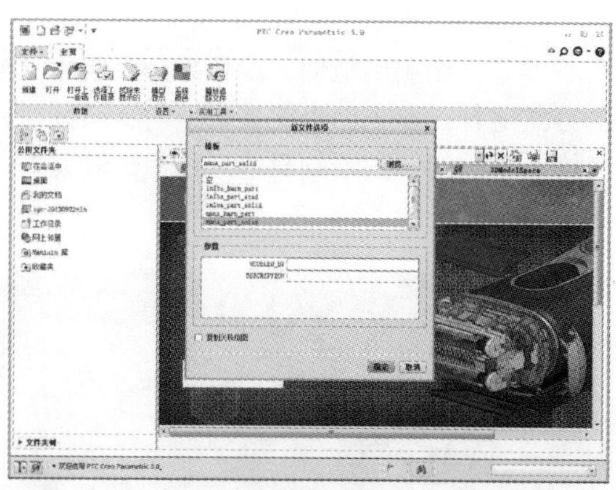

### STEP02 支架底部建模

01 在“模型”选项卡中单击【旋转】按钮，如下左图所示。单击【旋转】按钮后系统显示“旋转”选项卡，如下右图所示。

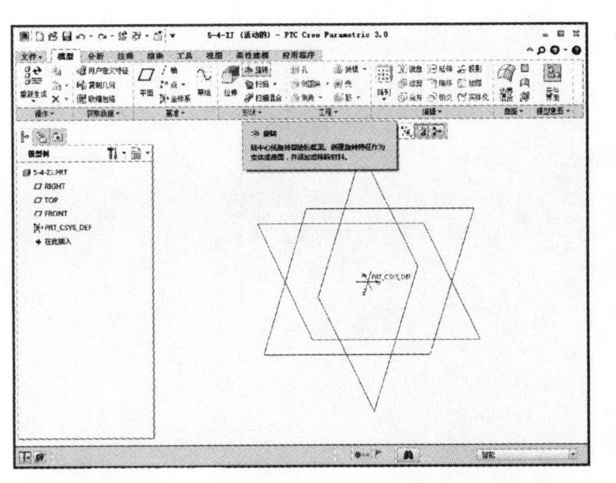

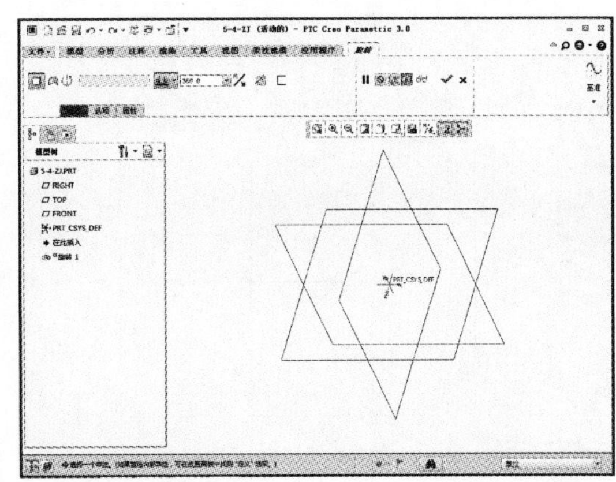

02 单击【放置】按钮，选择定义草绘平面，弹出“草绘”对话框，定义拉伸基准面为 FRONT 平面，然后单击【草绘】按钮，如下左图所示。单击该按钮后显示“草绘”选项卡，然后单击【草绘视图】按钮，如下右图所示。

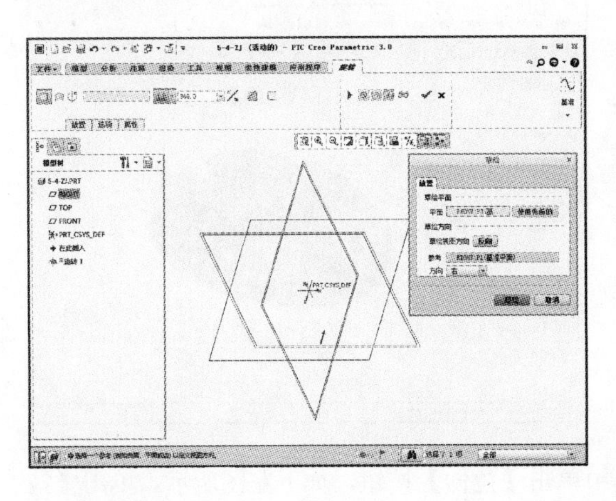

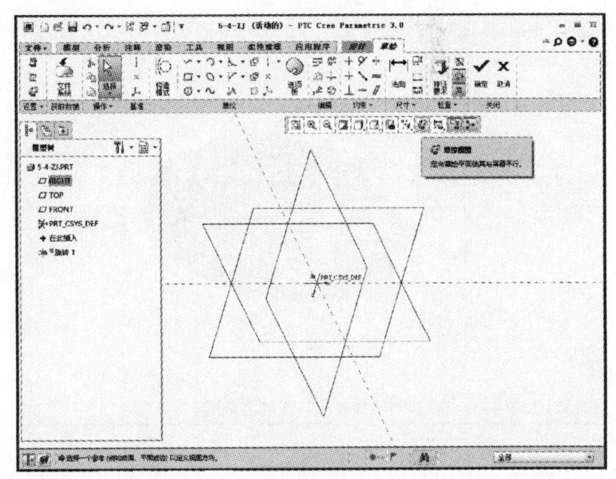

03 在“草绘”选项卡中单击【中心线】按钮，如下左图所示。绘制图示的中心线，中心在图中 Y 轴上，如下右图所示。

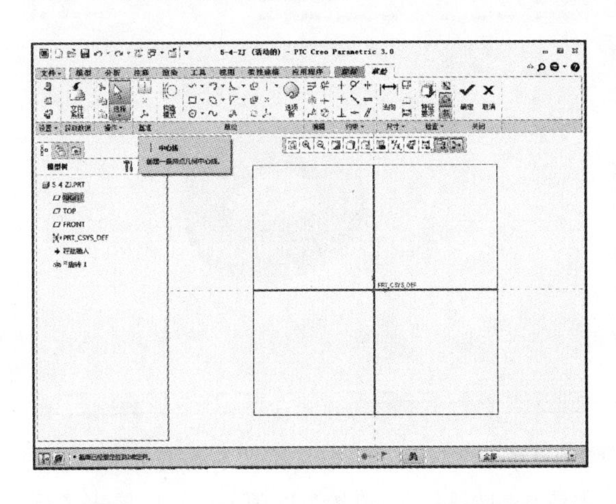

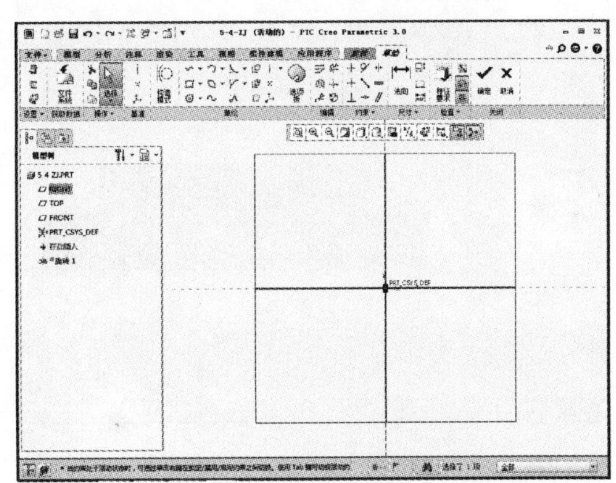

04 在“草绘”选项卡中单击【线链】按钮，如下左图所示。绘制图示图形，如下右图所示。

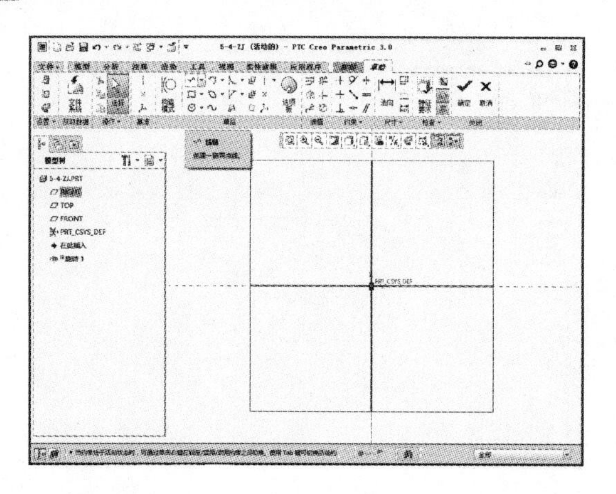

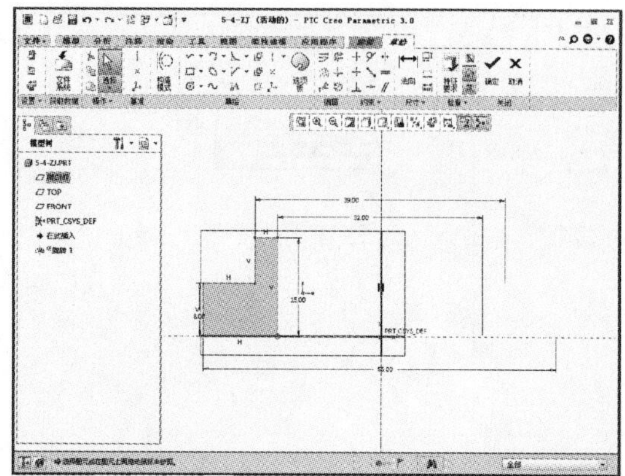

05 草图绘制完成后单击【确定】按钮，进入“旋转”选项卡，设置旋转 360°，如下左图所示。设置完成后单击【确定】按钮，如下右图所示。

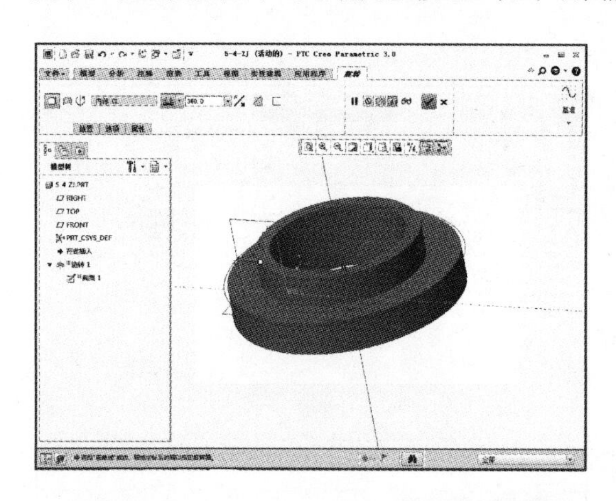

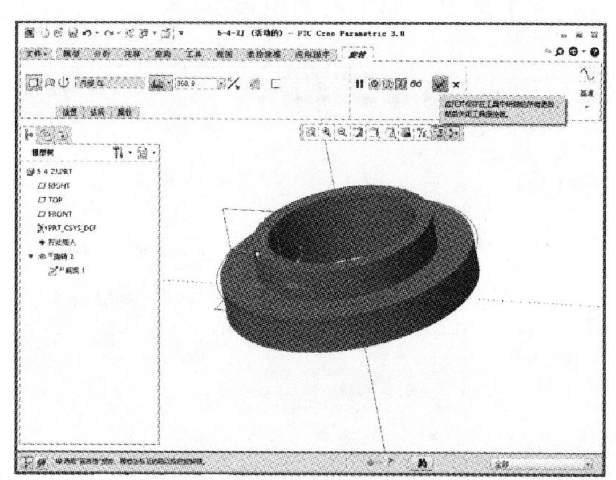

06 完成上述特征操作后在“模型”选项卡中单击【拉伸】按钮，如下左图所示。单击【拉伸】按钮后系统显示“拉伸”选项卡，如下右图所示。

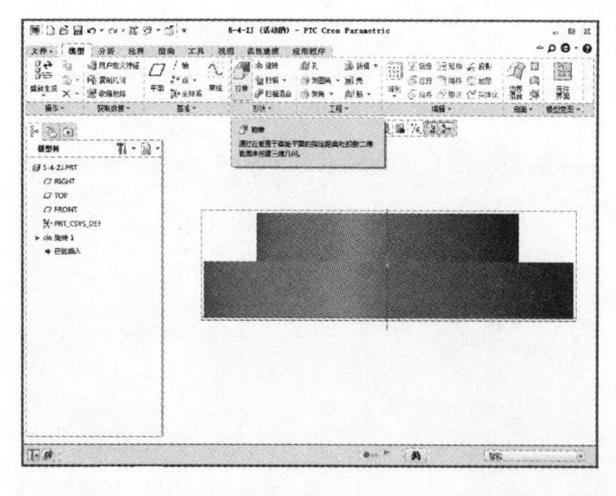

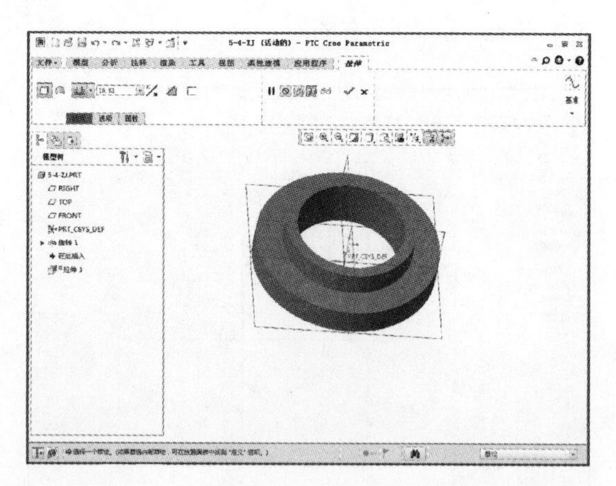

07 单击【放置】按钮，选择定义草绘平面，弹出“草绘”对话框，定义拉伸基准面为 FRONT 平面，然后单击【草绘】按钮，如下左图所示。单击该按钮后显示“草绘”选项卡，然后单击【草绘视图】按钮，如下右图所示。

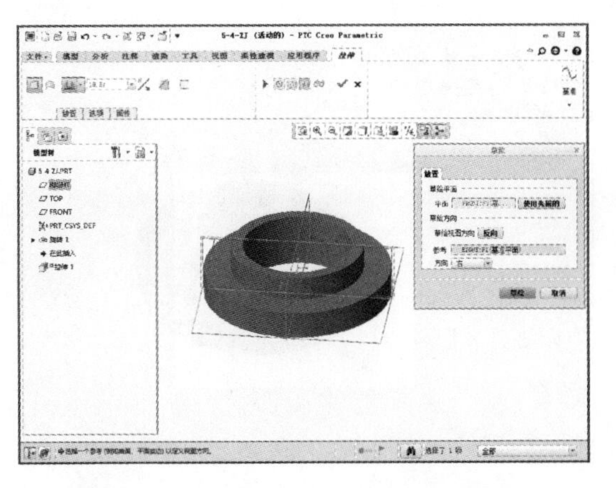

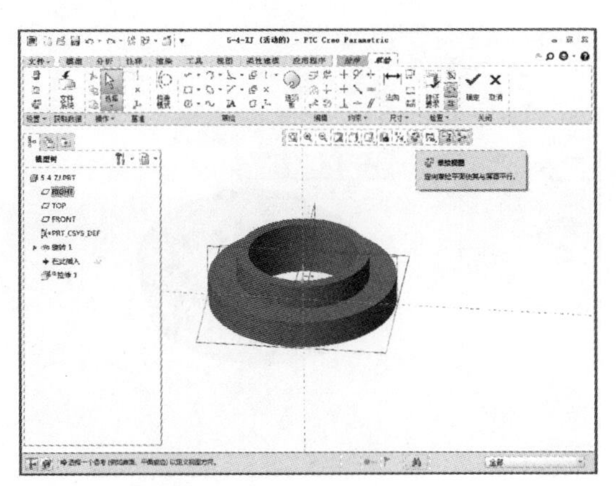

08 在“草绘”选项卡中单击【圆心和点】按钮，如下左图所示。绘制图示图形，圆的直径为 30，圆心距离 X 轴 9，如下右图所示。

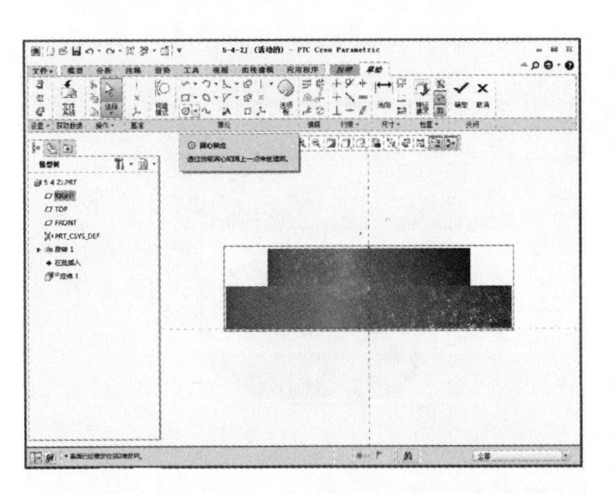

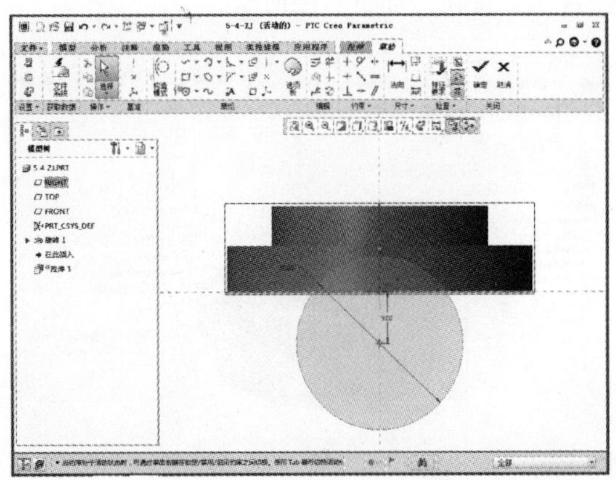

09 草图绘制完成后单击【确定】按钮，进入“拉伸”选项卡，设置对称拉伸切除，指定值为 55，如下左图所示。设置完成后单击【确定】按钮，如下右图所示。

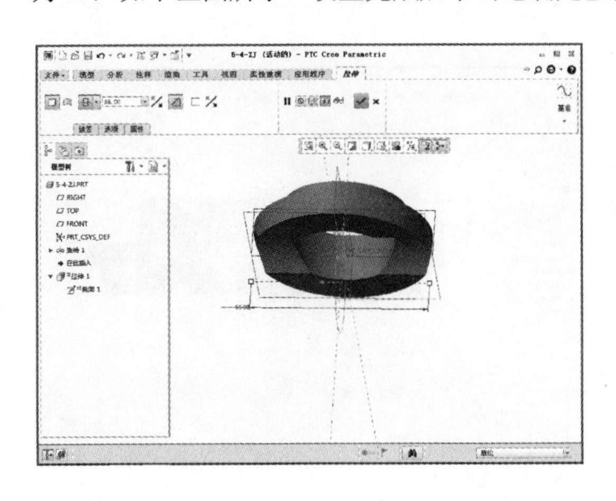

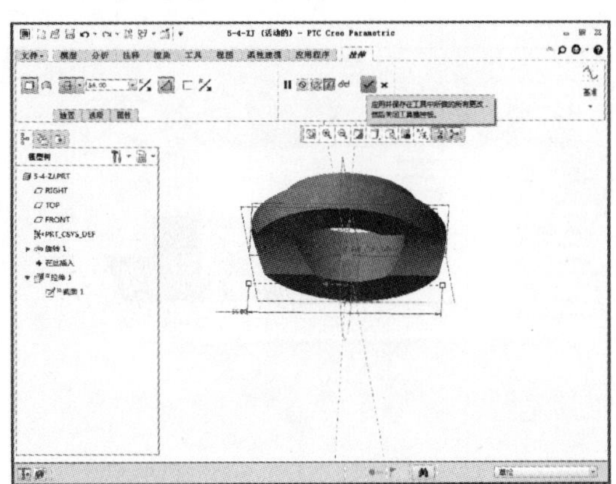

10 完成上述特征操作后在“模型”选项卡中单击【拉伸】按钮，如下左图所示。单击【拉伸】按钮后系统显示“拉伸”选项卡，如下右图所示。

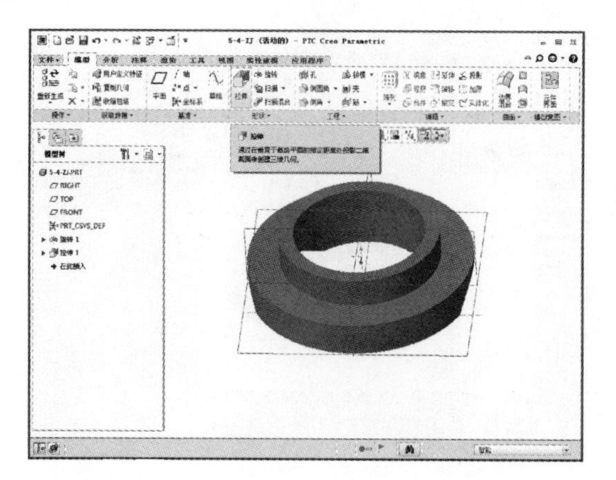

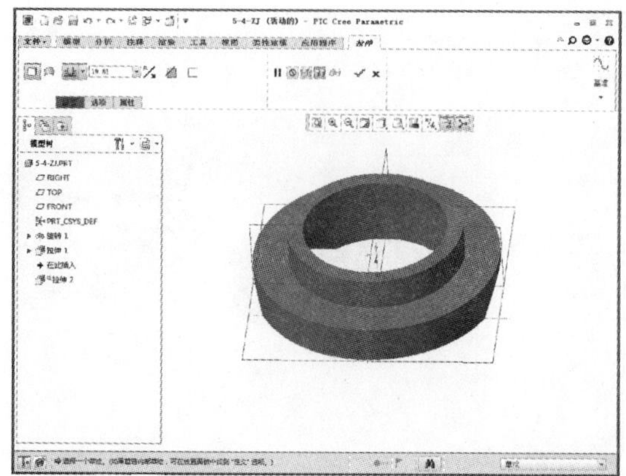

11 单击【放置】按钮，选择定义草绘平面，弹出“草绘”对话框，定义拉伸基准面为 RIGHT 平面，然后单击【草绘】按钮，如下左图所示。单击该按钮后显示“草绘”选项卡，然后单击【草绘视图】按钮，如下右图所示。

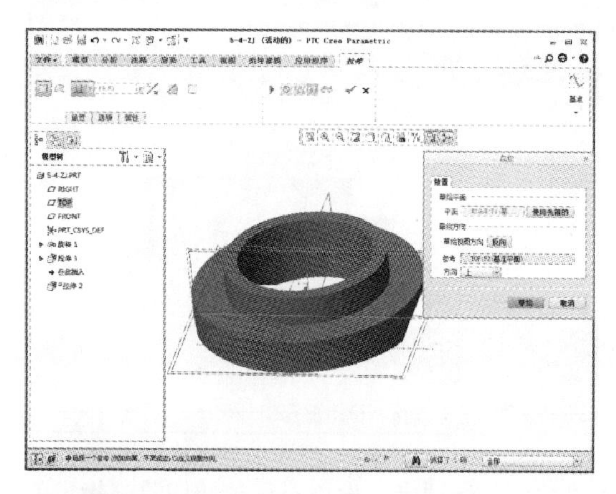

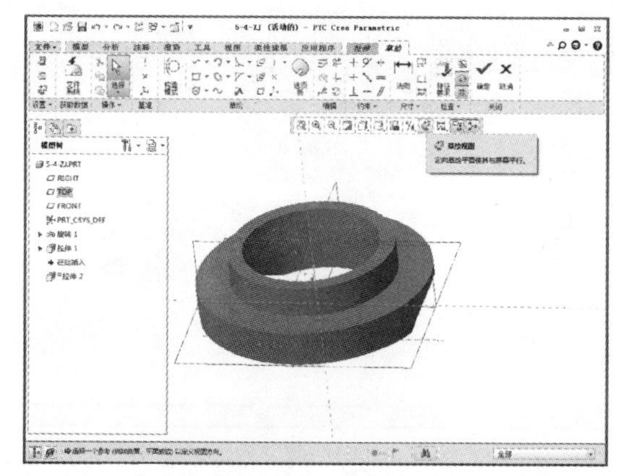

12 在“草绘”选项卡中单击【圆心和点】按钮，如下左图所示。绘制图示图形，圆的直径为 30，圆心距离 X 轴 9，如下右图所示。

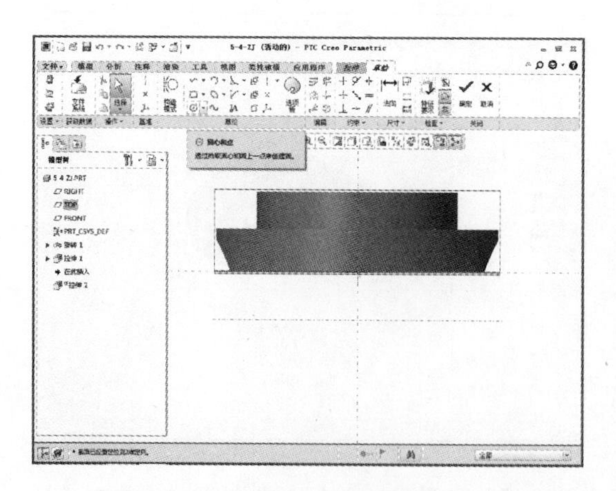

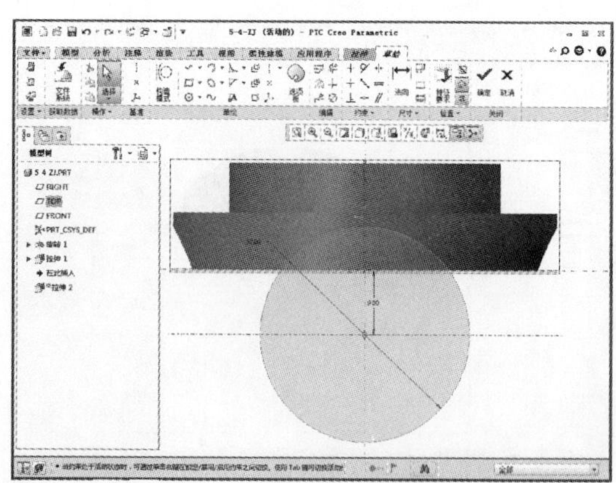

13 草图绘制完成后单击【确定】按钮，进入“拉伸”选项卡，设置对称拉伸切除，值为 55，如下左图所示。设置完成后单击【确定】按钮，如下右图所示。

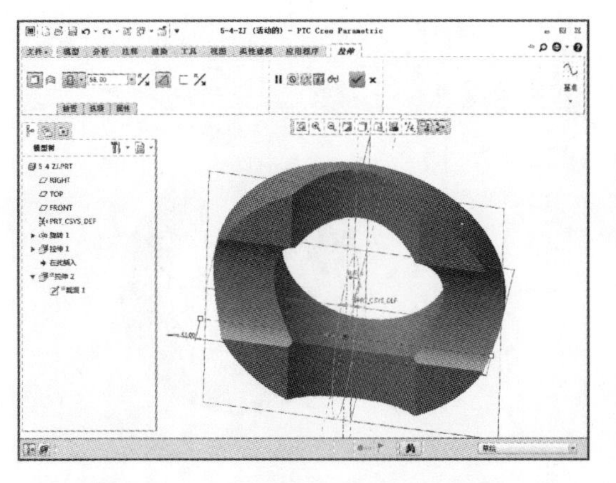

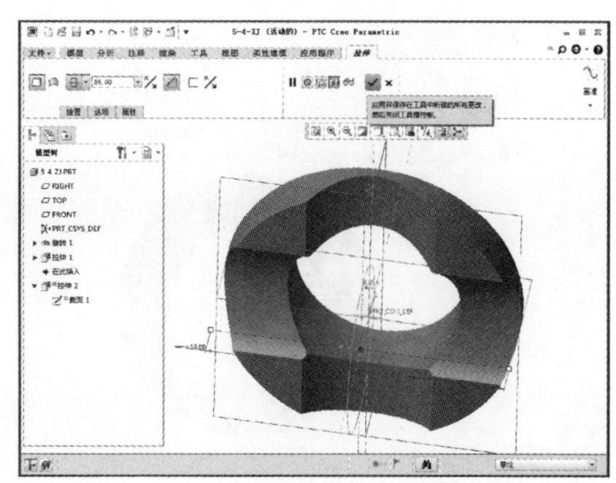

14 完成上述特征操作后在“模型”选项卡中单击【拉伸】按钮，如下左图所示。单击【拉伸】按钮后系统显示“拉伸”选项卡，如下右图所示。

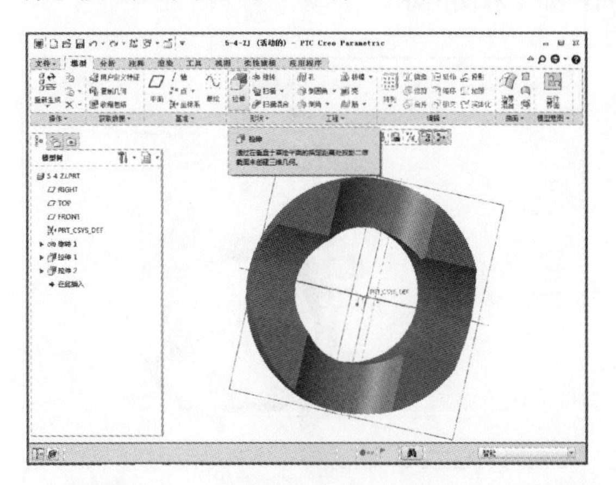

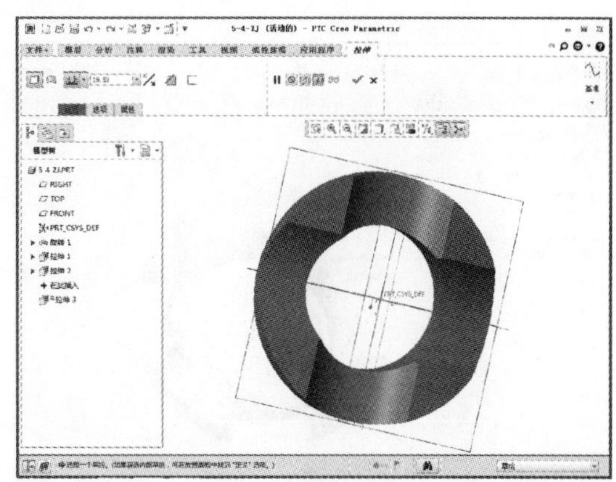

15 单击【放置】按钮，选择定义草绘平面，弹出“草绘”对话框，定义拉伸基准面为 TOP 平面，然后单击【草绘】按钮，如下左图所示。单击该按钮后显示“草绘”选项卡，然后单击【草绘视图】按钮，如下右图所示。

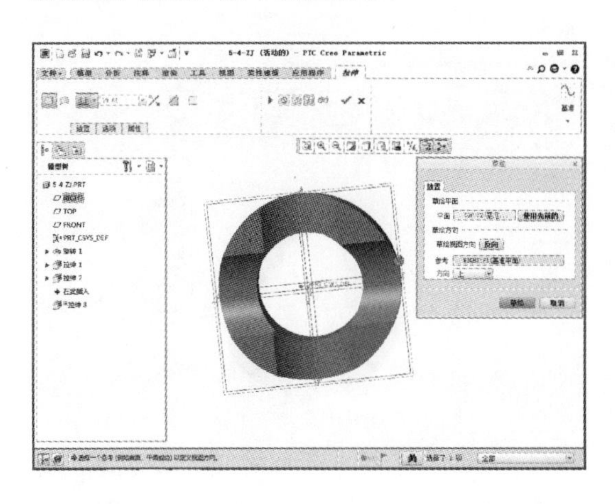

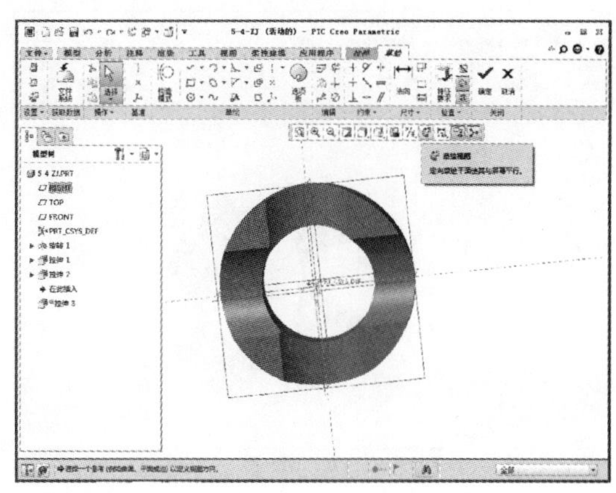

16 在“草绘”选项卡中单击【线链】【投影】等按钮，如下左图所示。绘制图示图形，直线距离中线均为 9，如下右图所示。

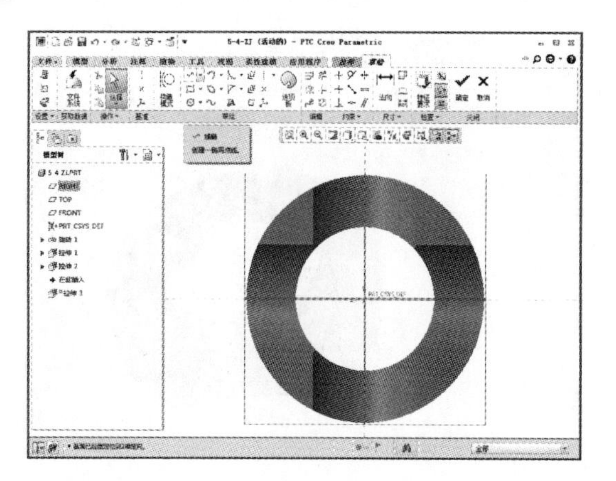

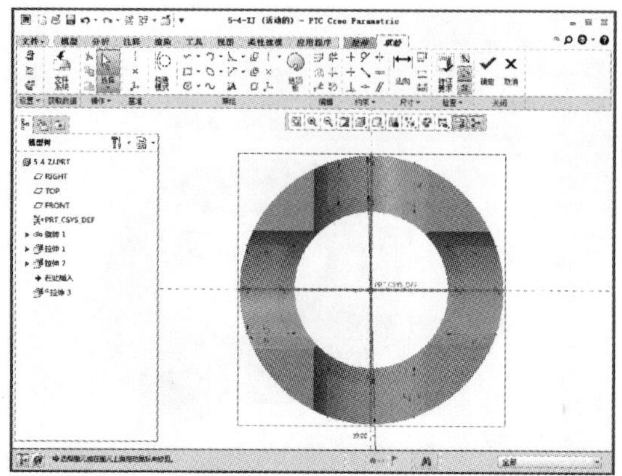

17 草图绘制完成后单击【确定】按钮，进入“拉伸”选项卡，设置指定值拉伸切除，值为8，如下左图所示。设置完成后单击【确定】按钮，如下右图所示。

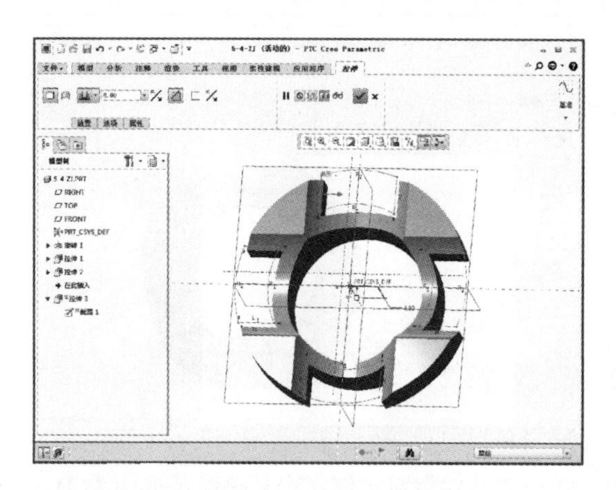

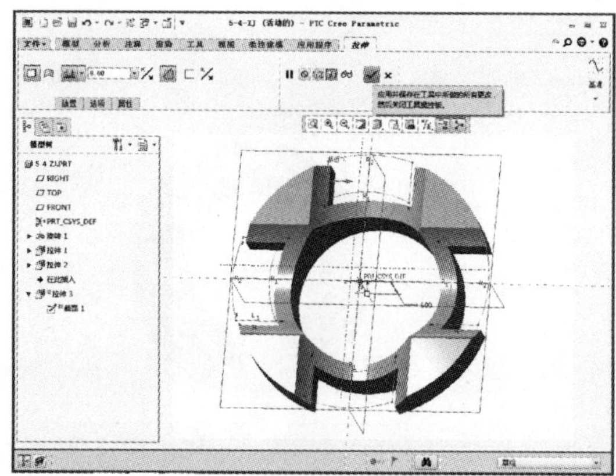

18 完成上述特征操作后单击【平面】按钮，创建一个基准平面，如下左图所示。单击该按钮后系统弹出“基准平面”对话框，系统界面如下右图所示。

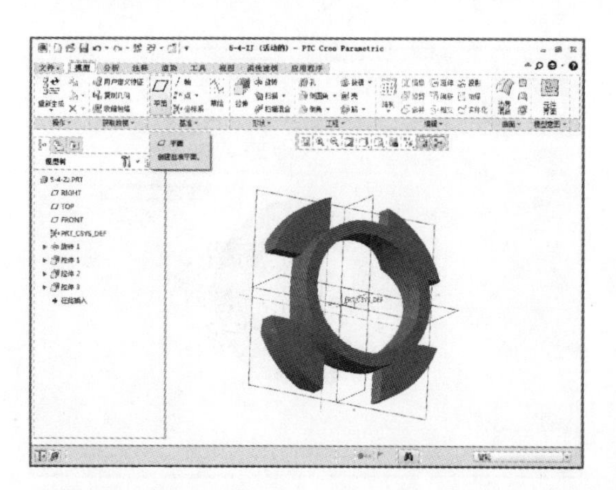

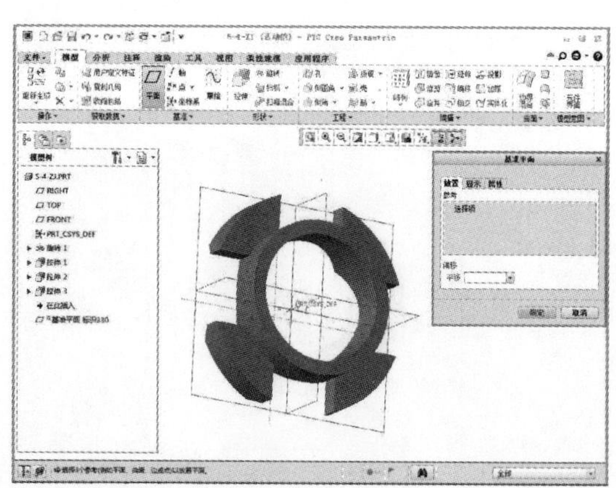

19 在图中选取 FRONT 平面和 A_1 轴（旋转 1 的轴线）作为参考基准，如下左图所示。设定旋转角度为 45°，设定完成后单击【确定】按钮，如下右图所示。

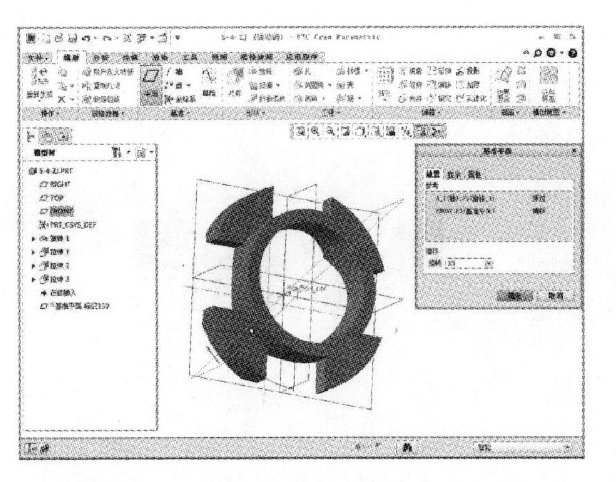

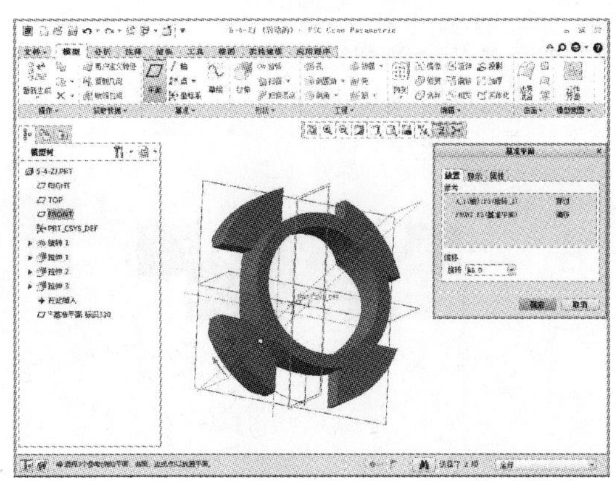

20 在“模型”选项卡中单击【旋转】按钮，如下左图所示。单击【旋转】按钮后系统显示“旋转”选项卡，如下右图所示。

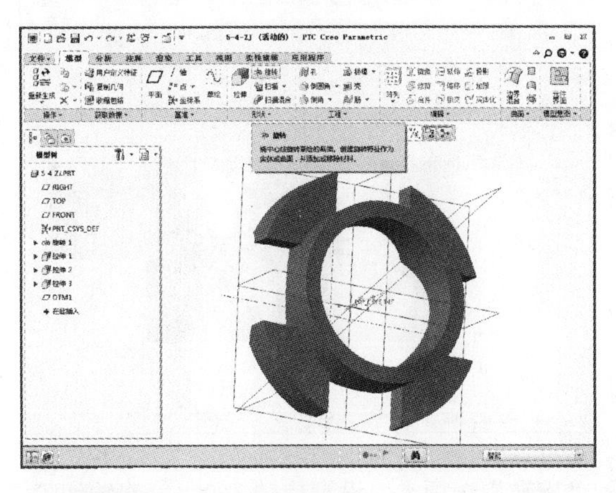

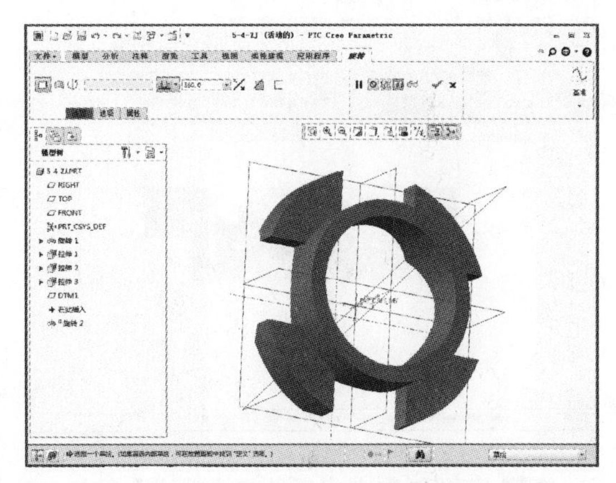

21 单击【放置】按钮，选择定义草绘平面，弹出“草绘”对话框，定义拉伸基准面为 DTM1 平面，然后单击【草绘】按钮，如下左图所示。单击该按钮后显示“草绘”选项卡，然后单击【草绘视图】按钮，如下右图所示。

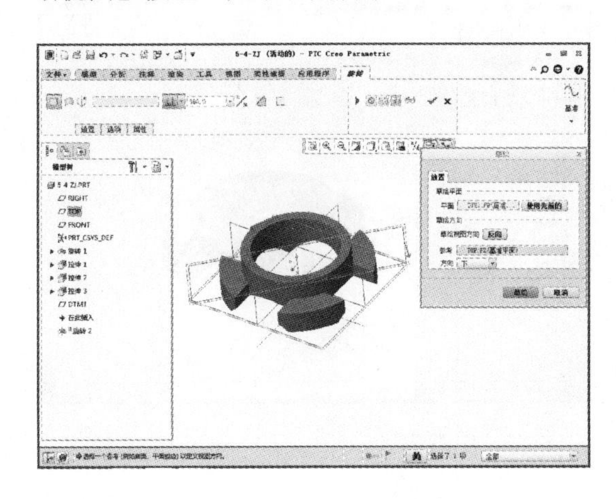

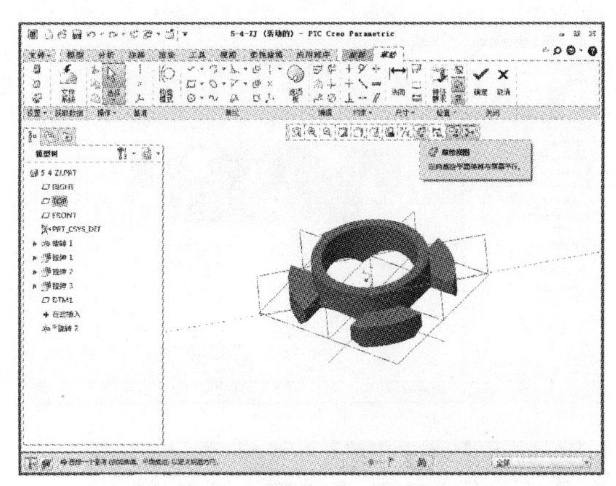

22 在“草绘”选项卡中单击【中心线】按钮，如下左图所示。绘制图示中心线，中心在图中 Y 轴上，如下右图所示。

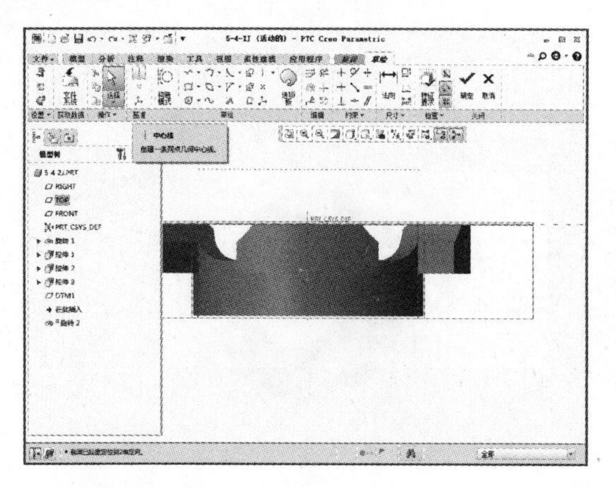

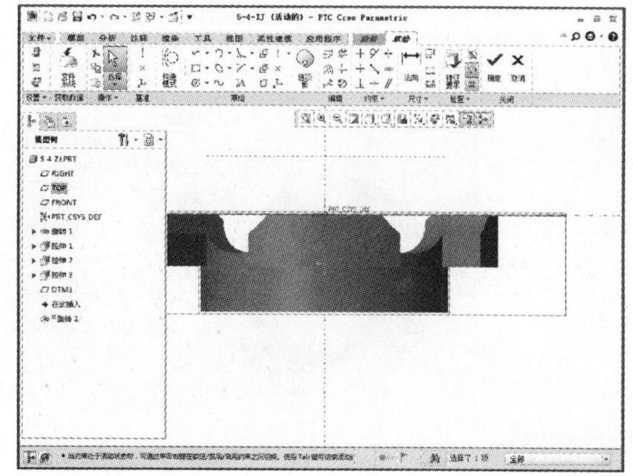

23 在“草绘”选项卡中单击【线链】按钮，如下左图所示。绘制图示图形，如下右图所示。

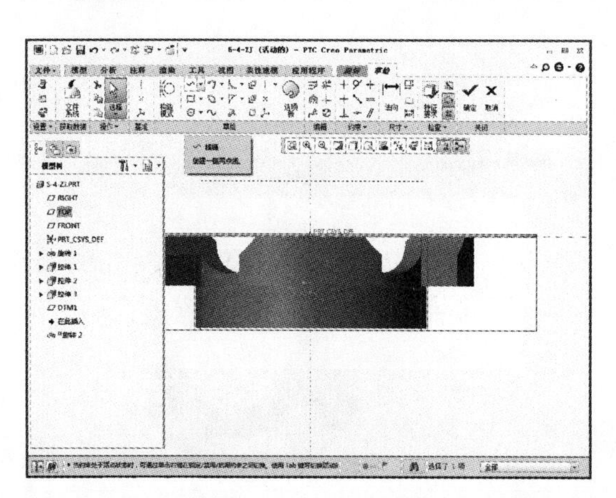

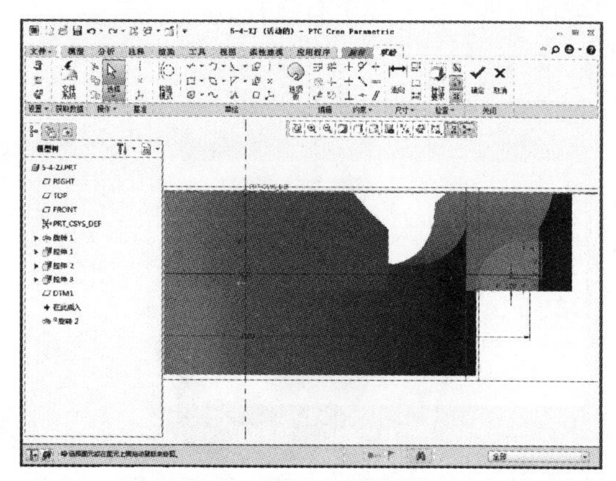

24 草图绘制完成后单击【确定】按钮，进入“旋转”选项卡，设置旋转 360°，旋转切除，如下左图所示。设置完成后单击【确定】按钮，如下右图所示。

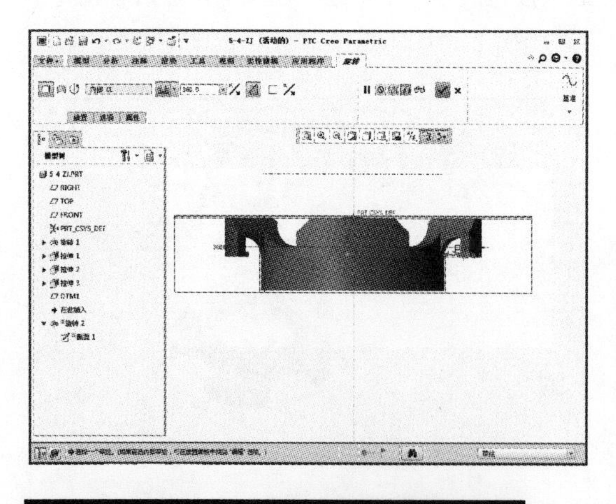

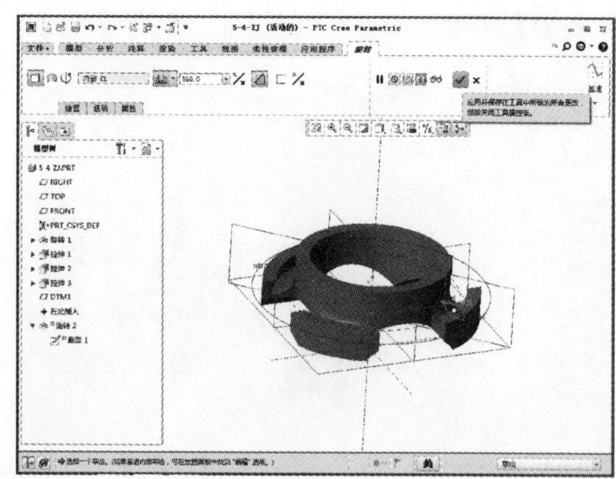

## STEP03 创建支架上部分特征

01 完成上述特征操作后在“模型”选项卡中单击【拉伸】按钮，如下左图所示。单击【拉伸】按钮后系统显示“拉伸”选项卡，如下右图所示。

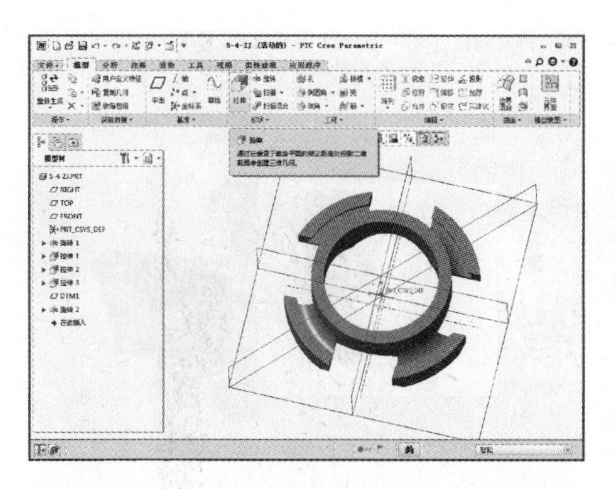

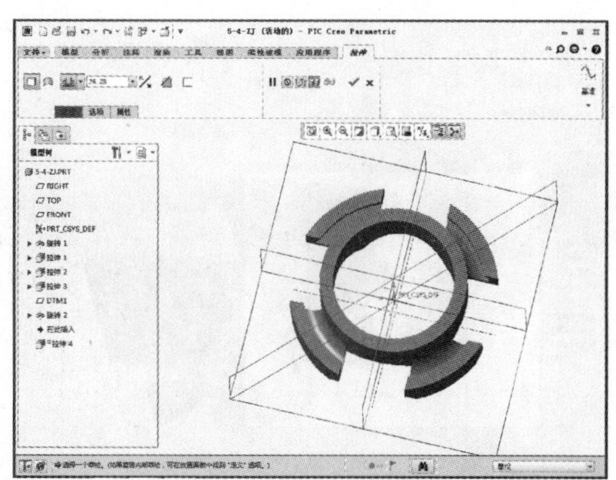

02 单击【放置】按钮，选择定义草绘平面，弹出“草绘”对话框，定义拉伸基准面为 RIGHT 平面，然后单击【草绘】按钮，如下左图所示。单击该按钮后显示“草绘”对话框，然后单击【草绘视图】按钮，如下右图所示。

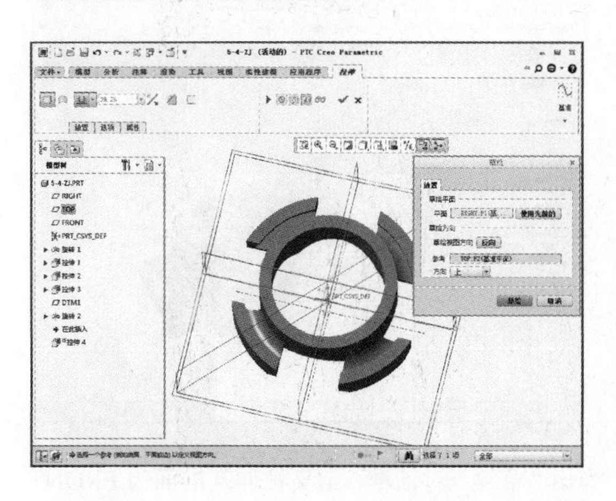

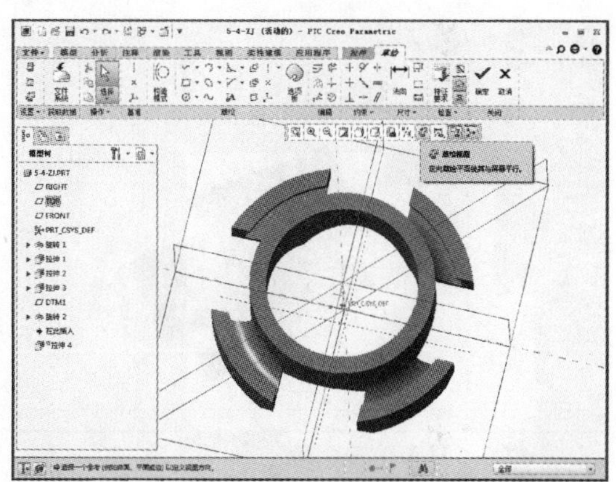

03 在“草绘”选项卡中单击【线链】按钮，如下左图所示。绘制图示图形，如下右图所示。

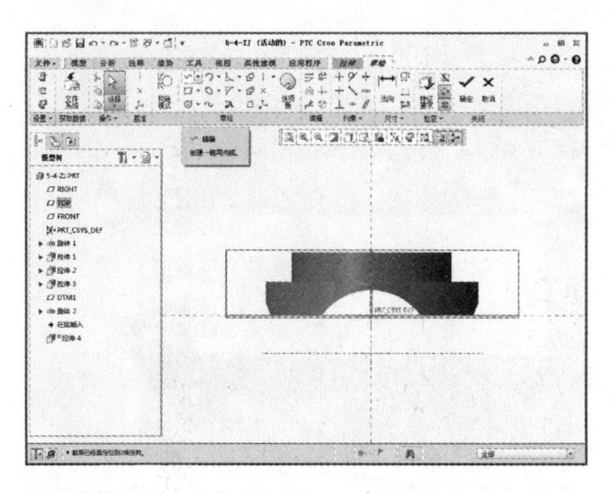

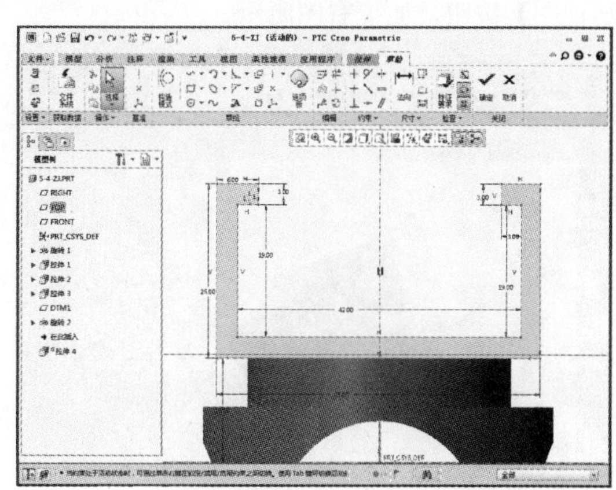

04 草图绘制完成后单击【确定】按钮，进入“拉伸”选项卡，设置对称拉伸，指定拉伸值为 48，如下左图所示。设置完成后单击【确定】按钮，如下右图所示。

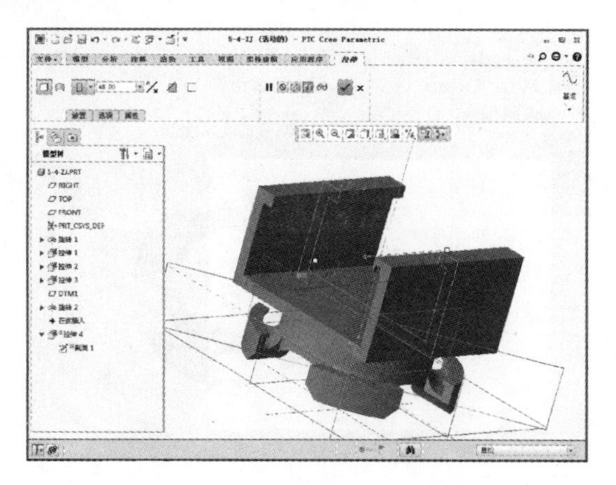

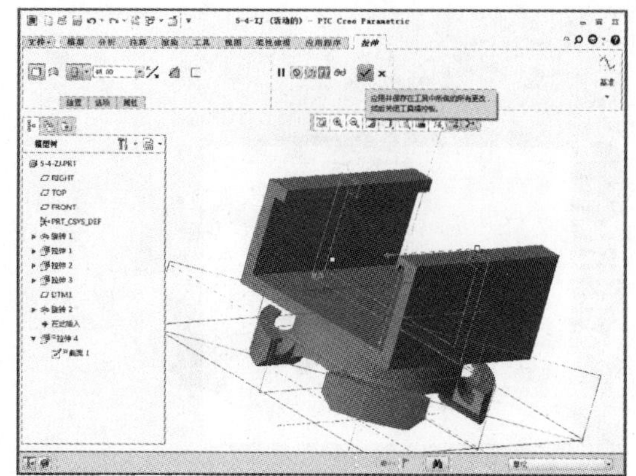

**05** 完成上述特征操作后在“模型”选项卡中单击【拉伸】按钮，如下左图所示。单击【拉伸】按钮后系统显示“拉伸”选项卡，如下右图所示。

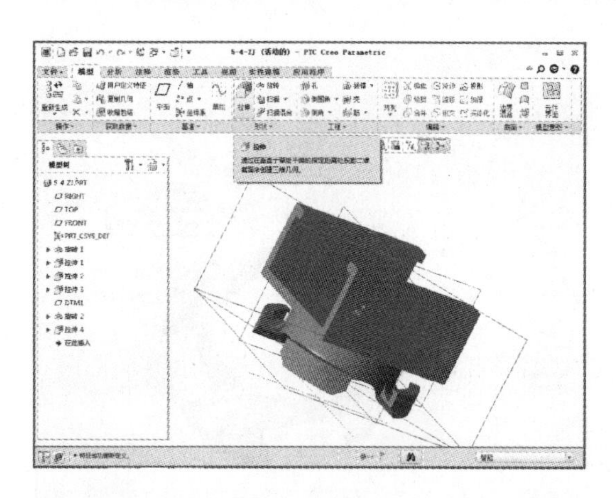

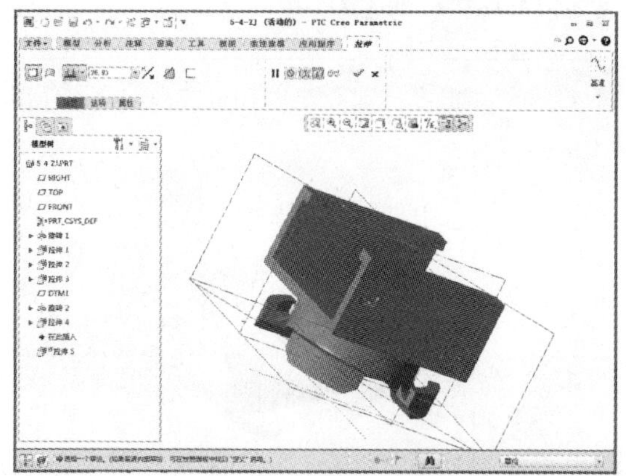

**06** 单击【放置】按钮，选择定义草绘平面，弹出“草绘”对话框，定义拉伸基准面为 FRONT 平面，然后单击【草绘】按钮，如下左图所示。单击该按钮后显示“草绘”选项卡，然后单击【草绘视图】按钮，如下右图所示。

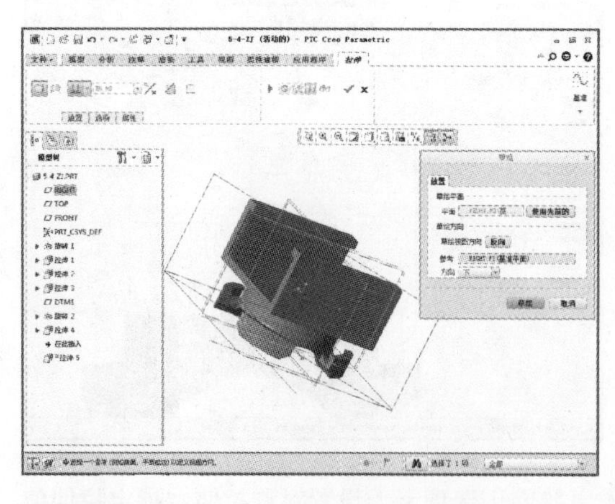

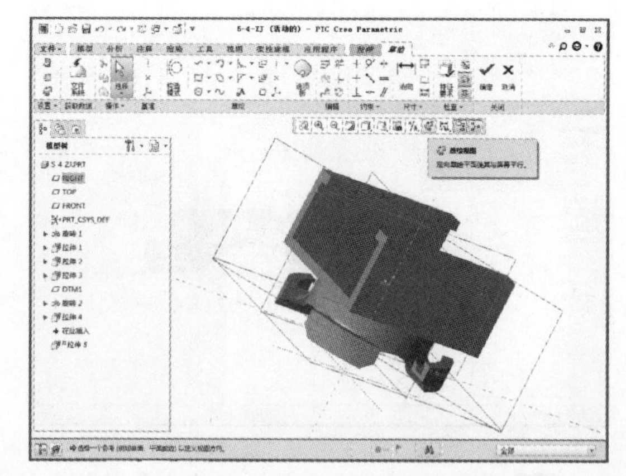

**07** 在“草绘”选项卡中单击【线链】等按钮，如下左图所示。绘制图示的直角三角形，短直角边长为 3，长为投影直线的一半，上下两个图形对称，如下右图所示。

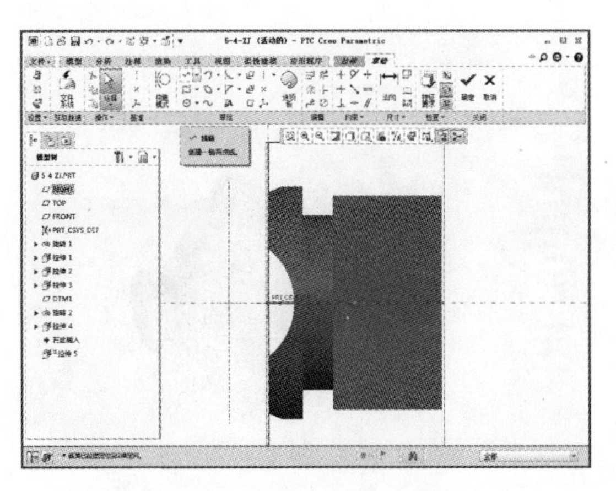

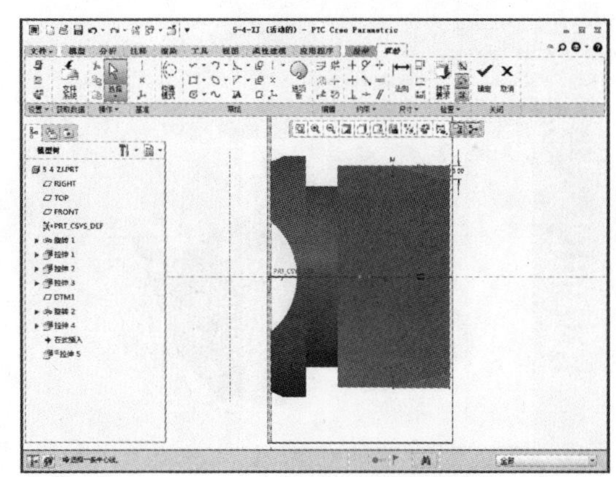

08 草图绘制完成后单击【确定】按钮，进入“拉伸”选项卡，设置对称拉伸切除，拉伸值为 48，如下左图所示。设置完成后单击【确定】按钮，如下右图所示。

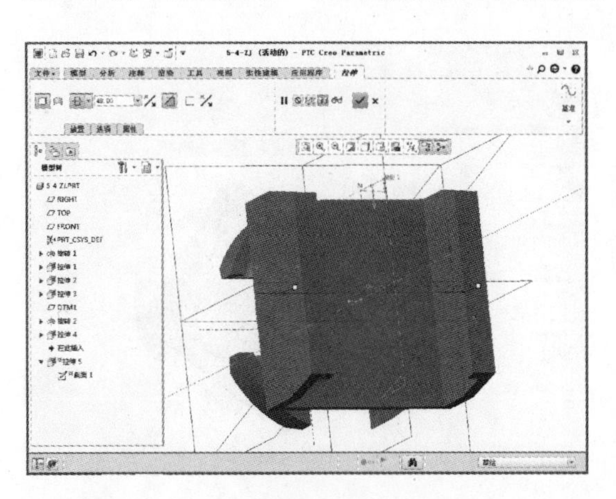

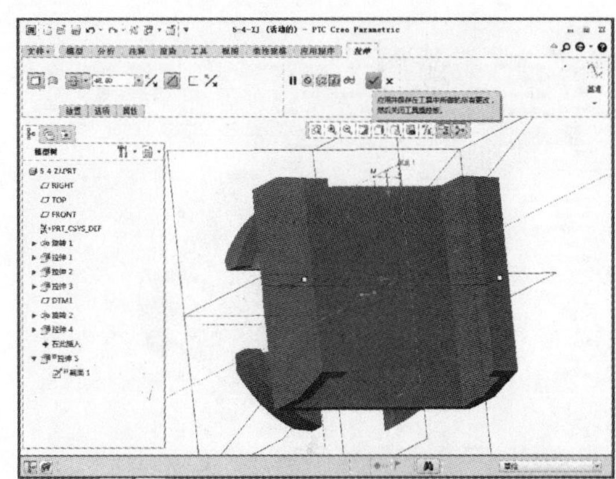

09 完成上述特征操作后单击【倒圆角】按钮，如下左图所示。单击【倒圆角】按钮后系统显示“倒圆角”选项卡，如下右图所示。

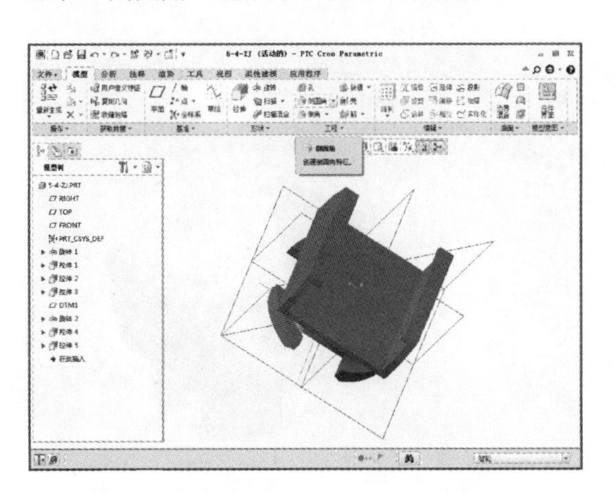

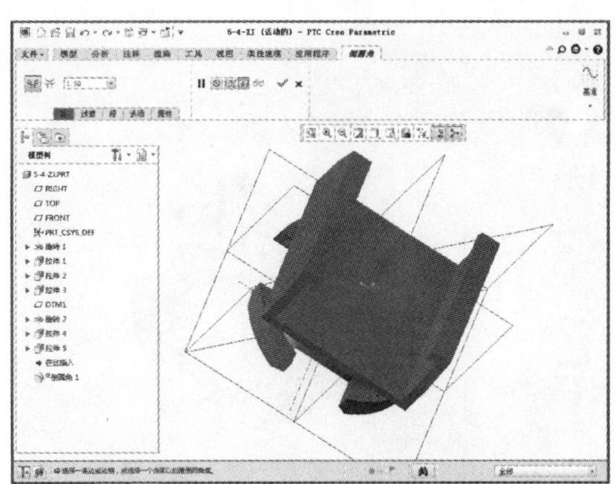

10 在“倒圆角”选项卡中设定半径为 1.5，如下左图所示。参数设定完成后选择图中的 12 条边作为倒圆角的边，并单击【确定】按钮，如下右图所示。

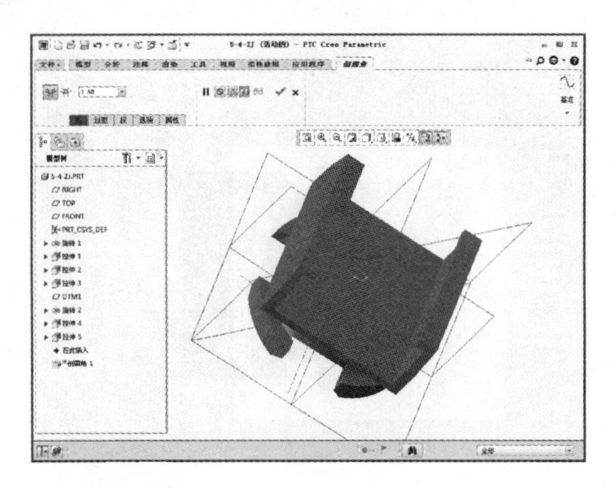
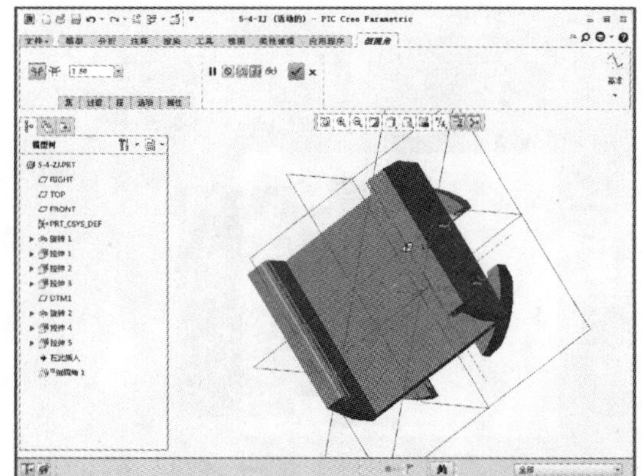

11 完成上述特征操作后单击【倒圆角】按钮，如下左图所示。单击【倒圆角】按钮后系统显示“倒圆角”选项卡，如下右图所示。

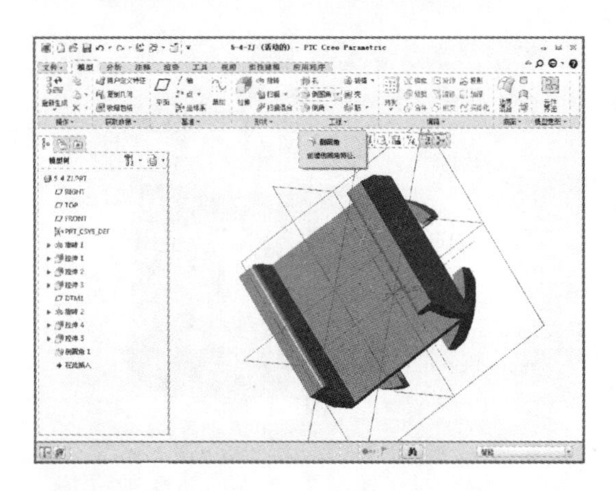
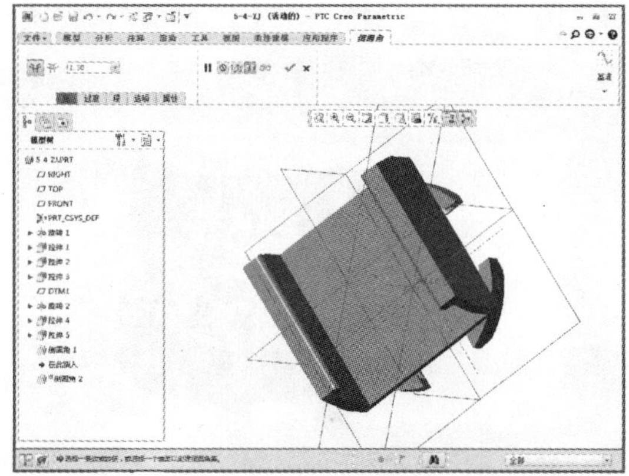

12 在“倒圆角”选项卡中设定半径为 1.5，如下左图所示。参数设定完成后选择图中的 20 条边作为倒圆角的边，并单击【确定】按钮，如下右图所示。

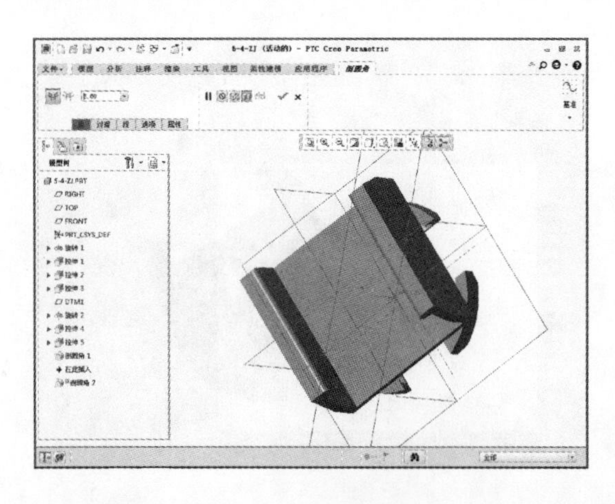
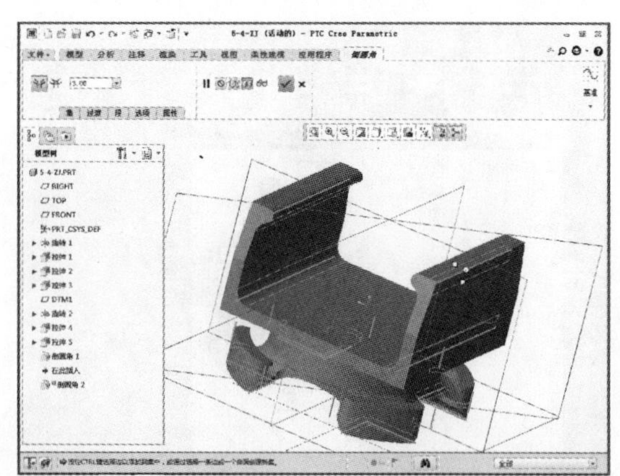

13 完成上述特征操作后单击【倒圆角】按钮，如下左图所示。单击【倒圆角】按钮后系统显示“倒圆角”选项卡，如下右图所示。

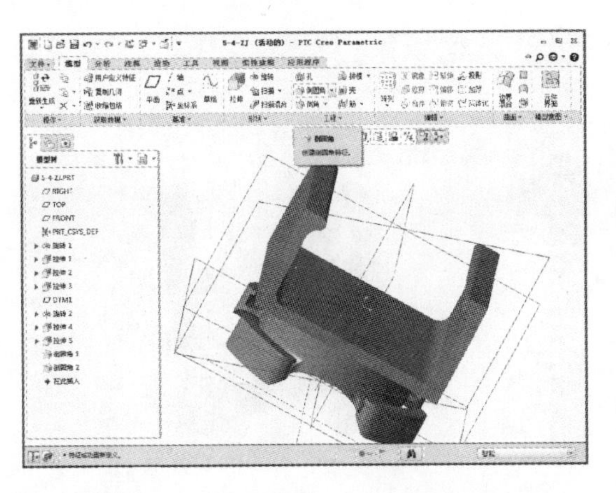

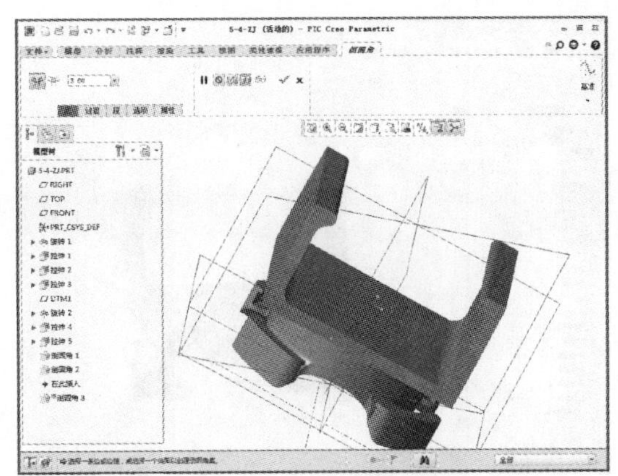

14 在“倒圆角”选项卡中设定半径为 6，如下左图所示。参数设定完成后选择图中的两条边作为倒圆角的边，并单击【确定】按钮，如下右图所示。

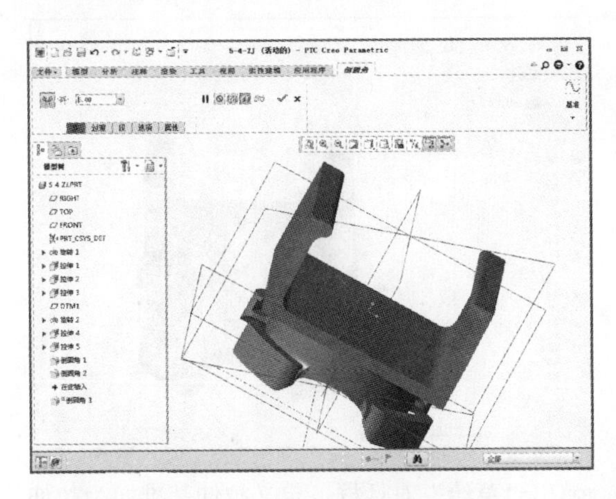

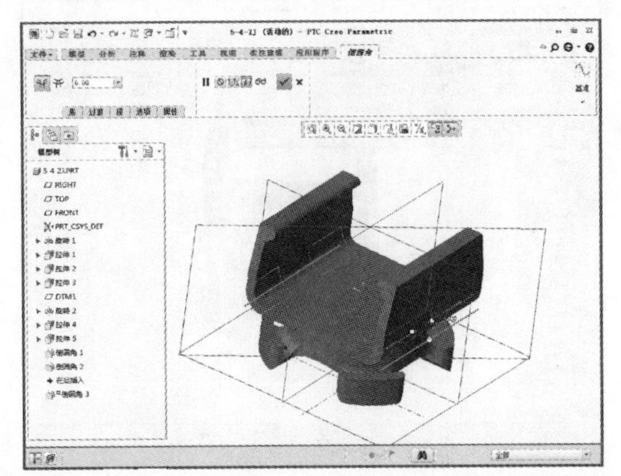

15 完成上述特征操作后单击【倒圆角】按钮，如下左图所示。单击【倒圆角】按钮后系统显示“倒圆角”选项卡，如下右图所示。

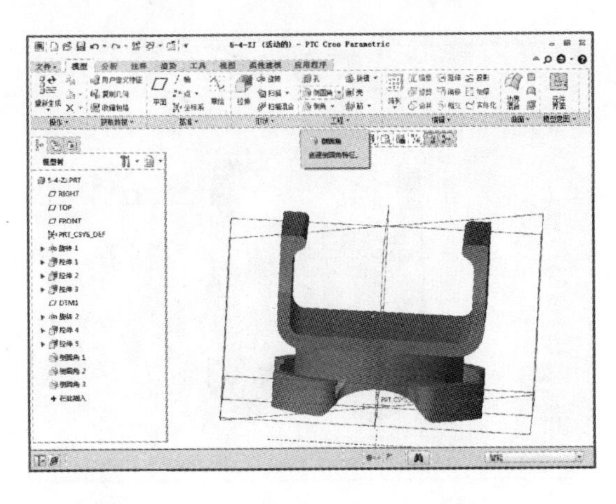

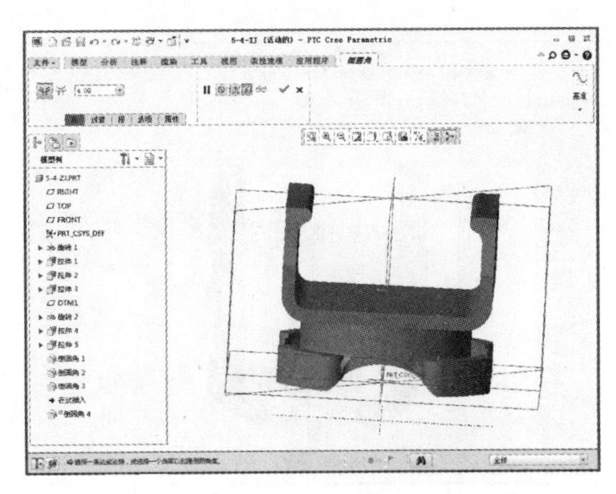

16 在“倒圆角”选项卡中设定半径为 4，如下左图所示。参数设定完成后选择图中的两条边作为倒圆角的边，并单击【确定】按钮，如下右图所示。

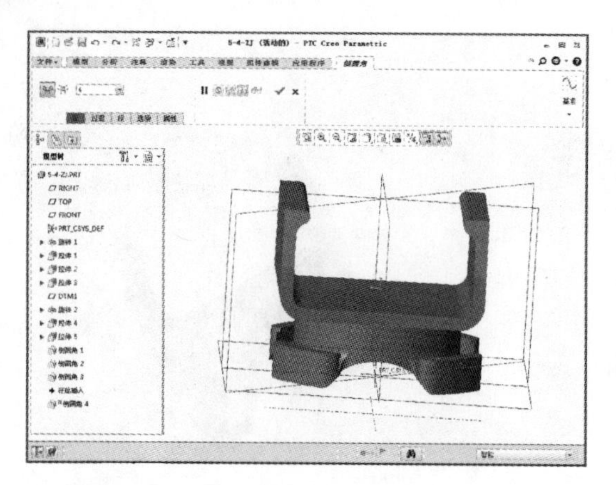

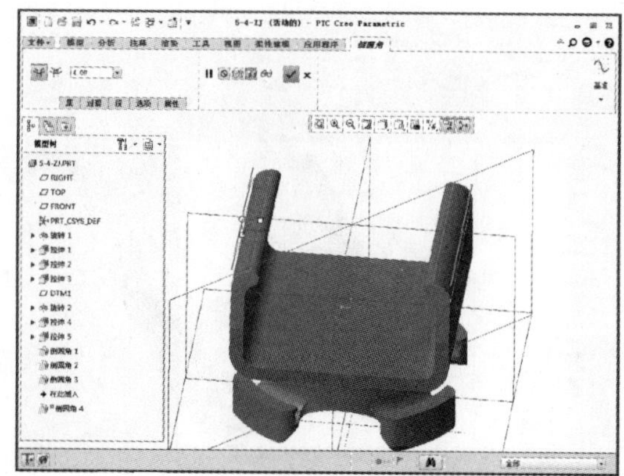

17 完成上述特征操作后在“模型”选项卡中单击【拉伸】按钮，如下左图所示。单击【拉伸】按钮后系统显示“拉伸”选项卡，如下右图所示。

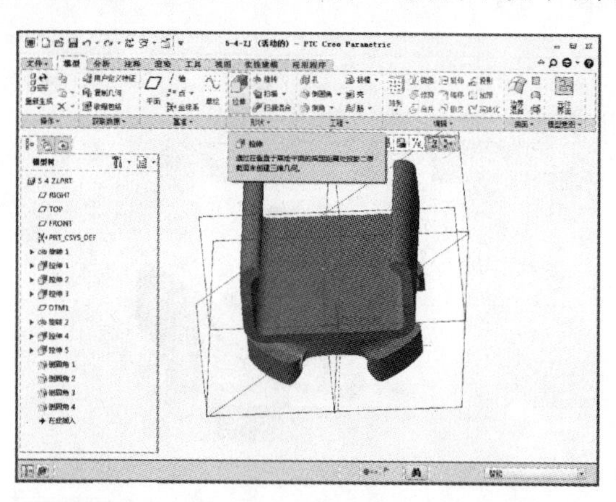

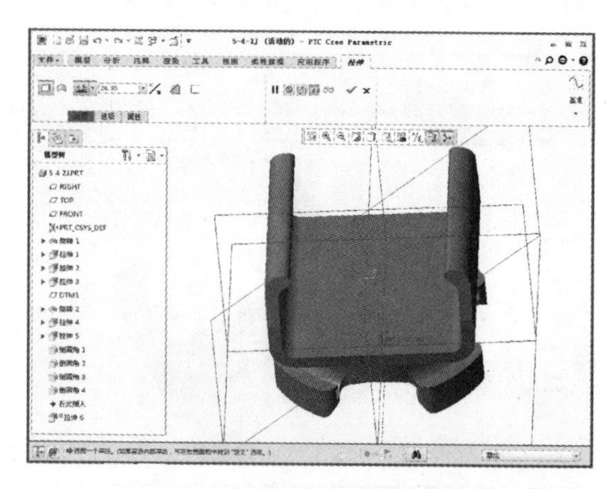

18 单击【放置】按钮，选择定义草绘平面，弹出“草绘”对话框，定义拉伸基准面为拉伸得到的平面，然后单击【草绘】按钮，如下左图所示。单击该按钮后显示“草绘”对话框，然后单击【草绘视图】按钮，如下右图所示。

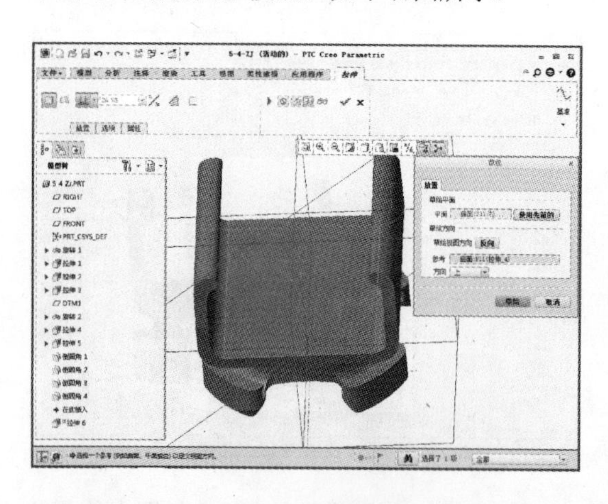

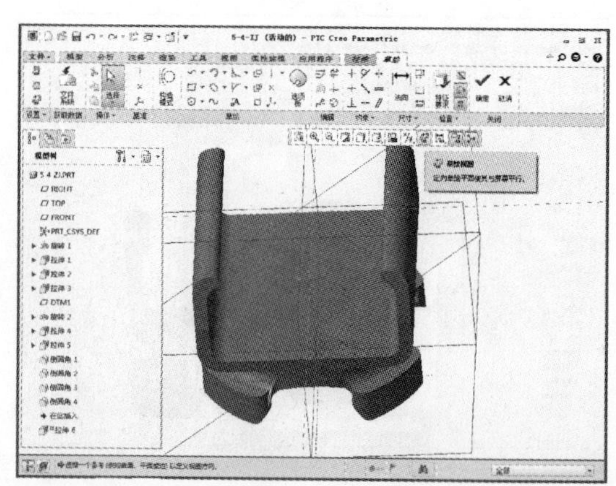

19 在“草绘”选项卡中单击【线链】【投影】等按钮，如下左图所示。绘制图示的直角三角形，短直角边长 10，与斜边夹角 60°，如下右图所示。

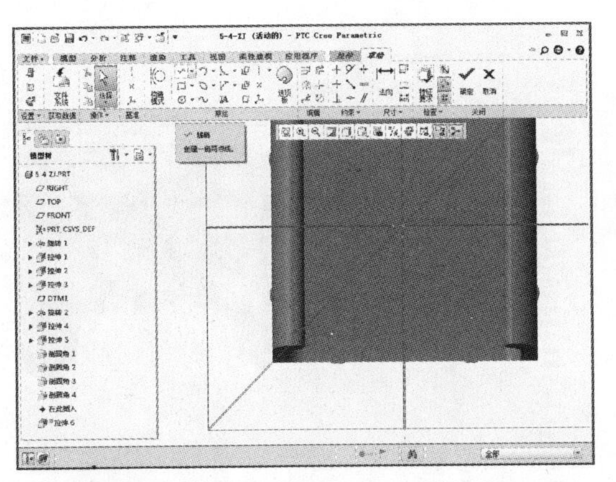

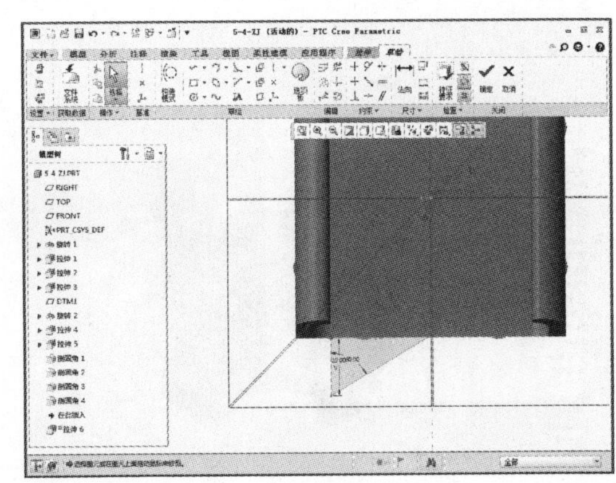

20 草图绘制完成后单击【确定】按钮，进入“拉伸”选项卡，设置指定值拉伸，拉伸值为 20，如下左图所示。设置完成后单击【确定】按钮，如下右图所示。

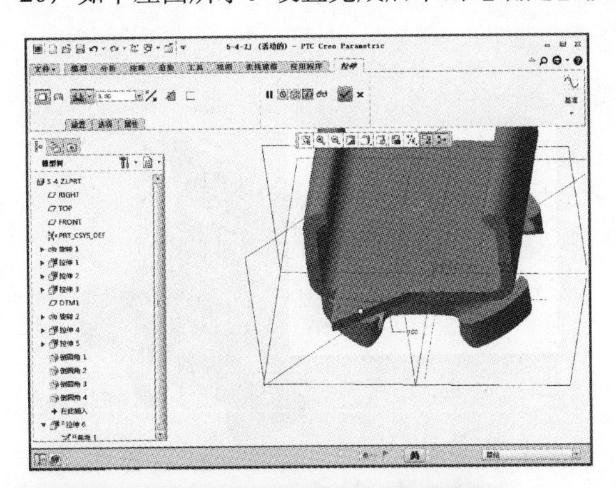

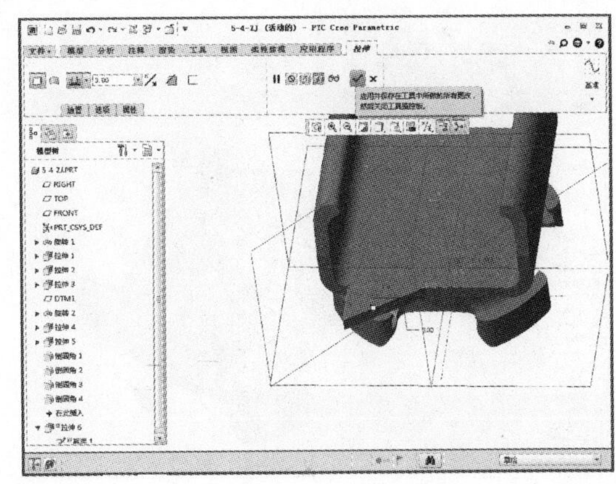

## STEP04　完成支架修饰部分

01 完成上述特征操作后单击【倒圆角】按钮，如下左图所示。单击【倒圆角】按钮后系统显示“倒圆角”选项卡，如下右图所示。

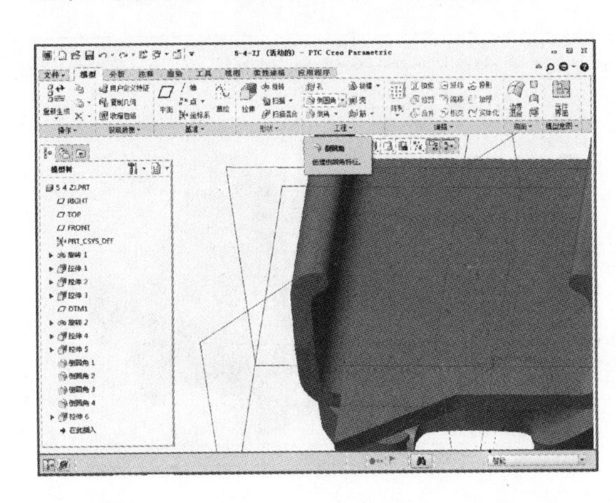

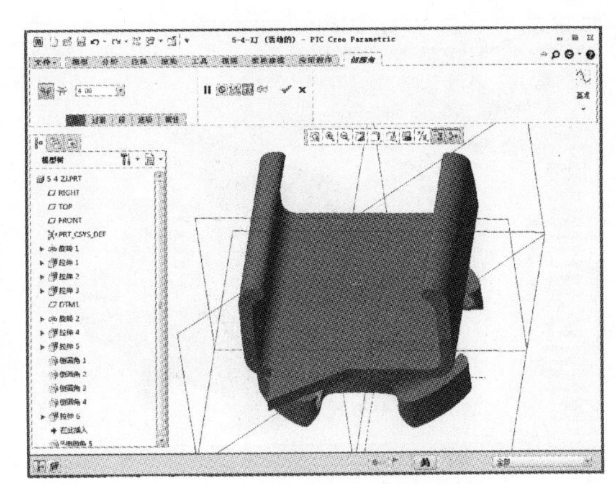

02 在“倒圆角”选项卡中设定半径为 3，如下左图所示。参数设定完成后选择图中的 3 条边作为倒圆角的边，并单击【确定】按钮，如下右图所示。

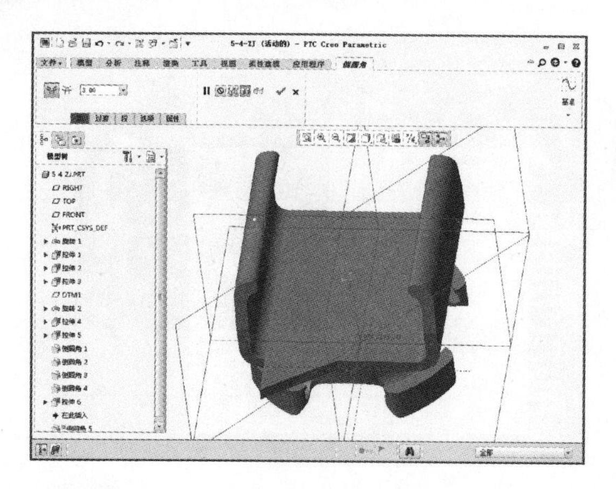

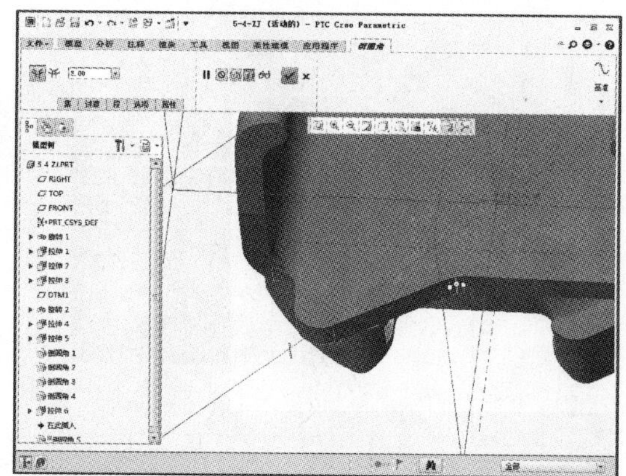

03 完成上述特征操作后在“模型”选项卡中单击【拉伸】按钮，如下左图所示。单击【拉伸】按钮后系统显示“拉伸”选项卡，如下右图所示。

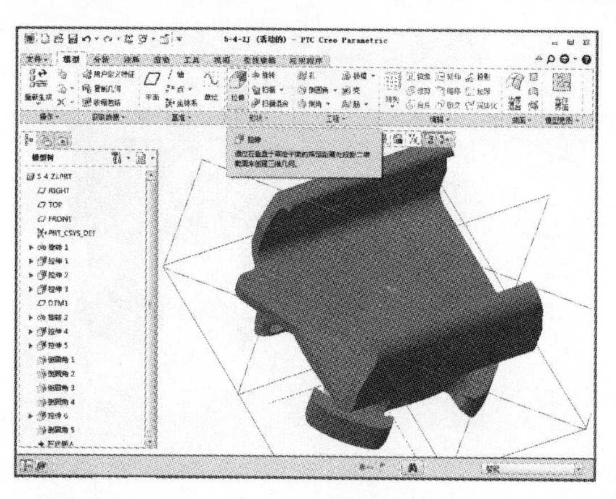

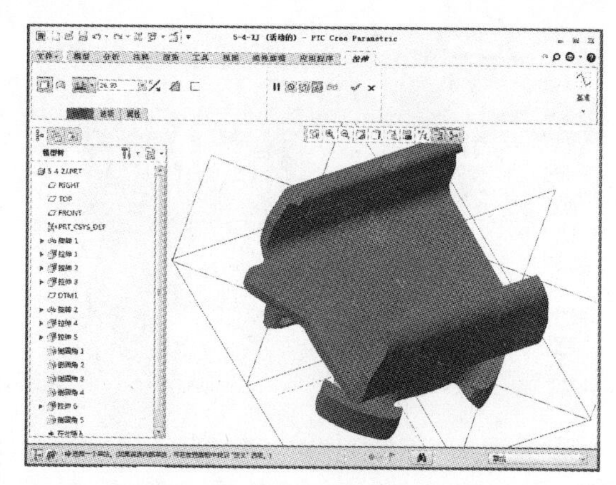

04 单击【放置】按钮，选择定义草绘平面，弹出“草绘”对话框，定义拉伸基准面为拉伸得到的平面，然后单击【草绘】按钮，如下左图所示。单击该按钮后显示“草绘”选项卡，然后单击【草绘视图】按钮，如下右图所示。

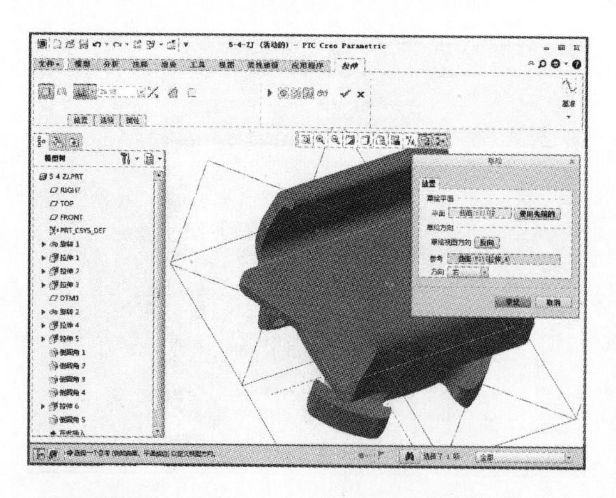

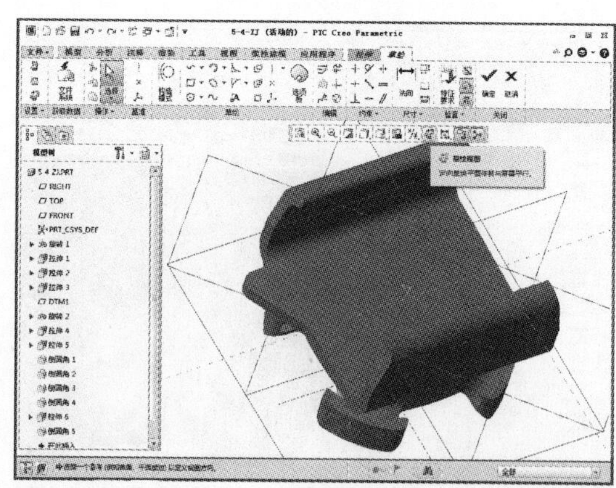

05 在“草绘”选项卡中单击【圆心和点】按钮，如下左图所示。绘制图示的圆，直径为 6，如下右图所示。

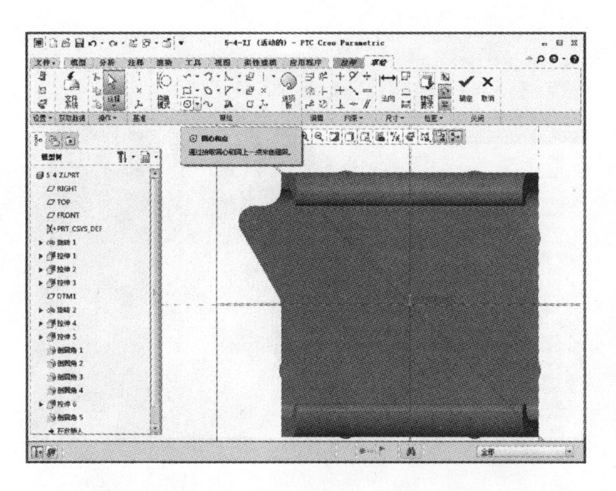

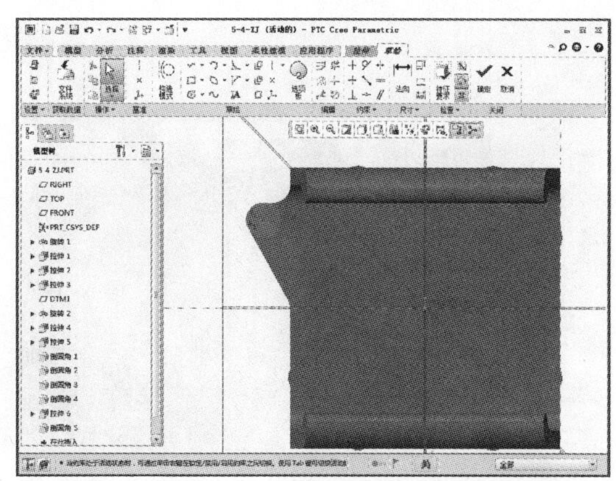

06 草图绘制完成后单击【确定】按钮，进入“拉伸”选项卡，设置指定值拉伸，拉伸值为 3，如下左图所示。设置完成后单击【确定】按钮，如下右图所示。

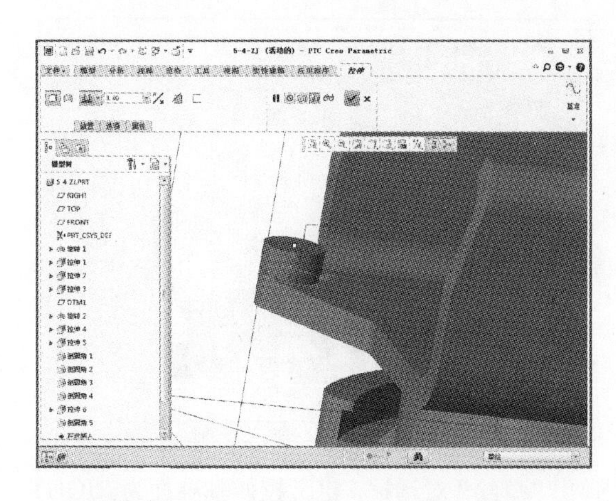

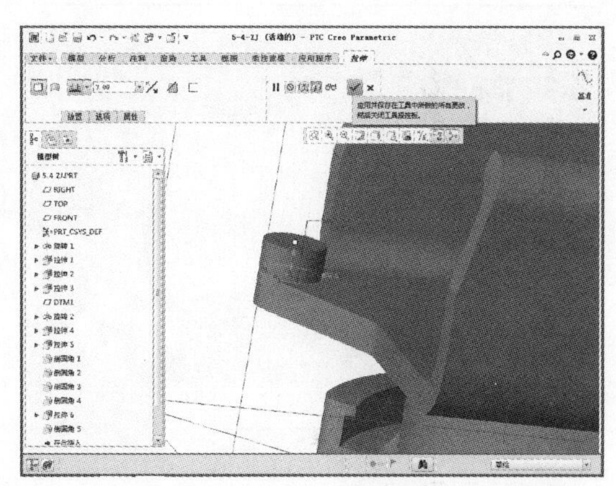

07 完成上述特征操作后单击【孔】按钮，如下左图所示。单击【孔】按钮后系统显示“孔”选项卡，如下右图所示。

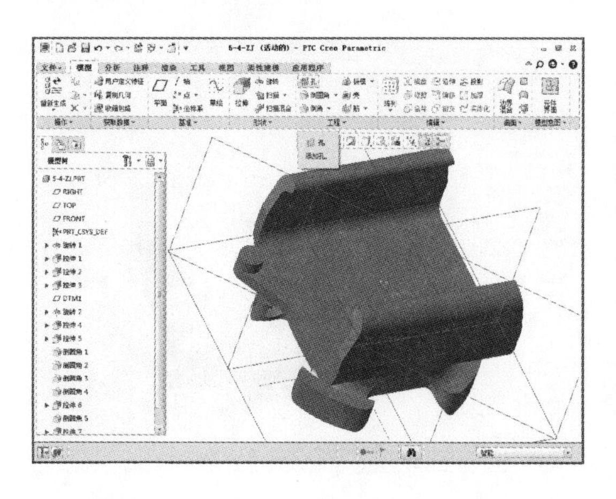

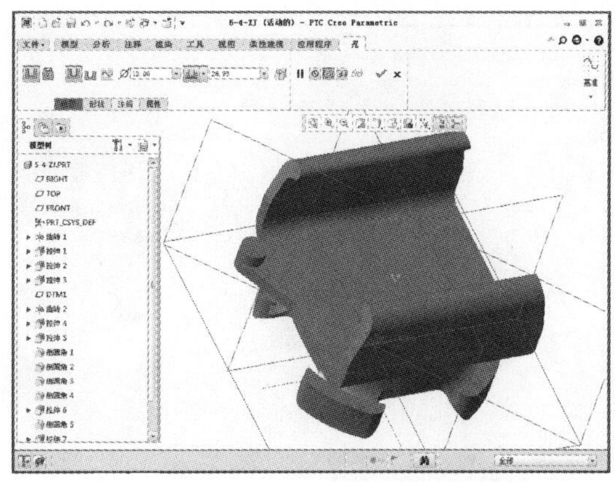

08 将孔放置在图示平面上，如下左图所示。设置孔的轴与上一步拉伸圆的轴线对齐，拉伸贯通，单击【确定】按钮，如下右图所示。

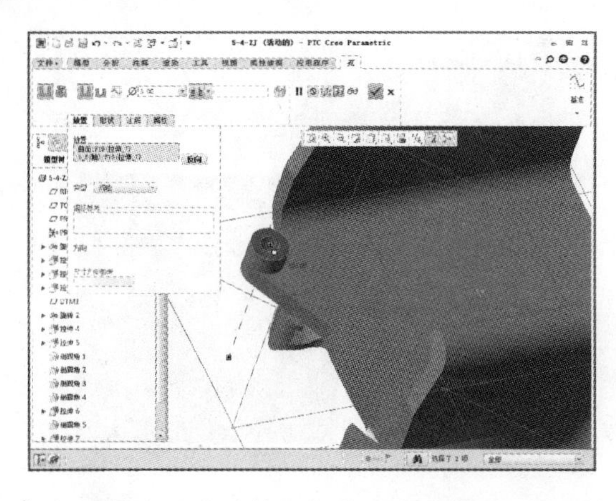
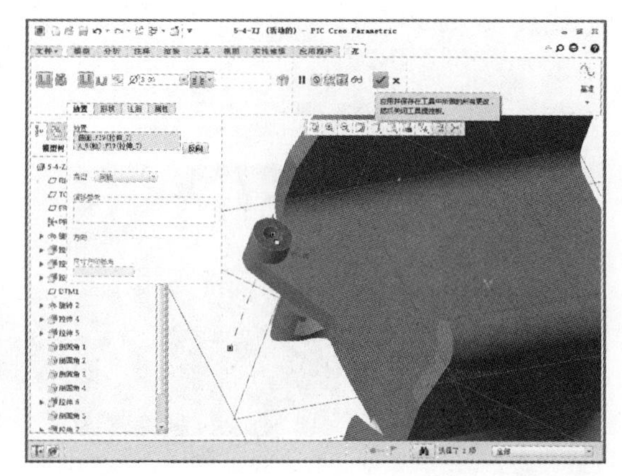

09 完成上述特征操作后在“模型”选项卡中单击【拉伸】按钮，如下左图所示。单击【拉伸】按钮后系统显示“拉伸”对话框，如下右图所示。

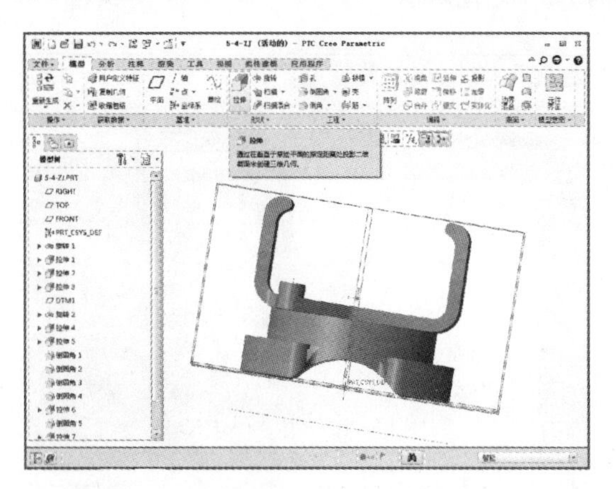
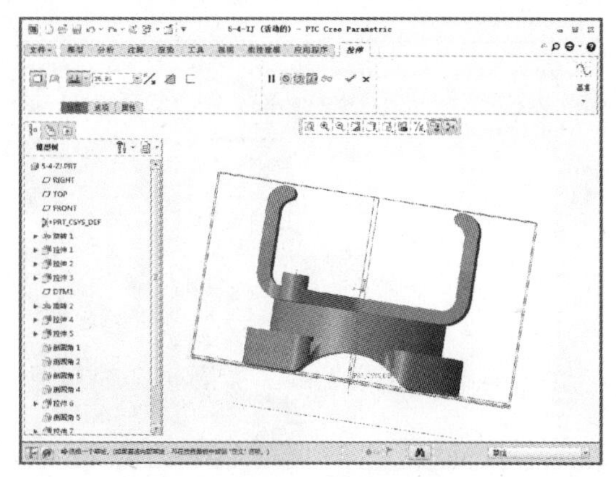

10 单击【放置】按钮，选择定义草绘平面，弹出“草绘”对话框，定义拉伸基准面为 RIGHT 平面，然后单击【草绘】按钮，如下左图所示。单击该按钮后显示“草绘”选项卡，然后单击【草绘视图】按钮，如下右图所示。

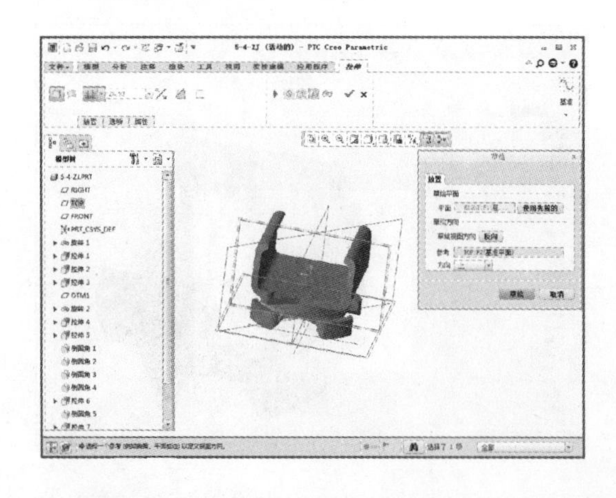
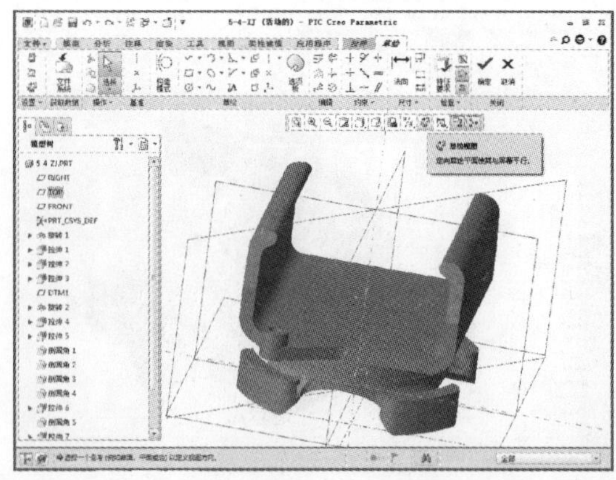

11 在“草绘”选项卡中单击【线链】【投影】等按钮，如下左图所示。绘制图示图形，如下右图所示。

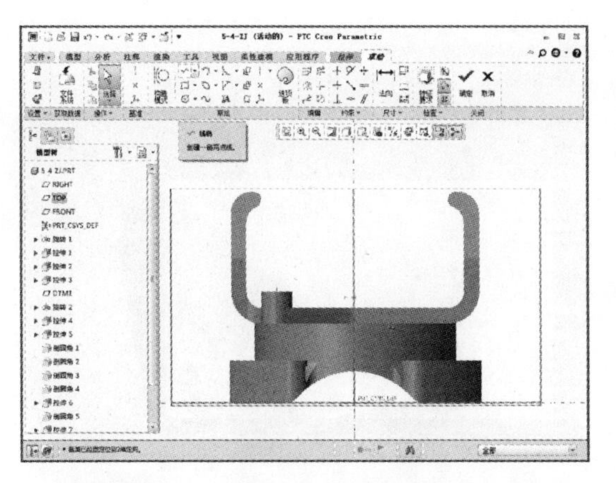

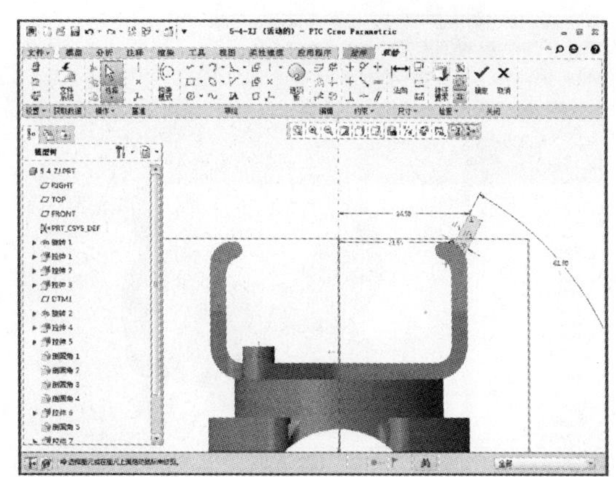

**12** 草图绘制完成后单击【确定】按钮，进入“拉伸”选项卡，设置对称拉伸，拉伸值为 8，如下左图所示。设置完成后单击【确定】按钮，如下右图所示。

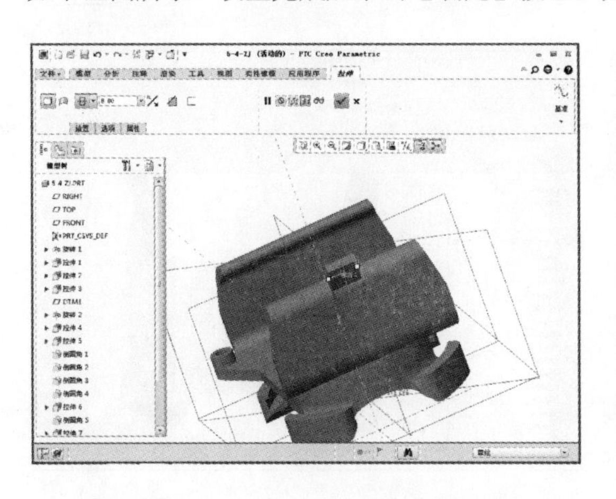

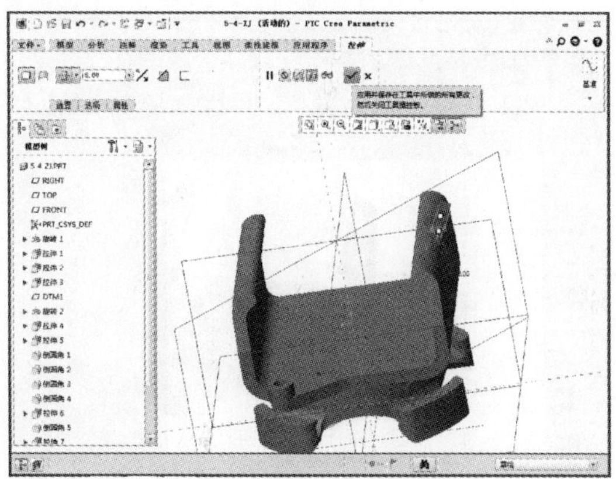

**13** 完成上述特征操作后单击【倒圆角】按钮，如下左图所示。单击【倒圆角】按钮后系统显示“倒圆角”选项卡，如下右图所示。

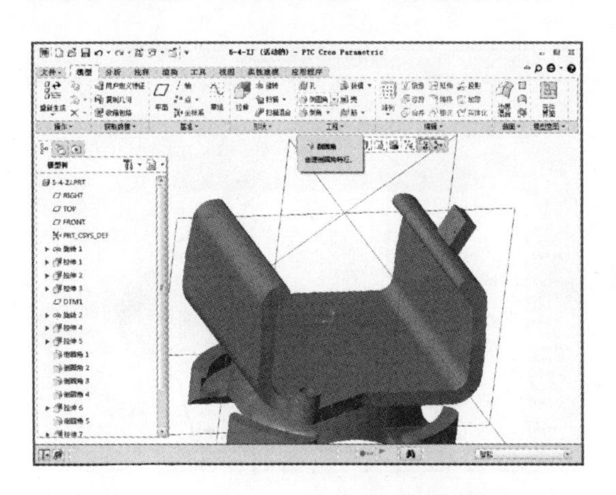

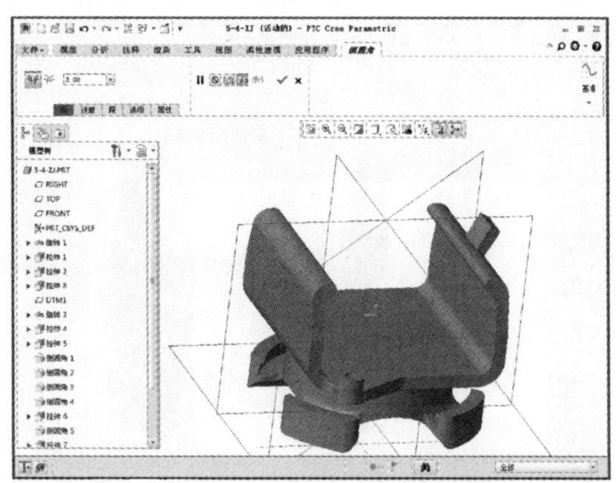

**14** 在“倒圆角”选项卡中设定半径为 1，如下左图所示。参数设定完成后选择图中的 12 条边作为倒圆角的边，并单击【确定】按钮，如下右图所示。

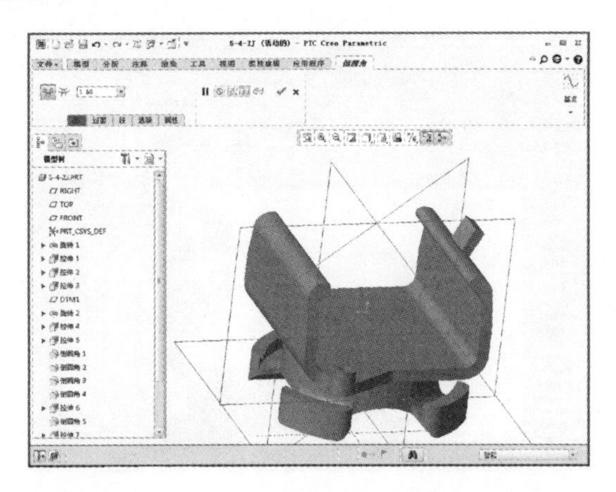
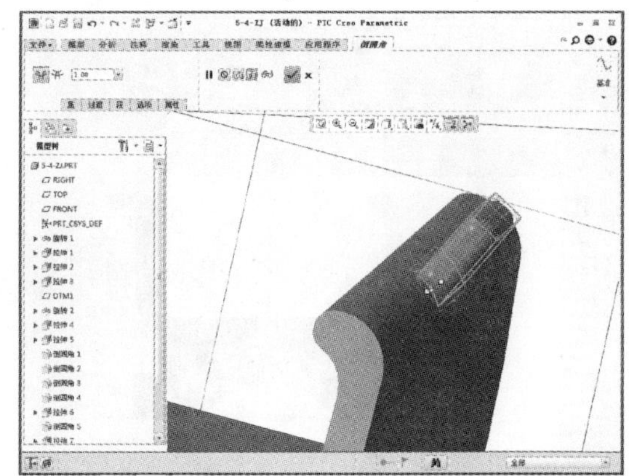

15 完成上述特征操作后单击【倒圆角】按钮，如下左图所示。单击【倒圆角】按钮后系统显示"倒圆角"选项卡，如下右图所示。

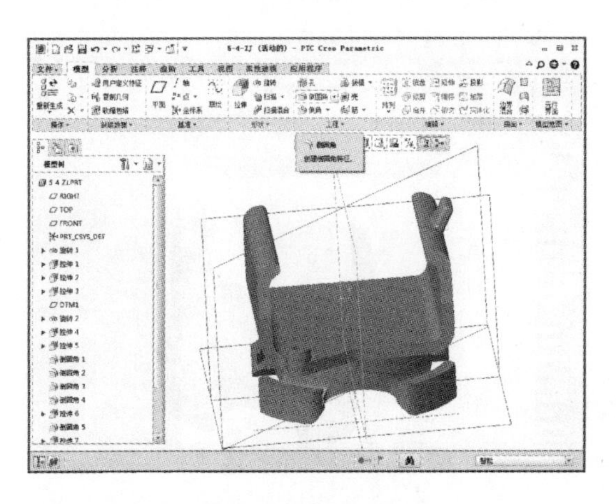
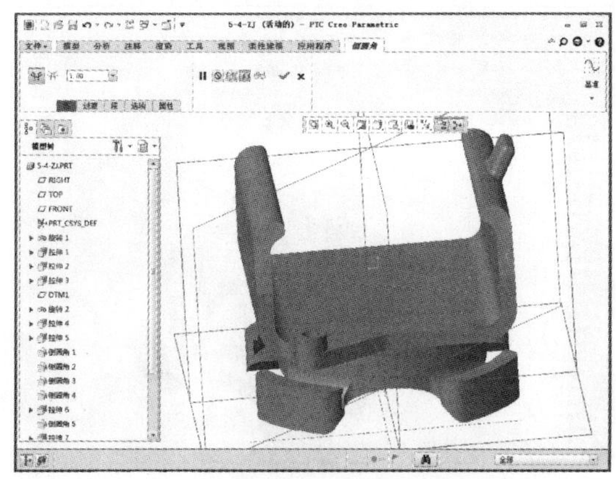

16 在"倒圆角"选项卡中设定半径为 10，如下左图所示。参数设定完成后选择图中的 4 条边作为倒圆角的边，并单击【确定】按钮，如下右图所示。

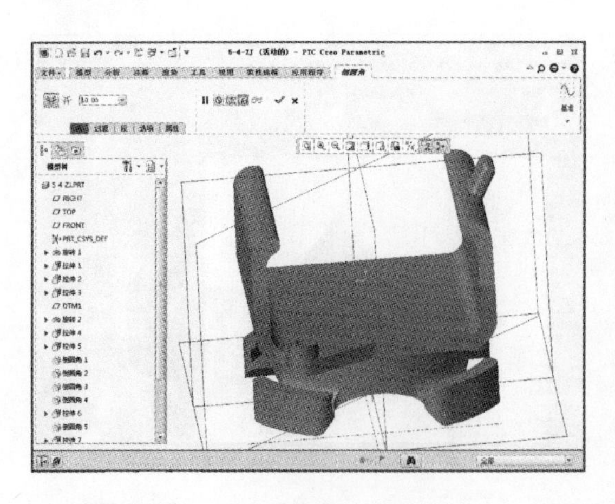
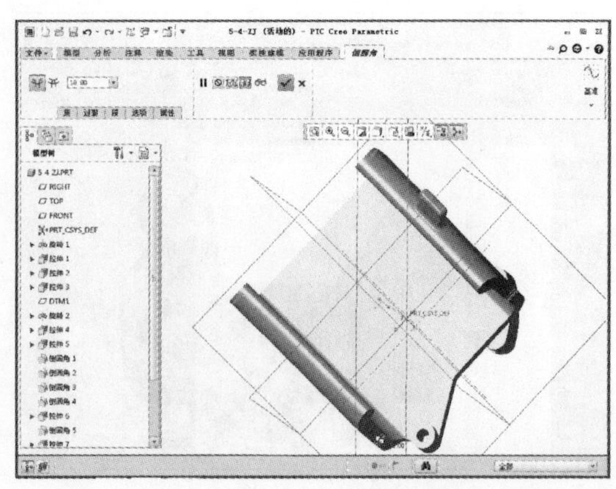

17 完成上述特征操作后单击【自动倒圆角】按钮，如下左图所示。单击【自动倒圆角】按钮后系统显示"自动倒圆角"选项卡，如下右图所示。

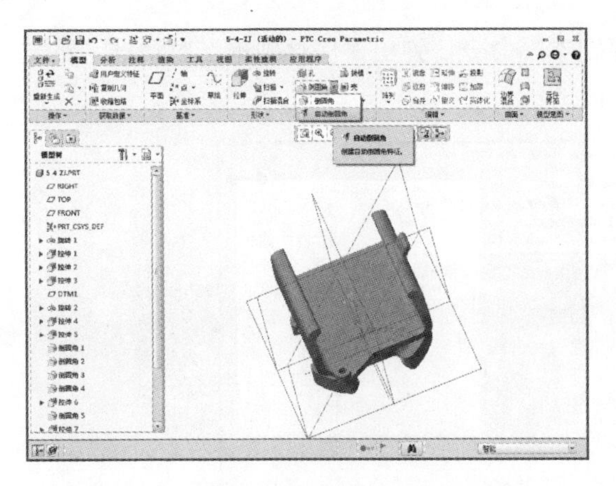

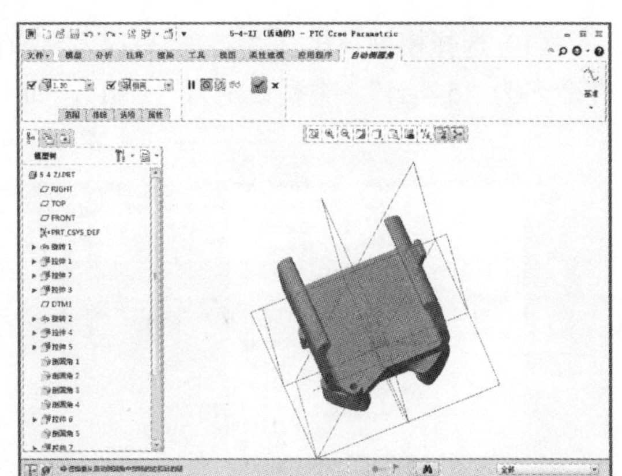

18 在“自动倒圆角”选项卡中设置半径为 0.5，如下左图所示。参数设定完成后单击【确定】按钮，如下右图所示。

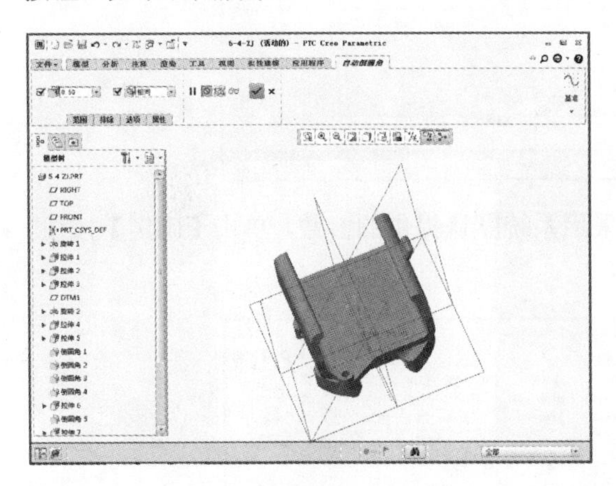

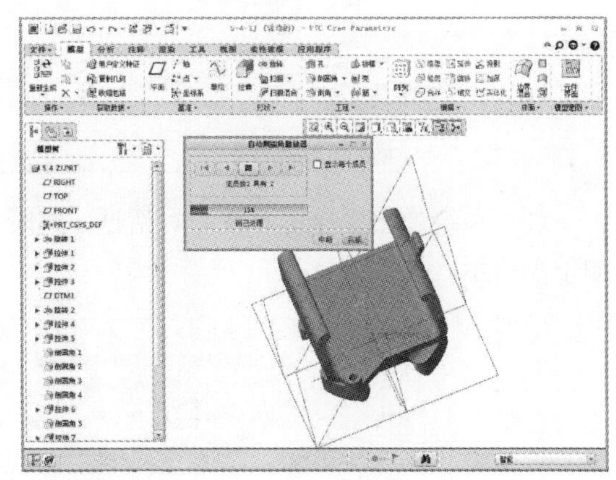

最终结果如下图所示。

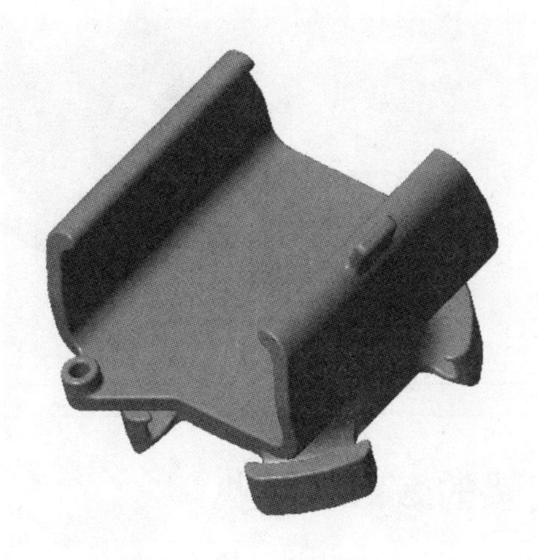

## 5.4.2 输出手机支架模型

下面输出模型，将 PRT 格式的模型输出为 STL 格式。

（1）选择模型，执行“文件>另存为>保存副本”命令，弹出“保存副本”对话框，将文件命名为“5-4-zj”，类型设定为“*.stl”，如下图所示。

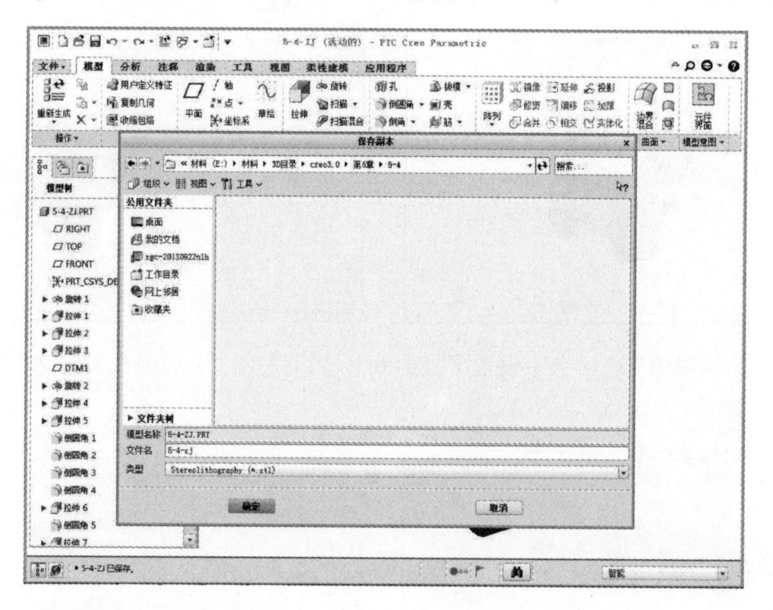


（2）系统弹出“导出 STL”对话框，此时采用系统默认提供的参数，单击【确定】按钮，如下图所示。

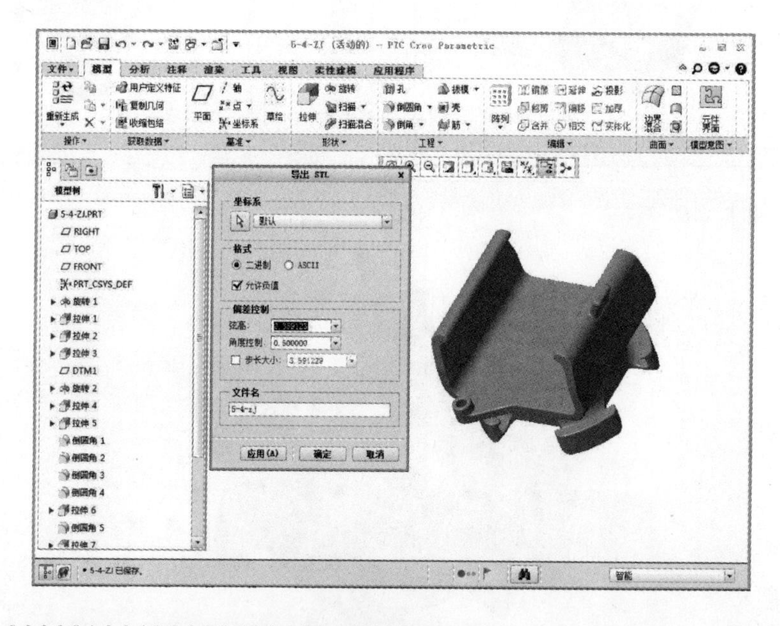


## 5.4.3 检查手机支架的 STL 模型

下面将 STL 模型导入到 netfabb 软件中进行检查和修复。一般情况下，使用工业设计软件制作的模型很少会产生破面、共有边、共有面等错误，为了保险我们还是要在专业软件中检查一下，只要不出现⚠符号就是完好的 3D 打印模型，如图所示。

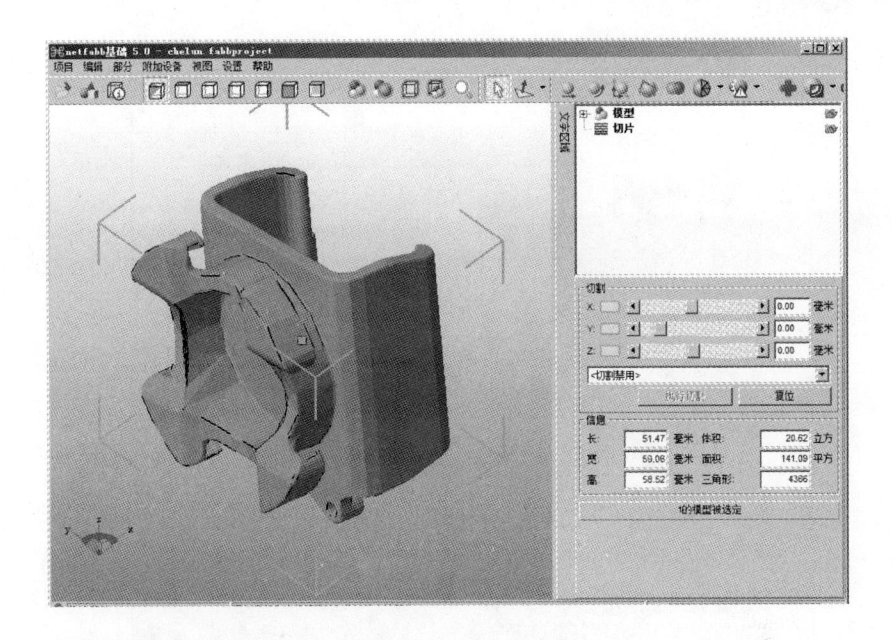


## 5.4.4　在 netfabb 中切割模型

下面打印模型，在打印的时候笔者发现一个问题：尽管支架模型所耗费的材料不多，但由于支架与主体距离较远，需要很多支撑材料，如图所示。netfabb 有一个切割工具非常好用，可以将模型以不同的方向进行切割。

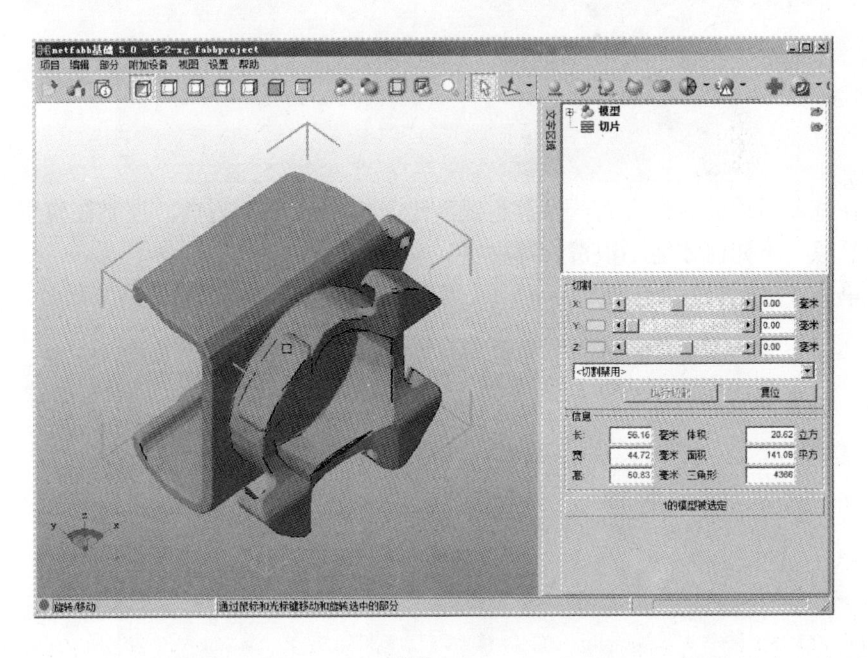


（1）在视图中打开车轮模型，单击按钮，将视图显示切换到底部视图，如图所示。

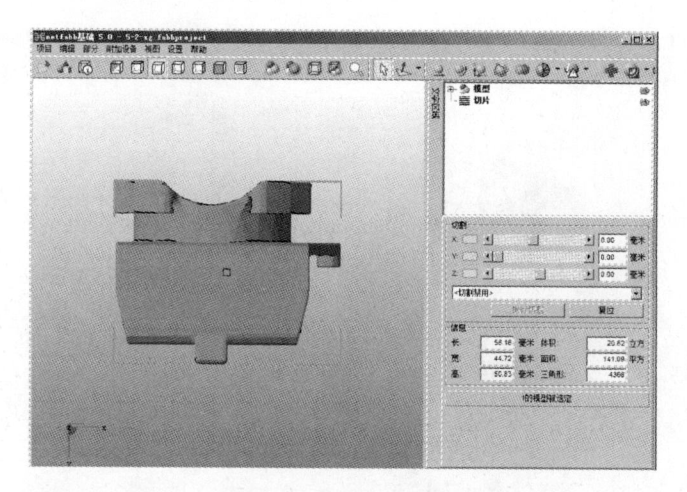

（2）在右侧下拉列表中选择“切割所有模型”选项，设置 Y 轴为 11（大约在轮子中间），如图所示。

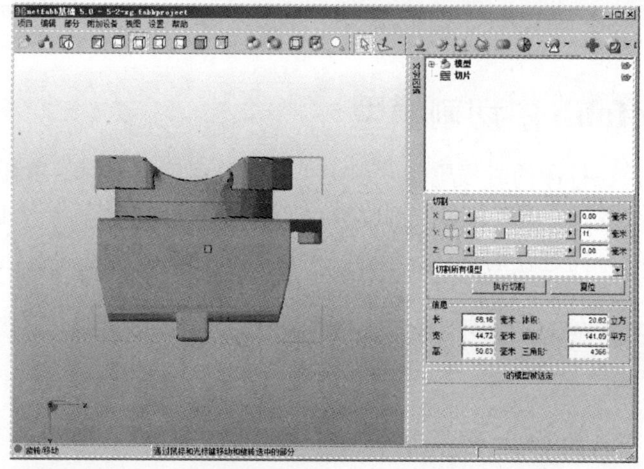

（3）在拖动滑块的时候会有一条蓝色线游走于模型的 Y 轴方向，控制在模型主体之间。大家可以想象一下如何才能不浪费支撑材料。

（4）单击【执行切割】按钮，再单击【切割】按钮，模型被切割成两个部分，如图所示。

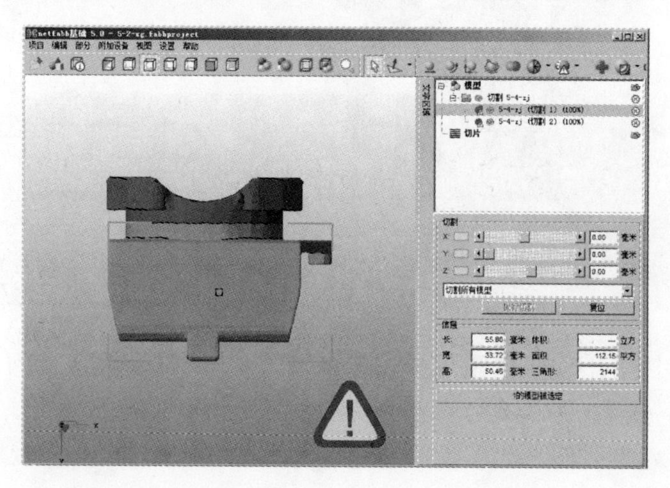

（5）此时被切割的两部分模型会形成两个巨大的开口，我们可以用 功能对开放边进行修复，然后分别将两个模型另存为新的 STL 文件。

接下来进行打印，在这里为了节约篇幅将整个部分同时进行打印。

## 5.4.5 打印手机支架模型

下面打印模型，模型的尺寸我们已经在建模期间设置好了，输出 STL 格式后，打印机就会按照既定的尺寸进行打印。这次我们使用光敏树脂作为打印材料。

在打印之前要做好以下几点（本书前面已经介绍了，这里就不再赘述）。

（1）初始化打印机。

（2）载入 3D 模型。

（3）摆放模型并分层设置。

（4）校准喷头高度并进行预热。

（5）开始打印模型。

如图所示为打印出来的模型。

## 5.4.6 移除模型时的人身安全措施

（1）当模型完成打印时，打印机会发出蜂鸣声，喷嘴和打印平台会停止加热。

（2）将扣在打印平台周围的弹簧顺时针别在平台底部，将打印平台轻轻撤出。

（3）把铲刀慢慢地滑动到模型下面，来回撬松模型，切记在撬模型时要佩戴手套以防烫伤。

> **提示**
>
> 强烈建议在撤出模型之前先撤下打印平台，如果不这样做，很可能使整个平台弯曲，导致喷头和打印平台的角度改变。

### 5.4.7 3D 打印时的故障排除

在打印大尺寸模型时，有时会出现边缘翘起的情况，这是由于平台表面预热不均造成的。在进行大尺寸模型打印之前，预热是必不可少的。此外，打印的速度越快，边缘翘起的现象越不容易发生。同时，以下几种方法也有助于提高打印质量。

（1）如果可能，尽可能避免打印过大尺寸的模型。

（2）尽可能将打印质量设为“精”。

（3）用快速打印模式打印模型。

为了得到最好的结果，打印平台一定要和喷嘴一齐。这就意味着当设置喷嘴高度的时候，它必须和平台的每个角距离一致。去除支撑的步骤如图所示。

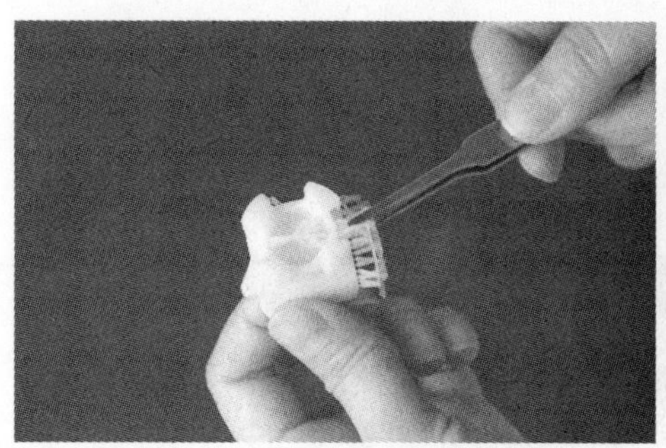

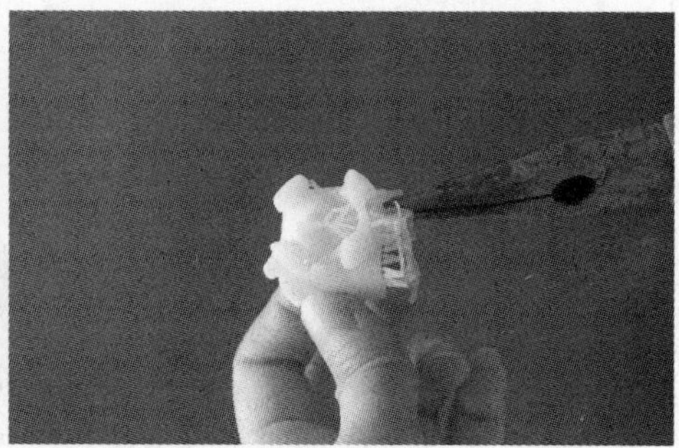

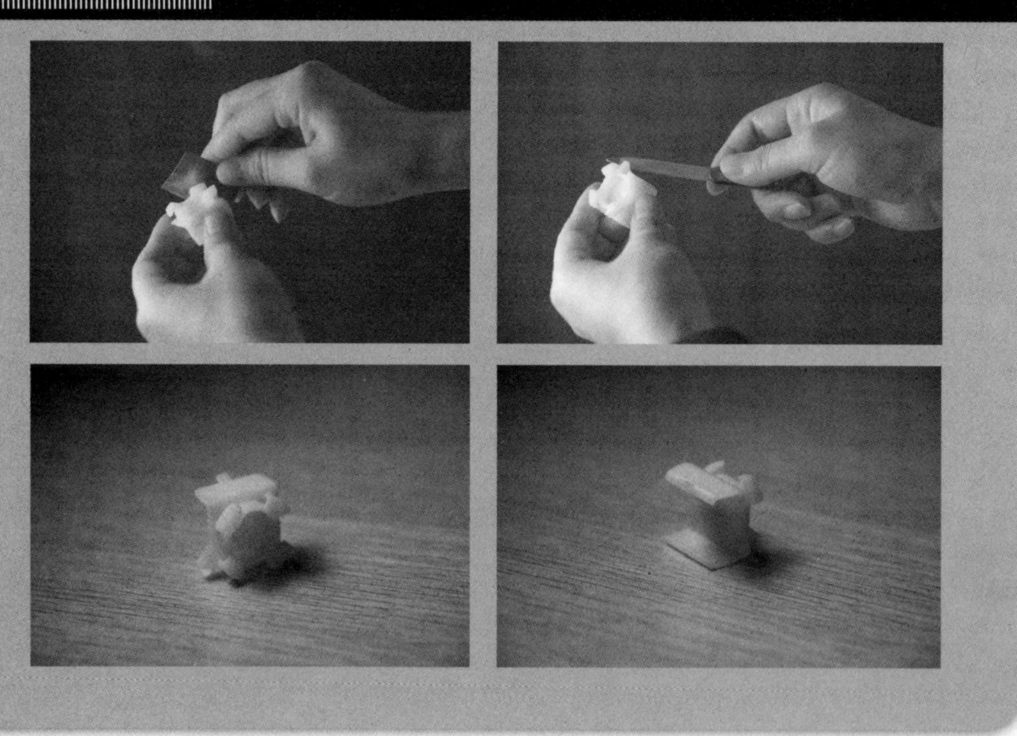

## 课后练习 1：iPad 底座

本练习介绍利用拉伸、镜像、阵列等命令制作 iPad Air 底座模型的方法。在建模过程中我们分为三部分，首先创建底座的底部，然后创建底座的支撑部分，最后完成底座的修饰。本练习的草图绘制相对简单，请耐心按照教程绘制。本例参考图如下图所示。

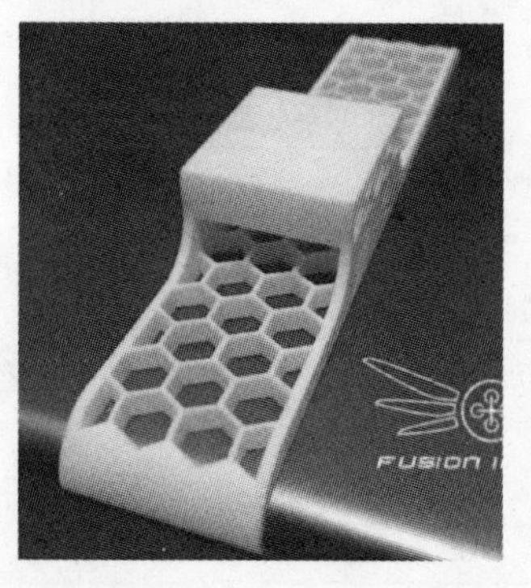

### 制作思路

Step 01 使用“拉伸”“阵列”“ 线链”“投影”和“镜像”等命令制作 iPad 底座的底部模型，如图所示。

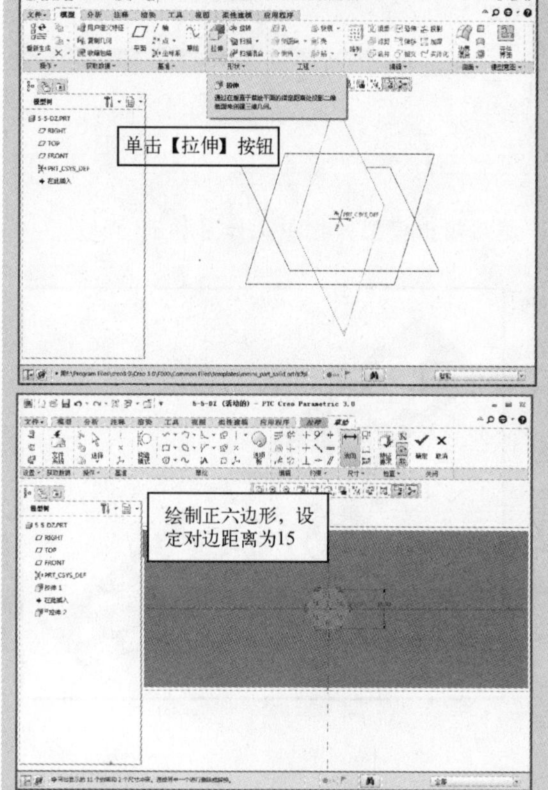


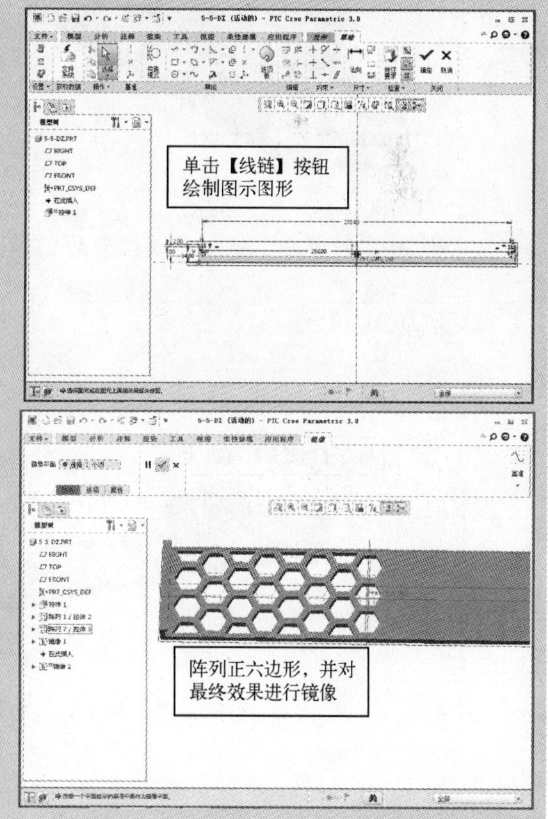

Step 02 “镜像”完成后绘制两个矩形和正六边形，对矩形进行“拉伸”等，完成底座顶部特征的创建，如图所示。

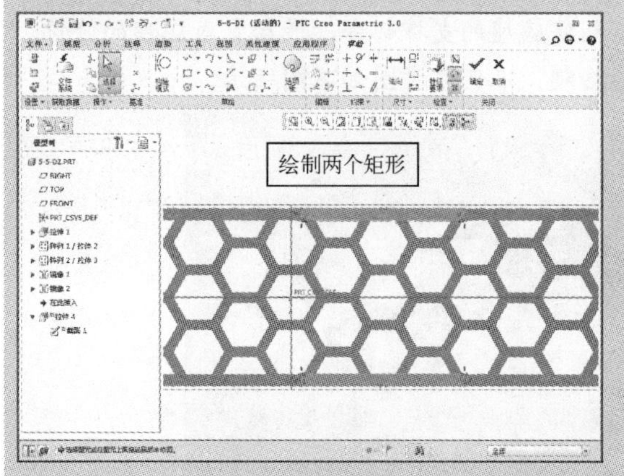


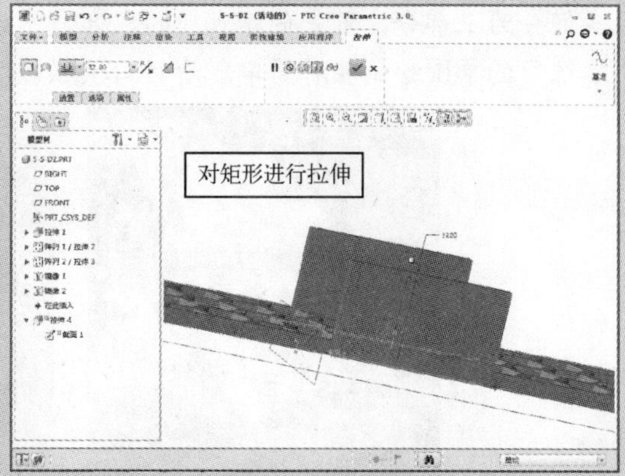


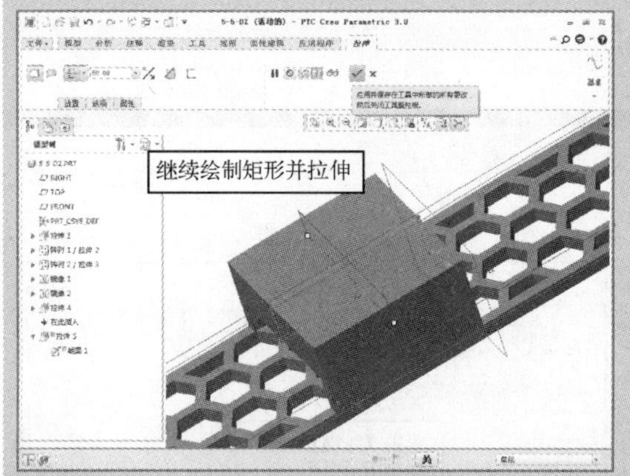


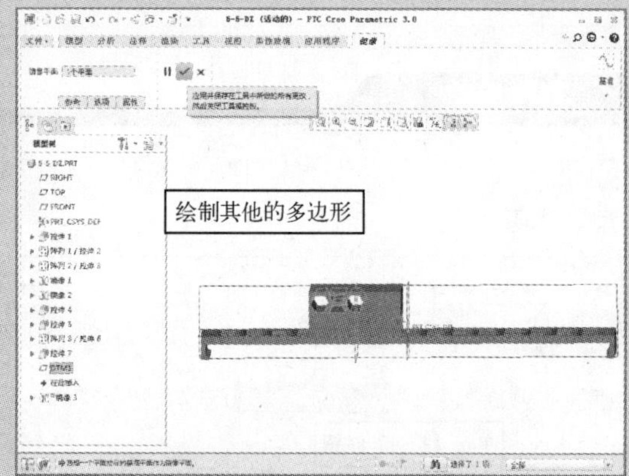


Step 03 使用“倒圆角”命令完成模型的创建，然后输出模型并打印，如图所示。

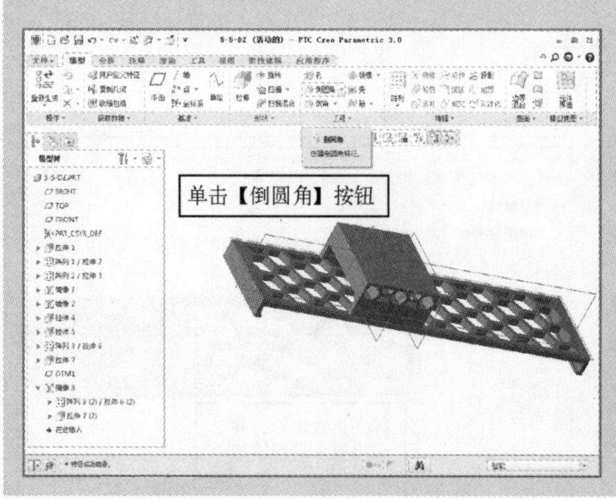


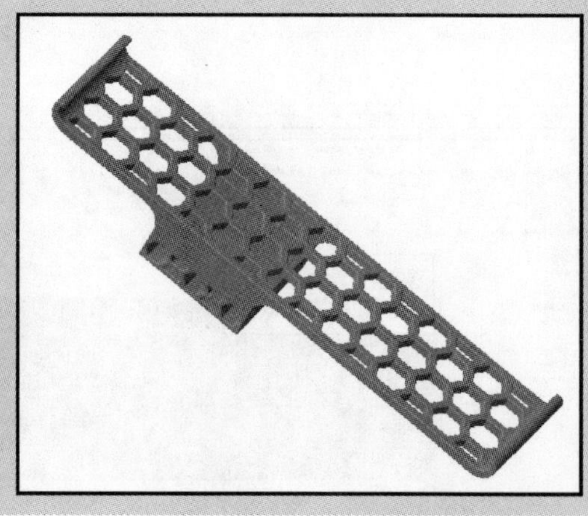

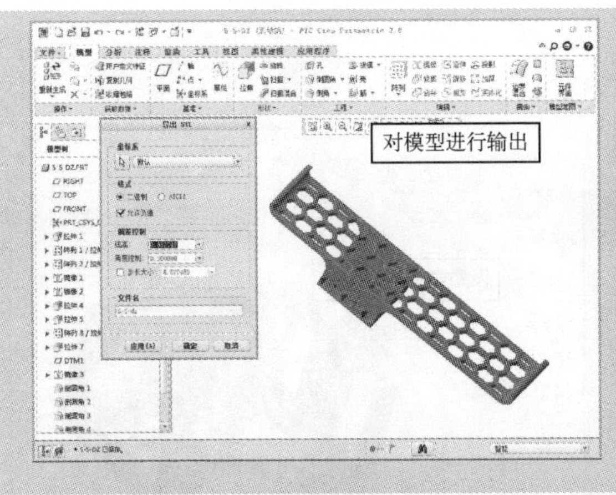


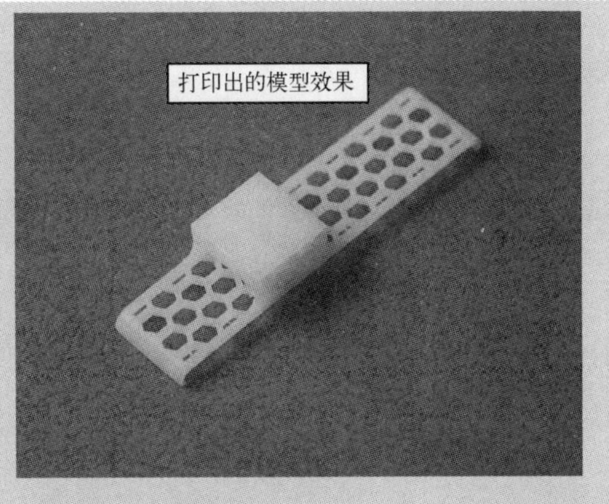


## 课后练习 2：俯拍相机框

本练习介绍利用拉伸、旋转、阵列等命令制作相机框模型的方法。在建模过程中我们先主后次，首先创建相机框的整体外观特征，然后创建相机框的修饰特征，最后对相机框架进行倒角。本练习的草图绘制比较简单，请耐心按照教程绘制。本例参考图如下图所示。

### 制作思路

Step 01 在“草绘”选项卡中单击【拐角矩形】按钮绘制图示图形，然后使用“拉伸”命令对面进行拉伸和切除，如图所示。

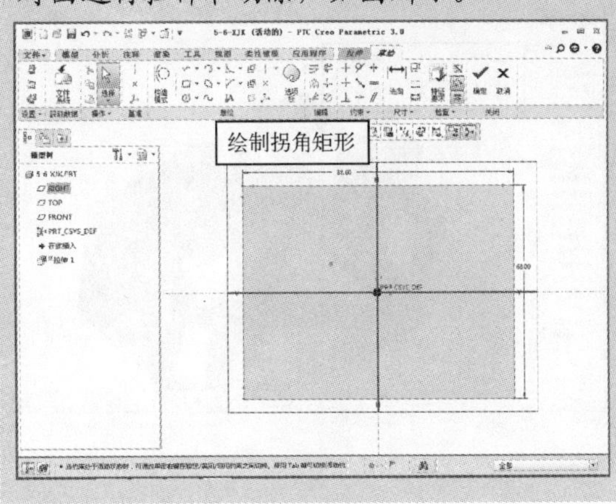


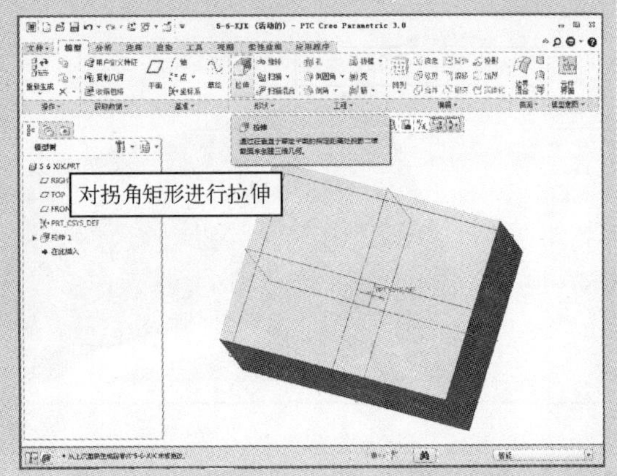

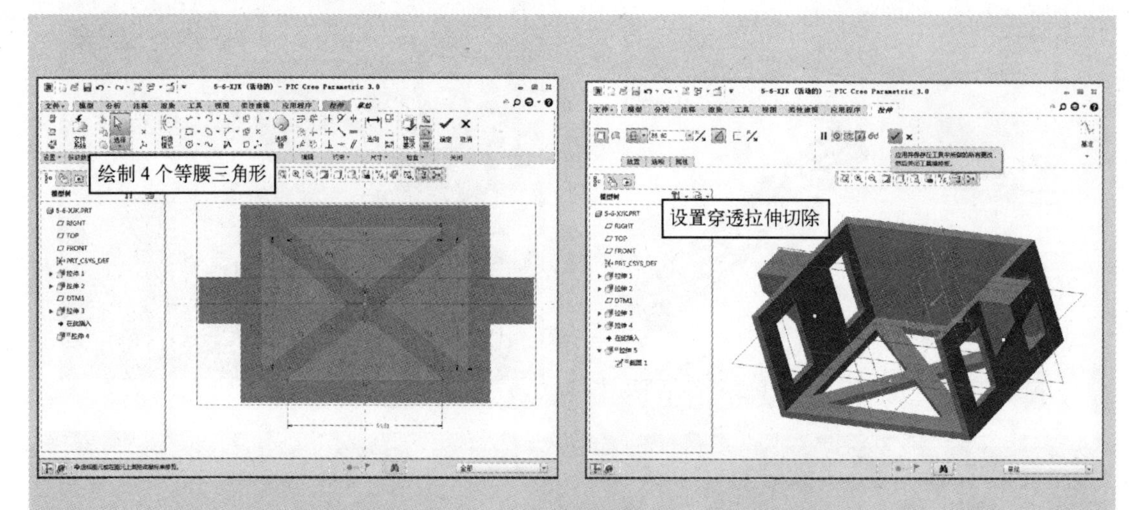


Step 02 在草绘界面中绘制“中心线”，并使用“线链”“旋转”“拉伸”等命令制作出相机框的修饰特征，如图所示。

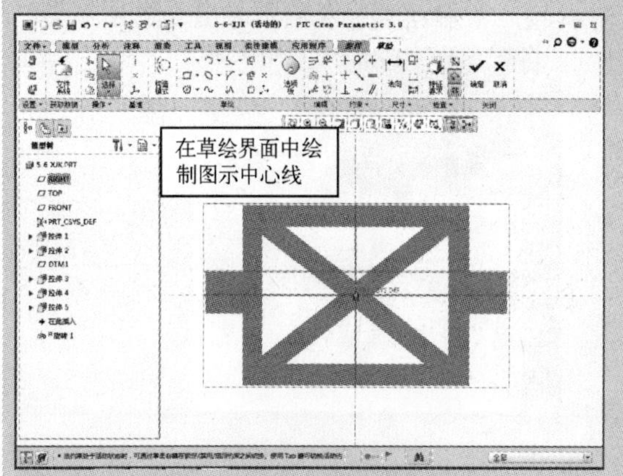


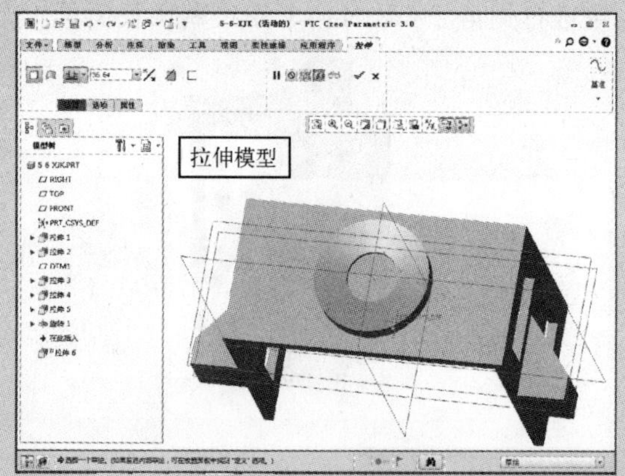


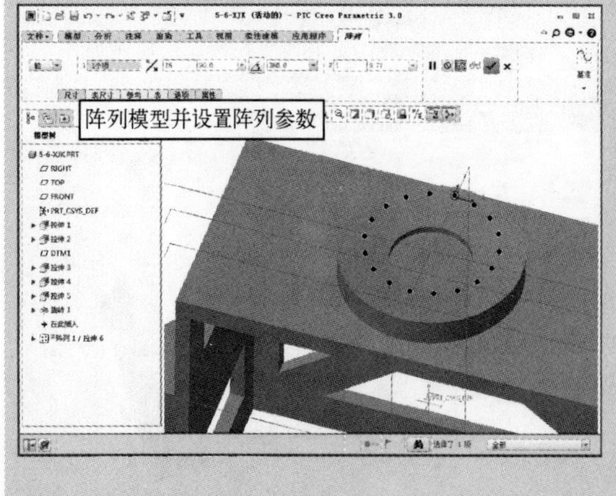


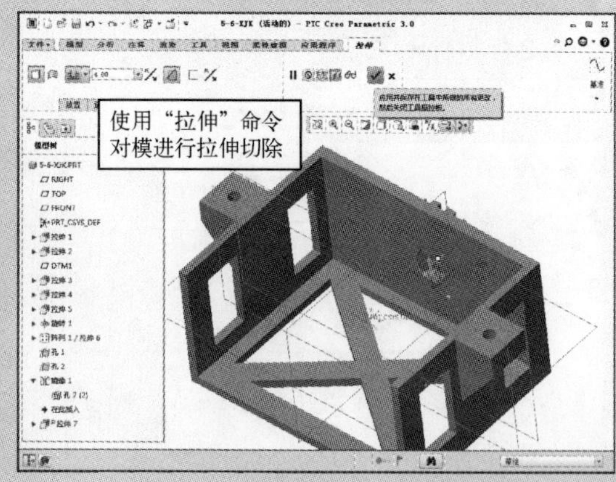

Step 03 执行“倒圆角”和“边倒角”命令完成相机框的制作，然后输出模型并打印模型，如图所示。

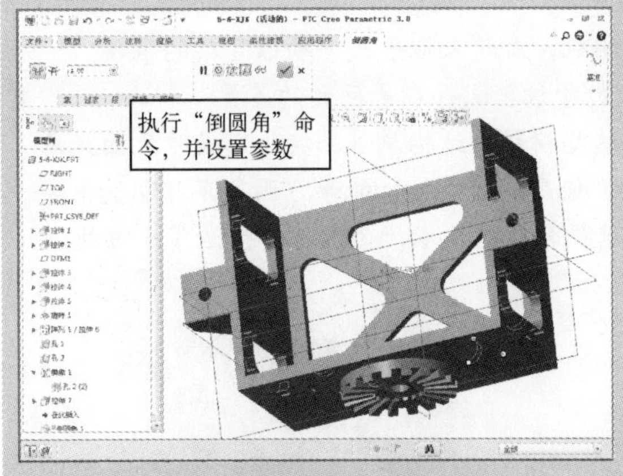


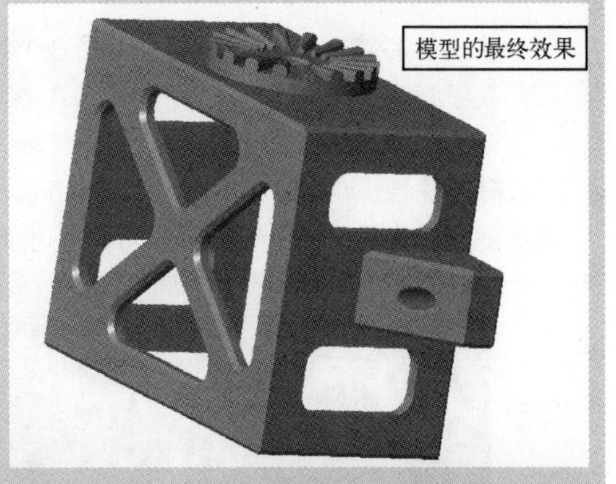


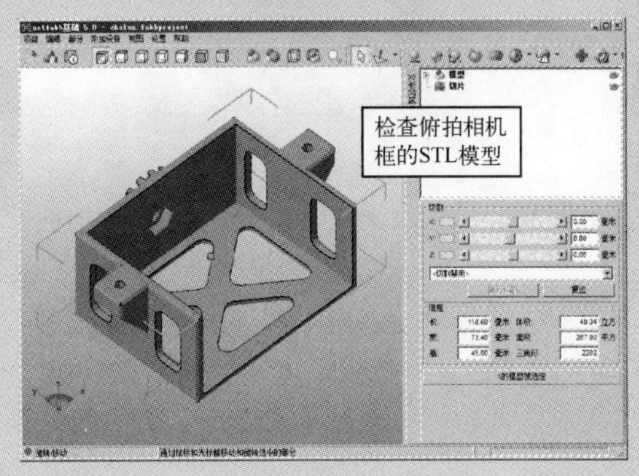

## 实用问答：购买 3D 打印机需要注意哪些事项

从众多品牌和型号中选择合适的 3D 打印机，看起来似乎是一项很复杂的事情。

数字模型转变成实物的打印技术在各台打印机之间存在着巨大的差异。

今天的 3D 打印机可以使用各种材料，这些材料在结构属性、特性定义、表面光洁度、耐环境性、视觉外观、准确性和精密度、使用寿命、热性能等方面各不相同。重要的是要先确定 3D 打印的主要应用，这才能选择合适的技术，为工作和生活带来方便。

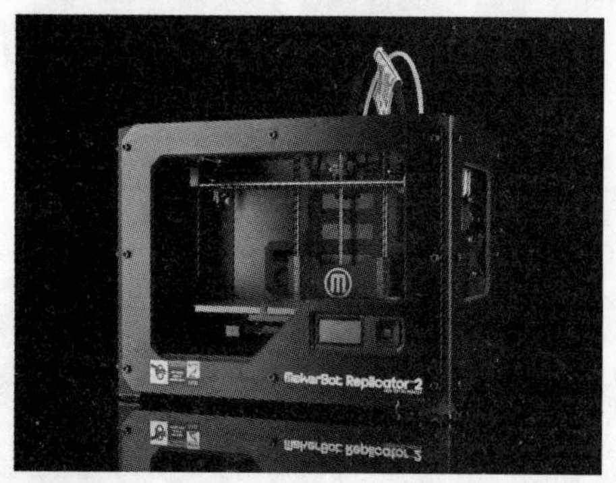


价格在 26 000 元人民币的美国进口 MakerBot R2 打印机

价格在 2600 元人民币的国产开源打印机

**1．3D 打印速度**

根据快速成型设备制造商的不同，或者采用的 3D 打印技术的不同，3D 打印速度的衡量标准是不同的。

有些用来指示在 Z 轴方向上打印一定高度所需的时间（针对单次 3D 打印任务而言），通常用英寸/小时、毫米/小时表示。

那些具备稳定的垂直方向建造速度的 3D 打印机普遍采用这一技术参数，基本不受被打印物体的结构复杂程度和单次打印部件的数量的影响。这种 3D 打印机是复杂模型的理想选择，因为它们可以在有限的时间内快速制作出数量可观的、各种各样的模型，方便人们沟通、讨论和对比。

另外一个衡量打印速度的技术参数是打印特定物体或者特定体积所需的时间。

一些 3D 打印机可以快速地打印单个的、简单结构的物体，多采用这种指标。但是当这种类型的 3D 打印机在遇到打印数量增加或者结构比较复杂的打印任务时，打印速度会明显下降，因此不适合用于打印速度要求较高的复杂模型的快速成型。

**2．打印分辨率**

3D 打印机提供的最令人费解的指标之一是“分辨率”。

简单举例，分辨率的表述有 DPI（dots per inch，每英寸的像素点）、Z 轴方向层厚、像素大小、射束点大小、点直径等。在对比同类 3D 打印机时，这种表述可能有帮助，但是如果用来考量多种 3D 打印技术则不太适用。

其实，最好的对比方式是目视检查不同 3D 打印技术的样件，寻找是否存在剃刀般锋利的边缘、清晰的角、最小的特征尺寸、薄壁件质量和表面光洁度。使用一台便宜的数字显微镜来检查很有效，显微镜能够放大细节特征用于对比。

在 3D 打印功能测试模型时，成型件能够如实、精确地反映设计特征是关键性因素，如果成型件的精确度或分辨率不够，有些功能测试的结果的准确性也会随之降低。

**3．打印精度**

3D 打印采用的是逐层叠加的方式，利用合适的材料快速制作成型件，但这一过程中有一定的变数，比如材料收缩，因此必须在打印过程中加以补偿来确保最终成型件的精度。

使用粉末材料的 3D 打印机所使用的粘合剂通常不易收缩变形，因此成型精度一般比较高。

塑料件 3D 打印技术通常使用热源或者 UV 光来处理打印材料使之成型，这一过程产生的额外变数会影响成型精度。

成型件的大小和结构也会对精度产生影响，一些 3D 打印机可以为特殊的几何结构提供不同级别精度的打印模式。

3D 打印机制造商提供的精度参数是基于实验测试的数据，而实际成型精度会因为成型件的结构复杂程度变化，因此在选择 3D 打印机时，很重要的一点就是明确实际应用的精度要求，然后用这一精度要求作为衡量指标。

如图所示为不同精度的打印样品（左图为精度较低的模型）。

粗糙的 FDM 打印机打出的模型效果

精细的 SLA 光固化打印效果

**4．可打印的材料种类**

目标应用领域与所需材料特性对于 3D 打印机的选择至关重要。

任何一种 3D 打印技术都有它自身的优势和弱点，这一点也是用户在选择 3D 打印机时必须了解的。

对于宣传上声称的提供多种材料以供选择，大家必须持审慎的态度看待，因为提供的这些材料并不能保证我们所需的真实的功能、性能。

目前流行的打印技术有 FDM（丝状材料选择性熔覆）、SLA（光敏树脂选择性固化）、SLS（粉末材料选择性烧结）和 LOM（箔材叠层实体制作），它们都用于打印三维模型，但各有不同的优缺点。

| 技　术 | 优　点 | 缺　点 |
|---|---|---|
| FDM | 适合 ABS 材料成型，成本极低，韧性好 | 精度较差，成型速度慢 |
| SLA | 表面质量好，成型精度高，分辨率高 | 耐久性差，容易变形，不易拆支撑材料 |
| SLS | 材料硬度高（可打印金属），无须支撑 | 表面粗糙，需后期加工，维护成本较高 |
| LOM | 成型快，无须设计构建支撑结构 | 可用原材料少，维护费用高 |

## 技术链接：3D 打印的常见程序

**1．REVIT**

下载“STL 导出插件”将使 REVIT 模型更容易导出为 STL 文件格式。REVIT 是固体的建模工具，其中的固体都需要经过水密处理，而且会有一些错误，在对象更新的过程中会有一些困难。这些问题在导出前很容易被忽视，所以往往导出很多文件才能最终成功。我们建议建模时建立两个，其中一个供工程参考，另一个为 3D 打印做准备。

**2．Rhino**

如果不用固体建模，我们通常创建线或面来达到需要的视觉效果。这加速了视觉设计的过程，但到了 STL 文件中它的缺点暴露无遗。

**3．3ds Max**

3ds Max 是创建 STL 文件的绝佳工具，但在 3ds Max 中创建的大多数文件只用于视觉表现。将一个视觉表现文件变成一个可供使用的模型文件是一个浩大的工程。虽然可以做到，但理想的策略仍然是在设计过程中一直保持对模型的构思，而不是只要有视觉冲击力即可。

**4．SKetch Up**

目前还没有可用的 STL 导出插件，其实 Sketch Up 的 Pro 版本曾经可以导出 STL 文件，但后来这个功能被取消了，因为从这个软件中生成水密的固体存在太多的问题。不管怎么样，建议导出 DWG 或 3ds 文件之后再导入 3ds Max 或犀牛软件，并从那里导出 STL 文件。

**5．AutoCAD**

AutoCAD（Auto Computer Aided Design）是美国 Autodesk 公司首次于 1982 年开发的自动计算机辅助设计软件，用于二维绘图、详细绘制、设计文档和基本三维设计，现已成为国际上广为流行的绘图工具。AutoCAD 具有良好的用户界面，通过交互菜单或命令行方式便可以进行各种操作。它的多文档设计环境让非计算机专业人员也能很快地学会使用，在不断实践的过程中更好地掌握它的各种应用和开发技巧，从而不断地提高工作效率。AutoCAD 具有很好的适应性，可以在各种操作系统支持的微型计算机和工作站上运行。

**6．UG**

UG（Unigraphics NX）是 Siemens PLM Software 公司推出的一个产品工程解决方案，它为用户的产品设计及加工过程提供了数字化造型和验证手段。UG 针对用户的虚拟产品设计和工艺设计的需求提供了经过实践验证的解决方案。UG 包括了世界上最强大、最广泛的产品设计应用模块。UG 具有高性能的机械设计和制图功能，为制造设计提供了高性能和灵活性，以满足客户设计任何复杂产品的需要。UG 优于通用的设计工具，具有专业的管路和线路设计系统、钣金模块、专用塑料件设计模块和其他行业设计所需的专业应用程序。

# 第6章

# 生活用品建模&打印实战

# 6.1 字母杯

## 字母杯的设计草图

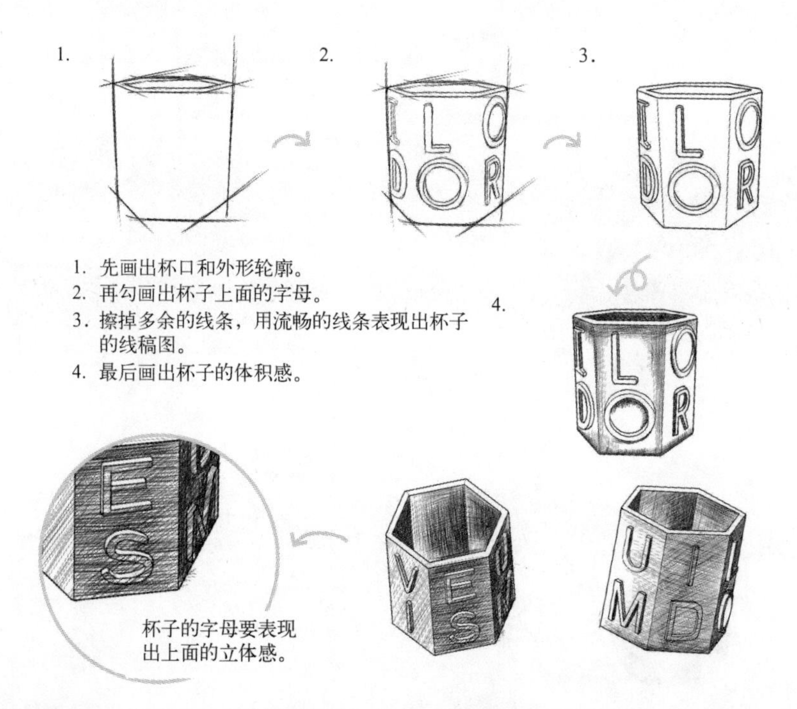


本节介绍利用拉伸、文本、倒圆角等命令制作字母杯模型的方法。在建模过程中我们分为三部分，首先创建字母杯主体，然后创建字母杯上的字母，最后完成字母杯上的修饰。本节的草图绘制比较简单，请耐心按照教程绘制。本例参考图如下图所示。

## 6.1.1 操作步骤详解

### STEP01　新建零件主体

01 在计算机上打开 PTC Creo Parametric 3.0 软件，出现其界面，如下左图所示。然后单击【新建】按钮，如下右图所示。

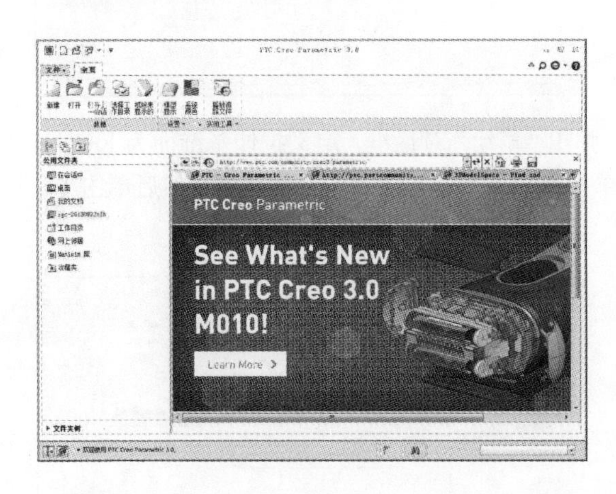


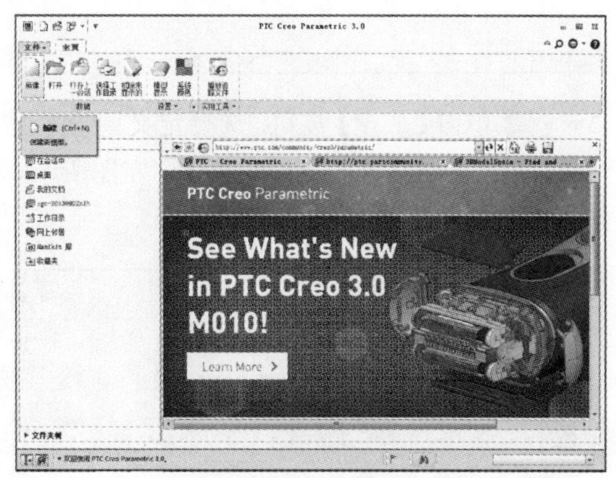


02 单击【新建】按钮后弹出“新建”对话框，类型选择“零件”、子类型选择“实体”，将文件名更改为“6-1-zmb”，不选择“使用默认模板”复选框，单击【确定】按钮，如下左图所示。单击后弹出“新文件选项”对话框，在模板中选择“mmns-part-solid”，单击【确定】按钮，如下右图所示。

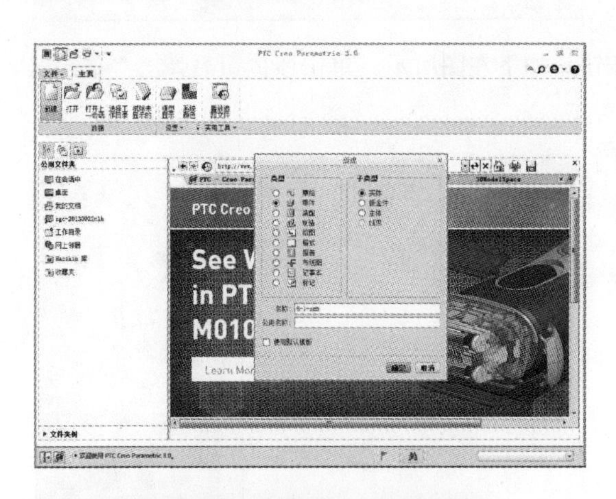

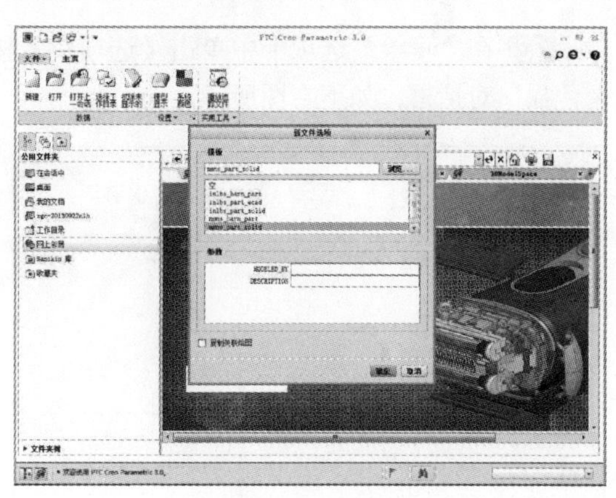

### STEP02　字母杯主体的建模

01 在“模型”选项卡中单击【拉伸】按钮，如下左图所示。单击【拉伸】按钮后系统显示“拉伸”选项卡，如下右图所示。

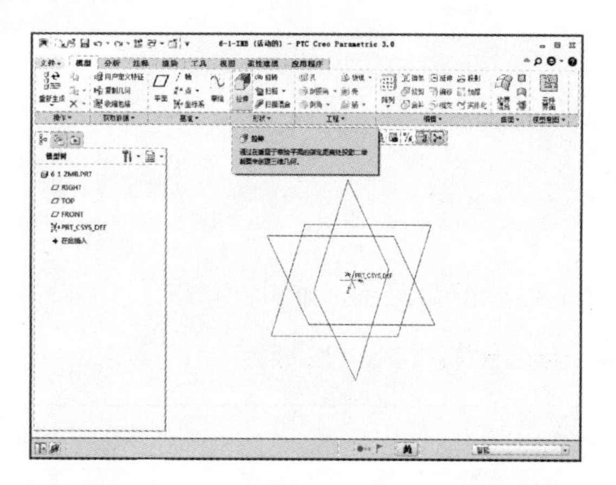

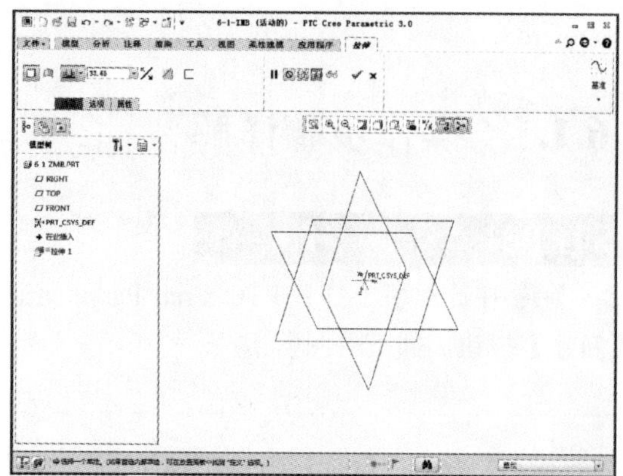

02 单击【放置】按钮，选择定义草绘平面，弹出“草绘”对话框，定义拉伸基准面为 FRONT 平面，然后单击【草绘】按钮，如下左图所示。单击该按钮后显示“草绘”选项卡，然后单击【草绘视图】按钮，如下右图所示。

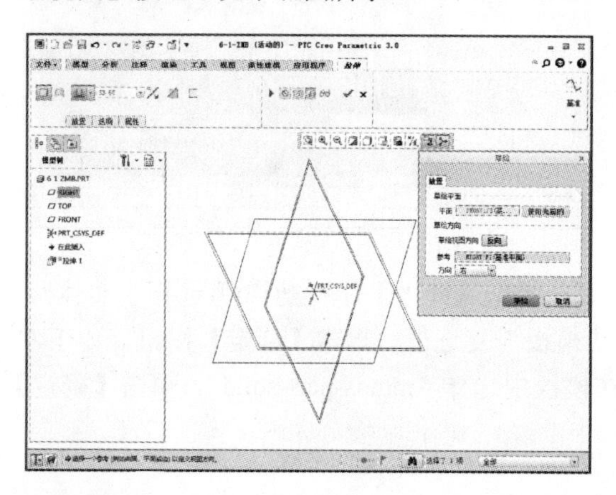

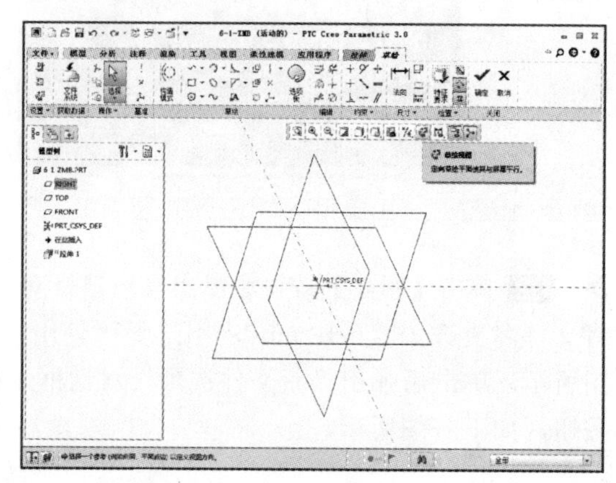

03 在“草绘”选项卡中单击【选项板】按钮，如下左图所示。单击该按钮后弹出“草绘器调色板”对话框，如下右图所示。

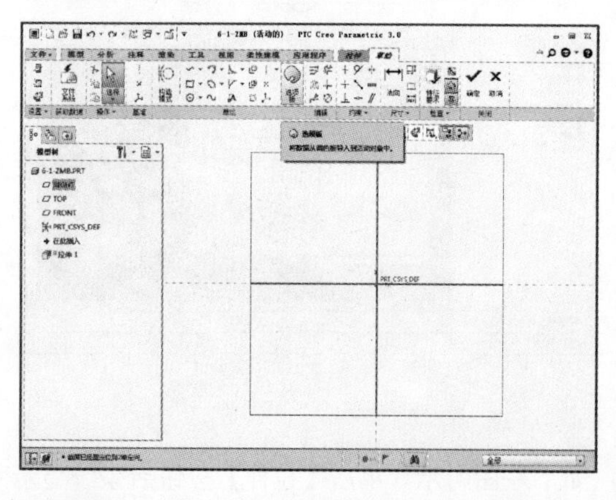

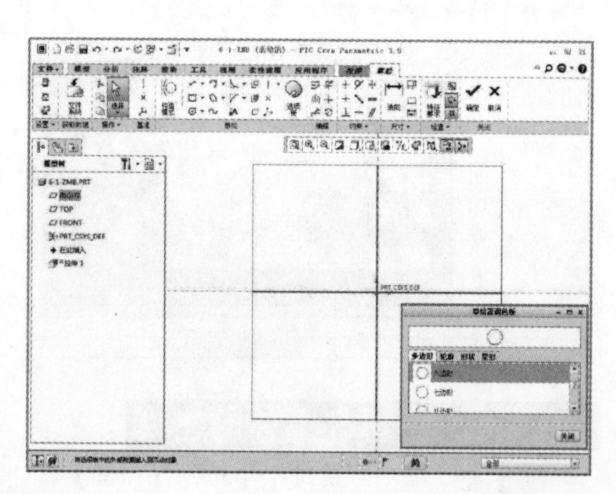

04 如图所示，选择一个正六边形添加到草绘图形中，并使其中心与坐标原点重合，设置完成后单击【确定】按钮，如下左图所示。添加尺寸约束，使对边的距离为 70，如下右图所示。

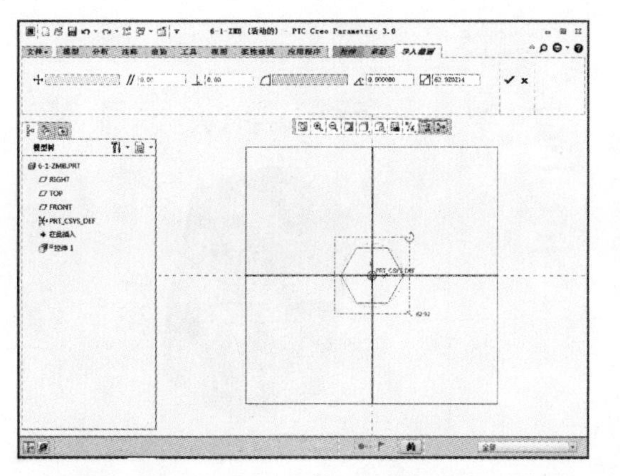

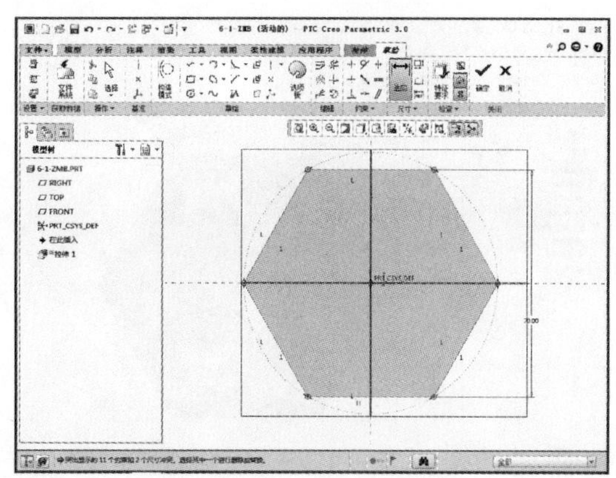

05 草图绘制完成后单击【确定】按钮，进入“拉伸”选项卡，设置对称值拉伸，拉伸值为 70，如下左图所示。设置完成后单击【确定】按钮，如下右图所示。

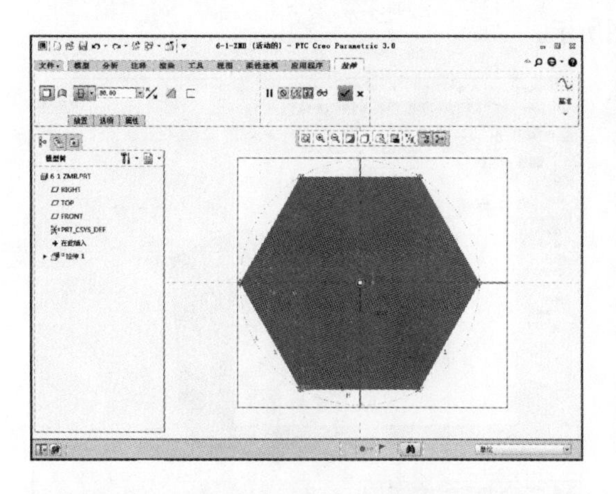

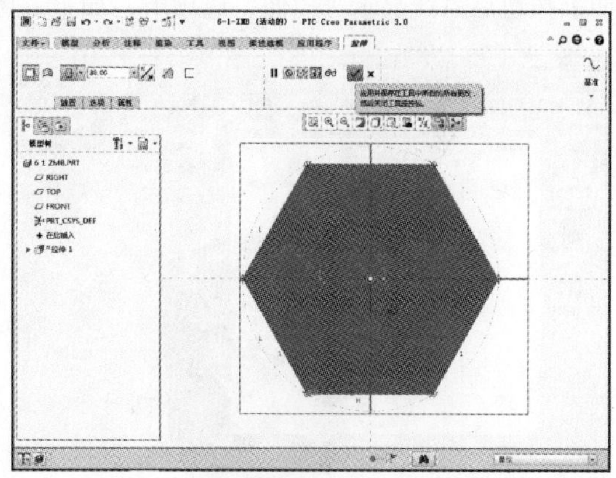

06 完成上述特征操作后单击【壳】按钮，如下左图所示。单击【壳】按钮后系统显示“壳”选项卡，如下右图所示。

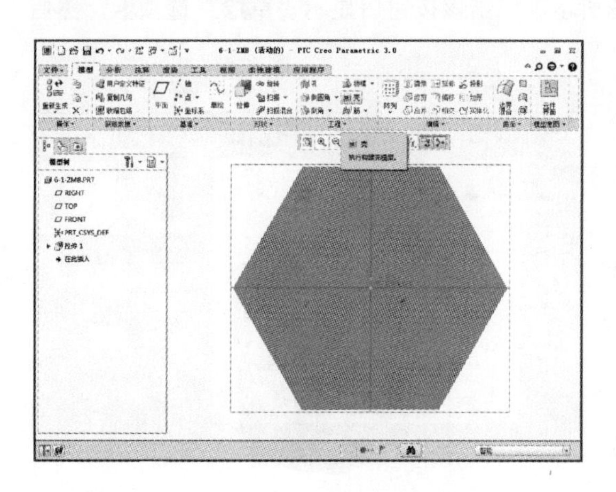

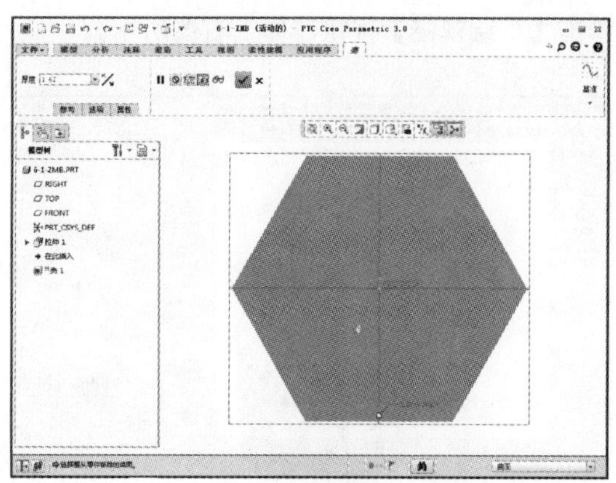

07 设定厚度为 4，如下左图所示。然后选择图示平面，单击【确定】按钮，如下右图所示。

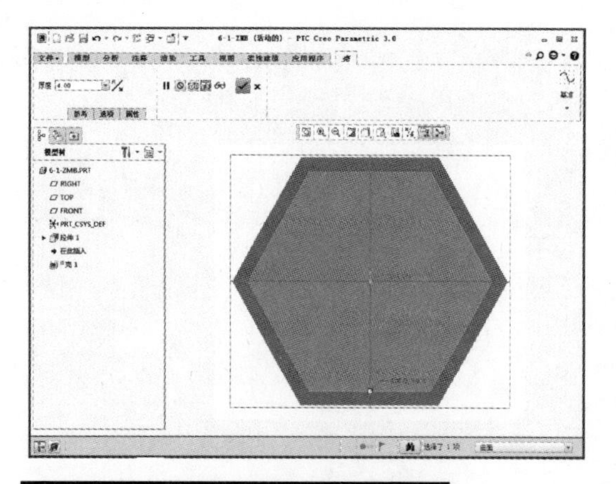

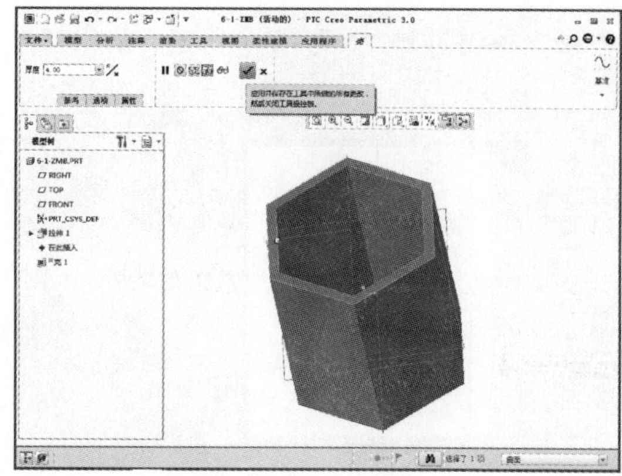

## STEP03　创建字母杯文本

01 完成上述特征操作后在“模型”选项卡中单击【拉伸】按钮，如下左图所示。单击【拉伸】按钮后系统显示“拉伸”选项卡，如下右图所示。

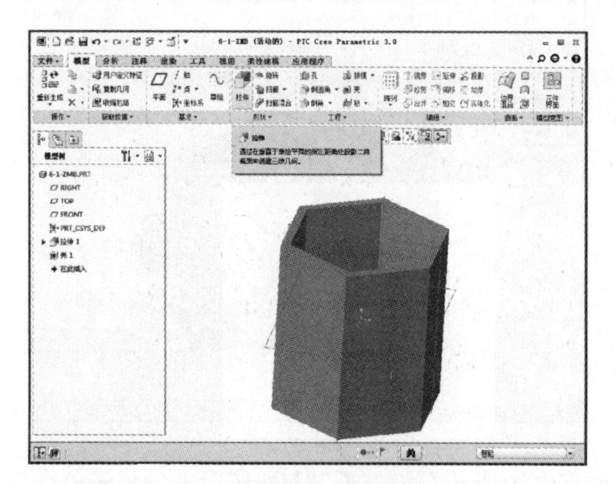

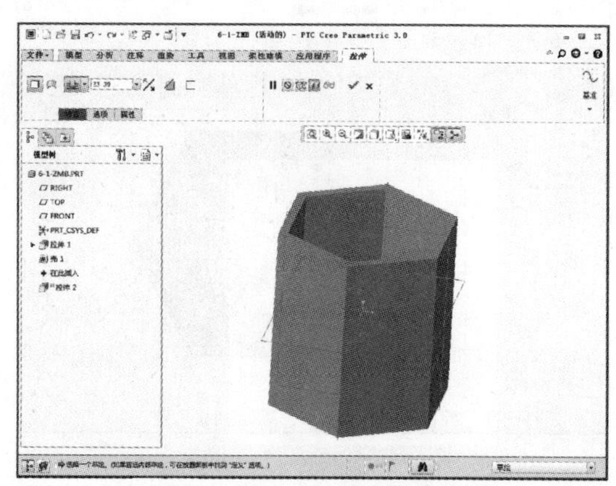

02 单击【放置】按钮，选择定义草绘平面，弹出“草绘”对话框，定义拉伸基准面为拉伸得到的平面，然后单击【草绘】按钮，如下左图所示。单击该按钮后显示“草绘”选项卡，然后单击【草绘视图】按钮，如下右图所示。

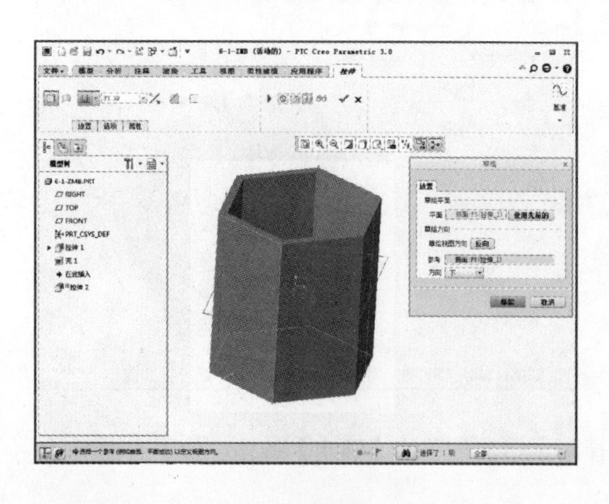

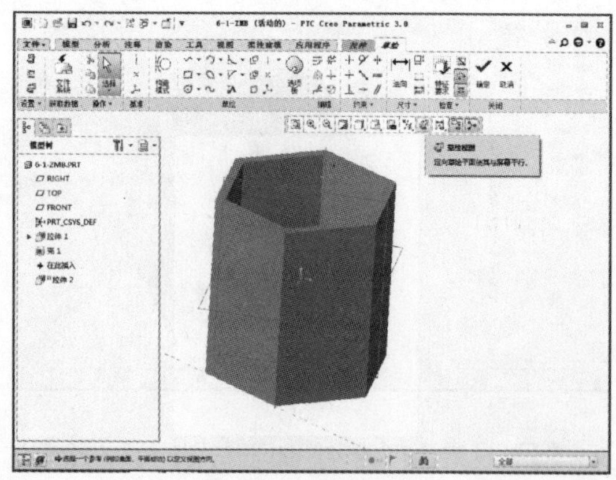

03 在“草绘”选项卡中单击【文本】按钮，如下左图所示。单击该按钮后弹出“文本”对

话框，如下右图所示。

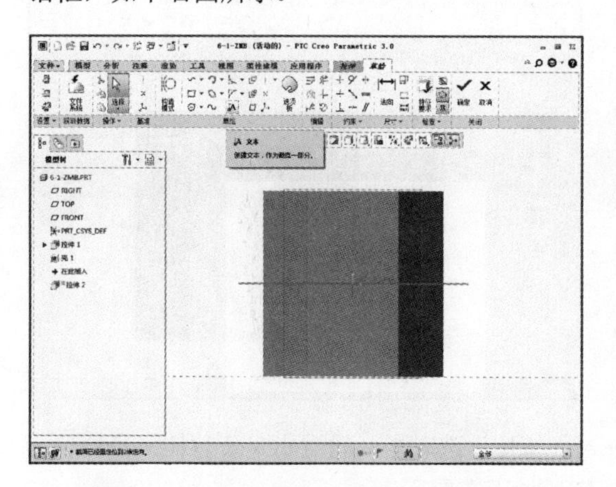

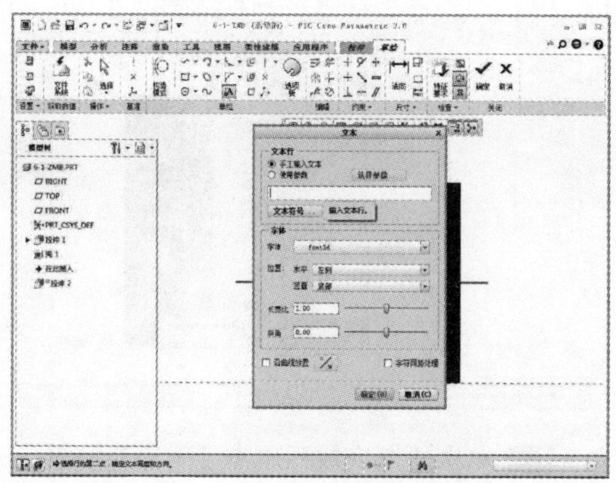

04 在文本框中输入字母 E，输入完成后单击【确定】按钮，如下左图所示。单击该按钮后对字母的尺寸和位置进行约束，设定字高 26、距底边 45、距中线 10，如下右图所示。

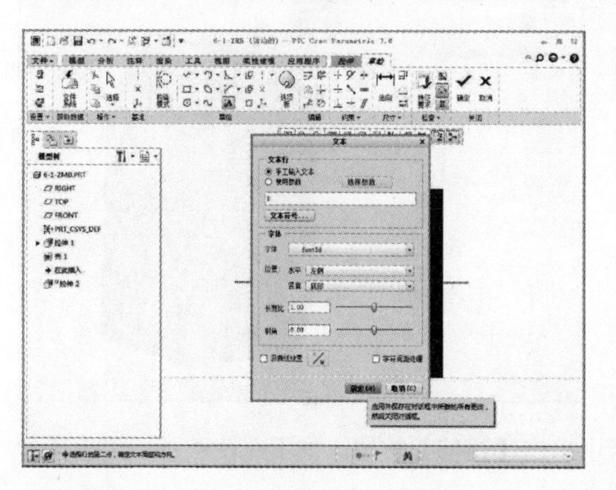

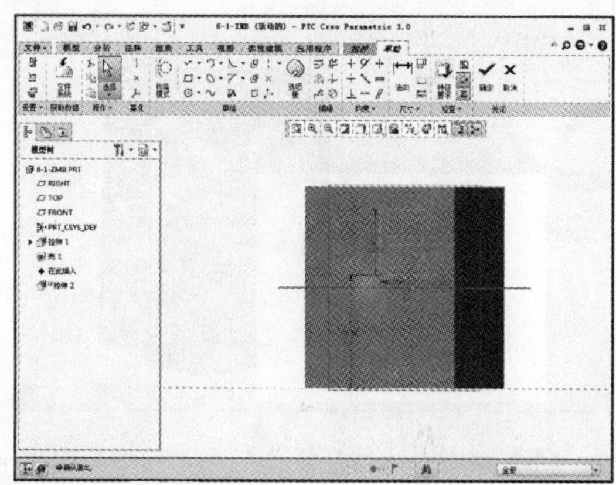

05 在“草绘”选项卡中单击【文本】按钮，如下左图所示。单击该按钮后弹出“文本”对话框，如下右图所示。

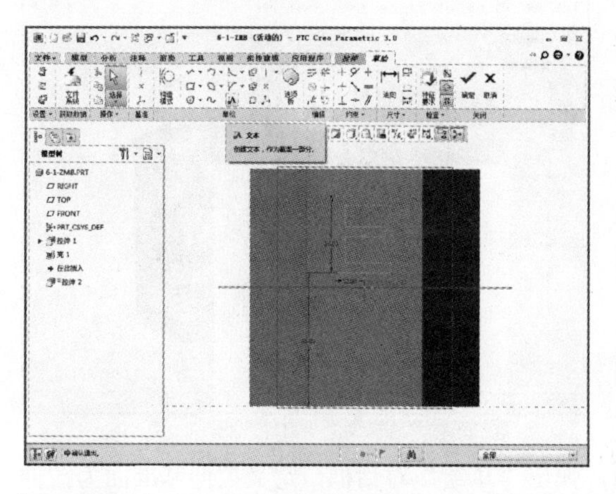

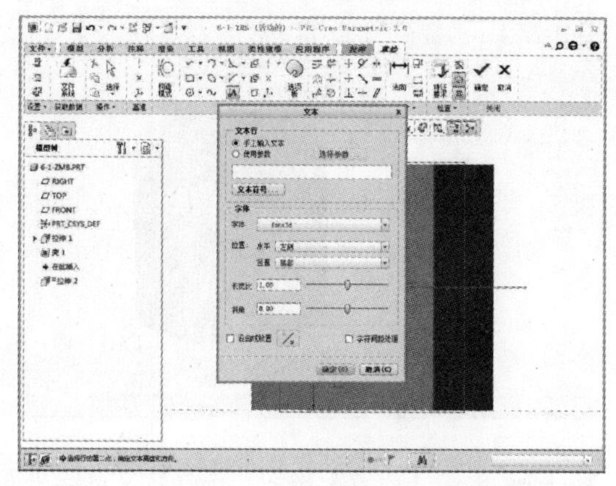

06 在文本框中输入字母 S，输入完成后单击【确定】按钮，如下左图所示。单击该按钮后对字母的尺寸和位置进行约束，设定字高 26、距底边 9、距中线 10，如下右图所示。

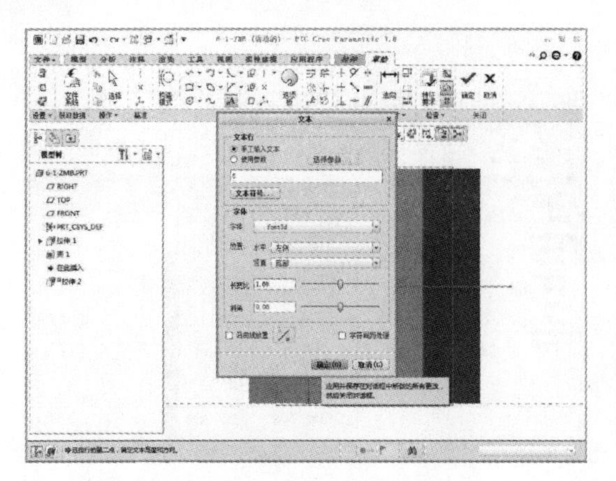

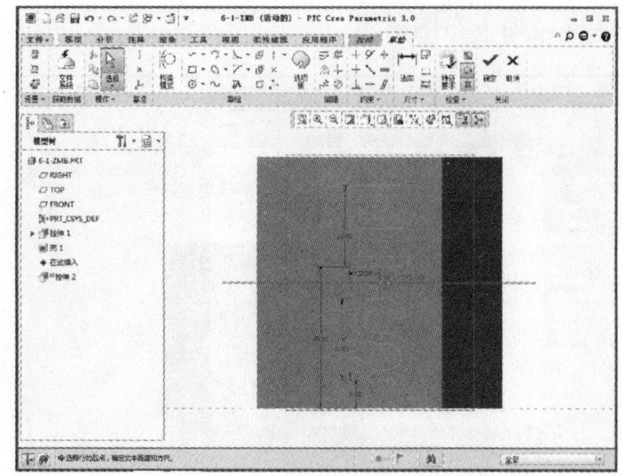

07 草图绘制完成后单击【确定】按钮，进入“拉伸”选项卡，设置指定值拉伸，拉伸值为2.5，如下左图所示。设置完成后单击【确定】按钮，如下右图所示。

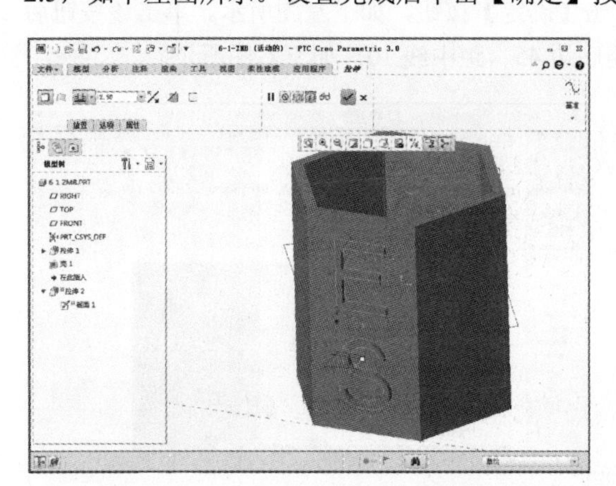

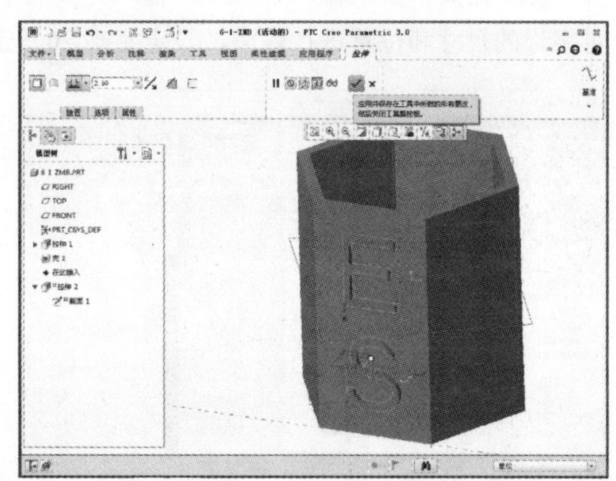

08 完成上述特征操作后在“模型”选项卡中单击【拉伸】按钮，如下左图所示。单击【拉伸】按钮后系统显示“拉伸”选项卡，如下右图所示。

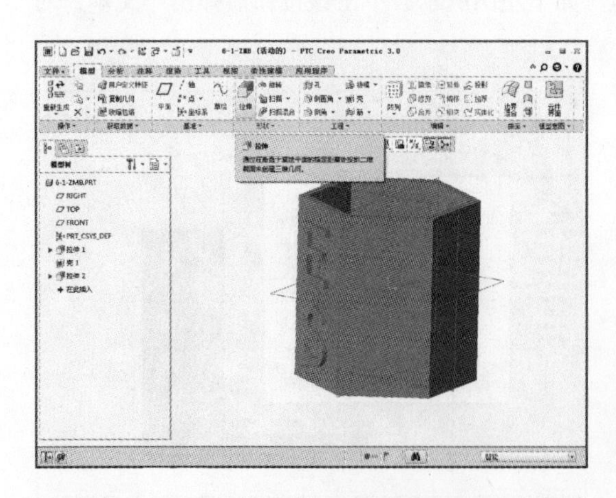

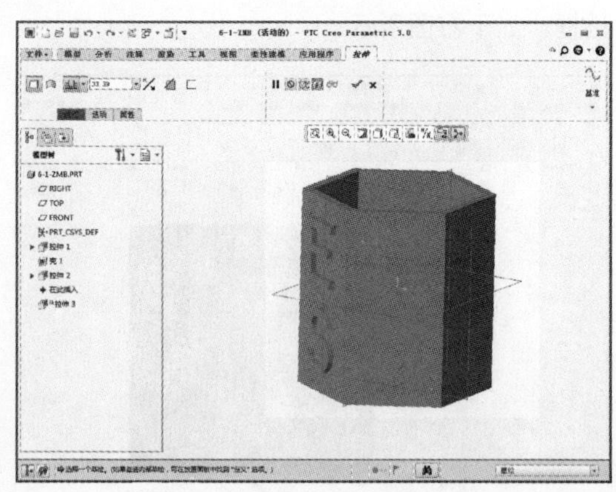

09 单击【放置】按钮，选择定义草绘平面，弹出“草绘”对话框，定义拉伸基准面为拉伸得到的平面，然后单击【草绘】按钮，如下左图所示。单击该按钮后显示“草绘”选项卡，然后单击【草绘视图】按钮，如下右图所示。

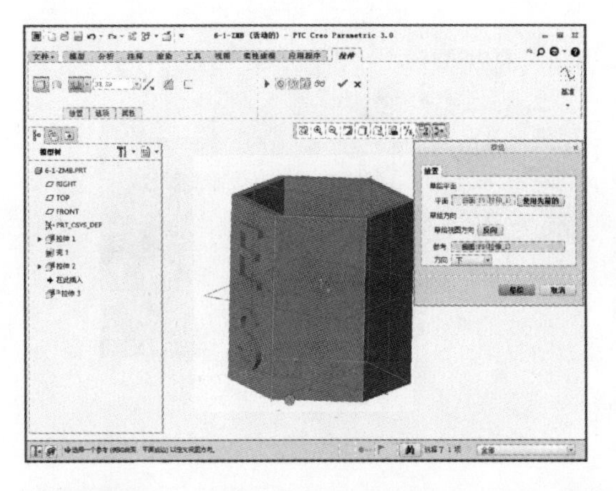

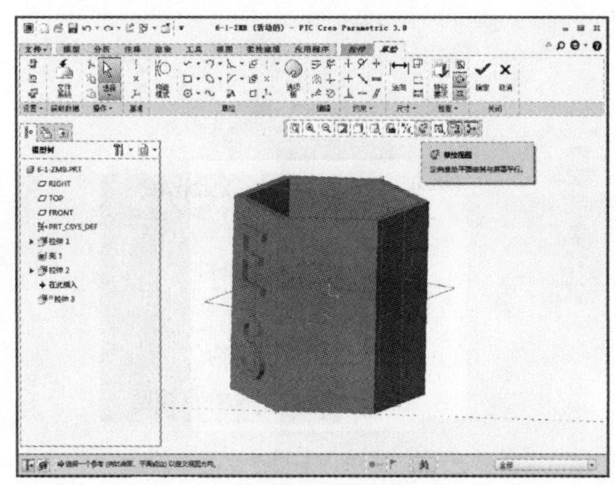

10 在“草绘”选项卡中单击【文本】按钮，如下左图所示。单击该按钮后弹出“文本”对话框，如下右图所示。

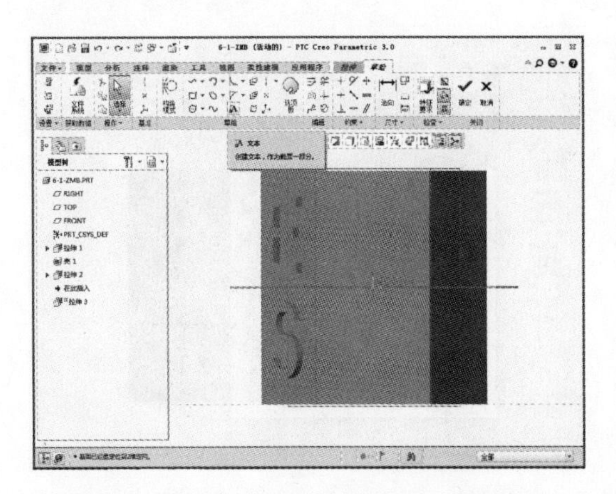

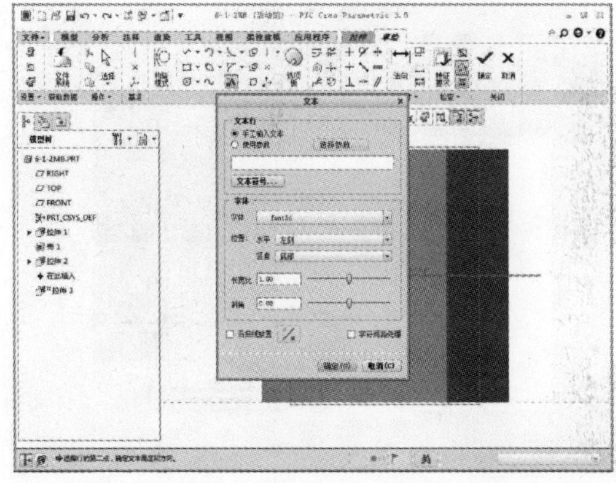

11 在文本框中输入字母 U，输入完成后单击【确定】按钮，如下左图所示。单击该按钮后对字母的尺寸和位置进行约束，设定字高 26、距底边 45、距中线 10，如下右图所示。

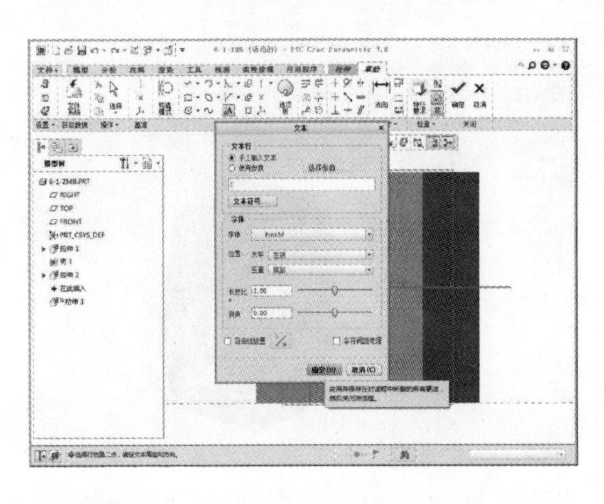

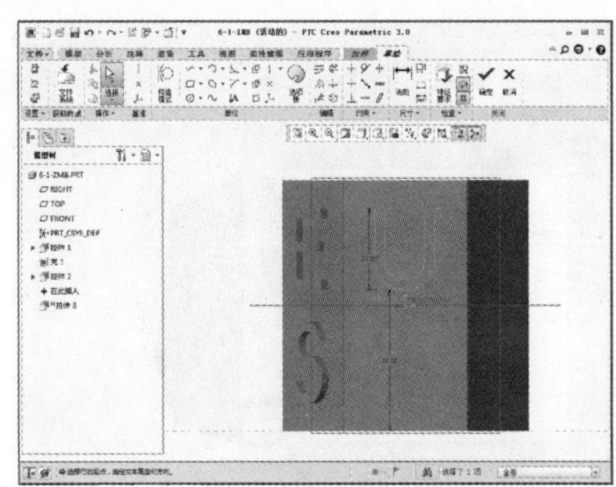

12 在“草绘”选项卡中单击【文本】按钮，如下左图所示。单击该按钮后弹出“文本”对话框，如下右图所示。

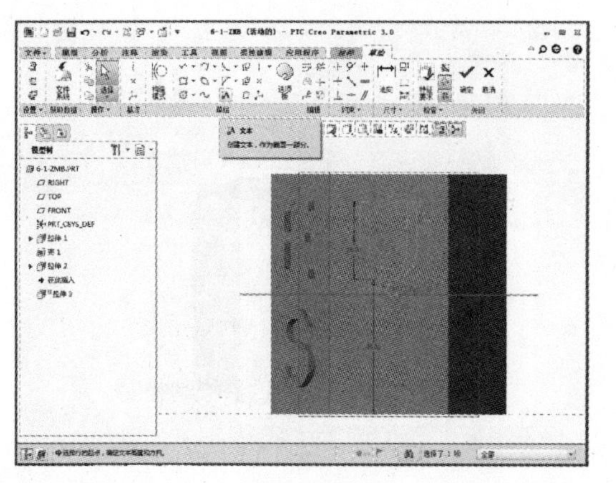

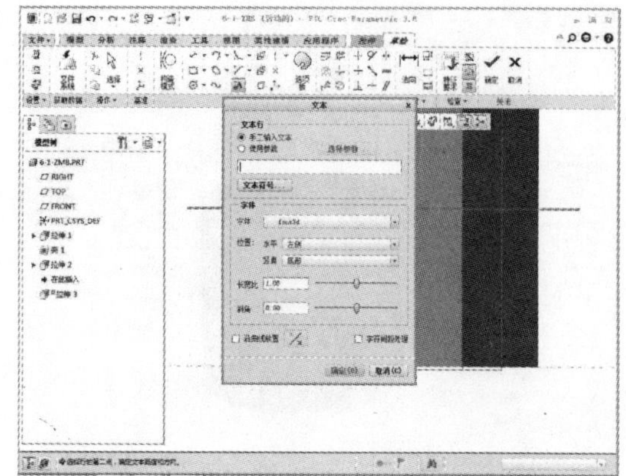

13 在文本框中输入字母 M，输入完成后单击【确定】按钮，如下左图所示。单击该按钮后对字母的尺寸和位置进行约束，设定字高 26、距底边 9、距中线 13，如下右图所示。

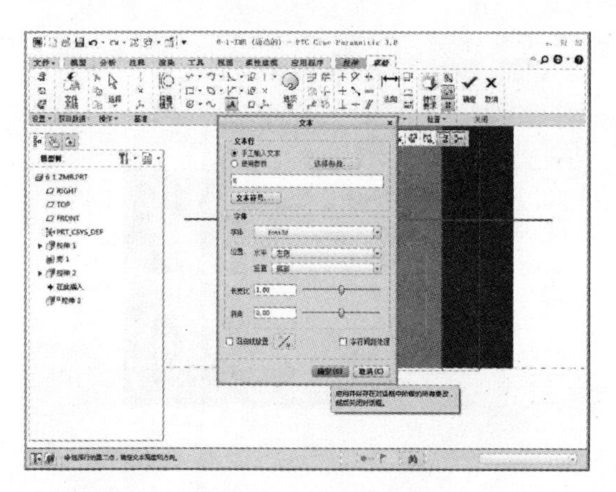

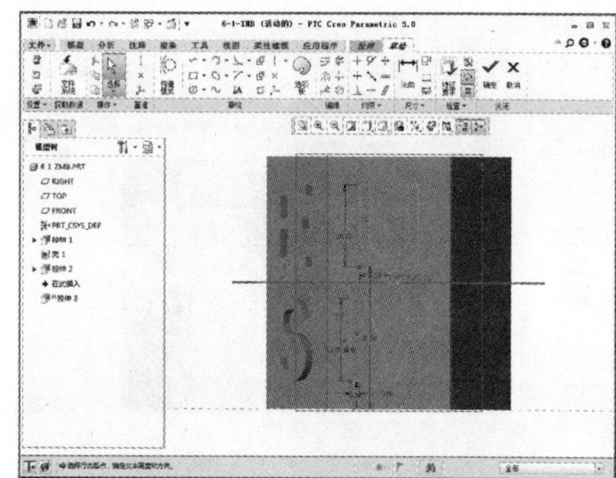

14 草图绘制完成后单击【确定】按钮，进入“拉伸”选项卡，设置指定值拉伸，拉伸值为 2.5，如下左图所示。设置完成后单击【确定】按钮，如下右图所示。

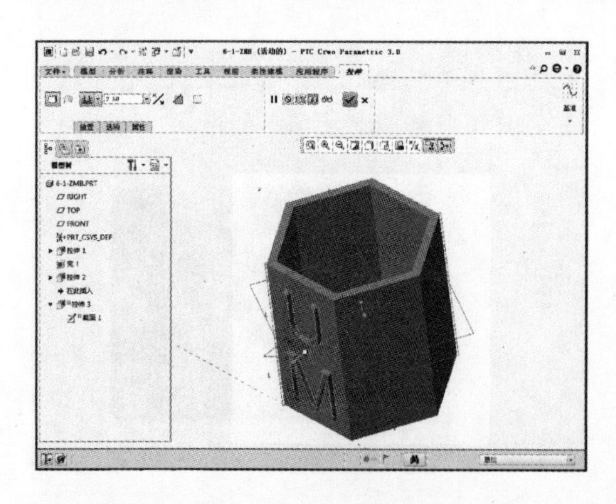

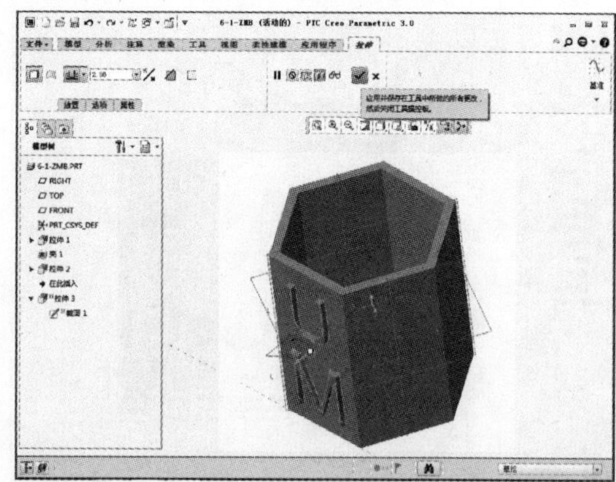

15 完成上述特征操作后在“模型”选项卡中单击【拉伸】按钮，如下左图所示。单击【拉伸】按钮后系统显示“拉伸”选项卡，如下右图所示。

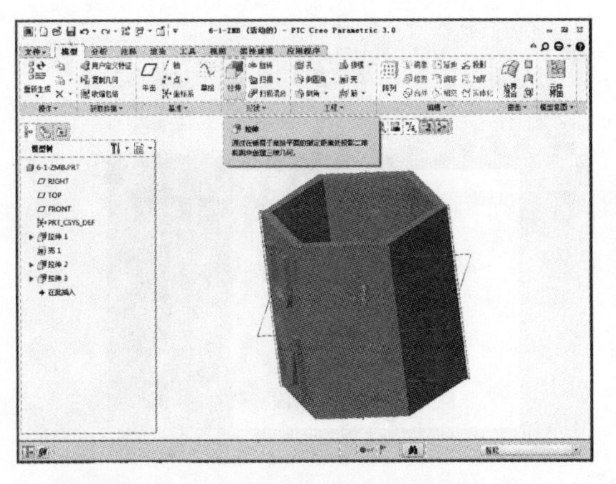

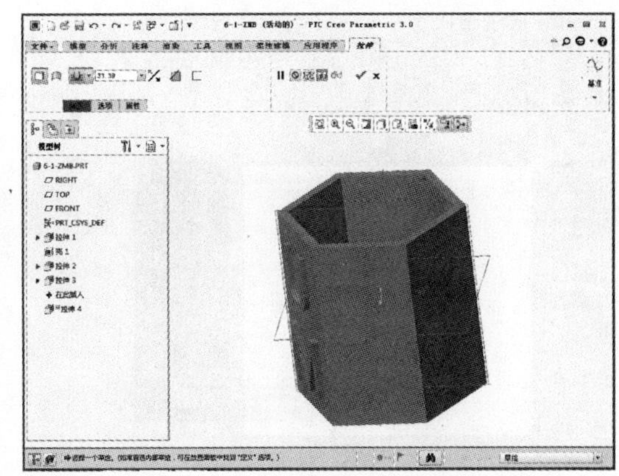

16 单击【放置】按钮，选择定义草绘平面，弹出“草绘”对话框，定义拉伸基准面为拉伸得到的平面，然后单击【草绘】按钮，如下左图所示。单击该按钮后显示“草绘”对话框，然后单击【草绘视图】按钮，如下右图所示。

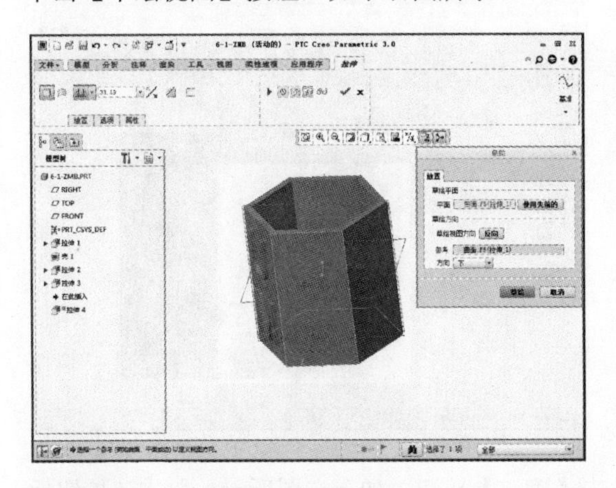

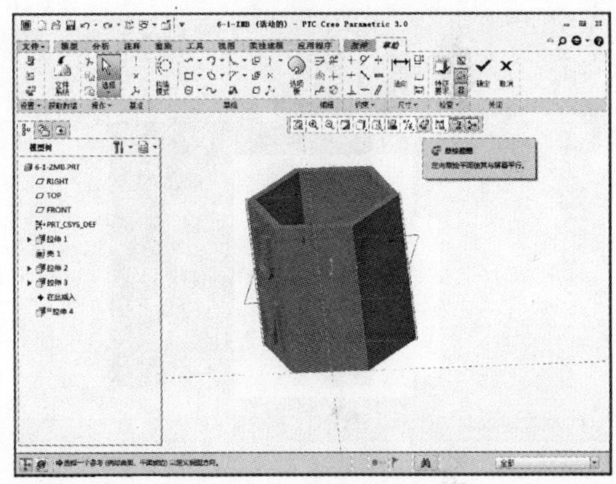

17 在“草绘”选项卡中单击【文本】按钮，如下左图所示。单击该按钮后弹出“文本”对话框，如下右图所示。

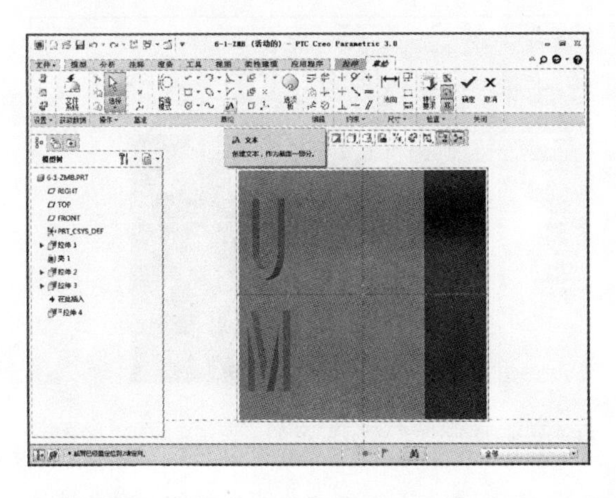

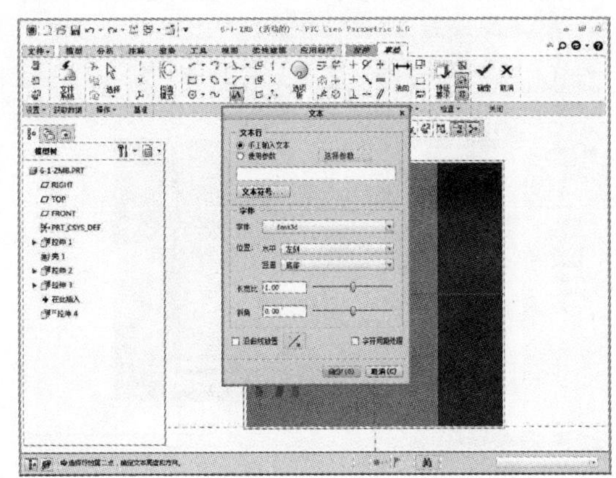

18 在文本框中输入字母 I，输入完成后单击【确定】按钮，如下左图所示。单击该按钮后对字母的尺寸和位置进行约束，设定字高 26、距底边 45、距中线 1.7，如下右图所示。

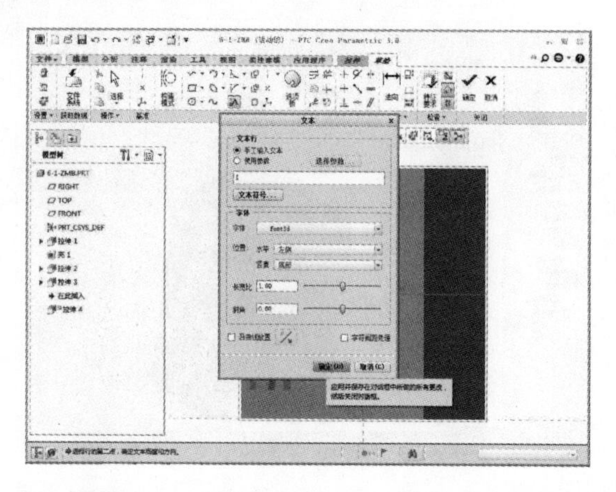

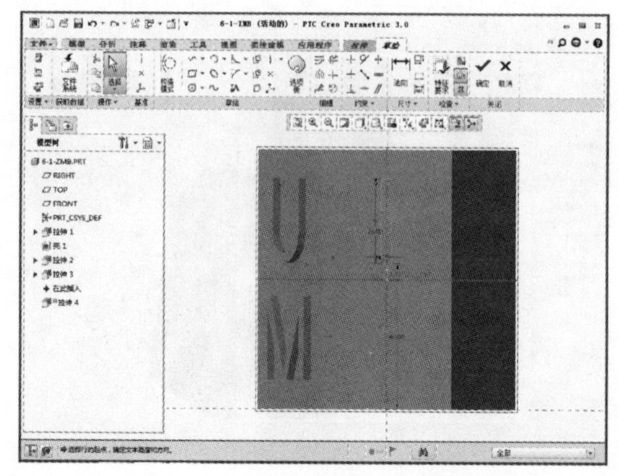

**19** 在“草绘”选项卡中单击【文本】按钮，如下左图所示。单击该按钮后弹出“文本”对话框，如下右图所示。

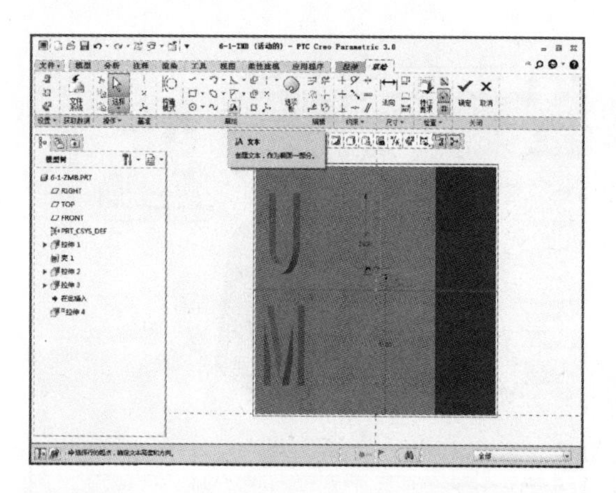

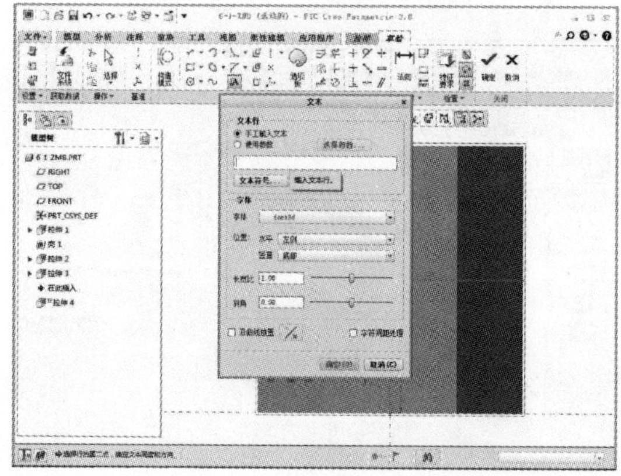

**20** 在文本框中输入字母 D，输入完成后单击【确定】按钮，如下左图所示。单击该按钮后对字母的尺寸和位置进行约束，设定字高 26、距底边 9、距中线 10，如下右图所示。

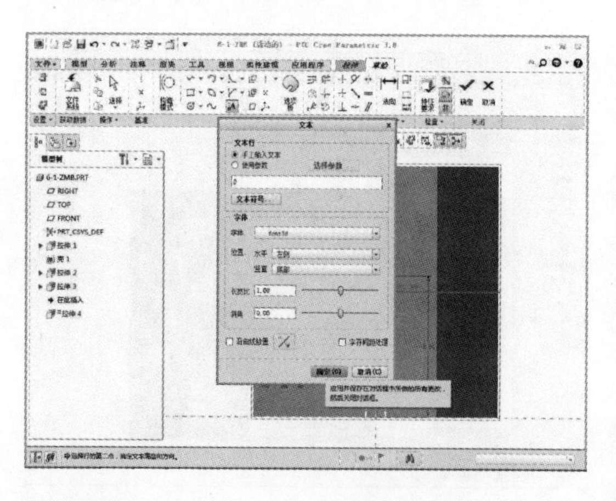

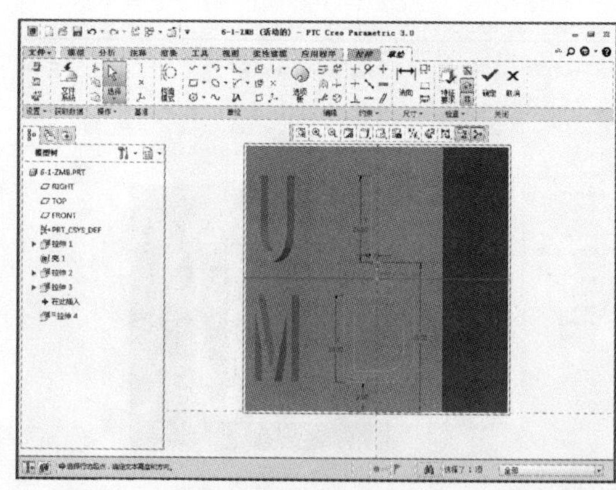

**21** 草图绘制完成后单击【确定】按钮，进入“拉伸”选项卡，设置指定值拉伸，拉伸值为 2.5，如下左图所示。设置完成后单击【确定】按钮，如下右图所示。

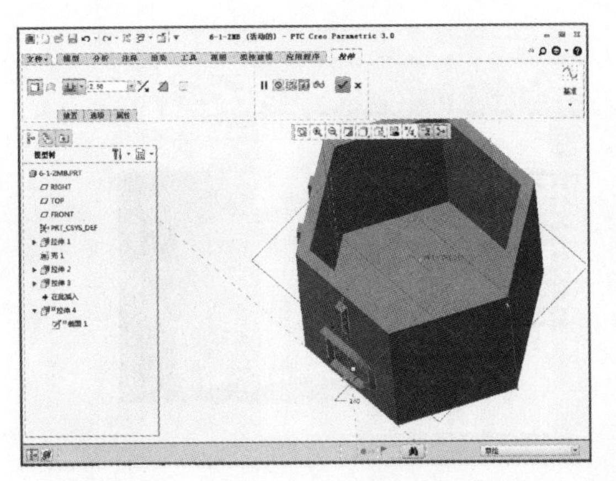

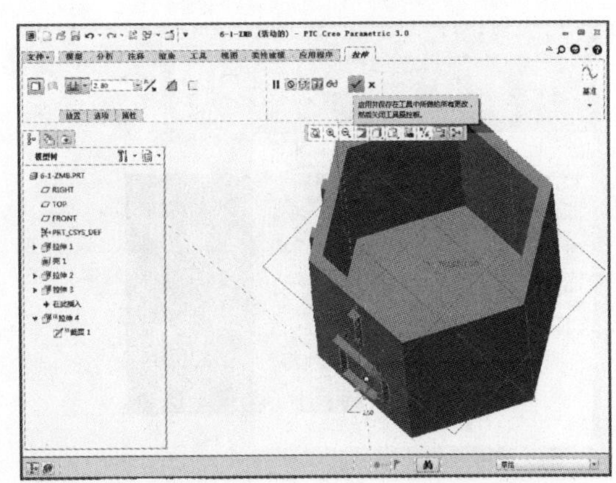

22 完成上述特征操作后在“模型”选项卡中单击【拉伸】按钮，如下左图所示。单击【拉伸】按钮后系统显示“拉伸”选项卡，如下右图所示。

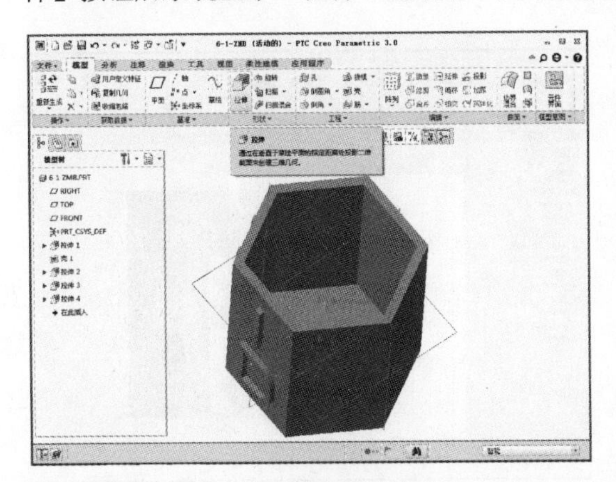

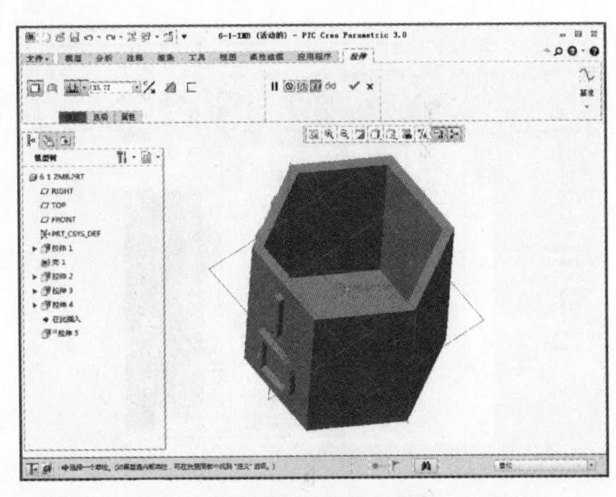

23 单击【放置】按钮，选择定义草绘平面，弹出“草绘”对话框，定义拉伸基准面为拉伸得到的平面，然后单击【草绘】按钮，如下左图所示。单击该按钮后显示“草绘”选项卡，然后单击【草绘视图】按钮，如下右图所示。

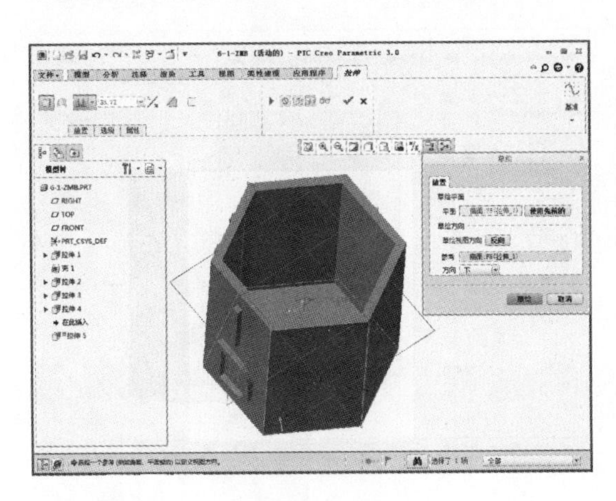

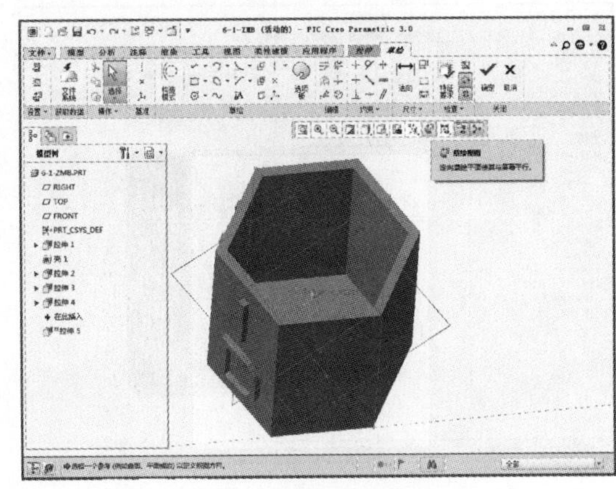

24 在“草绘”选项卡中单击【文本】按钮，如下左图所示。单击该按钮后弹出“文本”对话框，如下右图所示。

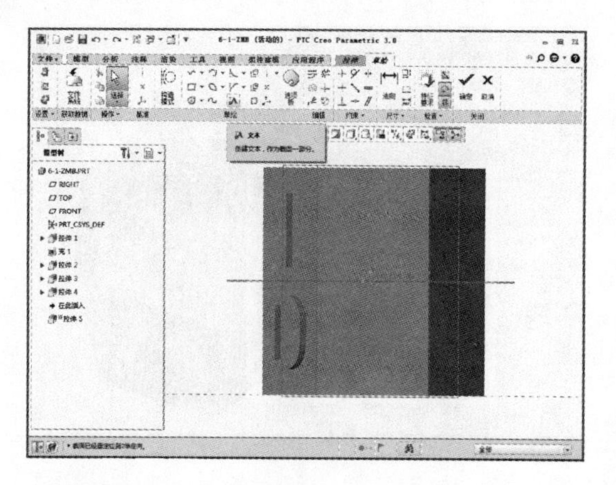

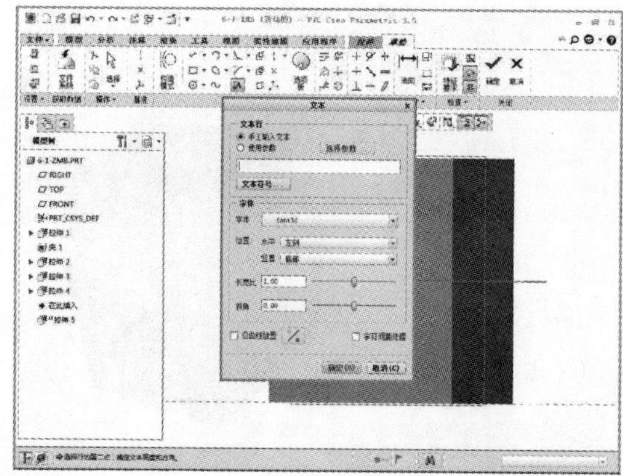

25 在文本框中输入字母 L，输入完成后单击【确定】按钮，如下左图所示。单击该按钮后对字母的尺寸和位置进行约束，设定字高 26、距底边 45、距中线 9，如下右图所示。

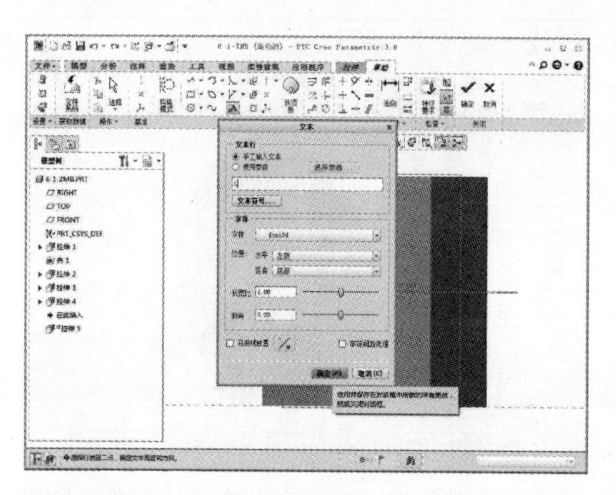

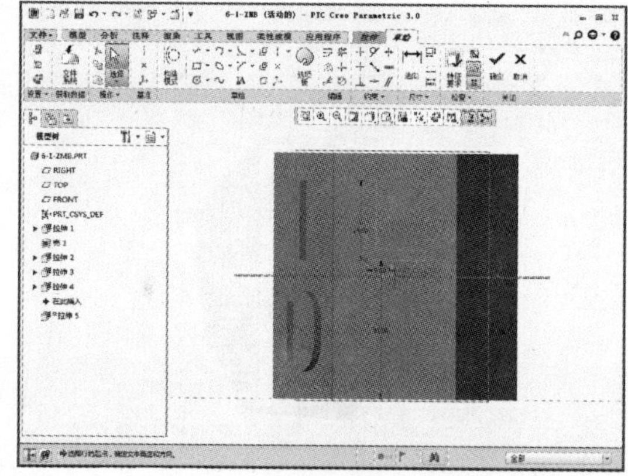

26 在“草绘”选项卡中单击【文本】按钮，如下左图所示。单击该按钮后弹出“文本”对话框，如下右图所示。

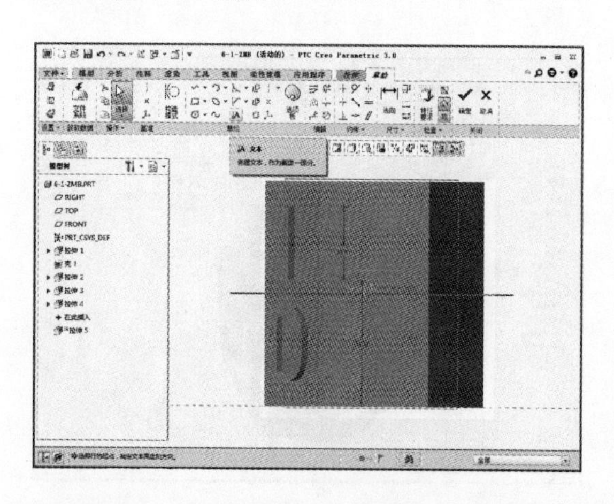

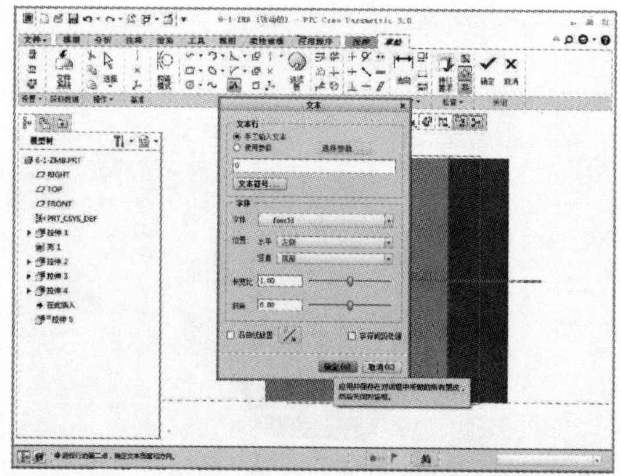

27 在文本框中输入字母 O，输入完成后单击【确定】按钮，如下左图所示。单击该按钮后对字母的尺寸和位置进行约束，设定字高 26、距底边 9、距中线 10，如下右图所示。

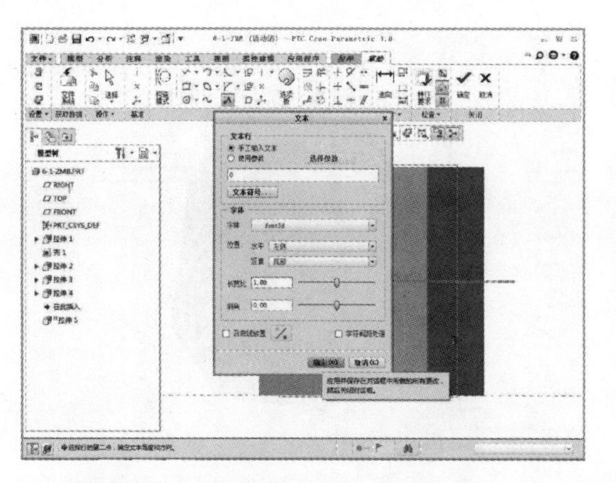

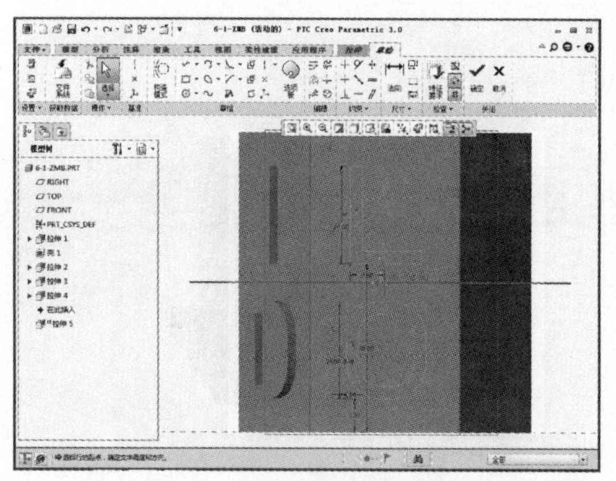

28 草图绘制完成后单击【确定】按钮，进入“拉伸”选项卡，设置指定值拉伸，拉伸值为2.5，如下左图所示。设置完成后单击【确定】按钮，如下右图所示。

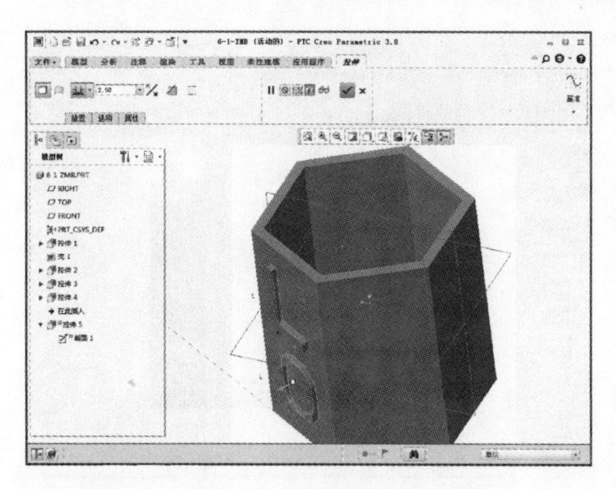

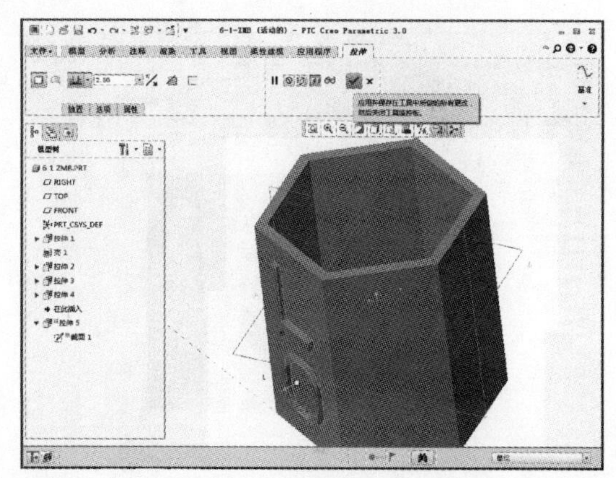

29 完成上述特征操作后在“模型”选项卡中单击【拉伸】按钮，如下左图所示。单击【拉伸】按钮后系统显示“拉伸”选项卡，如下右图所示。

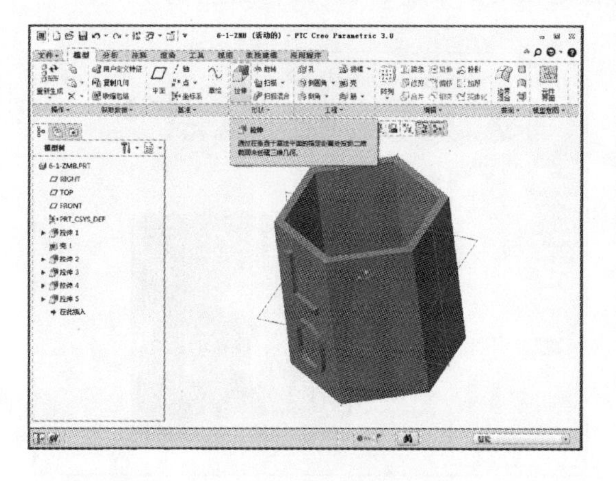

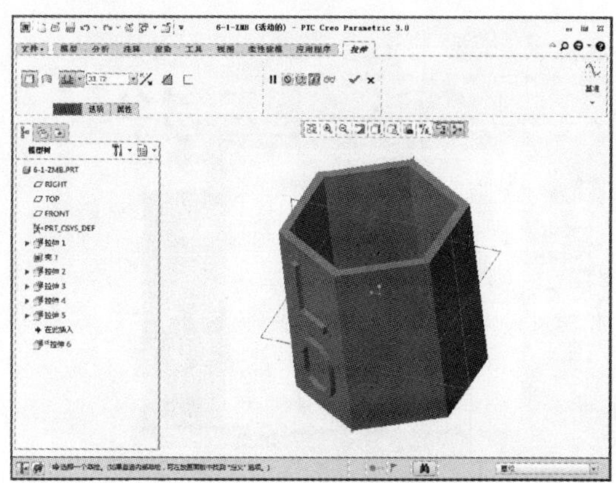

30 单击【放置】按钮，选择定义草绘平面，弹出“草绘”对话框，定义拉伸基准面为拉伸得到的平面，然后单击【草绘】按钮，如下左图所示。单击该按钮后显示“草绘”选项卡，然后单击【草绘视图】按钮，如下右图所示。

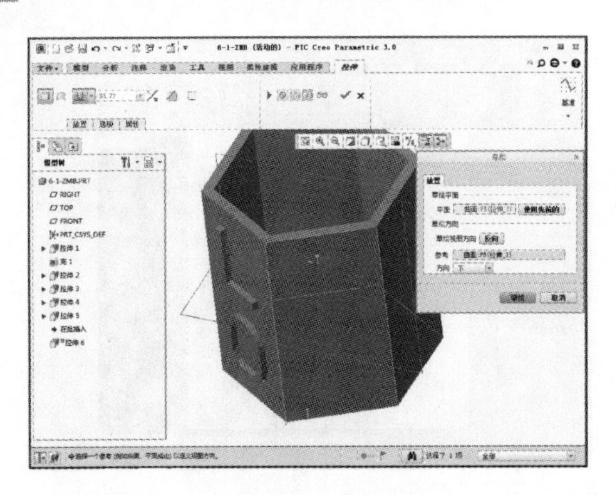

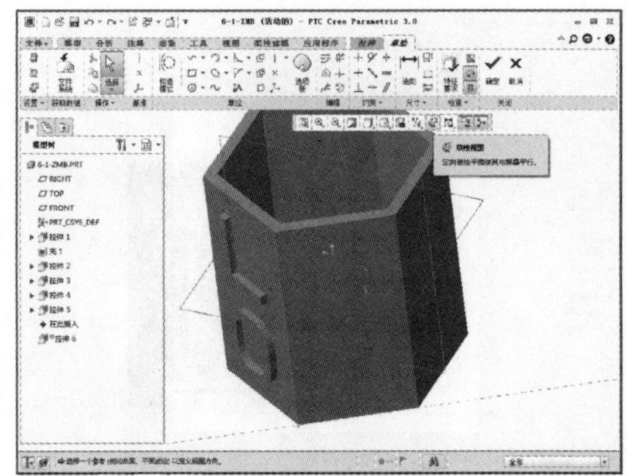

31 在“草绘”选项卡中单击【文本】按钮，如下左图所示。单击该按钮后弹出“文本”对话框，如下右图所示。

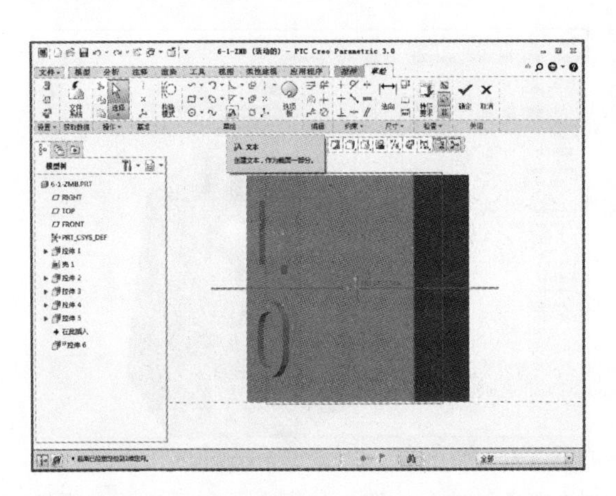

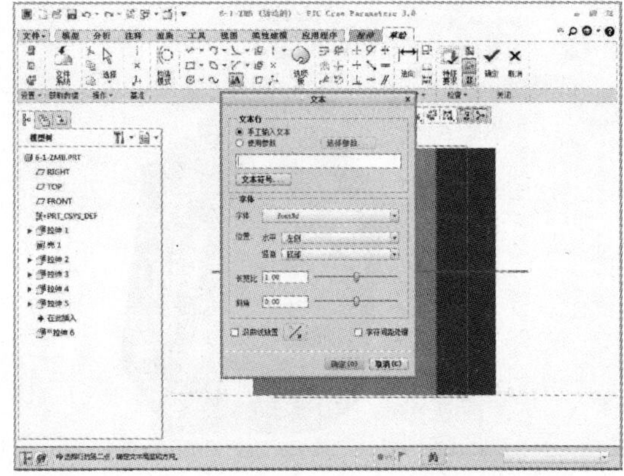

32 在文本框中输入字母 O，输入完成后单击【确定】按钮，如下左图所示。单击该按钮后对字母的尺寸和位置进行约束，设定字高 26、距底边 45、距中线 10.5，如下右图所示。

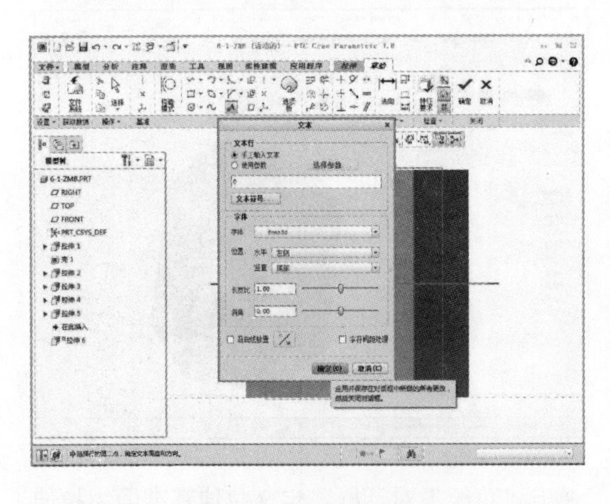

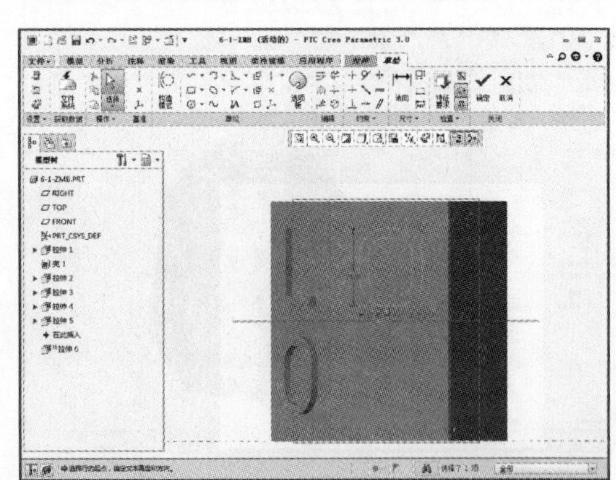

33 在“草绘”选项卡中单击【文本】按钮，如下左图所示。单击该按钮后弹出“文本”对话框，如下右图所示。

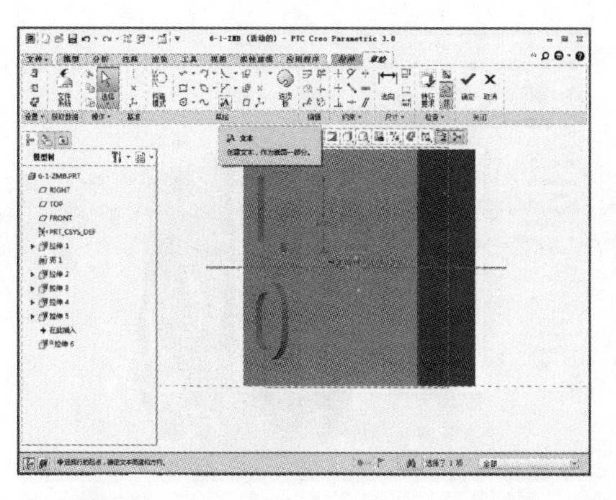

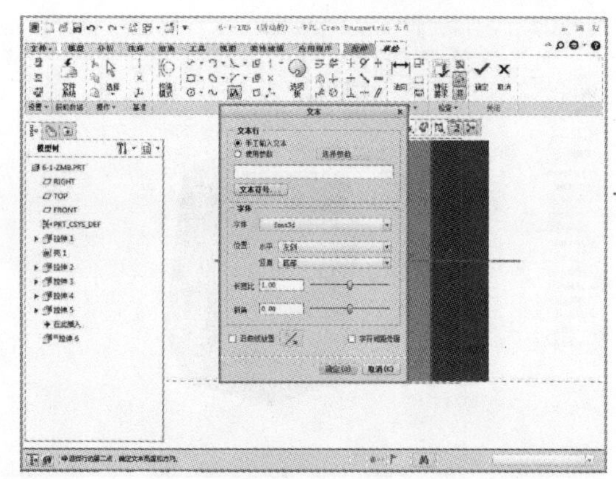

34 在文本框中输入字母 R，输入完成后单击【确定】按钮，如下左图所示。单击该按钮后对字母的尺寸和位置进行约束，设定字高 26、距底边 9、距中线 10.5，如下右图所示。

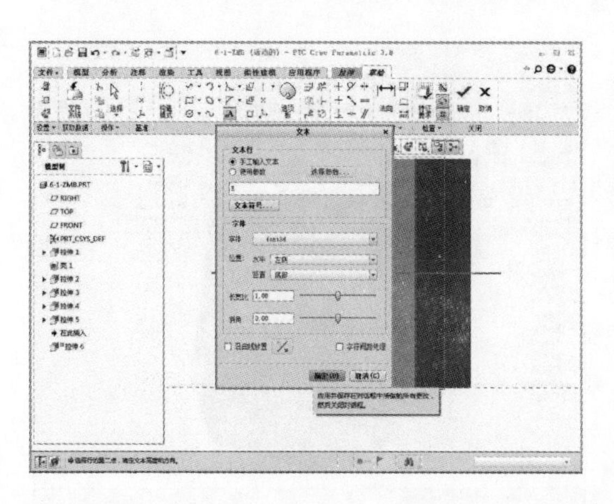

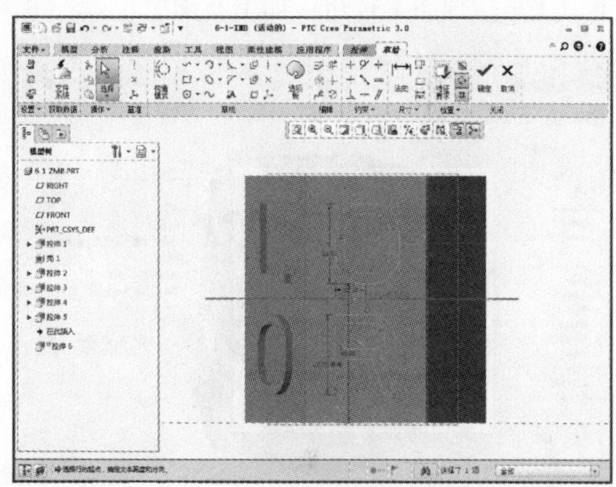

35 草图绘制完成后单击【确定】按钮，进入“拉伸”选项卡，设置指定值拉伸，拉伸值为 2.5，如下左图所示。设置完成后单击【确定】按钮，如下右图所示。

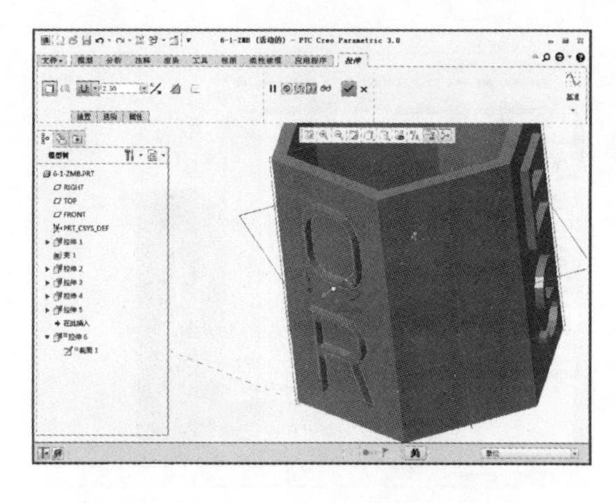

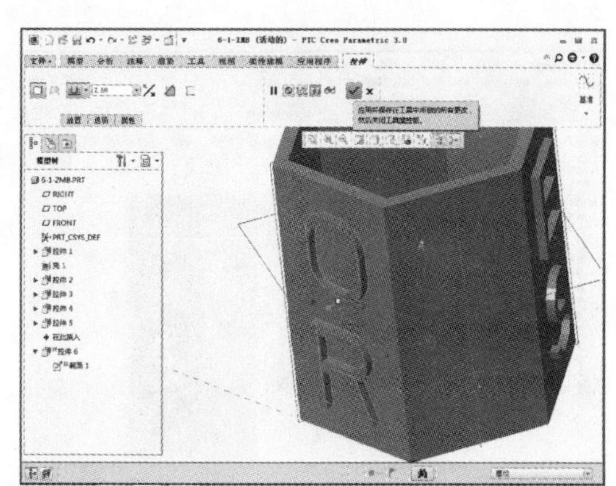

36 完成上述特征操作后在“模型”选项卡中单击【拉伸】按钮，如下左图所示。单击【拉伸】按钮后系统显示“拉伸”选项卡，如下右图所示。

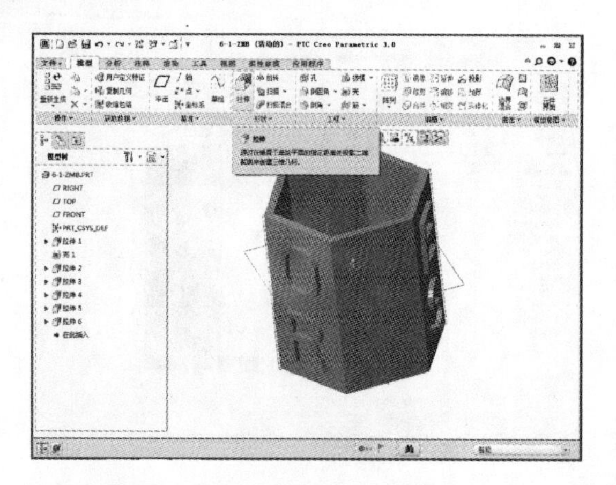

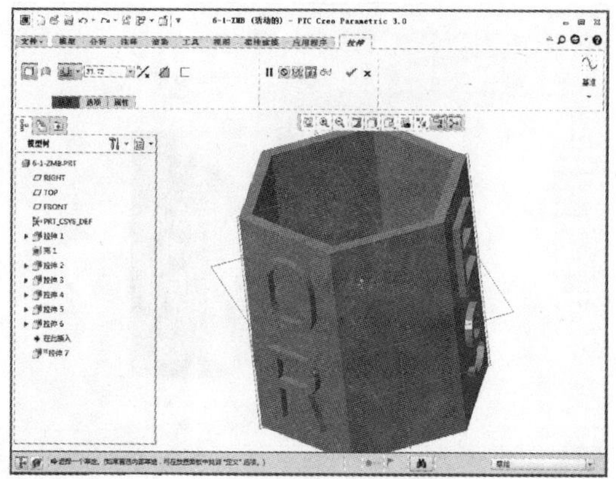

➤37 单击【放置】按钮，选择定义草绘平面，弹出“草绘”对话框，定义拉伸基准面为拉伸得到的平面，然后单击【草绘】按钮，如下左图所示。单击该按钮后显示“草绘”选项卡，然后单击【草绘视图】按钮，如下右图所示。

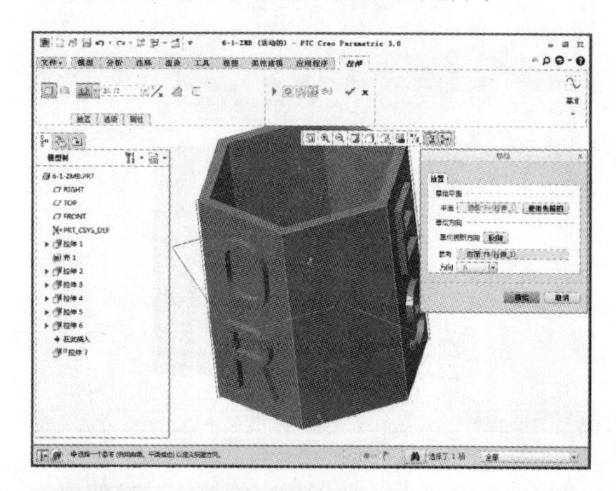

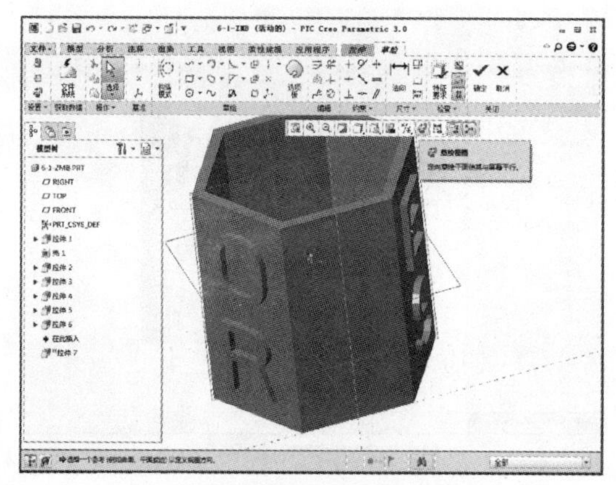

➤38 在“草绘”选项卡中单击【文本】按钮，如下左图所示。单击该按钮后弹出“文本”对话框，如下右图所示。

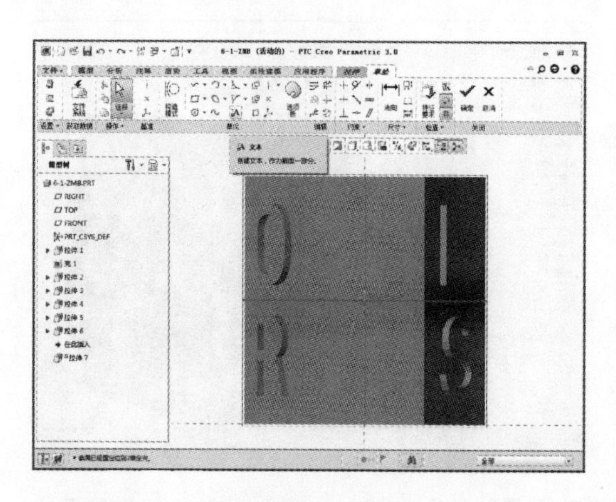

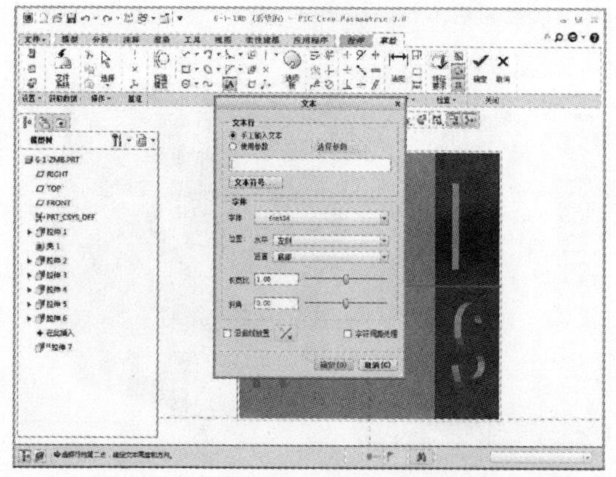

➤39 在文本框中输入字母 V，输入完成后单击【确定】按钮，如下左图所示。单击该按钮后对字母的尺寸和位置进行约束，设定字高 26、距底边 45、距中线 10.8，如下右图所示。

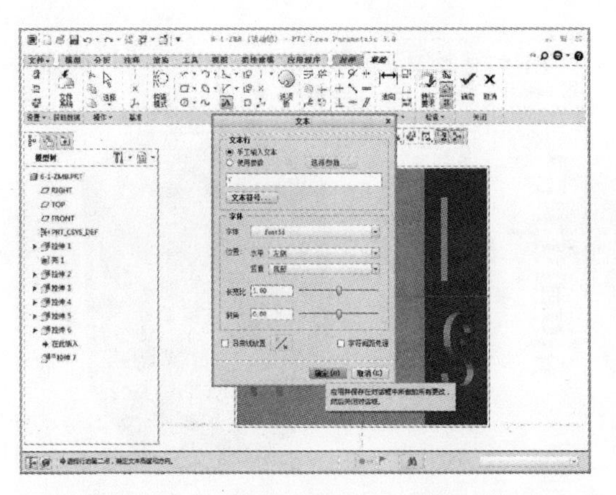

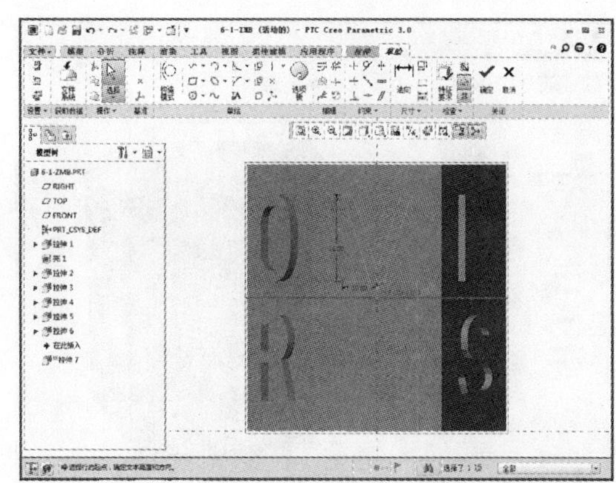

**40** 在“草绘”选项卡中单击【文本】按钮，如下左图所示。单击该按钮后弹出“文本”对话框，如下右图所示。

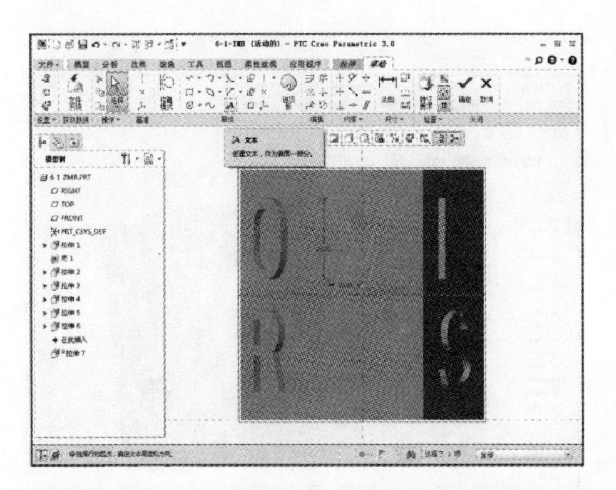

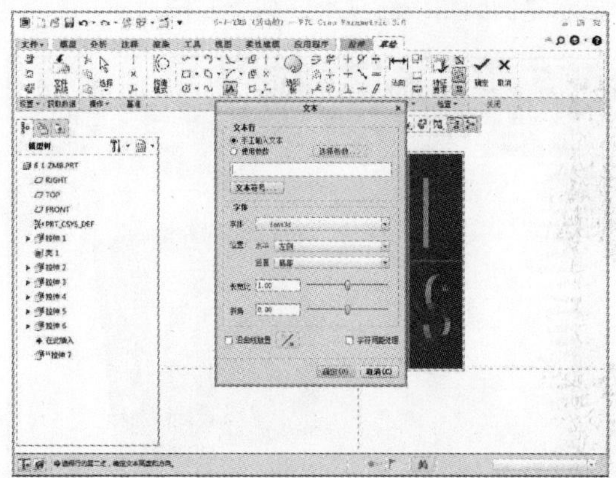

**41** 在文本框中输入字母 I，输入完成后单击【确定】按钮，如下左图所示。单击该按钮后对字母的尺寸和位置进行约束，设定字高 26、距底边 9、距中线 1.7，如下右图所示。

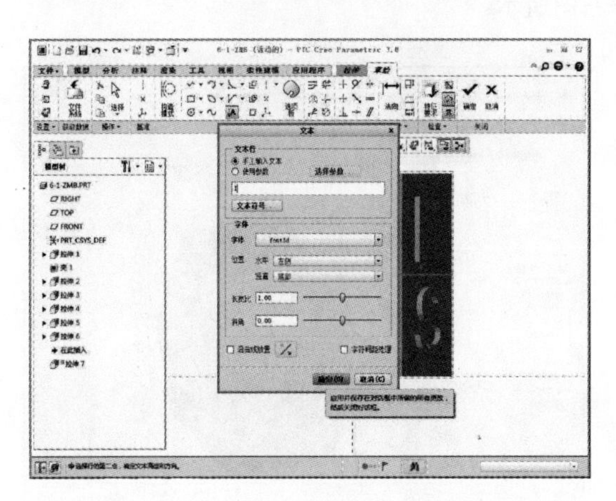

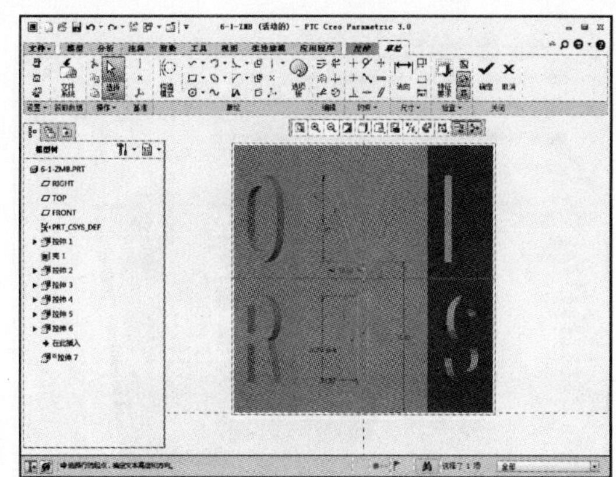

**42** 草图绘制完成后单击【确定】按钮，进入“拉伸”选项卡，设置指定值拉伸，拉伸值为 2.5，如下左图所示。设置完成后单击【确定】按钮，如下右图所示。

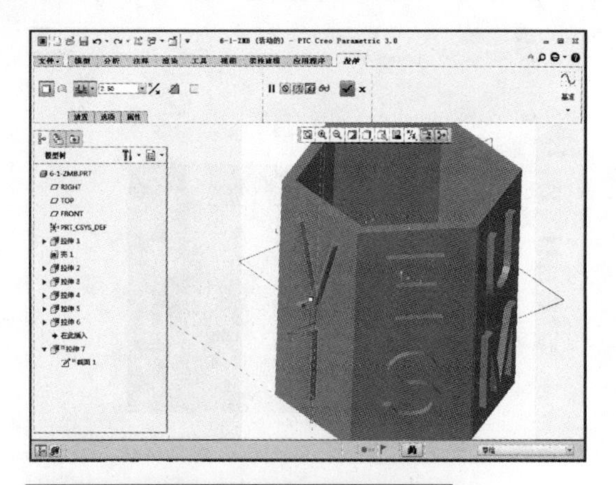

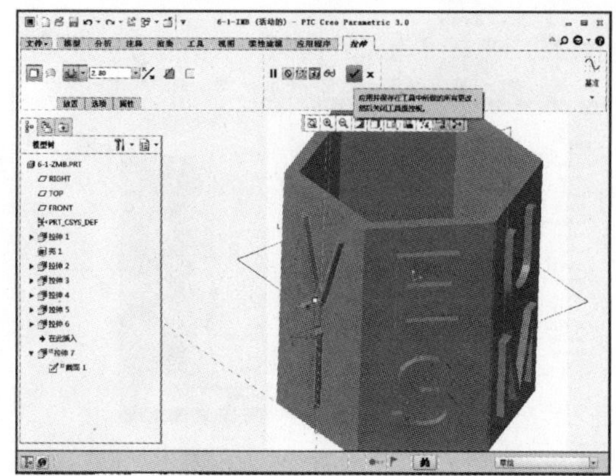

## STEP04　创建字母杯修饰

01 完成上述特征操作后单击【倒圆角】按钮，如下左图所示。单击【倒圆角】按钮后系统显示“倒圆角”选项卡，如下右图所示。

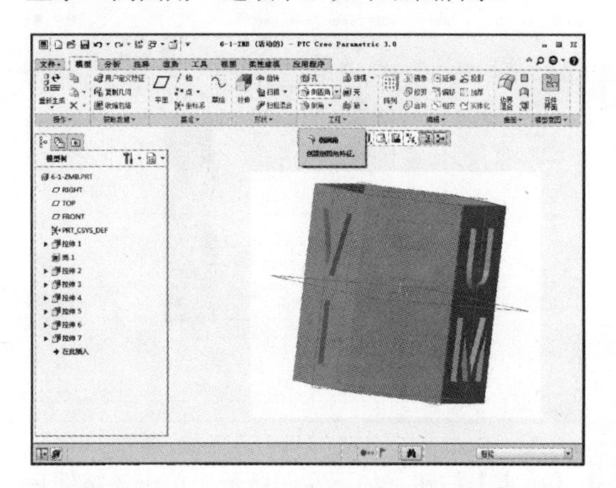

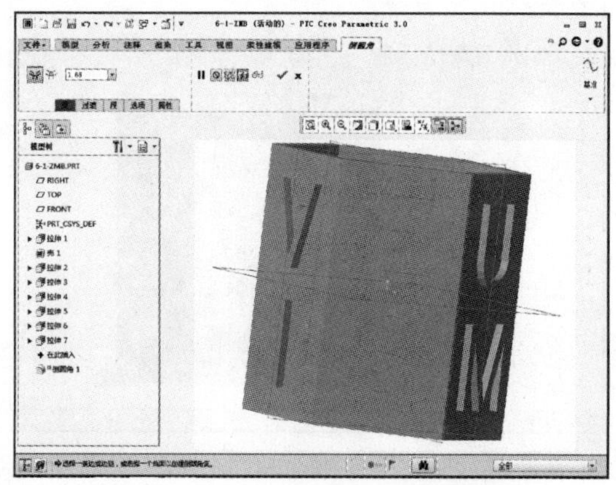

02 在“倒圆角”选项卡中设定半径为 2，如下左图所示。参数设定完成后选择图中的 18 条边作为倒圆角的边，并单击【确定】按钮，如下右图所示。

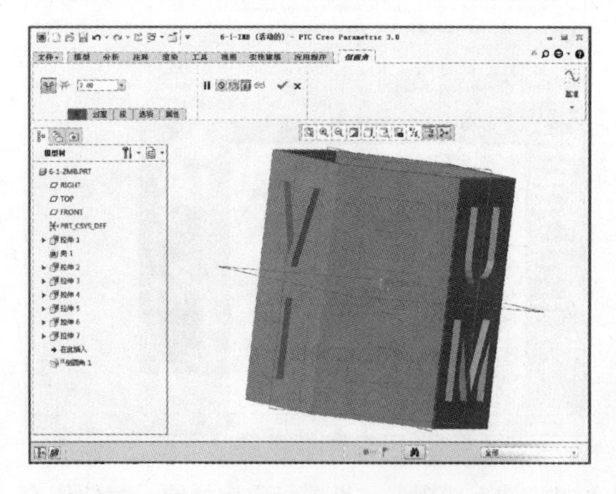

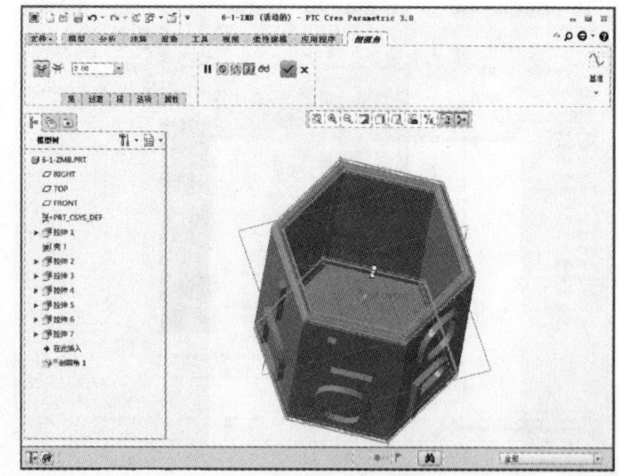

03 完成上述特征操作后单击【倒圆角】按钮，如下左图所示。单击【倒圆角】按钮后系统显示“倒圆角”选项卡，如下右图所示。

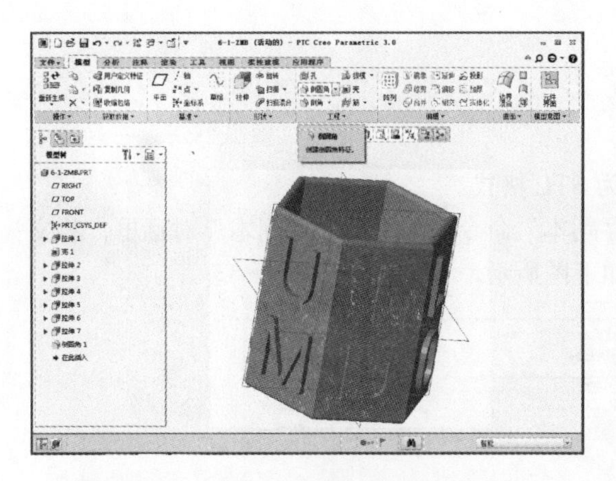

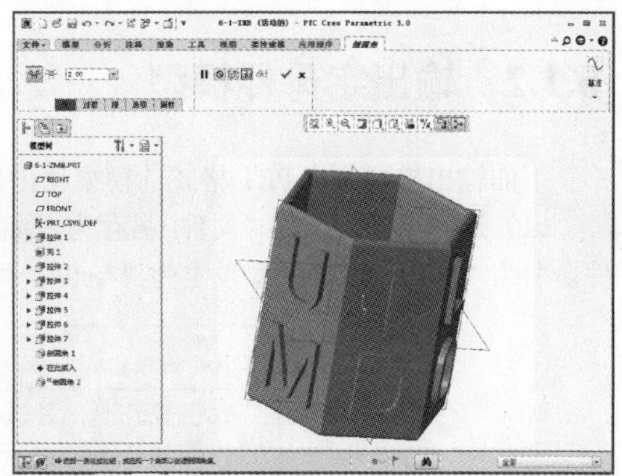

04 在“倒圆角”选项卡中设定半径为 1，如下左图所示。参数设定完成后选择图中的边作为倒圆角的边，并单击【确定】按钮，如下右图所示。

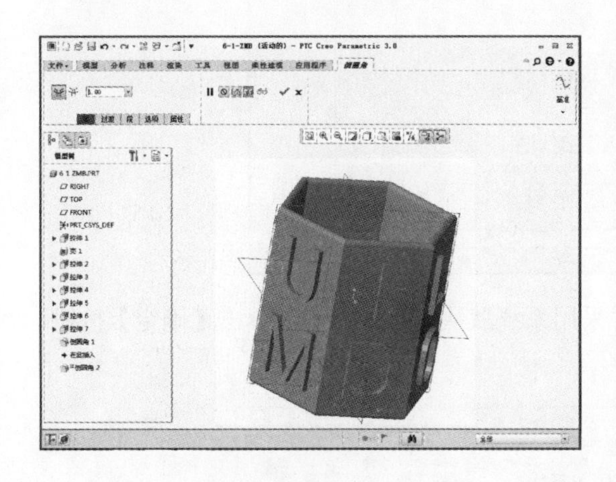

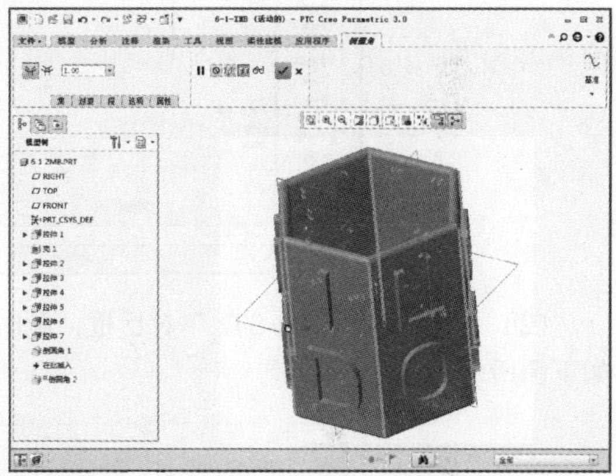

最终结果如下图所示。

## 6.1.2 输出字母杯模型

下面输出模型，将 PRT 格式的模型输出为 STL 格式。

（1）选择模型，执行“文件>另存为>保存副本”命令，弹出“保存副本”对话框，将文件命名为“6-1-zmb”，类型设定为“*.stl”，如下图所示。

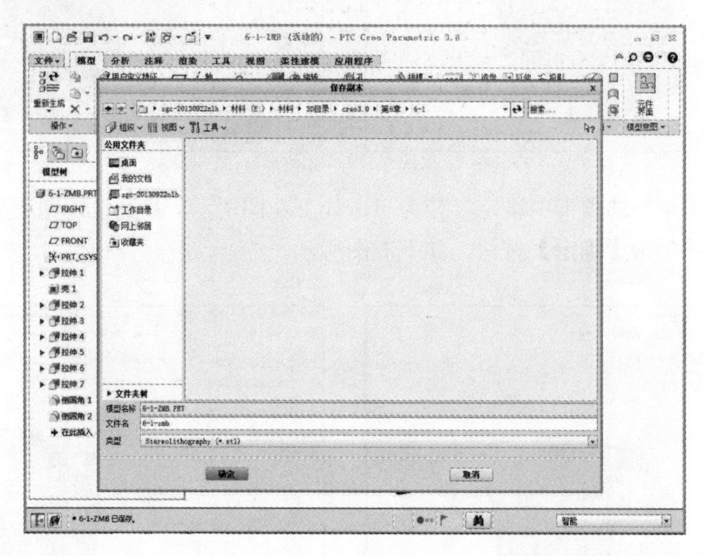


（2）系统弹出“导出 STL”对话框，此时采用系统默认提供的参数，单击【确定】按钮，如下图所示。

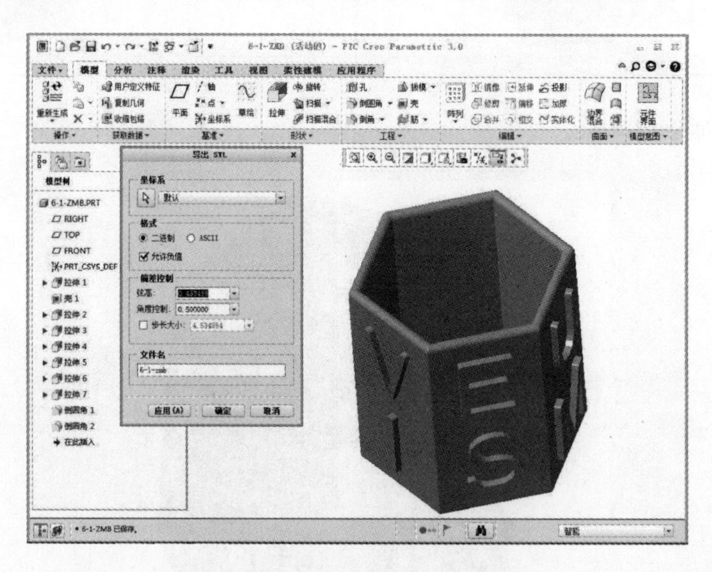


## 6.1.3 放大字母杯的 STL 模型

单击【缩放】按钮，可在工具栏中选择或者输入一个比例，然后再次单击【缩放】按钮

缩放模型。如果只想沿着一个方向缩放，只需选择这个方向轴即可。下面将模型放大两倍进行打印。

（1）单击【缩放】按钮。

（2）在文本框内输入数值 2。

（3）再次单击【缩放】按钮。

如果想将模型沿着某一轴向缩放，则需要在轴向按钮上进行操作。下面将模型沿 Y 轴放大 1.5 倍。

（1）单击【缩放】按钮。

（2）在文本框内输入数值 1.5。

（3）单击【沿 Y 轴】按钮。

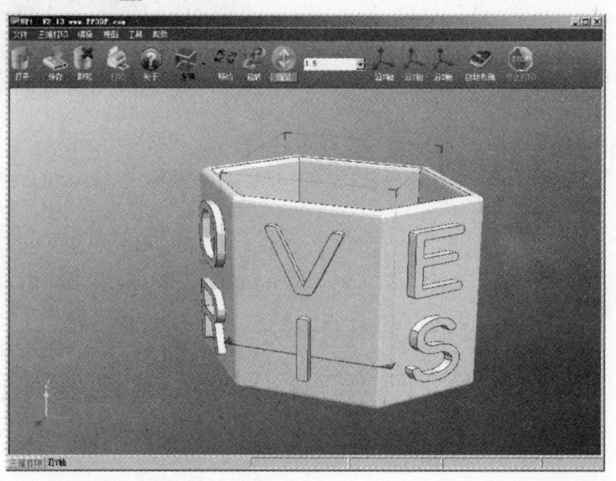

## 6.1.4 清洗打印机喷嘴

在多次打印之后喷嘴可能会覆盖一层氧化的 ABS 材料，当打印机打印时，氧化的 ABS 材料就会熔化，从而造成模型表面变色，所以需要定期清洗喷嘴。

首先预热喷嘴，熔化被氧化的 ABS 材料。单击“维护”对话框中的【挤出】按钮，然后降低平台至底部。最后使用一些耐热材料清理喷嘴，例如纯棉布或软纸（还需要一个镊子），如图所示。

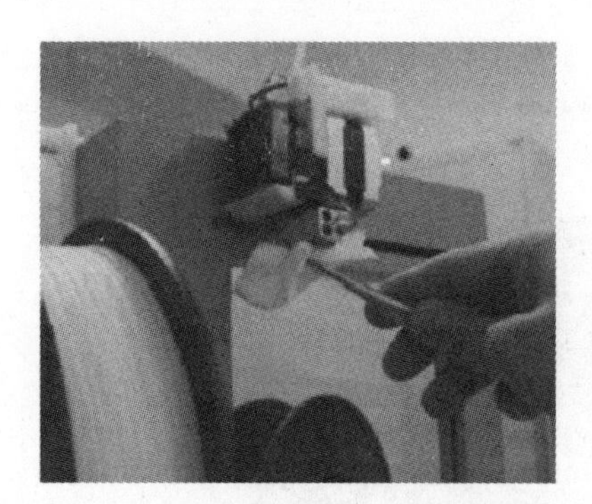

提示

用户也可以将喷嘴浸入到丙酮溶液中进行清洗，或者使用超声波清洗。

在打印之前要做好以下几点。

（1）初始化打印机。

（2）载入 3D 模型。

（3）摆放模型并分层设置。

（4）校准喷头高度并进行预热。

（5）开始打印模型。

如图所示为打印出来的模型。

## 6.1.5 打印机故障排除

打印机有时候会出现如下错误，这里给出了一些排除故障的解决方案。

| 问题或错误 | 解 决 方 法 |
|---|---|
| 无电 | 确认电源线是否牢固地插入 |
| 喷头或平台未能达到工作温度 | （1）检查打印机是否初始化，如果没有，初始化打印机 |
| | （2）加热器损坏，更换加热器 |
| 打印材料无法挤出 | （1）材料在喷头内堵住 |
| | （2）轴承和送丝机之间的间隙过大 |
| 无法和打印机相连接 | （1）确保 USB 连接线将打印机和计算机正常连接 |
| | （2）拔掉 USB 连接线，然后再次插入 |
| | （3）打开复位开关关闭电源再打开电源 |
| | （4）重启计算机 |

## 6.1.6 移除字母杯模型的支撑材料

模型由两部分组成，一部分是模型本身，另一部分是支撑材料。支撑材料和模型主材料的物理性能是一样的，只是支撑材料的密度小于主材料，所以很容易从主材料上移除支撑材料。

支撑材料可以使用多种工具拆除，一部分可以很容易地用手拆除，越接近模型的支撑，使用钢丝钳或者尖嘴钳越容易移除，如图所示。

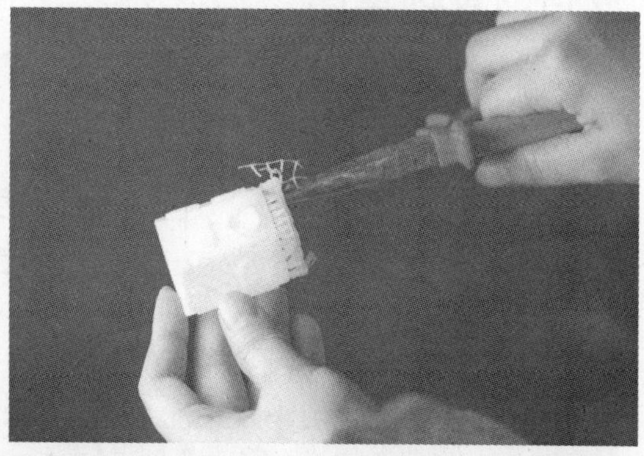

### 打印效果展示

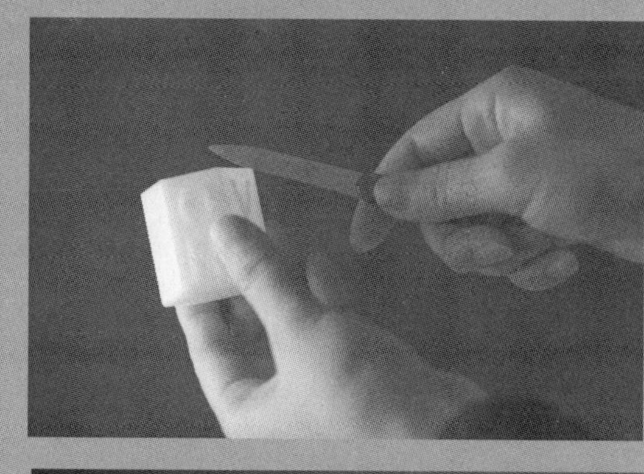

# 6.2 戒指

## 戒指的设计草图

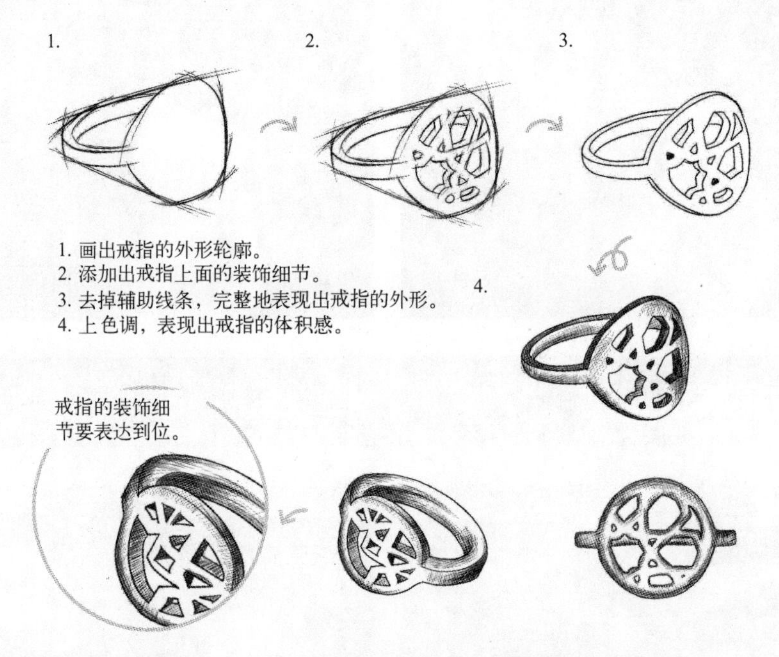


本节介绍利用拉伸、镜像、环形折弯等命令制作戒指模型的方法。在建模过程中分为三部分，首先创建戒指展开实体模型，然后将戒指折弯，最后完成戒指的修饰。本节的操作亮点在于环形折弯，戒指模型的草图绘制比较简单，请耐心按照教程绘制。本例参考图如下图所示。

## 6.2.1 操作步骤详解

### STEP01　新建零件主体

01 在计算机上打开 PTC Creo Parametric 3.0 软件，出现其界面，如下左图所示。然后单击【新建】按钮，如下右图所示。

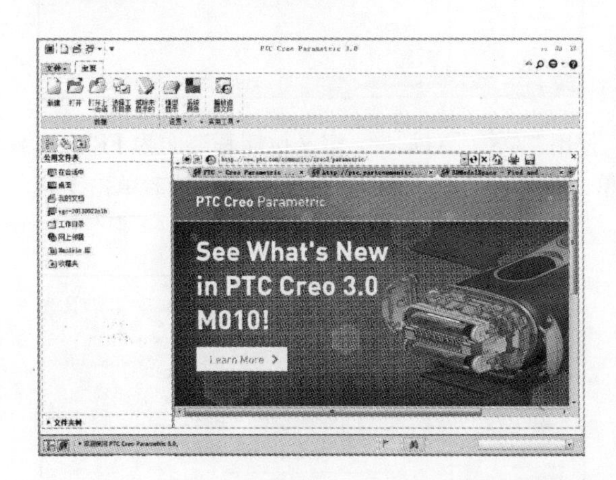

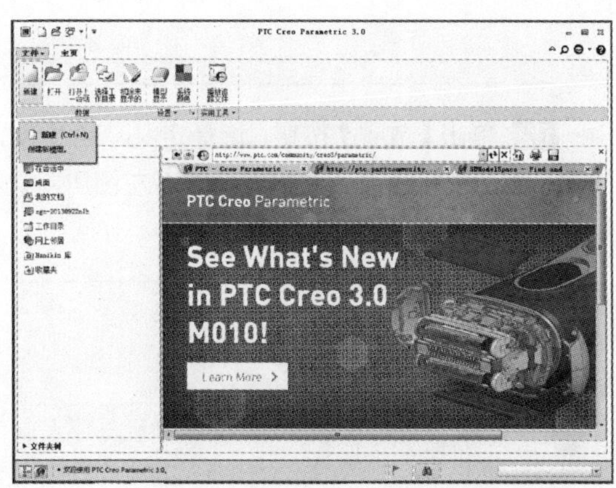

02 单击【新建】按钮后弹出“新建”对话框，类型选择“零件”、子类型选择“实体”，将文件名更改为“6-2-jz”，不选择“使用默认模板”复选框，单击【确定】按钮，如下左图所示。单击后弹出“新文件选项”对话框，在模板中选择“mmns-part-solid”，单击【确定】按钮，如下右图所示。

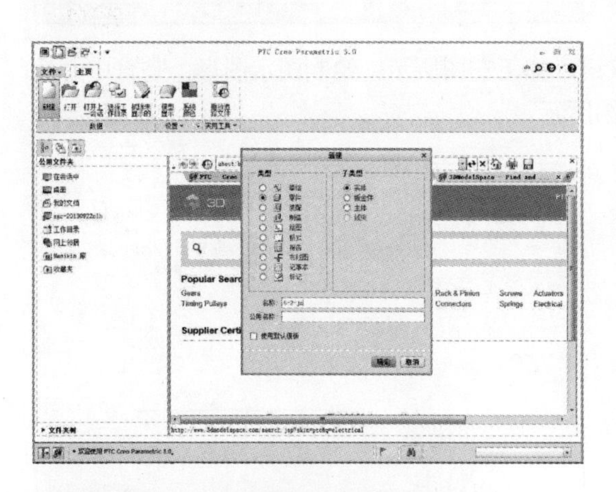

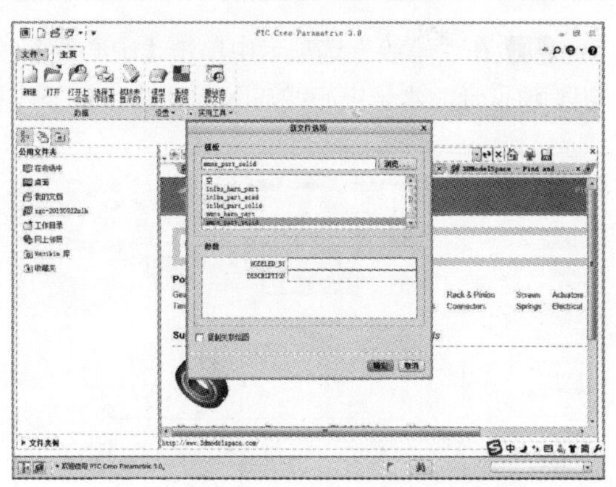

### STEP02 戒指展开实体建模

01 在“模型”选项卡中单击【拉伸】按钮，如下左图所示。单击【拉伸】按钮后系统显示“拉伸”选项卡，如下右图所示。

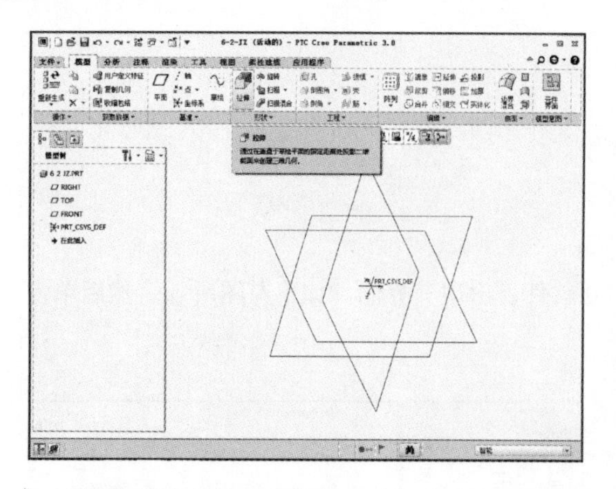

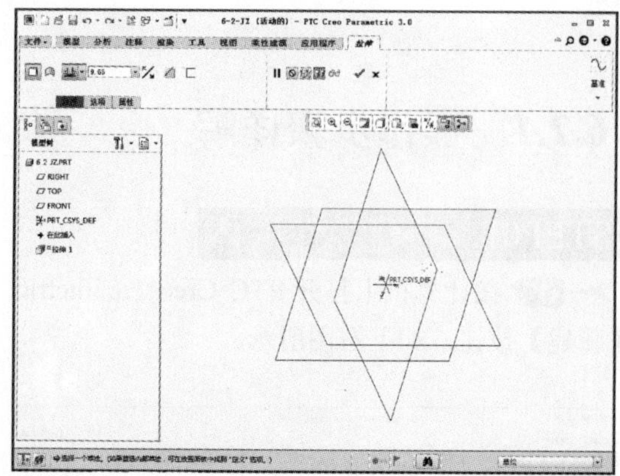

02 单击【放置】按钮，选择定义草绘平面，弹出“草绘”对话框，定义拉伸基准面为 FRONT 平面，然后单击【草绘】按钮，如下左图所示。单击该按钮后显示“草绘”选项卡，然后单击【草绘视图】按钮，如下右图所示。

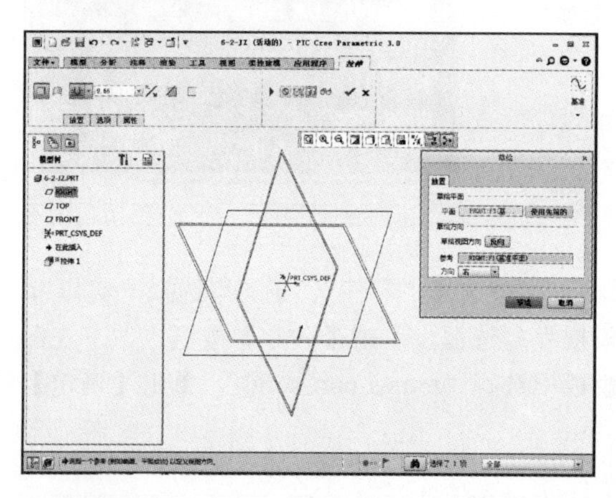

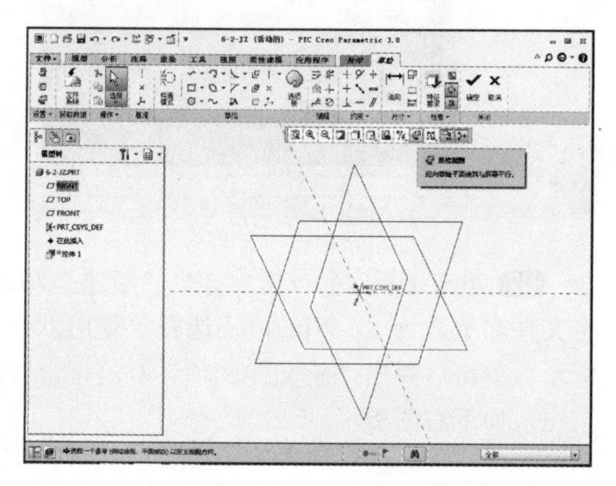

03 在“草绘”选项卡中单击【中心线】按钮，如下左图所示。绘制图示图形，竖直中心线与 Y 轴重合，水平中心线与 X 轴重合，如下右图所示。

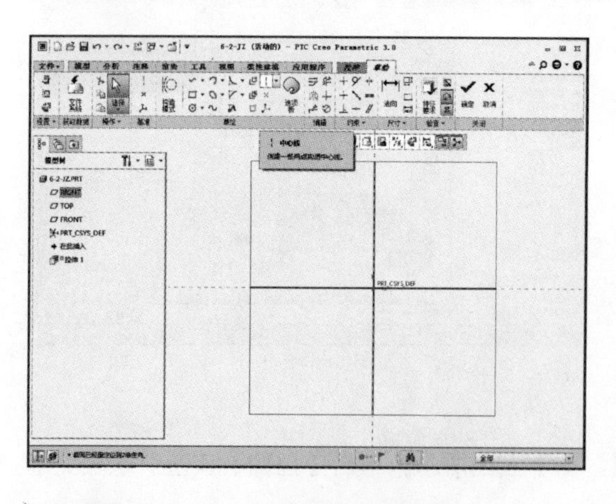

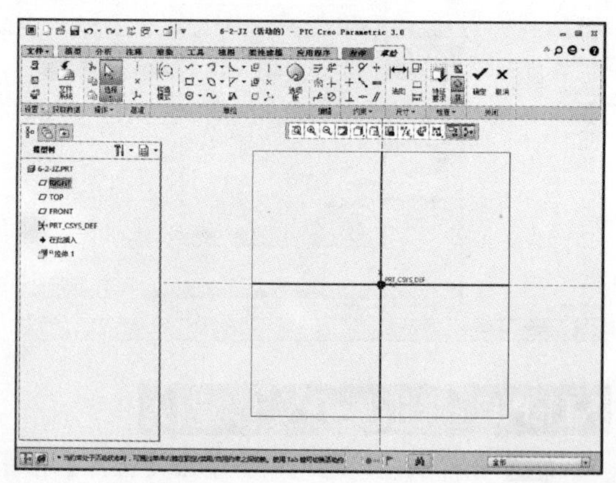

04 在“草绘”选项卡中单击【圆心和点】按钮，如下左图所示。然后以坐标原点为圆心绘制一个直径为 15 的圆，如下右图所示。

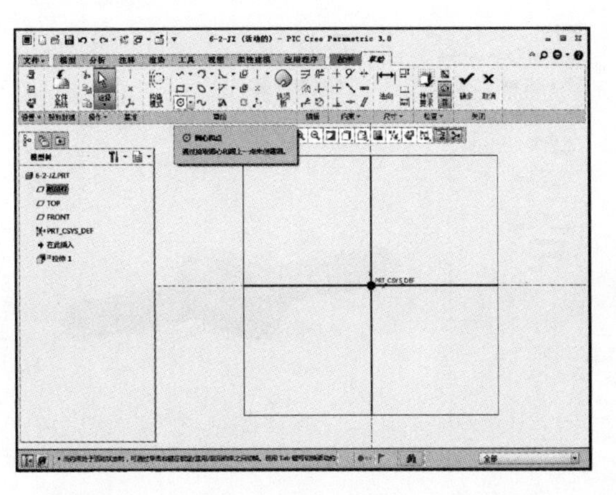

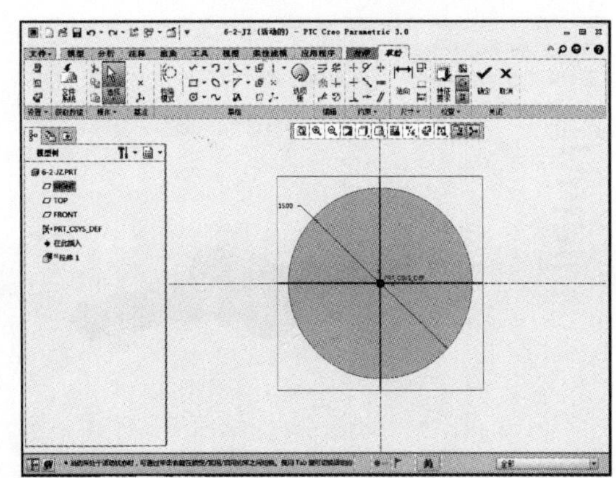

05 在“草绘”选项卡中单击【拐角矩形】按钮，如下左图所示。然后以坐标原点为中心绘制一个长为 60、宽为 4 的矩形，如下右图所示。

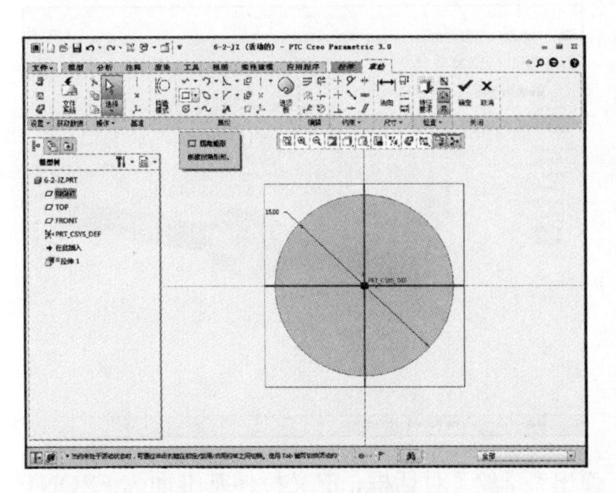

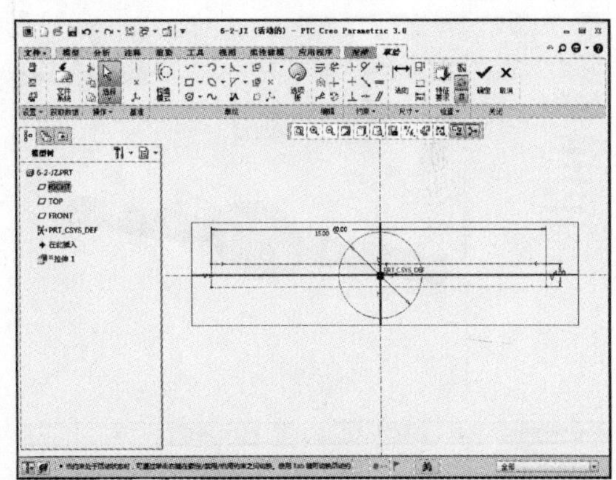

06 在“草绘”选项卡中单击【删除段】按钮，如下左图所示。将图中矩形和圆的重合部分删除，删除后的图形如下右图所示。

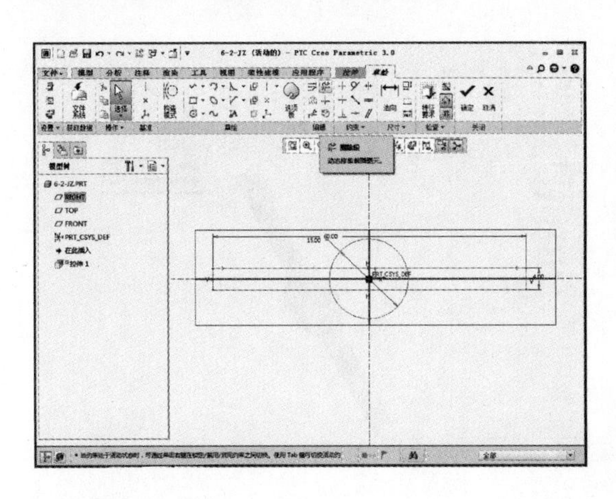

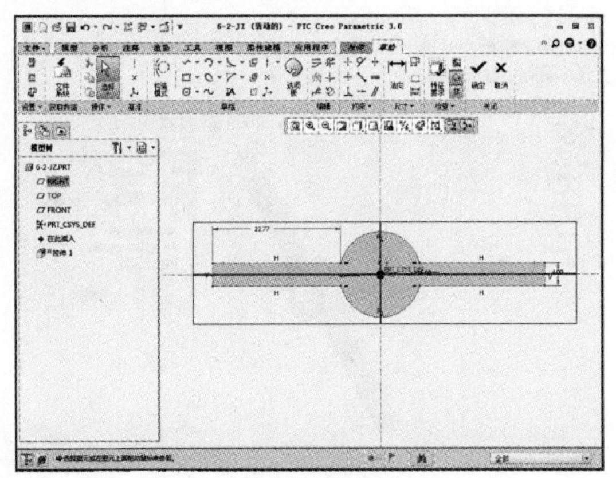

07 草图绘制完成后单击【确定】按钮，进入“拉伸”选项卡，设置指定值拉伸，拉伸值为 3，如下左图所示。设置完成后单击【确定】按钮，如下右图所示。

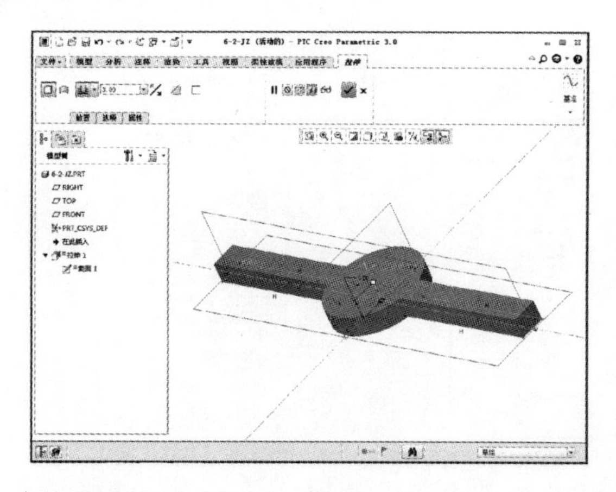
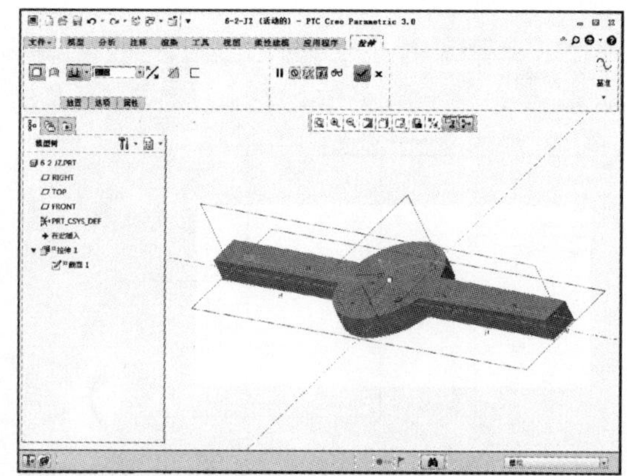

08 完成上述特征操作后在“模型”选项卡中单击【拉伸】按钮，如下左图所示。单击【拉伸】按钮后系统显示“拉伸”选项卡，如下右图所示。

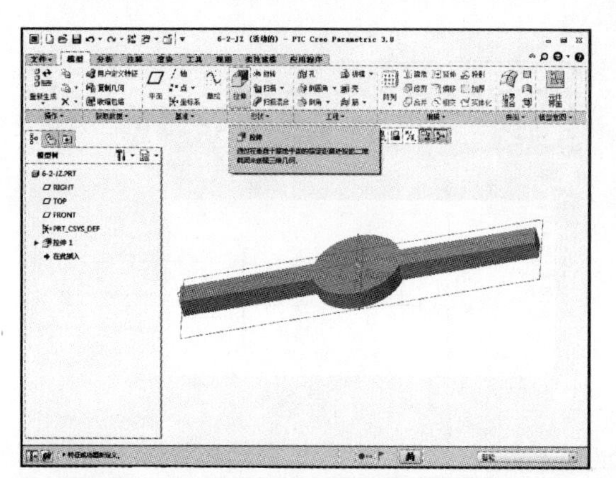
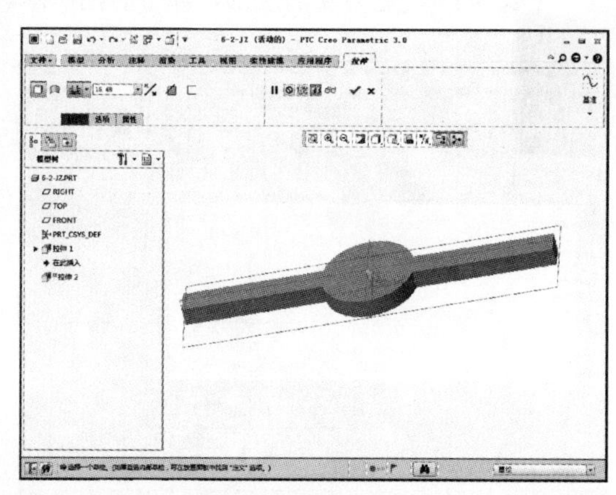

09 单击【放置】按钮，选择定义草绘平面，弹出“草绘”对话框，定义拉伸基准面为 FRONT 平面，然后单击【草绘】按钮，如下左图所示。单击该按钮后显示“草绘”选项卡，然后单击【草绘视图】按钮，如下右图所示。

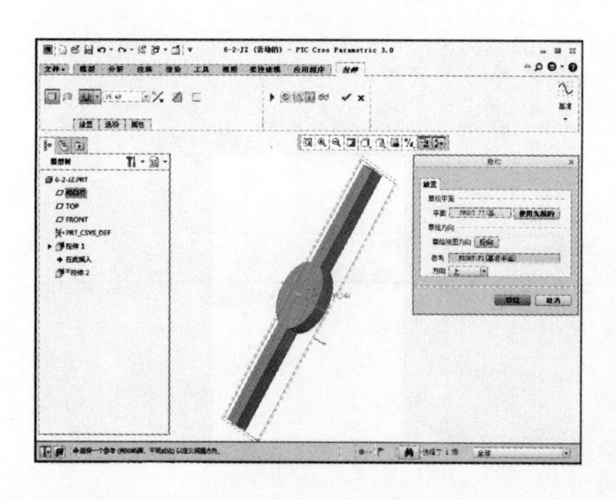
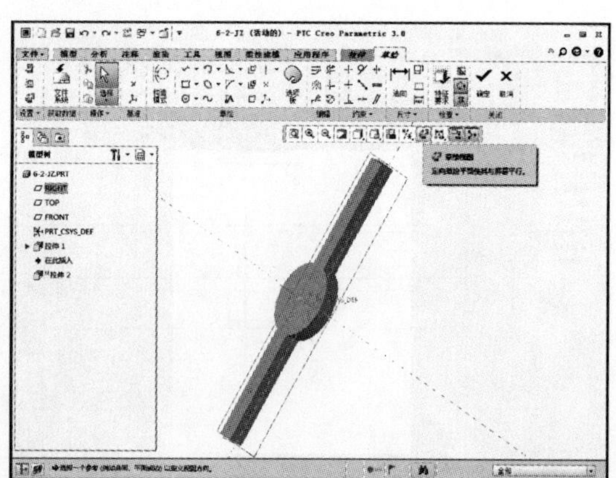

10 在“草绘”选项卡中单击【圆心和点】按钮，如下左图所示。然后以坐标原点为圆心绘制一个直径为 11 的圆，如下右图所示。

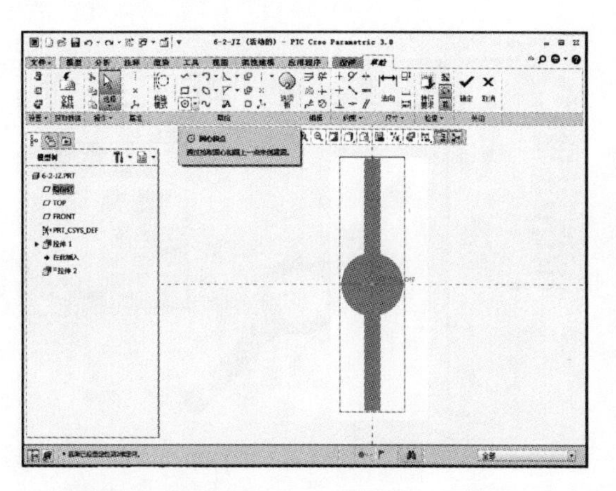

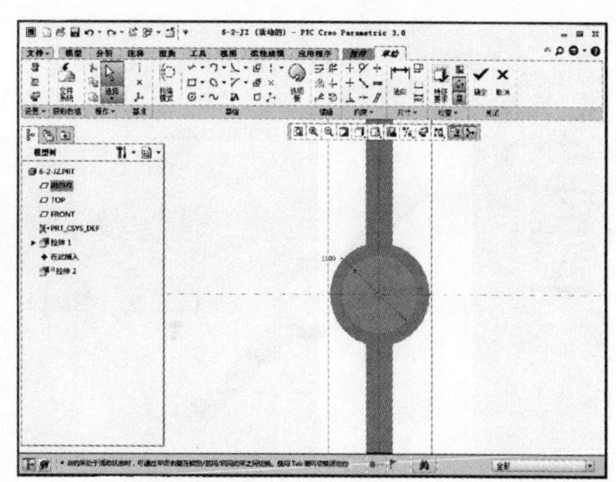

11 草图绘制完成后单击【确定】按钮，进入“拉伸”选项卡，设置穿透拉伸切除，如下左图所示。设置完成后单击【确定】按钮，如下右图所示。

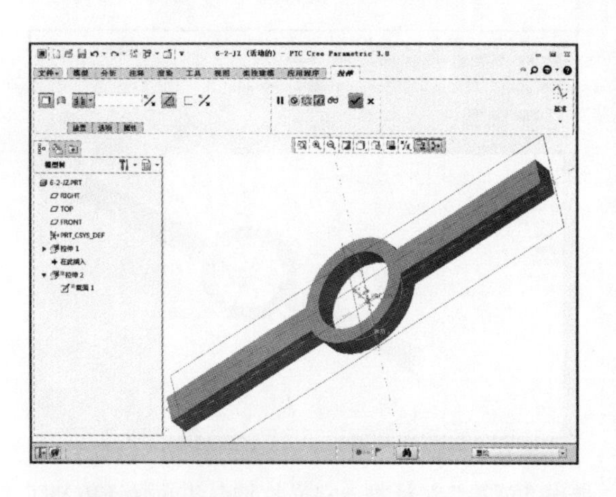

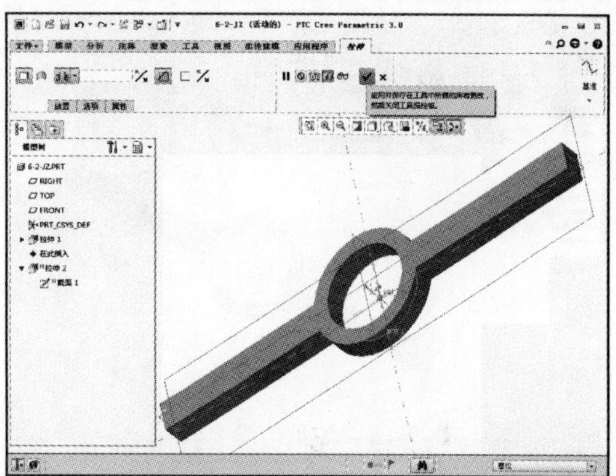

12 完成上述特征操作后单击【平面】按钮，创建一个基准平面，如下左图所示。单击该按钮后系统弹出“基准平面”对话框，系统界面如下右图所示。

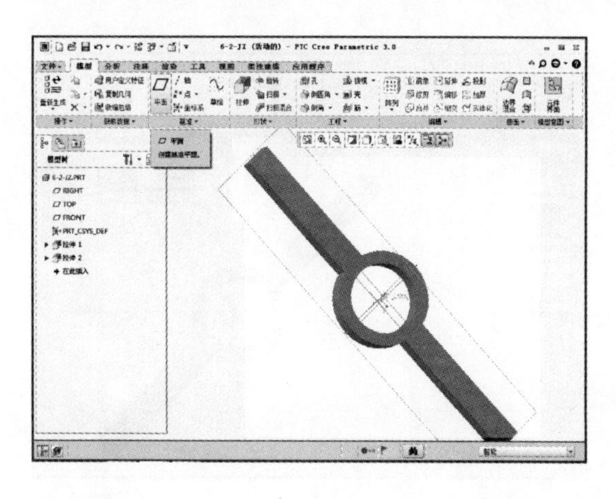

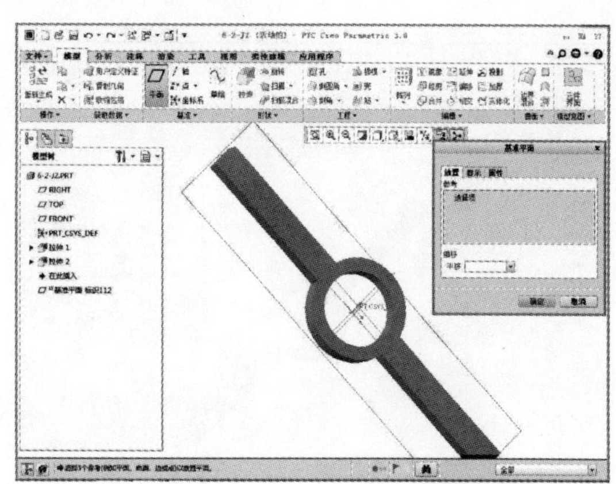

13 在图中选取 TOP 平面和 A_1 轴（拉伸 2 的轴线）作为参考基准，如下左图所示。设定旋转角度为 45°，设定完成后单击【确定】按钮，如下右图所示。

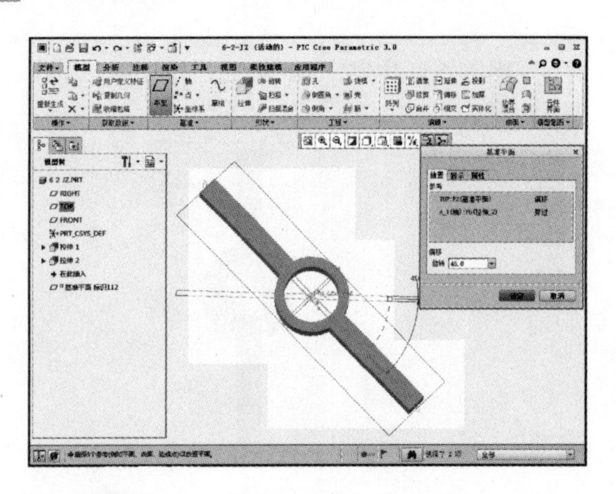

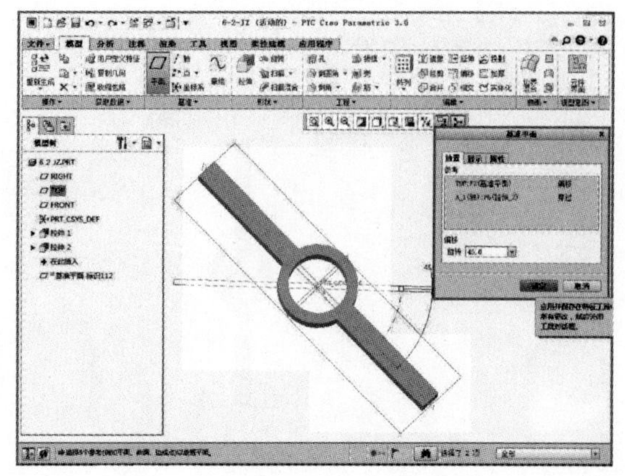

14 完成上述特征操作后在“模型”选项卡中单击【拉伸】按钮，如下左图所示。单击【拉伸】按钮后系统显示“拉伸”选项卡，如下右图所示。

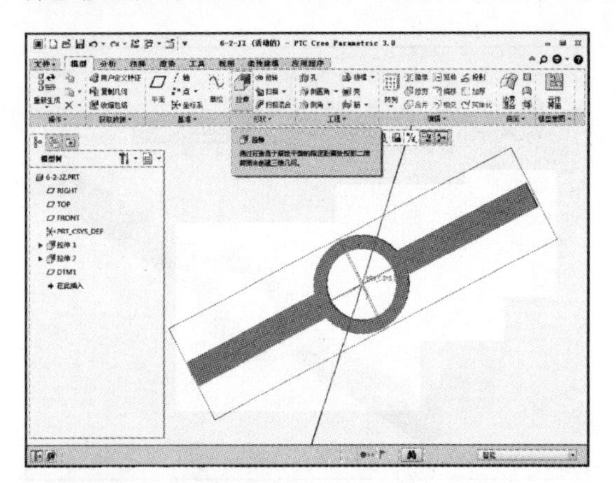

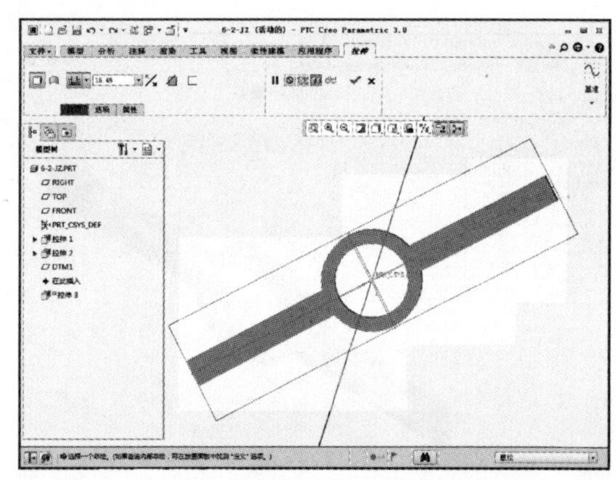

15 单击【放置】按钮，选择定义草绘平面，弹出“草绘”对话框，定义拉伸基准面为 FRONT 平面，然后单击【草绘】按钮，如下左图所示。单击该按钮后显示“草绘”选项卡，然后单击【草绘视图】按钮，如下右图所示。

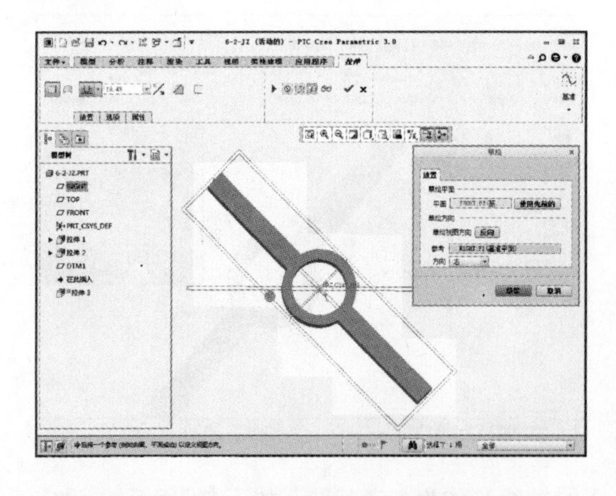

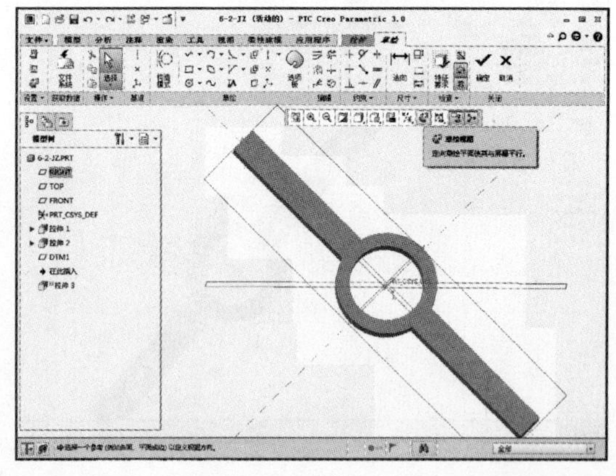

16 单击鼠标右键，弹出右键快捷菜单，执行“参考”命令，如下左图所示。执行该命令后系统弹出“参考”对话框，如下右图所示。

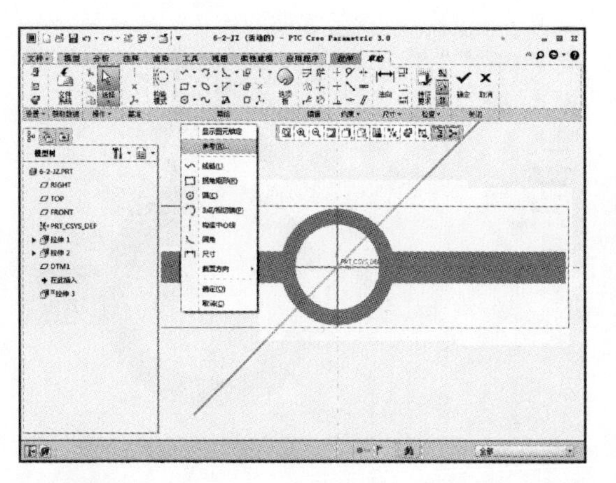

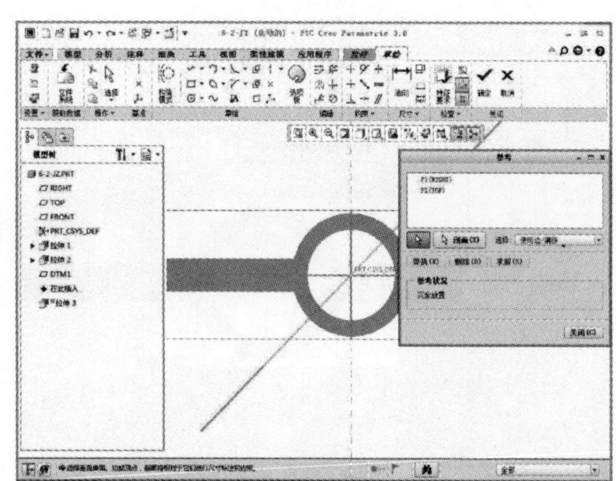

17 选取创建的新平面 DTM1 作为新增的参考，如下左图所示。设定完成后单击【关闭】按钮，如下右图所示。

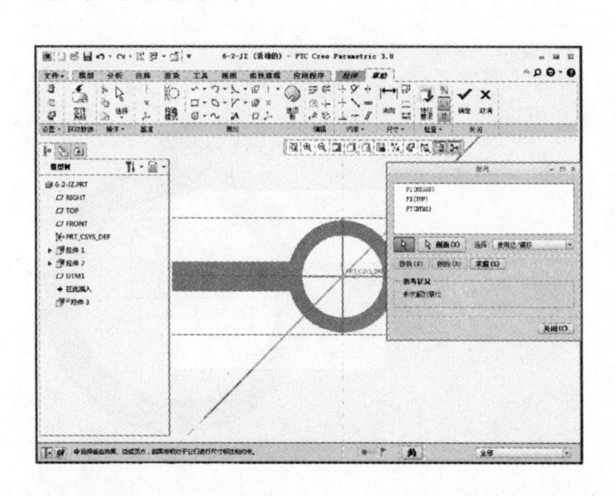

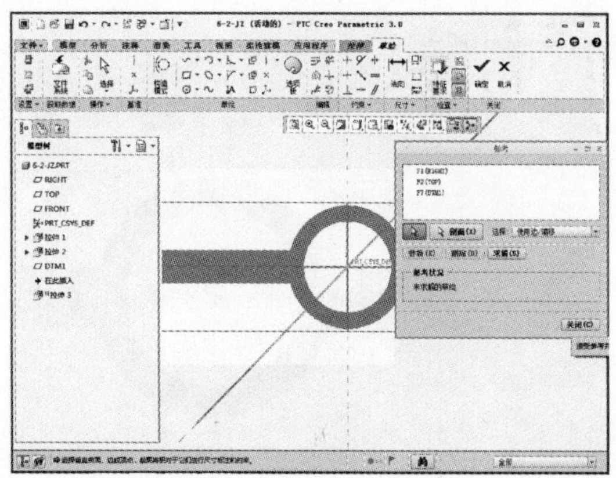

18 在“草绘”选项卡中单击【线链】按钮，如下左图所示。然后绘制图示直线，直线过坐标原点，在 45° 基准线上，如下右图所示。

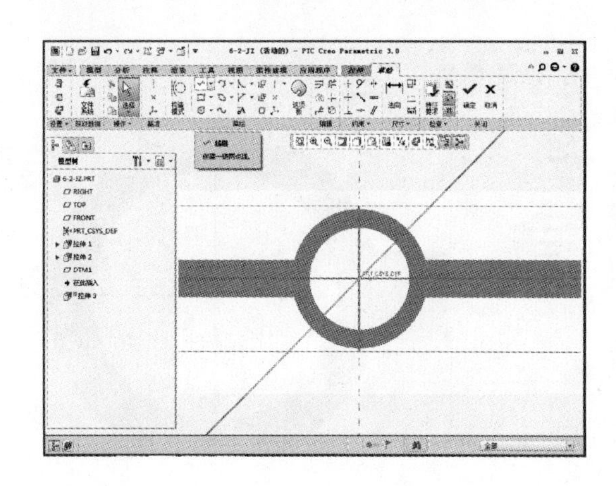

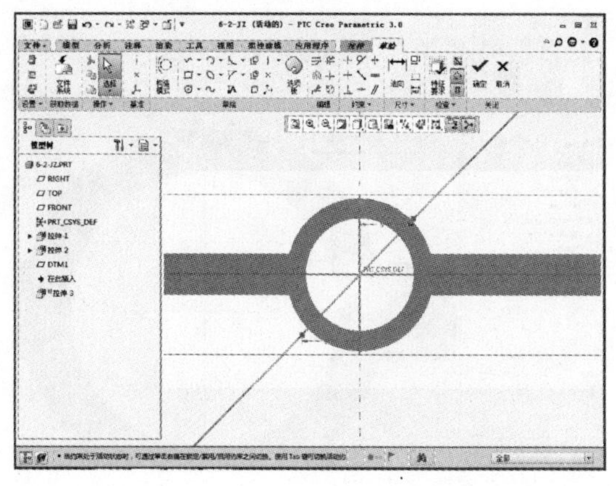

19 在“草绘”选项卡中单击【偏移】按钮，如下左图所示。将绘制的直线进行两次偏移，第一次的偏移距离为 2.5，第二次的偏移距离为 4，如下右图所示。

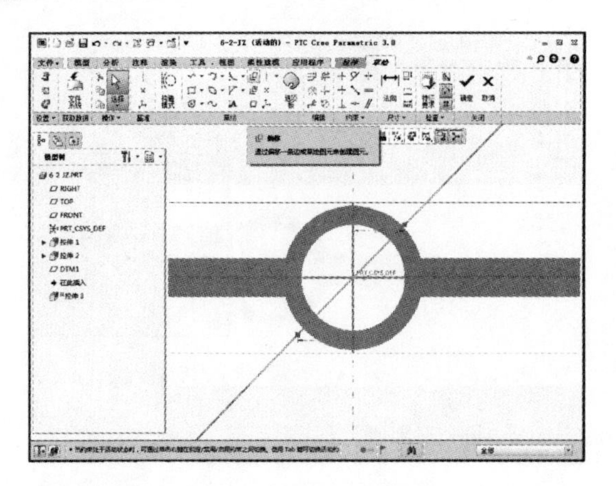
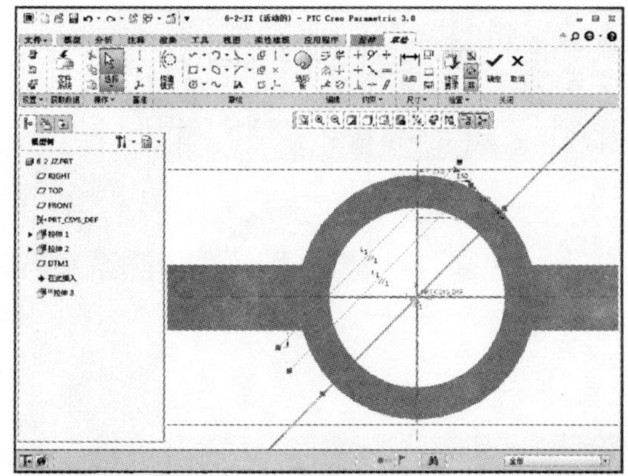

20 在“草绘”选项卡中单击【线链】按钮，如下左图所示。绘制图示的两条直线，与矩形的上边重合，间距为 1.5，且与偏移得到的直线相交，如下右图所示。

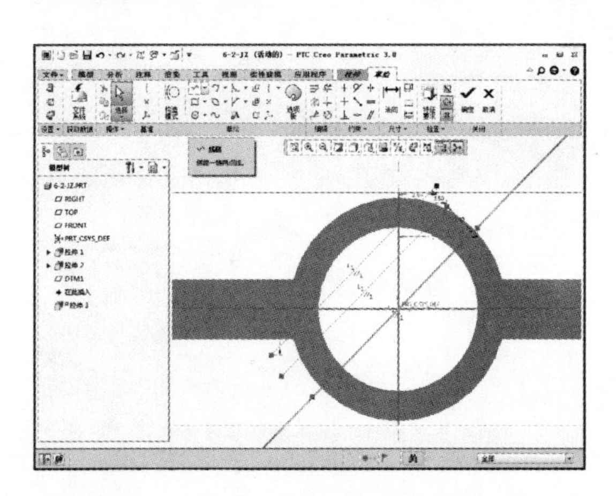
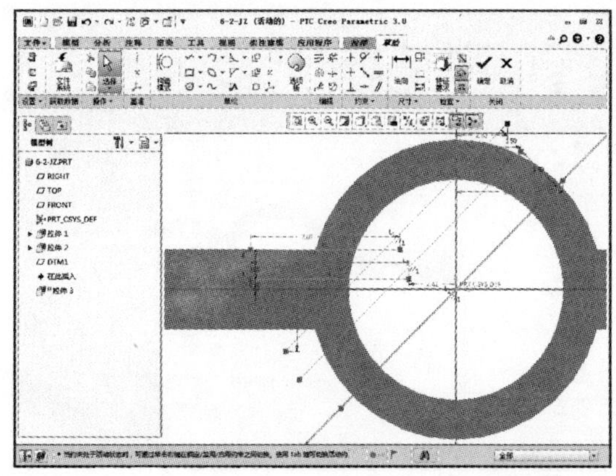

21 在“草绘”选项卡中单击【圆心和点】按钮，如下左图所示。然后以坐标原点为圆心绘制一个直径为 11 的圆，如下右图所示。

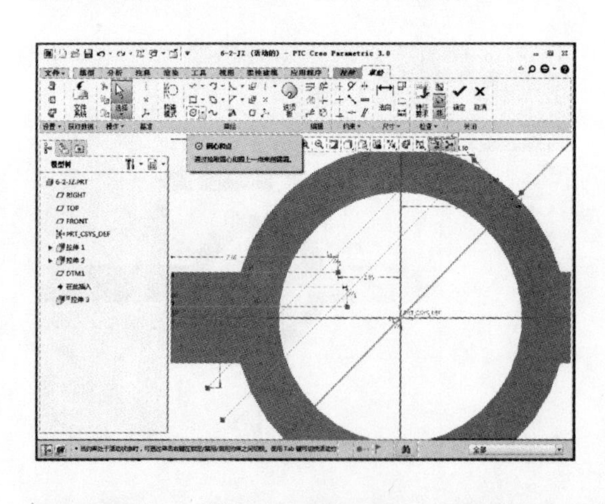
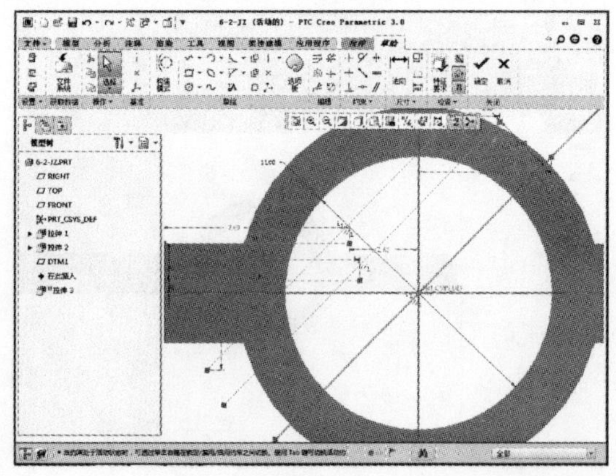

22 在“草绘”选项卡中单击【删除段】按钮，如下左图所示。将图中矩形和圆的重合部分删除，删除后的图形如下右图所示。

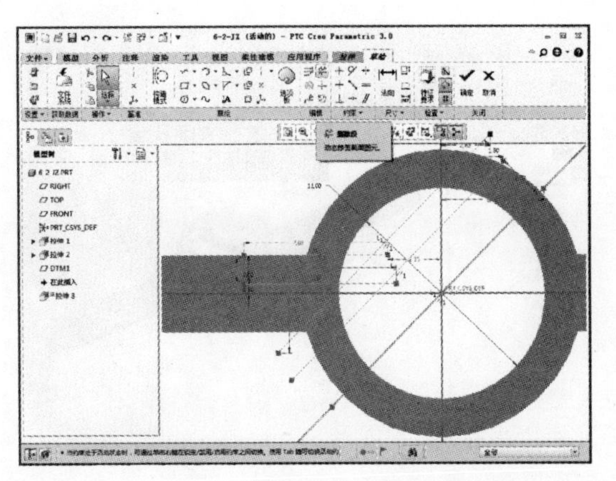

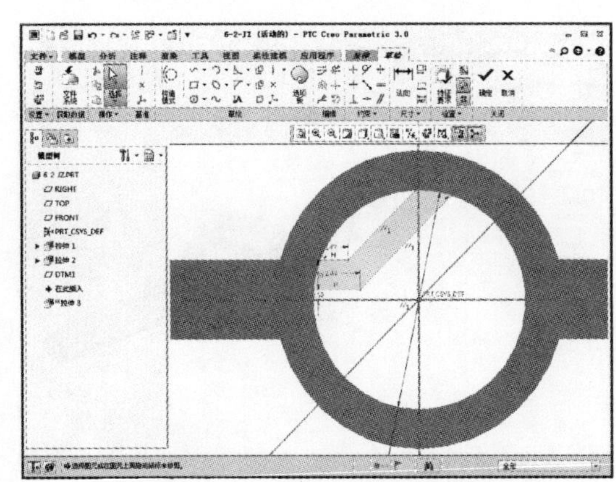

23 草图绘制完成后单击【确定】按钮，进入“拉伸”选项卡，设置指定值拉伸，拉伸值为 3，如下左图所示。设置完成后单击【确定】按钮，如下右图所示。

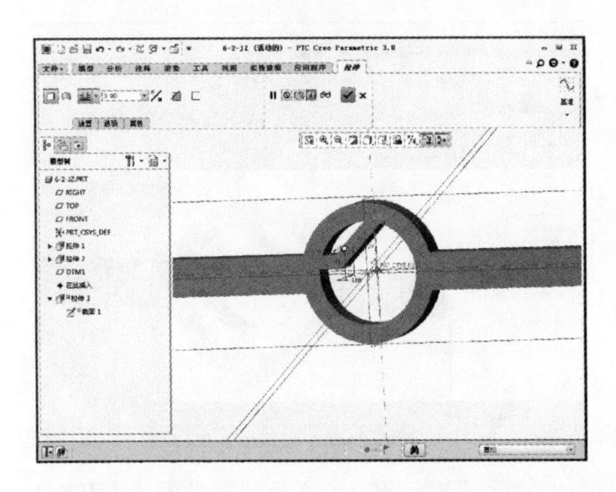

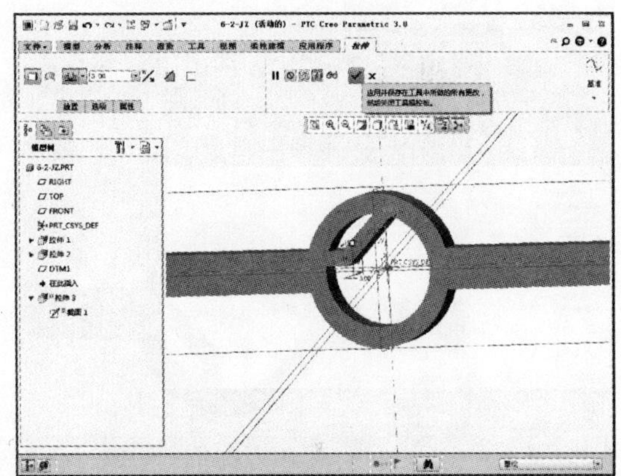

24 完成上述特征操作后在模型树中选中“拉伸 3”，然后单击【镜像】按钮，如下左图所示。单击【镜像】按钮后系统显示“镜像”选项卡，如下右图所示。

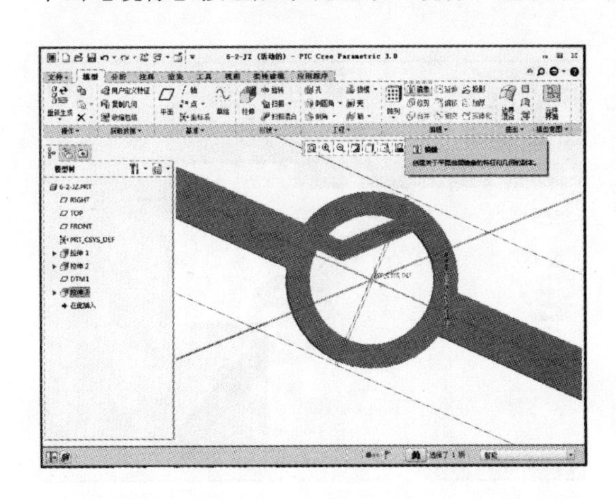

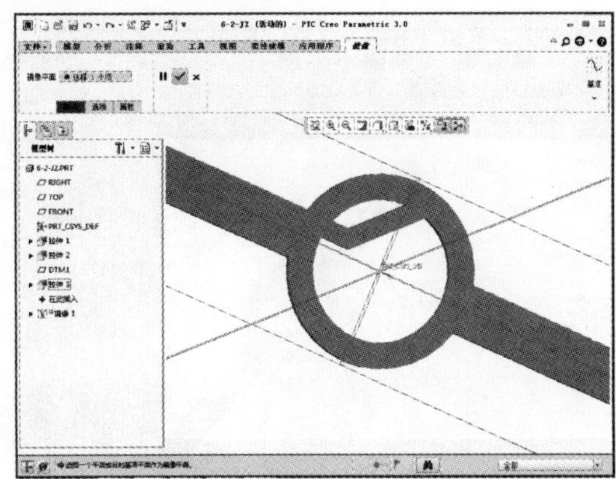

25 在图中选取 DTM1 平面作为镜像平面，如下左图所示。设定镜像平面后单击【确定】按钮，如下右图所示。

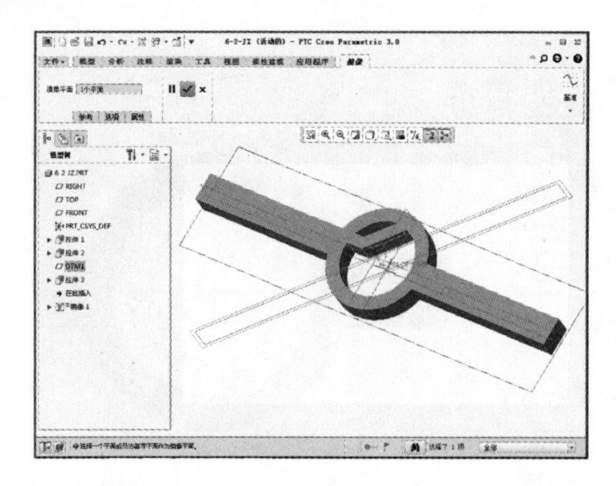

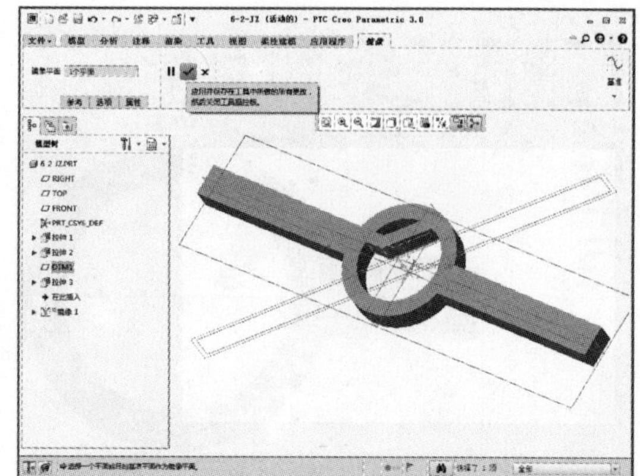

26 完成上述特征操作后在“模型”选项卡中单击【拉伸】按钮，如下左图所示。单击【拉伸】按钮后系统显示“拉伸”选项卡，如下右图所示。

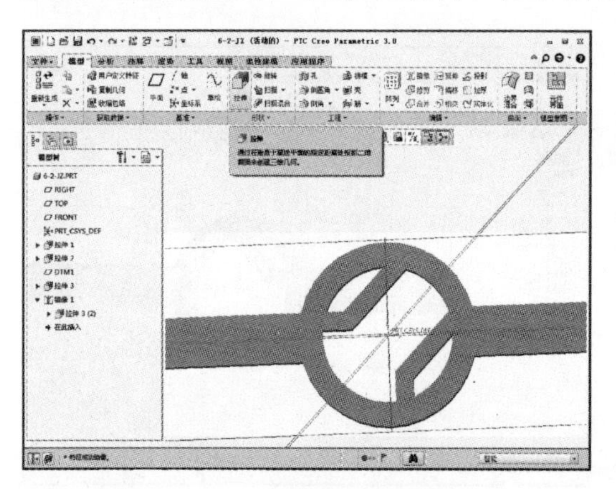

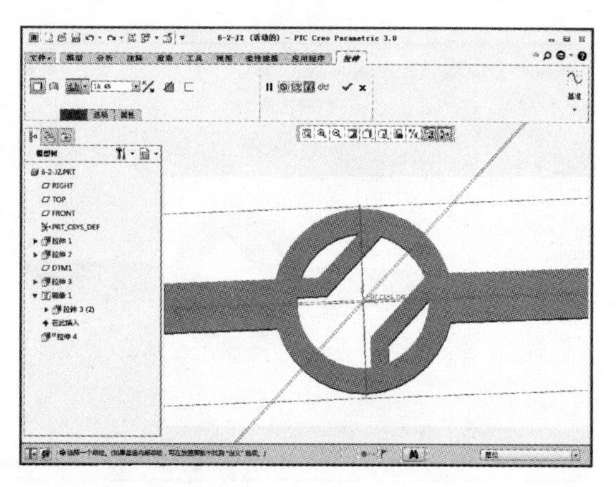

27 单击【放置】按钮，选择定义草绘平面，弹出“草绘”对话框，定义拉伸基准面为 FRONT 平面，然后单击【草绘】按钮，如下左图所示。单击该按钮后显示“草绘”选项卡，然后单击【草绘视图】按钮，如下右图所示。

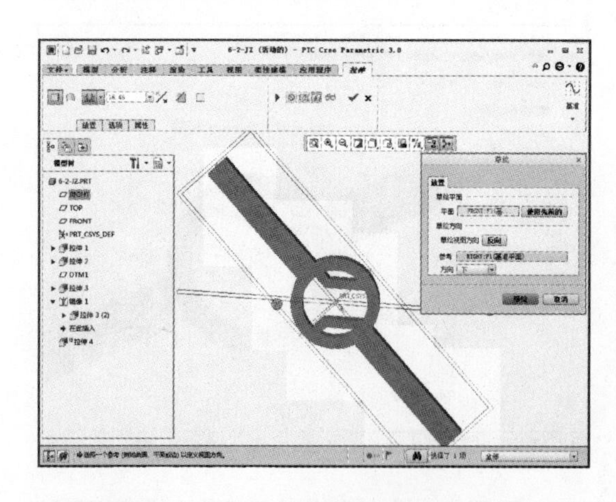

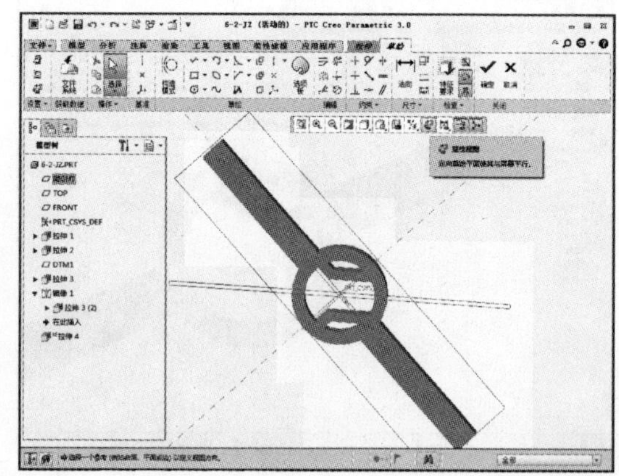

28 在“草绘”选项卡中单击【线链】按钮，如下左图所示。绘制图示图形，平行直线的间距为 1.5，如下右图所示。

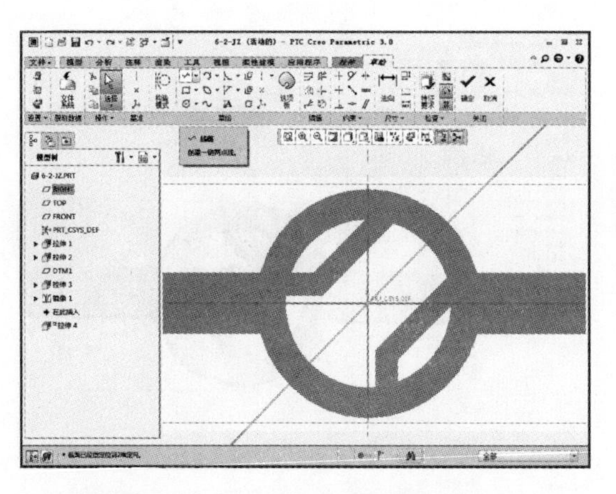

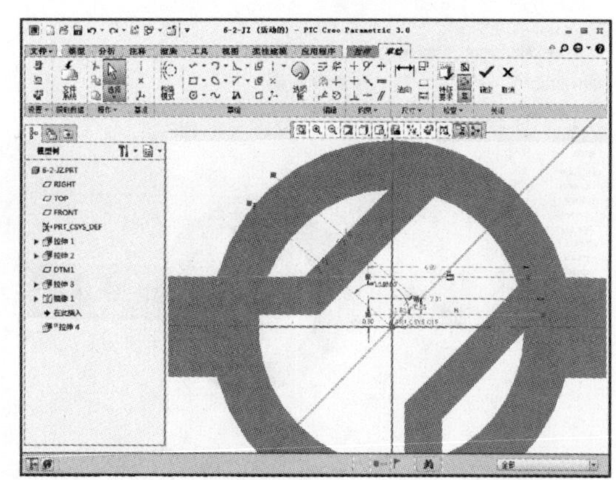

29 在“草绘”选项卡中单击【圆心和点】按钮，如下左图所示。然后以坐标原点为圆心绘制一个直径为 11 的圆，如下右图所示。

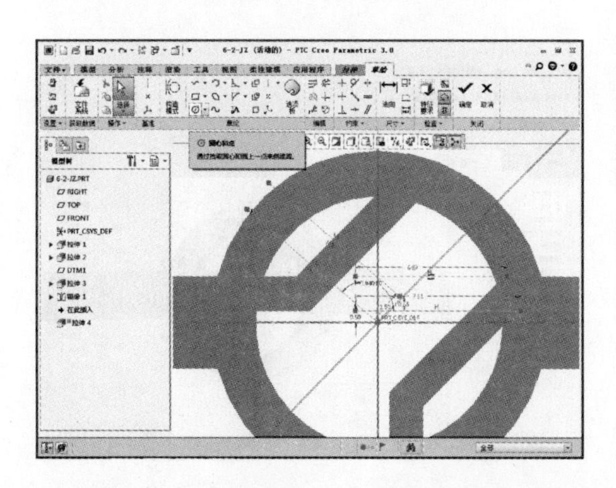

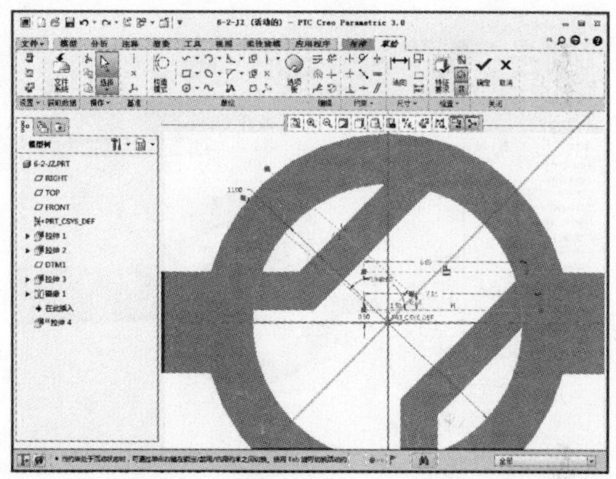

30 在“草绘”选项卡中单击【删除段】按钮，如下左图所示。将图中矩形和圆的重合部分删除，删除后的图形如下右图所示。

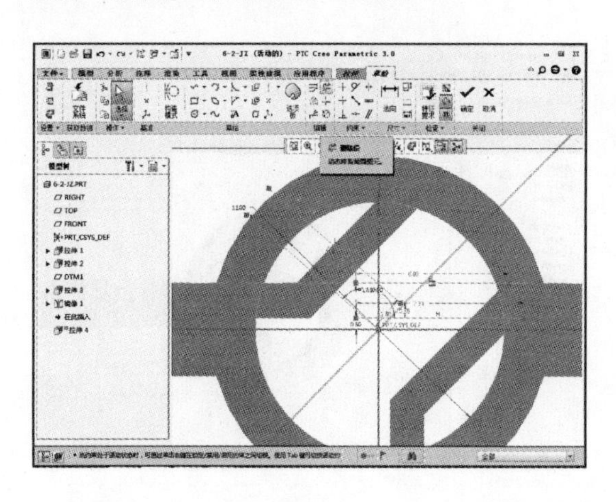

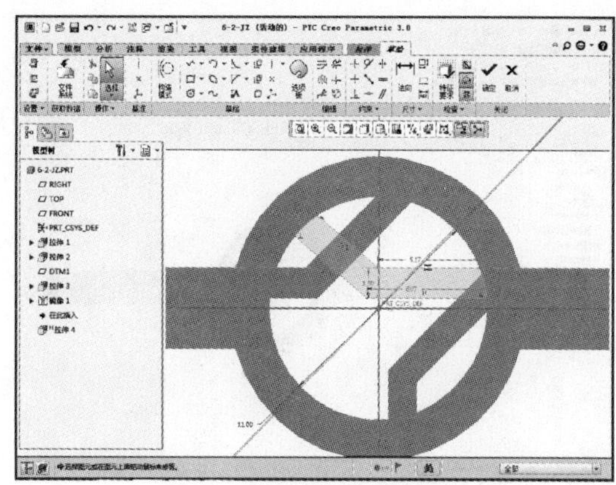

31 草图绘制完成后单击【确定】按钮，进入“拉伸”选项卡，设置指定值拉伸，拉伸值为 3，如下左图所示。设置完成后单击【确定】按钮，如下右图所示。

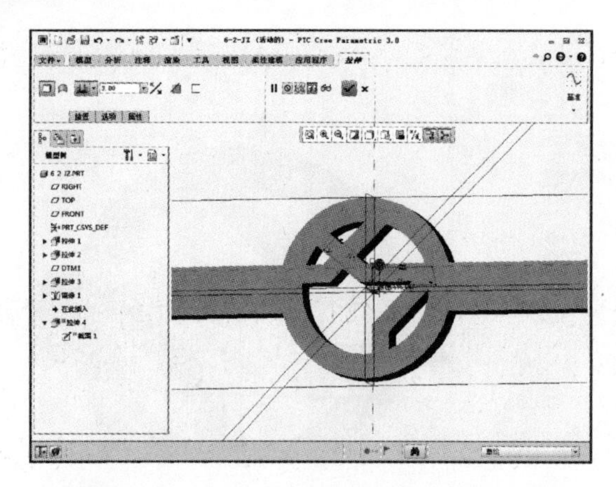

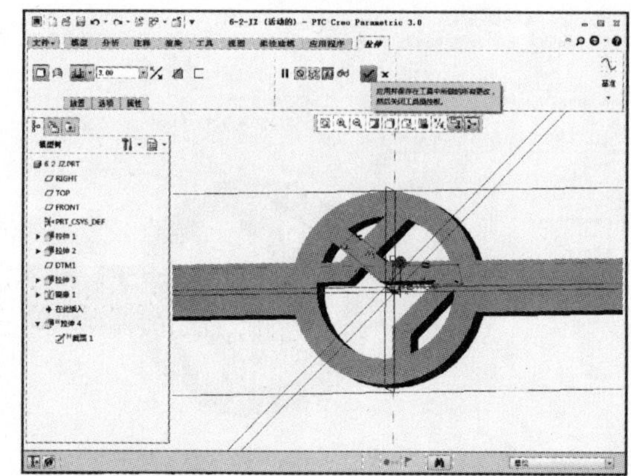

32 完成上述特征操作后在模型树中选中“拉伸 3”，然后单击【镜像】按钮，如下左图所示。单击【镜像】按钮后系统显示“镜像”选项卡，如下右图所示。

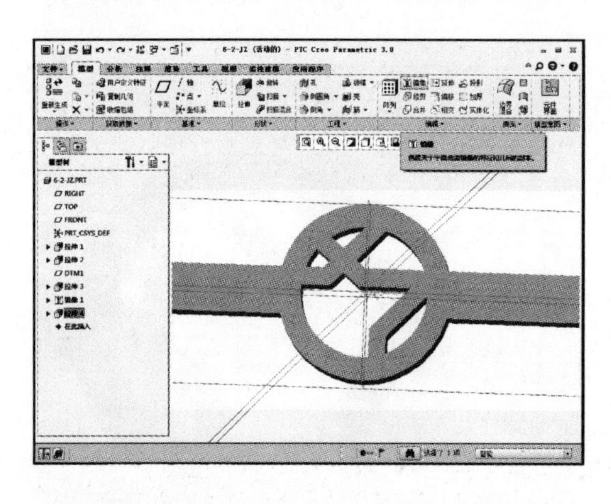

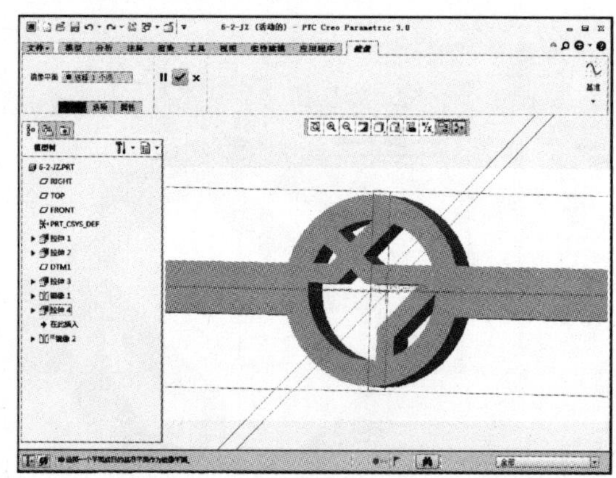

33 在图中选取 DTM1 平面作为镜像平面，如下左图所示。设定镜像平面后单击【确定】按钮，如下右图所示。

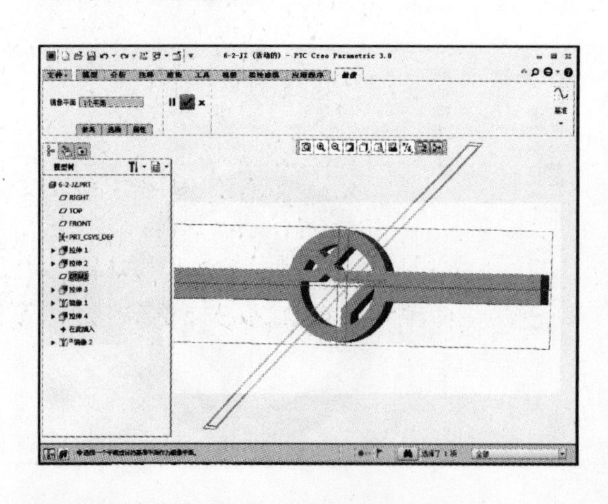

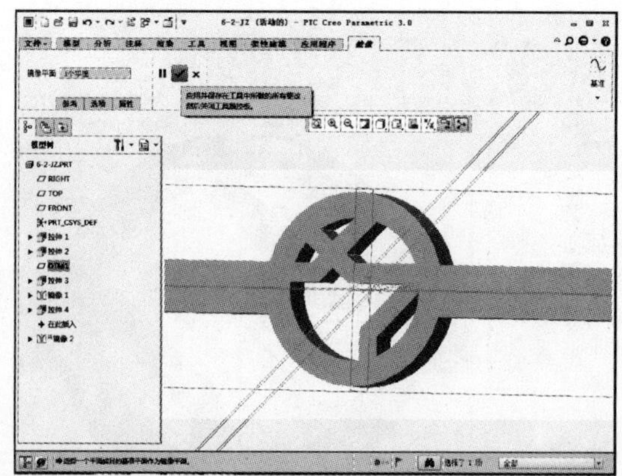

34 完成上述特征操作后在“模型”选项卡中单击【拉伸】按钮，如下左图所示。单击【拉伸】按钮后系统显示“拉伸”选项卡，如下右图所示。

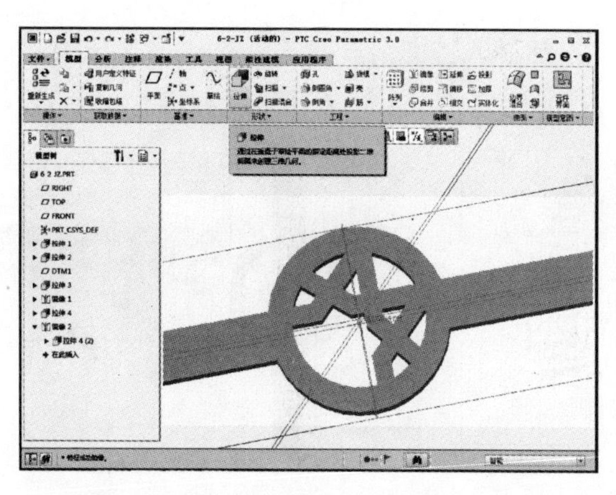

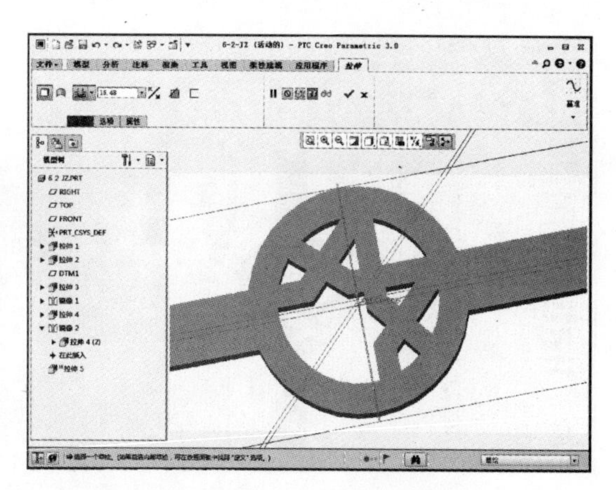

➤35 单击【放置】按钮，选择定义草绘平面，弹出“草绘”对话框，定义拉伸基准面为 FRONT 平面，然后单击【草绘】按钮，如下左图所示。单击该按钮后显示“草绘”选项卡，然后单击【草绘视图】按钮，如下右图所示。

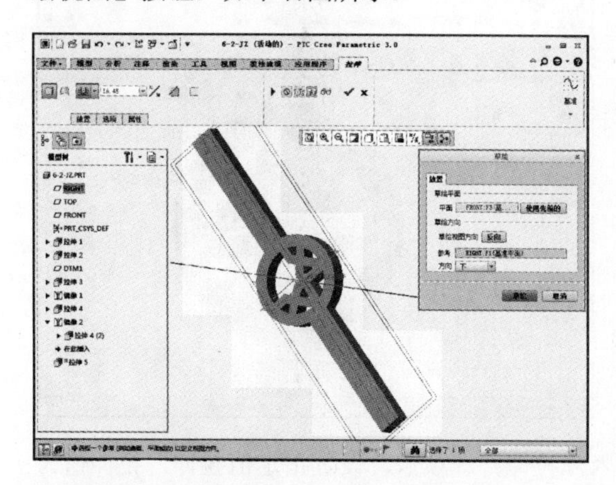

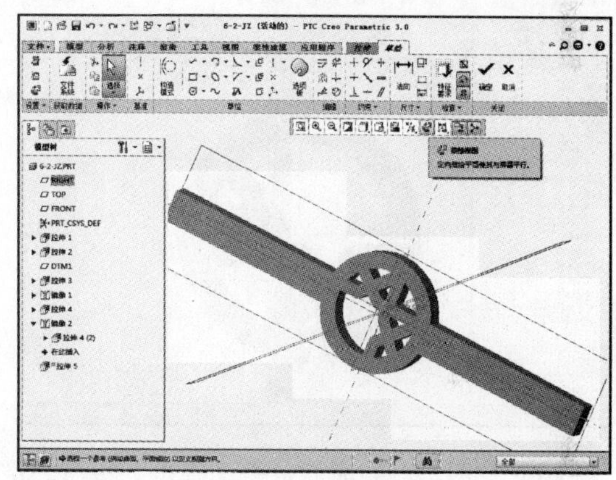

➤36 单击鼠标右键，弹出右键快捷菜单，执行“参考”命令，如下左图所示。执行该命令后系统弹出“参考”对话框，如下右图所示。

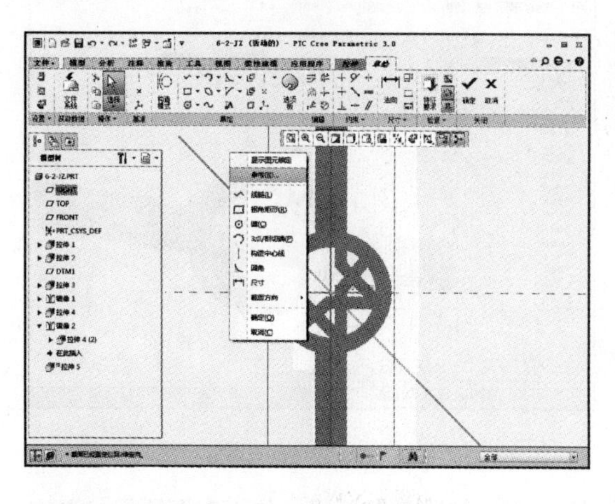

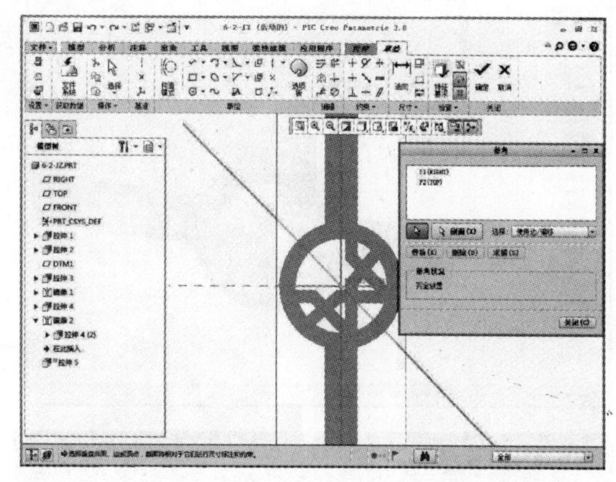

➤37 选取创建的新平面 DTM1 作为新增的参考，如下左图所示。设定完成后单击【关闭】按钮，如下右图所示。

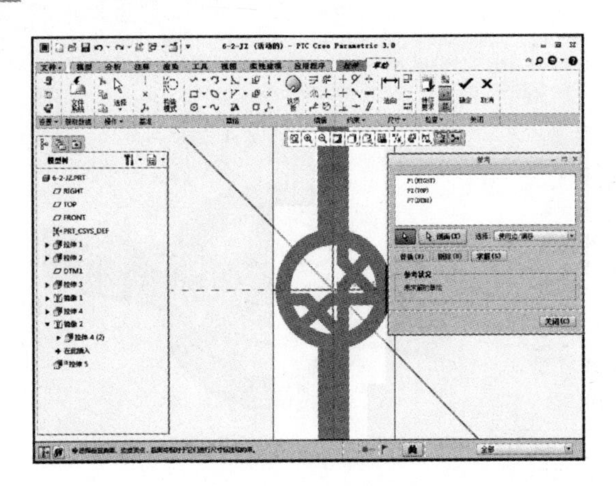

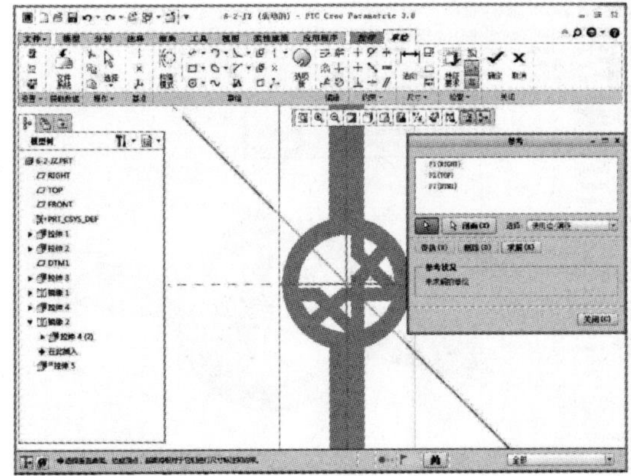

38 在“草绘”选项卡中单击【线链】按钮，如下左图所示。绘制图示图形，平行直线的间距为 1.5，如下右图所示。

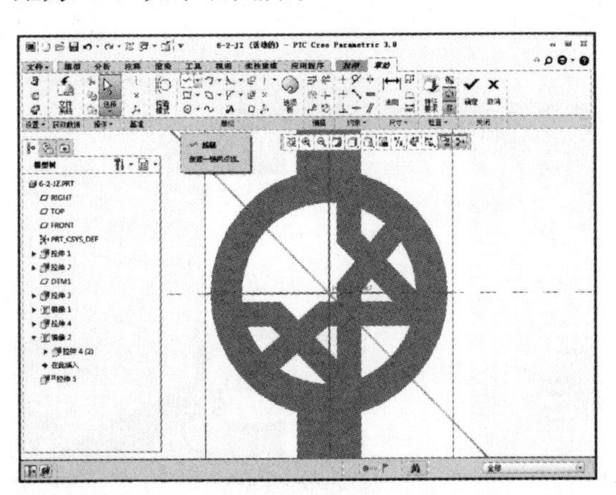

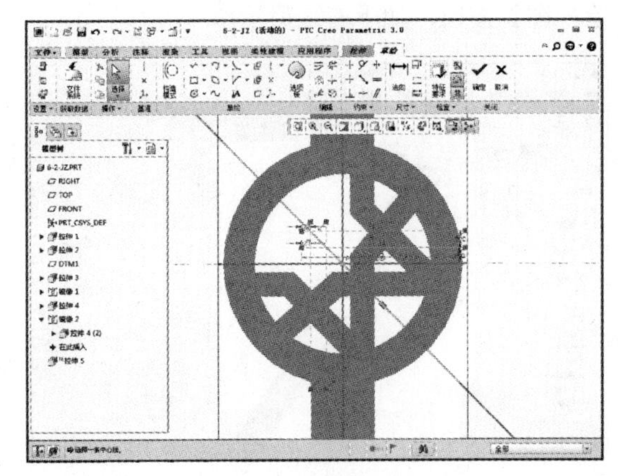

39 草图绘制完成后单击【确定】按钮，进入“拉伸”选项卡，设置指定值拉伸，拉伸值为 3，如下左图所示。设置完成后单击【确定】按钮，如下右图所示。

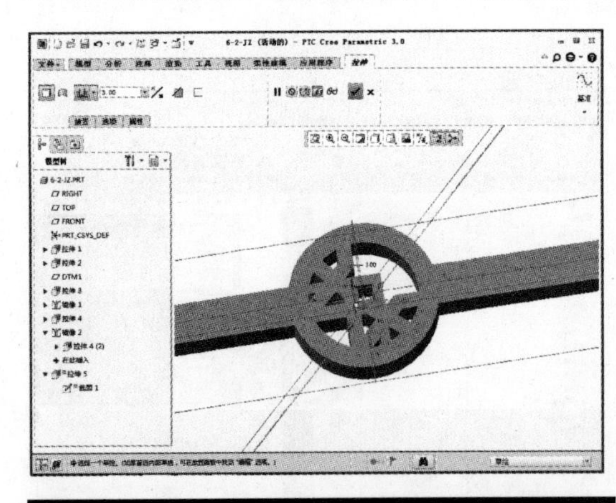

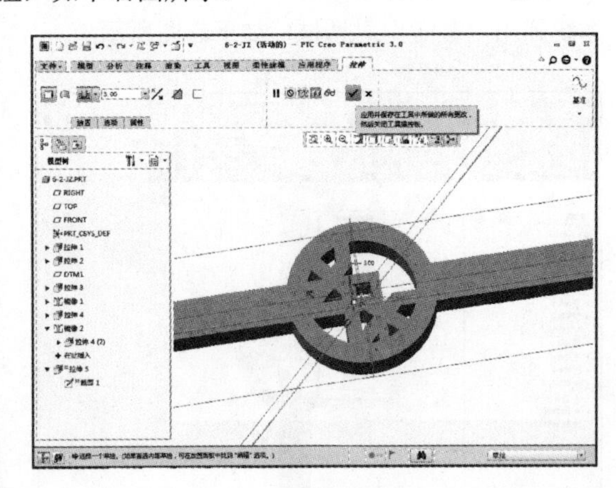

## STEP03 创建戒指折弯及修饰特征

01 完成上述特征操作后在“模型”选项卡中单击【环形折弯】按钮，如下左图所示。单击【环形折弯】按钮后系统显示“环形折弯”选项卡，如下右图所示。

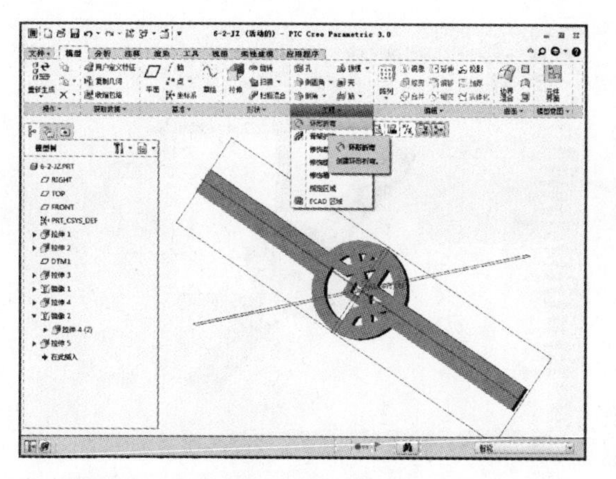

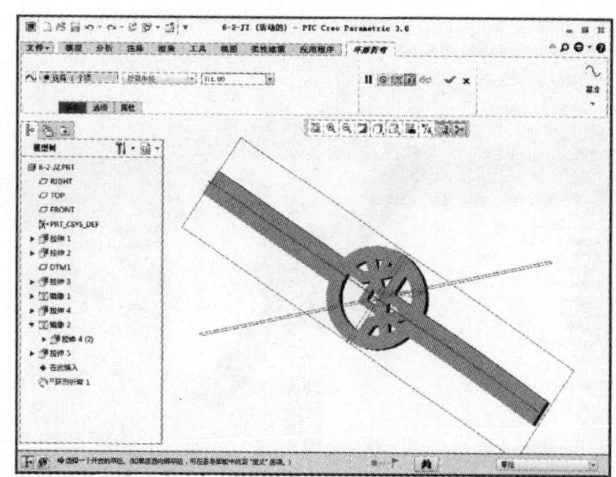

➤ 02 单击【参考】按钮，选择定义草绘平面，弹出“参考”对话框，如下左图所示。选择“实体几何”复选框，效果如下右图所示。

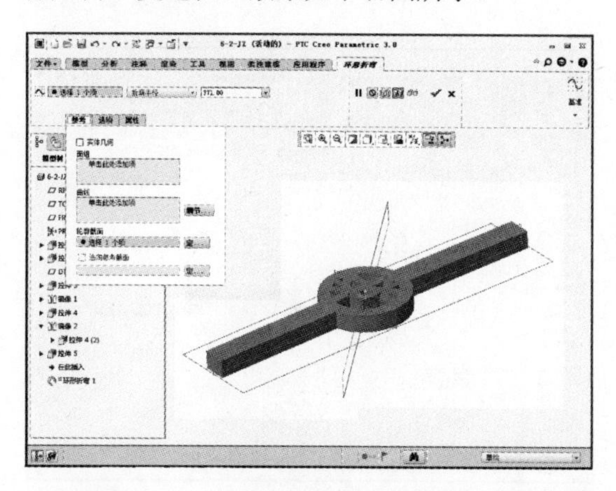

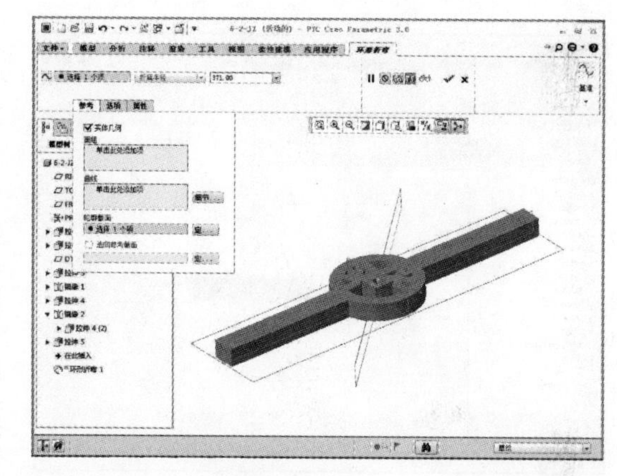

➤ 03 单击“轮廓截面”旁的【定义内部草绘】按钮，如下左图所示。单击该按钮后弹出“草绘”对话框，如下右图所示。

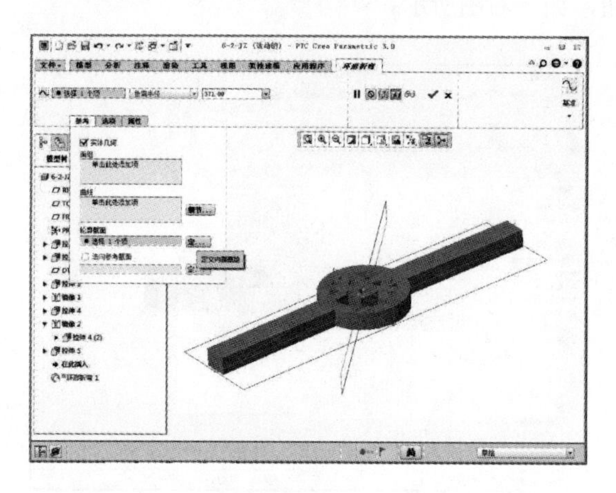

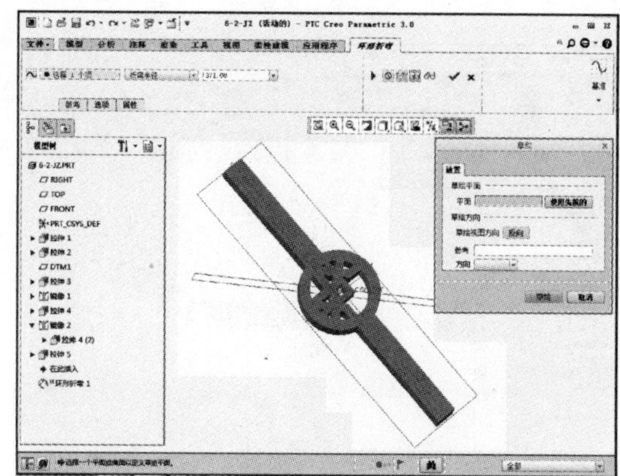

➤ 04 单击【放置】按钮，选择定义草绘平面，弹出“草绘”对话框，定义拉伸基准面为 RIGHT 平面，然后单击【草绘】按钮，如下左图所示。单击该按钮后显示“草绘”选项卡，然后单击【草绘视图】按钮，如下右图所示。

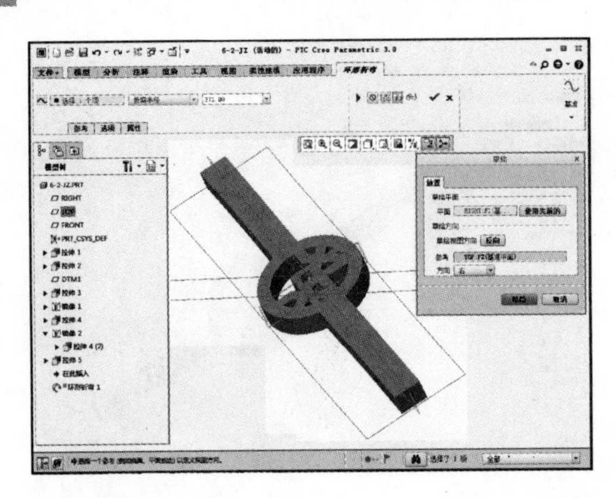
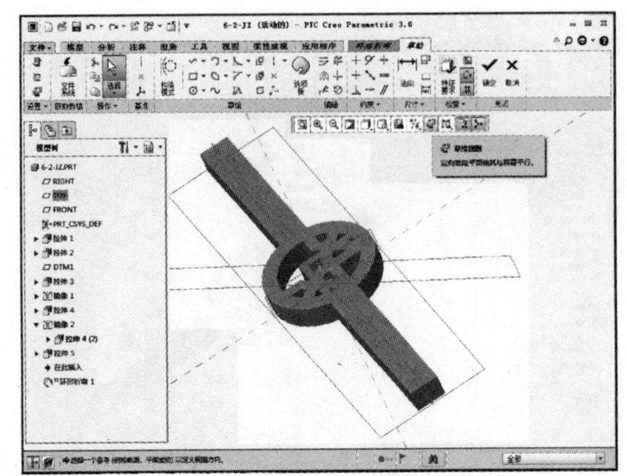

05 在“草绘”选项卡中单击【坐标系】按钮，创建一个新的坐标系，如下左图所示。将新坐标系放在坐标原点处，如下右图所示。

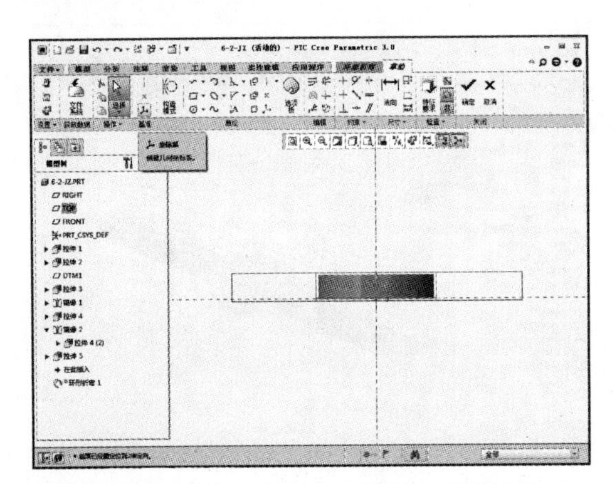
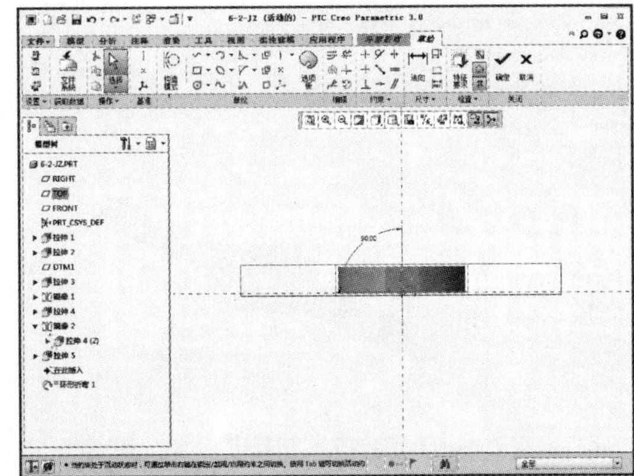

06 在“草绘”选项卡中单击【线链】按钮，如下左图所示。然后以坐标原点为中点绘制一条长为 15 的直线，绘制完成后单击【确定】按钮，如下右图所示。

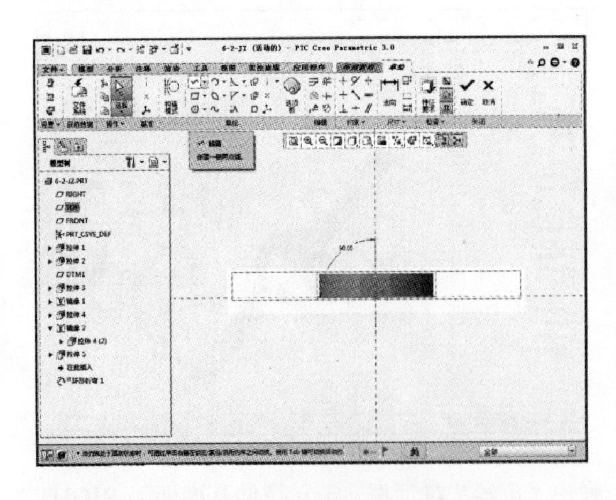
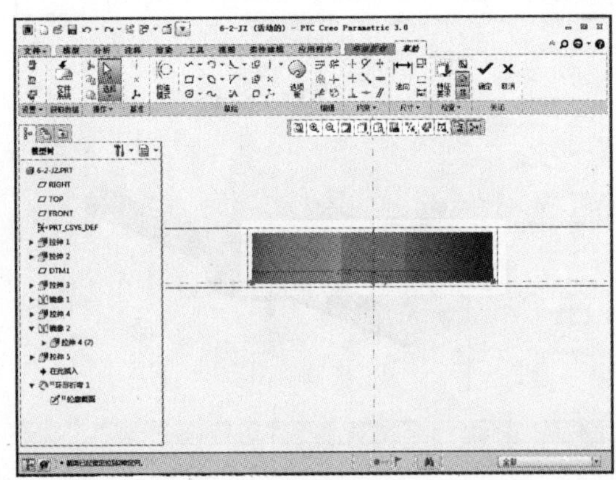

07 草图绘制完成后单击【确定】按钮，进入“环形折弯”选项卡，设置折弯半径为 9.55，如下左图所示。设置完成后单击【确定】按钮，如下右图所示。

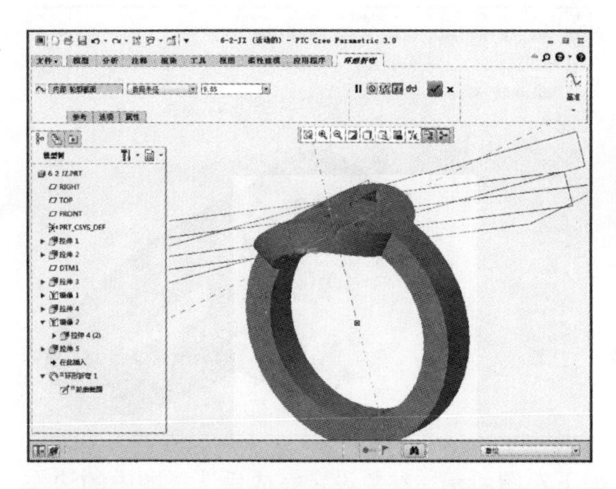

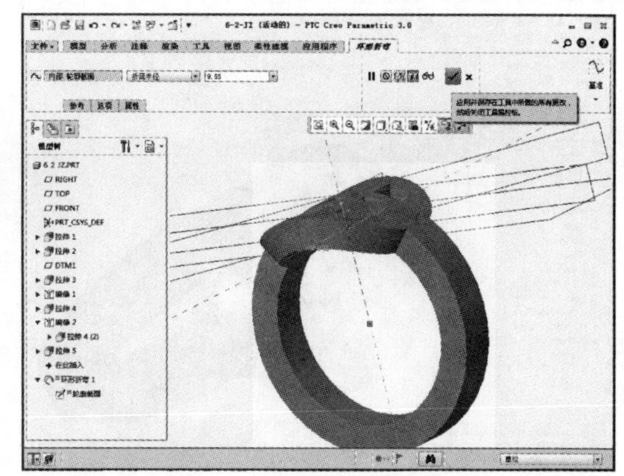

08 完成上述特征操作后单击【倒圆角】按钮，如下左图所示。单击【倒圆角】按钮后系统显示“倒圆角”选项卡，如下右图所示。

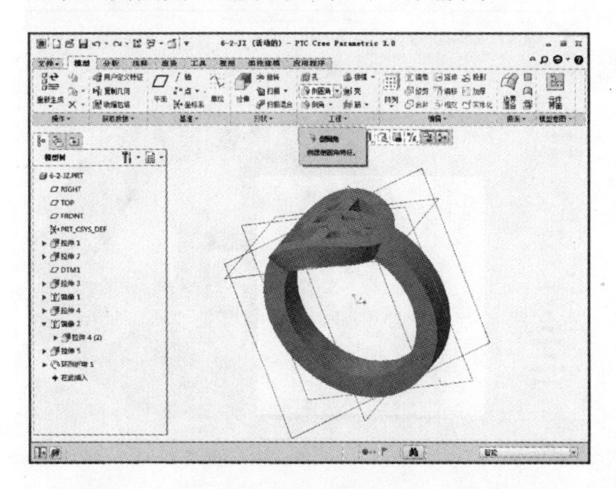

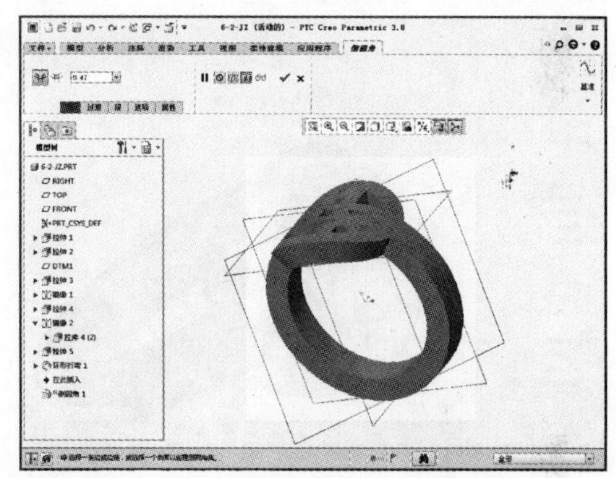

09 在“倒圆角”选项卡中设定半径为 1，如下左图所示。参数设定完成后选择图中的边作为倒圆角的边，并单击【确定】按钮，如下右图所示。

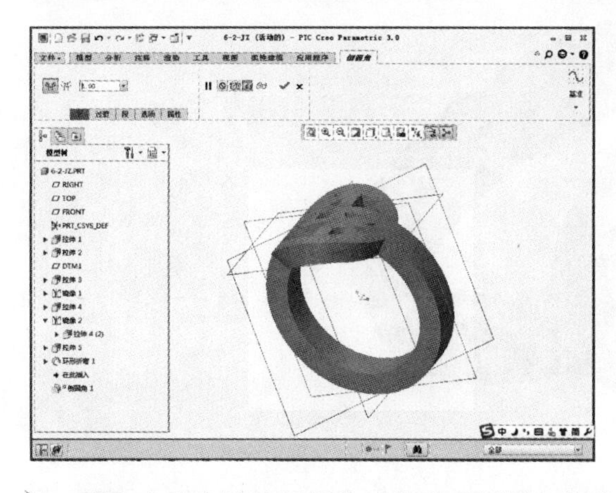

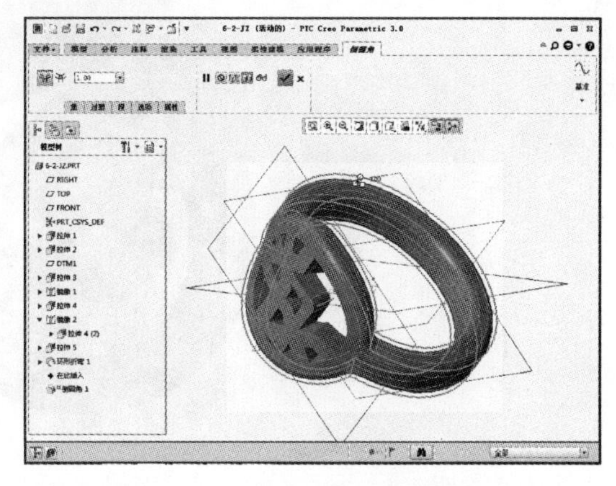

10 完成上述特征操作后单击【倒圆角】按钮，如下左图所示。单击【倒圆角】按钮后系统显示“倒圆角”选项卡，如下右图所示。

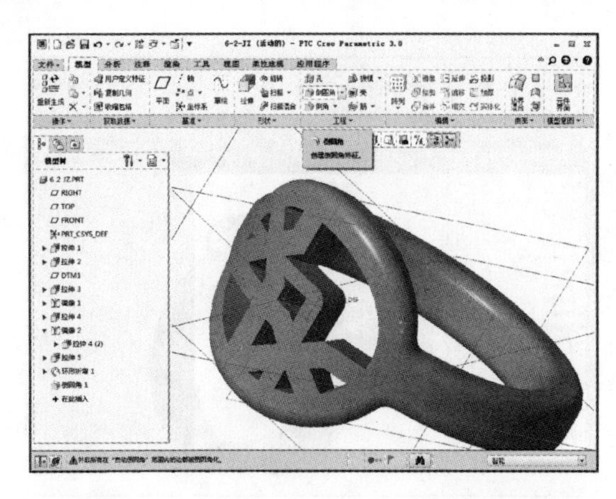

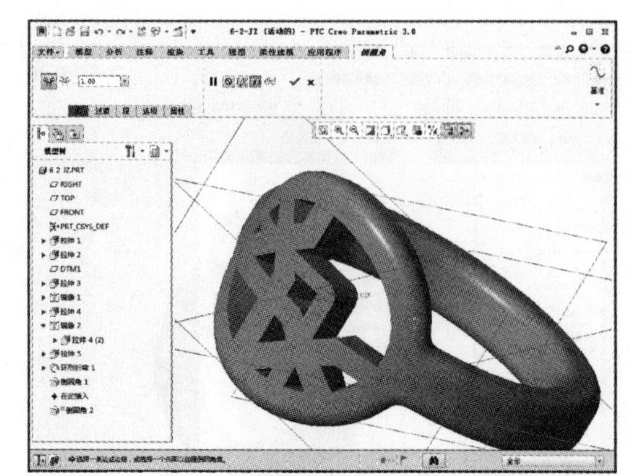

11 在“倒圆角”选项卡中设定半径为 0.5，如下左图所示。参数设定完成后选择图中的边作为倒圆角的边，并单击【确定】按钮，如下右图所示。

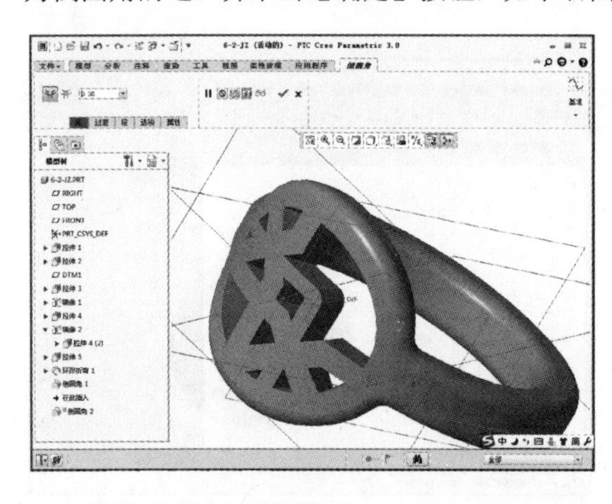

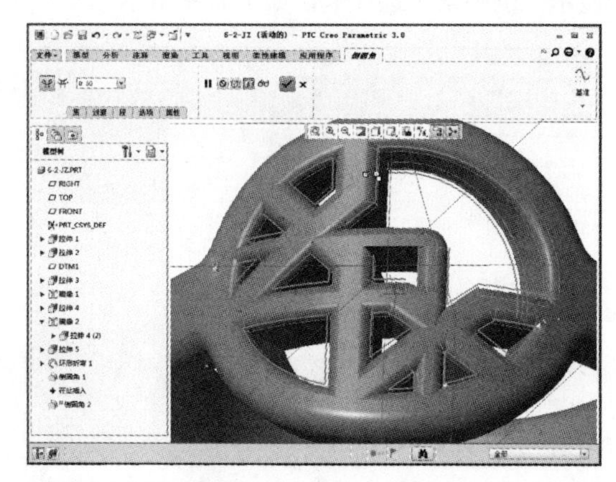

最终结果如下图所示。

## 6.2.2 输出戒指模型

下面输出模型，将 PRT 格式的模型输出为 STL 格式。

（1）选择模型，执行“文件>另存为>保存副本”命令，弹出“保存副本”对话框，将文件命名为“6-2-jz”，类型设定为“*.stl”如下图所示。

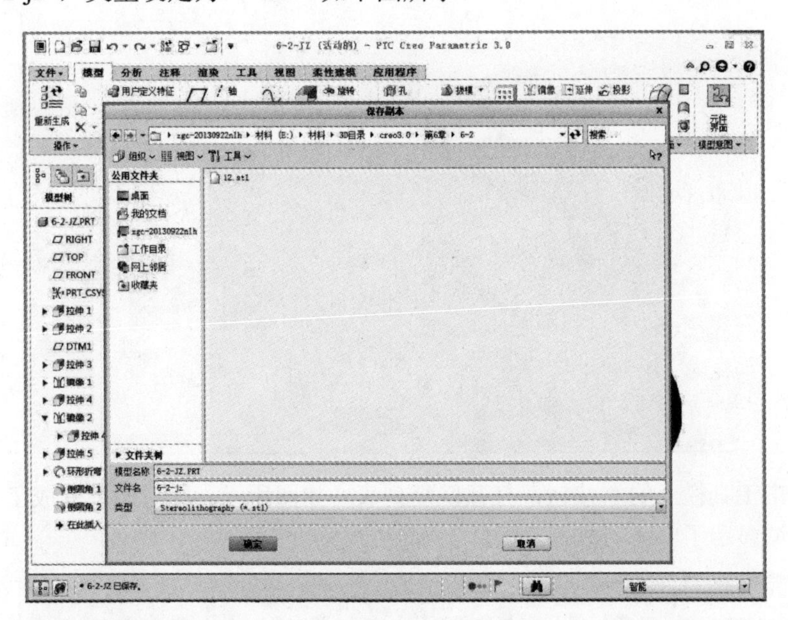


（2）系统弹出“导出 STL”对话框，此时采用系统默认提供的参数，单击【确定】按钮，如下图所示。

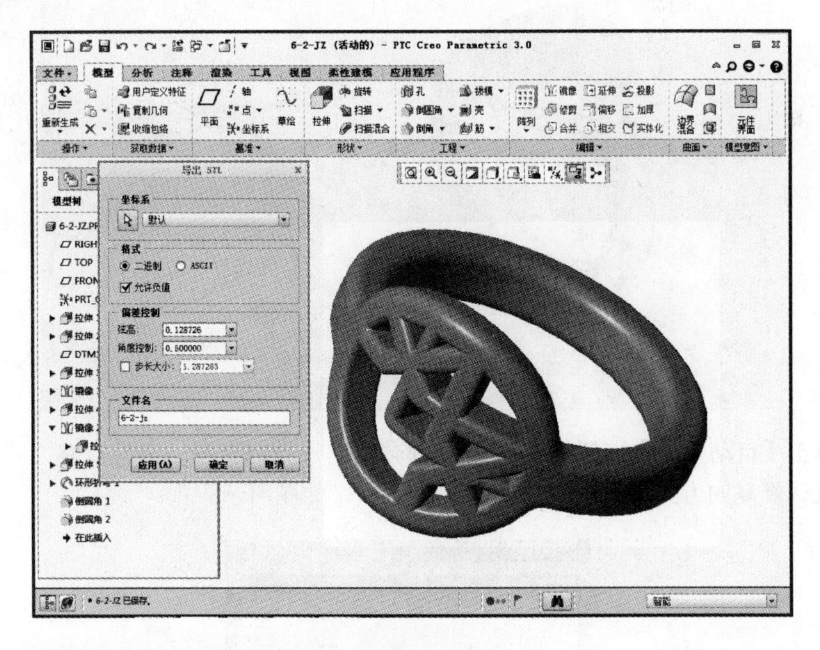


## 6.2.3　处理戒指 STL 模型的破损面

下面在 netfabb 中再次检查 STL 模型，用自动修复功能进行破损面的自动闭合。

（1）打开 netfabb 软件，然后打开 STL 文件，在视图中可以看到模型出现了⚠标志，如图所示。这说明该模型无法打印，需要修复。

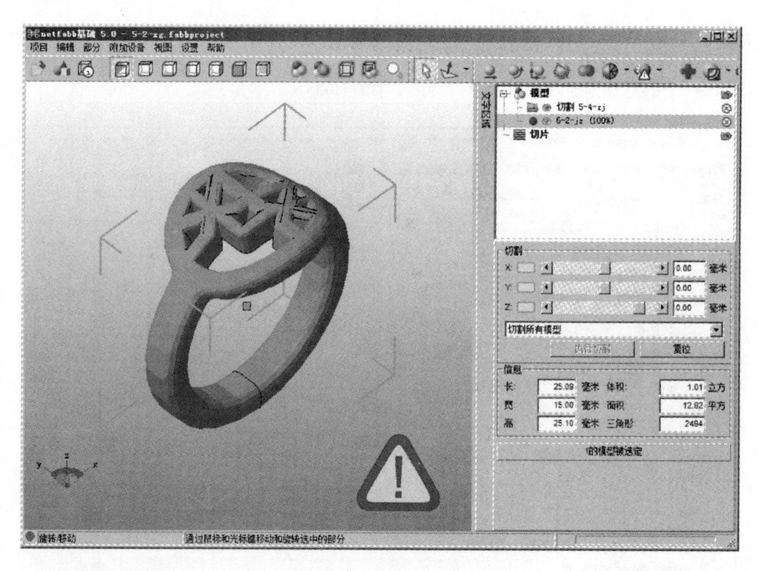


（2）单击工具栏上的 按钮，打开修复列表，如图所示。此时模型变成了蓝色，我们看到，黄色区域显示了出错的位置。

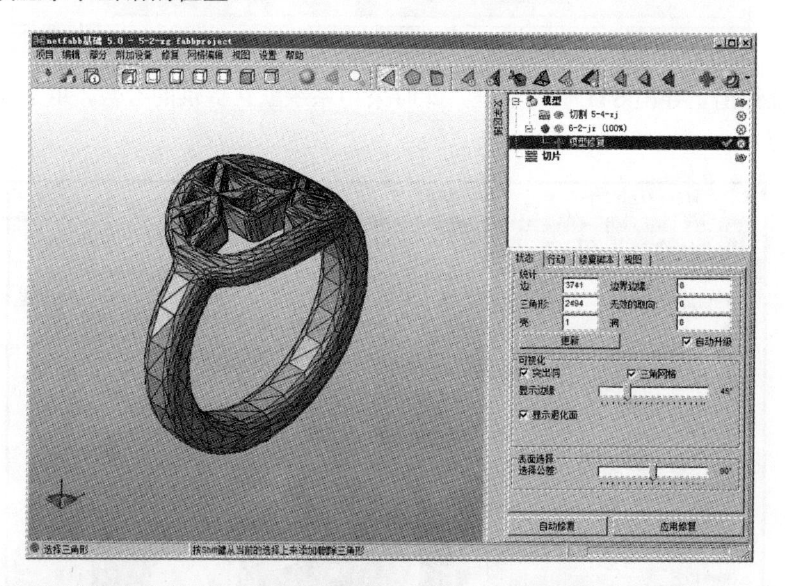


（3）单击【自动修复】按钮，netfabb 软件会弹出一个对话框，询问修复方式，我们先使用第一种默认修复的方式进行，单击【执行】按钮，如图所示。

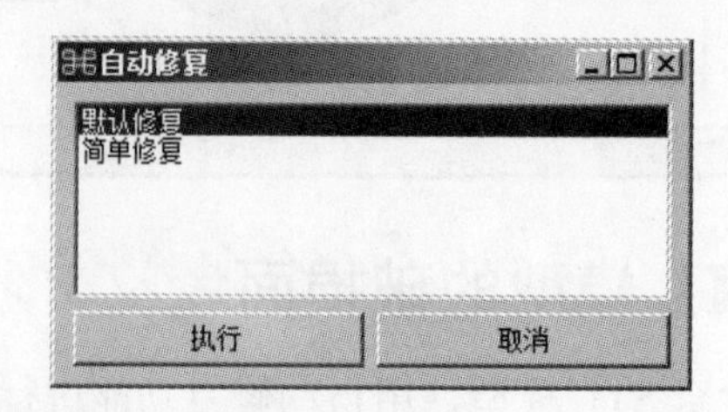


（4）单击【执行】按钮后系统经过计算，模型自动修复完毕，黄色曲线消失，说明模型没有问题了，如图所示。

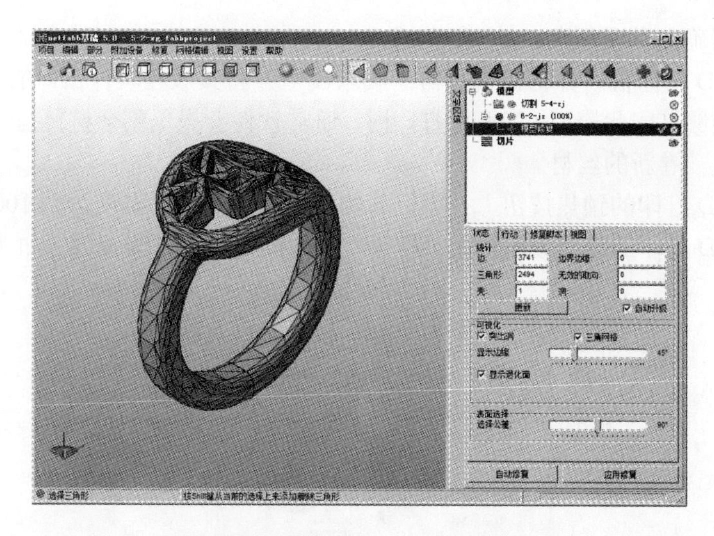

（5）修复完毕之后单击【应用修复】按钮，在弹出的“信息”对话框中单击【是】按钮确认修复结果，如图所示。

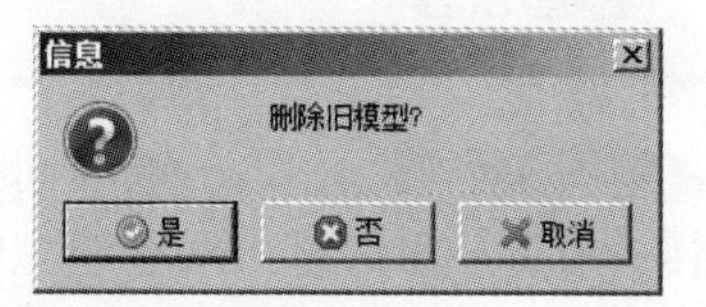


（6）下面将修复好的模型进行输出，重新保存为一个 STL 文件。执行“部分>输出零件>为 STL”命令，然后输入文件名保存，如图所示。

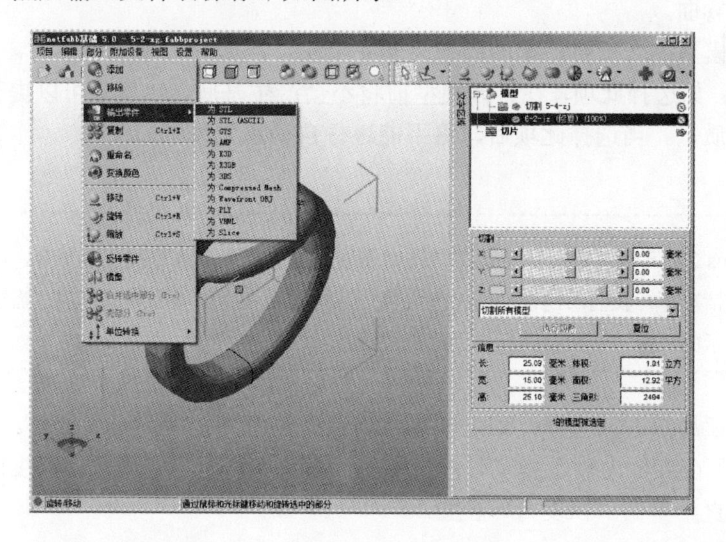

## 6.2.4 打印戒指模型

使用 3D 打印机成功打印的关键之一就是打印平台的预热，特别是在打印大型部件时，平台的边缘部分要比中间部分凉一些，这样会导致模型两边卷曲。防止此现象发生的最好办法如下：①确保打印平台在水平面上；②将喷嘴的高度设置准确；③打印平台被充分预热。

在打印前请确保以下几点。

（1）连接 3D 打印机，并初始化机器；载入模型并将其放在软件窗口的适当位置；检查剩余材料是否足够打印此模型（当开始打印时，通常软件会提示剩余材料是否足够使用），如果不够，请更换一卷新的丝材。

（2）单击 3D 打印的预热按钮，打印机开始对平台加热，在温度达到 100℃时开始打印。

（3）单击 3D 打印的打印按钮，在“打印”对话框中设置打印参数（如质量），单击【确定】按钮开始打印。

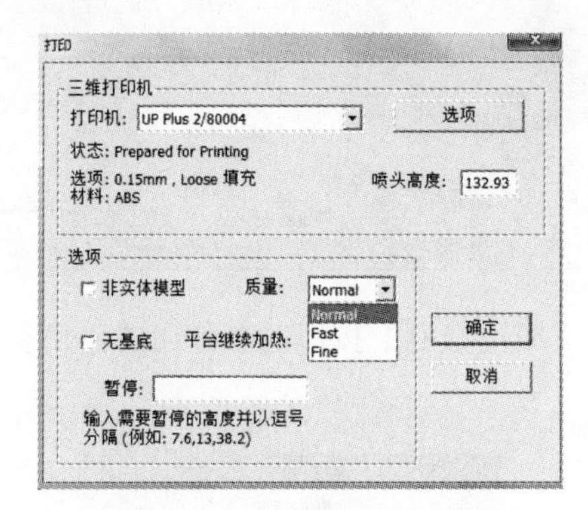


- 质量：分为普通、快速、精细 3 个选项，这些选项同时决定了打印机的成型速度。通常情况下，打印速度越慢，成型质量越好。对于模型中较高的部分，以最快的速度打印会因为打印时的颤动影响模型的成型质量。对于表面积大的模型，由于表面有多个部分，将打印的速度设置成“精细”容易出现问题，打印时间越长，模型的角落部分越容易卷曲。
- 非实体模型：当所要打印的模型为非完全实体，如存在不完全面时，请选择此项。
- 无基底：如选择此项，在打印模型前将不会产生基底。该模式可以提升模型底部平面的打印质量。当选择此项后，将不能进行自动水平校准。

注意

UP Plus 2 打印机在进行平台水平校准时需要通过打印基底水平校正水平度，因此在自动校准平台水平的情况下，我们不建议使用无基底模式。如需要使用无基底模式打印，需要根据平台水平度校正中显示的 9 个位置数值进行自动水平校准。

- 平台继续加热：如选择此项，则平台将在开始打印模型后继续加热。
- 暂停：可在方框内输入想要暂停打印的高度，当打印机打印至该高度时将会自动暂停打印，直至单击“恢复打印位置”。

注意

在暂停打印期间，喷嘴将会保持高温。开始打印后，可以将计算机与打印机断开，打印任务会被存储至打印机内进行脱机打印。

如图所示为最终打印效果。

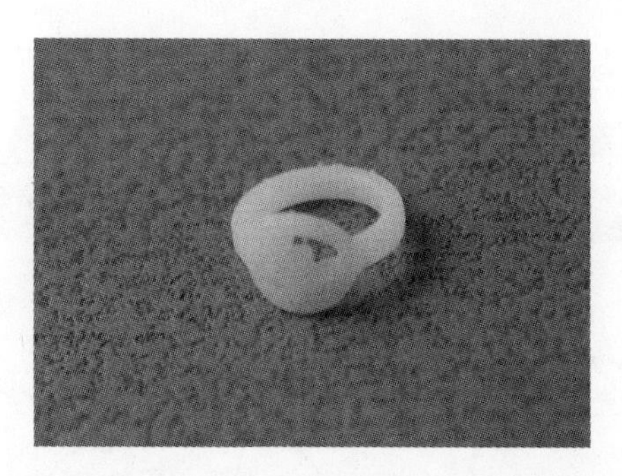

建议在撤出模型之前先撤下打印平台，如果不这样做，很可能使整个平台弯曲，导致喷头和打印平台的角度改变。

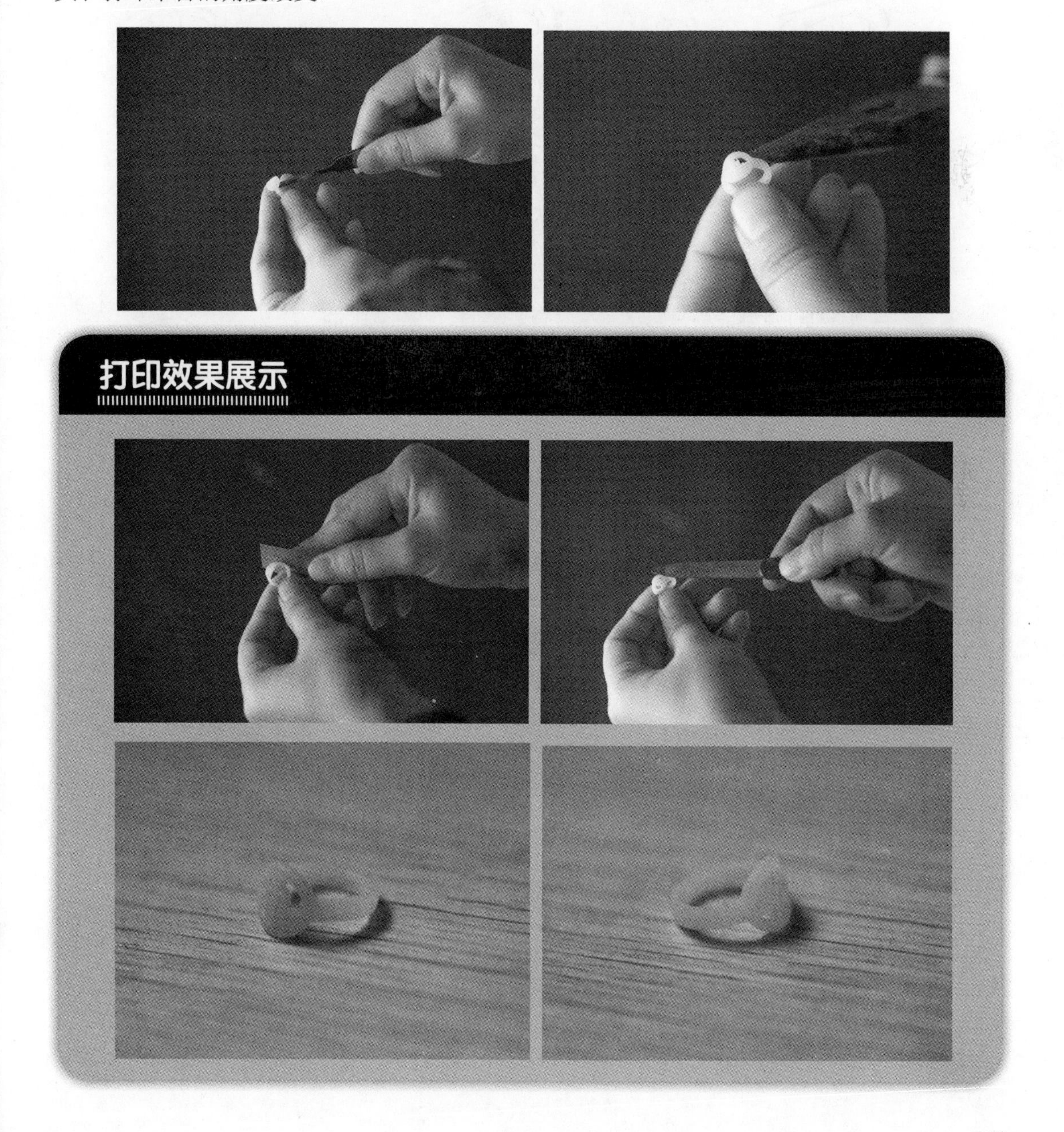

# 6.3 烛台

## 烛台的设计草图

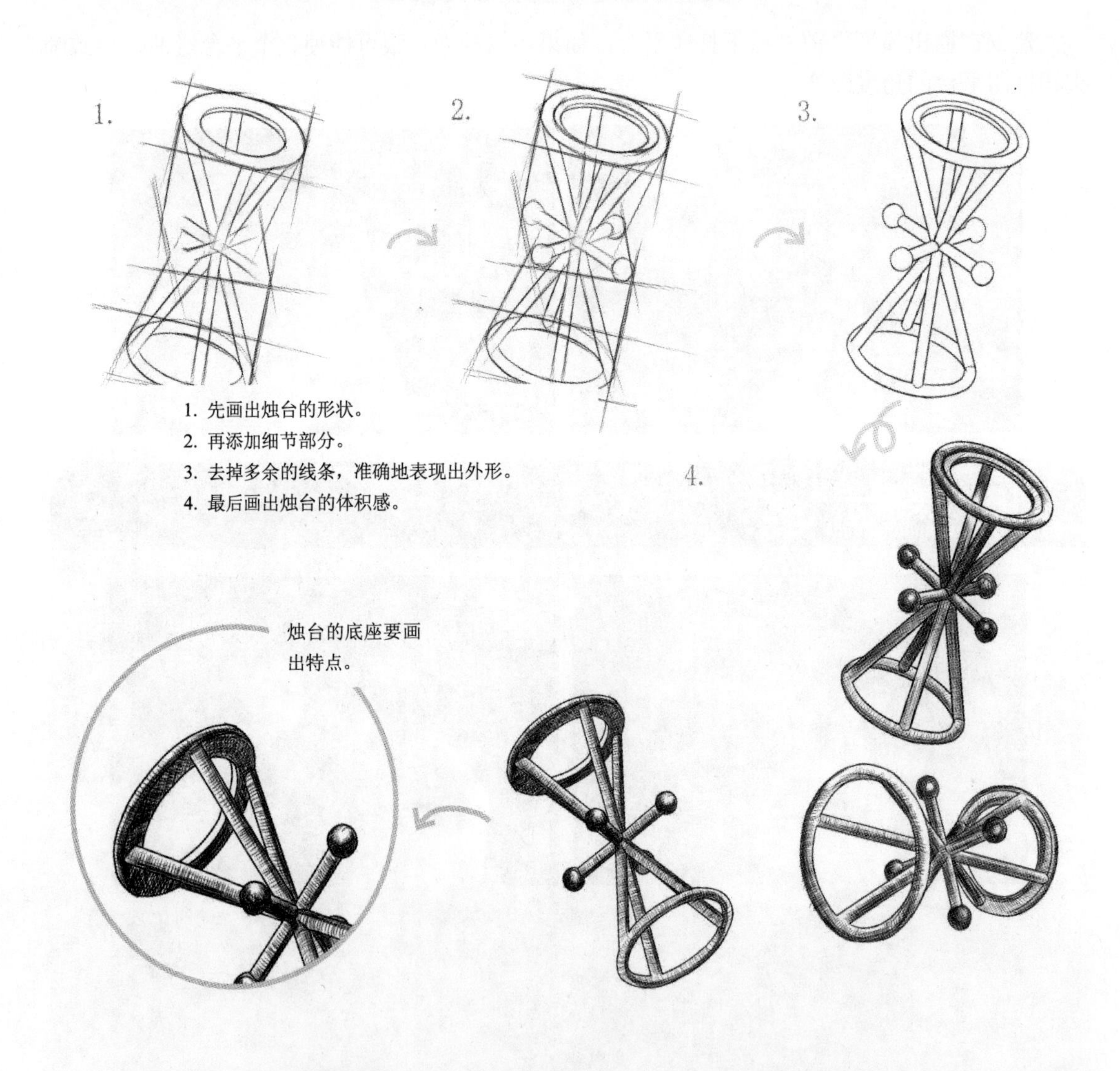


本节介绍利用拉伸、旋转、扫描等命令制作烛台模型的方法。在建模过程中我们采用先下后上的方式进行，首先创建烛台模型的底部特征，然后创建烛台的上部分特征，最后完成烛台中间的连接部分。本节案例的草图绘制比较简单，操作过程有些繁琐，请耐心按照教程绘制。本例参考图如下图所示。

## 6.3.1 操作步骤详解

### STEP01　新建零件主体

01 在计算机上打开 PTC Creo Parametric 3.0 软件，出现其界面，如下左图所示。然后单击【新建】按钮，如下右图所示。

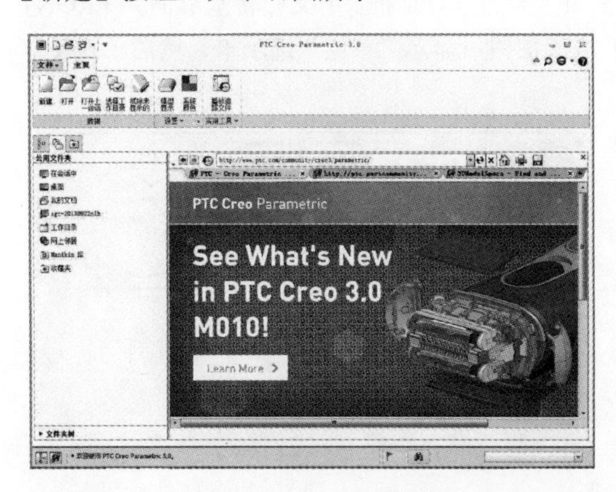


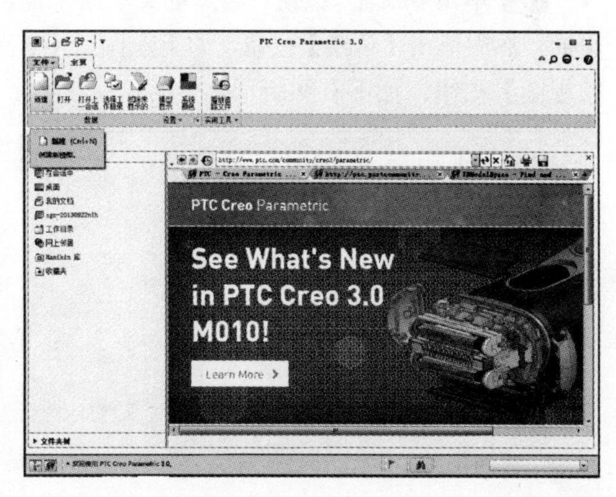


02 单击【新建】按钮后弹出“新建”对话框，类型选择“零件”、子类型选择“实体”，将文件名更改为“6-3-zt”，不选择“使用默认模板”复选框，单击【确定】按钮，如下左图所示。单击后弹出“新文件选项”对话框，在模板中选择“mmns-part-solid”，单击【确定】按钮，如下右图所示。

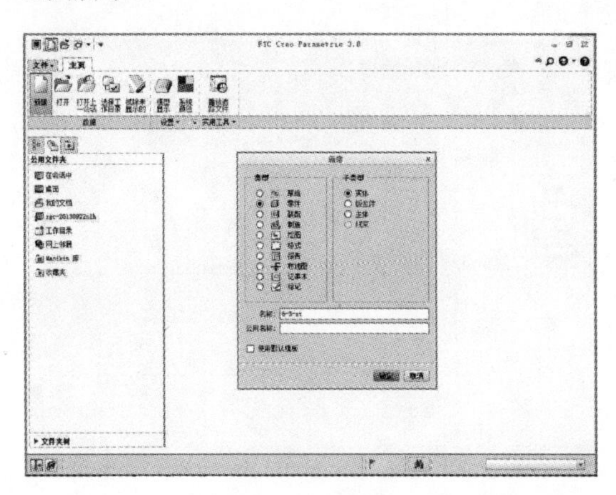

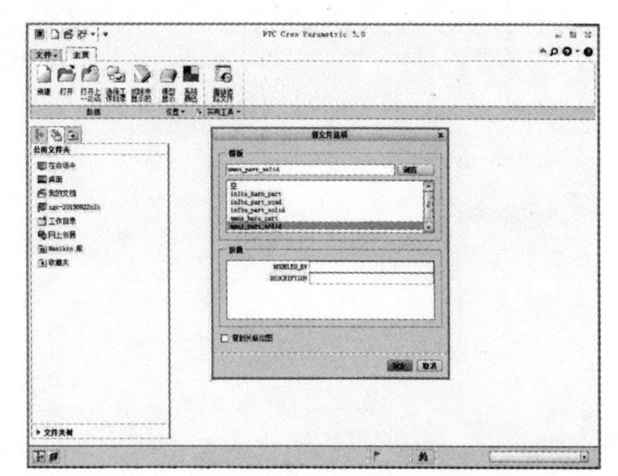

## STEP02　烛台主框架的建模

01 在“模型”选项卡中单击【旋转】按钮，如下左图所示。单击【旋转】按钮后系统显示“旋转”选项卡，如下右图所示。

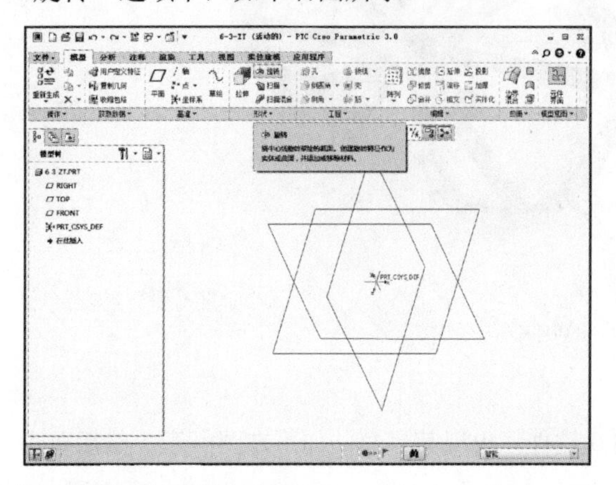

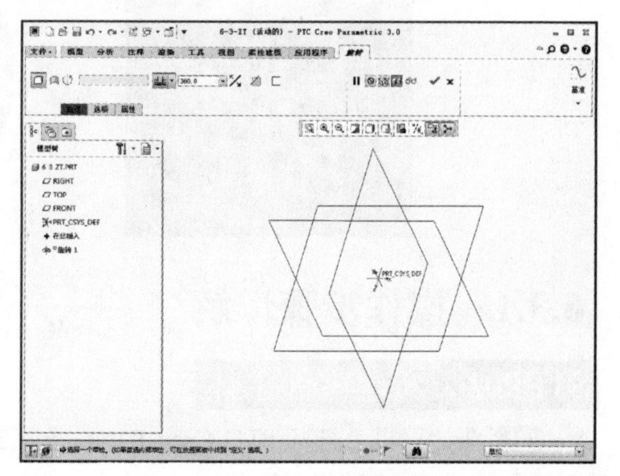

02 单击【放置】按钮，选择定义草绘平面，弹出“草绘”对话框，定义旋转基准面为 FRONT 平面，然后单击【草绘】按钮，如下左图所示。单击该按钮后显示“草绘”选项卡，然后单击【草绘视图】按钮，如下右图所示。

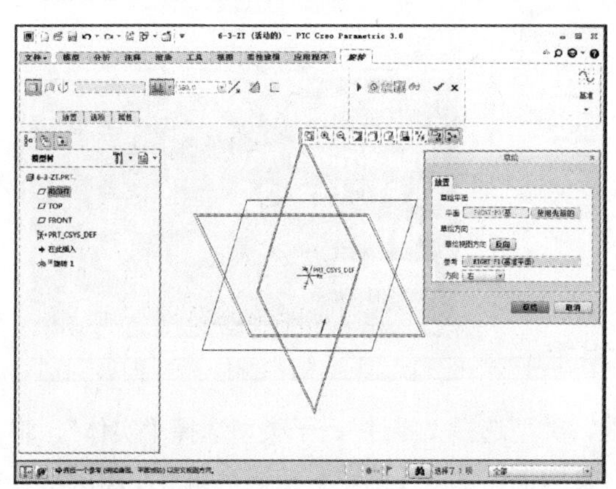

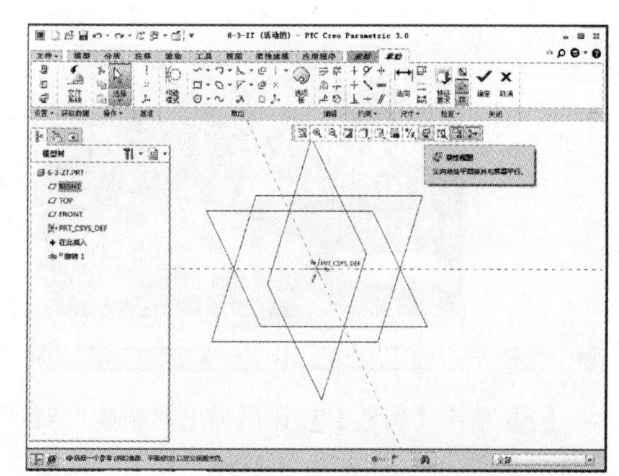

03 在“草绘”选项卡中单击【中心线】按钮，如下左图所示。绘制图示的中心线，中心在图中 Y 轴上，如下右图所示。

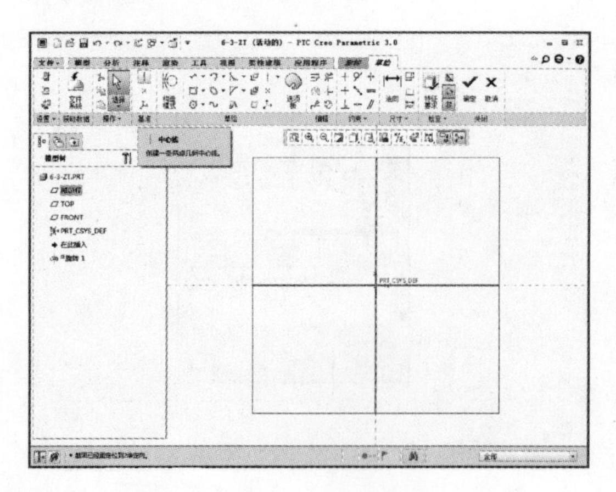

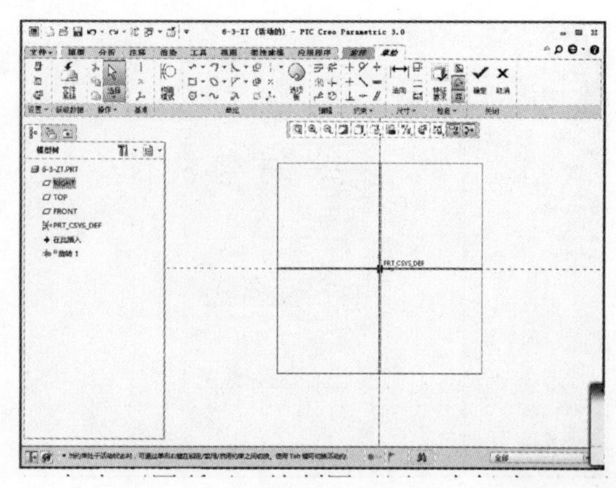

04 在“草绘”选项卡中单击【圆心和点】按钮，如下左图所示。绘制图示的圆，直径为 4，距离中心线为 21.5，如下右图所示。

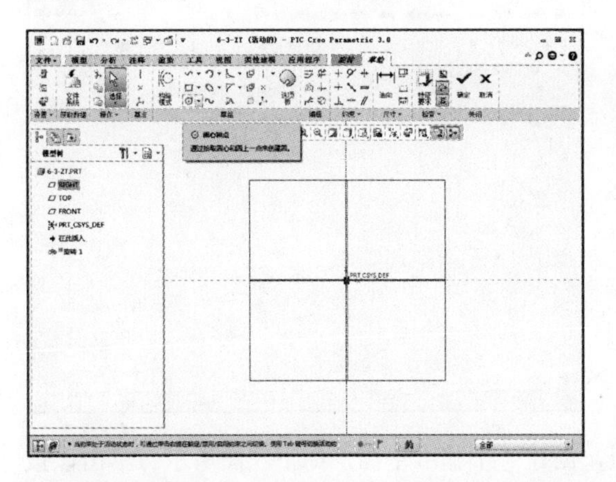

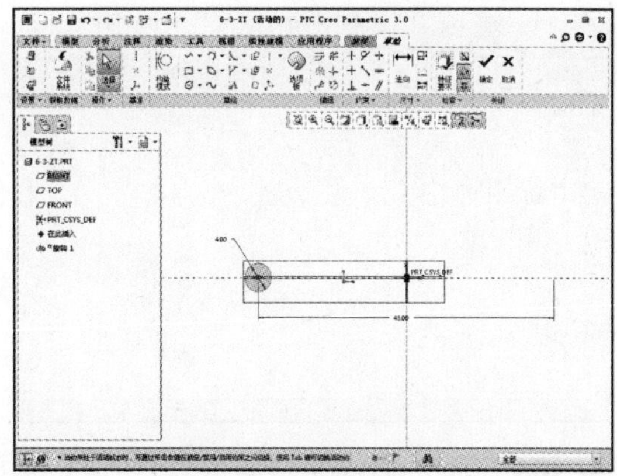

05 草图绘制完成后单击【确定】按钮，进入“旋转”选项卡，设置旋转 360°，如下左图所示。设置完成后单击【确定】按钮，如下右图所示。

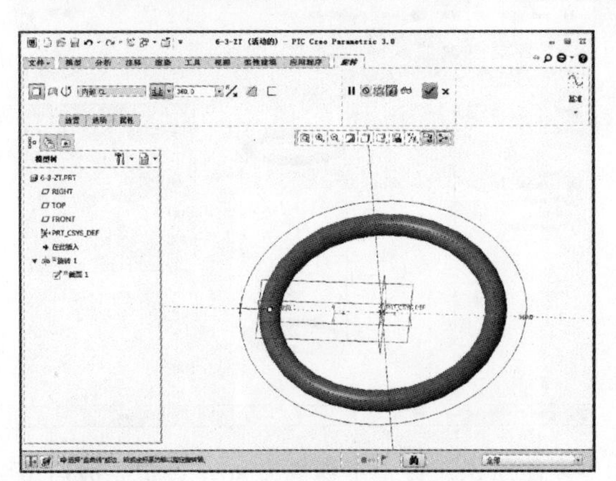

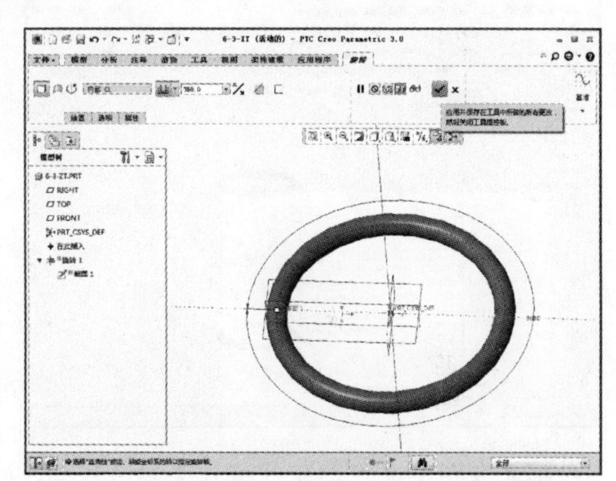

06 完成上述特征操作后在模型树中选中“拉伸 1”，然后单击【阵列】按钮，如下左图所示。单击【阵列】按钮后系统显示“阵列”选项卡，如下右图所示。

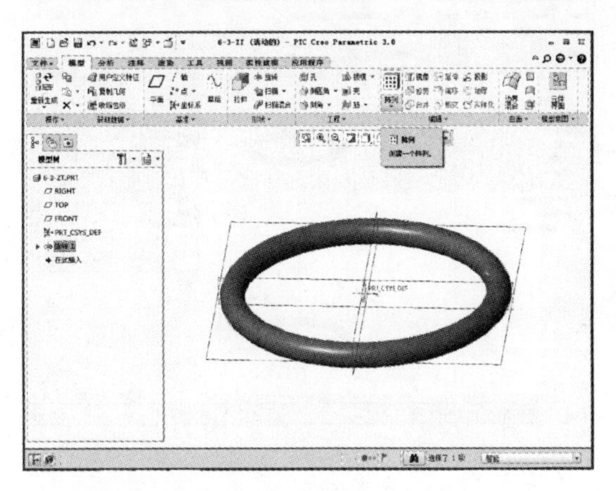

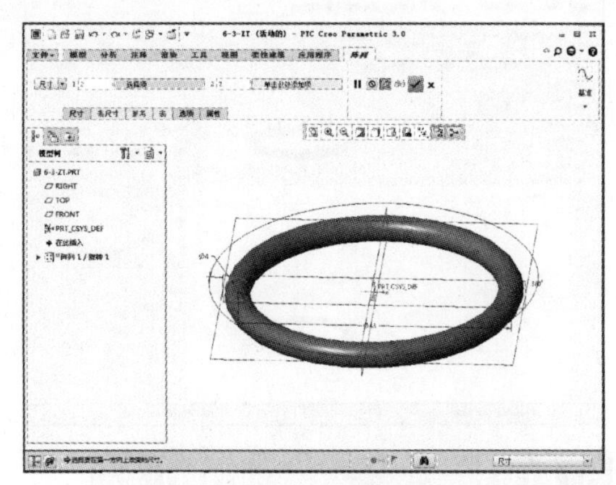

07 设置“方向”阵列，选取 TOP 平面的法向作为阵列的方向，如下左图所示。设置阵列数

量为 2、阵列的间距为 86，设定完成后单击【确定】按钮，如下右图所示。

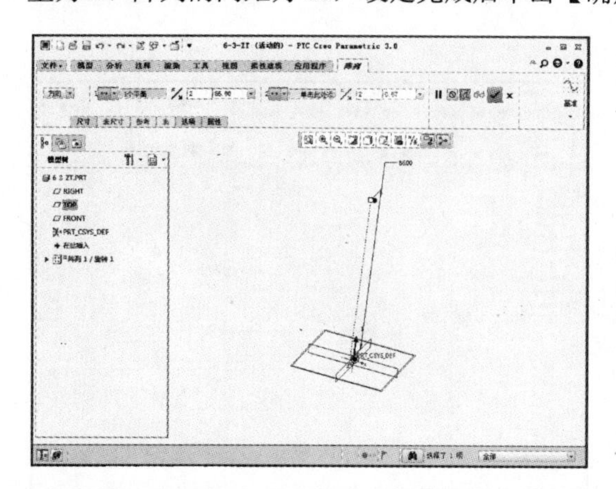

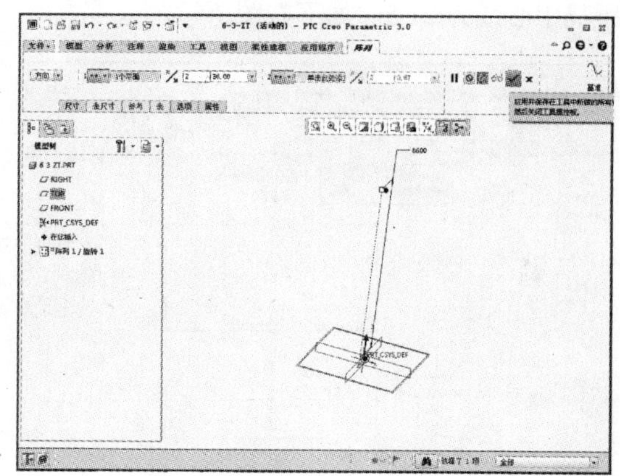

08 完成上述特征操作后单击【平面】按钮，创建一个基准平面，如下左图所示。单击该按钮后系统弹出“基准平面”对话框，系统界面如下右图所示。

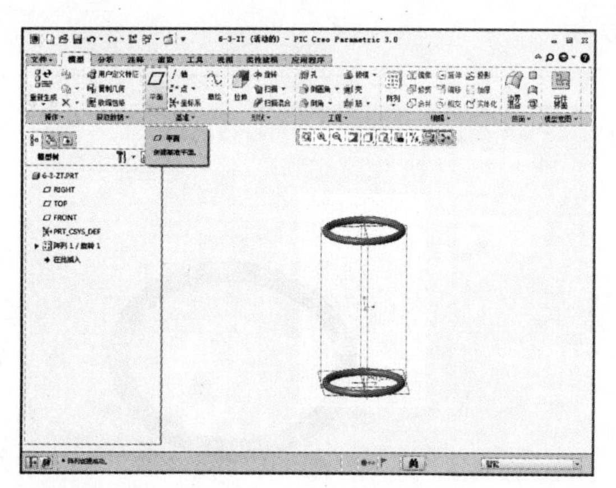

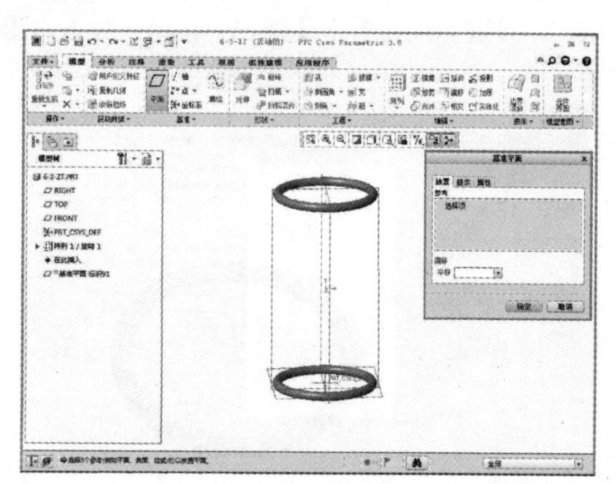

09 在图中选取 TOP 平面作为参考基准，如下左图所示。设定平移量为 86，设定完成后单击【确定】按钮，如下右图所示。

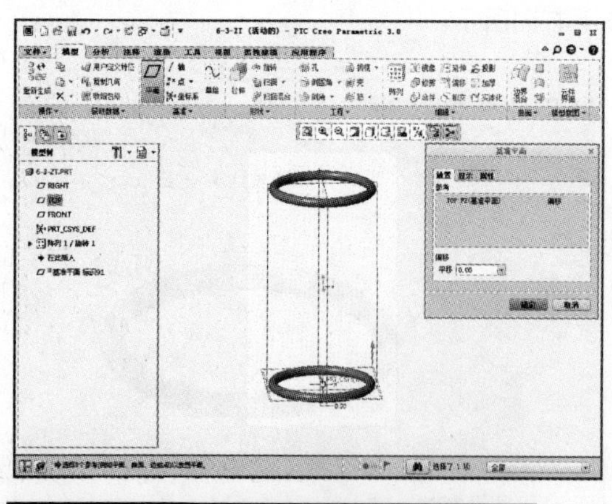

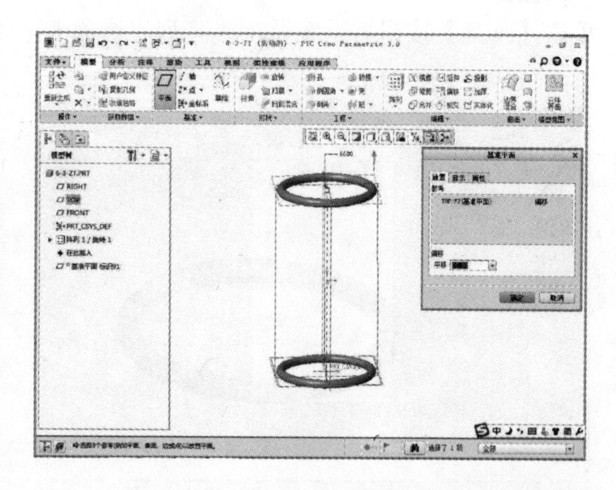

## STEP03 烛台支撑部分的建模

01 完成上述特征操作后在“模型”选项卡中单击【草绘】按钮，如下左图所示。单击【草

绘】按钮后系统弹出“草绘”对话框，如下右图所示。

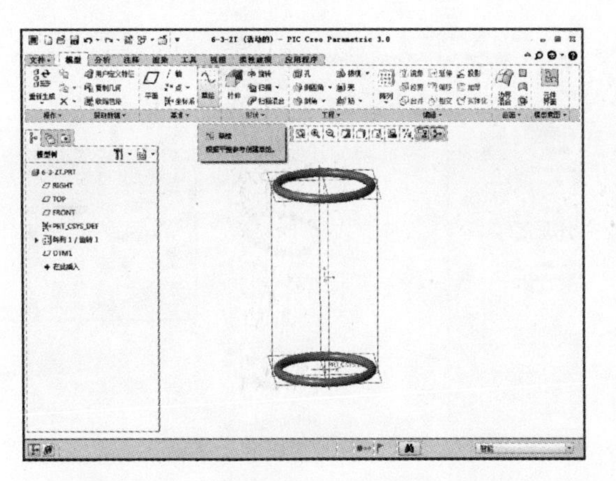

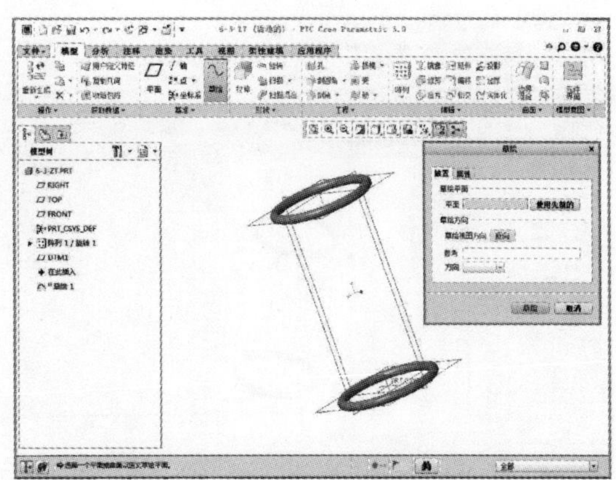

➤02 单击【放置】按钮，选择定义草绘平面，定义拉伸基准面为 FRONT 平面，然后单击【草绘】按钮，如下左图所示。单击该按钮后显示“草绘”选项卡，然后单击【草绘视图】按钮，如下右图所示。

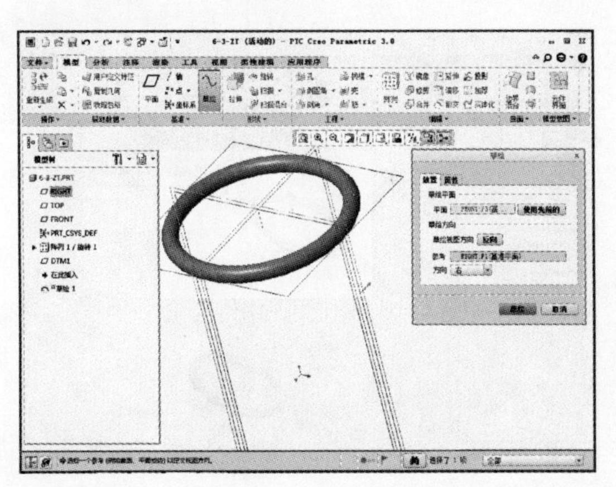

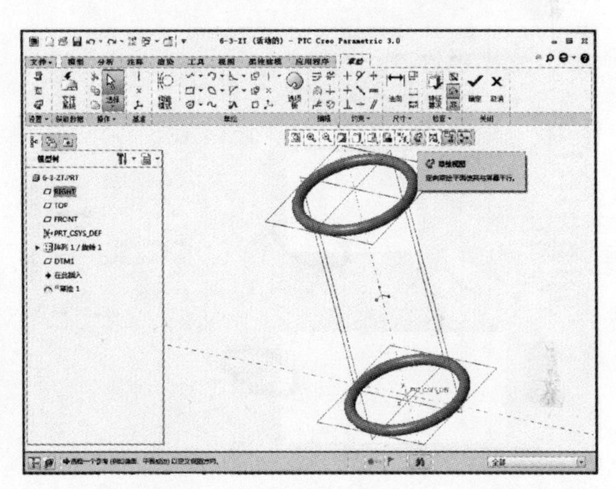

➤03 在“草绘”选项卡中单击【线链】按钮，如下左图所示。绘制图示直线，两端点距离中心线的距离均为 21.5，绘制完成后单击【确定】按钮，如下右图所示。

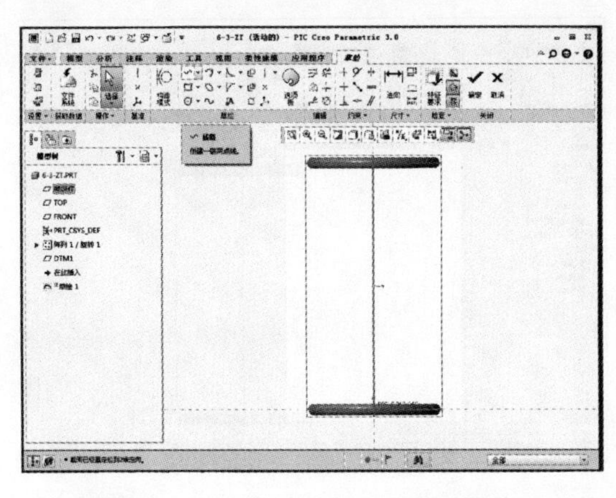

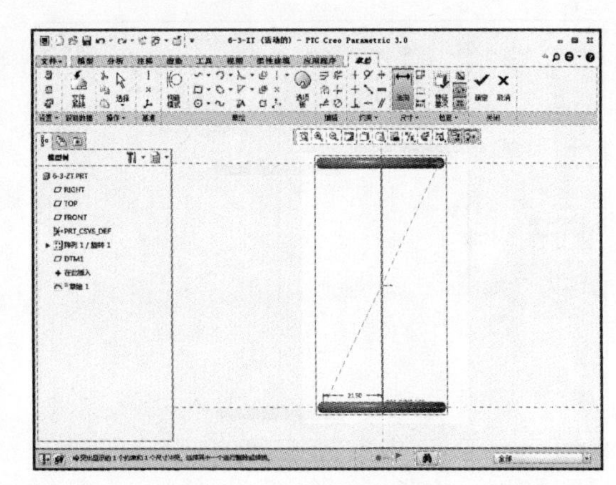

➤04 完成上述特征操作后在“模型”选项卡中单击【草绘】按钮，如下左图所示。单击【草

绘】按钮后系统弹出“草绘”对话框，如右下图所示。

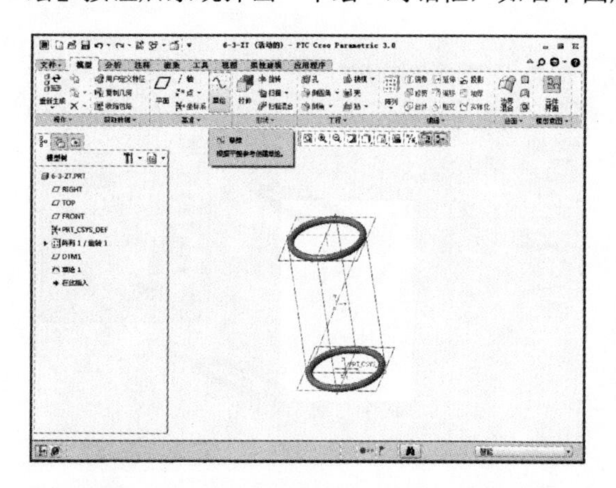

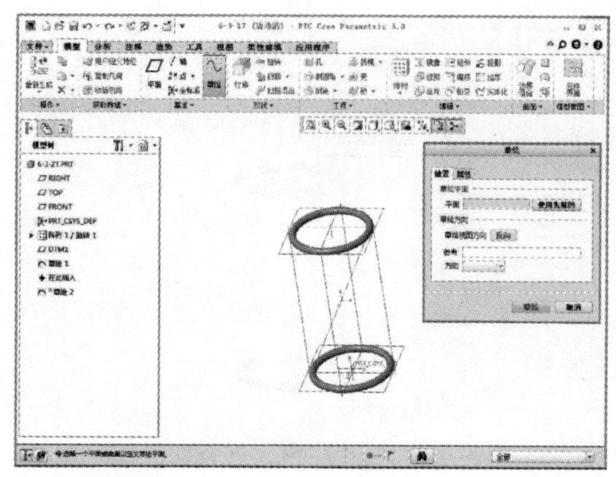

05 单击【放置】按钮，选择定义草绘平面，定义拉伸基准面为 RIGHT 平面，然后单击【草绘】按钮，如下左图所示。单击该按钮后显示“草绘”选项卡，然后单击【草绘视图】按钮，如下右图所示。

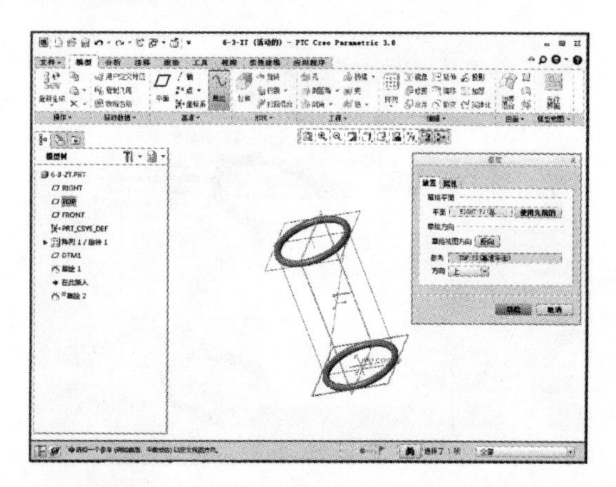

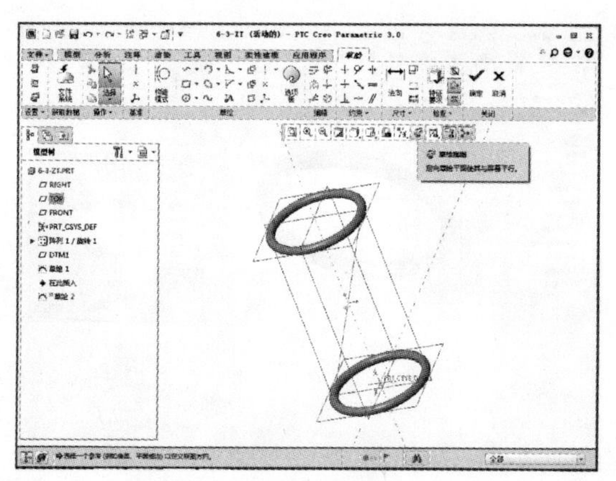

06 在“草绘”选项卡中单击【线链】按钮，如下左图所示。绘制图示直线，两端点距离中心线的距离均为 21.5，绘制完成后单击【确定】按钮，如下右图所示。

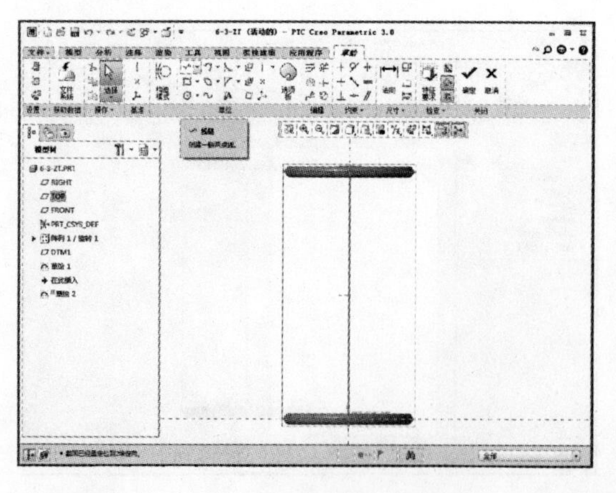

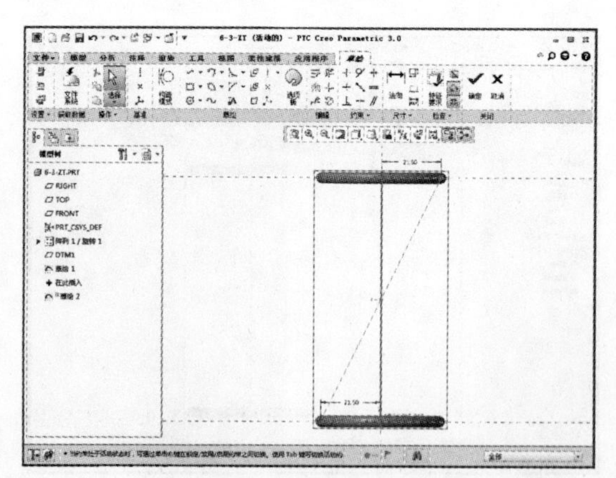

07 完成上述特征操作后在“模型”选项卡中单击【扫描】按钮，如下左图所示。单击【扫

描】按钮后系统显示“扫描”选项卡，如下右图所示。

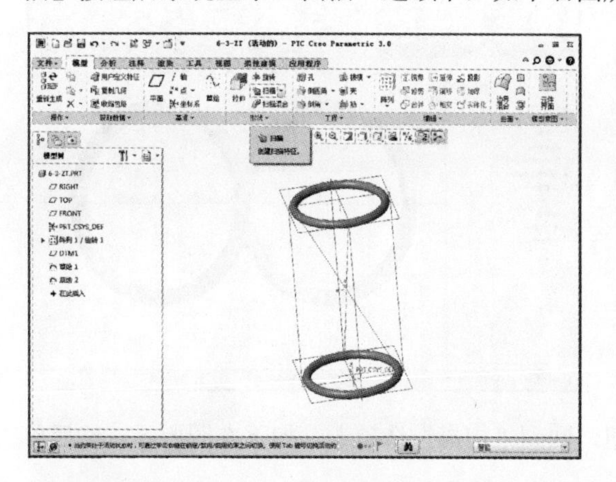
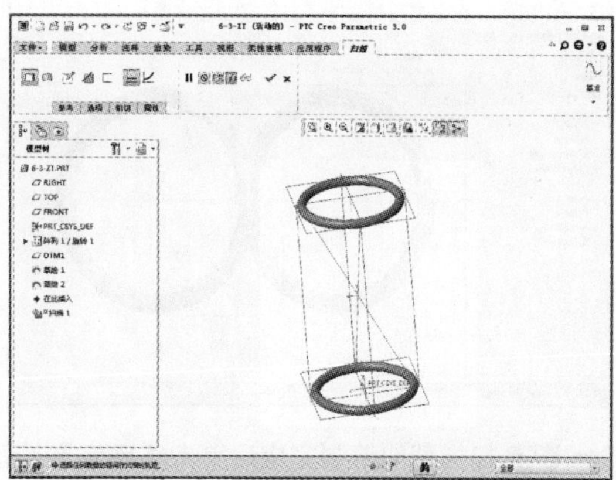

08 单击“扫描”选项卡中的【参考】按钮，如下左图所示。然后单击【轨迹】按钮，选择草绘 1 作为轨迹线，如下右图所示。

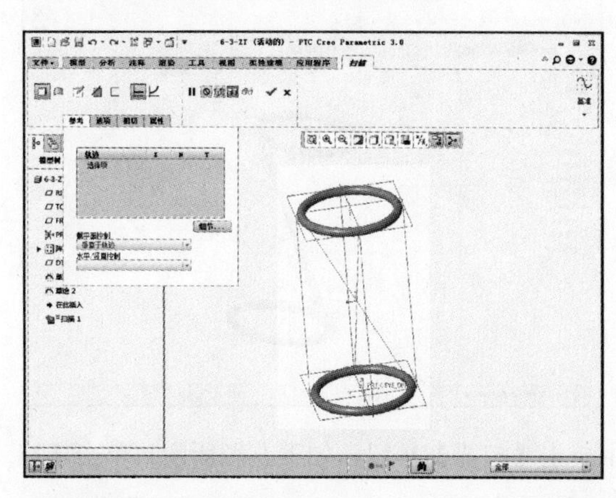
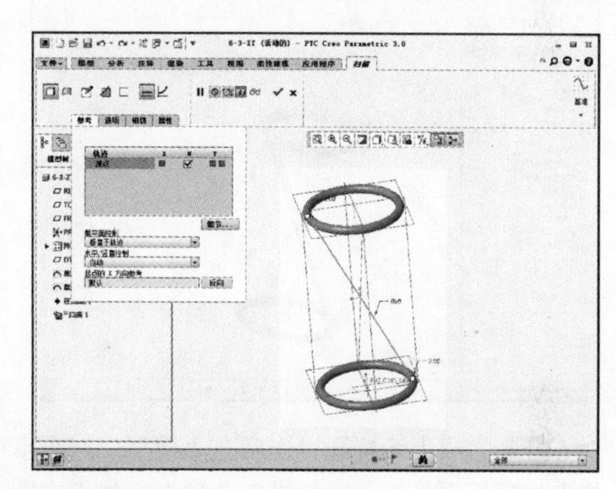

09 单击“扫描”选项卡中的【创建或编辑扫描截面】按钮，如下左图所示。单击该按钮后显示“草绘”选项卡，然后单击【草绘视图】按钮，如下右图所示。

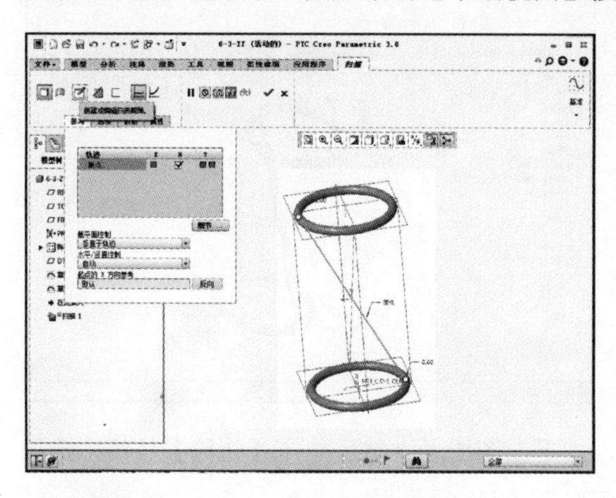
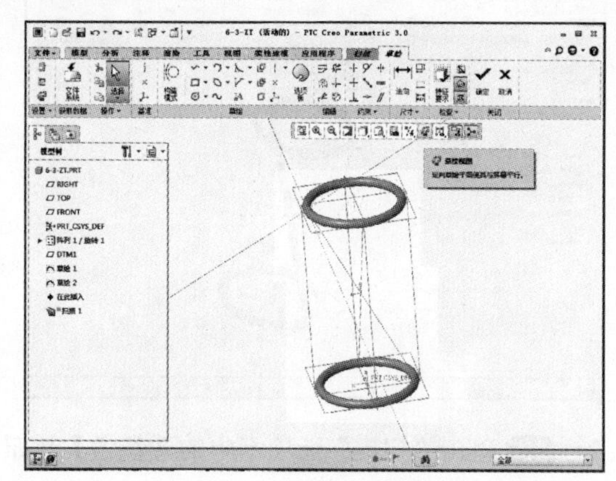

10 在“草绘”选项卡中单击【圆心和点】按钮，如下左图所示。然后以坐标原点为圆心绘制一个直径为 4 的圆，如下右图所示。

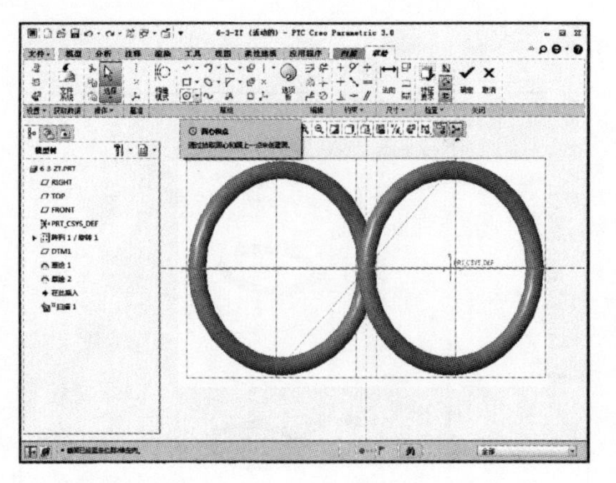
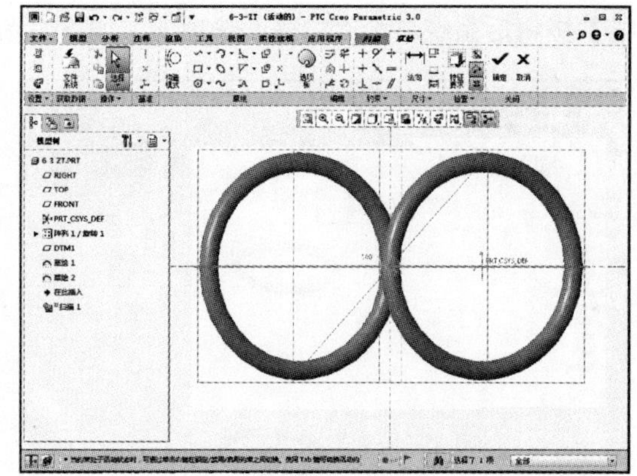

**11** 扫描截面绘制完成后单击【确定】按钮，回到“扫描”选项卡，如下左图所示。然后单击选项卡中的【确定】按钮，如下右图所示。

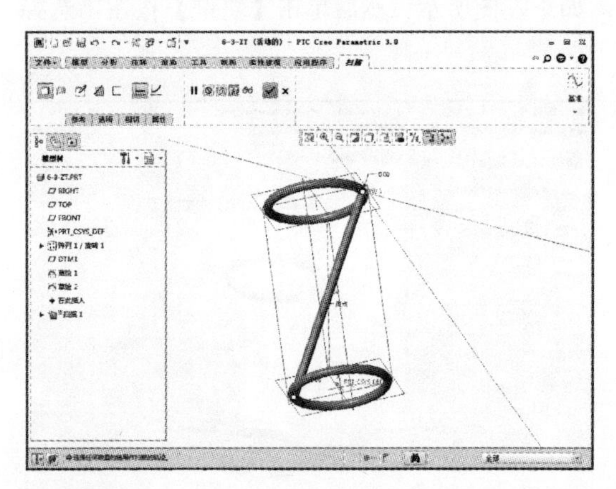
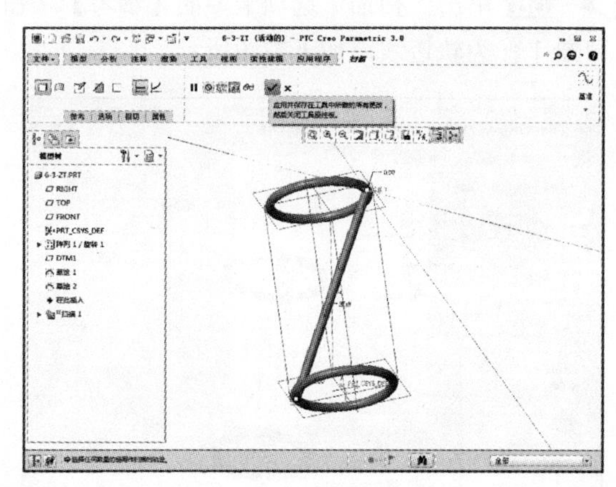

**12** 完成上述特征操作后在“模型”选项卡中单击【扫描】按钮，如下左图所示。单击【扫描】按钮后系统显示“扫描”选项卡，如下右图所示。

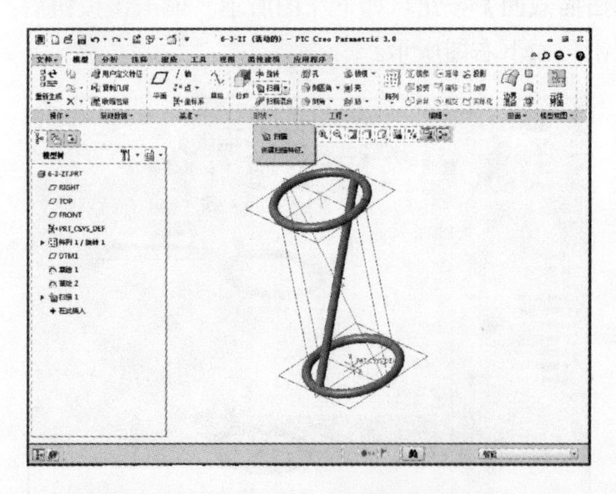
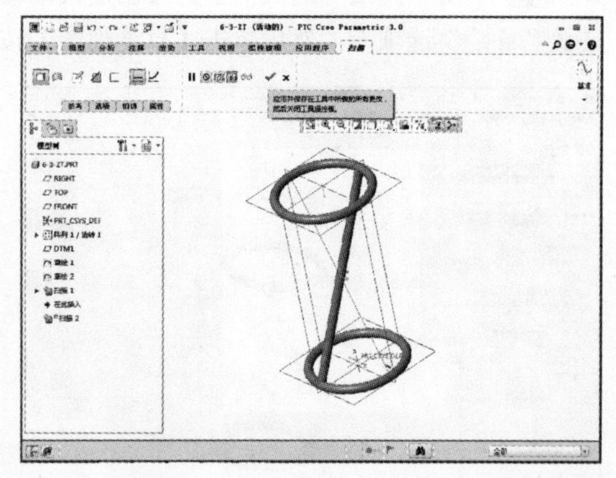

**13** 单击“扫描”选项卡中的【参考】按钮，如下左图所示。然后单击【轨迹】按钮，选择草绘 2 作为轨迹线，如下右图所示。

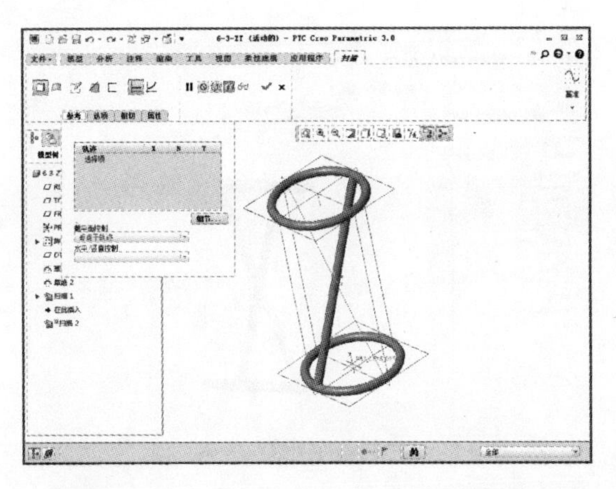

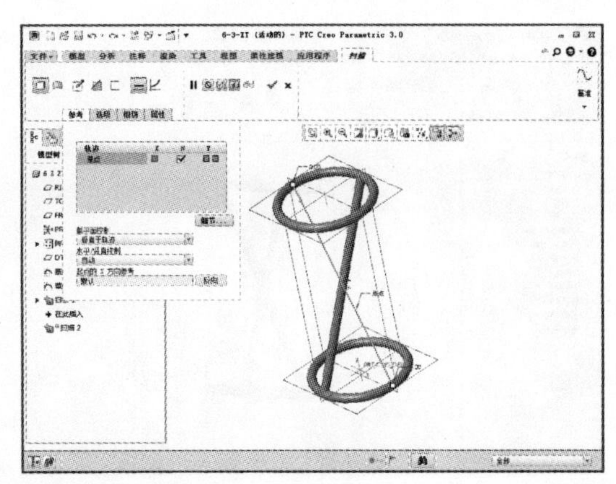

14 单击“扫描”选项卡中的【创建或编辑扫描截面】按钮，如下左图所示。单击该按钮后显示“草绘”选项卡，然后单击【草绘视图】按钮，如下右图所示。

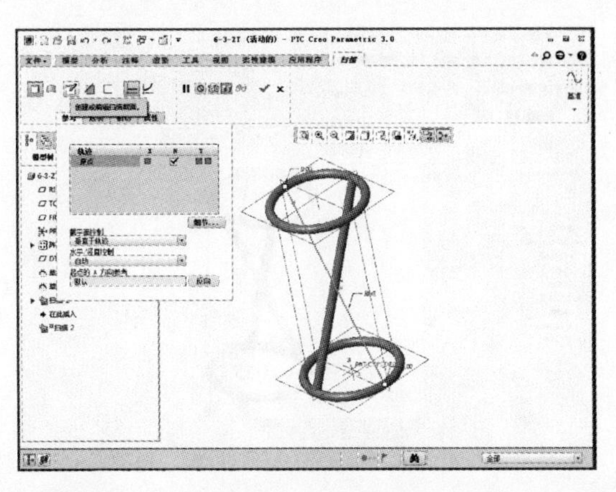

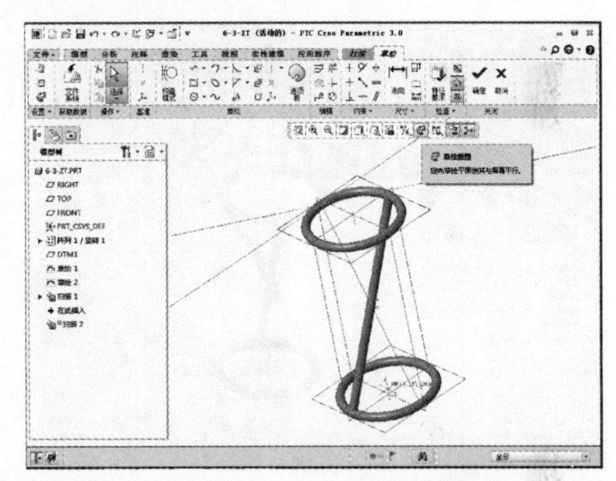

15 在“草绘”选项卡中单击【圆心和点】按钮，如下左图所示。然后以坐标原点为圆心绘制一个直径为 4 的圆，如下右图所示。

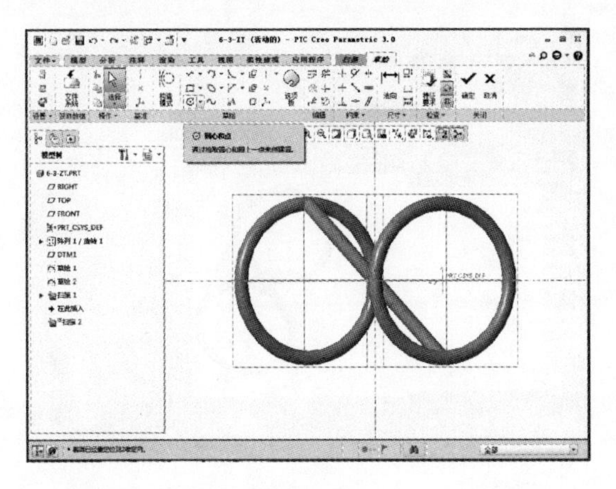

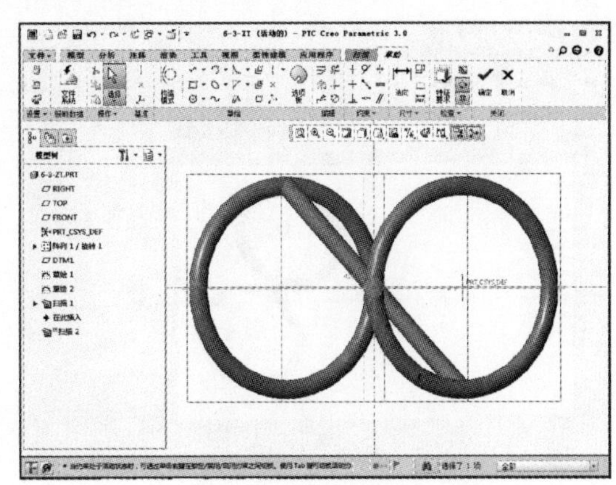

16 扫描截面绘制完成后单击【确定】按钮，回到“扫描”选项卡，如下左图所示。然后单击选项卡中的【确定】按钮，如下右图所示。

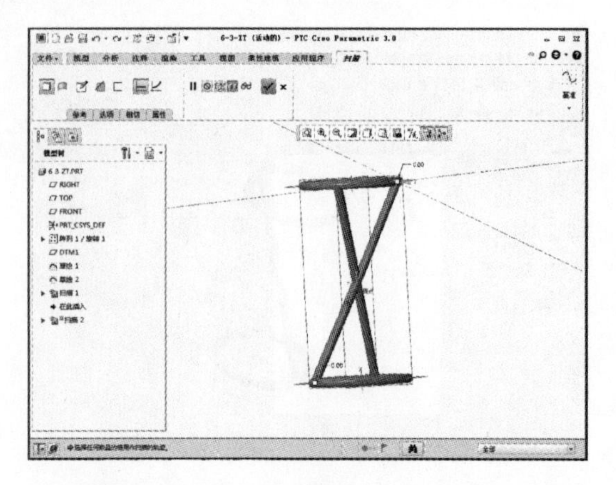
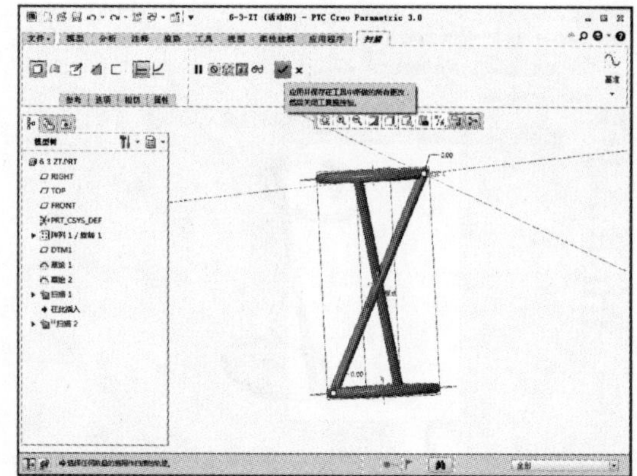

17 完成上述特征操作后在模型树中选中“扫描 1”，然后单击【镜像】按钮，如下左图所示。单击【镜像】按钮后系统显示“镜像”选项卡，如下右图所示。

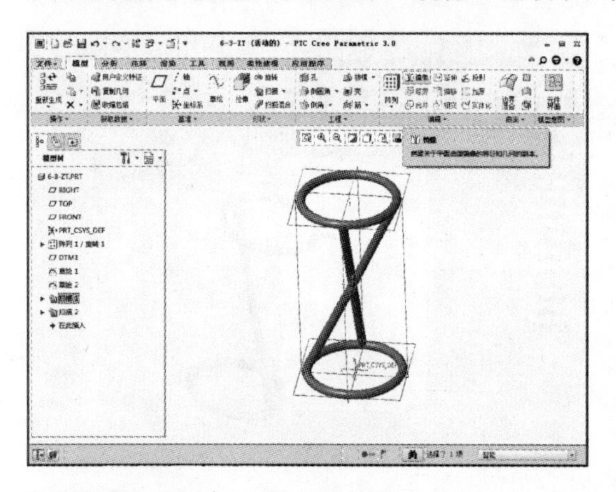
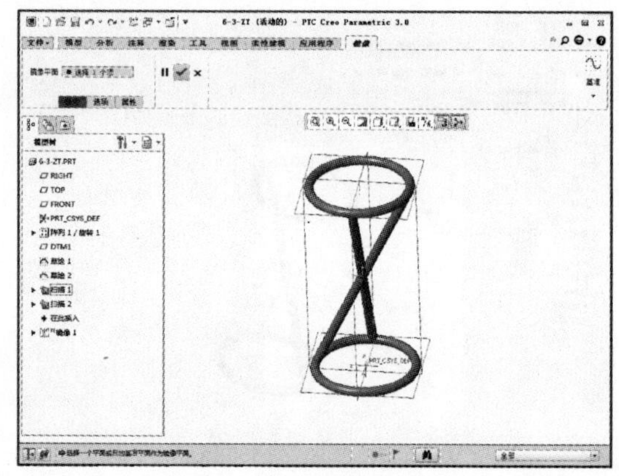

18 如图所示，选择图中的 RIGHT 基准面作为镜像平面，如下左图所示。选取基准平面后单击选项卡中的【确定】按钮，如下右图所示。

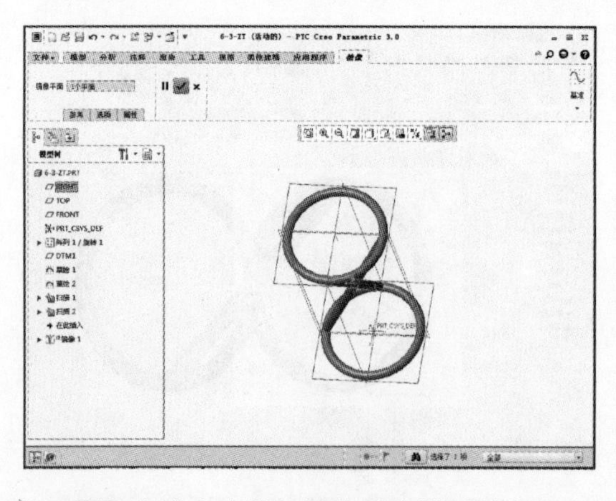
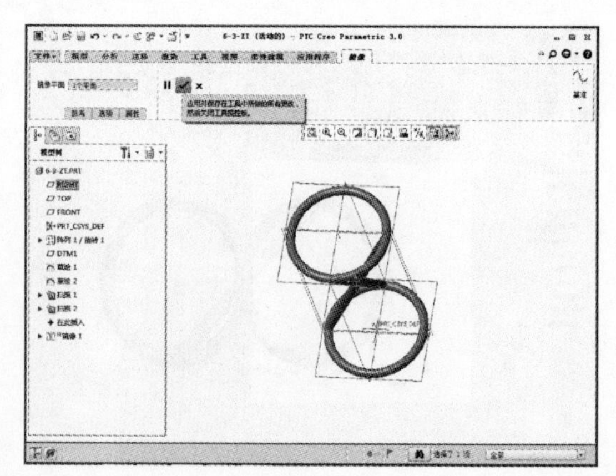

19 完成上述特征操作后在模型树中选中“扫描 2”，然后单击【镜像】按钮，如下左图所示。单击【镜像】按钮后系统显示“镜像”选项卡，如下右图所示。

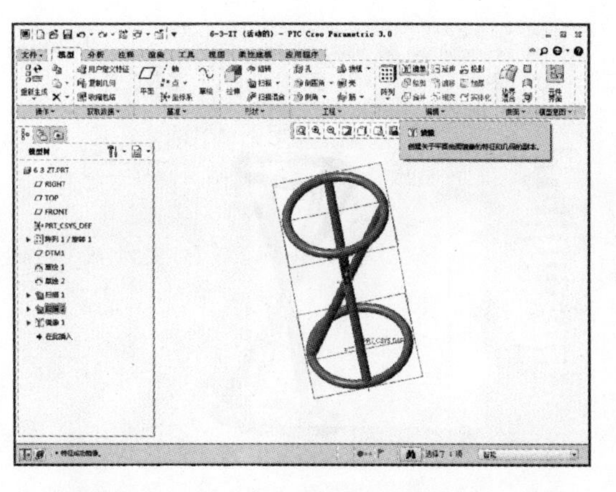

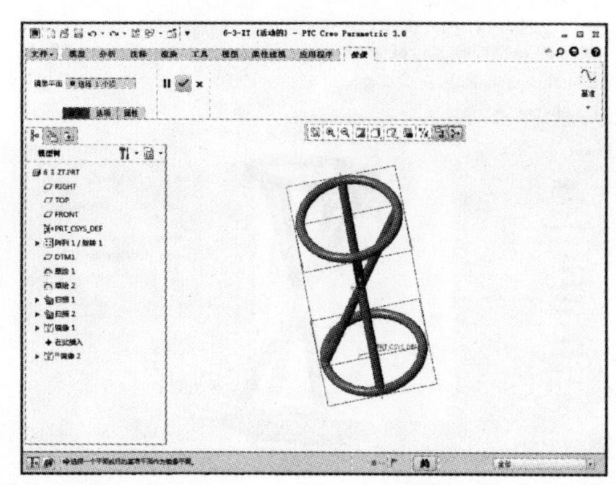

➤ 20 如图所示，选择图中的 FRONT 基准面作为镜像平面，如下左图所示。选取基准平面后单击选项卡中的【确定】按钮，如下右图所示。

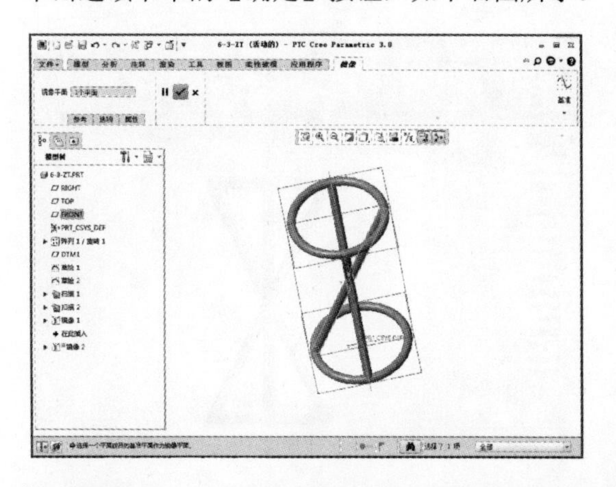

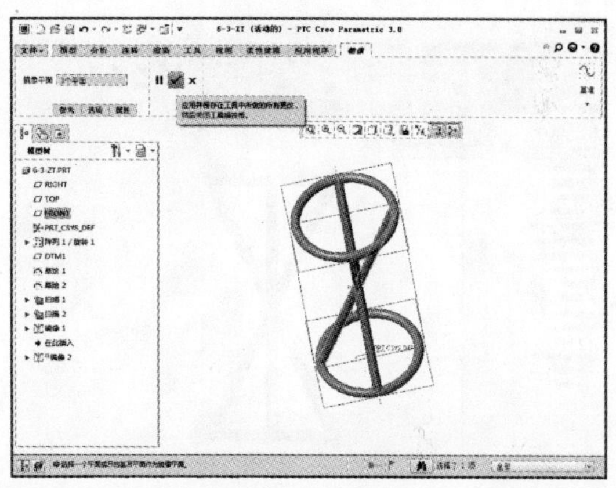

➤ 21 完成上述特征操作后在“模型”选项卡中单击【旋转】按钮，如下左图所示。单击【旋转】按钮后系统显示“旋转”选项卡，如下右图所示。

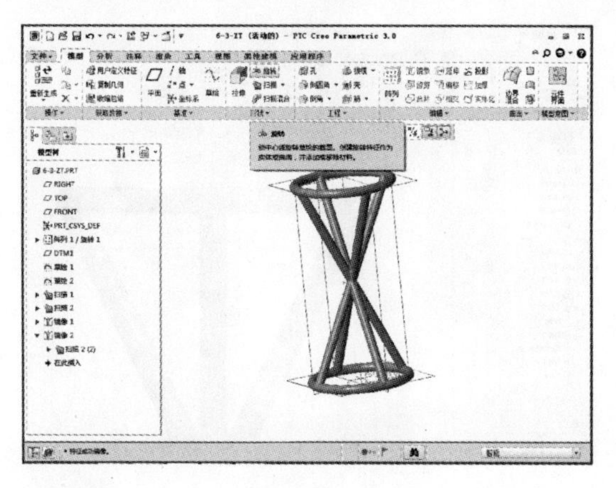

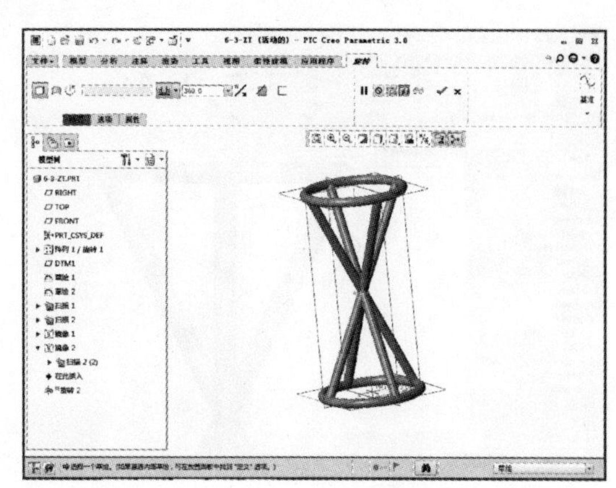

➤ 22 单击【放置】按钮，选择定义草绘平面，弹出“草绘”对话框，定义旋转基准面为 FRONT 平面，然后单击【草绘】按钮，如下左图所示。单击该按钮后显示“草绘”选项卡，然后单击【草绘视图】按钮，如下右图所示。

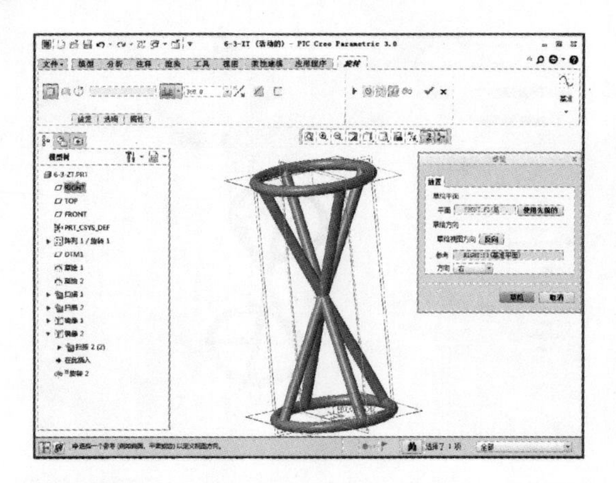

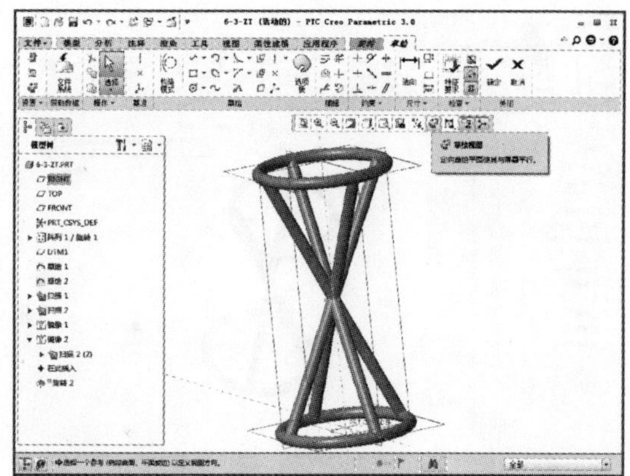

23 在“草绘”选项卡中单击【中心线】按钮，如下左图所示。绘制图示的中心线，中心在图中 Y 轴上，如下右图所示。

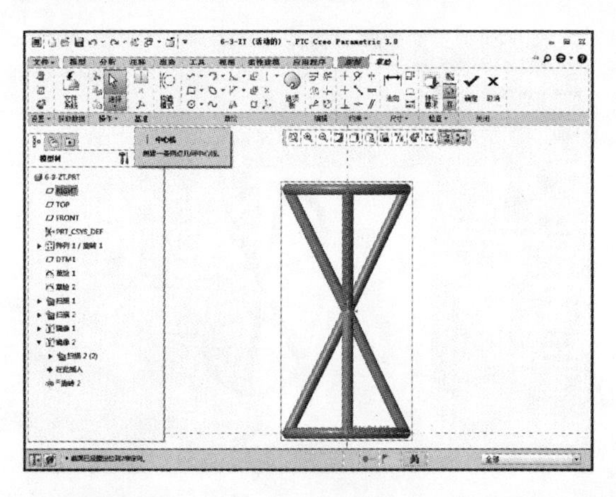

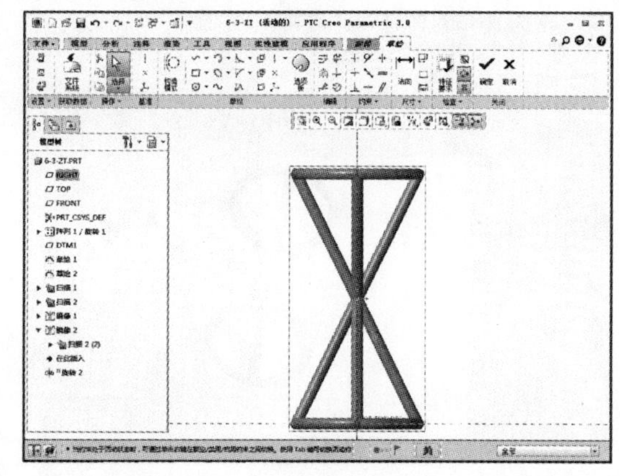

24 在“草绘”选项卡中单击【线链】按钮，如下左图所示。绘制图示的矩形，矩形的长边为 5、短边为 2，距离中心线 16.5，如下右图所示。

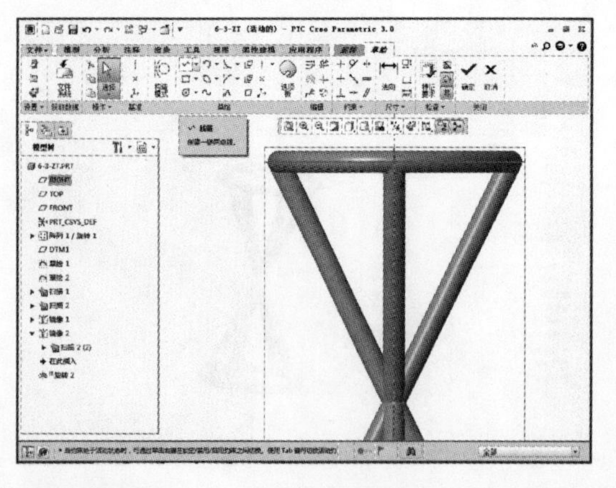

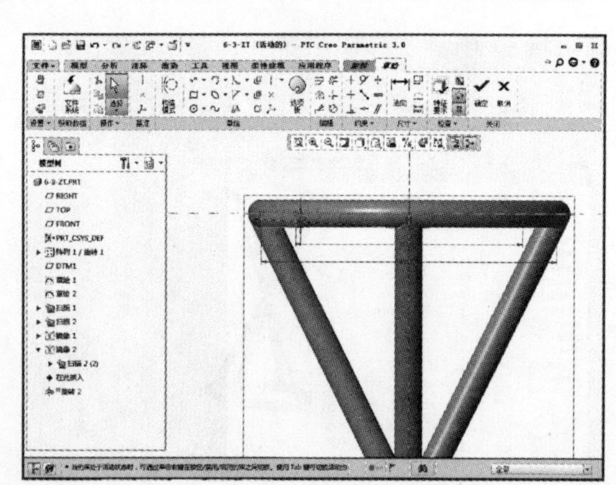

25 草图绘制完成后单击【确定】按钮，进入“旋转”选项卡，设置旋转 360°，如下左图所示。设置完成后单击【确定】按钮，如下右图所示。

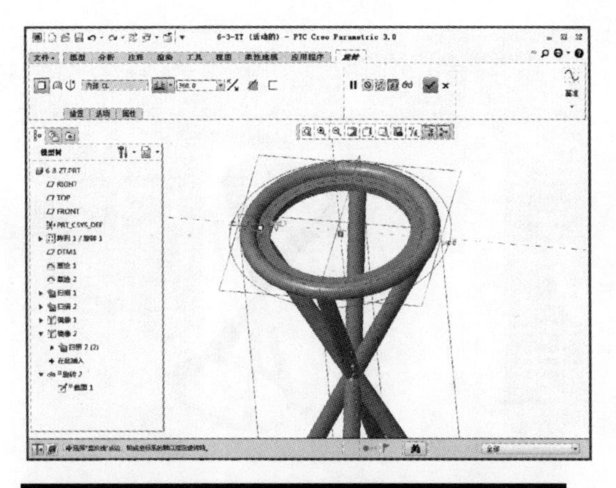

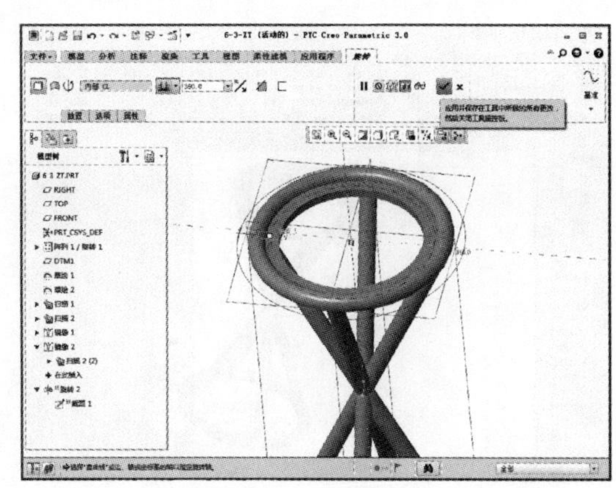

## STEP04 创建烛台修饰部分特征

01 完成上述特征操作后单击【平面】按钮，创建一个基准平面，如下左图所示。单击该按钮后系统弹出“基准平面”对话框，系统界面如下右图所示。

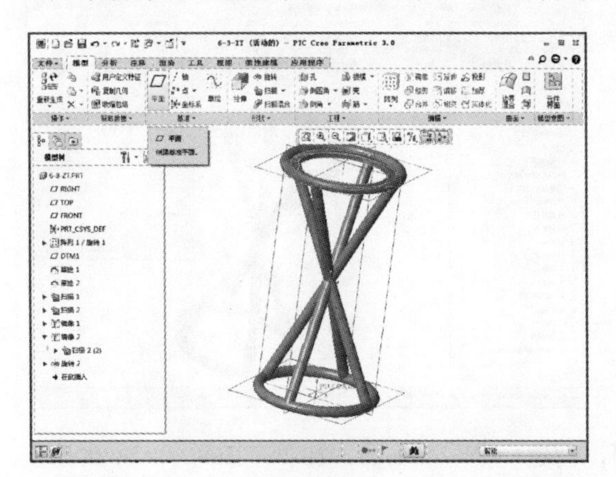

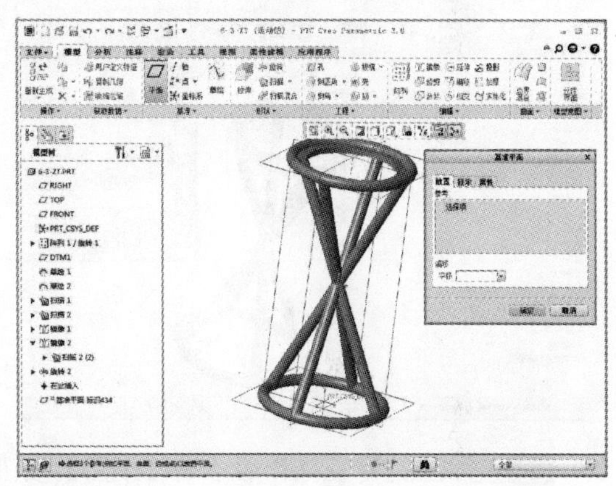

02 在图中选取 TOP 平面作为参考基准，如下左图所示。设定平移为 43，设定完成后单击【确定】按钮，如下右图所示。

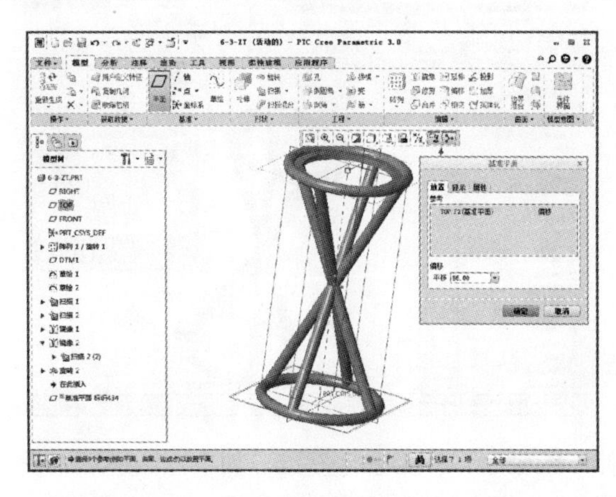

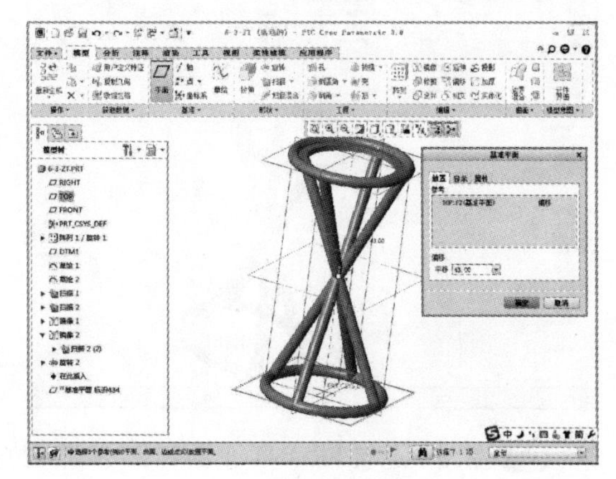

03 完成上述特征操作后单击【平面】按钮，创建一个基准平面，如下左图所示。单击该按钮后系统弹出“基准平面”对话框，系统界面如下右图所示。

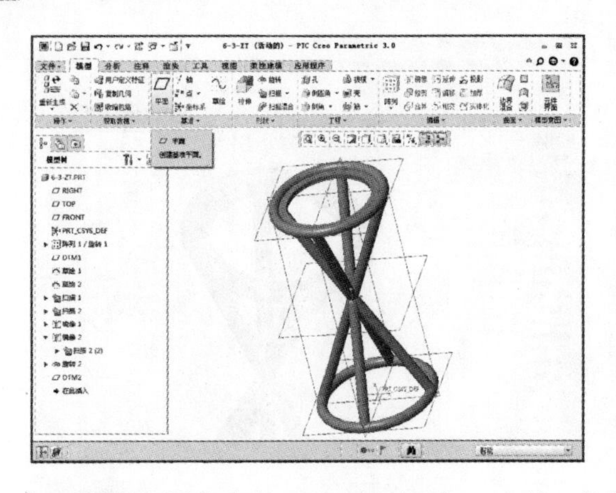

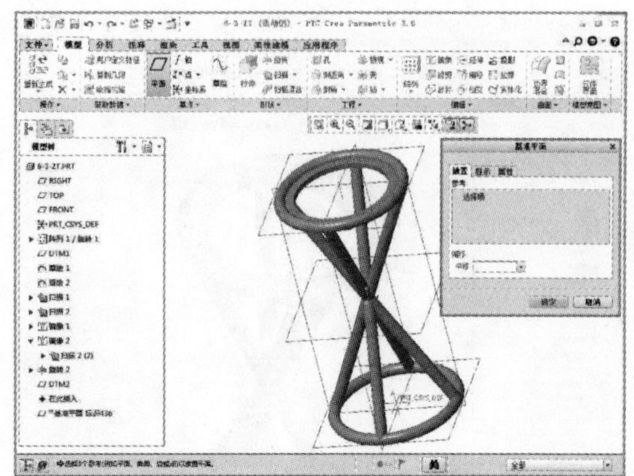

04 在图中选取 FRONT 平面和 A_2 轴（拉伸 1 的轴线）作为参考基准，如下左图所示。设定旋转角度为 45°，设定完成后单击【确定】按钮，如下右图所示。

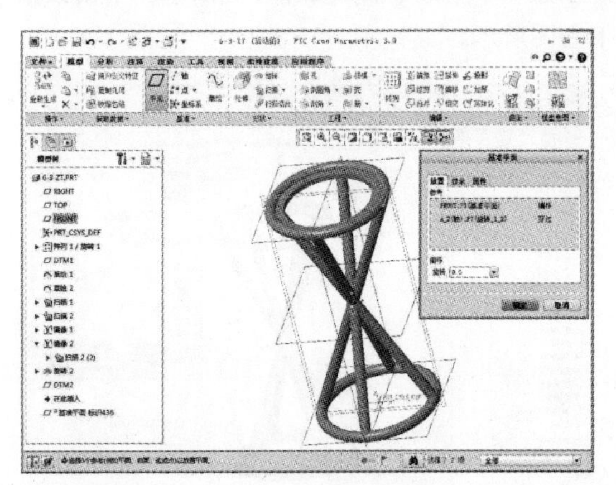

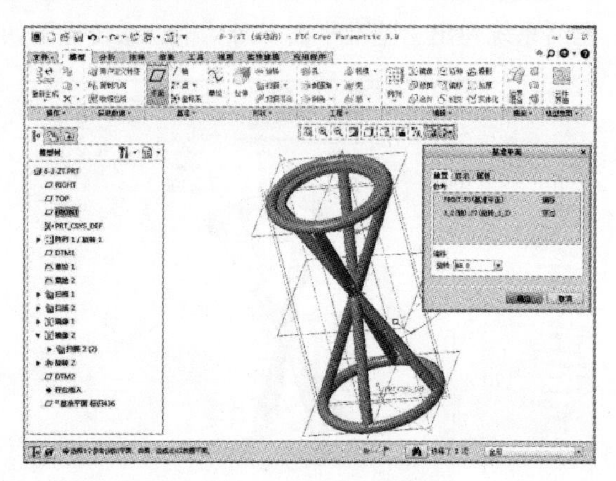

05 完成上述特征操作后单击【平面】按钮，创建一个基准平面，如下左图所示。单击该按钮后系统弹出“基准平面”对话框，系统界面如下右图所示。

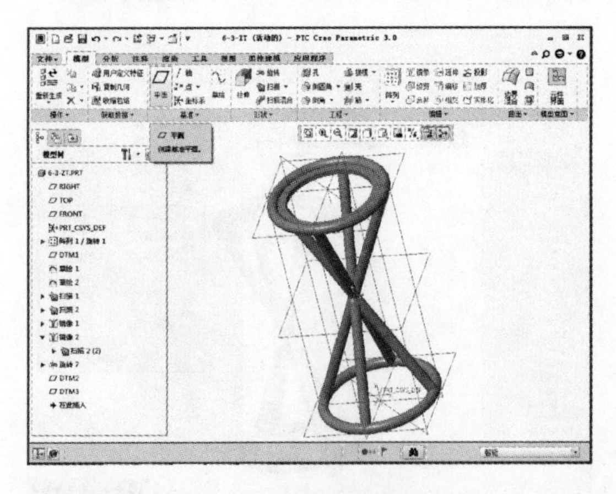

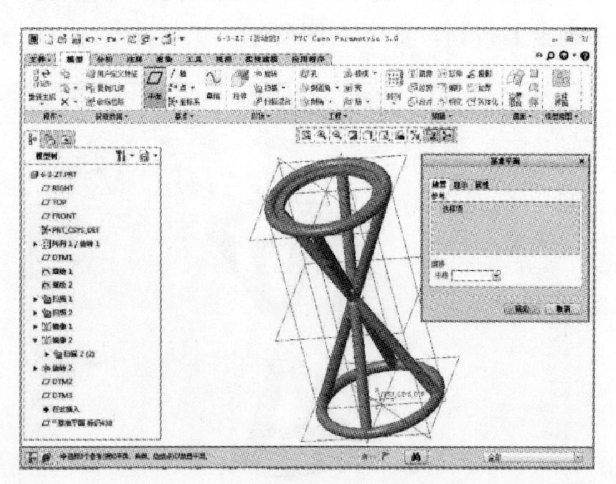

06 在图中选取 FRONT 平面和 A_2 轴（拉伸 1 的轴线）作为参考基准，如下左图所示。设定旋转角度为–45°，设定完成后单击【确定】按钮，如下右图所示。

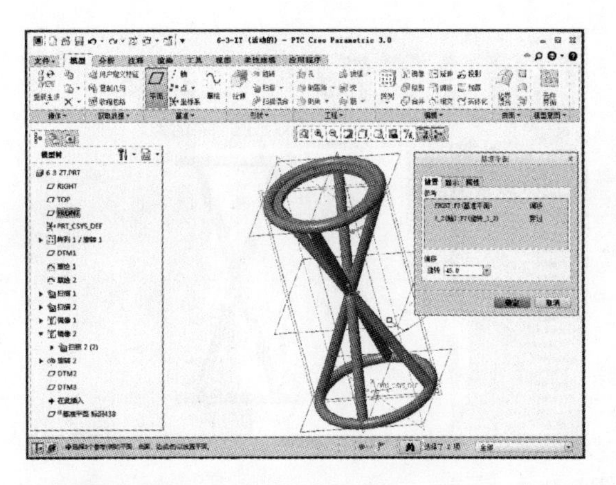

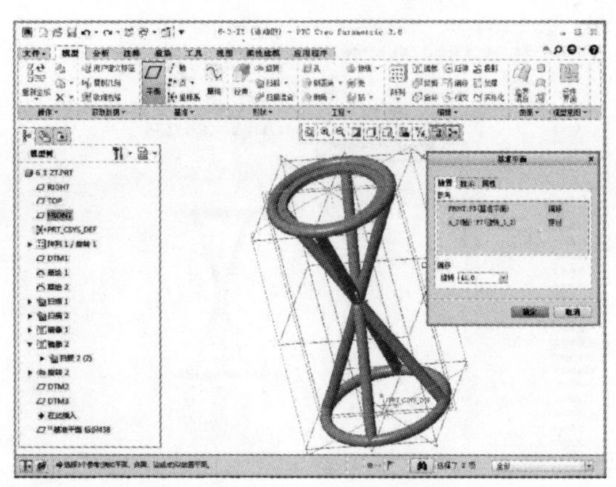

07 完成上述特征操作后在“模型”选项卡中单击【拉伸】按钮，如下左图所示。单击【拉伸】按钮后系统显示“拉伸”选项卡，如下右图所示。

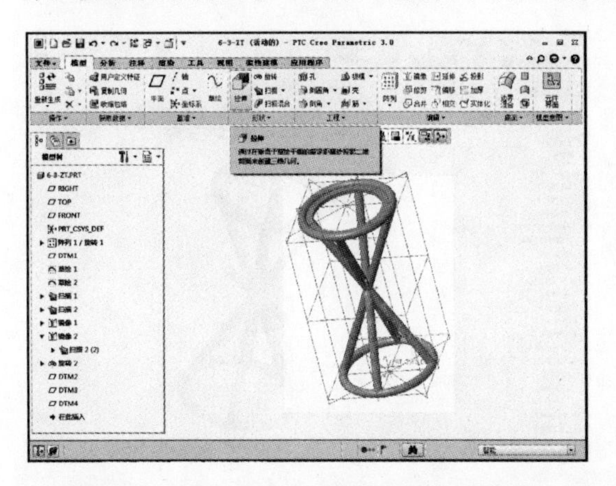

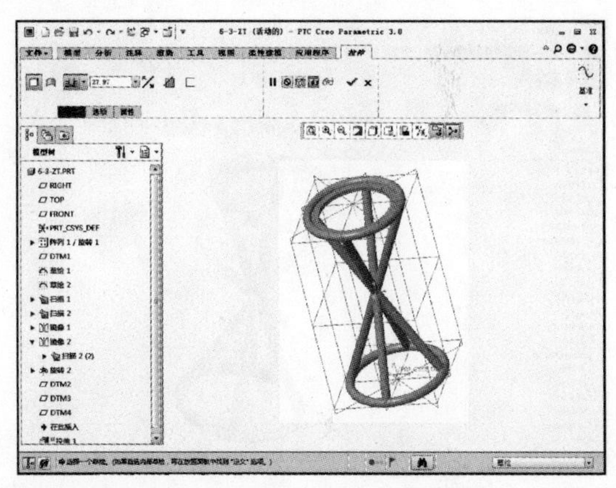

08 单击【放置】按钮，选择定义草绘平面，弹出“草绘”对话框，定义拉伸基准面为 DTM4 平面，然后单击【草绘】按钮，如下左图所示。单击该按钮后显示“草绘”对话框，然后单击【草绘视图】按钮，如下右图所示。

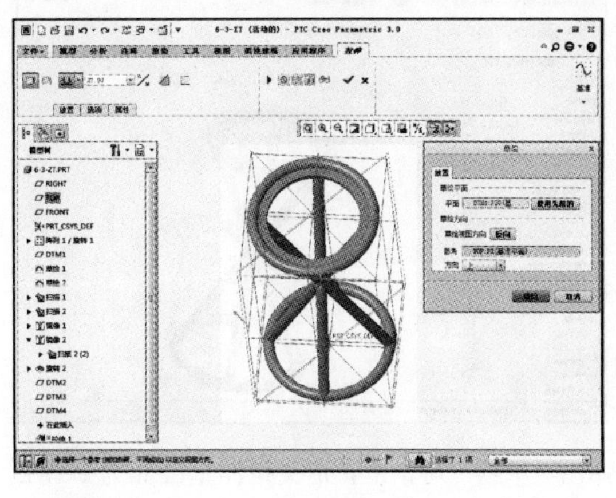

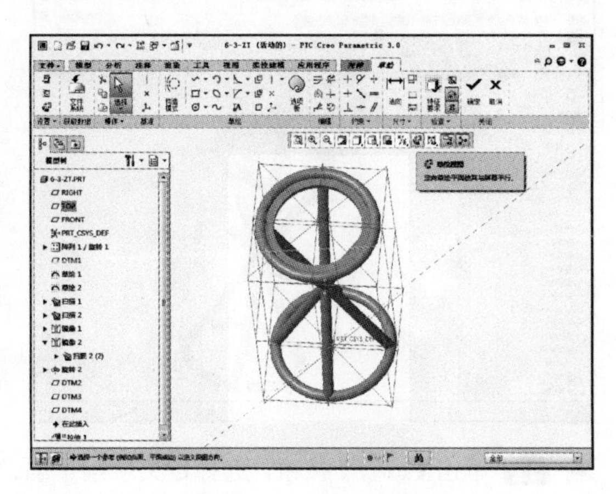

09 在“草绘”选项卡中单击【圆心和点】按钮，如下左图所示。然后以坐标原点为圆心绘制一个直径为 4 的圆，如下右图所示。

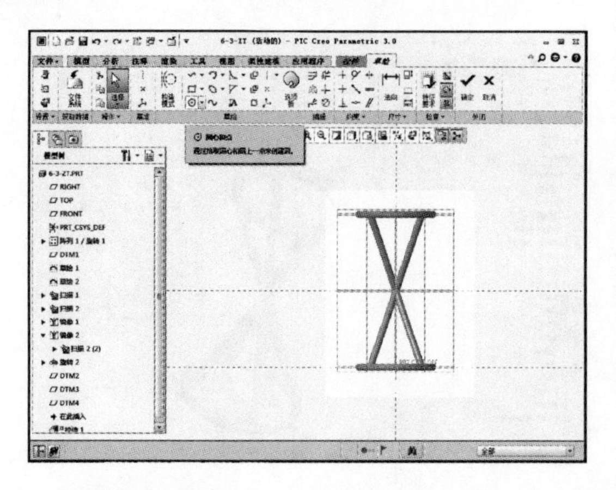

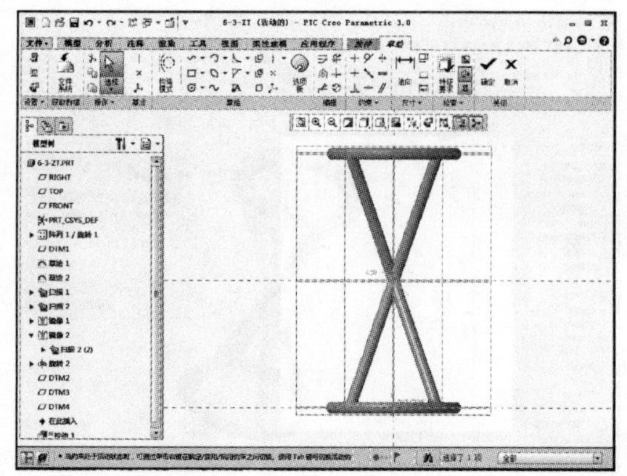

10 草图绘制完成后单击【确定】按钮，进入“拉伸”选项卡，设置对称值拉伸，拉伸值为 35，如下左图所示。设置完成后单击【确定】按钮，如下右图所示。

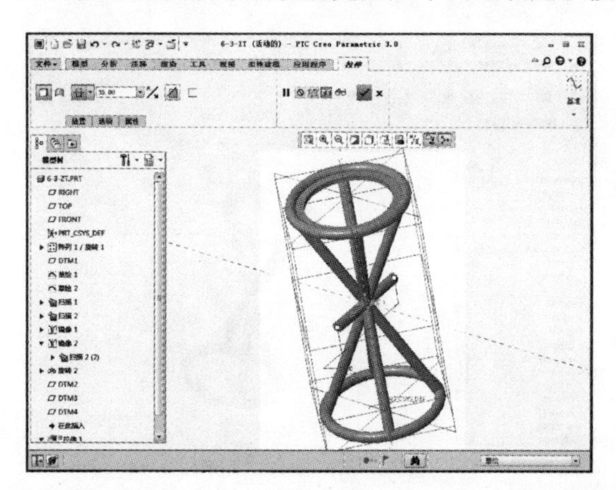

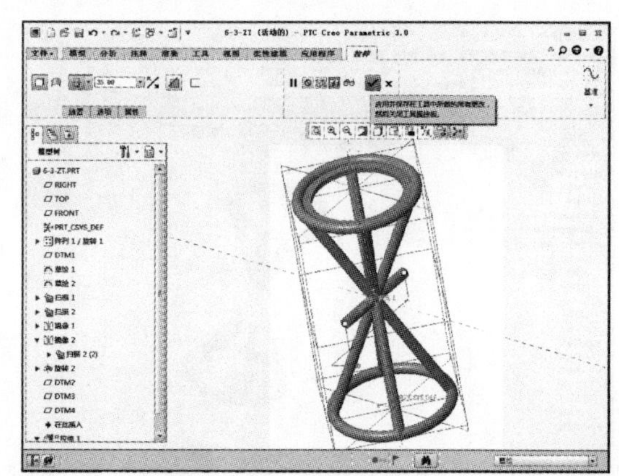

11 完成上述特征操作后在“模型”选项卡中单击【拉伸】按钮，如下左图所示。单击【拉伸】按钮后系统显示“拉伸”选项卡，如下右图所示。

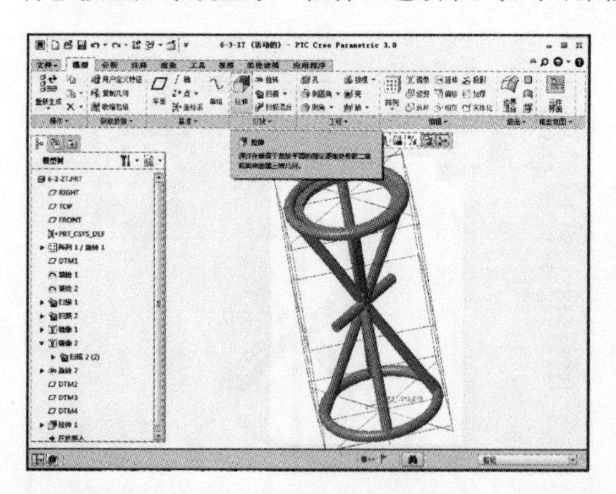

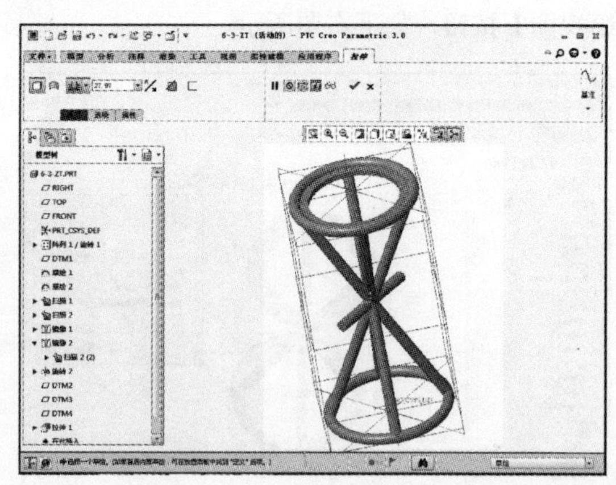

12 单击【放置】按钮，选择定义草绘平面，弹出“草绘”对话框，定义拉伸基准面为 DTM3 平面，然后单击【草绘】按钮，如下左图所示。单击该按钮后显示“草绘”选项卡，然后单击【草绘视图】按钮，如下右图所示。

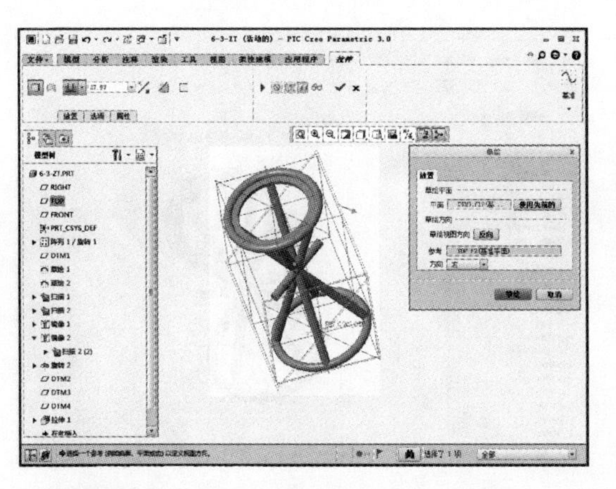

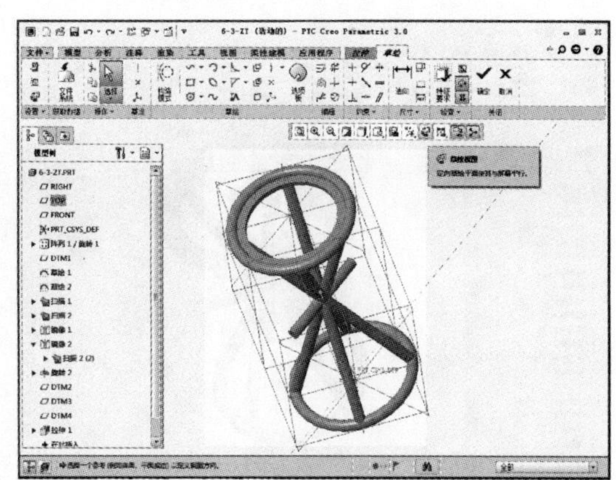

13 在“草绘”选项卡中单击【圆心和点】按钮，如下左图所示。然后以坐标原点为圆心绘制一个直径为 4 的圆，如下右图所示。

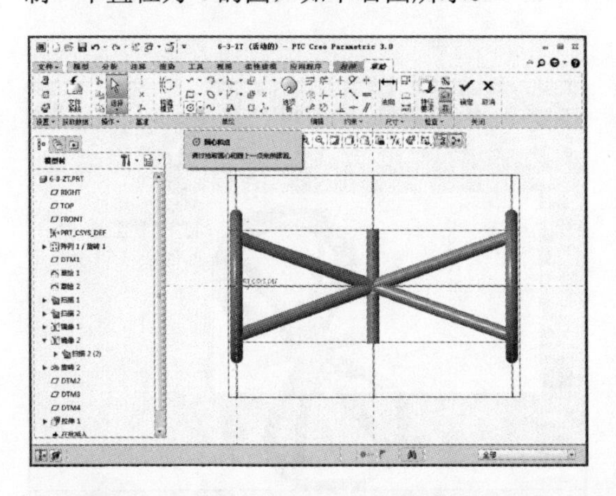

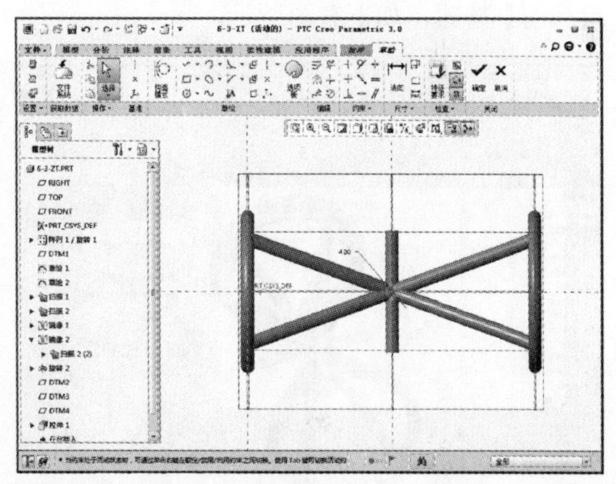

14 草图绘制完成后单击【确定】按钮，进入“拉伸”选项卡，设置对称值拉伸，拉伸值为 35，如下左图所示。设置完成后单击【确定】按钮，如下右图所示。

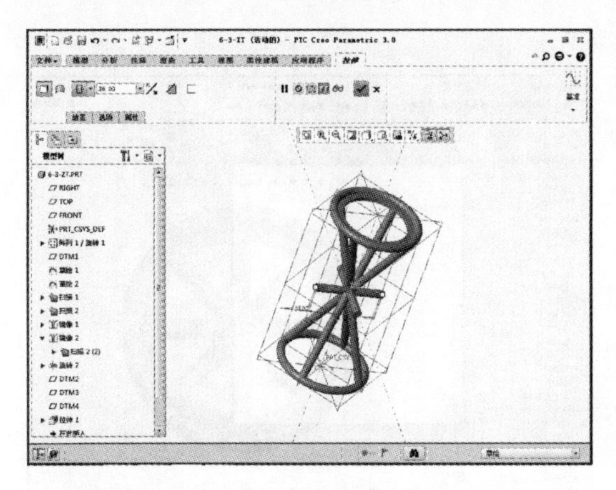

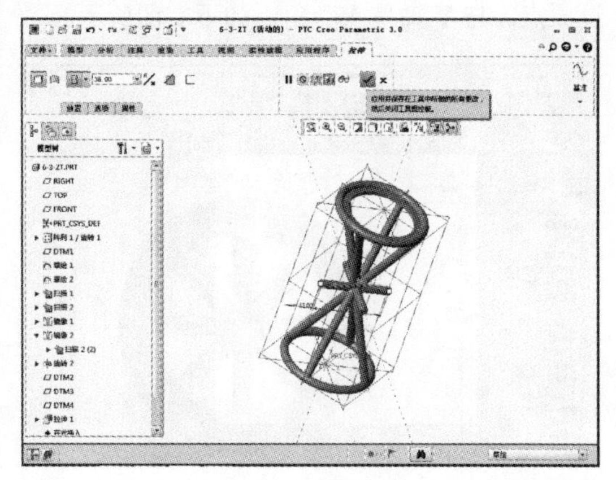

15 完成上述特征操作后在“模型”选项卡中单击【旋转】按钮，如下左图所示。单击【旋转】按钮后系统显示“旋转”选项卡，如下右图所示。

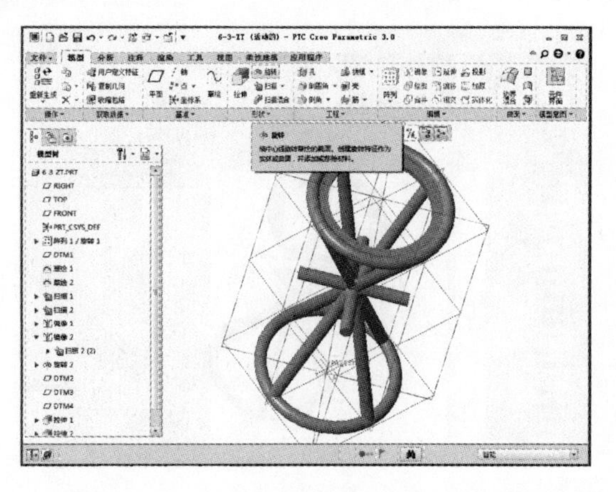

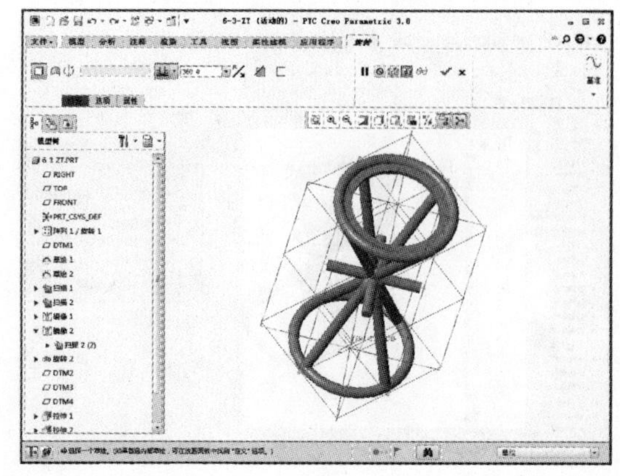

16 单击【放置】按钮，选择定义草绘平面，弹出“草绘”对话框，定义旋转基准面为 DTM2 平面，然后单击【草绘】按钮，如下左图所示。单击该按钮后显示“草绘”选项卡，然后单击【草绘视图】按钮，如下右图所示。

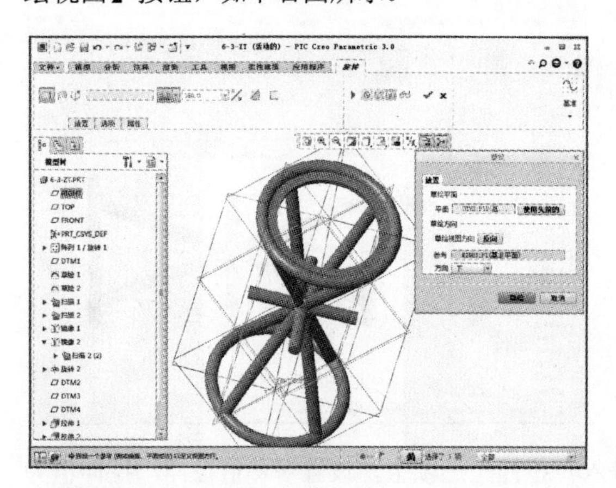

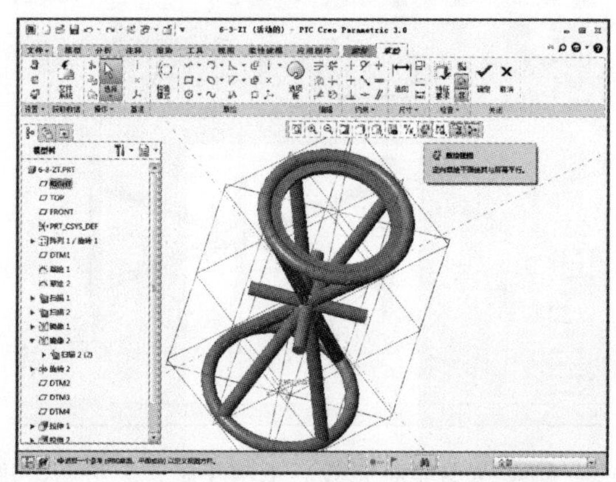

17 在“草绘”选项卡中，单击【中心线】按钮，如下左图所示。绘制图示的中心线，中心过原点，与 Y 轴呈 45° 角，如下右图所示。

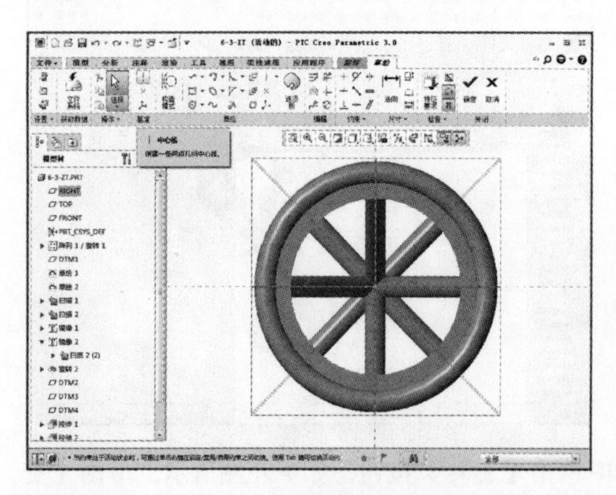

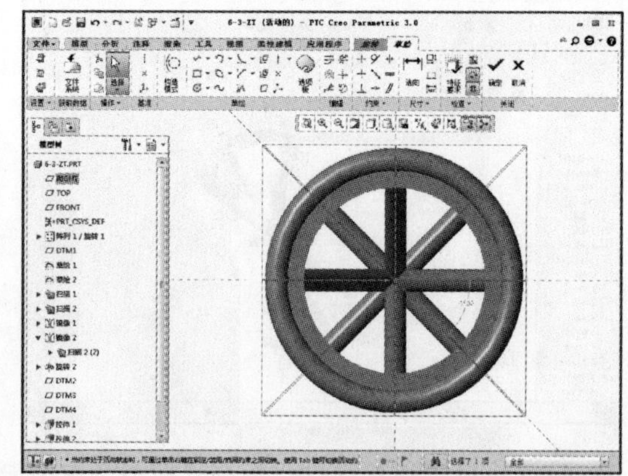

18 在“草绘”选项卡中单击【线链】【投影】等按钮，如下左图所示。绘制图示图形，圆弧半径为 4，中心距原点 21.5，如下右图所示。

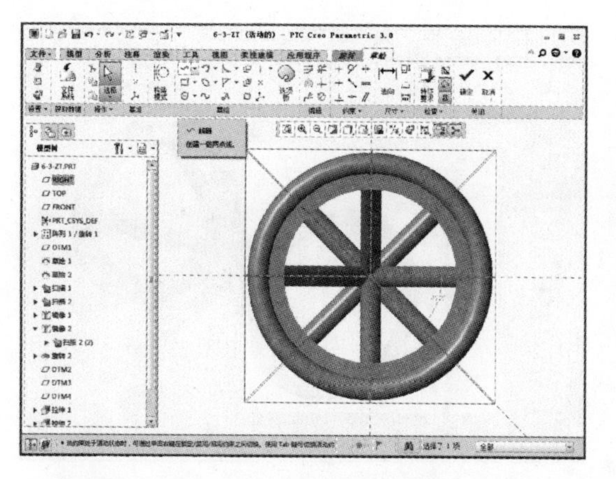

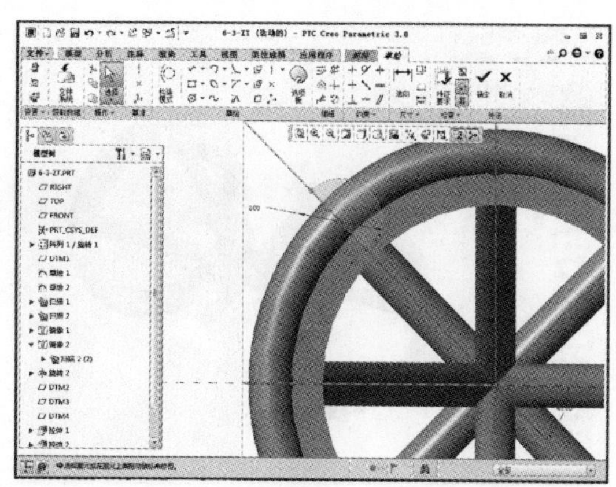

19 草图绘制完成后单击【确定】按钮，进入“旋转”选项卡，设置旋转 360°，如下左图所示。设置完成后单击【确定】按钮，如下右图所示。

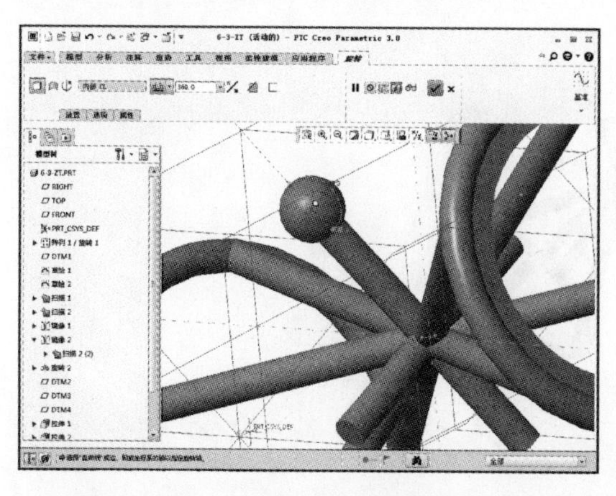

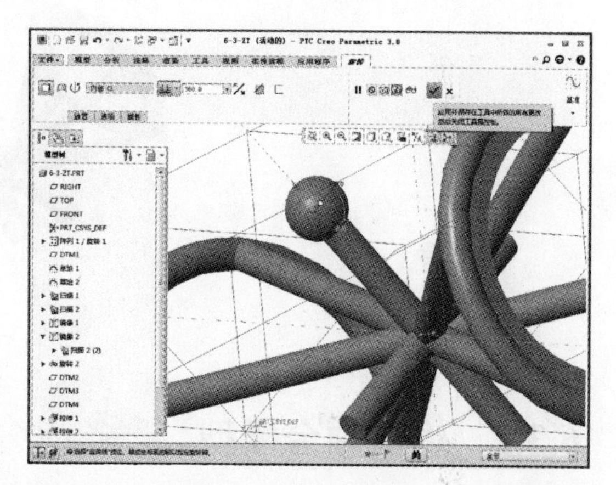

20 完成上述特征操作后在模型树中选中“旋转 3”，然后单击【阵列】按钮，如下左图所示。单击【阵列】按钮后系统显示“阵列”选项卡，如下右图所示。

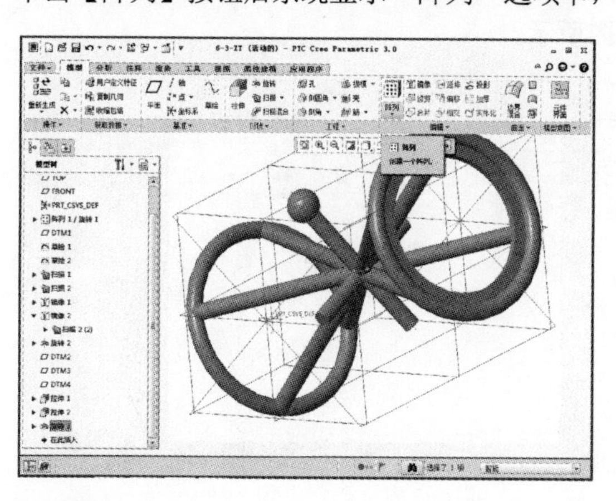

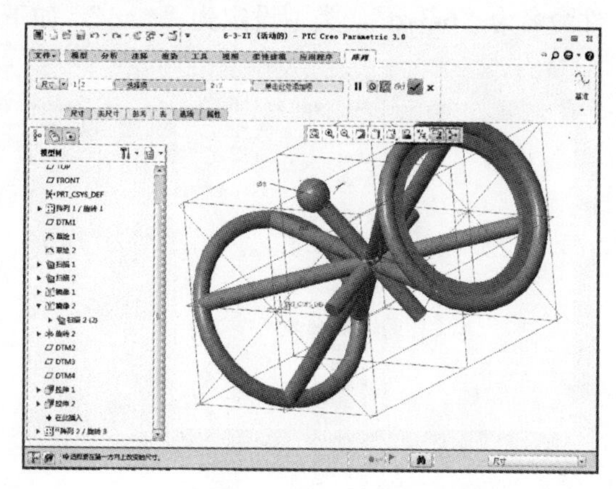

21 设置“轴”阵列，选取旋转轴线为阵列的轴线，如下左图所示。设置阵列数量为 4、阵列的分布角度为 45°，设定完成后单击【确定】按钮，如下右图所示。

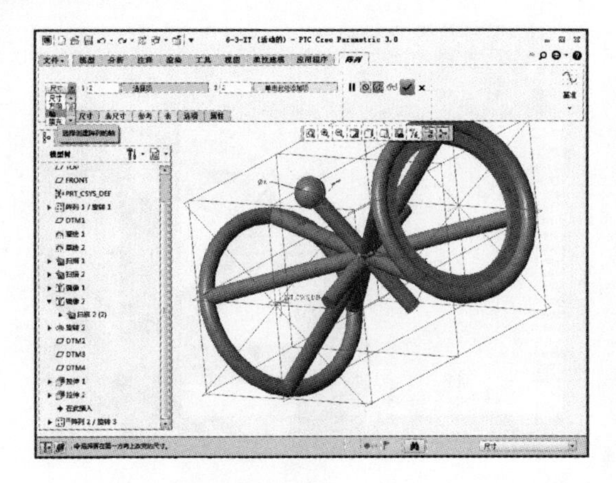

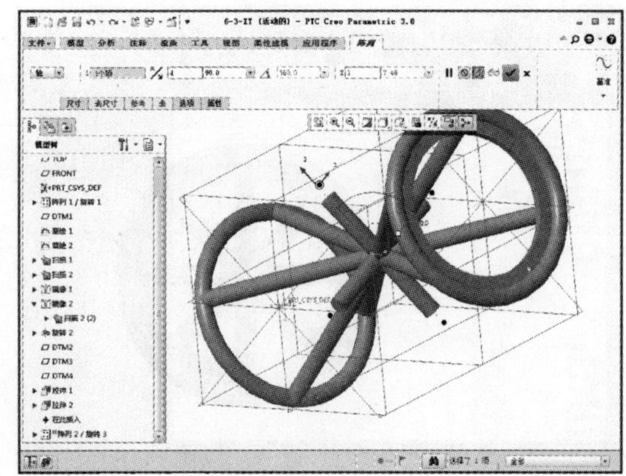

最终结果如下图所示。

## 6.3.2 输出烛台模型

下面输出模型，将 PRT 格式的模型输出为 STL 格式。

（1）选择模型，执行“文件>另存为>保存副本”命令，弹出“保存副本”对话框，将文件命名为“6-3-zt”，类型设定为“*.stl”，如下图所示。

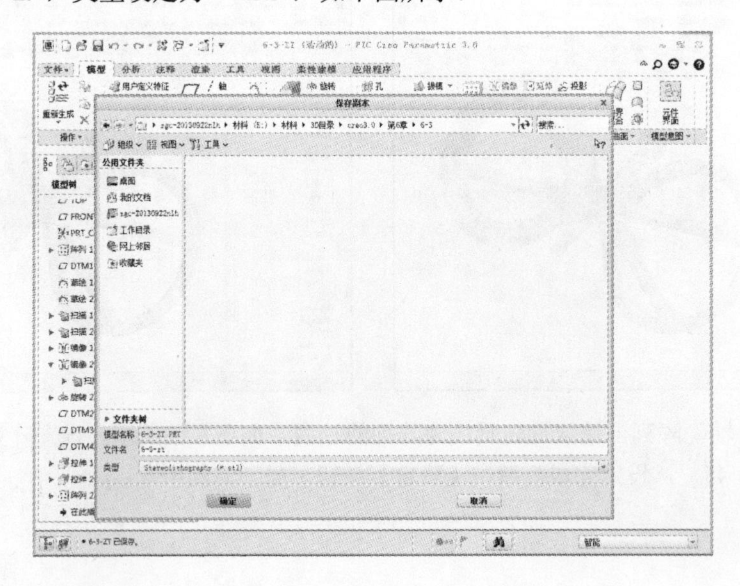

（2）系统弹出“导出 STL”对话框，此时采用系统默认提供的参数，单击【确定】按钮，如下图所示。

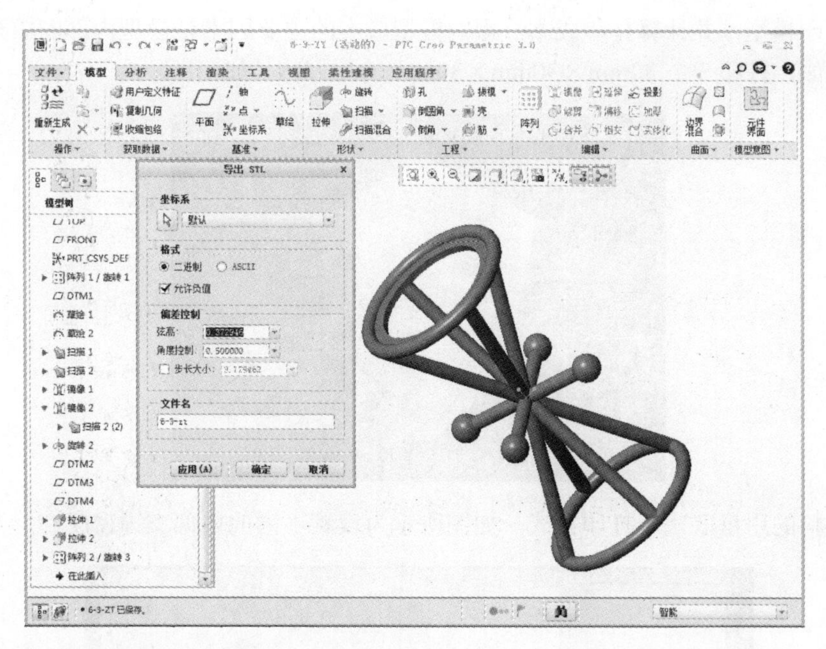


## 6.3.3 检查烛台的 STL 模型

下面将 STL 模型导入到 netfabb 软件中进行检查和修复。一般情况下，使用工业设计软件制作的模型很少会产生破面、共有边、共有面等错误，为了保险我们还是要在专业软件中检查一下，只要不出现⚠符号就是完好的 3D 打印模型，如图所示。

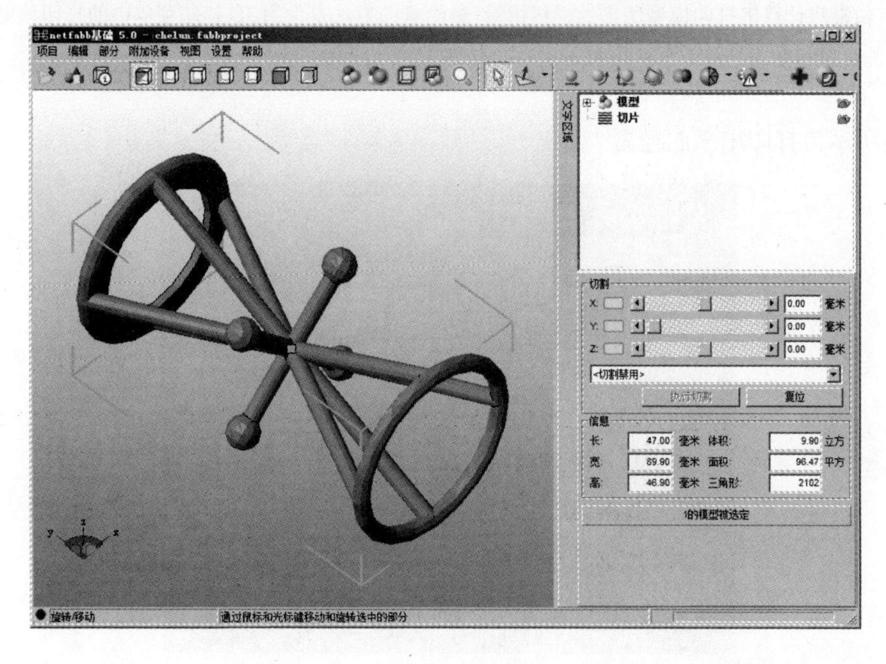

## 6.3.4 打印模型时计算模型的打印成本

下面打印模型，并计算打印成本。影响模型成本的主要因素是模型内部的填充结构和支撑材料。例如，打印一个 30mm×30mm×30mm 的立方体（如图所示）。

打印材料的用量取决于打印模式，如图所示为设置不同的内部支撑密度。

注意

如果想计算出打印模型所需的材料用量，最简单的方法是使用 3D 打印菜单中的打印预览功能，该功能可以帮助用户计算出所需打印材料的总量。

如图所示为打印出来的模型。

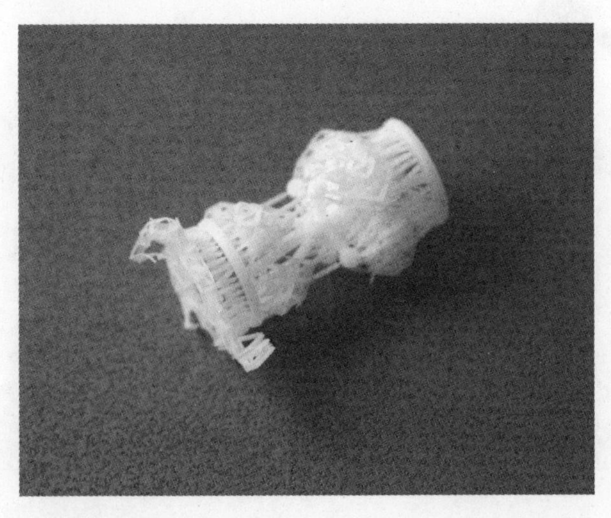

### 6.3.5 移除烛台模型和支撑材料

模型由两部分组成，一部分是模型本身，另一部分是支撑材料。支撑材料和模型主材料的物理性能是一样的，只是支撑材料的密度小于主材料，所以很容易从主材料上移除支撑材料。支撑材料可以使用多种工具拆除，一部分可以很容易地用手拆除，越接近模型的支撑，使用钢丝钳或者尖嘴钳越容易移除，如图所示。

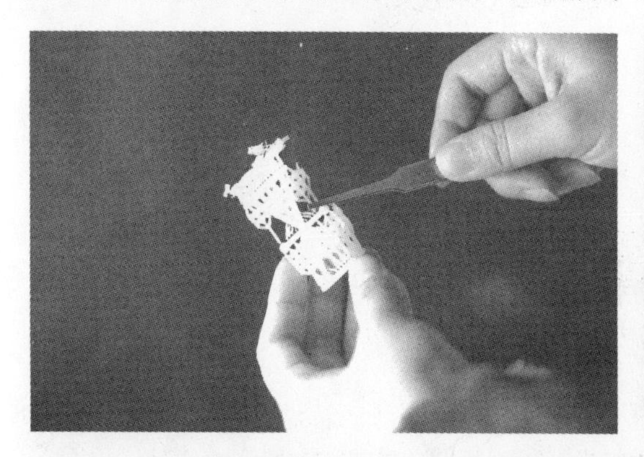

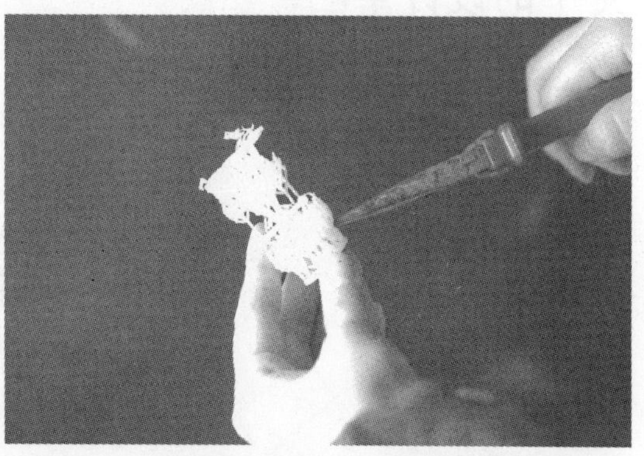

# 6.4 餐具叉子

## 叉子的设计草图

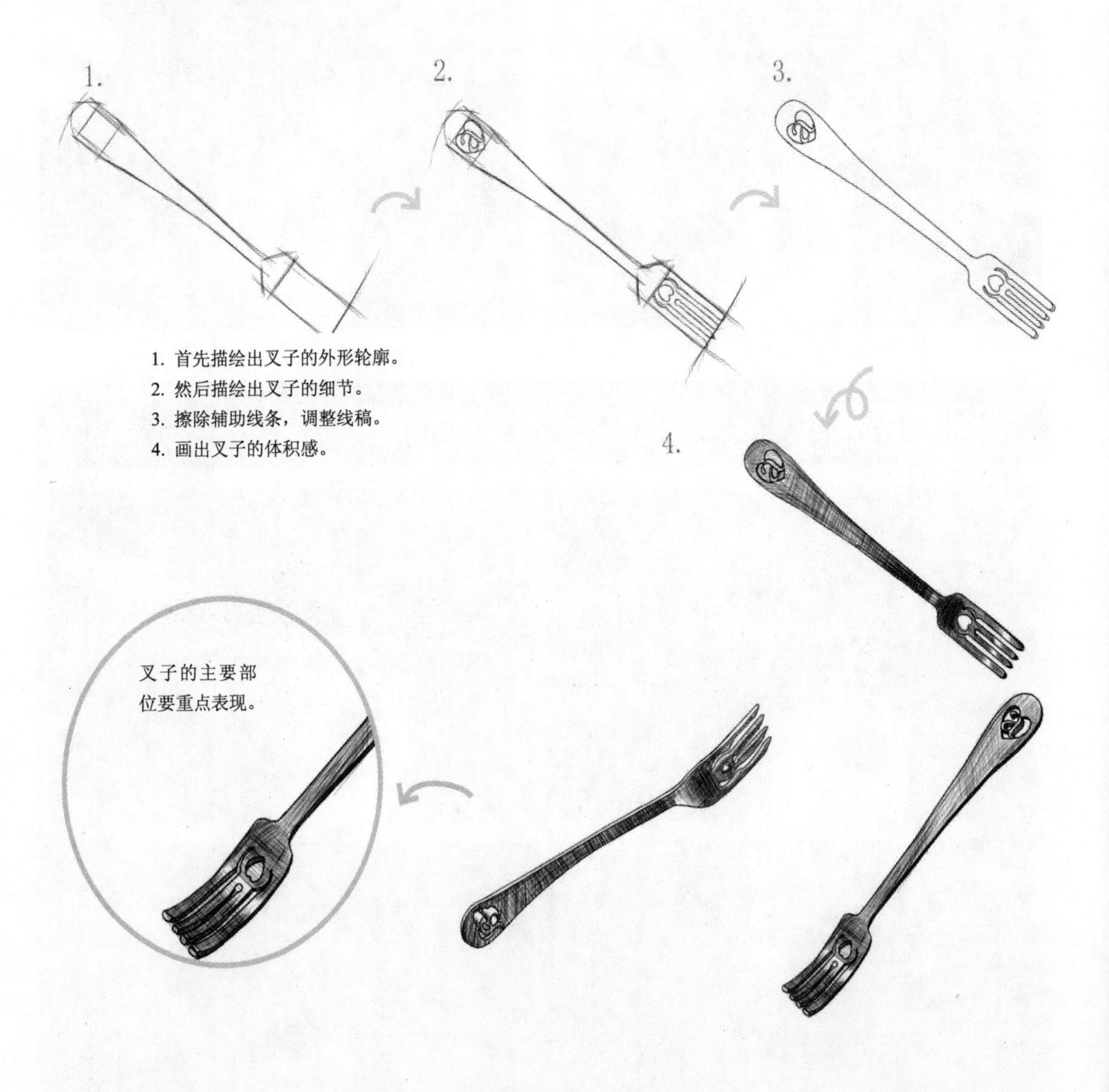


本节介绍利用拉伸、扫描等命令制作餐具叉子模型的方法。在建模过程中我们采用先主后次的方式进行，首先创建叉子模型的主体特征，然后创建叉子的次要特征，最后完成对叉子的修饰。本节草图采用样条线，在绘制上因人而异，造成做出来的叉子的外形有些许差别，本例参考图如下图所示。

## 6.4.1 操作步骤详解

### STEP01　新建零件主体

01 在计算机上打开 PTC Creo Parametric 3.0 软件，出现其界面，如下左图所示。然后单击【新建】按钮，如下右图所示。

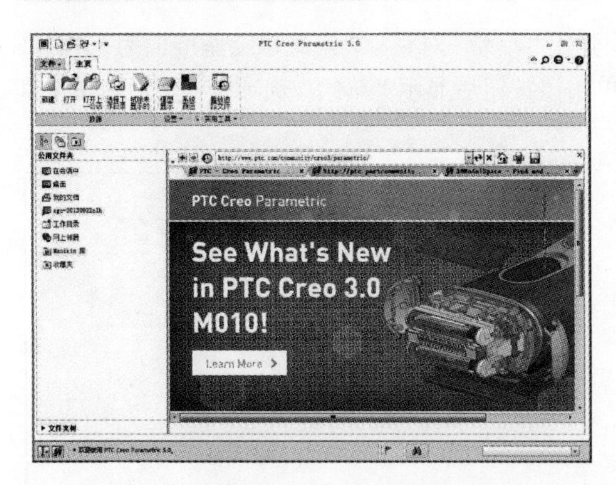


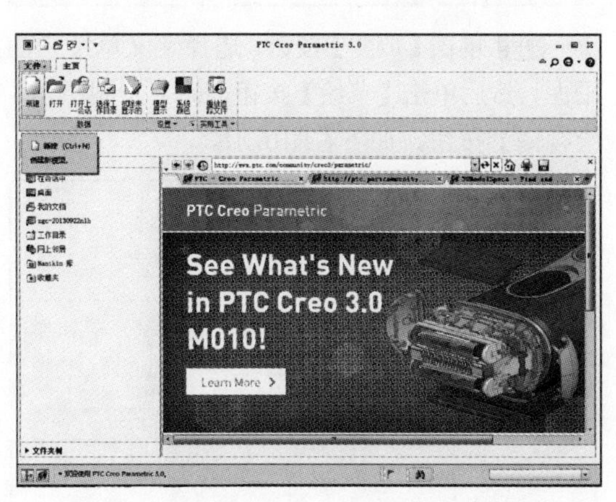


02 单击【新建】按钮后弹出“新建”对话框，类型选择“零件”、子类型选择“实体”，将文件名更改为“6-4-cjcz”，不选择“使用默认模板”复选框，单击【确定】按钮，如下左图所示。单击后弹出“新文件选项”对话框，在模板中选择“mmns-part-solid”，单击【确定】按钮，如下右图所示。

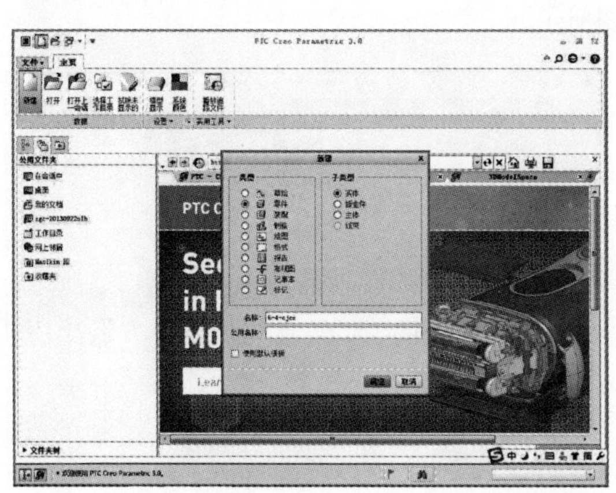

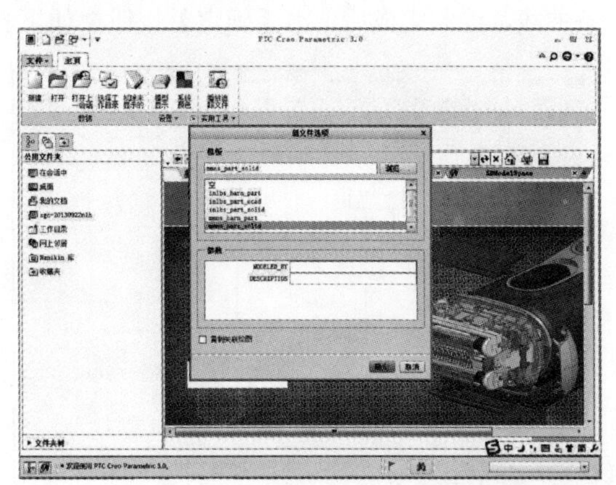

## STEP02　叉子主体建模

01 在“模型”选项卡中单击【草绘】按钮，如下左图所示。单击【草绘】按钮后系统弹出“草绘”对话框，如下右图所示。

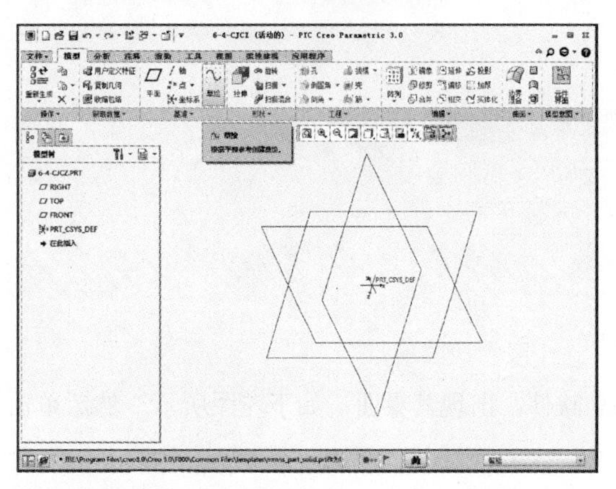
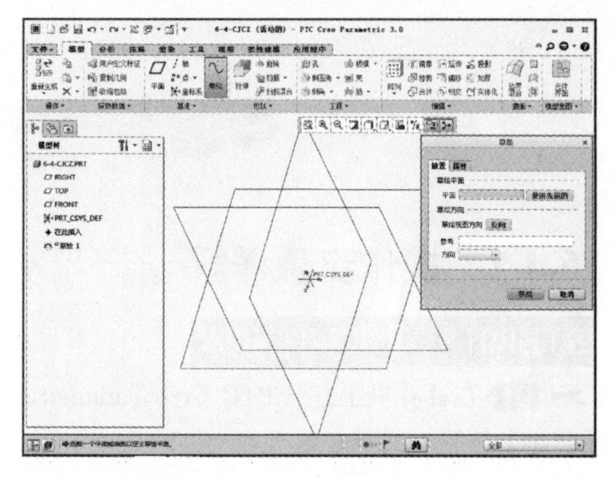

02 单击【放置】按钮，选择定义草绘平面，弹出“草绘”对话框，定义草绘基准面为 FRONT 平面，然后单击【草绘】按钮，如下左图所示。单击该按钮后显示“草绘”选项卡，然后单击【草绘视图】按钮，如下右图所示。

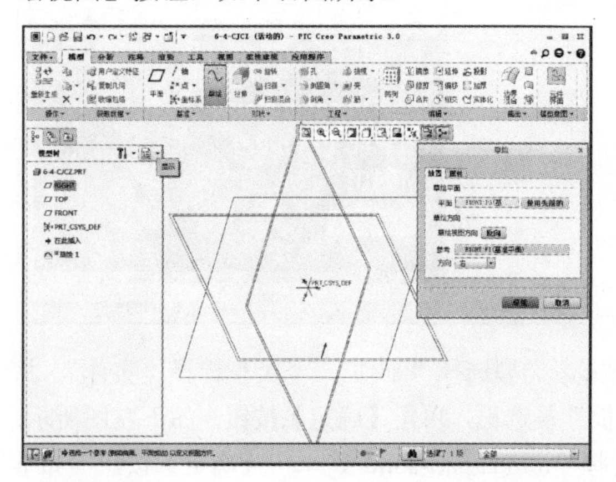
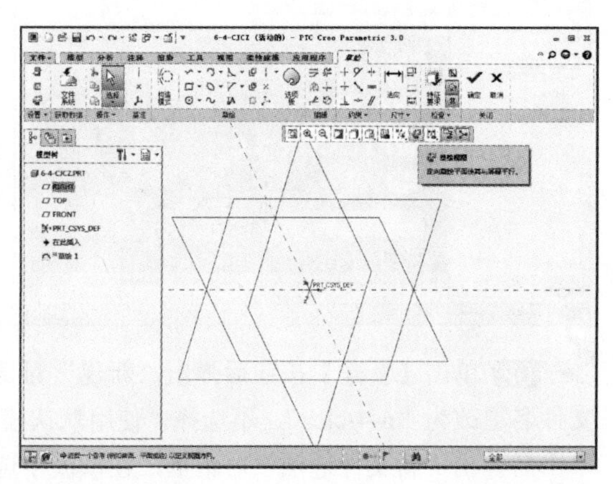

03 在“草绘”选项卡中单击【样条】按钮，创建样条曲线，如下左图所示。绘制图示的样条曲线，绘制完成后单击【确定】按钮，如下右图所示。

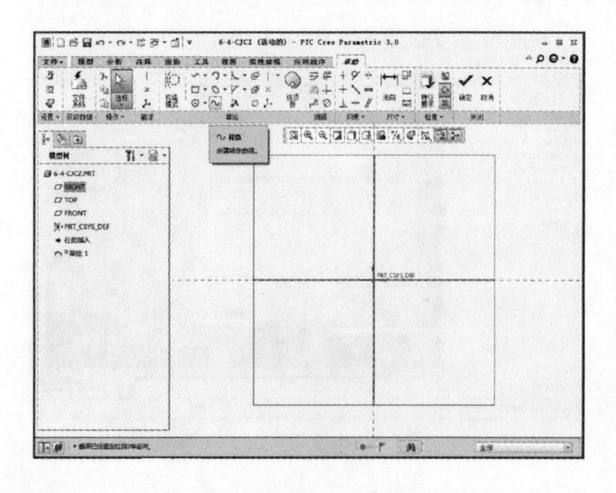
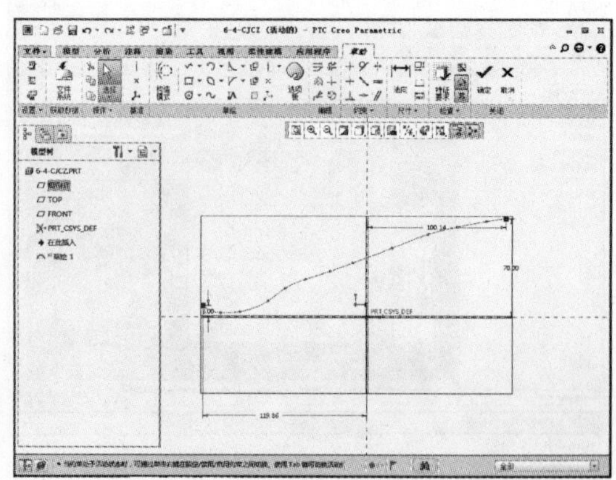

04 完成上述特征操作后在“模型”选项卡中单击【扫描】按钮，如下左图所示。单击【扫描】按钮后系统显示“扫描”选项卡，如下右图所示。

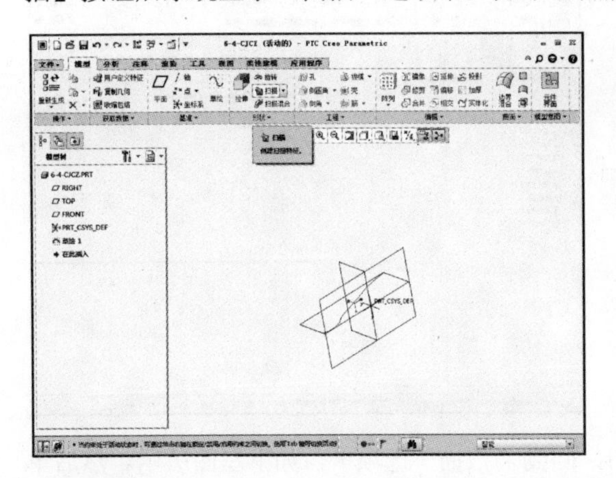

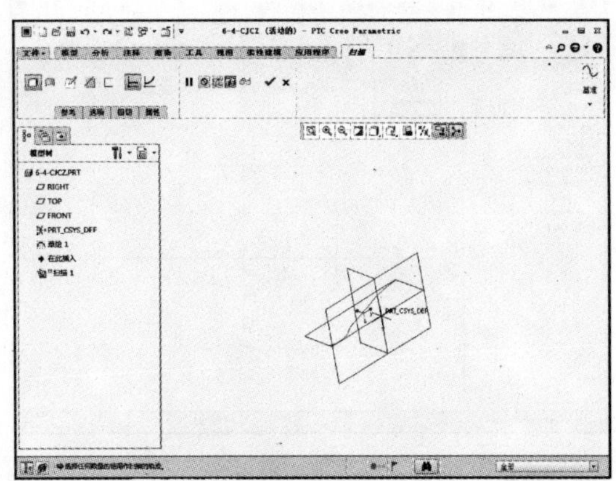

05 单击“扫描”选项卡中的【参考】按钮，如下左图所示。单击【轨迹】按钮，选择草绘 2 作为轨迹线，如下右图所示。

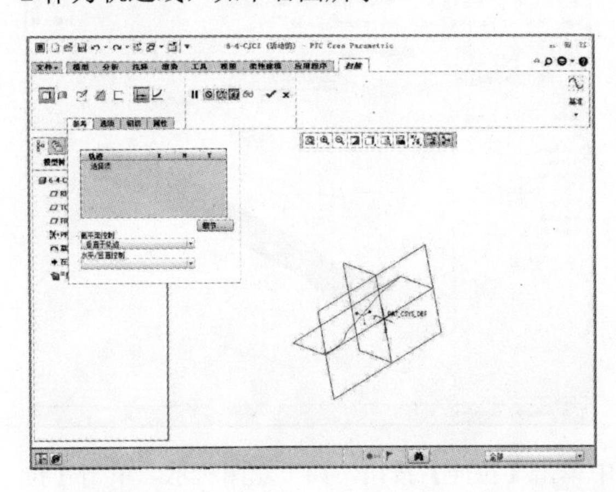

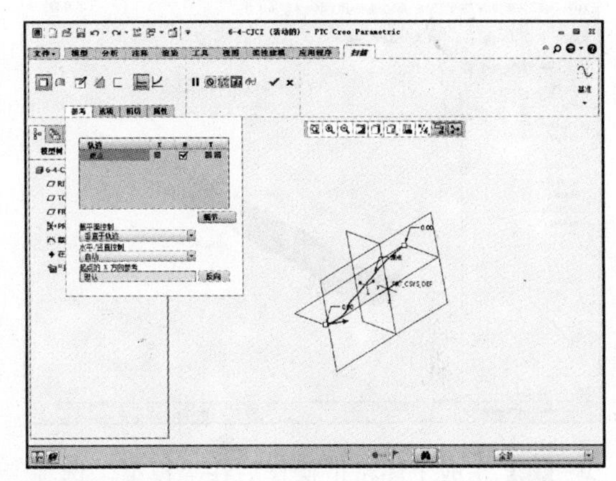

06 单击“扫描”选项卡中的【创建或编辑扫描截面】按钮，如下左图所示。单击该按钮后显示“草绘”选项卡，然后单击【草绘视图】按钮，如下右图所示。

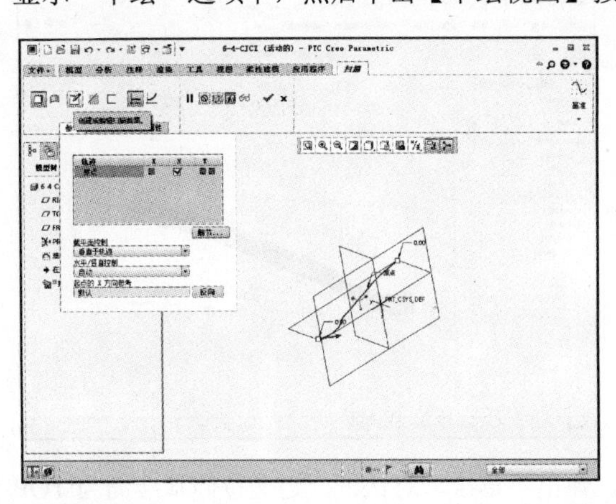

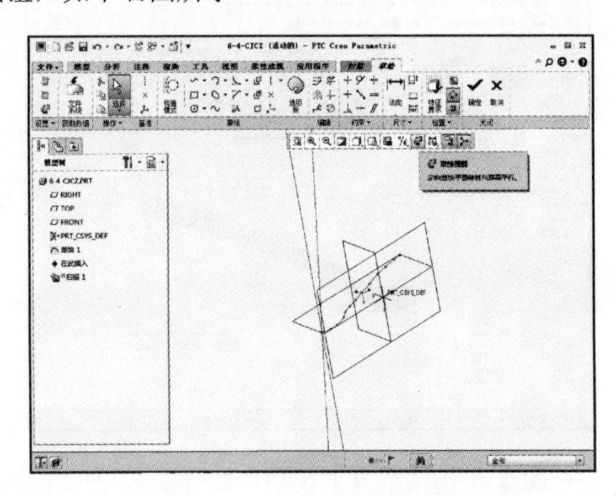

07 在“草绘”选项卡中单击【拐角矩形】按钮，如下左图所示。然后以坐标原点为中心，

绘制一个长为 26、宽为 3 的矩形，如下右图所示。

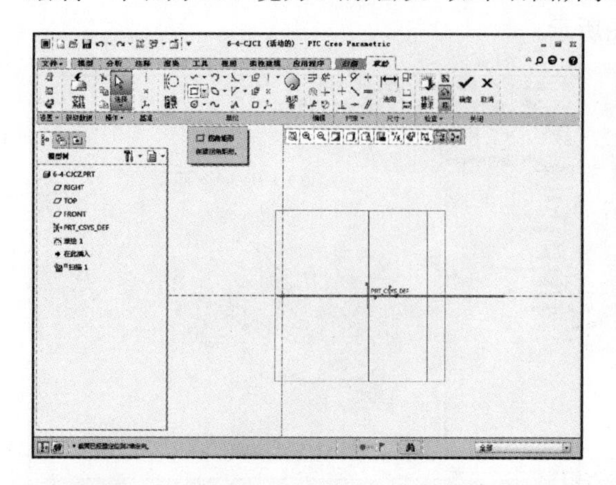

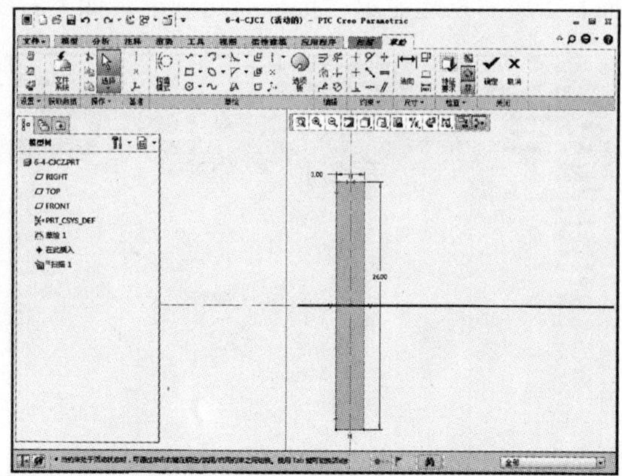

08 扫描截面绘制完成后单击【确定】按钮，回到“扫描”选项卡，如下左图所示。然后单击选项卡中的【确定】按钮，如下右图所示。

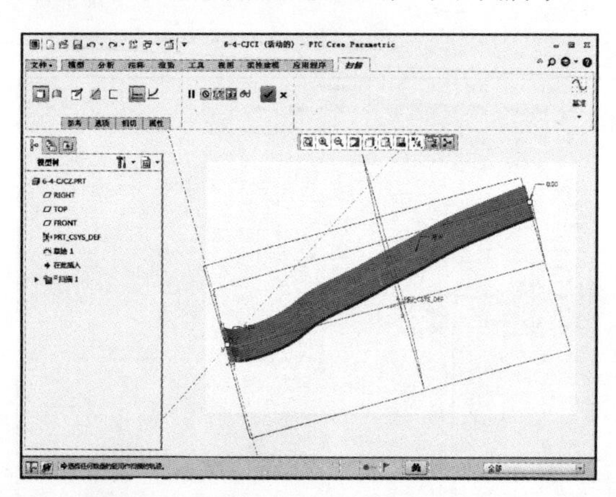

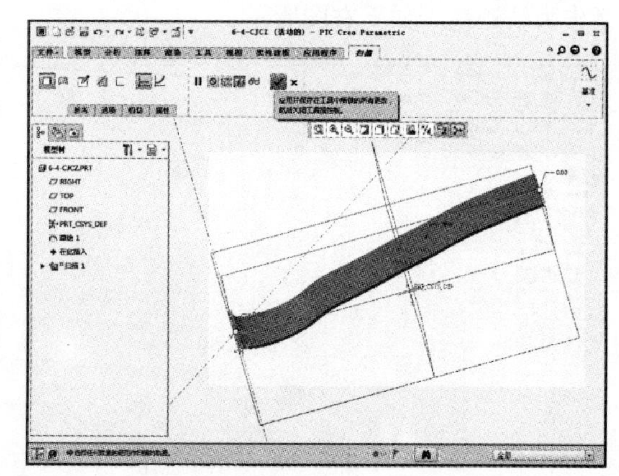

09 完成上述特征操作后在“模型”选项卡中单击【拉伸】按钮，如下左图所示。单击【拉伸】按钮后系统显示“拉伸”选项卡，如下右图所示。

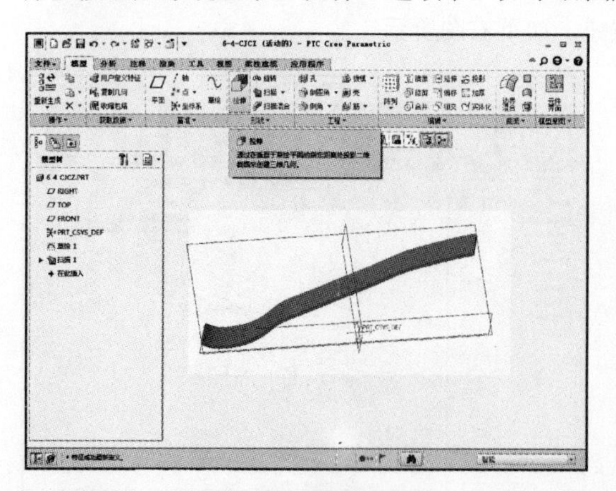

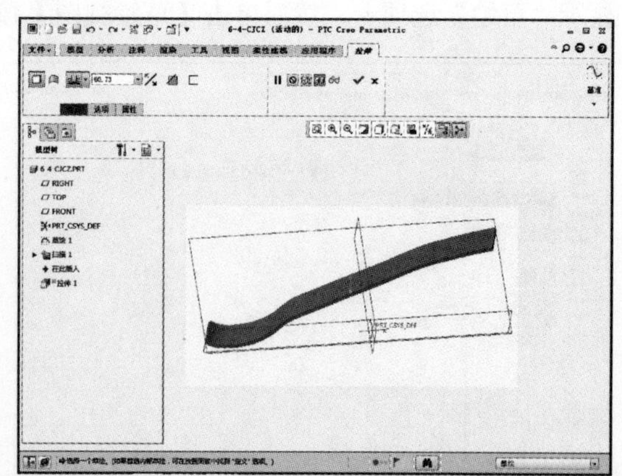

10 单击【放置】按钮，选择定义草绘平面，弹出“草绘”对话框，定义拉伸基准面为 TOP 平面，然后单击【草绘】按钮，如下左图所示。单击该按钮后显示“草绘”选项卡，然后单击【草

绘视图】按钮，如下右图所示。

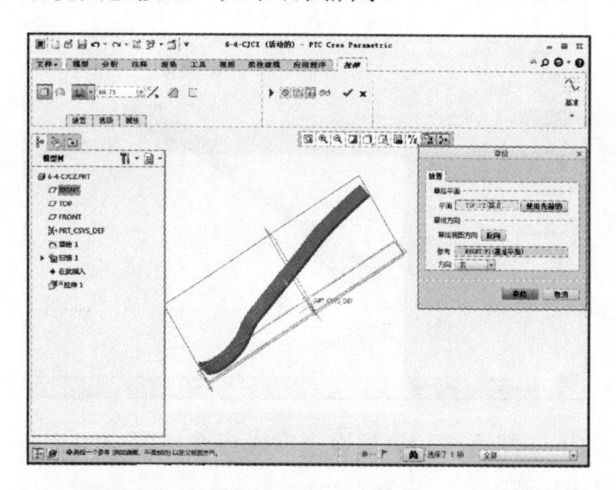

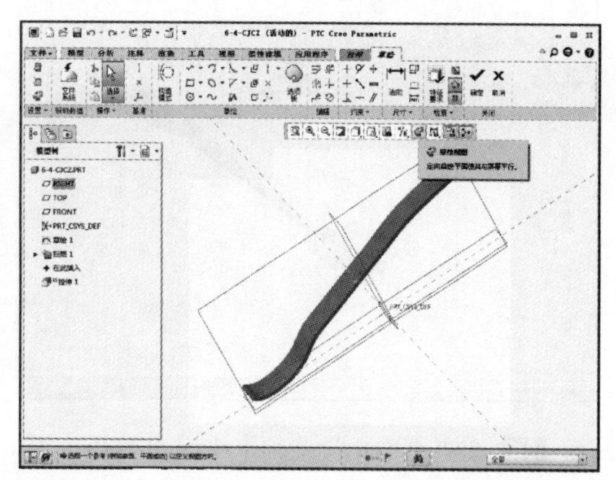

➤11 在“草绘”选项卡中单击【线链】、【样条】等按钮，如下左图所示。绘制图示图形，上下对称，如下右图所示。

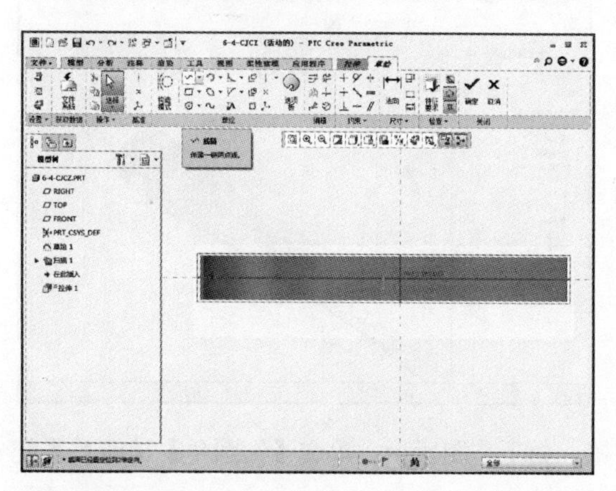

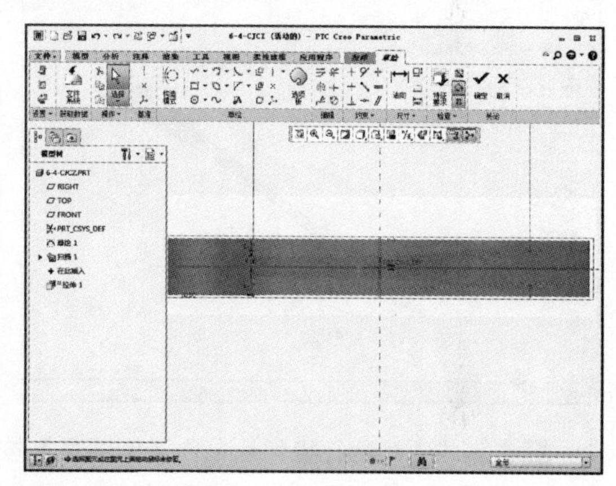

➤12 草图绘制完成后单击【确定】按钮，进入“拉伸”对话框，设置穿透拉伸切除，如下左图所示。设置完成后单击【确定】按钮，如下右图所示。

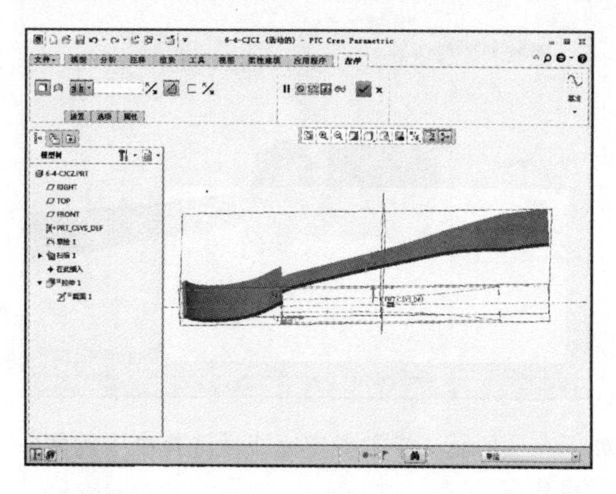

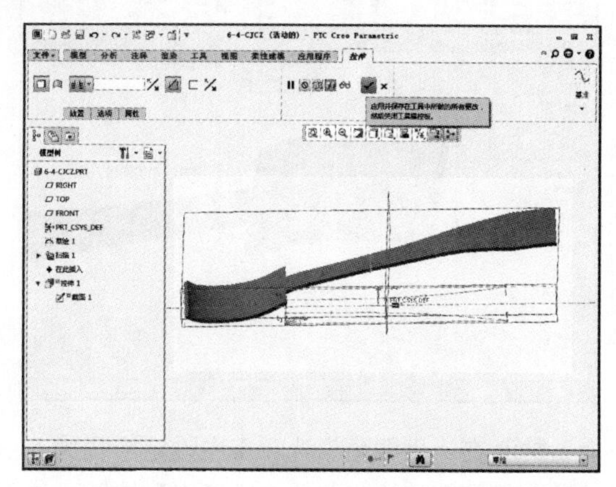

➤13 完成上述特征操作后单击【倒圆角】按钮，如下左图所示。单击【倒圆角】按钮后系统显示“倒圆角”选项卡，如下右图所示。

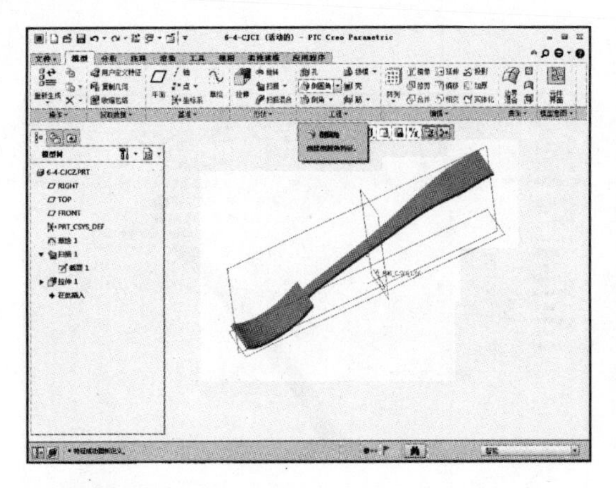

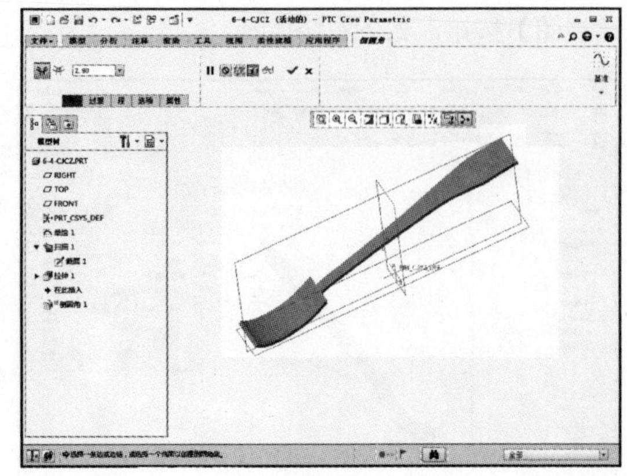

14 在“倒圆角”选项卡中设定半径为 13，如下左图所示。参数设定完成后选择图中的两条边作为倒圆角的边，并单击【确定】按钮，如下右图所示。

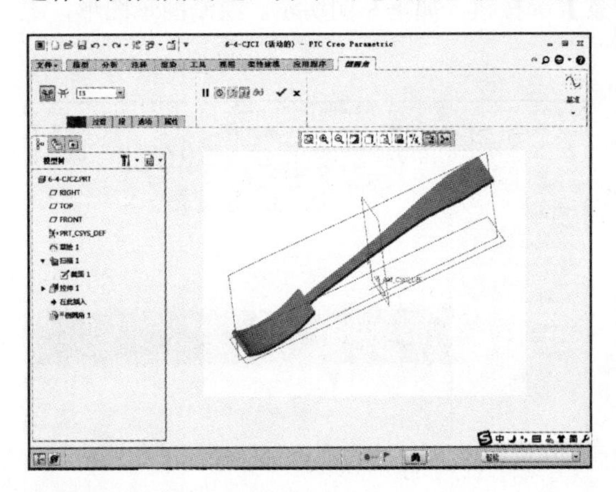

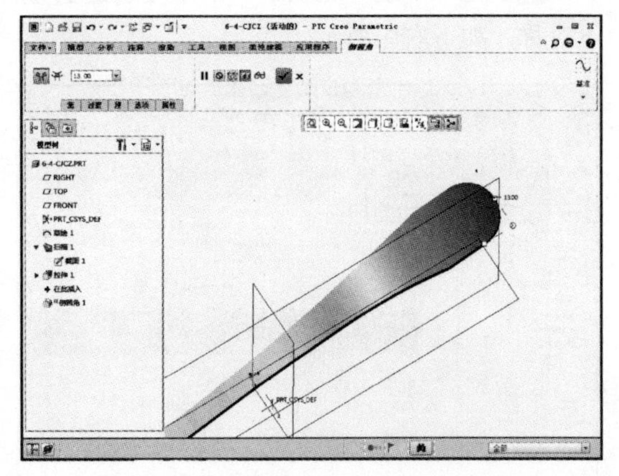

15 完成上述特征操作后单击【倒圆角】按钮，如下左图所示。单击【倒圆角】按钮后系统显示“倒圆角”选项卡，如下右图所示。

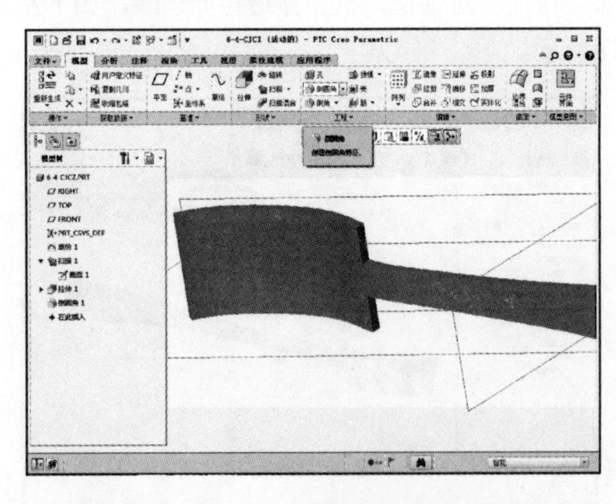

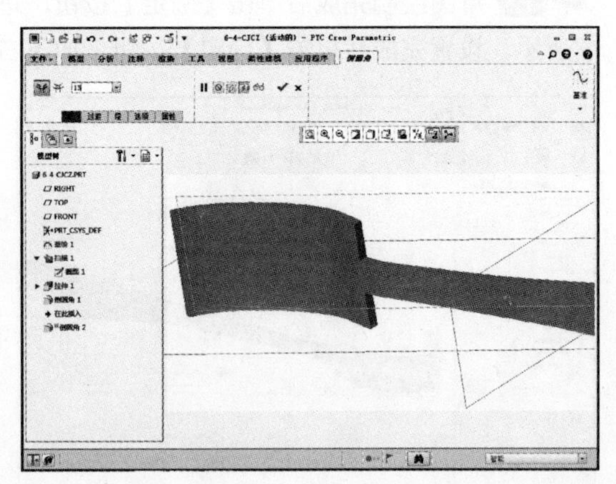

16 在“倒圆角”选项卡中设定半径为 5，如下左图所示。参数设定完成后选择图中的两条边作为倒圆角的边，并单击【确定】按钮，如下右图所示。

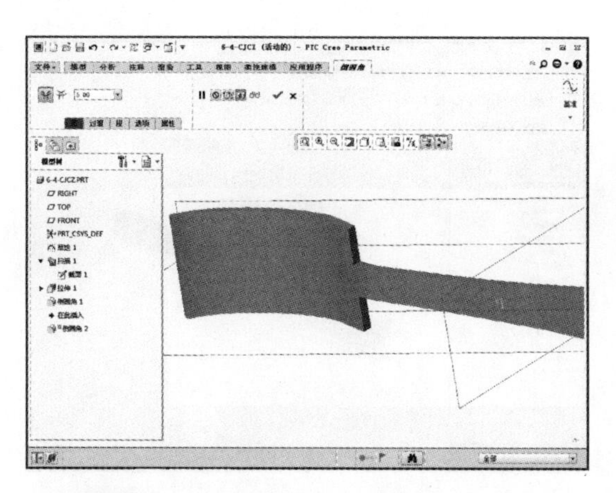

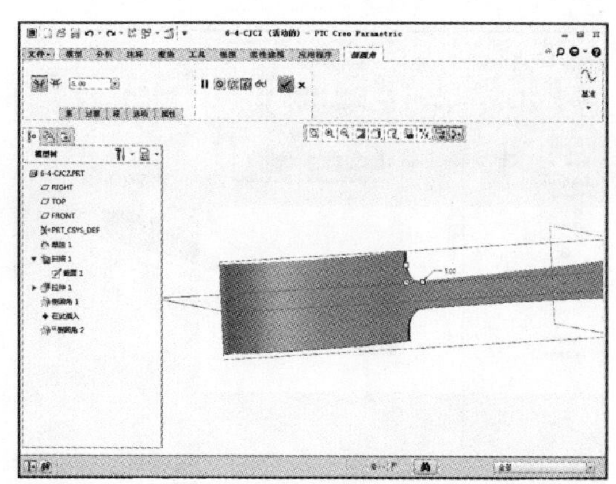

17 完成上述特征操作后单击【倒圆角】按钮，如下左图所示。单击【倒圆角】按钮后系统显示“倒圆角”选项卡，如下右图所示。

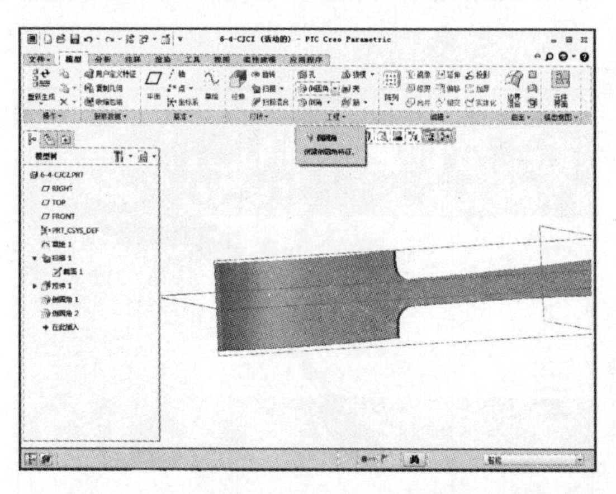

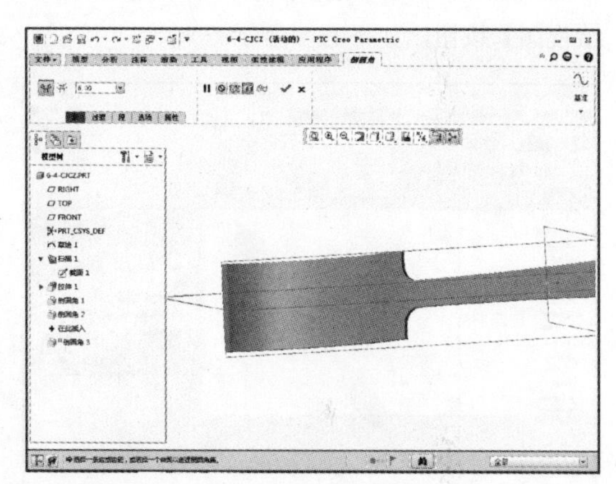

18 在“倒圆角”选项卡中设定半径为 8，如下左图所示。参数设定完成后选择图中的两条边作为倒圆角的边，并单击【确定】按钮，如下右图所示。

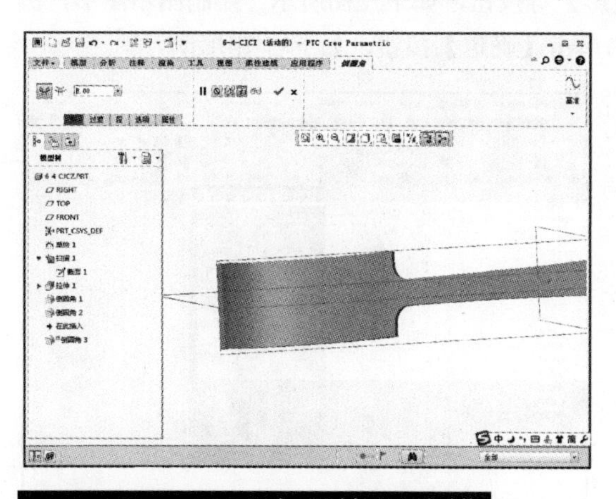

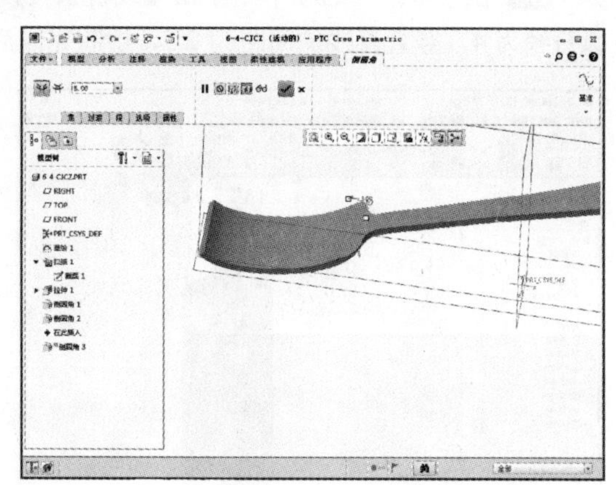

## STEP03　叉子次要特征建模

01 完成上述特征操作后在“模型”选项卡中单击【拉伸】按钮，如下左图所示。单击【拉伸】按钮后系统显示“拉伸”选项卡，如下右图所示。

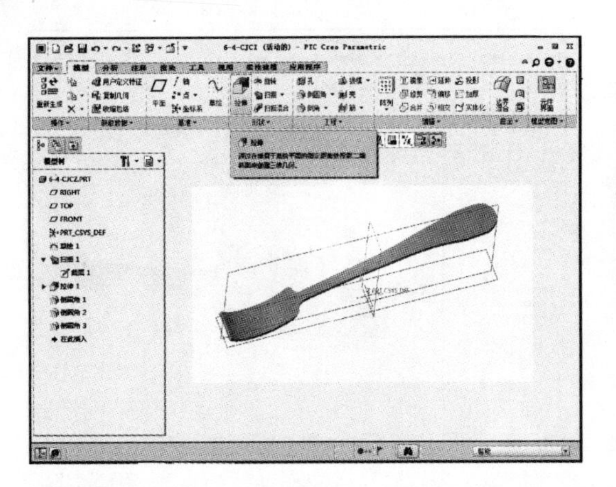

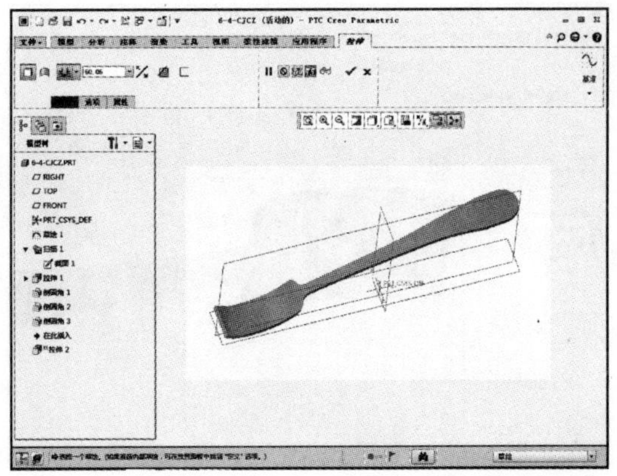

02 单击【放置】按钮，选择定义草绘平面，弹出“草绘”对话框，定义拉伸基准面为 TOP 平面，然后单击【草绘】按钮，如下左图所示。单击该按钮后显示“草绘”对话框，然后单击【草绘视图】按钮，如下右图所示。

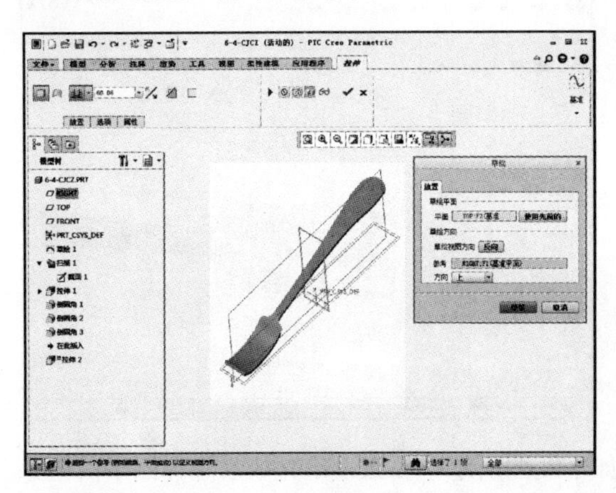

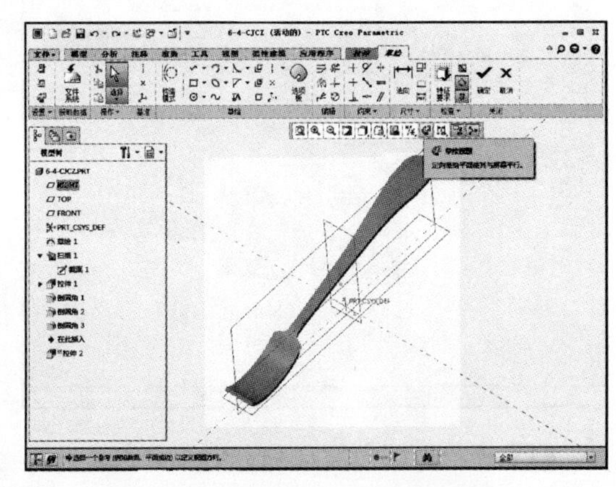

03 在“草绘”选项卡中单击【线链】、【投影】等按钮，如下左图所示。绘制图示图形，圆弧直径为 4，竖直直线的间距为 2.5，绘制完成后单击【确定】按钮，如下右图所示。

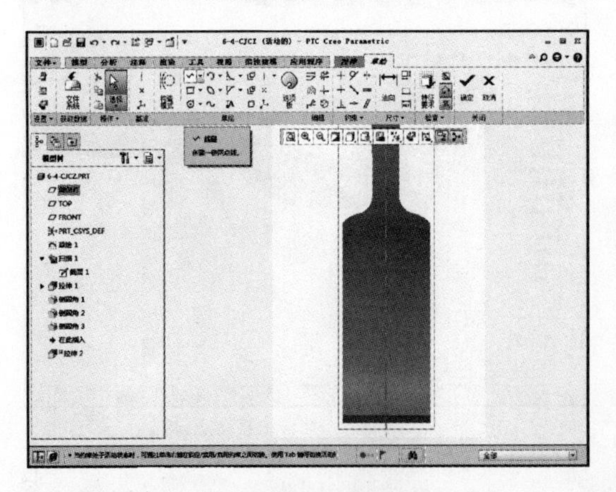

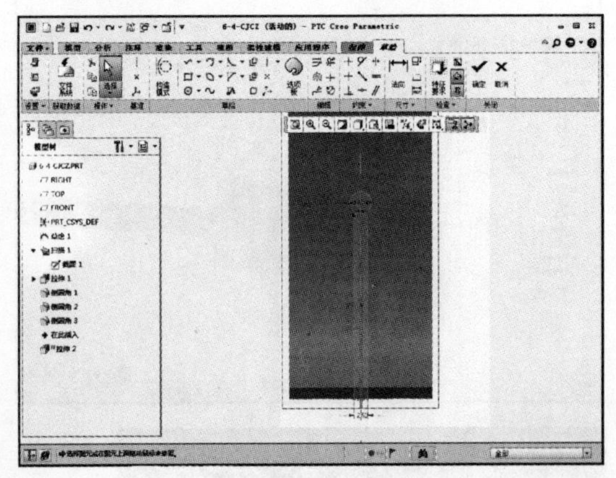

04 草图绘制完成后单击【确定】按钮，进入“拉伸”选项卡，设置穿透拉伸切除，如下左图所示。设置完成后单击【确定】按钮，如下右图所示。

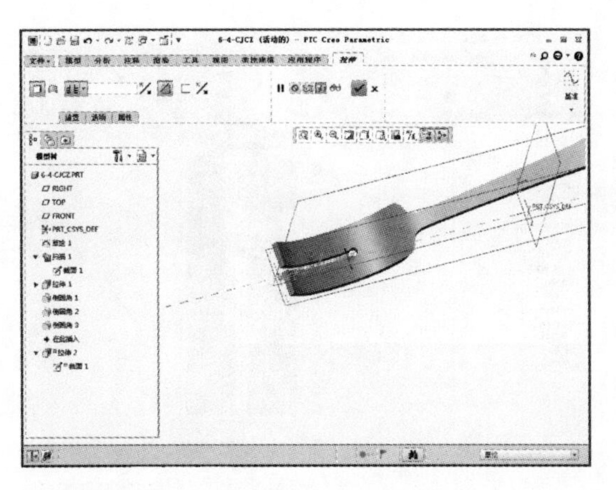

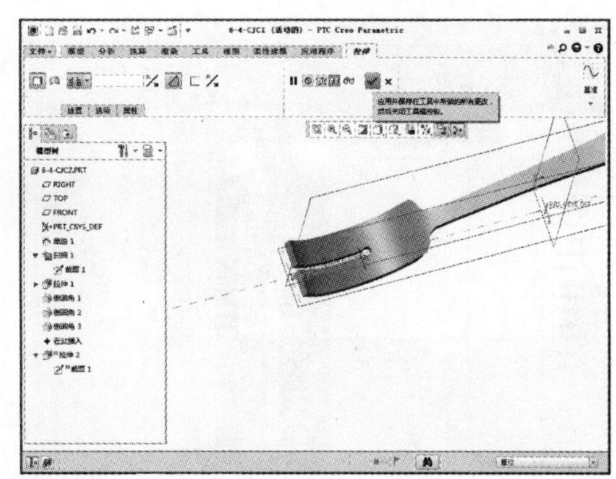

05 完成上述特征操作后在“模型”选项卡中单击【拉伸】按钮，如下左图所示。单击【拉伸】按钮后系统显示“拉伸”选项卡，如下右图所示。

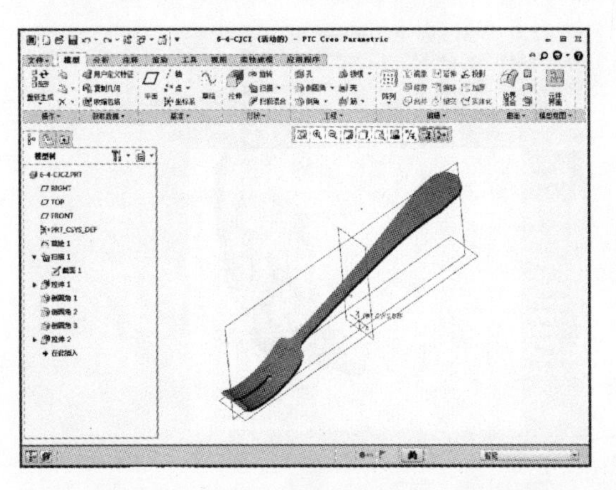

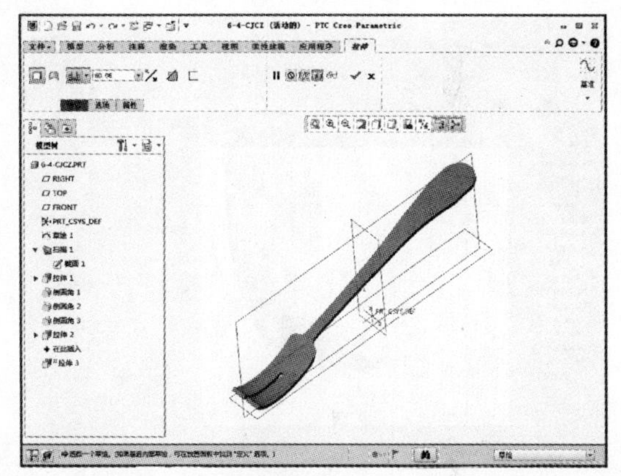

06 单击【放置】按钮，选择定义草绘平面，弹出“草绘”对话框，定义拉伸基准面为 TOP 平面，然后单击【草绘】按钮，如下左图所示。单击该按钮后显示“草绘”选项卡，然后单击【草绘视图】按钮，如下右图所示。

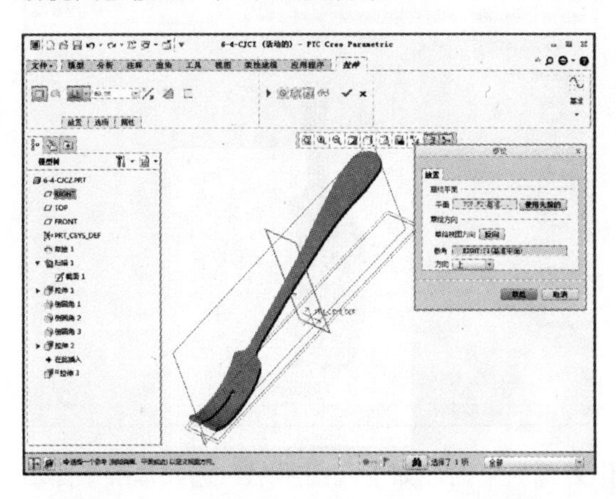

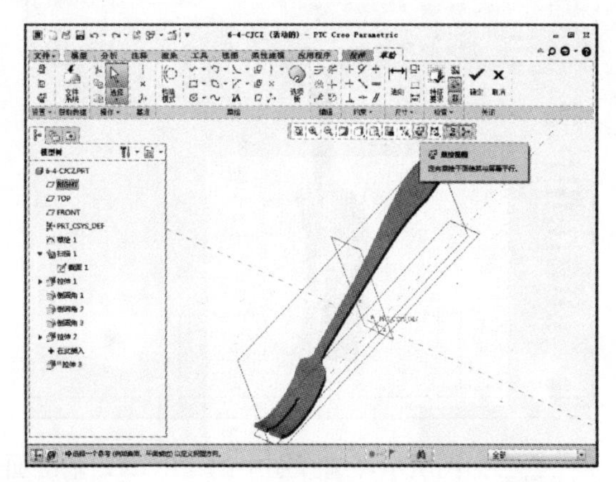

07 在“草绘”选项卡中单击【线链】、【投影】等按钮，如下左图所示。绘制图示图形，竖直直线的间距为 3，距 Y 轴为 5，绘制完成后单击【确定】按钮，如下右图所示。

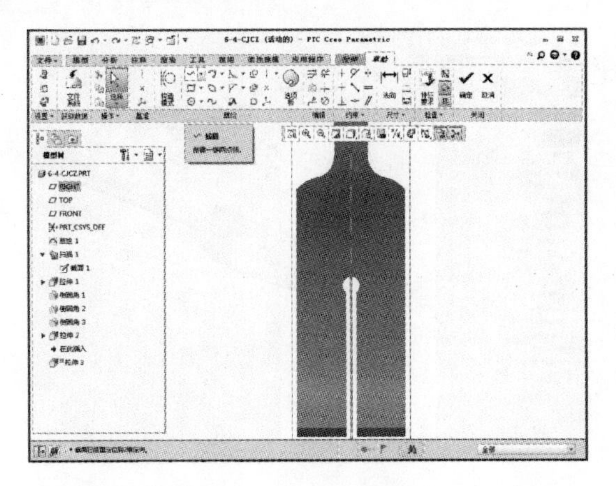
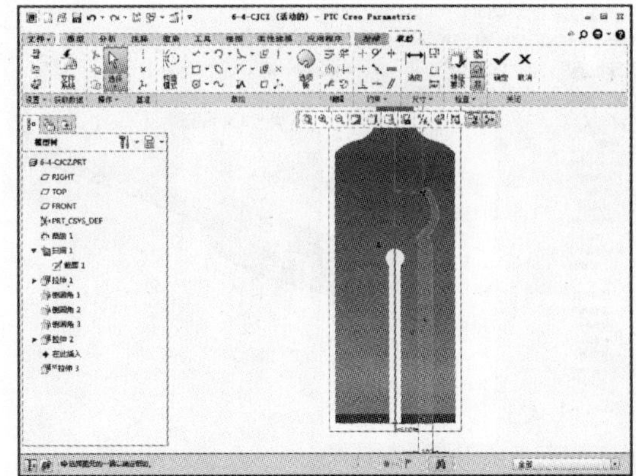

08 草图绘制完成后单击【确定】按钮，进入“拉伸”选项卡，设置穿透拉伸切除，如下左图所示。设置完成后单击【确定】按钮，如下右图所示。

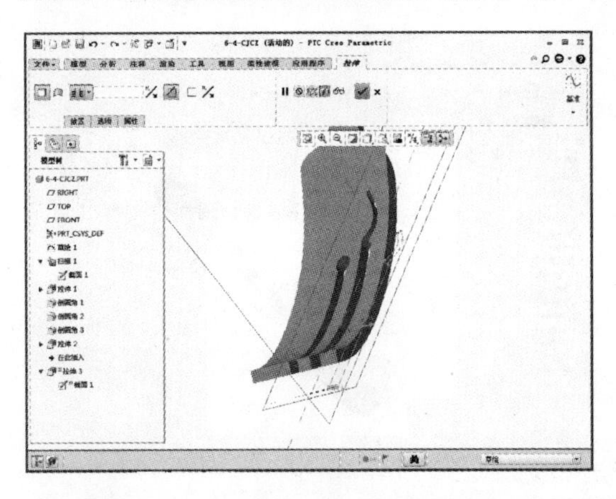
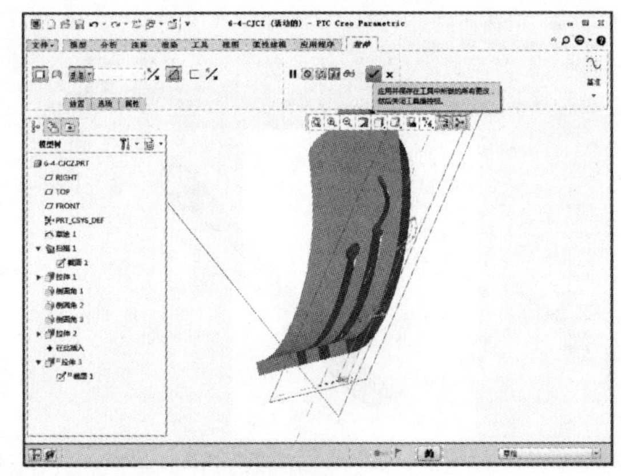

09 完成上述特征操作后在模型树中选中“阵列 1/拉伸 2”，然后单击【镜像】按钮，如下左图所示。单击【镜像】按钮后系统显示“镜像”选项卡，如下右图所示。

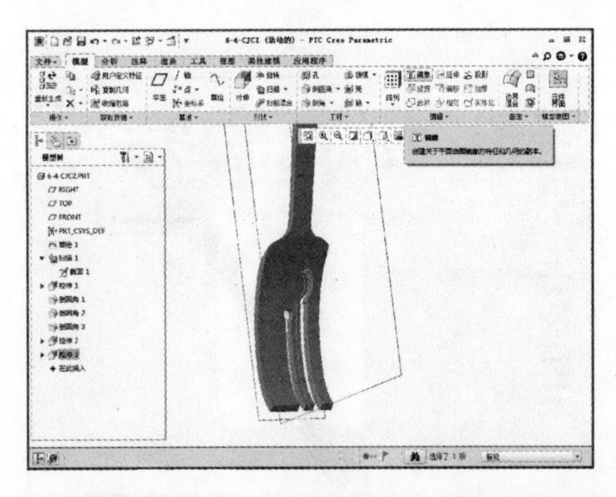
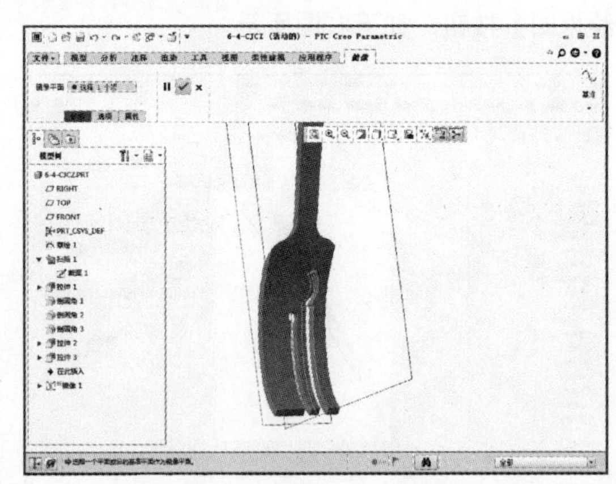

10 如图所示，选择图中的 FRONT 基准面作为镜像平面，如下左图所示。选取基准平面后单击选项卡中的【确定】按钮，如下右图所示。

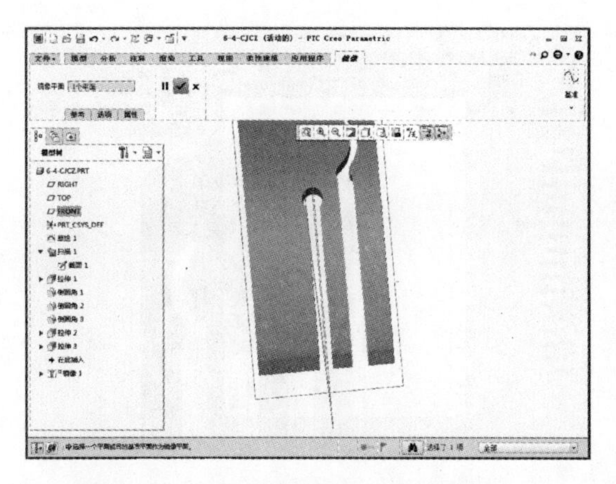

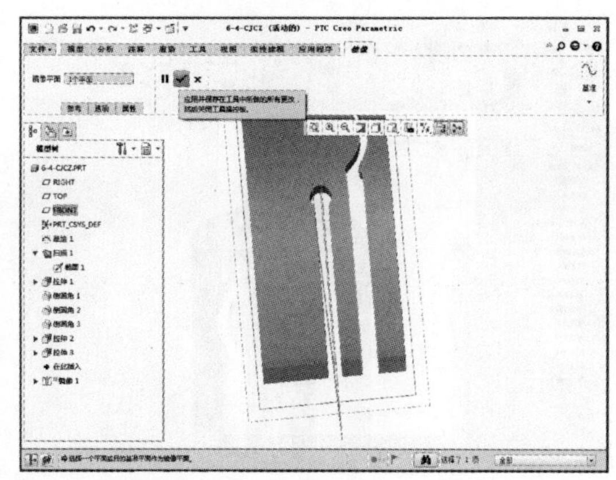

11 完成上述特征操作后在“模型”选项卡中单击【拉伸】按钮，如下左图所示。单击【拉伸】按钮后系统显示“拉伸”选项卡，如下右图所示。

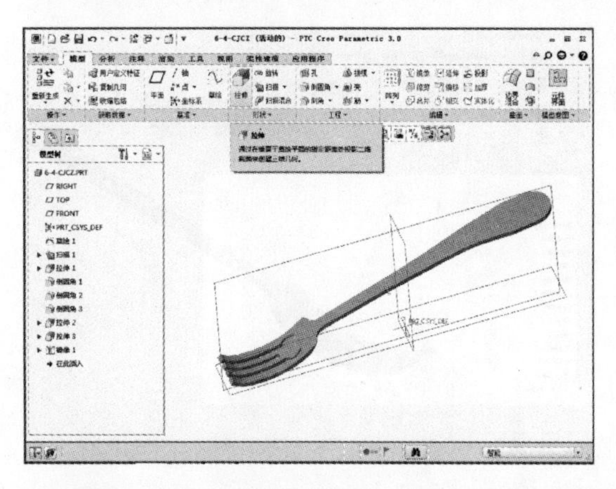

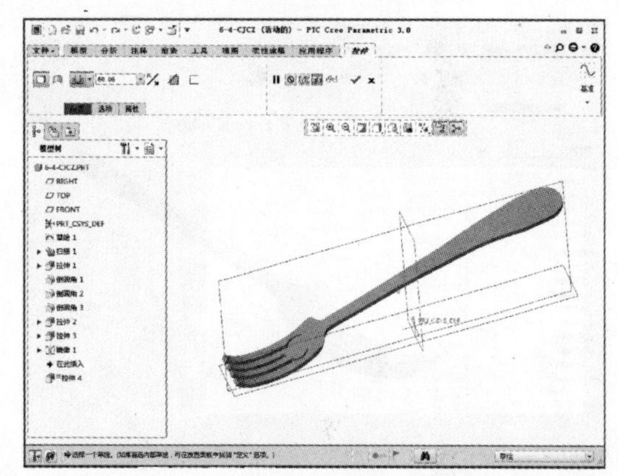

12 单击【放置】按钮，选择定义草绘平面，弹出“草绘”对话框，定义拉伸基准面为 TOP 平面，然后单击【草绘】按钮，如下左图所示。单击该按钮后显示“草绘”选项卡，然后单击【草绘视图】按钮，如下右图所示。

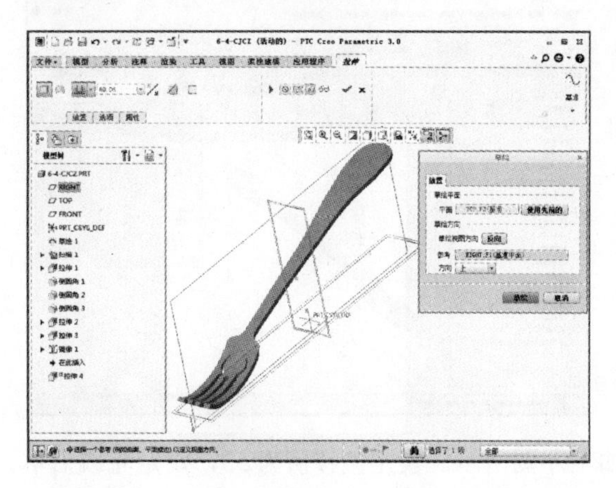

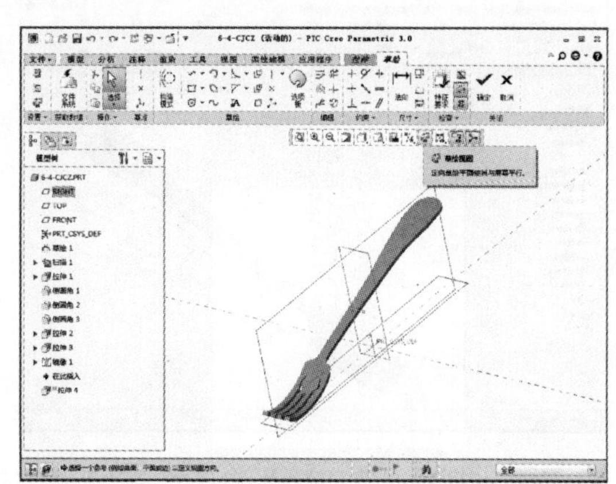

13 在“草绘”选项卡中单击【线链】【样条】等按钮，如下左图所示。绘制图示图形，图形以 Y 轴对称，绘制完成后单击【确定】按钮，如下右图所示。

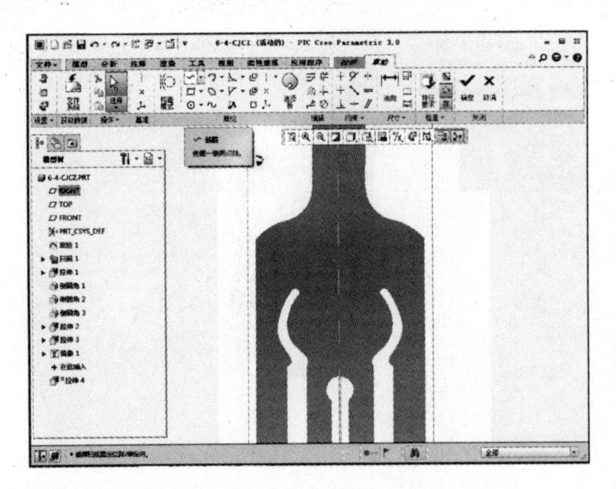

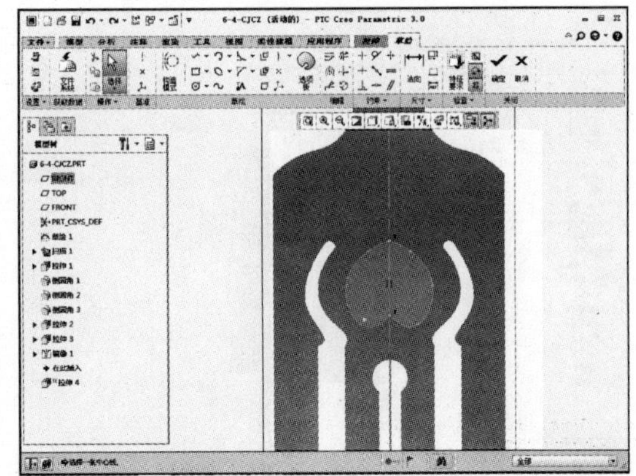

14 草图绘制完成后单击【确定】按钮，进入“拉伸”选项卡，设置穿透拉伸切除，如下左图所示。设置完成后单击【确定】按钮，如下右图所示。

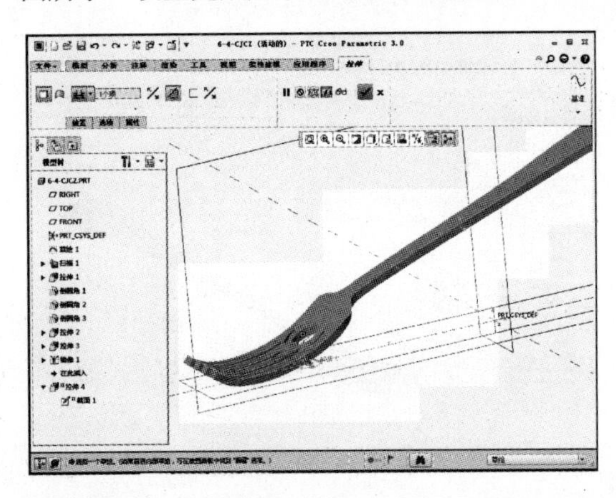

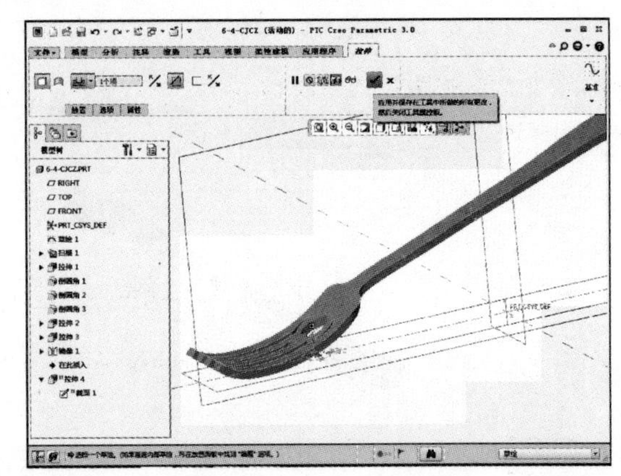

15 完成上述特征操作后单击【平面】按钮，创建一个基准平面，如下左图所示。单击该按钮后系统弹出“基准平面”对话框，系统界面如下右图所示。

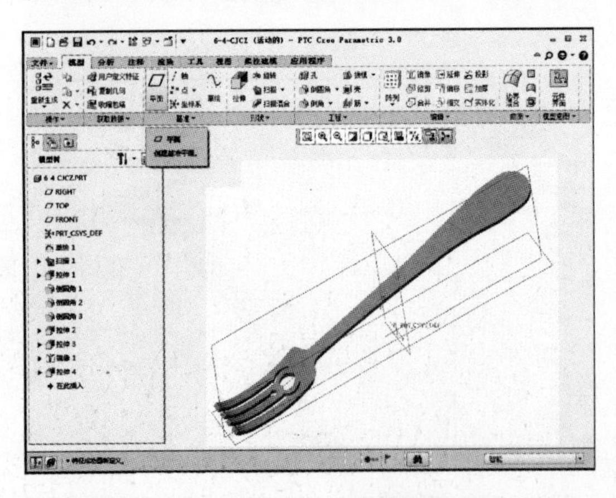

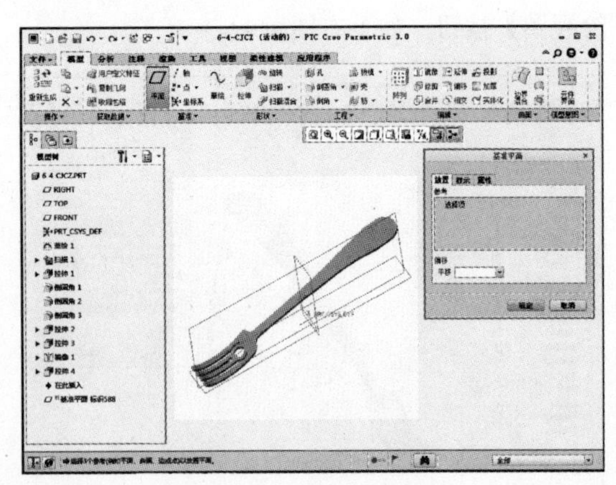

16 在图中选取 TOP 平面作为参考基准，如下左图所示。设定偏移值为 53，设定完成后单击【确定】按钮，如下右图所示。

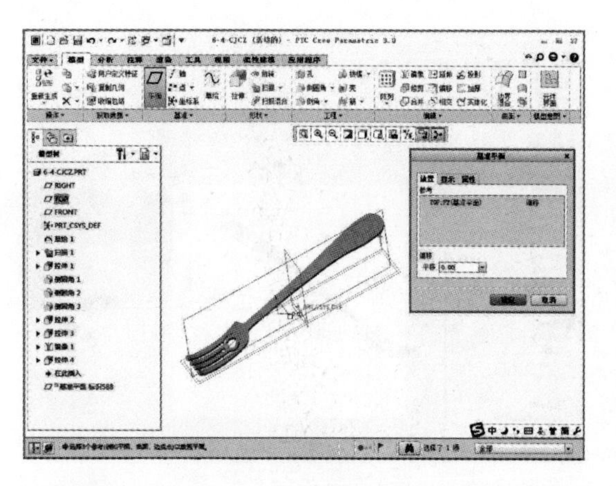

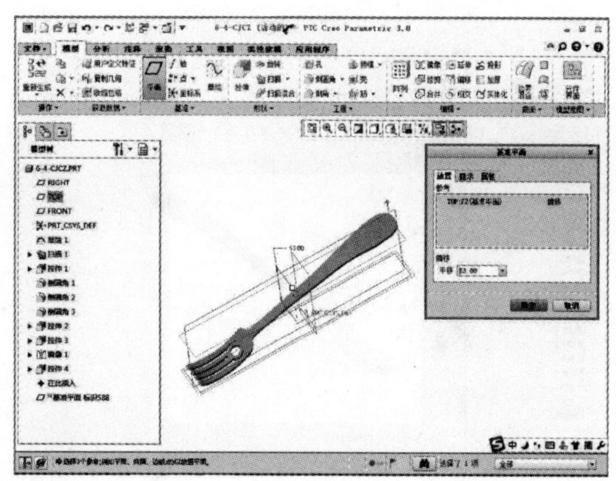

17 完成上述特征操作后单击【轴】按钮，创建一个基准轴，如下左图所示。单击该按钮后系统弹出“基准轴”对话框，系统界面如下右图所示。

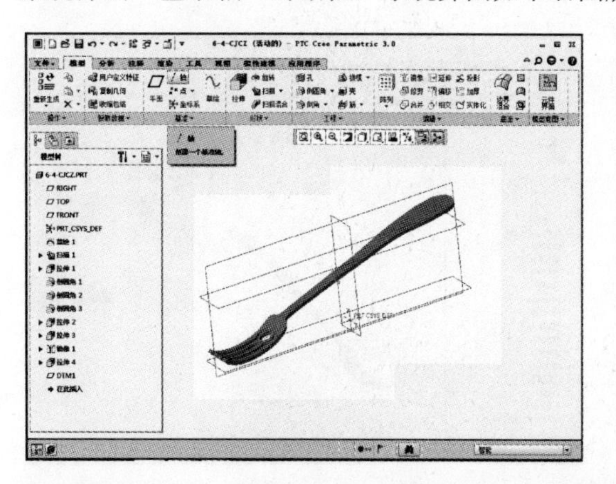

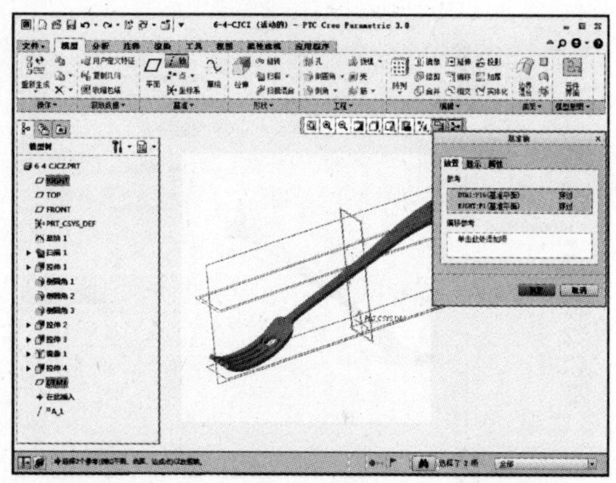

18 在图中选取 DTM1 平面和 RIGHT 平面作为参考基准，如下左图所示。设定类型均为穿过，设定完成后单击【确定】按钮，如下右图所示。

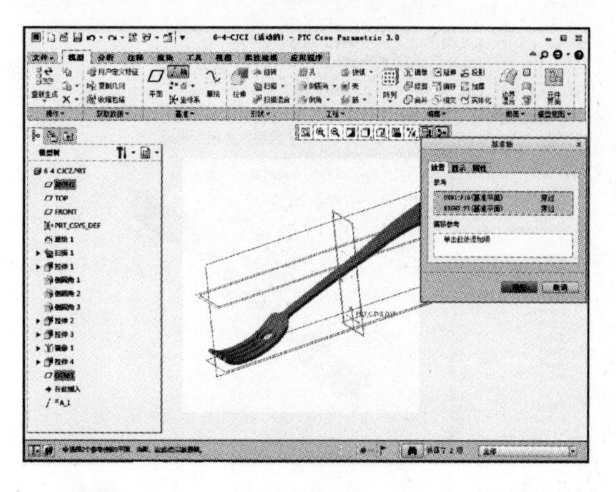

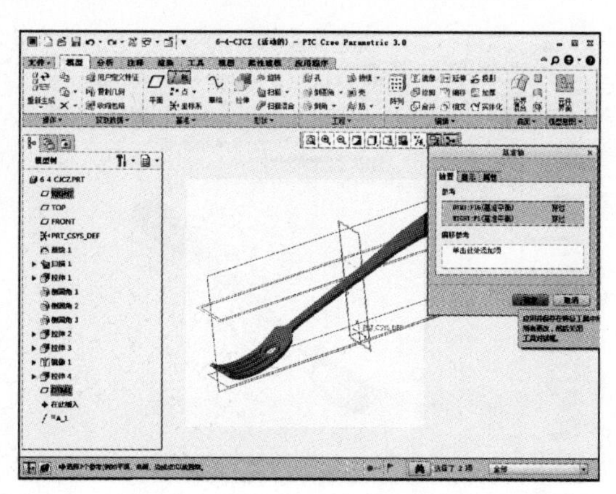

19 完成上述特征操作后单击【平面】按钮，创建一个基准平面，如下左图所示。单击该按钮后系统弹出“基准平面”对话框，系统界面如下右图所示。

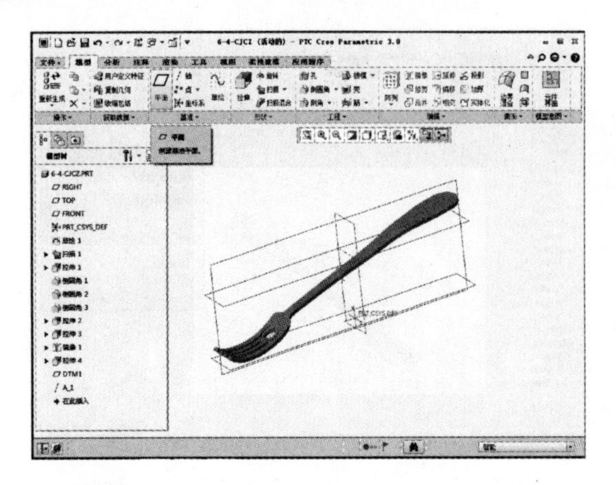
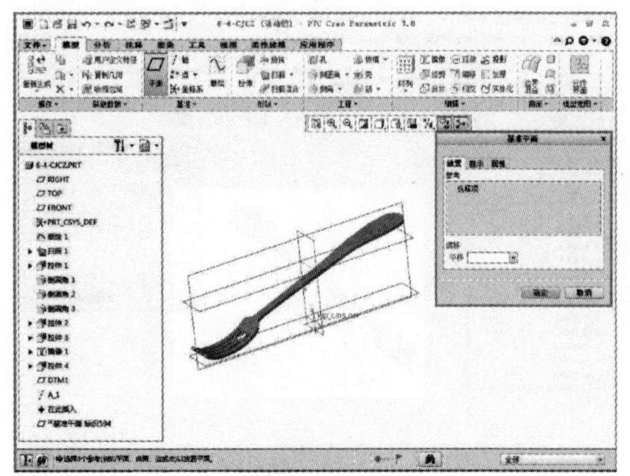

20 在图中选取 DTM1 平面和 A_1 轴（创建的基准轴）作为参考基准，如下左图所示。设定旋转角度为 11°，设定完成后单击【确定】按钮，如下右图所示。

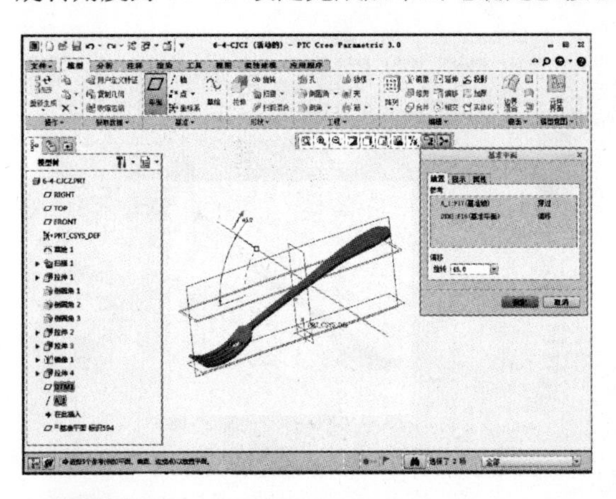
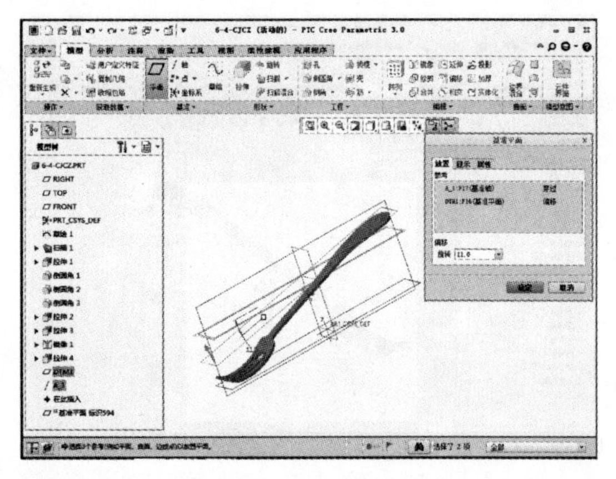

21 完成上述特征操作后在“模型”选项卡中单击【拉伸】按钮，如下左图所示。单击【拉伸】按钮后系统显示“拉伸”选项卡，如下右图所示。

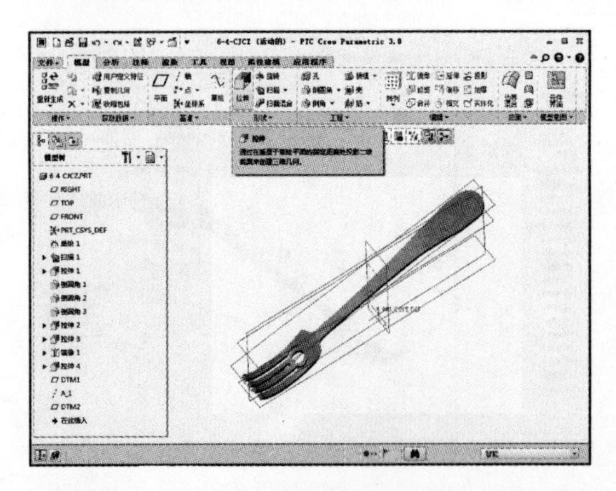
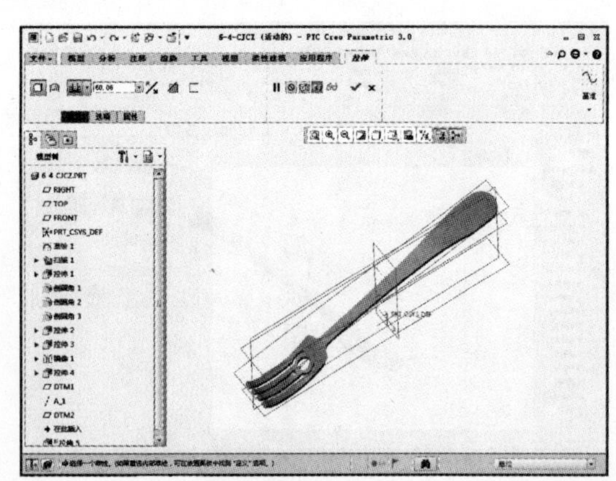

22 单击【放置】按钮，选择定义草绘平面，弹出“草绘”对话框，定义拉伸基准面为 DTM2 平面，然后单击【草绘】按钮，如下左图所示。单击该按钮后显示“草绘”选项卡，然后单击【草绘视图】按钮，如下右图所示。

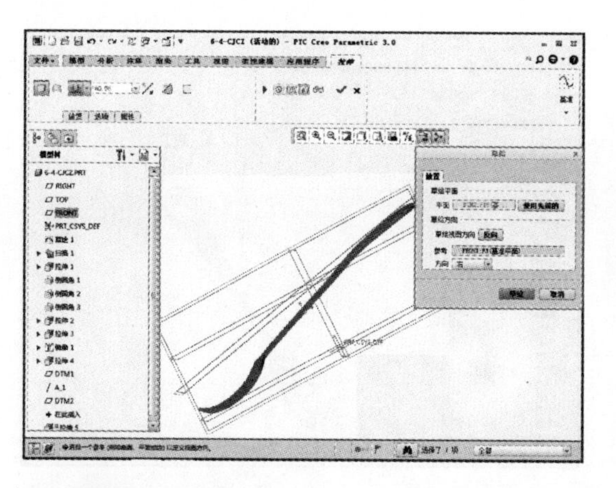

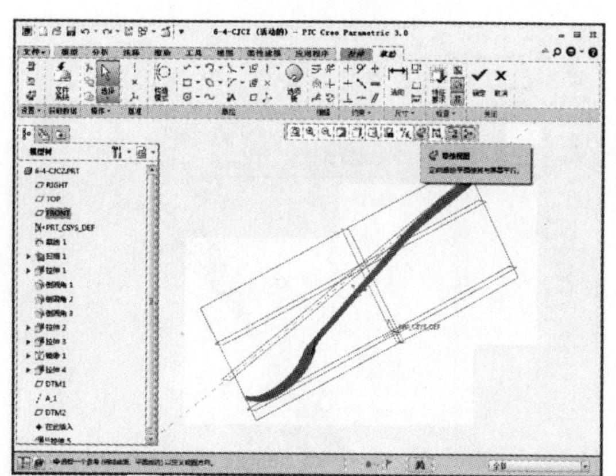

➤23 在“草绘”选项卡中单击【样条】按钮，如下左图所示。绘制图示图形，图形以 Y 轴对称，如下右图所示。

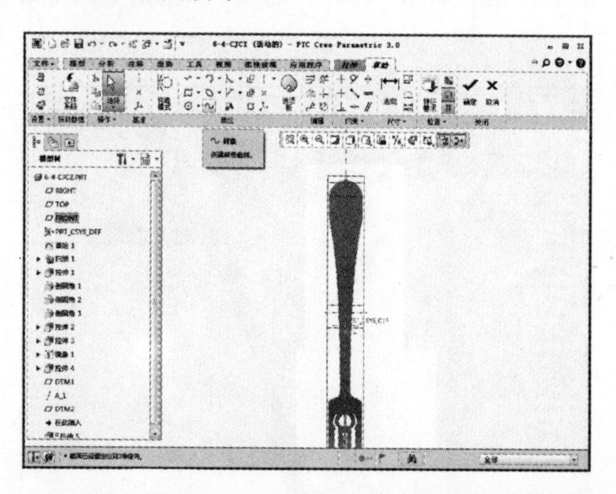

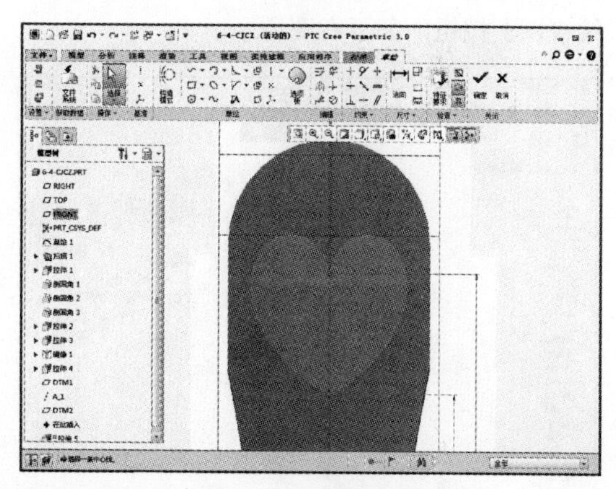

➤24 草图绘制完成后单击【确定】按钮，进入“拉伸”选项卡，设置穿透拉伸切除，如下左图所示。设置完成后单击【确定】按钮，如下右图所示。

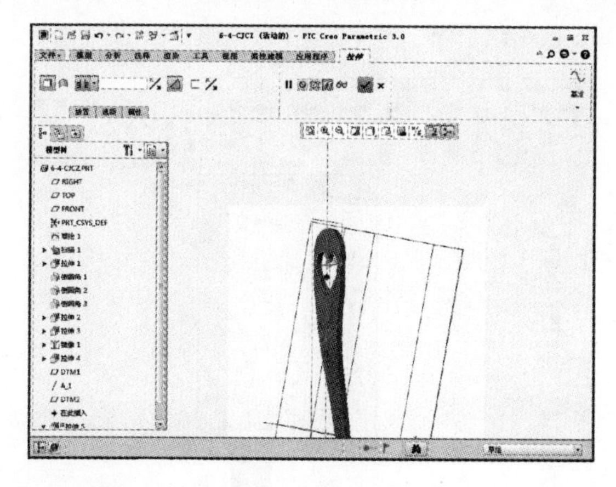

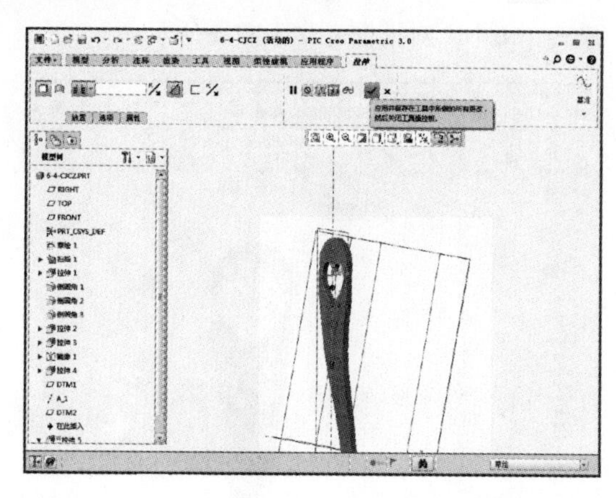

➤25 完成上述特征操作后在“模型”选项卡中单击【拉伸】按钮，如下左图所示。单击【拉伸】按钮后系统显示“拉伸”选项卡，如下右图所示。

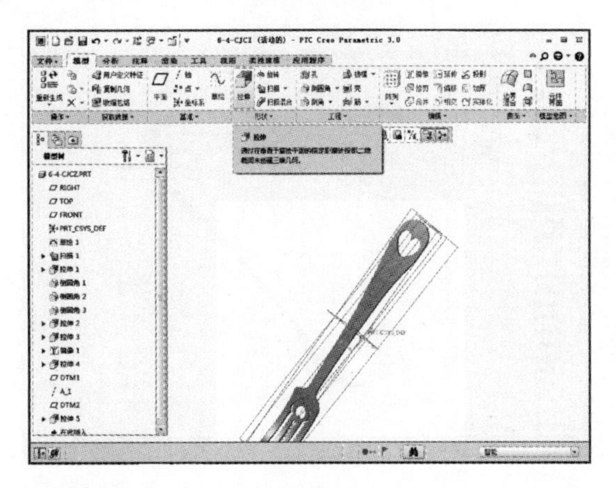

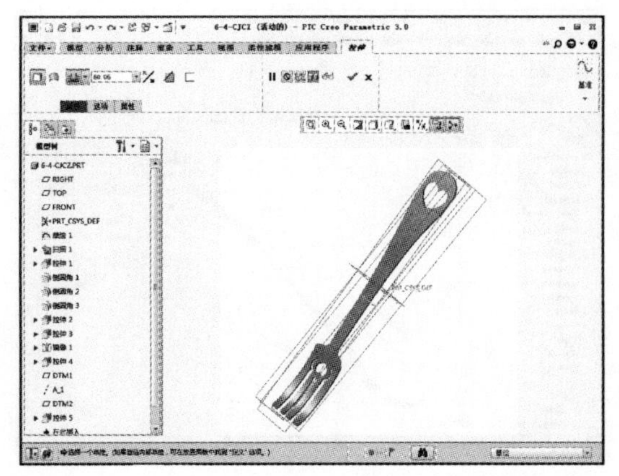

26 单击【放置】按钮，选择定义草绘平面，弹出“草绘”对话框，定义拉伸基准面为 DTM2 平面，然后单击【草绘】按钮，如下左图所示。单击该按钮后显示“草绘”选项卡，然后单击【草绘视图】按钮，如下右图所示。

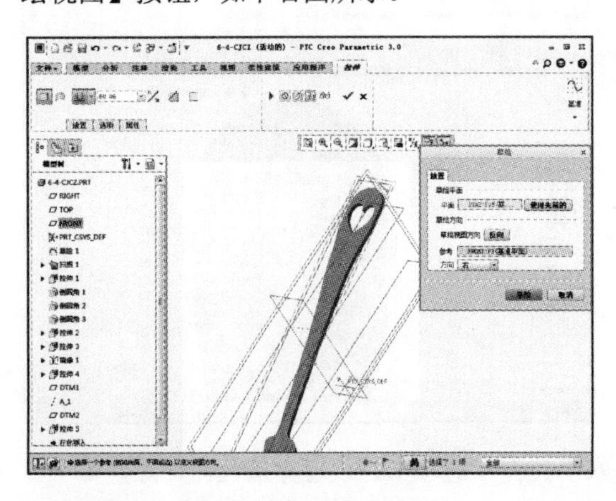

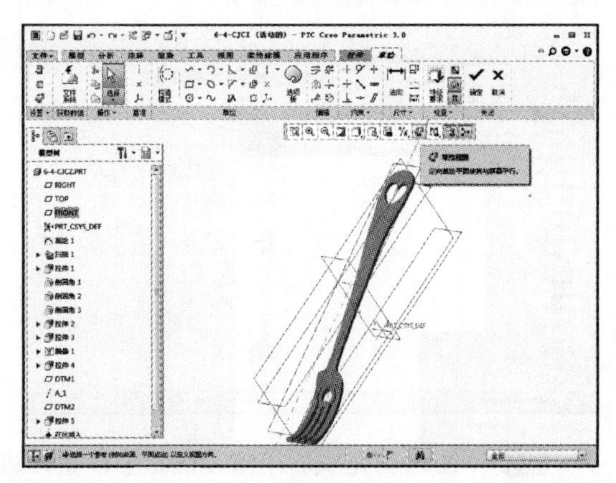

27 在“草绘”选项卡中单击【文本】按钮，如下左图所示。单击该按钮后指定文字高度，弹出“文本”对话框，如下右图所示。

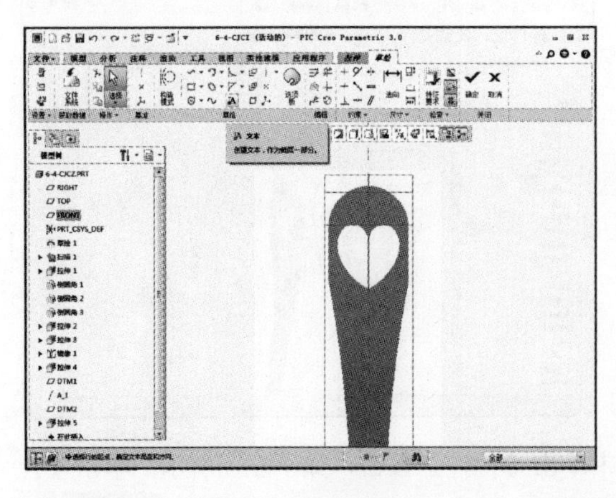

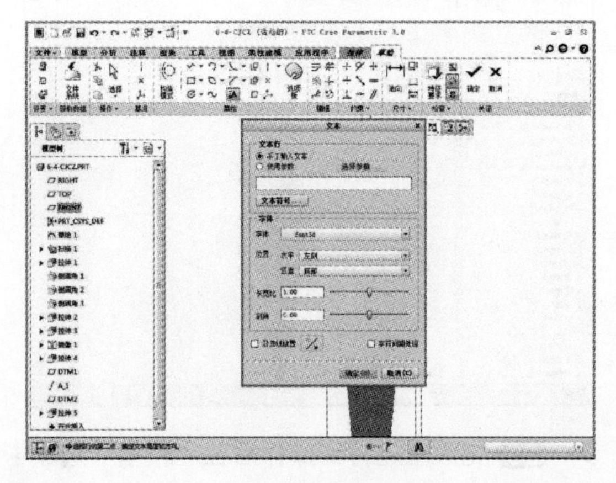

28 在“文本”对话框的“文本行”中输入字母 a，然后单击【确定】按钮，如下左图所示。文本高度为 25，距 Y 轴 6、距 X 轴 80，如下右图所示。

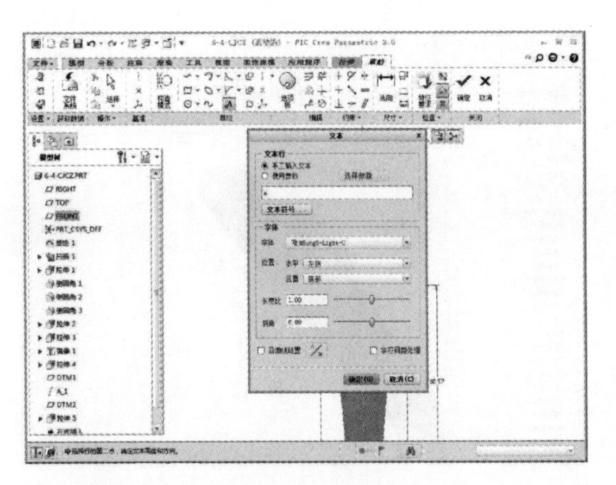

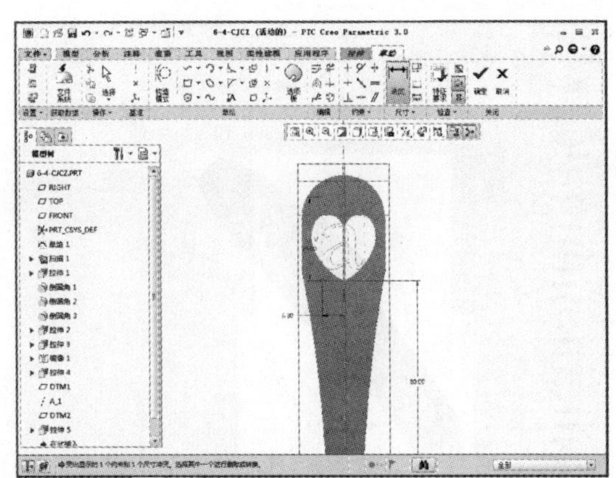

29 草图绘制完成后单击【确定】按钮，进入“拉伸”选项卡，设置对称值拉伸，拉伸值为 9，如下左图所示。设置完成后单击【确定】按钮，如下右图所示。

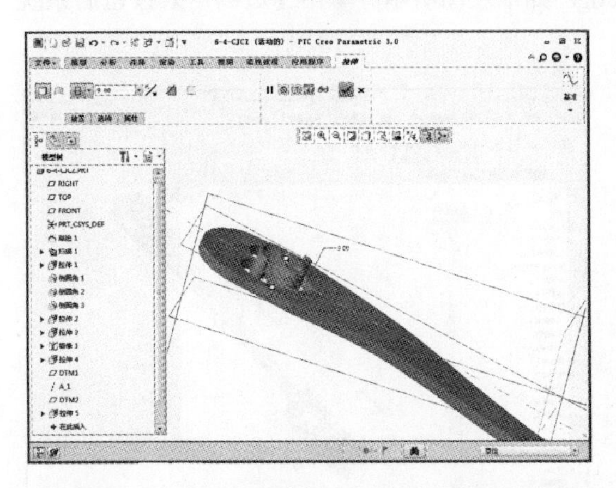

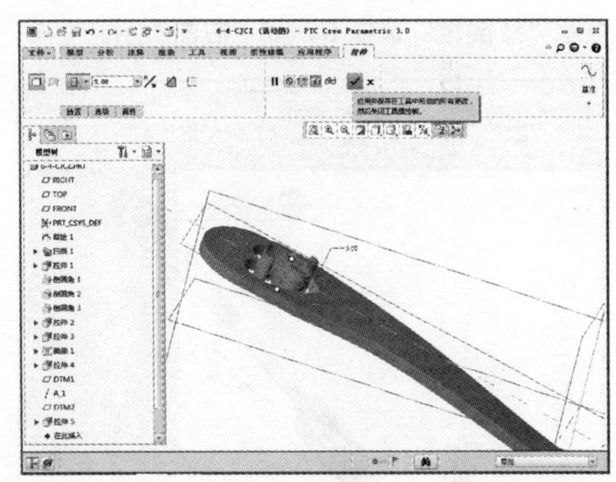

30 完成上述特征操作后在“模型”选项卡中选取图示平面，然后单击【偏移】按钮，如下左图所示。单击【偏移】按钮后系统显示“偏移”选项卡，如下右图所示。

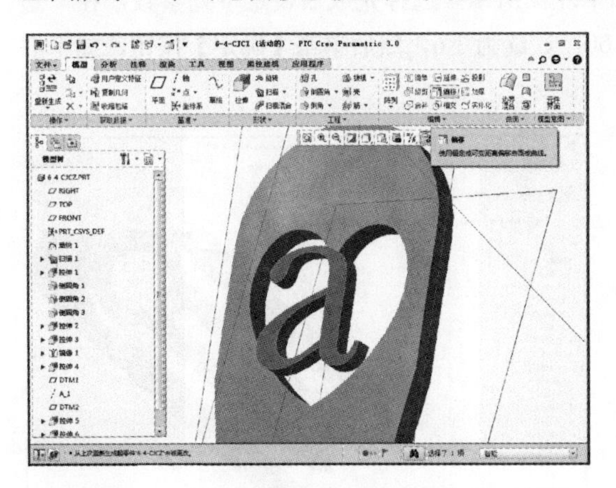

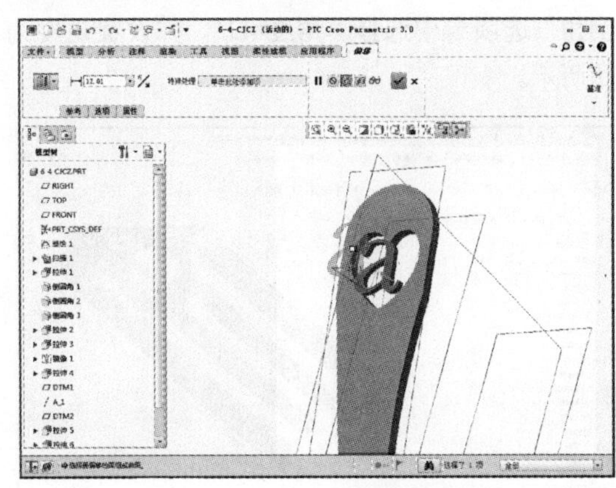

31 在“偏移”选项卡中设置实体偏移，并设定偏移值为 3，如下左图所示。设定完成后单击“偏移”选项卡中的【确定】按钮，如下右图所示。

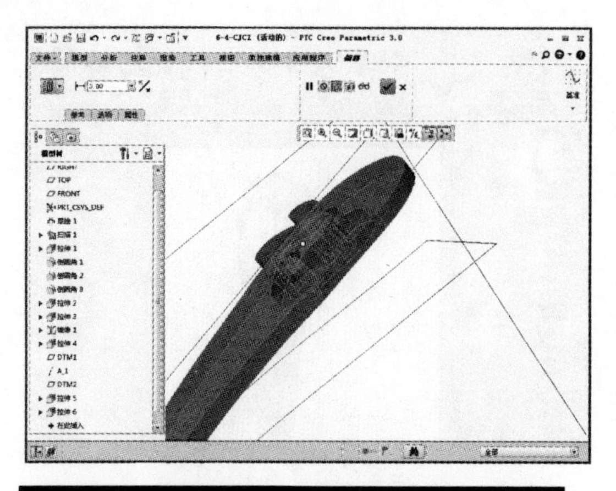

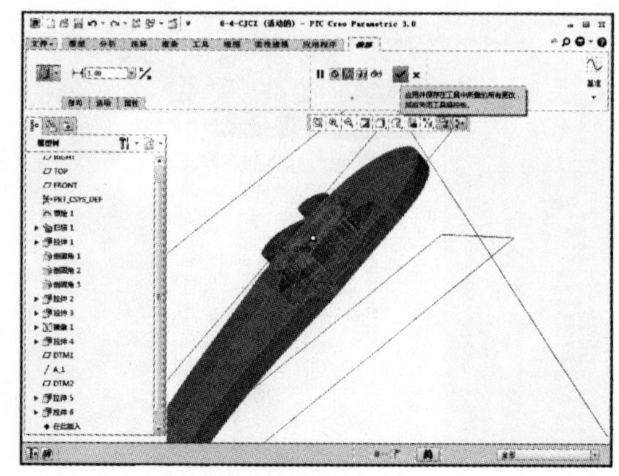

## STEP04 创建叉子修饰部分特征

**01** 完成上述特征操作后单击【边倒角】按钮，如下左图所示。单击【边倒角】按钮后系统显示“边倒角”选项卡，如下右图所示。

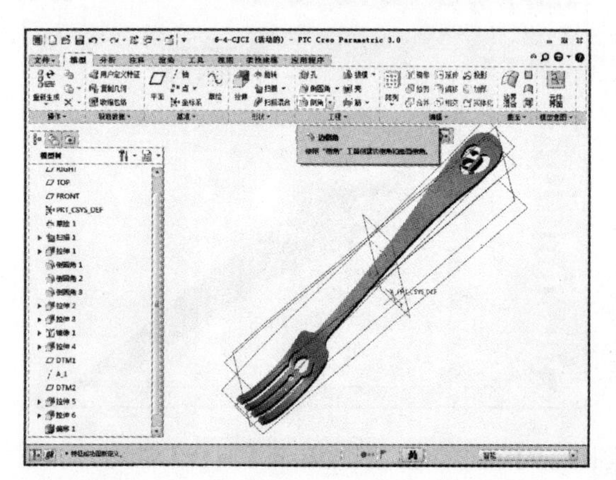

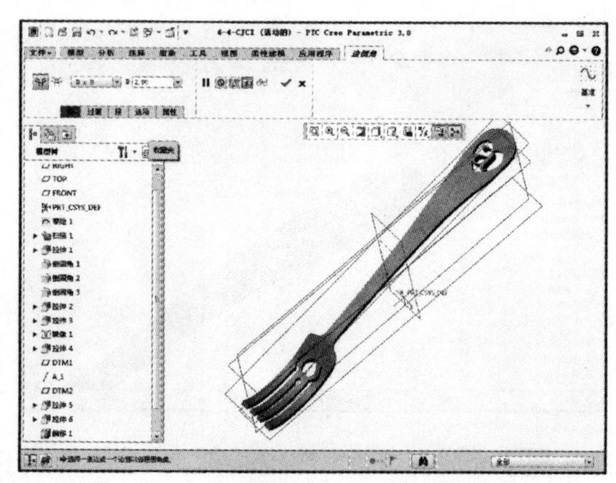

**02** 选择图中的 8 条边作为边倒角的边，如下左图所示。选择完成后设定下列参数，在“边倒角”选项卡中选择“角度×D”，并设置角度为 60°、D 为 1.6，然后单击【确定】按钮，如下右图所示。

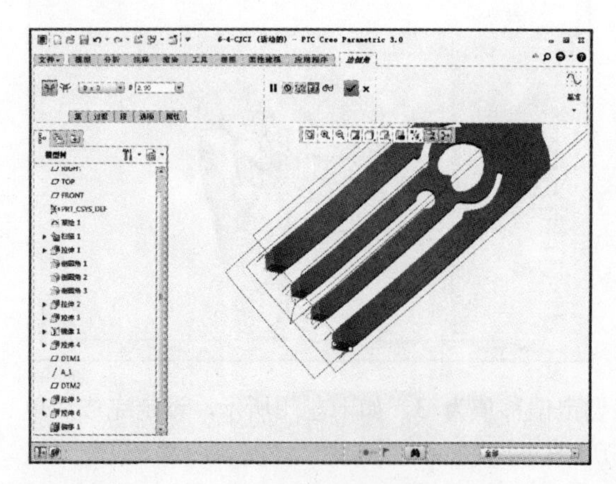

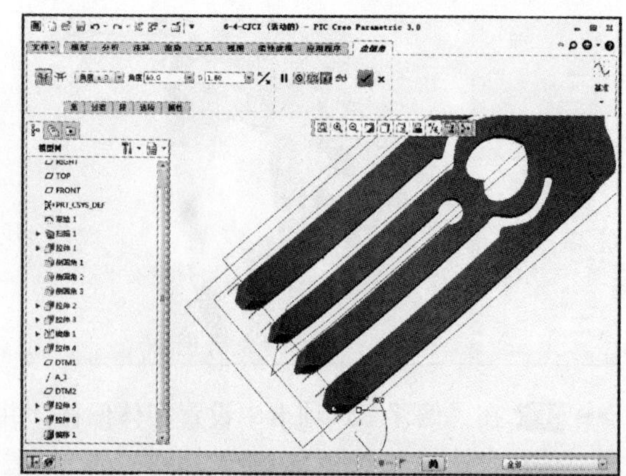

**03** 完成上述特征操作后单击【倒圆角】按钮，如下左图所示。单击【倒圆角】按钮后系统

显示“倒圆角”选项卡，如下右图所示。

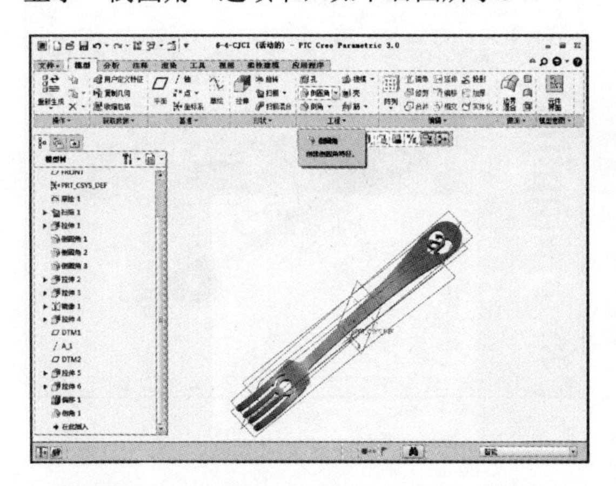

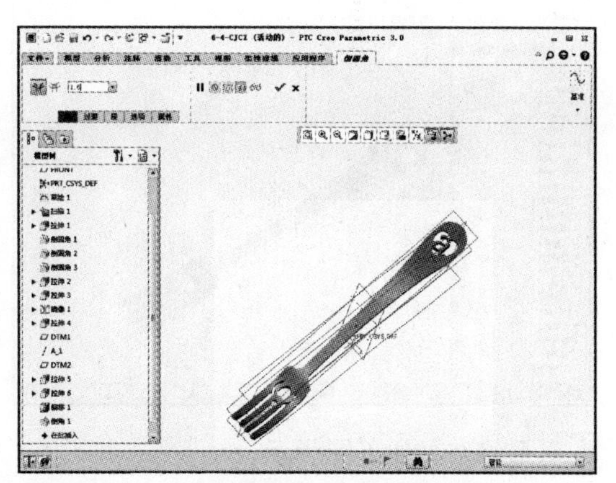

04 在“倒圆角”选项卡中设定半径为 10，如下左图所示。参数设定完成后选择图中的 4 条边作为倒圆角的边，并单击【确定】按钮，如下右图所示。

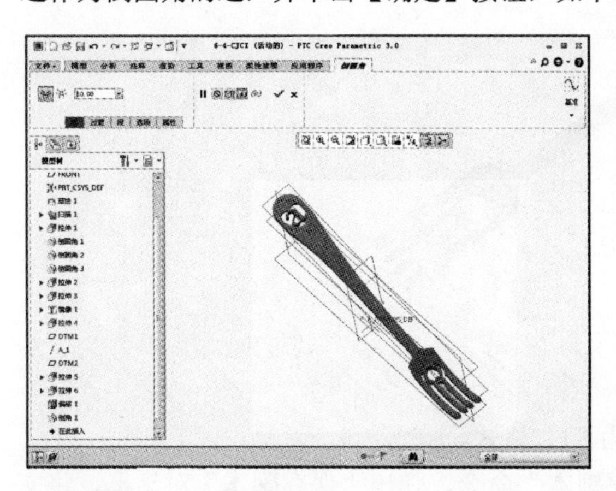

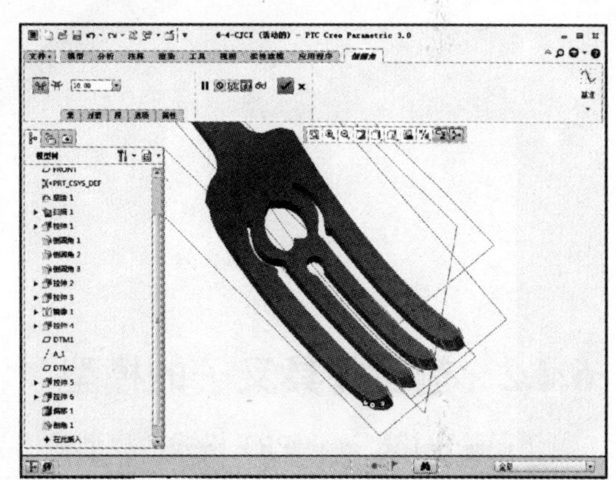

05 完成上述特征操作后单击【自动倒圆角】按钮，如下左图所示。单击【自动倒圆角】按钮后系统显示“自动倒圆角”选项卡，如下右图所示。

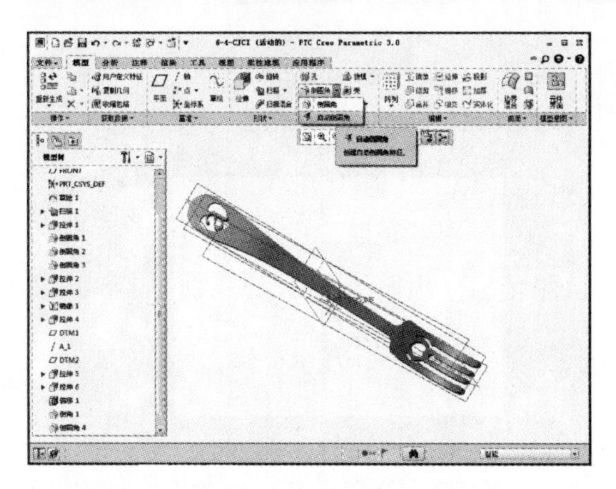

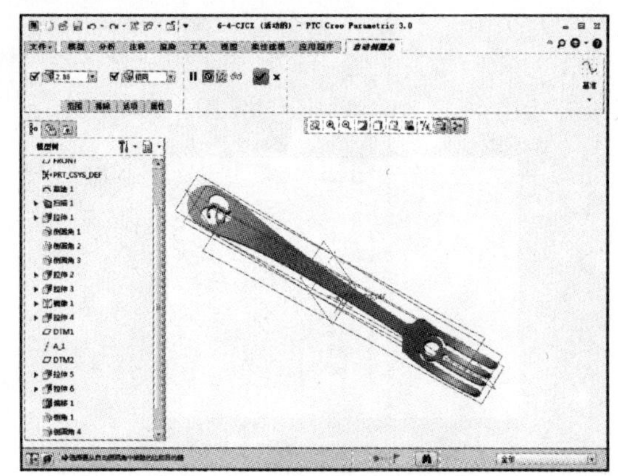

06 在“自动倒圆角”选项卡中设置半径为 0.5，如下左图所示。参数设定完成后单击【确定】按钮，如下右图所示。

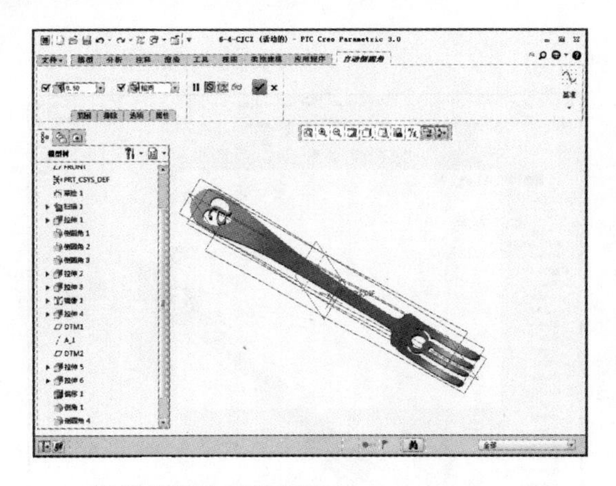

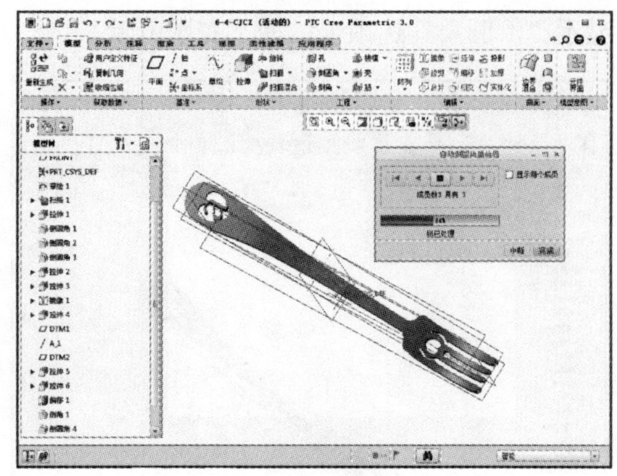

最终结果如下图所示。

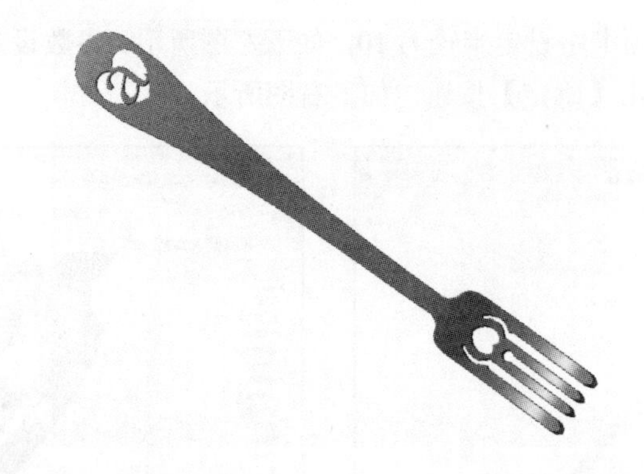

## 6.4.2 输出餐具叉子的模型

下面输出模型，将 PRT 格式的模型输出为 STL 格式。

（1）选择模型，执行“文件>另存为>保存副本”命令，弹出“保存副本”对话框，将文件命名为“6-4-cjcz”，类型设定为“*.stl”，如下图所示。

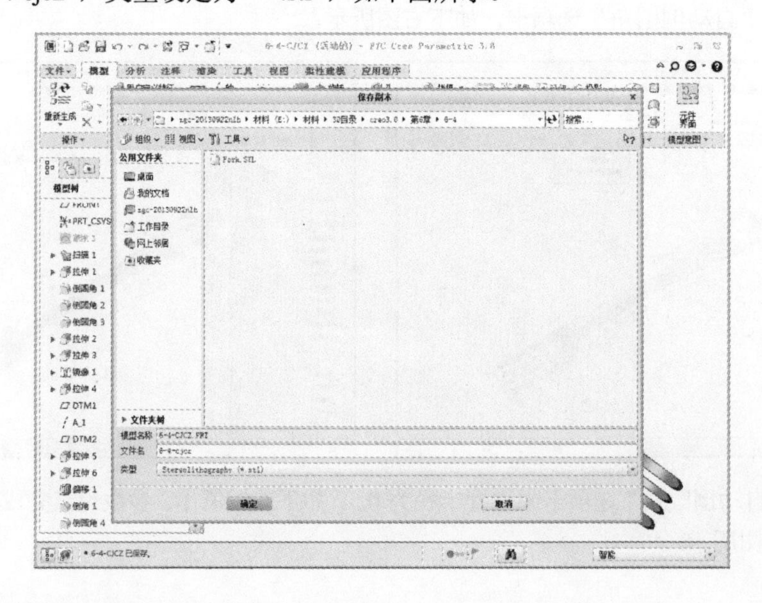

（2）系统弹出“导出 STL”对话框，此时采用系统默认的参数，单击【确定】按钮，如下图所示。

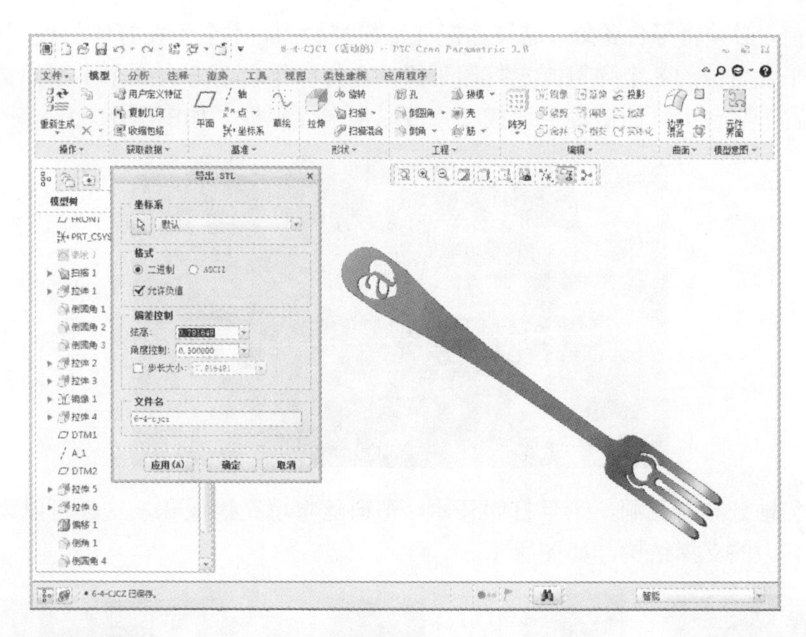


## 6.4.3 检查餐具叉子的 STL 模型

下面将 STL 模型导入到 netfabb 软件中进行检查和修复。一般情况下，使用工业设计软件制作的模型很少会产生破面、共有边、共有面等错误，为了保险我们还是要在专业软件中检查一下，只要不出现⚠符号就是完好的 3D 打印模型，如图所示。

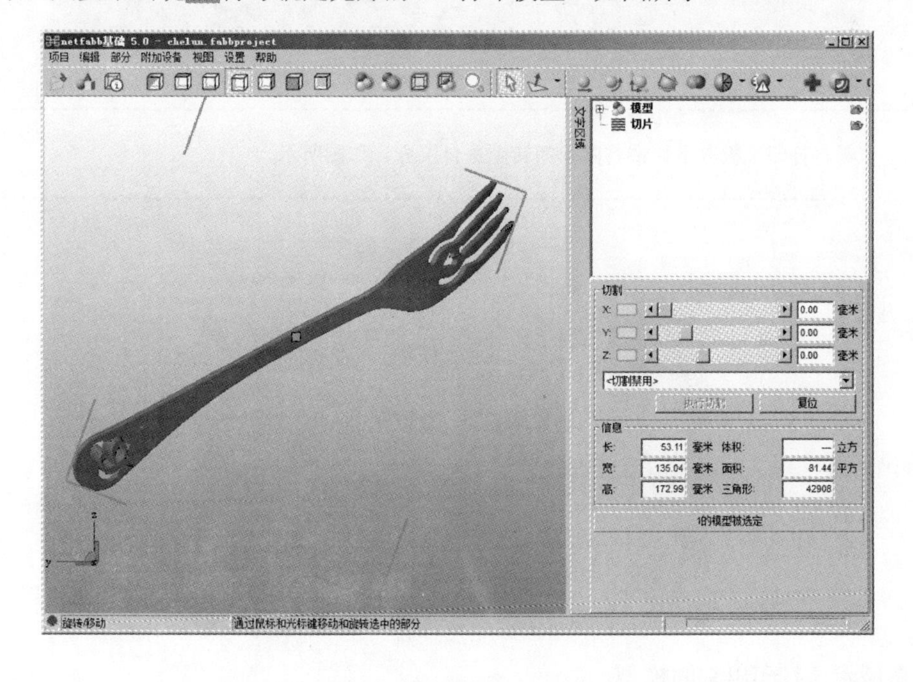

### 6.4.4 准备打印平台

在打印前，必须将平台备好，这样才能保证模型稳固，不至于在打印的过程中发生偏移。用户可借助平台自带的 8 个弹簧固定打印平板，在打印平台下方有 8 个小型弹簧，请将平板按正确方向置于平台上，然后轻轻地拨动弹簧以便卡住平板，如图所示。

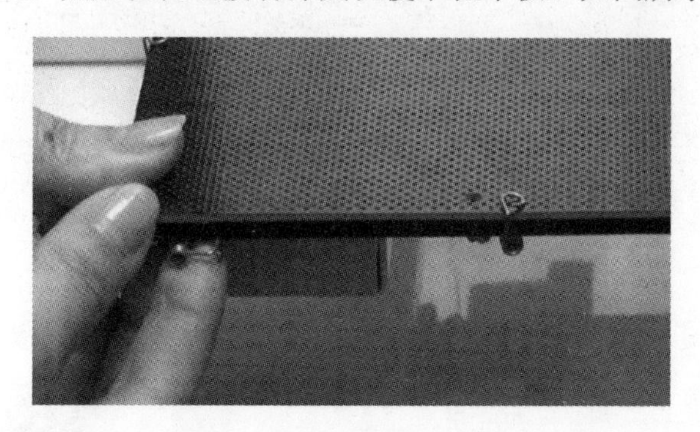

板上均匀地分布着孔洞，一旦打印开始，塑料丝将填充进板孔，这样可以为模型的后续打印提供强有力的支撑结构，如图所示。

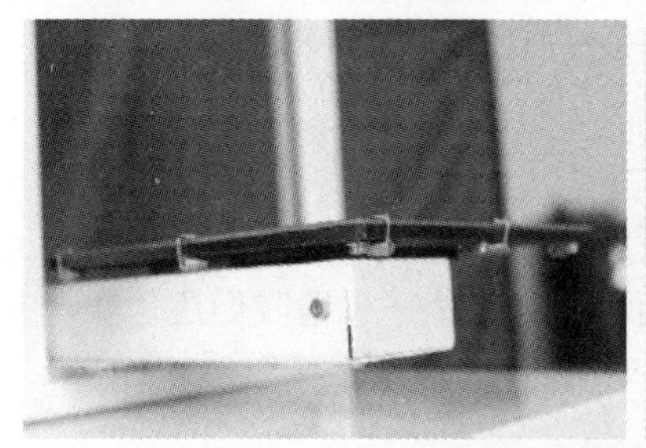

> **注意**
>
> 如需将打印平板取下，请将弹簧扭转至平台下方，如图所示。

如图所示为打印出来的模型。

## 6.4.5 打印支撑的选择

模型由两部分组成，一部分是模型本身，另一部分是支撑材料。支撑材料的选择可以加固模型打印。

执行“三维打印”菜单中的“设置”命令，将会出现如图所示的对话框。

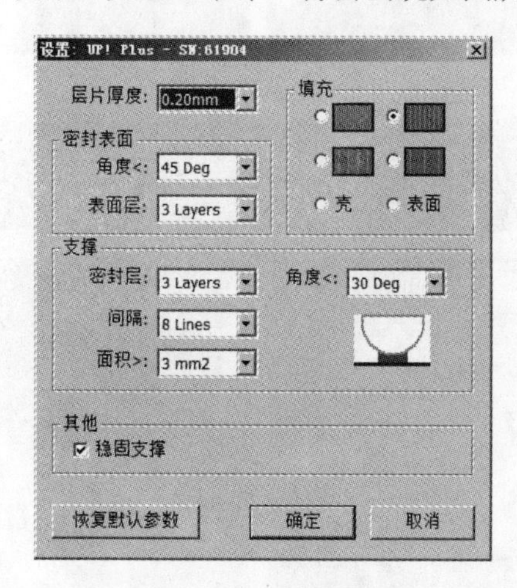


在打印实际模型之前，打印机会先打印出一部分底层。当打印机开始打印时，它首先打印出一部分不坚固的丝材，沿着 Y 轴方向横向打印。打印机将持续横向打印支撑材料，直到开始打印主材料时打印机才开始一层层地打印实际模型。

通常有以下 4 种方式填充内部支撑。

| | |
|---|---|
| | 该部分是由塑料制成的最坚固的部分，此设置在制作工程部件时建议使用。按照先前的软件版本此设置称为坚固 |
| | 该部分的外部壁厚大概 1.5mm，内部为网格结构填充。之前的版本此设置称为松散 |
| | 该部分的外部壁厚大概 1.5mm，内部为中空网格结构填充。之前的版本此设置称为中空 |
| | 该部分的外部壁厚大概 1.5mm，内部由大间距的网格结构填充。之前的软件版本此设置称为大洞 |

（1）在支撑材料的最小值与零件的质量和移除支撑材料的难易程度之间总会形成一种平衡。

（2）零件在打印平台上的方向决定使用多少支撑材料和移除支撑材料的难易程度。

（3）一般情况下，从外部移除支撑要比从内部移除简单些。因为零件可以从图片的右侧看到，所以面朝下打印要比面朝上打印使用更多的支撑材料。

（4）支撑材料在节耗性、牢固性和易除性上有良好的平衡点。

（5）在打印的操作上也充分考虑了用多少支撑材料，以及支撑是否容易移除等因素。

（6）按照常规，外部支撑比内部支撑更容易移除，开口向上比向下节省更多的支撑材料。

（7）支撑材料可以使用多种工具拆除，一部分可以很容易地用手拆除，越接近模型的支撑，使用钢丝钳或者尖嘴钳越容易移除，如图所示。

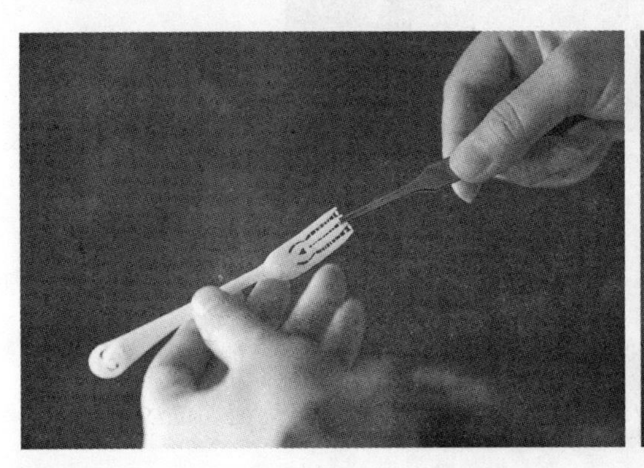
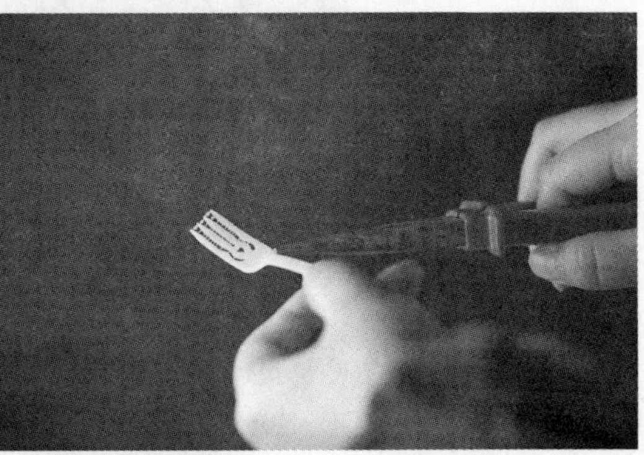

## 打印效果展示

# 课后练习 1：车载手机支架

本练习介绍利用拉伸、旋转、扫描等命令制作车载手机支架模型的方法。在建模过程中分为三部分，首先创建支架的主要部分，然后创建支架的次要部分，最后完成支架的修饰。本练习的草图绘制比较简单，请耐心按照教程绘制。本例参考图如下图所示。

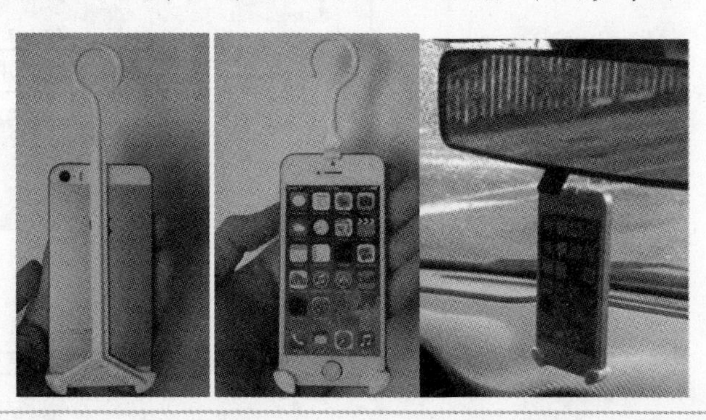

## 制作思路

Step 01 在草绘界面中使用“拐角矩形”绘制图示图形，使用“拉伸”“倒圆角”等命令制作车载手机支架主体模型，如图所示。

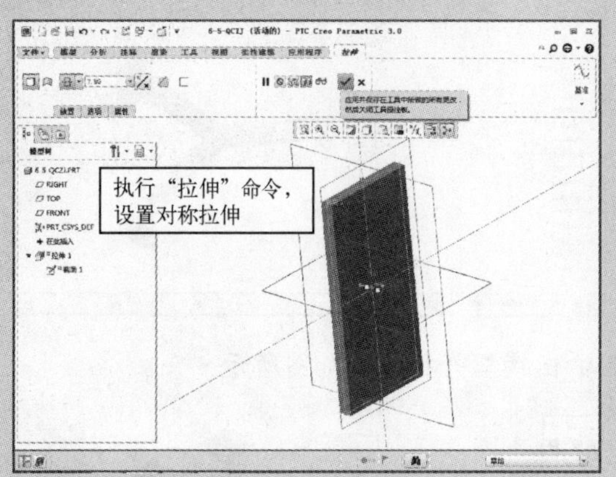


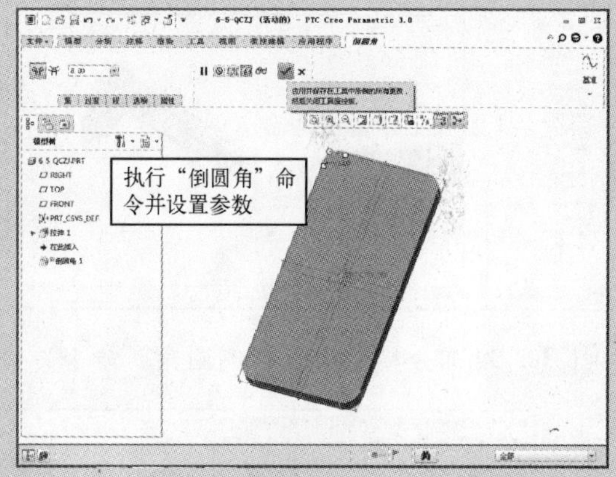


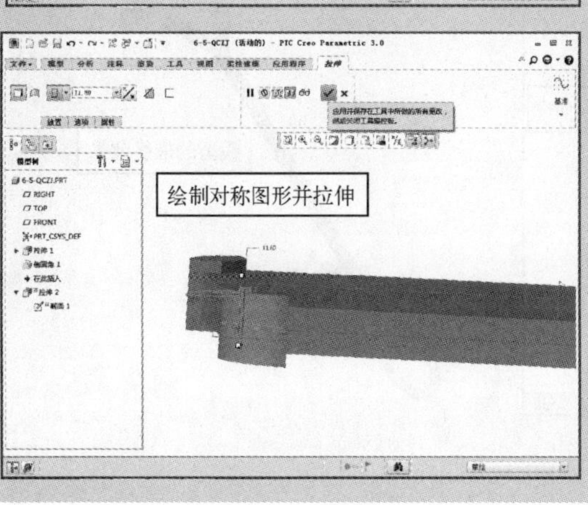


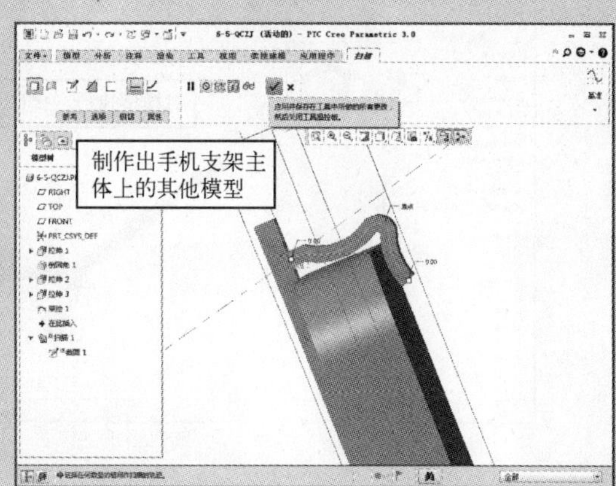

Step 02 执行“平面”“草绘”“放置”“线链”“投影”和“扫描”等命令，创建出手机支架的次要特征，如图所示。

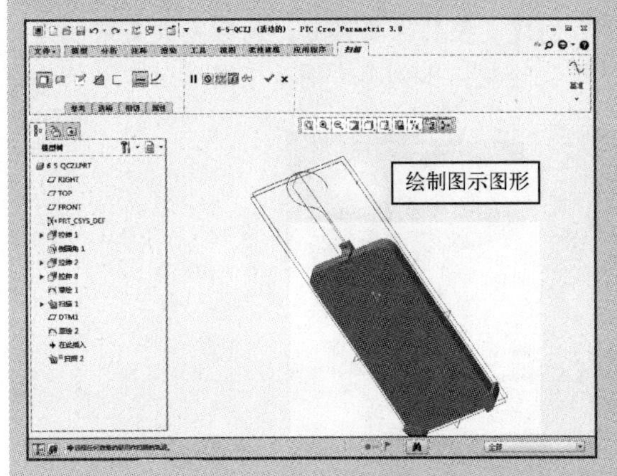


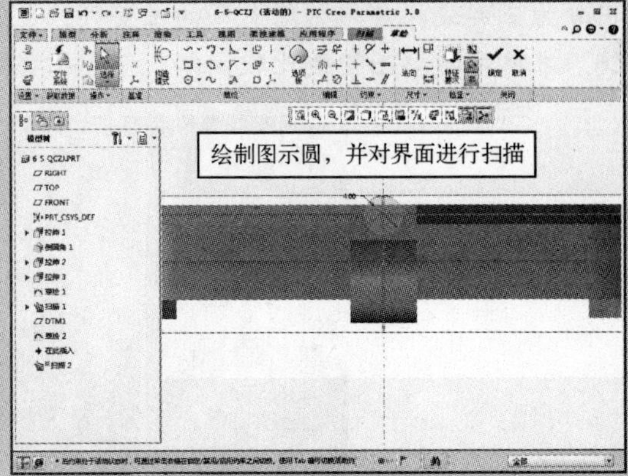


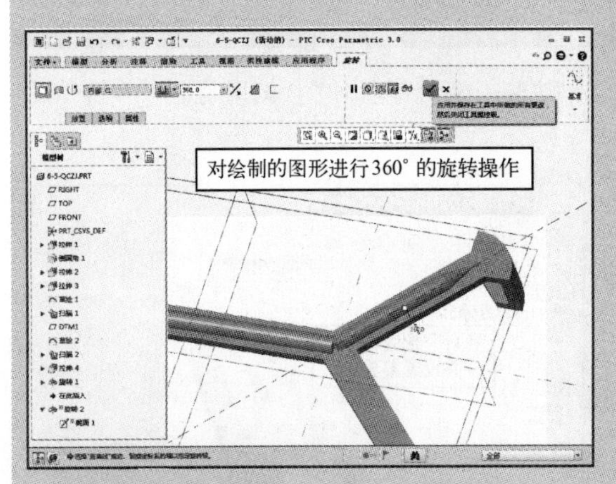


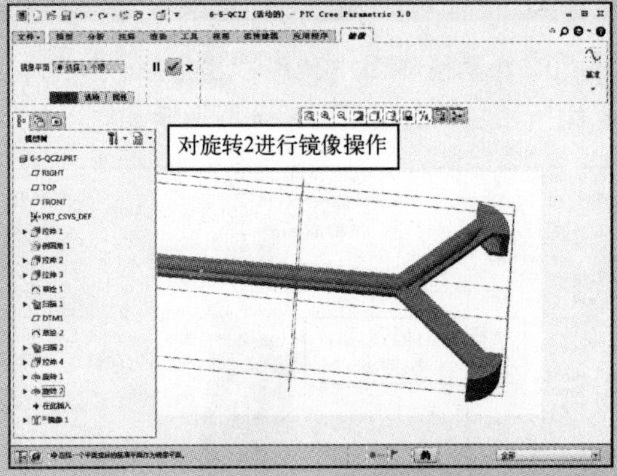


Step 03 对部分模型执行“倒圆角”命令，最后输出模型并打印，如图所示。

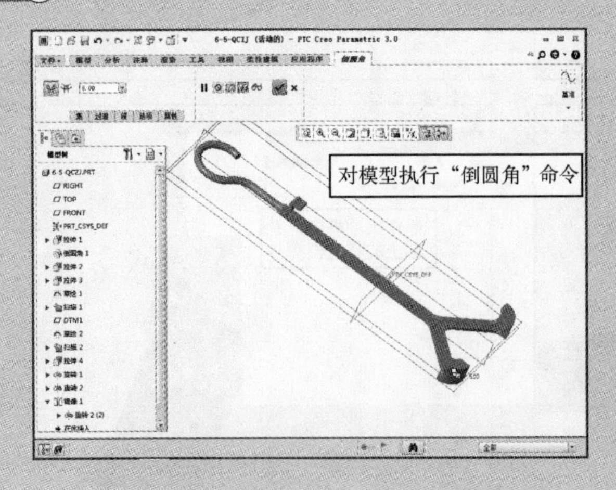


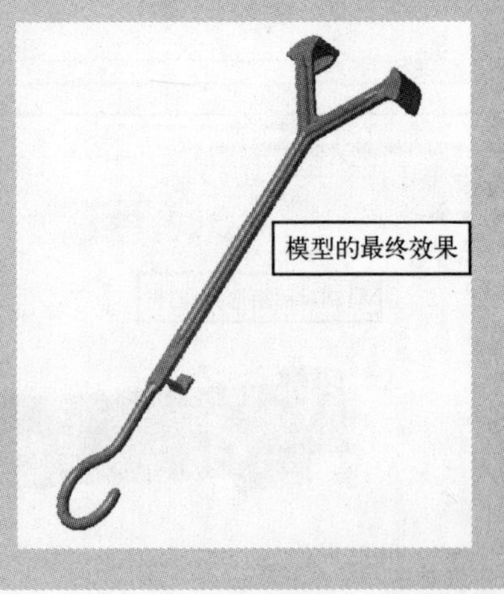

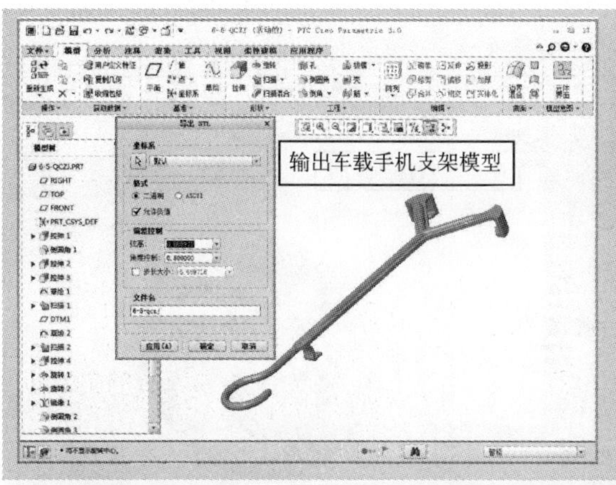


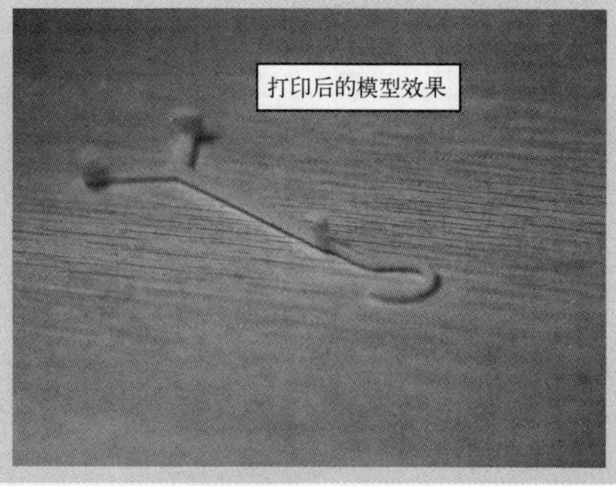


## 课后练习 2：吊坠

本练习介绍利用拉伸、旋转、扫描等命令制作吊坠模型的方法。在建模过程中我们采用先主后次的方式进行，首先创建吊坠模型的主要特征，然后创建吊坠的次要特征。本练习的草图绘制比较复杂，操作过程比较简单，请耐心按照教程绘制。本例参考图如下图所示。

### 制作思路

Step 01 使用“圆心和点”“圆弧”“线链”“投影”等命令完成吊坠主要特征的建模，如图所示。

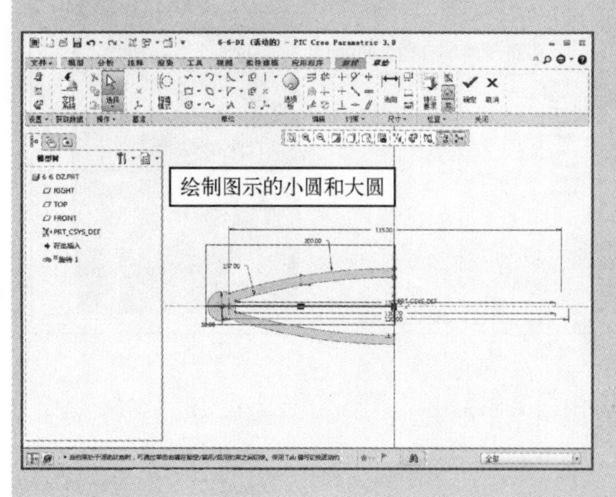


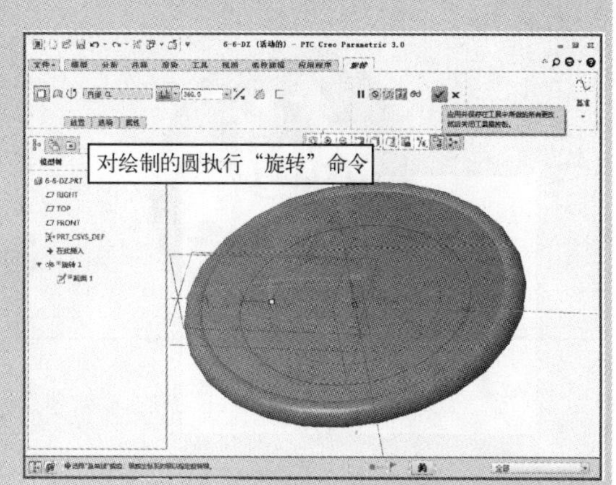

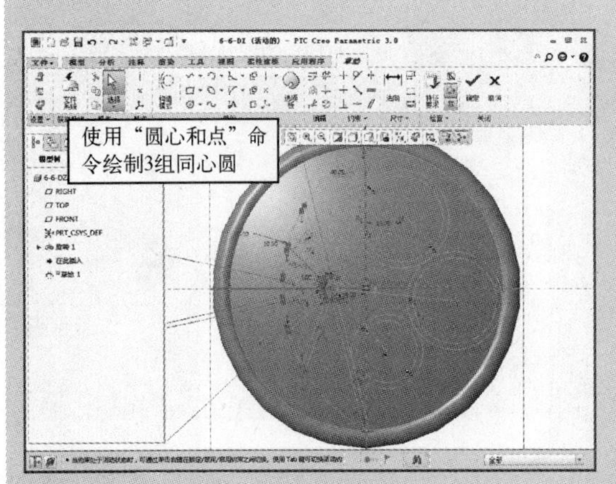


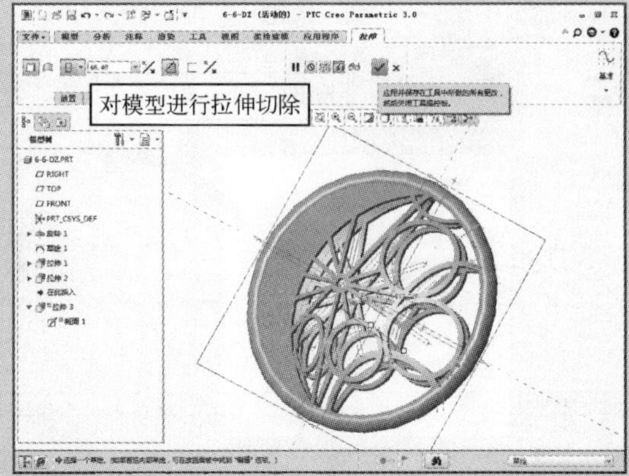


Step 02 继续绘制圆，执行“扫描”“轨迹”“拉伸”等命令完成模型的制作，如图所示。

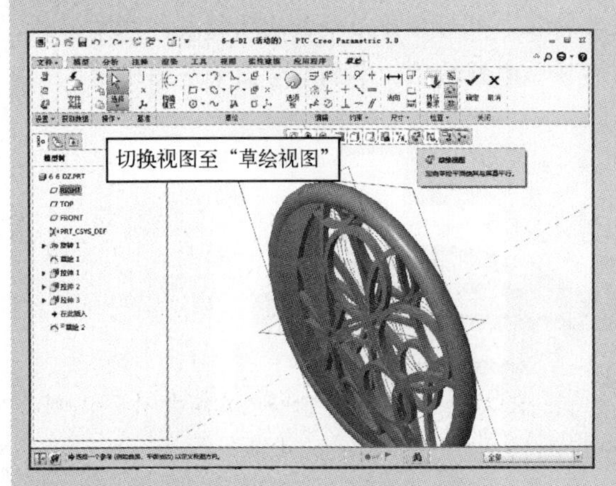


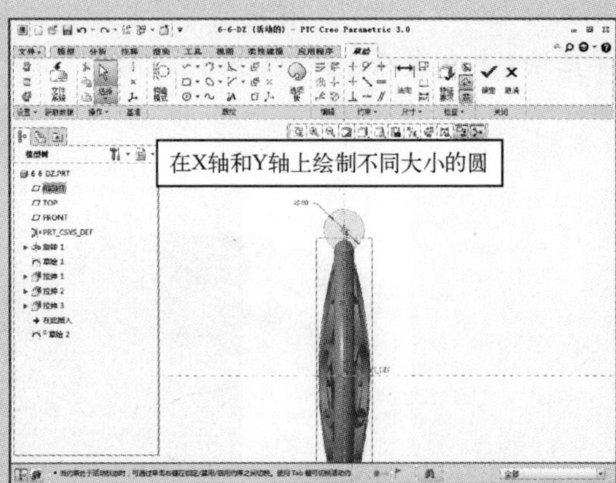


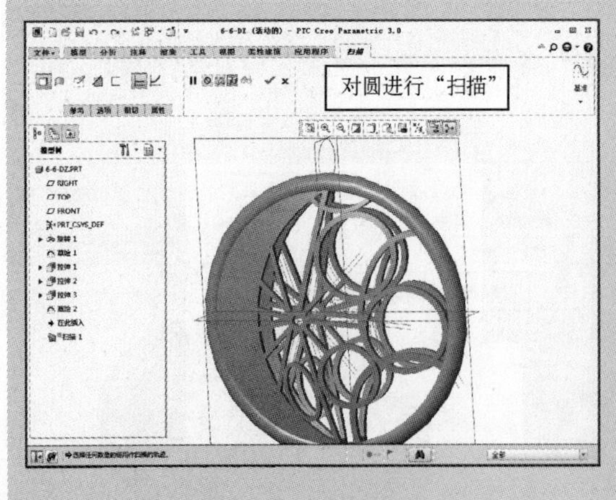


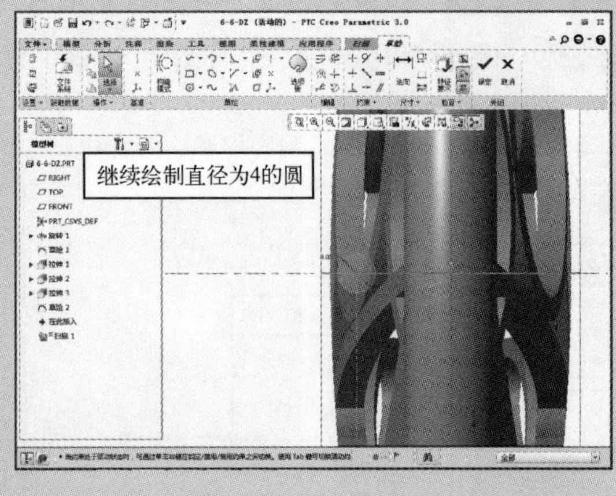

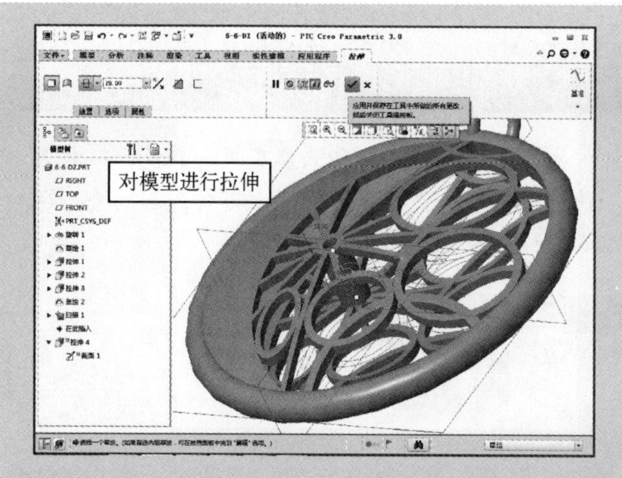

Step 03 输出并打印模型，模型的打印效果如图所示。

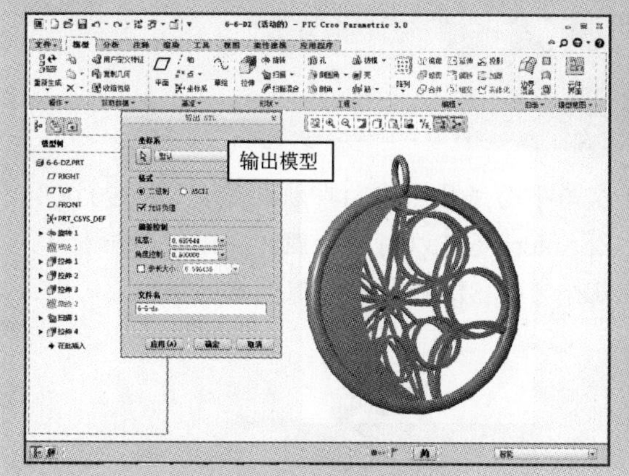

## 实用问答：彩色 3D 打印机主要有哪些类型

目前市面上主要有 3 种彩色 3D 打印机，一种是一次打印只能用单一颜色，一种是可以一次性打印少数几种颜色，还有一种就是可以一次性呈现成千上万种色彩的全彩色 3D 打印机——唯一的选择就是美国 3D Systems 的 Zprinter 系列。

Zprinter 系列 3D 打印机的色彩表现力可以与平面纸质激光打印机相媲美，达 390 000 种独特的颜色和数量几乎无限的色彩组合；Zprinter 还可以打印出照片、LOGO 徽标、纹理、文本标签、有限元分析结果等，因此几乎可以 3D 打印出以假乱真的模型。

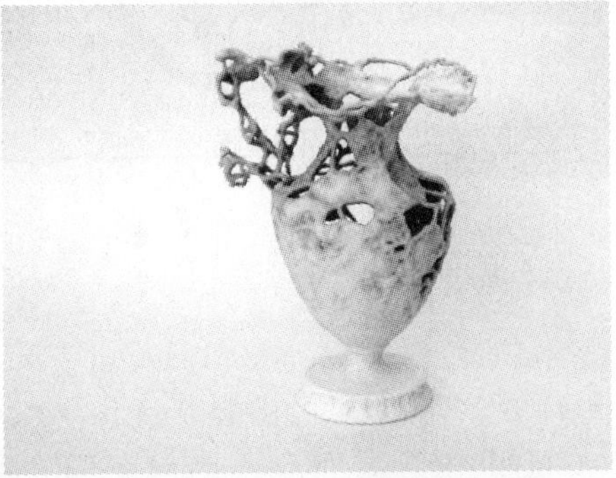

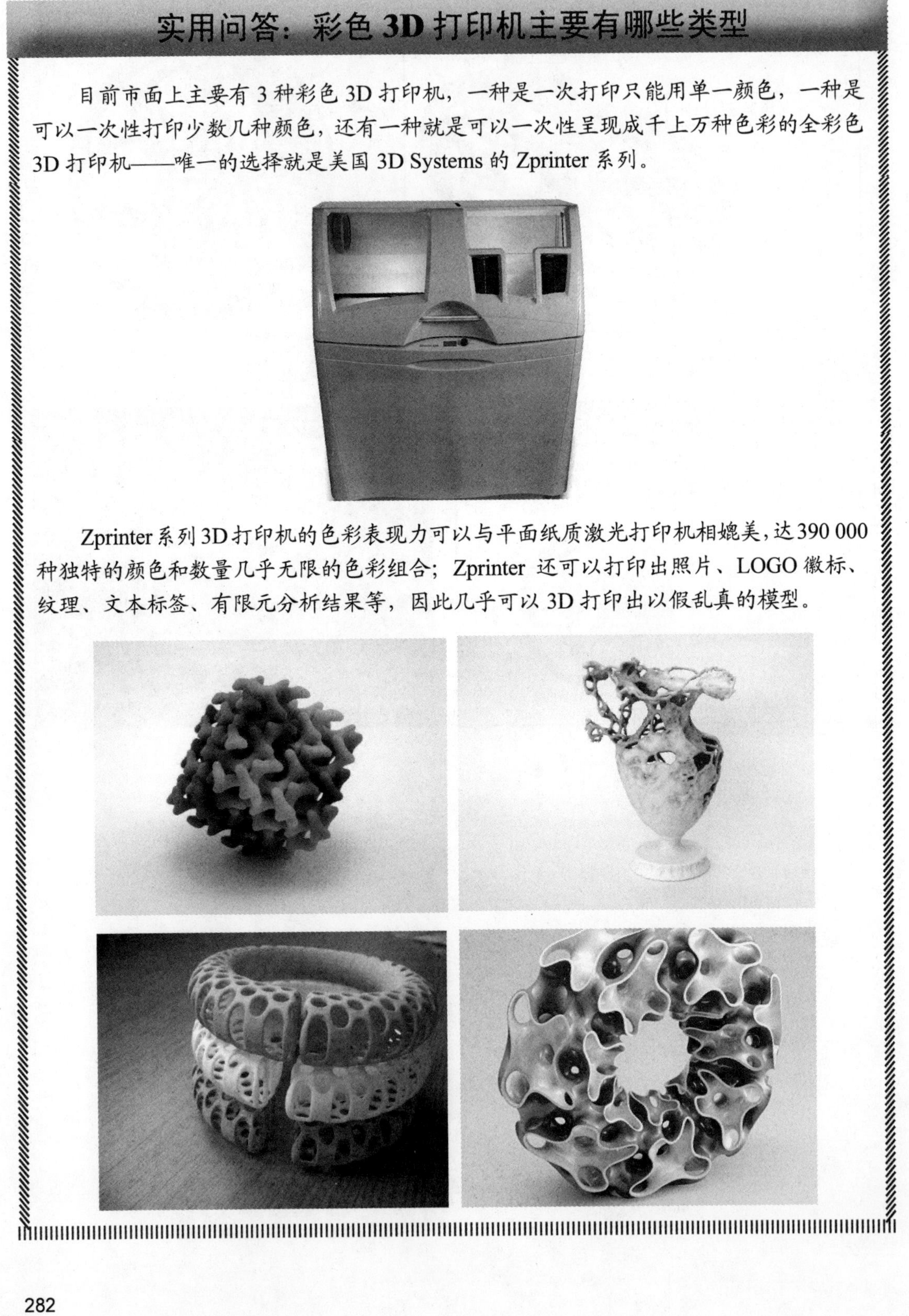

## 技术链接：3D 打印机控制材料成本的方法

打印成本通常用单位体积所需的费用来表示，例如***元/立方英寸或***元/立方厘米。即便使用同一台 3D 打印机，由于受到成型件结构的影响，单个成型件所需的费用也是千差万别，因此 3D 打印服务的报价经常以典型物体打印价格或者平均水平的价格来呈现。如果需要对报价进行对比，可以提供自己的一套 STL 模型文件让供应商进行报价，了解不同报价所包含和不包含的内容，从而选择性价比最高的供应商。

有些供应商提供的报价只包含了成型件所需模型材料的费用，不包含支撑材料或者 3D 打印过程中产生的其他损耗的费用，这种报价不是真实的、最终的报价。不同的 3D 打印工艺的材料利用率差异很大，因此，实际的材料使用成本是衡量报价的另外一个重要的参考。

一些塑料件在 3D 打印过程中需要同时消耗材料制作模型和支撑，支撑是一些稀疏的、用于支持成型的结构，可以通过后处理轻松去除。相比其他塑料件成型工艺，3D 打印的方式所使用的材料相对较少，浪费也较少，因此材料利用率更高、成本更低。

还有一些塑料件的 3D 打印工艺会损耗大量的支撑材料，因此往往采用不同性能的模型材料和支撑材料，支撑材料相对价格更低一些。去除支撑的方式有融化、溶解、水压破除等，可能会用到强烈的腐蚀性化学品，要求用特殊的处理方式和预防措施。水压破除的方式要求有水源和排水渠，这无疑会增加场地建设费用，而且这种支撑去除方法对人工劳动的要求比较多，还容易造成精细部件损坏或者支撑无法去除干净的问题。最快、最有效的支撑去除方法是融化蜡质的支撑，在特殊的后处理烤炉的帮助下，蜡质支撑可以快速融化并被轻易去除，深藏在成型件内部凹陷处的支撑也能被去除，并且不会对成型件的细节与复杂结构产生影响；去除蜡质支撑不需要化学品，融化出来的支撑材料可以视作普通垃圾，不需要做特殊处理。

警惕在成型过程中使用高价的模型材料制作支撑的 3D 打印机，因为它们会大幅度增加整体打印成本。成型同样体积的样件，它们所需要的材料和损耗的材料明显更多。

在打印时，模型的成型角度也十分重要，比如一个桌子，翻过来打印（桌面朝下）会节省很多支撑材料，而 4 个桌子腿朝下会增加很多支撑材料。

桌子的支撑

打印好的桌子模型

# 第 7 章

# 玩具建模&打印实战

# 7.1 玩具摆件

## 玩具摆件的设计草图

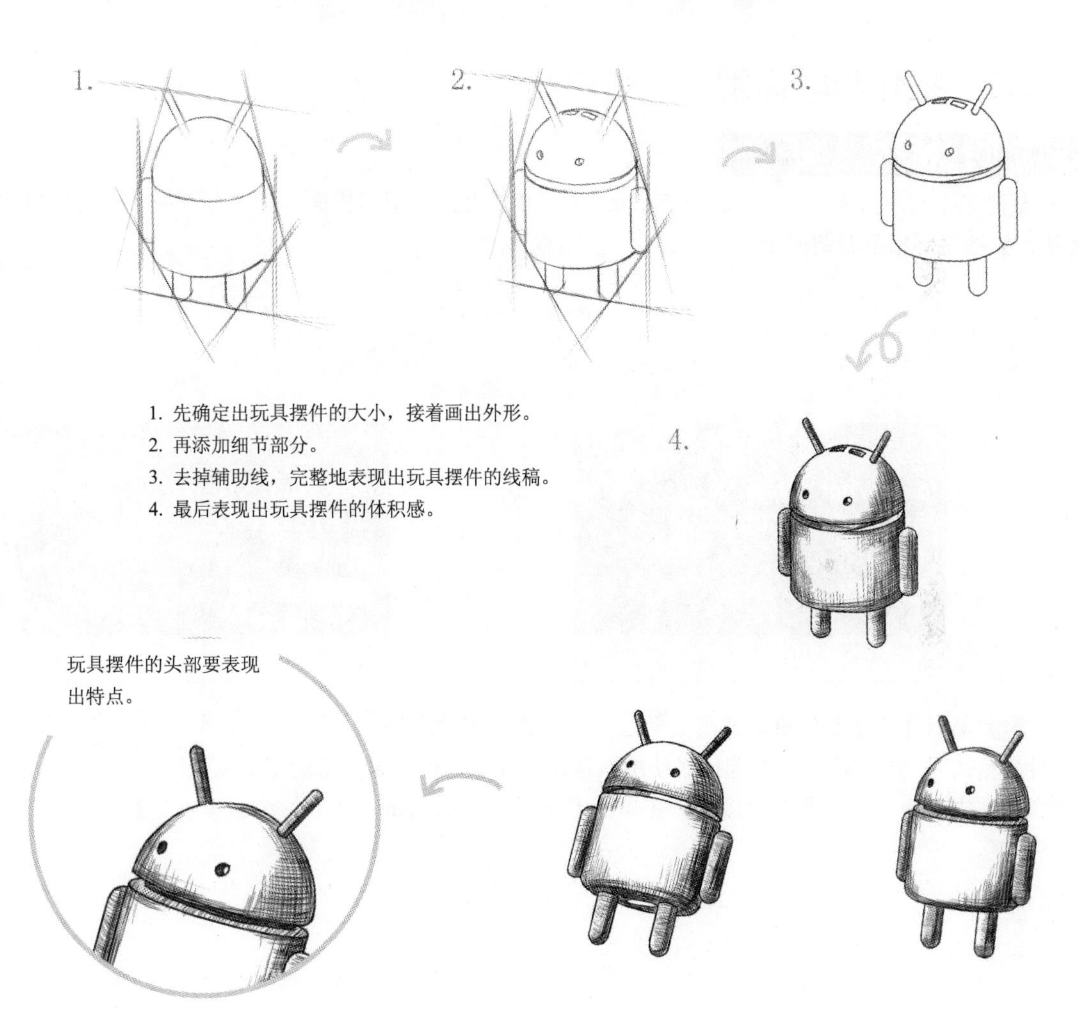


本节介绍利用拉伸、旋转、镜像等命令制作玩具摆件模型的方法。在建模过程中我们采用先主后次的方式进行，首先创建玩具摆件模型的主要特征，然后创建玩具摆件的次要特征，最后完成玩具摆件的修饰。本节的草图绘制比较简单，过程比较繁琐、单调，请耐心按照教程绘制。本例参考图如下图所示。

## 7.1.1 操作步骤详解

### STEP01 新建零件主体

01 在计算机上打开 PTC Creo Parametric 3.0 软件，出现其界面，如下左图所示。然后单击【新建】按钮，如下右图所示。

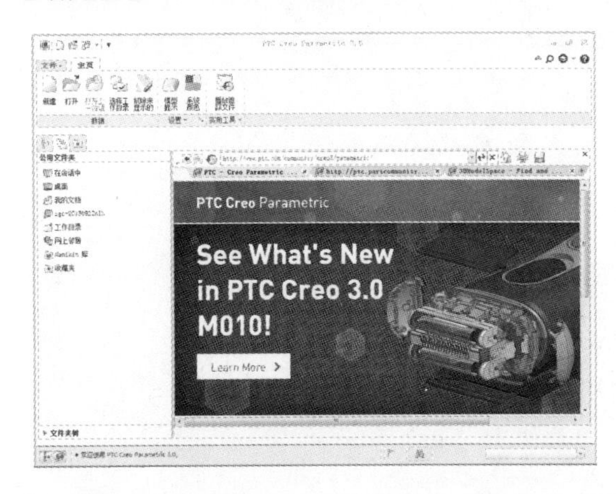


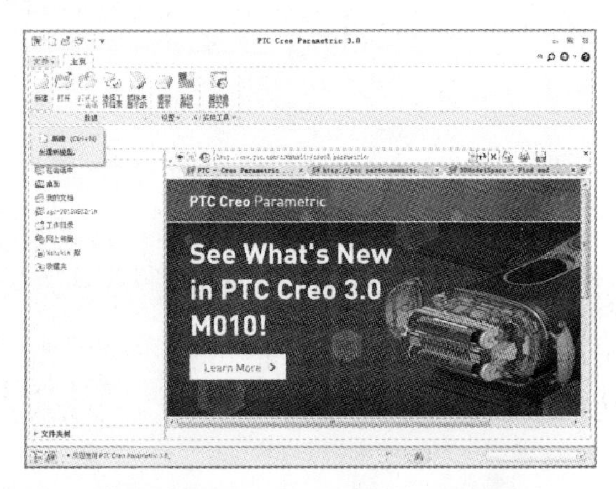


02 单击【新建】按钮后弹出“新建”对话框，类型选择“零件”、子类型选择“实体”，将文件名更改为“7-1-wjbj”，不选择“使用默认模板”复选框，单击【确定】按钮，如下左图所示。单击后弹出“新文件选项”对话框，在模板中选择“mmns-part-solid”，单击【确定】按钮，如下右图所示。

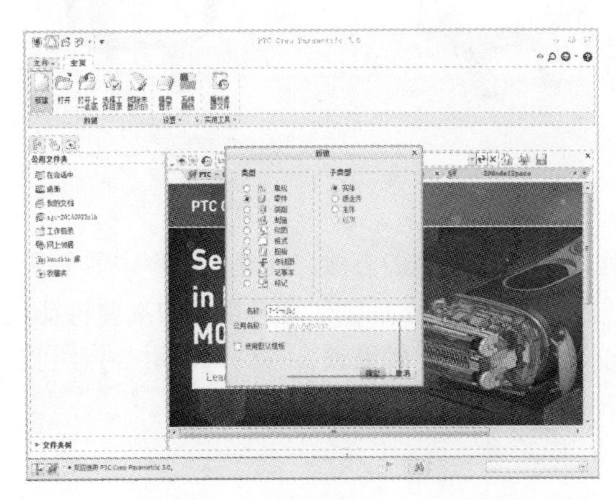

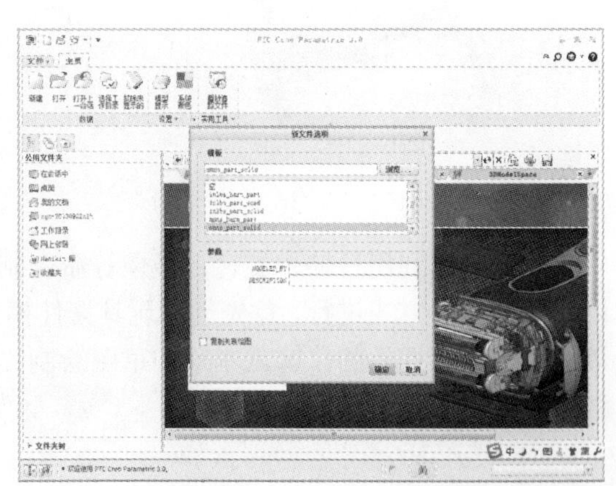

## STEP02　玩具摆件的主体建模

01 在“模型”选项卡中单击【旋转】按钮，如下左图所示。单击【旋转】按钮后系统显示“旋转”选项卡，如下右图所示。

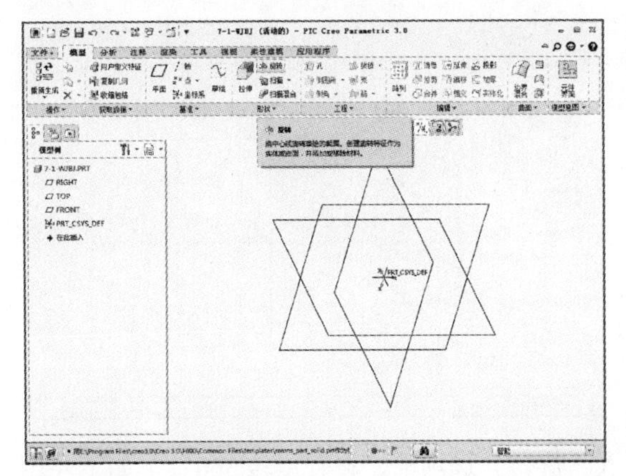

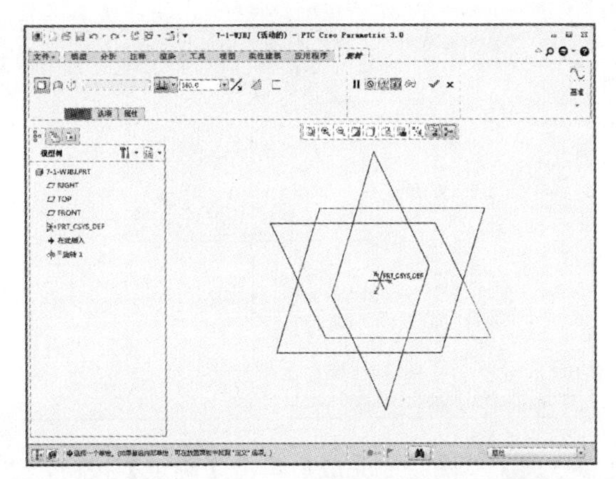

02 单击【放置】按钮，选择定义草绘平面，弹出“草绘”对话框，定义旋转基准面为 FRONT 平面，然后单击【草绘】按钮，如下左图所示。单击该按钮后显示“草绘”选项卡，然后单击【草绘视图】按钮，如下右图所示。

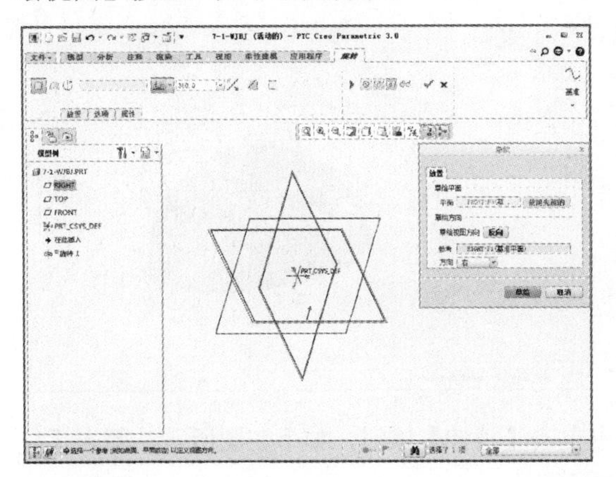

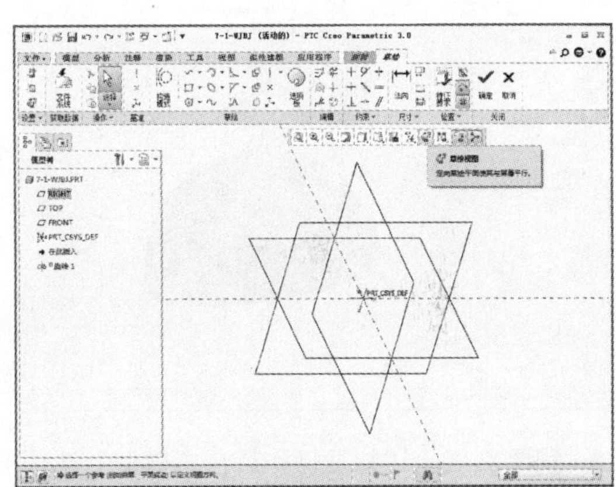

03 在“草绘”选项卡中单击【中心线】按钮，如下左图所示。绘制图示的中心线，中心在图中 Y 轴上，如下右图所示。

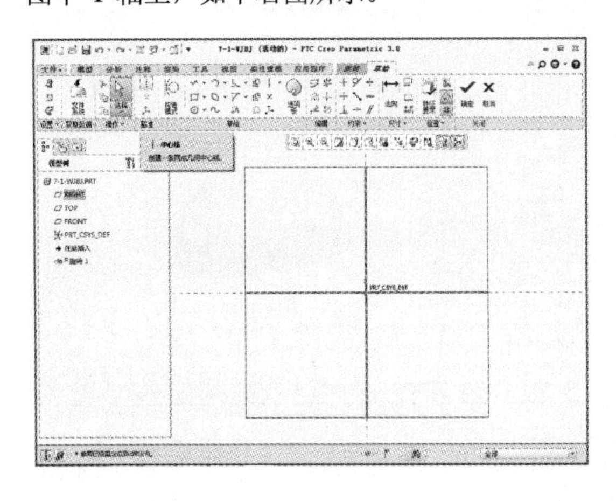

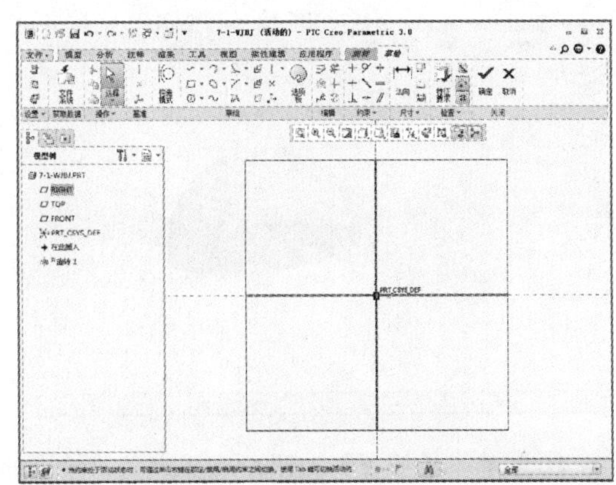

04 在“草绘”选项卡中单击【圆心和点】按钮，如下左图所示。绘制图示图形，圆的直径为 60，如下右图所示。

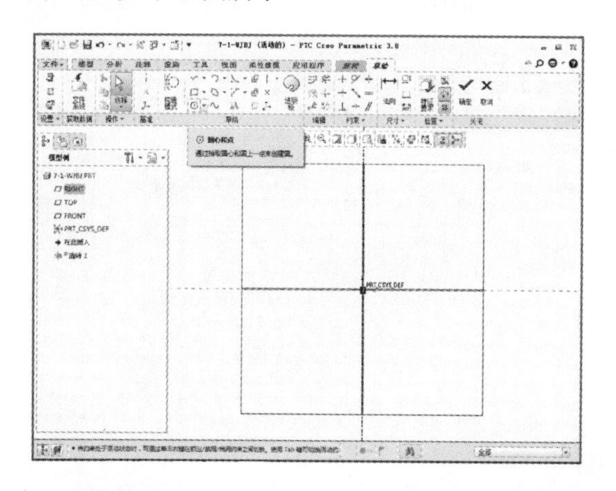

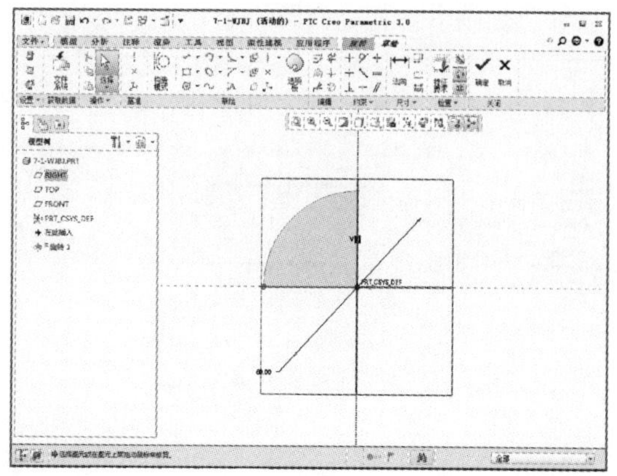

05 草图绘制完成后单击【确定】按钮，进入“旋转”选项卡，设置旋转 360°，如下左图所示。设置完成后单击【确定】按钮，如下右图所示。

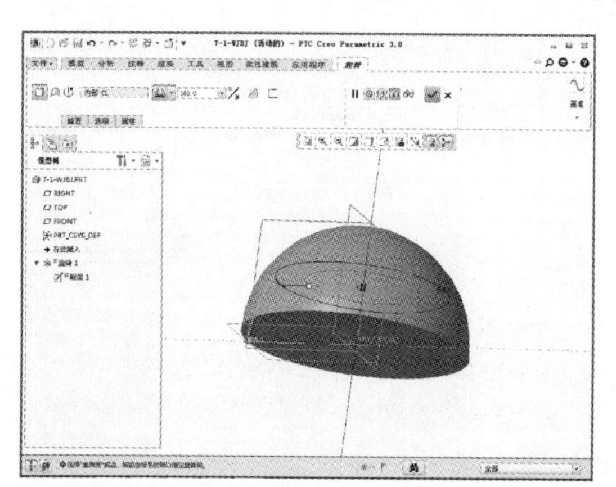

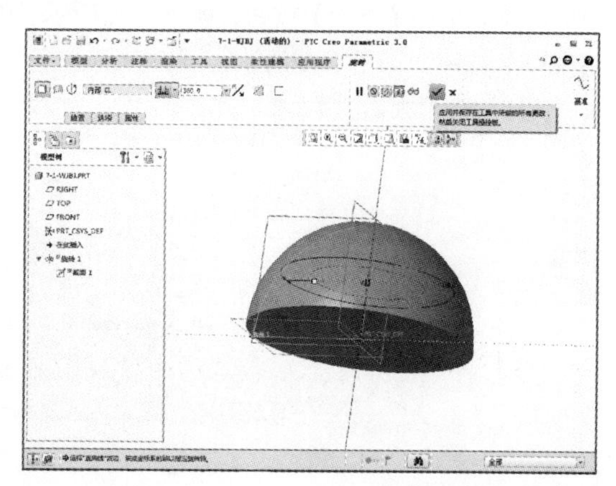

06 完成上述特征操作后在“模型”选项卡中单击【拉伸】按钮，如下左图所示。单击【拉伸】按钮后系统显示“拉伸”选项卡，如下右图所示。

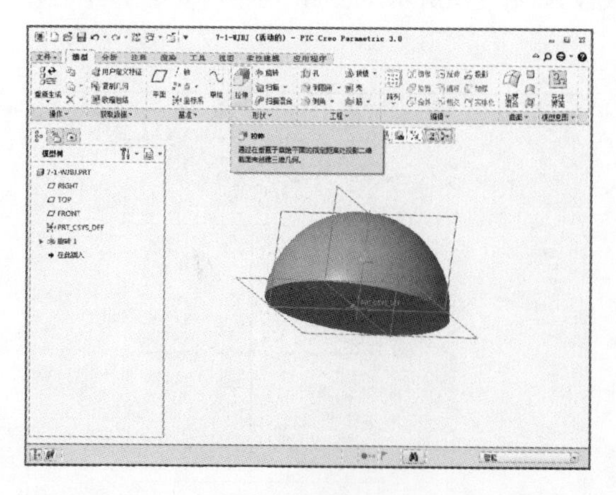

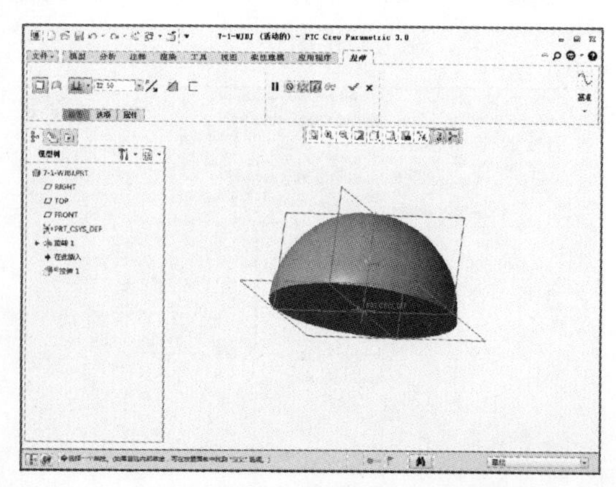

07 单击【放置】按钮，选择定义草绘平面，弹出“草绘”对话框，定义拉伸基准面为 TOP

平面，然后单击【草绘】按钮，如下左图所示。单击该按钮后显示“草绘”选项卡，然后单击【草绘视图】按钮，如下右图所示。

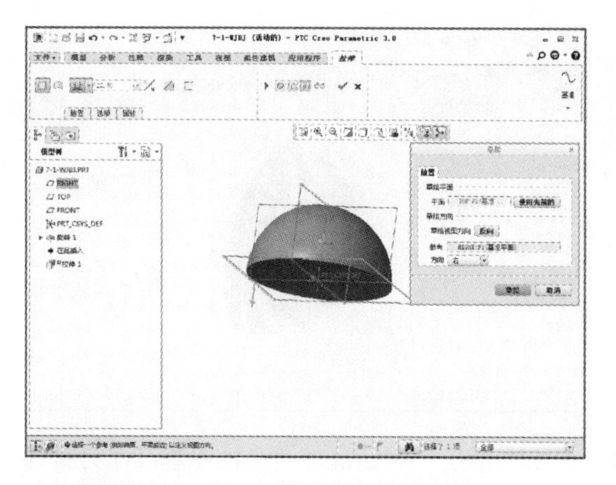

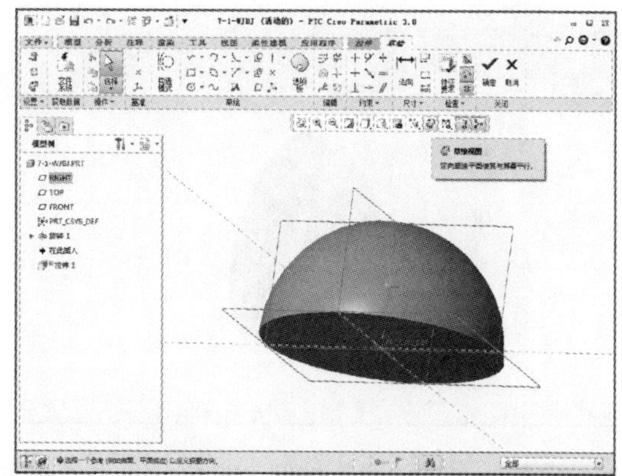

08 在“草绘”选项卡中单击【圆心和点】按钮，如下左图所示。绘制图示图形，圆的直径为 50，圆心为坐标原点，如下右图所示。

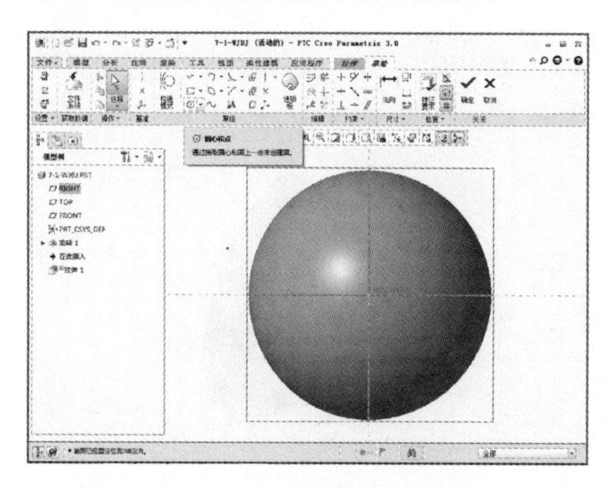

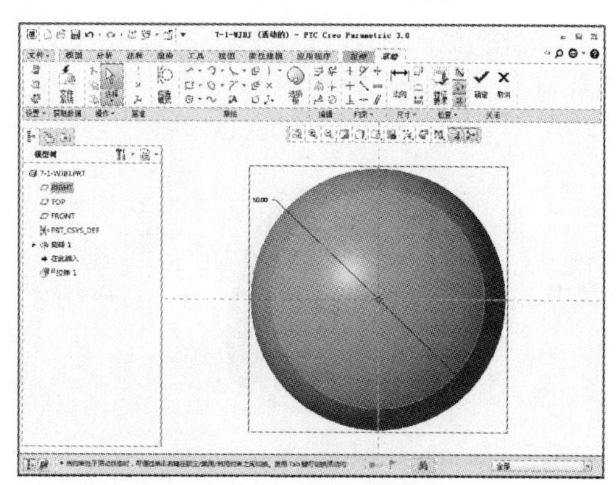

09 草图绘制完成后单击【确定】按钮，进入“拉伸”选项卡，设置指定值拉伸，指定值为 3，如下左图所示。设置完成后单击【确定】按钮，如下右图所示。

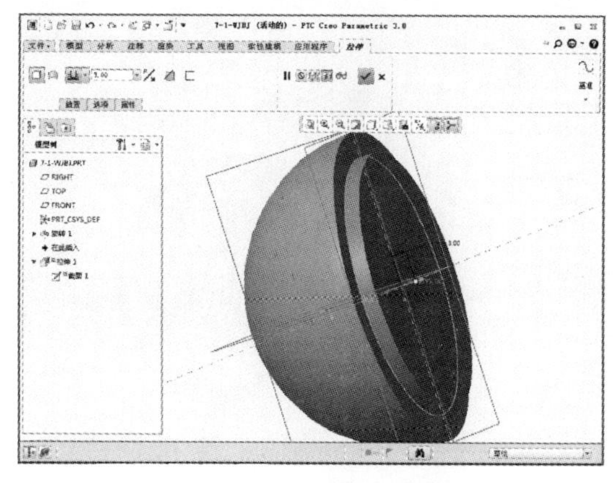

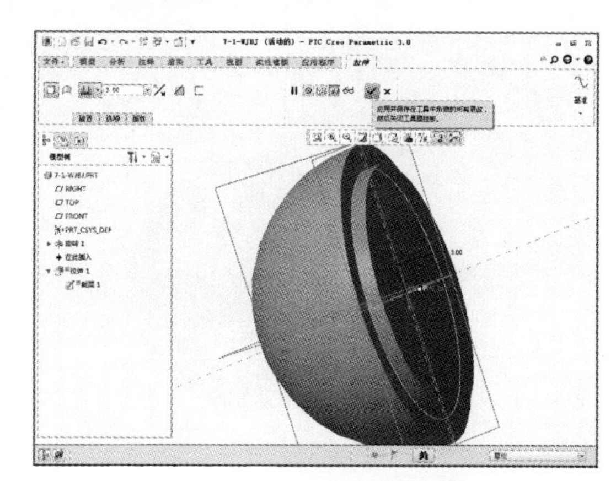

10 完成上述特征操作后在“模型”选项卡中单击【拉伸】按钮，如下左图所示。单击【拉

伸】按钮后系统显示“拉伸”选项卡，如下右图所示。

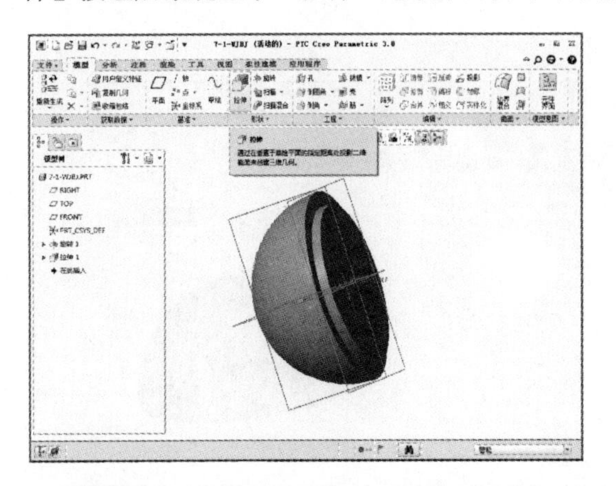

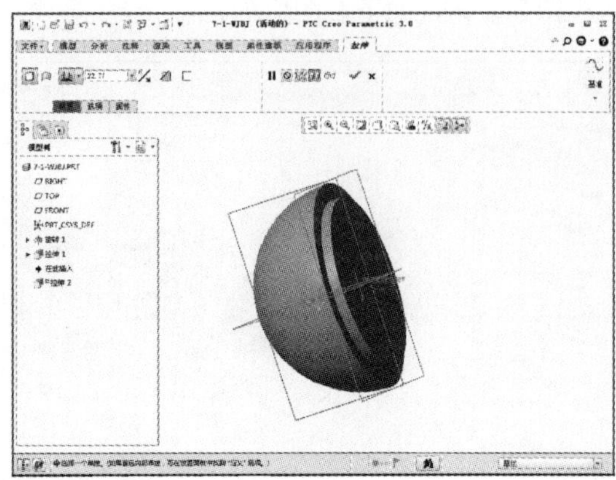

11 单击【放置】按钮，选择定义草绘平面，弹出“草绘”对话框，定义拉伸基准面为拉伸得到的平面，然后单击【草绘】按钮，如下左图所示。单击该按钮后显示“草绘”选项卡，然后单击【草绘视图】按钮，如下右图所示。

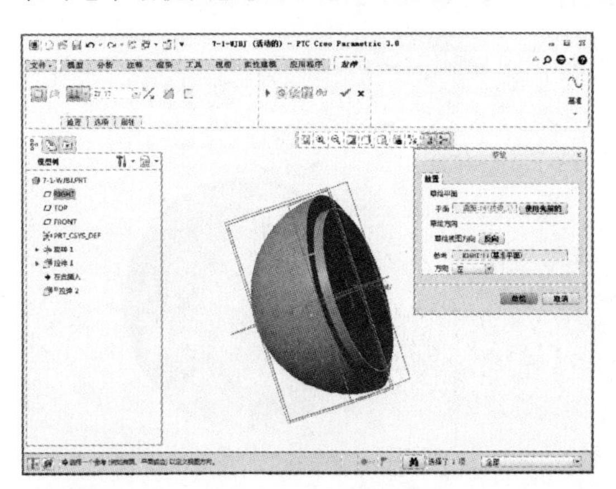

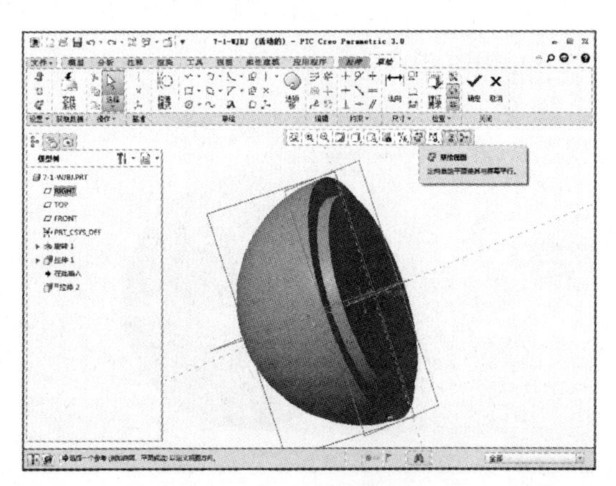

12 在“草绘”选项卡中单击【圆心和点】按钮，如下左图所示。绘制图示图形，圆的直径为 60，圆心为坐标原点，如下右图所示。

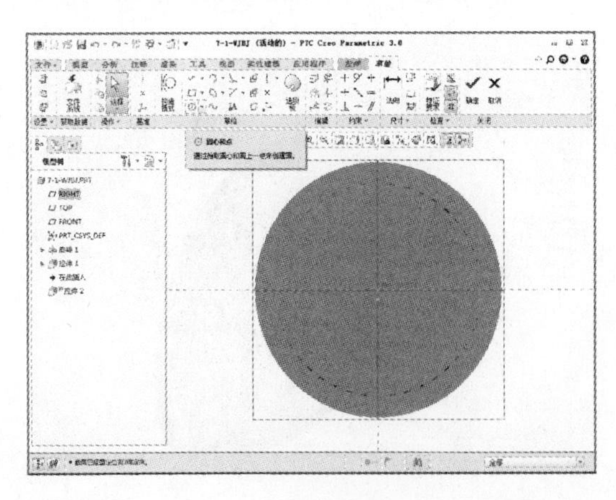

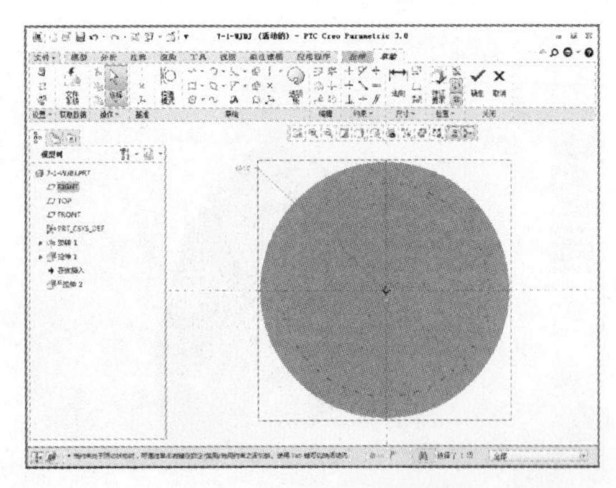

13 草图绘制完成后单击【确定】按钮，进入“拉伸”选项卡，设置指定值拉伸，值为 45，

如下左图所示。设置完成后单击【确定】按钮，如下右图所示。

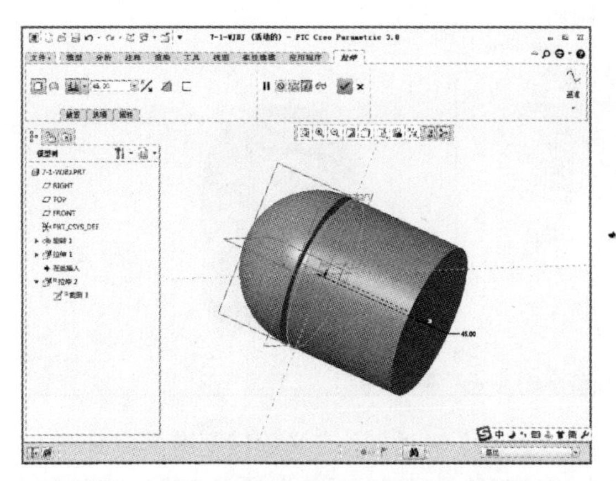
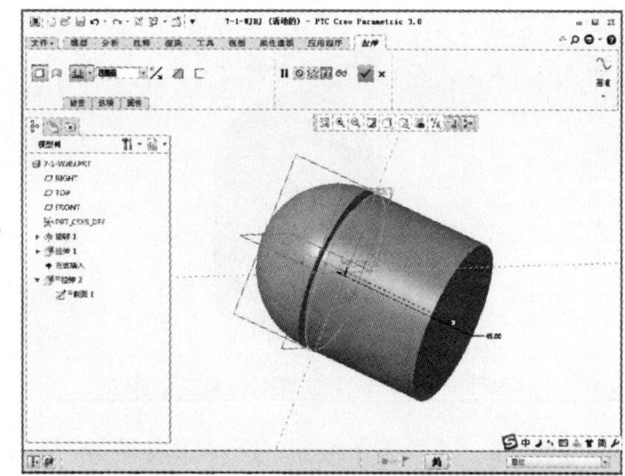

14 完成上述特征操作后单击【壳】按钮，如下左图所示。单击【壳】按钮后系统显示“壳”选项卡，如下右图所示。

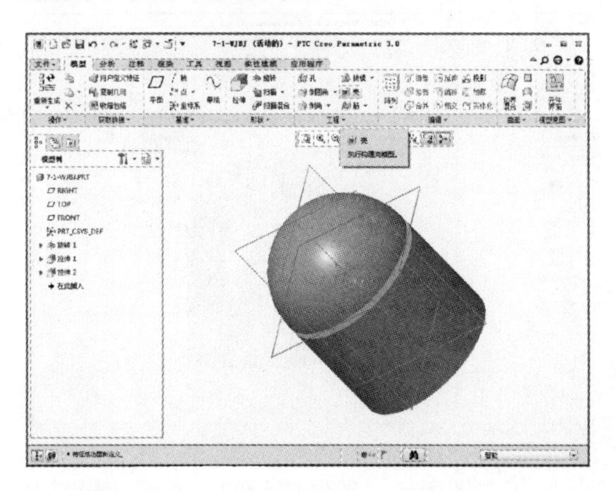
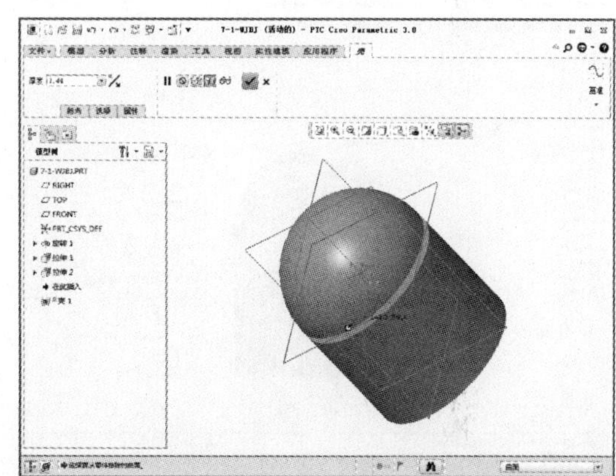

15 设定壳体的厚度为 4，如下左图所示。设定完成后单击选项卡中的【确定】按钮，如下右图所示。

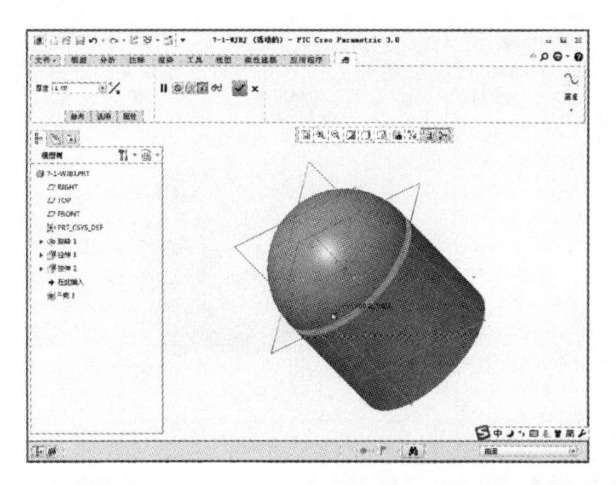
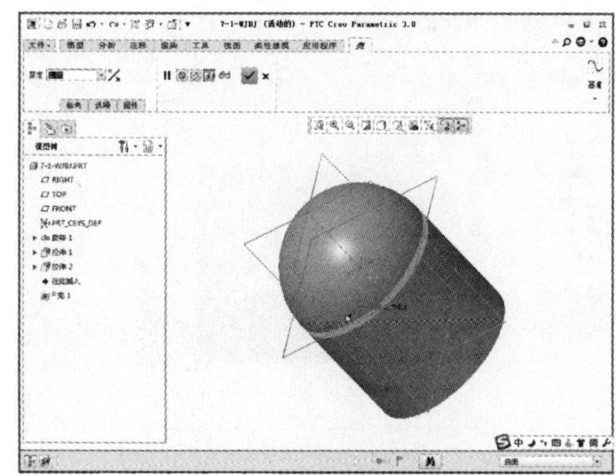

16 完成上述特征操作后在“模型”选项卡中单击【旋转】按钮，如下左图所示。单击【旋转】按钮后系统显示“旋转”选项卡，如下右图所示。

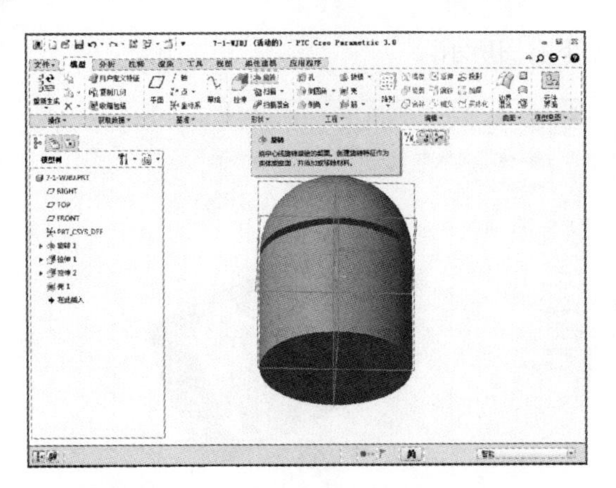
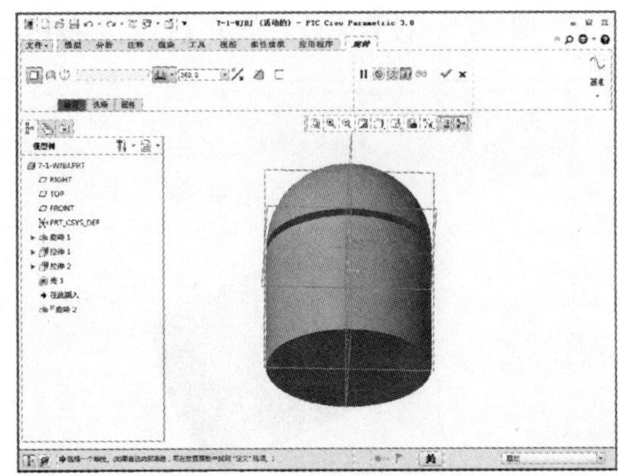

17 单击【放置】按钮，选择定义草绘平面，弹出“草绘”对话框，定义旋转基准面为 RIGHT 平面，然后单击【草绘】按钮，如下左图所示。单击该按钮后显示“草绘”选项卡，然后单击【草绘视图】按钮，如下右图所示。

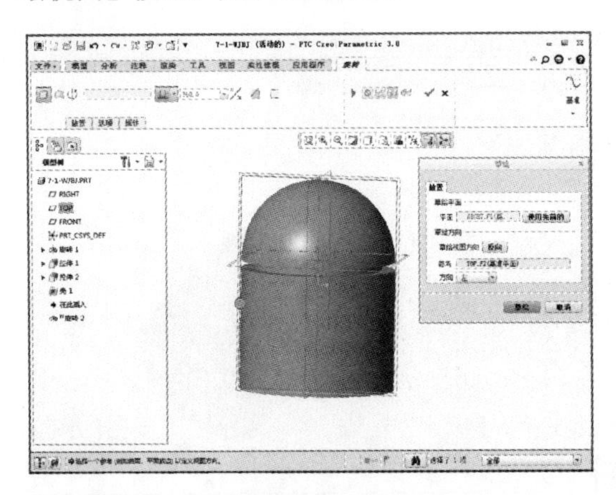
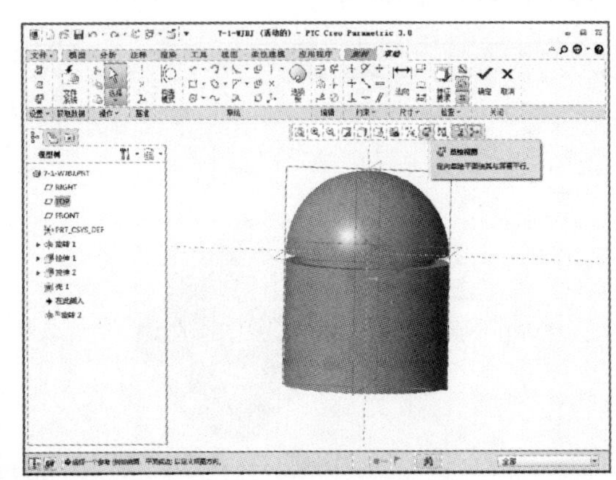

18 在“草绘”选项卡中单击【中心线】按钮，如下左图所示。绘制图示的中心线，与图中的 X 轴平行，距离 X 轴 16，如下右图所示。

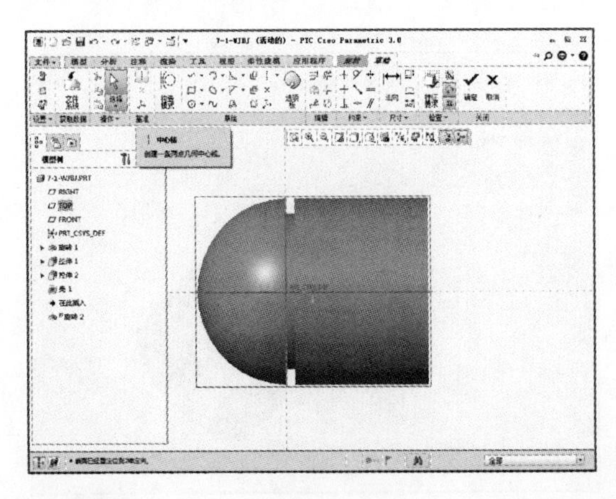
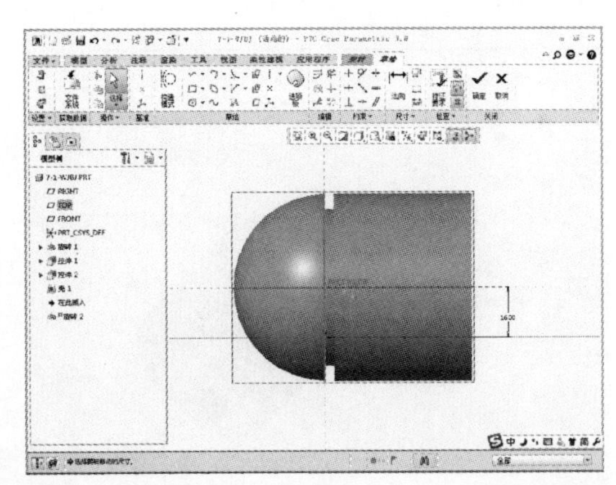

19 在“草绘”选项卡中单击【圆心和点】【线链】等按钮，如下左图所示。绘制图示图形，圆弧半径为 5，中心在中心线上，如下右图所示。

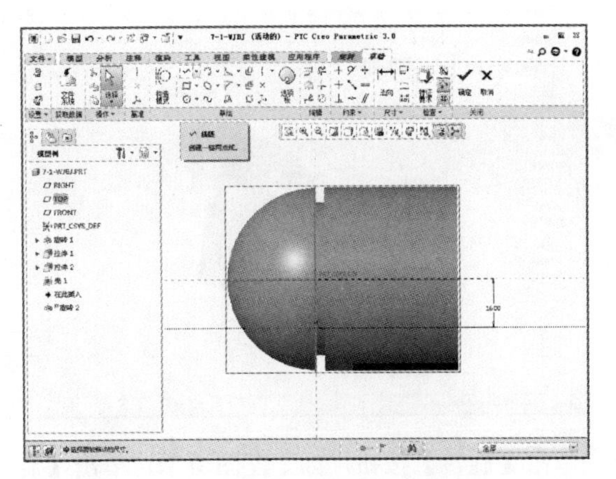

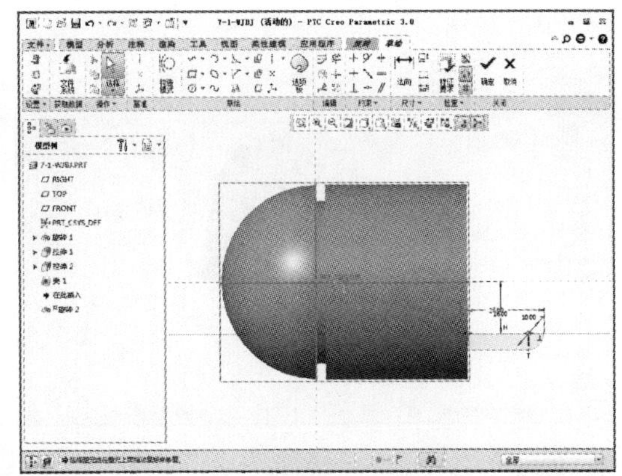

➤20 草图绘制完成后单击【确定】按钮，进入“旋转”选项卡，设置旋转 360°，如下左图所示。设置完成后单击【确定】按钮，如下右图所示。

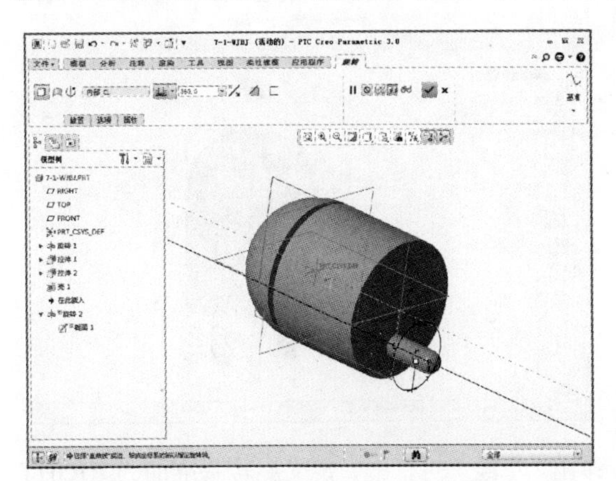

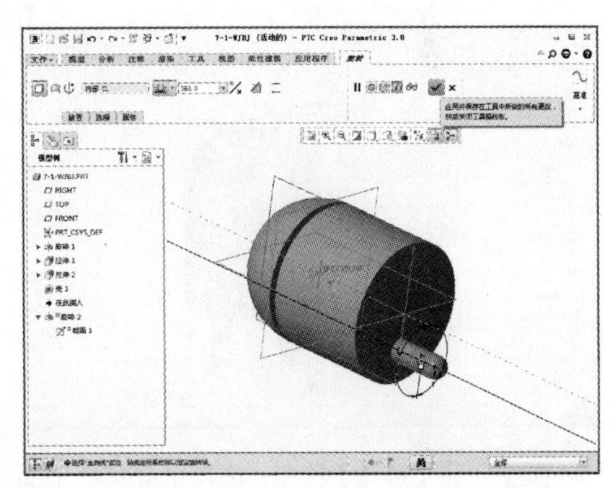

➤21 完成上述特征操作后在模型树中选中“旋转 2”，然后单击【镜像】按钮，如下左图所示。单击【镜像】按钮后系统显示“镜像”选项卡，如下右图所示。

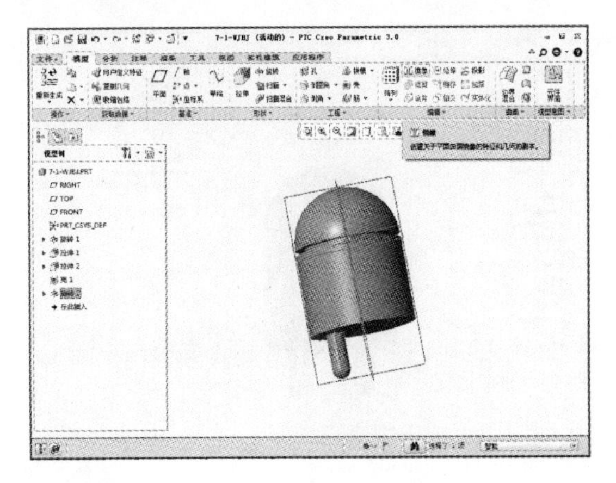

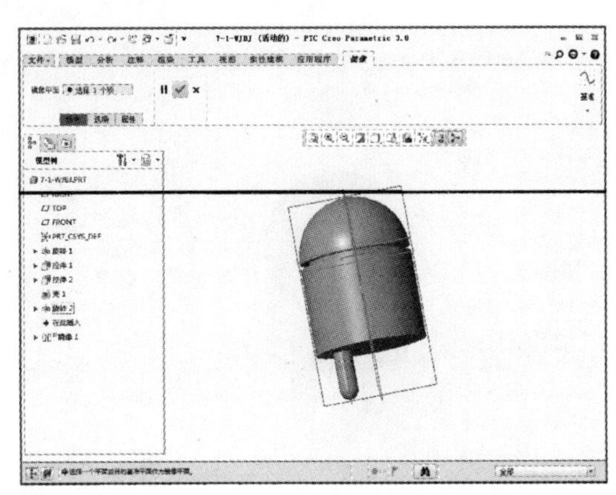

➤22 在图中选取 FRONT 平面作为镜像平面，如下左图所示。设定镜像平面后单击选项卡中的【确定】按钮即可，如下右图所示。

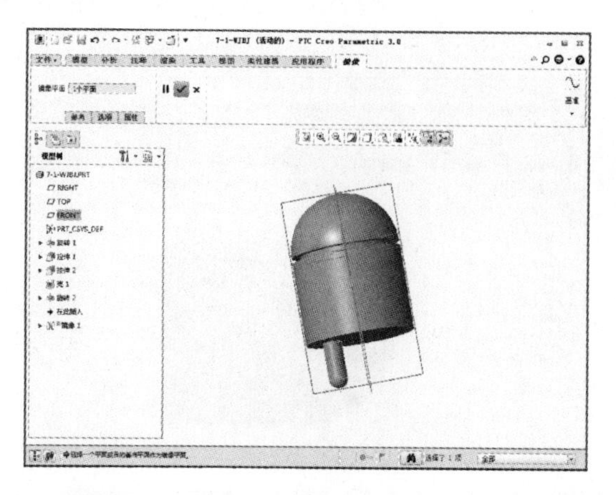

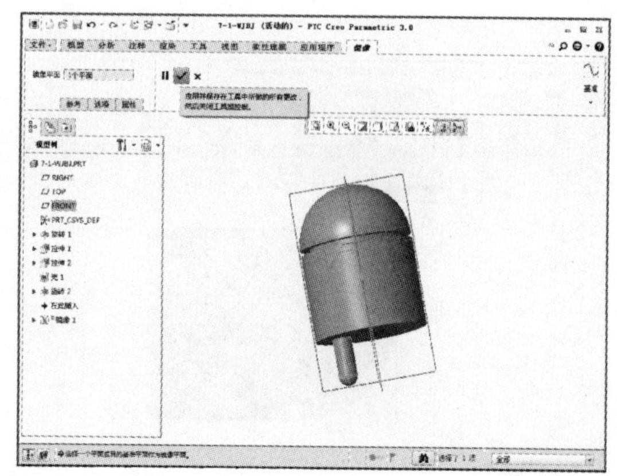

**23** 完成上述特征操作后在“模型”选项卡中单击【旋转】按钮，如下左图所示。单击【旋转】按钮后系统显示“旋转”选项卡，如下右图所示。

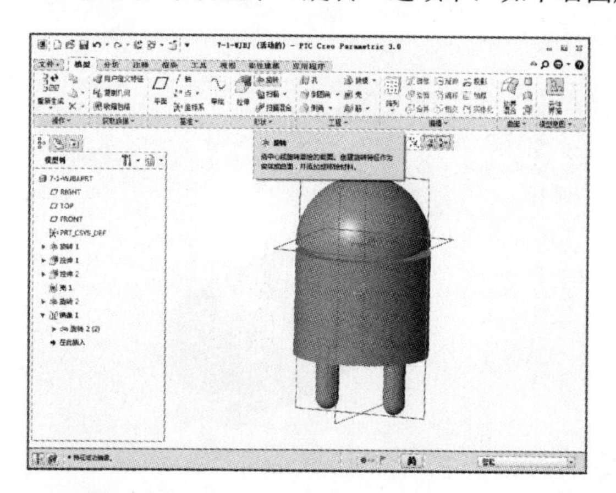

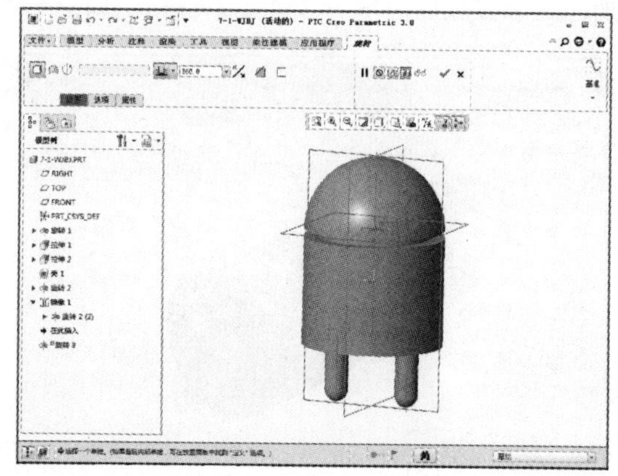

**24** 单击【放置】按钮，选择定义草绘平面，弹出“草绘”对话框，定义旋转基准面为 RIGHT 平面，然后单击【草绘】按钮，如下左图所示。单击该按钮后显示“草绘”选项卡，然后单击【草绘视图】按钮，如下右图所示。

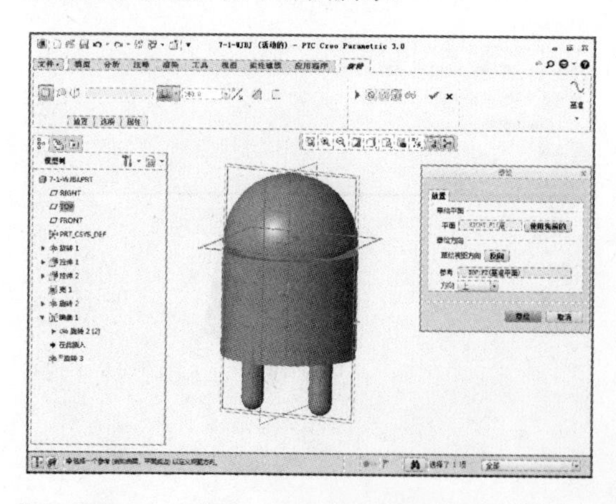

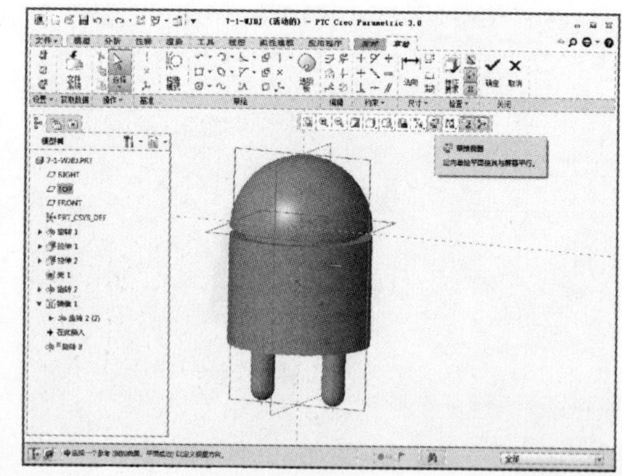

**25** 在“草绘”选项卡中单击【中心线】按钮，如下左图所示。绘制图示的中心线，与图中的 Y 轴平行，距离 Y 轴 35，如下右图所示。

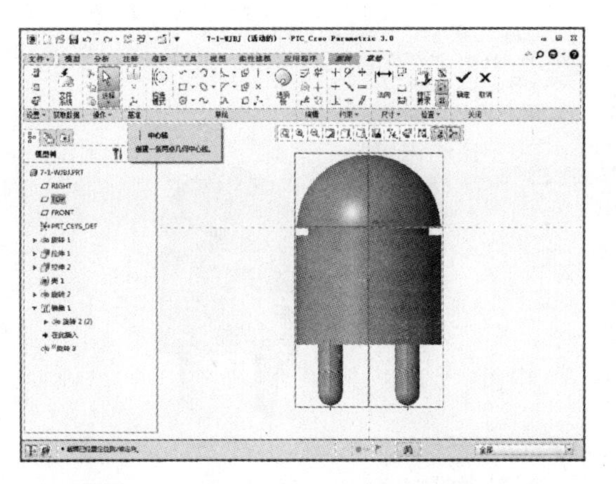

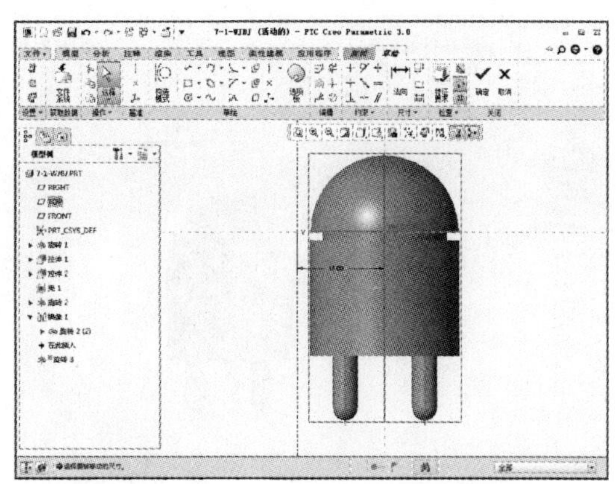

26 在“草绘”选项卡中单击【圆心和点】【线链】等按钮，如下左图所示。绘制图示图形，圆弧半径为 5，中心在中心线上，圆心间距为 26，如下右图所示。

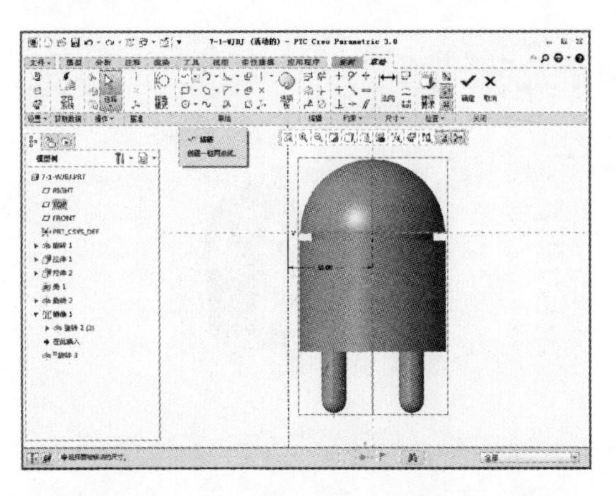

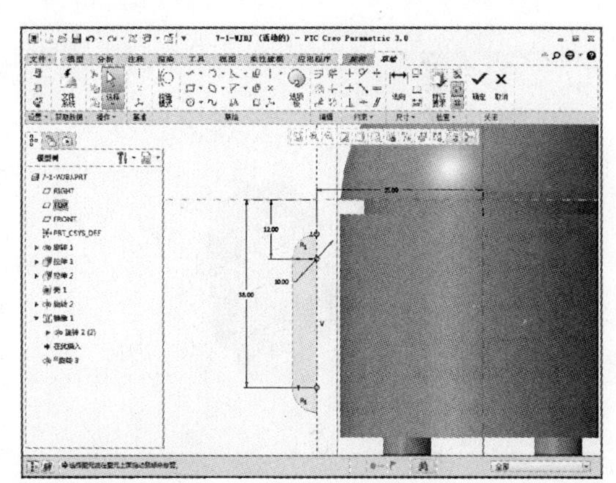

27 草图绘制完成后单击【确定】按钮，进入“旋转”选项卡，设置旋转 360°，如下左图所示。设置完成后单击【确定】按钮，如下右图所示。

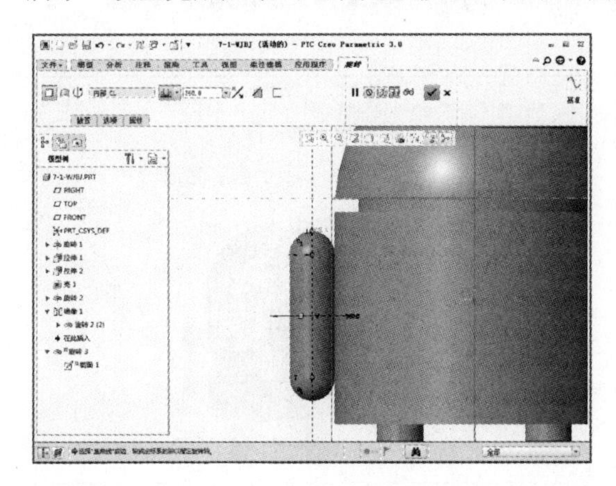

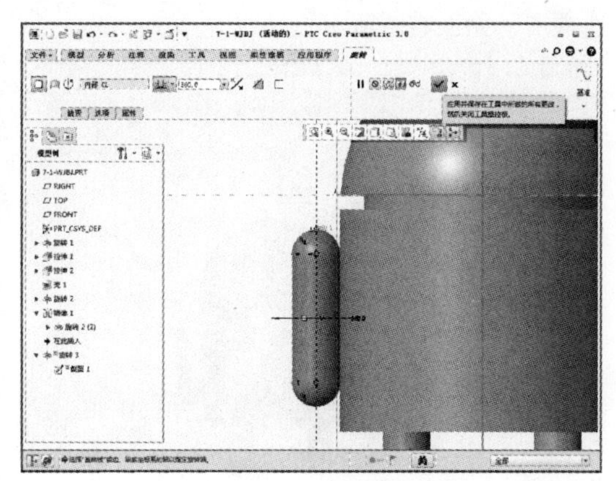

28 完成上述特征操作后在模型树中选中“旋转 3”，然后单击【镜像】按钮，如下左图所示。单击【镜像】按钮后系统显示“镜像”选项卡，如下右图所示。

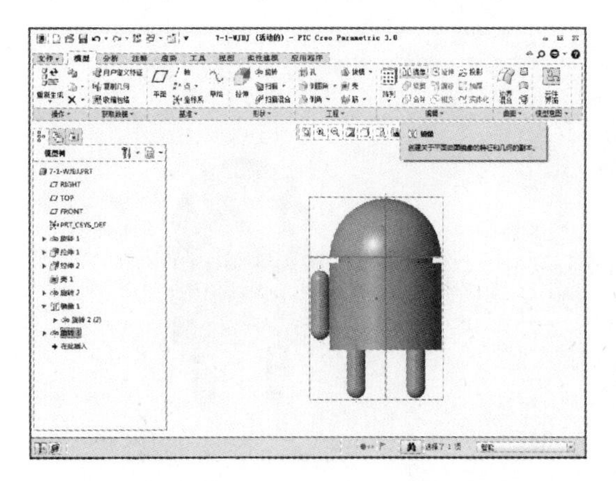

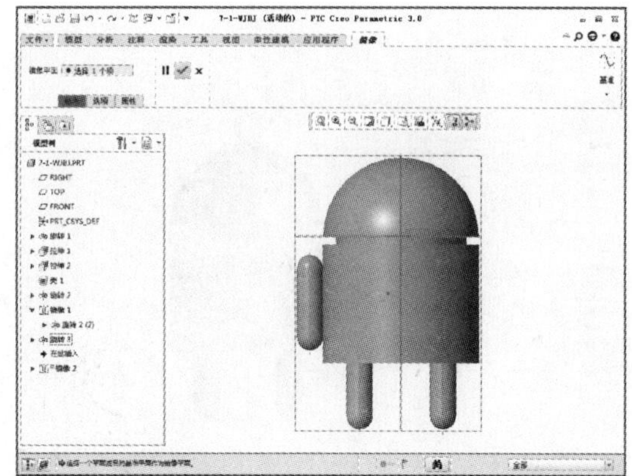

29 在图中选取 FRONT 平面作为镜像平面，如下左图所示。设定镜像平面后单击选项卡中的【确定】按钮即可，如下右图所示。

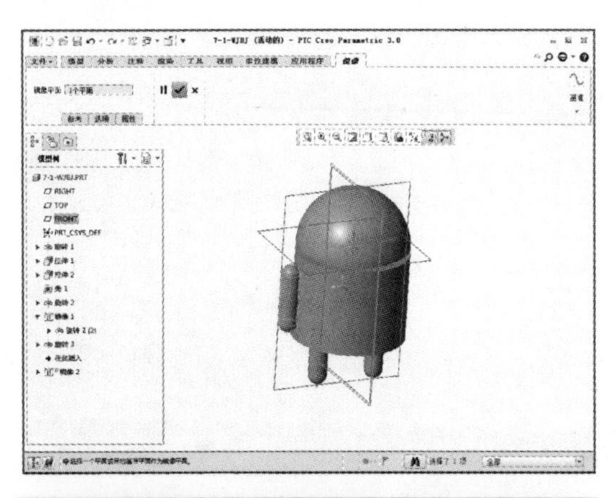

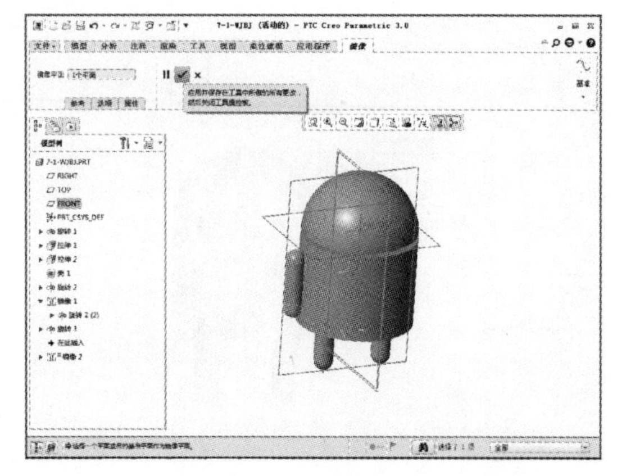

## STEP03　玩具摆件次要特征的创建

01 完成上述特征操作后单击【孔】按钮，如下左图所示。单击【孔】按钮后系统显示“孔”选项卡，如下右图所示。

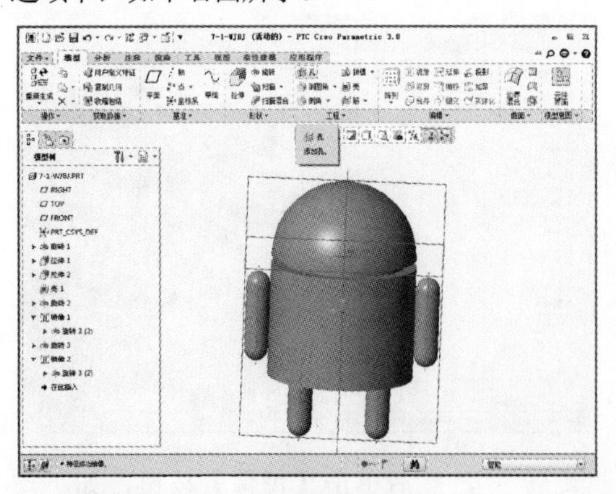

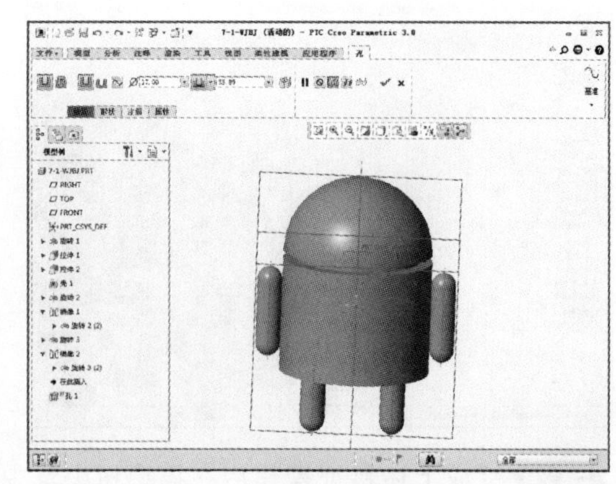

02 单击【放置】按钮，选择定义孔的放置平面，定义放置面为 RIGHT 平面，如下左图所示。设定偏移参考，设定基准参考面为 FRONT 平面和 TOP 平面，孔中心距两平面均为 12，如下右图所示。

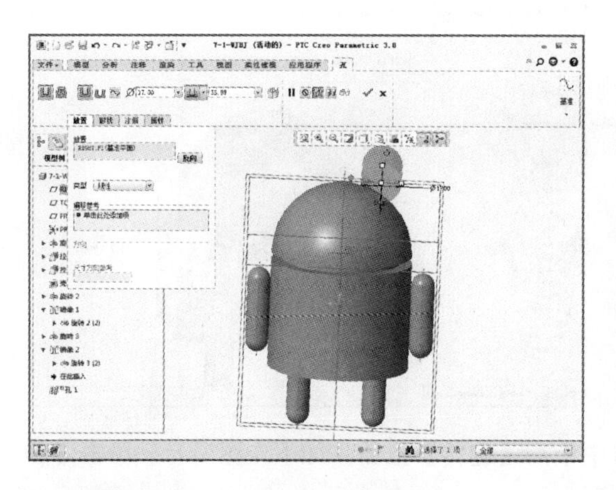

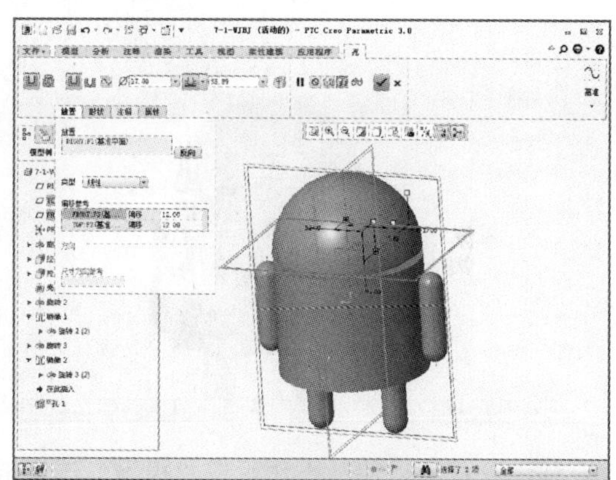

03 在选项卡中设定孔的直径为 4，如下左图所示。然后设定孔的深度为对称、深度值为 60，如下右图所示。

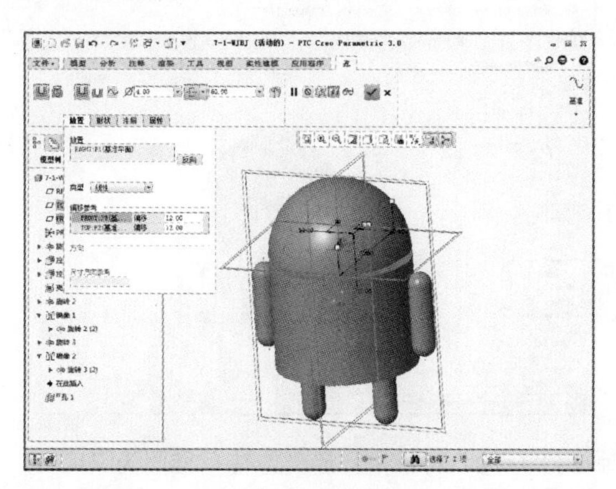

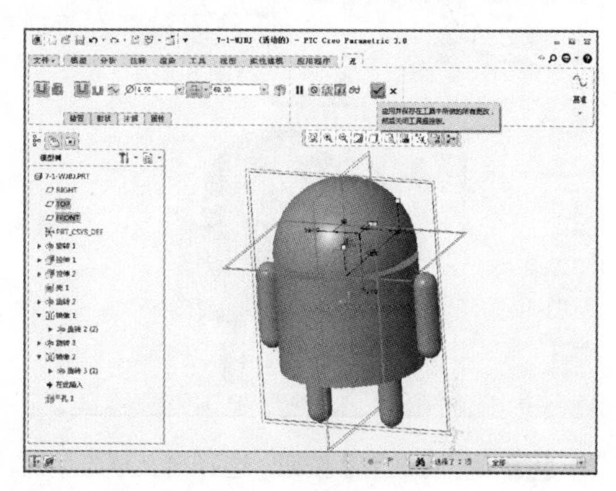

04 完成上述特征操作后在模型树中选中“孔 1”，然后单击【镜像】按钮，如下左图所示。单击【镜像】按钮后系统显示“镜像”选项卡，如下右图所示。

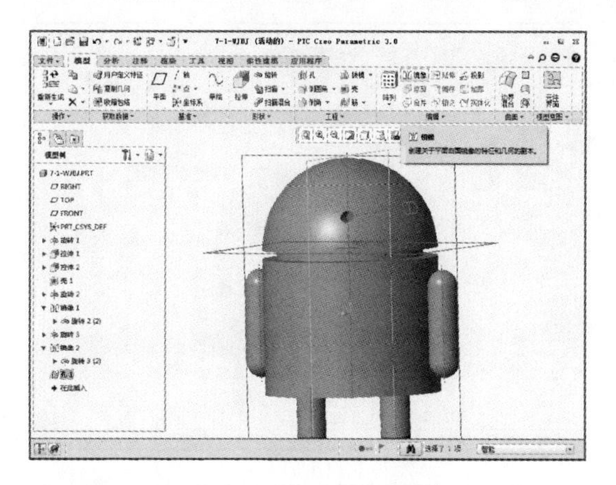

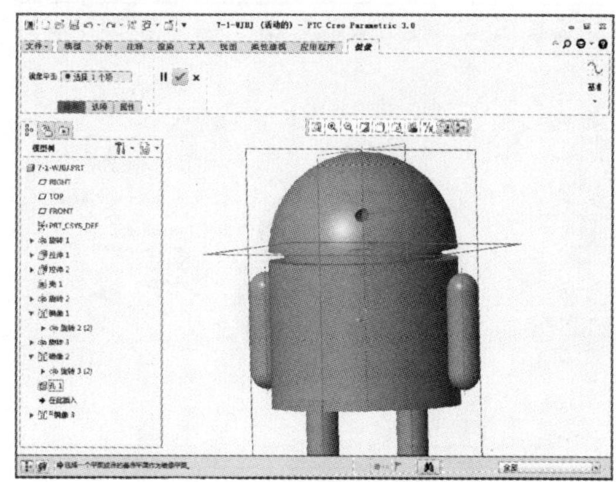

05 在图中选取 FRONT 平面作为镜像平面，如下左图所示。设定镜像平面后单击选项卡中的【确定】按钮即可，如下右图所示。

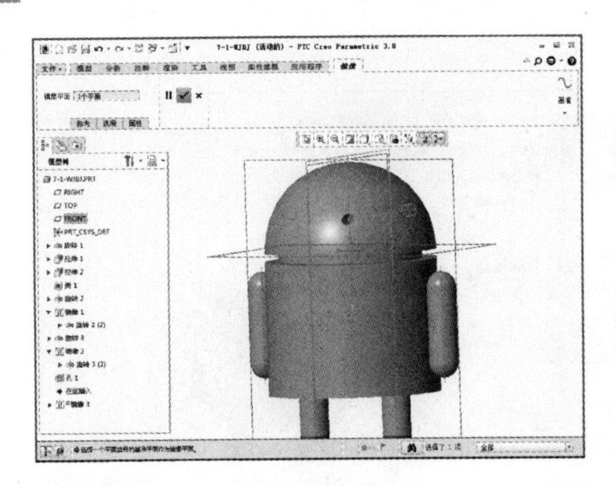

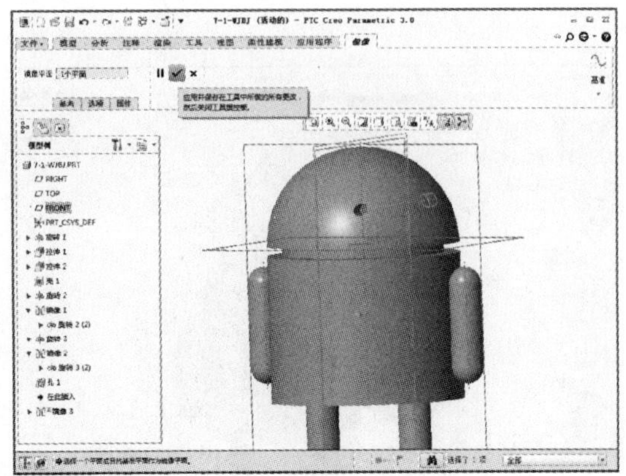

06 完成上述特征操作后在“模型”选项卡中单击【旋转】按钮，如下左图所示。单击【旋转】按钮后系统显示“旋转”选项卡，如下右图所示。

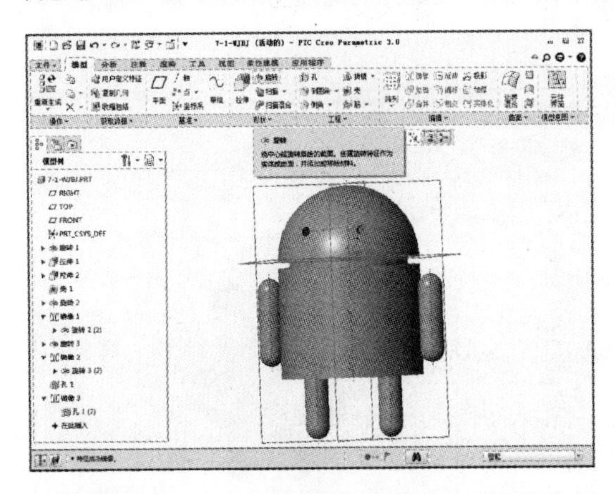

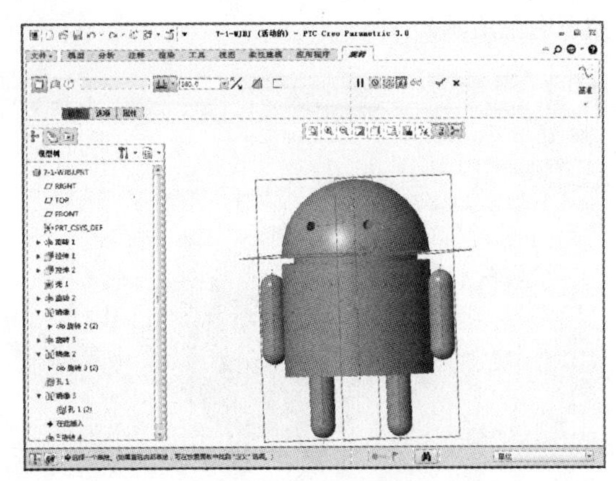

07 单击【放置】按钮，选择定义草绘平面，弹出“草绘”对话框，定义旋转基准面为 RIGHT 平面，然后单击【草绘】按钮，如下左图所示。单击该按钮后显示“草绘”选项卡，然后单击【草绘视图】按钮，如下右图所示。

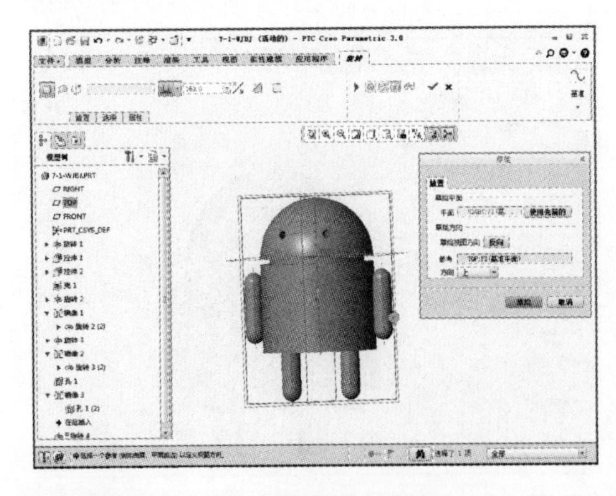

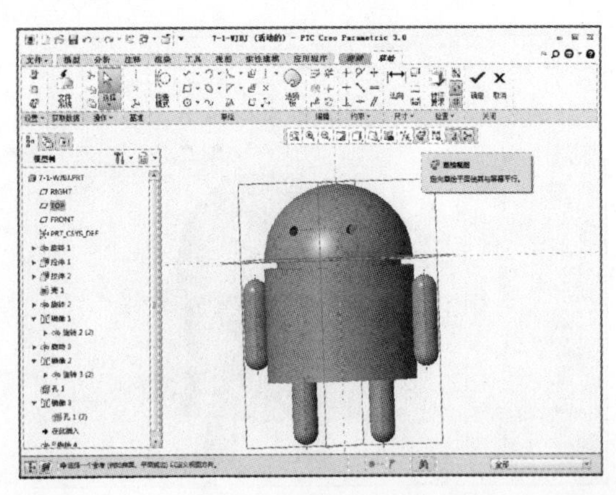

08 在“草绘”选项卡中单击【中心线】按钮，如下左图所示。绘制图示的中心线，中心线过坐标原点，与 X 轴呈 60° 夹角，如下右图所示。

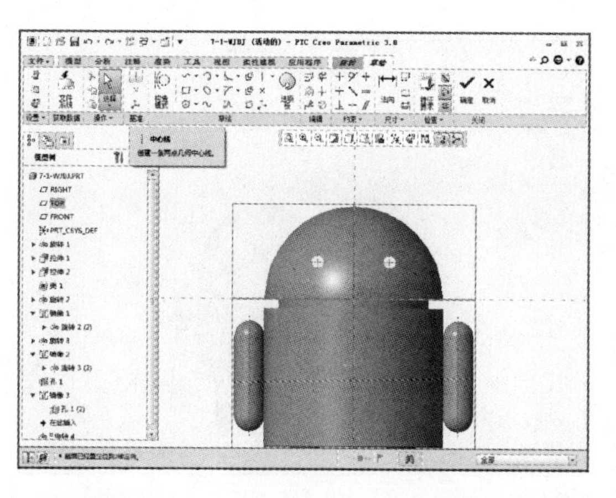

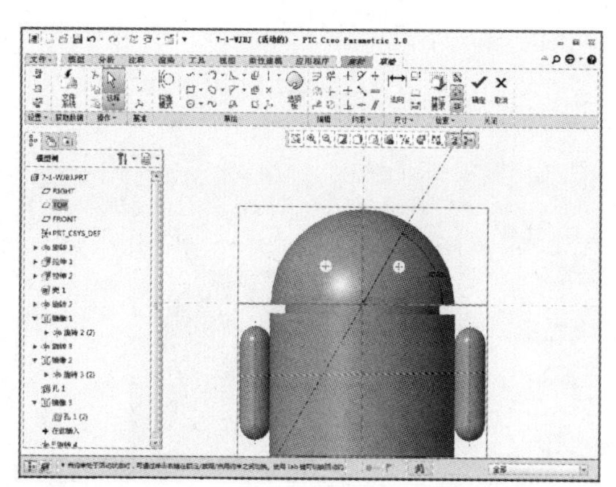

09 在“草绘”选项卡中单击【圆心和点】【线链】等按钮，如下左图所示。绘制图示图形，圆弧半径为 4，中心在中心线上，圆心间距为 18，如下右图所示。

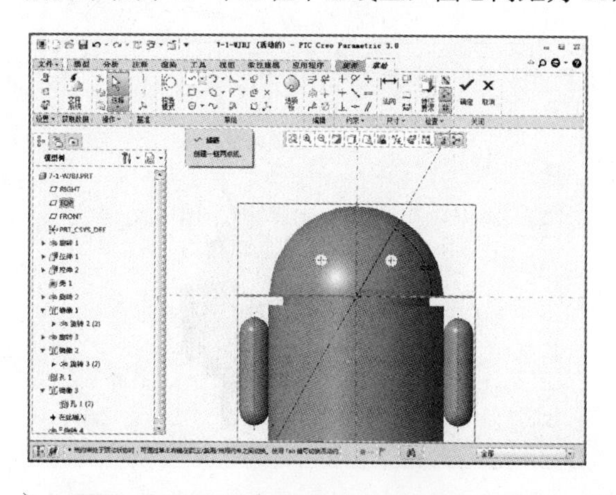

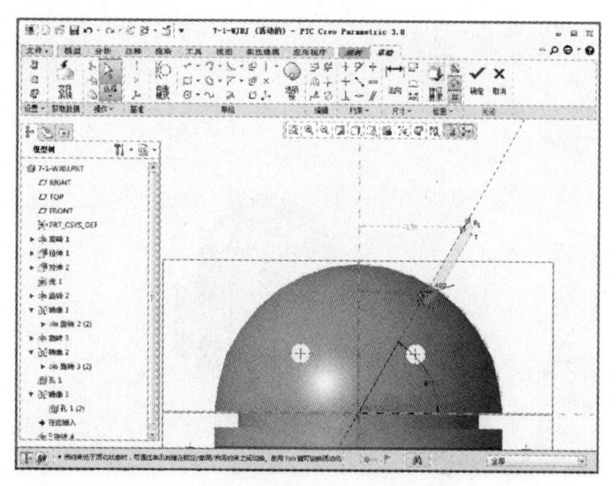

10 草图绘制完成后单击【确定】按钮，进入“旋转”选项卡，设置旋转 360°，如下左图所示。设置完成后单击【确定】按钮，如下右图所示。

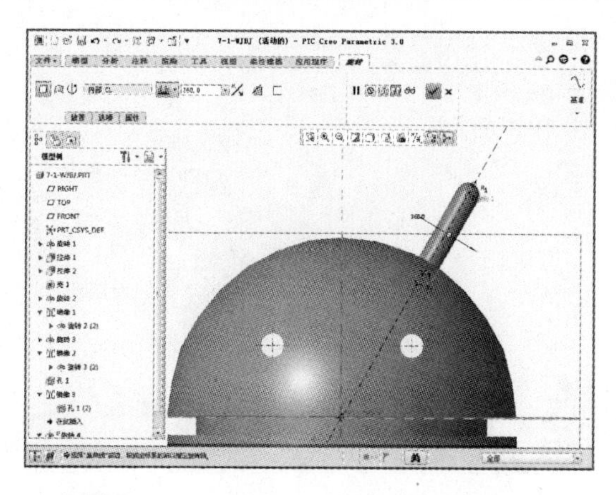

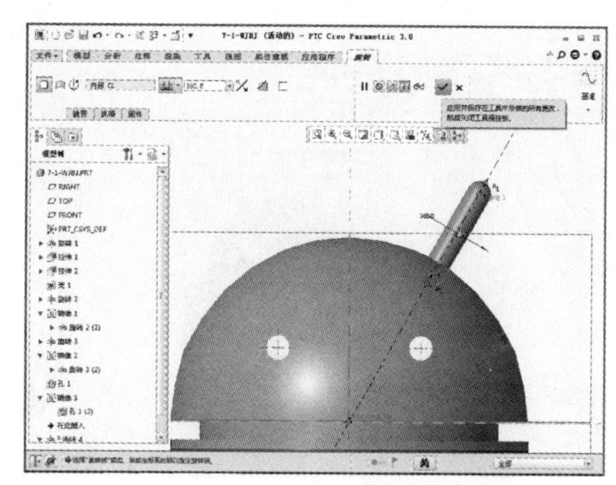

11 完成上述特征操作后在模型树中选中“阵列 1/拉伸 2”，然后单击【镜像】按钮，如下左图所示。单击【镜像】按钮后系统显示“镜像”选项卡，如下右图所示。

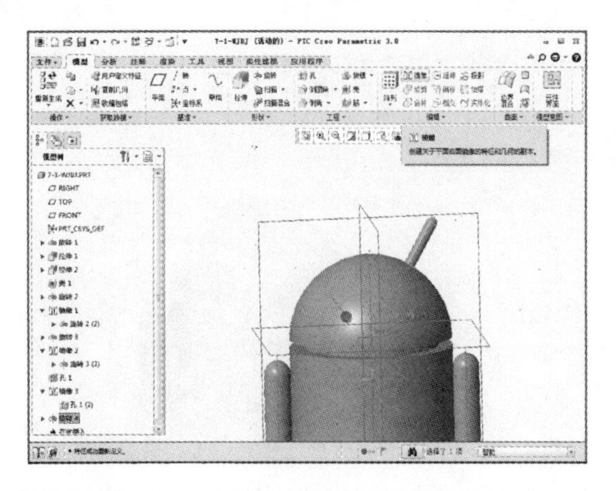

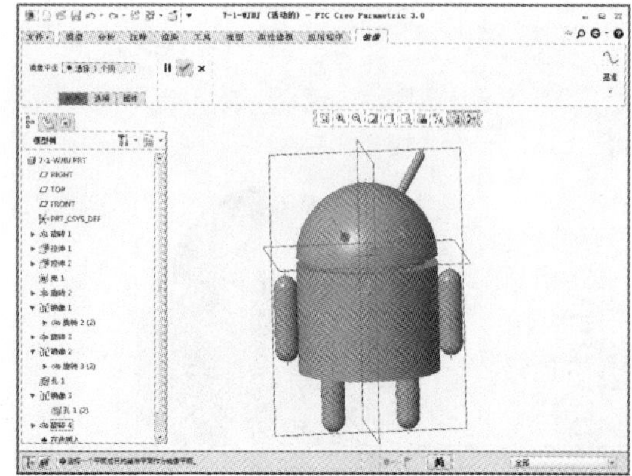

12 在图中选取 FRONT 平面作为镜像平面，如下左图所示。设定镜像平面后单击选项卡中的【确定】按钮即可，如下右图所示。

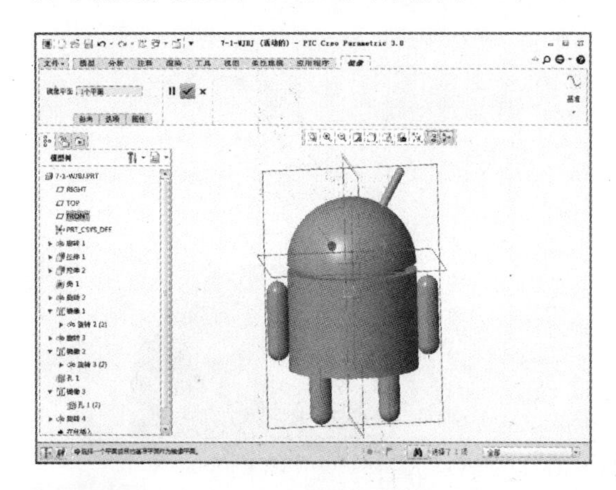

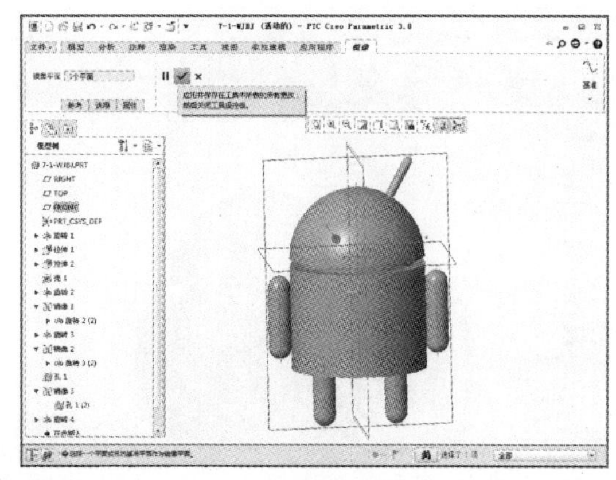

13 完成上述特征操作后在“模型”选项卡中单击【拉伸】按钮，如下左图所示。单击【拉伸】按钮后系统显示“拉伸”选项卡，如下右图所示。

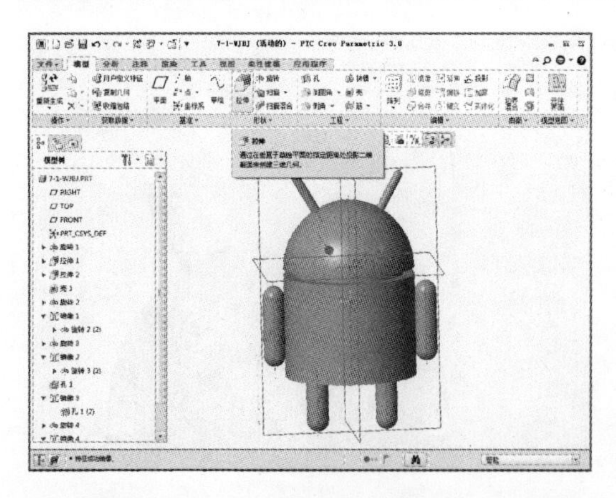

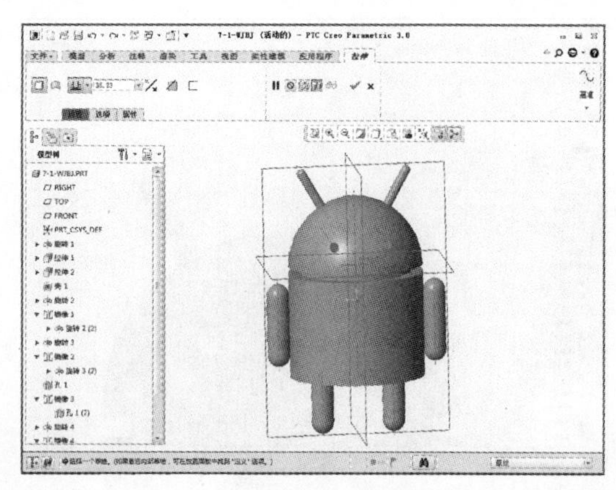

14 单击【放置】按钮，选择定义草绘平面，弹出“草绘”对话框，定义拉伸基准面为 TOP 平面，然后单击【草绘】按钮，如下左图所示。单击该按钮后显示“草绘”选项卡，然后单击【草绘视图】按钮，如下右图所示。

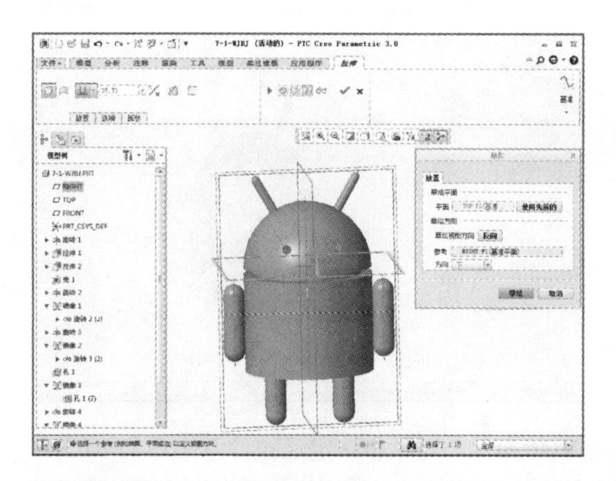
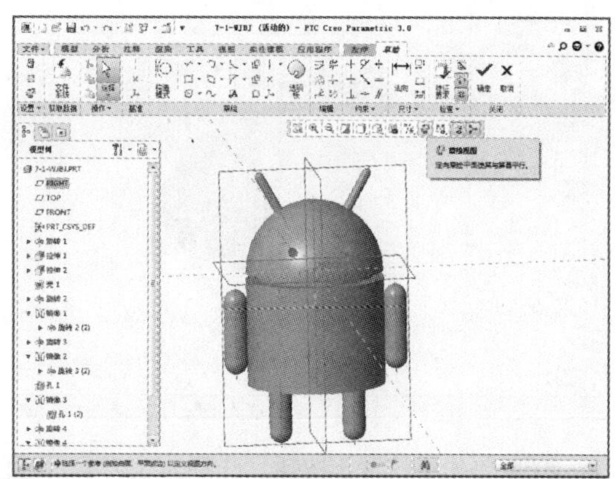

**15** 在“草绘”选项卡中单击【拐角矩形】按钮，如下左图所示。绘制图示矩形，矩形长边为 18、短边为 6，中心与坐标原点重合，如下右图所示。

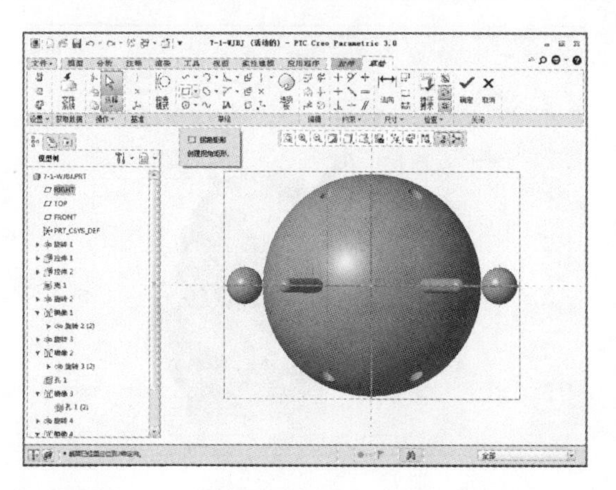
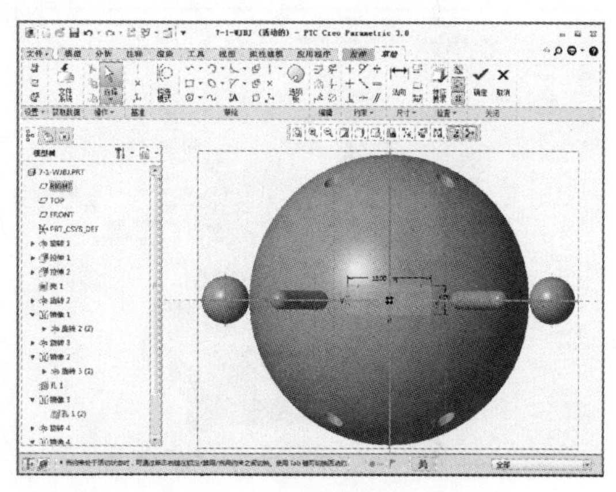

**16** 草图绘制完成后单击【确定】按钮，进入“拉伸”选项卡，设置指定值拉伸切除，拉伸值为 30，如下左图所示。设置完成后单击【确定】按钮，如下右图所示。

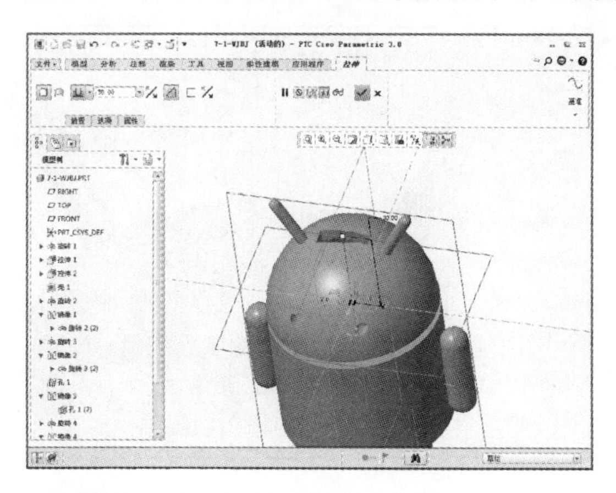
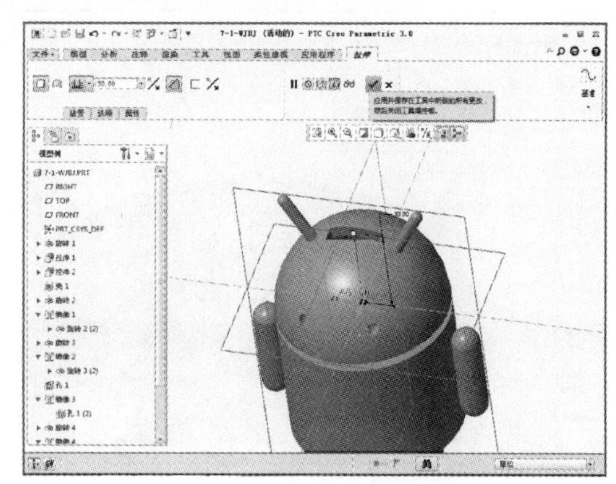

**17** 完成上述特征操作后在“模型”选项卡中单击【拉伸】按钮，如下左图所示。单击【拉伸】按钮后系统显示“拉伸”选项卡，如下右图所示。

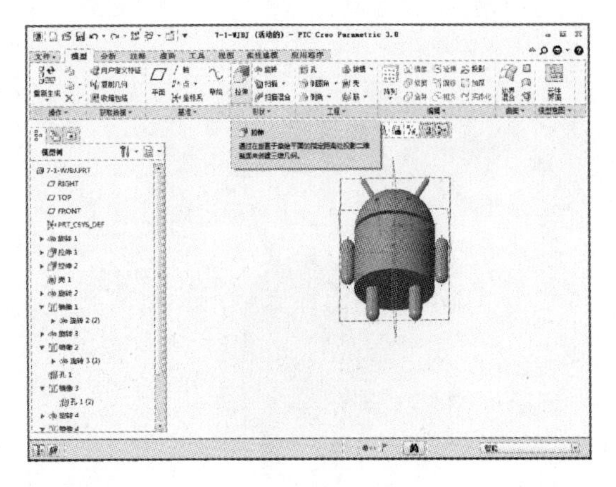

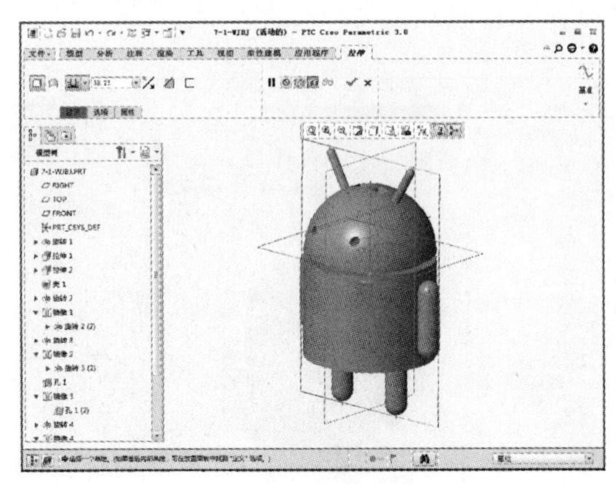

18 单击【放置】按钮，选择定义草绘平面，弹出“草绘”对话框，定义拉伸基准面为 RIGHT 平面，然后单击【草绘】按钮，如下左图所示。单击该按钮后显示“草绘”选项卡，然后单击【草绘视图】按钮，如下右图所示。

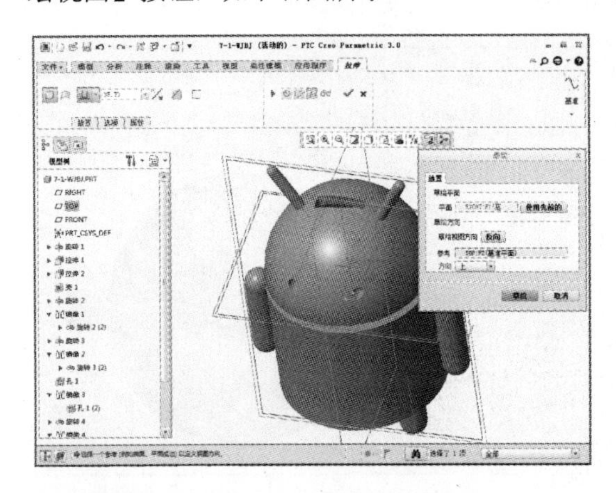

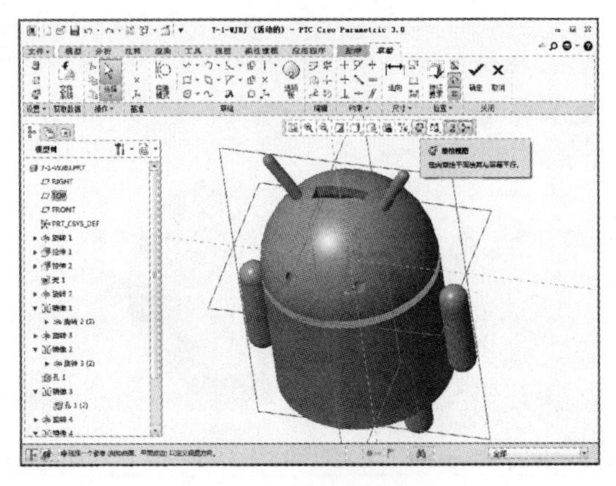

19 在“草绘”选项卡中单击【圆心和点】按钮，如下左图所示。绘制图示圆，并与上端圆弧相切，直径为 4，如下右图所示。

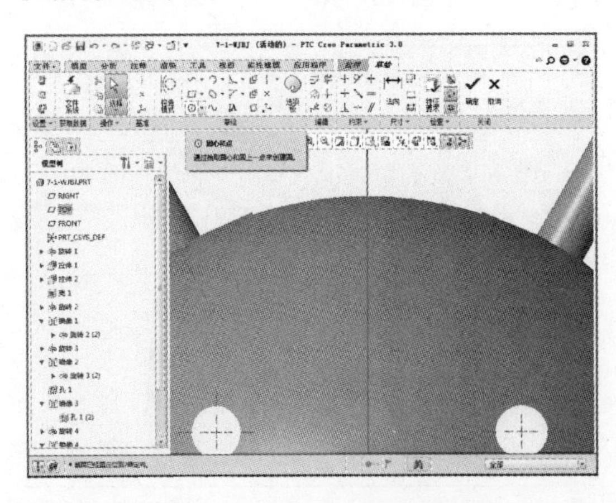

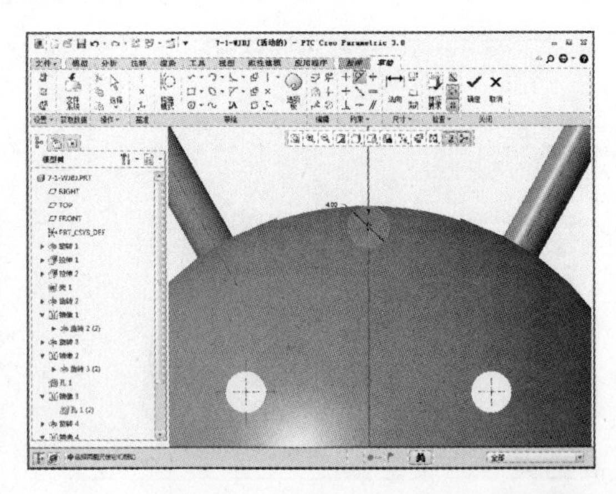

20 草图绘制完成后单击【确定】按钮，进入“拉伸”选项卡，设置指定值拉伸，拉伸值为 6，如下左图所示。设置完成后单击【确定】按钮，如下右图所示。

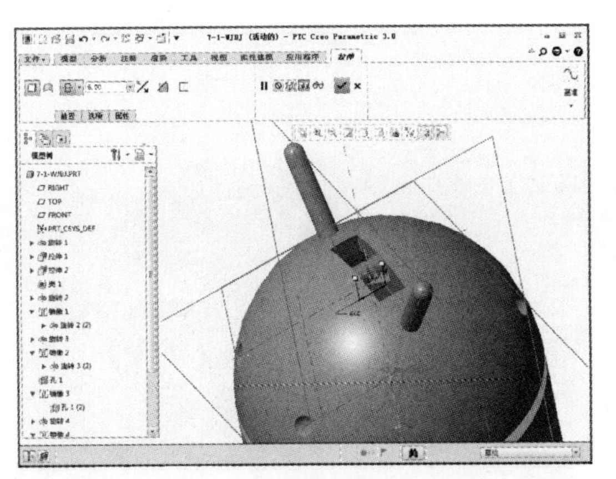

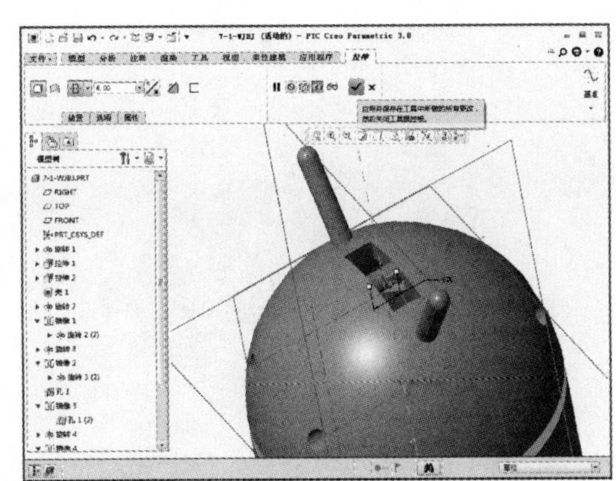

21 完成上述特征操作后在“模型”选项卡中单击【拉伸】按钮，如下左图所示。单击【拉伸】按钮后系统显示“拉伸”选项卡，如下右图所示。

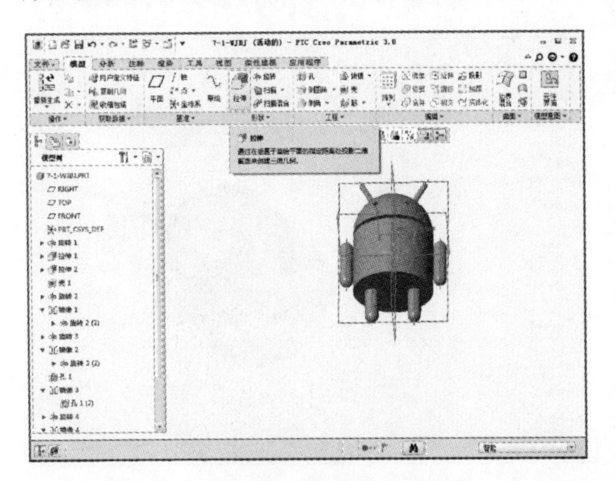

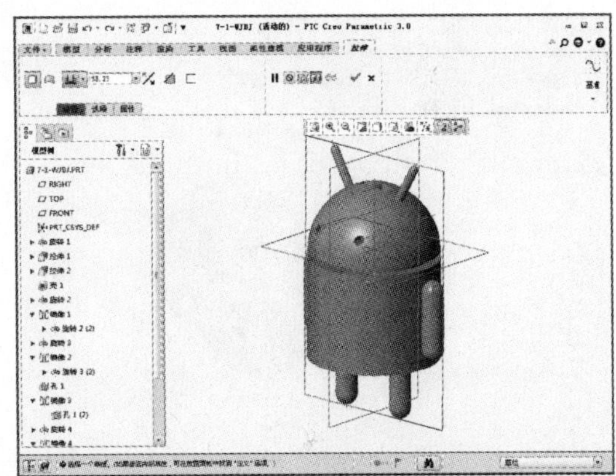

22 单击【放置】按钮，选择定义草绘平面，弹出“草绘”对话框，定义拉伸基准面为拉伸得到的平面，然后单击【草绘】按钮，如下左图所示。单击该按钮后显示“草绘”选项卡，然后单击【草绘视图】按钮，如下右图所示。

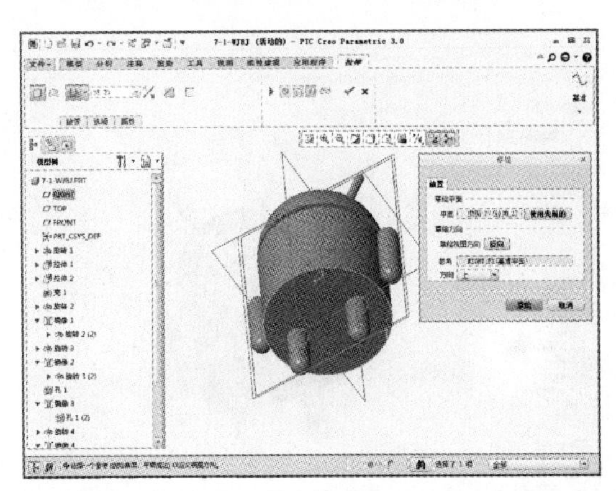

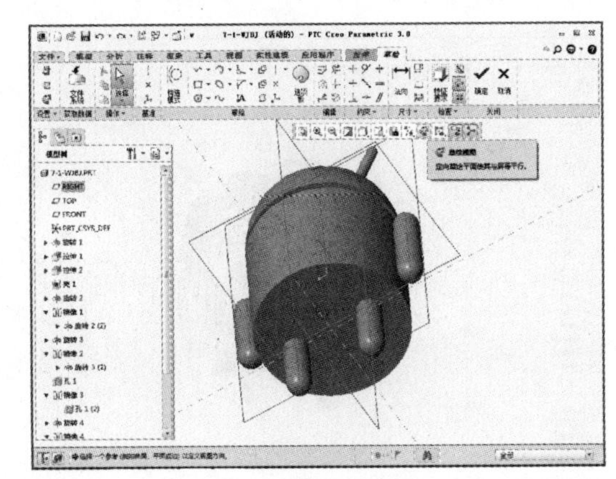

23 在“草绘”选项卡中单击【线链】按钮，如下左图所示。绘制图示图形，图形左右对称，短边长均为 5，长边为 20，如下右图所示。

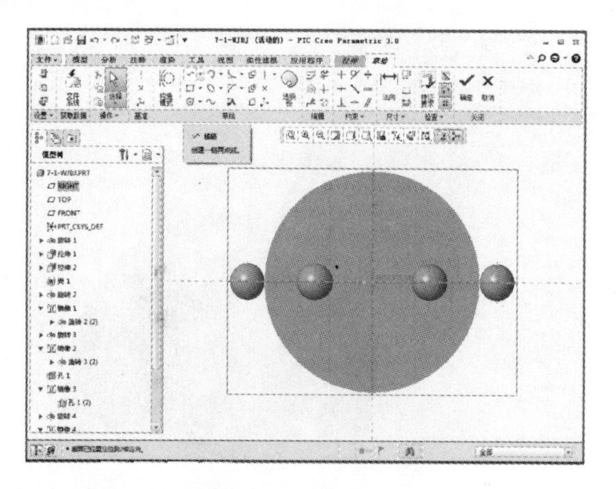

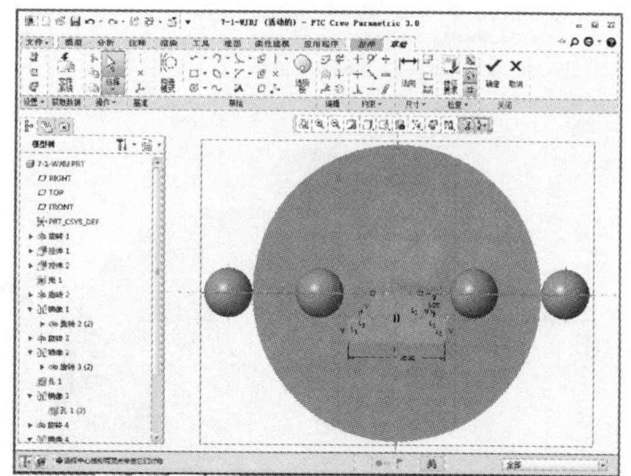

24 草图绘制完成后单击【确定】按钮，进入“拉伸”选项卡，设置指定值拉伸切除，拉伸值为 4，如下左图所示。设置完成后单击【确定】按钮，如下右图所示。

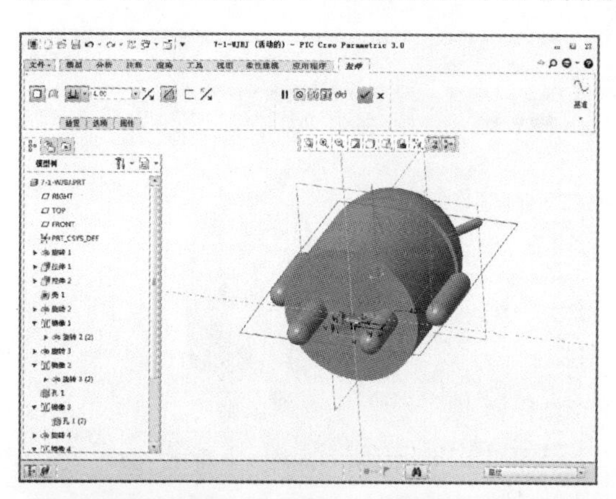

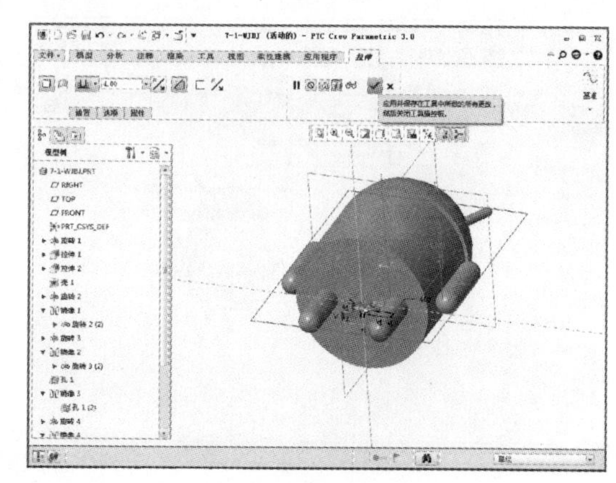

## STEP04　完成玩具摆件的修饰部分

01 完成上述特征操作后单击【倒圆角】按钮，如下左图所示。单击【倒圆角】按钮后系统显示“倒圆角”选项卡，如下右图所示。

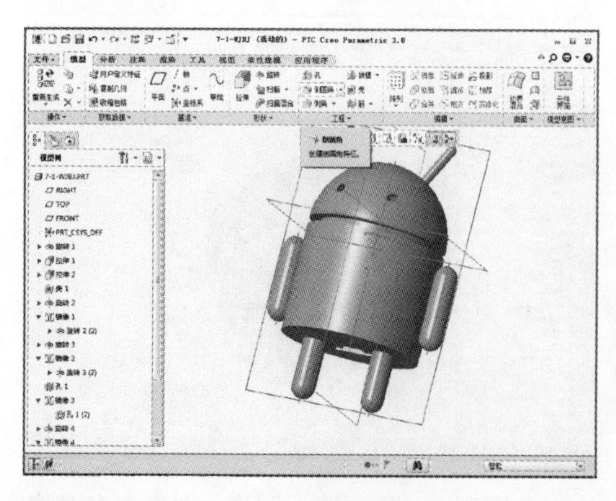

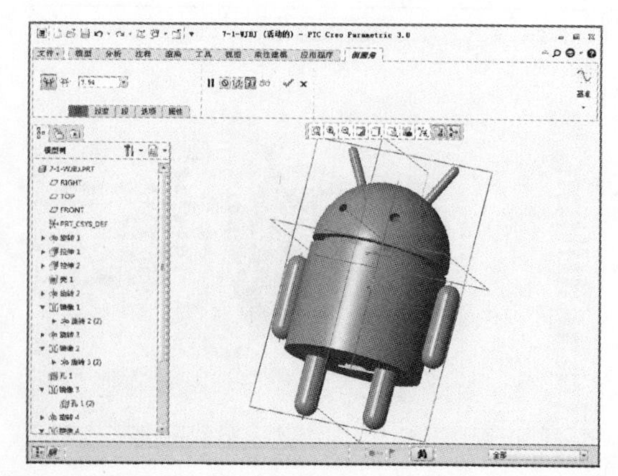

02 在“倒圆角”选项卡中设定半径为 5，如下左图所示。参数设定完成后选择图中的一条边作为倒圆角的边，并单击【确定】按钮，如下右图所示。

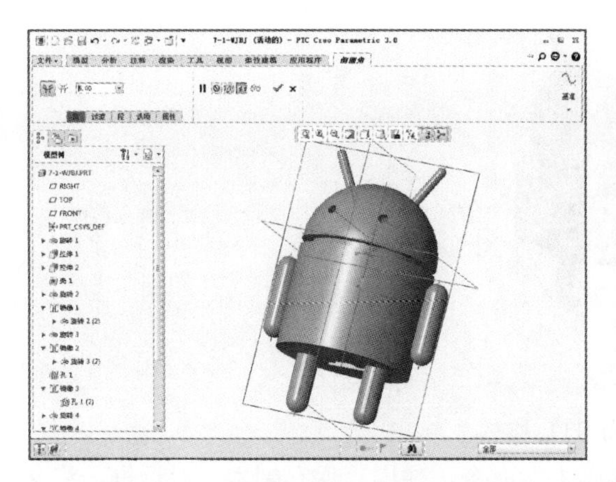
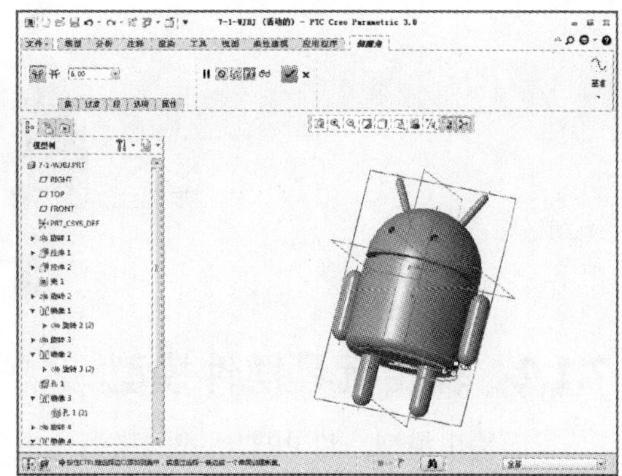

03 完成上述特征操作后单击【倒圆角】按钮，如下左图所示。单击【倒圆角】按钮后系统显示“倒圆角”选项卡，如下右图所示。

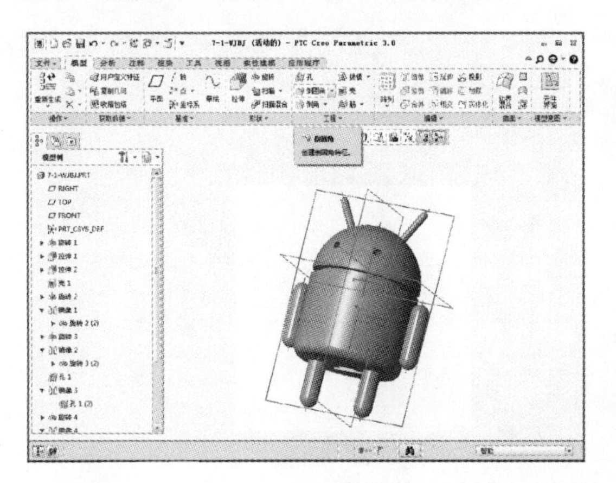
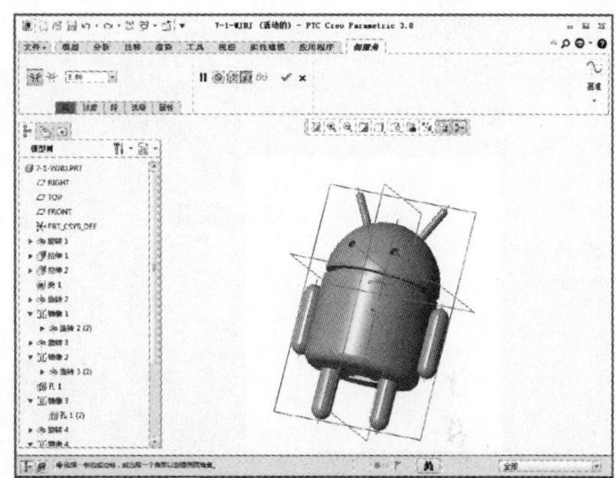

04 在“倒圆角”选项卡中设定半径为 1，如下左图所示。参数设定完成后选择图中的边作为倒圆角的边，并单击【确定】按钮，如下右图所示。

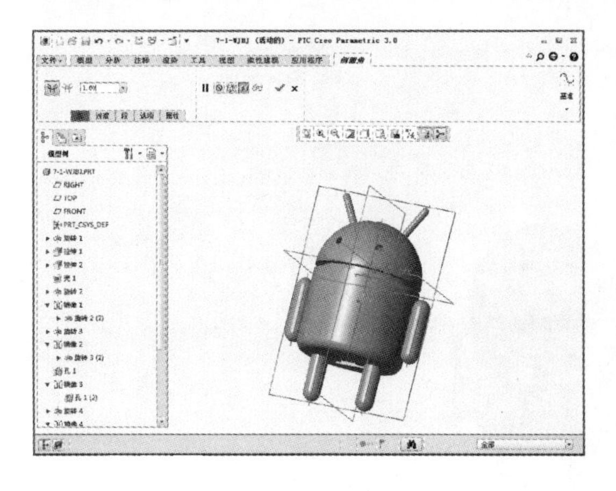
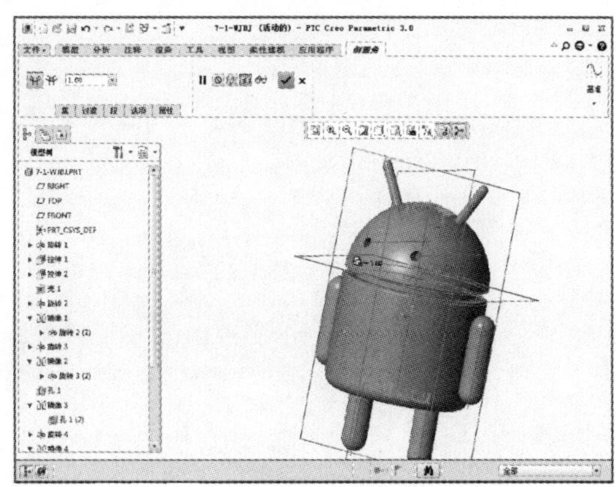

最终结果如下图所示。

## 7.1.2 输出玩具摆件模型

下面输出模型，将 PRT 格式的模型输出为 STL 格式。

（1）选择模型，执行“文件>另存为>保存副本”命令，弹出“保存副本”对话框，将文件命名为“7-1-wjbj”，类型设定为“*.stl”，如下图所示。

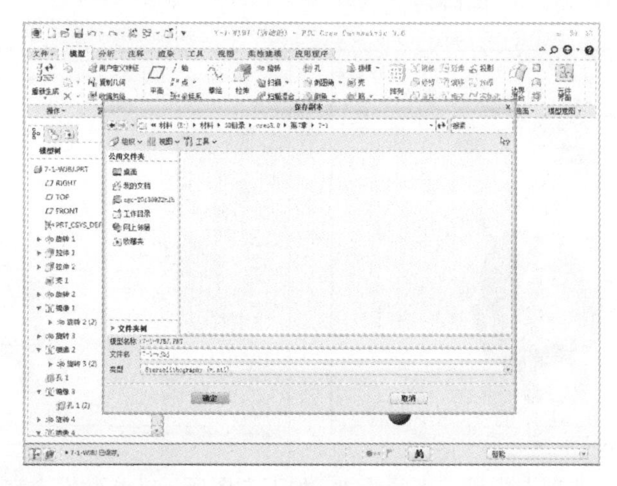

（2）系统弹出“导出 STL”对话框，此时采用系统默认提供的参数，单击【确定】按钮，如下图所示。

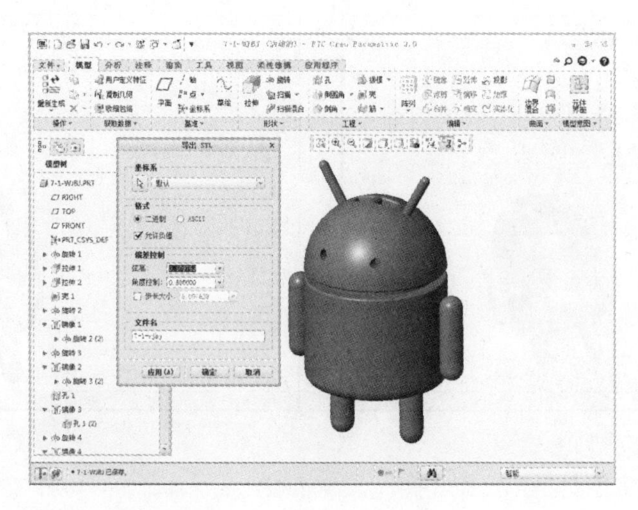

## 7.1.3 STL 模型的单位转换

在 UP!软件中可以将模型的英制单位转换为公制单位。为了将模型单位转换为公制，需要从标尺菜单中选择 25.4，然后再次单击标尺按钮。如将模式从公制转换成英制，需从标尺菜单中选择 0.03937，然后再次单击标尺按钮，如图所示。

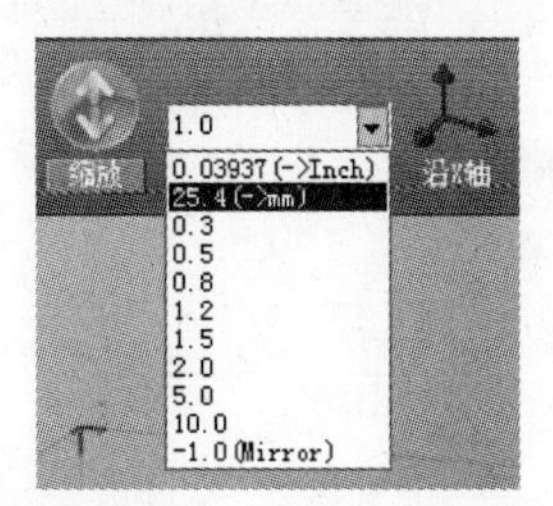


## 7.1.4 将模型放到成型平台上

将模型置于平台的适当位置有助于提高打印的质量，请尽量将模型放置在平台的中央。

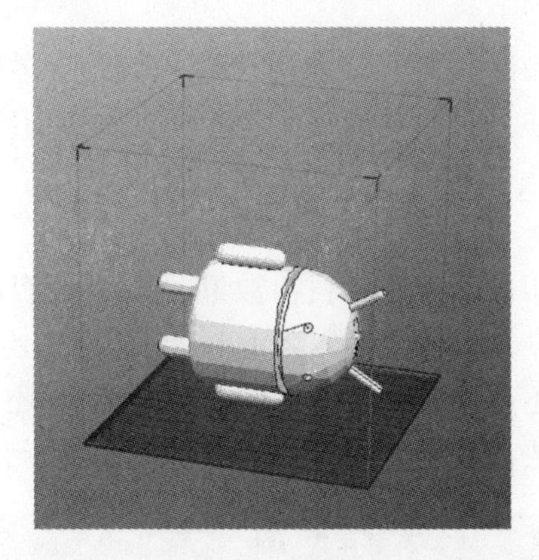

（1）自动布局：单击工具栏最右边的【自动布局】按钮，软件会自动调整模型在平台上的位置。当平台上不止一个模型时，建议用户使用自动布局功能。

（2）手动布局：按住 Ctrl 键，用鼠标左键选择目标模型，然后移动鼠标，拖动模型到指定位置。

（3）使用【移动】按钮：单击工具栏上的【移动】按钮，在文本框中输入距离数值，然后选择想要移动的方向轴。

当多个模型处于开放状态时，每个模型之间的距离至少要保持在 12mm 以上。

## 7.1.5 打印材料的操作

**1．上丝（安装材料）**

上丝即从喷嘴将丝材挤压出来。执行“3D 打印>维护”命令，弹出“打印机”对话框（如图所示），单击【挤出】按钮，喷嘴会加热。当喷嘴温度上升到 260℃时，丝材就会通过喷嘴挤压出来。在丝材开始挤压前，系统会发出蜂鸣声，当挤压完成后，会再次发出蜂鸣声。在更换材料时，这个功能是用来为喷嘴挤压新丝材的，也可以用来测试喷嘴是否正常工作。

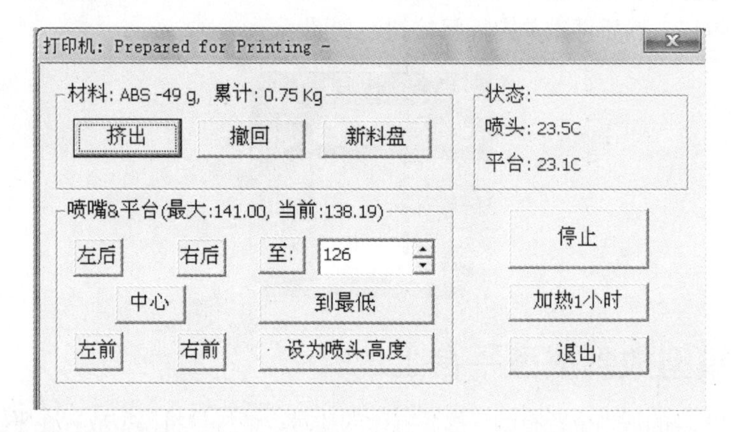


**2．撤丝（撤下材料）**

撤丝即从喷头中将丝材撤出。当丝材用完或者需要更换喷嘴时需要单击【撤回】按钮。当喷嘴的温度升高到 260℃并且机器发出蜂鸣声时轻轻地拉出丝材，如果丝材中途卡住，要用手将丝材拉出。

**3．更新材料**

该功能可使用户跟踪打印机已使用的材料数量，并且当打印机中没有足够的材料打印模型时发出警告。单击【新料盘】按钮，输入当前剩余多少克的丝材。如果是一卷新的丝材，应该被设置成 700 克。用户还可以设置要打印的材料是 ABS 还是 PLA。

校准喷头高度并进行预热，然后开始打印模型。如图所示为打印出来的模型。

移除模型和移除支撑材料的过程如图所示。

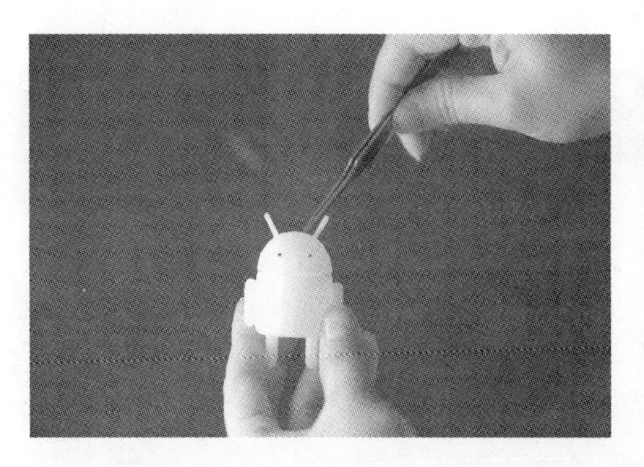

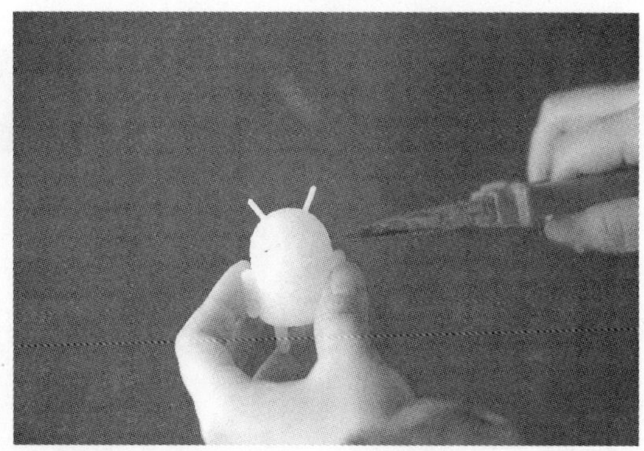

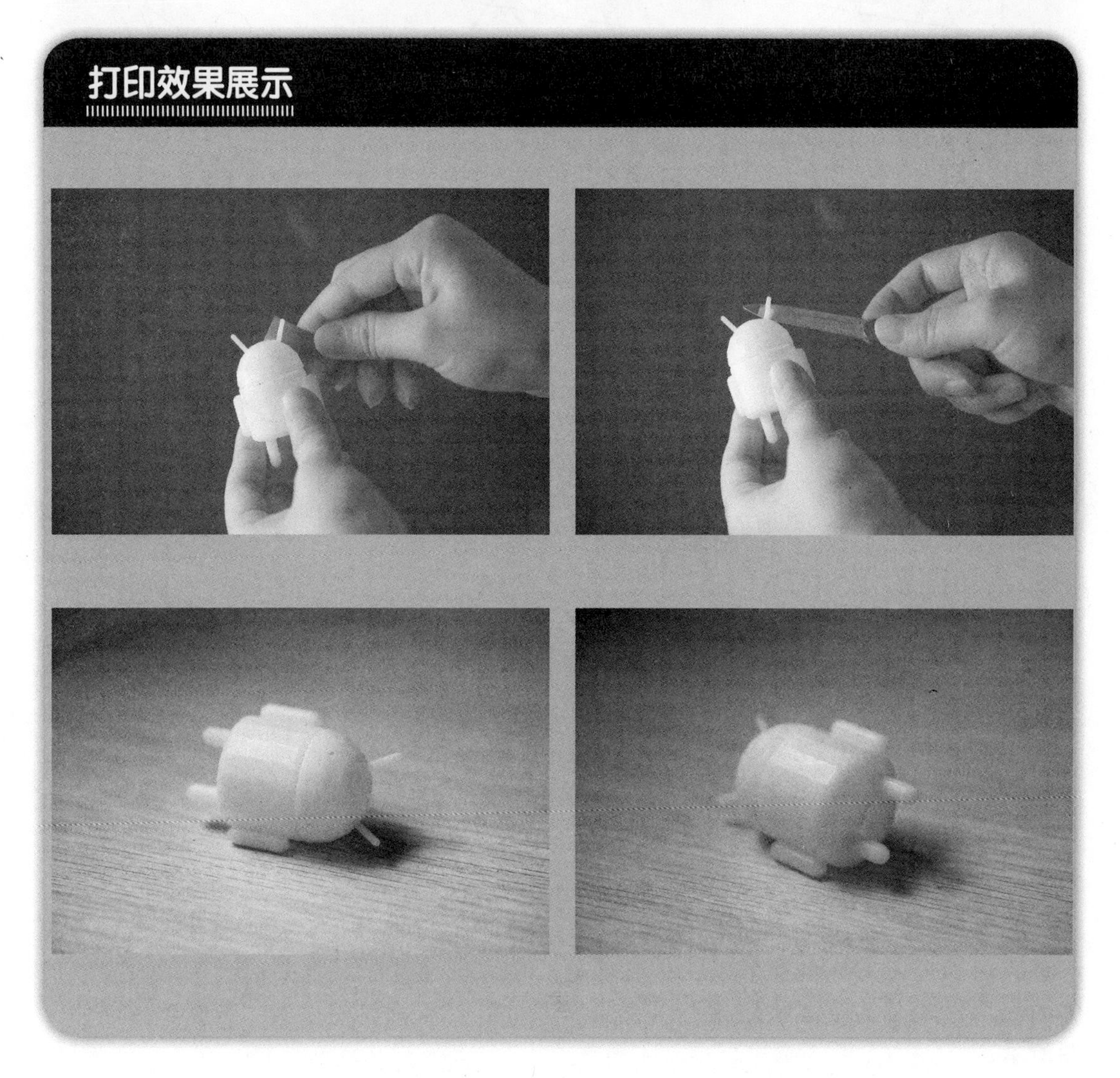
打印效果展示

# 7.2 骰子

## 骰子的设计草图

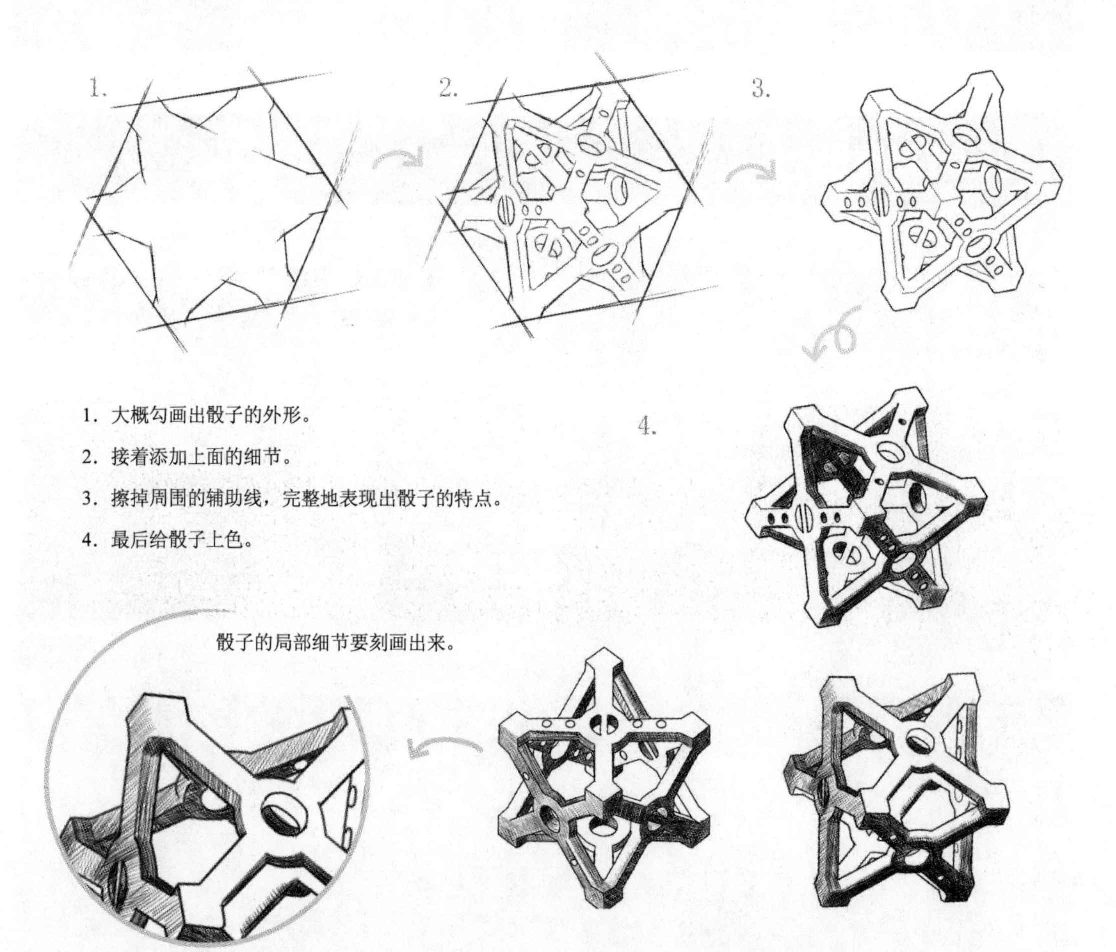


本节介绍利用拉伸、镜像、倒圆角等命令制作骰子模型的方法。在建模过程中我们分为三部分，首先创建骰子的主要部分，然后创建骰子的次要部分，最后完成骰子的修饰。本节的草图绘制相对比较简单，请耐心按照教程绘制。本例参考图如下图所示。

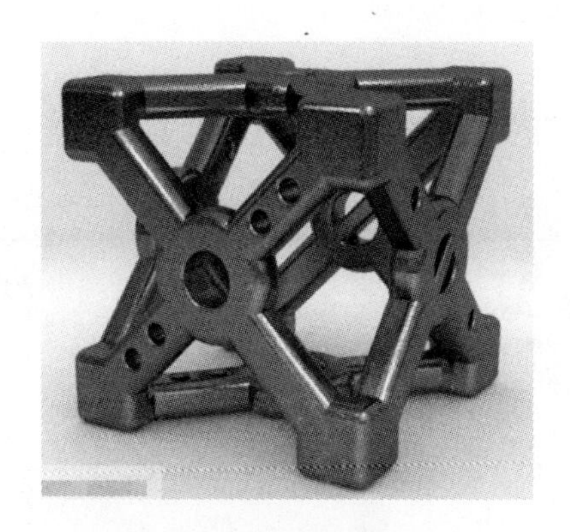

## 7.2.1 操作步骤详解

### STEP01 新建零件主体

01 在计算机上打开 PTC Creo Parametric 3.0 软件，出现其界面，如下左图所示。然后单击【新建】按钮，如下右图所示。

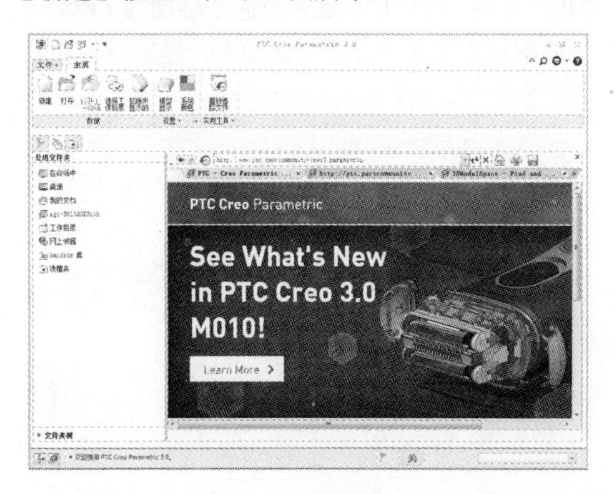


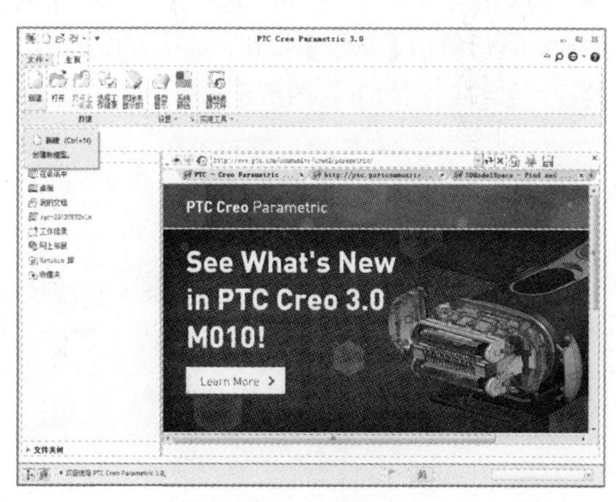


02 单击【新建】按钮后弹出“新建”对话框，类型选择“零件”、子类型选择“实体”，将文件名更改为“7-2-sz”，不选择“使用默认模板”复选框，单击【确定】按钮，如下左图所示。单击后弹出“新文件选项”对话框，在模板中选择“mmns-part-solid”，单击【确定】按钮，如下右图所示。

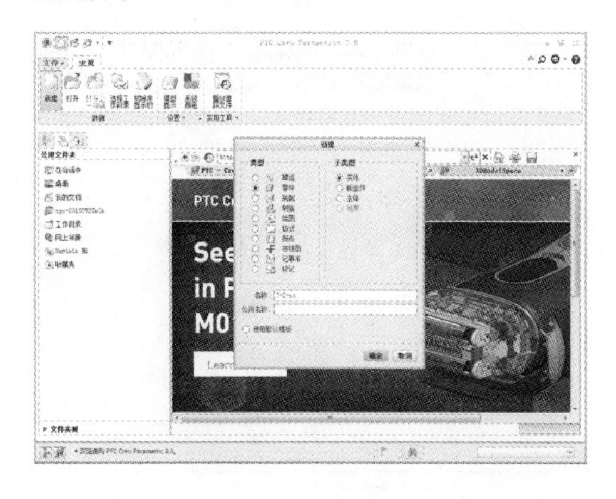

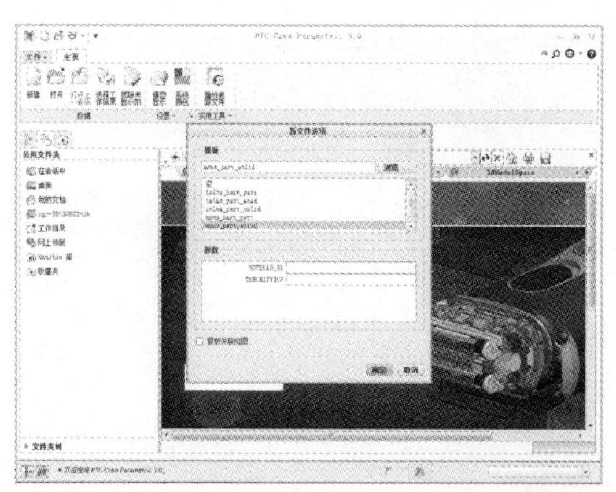

## STEP02 骰子主体的建模

01 在“模型”选项卡中单击【拉伸】按钮，如下左图所示。单击【拉伸】按钮后系统显示“拉伸”选项卡，如下右图所示。

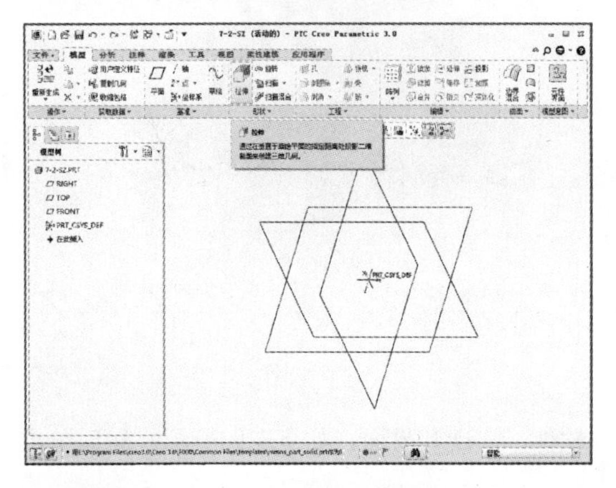

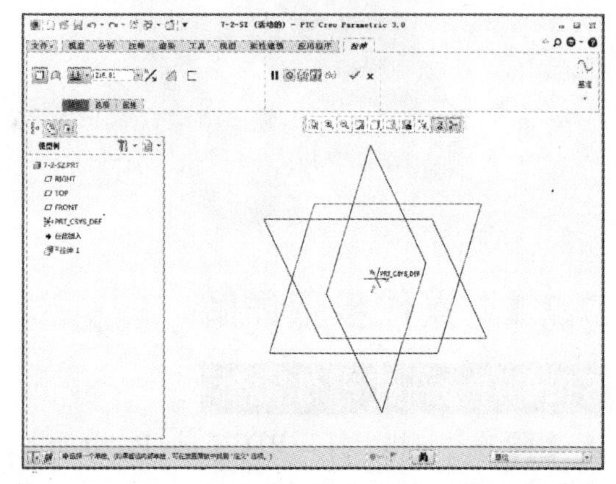

02 单击【放置】按钮，选择定义草绘平面，弹出“草绘”对话框，定义拉伸基准面为 FRONT 平面，然后单击【草绘】按钮，如下左图所示。单击该按钮后显示“草绘”选项卡，然后单击【草绘视图】按钮，如下右图所示。

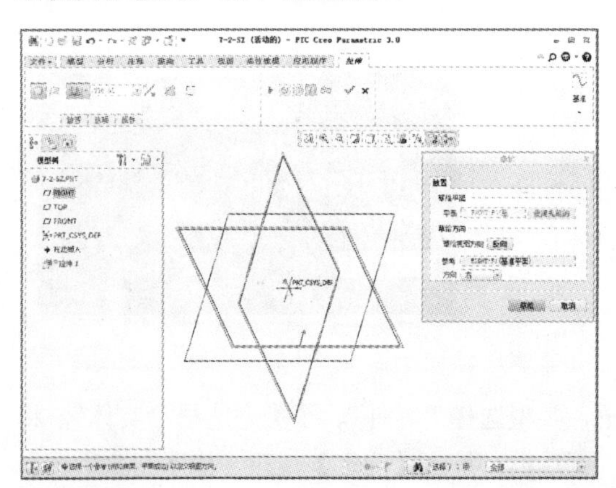

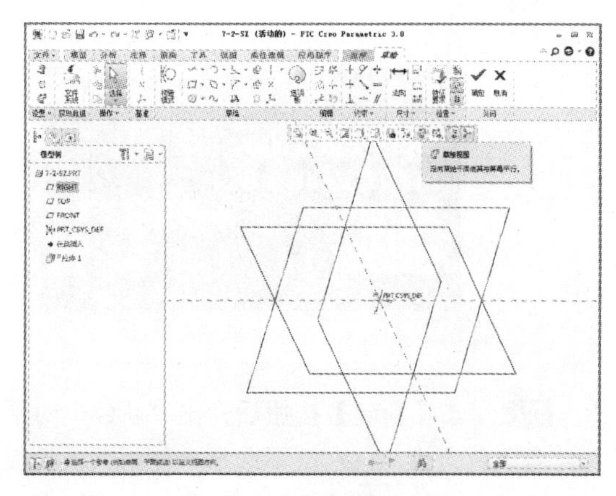

03 在“草绘”选项卡中单击【拐角矩形】按钮，如下左图所示。绘制图示矩形，长 64、宽 64，如下右图所示。

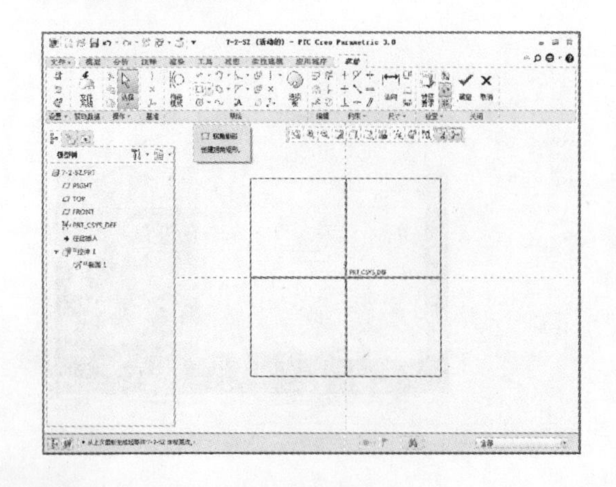

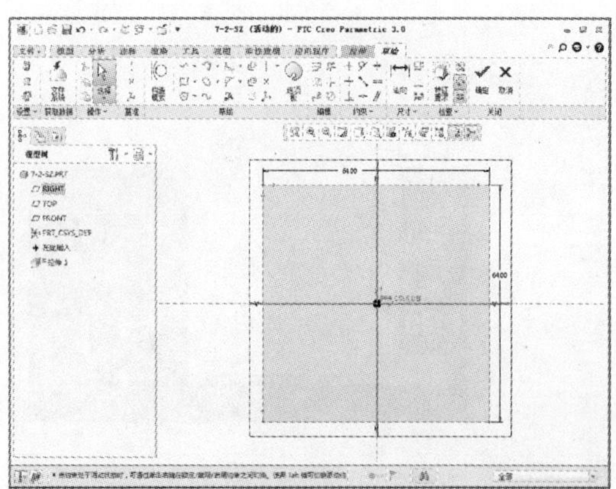

04 草图绘制完成后单击【确定】按钮，进入“拉伸”选项卡，设置对称拉伸，拉伸值为 64，如下左图所示。设置完成后单击【确定】按钮，如下右图所示。

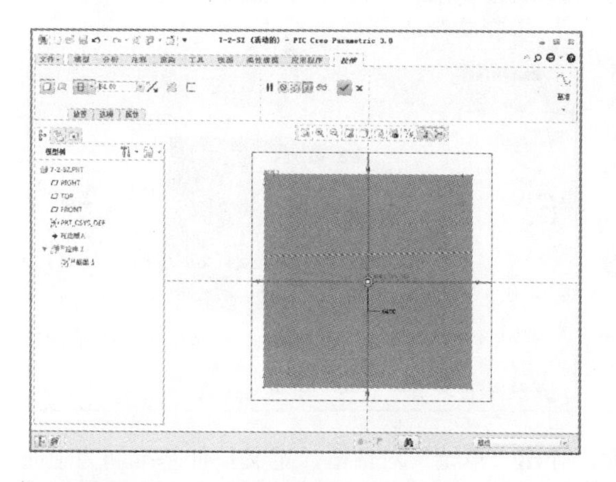

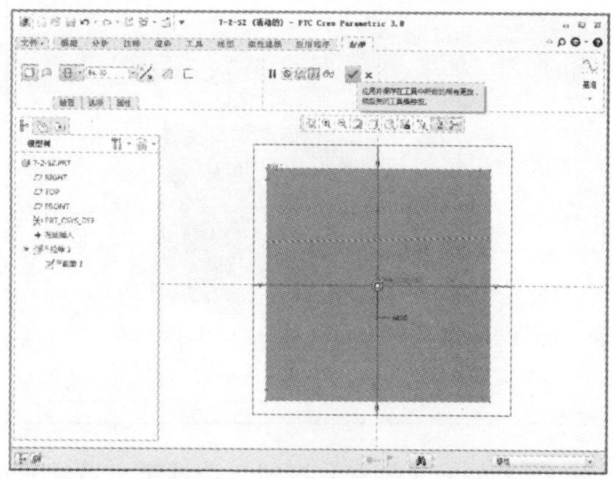

05 完成上述特征操作后在“模型”选项卡中单击【壳】按钮，如下左图所示。单击【壳】按钮后系统显示“壳”选项卡，如下右图所示。

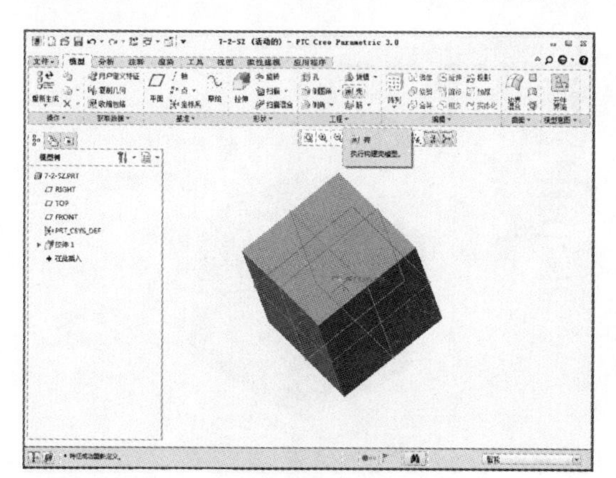

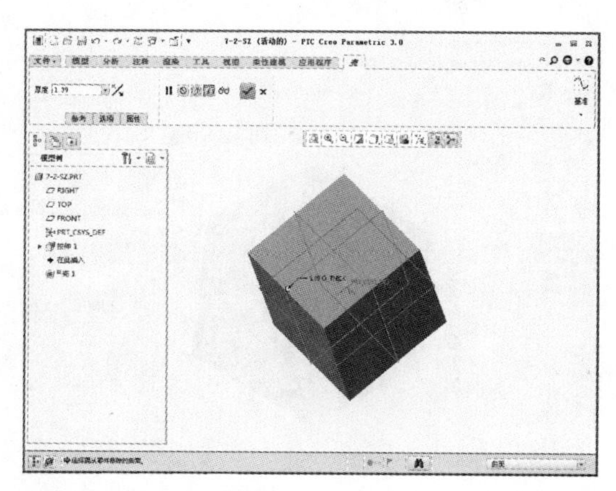

06 在“壳”选项卡中设置厚度为 6，如下左图所示。设定完成后单击选项卡中的【确定】按钮，如下右图所示。

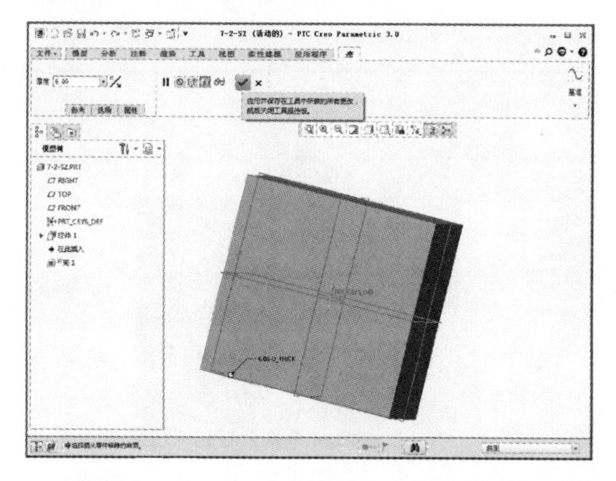

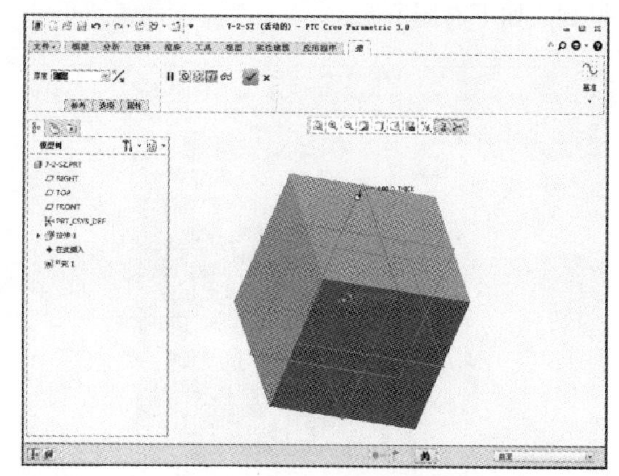

07 完成上述特征操作后在“模型”选项卡中单击【拉伸】按钮，如下左图所示。单击【拉

伸】按钮后系统显示“拉伸”选项卡，如下右图所示。

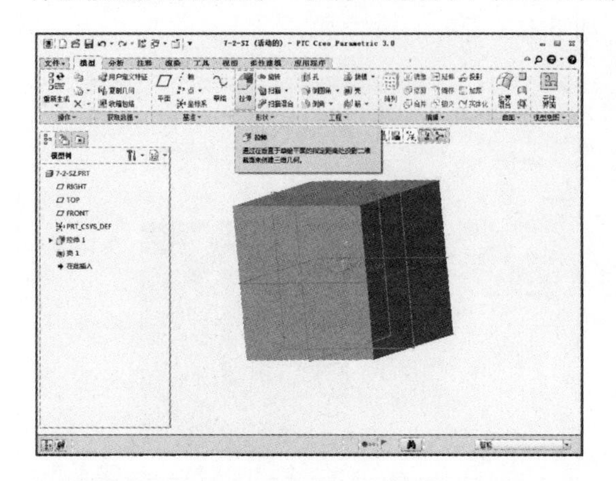

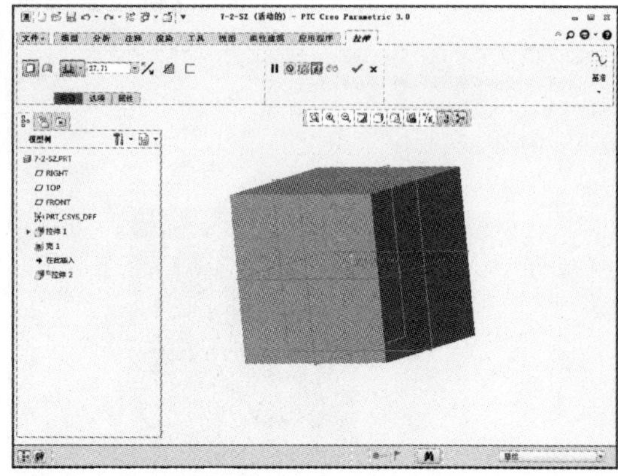

08 单击【放置】按钮，选择定义草绘平面，弹出“草绘”对话框，定义拉伸基准面为上面拉伸得到的平面，然后单击【草绘】按钮，如下左图所示。单击该按钮后显示“草绘”选项卡，然后单击【草绘视图】按钮，如下右图所示。

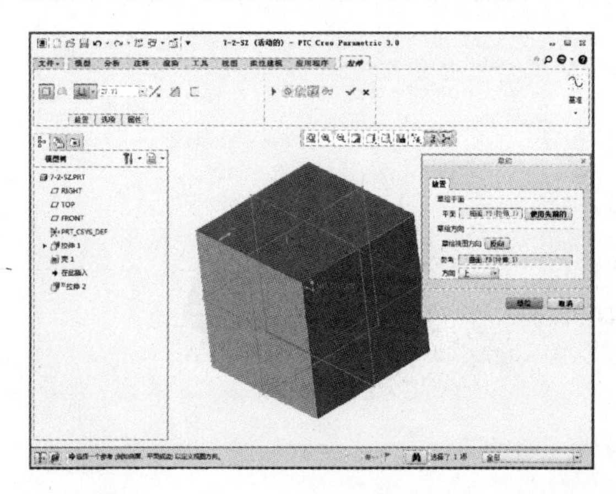

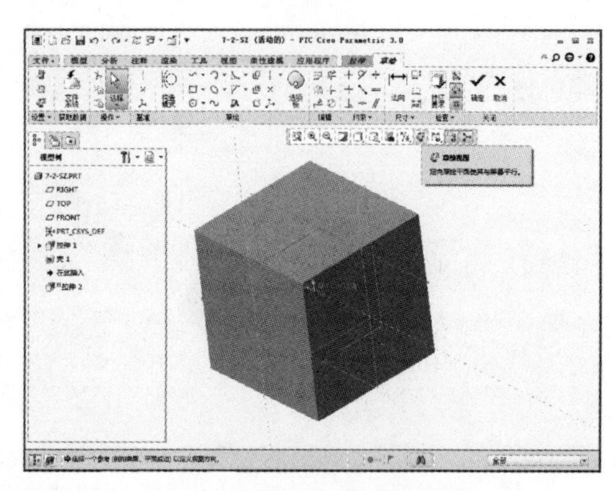

09 在“草绘”选项卡中单击【线链】【投影】等按钮，如下左图所示。绘制图示的对称图形，中间圆的直径为 22，斜线是对角线左、右各偏移 4 得到的，其余的竖直直线均为对应边偏移 12 得到，如下右图所示。

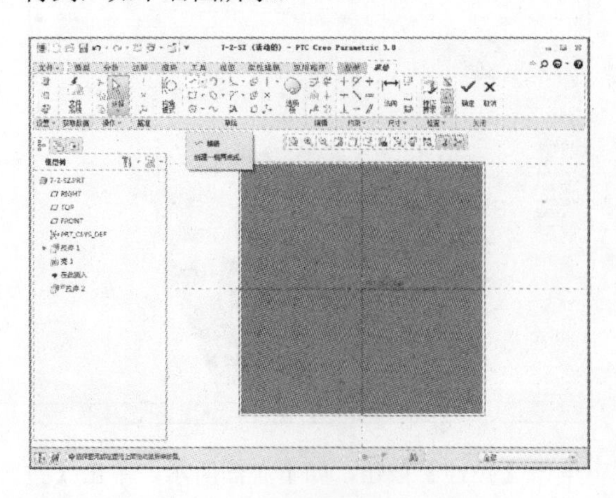

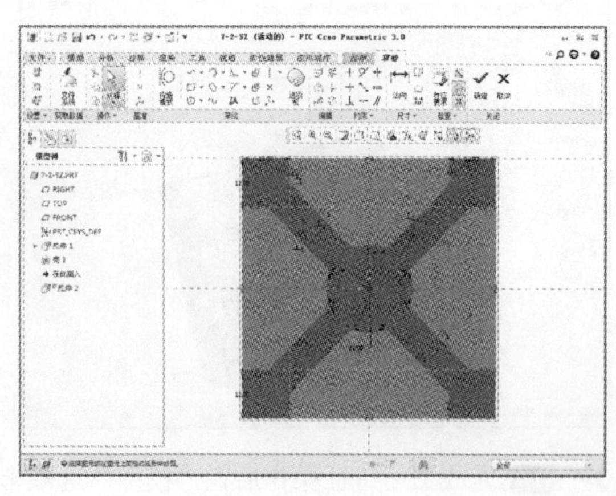

➤10 草图绘制完成后单击【确定】按钮，进入“拉伸”选项卡，设置指定值拉伸切除，拉伸值为 6.3，如下左图所示。设置完成后单击【确定】按钮，如下右图所示。

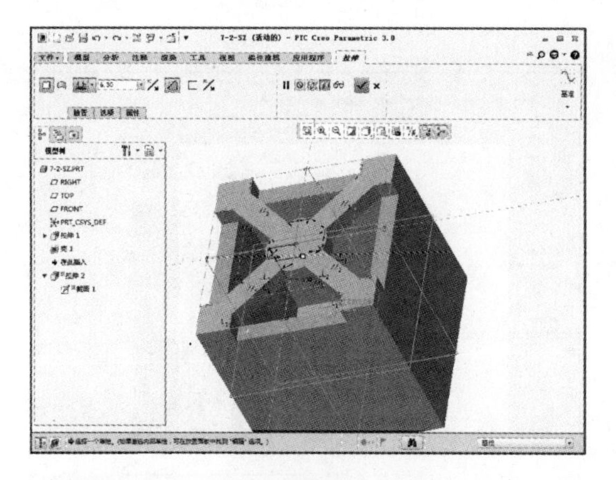

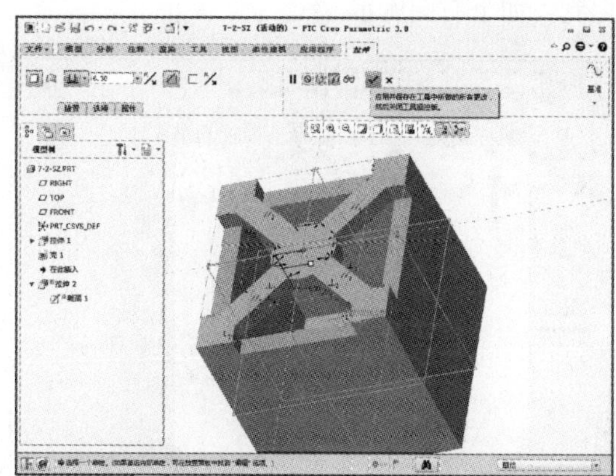

➤11 完成上述特征操作后在“模型”选项卡中单击【拉伸】按钮，如下左图所示。单击【拉伸】按钮后系统显示“拉伸”选项卡，如下右图所示。

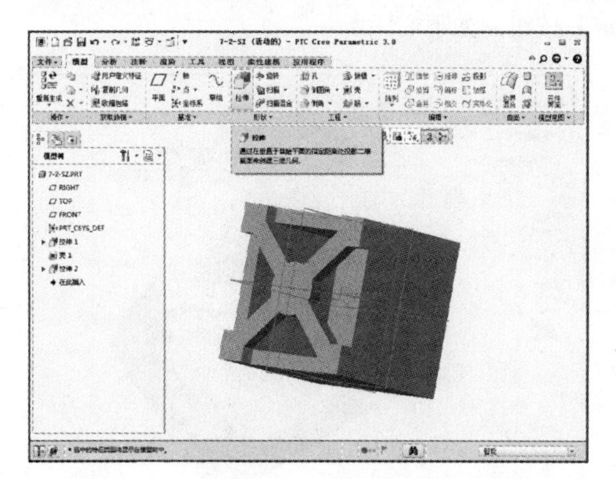

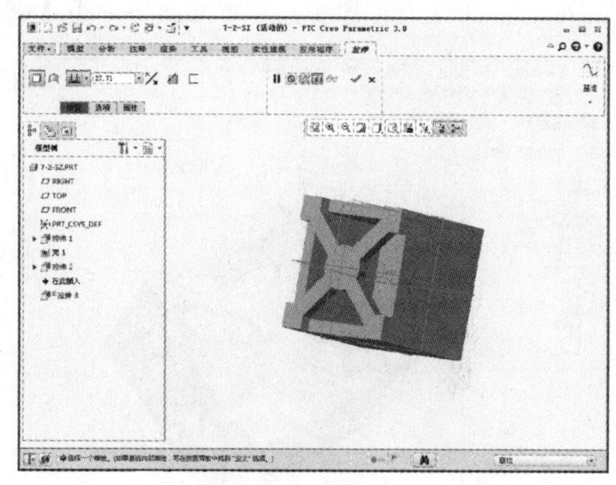

➤12 单击【放置】按钮，选择定义草绘平面，弹出“草绘”对话框，定义拉伸基准面为上面拉伸得到的平面，然后单击【草绘】按钮，如下左图所示。单击该按钮后显示“草绘”选项卡，然后单击【草绘视图】按钮，如下右图所示。

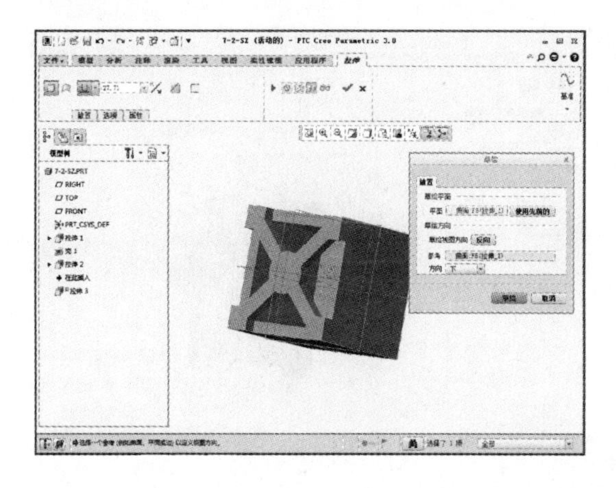

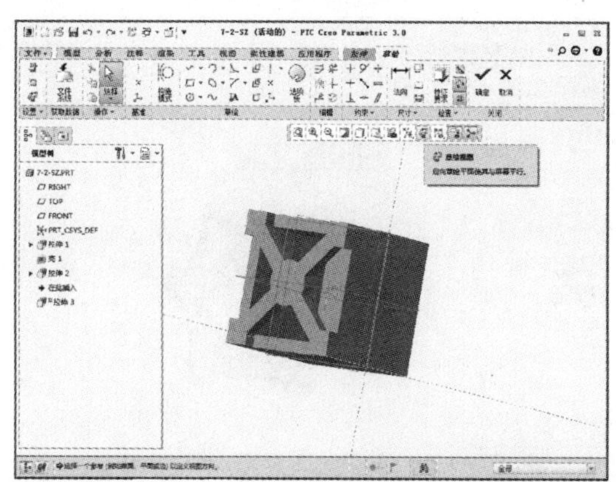

13 在“草绘”选项卡中单击【线链】【投影】等按钮，如下左图所示。绘制图示的对称图形，中间圆的直径为 22，斜线是对角线左、右各偏移 4 得到的，其余的竖直直线均为对应边偏移 12 得到，如下右图所示。

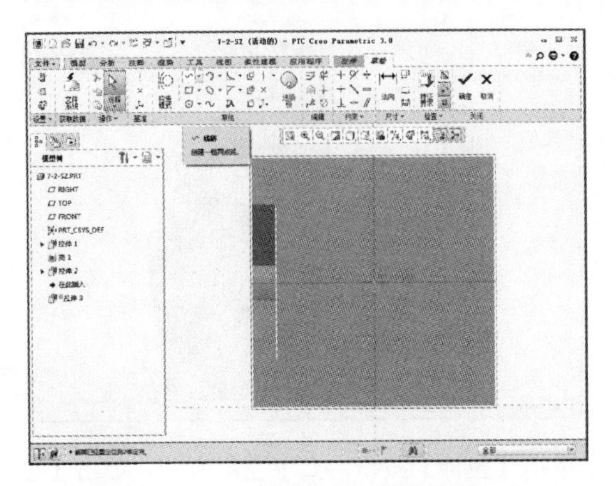

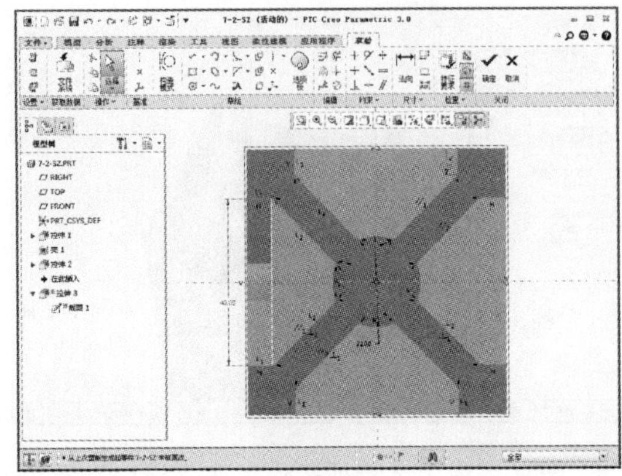

14 草图绘制完成后单击【确定】按钮，进入“拉伸”选项卡，设置指定值拉伸切除，拉伸值为 6.3，如下左图所示。设置完成后单击【确定】按钮，如下右图所示。

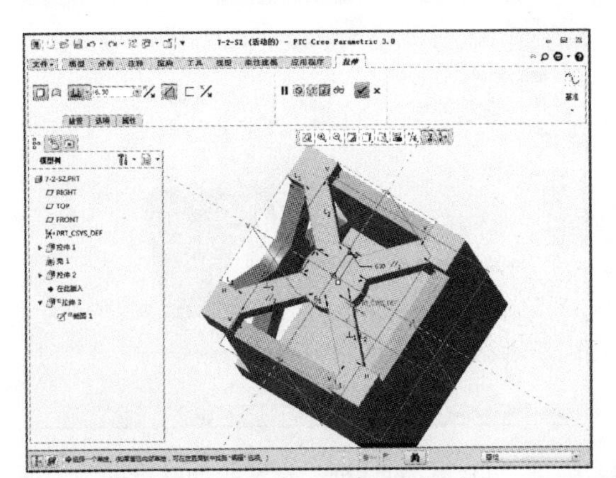

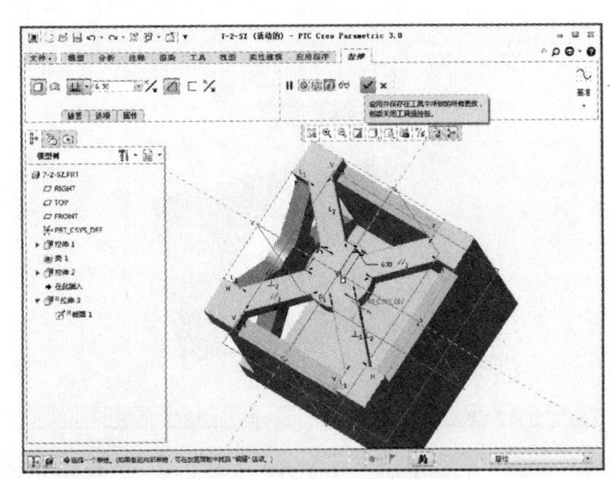

15 完成上述特征操作后在“模型”选项卡中单击【拉伸】按钮，如下左图所示。单击【拉伸】按钮后系统显示“拉伸”选项卡，如下右图所示。

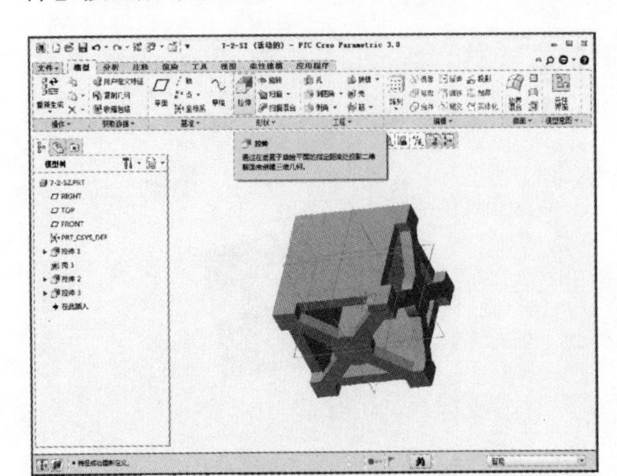

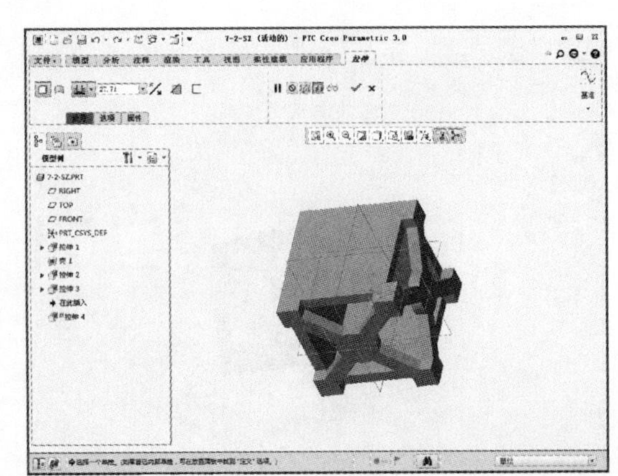

16 单击【放置】按钮，选择定义草绘平面，弹出“草绘”对话框，定义拉伸基准面为上面拉伸得到的平面，然后单击【草绘】按钮，如下左图所示。单击该按钮后显示“草绘”选项卡，然后单击【草绘视图】按钮，如下右图所示。

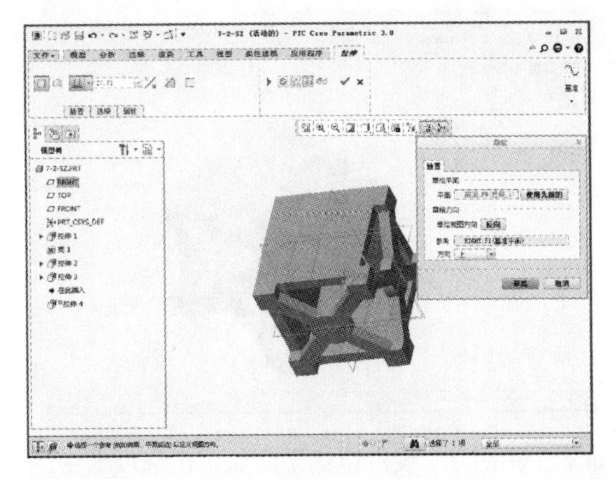

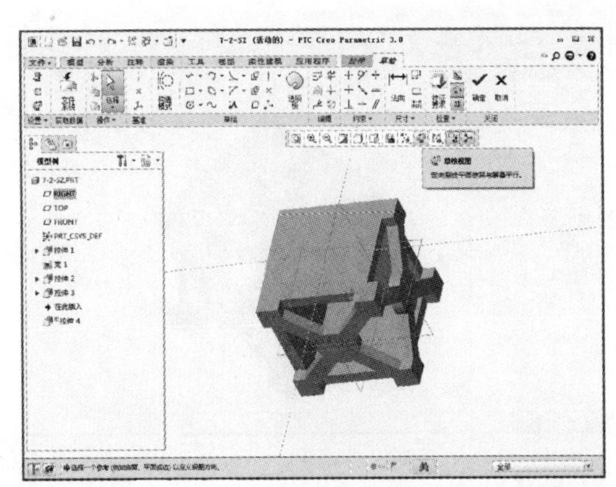

17 在“草绘”选项卡中单击【线链】【投影】等按钮，如下左图所示。绘制图示的对称图形，中间圆的直径为 22，斜线是对角线左、右各偏移 4 得到的，其余的竖直直线均为对应边偏移 12 得到，如下右图所示。

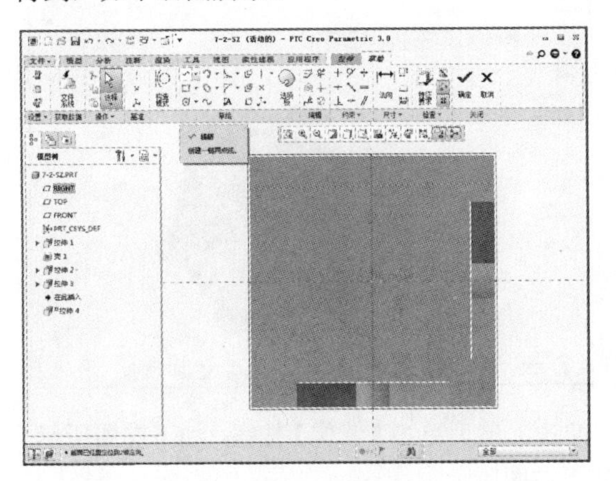

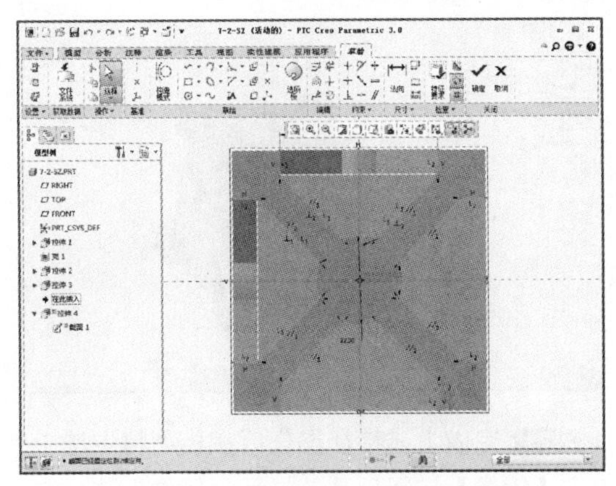

18 草图绘制完成后单击【确定】按钮，进入“拉伸”选项卡，设置指定值拉伸切除，拉伸值为 6.3，如下左图所示。设置完成后单击【确定】按钮，如下右图所示。

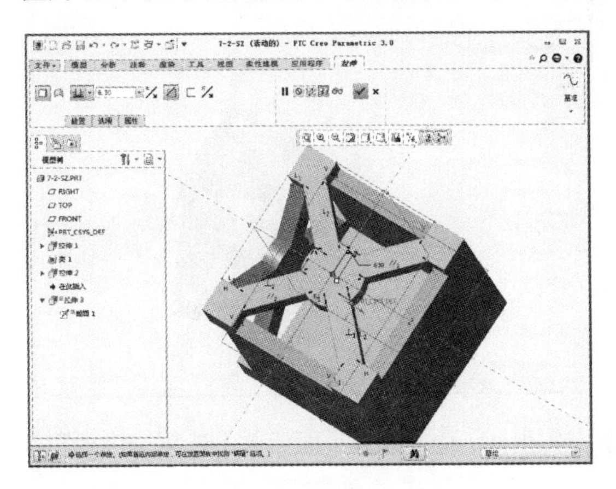

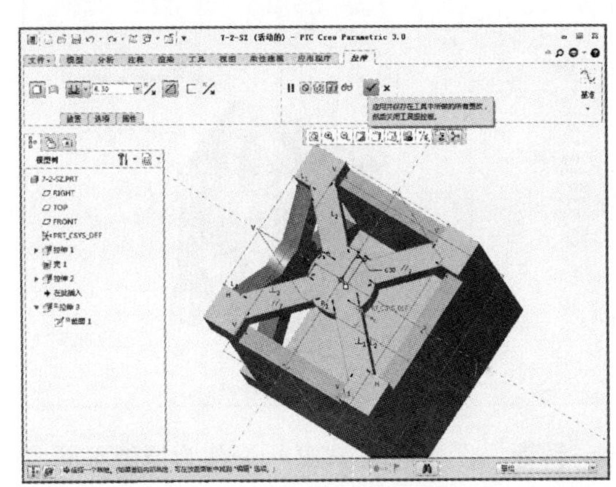

19 完成上述特征操作后在模型树中选中“拉伸 2”，然后单击【镜像】按钮，如下左图所示。单击【镜像】按钮后系统显示“镜像”选项卡，如下右图所示。

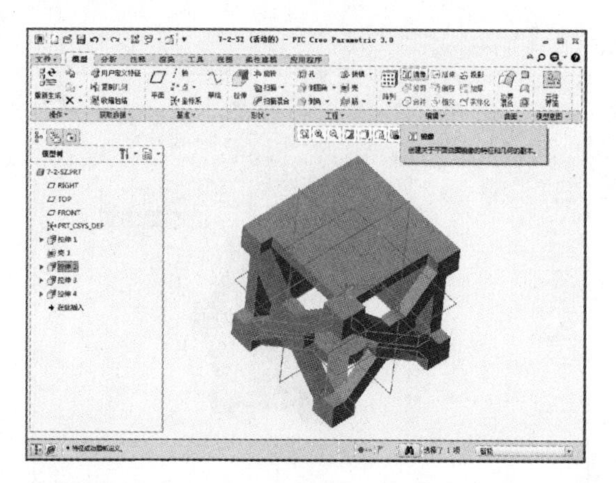

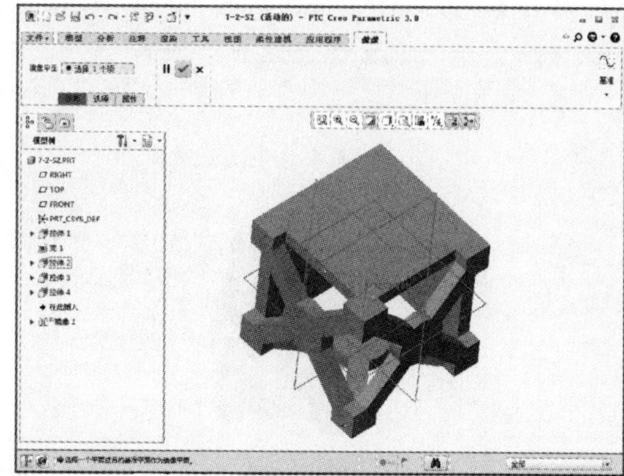

20 在图中选取 RIGHT 平面作为镜像平面，如下左图所示。设定镜像平面后单击选项卡中的【确定】按钮即可，如下右图所示。

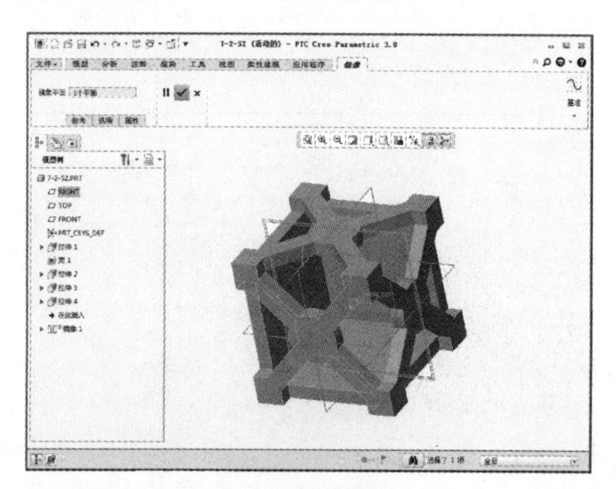

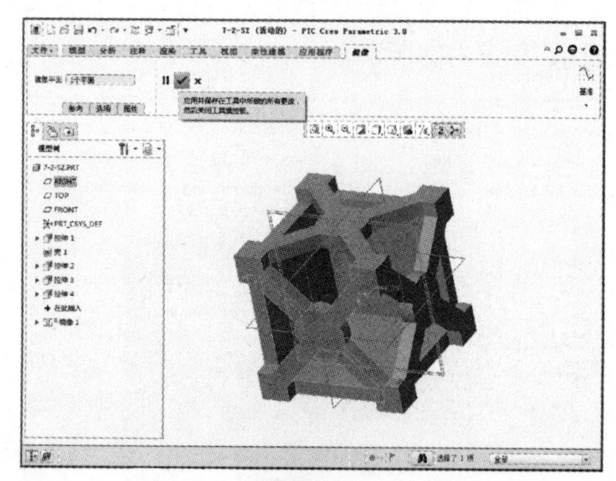

21 完成上述特征操作后在模型树中选中“拉伸 3”，然后单击【镜像】按钮，如下左图所示。单击【镜像】按钮后系统显示“镜像”选项卡，如下右图所示。

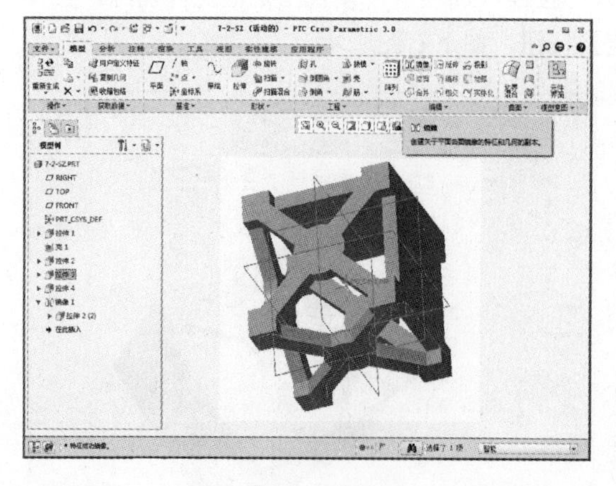

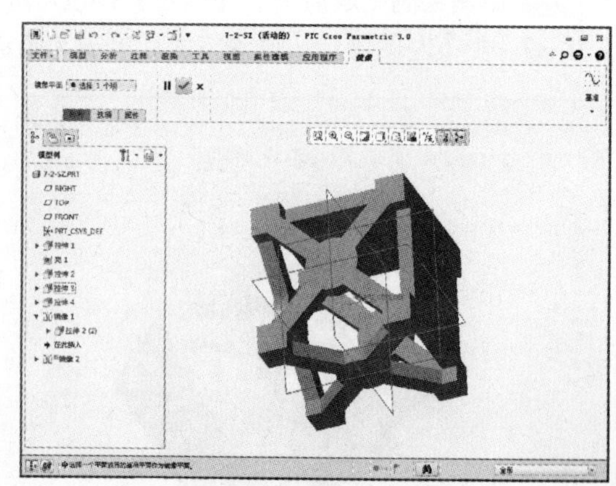

22 在图中选取 TOP 平面作为镜像平面，如下左图所示。设定镜像平面后单击选项卡中的【确

定】按钮即可，如下右图所示。

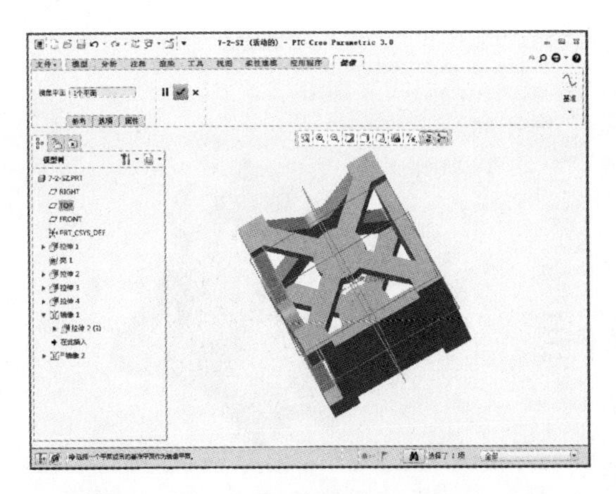

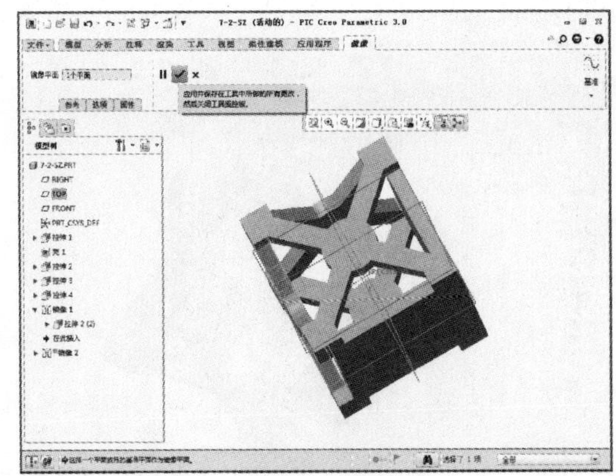

23 完成上述特征操作后在模型树中选中“拉伸 4”，然后单击【镜像】按钮，如下左图所示。单击【镜像】按钮后系统显示“镜像”选项卡，如下右图所示。

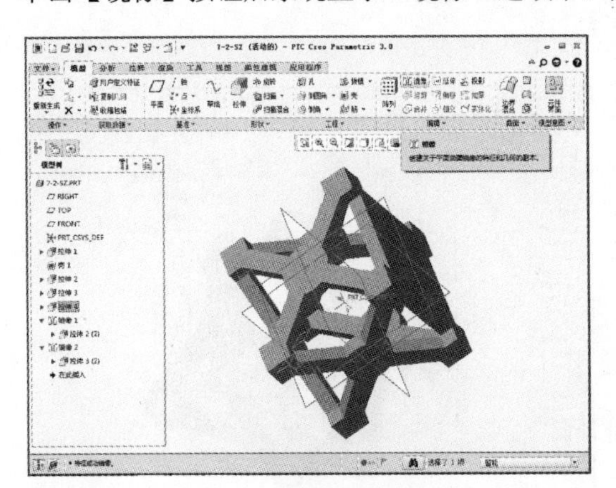

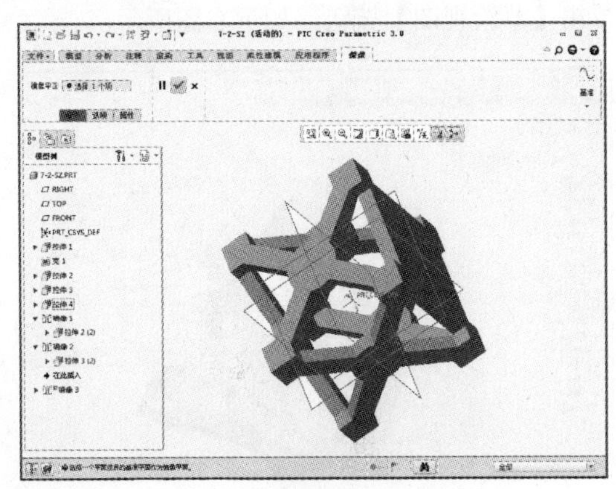

24 在图中选取 FRONT 平面作为镜像平面，如下左图所示。设定镜像平面后单击选项卡中的【确定】按钮即可，如下右图所示。

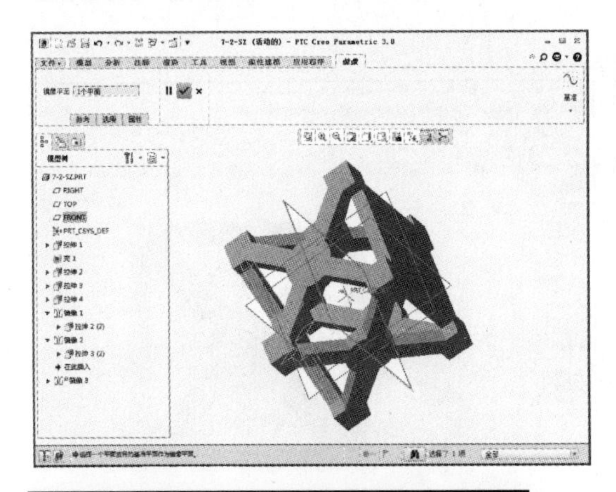

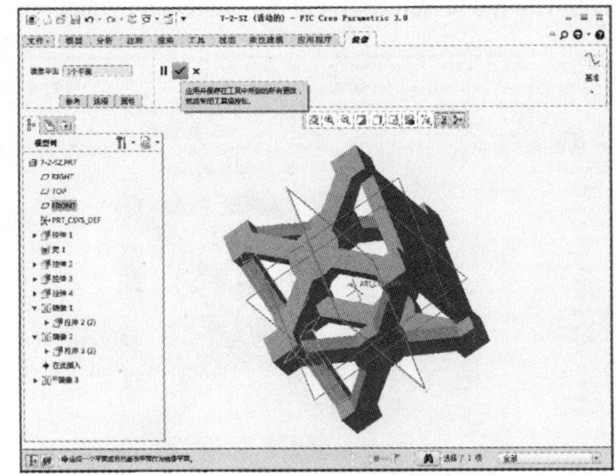

## STEP03　创建骰子的次要特征

01 完成上述特征操作后在“模型”选项卡中单击【拉伸】按钮，如下左图所示。单击【拉

伸】按钮后系统显示“拉伸”选项卡，如下右图所示。

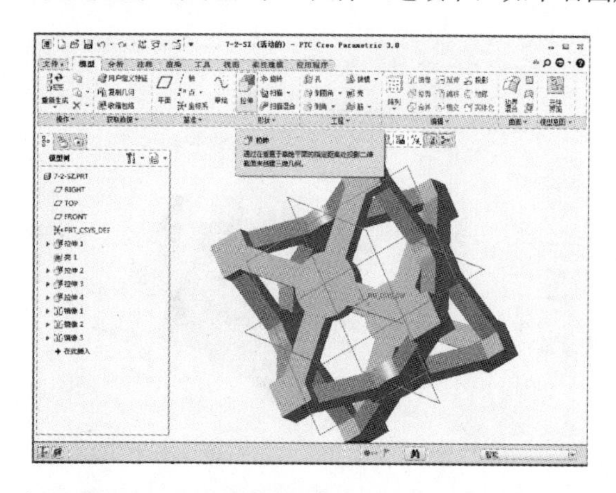

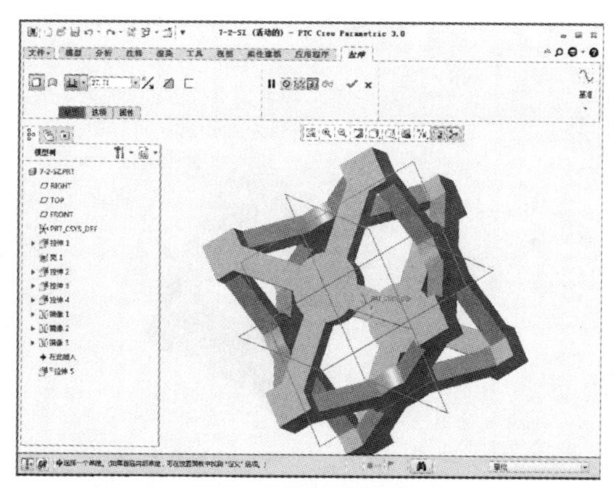

02 单击【放置】按钮，选择定义草绘平面，弹出“草绘”对话框，定义拉伸基准面为拉伸得到的平面，然后单击【草绘】按钮，如下左图所示。单击该按钮后显示“草绘”选项卡，然后单击【草绘视图】按钮，如下右图所示。

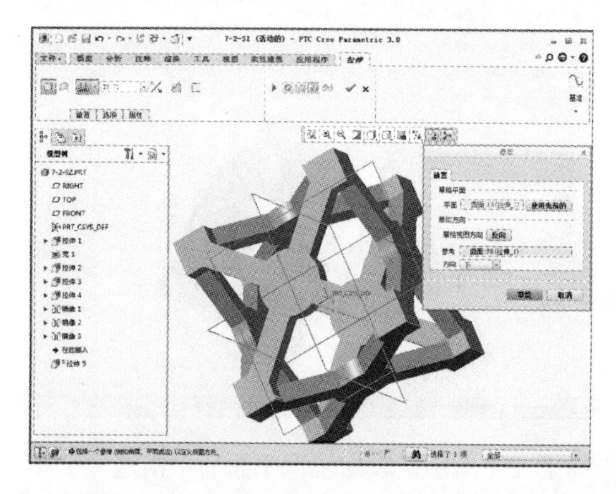

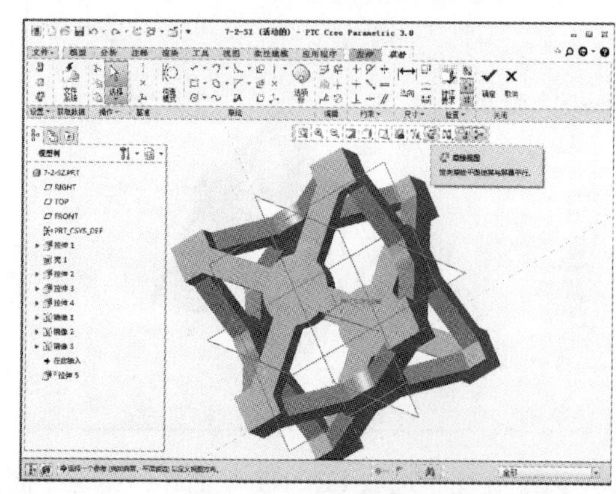

03 在“草绘”选项卡中单击【线链】【圆】等按钮，如下左图所示。绘制图示图形，圆的直径为 12，两直线的间距为 3，如下右图所示。

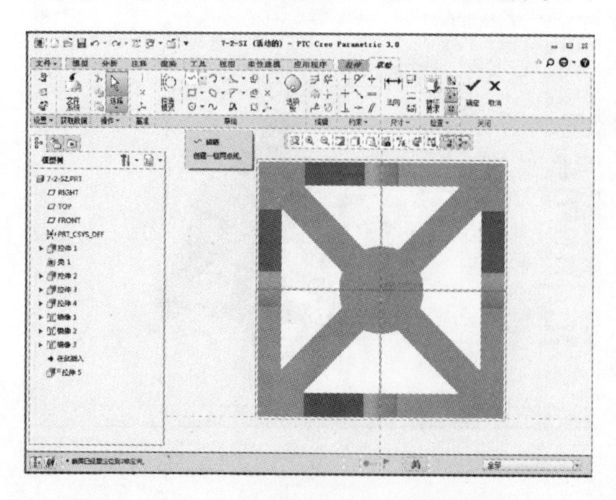

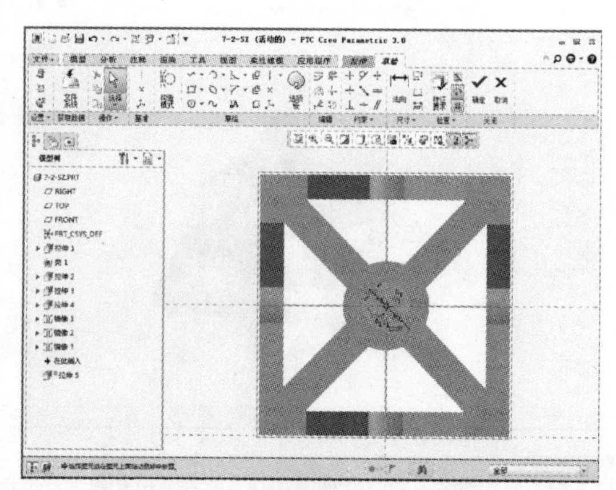

04 草图绘制完成后单击【确定】按钮，进入“拉伸”选项卡，设置指定值拉伸切除，拉伸

值为 6，如下左图所示。设置完成后单击【确定】按钮，如下右图所示。

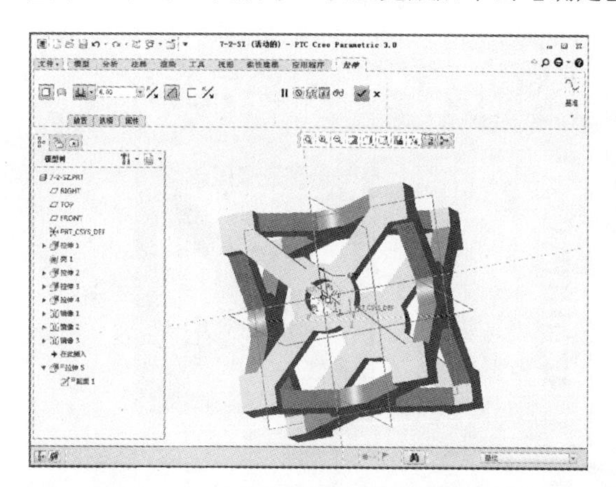

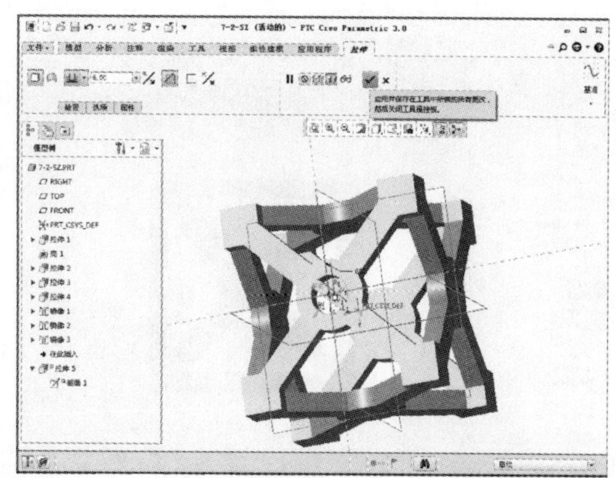

05 完成上述特征操作后在“模型”选项卡中单击【拉伸】按钮，如下左图所示。单击【拉伸】按钮后系统显示“拉伸”选项卡，如下右图所示。

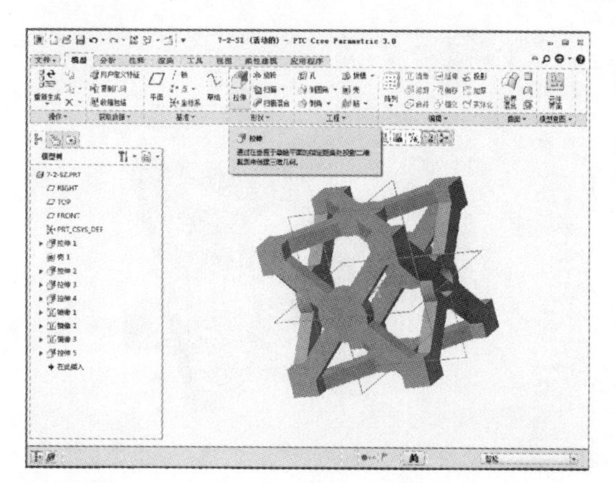

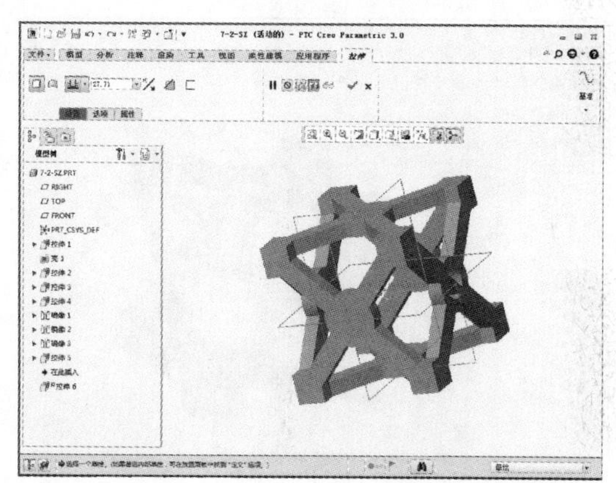

06 单击【放置】按钮，选择定义草绘平面，弹出“草绘”对话框，定义拉伸基准面为上面拉伸得到的平面，然后单击【草绘】按钮，如下左图所示。单击该按钮后显示“草绘”选项卡，然后单击【草绘视图】按钮，如下右图所示。

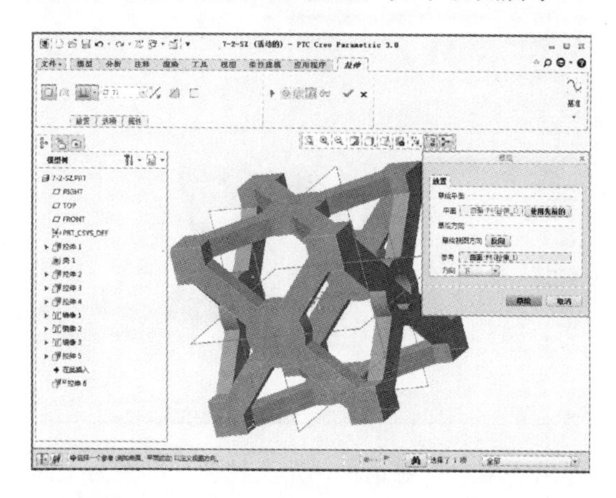

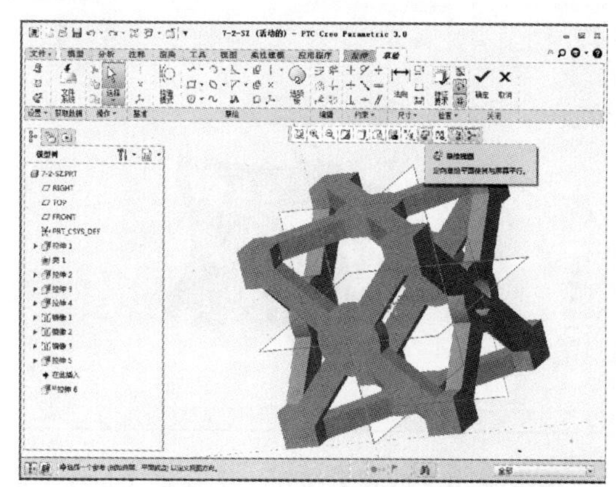

07 在“草绘”选项卡中单击【线链】【圆】等按钮，如下左图所示。绘制图示图形，圆的直

径为 12，两直线的间距为 3，小圆的直径为 4，与 Y 轴距离 14.5，如下右图所示。

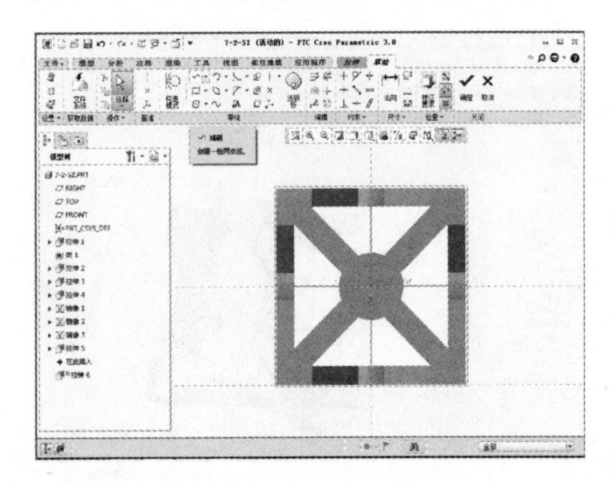

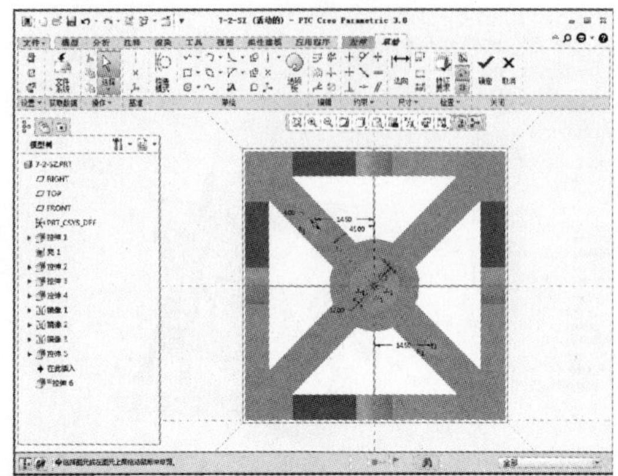

08 草图绘制完成后单击【确定】按钮，进入“拉伸”选项卡，设置指定值拉伸切除，拉伸值为 6，如下左图所示。设置完成后单击【确定】按钮，如下右图所示。

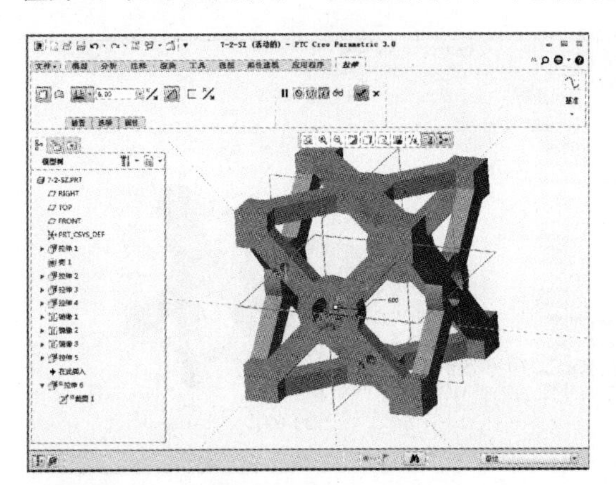

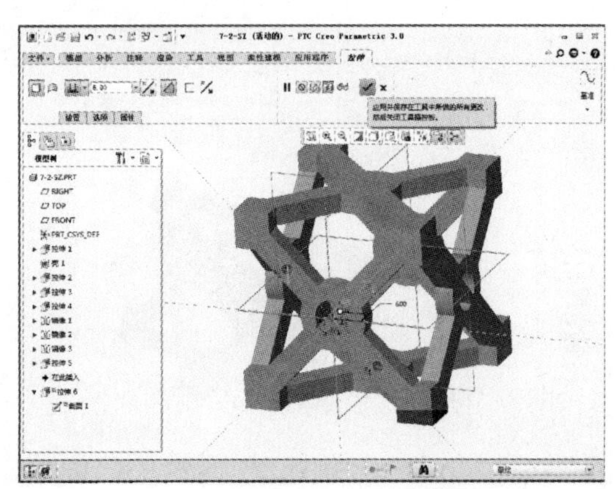

09 完成上述特征操作后在“模型”选项卡中单击【拉伸】按钮，如下左图所示。单击【拉伸】按钮后系统显示“拉伸”选项卡，如下右图所示。

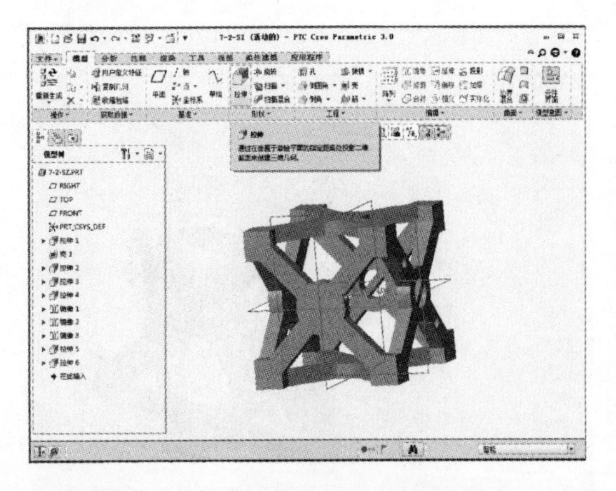

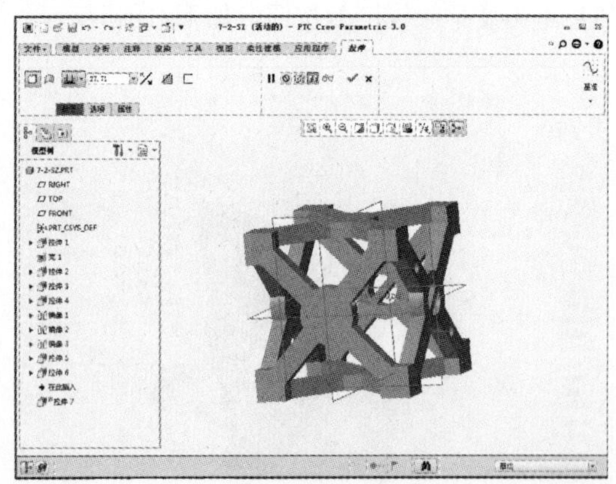

10 单击【放置】按钮，选择定义草绘平面，弹出“草绘”对话框，定义拉伸基准面为上面拉伸得到的平面，然后单击【草绘】按钮，如下左图所示。单击该按钮后显示“草绘”选项卡，

然后单击【草绘视图】按钮，如下右图所示。

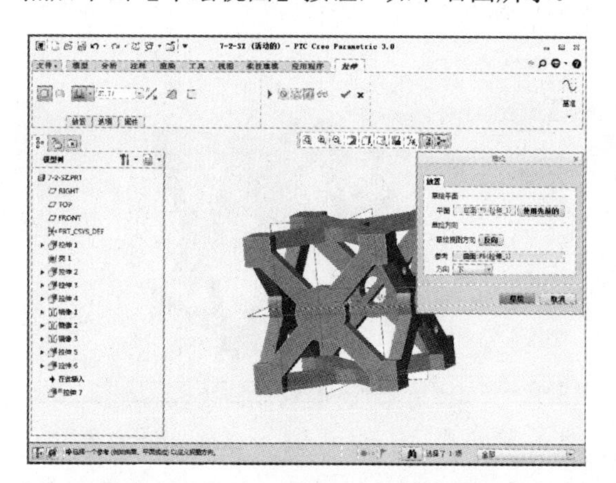

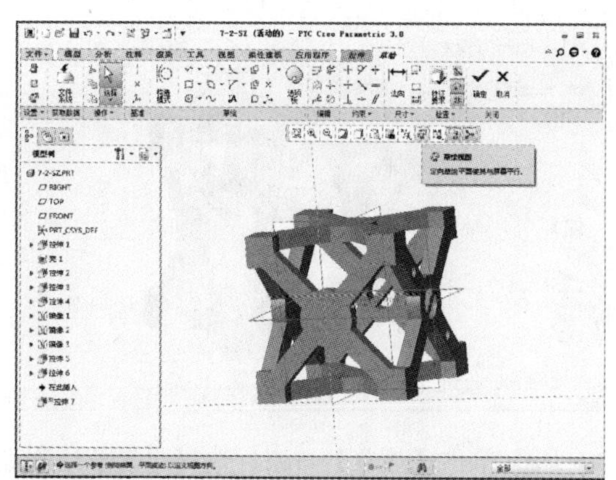

11 在“草绘”选项卡中单击【线链】【圆】等按钮，如下左图所示。绘制图示图形，大圆直径为 12，小圆直径为 4，与 Y 轴的距离分别为 10 和 17，如下右图所示。

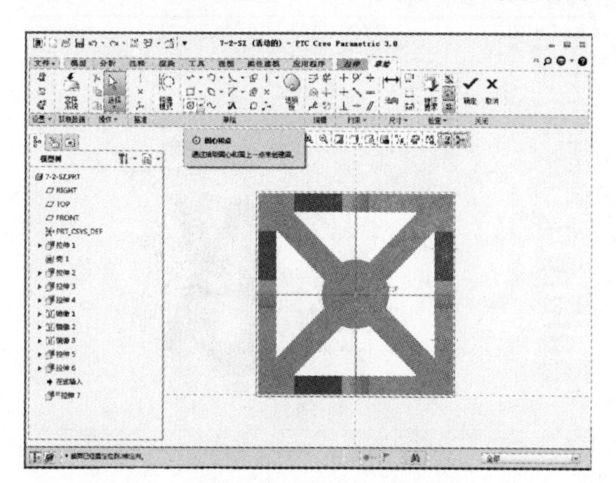

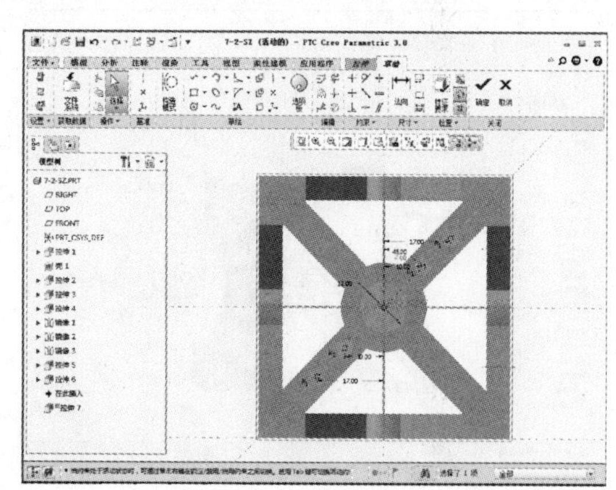

12 草图绘制完成后单击【确定】按钮，进入“拉伸”选项卡，设置对称拉伸切除，拉伸值为 6，如下左图所示。设置完成后单击【确定】按钮，如下右图所示。

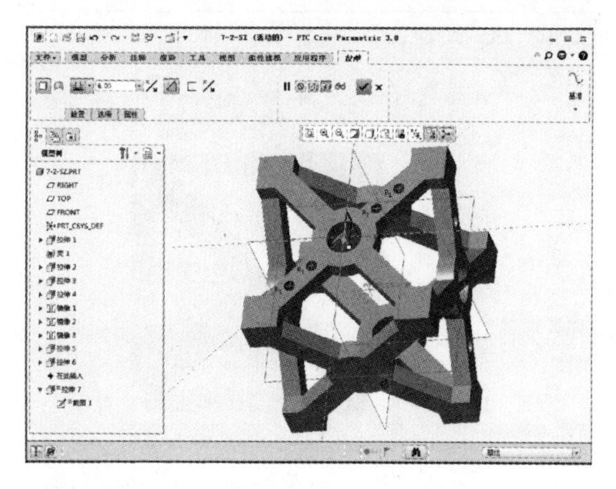

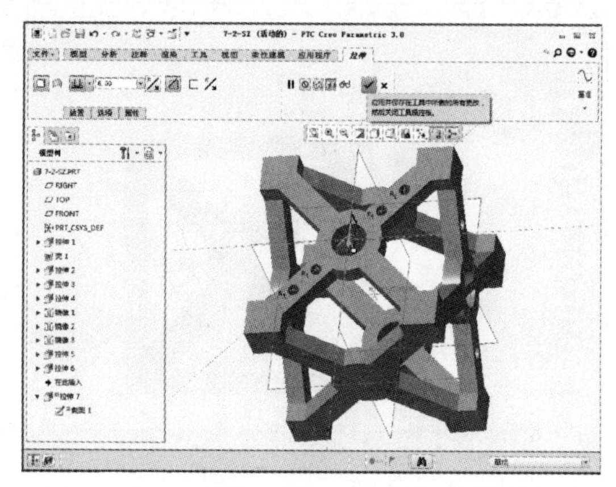

13 完成上述特征操作后在“模型”选项卡中单击【拉伸】按钮，如下左图所示。单击【拉伸】按钮后系统显示“拉伸”选项卡，如下右图所示。

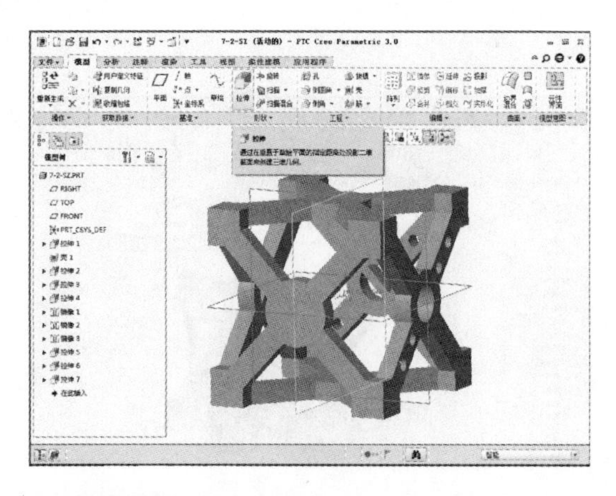
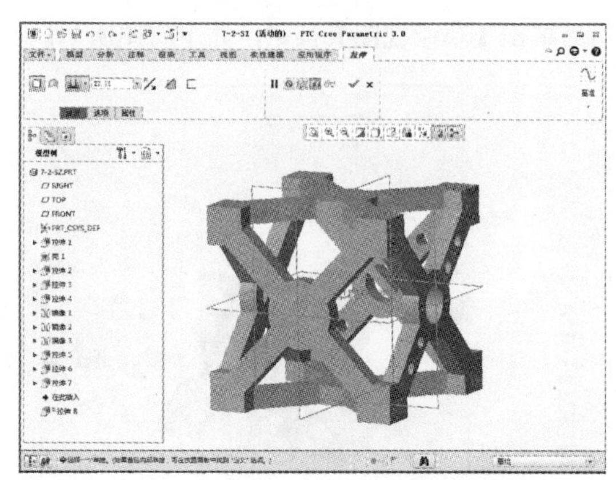

14 单击【放置】按钮，选择定义草绘平面，弹出“草绘”对话框，定义拉伸基准面为上面拉伸得到的平面，然后单击【草绘】按钮，如下左图所示。单击该按钮后显示出“草绘”选项卡，然后单击【草绘视图】按钮，如下右图所示。

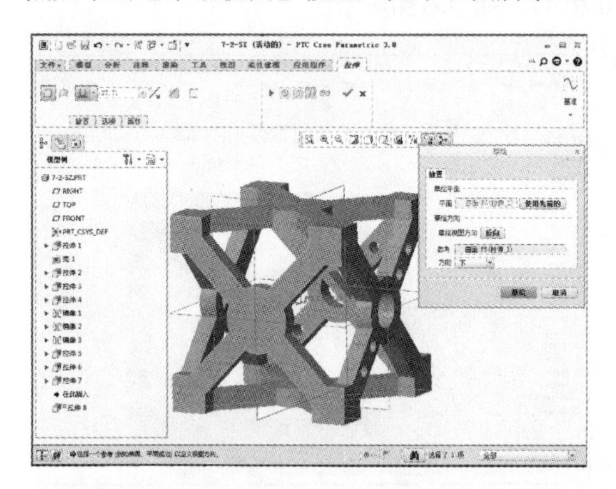
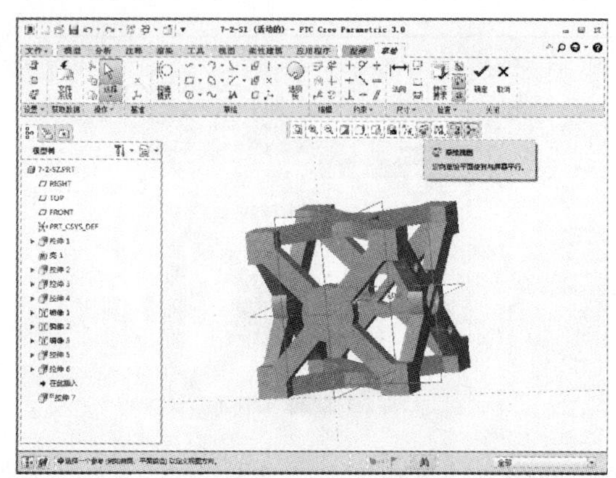

15 在“草绘”选项卡中单击【圆心和点】按钮，如下左图所示。绘制图示图形，大圆直径为 12，小圆直径为 4，与 Y 轴的距离分别为 14.5，如下右图所示。

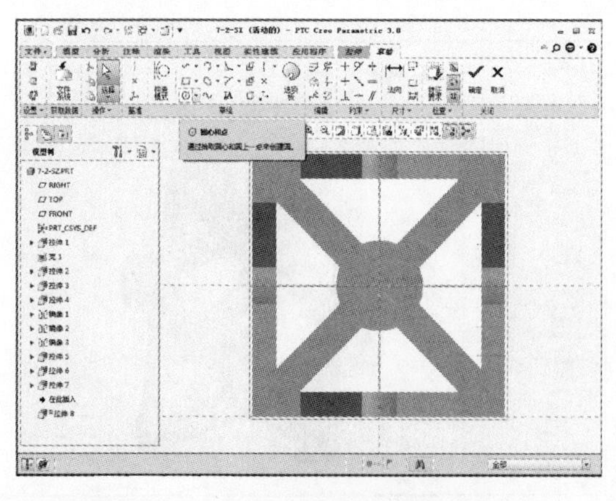
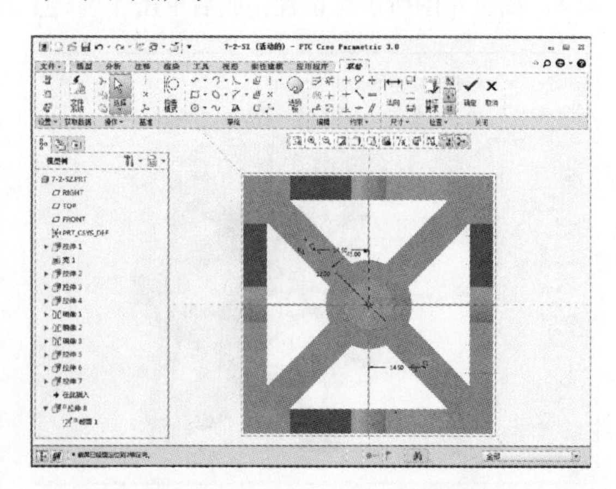

16 草图绘制完成后单击【确定】按钮，进入“拉伸”选项卡，设置指定值拉伸切除，拉伸值为 6，如下左图所示。设置完成后单击【确定】按钮，如下右图所示。

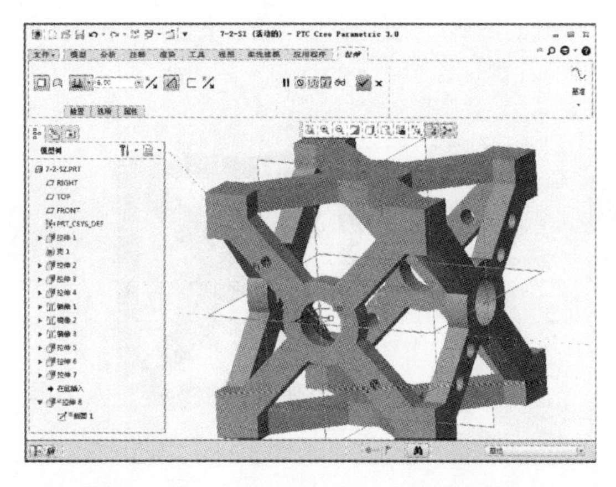

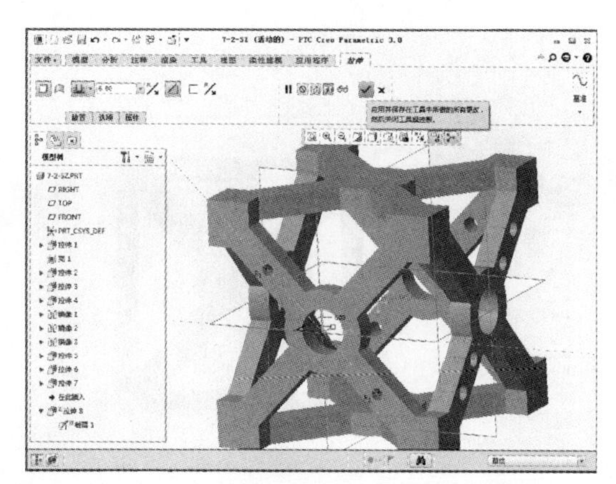

➤ **17** 完成上述特征操作后在“模型”选项卡中单击【拉伸】按钮，如下左图所示。单击【拉伸】按钮后系统显示“拉伸”选项卡，如下右图所示。

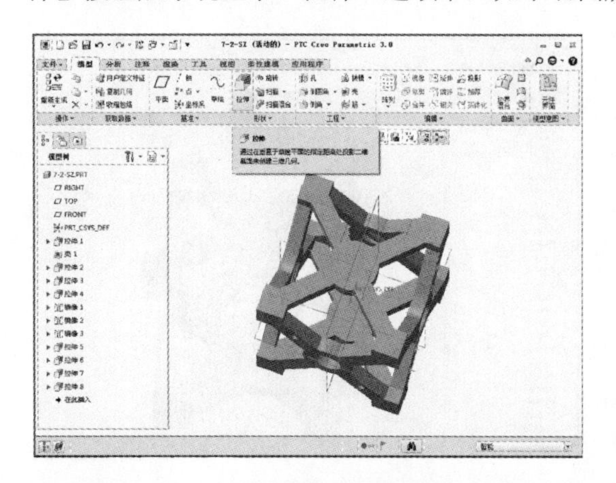

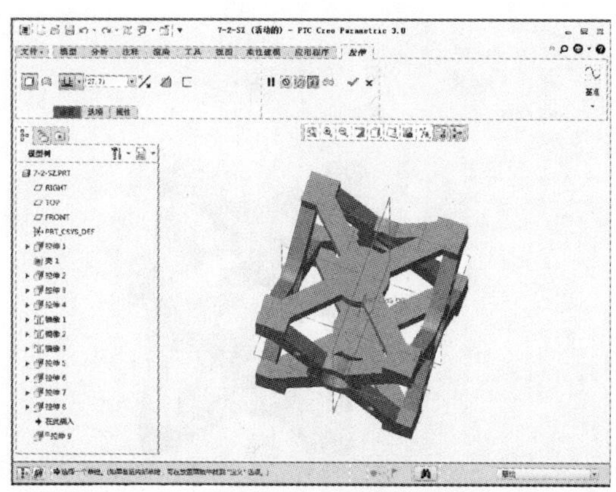

➤ **18** 单击【放置】按钮，选择定义草绘平面，弹出“草绘”对话框，定义拉伸基准面为上面拉伸得到的平面，然后单击【草绘】按钮，如下左图所示。单击该按钮后系统显示“草绘”选项卡，然后单击【草绘视图】按钮，如下右图所示。

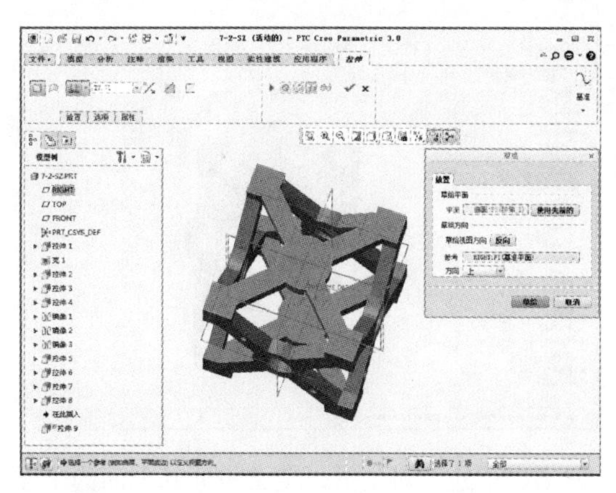

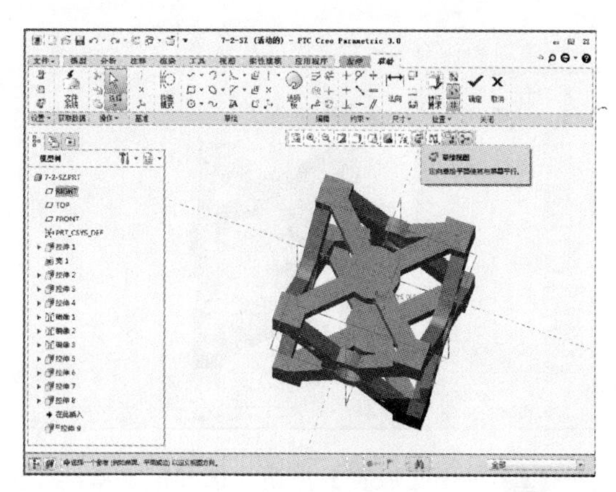

➤ **19** 在“草绘”选项卡中单击【圆心和点】按钮，如下左图所示。绘制图示图形，圆的直径为 12，圆心在坐标原点上，如下右图所示。

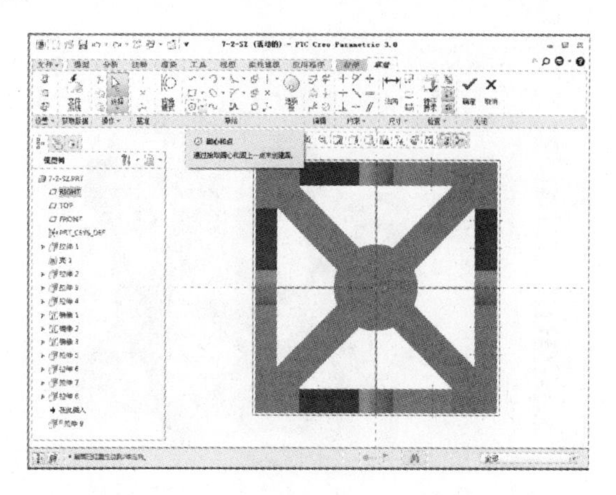
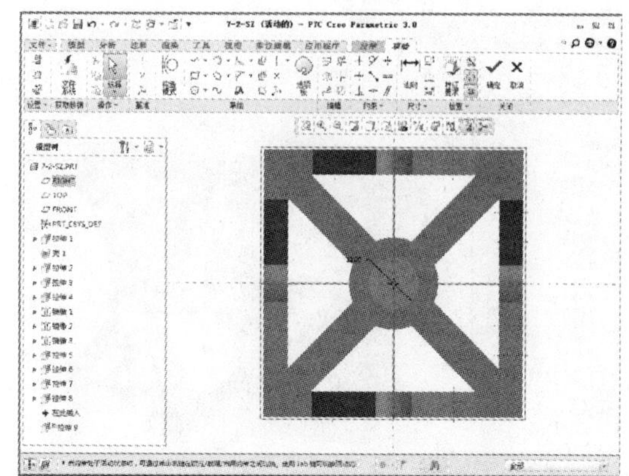

➤20 草图绘制完成后单击【确定】按钮，进入“拉伸”选项卡，设置指定值拉伸切除，拉伸值为 6，如下左图所示。设置完成后单击【确定】按钮，如下右图所示。

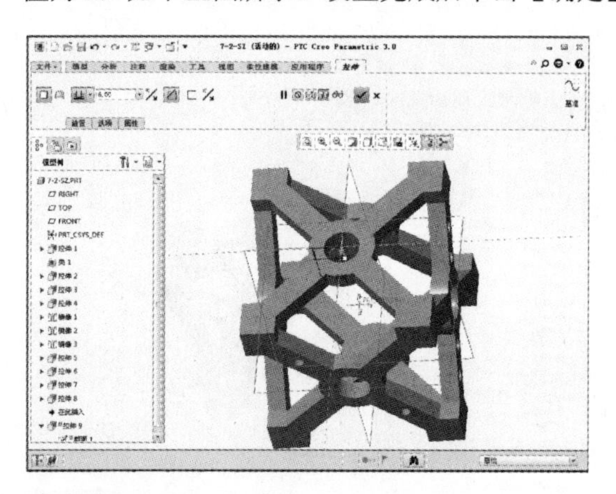
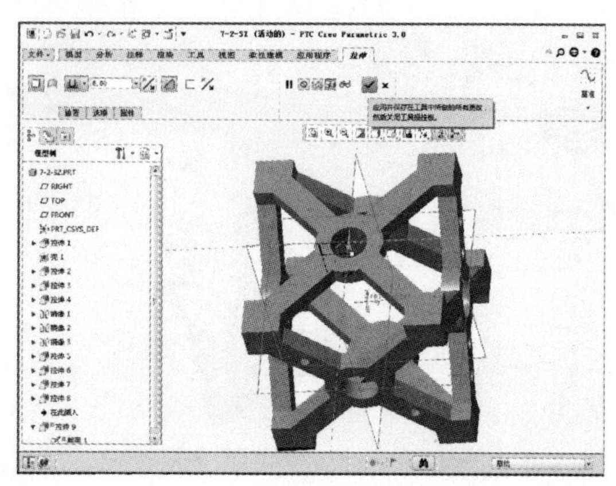

➤21 完成上述特征操作后在“模型”选项卡中单击【拉伸】按钮，如下左图所示。单击【拉伸】按钮后系统显示“拉伸”选项卡，如下右图所示。

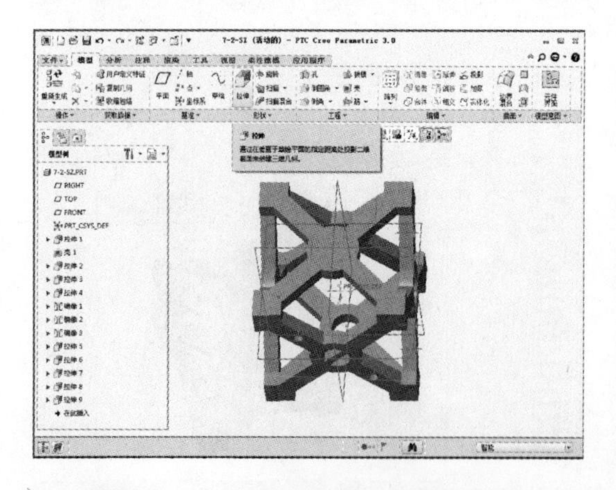
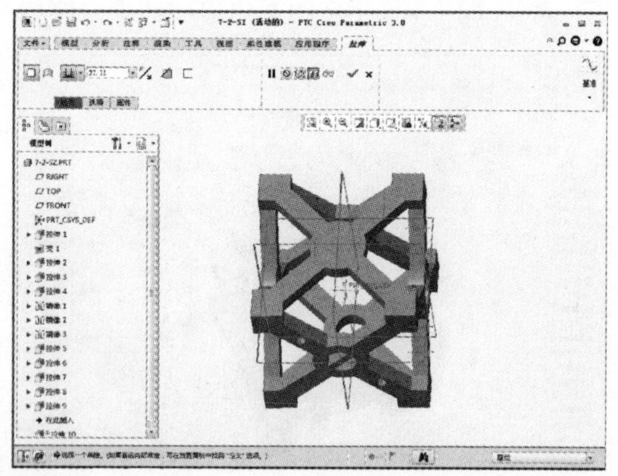

➤22 单击【放置】按钮，选择定义草绘平面，弹出“草绘”对话框，定义拉伸基准面为上面拉伸得到的平面，然后单击【草绘】按钮，如下左图所示。单击该按钮后显示“草绘”选项卡，然后单击【草绘视图】按钮，如下右图所示。

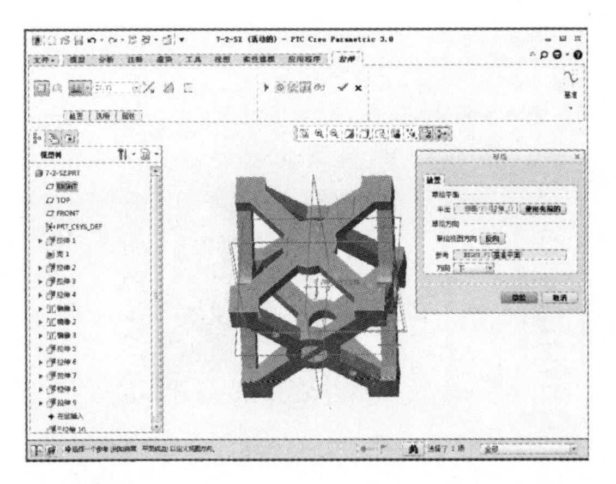

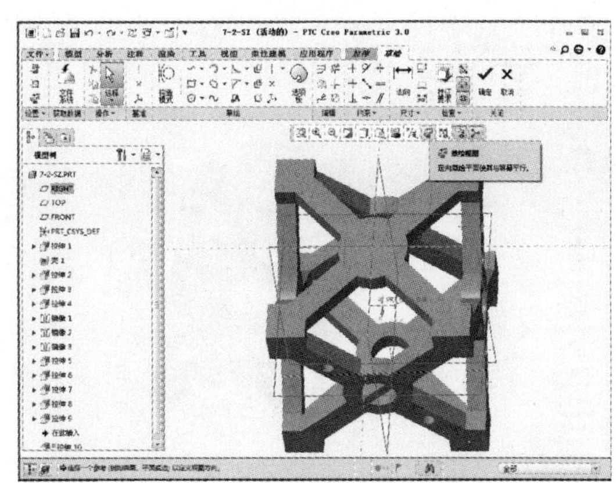

23 在“草绘”选项卡中单击【线链】【圆】等按钮，如下左图所示。绘制图示图形，大圆直径为 12，两直线间距为 3，小圆直径为 4，与 Y 轴距离分别为 10 和 17，如下右图所示。

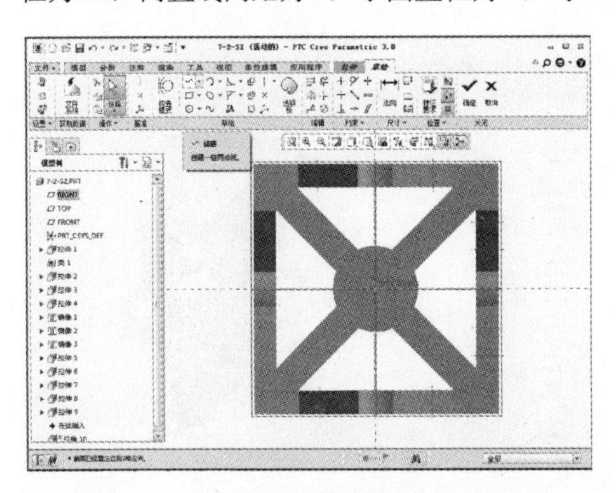

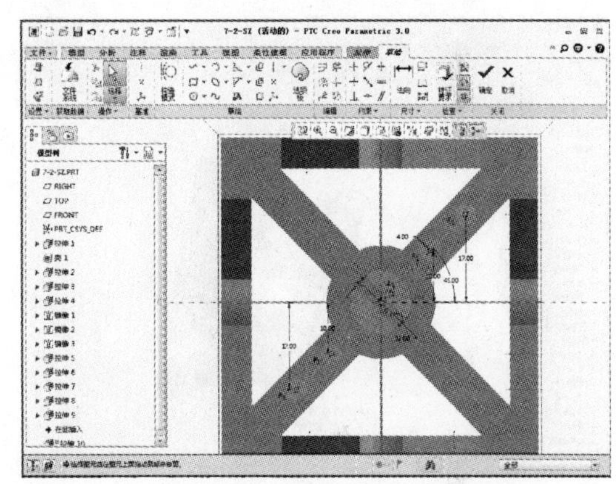

24 草图绘制完成后单击【确定】按钮，进入“拉伸”选项卡，设置指定值拉伸切除，拉伸值为 6，如下左图所示。设置完成后单击【确定】按钮，如下右图所示。

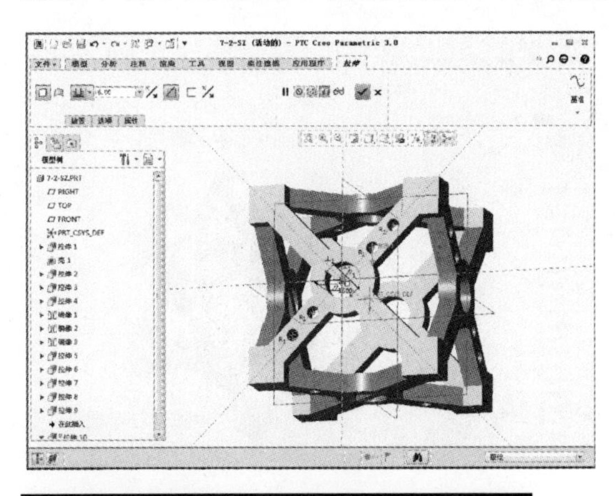

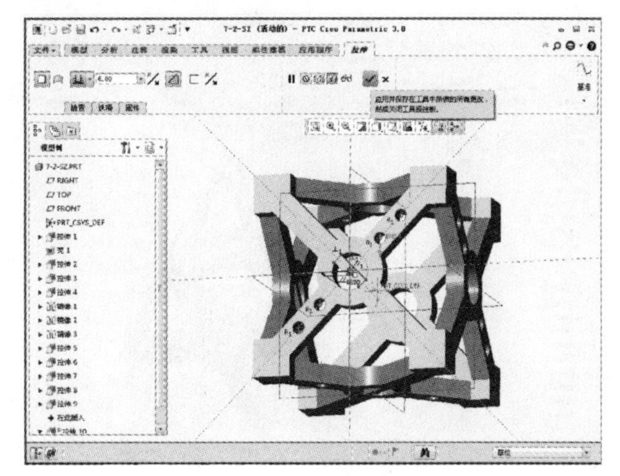

## STEP04　完成骰子的修饰部分

01 完成上述特征操作后单击【倒圆角】按钮，如下左图所示。单击【倒圆角】按钮后系统显示“倒圆角”选项卡，如下右图所示。

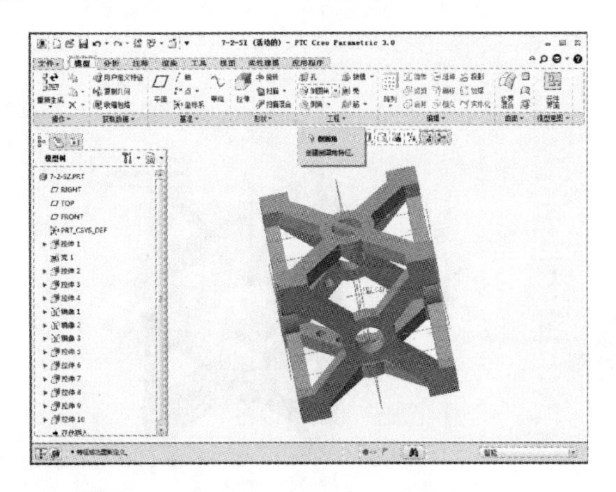

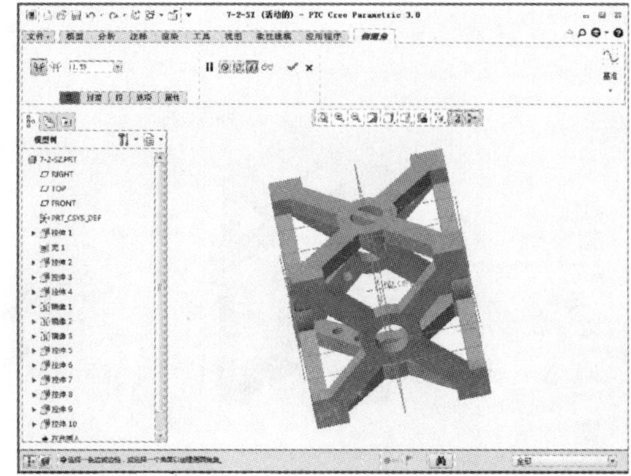

➤02 在“倒圆角”选项卡中设定半径为 3，如下左图所示。参数设定完成后选择图中的 96 条边作为倒圆角的边，并单击【确定】按钮，如下右图所示。

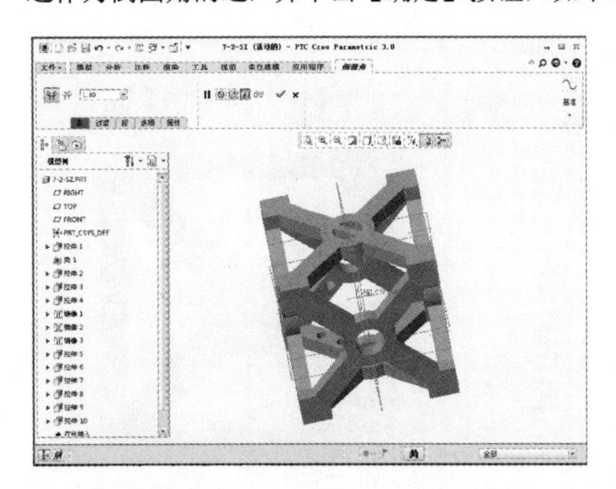

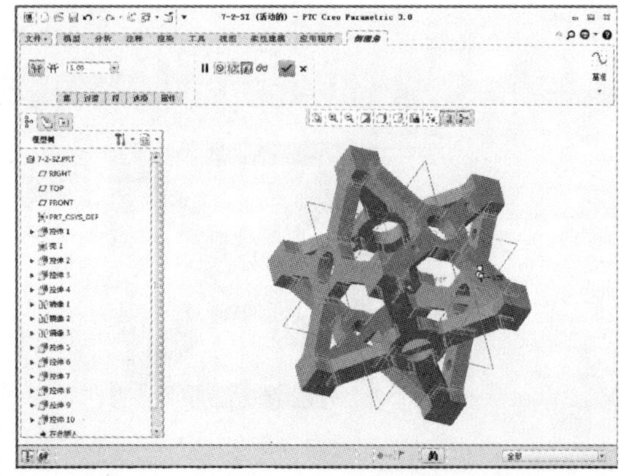

➤03 完成上述特征操作后单击【倒圆角】按钮，如下左图所示。单击【倒圆角】按钮后系统显示“倒圆角”选项卡，如下右图所示。

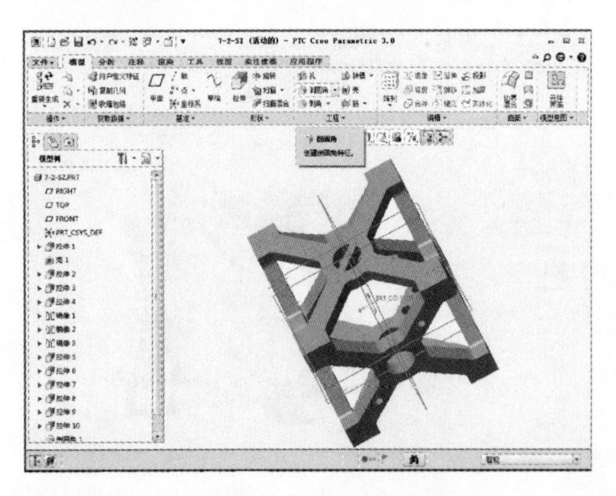

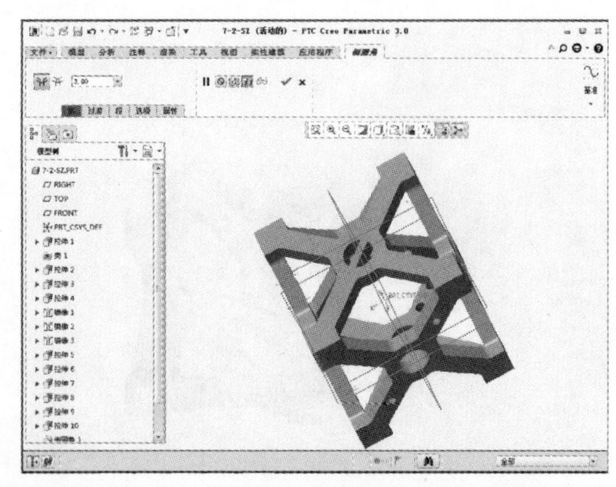

➤04 在“倒圆角”选项卡中设定半径为 1.5，如下左图所示。参数设定完成后选择图中的 48 条边作为倒圆角的边，并单击【确定】按钮，如下右图所示。

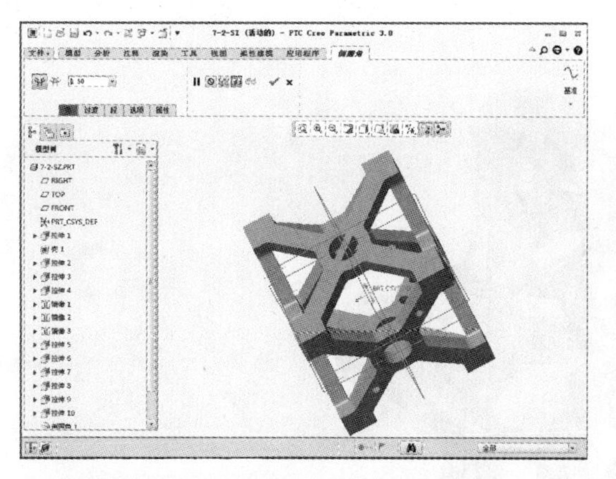

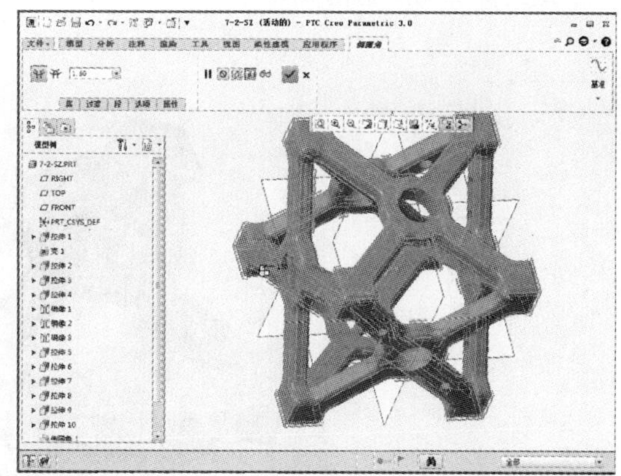

05 完成上述特征操作后单击【自动倒圆角】按钮，如下左图所示。单击【自动倒圆角】按钮后系统显示“自动倒圆角”选项卡，如下右图所示。

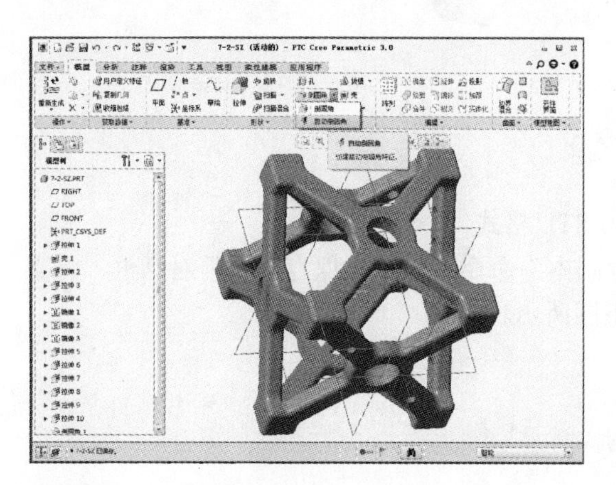

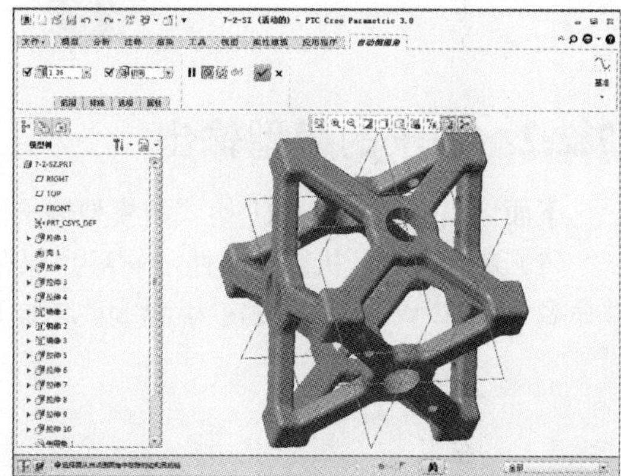

06 在“自动倒圆角”选项卡中设置半径为 0.5，如下左图所示。参数设定完成后单击【确定】按钮，如下右图所示。

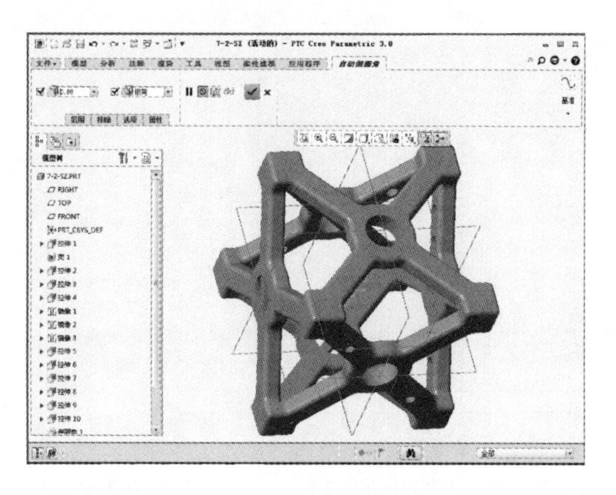

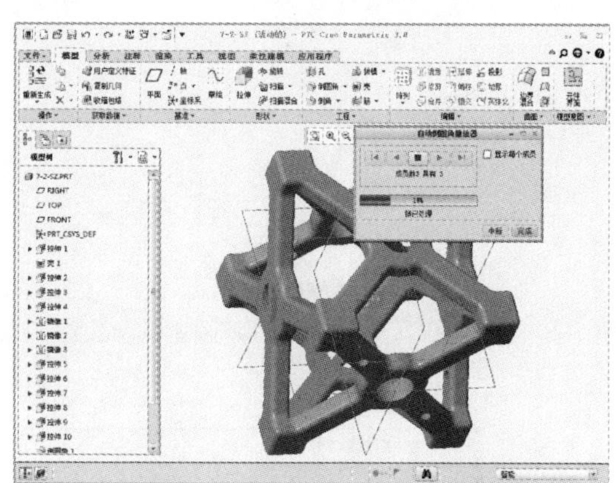

最终结果如下图所示。

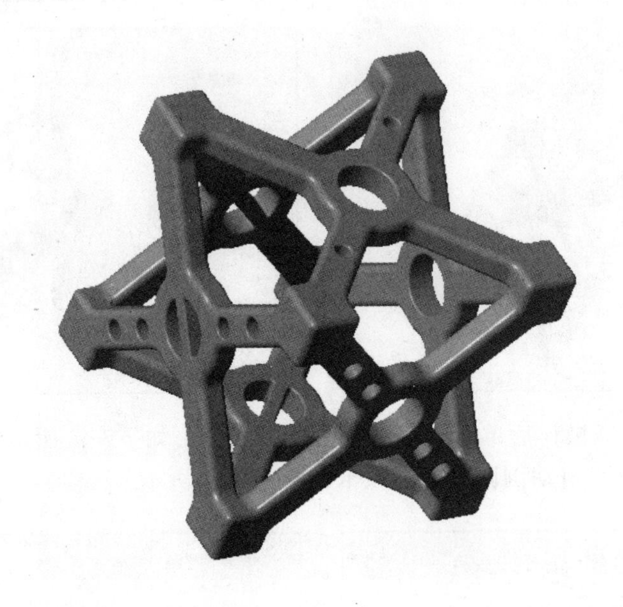

## 7.2.2 骰子的模型输出

下面输出模型，将 PRT 格式的模型输出为 STL 格式。

（1）选择模型，执行“文件>另存为>保存副本”命令，弹出“保存副本”对话框，将文件命名为“7-2-sz”，类型设定为“*.stl”，如下图所示。

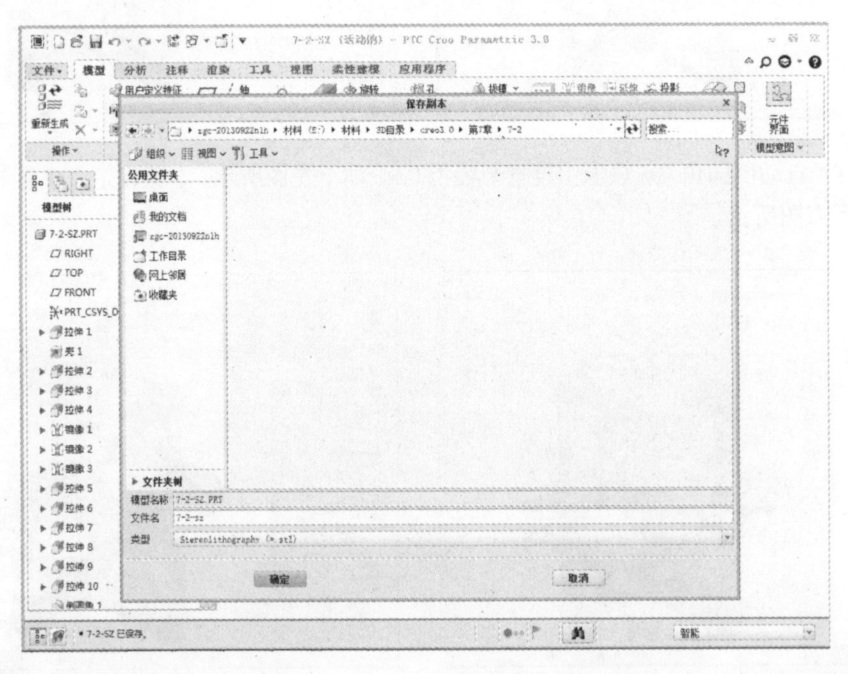


（2）系统弹出“导出 STL”对话框，此时采用系统默认提供的参数，单击【确定】按钮，如下图所示。

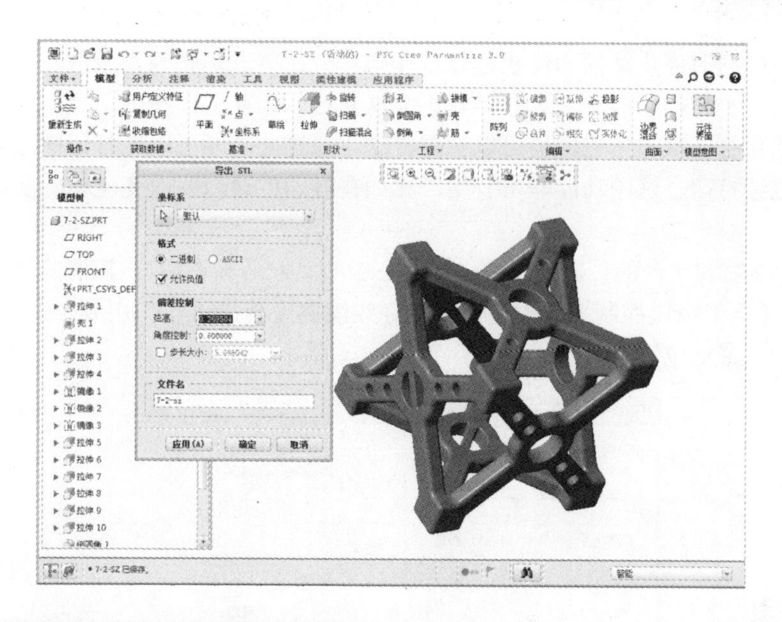


## 7.2.3 检查骰子的 STL 模型

下面将 STL 模型导入到 netfabb 软件中进行检查和修复。一般情况下，使用工业设计软件制作的模型很少会产生破面、共有边、共有面等错误，为了保险我们还是要在专业软件中检查一下，只要不出现⚠符号就是完好的 3D 打印模型，如图所示。

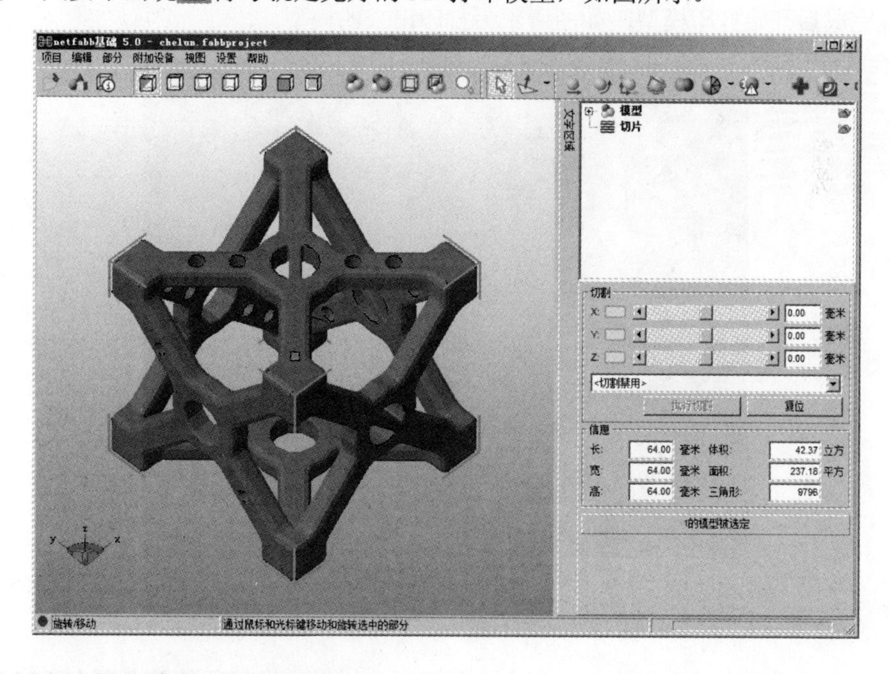


## 7.2.4 骰子的模型打印过程

一卷空的丝盘约 280g，如果正在安装一卷丝材，请先称重，然后从中减去 280g，最后将丝材的重量输入材料文本框内。

打印时可以随时停止加热和停止运行打印机。一旦单击按钮，当前正在打印的所有模式都将被取消。一旦打印机停止运行，就不能恢复打印作业了。在使用全部停止功能之后，需要重新初始化打印机。当然，也可以暂停打印，通过此功能可以在打印中途暂停打印，然后从暂停处继续打印。这项功能非常有用，比如在打印中途想要改变丝材的颜色时就可以使用此项功能。

5 个控制喷嘴和平台的按钮（左前、右前、中心、左后和右后），控制喷嘴左右移动，平台前后移动，【至】按钮控制平台的高度，会在喷嘴高度校准过程中用到。【到最低】按钮可以使平台返回到最低位置。

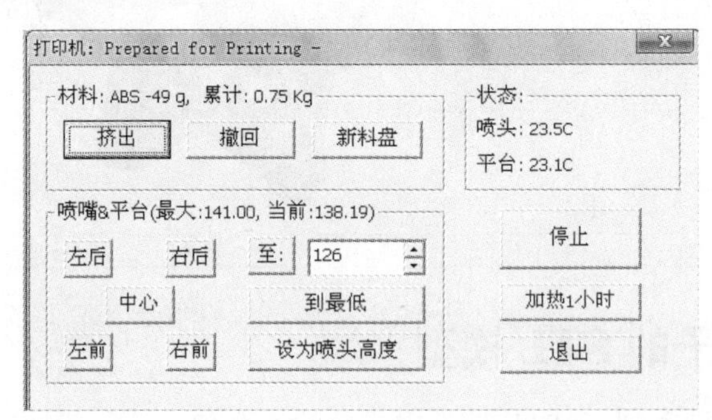


【设为喷头高度】按钮记录“至”文本框里的数值，并将此数值填写到设定喷头高度文本框里。

调整完成后开始打印模型，如图所示为打印出来的模型。

## 7.2.5 移除骰子模型

建议在撤出模型之前先撤下打印平台，如果不这样做，很可能使整个平台弯曲，导致喷头和打印平台的角度改变。

（1）当模型完成打印时，打印机会发出蜂鸣声，喷嘴和打印平台会停止加热。

（2）把铲刀慢慢地滑动到模型下面，来回撬松模型，切记在撬模型时要防止烫伤。

## 7.2.6　移除骰子模型的支撑材料

模型由两部分组成，一部分是模型本身，另一部分是支撑材料。支撑材料和模型主材料的物理性能是一样的，只是支撑材料的密度小于主材料，所以很容易从主材料上移除支撑材料。

支撑材料可以使用多种工具拆除，一部分可以很容易地用手拆除，越接近模型的支撑，使用钢丝钳或者尖嘴钳越容易移除，如图所示。

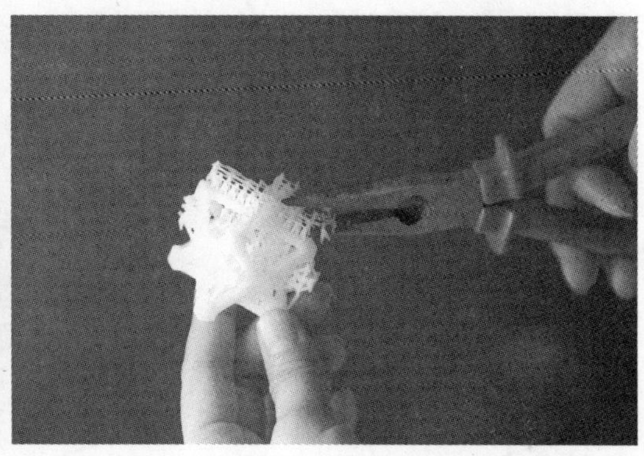

注意

（1）在移除支撑时一定要佩戴防护眼罩，尤其是在移除 PLA 材料时。

（2）支撑材料和工具都很锋利，在从打印机上移除模型时请注意防护。

## 打印效果展示

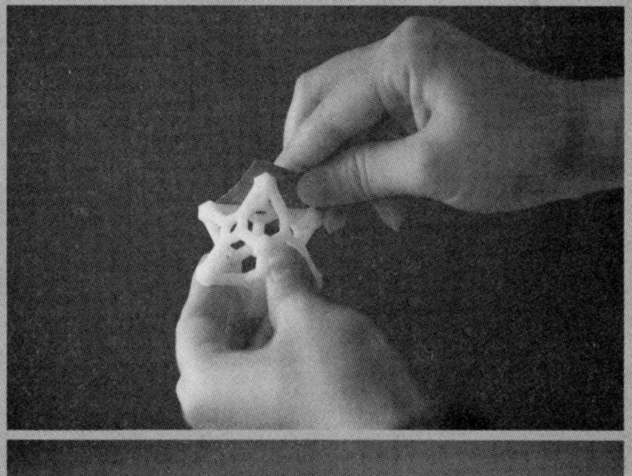

# 7.3 玩具火车车厢

## 玩具火车车厢的设计草图

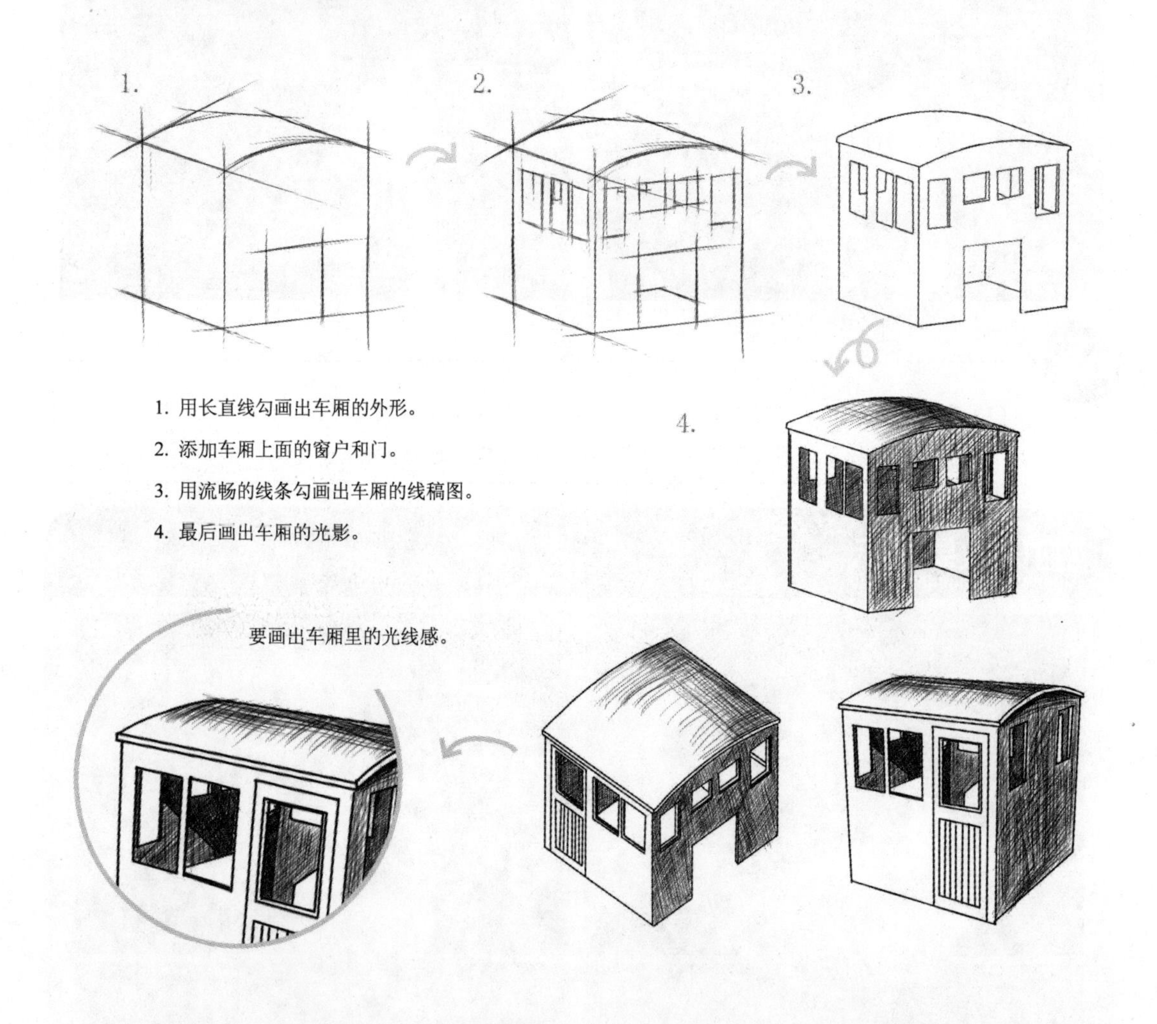


本节介绍利用拉伸、旋转、阵列、镜像等命令制作玩具火车车厢模型的方法。在建模过程中采用由主到次的建模方式，首先创建车厢的主体部分，然后创建车厢的次要特征，最后创建特征修饰部分。本节的草图绘制比前面的简单，但步骤比较多，请耐心按照教程绘制。本例参考图如下图所示。

## 7.3.1 操作步骤详解

### STEP01　新建零件主体

01 在计算机上打开 PTC Creo Parametric 3.0 软件，出现其界面，如下左图所示。然后单击【新建】命令，如下右图所示。

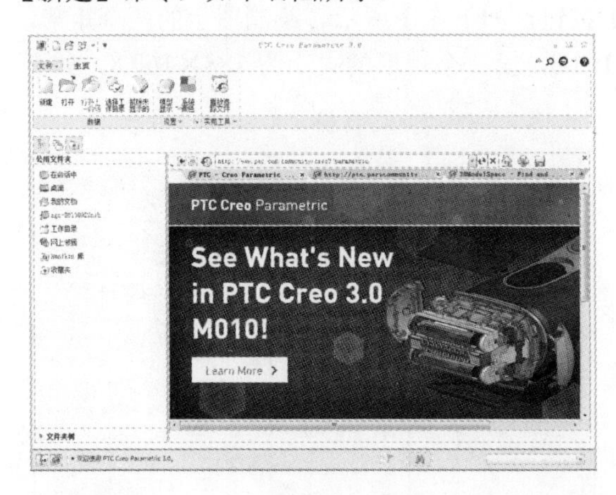


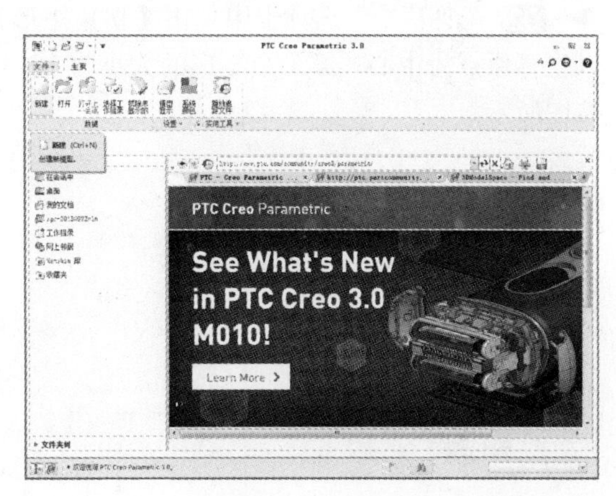


02 单击【新建】按钮后弹出“新建”对话框，类型选择“零件”、子类型选择“实体”，将文件名更改为“7-3-fz”，不选择“使用默认模板”复选框，单击【确定】按钮，如下左图所示。单击后弹出“新文件选项”对话框，在模板中选择“mmns-part-solid”，单击【确定】按钮，如下右图所示。

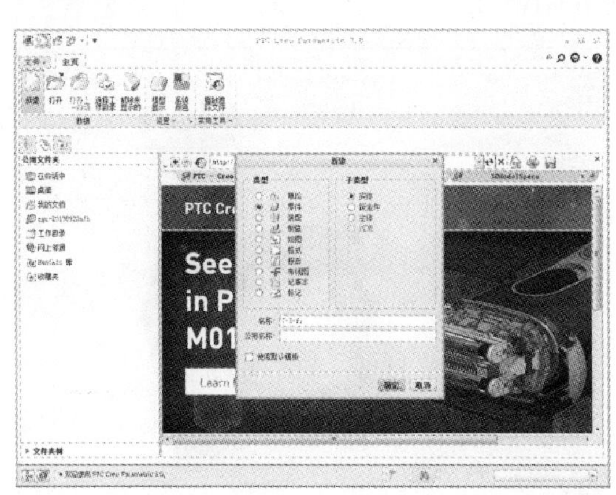

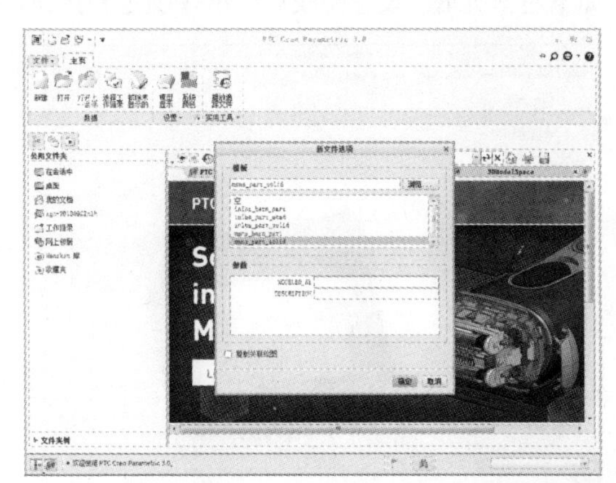

## STEP02　车厢主体的创建—01

01 在“模型”选项卡中单击【拉伸】按钮，如下左图所示。单击【拉伸】按钮后系统显示“拉伸”选项卡，定义拉伸基准面为 FRONT 平面，然后单击【草绘视图】按钮，如下右图所示。

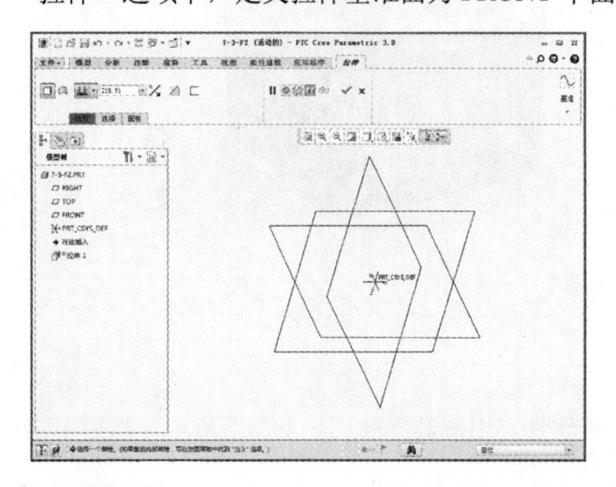
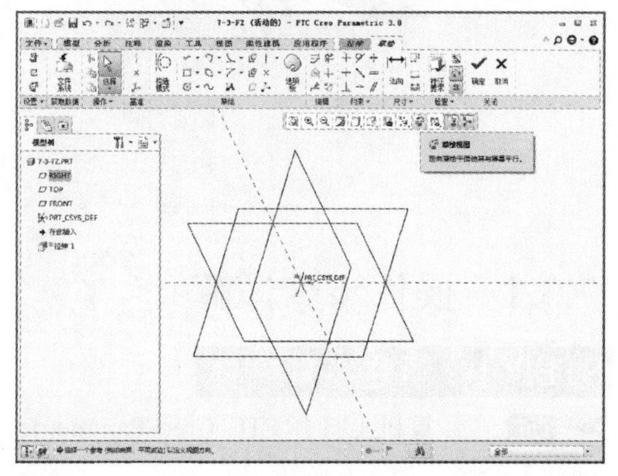

02 在“草绘”选项卡中单击【拐角矩形】按钮，如下左图所示。绘制图示的两个矩形，以坐标原点为中心，第一个矩形的大小为 196*168.8，第二个矩形的大小为 188×160.8，如下右图所示。

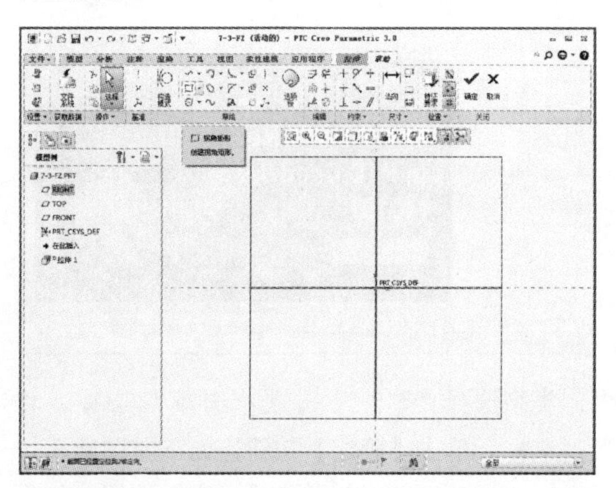
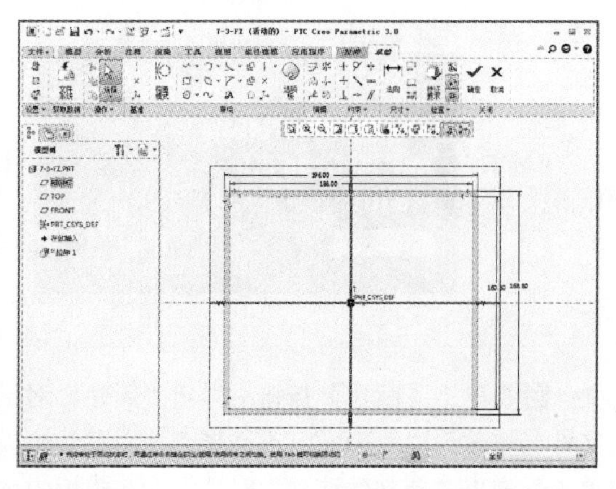

03 草图绘制完成后单击【确定】按钮，进入“拉伸”选项卡，设置对称拉伸，拉伸值为 176，如下左图所示。设置完成后单击【确定】按钮，如下右图所示。

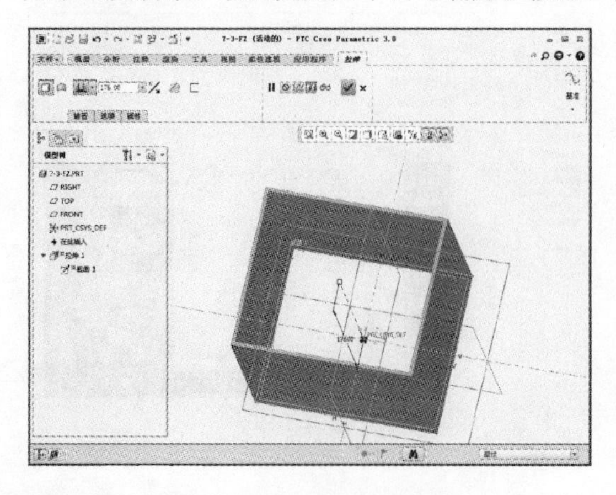
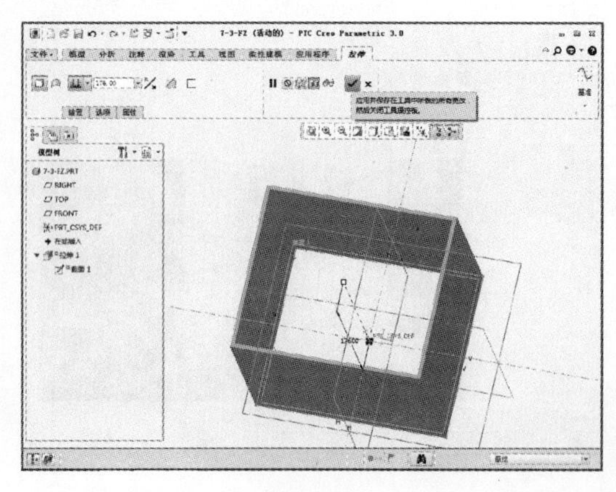

**04** 完成上述特征操作后在“模型”选项卡中单击【拉伸】按钮，如下左图所示。单击【拉伸】按钮后系统显示“拉伸”选项卡，定义拉伸基准面为前面拉伸得到的基准面平面，然后单击【草绘视图】按钮，如下右图所示。

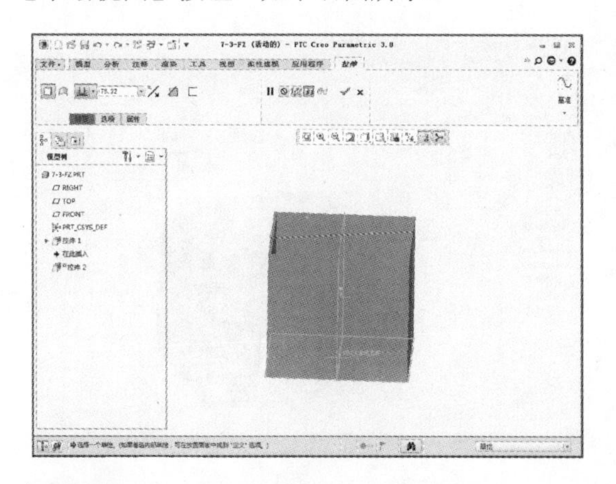

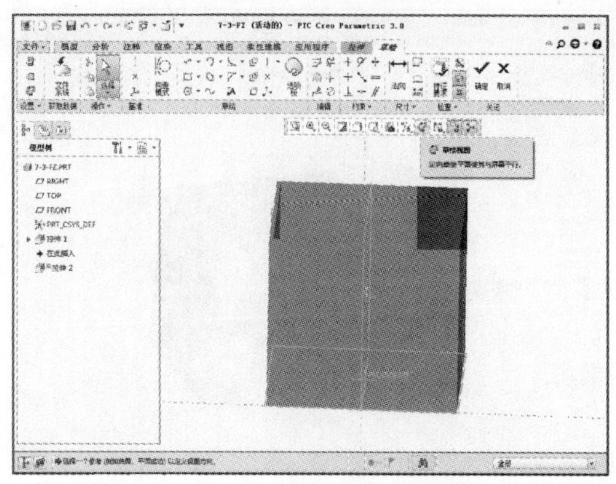

**05** 在“草绘”选项卡中单击【拐角矩形】按钮，如下左图所示。绘制图示矩形，以底边为基准边，以 Y 轴对称，矩形的大小为 82.8×74.6，如下右图所示。

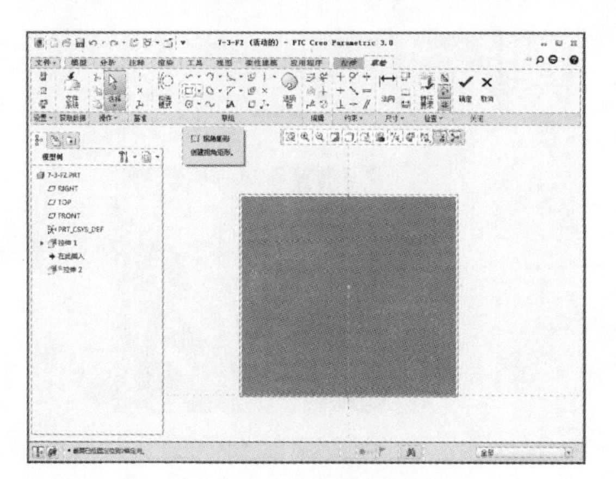

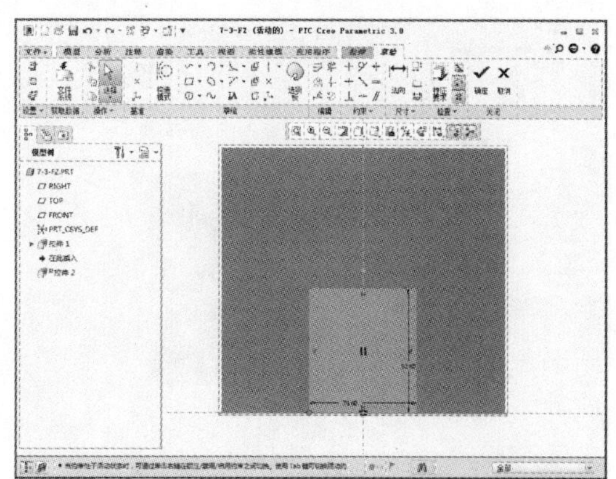

**06** 草图绘制完成后单击【确定】按钮，进入“拉伸”选项卡，设置指定值拉伸切除，拉伸值为 4，如下左图所示。设置完成后单击【确定】按钮，如下右图所示。

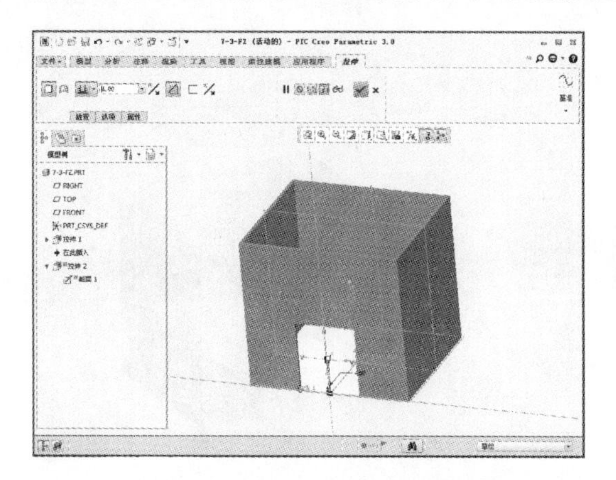

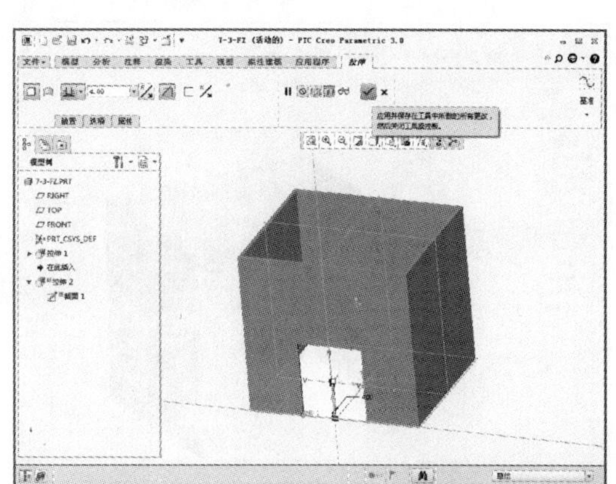

07 完成上述特征操作后在“模型”选项卡中单击【拉伸】按钮，如下左图所示。单击【拉伸】按钮后系统显示“拉伸”选项卡，定义拉伸基准面为前面拉伸得到的基准面平面，然后单击【草绘视图】按钮，如下右图所示。

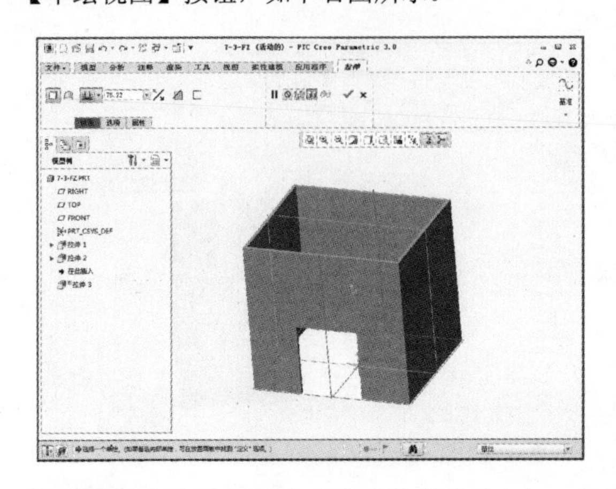
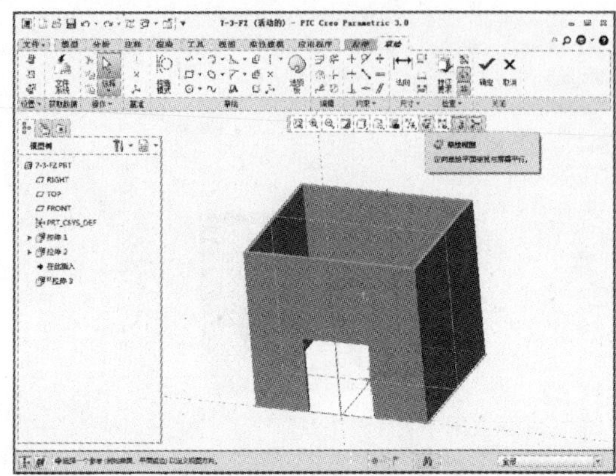

08 在“草绘”选项卡中单击【拐角矩形】按钮，如下左图所示。绘制图示 4 个矩形，第一种矩形的大小为 58.4×34.4，第二种矩形的大小为 34.4×32，两种矩形以 Y 轴对称，如下右图所示。

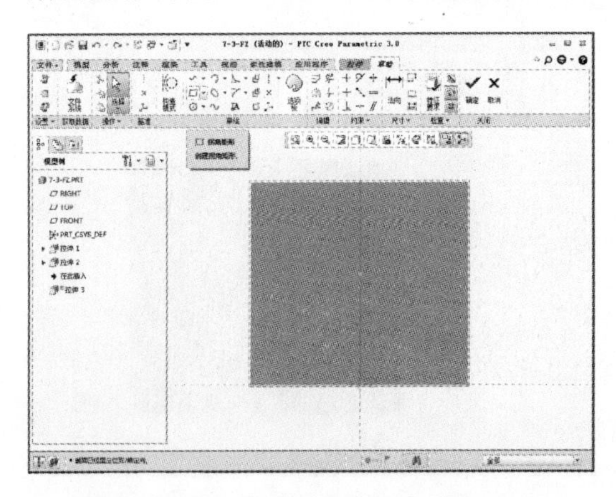
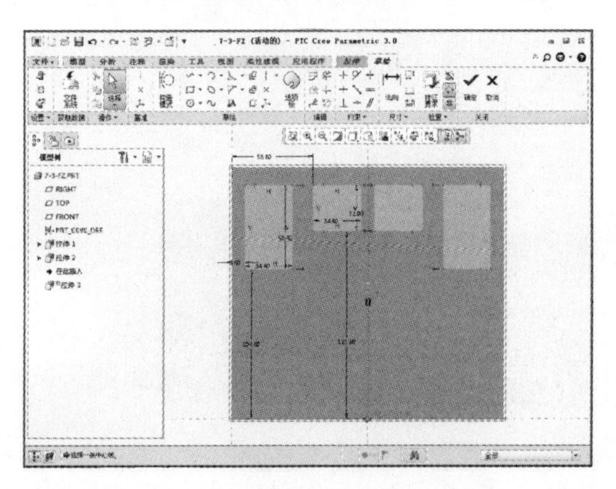

09 草图绘制完成后单击【确定】按钮，进入“拉伸”选项卡，设置指定值拉伸切除，拉伸值为 0.8，如下左图所示。设置完成后单击【确定】按钮，如下右图所示。

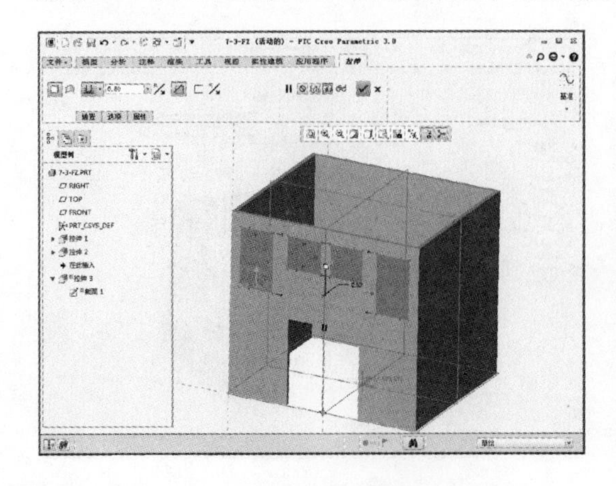
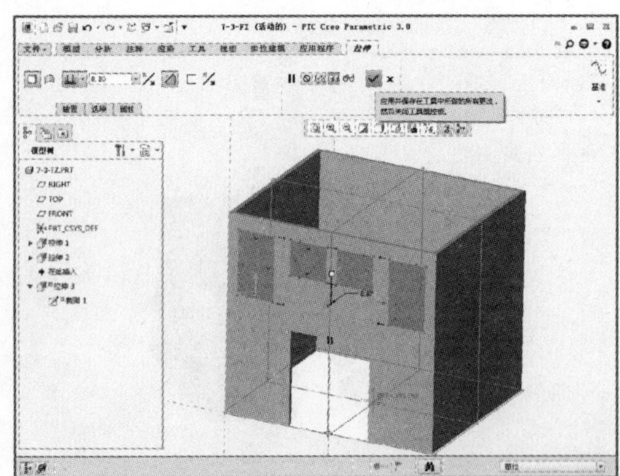

10 完成上述特征操作后在“模型”选项卡中单击【拉伸】按钮，如下左图所示。单击【拉伸】按钮后系统显示“拉伸”选项卡，定义拉伸基准面为前面拉伸得到的基准面平面，然后单击【草绘视图】按钮，如下右图所示。

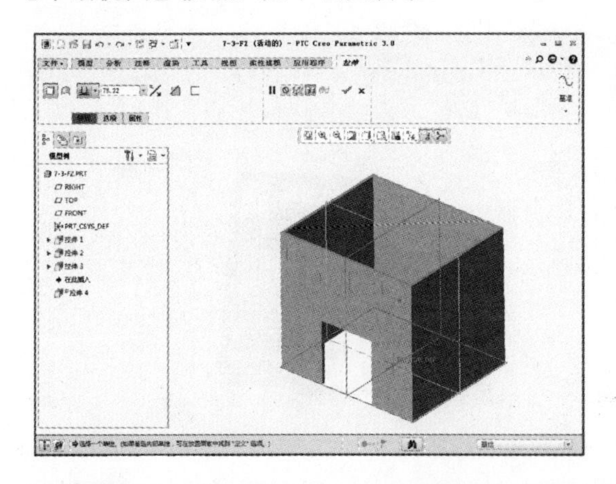

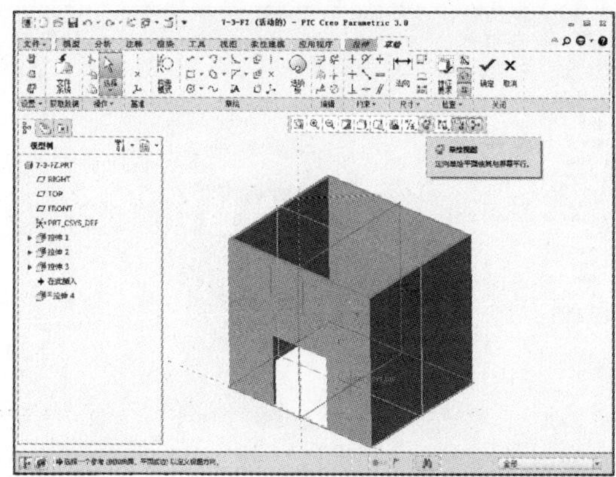

11 在“草绘”选项卡中单击【拐角矩形】按钮，如下左图所示。绘制图示的 4 个矩形，第一种矩形的大小为 53.6×29.6，第二种矩形的大小为 32×29.6，两种矩形以 Y 轴对称，如下右图所示。

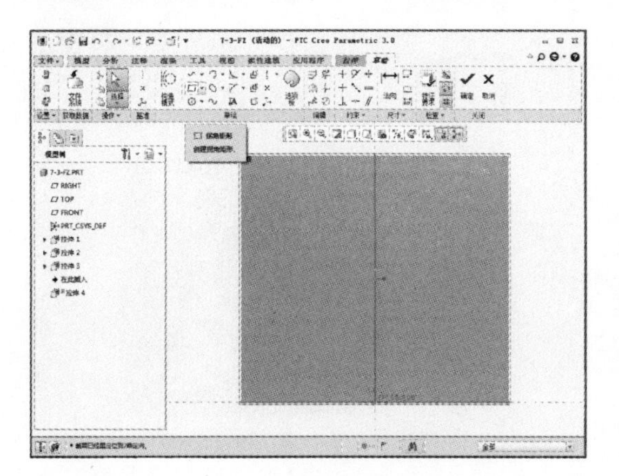

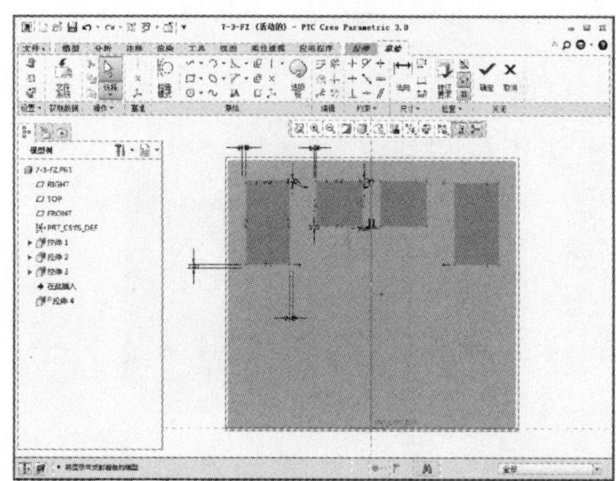

12 草图绘制完成后单击【确定】按钮，进入“拉伸”选项卡，设置指定值拉伸切除，拉伸值为 4，如下左图所示。设置完成后单击【确定】按钮，如下右图所示。

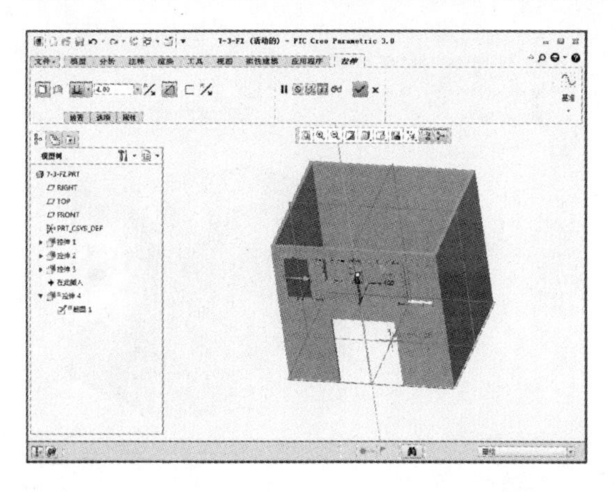

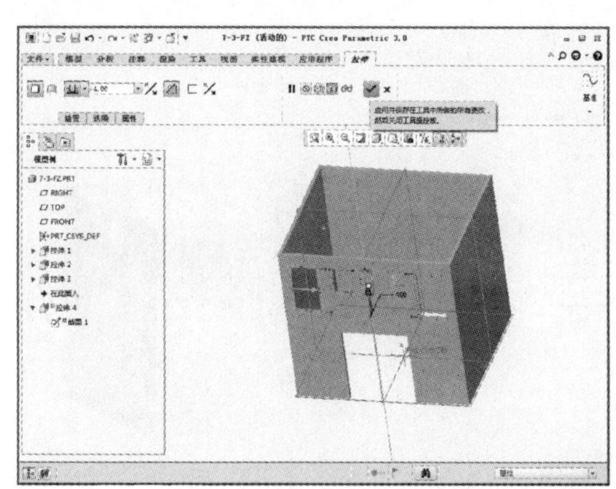

13 完成上述特征操作后在“模型”选项卡中单击【拉伸】按钮，如下左图所示。单击【拉伸】按钮后系统显示“拉伸”选项卡，定义拉伸基准面为前面拉伸得到的基准面平面，然后单击【草绘视图】按钮，如下右图所示。

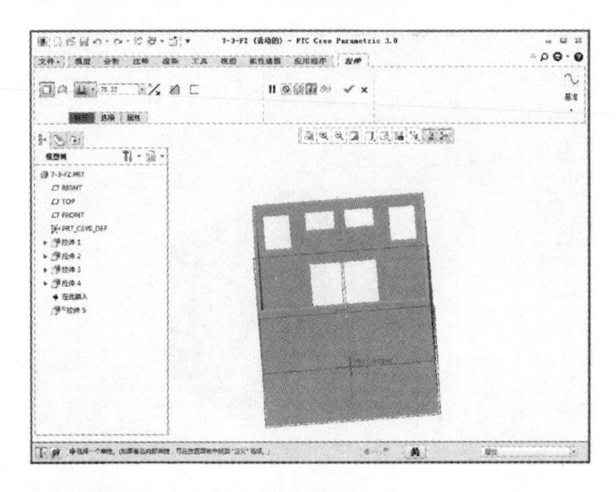

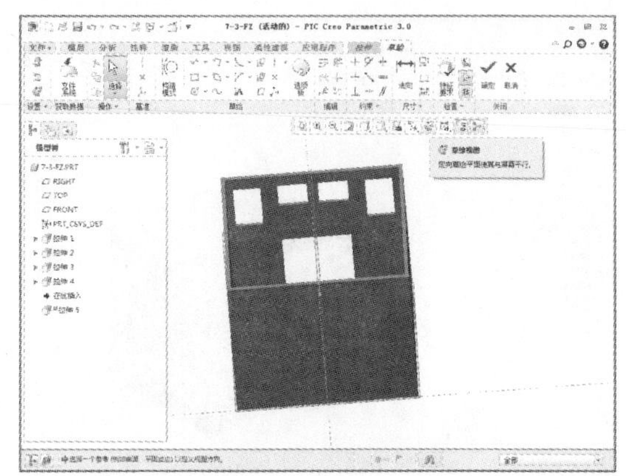

14 在“草绘”选项卡中单击【拐角矩形】按钮，如下左图所示。绘制图示的两个矩形，以 Y 轴对称，矩形的大小为 60×44，距左边 20.8、距底边 111.2，如下右图所示。

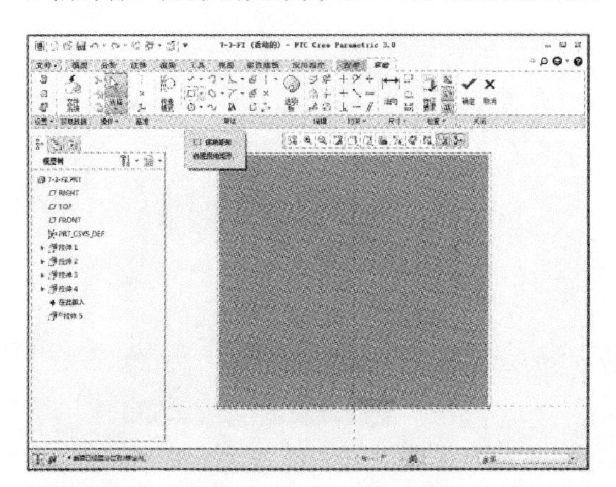

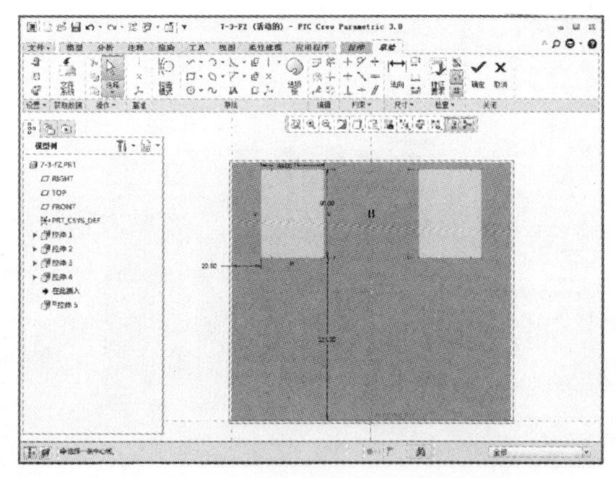

15 草图绘制完成后单击【确定】按钮，进入“拉伸”选项卡，设置指定值拉伸切除，拉伸值为 0.8，如下左图所示。设置完成后单击【确定】按钮，如下右图所示。

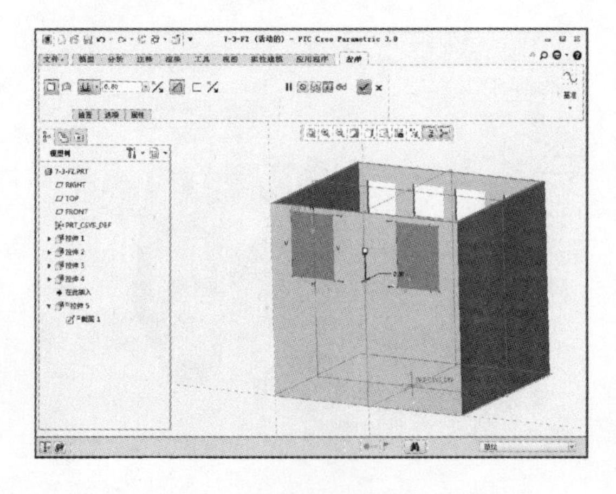

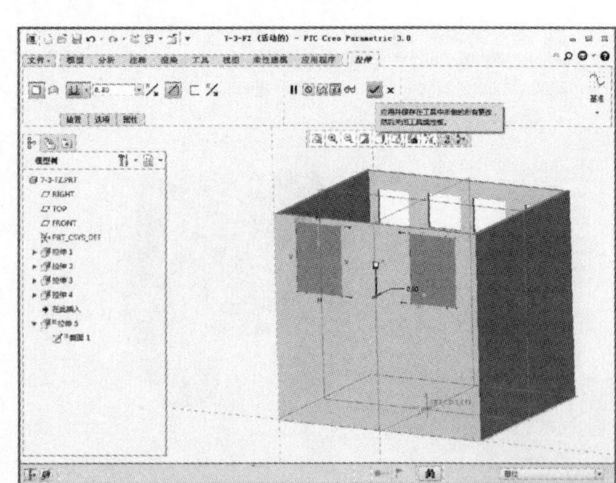

16 完成上述特征操作后在“模型”选项卡中单击【拉伸】按钮，如下左图所示。单击【拉伸】按钮后系统显示“拉伸”选项卡，定义拉伸基准面为前面拉伸得到的基准面平面，然后单击【草绘视图】按钮，如下右图所示。

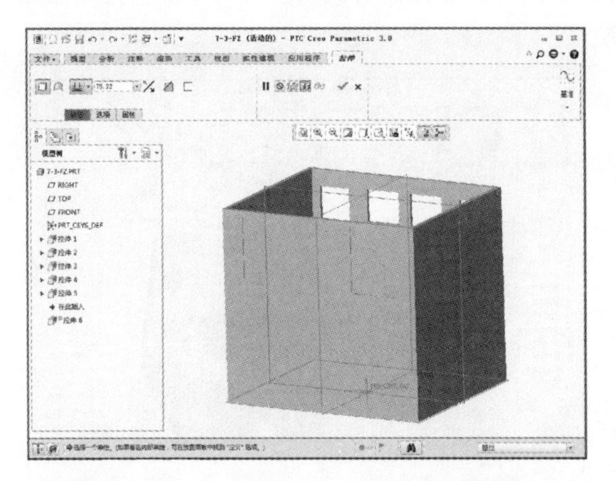
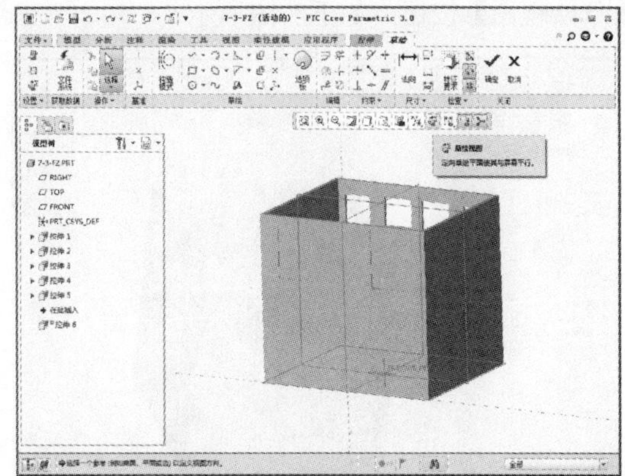

17 在“草绘”选项卡中单击【拐角矩形】按钮，如下左图所示。绘制图示的两个矩形，以 Y 轴对称，矩形的大小为 53.6×37.6，距左边 23.2、距底边 114.4，如下右图所示。

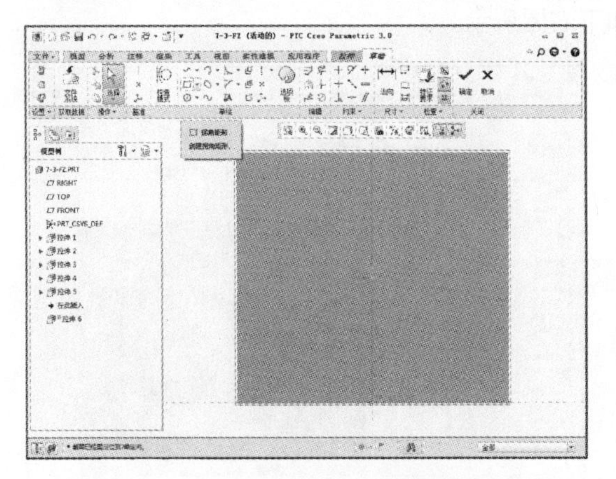
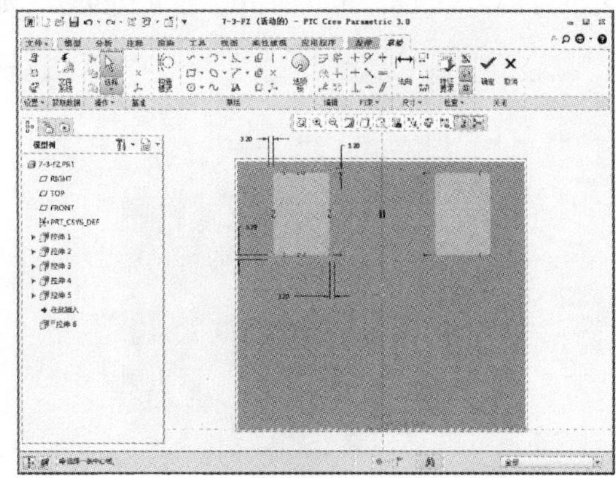

18 草图绘制完成后单击【确定】按钮，进入“拉伸”选项卡，设置指定值拉伸切除，拉伸值为 4，如下左图所示。设置完成后单击【确定】按钮，如下右图所示。

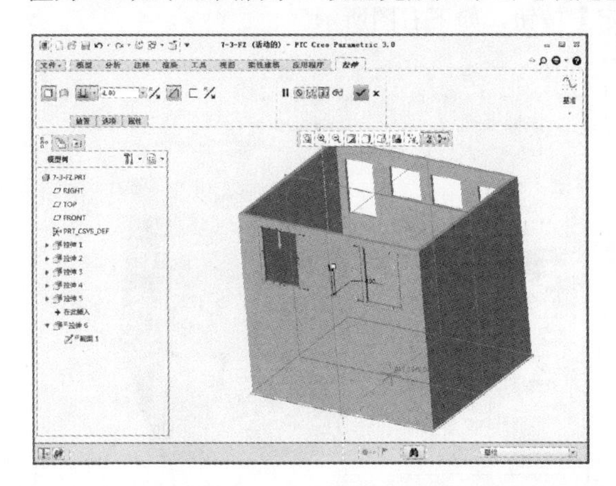
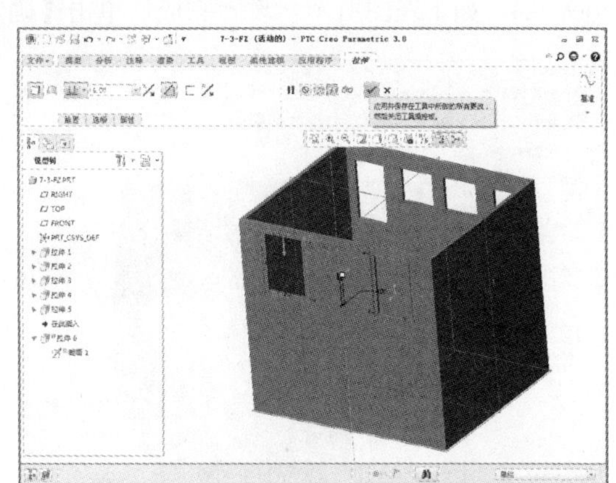

## STEP03　车厢主体的创建—02

01 完成上述特征操作后在“模型”选项卡中单击【拉伸】按钮，如下左图所示。单击【拉伸】按钮后系统显示“拉伸”选项卡，定义拉伸基准面为前面拉伸得到的基准面平面，然后单击【草绘视图】按钮，如下右图所示。

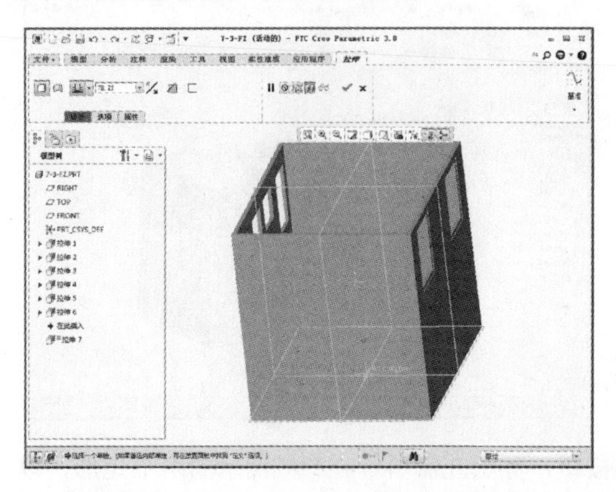

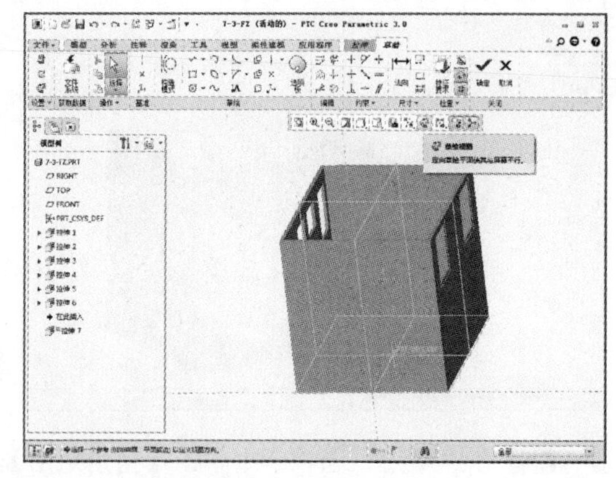

02 在“草绘”选项卡中单击【拐角矩形】按钮，如下左图所示。绘制图示的矩形，矩形的大小为 83.2×64.8，距左边 10、距底边 98.4，如下右图所示。

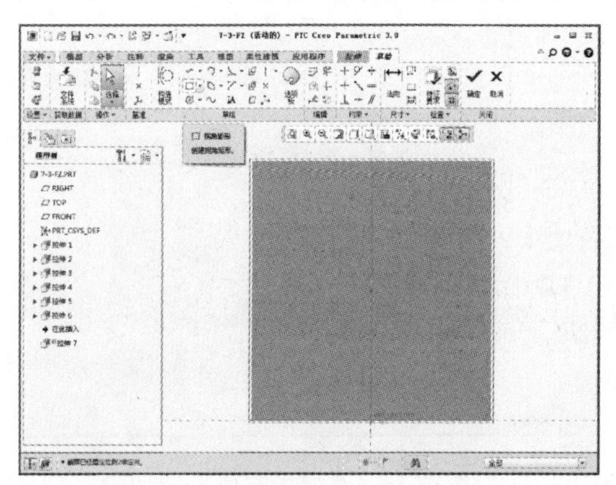

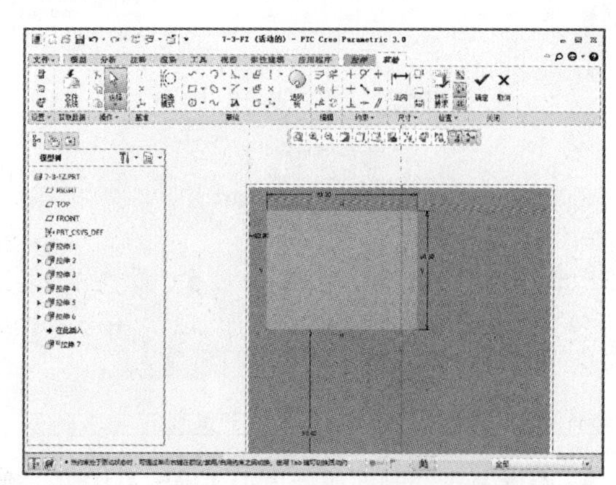

03 草图绘制完成后单击【确定】按钮，进入“拉伸”选项卡，设置指定值拉伸切除，拉伸值为 0.4，如下左图所示。设置完成后单击【确定】按钮，如下右图所示。

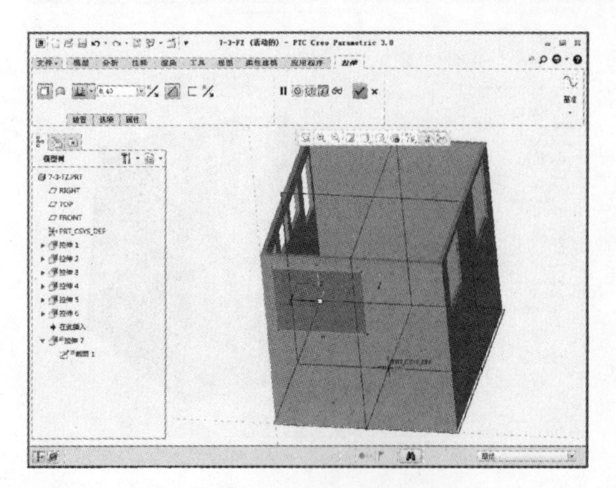

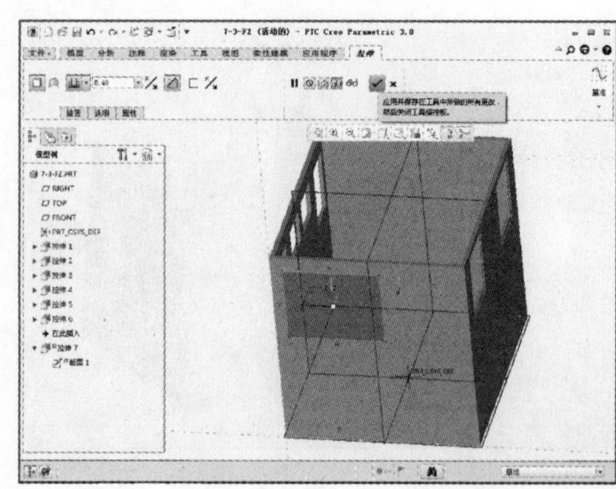

04 完成上述特征操作后在“模型”选项卡中单击【拉伸】按钮，如下左图所示。单击【拉伸】按钮后系统显示“拉伸”选项卡，定义拉伸基准面为前面拉伸得到的基准面平面，然后单击【草绘视图】按钮，如下右图所示。

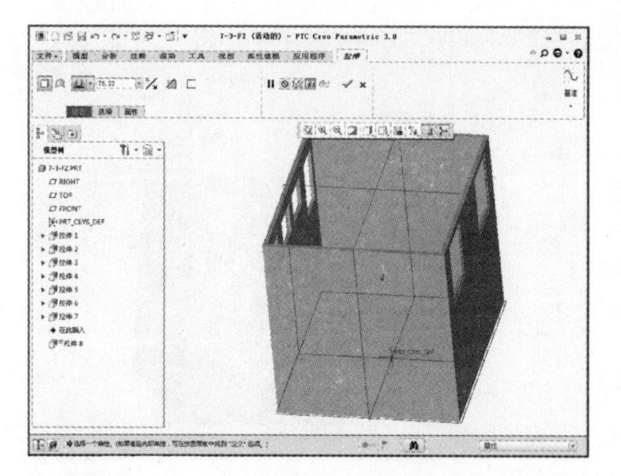

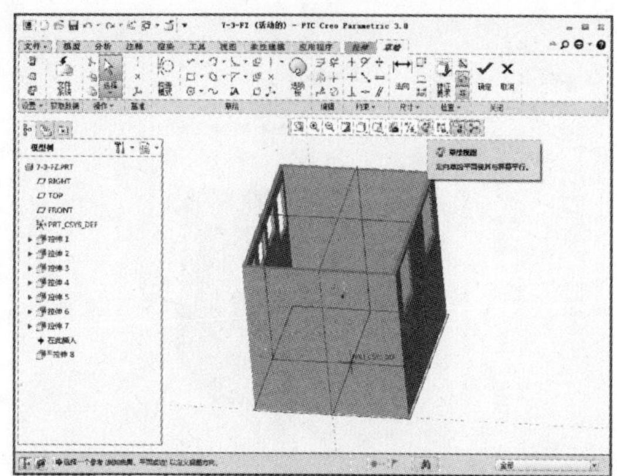

05 在“草绘”选项卡中单击【拐角矩形】按钮，如下左图所示。绘制图示矩形，矩形的大小为 41.6×64.8，三边与上一步拉伸得到的矩形边重合，一边为中线，如下右图所示。

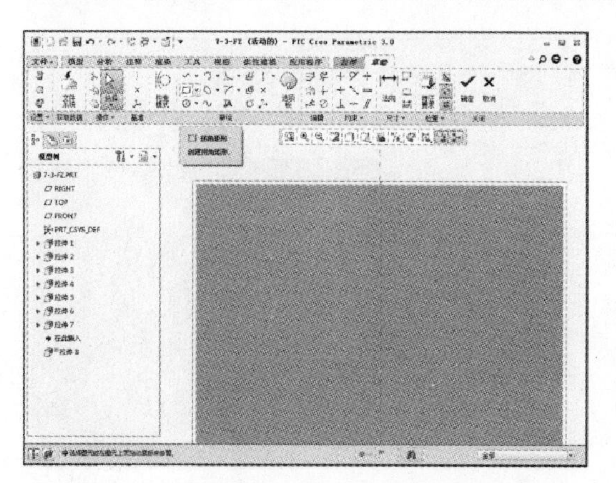

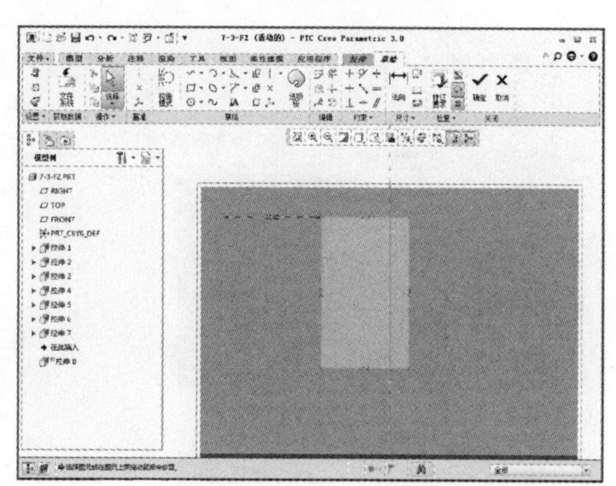

06 草图绘制完成后单击【确定】按钮，进入“拉伸”选项卡，设置指定值拉伸切除，拉伸值为 0.8，如下左图所示。设置完成后单击【确定】按钮，如下右图所示。

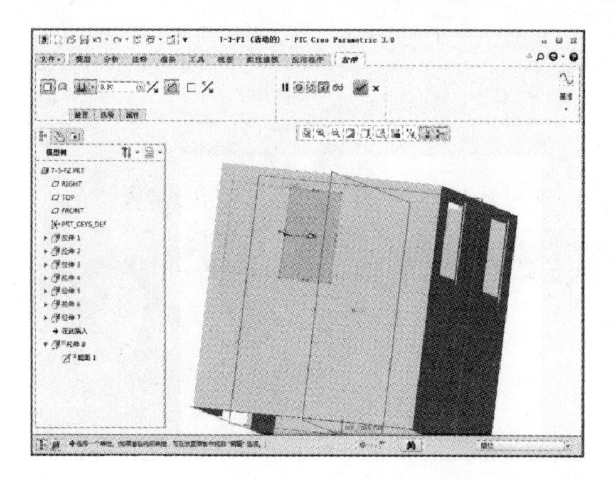

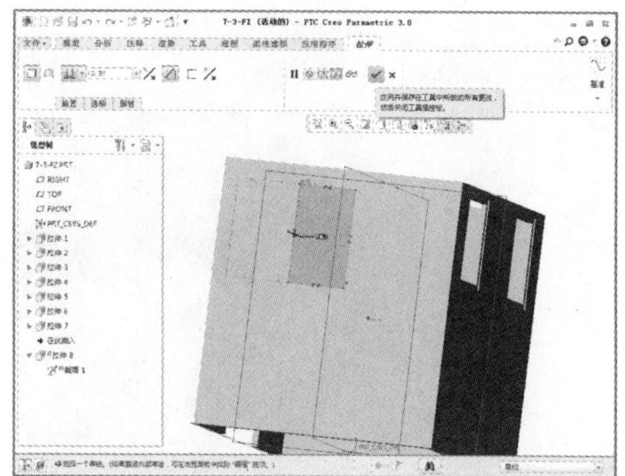

07 完成上述特征操作后在“模型”选项卡中单击【拉伸】按钮，如下左图所示。单击【拉伸】按钮后系统显示“拉伸”选项卡，定义拉伸基准面为前面拉伸得到的基准面平面，然后单击【草绘视图】按钮，如下右图所示。

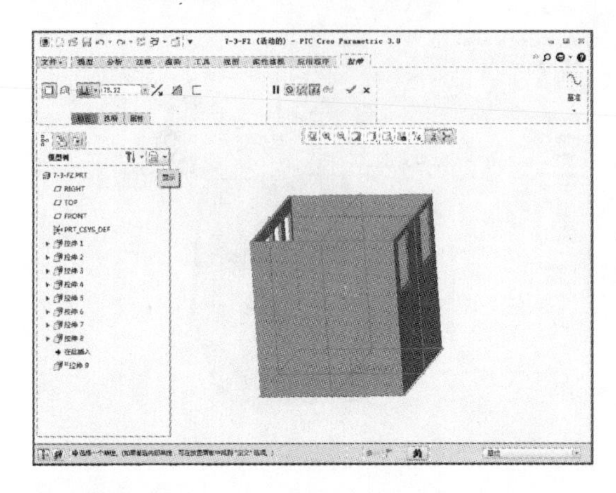

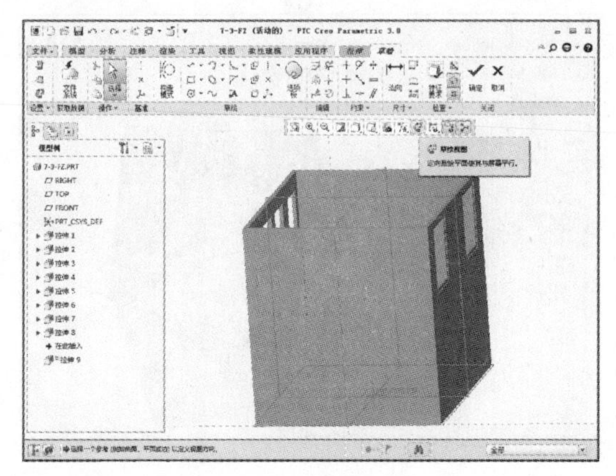

08 在“草绘”选项卡中单击【拐角矩形】按钮，如下左图所示。绘制图示的两个矩形，矩形的大小相等，矩形的大小为 60×37.2，距离上面绘制的矩形边均为 2.4，如下右图所示。

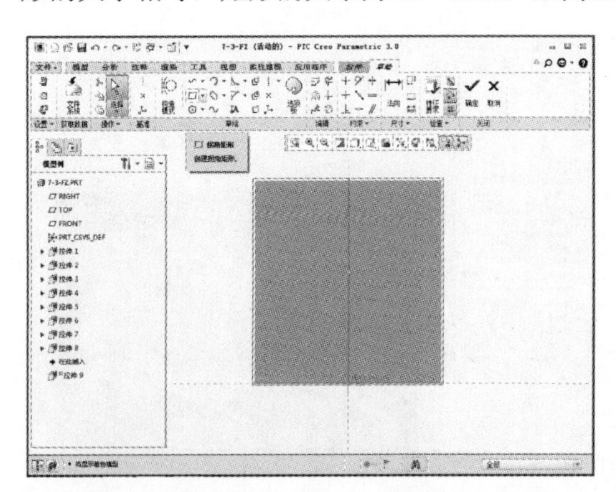

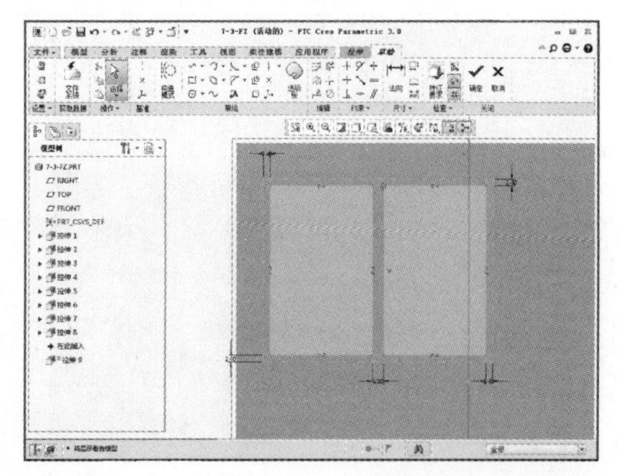

09 草图绘制完成后单击【确定】按钮，进入“拉伸”选项卡，设置指定值拉伸切除，拉伸值为 4，如下左图所示。设置完成后单击【确定】按钮，如下右图所示。

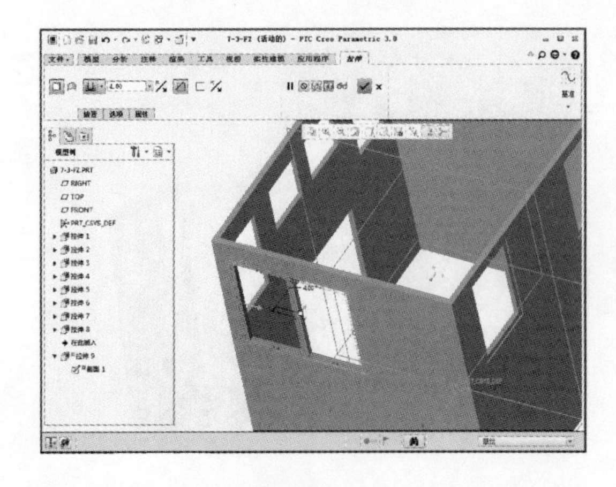

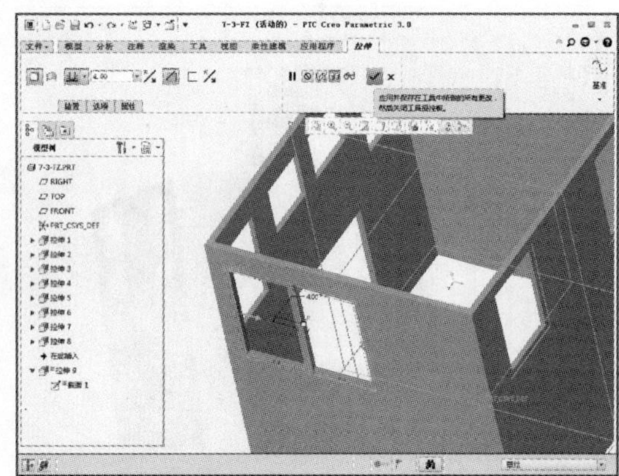

➤ 10 完成上述特征操作后在“模型”选项卡中单击【拉伸】按钮，如下左图所示。单击【拉伸】按钮后系统显示“拉伸”选项卡，定义拉伸基准面为前面拉伸得到的基准面平面，然后单击【草绘视图】按钮，如下右图所示。

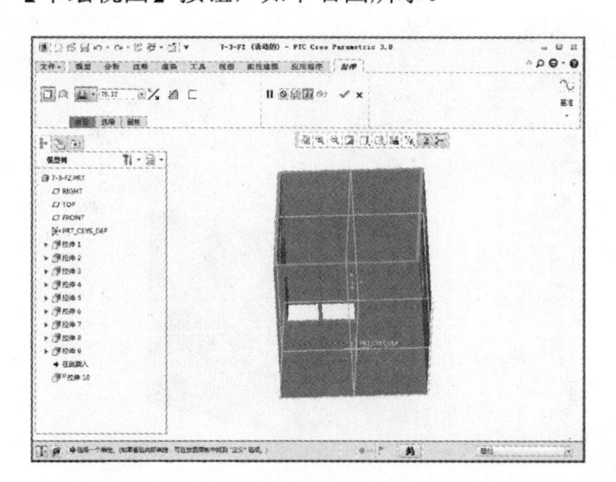

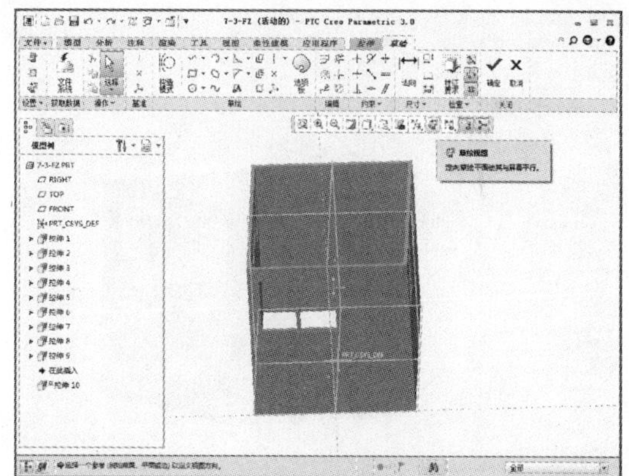

➤ 11 在“草绘”选项卡中单击【拐角矩形】按钮，如下左图所示。绘制图示矩形，矩形的大小为 168×56.8，底边与 X 轴重合，长边距右边 9.6，如下右图所示。

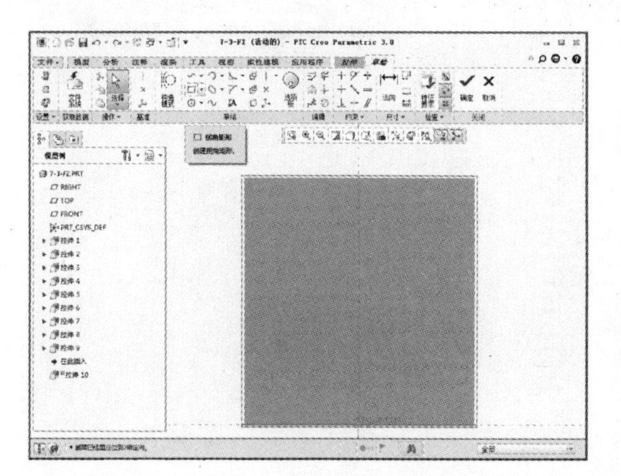

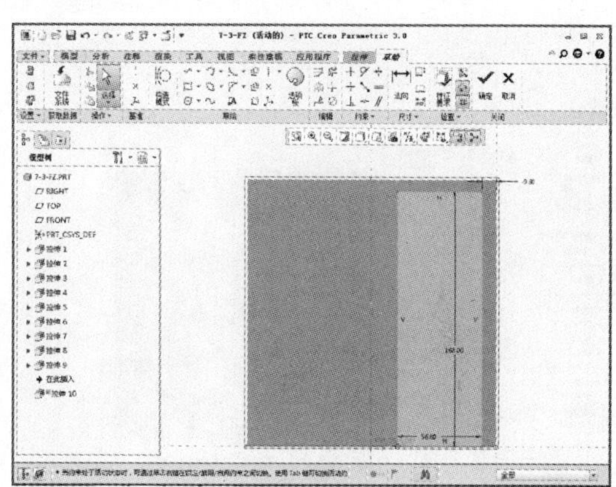

➤ 12 草图绘制完成后单击【确定】按钮，进入“拉伸”选项卡，设置指定值拉伸切除，拉伸值为 0.8，如下左图所示。设置完成后单击【确定】按钮，如下右图所示。

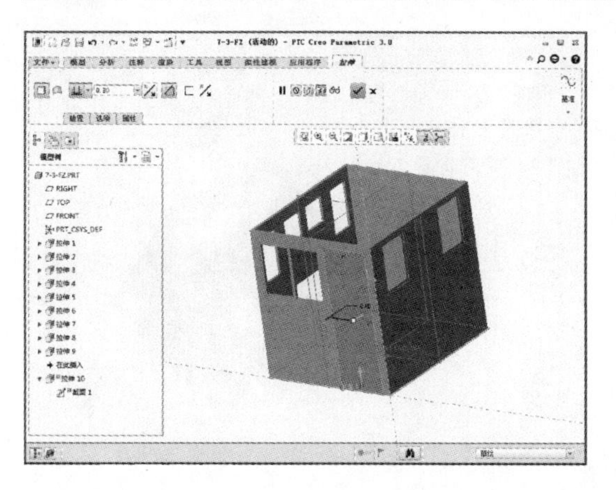

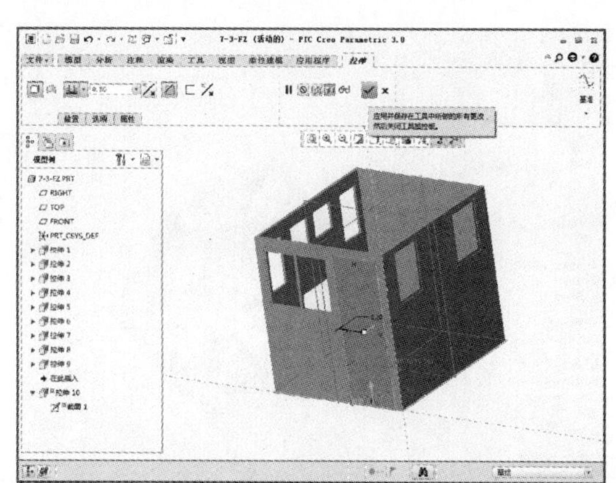

13 完成上述特征操作后在“模型”选项卡中单击【拉伸】按钮，如下左图所示。单击【拉伸】按钮后系统显示“拉伸”选项卡，定义拉伸基准面为前面拉伸得到的基准面平面，然后单击【草绘视图】按钮，如下右图所示。

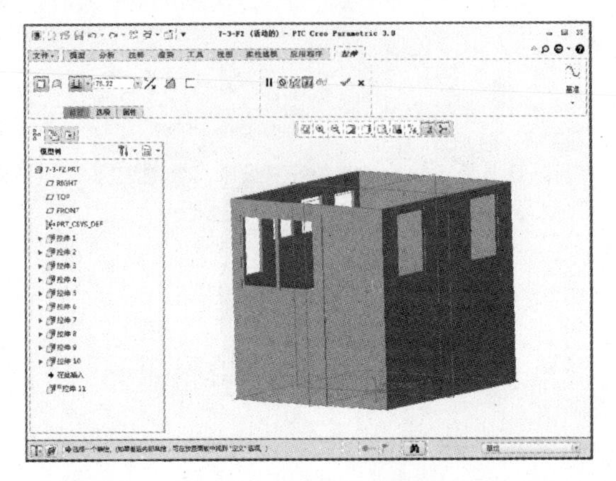

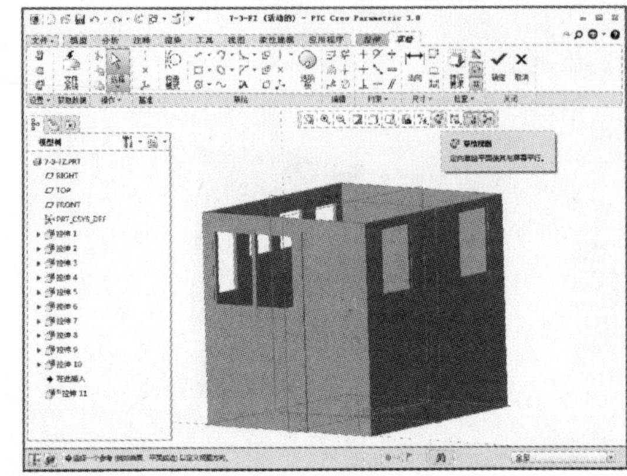

14 在“草绘”选项卡中单击【拐角矩形】按钮，如下左图所示。绘制图示矩形，矩形的大小为 168×56.8，底边与 X 轴重合，长边距右边 9.6，如下右图所示。

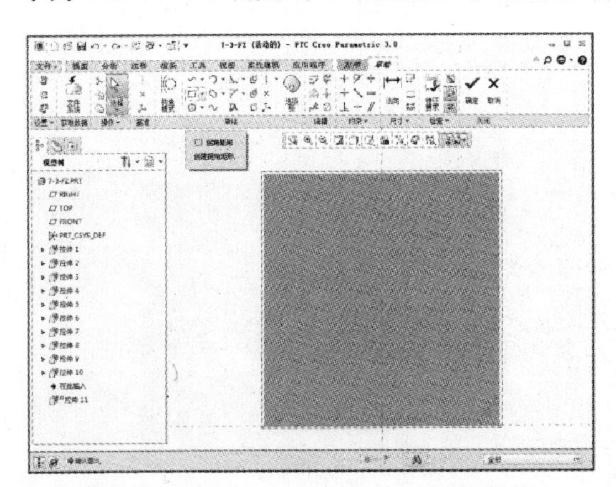

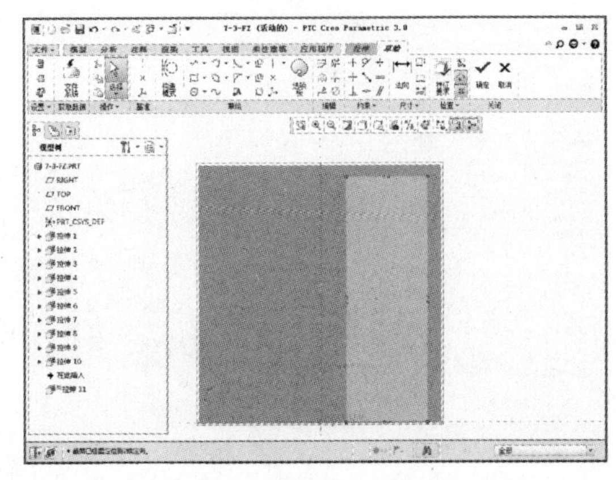

15 草图绘制完成后单击【确定】按钮，进入“拉伸”选项卡，设置指定值拉伸，拉伸值为 4，如下左图所示。设置完成后单击【确定】按钮，如下右图所示。

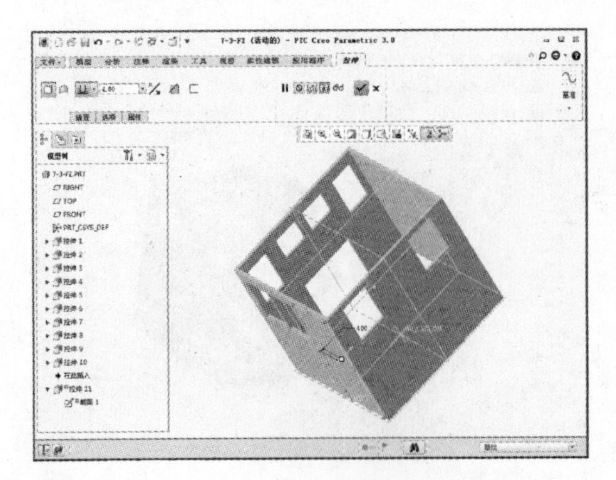

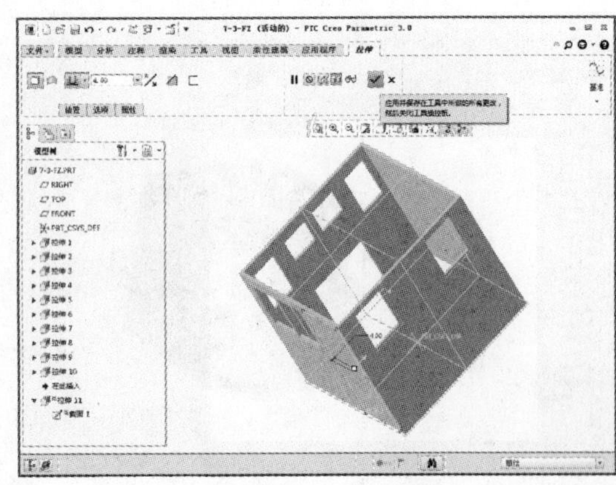

16 完成上述特征操作后在“模型”选项卡中单击【拉伸】按钮，如下左图所示。单击【拉伸】按钮后系统显示“拉伸”选项卡，定义拉伸基准面为前面拉伸得到的基准面平面，然后单击【草绘视图】按钮，如下右图所示。

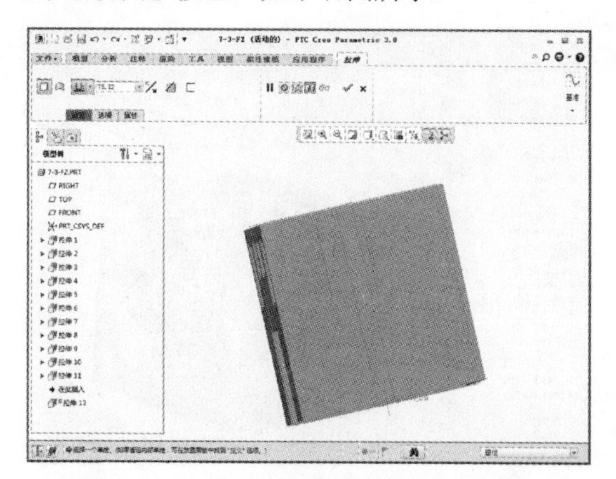

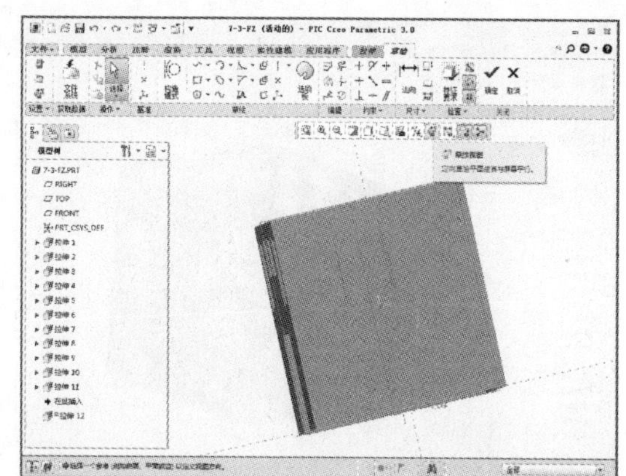

17 在“草绘”选项卡中单击【拐角矩形】按钮，如下左图所示。绘制图示的两个矩形，上面矩形的大小为 62×44，距上一步绘制的矩形的右边为 6.4、距离上边为 8；下面矩形的底边与 X 轴重合，长边为上一步绘制的宽，高为 0.6，如下右图所示。

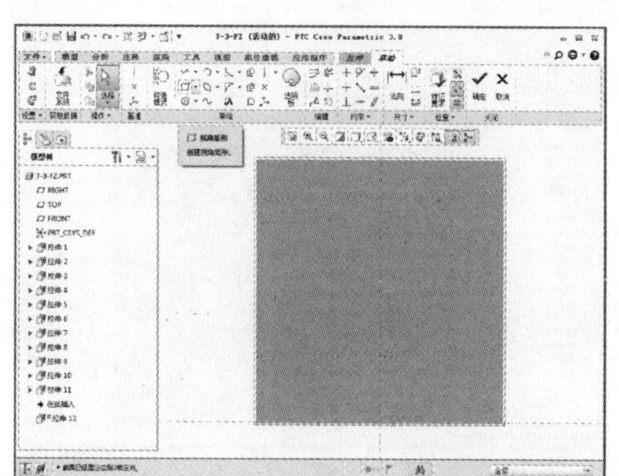

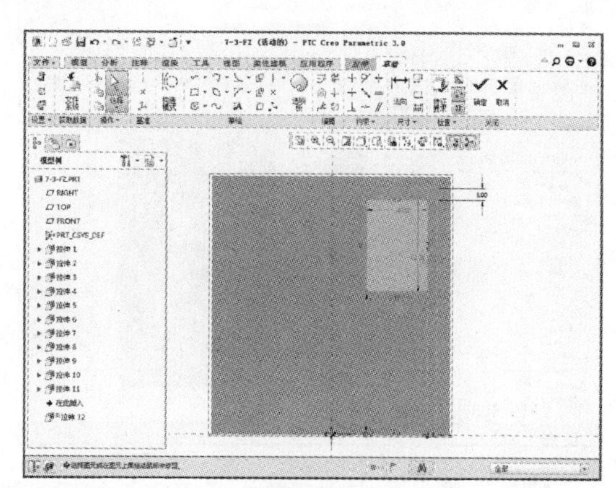

18 草图绘制完成后单击【确定】按钮，进入“拉伸”选项卡，设置指定值拉伸切除，拉伸值为 0.8，如下左图所示。设置完成后单击【确定】按钮，如下右图所示。

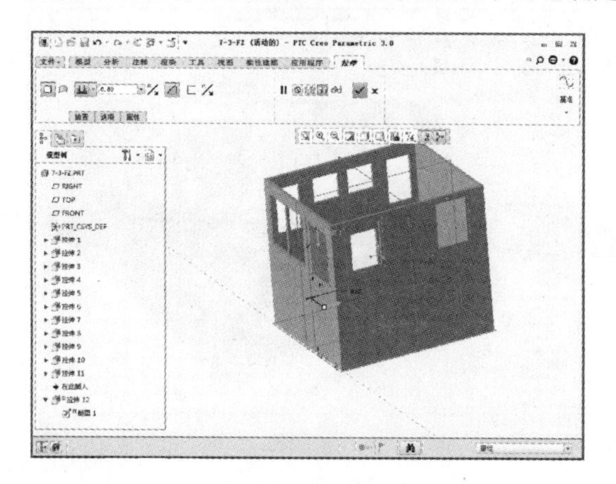

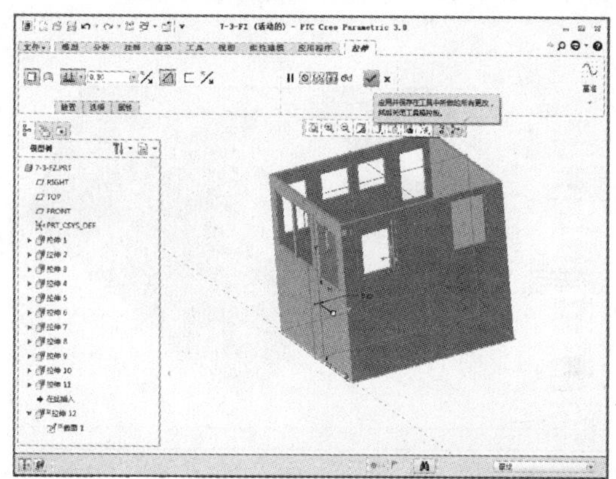

19 完成上述特征操作后在“模型”选项卡中单击【拉伸】按钮，如下左图所示。单击【拉伸】按钮后系统显示“拉伸”选项卡，定义拉伸基准面为前面拉伸得到的基准面平面，然后单击【草绘视图】按钮，如下右图所示。

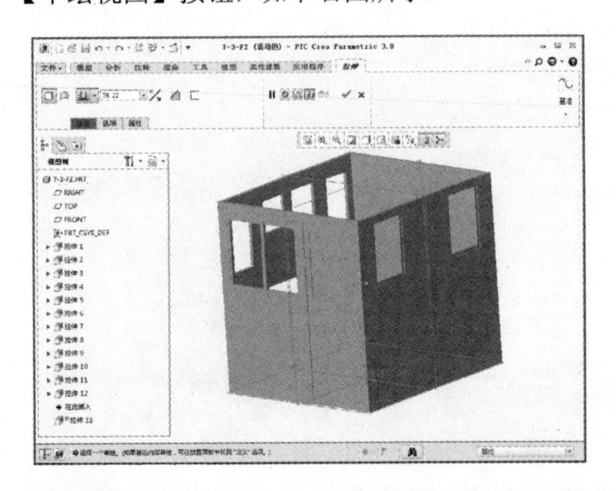
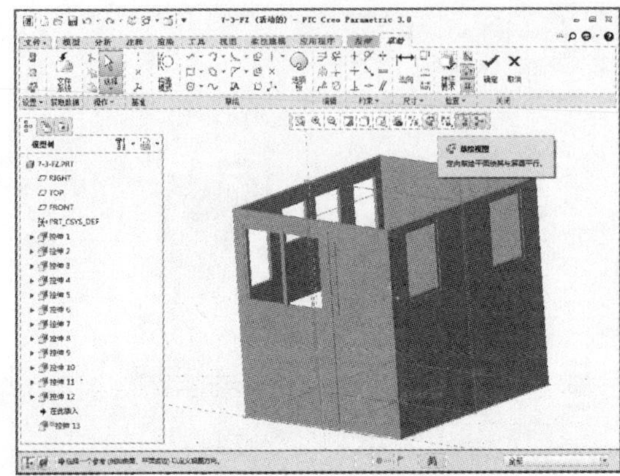

20 在“草绘”选项卡中单击【拐角矩形】按钮，如下左图所示。绘制图示的两个矩形，上面矩形的大小为 57.2×39.2，距上一步绘制的矩形的右边为 2.4、距离上边为 2.4，如下右图所示。

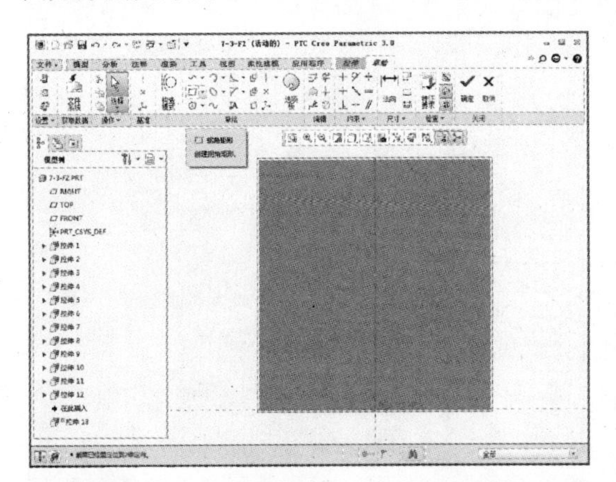
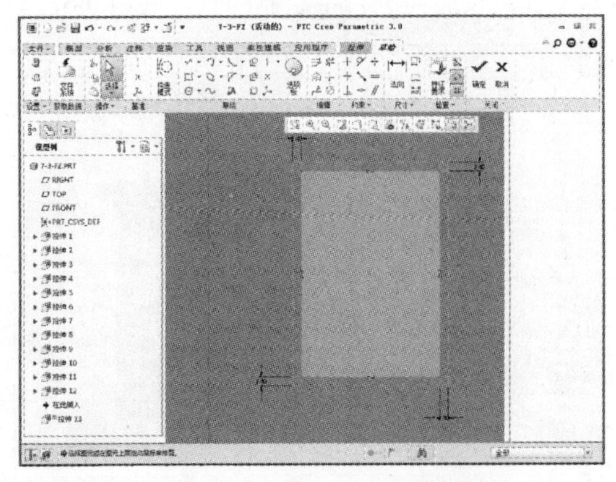

21 草图绘制完成后单击【确定】按钮，进入“拉伸”选项卡，设置指定值拉伸切除，拉伸值为 4，如下左图所示。设置完成后单击【确定】按钮，如下右图所示。

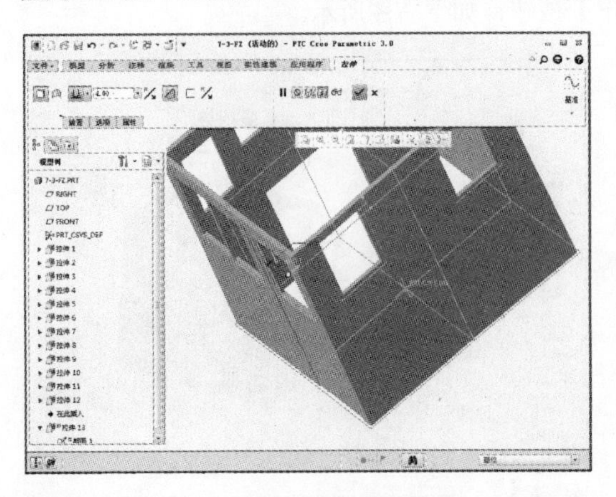
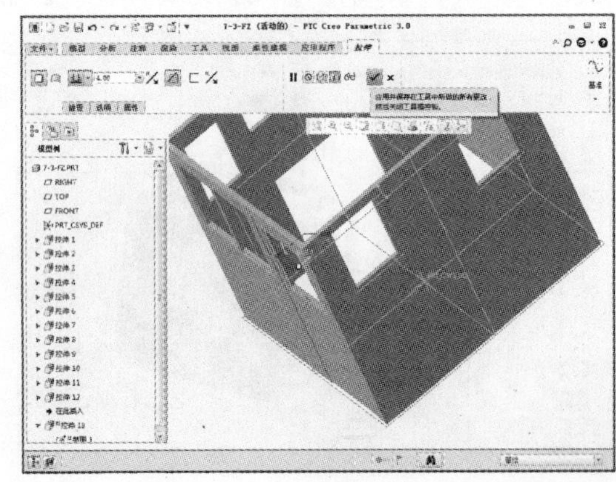

22 完成上述特征操作后在“模型”选项卡中单击【拉伸】按钮，如下左图所示。单击【拉伸】按钮后系统显示“拉伸”选项卡，定义拉伸基准面为前面拉伸得到的基准面平面，然后单击【草绘视图】按钮，如下右图所示。

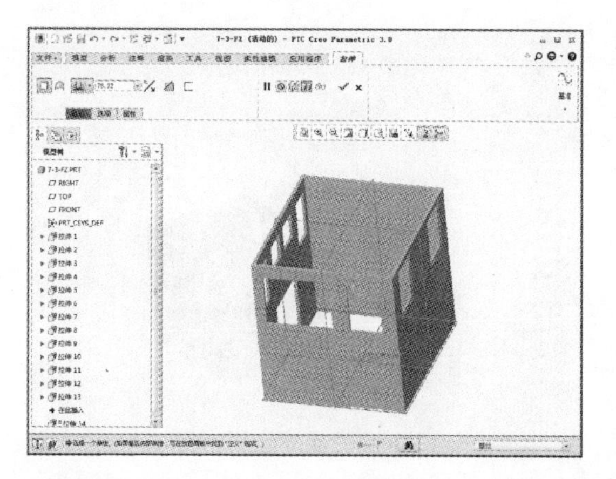
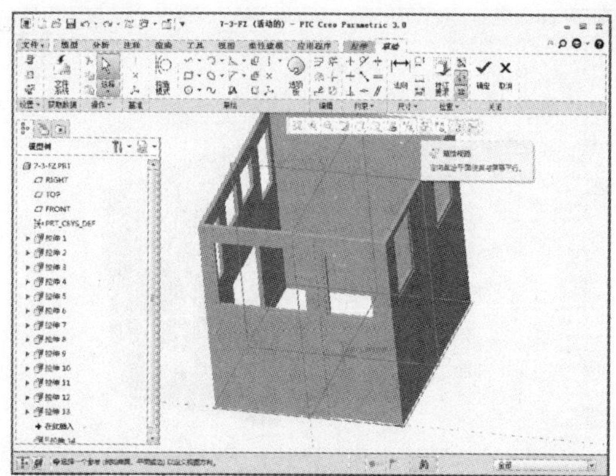

23 在“草绘”选项卡中单击【拐角矩形】按钮，如下左图所示。绘制图示的两个矩形，上面矩形的大小为 75.2×43.2，距上一步绘制的矩形的右边为 6、距离下边为 11.6，如下右图所示。

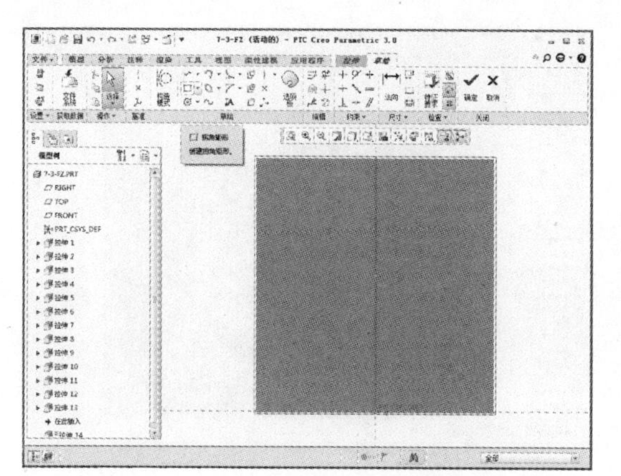
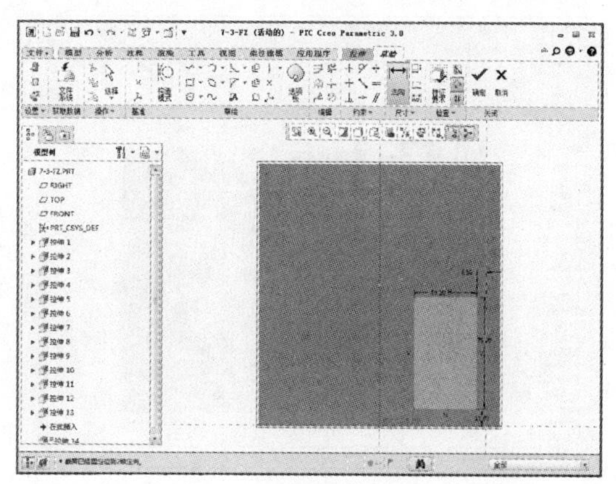

24 草图绘制完成后单击【确定】按钮，进入“拉伸”选项卡，设置指定值拉伸切除，拉伸值为 0.4，如下左图所示。设置完成单击【确定】按钮，如下右图所示。

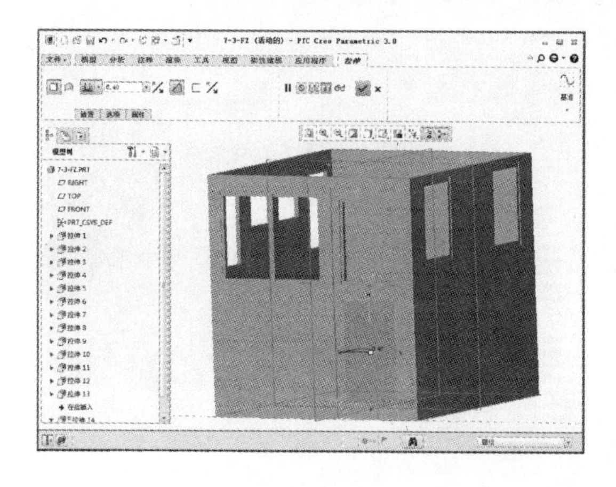
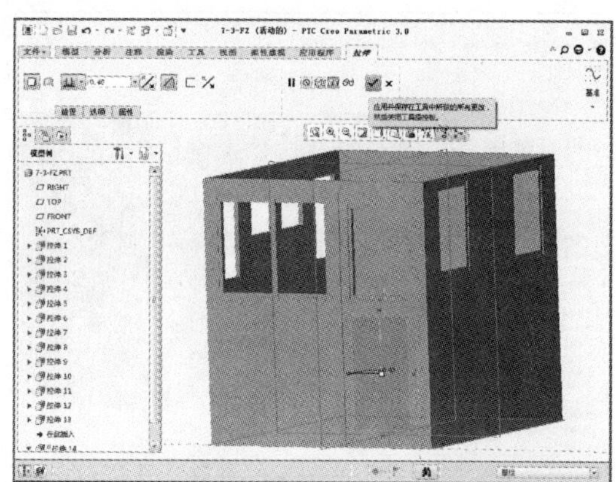

25 完成上述特征操作后在“模型”选项卡中单击【拉伸】按钮，如下左图所示。单击【拉伸】按钮后系统显示“拉伸”选项卡，定义拉伸基准面为前面拉伸得到的基准面平面，然后单击【草绘视图】按钮，如下右图所示。

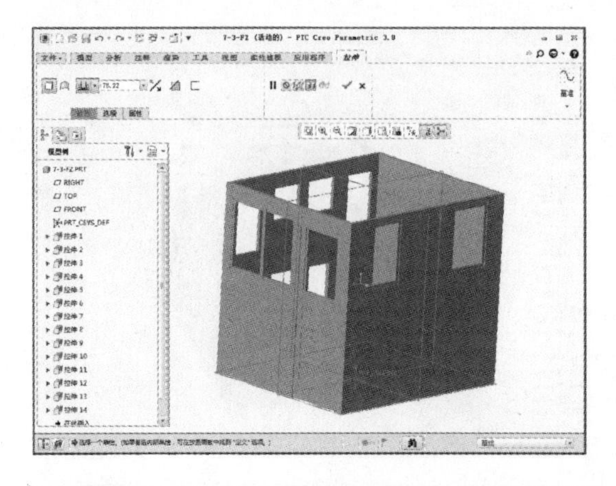

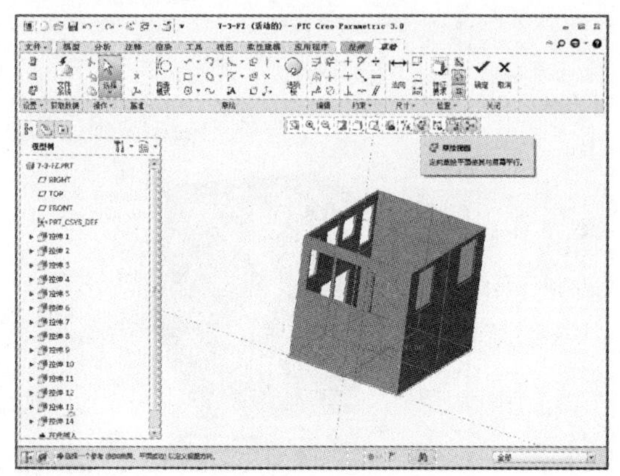

26 在“草绘”选项卡中单击【拐角矩形】按钮，如下左图所示。绘制图示的 6 个矩形，6 个矩形大小相等，间隔为 6，如下右图所示。

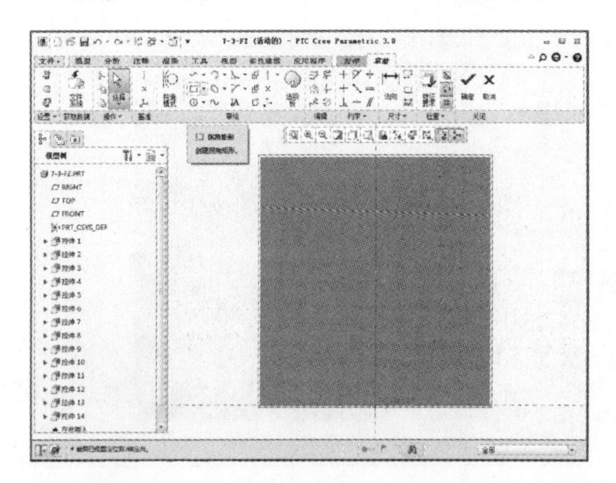

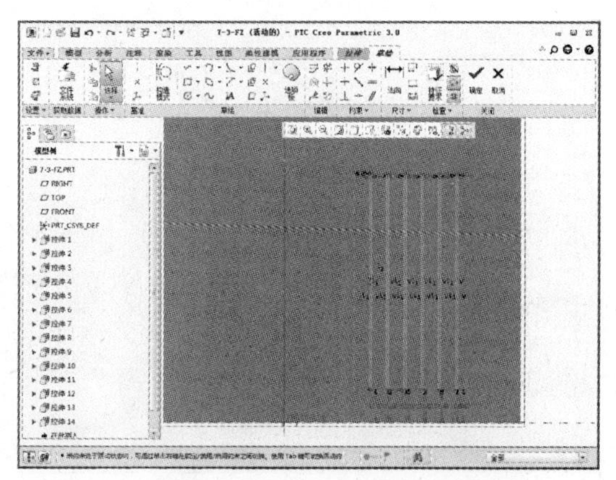

27 草图绘制完成后单击【确定】按钮，进入“拉伸”选项卡，设置指定值拉伸切除，拉伸值为 0.4，如下左图所示。设置完成后单击【确定】按钮，如下右图所示。

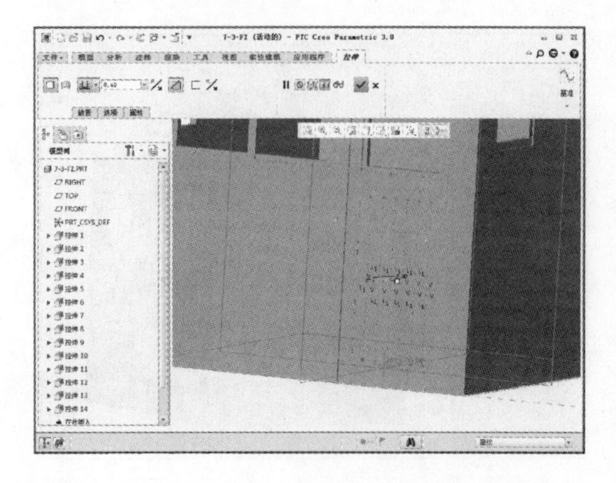

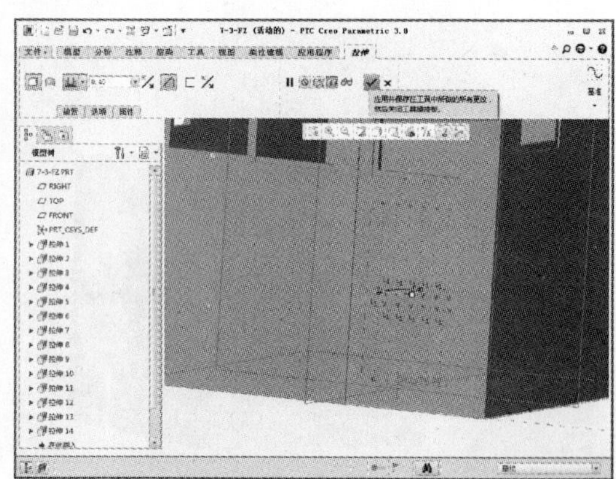

28 完成上述特征操作后在模型树中选中“拉伸 7”“拉伸 8”“拉伸 9”“拉伸 10”“拉伸 11”“拉伸 12”“拉伸 13”“拉伸 14”“拉伸 15”，然后单击【镜像】按钮，如下左图所示。单击【镜像】按钮后系统显示“镜像”选项卡，如下右图所示。

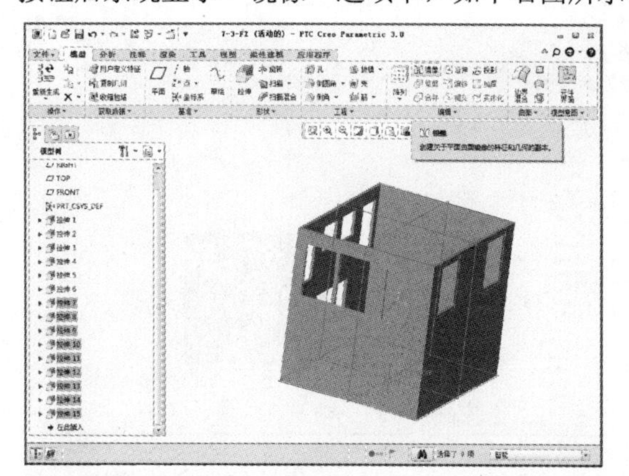

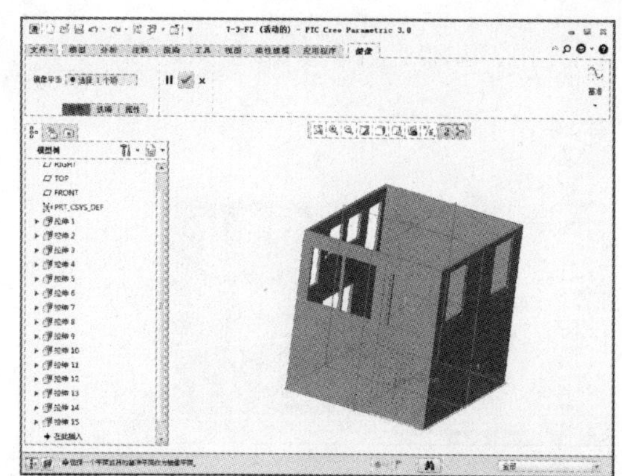

29 在模型树中选取 RIGHT 基准平面作为特征镜像平面，如下左图所示。设定完成后单击“镜像”选项卡中的【确定】按钮，如下右图所示。

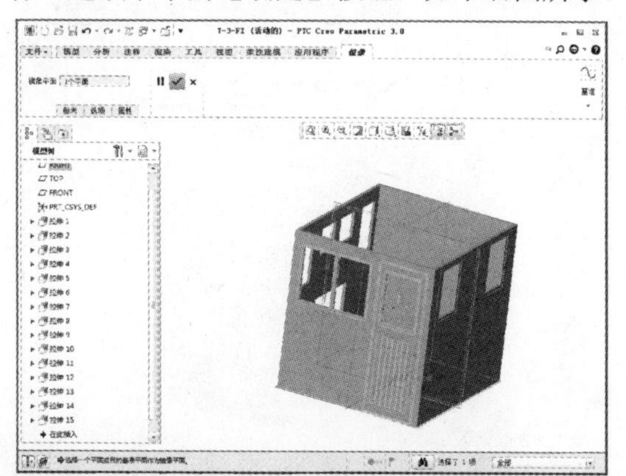

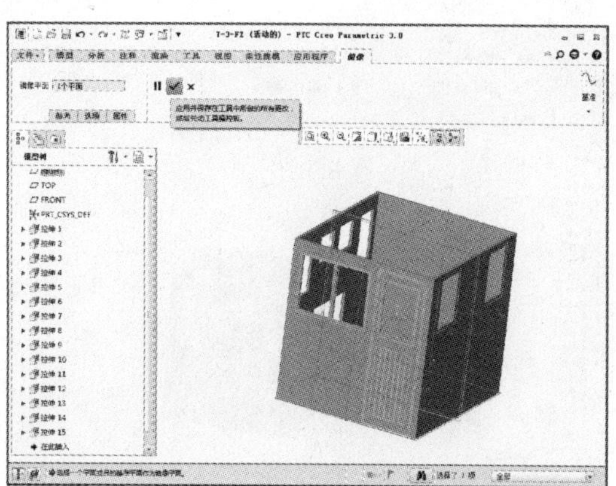

## STEP04　创建车厢次要特征

01 完成上述特征操作后在“模型”选项卡中单击【拉伸】按钮，如下左图所示。单击【拉伸】按钮后系统显示“拉伸”选项卡，定义拉伸基准面为前面拉伸得到的基准面平面，然后单击【草绘视图】按钮，如下右图所示。

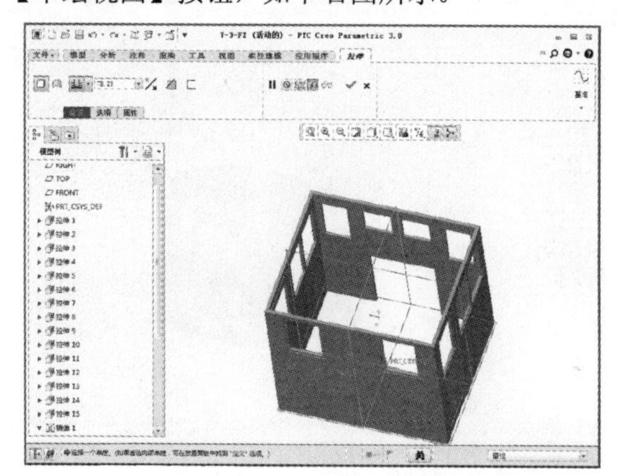

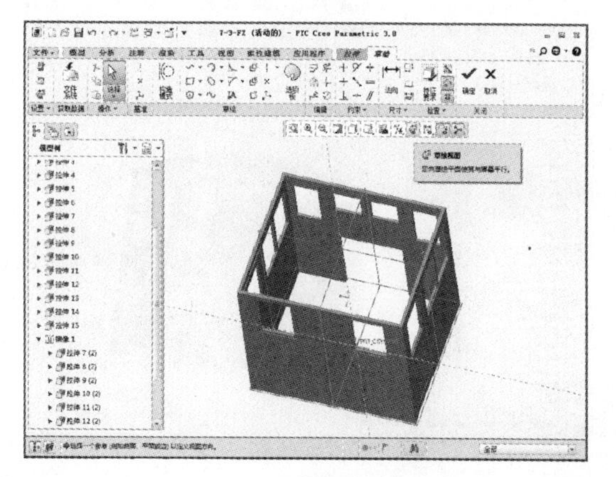

02 在“草绘”选项卡中单击【线链】【投影】【圆弧】等按钮，如下左图所示。绘制图示图形，圆弧半径为 300 和 304，采用线链时图形为封闭的，如下右图所示。

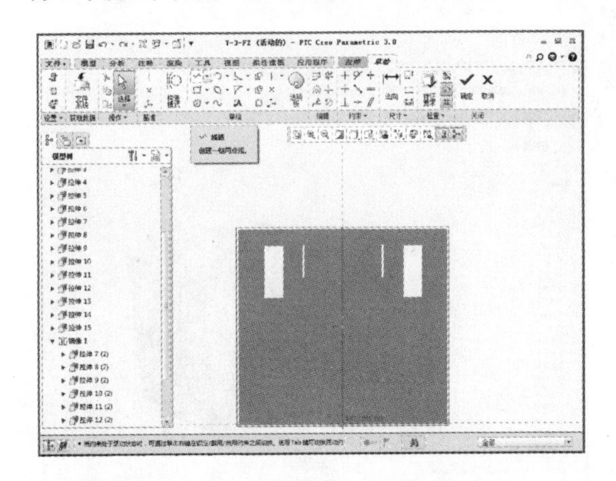

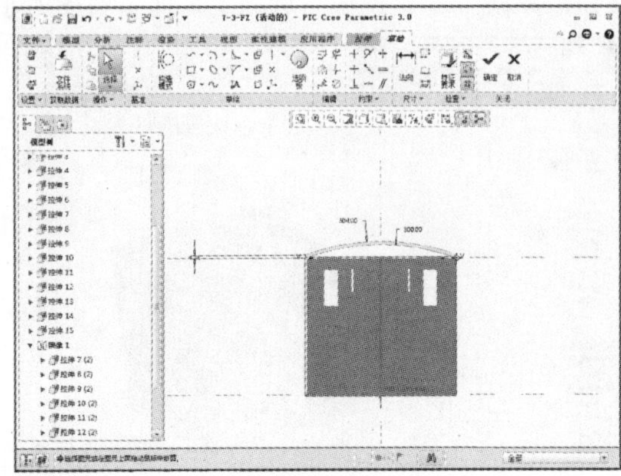

03 草图绘制完成后单击【确定】按钮，进入“拉伸”选项卡，设置对称拉伸，拉伸值为 174，如下左图所示。设置完成后单击【确定】按钮，如下右图所示。

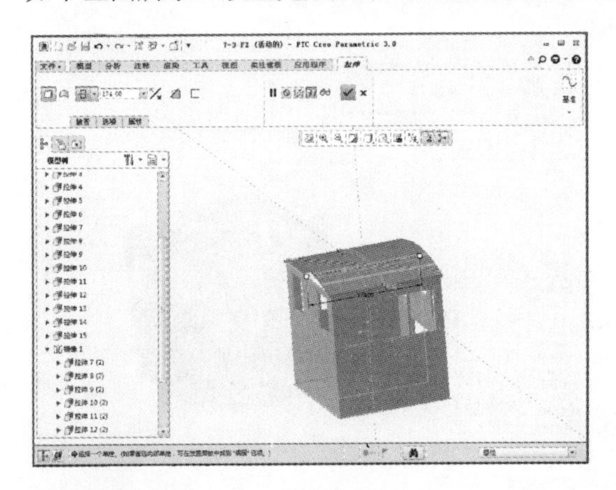

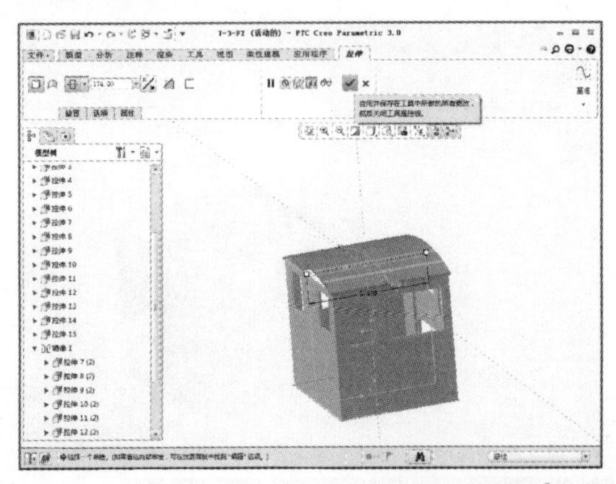

04 完成上述特征操作后在“模型”选项卡中单击【拉伸】按钮，如下左图所示。单击【拉伸】按钮后系统显示“拉伸”选项卡，定义拉伸基准面为前面拉伸得到的基准面平面，然后单击【草绘视图】按钮，如下右图所示。

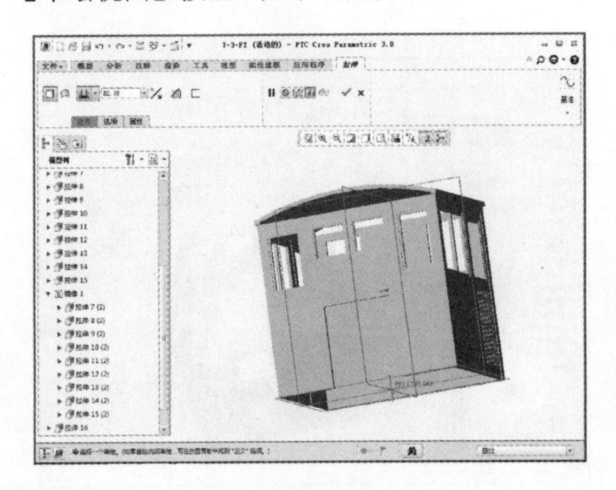

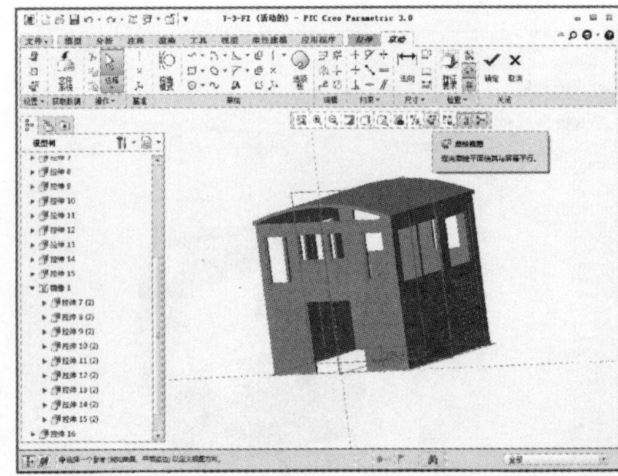

05 在“草绘”选项卡中单击【投影】按钮，如下左图所示。选取图中所示的圆弧和直线，构成图中的封闭图形，如下右图所示。

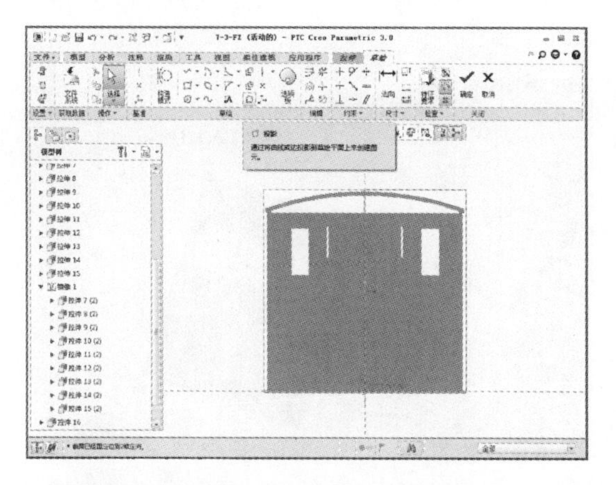

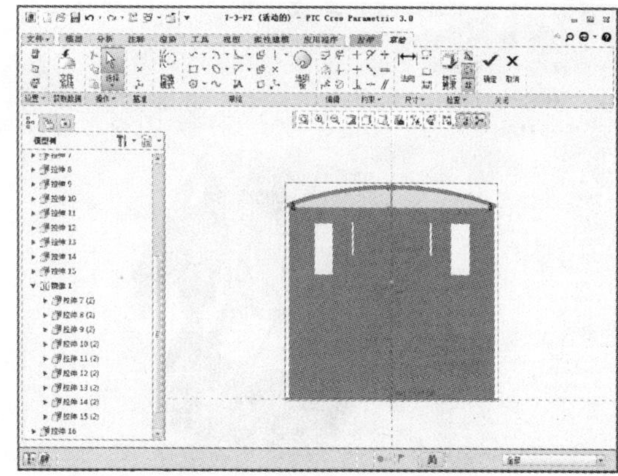

06 草图绘制完成后单击【确定】按钮，进入“拉伸”选项卡，设置指定值拉伸，拉伸值为 4，如下左图所示。设置完成后单击【确定】按钮，如下右图所示。

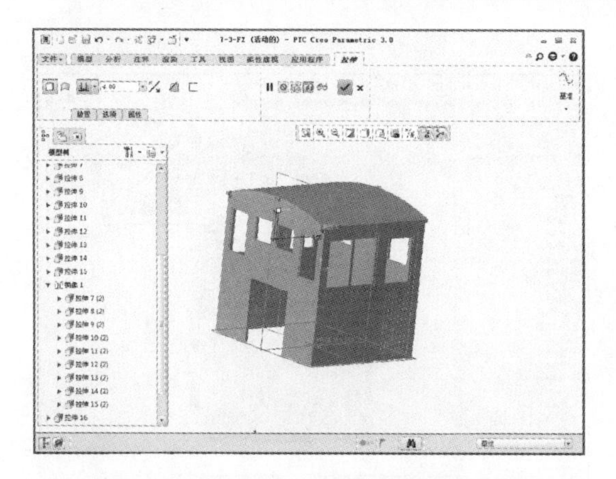

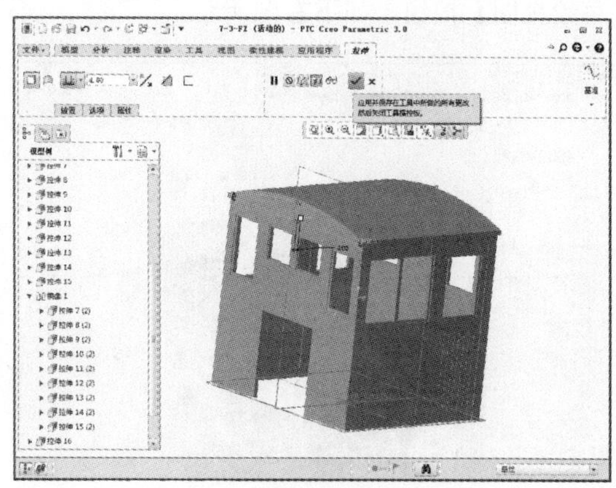

07 完成上述特征操作后在模型树中选中“拉伸 17”，然后单击【镜像】按钮，如下左图所示。单击【镜像】按钮后系统显示“镜像”选项卡，如下右图所示。

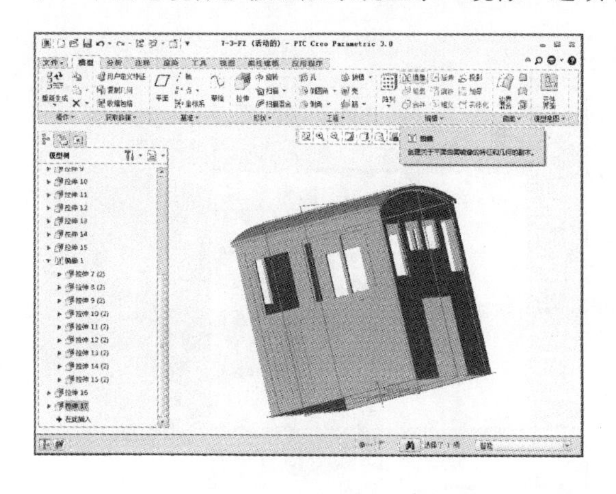

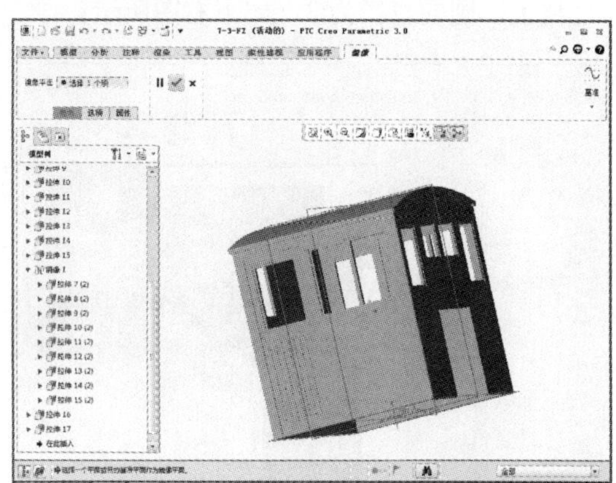

08 在模型树中选取 TOP 基准平面作为特征镜像平面，如下左图所示。设定完成后单击“镜像”选项卡中的【确定】按钮，如下右图所示。

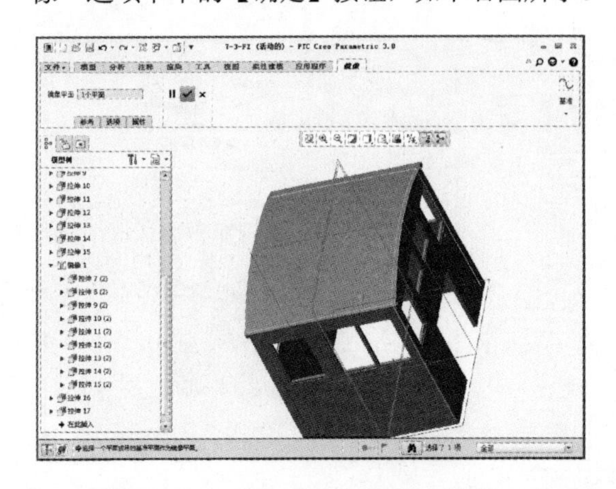

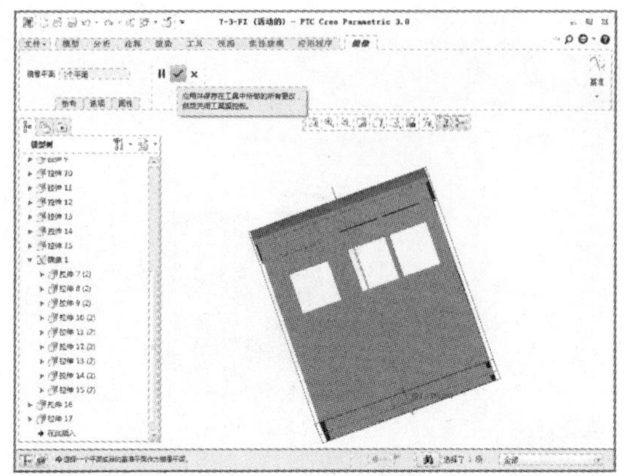

09 完成上述特征操作后在“模型”选项卡中单击【旋转】按钮，如下左图所示。单击【旋转】按钮后系统显示“旋转”选项卡，定义旋转基准面为前面拉伸得到的基准面平面，然后单击【草绘视图】按钮，如下右图所示。

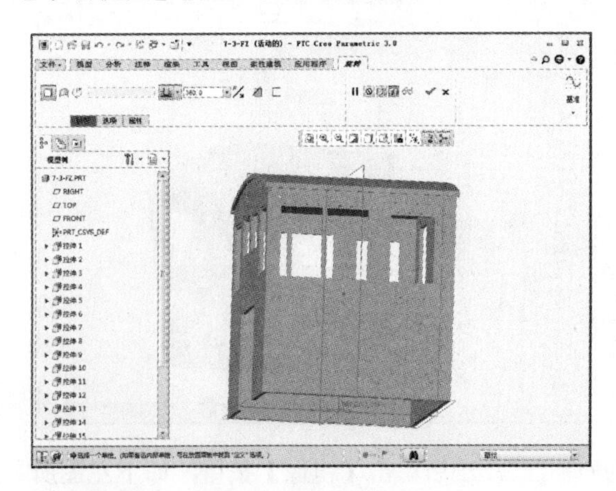

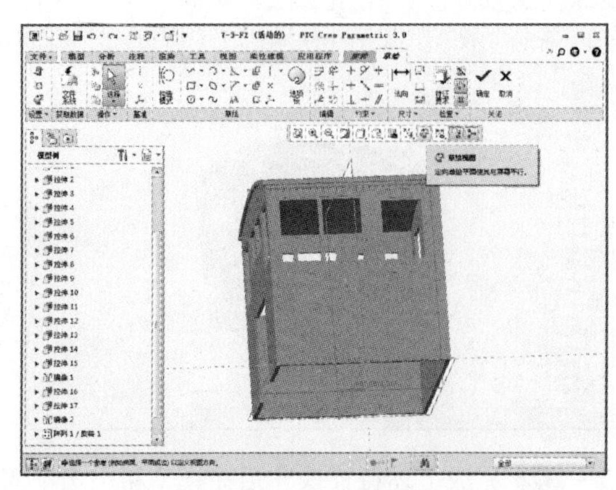

10 在“草绘”选项卡中单击【圆心和点】按钮，如下左图所示。绘制图示的半圆，圆心在中心线上，圆的直径为 3，如下右图所示。

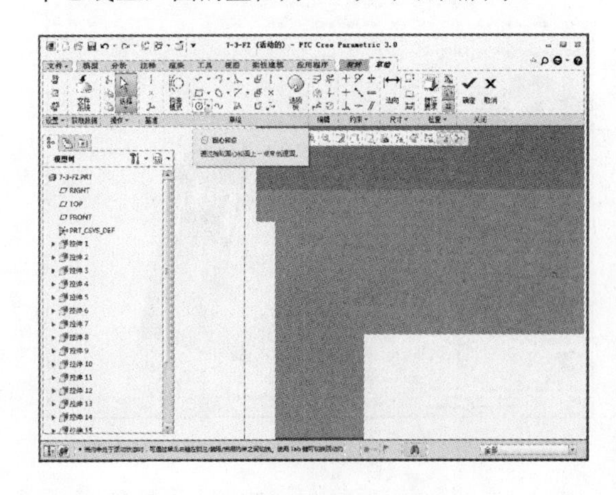

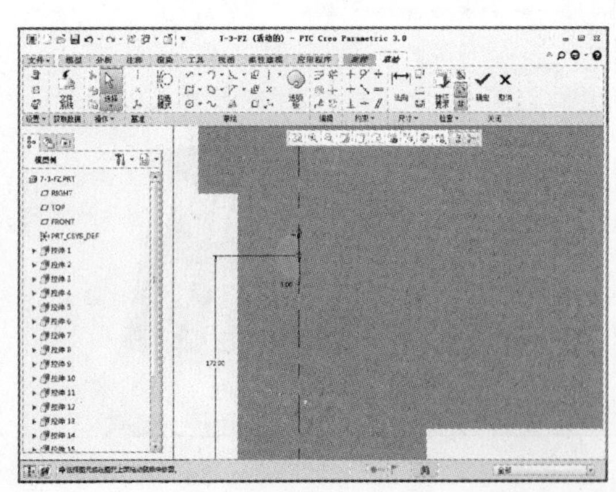

11 草图绘制完成后单击【确定】按钮，进入“旋转”选项卡，设置旋转 180°，如下左图所示。设置完成后单击【确定】按钮，如下右图所示。

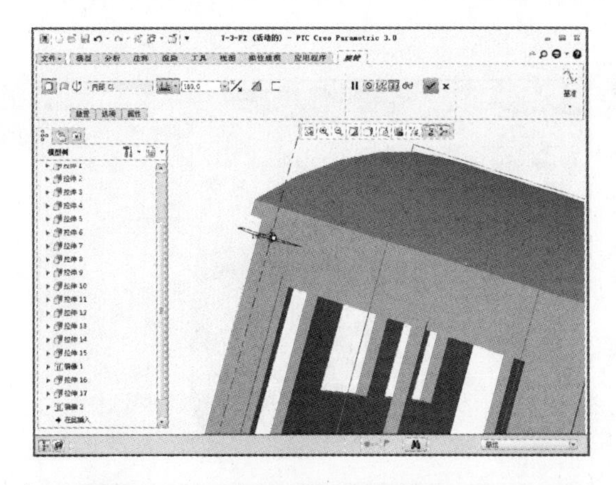

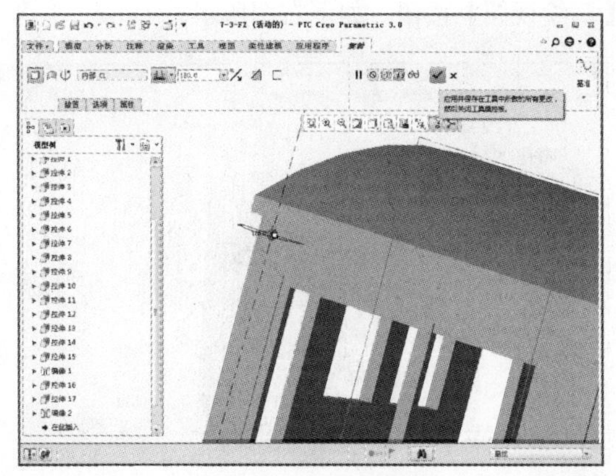

12 完成上述特征操作后在模型树中选中“旋转 1”，然后单击【阵列】按钮，如下左图所示。单击【阵列】按钮后系统显示“阵列”选项卡，如下右图所示。

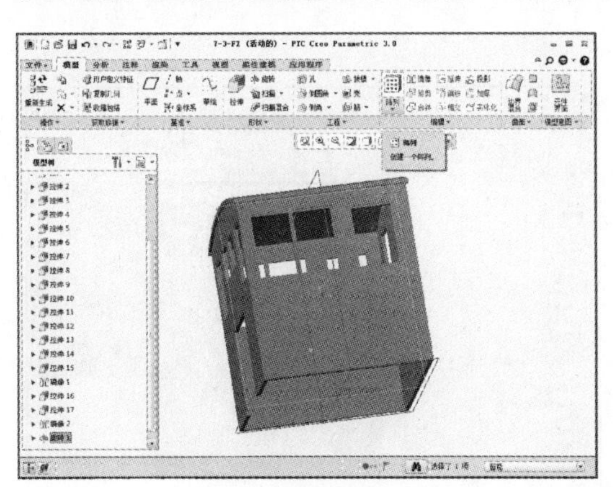

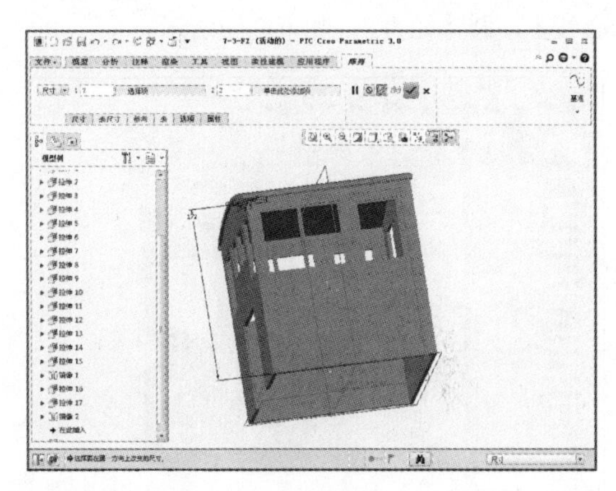

13 设置“方向”阵列，选取水平方向阵列维数为 26、距离为 6.432，如下左图所示。设定完成后单击【确定】按钮，如下右图所示。

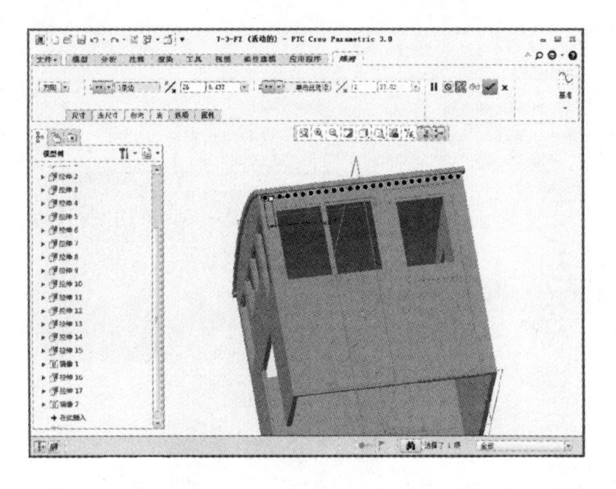

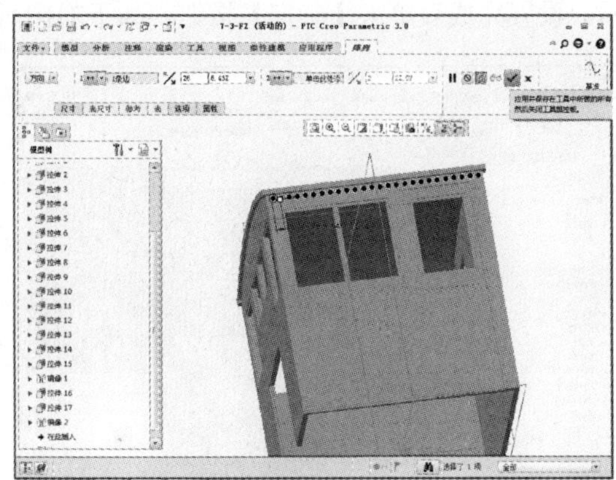

14 完成上述特征操作后在“模型”选项卡中单击【旋转】按钮，如下左图所示。单击【旋转】按钮后系统显示“旋转”选项卡，定义旋转基准面为前面拉伸得到的基准面平面，然后单击【草绘视图】按钮，如下右图所示。

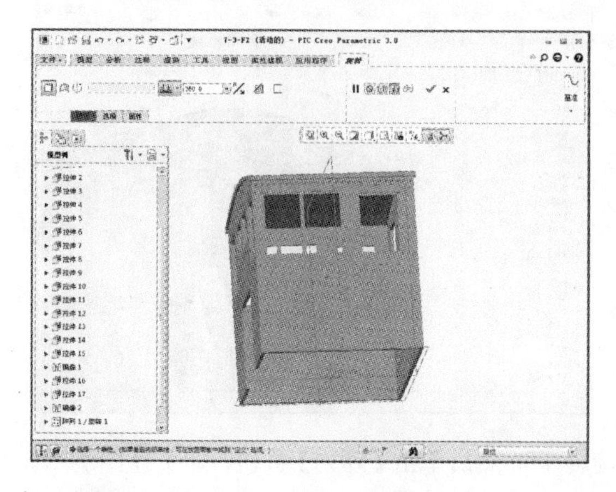
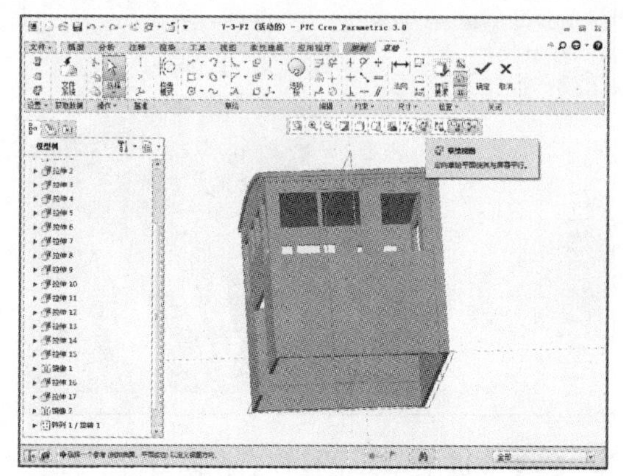

15 在“草绘”选项卡中单击【圆心和点】按钮，如下左图所示。绘制图示半圆，圆心在中心线上，圆直径为 3，如下右图所示。

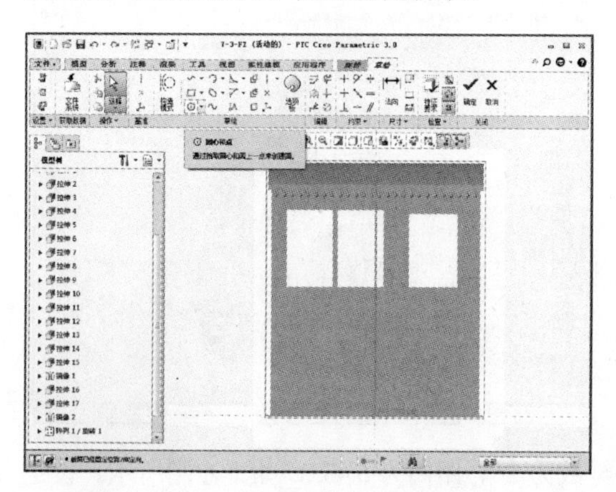
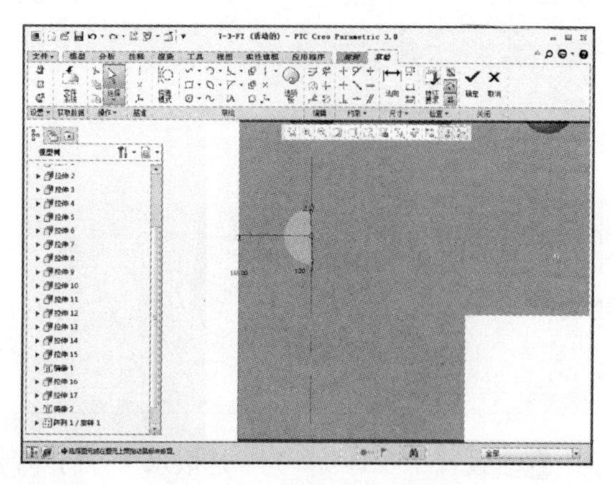

16 草图绘制完成后单击【确定】按钮，进入“旋转”选项卡，设置旋转 180°，如下左图所示。设置完成后单击【确定】按钮，如下右图所示。

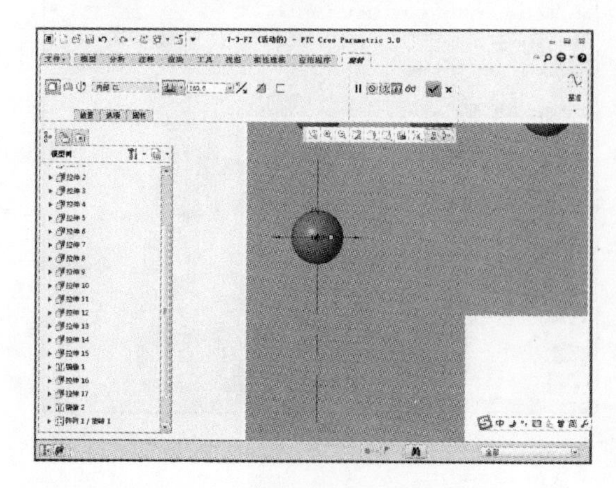
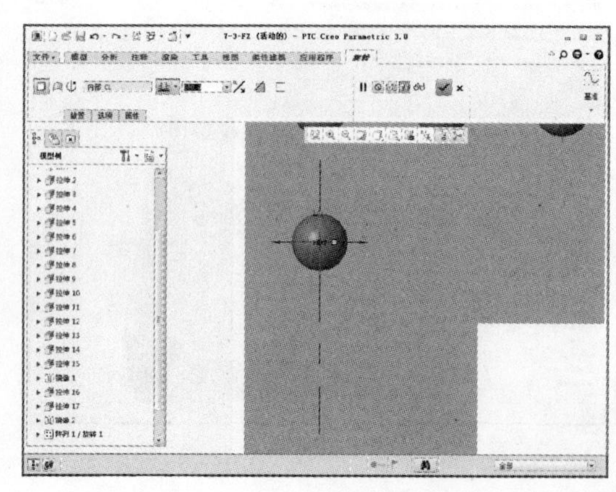

17 完成上述特征操作后在模型树中选中“旋转 2”，然后单击【阵列】按钮，如下左图所示。单击【阵列】按钮后系统显示“阵列”选项卡，如下右图所示。

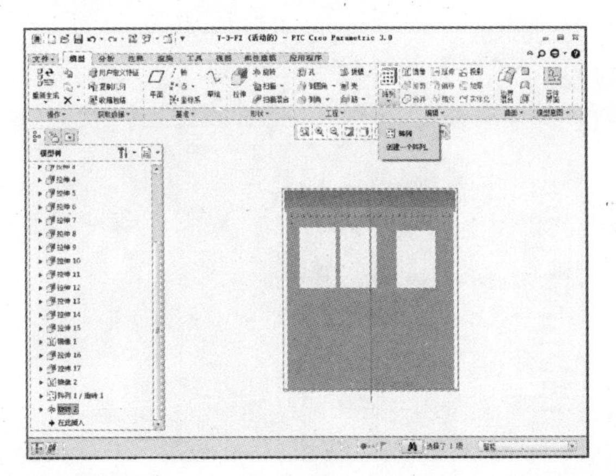

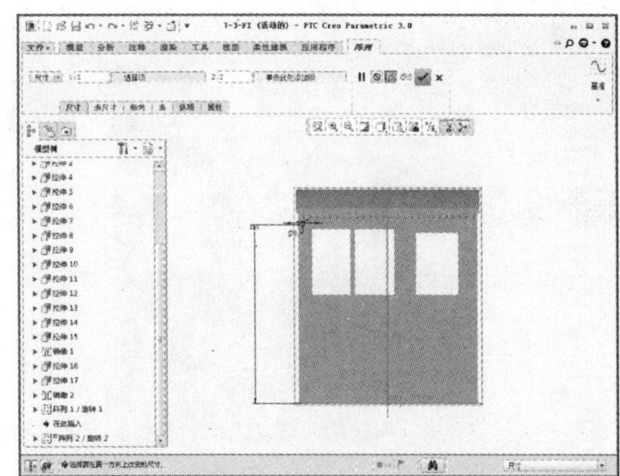

18 设置“方向”阵列，选取竖直方向阵列维数为 26、距离为 6.5，如下左图所示。选取水平方向阵列维数为 2、距离为 160.4，设定完成后单击【确定】按钮，如下右图所示。

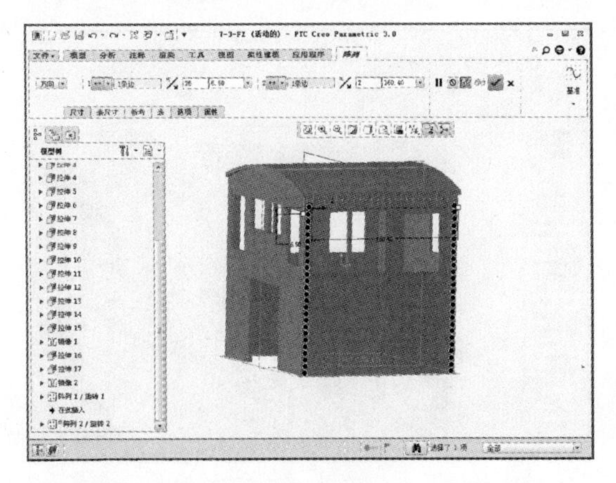

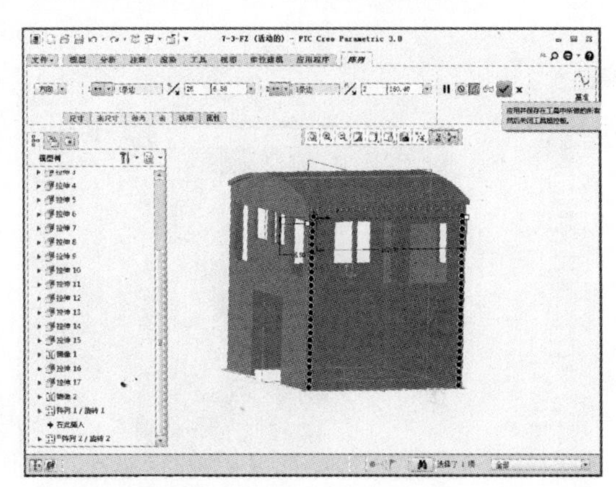

19 完成上述特征操作后在“模型”选项卡中单击【旋转】按钮，如下左图所示。单击【旋转】按钮后系统显示“旋转”选项卡，定义旋转基准面为前面拉伸得到的基准面平面，然后单击【草绘视图】按钮，如下右图所示。

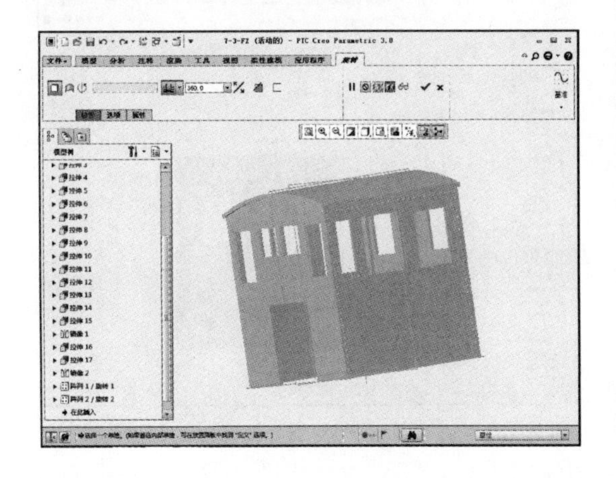

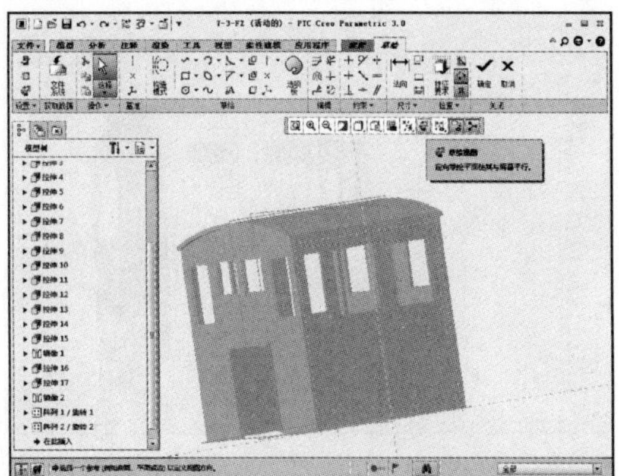

20 在“草绘”选项卡中单击【圆心和点】按钮，如下左图所示。绘制图示半圆，圆心在中心线上，圆直径为 3，如下右图所示。

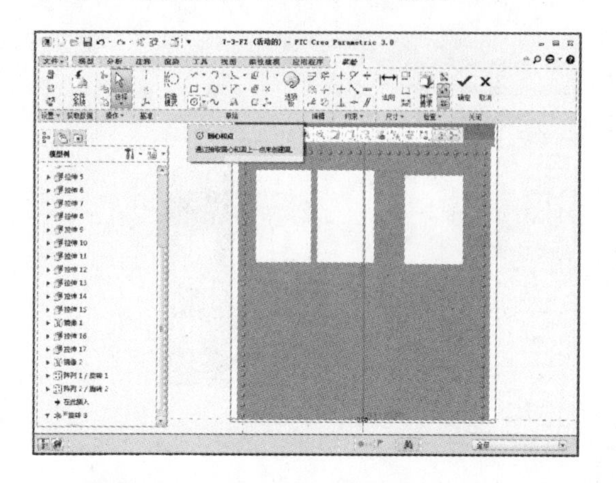

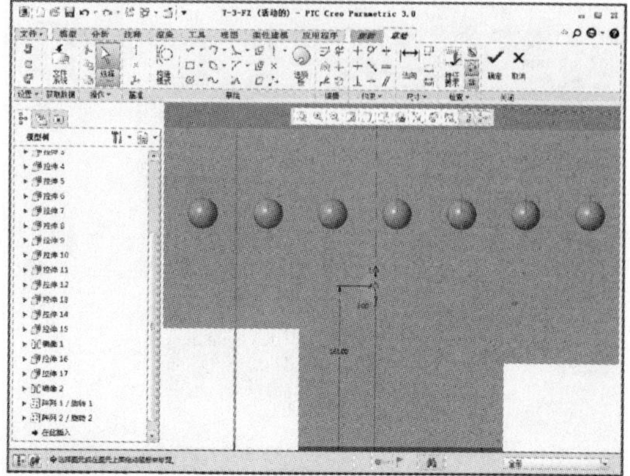

21 草图绘制完成后单击【确定】按钮，进入“旋转”选项卡，设置旋转 180°，如下左图所示。设置完成后单击【确定】按钮，如下右图所示。

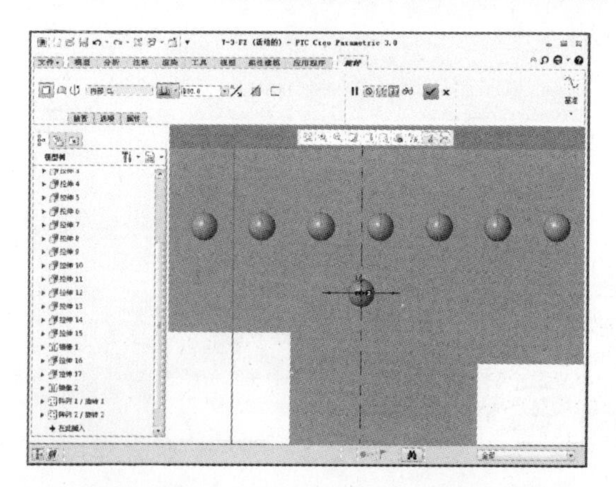

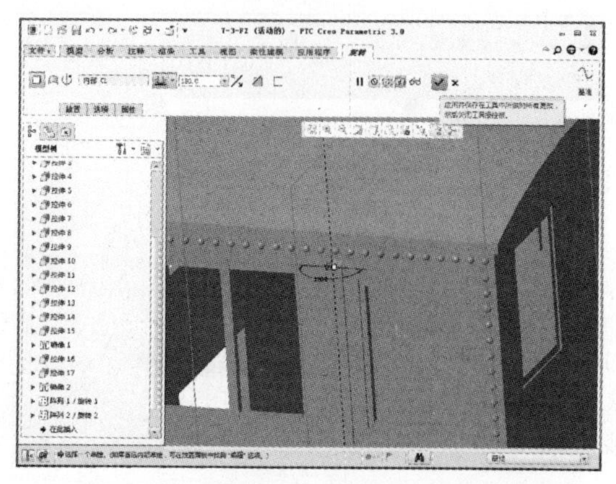

22 完成上述特征操作后在模型树中选中“旋转 3”，然后单击【阵列】按钮，如下左图所示。单击【阵列】按钮后系统显示“阵列”选项卡，如下右图所示。

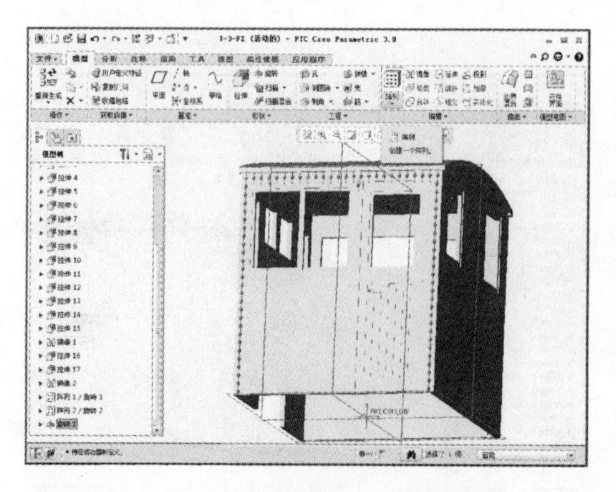

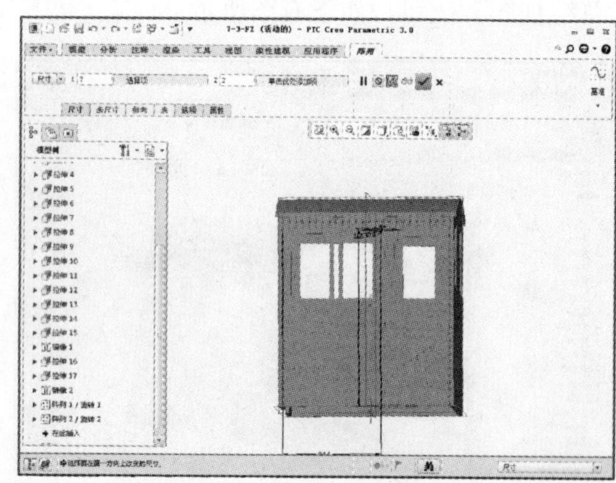

23 设置“方向”阵列，选取竖直方向阵列维数为 26、距离为 6.5，如下左图所示。选取水平方向阵列维数为 2、距离为 47.2，设定完成后单击【确定】按钮，如下右图所示。

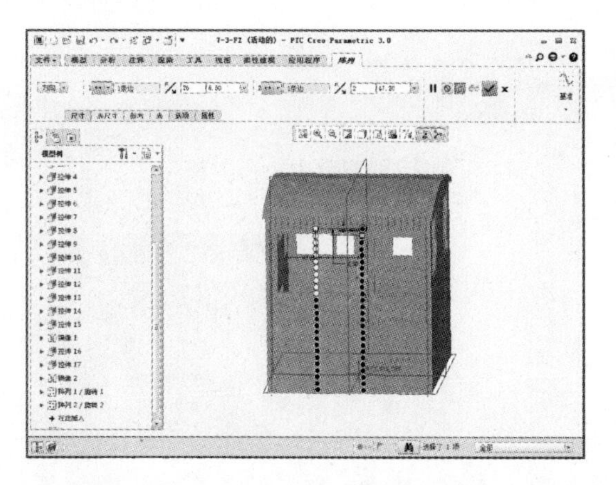

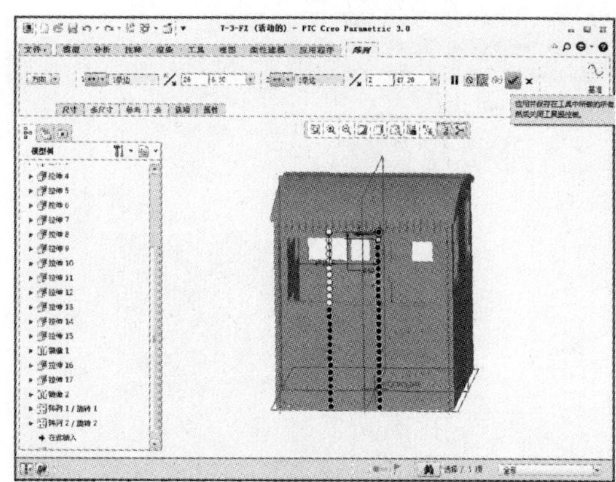

24 完成上述特征操作后在“模型”选项卡中单击【旋转】按钮，如下左图所示。单击【旋转】按钮后系统显示“旋转”选项卡，定义旋转基准面为前面拉伸得到的基准面平面，然后单击【草绘视图】按钮，如下右图所示。

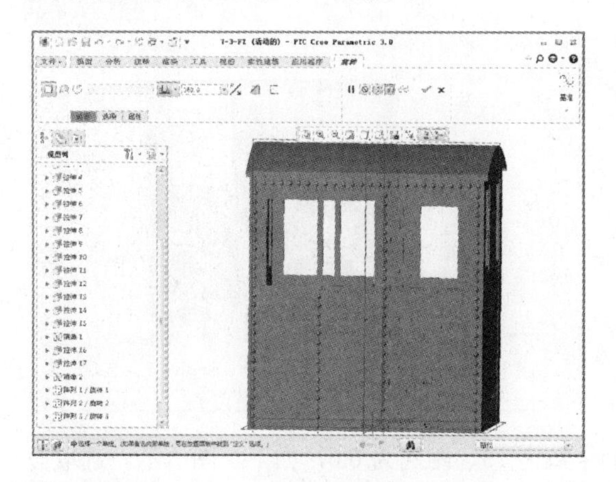

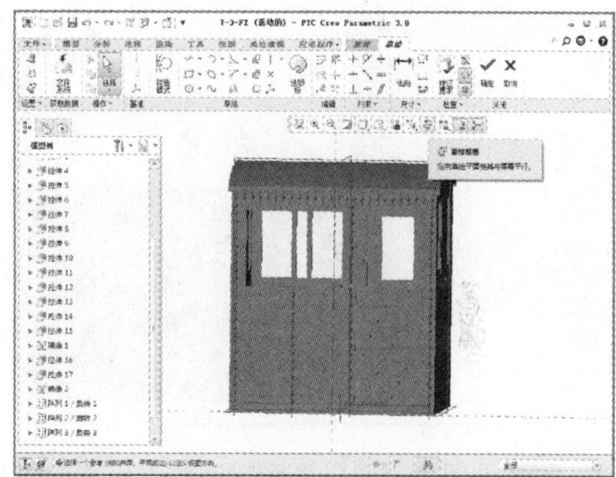

25 在“草绘”选项卡中单击【圆心和点】按钮，如下左图所示。绘制图示半圆，圆心在中心线上，圆直径为 3，如下右图所示。

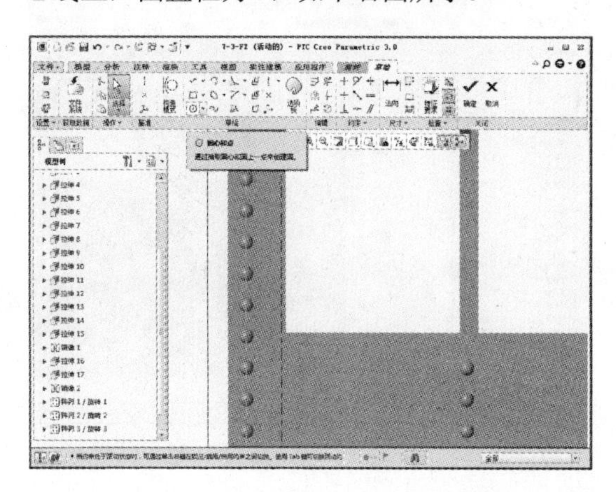

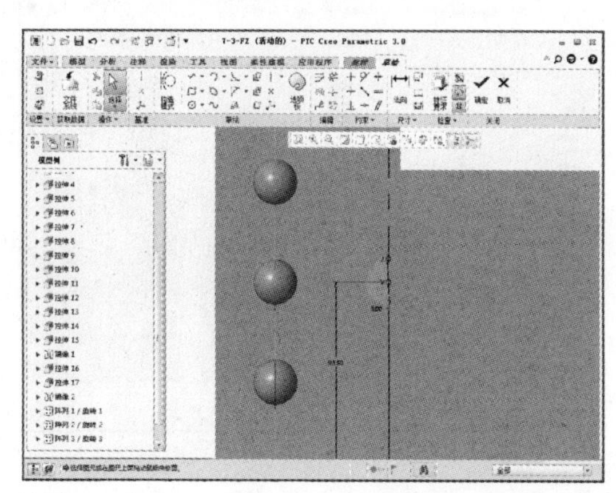

26 草图绘制完成后单击【确定】按钮，进入“旋转”选项卡，设置旋转 180°，如下左图所示。设置完成后单击【确定】按钮，如下右图所示。

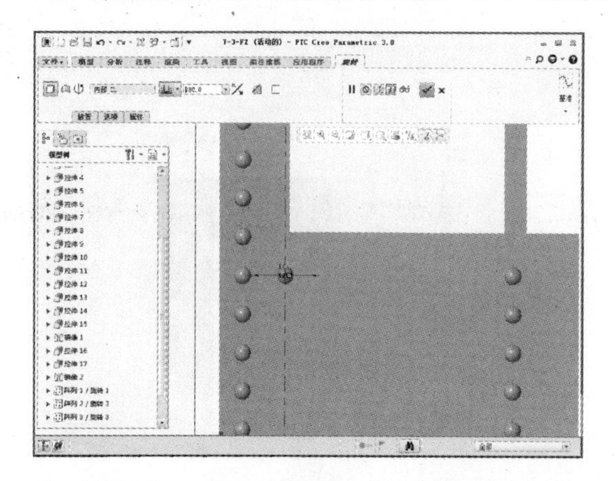
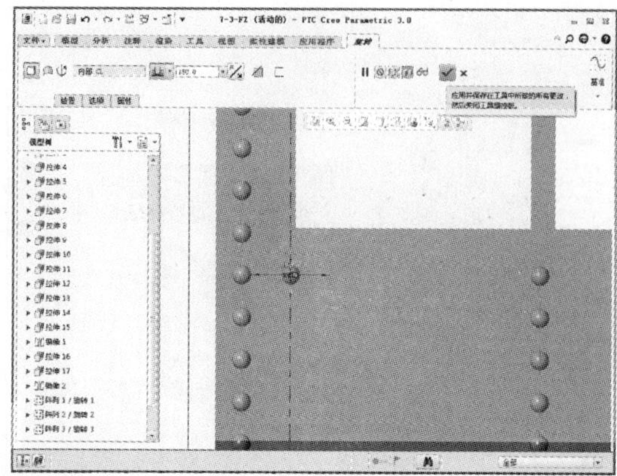

27 完成上述特征操作后在模型树中选中“旋转 4”，然后单击【阵列】按钮，如下左图所示。单击【阵列】按钮后系统显示“阵列”选项卡，如下右图所示。

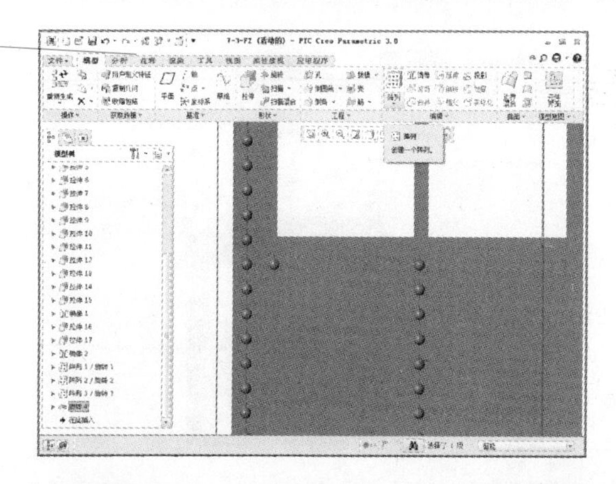
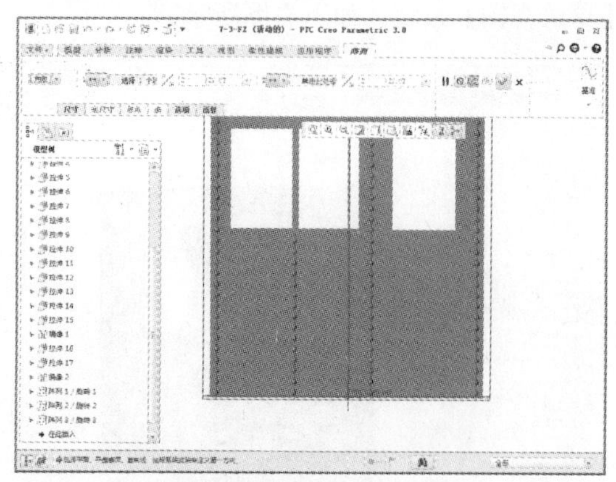

28 设置“方向”阵列，选取水平方向阵列维数为 13、距离为 6.6，如下左图所示。选取竖直方向阵列维数为 2、距离为 91，设定完成后单击【确定】按钮，如下右图所示。

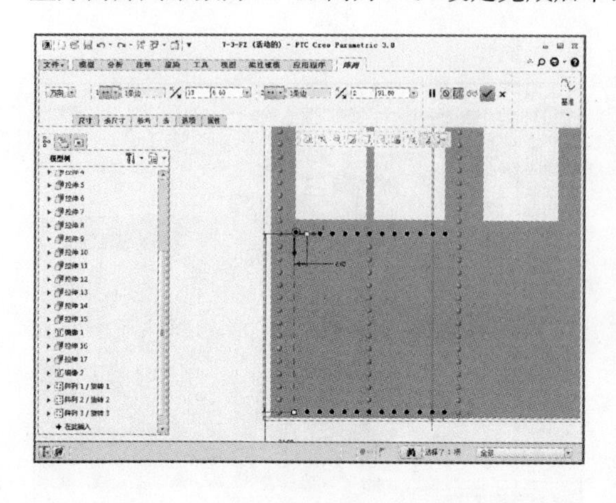
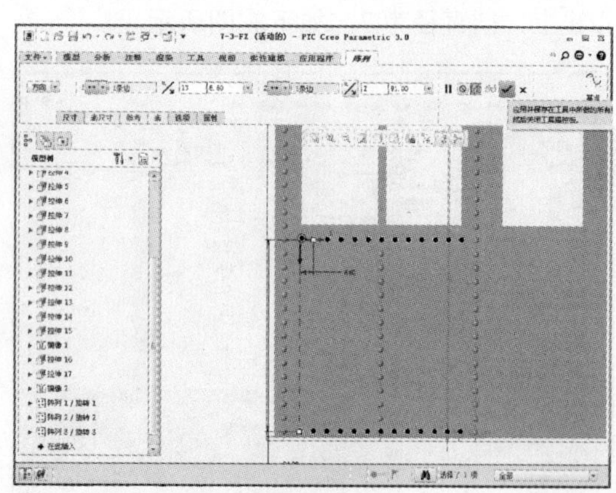

29 完成上述特征操作后在“模型”选项卡中单击【旋转】按钮，如下左图所示。单击【旋转】按钮后系统显示“旋转”选项卡，定义旋转基准面为前面拉伸得到的基准面平面，然后单击【草绘视图】按钮，如下右图所示。

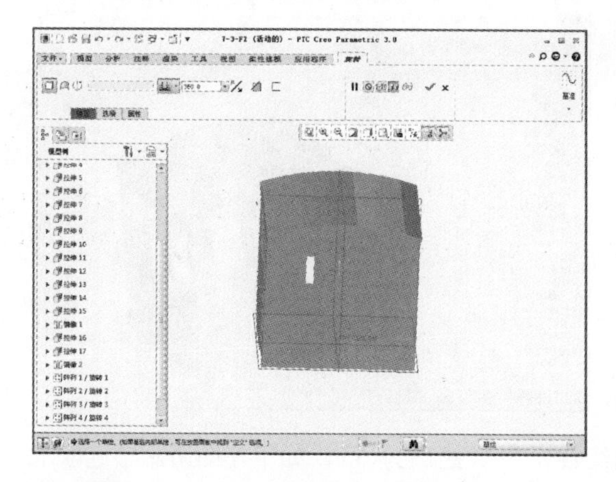

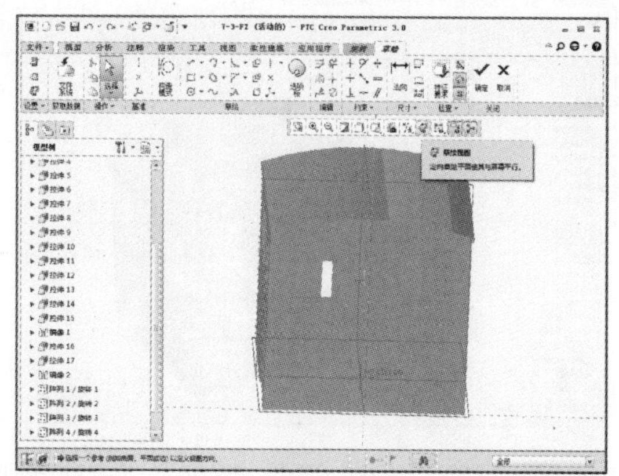

30 在“草绘”选项卡中单击【圆心和点】按钮，如下左图所示。绘制图示半圆，圆心在中心线上，圆直径为 3，如下右图所示。

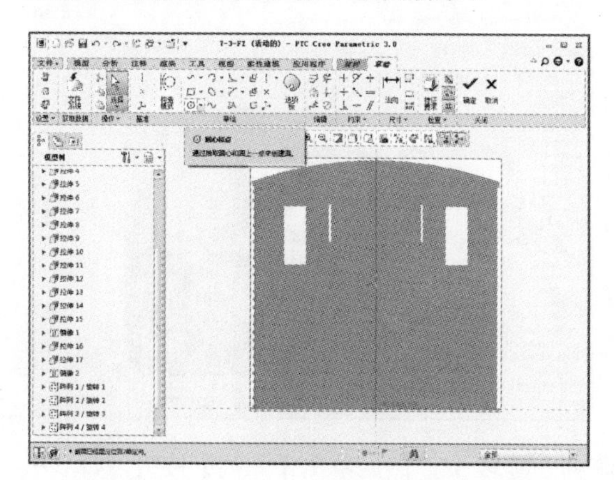

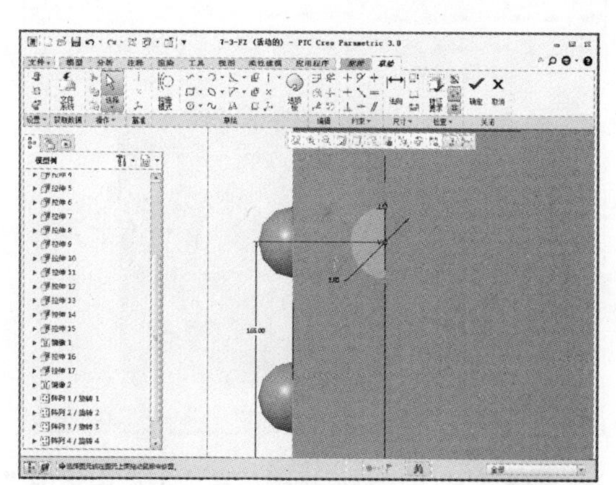

31 草图绘制完成后单击【确定】按钮，进入“旋转”选项卡，设置旋转 180°，如下左图所示。设置完成后单击【确定】按钮，如下右图所示。

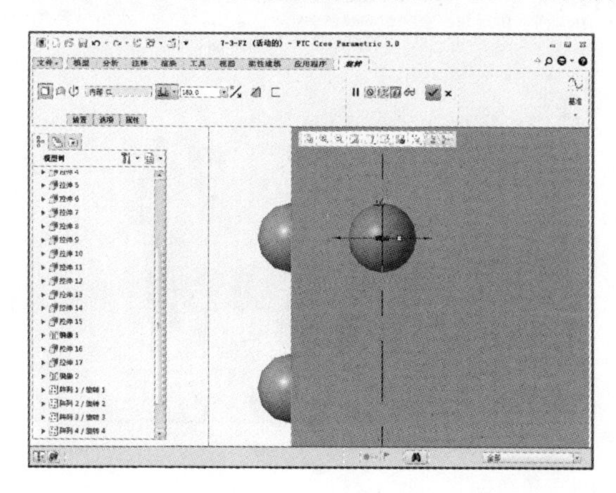

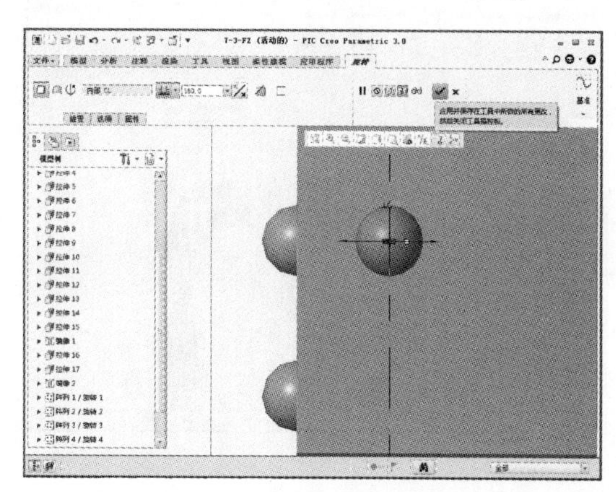

32 完成上述特征操作后在模型树中选中“旋转 5”，然后单击【阵列】按钮，如下左图所示。单击【阵列】按钮后系统显示“阵列”选项卡，如下右图所示。

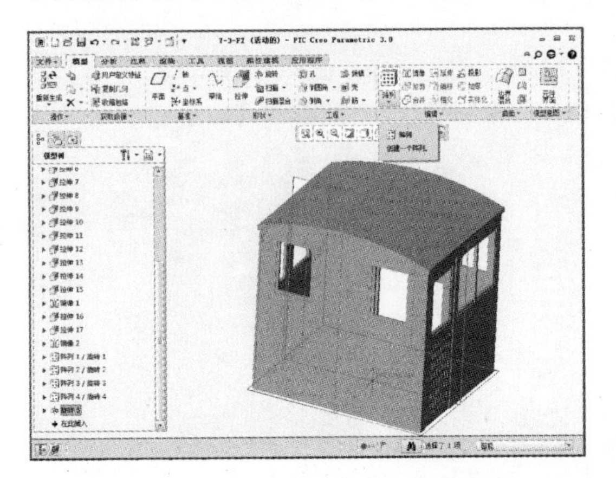
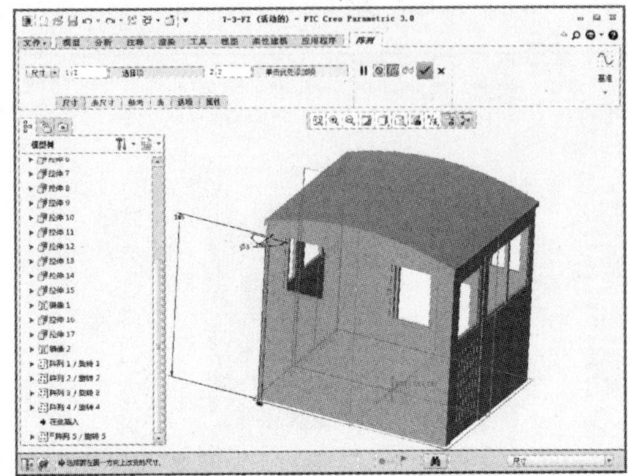

33 设置“方向”阵列，选取竖直方向阵列维数为 26、距离为 6.5，如下左图所示。选取水平方向阵列维数为 2、距离为 64.8，设定完成后单击【确定】按钮，如下右图所示。

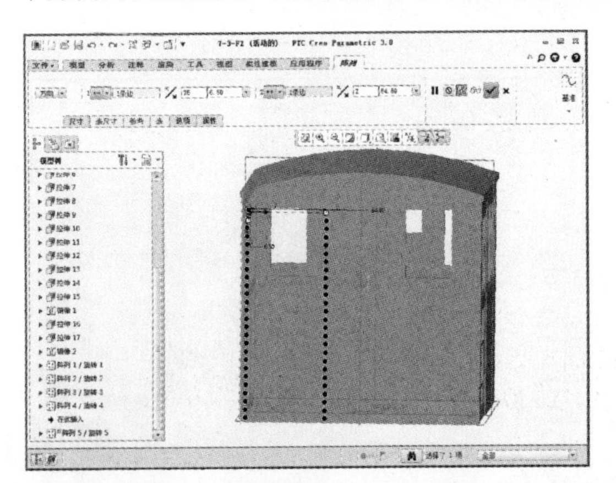
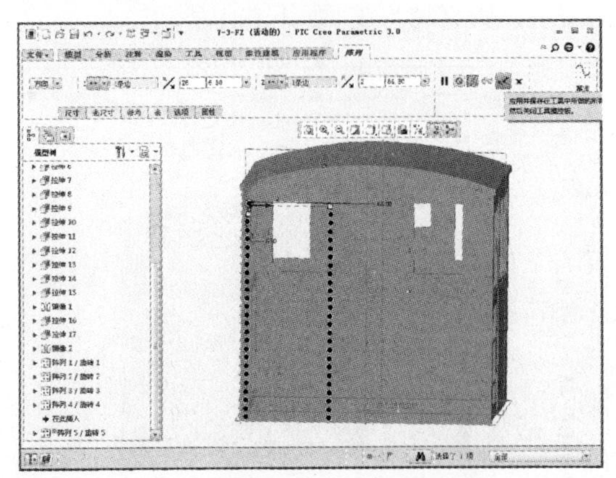

34 完成上述特征操作后在模型树中选中“阵列 5/旋转 5”，然后单击【阵列】按钮，如下左图所示。单击【阵列】按钮后系统显示“阵列”选项卡，如下右图所示。

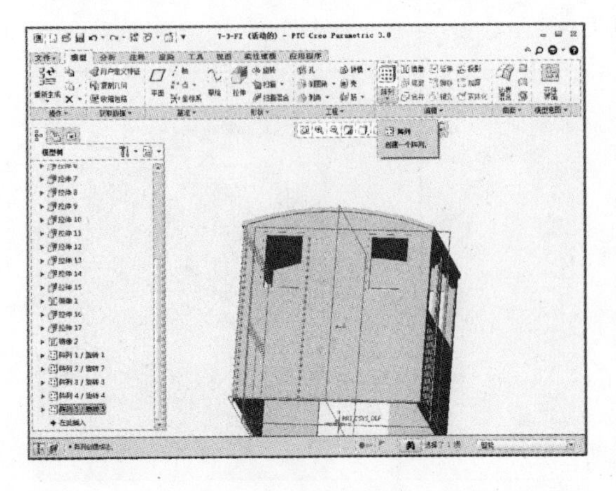
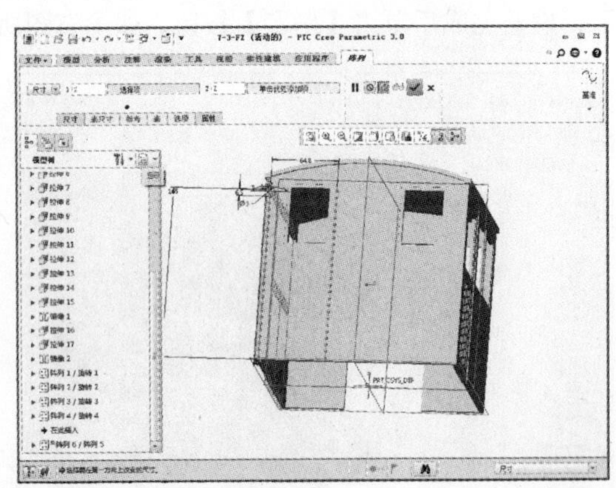

35 设置“方向”阵列，选取水平方向阵列维数为 2、距离为 123.2，如下左图所示。设定完成后单击【确定】按钮，如下右图所示。

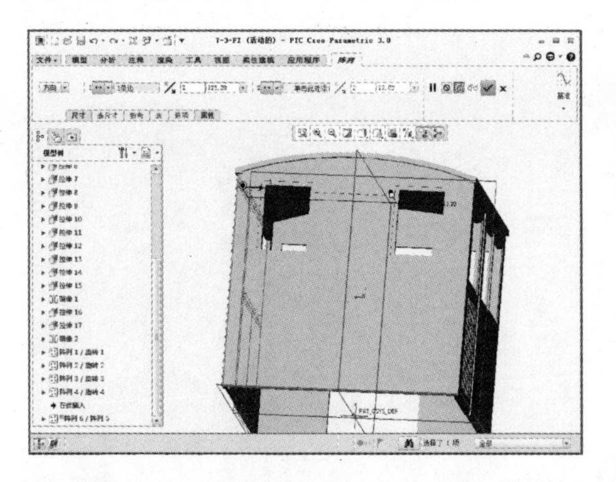

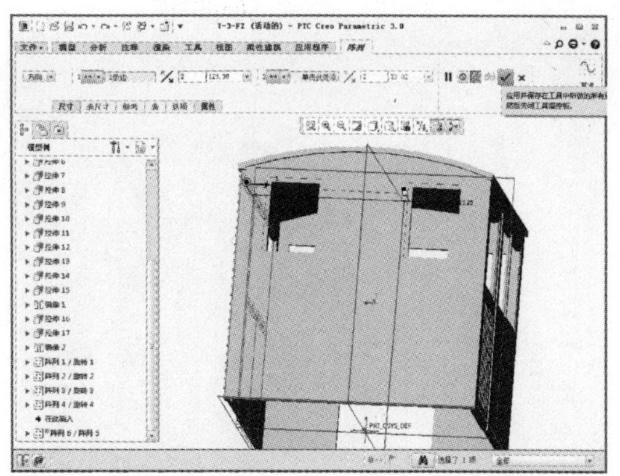

36 完成上述特征操作后在“模型”选项卡中单击【旋转】按钮，如下左图所示。单击【旋转】按钮后系统显示“旋转”选项卡，定义旋转基准面为前面拉伸得到的基准面平面，然后单击【草绘视图】按钮，如下右图所示。

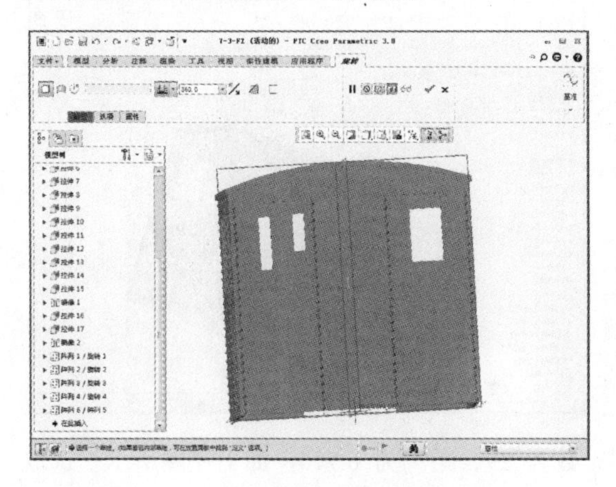

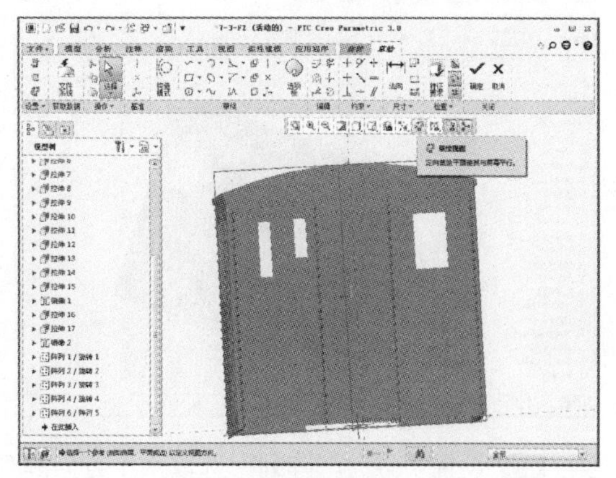

37 在“草绘”选项卡中单击【圆心和点】按钮，如下左图所示。绘制图示半圆，圆心在中心线上，圆直径为 3，如下右图所示。

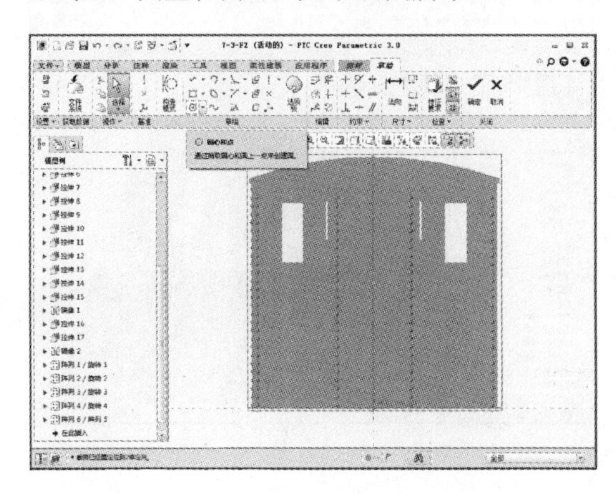

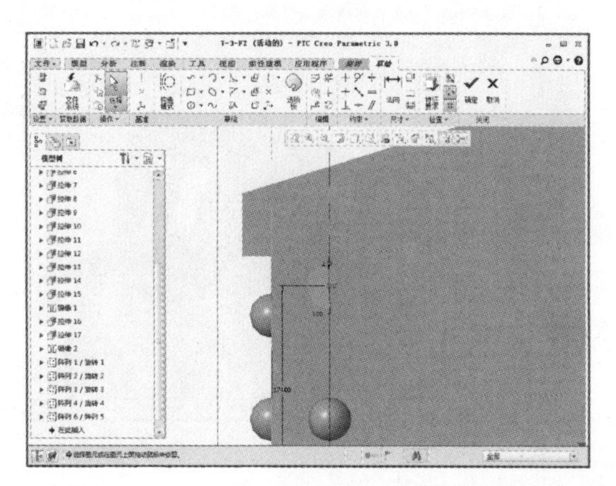

**38** 草图绘制完成后单击【确定】按钮，进入“旋转”选项卡，设置旋转 180°，如下左图所示。设置完成后单击【确定】按钮，如下右图所示。

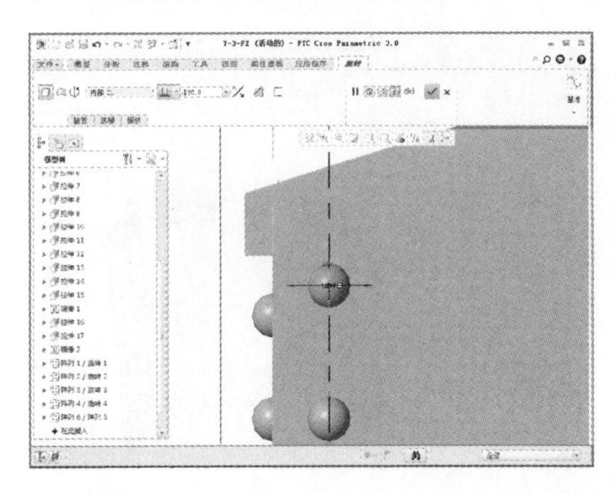
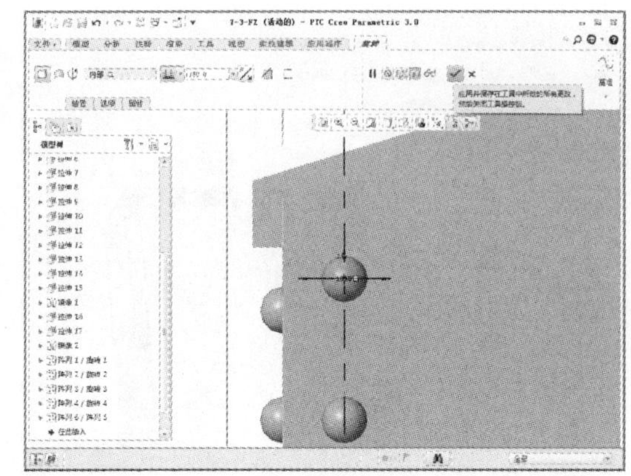

**39** 完成上述特征操作后在模型树中选中“旋转 6”，然后单击【阵列】按钮，如下左图所示。单击【阵列】按钮后系统显示“阵列”选项卡，如下右图所示。

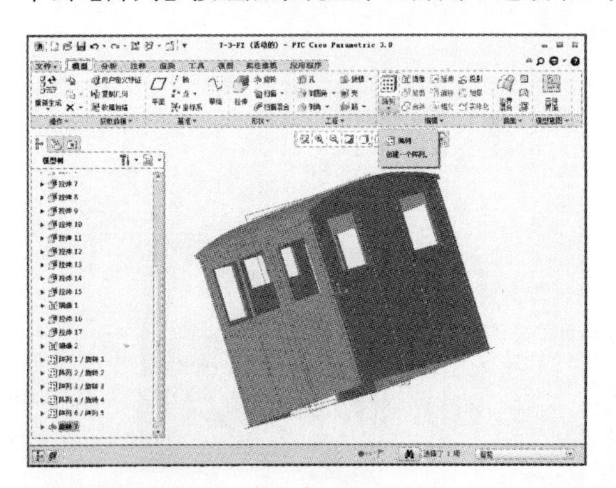
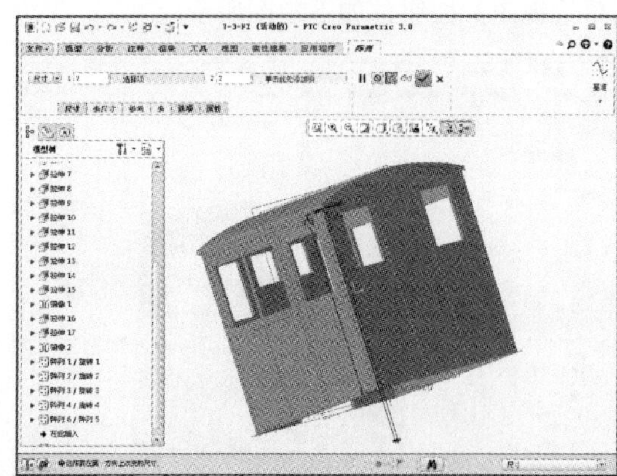

**40** 设置“方向”阵列，选取水平方向阵列维数为 29、距离为 6.714，如下左图所示。选取竖直方向阵列维数为 2、距离为 68，设定完成后单击【确定】按钮，如下右图所示。

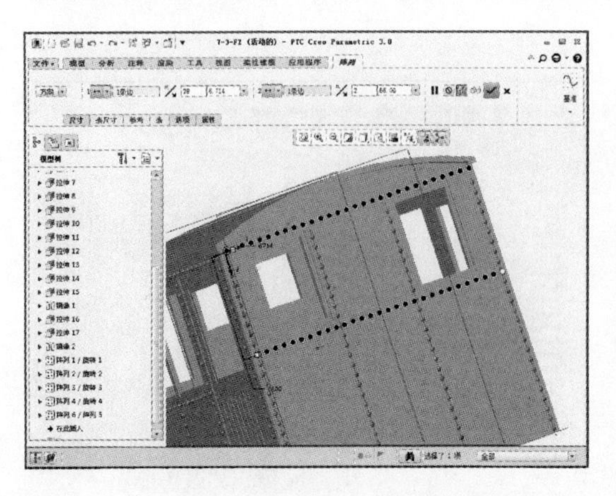
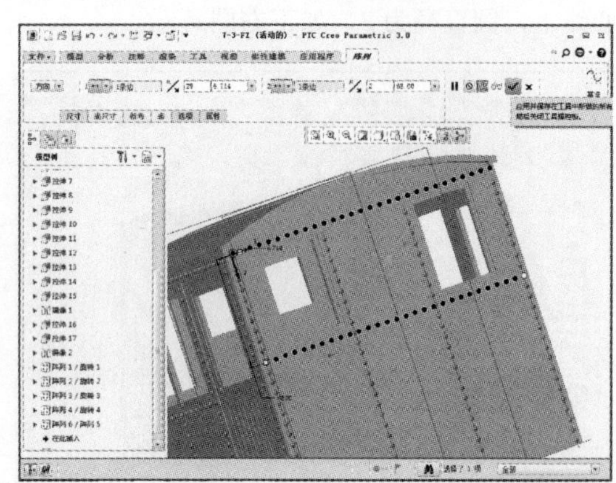

41 完成上述特征操作后在“模型”选项卡中单击【旋转】按钮，如下左图所示。单击【旋转】按钮后系统显示“旋转”选项卡，定义旋转基准面为前面拉伸得到的基准面平面，然后单击【草绘视图】按钮，如下右图所示。

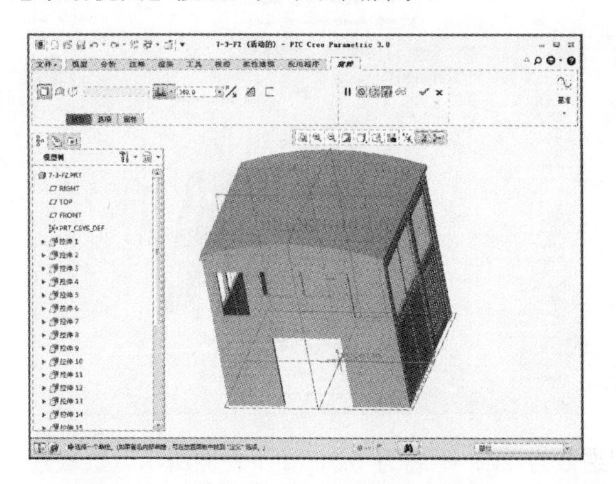

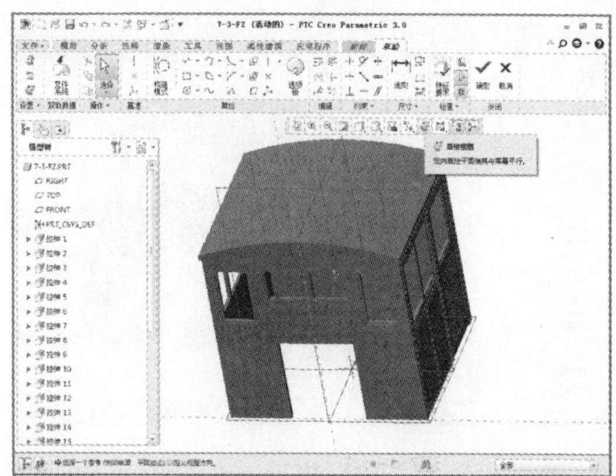

42 在“草绘”选项卡中单击【圆心和点】按钮，如下左图所示。绘制图示半圆，圆心在中心线上，圆直径为 3，如下右图所示。

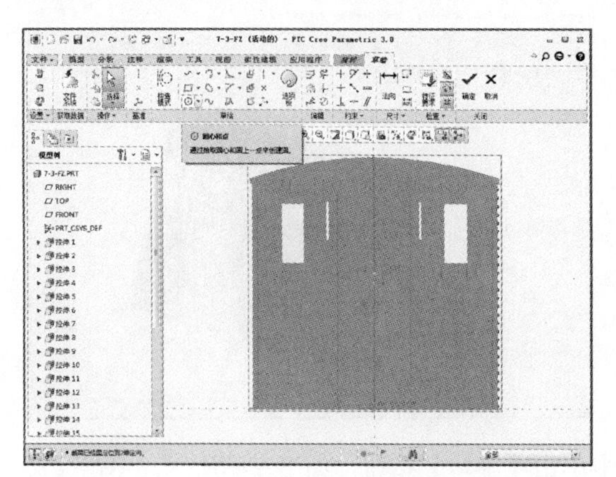

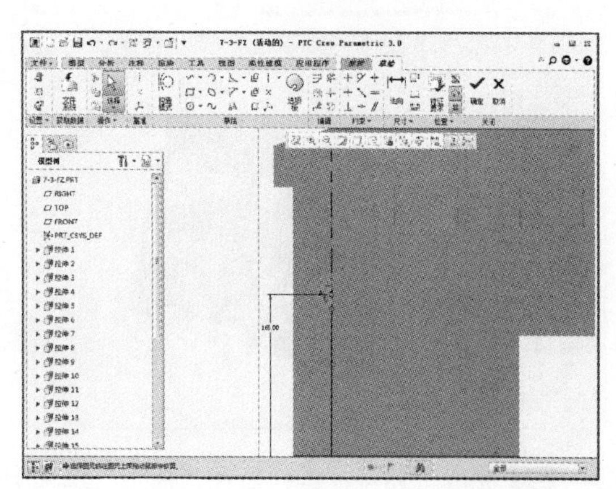

43 草图绘制完成后单击【确定】按钮，进入“旋转”选项卡，设置旋转 180°，如下左图所示。设置完成后单击【确定】按钮，如下右图所示。

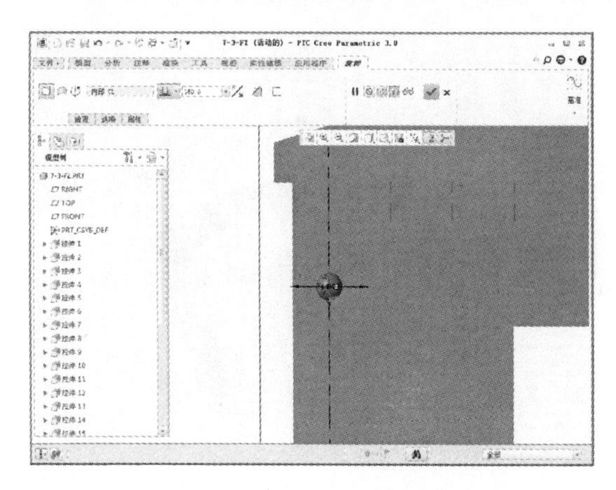

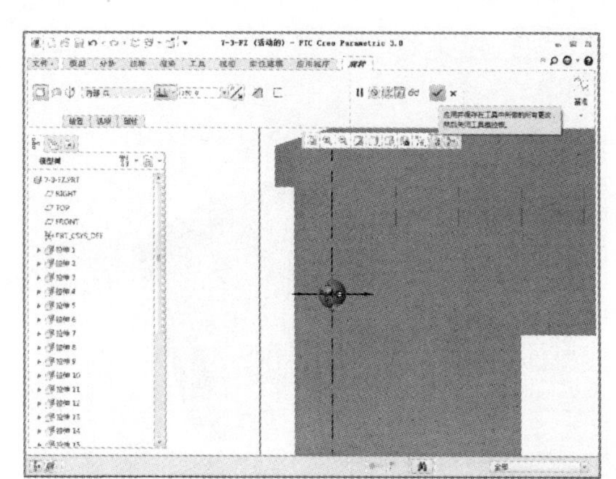

**44** 完成上述特征操作后在模型树中选中“旋转 8”，然后单击【阵列】按钮，如下左图所示。单击【阵列】按钮后系统显示“阵列”选项卡，如下右图所示。

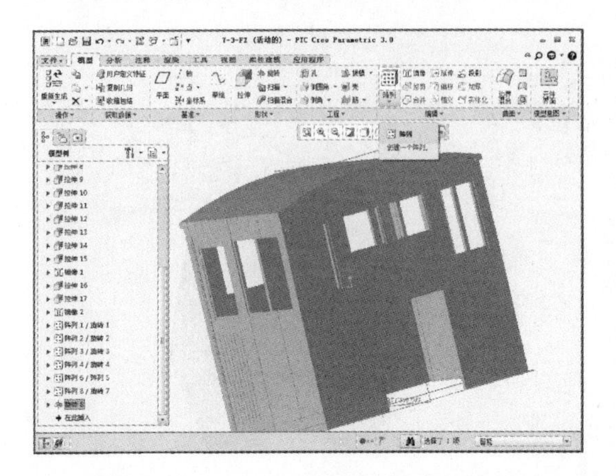

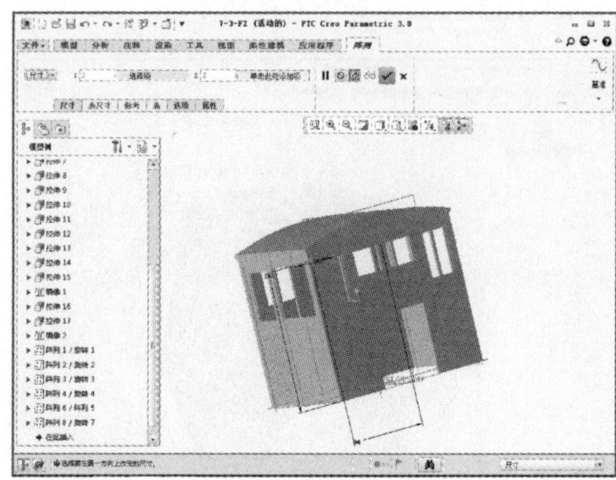

**45** 设置“方向”阵列，选取竖直方向阵列维数为 26、距离为 6.5，如下左图所示。选取水平方向阵列维数为 2、距离为 44.8，设定完成后单击【确定】按钮，如下右图所示。

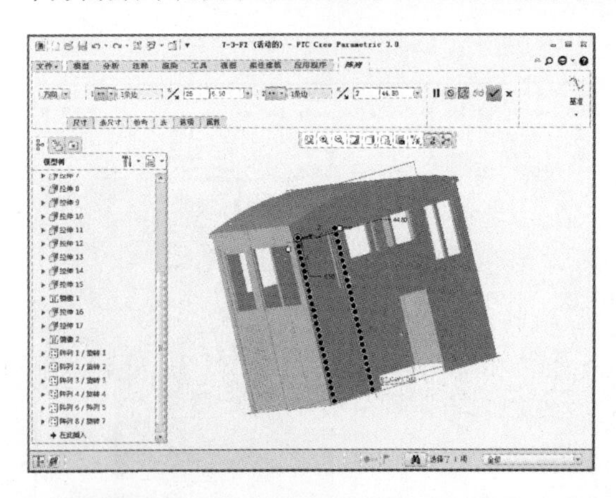

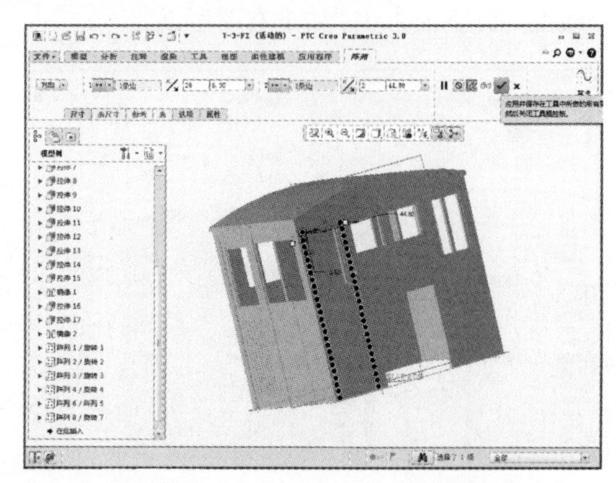

**46** 完成上述特征操作后在“模型”选项卡中单击【旋转】按钮，如下左图所示。单击【旋转】按钮后系统显示“旋转”选项卡，定义旋转基准面为前面拉伸得到的基准面平面，然后单击【草绘视图】按钮，如下右图所示。

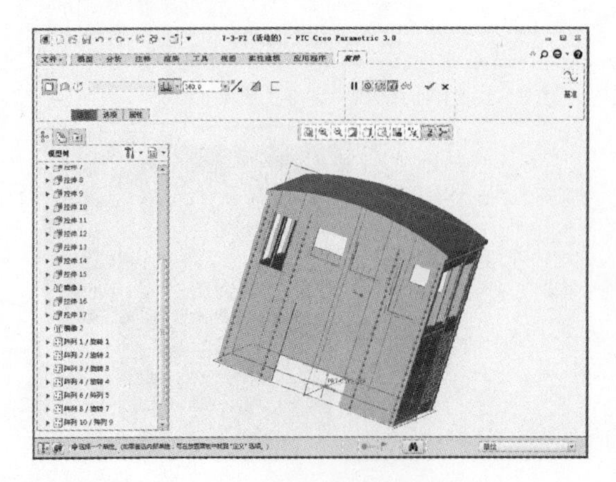

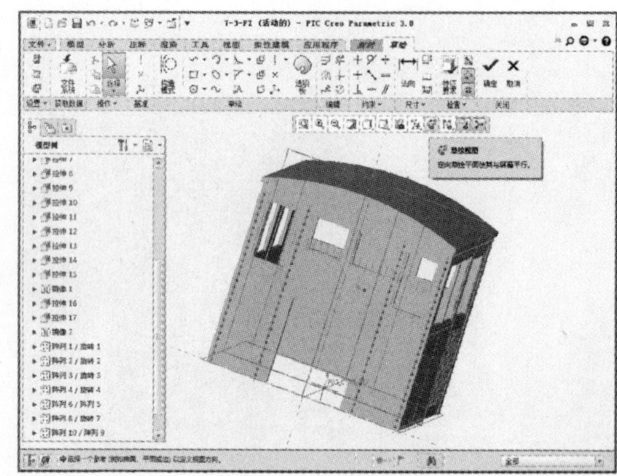

**47** 在“草绘”选项卡中单击【圆心和点】按钮，如下左图所示。绘制图示半圆，圆心在中心线上，圆直径为 3，如下右图所示。

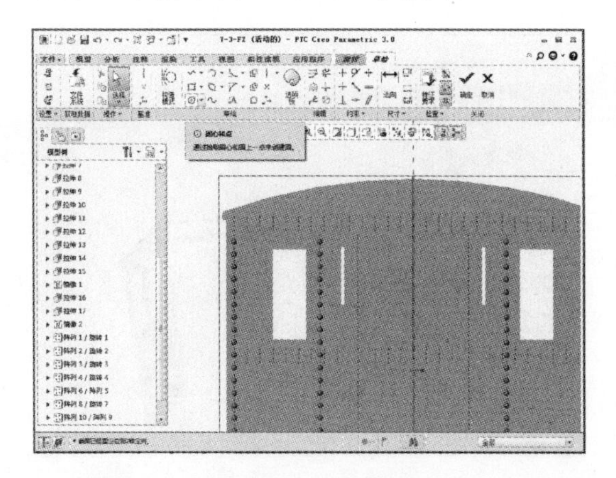

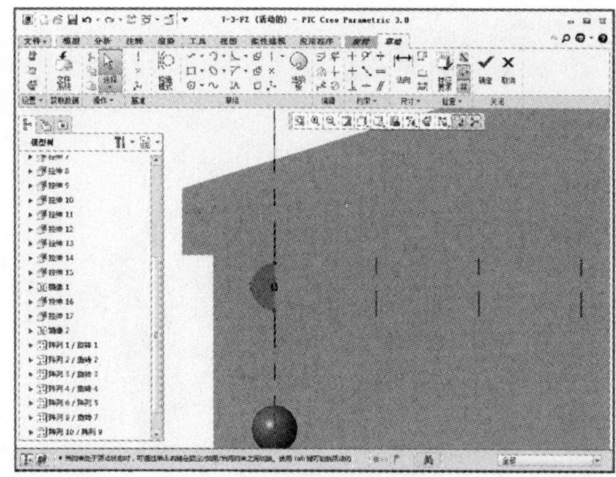

**48** 草图绘制完成后单击【确定】按钮，进入“旋转”选项卡，设置旋转 180°，如下左图所示。设置完成后单击【确定】按钮，如下右图所示。

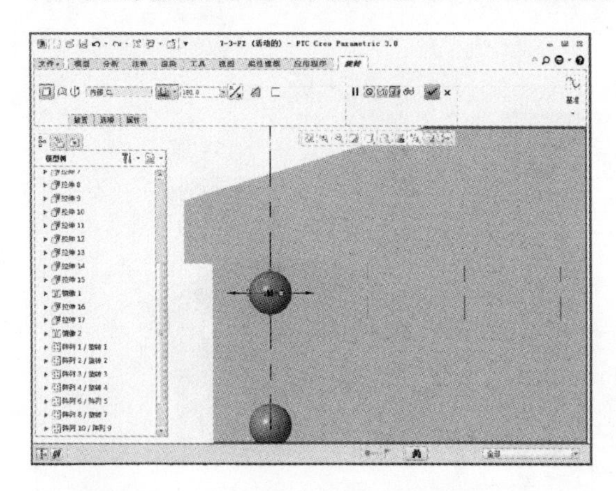

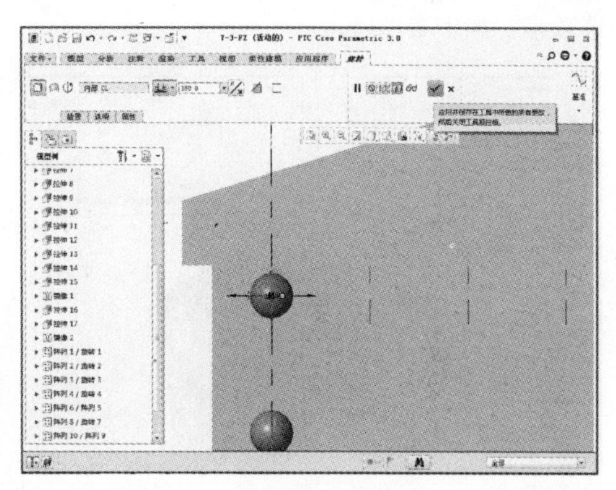

**49** 完成上述特征操作后在模型树中选中“旋转 1”，然后单击【阵列】按钮，如下左图所示。单击【阵列】按钮后系统显示“阵列”选项卡，如下右图所示。

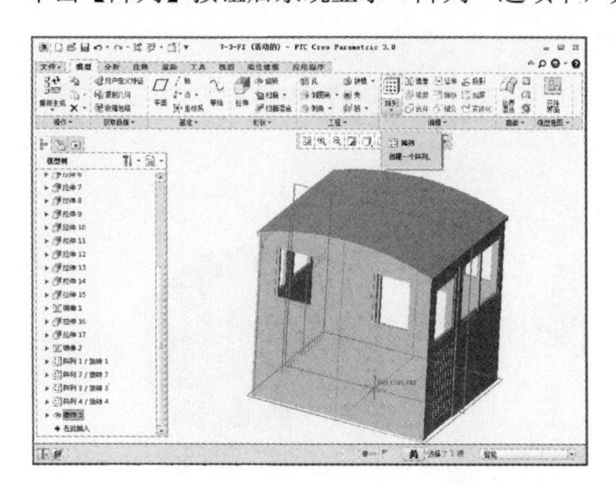

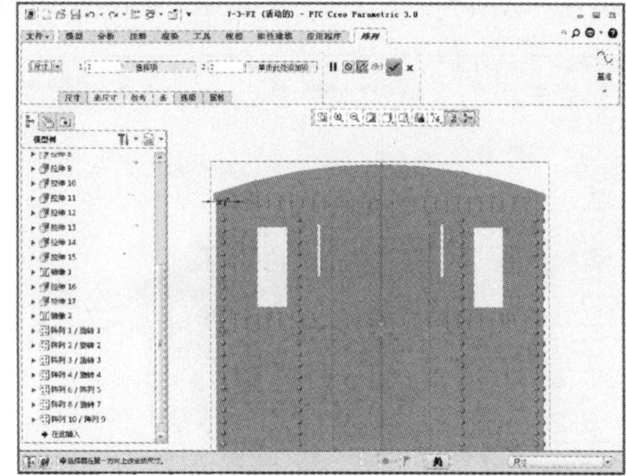

50 设置“方向”阵列，选取水平方向阵列维数为 29、距离为 6.714，如下左图所示。设定完成后单击【确定】按钮，如下右图所示。

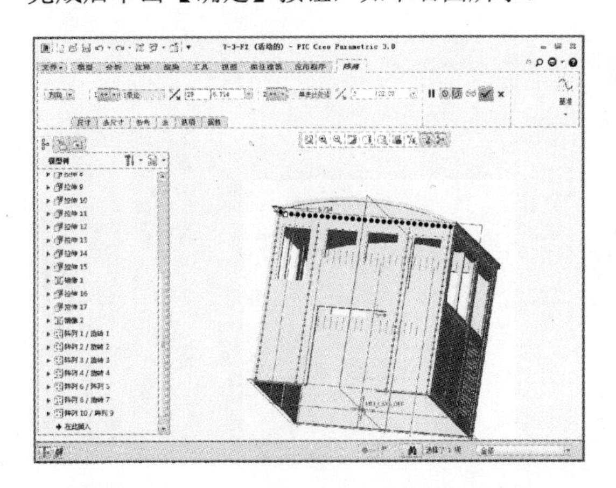
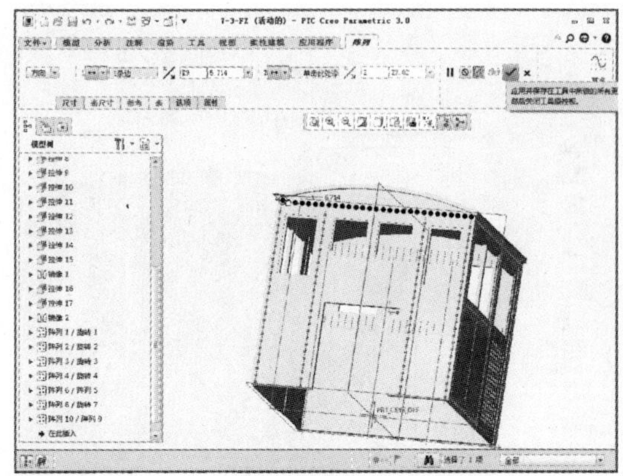

51 完成上述特征操作后在模型树中选中“阵列 1/旋转 1”“阵列 2/旋转 2”“阵列 3/旋转 3”“阵列 4/旋转 4”，然后单击【镜像】按钮，如下左图所示。单击【镜像】按钮后系统显示“镜像”选项卡，如下右图所示。

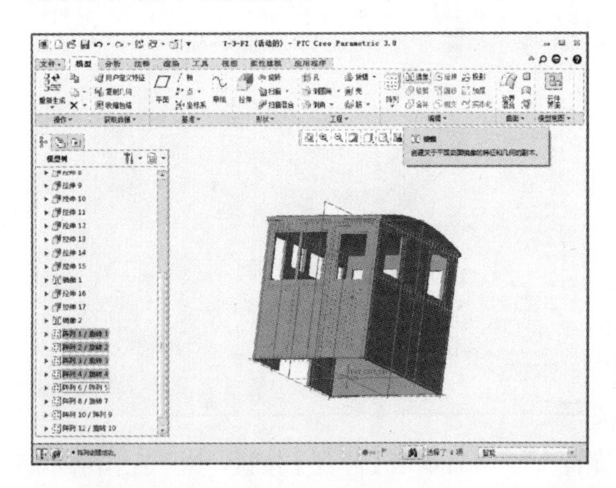
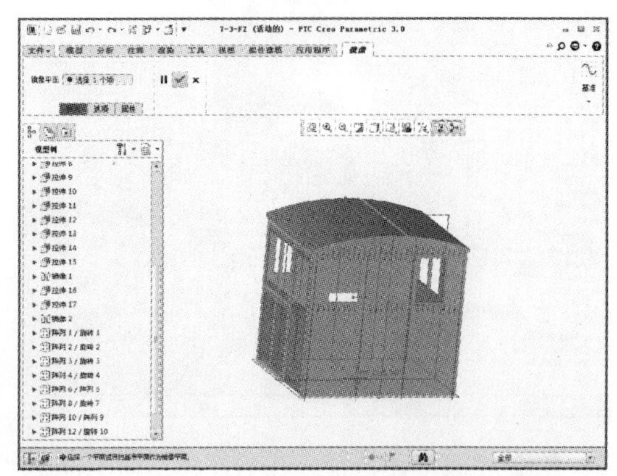

52 在模型树中选取 RIGHT 基准平面作为特征镜像平面，如下左图所示。设定完成后单击“镜像”选项卡中的【确定】按钮，如下右图所示。

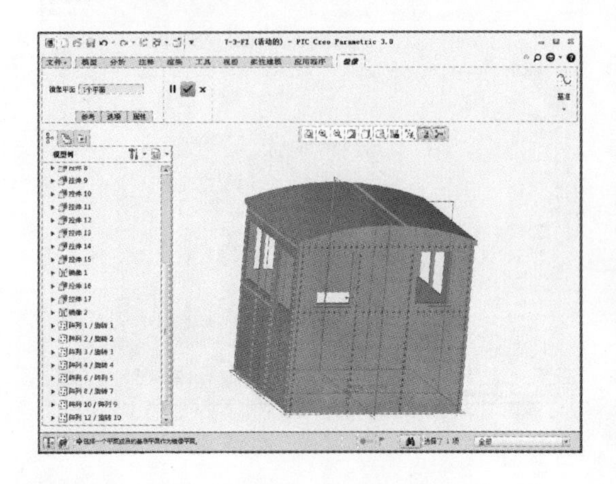
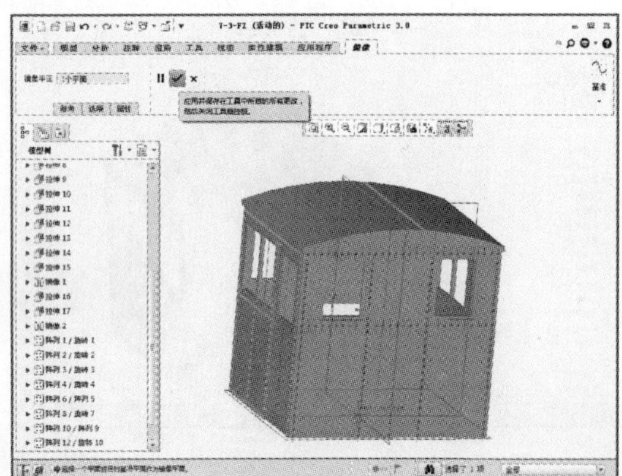

最终结果如下图所示。

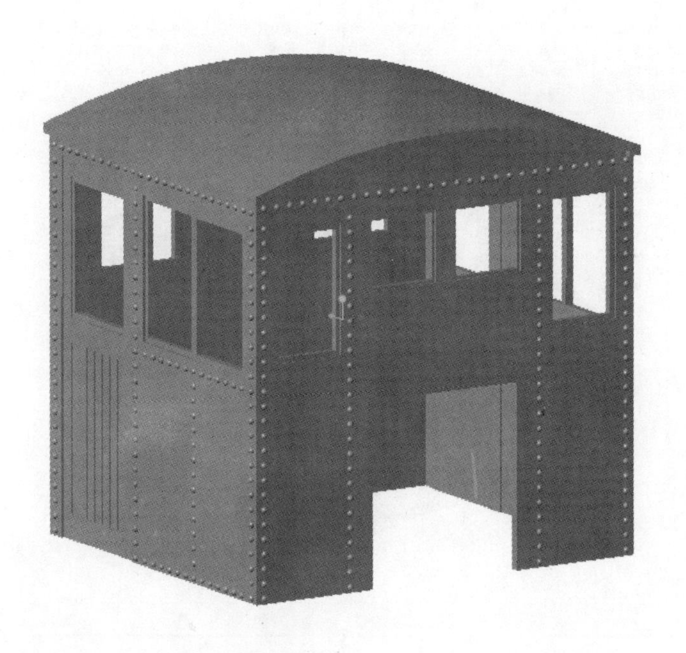

## 7.3.2 输出玩具火车车厢模型

下面输出模型，将 PRT 格式的模型输出为 STL 格式。

（1）选择模型，执行“文件>另存为>保存副本”命令，弹出“保存副本”对话框，将文件命名为“7-3-fz”，类型设定为“*.stl”，如下图所示。

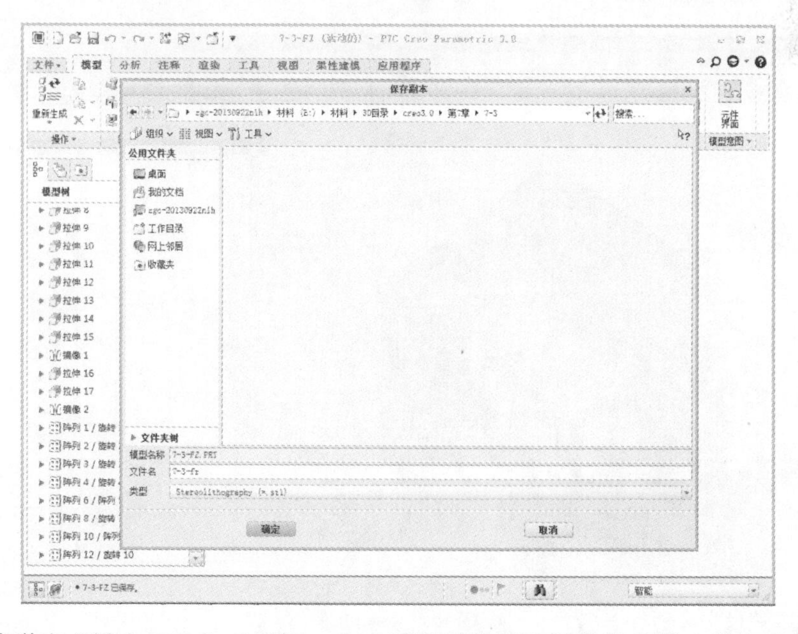


（2）系统弹出“导出 STL”对话框，此时采用系统默认提供的参数，单击【确定】按钮，如下图所示。

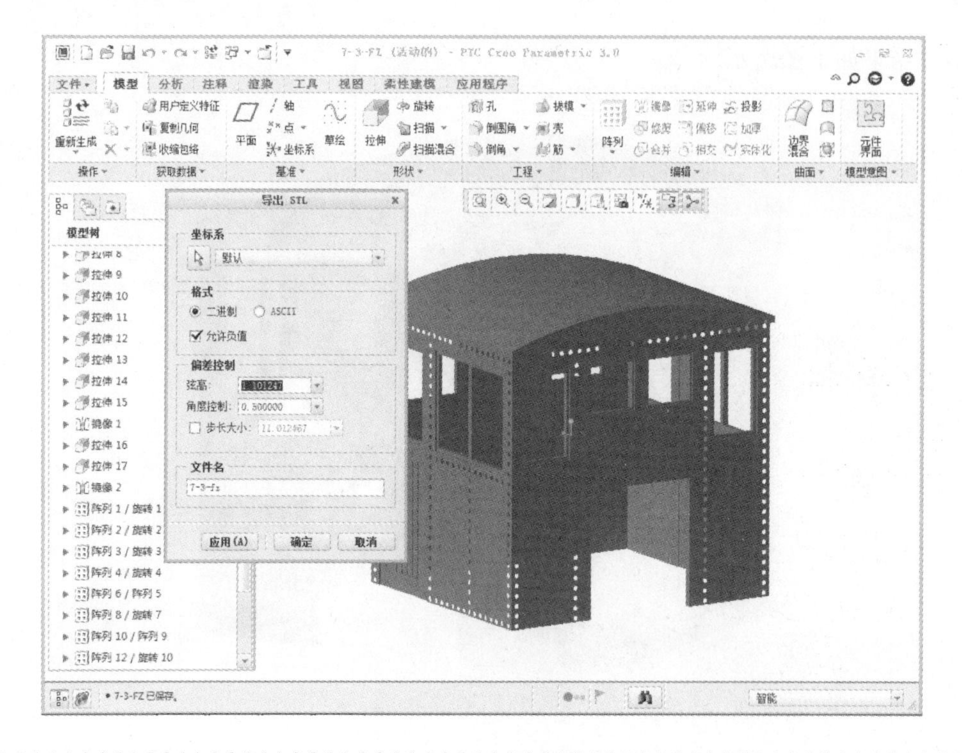


## 7.3.3 检查并修复 STL 模型的破损区域

下面在 netfabb 中再次检查 STL 模型，用简单修复功能进行破损面的缝补。

（1）打开 netfabb 软件，然后打开 STL 文件，在视图中可以看到模型出现了⚠标志，如图所示。这说明该模型无法打印，需要修复。

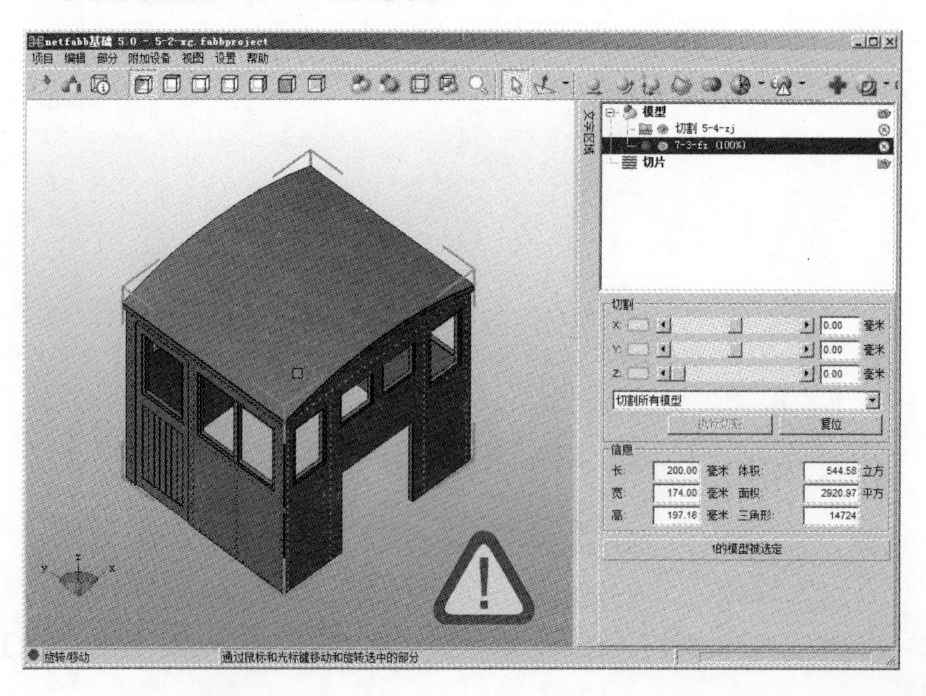

（2）单击工具栏上的按钮，打开修复列表，如图所示。此时模型变成了蓝色，可以看到黄色区域显示了出错的位置。

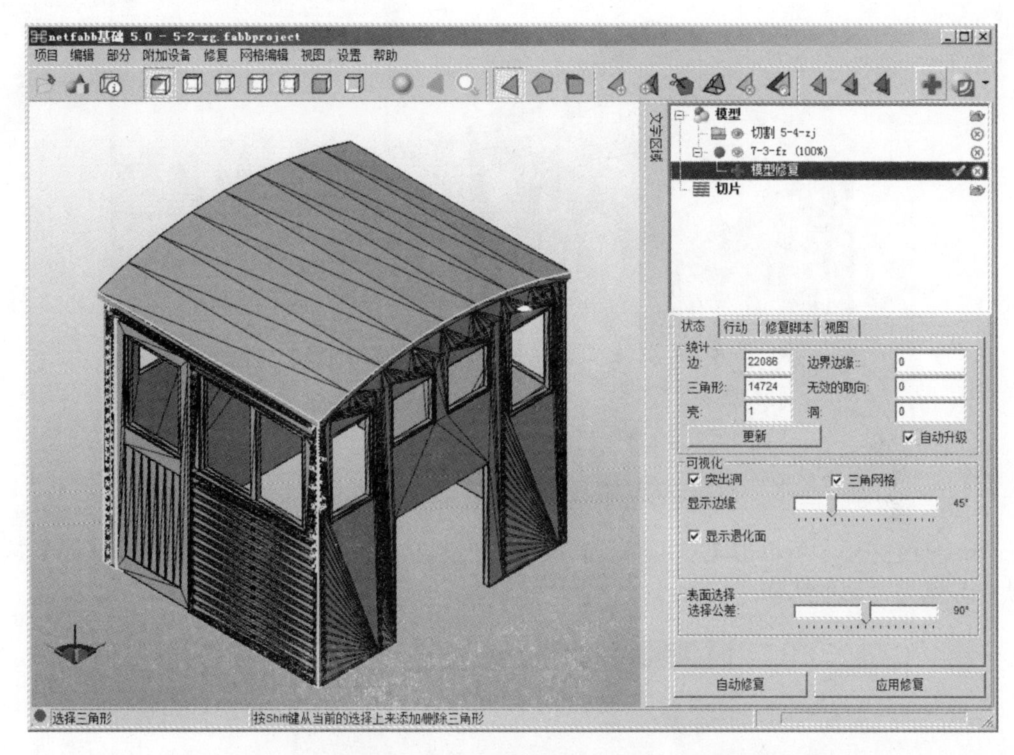


（3）单击“行动”选项卡中的【关闭所有的洞】按钮，然后根据模型错误面的实际情况单击按钮选择出错的表面，最后单击下方的【缝合三角形】等按钮进行简单修复。

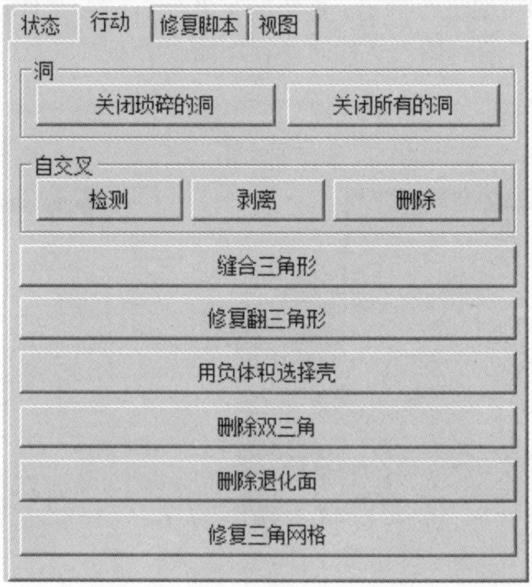

状态 | 行动 | 修复脚本 | 视图

洞

关闭琐碎的洞　关闭所有的洞

自交叉

检测　剥离　删除

缝合三角形

修复翻三角形

用负体积选择壳

删除双三角

删除退化面

修复三角网格

（4）系统经过计算，模型修复完毕，黄色错误提示消失，说明模型没有问题了，如图所示。

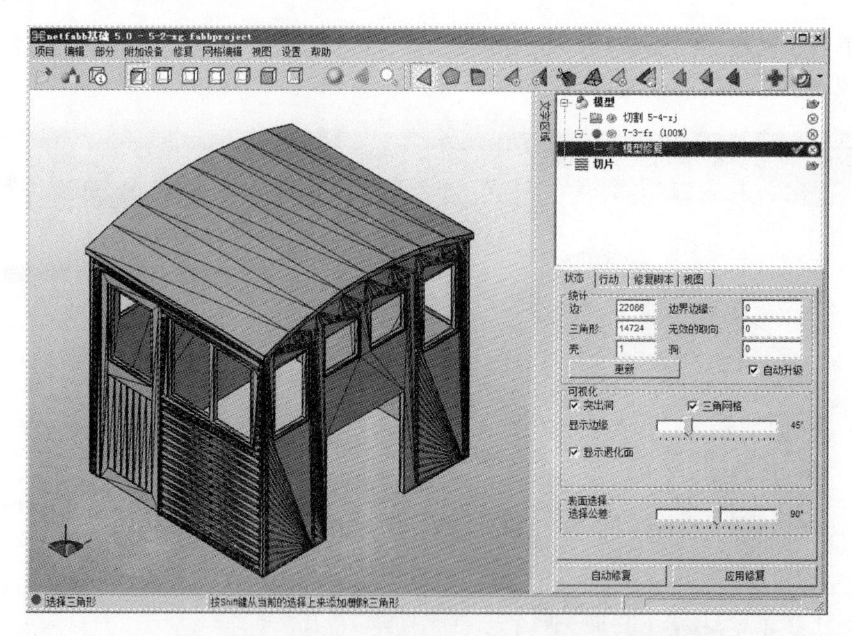

（5）修复完毕之后单击【应用修复】按钮，在弹出的“信息”对话框中单击【是】按钮确认修复结果，如图所示。

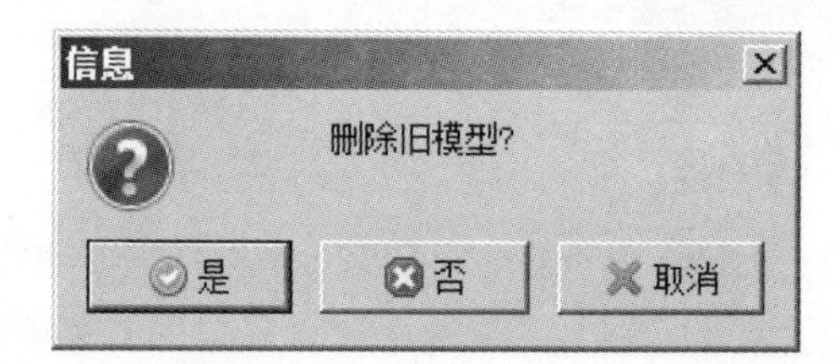


（6）下面将修复好的模型进行输出，重新保存为一个 STL 文件。执行菜单栏中的“部分>输出零件>为 STL”命令，然后输入文件名保存，如图所示。

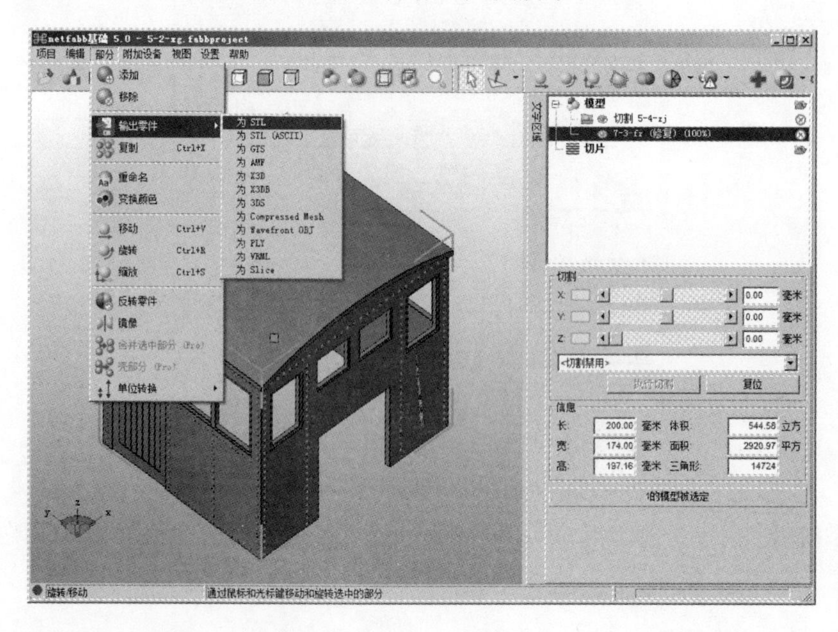

## 7.3.4 打印模型时的支撑设置

下面打印模型，模型的尺寸已经在建模期间设置好了，输出 STL 格式后，打印机就会按照既定的尺寸进行打印。这次我们使用 ABS 塑料作为打印材料。

（1）首先进行支撑设置，执行菜单栏中的“3D 打印>设置”命令，弹出“设置”对话框，如图所示。

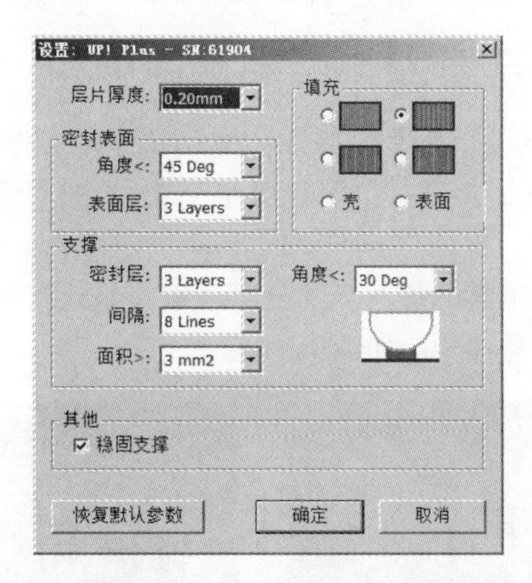


（2）设置支撑材料为“壳”，该模式有助于提升中空模型的打印效率。如仅需将打印模型作为概览，请选择该模式。模型在打印过程中将不会产生内部填充。

提示

如果仅需打印模型轮廓且不封口，只需选择“表面”模式即可。该模式仅打印模型的一层表面，且模型上部与下部不会封口。该模式在一定程度上可以提高模型的表面质量。

（3）设置“密封层”为 3 Layers。该选项可避免模型主材料凹陷入支撑网格内，在贴近主材料被支撑的部分要做数层密封层，而具体层数可在支撑密封层选项内进行选择（可选范围为 2～6 层，系统默认为 3 层），支撑间隔的取值越大，密封层数的取值越大。

（4）设置“角度”为 30°，这是设置使用支撑材料时的角度。例如设置成 10°，在表面和水平面的成型角度大于 10° 的时候支撑材料才会被使用，如果设置成 50°，在表面和水平面的成型角度大于 50° 的时候支撑材料才会被使用。

（5）校准喷头高度并进行预热，最后打印模型，如图所示为打印出来的模型。

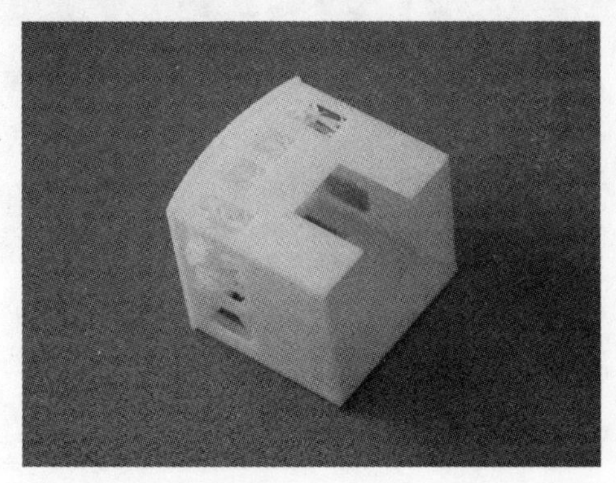

## 7.3.5 移除玩具火车车厢模型

建议在撤出模型之前先撤下打印平台，如果不这样做，很可能使整个平台弯曲，导致喷头和打印平台的角度改变。

（1）当模型完成打印时，打印机会发出蜂鸣声，喷嘴和打印平台会停止加热。

（2）把铲刀慢慢地滑动到模型下面，来回撬松模型，切记在撬模型时要防止烫伤。

## 7.3.6 移除玩具火车车厢模型的支撑材料

模型由两部分组成，一部分是模型本身，另一部分是支撑材料。支撑材料和模型主材料的物理性能是一样的，只是支撑材料的密度小于主材料，所以很容易从主材料上移除支撑材料。

支撑材料可以使用多种工具拆除，一部分可以很容易地用手拆除，越接近模型的支撑，使用钢丝钳或者尖嘴钳越容易移除，如图所示。

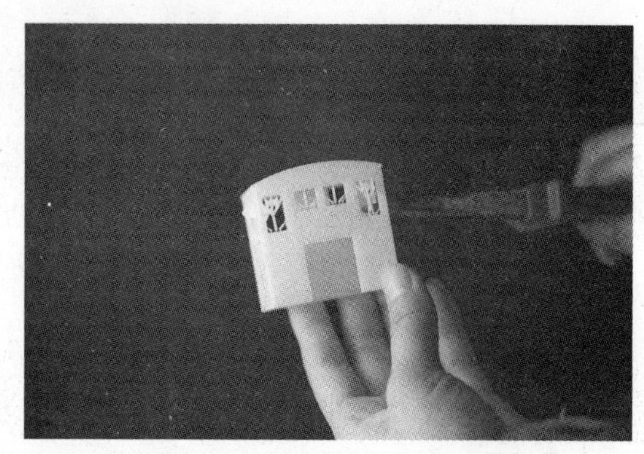

注意

（1）在移除支撑时一定要佩戴防护眼罩，尤其是在移除 PLA 材料时。

（2）支撑材料和工具都很锋利，在从打印机上移除模型时请注意防护。

### 打印效果展示

# 7.4 椅子

## 椅子的设计草图

1. 先绘制出椅子的大概轮廓。
2. 然后添加椅子的特点。
3. 擦掉多余的线条，用圆滑的线条完整地勾勒出椅子的线稿图。
4. 给椅子上色。

椅子的腿部透视要画准确。

本节介绍利用拉伸、旋转、扫描等命令制作椅子模型的方法。在建模过程中采用先主后次的方式进行，首先创建椅子模型的主要特征，然后创建椅子模型的次要特征，最后完成对椅子模型的修饰。本节的草图绘制简单，但操作过程有些繁琐，请耐心按照教程绘制。本例参考图如下图所示。

## 7.4.1 操作步骤详解

### STEP01 新建零件主体

➤01 在计算机上打开 PTC Creo Parametric 3.0 软件，出现其界面，如下左图所示。然后单击【新建】按钮，如下右图所示。

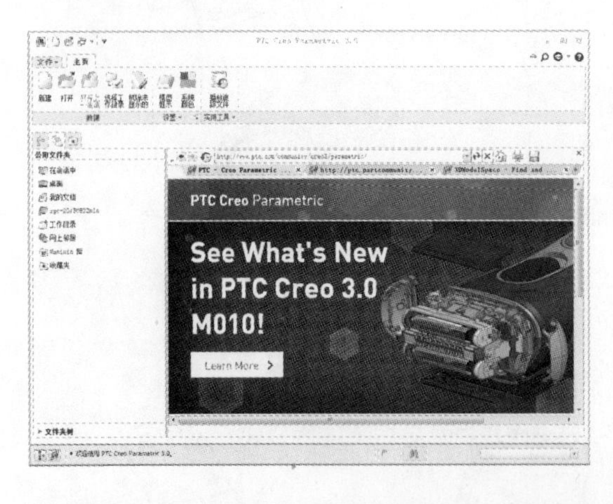


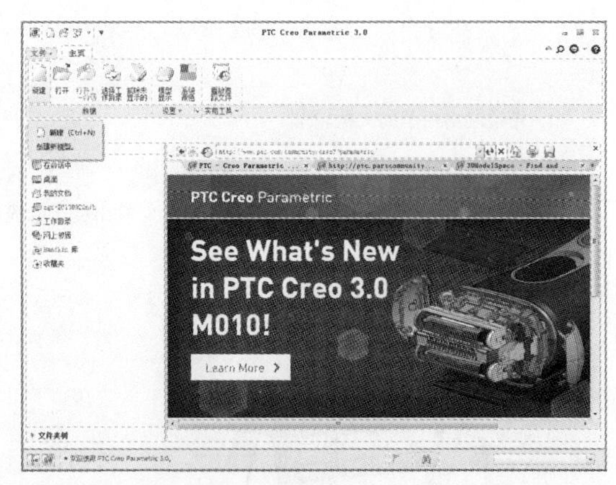


➤02 单击【新建】按钮后弹出“新建”对话框，类型选择“零件”、子类型选择“实体”，将文件名更改为“7-4-yz”，不选择“使用默认模板”复选框，单击【确定】按钮，如下左图所示。单击后弹出“新文件选项”对话框，在模板中选择“mmns-part-solid”，单击【确定】按钮，如下右图所示。

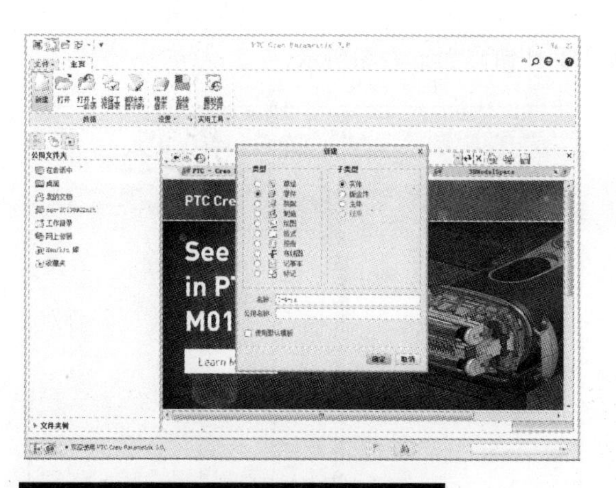
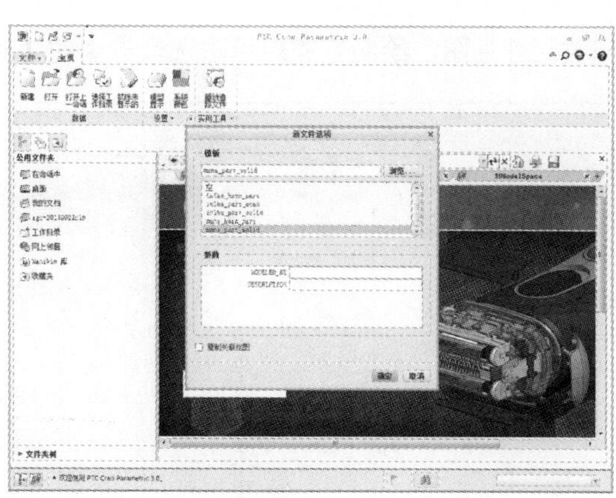

## STEP02　椅子的框架建模

01 在“模型”选项卡中单击【草绘】按钮，如下左图所示。单击【草绘】按钮后系统弹出“草绘”对话框，如下右图所示。

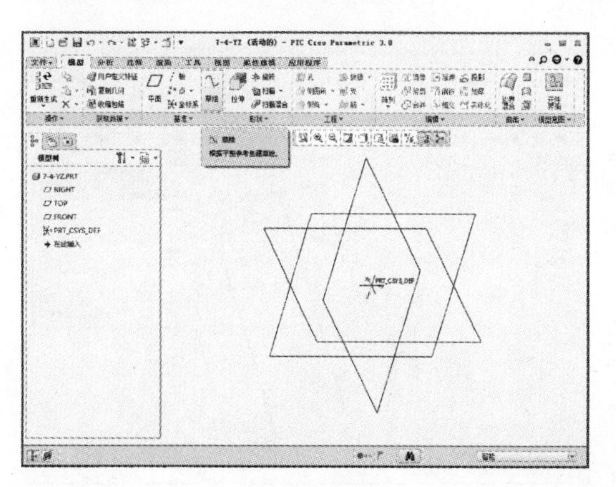
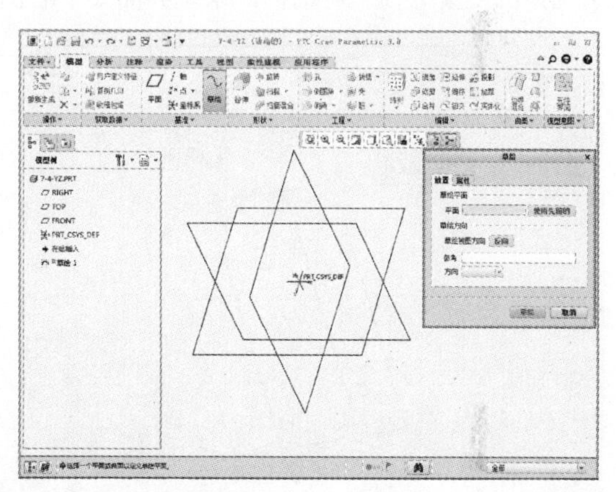

02 单击【放置】按钮，定义草绘基准面为 FRONT 平面，然后单击【草绘】按钮，如下左图所示。单击该按钮后显示“草绘”选项卡，然后单击【草绘视图】按钮，如下右图所示。

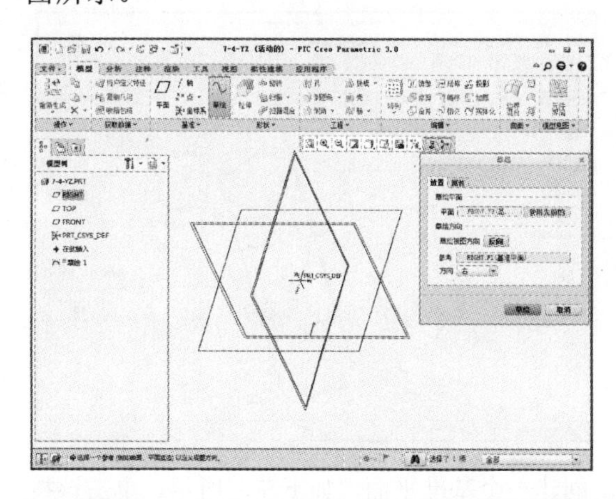
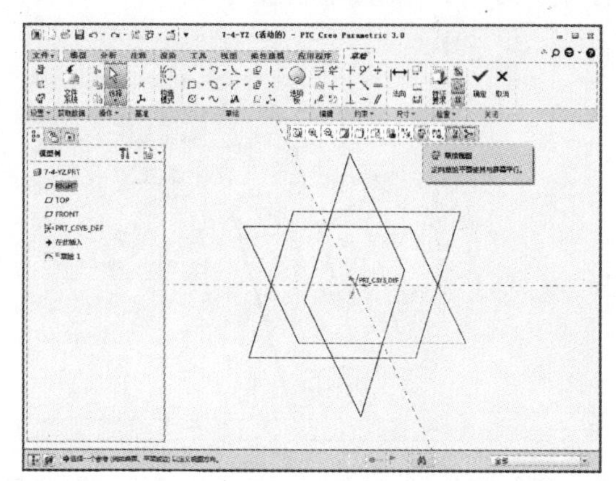

03 在“草绘”界面中单击【线链】【圆角】等按钮，如下左图所示。绘制图示图形，图形的

相关尺寸见图，绘制完成后单击选项卡中的【确定】按钮，如下右图所示。

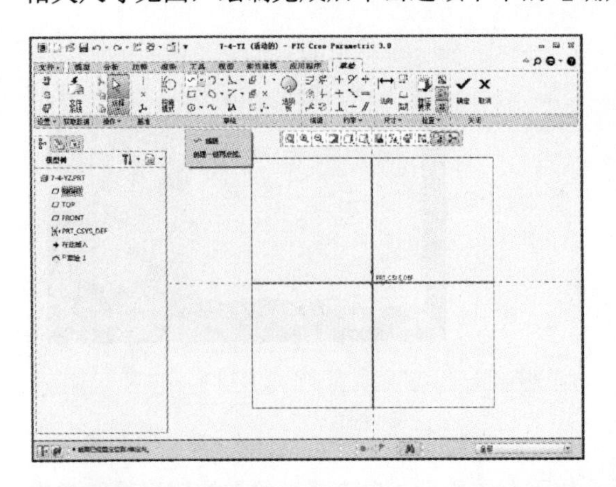
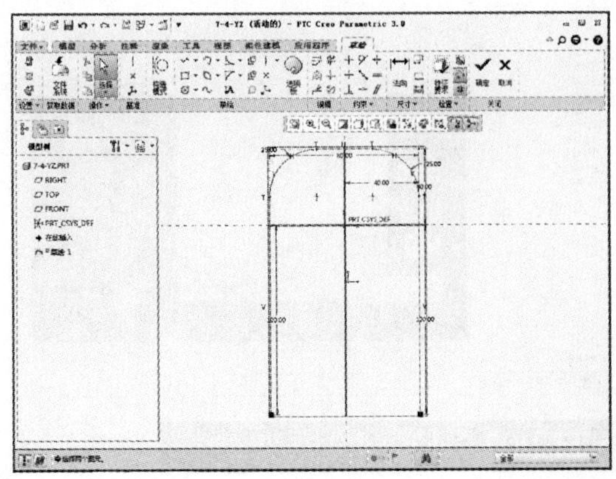

04 完成上述特征操作后单击【轴】按钮，创建一个基准轴，如下左图所示。单击该按钮后系统弹出“基准轴”对话框，系统界面如下右图所示。

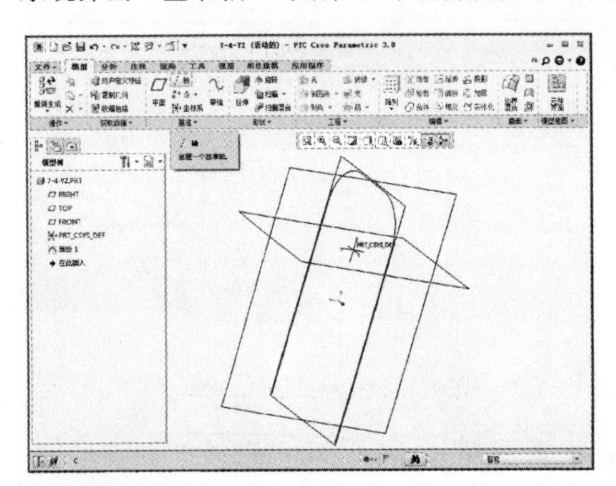
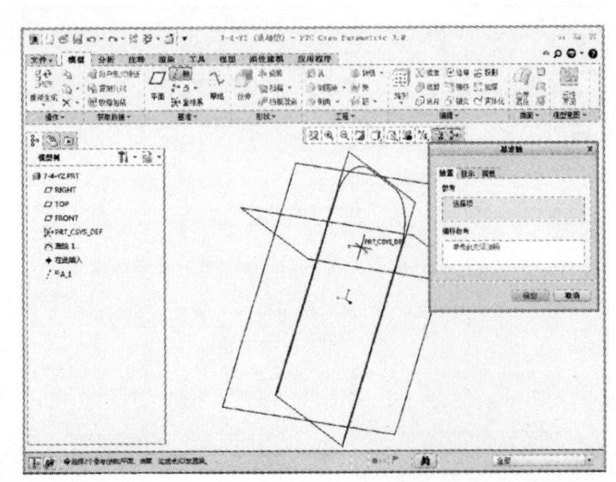

05 在图中选取 TOP 平面和 FRONT 平面作为参考基准，如下左图所示。设定类型均为穿过，设定完成后单击【确定】按钮，如下右图所示。

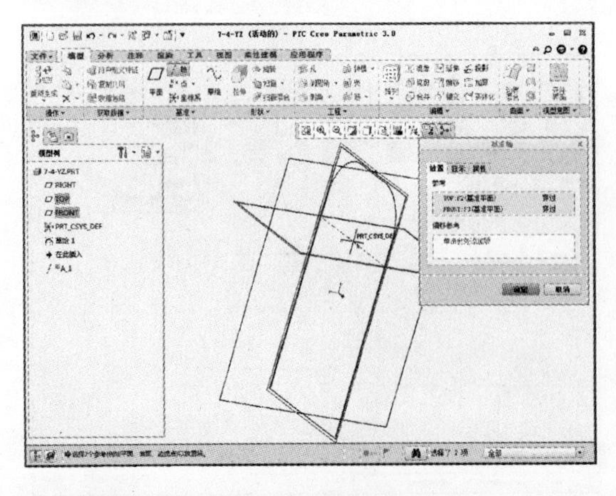
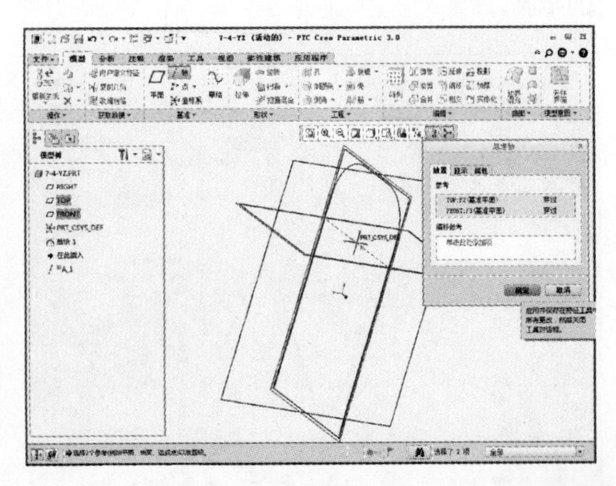

06 完成上述特征操作后单击【平面】按钮，创建一个基准平面，如下左图所示。单击该按钮后系统弹出“基准平面”对话框，系统界面如下右图所示。

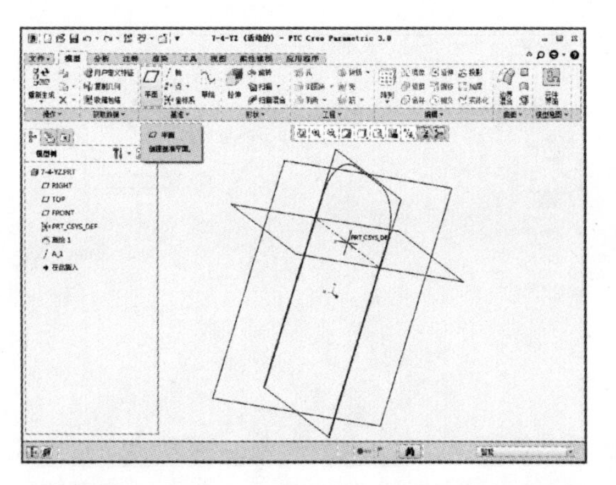

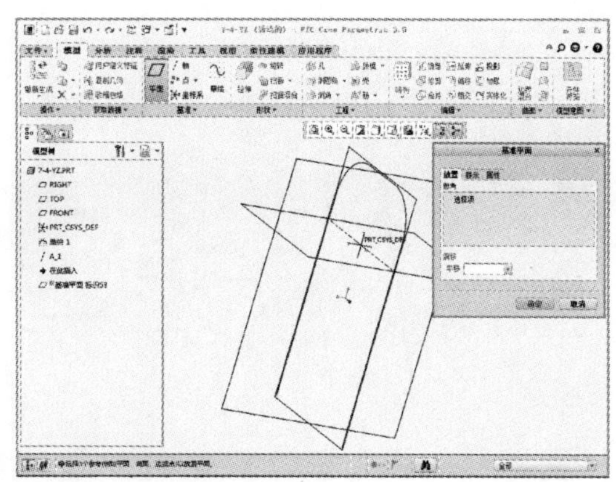

07 在图中选取 FRONT 平面和 A_1 轴（创建的基准轴）作为参考基准，如下左图所示。设定旋转角度为 40°，设定完成后单击【确定】按钮，如下右图所示。

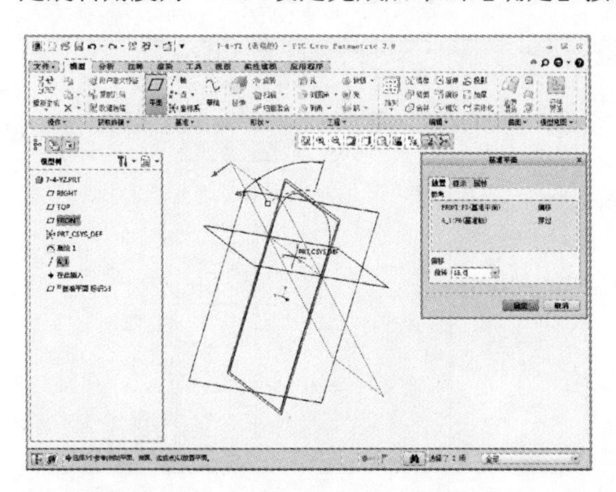

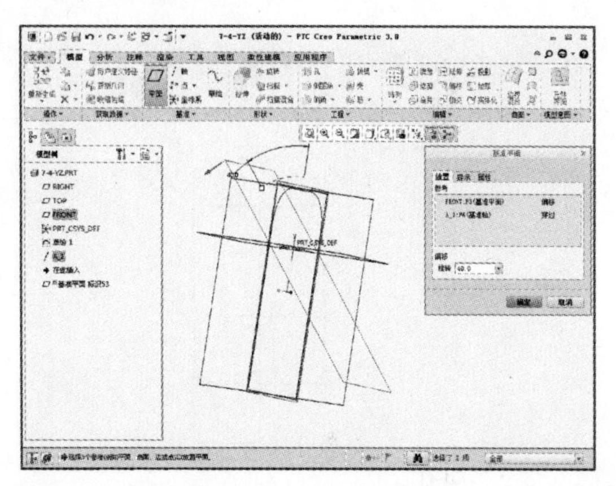

08 完成上述特征操作后在“模型”选项卡中单击【草绘】按钮，如下左图所示。单击【草绘】按钮后系统弹出“草绘”对话框，如下右图所示。

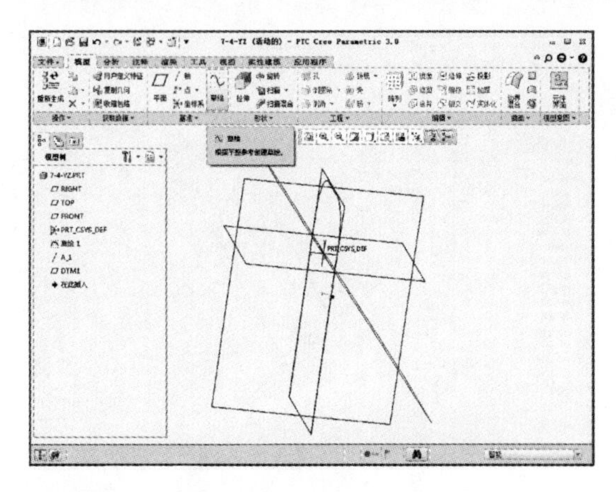

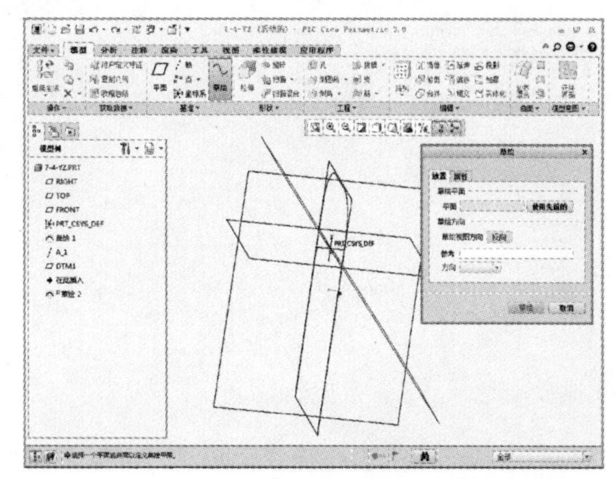

09 单击【放置】按钮，选择定义草绘平面，弹出“草绘”对话框，定义草绘基准面为 DTM1 平面，然后单击【草绘】按钮，如下左图所示。单击该按钮后显示“草绘”选项卡，然后单击【草绘视图】按钮，如下右图所示。

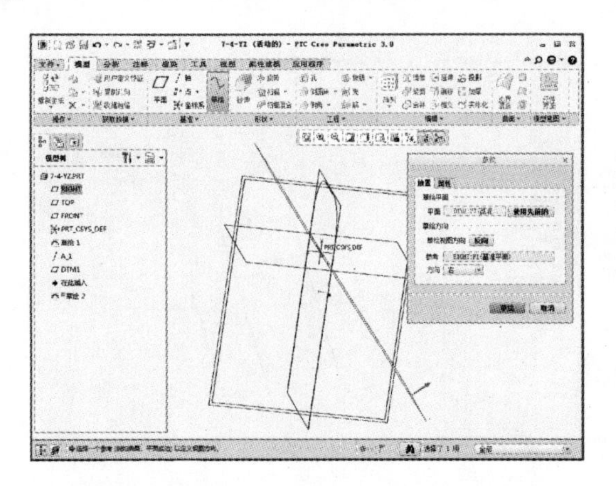

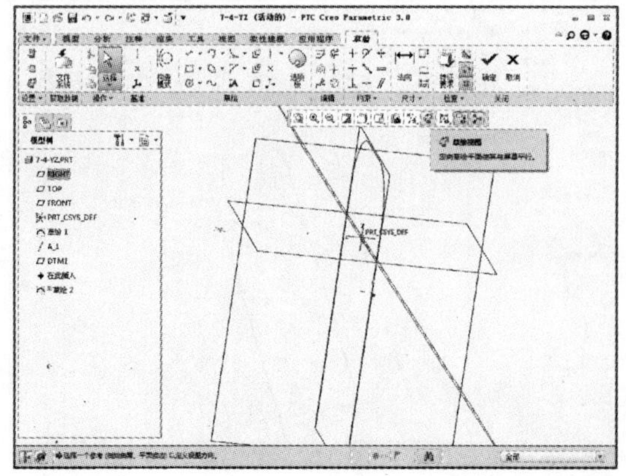

10 在“草绘”选项卡中单击【线链】按钮，如下左图所示。绘制图示直线，直线的起点在 X 轴上，距 Y 轴 40、长度为 85，绘制完成后单击选项卡中的【确定】按钮，如下右图所示。

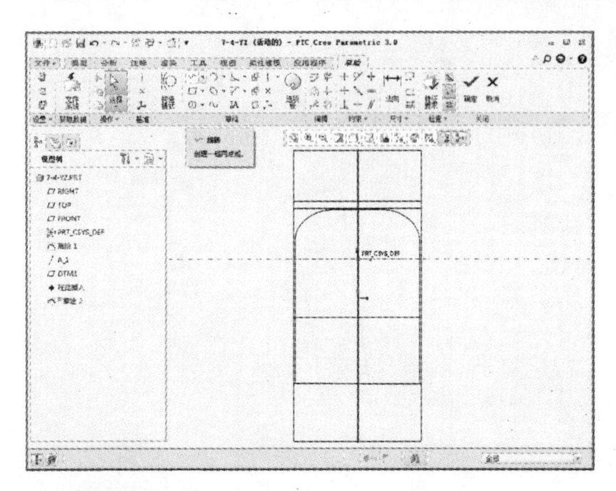

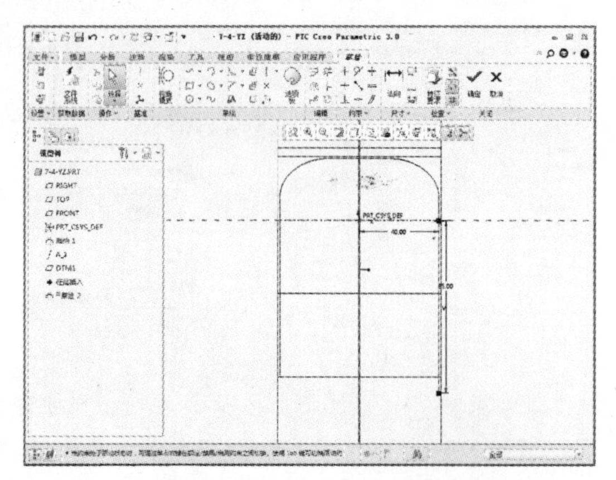

11 完成上述特征操作后在“模型”选项卡中单击【扫描】按钮，如下左图所示。单击【扫描】按钮后系统显示“扫描”选项卡，如下右图所示。

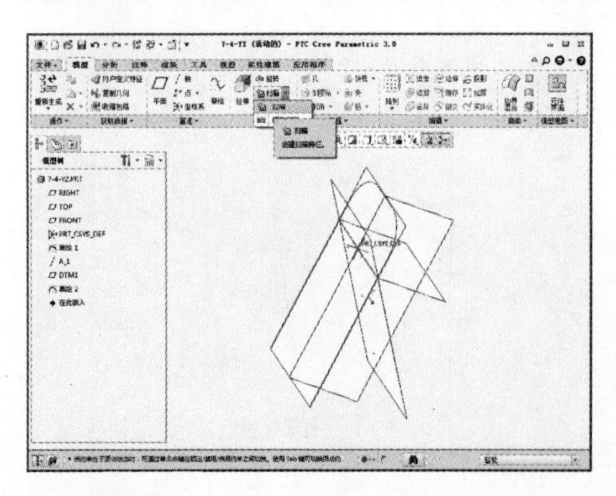

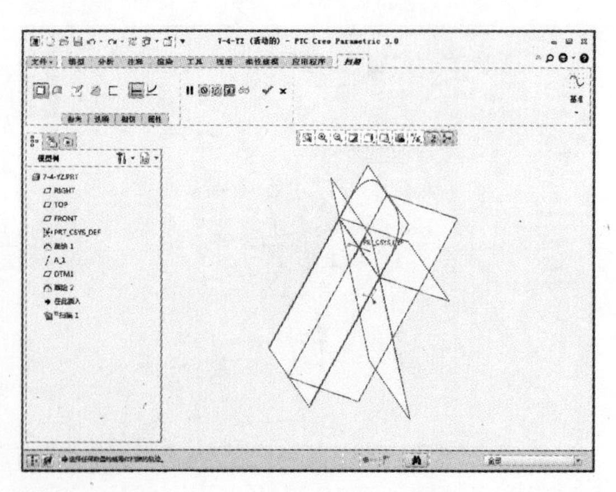

12 单击“扫描”选项卡中的【参考】按钮，弹出对话框，如下左图所示。单击【轨迹】按钮，选择草绘 1 作为轨迹线，如下右图所示。

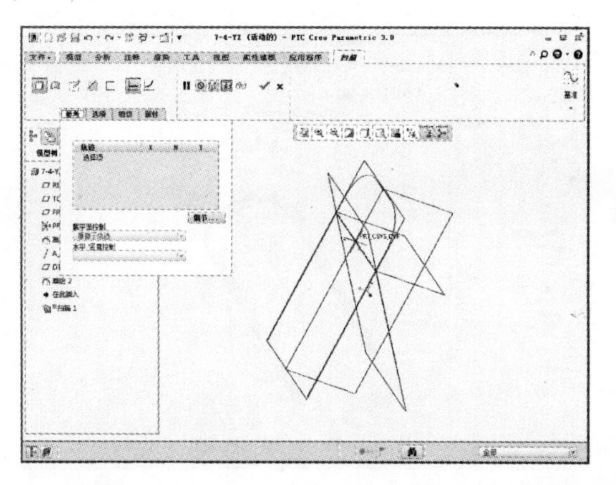

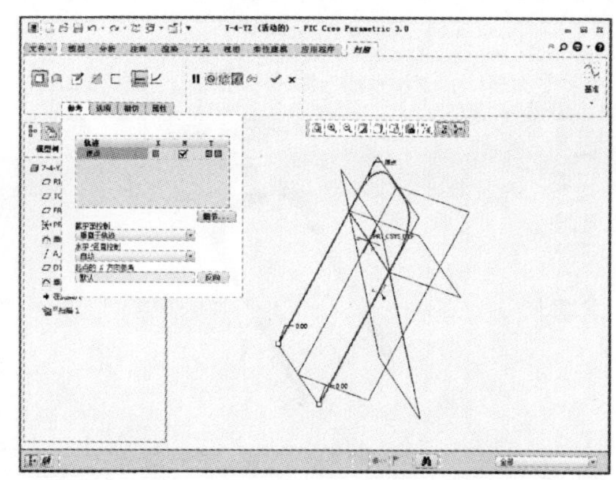

13 单击“扫描”选项卡中的【创建或编辑扫描截面】按钮，如下左图所示。单击该按钮后显示“草绘”选项卡，然后单击【草绘视图】按钮，如下右图所示。

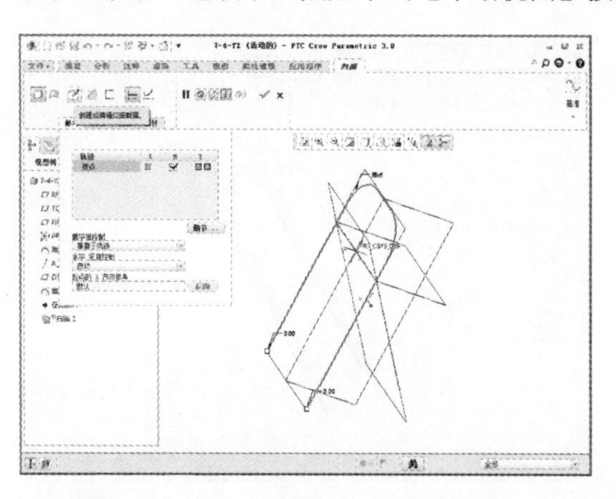

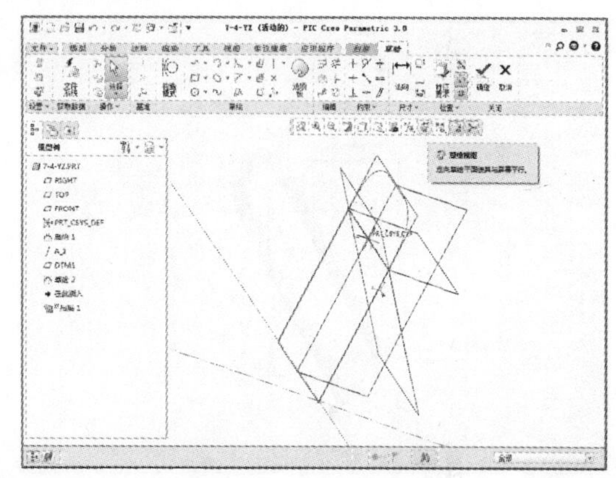

14 在“草绘”选项卡中单击【圆心和点】按钮，如下左图所示。绘制图示圆，以坐标原点为圆心，绘制一个直径为 8 的圆，如下右图所示。

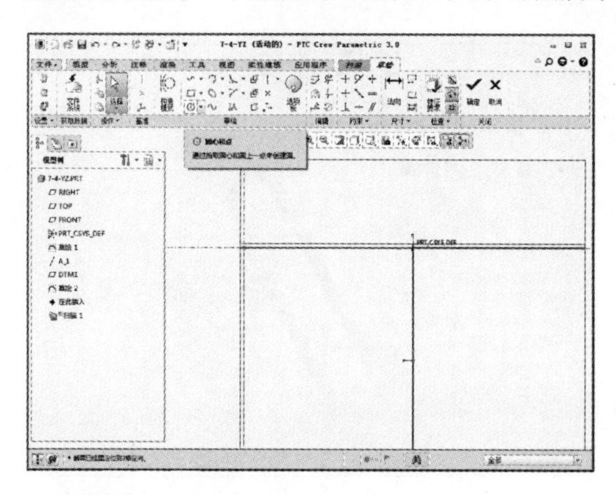

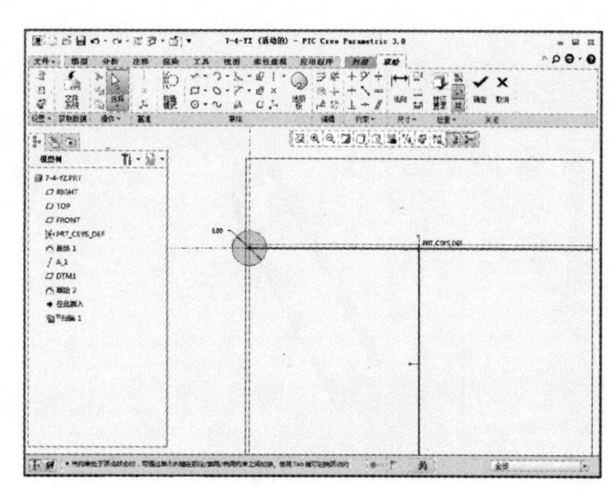

15 扫描截面绘制完成后单击【确定】按钮，返回“扫描”选项卡，如下左图所示。然后单击选项卡中的【确定】按钮，如下右图所示。

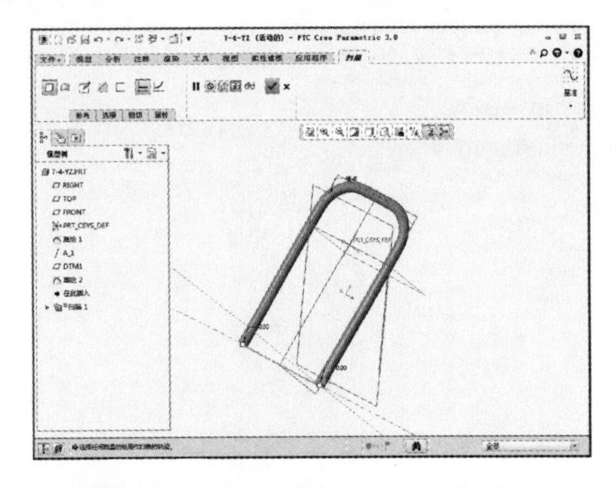

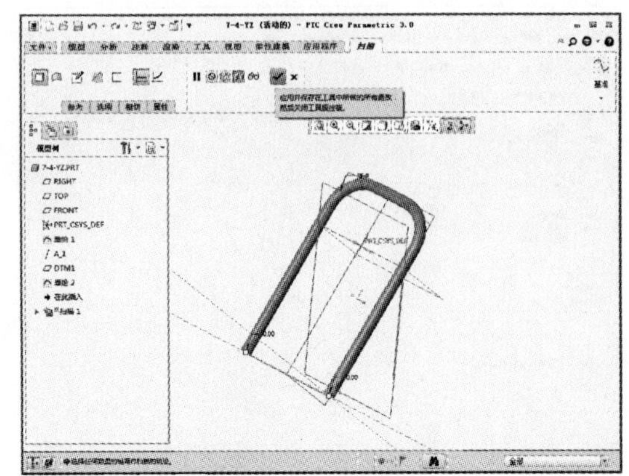

16 完成上述特征操作后在“模型”选项卡中单击【扫描】按钮，如下左图所示。单击【扫描】按钮后系统显示“扫描”选项卡，如下右图所示。

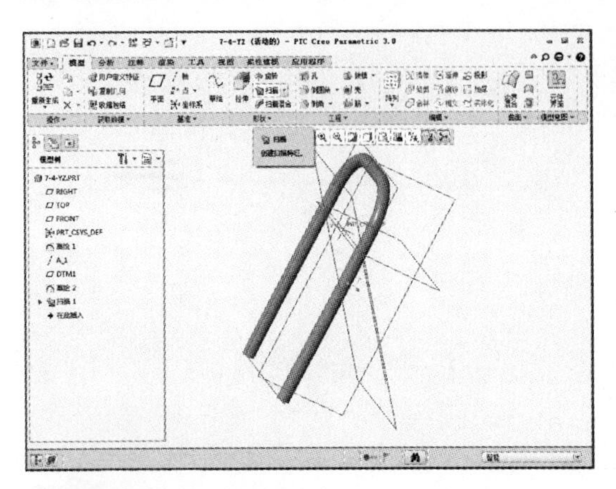

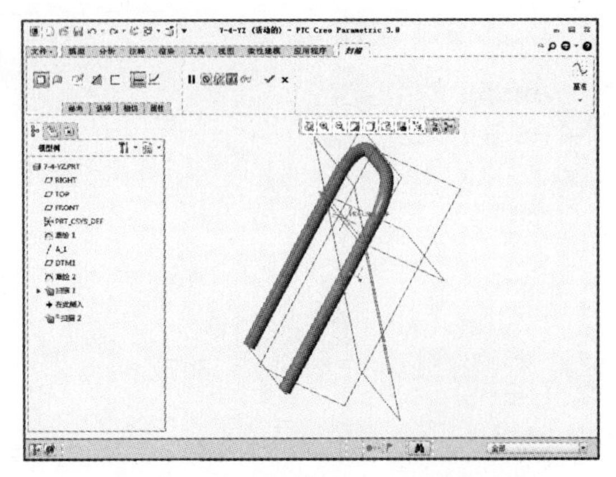

17 单击“扫描”选项卡中的【参考】按钮，弹出对话框，如下左图所示。单击【轨迹】按钮，选择草绘 1 作为轨迹线，如下右图所示。

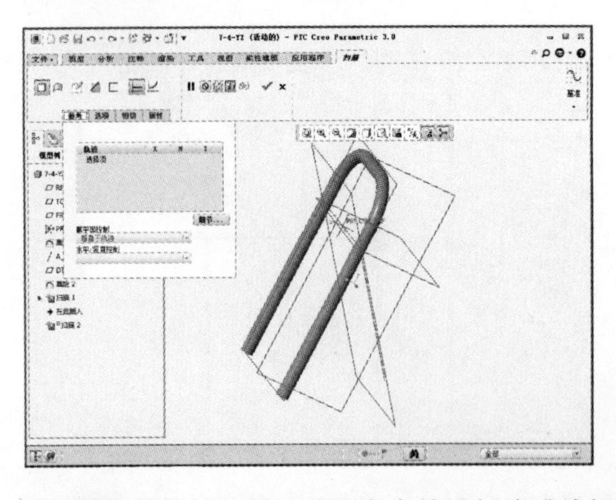

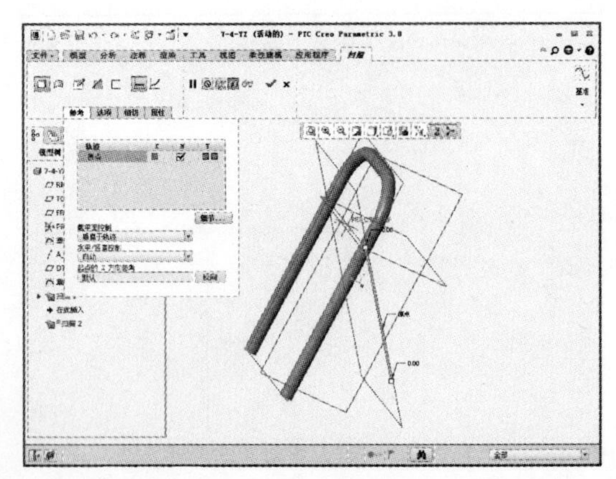

18 单击“扫描”选项卡中的【创建或编辑扫描截面】按钮，如下左图所示。单击该按钮后显示“草绘”选项卡，然后单击【草绘视图】按钮，如下右图所示。

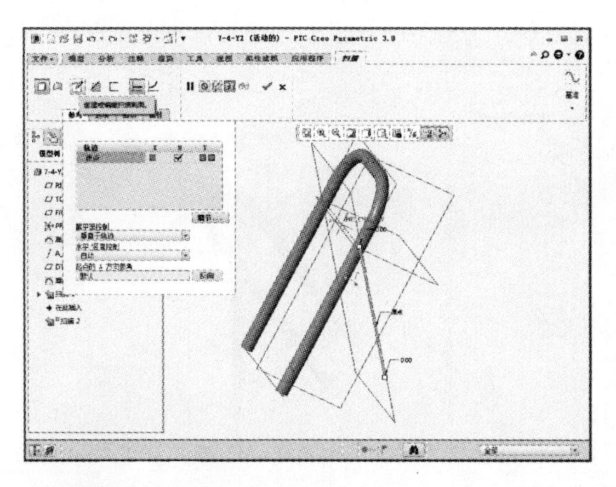

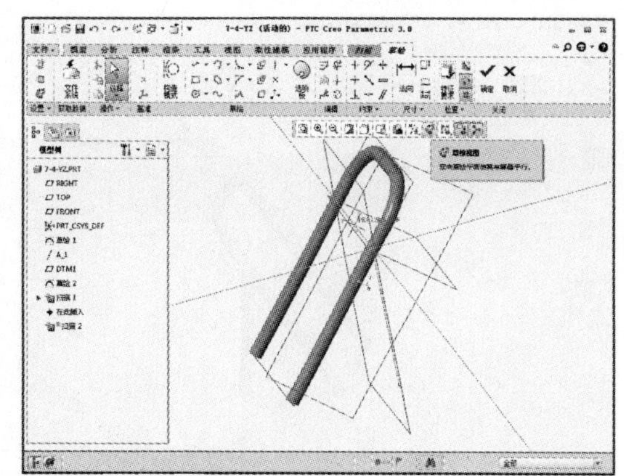

19 在“草绘”选项卡中单击【圆心和点】按钮，如下左图所示。绘制图示圆，以坐标原点为圆心，绘制一个直径为 8 的圆，如下右图所示。

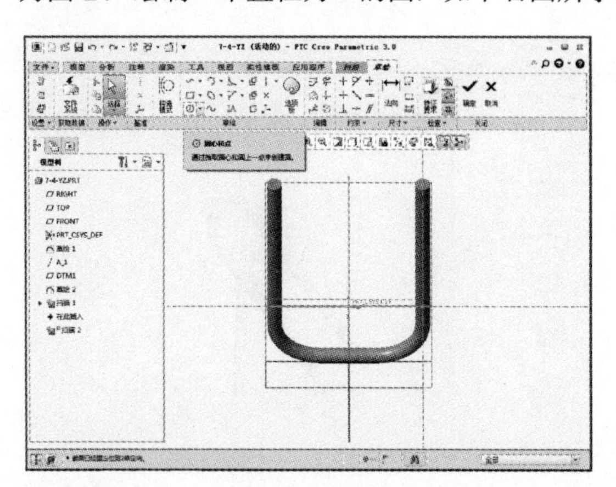

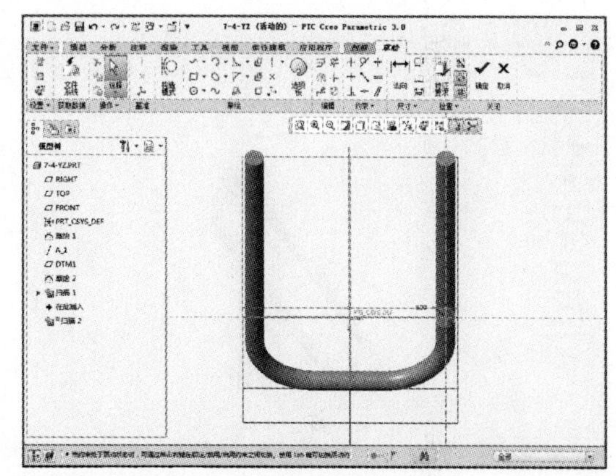

20 扫描截面绘制完成后单击【确定】按钮，返回“扫描”选项卡，如下左图所示。然后单击选项卡中的【确定】按钮，如下右图所示。

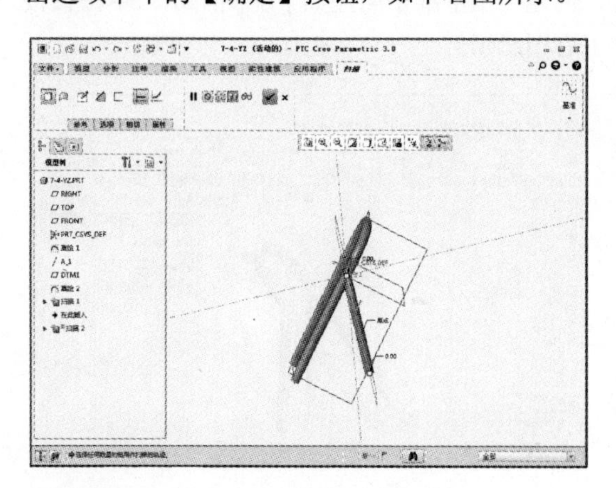

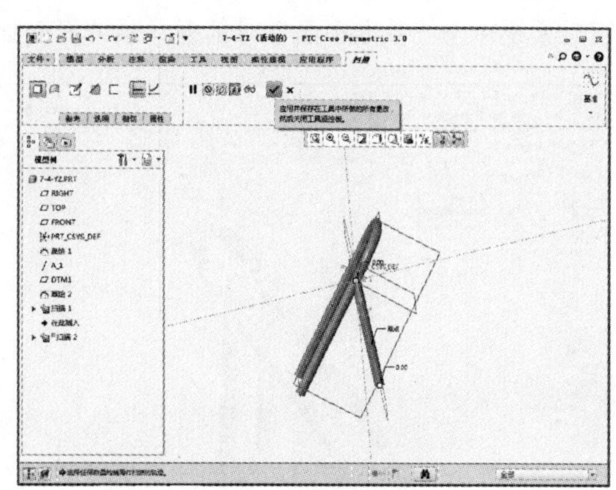

21 完成上述特征操作后在模型树中选中“扫描 2”，然后单击【镜像】按钮，如下左图所示。单击【镜像】按钮后系统显示“镜像”选项卡，如下右图所示。

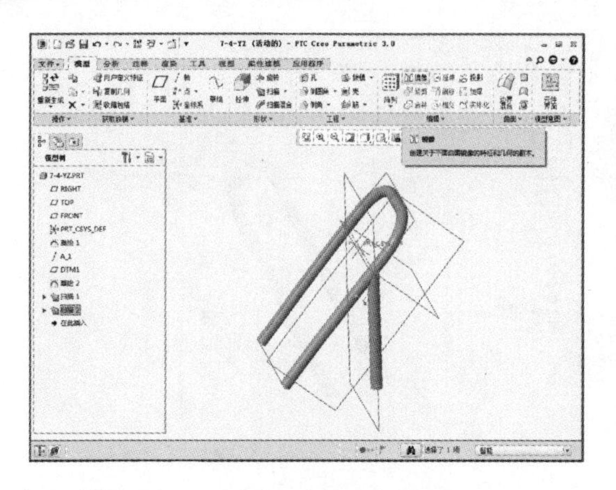

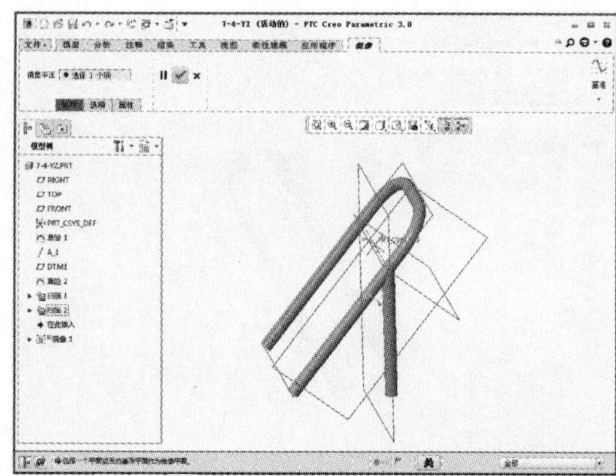

22 选择图中的 RIGHT 基准面作为镜像平面，如下左图所示。选取基准平面后单击选项卡中的【确定】按钮，如下右图所示。

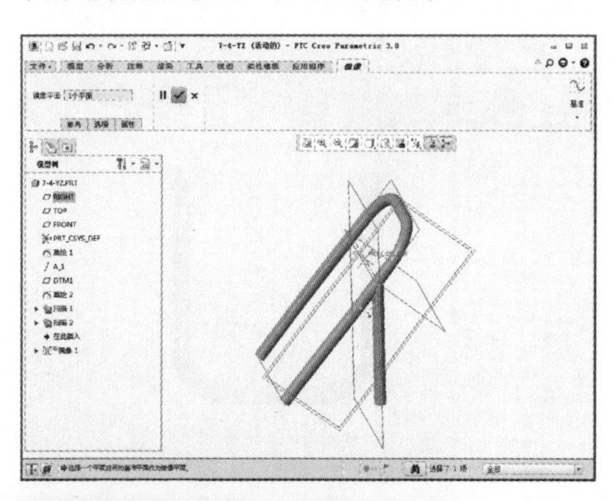

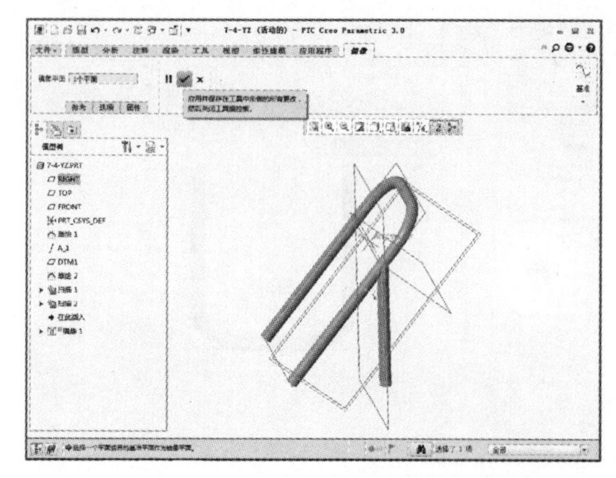

## STEP03　椅子的主体建模

01 完成上述特征操作后单击【平面】按钮，创建一个基准平面，如下左图所示。单击该按钮后系统弹出“基准平面”对话框，系统界面如下右图所示。

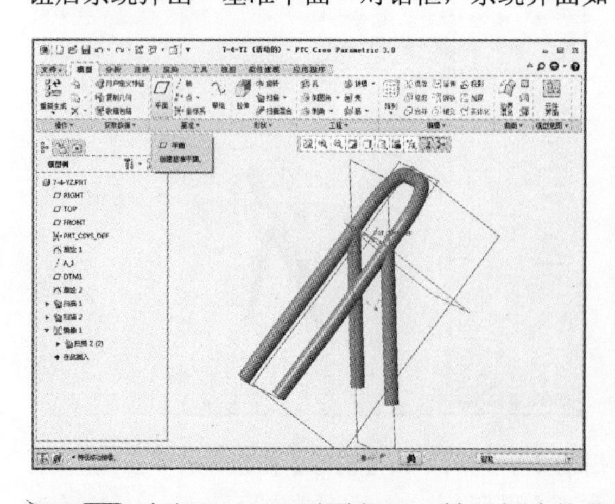

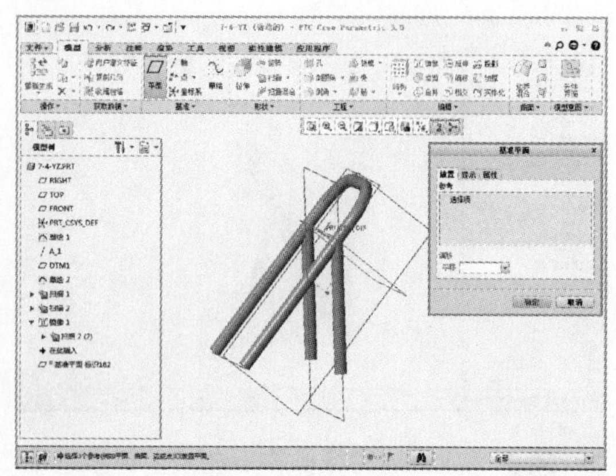

02 选取 FRONT 平面和 A_1 轴（创建的基准轴）作为参考基准，如下左图所示。设定旋转角度为 30°，设定完成后单击【确定】按钮，如下右图所示。

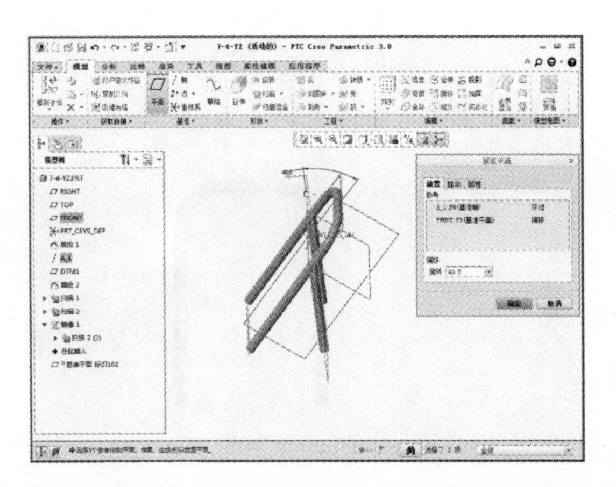

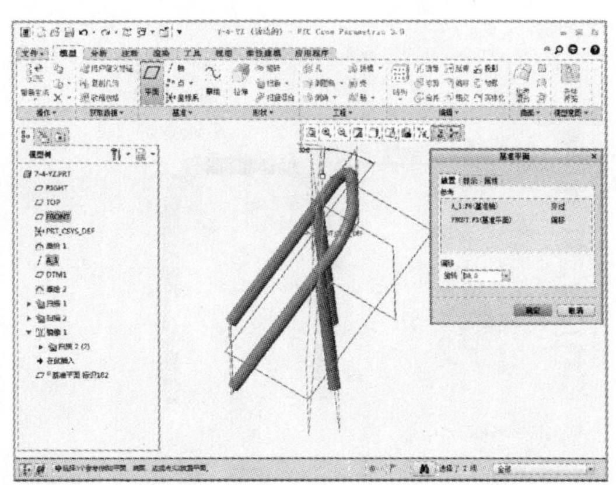

03 完成上述特征操作后在“模型”选项卡中单击【拉伸】按钮，如下左图所示。单击【拉伸】按钮后系统显示“拉伸”选项卡，如下右图所示。

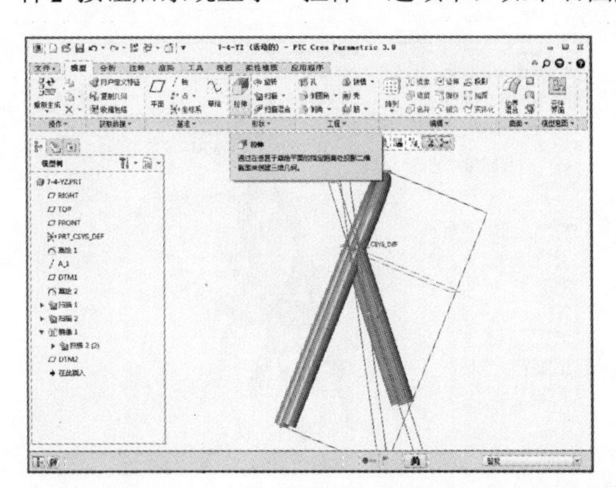

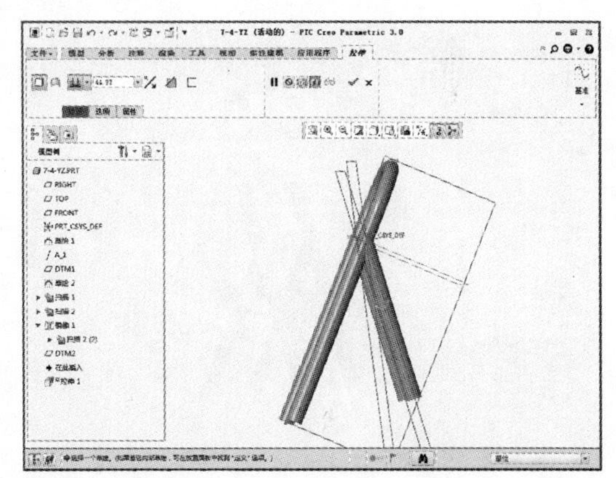

04 单击【放置】按钮，选择定义草绘平面，弹出“草绘”对话框，定义拉伸基准面为 DTM2 平面，然后单击【草绘】按钮，如下左图所示。单击该按钮后显示“草绘”选项卡，然后单击【草绘视图】按钮，如下右图所示。

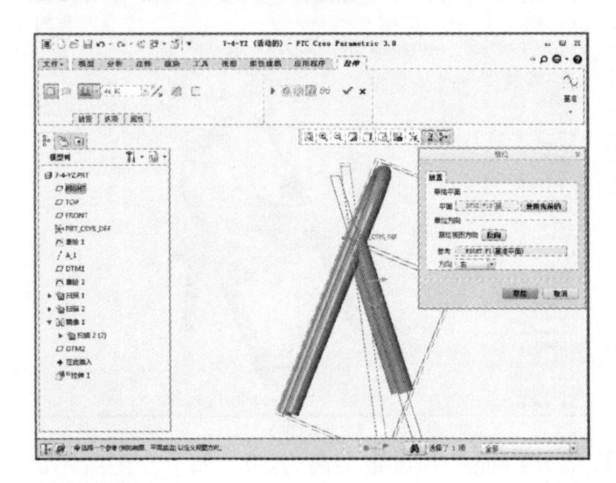

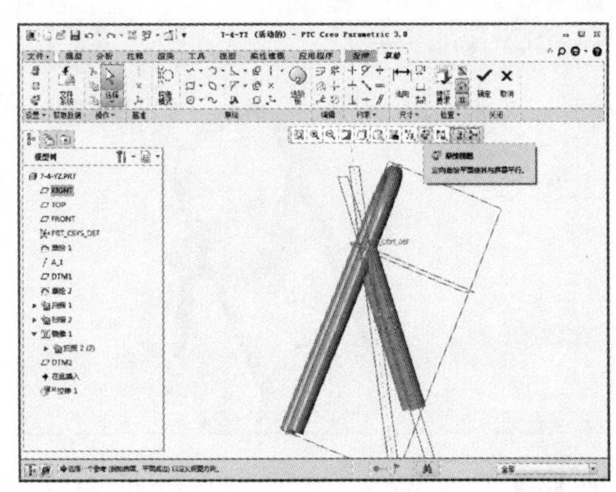

05 在“草绘”选项卡中单击【拐角矩形】按钮，如下左图所示。绘制图示矩形，以 Y 轴为对称轴，绘制一个长为 75、宽为 8 的矩形，上边距离 X 轴 25，如下右图所示。

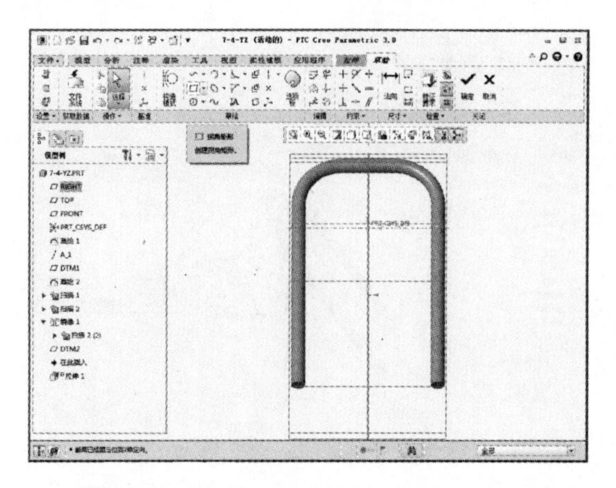

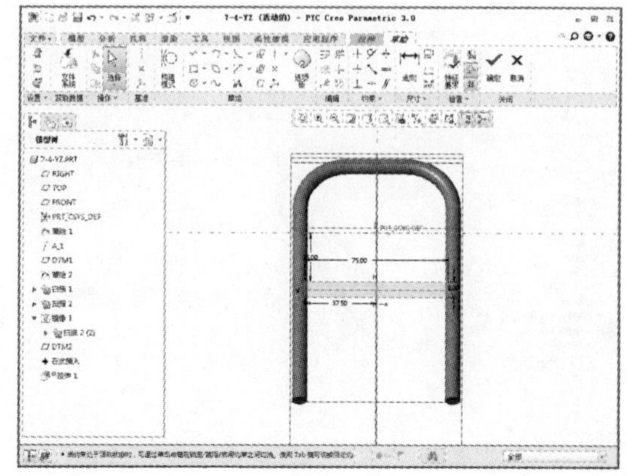

06 草图绘制完成后单击【确定】按钮，进入“拉伸”选项卡，设置对称拉伸，拉伸值为 50，如下左图所示。设置完成后单击【确定】按钮，如下右图所示。

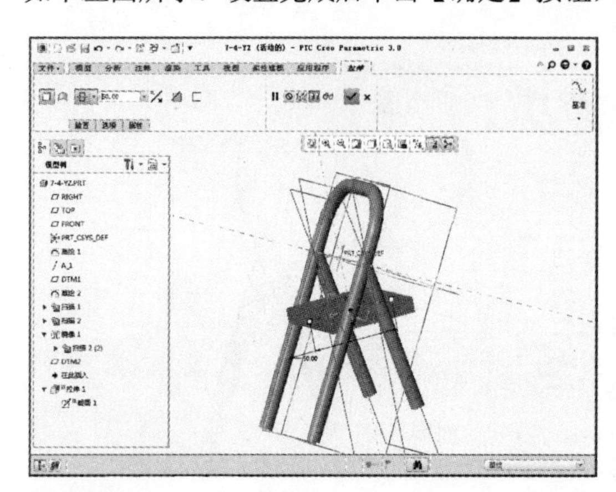

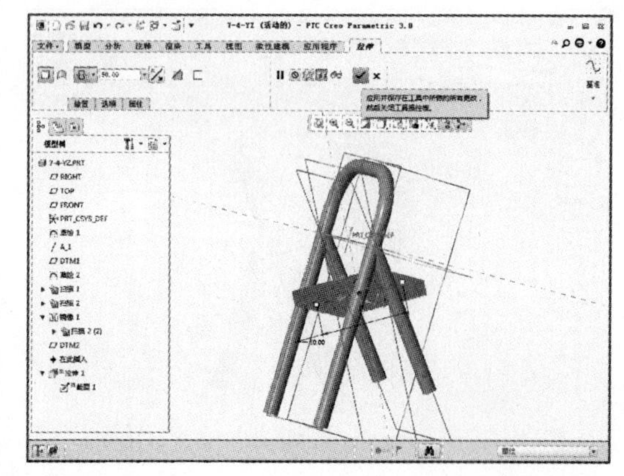

07 完成上述特征操作后选取图示平面，单击【偏移】按钮，如下左图所示。单击【偏移】按钮后系统显示“偏移”选项卡，如下右图所示。

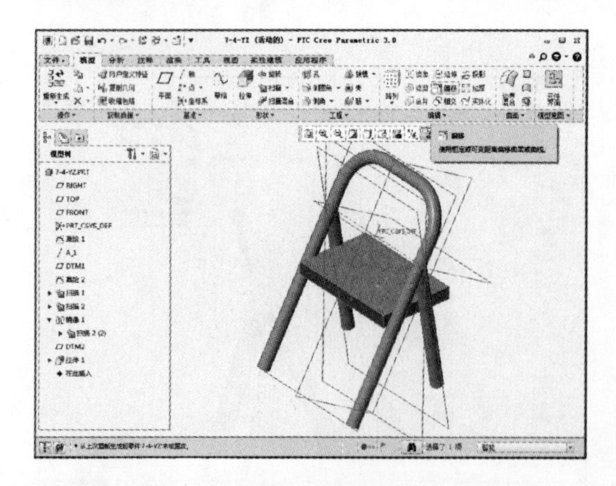

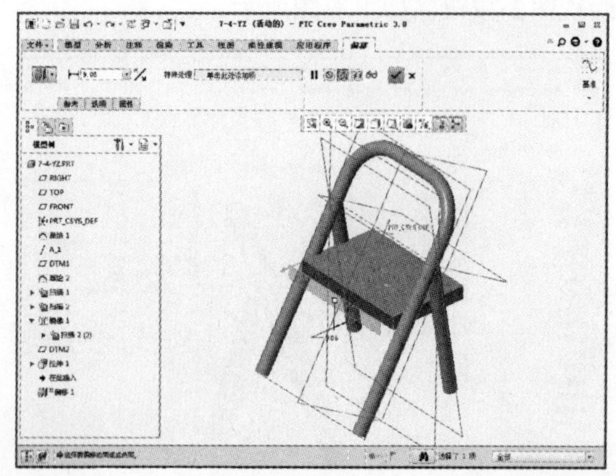

08 单击“偏移”选项卡中的下拉按钮，选取展开特征，并设定距离为 30，如下左图所示。设定完成后单击【确定】按钮，如下右图所示。

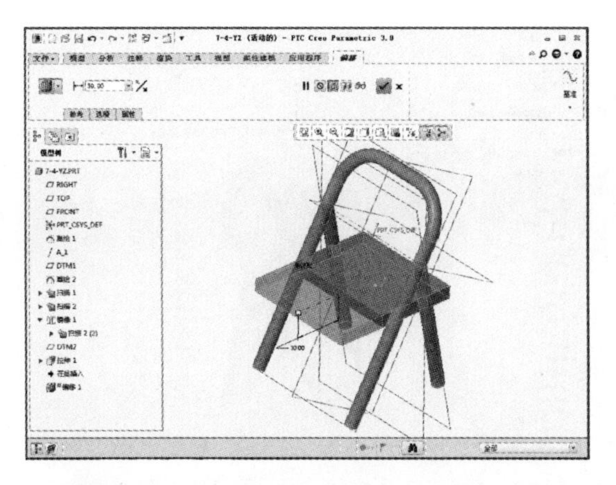

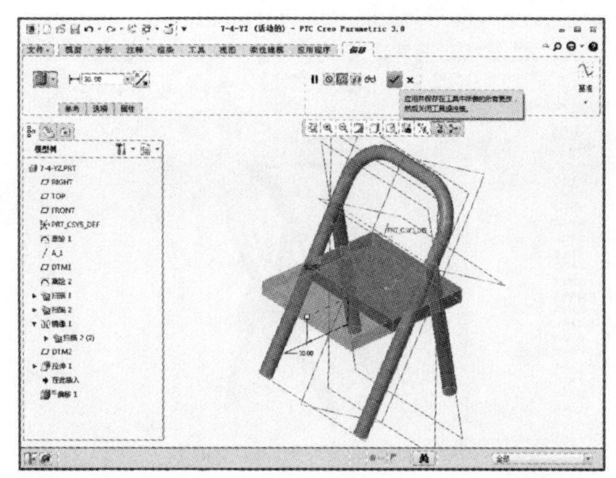

09 完成上述特征操作后选取图示平面，单击【偏移】按钮，如下左图所示。单击【偏移】按钮后系统显示“偏移”选项卡，如下右图所示。

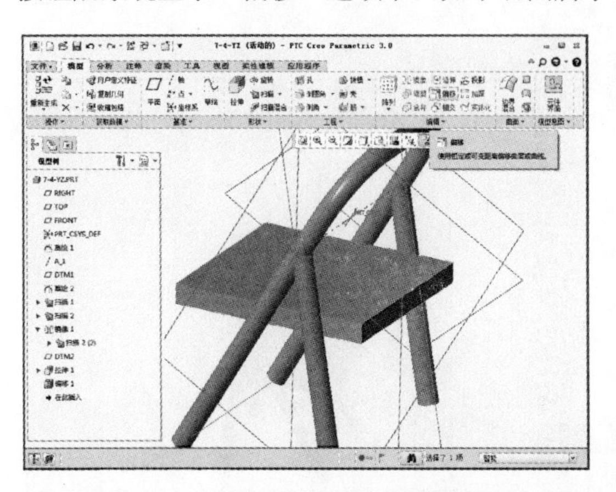

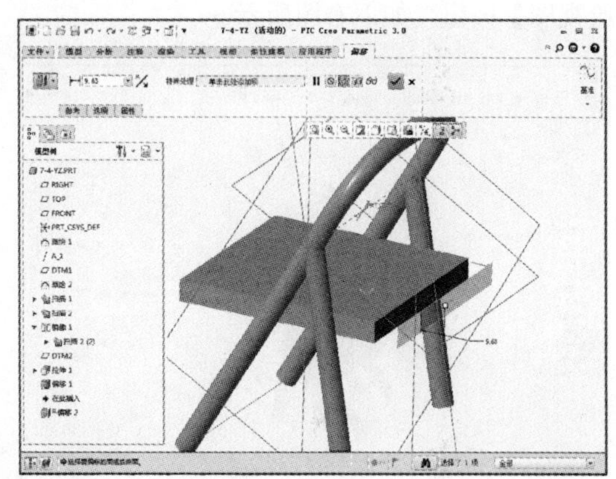

10 单击“偏移”选项卡中的下拉按钮，选取展开特征，并设定距离为12，如下左图所示。设定完成后单击【确定】按钮，如下右图所示。

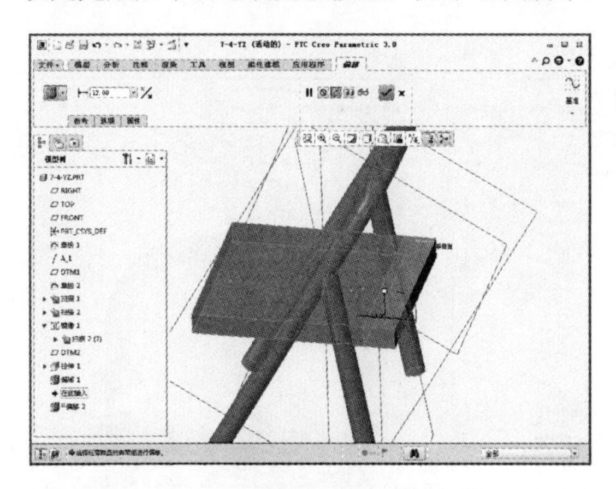

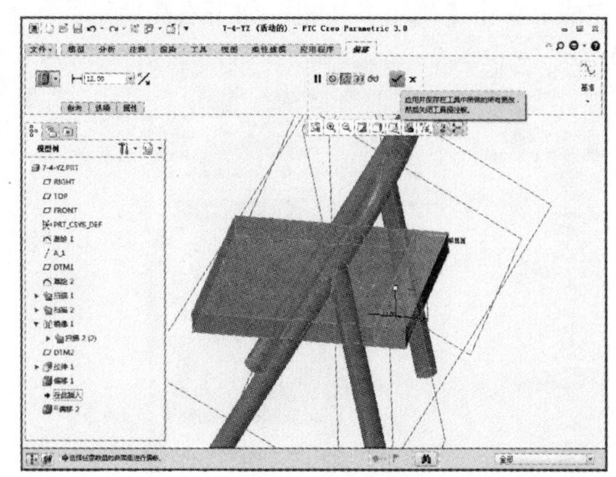

11 完成上述特征操作后在“模型”选项卡中单击【拉伸】按钮，如下左图所示。单击【拉伸】按钮后系统显示“拉伸”选项卡，如下右图所示。

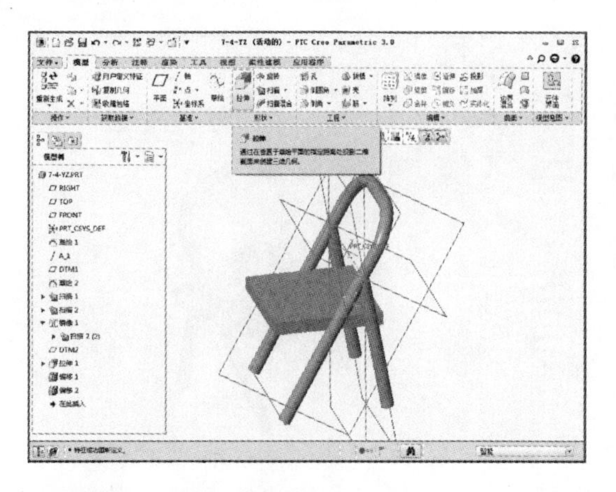
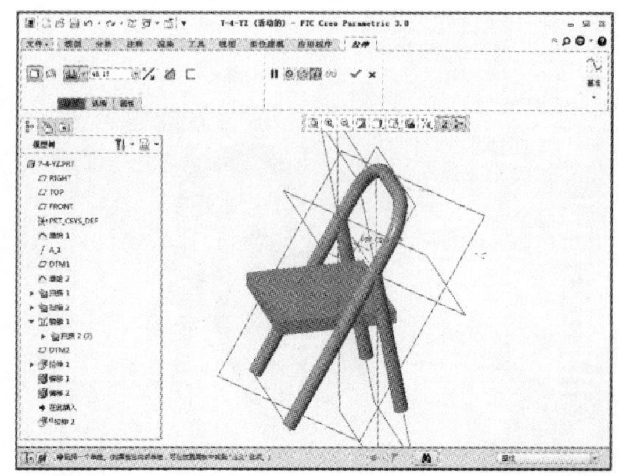

12 单击【放置】按钮，选择定义草绘平面，弹出“草绘”对话框，定义拉伸基准面为 FRONT 平面，然后单击【草绘】按钮，如下左图所示。单击该按钮后显示“草绘”选项卡，然后单击【草绘视图】按钮，如下右图所示。

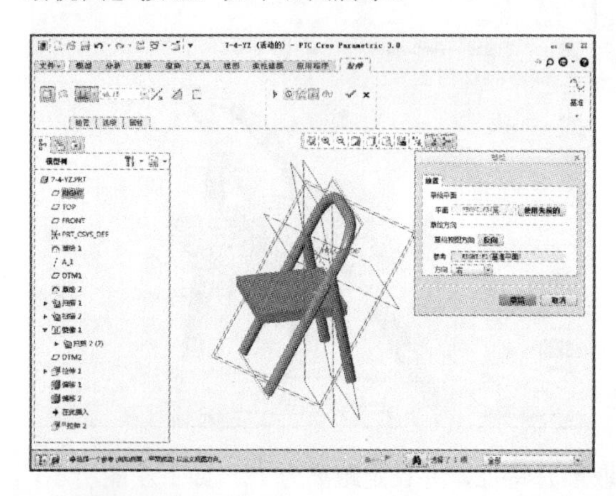
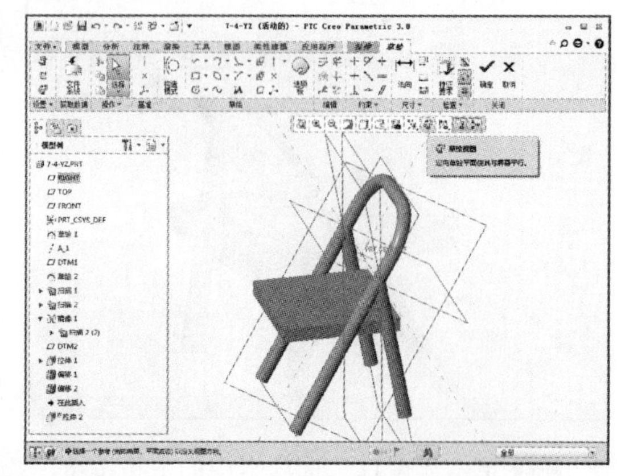

13 在“草绘”选项卡中单击【线链】【投影】等按钮，如下左图所示。绘制图示图形，绘制完成后单击【确定】按钮，如下右图所示。

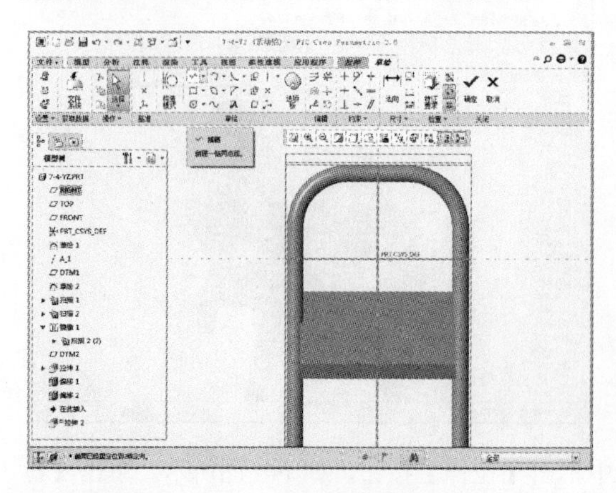
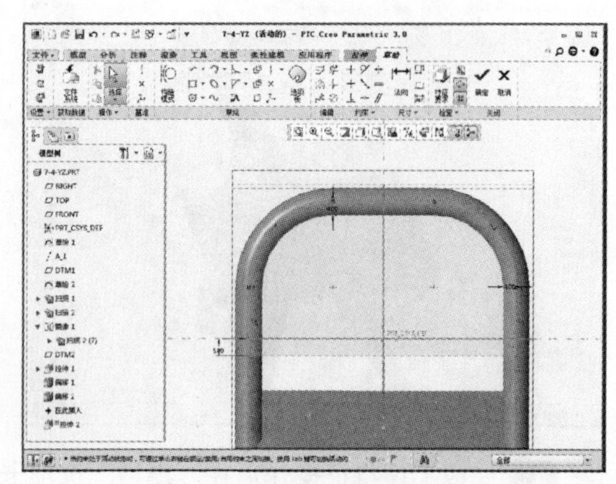

14 草图绘制完成后单击【确定】按钮，进入“拉伸”选项卡，设置对称值拉伸，拉伸值为 3，如下左图所示。设置完成后单击【确定】按钮，如下右图所示。

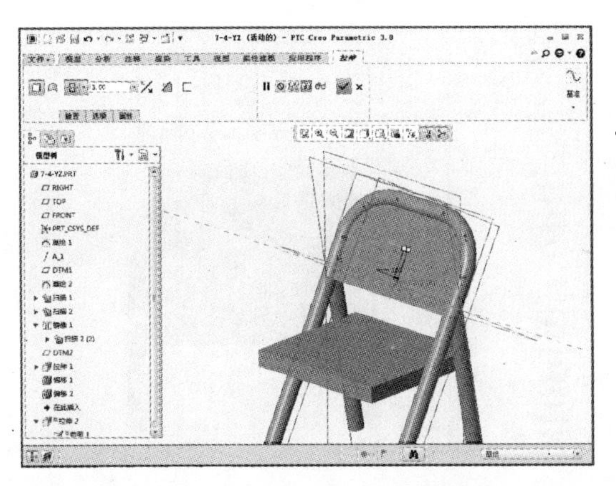

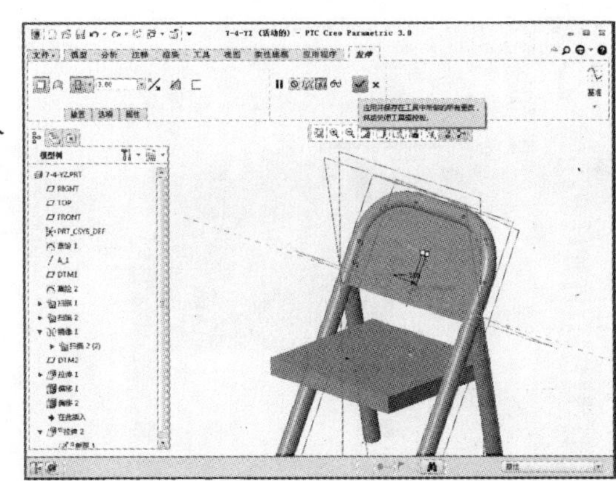

15 完成上述特征操作后在“模型”选项卡中单击【拉伸】按钮，如下左图所示。单击【拉伸】按钮后系统显示“拉伸”选项卡，如下右图所示。

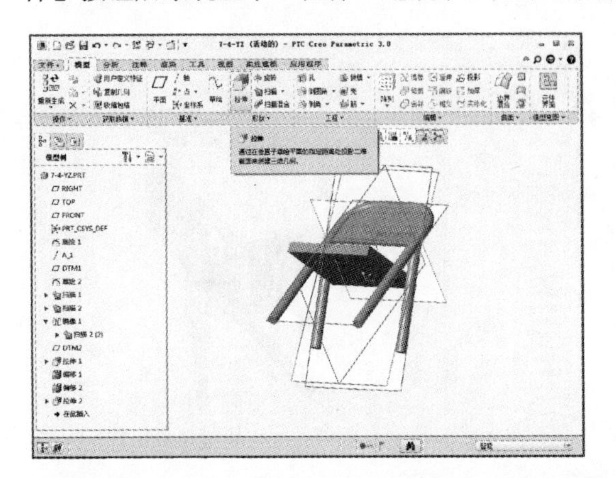

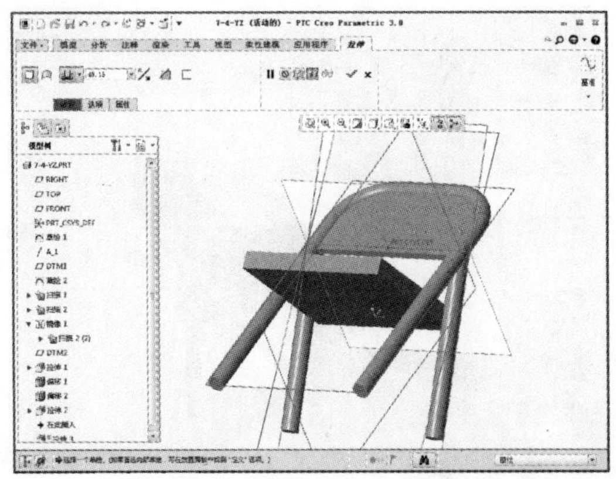

16 单击【放置】按钮，选择定义草绘平面，弹出“草绘”对话框，定义拉伸基准面为扫描得到的平面，然后单击【草绘】按钮，如下左图所示。单击该按钮后显示“草绘”选项卡，然后单击【草绘视图】按钮，如下右图所示。

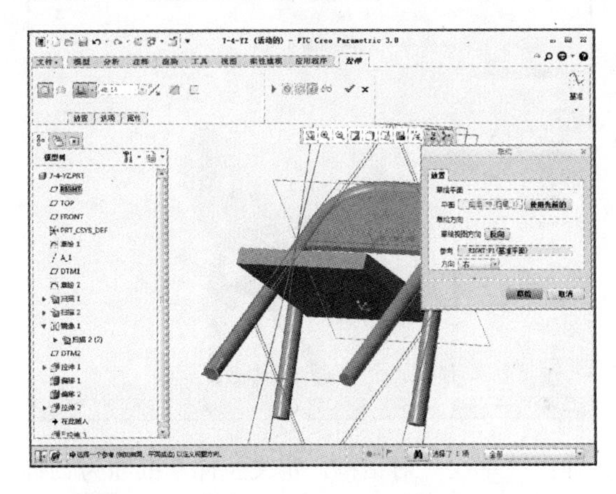

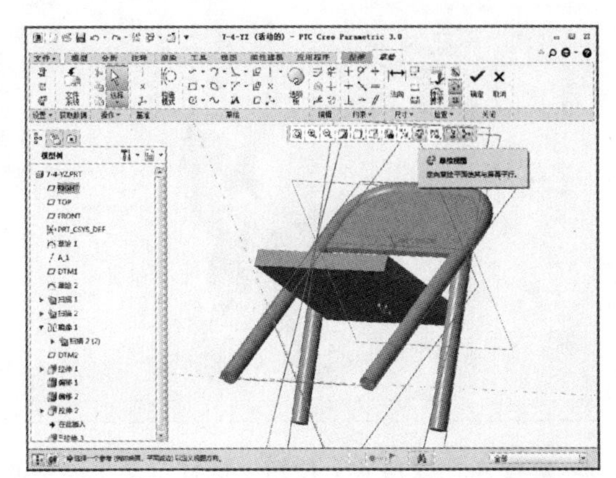

17 在“草绘”选项卡中单击【圆心和点】【投影】按钮，如下左图所示。绘制一个直径为 10 的圆，如下右图所示。

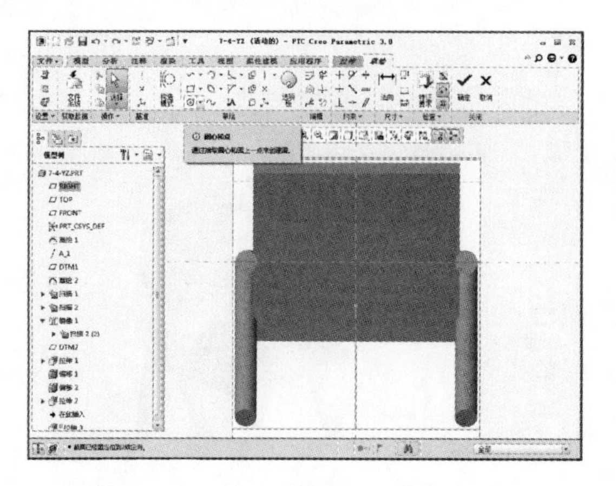

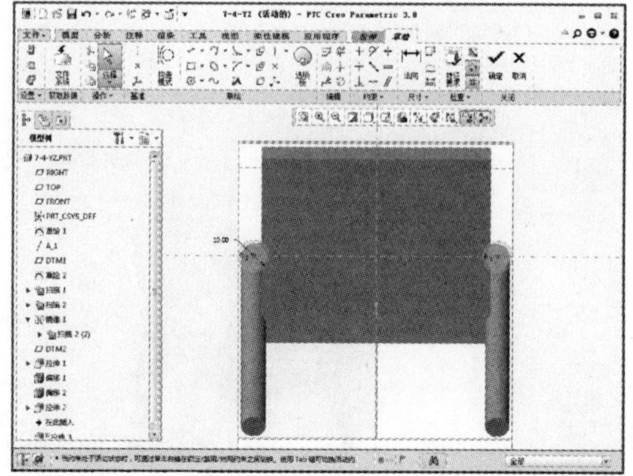

18 草图绘制完成后单击【确定】按钮，进入“拉伸”选项卡，设置指定值拉伸，拉伸值为10，如下左图所示。设置完成后单击【确定】按钮，如下右图所示。

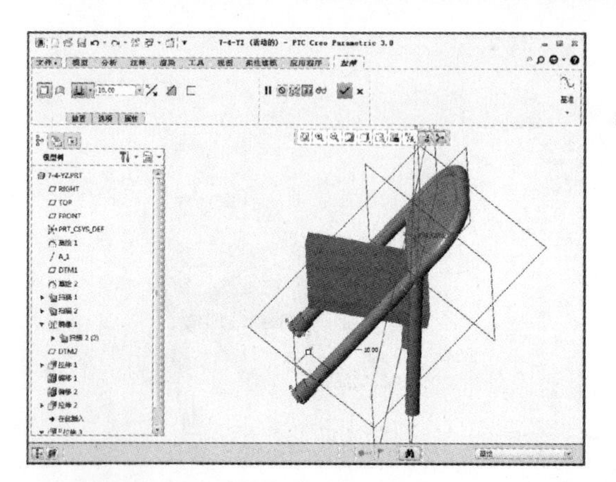

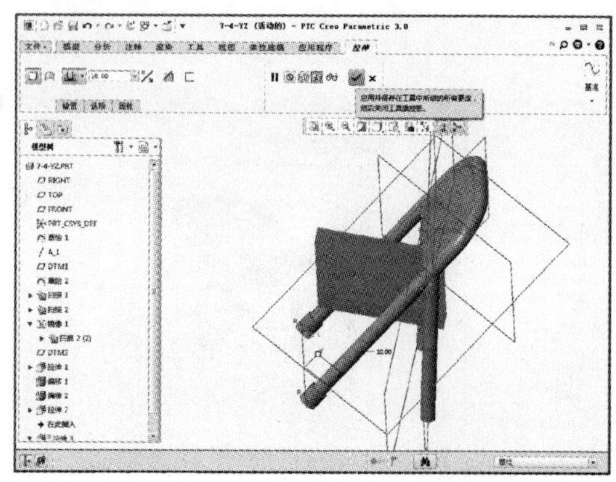

19 完成上述特征操作后在“模型”选项卡中单击【拉伸】按钮，如下左图所示。单击【拉伸】按钮后系统显示“拉伸”选项卡，如下右图所示。

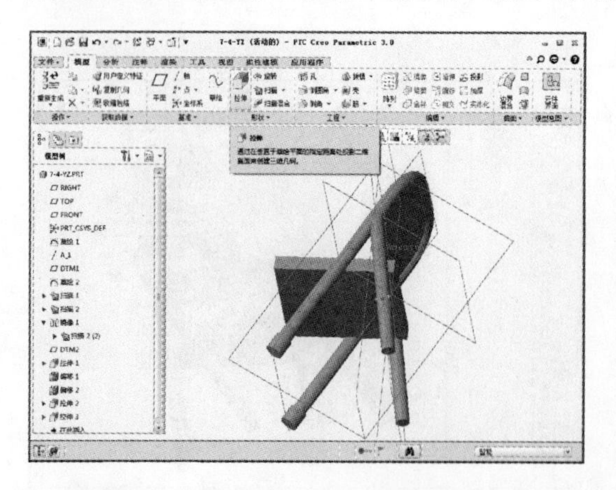

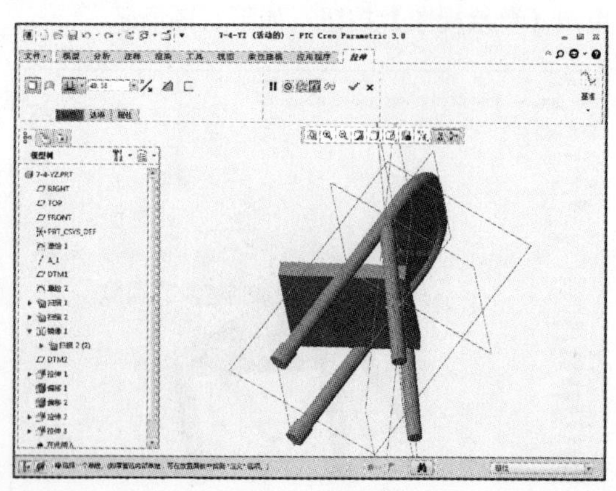

20 单击【放置】按钮，选择定义草绘平面，弹出“草绘”对话框，定义拉伸基准面为扫描得到的平面，然后单击【草绘】按钮，如下左图所示。单击该按钮后显示“草绘”选项卡，然后单击【草绘视图】按钮，如下右图所示。

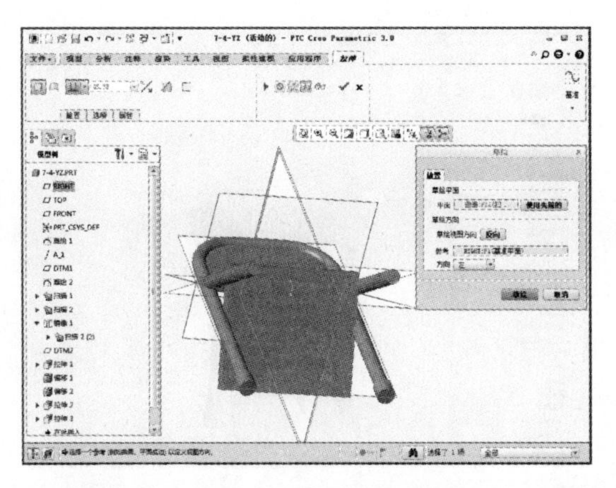

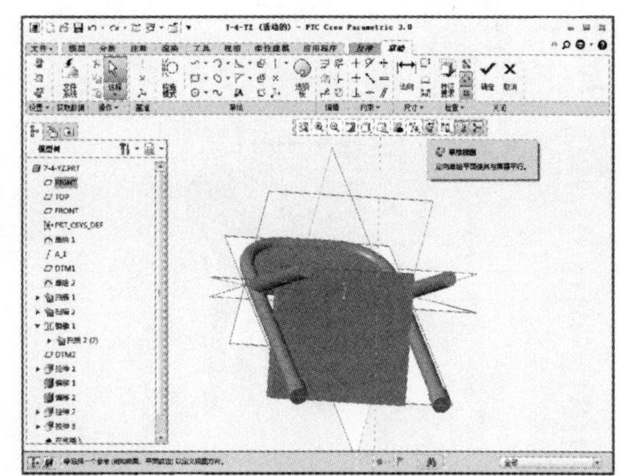

21 在“草绘”选项卡中单击【圆心和点】【投影】按钮，如下左图所示。绘制一个直径为 10 的圆，如下右图所示。

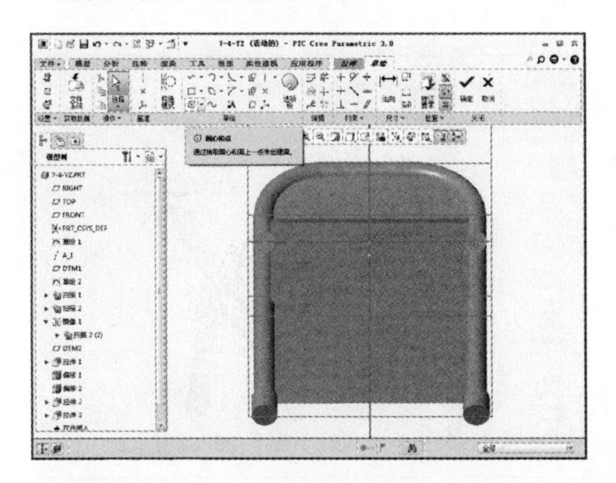

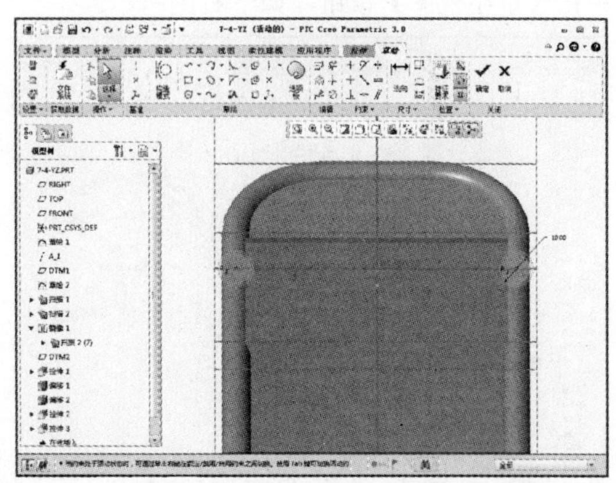

22 草图绘制完成后单击【确定】按钮，进入“拉伸”选项卡，设置指定值拉伸，拉伸值为 10，如下左图所示。设置完成后单击【确定】按钮，如下右图所示。

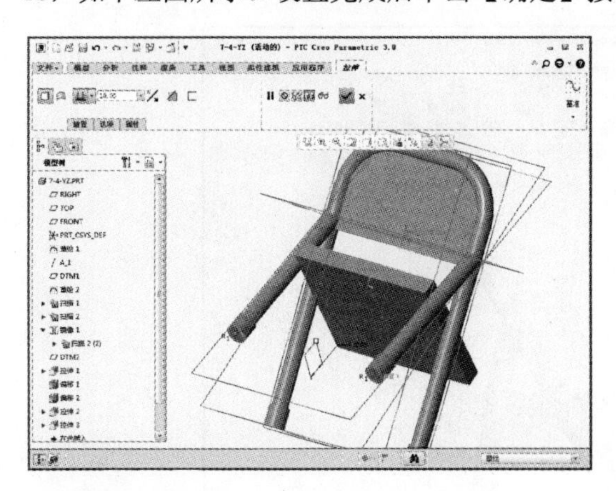

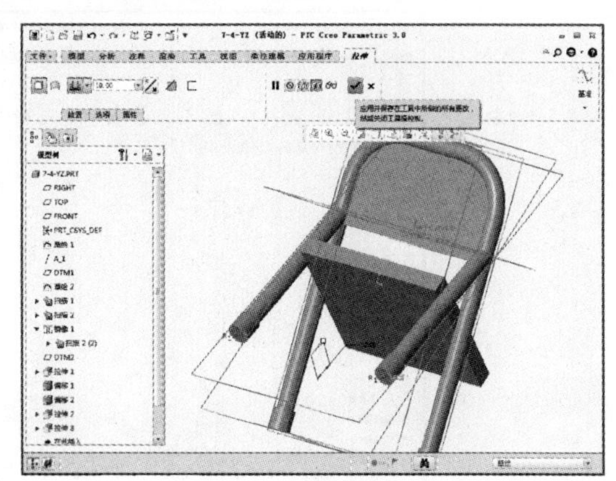

23 完成上述特征操作后在“模型”选项卡中单击【拉伸】按钮，如下左图所示。单击【拉伸】按钮后系统显示“拉伸”选项卡，如下右图所示。

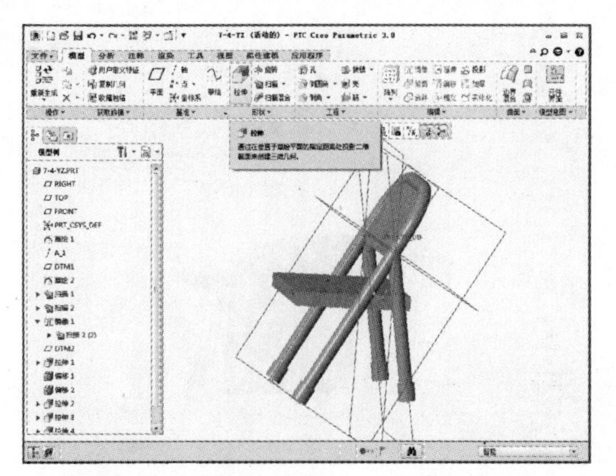

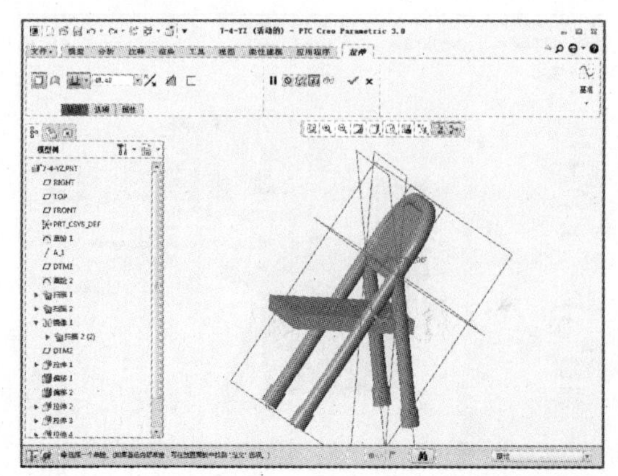

24 单击【放置】按钮，选择定义草绘平面，弹出“草绘”对话框，定义拉伸基准面为拉伸得到的平面，然后单击【草绘】按钮，如下左图所示。单击该按钮后显示“草绘”选项卡，然后单击【草绘视图】按钮，如下右图所示。

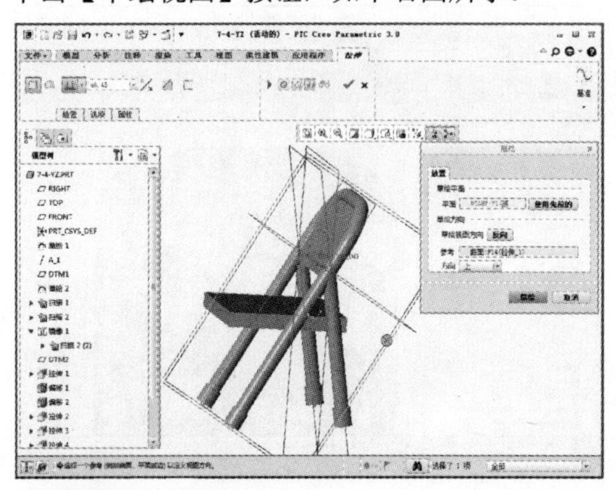

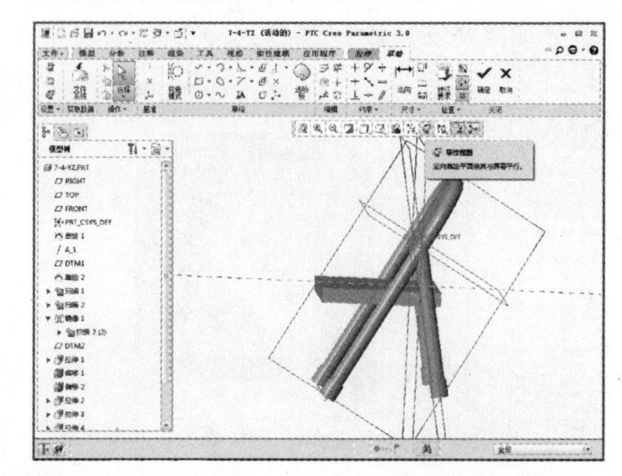

25 在“草绘”选项卡中单击【圆心和点】按钮，如下左图所示。绘制 3 个圆，直径为 5.5，位置关系如下图所示。

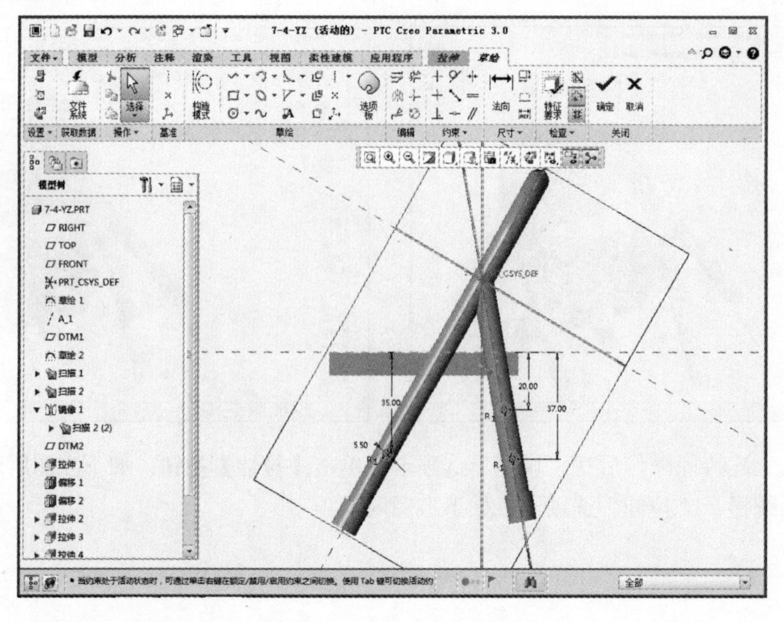

26 草图绘制完成后单击【确定】按钮，进入“拉伸”选项卡，设置对称拉伸，拉伸值为 80，如下左图所示。设置完成后单击【确定】按钮，如下右图所示。

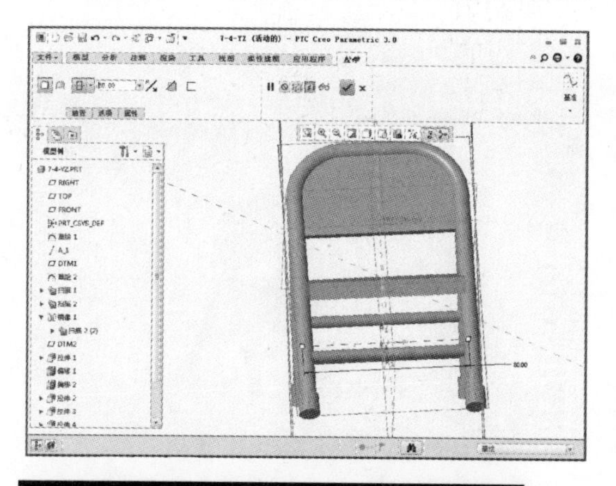

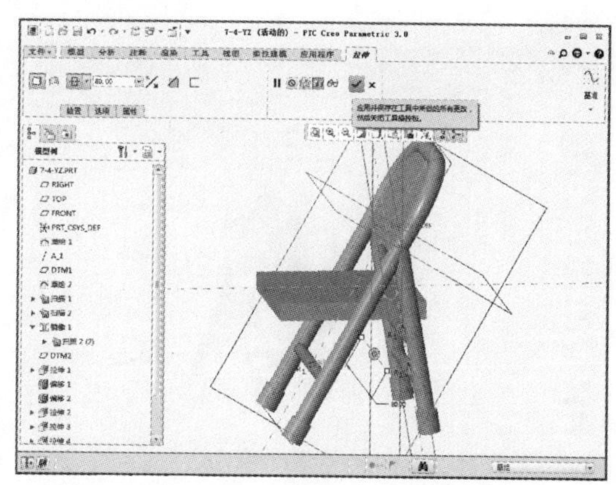

## STEP04　椅子修饰特征的创建

01 完成上述特征操作后单击【倒圆角】按钮，如下左图所示。单击【倒圆角】按钮后系统显示“倒圆角”选项卡，如下右图所示。

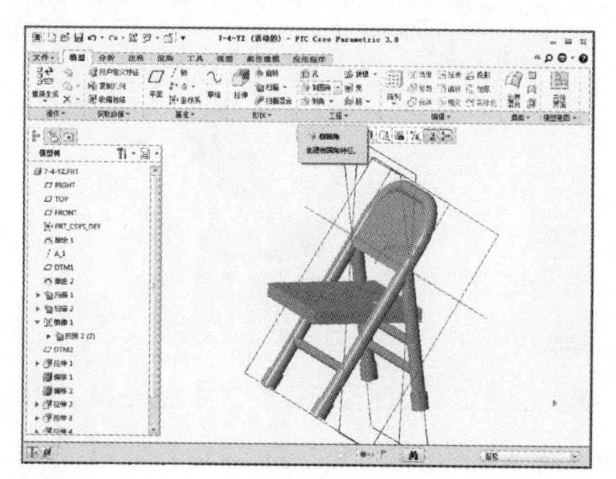

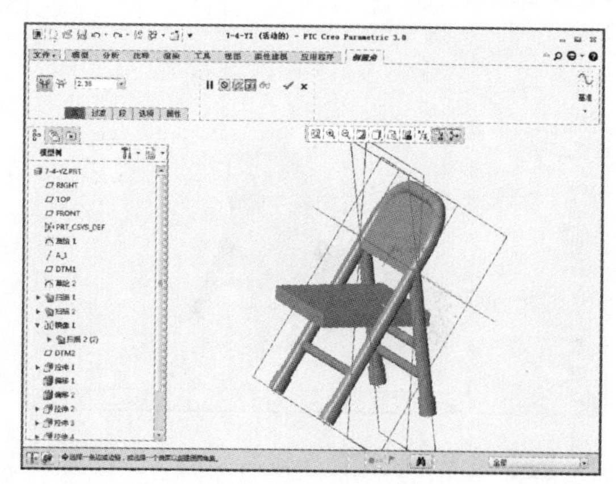

02 在“倒圆角”选项卡中设定半径为 5，如下左图所示。参数设定完成后选择 4 条边作为倒圆角的边，并单击【确定】按钮，如下右图所示。

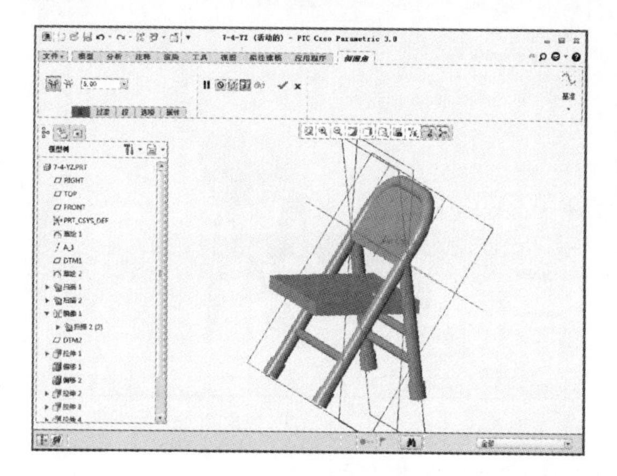

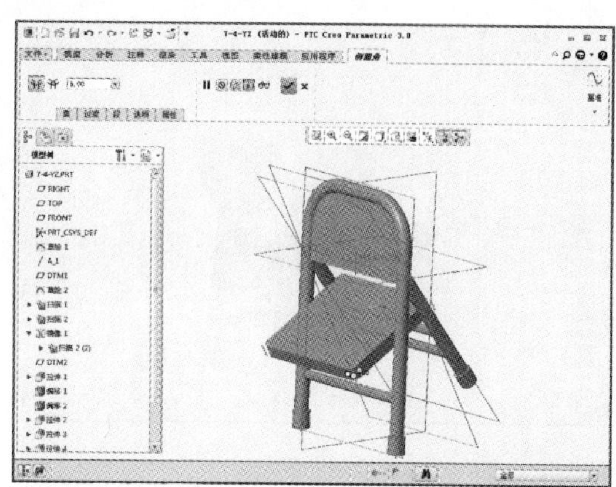

03 完成上述特征操作后单击【倒圆角】按钮，如下左图所示。单击【倒圆角】按钮后系统显示“倒圆角”选项卡，如下右图所示。

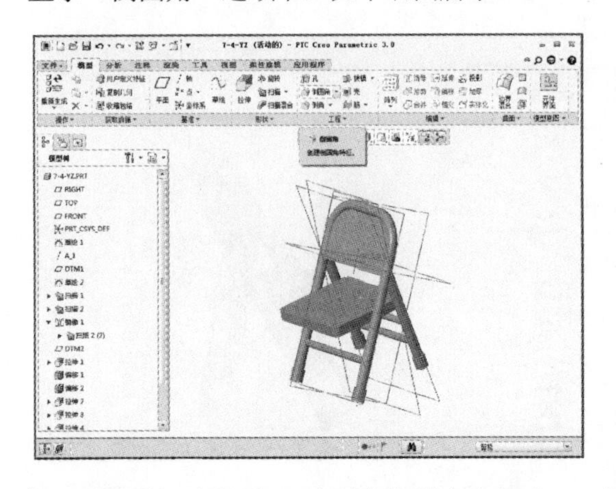

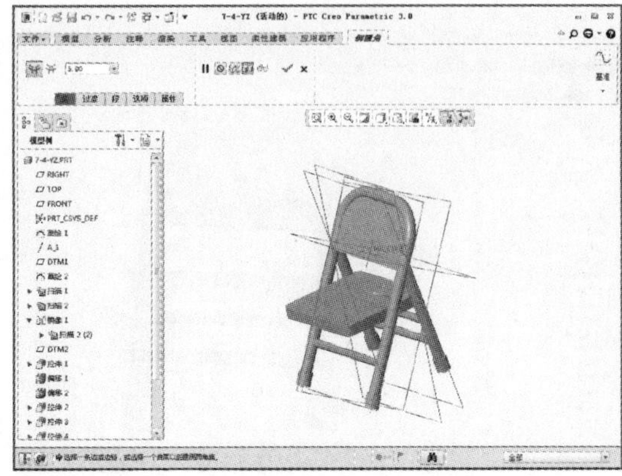

04 在“倒圆角”选项卡中设定半径为 3，如下左图所示。参数设定完成后选择 6 条边作为倒圆角的边，并单击【确定】按钮，如下右图所示。

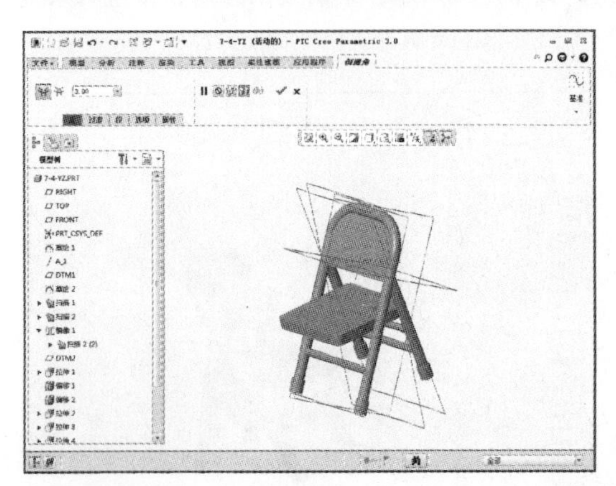

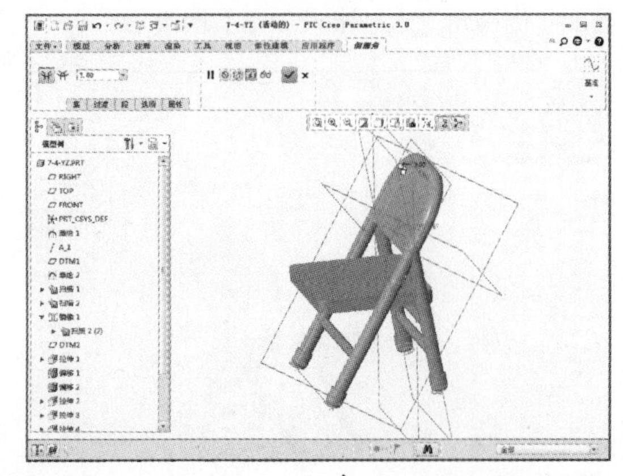

05 完成上述特征操作后单击【倒圆角】按钮，如下左图所示。单击【倒圆角】按钮后系统显示“倒圆角”选项卡，如下右图所示。

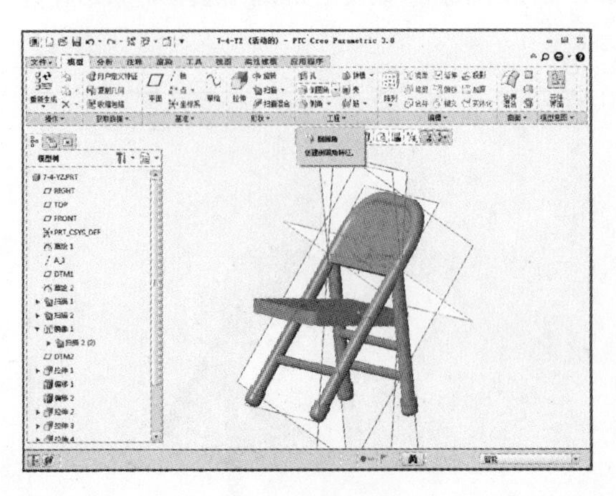

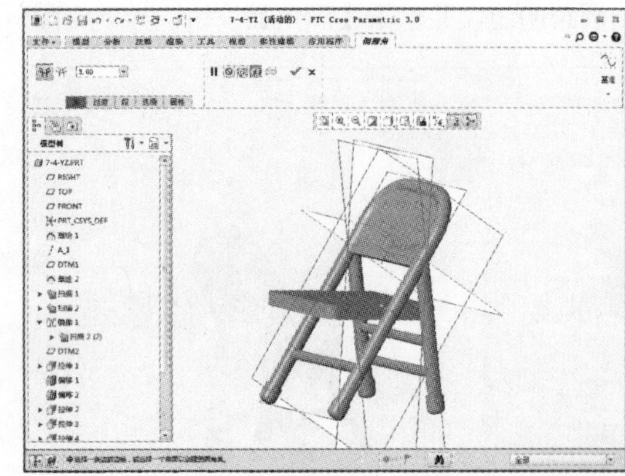

06 在“倒圆角”选项卡中设定半径为 1，如下左图所示。参数设定完成后选择 8 条边作为倒圆角的边，并单击【确定】按钮，如下右图所示。

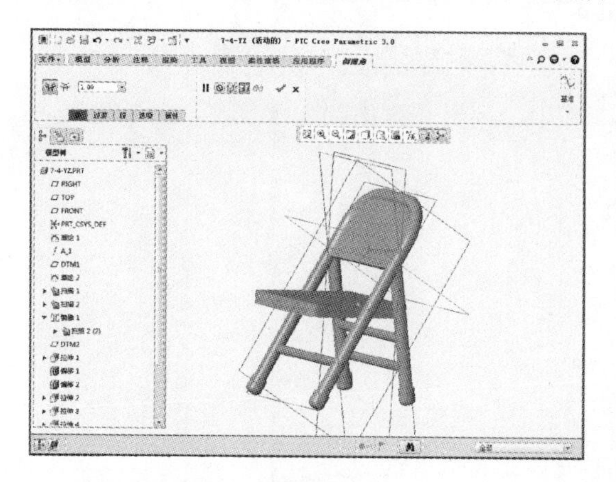

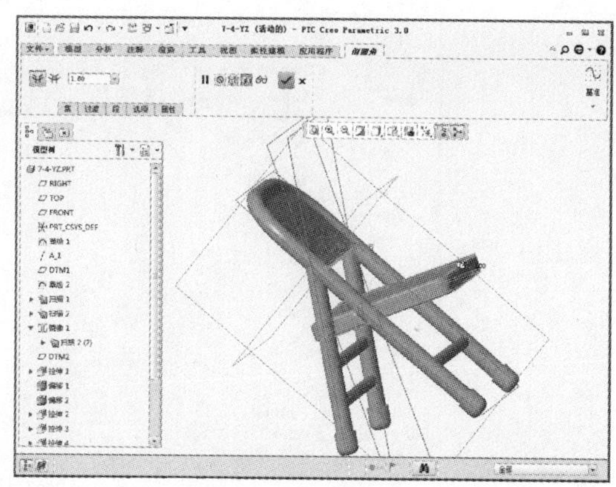

最终结果如下图所示。

## 7.4.2 椅子模型的输出方式

下面输出模型，将 PRT 格式的模型输出为 STL 格式。

（1）选择模型，执行“文件>另存为>保存副本”命令，弹出“保存副本”对话框，将文件命名为“7-4-yz”，类型设定为“*.stl”，如下图所示。

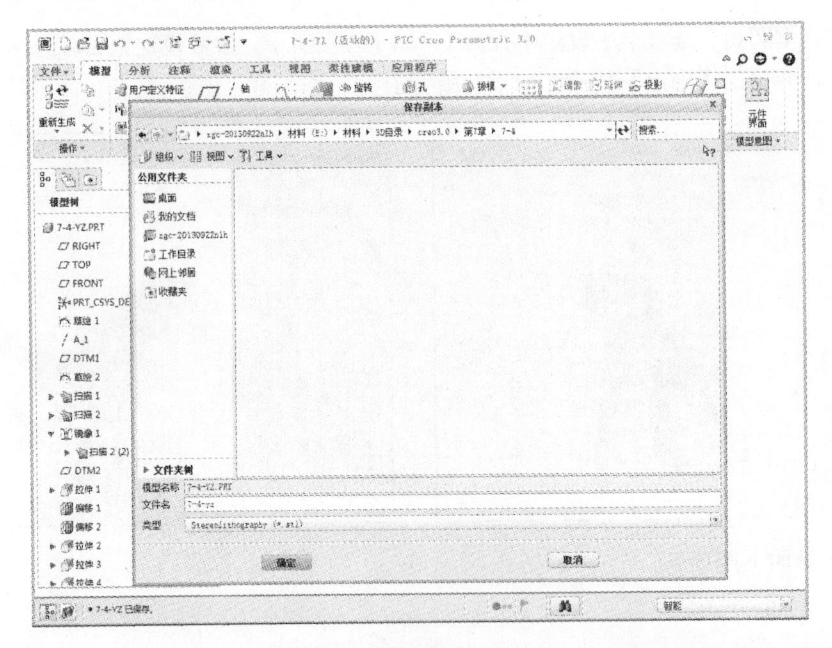


（2）系统弹出“导出 STL”对话框，此时采用系统默认提供的参数，单击【确定】按钮，如下图所示。

## 7.4.3 检查椅子的 STL 模型

将 STL 模型导入到 netfabb 软件中进行检查和修复。一般情况下，使用工业设计软件制作的模型很少会产生破面、共有边、共有面等错误，为了保险我们还是要在专业软件中检查一下，只要不出现符号，就是完好的 3D 打印模型，如图所示。

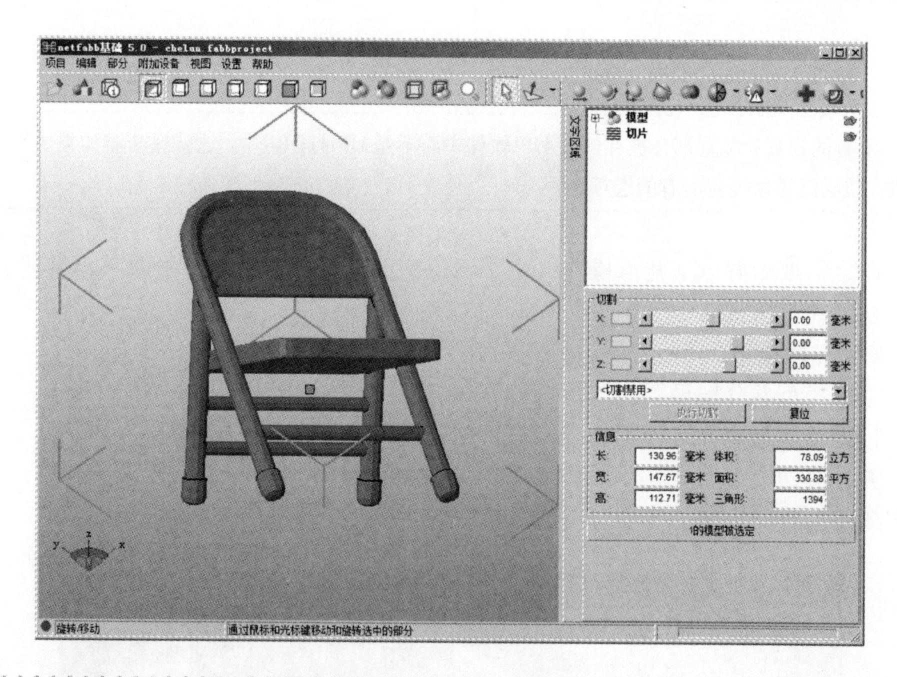


## 7.4.4 打印模型时设置支撑间隔和面积

下面设置打印前的支撑间隔和面积，此操作用于增强模型打印时的稳定程度。

（1）在“设置”对话框中设置“密封表面”的角度为 45°，“间隔”为 8 Lines（设置支撑材料线与线之间的距离，要通过支撑材料的用量、移除支撑材料的难易度和零件打印质量等改变此参数）。

（2）之后设置“面积”为 3 平方毫米（支撑材料的表面使用面积。例如，若选择 5 平方毫米，悬空部分面积小于 5 平方毫米时不会有支撑添加，将会节省一部分支撑材料并且可以提高打印速度。此外，用户还可以选择“稳固支撑”复选框，以节省支撑材料）。其他设置采用默认值，如图所示。

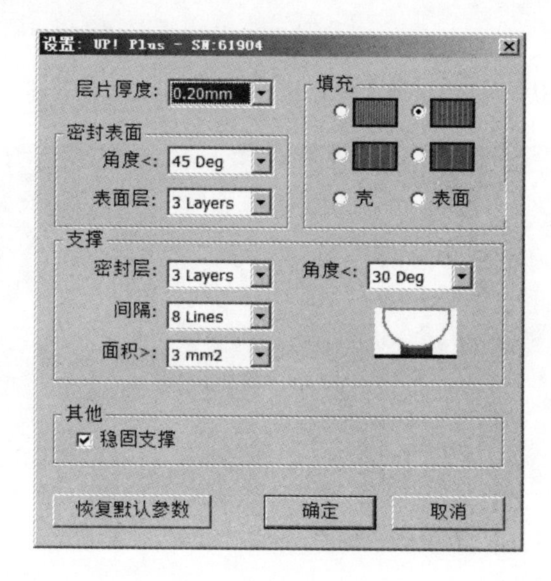

提示

所有的设置和配置都会被存储在 UP!软件中而不是 UP!打印机中，这就意味着如果更换一台计算机，就必须重新设置所有的选项。

在打印之前要做好以下几点操作（由于本书前面已经介绍了，这里就不再赘述）。

（1）初始化打印机。

（2）载入 3D 模型。

（3）摆放模型并分层设置。

（4）校准喷头高度并进行预热。

（5）开始打印模型。

如图所示为打印出来的模型。

移除模型和支撑材料如图所示，由于前面已经介绍过，这里就不再赘述。

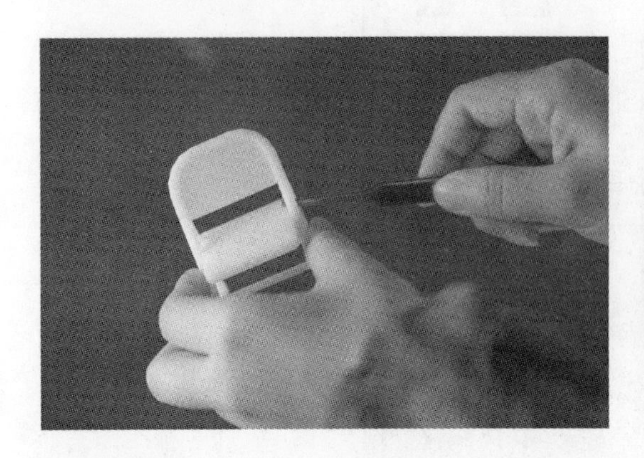

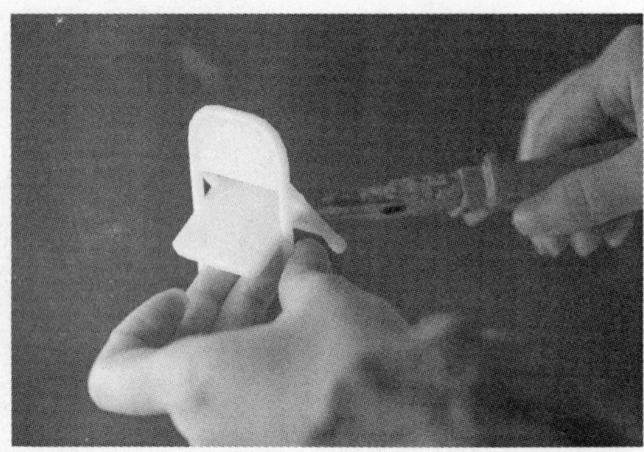

## 打印效果展示

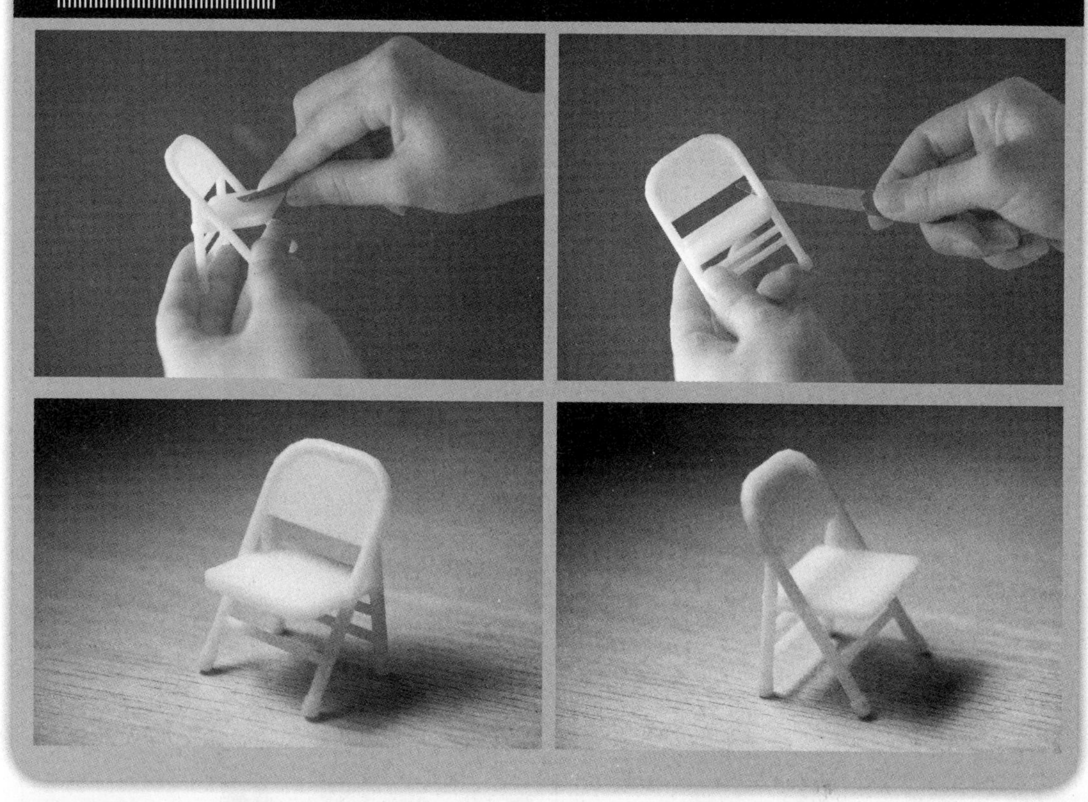

## 课后练习 1：火箭

本练习介绍利用拉伸、旋转、阵列等命令制作火箭模型的方法。在建模过程中采用先主后次的方式进行，首先创建火箭模型的主体结构特征，然后创建火箭模型的次要特征，最后完成火箭模型的修饰。本练习的草图绘制难度适中，过程也比较简单，请耐心按照教程绘制。本例参考图如下图所示。

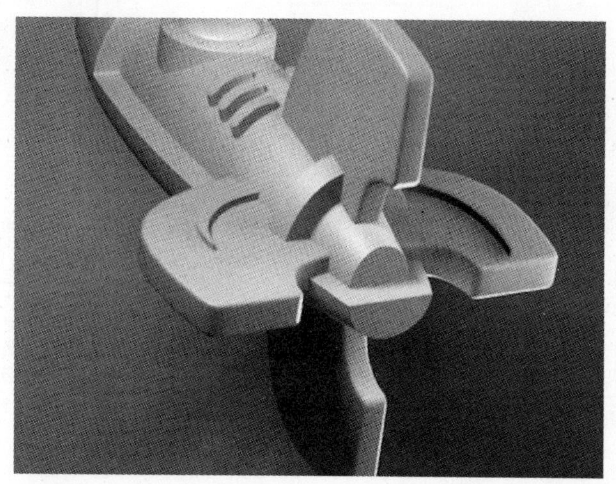

## 制作思路

Step 01 使用“线链”“样条”“旋转”和“拉伸”等命令制作出火箭主体结构模型，如图所示。

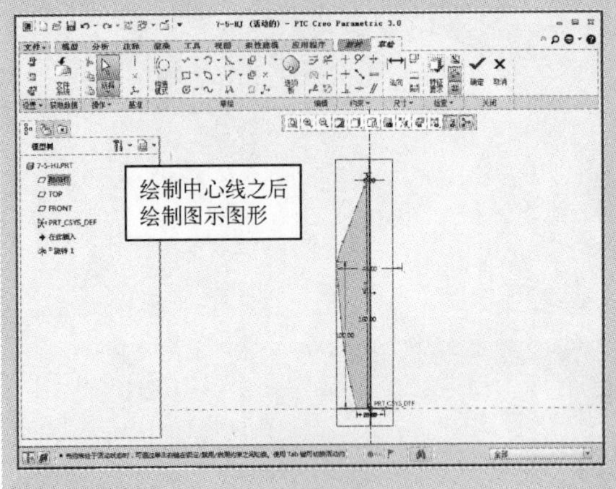


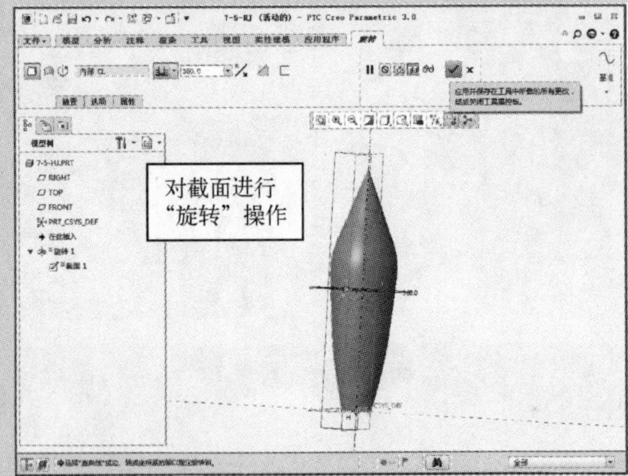


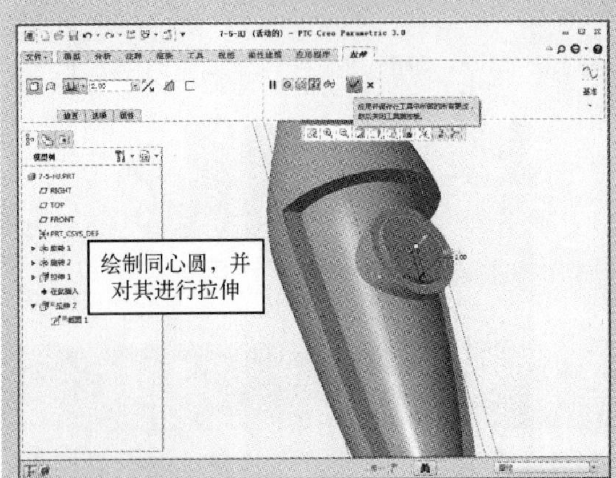


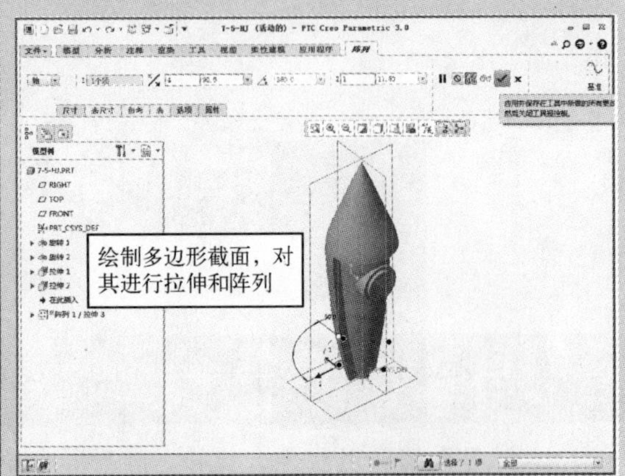


Step 02 使用“拐角矩形”“圆”“线链”和“样条”等命令制作出火箭次要特征，如图所示。

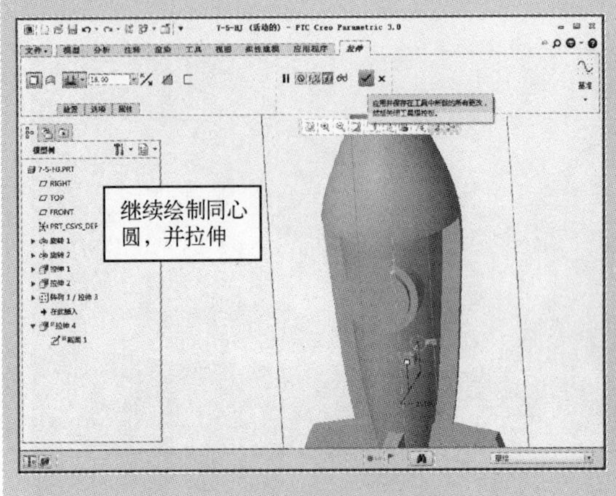


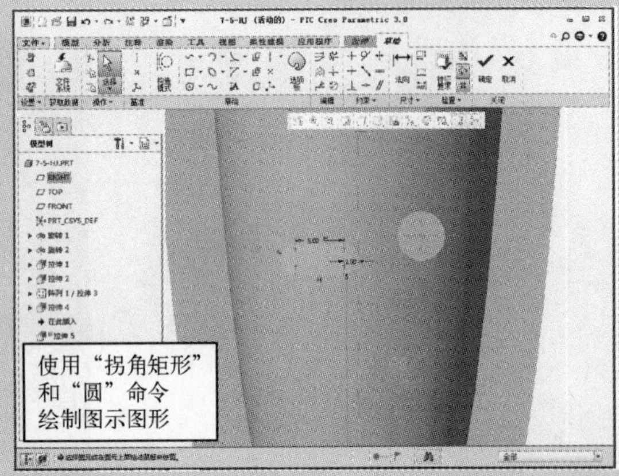

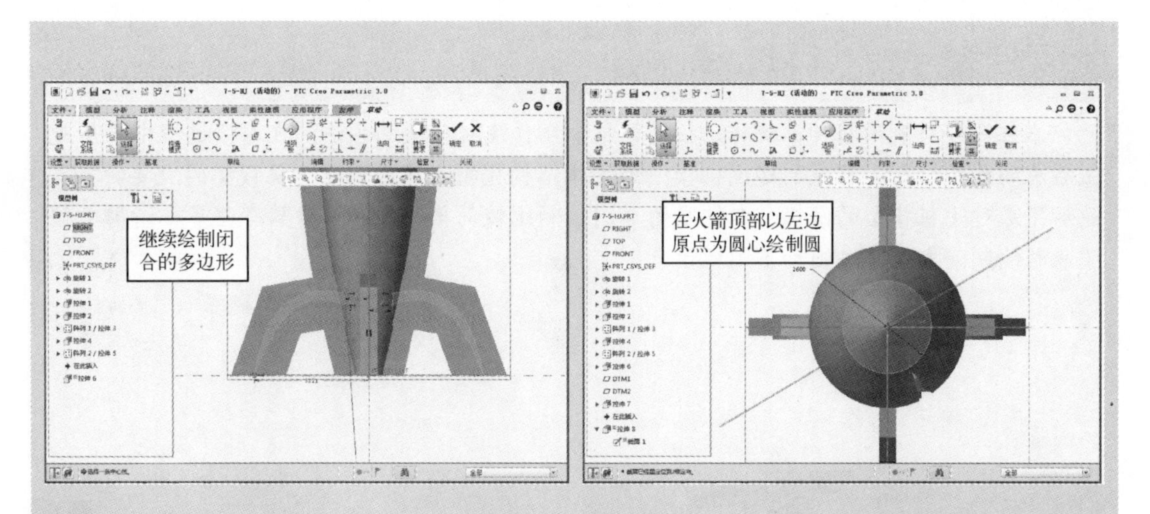


Step 03 执行"倒圆角"命令，对模型进行倒圆角操作，最后输出并打印模型，如图所示。

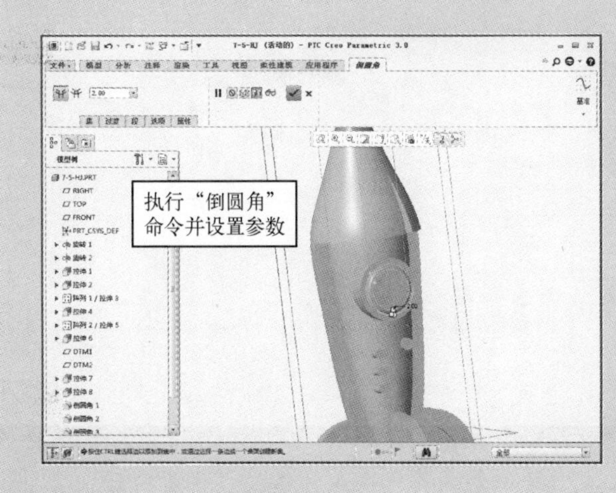

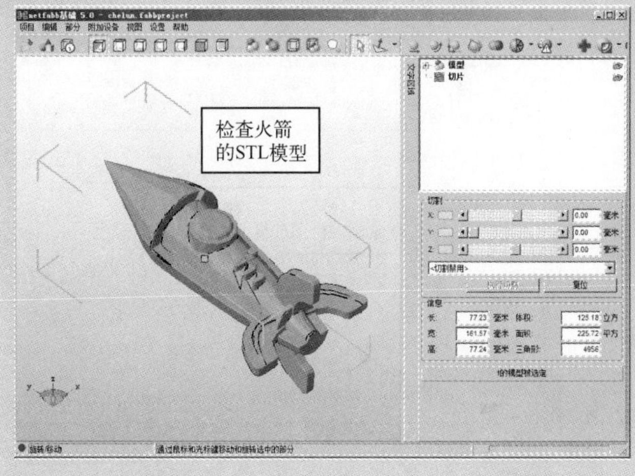


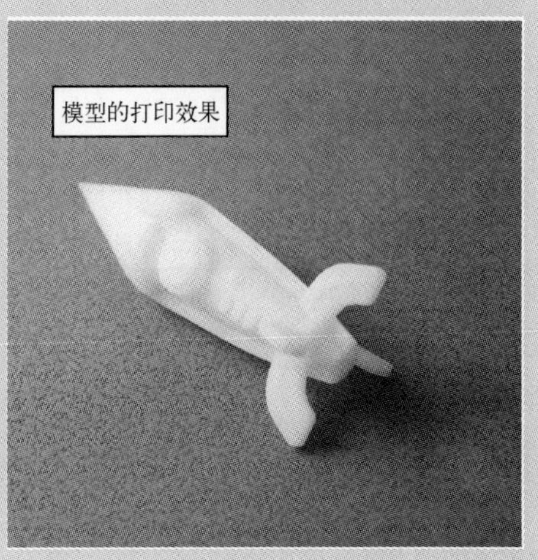

## 课后练习 2：飞机

本练习介绍利用拉伸、旋转、扫描等命令制作飞机模型的方法。在建模过程中采用先主后次的方式进行，首先创建飞机模型的主体结构模型，然后创建飞机模型的次要特征，最后完成对飞机模型的修饰。本练习的草图绘制比较简单，但操作步骤有些多，请耐心按照教程绘制。本例参考图如下图所示。

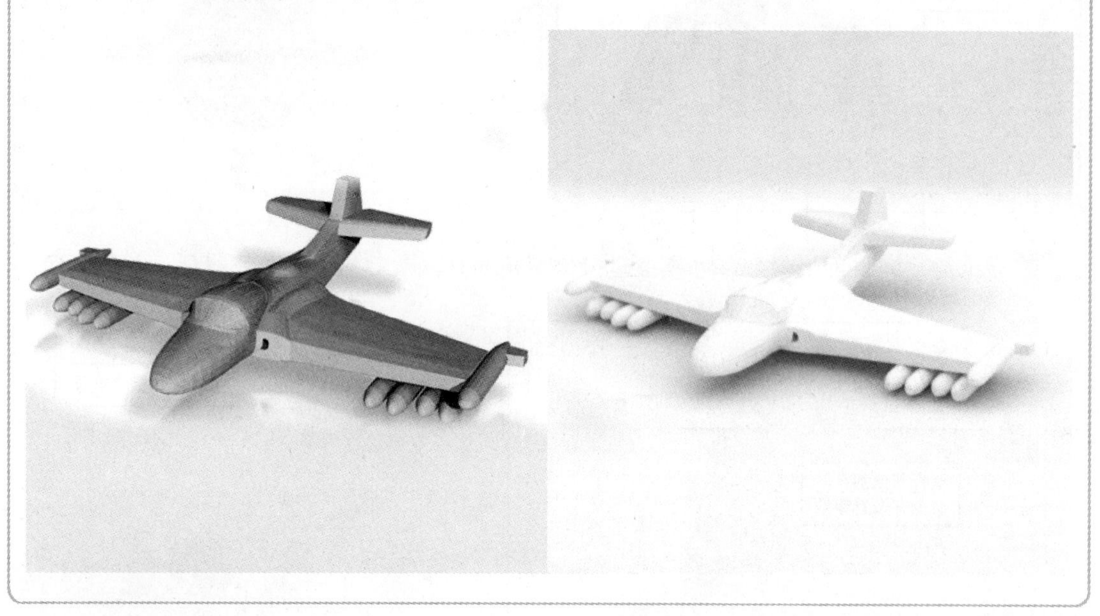

### 制作思路

Step 01 使用“线链”“圆弧”“扫描”“拉伸”等命令制作飞机主体模型，如图所示。

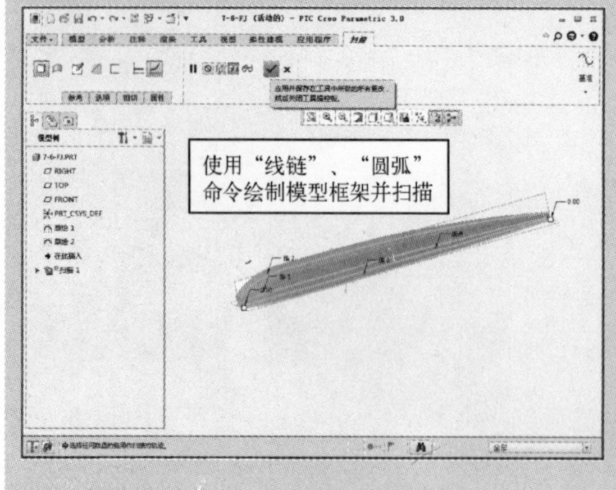


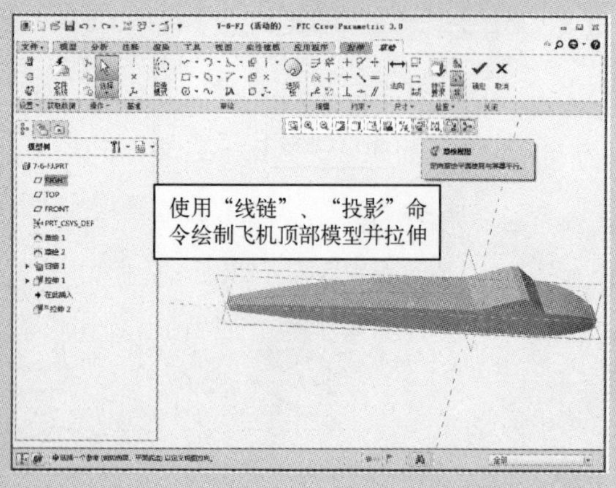

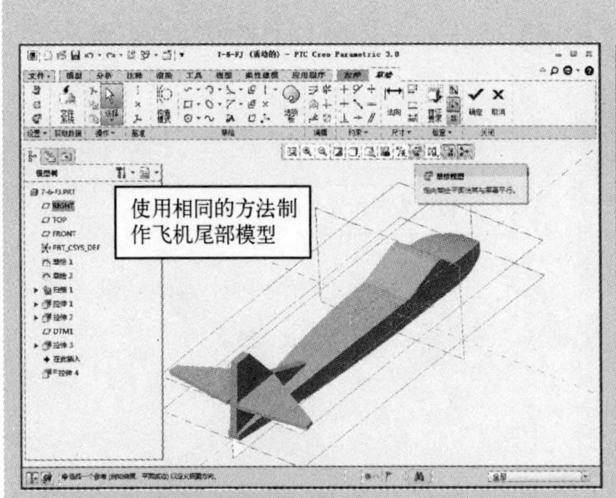


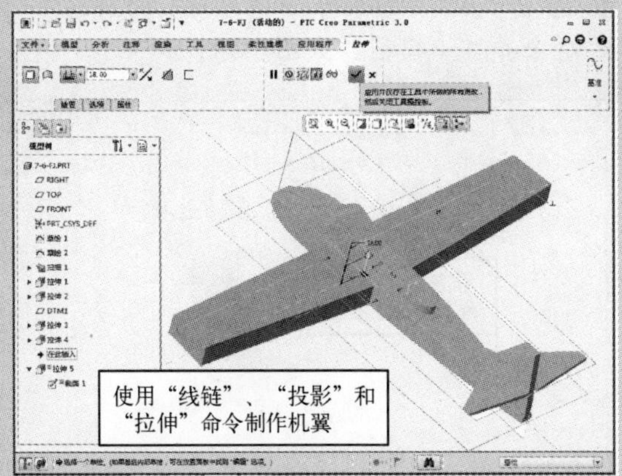


Step 02 使用“线链”“投影”“镜像”“拉伸”等命令制作飞机次要特征模型，如图所示。

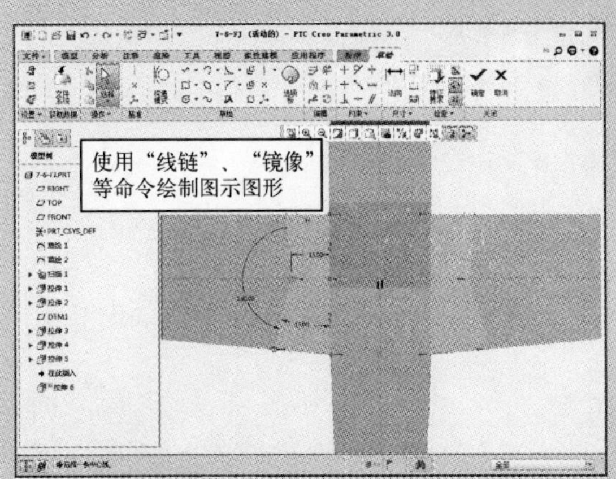


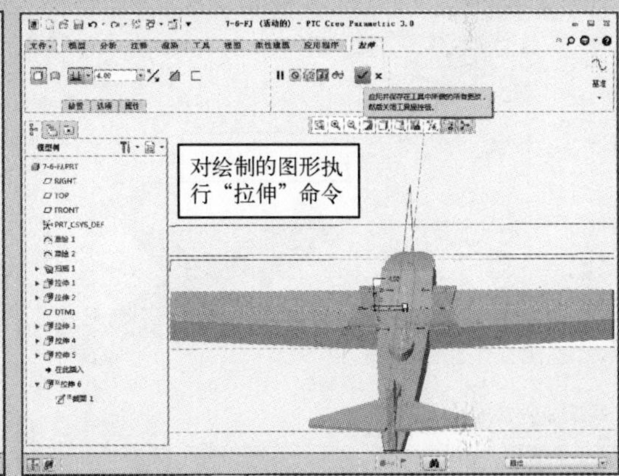


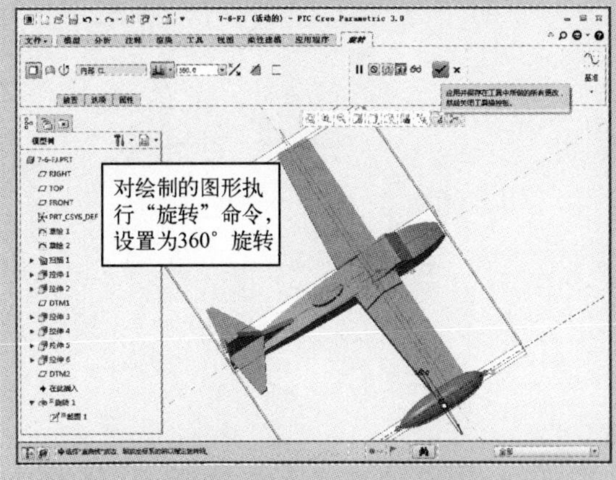


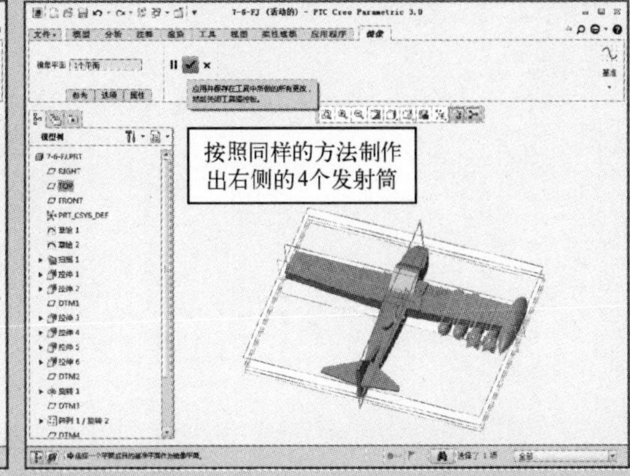

Step 03 使用“倒圆角”“边倒角”等命令对飞机模型进行细化处理，完成模型的制作。最后输出并打印模型，如图所示。

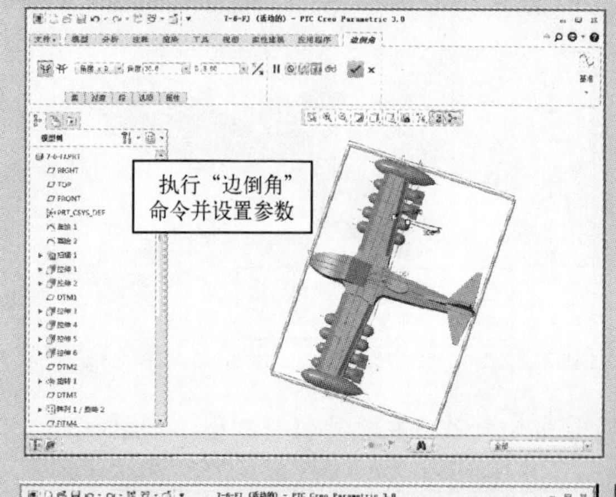


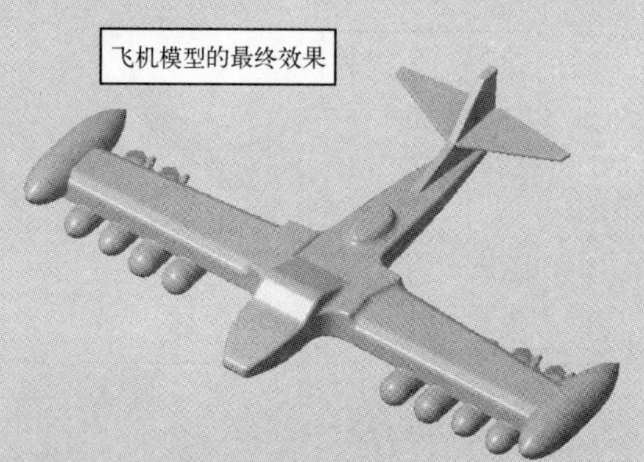


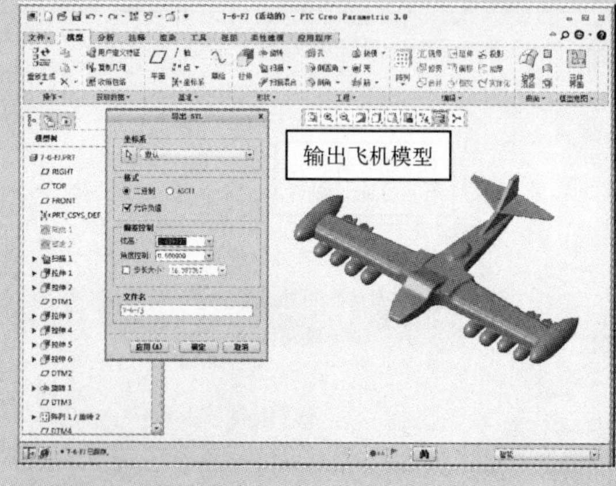

## 实用问答：3D 打印技术 SLA、LOM、SLS、FDM、3DP 各有什么优缺点

在快速成型领域中主要的 3D 打印技术有 SLA、LOM、SLS、FDM 和 3DP 等，接下来比较这几种工艺的优缺点。

**1．SLA**

光敏树脂选择性固化是采用立体雕刻原理的一种工艺，简称 SLA。光敏树脂选择性固化快速成型技术适合制作中小型工件，能直接得到树脂或类似工程塑料的产品，主要用于概念模型的原型制作，或用来做简单装配检验和工艺规划。

光固化成型（SLA）的优点如下。

（1）尺寸精度高。SLA 原型的尺寸精度可以达到 ± 0.1mm。

（2）表面质量好。虽然在每层固化时侧面及曲面可能会出现台阶，但上表面仍可以得到玻璃状的效果。

（3）可以制作结构十分复杂的模型。

（4）可以直接制作面向熔模精密铸造的具有中空结构的消失型。

SLA 的缺点如下。

（1）尺寸的稳定性差。在成型过程中伴随着物理和化学变化，导致软薄部分易产生翘曲变形，因而极大地影响了成型件的整体尺寸精度。

（2）需要设计成型件的支撑结构，否则会引起成型件的变形。

（3）设备运转及维护成本高。由于液态树脂材料和激光器的价格较高，并且为了使光学元件处于理想的工作状态，需要进行定期调整和维护，费用较高。

（4）可使用的材料种类较少。目前可使用材料主要为感光性液态树脂材料，并且在较多情况下不能对成型件进行抗力和热量的测试。

（5）液态树脂具有气味和毒性，并且需要避光保护，以防止其提前发生聚合反应。

（6）需要二次固化。在很多情况下，经过快速成型系统光固化后的原型树脂并未完全被激光固化，所以通常需要进行二次固化。

（7）液态树脂固化后的性能不如常用的工业塑料，一般较脆，易断裂，不便进行机加工。

**2．LOM**

箔材叠层实体制作快速原型技术是薄片材料叠加工艺，简称 LOM。箔材叠层实体制作是根据三维 CAD 模型每个截面的轮廓线，在计算机控制下发出控制激光切割系统的指令，使切割头做 X 和 Y 方向的移动。供料机构将地面涂有热溶胶的箔材（如涂覆纸、涂覆陶瓷箔、金属箔、塑料箔材）一段一段地送至工作台的上方。叠层实体制作快速原型工艺适合制作大中型原型件，翘曲变形较小，成型时间较短，激光器的使用寿命长，制成件有良好的机械性能，适合于产品设计的概念建模和功能性测试零件，并且由于制成的零件具有木质属性，特别适合于直接制作砂型铸造模。

分层实体制造（LOM）的优点如下。

（1）成型速度较快。由于只需要使用激光束沿物体的轮廓进行切割，无须扫描整个断面，所以成型速度很快，因而常用于加工内部结构简单的大型零件。

（2）原型精度高，翘曲变形小。

（3）原型能承受高达 200℃的温度，有较高的硬度和较好的力学性能。

（4）无须设计和制作支撑结构。

（5）可进行切削加工。

（6）废料易剥离，无须后固化处理。

（7）可制作尺寸大的原型。

（8）原材料价格便宜，原型制作成本低。

LOM 的缺点如下。

（1）不能直接制作塑料原型。

（2）原型的抗拉强度和弹性不够好。

（3）原型易吸湿膨胀，因此，成型后应尽快进行表面防潮处理。

（4）原型表面有台阶纹理，难以构建形状精细、多曲面的零件，因此，成型后需进行表面打磨。

**3. SLS**

粉末材料选择性烧结是一种快速原型工艺，简称 SLS。粉末材料选择性烧结采用二氧化碳激光器对粉末材料（塑料粉等与粘结剂的混合粉）进行选择性烧结，是一种由离散点一层一层堆集成三维实体的快速成型方法。粉末材料选择性烧结快速原型工艺适合于产品设计的可视化表现和制作功能测试零件。由于它可采用各种不同成分的金属粉末进行烧结、进行渗铜等后处理，因而其制成的产品可具有与金属零件相近的机械性能，但由于成型表面较粗糙，渗铜等工艺复杂，所以有待进一步提高。

选择性激光烧结（SLS）的优点如下。

（1）可以采用多种材料。从理论上说，任何加热后能够形成原子间粘结的粉末材料都可以作为 SLS 的成型材料。

（2）过程与零件的复杂程度无关，制件的强度高。

（3）材料利用率高，因为烧结的粉末可重复使用，材料无浪费。

（4）无须支撑结构。

（5）与其他成型方法相比，能生产较硬的模具。

SLS 的缺点如下。

（1）原型结构疏松、多孔，且有内应力、制作易变性。

（2）生成陶瓷、金属制件的后处理较难。

（3）需要预热和冷却。

（4）成型表面粗糙多孔，并受粉末颗粒大小及激光光斑的限制。

（5）成型过程会产生有毒气体及粉尘，污染环境。

**4．FDM**

丝状材料选择性熔覆快速原型工艺是一种不依靠激光作为成型能源、将各种丝材加热熔化进而堆积成型的方法，简称FDM。这种工艺干净，易于操作，不产生垃圾，并可安全地用于办公环境，适合于产品设计的概念建模以及产品的形状及功能测试。专门开发的针对医用的材料ABS-i，因为具有良好的化学稳定性，可采用伽码射线及其他医用方式消毒，特别适合于医用。

熔融沉积制造（FDM）的优点如下。

（1）成本低。熔融沉积造型技术用液化器代替了激光器，设备费用低。

（2）采用水溶性支撑材料，使得去除支架结构简单易行，可快速构建复杂的内腔、中空零件以及一次成型的装配结构件。

（3）原材料以材料卷的形式提供，易于搬运和快速更换。

（4）可选用多种材料，例如各种色彩的工程塑料ABS、PC、PPS及医用ABS等。

（5）原材料在成型过程中无化学变化，制件的翘曲变形小。

（6）用蜡成型的原型零件，可以直接用于熔模铸造。

FDM的缺点如下。

（1）原型的表面有较明显的条纹，成型精度相对国外先进的工艺较低，最高精度为0.127mm。

（2）沿着成型轴垂直方向的强度比较强。

（3）需要设计和制作支撑结构。

（4）需要对整个截面进行扫描涂覆，成型时间较长，成型速度相对SLA约慢7%。

（5）原材料价格昂贵。

**5．3DP**

3DP工艺与SLS工艺类似，采用粉末材料成型，如陶瓷粉末，金属粉末。所不同的是，材料粉末不是通过烧结连接起来的，而是通过喷头用粘接剂（如硅胶）将零件的截面“印刷”在材料粉末上面。用粘接剂粘接的零件强度较低，还需进行后处理。

三维打印（3DP）的优点如下。

（1）成型速度快，成型材料价格低，适合做桌面型的快速成型设备。

（2）在粘结剂中添加颜料，可以制作彩色原型，这是该工艺最具竞争力的特点之一。

（3）成型过程不需要支撑，多余粉末的去除比较方便，特别适合于做内腔复杂的原型。

3DP的缺点是强度较低，只能做概念型模型，不能做功能性试验。

## 技术链接：材料参数和价格对比

3D 打印技术首先受到材料限制，现有的 3D 打印技术多使用 ABS、人造橡胶、塑料、沙子、铸蜡和聚酯热塑性塑料等，这些材料多为粉末或者黏稠的液体。

从价格上来看，便宜的几百元一公斤，最贵的一公斤则要 4 万元左右。

把 3D 打印材料固化的方式有加热、降温、紫外线和激光烧结 4 种，从各种技术的成本来看，“熔融沉积”是整体成本最低的，因而普及度也最高。

| 名称 | 生产方式 | 颜色 | 强度 | 表面 | 最小误差 | 最小细节 | 最小壁厚 | 最大尺寸（H×W×D） | 耐热性 | 每 cm³单价 |
|---|---|---|---|---|---|---|---|---|---|---|
| 单色石膏 | Zcorp | 白色 | 易碎 | 较粗 | 1.0mm | 1.0mm | 3mm | 25×35×20cm | 60℃ | 6 元 |
| 彩色石膏 | Zcorp | 全彩色 | 易碎 | 较粗 | 1.0mm | 1.0mm | 3mm | 25×35×20cm | 60℃ | 7 元 |
| 光敏树脂 | 3D System | 半透明 | 较高 | 光滑 | 1.0mm | 0.2mm | 1mm | 35×35×25cm | 48℃ | 14 元 |
| 尼龙 | 3D System | 白色 | 高 | 较粗 | 0.25mm | 0.5mm | 1mm | 35×35×25cm | 120℃～140℃ | 15 元 |
| ABS 塑料 | FDM | 白色 | 较高 | 较粗 | 0.3mm | 2 mm | 1mm | 35×25×25cm | 52℃～126℃ | 询价 |
| 高性能树脂 | Zcorp | 黄色 | 高 | 光滑 | 0.2mm | 0.4mm | 1mm | 26×16×19cm | 56℃ | 15 元 |
| 高精度树脂 | 3D System | 半透明 | 较高 | 光滑 | 0.025mm | 0.1mm | 3mm | 26×16×19cm | 80℃ | 22 元 |

当然，随着新材料技术的发展，未来还会出现更多的打印材料，但是就现有的技术来说还受以下制约。

（1）材料限制：比如想喝水，需要一个玻璃杯，可以打印一个吗？抱歉，短时间内是不可以的，玻璃需要高温熔化制作，这是打印不出来的。

（2）工艺限制：比如需要制作一个东西，但是比较注重外观，想弄一个钢琴烤漆或者磨砂的表面，可以直接打印一个吗？抱歉，还是不行的，3D 打印只是堆积一个 3D 实体，表面的处理还需要其他工艺的配合。

上面举了两个例子，主要是想说明一点，3D 打印技术发展的核心不在于打印，而是在于材料技术的制约，只有新材料技术发展了，3D 打印技术才能进一步实用化，打印出真正实用的物品，否则离现实还是很遥远。一句话，3D 打印耗材才是王道。

目前，3D 打印机已经用来打印模具、人体骨骼等，当然也可以用来打印相对简单的生活用品。随着新材料技术的发展，3D 打印机会带来更强大的功能。

3D 打印技术在现有条件下也并非没有任何优势，首先可以使原先较为复杂的模具制造变得容易，其次对于使用多个零部件组合的结构可以利用 3D 打印技术直接打印出来。因此，目前 3D 打印技术仅限于模具、文物修复、医学等专用领域，同时由于耗材的限制，仍然具有很高的成本，打印的物品也受到很大的限制。